动物学

徐润林 编著

ZOOLOGY

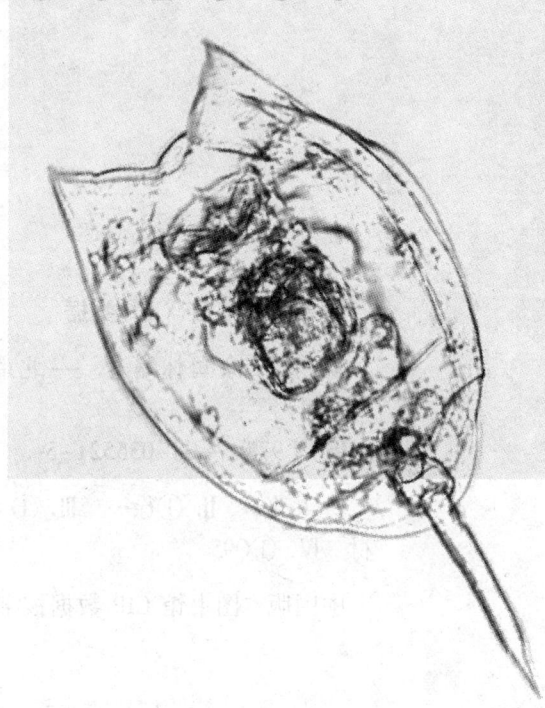

DONGWUXUE

高等教育出版社·北京
HIGHER EDUCATION PRESS　BEIJING

内容提要

本书是由编著者借鉴国内外动物学新近文献资料和相关教材，结合多年的教学实践编写而成。全书由绪论和正文28章组成，选用了目前最新的分类体系，以动物演化为主线，在强调结构与功能适应性的前提下，介绍了各门类的结构特点；兼顾到应用方面的需要，各类动物的生态与地理分布以及资源利用等也给予了介绍。书中设两个章节分别集中比较了无脊椎动物和脊椎动物的结构特点及演化关系。每章后均附有思考题，供读者在阅读时参考。各章及正文后列出了主要参考文献，供读者对感兴趣的内容检索阅读。

本书可作为高等院校生物科学专业的教材，也可供动物科学、医学、农学、养殖、海洋生物学以及环境保护等专业以及相关的专业人员参考。

图书在版编目(CIP)数据

动物学/ 徐润林编著. -- 北京：高等教育出版社，2013.1

ISBN 978-7-04-035521-5

I. ①动… II. ①徐… III. ①动物学－高等学校－教材 IV. ①Q95

中国版本图书馆 CIP 数据核字 (2012) 第 295554 号

策划编辑	王　莉	责任编辑	单冉东	特约编辑	于丽丽	封一摄影	杨敬元
封面设计	张申申	责任印制	毛斯璐				

出版发行	高等教育出版社	咨询电话	400-810-0598
社　　址	北京市西城区德外大街4号	网　　址	http://www.hep.edu.cn
邮政编码	100120		http://www.hep.com.cn
印　　刷	三河市杨庄长鸣印刷装订厂	网上订购	http://www.landraco.com
开　　本	889mm×1194mm 1/16		http://www.landraco.com.cn
印　　张	28.5	版　　次	2013年1月第1版
字　　数	870 千字	印　　次	2013年8月第2次印刷
购书热线	010-58581118	定　　价	52.00 元

本书如有缺页、倒页、脱页等质量问题，请到所购图书销售部门联系调换

版权所有　侵权必究

物　料　号　35521-00

前言

动物学不仅是生命科学领域各专业的基础课程,也是当今生命科学研究的热点之一。随着各种科学理论和技术的出现,以及在动物学研究中的广泛应用,动物学研究的新成果和新观点不断涌现,一些成果已完全颠覆了动物学中传统理论。这些进展已大量地反映在最新的国外动物学教材中,但国内多部动物学教材中很多理论仍然停留在20世纪80年代。因此急需有新的、能够反映当今动物学进展的基础课教材面世。

动物学课程在中山大学有着非常悠久的历史和良好的传承,我国几代著名的动物学家朱洗教授、费鸿年教授、张作人教授、江静波教授、廖翔华教授、周宇垣教授、林浩然教授、徐利生教授和辛景禧教授等先后在我校主讲过动物学课程,编写了一批动物学教材,其中江静波教授主编的《无脊椎动物学》一书曾在海内外产生了广泛影响。老前辈们严谨治学的理念和深入浅出地讲授方式深深地影响着本书的编写。

本书是笔者在多年教学实践的前提下,在比较了国内不同版本动物学教材的基础上,结合国内外动物学研究的最新进展,将讲义内容系统化的结果。

全书由绪论和28章组成,对迄今为止所有的动物门类分别给予了介绍。读者可以根据实际需要进行取舍。考虑到当今各有关高校所设专业和课程在学时上的差异,本书以动物演化为主线条,采取比较解剖的原则,分别介绍了各动物门和纲的特征,其特点表现如下:

1. 重点强调动物门和主要纲的特征。为求精炼,不再使用代表动物的描述方法。

2. 考虑到"进化"一词可能产生歧义,故本书中全部使用"演化"一词予以代替。

3. 生物的"低等"与"高等"是一种人为的划分,自然界中本无这样的区别。凡能够适应环境并生存下来的物种都是合理的。作者有意用别的词将其替换掉,但考虑了很久也未找到更合适的词汇,故沿用了"低等"和"高等"。在此提请读者注意。

4. 在各章节中,基本上都提供了相关动物门类研究的最新成果介绍。

5. 在阐述各门类动物与人类活动的关系方面,根据各类群动物的实际情况和特点,有的分开介绍,有的汇总说明,其目的是在突出重点的同时避免重复。

6. 在全部无脊椎动物门类介绍后,单列一个独立的章节对无脊椎动物进行了归纳和总结;脊索动物门后也有类似的总结。

7. 每章后均附有拓展阅读的文献信息,供读者对有兴趣的话题深入了解。

8. 各门类动物的种类数均来自于2011年的最新统计。

在构思和编写过程中，中山大学徐利生教授、王金发教授、刘良式教授、徐培林教授、杨廷宝教授、庞虹教授、李鸣光教授、贾凤龙博士、张丹丹博士、张兵兰博士和王英永高工等先后给予了宝贵的意见和协助；魏南、李亚芳、王超、王伟恒等在读研究生在书稿的文字勘校以及杨雨笛女士在本书的插图处理方面给予了大力协助，在此深表谢意！

在撰写过程中，先后得到了中山大学教务处、中山大学生命科学学院以及广东省教育厅"广东省高校精品课程建设项目"等在经费上的资助，在此一并表示感谢！

限于编者的学识，书中存在的错误和不当之处请不吝赐教。

徐润林

2012年3月于康乐园

目 录

绪论 ·· 1
  第一节　生物的分界与动物界 ······ 1
  第二节　动物学及其分科 ············ 2
  第三节　动物学发展简史 ············ 3
    一、西方动物学的发展 ············ 3
    二、我国动物学的发展 ············ 4
  第四节　研究动物学的目的和
        意义 ·································· 6
  第五节　动物学的研究方法 ········ 7
    一、描述法 ····························· 7
    二、比较法 ····························· 7
    三、实验法 ····························· 7
  第六节　动物分类的知识 ············ 8
    一、分类依据 ·························· 8
    二、分类等级 ·························· 8
    三、物种的概念 ······················ 9
    四、动物的命名 ···················· 10
    五、动物的分门 ···················· 10
  拓展阅读 ······························· 11
  思考题 ···································· 11

第一章　动物体的基本结构与机能 ················· 12
  第一节　动物细胞 ······················ 12
    一、动物细胞的一般特征 ······ 12
    二、动物细胞的化学组成 ······ 13
    三、动物细胞的结构 ············· 13
    四、动物细胞周期 ················· 14
    五、动物细胞分裂 ················· 14
  第二节　动物组织、器官和系统的
        基本概念 ························ 16
    一、组织 ······························· 16
    二、器官和系统 ···················· 17
  拓展阅读 ·································· 18
  思考题 ···································· 18

第二章　原生动物门(Protozoa) ················· 19
  第一节　原生动物门的主要特征 ············· 19
    一、一般形态 ······················ 19
    二、运动 ······························ 19
    三、营养 ······························ 21
    四、呼吸 ······························ 22
    五、排泄 ······························ 22
    六、应激性 ·························· 22
    七、生殖 ······························ 22
    八、包囊和卵囊的形成 ········ 23
    九、群体 ······························ 23
    十、生活环境 ······················ 23
  第二节　原生动物的分类 ············ 24
  第三节　鞭毛纲(Mastigophora) ··· 25
    一、鞭毛纲的主要特征 ······· 25
    二、鞭毛纲的多样性 ··········· 26
    三、鞭毛虫与人类 ··············· 28
  第四节　肉足纲(Sarcodina) ······ 29
    一、肉足纲的主要特征 ······· 29
    二、肉足纲的多样性 ··········· 30
    三、肉足虫与人类 ··············· 31
  第五节　孢子纲(Sporozoa) ······ 32
    一、孢子纲的主要特点 ······· 32
    二、孢子纲的多样性 ··········· 33
    三、孢子虫与人类 ··············· 34
  第六节　纤毛纲(Ciliata) ··········· 38
    一、纤毛纲的主要特征 ······· 38
    二、纤毛纲的多样性 ··········· 41
    三、纤毛虫与人类 ··············· 43
  第七节　原生动物的系统发育 ··· 43
  拓展阅读 ································ 44
  思考题 ···································· 44

第三章 中生动物门及多细胞动物的起源 ……………………………………… 45
第一节 中生动物门——从单细胞到多细胞的过渡 …………………… 45
一、中生动物的基本特征 ………… 45
二、中生动物的多样性 …………… 45
三、中生动物的分类地位 ………… 46
第二节 多细胞动物起源于单细胞动物的证据 ………………………… 46
第三节 多细胞动物胚胎发育的重要阶段 ……………………………… 47
一、受精与受精卵 ………………… 47
二、卵裂 …………………………… 47
三、囊胚的形成 …………………… 48
四、原肠胚的形成 ………………… 48
五、中胚层及体腔的形成 ………… 49
六、胚层的分化 …………………… 50
第四节 生物重演律 ……………………… 51
第五节 关于多细胞动物起源的学说 … 51
一、群体学说 ……………………… 51
二、合胞体学说 …………………… 53
拓展阅读 …………………………………… 53
思考题 ……………………………………… 53

第四章 多孔动物门(Porifera) ……… 54
第一节 多孔动物的主要特征 …………… 54
一、一般形态 ……………………… 54
二、水沟系的作用及其类型 ……… 55
三、骨骼 …………………………… 56
四、生殖与发育 …………………… 57
第二节 多孔动物的多样性及分类地位 ……………………………………… 58
一、多孔动物的多样性 …………… 58
二、多孔动物的分类地位 ………… 59
第三节 多孔动物与人类 ………………… 59
附:扁盘动物门(Placozoa) …………… 60
拓展阅读 …………………………………… 61
思考题 ……………………………………… 61

第五章 刺胞动物门(Cnidaria) ……… 62
第一节 刺胞动物的主要特征 …………… 62
一、辐射对称 ……………………… 62
二、两个胚层 ……………………… 62
三、细胞组织上的特点 …………… 62
四、消化、呼吸与排泄 …………… 65
五、水螅型与水母型 ……………… 65
六、生殖与世代交替 ……………… 66
第二节 刺胞动物的分类与多样性 ……… 67
一、水螅纲(Hydrozoa) …………… 67
二、钵水母纲(Scyphozoa) ………… 68
三、立方水母纲(Cubozoa) ………… 68
四、珊瑚纲(Anthozoa) …………… 69
第三节 刺胞动物与人类 ………………… 70
第四节 刺胞动物的系统发育 …………… 71
附:栉水母动物门(Ctenophora) ……… 71
拓展阅读 …………………………………… 73
思考题 ……………………………………… 73

第六章 扁形动物门(Platyhelminthes) ………………………………………… 74
第一节 扁形动物的主要特征 …………… 74
一、两侧对称 ……………………… 74
二、中胚层的产生 ………………… 74
三、表皮和肌肉 …………………… 75
四、消化系统 ……………………… 76
五、呼吸与排泄系统 ……………… 76
六、神经系统与感觉 ……………… 77
七、生殖系统 ……………………… 79
八、扁形动物的发育与生活方式 … 81
第二节 扁形动物的分类 ………………… 82
第三节 涡虫纲(Turbellaria) ……………… 82
一、涡虫纲的主要特征 …………… 82
二、涡虫纲的多样性 ……………… 82
第四节 吸虫纲(Trematoda) …………… 83
一、吸虫纲的主要特征 …………… 83
二、吸虫纲的多样性 ……………… 84
三、重要的吸虫 …………………… 84
第五节 绦虫纲(Cestoida) ……………… 89
一、绦虫纲的主要特征 …………… 89
二、绦虫纲的多样性 ……………… 89
三、重要的绦虫 …………………… 89
第六节 寄生现象的起源与宿主更换 … 91
一、寄生现象与寄生虫 …………… 91
二、寄生生活对寄生虫的影响 …… 92
三、更换宿主的生物学意义 ……… 92

第七节 扁形动物的系统发育 …… 93
拓展阅读 …… 93
思考题 …… 93

第七章 纽形动物和环口动物 …… 95
第一节 纽形动物门（Nemertinea） …… 95
一、纽形动物的主要特征 …… 95
二、纽形动物的多样性 …… 95
三、纽形动物在动物界的地位 …… 96
第二节 环口动物门（Cycliophora） …… 97
拓展阅读 …… 98
思考题 …… 98

第八章 线虫动物门（Nematoda） …… 99
第一节 线虫动物的主要特征 …… 99
一、外部形态 …… 99
二、体壁和原体腔 …… 100
三、消化系统 …… 101
四、排泄系统 …… 102
五、神经系统和感觉器官 …… 102
六、生殖系统 …… 103
七、受精和发育 …… 104
八、生态和分布 …… 104
第二节 线虫动物的分类 …… 104
第三节 无尾感器纲（Aphasmida） …… 105
第四节 尾感器纲（Phasmida） …… 107
第五节 线虫动物的系统发育 …… 112
拓展阅读 …… 113
思考题 …… 113

第九章 轮虫动物门（Rotifera） …… 114
第一节 轮虫动物的主要特征 …… 114
一、外部形态 …… 114
二、内部结构 …… 115
三、生殖与发育 …… 116
四、生态与分布 …… 116
第二节 轮虫动物的分类与多样性 …… 117
第三节 轮虫动物与人类 …… 117
拓展阅读 …… 118
思考题 …… 118

第十章 其他原腔动物类群 …… 119
第一节 腹毛动物门（Gastrotricha） …… 119
一、腹毛动物的主要特征 …… 119
二、腹毛动物的多样性 …… 120
第二节 棘头动物门（Acanthocephala） …… 120
一、棘头动物的主要特征 …… 120
二、棘头动物的多样性 …… 121
第三节 线形动物门（Nematomorpha） …… 122
一、线形动物的主要特征 …… 122
二、线形动物的多样性 …… 123
第四节 颚口动物门（Gnathostomulida） …… 123
第五节 微颚动物门（Micrognathozoa） …… 123
第六节 铠甲动物门（Loricifera） …… 124
第七节 内肛动物门（Entoprocta） …… 125
一、内肛动物的主要特征 …… 125
二、内肛动物的多样性 …… 125
第八节 动吻动物门（Kinorhyncha） …… 126
第九节 原腔动物的系统发育 …… 127
拓展阅读 …… 128
思考题 …… 129

第十一章 环节动物门（Annelida） …… 130
第一节 环节动物的主要特征 …… 130
一、身体分节 …… 130
二、真体腔 …… 130
三、循环系统 …… 131
四、排泄系统 …… 132
五、神经系统和感觉器官 …… 133
六、疣足与刚毛 …… 133
七、生殖系统 …… 134
八、担轮幼虫 …… 134
第二节 环节动物的分类 …… 135
第三节 原环虫纲和吸口虫纲 …… 136
一、原环虫纲（Archiannelida） …… 136
二、吸口虫纲（Myzostomida） …… 136
第四节 多毛纲（Polychaeta） …… 136
一、多毛纲的主要特征 …… 136
二、多毛纲的多样性 …… 139
三、多毛纲与人类 …… 140

第五节 寡毛纲(Oligochaeta) ……… 141
　一、寡毛纲的主要特征 …………… 141
　二、寡毛纲的多样性 ……………… 146
　三、寡毛纲与人类 ………………… 147
第六节 蛭纲(Hirudinea) …………… 147
　一、蛭纲的主要特征 ……………… 147
　二、蛭纲的多样性 ………………… 149
　三、蛭纲与人类 …………………… 150
第七节 环节动物的系统发育 ………… 150
拓展阅读 ………………………………… 150
思考题 …………………………………… 151

第十二章　与环节动物有关的其他小门类动物 ……… 152

第一节 螠虫动物门(Echiura) ……… 152
　一、螠虫动物的主要特征 ………… 152
　二、螠虫动物的多样性 …………… 153
第二节 星虫动物门(Sipunculida) … 153
　一、星虫动物的主要特征 ………… 153
　二、星虫动物的多样性 …………… 155
第三节 须腕动物门(Pogonophora) … 155
　一、须腕动物的主要特征 ………… 155
　二、须腕动物的多样性与分类地位 … 157
第四节 鳃曳动物门(Priapulida) …… 157
拓展阅读 ………………………………… 158
思考题 …………………………………… 158

第十三章　软体动物门(Mollusca) … 159

第一节 软体动物的主要特征 ………… 159
　一、躯体的划分 …………………… 159
　二、外套膜 ………………………… 160
　三、贝壳 …………………………… 161
　四、消化系统 ……………………… 161
　五、体腔和循环系统 ……………… 161
　六、呼吸器官 ……………………… 162
　七、排泄器官 ……………………… 162
　八、神经系统和感觉器官 ………… 162
　九、生殖和发育 …………………… 164
第二节 软体动物门的分类 …………… 164
第三节 无板纲(Aplacophora) ……… 165
　一、无板纲的主要特征 …………… 165
　二、无板纲的多样性 ……………… 165
第四节 单板纲(Monoplacophora) … 166

第五节 多板纲(Polyplacophora) …… 167
　一、多板纲的主要特征 …………… 167
　二、多板纲的多样性 ……………… 168
第六节 腹足纲(Gastropoda) ……… 168
　一、腹足纲的主要特征 …………… 168
　二、腹足纲的多样性 ……………… 171
第七节 瓣鳃纲(Lamellibranchia) … 174
　一、瓣鳃纲的主要特征 …………… 174
　二、瓣鳃纲的多样性 ……………… 178
第八节 头足纲(Cephalopoda) ……… 180
　一、头足纲的主要特征 …………… 180
　二、头足纲的多样性 ……………… 183
第九节 掘足纲(Scaphopoda) ……… 185
第十节 软体动物与人类 ……………… 185
第十一节 软体动物的起源与系统发育 … 186
拓展阅读 ………………………………… 187
思考题 …………………………………… 187

第十四章　节肢动物门(Arthropoda) ……… 188

第一节 节肢动物门的主要特征 ……… 188
　一、异律分节 ……………………… 188
　二、外骨骼及其意义 ……………… 189
　三、具关节的附肢及其适应意义 … 190
　四、肌肉系统 ……………………… 191
　五、体腔与开管式循环 …………… 191
　六、消化系统 ……………………… 191
　七、呼吸和排泄 …………………… 191
　八、神经系统与感觉器官 ………… 192
　九、生殖与发育 …………………… 192
第二节 节肢动物的分类与多样性 …… 192
第三节 三叶虫亚门(Trilobitomorpha) … 193
第四节 螯肢亚门(Chelicerata) …… 194
　一、外部形态 ……………………… 194
　二、内部构造 ……………………… 195
　三、生殖与发育 …………………… 196
　四、生态习性与分布 ……………… 196
　五、分类与多样性 ………………… 196
　六、螯肢亚门与人类活动的关系 … 202
第五节 甲壳亚门(Crustacea) ……… 202
　一、体形和分节 …………………… 202
　二、附肢 …………………………… 202

三、内部解剖 ………………………… 203
　　四、生殖与发育 ……………………… 208
　　五、生态习性与分布 ………………… 209
　　六、分类与多样性 …………………… 210
　　七、甲壳动物亚门与人类 …………… 216
　　八、甲壳动物亚门的起源与系统发育
　　　　………………………………………… 217
　第六节　六足亚门(Hexapoda) ……… 218
　　一、外部形态 ………………………… 218
　　二、内部构造 ………………………… 223
　　三、六足动物的生殖和发育 ………… 229
　　四、休眠和滞育 ……………………… 231
　　五、六足动物的多态现象与社会性 … 231
　　六、生态习性与分布 ………………… 232
　　七、分类与多样性 …………………… 233
　　八、六足亚门与人类 ………………… 239
　　九、六足亚门的起源与系统发育 …… 239
　第七节　多足亚门(Myriapoda) ……… 240
　　一、多足亚门的主要特征 …………… 240
　　二、多足亚门的分类与多样性 ……… 240
　第八节　节肢动物的起源及各类群间的
　　　　演化 ……………………………… 241
　拓展阅读 ………………………………… 242
　思考题 …………………………………… 243

第十五章　缓步动物、有爪动物和
　　　　　　五口动物 ………………… 244
　第一节　缓步动物门(Tardigrada) …… 244
　第二节　有爪动物门(Onychophora) … 245
　第三节　五口动物门(Pentastomida) … 246
　拓展阅读 ………………………………… 247
　思考题 …………………………………… 247

第十六章　腕足动物、外肛动物和
　　　　　　帚虫动物 ………………… 248
　第一节　腕足动物门(Brachiopoda) …… 248
　　一、腕足动物的主要特征 …………… 248
　　二、腕足动物的多样性 ……………… 249
　第二节　外肛动物门(Ectoprocta) …… 250
　　一、外肛动物的主要特征 …………… 250
　　二、外肛动物的多样性 ……………… 251
　　三、外肛动物与人类 ………………… 251
　第三节　帚虫动物门(Phoronida) …… 252

　第四节　腕足动物、外肛动物及帚虫
　　　　动物的系统演化 ………………… 253
　拓展阅读 ………………………………… 253
　思考题 …………………………………… 253

第十七章　毛颚动物与异涡动物 …… 254
　第一节　毛颚动物门(Chaetognatha) … 254
　第二节　异涡动物门(Xenoturbellida) … 256
　拓展阅读 ………………………………… 256
　思考题 …………………………………… 257

第十八章　棘皮动物门(Echinodermata)
　　　　　　………………………………… 258
　第一节　棘皮动物的主要特征 ………… 258
　　一、外形 ……………………………… 258
　　二、体壁和骨骼 ……………………… 259
　　三、体腔和水管系统 ………………… 260
　　四、消化系统 ………………………… 261
　　五、围血和循环系统 ………………… 262
　　六、呼吸与排泄 ……………………… 262
　　七、神经系统与感觉 ………………… 262
　　八、生殖与发育 ……………………… 262
　　九、生态习性与分布 ………………… 263
　第二节　棘皮动物的分类和多样性 …… 264
　　一、海百合亚门(Crinozoa) ………… 264
　　二、海星亚门(Asterozoa) …………… 265
　　三、海胆亚门(Echinozoa) …………… 265
　第三节　棘皮动物与人类 ……………… 266
　第四节　棘皮动物的系统发育 ………… 267
　拓展阅读 ………………………………… 267
　思考题 …………………………………… 267

第十九章　半索动物门(Hemichordata)
　　　　　　………………………………… 268
　第一节　半索动物的主要特征 ………… 268
　　一、外部形态 ………………………… 268
　　二、内部结构 ………………………… 268
　　三、生殖与发育 ……………………… 269
　　四、生态习性与分布 ………………… 270
　第二节　半索动物的分类和多样性 …… 270
　第三节　半索动物在动物界的位置 …… 270
　拓展阅读 ………………………………… 271
　思考题 …………………………………… 271

第二十章 无脊椎动物门类的比较与演化 …… 272
第一节 无脊椎动物一般构造和生理的比较 …… 272
一、对称 …… 272
二、胚层与体腔 …… 272
三、体节和身体分部 …… 273
四、体表和骨骼 …… 274
五、运动器官、肌肉和附肢 …… 274
六、消化系统 …… 274
七、呼吸和排泄 …… 275
八、循环系统 …… 275
九、神经系统和感觉器官 …… 275
十、内分泌系统 …… 276
十一、生殖系统和生殖 …… 276
十二、发育 …… 276
第二节 无脊椎动物系统演化概述 …… 277
一、原生动物的起源和演化 …… 277
二、多细胞动物的起源 …… 277
三、多孔动物的系统发育 …… 278
四、刺胞动物的系统发育 …… 278
五、扁形动物的系统发育 …… 278
六、线虫动物和原腔动物的系统发育 …… 278
七、低等真体腔动物的系统发育 …… 279
八、软体动物的系统发育 …… 279
九、节肢动物的系统发育 …… 280
十、后口动物的系统发育 …… 280
十一、总担动物的分类地位 …… 280
十二、无脊椎动物各门的亲缘关系 …… 280

第二十一章 脊索动物门（Chordata） …… 282
第一节 脊索动物的主要特征及其意义 …… 282
一、脊索动物的主要特征 …… 282
二、脊索的出现在动物演化史上的意义 …… 283
第二节 脊索动物分类概述 …… 283
第三节 尾索动物亚门（Urochordata） …… 284
一、尾索动物的主要特征 …… 284
二、尾索动物的分类与多样性 …… 285
三、尾索动物的起源与演化 …… 286
第四节 头索动物亚门（Cephalochordata） …… 286
一、头索动物的主要特征 …… 286
二、头索动物的分类与多样性 …… 291
三、头索动物在动物演化中的意义 …… 291
第五节 脊椎动物亚门（Vertebrata） …… 291
拓展阅读 …… 292
思考题 …… 293

第二十二章 圆口纲（Cyclostomata） …… 294
第一节 圆口纲的主要特征 …… 294
第二节 圆口纲的分类与多样性 …… 296
第三节 圆口纲的起源与演化 …… 296
拓展阅读 …… 297
思考题 …… 297

第二十三章 鱼类 …… 298
第一节 鱼类的主要特征 …… 298
一、体形和皮肤 …… 298
二、骨骼系统 …… 301
三、肌肉系统 …… 304
四、消化系统 …… 306
五、呼吸系统 …… 308
六、循环系统 …… 310
七、神经系统和感觉器官 …… 311
八、排泄系统 …… 315
九、内分泌系统 …… 316
十、生殖系统 …… 317
第二节 鱼类的洄游 …… 319
第三节 鱼类的分类和多样性 …… 320
一、软骨鱼纲（Chondrichthyes） …… 320
二、硬骨鱼纲（Osteichthyes） …… 323
第四节 鱼类与人类 …… 329
第五节 鱼类的起源与演化 …… 330
拓展阅读 …… 330
思考题 …… 331

第二十四章 两栖纲（Amphibia） …… 332
第一节 两栖纲的主要特征 …… 332
一、体形 …… 332
二、皮肤 …… 333
三、骨骼系统 …… 334

四、肌肉系统 …………………… 336
　　五、消化系统 …………………… 337
　　六、呼吸系统 …………………… 338
　　七、循环系统 …………………… 339
　　八、排泄系统 …………………… 341
　　九、神经系统 …………………… 341
　　十、感觉器官 …………………… 343
　　十一、生殖系统 ………………… 344
　　十二、习性与分布 ……………… 346
　第二节　两栖纲的分类与多样性 … 346
　第三节　两栖动物与人类 ………… 349
　第四节　两栖动物的起源与演化 … 350
　拓展阅读 …………………………… 350
　思考题 ……………………………… 350

第二十五章　爬行纲（Reptile） …… 351
　第一节　爬行纲的主要特征 ……… 351
　　一、羊膜卵及其在动物演化史上的
　　　　意义 ………………………… 351
　　二、爬行纲的躯体结构 ………… 352
　第二节　爬行纲的分类与多样性 … 364
　第三节　爬行动物与人类 ………… 370
　第四节　爬行动物的起源与演化 … 370
　拓展阅读 …………………………… 371
　思考题 ……………………………… 371

第二十六章　鸟纲（Aves） ………… 372
　第一节　鸟纲的主要特征 ………… 372
　　一、恒温及其在动物演化史上的意义
　　　　………………………………… 372
　　二、鸟纲的躯体结构 …………… 372
　第二节　鸟类的繁殖、生态及迁徙 … 386
　　一、鸟类的繁殖 ………………… 386
　　二、鸟类的迁徙 ………………… 389
　第三节　鸟纲的分类与多样性 …… 390
　　一、古鸟亚纲 …………………… 390
　　二、反鸟亚纲 …………………… 390
　　三、今鸟亚纲 …………………… 390
　第四节　鸟类与人类 ……………… 397
　第五节　鸟类的起源与演化 ……… 397
　拓展阅读 …………………………… 398
　思考题 ……………………………… 398

第二十七章　哺乳纲（Mammalia） … 399
　第一节　哺乳纲的主要特征 ……… 399
　　一、胎生、哺乳及其在动物演化
　　　　史上的意义 ………………… 399
　　二、哺乳纲的躯体结构 ………… 401
　第二节　哺乳纲的分类与多样性 … 418
　　一、原兽亚纲（Prototheria） …… 418
　　二、后兽亚纲（Metatheria） …… 419
　　三、真兽亚纲（Eutheria） ……… 419
　第三节　哺乳类与人类 …………… 427
　第四节　哺乳动物的起源与演化 … 427
　拓展阅读 …………………………… 428
　思考题 ……………………………… 428

第二十八章　脊索动物各类群的比较与
演化 ………………………………… 429
　第一节　脊索动物一般结构的比较 … 429
　　一、皮肤与衍生物 ……………… 429
　　二、骨骼系统 …………………… 429
　　三、肌肉系统 …………………… 430
　　四、体腔 ………………………… 430
　　五、消化系统 …………………… 430
　　六、呼吸系统 …………………… 431
　　七、排泄系统 …………………… 431
　　八、循环系统 …………………… 431
　　九、神经系统与感觉器官 ……… 432
　　十、内分泌系统 ………………… 433
　　十一、生殖系统 ………………… 433
　　十二、胚胎发育 ………………… 434
　第二节　脊索动物的起源与演化 … 434
　　一、原索动物的起源与演化 …… 434
　　二、圆口纲的起源和演化 ……… 435
　　三、鱼类的起源和演化 ………… 435
　　四、两栖类的起源和演化 ……… 435
　　五、爬行类的起源和演化 ……… 436
　　六、鸟类的起源和演化 ………… 436
　　七、哺乳类的起源和演化 ……… 436
　　八、脊索动物各类群间的亲缘关系 … 437
　拓展阅读 …………………………… 437
　思考题 ……………………………… 437

主要参考书目 ……………………… 438

绪 论

第一节 生物的分界与动物界

自然界的物质可分为生物和非生物两大类。前者具有新陈代谢、自我复制繁殖、生长发育、遗传变异、感应性和适应性等生命现象。因此，生物世界也称为生命世界（Vivicum）。生物的种类繁多，形形色色，千姿百态，目前已鉴定的约200万种。随着时间的推移，新发现的种还会逐年增加，Brusca等（1990）估计，有2 000万~5 000万种有待发现和命名。为了研究、利用丰富多彩的生物世界，人们将其分门别类系统整理，并分为若干不同的界（Kingdom）。

生物的分界随着科学的发展而不断地深化。林奈（von Linnaeus C.，1735）以肉眼所能观察到的特征来区分，通过以生物能否运动为标准，明确提出动物界（Animalia）和植物界（Plantae）的二界系统，二界系统一直到20世纪50年代仍为多数教材所采用。事实上，早在19世纪后半叶，Hogg（1860）和 Haeckel（1866）就已经将原生生物（包括细菌、藻类、真菌和原生动物）另立为界，提出了原生生物界（Protista）、植物界、动物界的三界系统。各种显微镜的广泛使用，以许多单细胞生物的内部结构验证了提出原生生物界的科学性。三界系统理论从20世纪60年代开始流行，并被一些教科书采用。

电子显微镜技术的发展，使生物学家揭示了细菌、蓝藻细胞的细微结构，并发现它们与其他生物有显著的不同，于是提出原核生物（Prokaryote）和真核生物（Eukaryote）的概念。Copeland（1938）将原核生物另立为一界，提出了四界系统，即原核生物界（Monera）、原始有核界（Protoctista）（包括单胞藻、简单的多细胞藻类、黏菌、真菌和原生动物）、后生植物界（Metaphyta）和后生动物界（Metazoa）。随着电镜技术的完善和广泛应用，以及生化知识的积累，将原核生物立为一界的观点，获得了普遍的接受，成为现代生物系统分类的基础。1969年，Whittaker根据细胞结构的复杂程度及营养方式提出了五界系统，他将真菌从植物界中分出另立为界，即原核生物界、原生生物界、真菌界（Fungi）、植物界和动物界。生物的分界是生物学中一个很重要的领域，因此也吸引了很多人的关注，分界系统也存在着各种观点，但到目前为止，五界系统是较为普遍接受的一种观点。

动物是自然界中生物类物质的重要成员。动物与其他生物一样，都是由细胞构成，都具有新陈代谢、生长发育、自我复制繁殖、遗传变异、感应与适应等重要生命现象。

在各种生物分界系统中，动物界都作为一个单独的界被划分出来，其界内的部分成员会由于不同的分界系统有所变动，如在二界系统中，原生动物是归于动物界的；在三界系统以后，原生动物被从动物界中剥离出来。

动物界是目前已经发现的所有生物类群中种类最多的一界（图绪-1）。

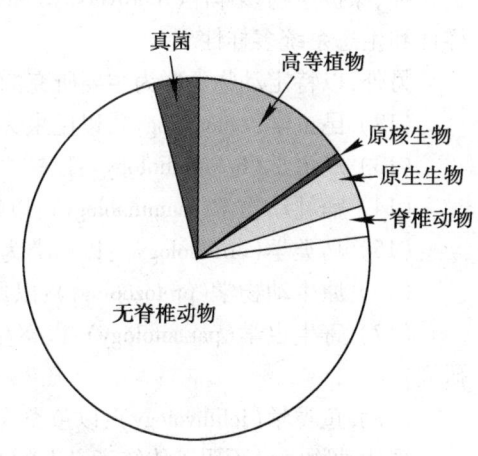

图绪-1 各界生物在全部生物中的比例

第二节 动物学及其分科

动物学(zoology)是生命科学研究的一大分支,是以动物为研究对象,以生物学的观点和方法,系统地研究动物的形态结构、生理、生态、分类、演化以及与人类关系的科学。随着科学的发展,动物学的研究领域也越来越广泛和深入。动物学依据研究内容和方法的不同可分为五大体系:

- 系统动物学(systemic zoology):包括动物分类、生态、分布和演化等。
- 形态学(morphology):以动物的形态结构为主要研究对象,包括解剖学、比较解剖学、组织学、细胞学、胚胎学和古生物学等。
- 生理学(physiology):以动物体生命现象的过程为研究对象,一般以器官和细胞的功能为出发点,包括人体生理学、动物生理学、比较生理学和生理化学等。
- 实验动物学(experimental zoology):以人工控制条件的方法探索动物界各方面的规律性,包括遗传学、细胞生物学、发育生物学等。
- 分子动物学(molecular zoology):以分子生物学技术为主要手段,在动物学各层次上进行研究。

动物学科的具体分科有很多,现举例如下。

(1) 解剖学(anatomy):用解剖的方法研究动物的结构。

(2) 比较解剖学(comparative anatomy):对不同动物的器官、系统做比较的研究,探索它们的适应性以及由低级到高级的演化过程,并借以讨论动物间的亲缘关系。

(3) 生物化学(biochemistry):研究动物组织和细胞的化学组成及其变化过程,是动物生理学的基础。

(4) 生理学(physiology):研究动物体生命活动的功能及过程。

(5) 生态学(ecology):研究动物与它们所处环境(生物和非生物)的关系。

(6) 动物发育生物学(animal developmental biology):研究动物由生殖活动开始,经受精、卵裂、胚胎发育直到成为个体全过程的结构、生理和生化变化。

(7) 遗传学(genetics):研究动物的遗传和变异规律。

(8) 组织学(histology):研究动物的细微(包括细胞水平)结构。

(9) 细胞生物学(cell biology):研究动物细胞的显微和亚显微结构组分,以及这些组分在生命现象中的作用。

(10) 分类学(taxonomy):研究动物的种和它们的分类地位,并探讨它们之间的亲缘关系。

(11) 动物保护生物学(conservation biology):是生命科学中新兴的一个多学科的综合性分支。研究保护物种、保护生物多样性(biodiversity)和持续利用生物资源等问题。生物多样性包括物种多样性、遗传多样性和生态系统多样性。

另外,以特定动物类群为主要研究的对象,可分出不同分支,举例如下。

(12) 昆虫学(entomology):以昆虫为对象的研究。

(13) 蠕虫学(helminthology):以蠕虫为对象的研究。

(14) 哺乳动物学(mammaology):以哺乳动物为对象的研究。

(15) 鸟类学(ornithology):以鸟类为对象的研究。

(16) 原生动物学(protozoology):以原生动物为对象的研究。

(17) 寄生虫学(parasitology):以寄生于人体、其他动物体和植物体上的寄生性无脊椎动物为对象的研究。

(18) 鱼类学(ichthyology):以鱼类为对象的研究。

现代动物学已不限于传统意义上的基础研究。随着诸多学科技术的发展,不仅动物学内部出现了很多的学科交叉,而且越来越多的数学、物理学、化学、地理学、地质学甚至人文科学的理论和技术与动物学进行了交叉,产生了越来越多的与动物学相关的学科分支。

第三节 动物学发展简史

动物学像其他任何一门科学一样,也有其自身的形成和发展过程。动物学的历史,一方面反映了人类认识自然的历史,另一方面也反映了社会发展的变迁史,它的全部发展史与人类社会生产力的发展是分不开的。

一、西方动物学的发展

按照现代科技史的说法,动物学的研究开始于古希腊学者亚里士多德(Aristotle,B. C. 384 — B. C. 322)。他总结了当时人们在生产和生活中积累的动物学知识,在对各种动物做了细致深入观察的基础上,记述了450种动物,并撰写了首部《动物志》(Historia Animalium),首次建立了动物分类系统,将它们分为有血动物和无血动物两大类;他创建的多个常用动物学专业词汇沿用至今;另外,他还对比较解剖学、胚胎学做出过巨大贡献,故被誉为动物学之父。公元2世纪,希腊的医生盖伦(Galen C.,129 — 200)以大象、猿和猪等大型动物为对象,对它们进行了结构解剖,完成了《解剖学》一书,该书的影响持续了1 000多年。

16世纪以后,许多动物学方面的著作纷纷问世,动物分类学及解剖学方面的成就尤为突出。意大利维萨留斯(Vesalius A.,1514 — 1564)第一次较为系统地完成了人体解剖,因而他被称为现代解剖学之父。这一时期,历史上出现过5位著名的动物学家,分别是瑞士的Gessner C.(1516 — 1565)、法国的Belon P.(1517 — 1564)和Rondolet G.(1507 — 1566)、意大利的Aldrovandi U.(1522 — 1605)和Salviani H.(1514 — 1572)。他们不仅对动物的形态结构、行为、习性、分布等进行了大量的观察,还系统地建立了动物标本的采集和动物形态描述的方法,记录了野生动物的驯化过程。他们的贡献促使了近代动物学的产生。

17世纪中叶,显微镜的发明促进了人们对微观结构的认识,组织学、胚胎学及原生动物等学科都相继形成并得到了发展。

进入18世纪,人们已积累了相当丰富的动物学知识。在分类学方面,瑞典生物学家林奈做出了划时代的贡献,创立了生物分类系统,将动物划分为哺乳纲、鸟纲、两栖纲、鱼纲、昆虫纲和蠕虫纲6个纲,又将动植物分成纲、目、属、种及变种5个分类阶元,并创立了动植物的命名法——双名法,为现代分类学奠定了基础。他提出了生物皆有种的概念。遗憾的是,林奈与同时代的许多自然科学家一样,认为物种是不变的,一切物种都是神创造的。同时代的法国生物学家拉马克(Lamarck J. B.,1744 — 1829)是少数反对物种不变观点的人物之一。他接受并积极宣扬了物种演化的思想,且证明了动植物在生活条件的影响下可变化、发展和完善。"用进废退"及"获得性遗传"是拉马克用以解释生物演化的著名论点。另一位与拉马克同时代的法国学者居维叶(Cuvier G.,1769 — 1832)认为:有机体的各个部分是相互关联的。由此,他确立了器官相关定律。运用这一规律,人们能够根据所发现的有机体的某块骨头或碎片,恢复它整个的骨骼、外貌,甚至还能概括出化石动物生活方式的某些详细情节。居维叶对于动物比较解剖学及古生物学方面的发展有着巨大贡献。但是,居维叶也是物种不变观点的拥护者,他以"激变论"对抗拉马克的观点。另外,俄国学者贝尔(von Baer K. E.,1769 — 1832)提出的动物胚层理论,为动物的比较解剖和发育研究奠定了基础。

19世纪中叶,德国学者施莱登(Schleiden M.,1804 — 1881)及施旺(Schwann T.,1810 — 1882)提出了细胞学说,认为动植物的基本构造是细胞。英国科学家达尔文(Darwin C.,1809 — 1882)在其著作《物种起源》(1859)一书中,总结了他自己的观察,并综合动植物饲养、栽培方面的丰富材料,首次提出了进化论的观点,认为生物没有固定不变的种。种与种之间,至少在当初是没有明确界限的,物种不仅有变化,而且不断地向前发展,由简单到复杂,从低等到高等。同时,他以"自然选择"学说解释了动物界的多样性、同一性和变异性等。《物种起源》的出版,对生物学中的先进思想和工作起了极大的促进作用。细胞学说、达尔文进化论、能量守恒定律被恩格斯誉为19世纪自然科学的三大发现。

虽然达尔文已经确认了动植物可以遗传这一事实,但却无法阐述其遗传的机制。奥地利的孟德尔(Mendel G.,1822—1884)用豌豆进行杂交试验,发现后代各相对性状的出现遵循着一定的比例,称为孟德尔定律。这一发现与后来发现的细胞分裂时染色体的行为相吻合,成为摩尔根(Morgan T. H.,1866—1945)基因遗传学派的理论基础之一。

20世纪初叶,动物学的最大成就来自于现代生理学的代表——俄国的巴甫洛夫(Pavlov I. P.,1849—1936)。他通过著名的"巴甫洛夫小胃实验",从理论上阐明了动物体内普遍存在的条件反射现象。

1953年沃森(Watson J. D.,1928—)和克里克(Crick F. H. C.,1916—2004)提出了DNA双螺旋结构模型,使得生物的DNA复制、转录、遗传信息的传递等问题得到了更准确的阐述。同时,这些理论的应用促成了分子生物学技术的建立和发展,并极大地促进了包括动物科学在内的生命科学各领域在分子水平上的研究和发展。

20世纪末,又一项轰动全球的动物学研究成果面世,这就是通过体细胞克隆技术诞生的克隆羊"多莉"。为人类利用细胞技术改良动物品系、器官克隆等多方面提供了借鉴。

二、我国动物学的发展

我国是一个文明古国,地域辽阔,动物资源非常丰富。在与自然界长期接触的过程中,我国人民积累了极为丰富的动物学知识。早在公元前3千多年的原始社会里,我们的祖先就掌握了养蚕和家畜饲养的技术。从属于仰韶文化的半坡文化遗址出土的陶器上,就出现了一些动物的图案。根据出土的甲骨文记载,在夏商时期(B.C.21世纪—B.C.11世纪),马、牛、羊、鸡、犬、豕等禽畜饲养都已发展起来。约公元前2千年关于物候方面的著作《夏小正》记每月之物候,其中就谈到动物,如5月浮游(今称为蜉蝣)出现,12月蚂蚁进窝,就是对蜉蝣与蚂蚁生活观察的记实。说明我国古代祖先很早就已经重视自然季节现象与农业生产的关系。至西周(B.C.11世纪—B.C.771)、春秋(B.C.770—B.C.476)和战国(B.C.475—B.C.221)时期,奴隶社会逐渐转变为封建社会,农牧业更加发展,《诗经》记载的动物达100多种。历代的汉字演化过程在一定程度上也反映了我国人民对身边动物的认识。从中文文字的偏旁部首,也可看出文字形成当初,人们已具备了一些的动物知识。《周礼》一书中,生物被分为两大类,相当于动物和植物,动物又分为毛物、羽物、介物、鳞物和赢物5类,相当于现代动物分类中的兽类、鸟类、甲壳类、鱼类、软体动物。较之西欧18世纪林奈所分的哺乳类、鸟类、两栖类、鱼类、昆虫、蠕虫6类只少1类。自秦(B.C.221—B.C.207)汉至南北朝,许多农业种子和马匹等优良品种的广泛培育和交换,进一步促进了农业和畜牧业的发展。晋朝(265—420)已开始编撰动植物图谱,晋朝稽含著的《南方草木状》,虽然是植物方面的著作,但其中也记载了利用蚂蚁扑灭柑橘害虫,这是世界上最早利用天敌消灭害虫的案例。北魏贾思勰(486—534)所著的《齐民要术》总结了农业上的生产经验,内容广博,包括农业(谷类、油料、纤维、染料等作物)、畜牧业(家畜、家禽)、养蚕、养鱼、农副产品加工等技术经验。自隋唐至明朝,我国的生物科学知识继续发展。唐朝(618—907)陈藏器著的《本草拾遗》记有鱼类的分类,所依据的分类特征有侧鳞的数目,这一点仍是当代鱼类分类的依据之一,书中还提到不少动物的名称。北宋的沈括(1031—1095)在其撰写的《梦溪笔谈》中有大量的动物描述。明代宋应星编撰的《天工开物》中也提供了水产捕捞和畜牧养殖等方面的大量知识。

明朝李时珍(1518—1593)所著的《本草纲目》总结修订了前人的本草著作,加上其本人的研究,描记了444种药用动物,并附有大量绘图,书中提供了这些药用动物的名称、性状、习性、产地及功用,还将动物分为虫、鳞、介、禽和兽几类,全书52卷,是我国古代科学著作的伟大典籍,受到世界各国的重视,已译成许多种文字发行,至今仍受人推崇。

我国古代医药学的成就也是非常卓越的。在甲骨文中已有关于疾病的文字,《黄帝内经》和公元前4世纪战国时期扁鹊所著的《扁鹊难经》都是我国早期著名的医学著作。这两本著作包括了人体解剖、生理、病理和治疗等方面的丰富知识,当时秦越人对血液循环已有认识,并估计了每一循环所需的时间,还首创了基于血液循环的脉诊。可见我国发现血液循环较英国的哈维(Harvey W.,1578—1657)提出的"心血运动论"(1628)要早1 900多年。宋朝王维德的《铜人针灸经》已把人体的穴位制成铜质人体模型用于教学,说明了当时针灸学之发达。另外,我国古代在医药学方面做出重要贡献的医学家还有张仲景(150—

219)、华陀(？—208)、葛洪(283—363)、陶弘景(452—536)、孙思邈(581—682)等人。他们的贡献使中国传统医学在全球医学界独树一帜。

16世纪以后，随着中外文化交流的加深，大批的西方人士以商人和传教士的身份进入我国境内。在华期间，除了经商传教，他们也进行了大量的动物标本采集和研究。这些人中就包括意大利的利玛窦(Ricci M.，1552—1610)和利国安(Laureati G.，1666—1727)。明、清两代，西方人士从我国采集了大批的动物标本，导致大量的野生动物标本流失，其中不乏很多未知种。而与之相对应的是，同时期西方学者出版了大批的以我国土著动物种类为主的专著。

由上述可见，在明朝以前，中国动物学知识及结合农医实践成就在世界上并不落后。不过，自欧洲文艺复兴后，西欧国家进入资本主义社会，在新兴的资本主义制度下，自然科学得到迅速发展，而我国仍处于封建时期，鸦片战争后又沦为半殖民地半封建社会，阻碍了科学的发展，致使动物学的发展极为缓慢而落后了。

我国的现代动物学研究始于20世纪初。1905年以后，中国各级学堂逐年增加，中学开设了博物课，大学设有格致科，相继出版了植物学和动物学的中文教材。1907年，汪鸾翔编著了约两万字的《动物学讲义》，介绍了各纲动物的形态、构造和生理机能与特点，特别是强调了生物演化的内容，提到了生存竞争、生物遗传、变异和自然选择。1909年，国内开始在大学里设立农林科、博物部或生物系，着手培养近代生物学人才。留日学生于1919年在岭南大学开了昆虫课。1920年，东南大学农科设立病虫害系。1915年，秉志在美国Pomona《昆虫学与动物学》杂志发表了《加拿大一种菊科植物虫瘿的各种昆虫的生态研究》，1916年，钱崇澍在哈佛大学发表了题为《宾夕法尼亚毛茛的两个亚洲近缘种》的论文。这些成果均开我国近现代动物学研究之先河。

国内的动物学研究始于1910年，钟观光(1868—1946)在湖南高等师范学校和北京大学任教期间先后采集了500多种海产动物标本。民国之初，中国尚无专门的生物学研究机构。1918年，中国科学社总部自美国迁回南京。1920年，从美国学成归国的秉志最初仅在南京高等师范学校农业专修科开设普通动物学课程；1922年，农业专修科并入东南大学，并扩展为生物系。同年，秉志和胡先骕等人共同创办了我国近代第一个生物研究机构——中国科学社生物研究所，该所中分动物、植物两个部。1924年以后，动物、植物两部每年均有论文发表，最早的有秉志的《鲸鱼骨骼之研究》、陈桢的《金鱼之变异》和王家楫的《南京原生动物之研究》等有价值的论文。1925—1942年，该机构共出版动物学研究论文集16卷，颇受学术界的欢迎。该研究所还收集了大量的动物标本，到1931年，共计有650种鸟兽、爬行动物、两栖动物、鱼类脊椎动物标本7 000余件和大量的无脊椎动物标本。

1928年6月，以原北京师范大学校长、曾任北洋政府教育总长的范静生(1875—1927)生前捐款为基金的民间基金会创立了以静生命名的生物研究所(静生生物调查所)。该所的主要任务是调查中国北方动、植物，同时不定期地出版刊物《静生生物调查所汇报》。

从1928年到抗战爆发前为止，中国各地先后建立了一些生物学研究机构，配合各大学的生物系，形成了各地区的研究中心，特别是对中国动、植物的调查和分类研究做出了重要贡献。

自20世纪20年代起，我国的生物学工作者先后在不同的地区成立了科技社团。1924年，留学欧洲的中国学生在法国里昂成立了中国生物学会，4年后该学会回迁北平；1926年，在北平成立了中国生理学会；1929年，在厦门成立了中国海产生物学会；我国第一个昆虫学术团体——六足学会是在1920年由张巨伯等人发起，1927年曾更名为中国昆虫学会；1934年9月，由秉志、郑章成等30人发起成立的中国动物学会成为中国近现代动物学发展史的里程碑。

在抗日战争爆发前的一段相对稳定的时期里，国内的学者在动物学的多个方面进行了开创性研究。王家楫、戴立生、张作人、何学伟、范德盛、熊大仕、张奎和韩朝佐等人开展了对原生动物的研究；陈纳逊、陈义、伍献文和沈嘉瑞分别对刺胞动物、环节动物、线虫动物以及甲壳动物做了研究；胡经甫、陈世骧、邹钟琳和吴福桢等也分别在昆虫分类研究上做了许多工作。另外，董聿茂、陆鼎恒、张玺和陈义等人对沿海的介形动物也进行了大量调查。在鱼类研究领域，朱元鼎、伍献文、陈兼善和张春霖等人发表过很多研究报告；朱元鼎的《中国鱼类索引》(1931)著录鱼类1 497种，是中国第一部鱼类分类学专著。从事两栖类研究的有方炳文、张孟闻和刘承钊等。寿振黄、任国荣等进行了鸟类的调查研究。秉志对江豚、虎、白鲸等多种动物做了一系列的解剖研究。陈纳逊、陈伯康、张伯钧、武兆发、马文昭、孟廷秀、罗克昌、崔芝兰、欧阳翥及卢于道等分别在解剖学、组织学、胚胎学和细胞学领域开展了基础研究。在生理学方面，林可胜对胃液分泌机制的研究，吴宪等在蛋白质变性作用、免疫化学、血液分析、营养学方面以及蔡翘关于肝糖元代谢的研究都取得了有价值的成果。张宗翰、汪敬熙、张锡钧等人在中枢神经生理方面、与合作者在肌肉神经生理学方面也都完成了许多有意义的工作。冯德培发现的肌肉代谢因拉长而增加的新现象，被称为"冯氏效应"。贝时璋、朱洗、童第周等人开创了我国近现代实验动物学研究。蔡邦华对螟虫的分类、发生和防治作了长期的系统研究，对害虫预测预报产生了很好的影响。

新中国成立后，为了配合国内工农业生产和提高全民的身体健康水平，我国动物学科技工作者不懈努力，在基础研究、应用基础研究和开发应用方面均取得了很大的成绩，对我国动物的形态、分类、发生、生态、生理、演化和遗传等的研究，发表了大量论文、动物志和其他论著，为丰富我国动物学教育的内容、解决生产和科研中的问题、查清我国的动物资源及保护、开发和持续利用和学科的进一步发展，提供了丰富的基础资料。这些研究成果在农林牧渔业的发展、重大工程建设、环境综合评价和治理、农林业重大害虫发生的控制、重大人畜共患疾病预防和控制等方面具有极高的理论和应用价值，部分成果还达到了当时的国际先进水平。

随着改革开放的不断深入，大批的动物学研究人员走出国门，与外界广泛地开展了国际学术交流与合作，他们的足迹已遍布世界各地。大批国际合作项目的顺利进行使我国的动物学研究提高到了一个新的水平。

第四节　研究动物学的目的和意义

动物学不仅是一门历史悠久的基础学科，而且也是分支众多的大学科之一。动物学科本身的理论研究内容广博，与农、林、牧、渔、医、工等多方面的生产实践也有密切的联系。

丰富多彩的动物界不仅为人类的衣、食、住、行提供了大量的物质资源，同时也为人类的美学、艺术、文化等方面提供了创作源泉，满足了人们精神生活需要。

我国跨越了东亚界和古北界两界，动物种类及数量居世界前列，其中不乏大量的特有动物和珍贵动物。开发利用动物资源，首先需要摸清动物资源的状况。保护动物资源，挽救濒危动物物种和受胁动物，也需要了解相关动物的特点和习性，这些都涉及动物学的知识。虽然我国动物学科技工作者在动物物种保护方面已进行了多年深入研究并取得了重要进展，如对受到世界关注的大熊猫、朱鹮等的保护已得到学界认可，但仍有大量工作要做。随着全球化趋势，污染加剧、环境恶化、外来物种入侵加快等环境的和生态的危机不断出现，保护全球生物多样性已成为当今世界各国共同面临的重要任务。如何平衡资源的开发和保护，并做到动物资源的可持续利用，这都是与动物学相关的研究课题，需要大批的动物学工作者进一步深入细致的研究。

我国是一个农业大国，农业领域的害虫控制、生物防治以及家畜、家禽、经济水产动物和经济昆虫养殖等方面，动物学也都是必要的基础知识。例如，为了开发有益动物，就需要了解和掌握它们的基本动物学特征，满足其所需生活条件，防止对其有害的生物等，才能使其健康迅速发展。为了不断改良经济动物品质、培育新品种，也需要动物学与其他学科交叉的新技术，例如，转基因技术、基因敲除技术等。农林害虫的形态结构、生活习性及生活史等动物学信息是害虫预测预报的基础，通过这些知识，人们才有可能掌握最佳时机消灭害虫。同时，通过对害虫及其天敌昆虫（或动物）关系的研究，了解天敌生物的结构特点及其生活规律，人工大力培养害虫的天敌生物，用以控制、消灭害虫。这种利用生物防治害虫的方法，既避免了农药的污染，又能达到控制或消灭害虫的目的。在这方面，我国已取得了很多成果。利用昆虫的外激素诱杀不同性别的害虫，或利用培育的雄性不育昆虫来控制其繁殖的技术和方法，都来自动物学的研究成果。此外，一些昆虫作为农作物、蔬菜、果树的传粉媒介，对提高这些虫媒授粉植物的产量起着重要作用。

动物学及其分支学科,诸如动物解剖学、组织学、细胞学、遗传学、胚胎学、生理学和寄生虫学等是医学研究不可缺少的基础。有些寄生虫直接危害人体健康,甚至造成严重的疾病。在对我国近现代史上著名的五大寄生虫病(疟疾、黑热病、血吸虫病、钩虫病和丝虫病)的诊断、治疗和预防上,如果没有动物学研究的配合是难以完成的。2003年暴发的"非典"也与动物学有关。在药学方面,可供药用的动物种类繁多,如传统中医药中广泛应用的动物药牛黄、鹿茸、麝香、蜂王浆、蜂毒、全蝎及蜈蚣等。许多医学中难题的解决以及新药物的研制,也必须先在动物体上进行试验或探索。实验动物已成为专门的学科,为药物试验提供实验对象,还为动物源药物(包括活性物质)的开发利用提供线索。目前,国内外都在大力开发和利用动物产生的各种活性物质以及它们的药用潜能。

许多轻工业原料来源于动物,如我国传统纺织业中的蚕丝、羊毛、驼毛、兔毛及禽羽等仍然是纺织业和服装业的重要原材料。虽然化学纤维发展很快,但天然的丝、毛纤维织物仍有其无比的优越性。轻工业中利用动物材料为原料的例子还有很多,它不仅丰富了工业生产的原料来源,也提升了动物产品的附加值。

仿生学是生物学与当代工业工程技术交叉的产物,它的出现离不开动物学的研究。动物在亿万年的演化过程中,形成了各种各样特殊的结构、功能或行为,它们高度的精准性和高效率是现代精密仪器所无法比拟的。人们已将很多仿生学的成果广泛应用于航海、航空、航天、军事、气象和人工智能机器人开发等。

因此,可以说学习和研究动物学具有十分重要的学术和现实意义。

第五节　动物学的研究方法

自然界是一个相互依存、互相制约、错综复杂的整体。动物学是对动物界客观存在的概括,因此在研究自然界的动物时,必须具有辩证唯物主义观点,从整体的观念出发,以对立统一的规律来看待动物与周围环境之间的关系;以发展的眼光看待动物的过去与现在。感性是理性的源泉,但感性认识只能解决现象问题,要认识事物的本质,需要通过抽象的概括,方能真正理解。所以,从事动物学研究,必须多方面接触自然与实际,丰富感性认识,然后再通过整理和概括,提高到理性阶段,把最本质的问题揭露出来。

除了这些指导性的基本思路外,动物学的学习和研究还涉及一些具体的方法学问题。

一、描述法

观察和描述的方法是动物学研究的基本方法。传统的描述主要是通过观察,将动物的外部特征、内部结构、生活习性及经济意义等用文字或图表如实地系统地记述下来。尽管随着科技的进步,实验技术已获得了巨大发展,但仍然离不开在不同水平上的观察和描述。例如,光学显微镜使观察深入到组织、细胞水平,而电子显微镜以及分子生物学技术可使观察进一步深入到细胞及其细胞器的亚微或超微结构,甚至到分子水平。

二、比较法

通过对不同动物的系统比较,可以找出它们之间的类群关系,揭示出动物生存和演化规律。动物学中各分类阶元的特征概括,就是通过比较而获得的。从动物体宏观形态结构深入到细胞、亚细胞和分子的比较,是当今研究的热点之一。例如,对不同种属动物的细胞、染色体组型和带型的比较,核酸序列的比较,同源或同功蛋白质组成的化学结构比较等,都已为阐明动物的亲缘关系及演化做出重要贡献。

三、实验法

在一定的人为控制条件下,对动物的生命活动或结构机能进行观察和研究。实验法经常与比较法同时使用,并与具体的方法学及实验手段的进步密切相关。例如,用透射电镜术与扫描电镜术研究动物的组织、细胞和细胞器的亚微或超微结构等,用放射性同位素示踪法研究动物的代谢过程和生态习性等。层析、电泳、超速离心、显微分光光度、气相色谱和液相色谱分析、蛋白质测序、基因测序及电子计算机技术等,均已应用于各有关实验工作的不同方面,从而推动着动物学科的发展。同时,随着自然科学其他领域和技术的发展,现在的动物学研究越来越多地成为数学、物理、化学、地学、计算机科学和电子科学等多学科共同参与的交叉性科学研究。

以上是几种常用的研究动物的方法,但不管用哪一种,最重要也是最基本的原则就是要忠于事实、准确认真、思考周密、记载详尽。将观察到的现象分析和归纳,做出科学的解释,把本质的问题揭示出来。

第六节 动物分类的知识

动物分类的知识是学习和研究动物学必需的基础。任何动物学领域的科学研究,包括宏观的、微观的以及与农林牧渔等有关的领域,都首先需要正确地鉴定研究材料或对象是哪一个物种(species),否则,再高水平的研究,也会失去其客观性、对比性、重复性和科学价值。

一、分类依据

现在所用的动物分类系统,是以动物形态或解剖的相似性和差异性的总和为基础,依据了古生物学、比较胚胎学、比较解剖学上的许多证据,基本上能反映出动物界的自然亲缘关系,称为自然分类系统。

1990年代以来,动物分类学的理论和研究方法有了很大的发展。在分类理论方面出现了几大学派,虽然在基本原理上有许多共同之处,但各自强调的方面不同。支序分类学派(cladistic systematics 或 cladistics)认为最能或唯一能反映系统发育关系的依据是分类单元之间的亲缘关系,而反映亲缘关系的最确切的标志为共同祖先的相对近度;演化分类学派(evolutionary systematics)认为建立系统发育关系时单纯靠亲缘关系不能完全概括在演化过程中出现的全部情况,还应考虑到分类单元之间的演化程度,包括趋异的程度和祖先与后裔之间渐进累积的演化性变化的程度;数值分类学派(numerial systematics)认为不应加权(weighting)于任何特征,通过大量的不加权特征研究总体的相似度,以反映分类单元之间的近似程度,借助电子计算机的运算,根据相似系数,来分析各分类单元之间的相互关系。

在分类特征的依据方面,形态学特征特别是外部形态仍然是最直观且常用的依据。扫描电镜的应用,可观察到细微结构的差异,使动物分类工作更加精细。生活史、生殖隔离、生活习性、生态要求等生物学特征均为分类依据。细胞学特征,如染色体数目变化、结构变化、核型、带型分析等,均已应用于动物分类工作。随着生化技术的发展,生化组成也逐渐成为分类的重要特征,DNA、RNA 的结构变化决定遗传特征的差异,蛋白质的结构组成直接反映基因组成的差异,这些也都成为分类的重要依据。DNA 核苷酸和蛋白质氨基酸的新型快速测序手段及 DNA 杂交等方法,均已在各类动物分类研究中得到了重视和应用。

二、分类等级

分类学根据生物之间相同、相异的程度与亲缘关系的远近,使用不同等级特征,将生物逐级分类。动物分类系统,由大而小有界(Kingdom)、门(Phylum)、纲(Class)、目(Order)、科(Family)、属(Genus)、种等几个重要的分类阶元(分类等级)(category)。任何一个已知的动物均无例外地可归属在这几个阶元之中(表绪-1)。

表绪-1　几种动物的分类地位

分类阶元		虎		意大利蜂		秀丽隐杆线虫	
界	Kingdom	动物界	Animal	动物界	Animal	动物界	Animal
门	Phylum	脊索动物门	Chordata	节肢动物门	Arthropoda	线虫动物门	Nematoda
纲	Class	哺乳纲	Mammalia	昆虫纲	Insecta	胞管肾纲	Secernentea
目	Order	食肉目	Carnivora	膜翅目	Hymenoptera	小杆目	Rhabditida
科	Family	猫科	Felidae	蜜蜂科	Apidae	小杆科	Rhabditidae
属	Genus	豹属	*Panthera*	蜜蜂属	*Apis*	隐杆线虫属	*Caenorhabditis*
种	Species	虎	*tigris*	意大利蜂	*mellifera*	秀丽隐杆线虫	*elegans*

　　以上几种动物在动物系统中各自的地位可以从这个体系中相当精确地表示出来。有时，为了更精确地表达种的分类地位，还可将原有的阶元进一步细分，并在上述7个阶元之间加入另外一些阶元，以满足这种要求。加入的阶元名称，通常在原有阶元名称前或后加上总（Super-）或亚（Sub-）而形成。于是就有了总目（Superorder）、亚目（Suborder）、总纲（Superclass）、亚纲（Subclass）等名称。一般采用的阶元如下：

　　界 Kingdom
　　　门 Phylum
　　　　亚门 Subphylum
　　　　　总纲 Superclass
　　　　　　纲 Class
　　　　　　　亚纲 Subclass
　　　　　　　　总目 Superorder
　　　　　　　　　目 Order
　　　　　　　　　　亚目 Suborder
　　　　　　　　　　　总科 Superfamily（-oidea）
　　　　　　　　　　　　科 Family（-idae）
　　　　　　　　　　　　　亚科 Subfamily（-inae）
　　　　　　　　　　　　　　属 Genus
　　　　　　　　　　　　　　　亚属 Subgenus
　　　　　　　　　　　　　　　　种 Species
　　　　　　　　　　　　　　　　　亚种 Subspecies

　　按照学界的惯例，亚科、科和总科等名称都有标准的字尾（科是-idea、总科是-oidea、亚科是-inae）。这些字尾是加在模式属的学名词干之后的。

　　在上述所有分类阶元中，除种以外，其他较高的阶元，都是同时具有客观性和主观性的。它们是客观性的，是由于它们都是客观存在的、可以划分的实体；它们之所以又是主观性的，则是由于各阶元的水平以及阶元与阶元之间的范围划分完全是由人们主观确定的，并没有统一的客观准则。因此，常常会出现一些动物种类的分类地位变更现象，这是由于不同的分类学家们对一个种类的分类位置有不同的解读造成的。

　　至于种以下的分类，过去多从单模概念出发，现今从种群的概念出发，则多以亚种作为种以下的分类阶元，也是种内唯一在命名法上被承认的分类阶元。亚种是一个种内的地理种群或生态种群，与同种内任何其他种群有别。人工选育的动植物种下分类单元称为品种或品系（strain）。

三、物种的概念

　　物种是分类系统中最基本的阶元，它与其他分类阶元不同，纯粹是客观性的，有自己相对稳定的明确界限,可以与别的物种相区别。物种的概念以及对于物种的认识,随着科学的发展而发展,随着人们对自然界认识的不断深入而加深。18 世纪林奈时代的观点认为物种是固定不变的。自演化的概念被广泛接受以来,人们逐渐公认当前地球上生存的物种,是物种在长期历史发展过程中,通过变异、遗传和自然选择的结果。种与种间在历史上是连续的,但种又是生物连续演化中一个间断的单元,是一个繁殖的群体,具有共同的遗传组成,能生殖出与自身基本相似的后代。物种是变的又是不变的,是连续的又是间断的。变是绝对的,是物种发展的根据;不变是相对的,是物种存在的根据。形态相似(特征分明、特征固定)和生殖隔离(杂交不育)是其不变的一面,为藉以鉴定物种的依据。物种的定义可以表达如下:

物种是生物界发展的连续性与间断性统一的基本间断形式;在有性生物,物种呈现为统一的繁殖群体,由占有一定空间、具有实际或潜在繁殖能力的种群所组成,而且与其他这样的群体在生殖上是隔离的。

四、动物的命名

国际上除订立了前述共同遵守的分类阶元外,还统一规定了种和亚种的命名方法,以便于生物学工作者之间的联系。目前统一采用的物种命名法是"双名法"。它规定每一个动物都应有一个学名(scientific name),这一学名是由两个拉丁词或拉丁化的文字所组成,前一个词是该动物的属名,后一个词是它的种本名。例如,虎的学名为 *Panthera tigris*,意大利蜂的学名是 *Apis mellifera*。属名用主格单数名词,第一个字母要大写;后面的种本名用形容词或名词等,第一字母不须大写。学名之后,还附加当初定名人的姓氏,例如 *Apis mellifera* Linnaeus 表示意大利蜂这个种是由林奈定名的。写亚种的学名时,须在种名之后加上亚种名,构成通常所称的三名法。例如,华南虎是虎的一个亚种,其学名为 *Panthera tigris amoyensis*。

五、动物的分门

动物学者根据细胞数量及分化、体型、胚层、体腔、体节、附肢以及内部器官的布局和特点等,将整个动物界分为若干门,有的门大,包括种类多,有的则是小门,包括种类很少。正如前文已指出的,种以上各阶元既具有客观性又具有主观性,学者们对于动物门的数目及各门动物在动物演化系统上的位置持有不同的见解,并根据新的准则和证据不断提出新的观点。例如,腹毛动物和轮虫动物,有人将其各立为门,也有的将它们列入线形动物门中,作为纲;原气管动物为节肢动物门中的一个纲,但也有人将其等级提升为门,在分类系统上置于环节动物之前的位置上;对于软体动物在分类系统上,位置的排列也有不同的意见。近年来,根据大多学者的意见,动物界分为如下 37 门:

原生动物门(Protozoa)	扁盘动物门(Placozoa)	中生动物门(Mesozoa)
多孔动物门(Porifera)	刺胞动物门(Cnidaria)	栉水母动物门(Ctenophora)
扁形动物门(Platyhelminthes)	纽形动物门(Nemertea)	线虫动物门(Nematoda)
轮虫动物门(Rotifera)	线形动物门(Nematomorpha)	腹毛动物门(Gastrotricha)
颚口动物门(Gnathostomulida)	微颚动物门(Micrognathozoa)	棘头动物门(Acanthocephala)
铠甲动物门(Loricifera)	内肛动物门(Entoprocta)	动吻动物门(Kinorhyncha)
环口动物门(Cycliophora)	环节动物门(Annelida)	螠虫动物门(Echiura)
星虫动物门(Sipunculida)	须腕动物门(Pogonophora)	鳃曳动物门(Priapulida)
软体动物门(Mollusca)	节肢动物门(Arthropoda)	缓步动物门(Tardigrada)
有爪动物门(Onychophora)	五口动物门(Pentastomida)	腕足动物门(Brachiopoda)
外肛动物门(Ectoprocta)	帚虫动物门(Phoronida)	毛颚动物门(Chaetognatha)
异涡动物门(Xenoturbellida)	棘皮动物门(Echinodermata)	半索动物门(Hemichordata)
脊索动物门(Chordata)		

拓展阅读

[1] 罗桂环. 近代西方识华生物史. 济南:山东教育出版社,2005
[2] 胡宗刚. 静生生物调查所史稿. 济南:山东教育出版社,2005
[3] 彼得·泰勒克. 科学之书——影响人类历史的250项科学大发现. 济南:山东画报出版社,2004
[4] 丹皮尔 W C. 科学史及其与哲学和宗教的关系. 李珩译. 南宁:广西师范大学出版社,2001
[5] 姚敦义. 生命科学发展史. 济南:济南出版社,2005
[6] 郭郛,李约瑟,成庆泰. 中国古代动物学史. 北京:科学出版社,1999

思考题

1. 生物分界的根据是什么？如何理解生物分界的意义？为什么五界系统被广泛采用？
2. 以动物学的发展史为例,简述你对一门科学的形成与发展有何看法。
3. 动物分类是以什么为依据的,为什么说它基本上反映动物界的自然类缘关系？
4. 何谓物种？为什么说它是客观性的？
5. "双名法"命名有什么好处？它是怎样给物种命名的？
6. 比较一下不同版本动物学教材的动物界分门,谈谈你对它们的看法。

第一章 动物体的基本结构与机能

动物体结构的基本单位是细胞。动物细胞有各种形态,其形体与相应的功能有关。动物细胞由细胞膜、细胞核、细胞质和各种细胞器构成。在生命活动过程中动物细胞的生长和分裂具有周期性。

形态类似、机能相同的细胞群构成组织。多细胞动物是由不同形态和不同机能的组织构成的。由几种不同类型的组织联合形成具有一定形态特征和生理机能的器官。机能上有密切联系的器官联合起来完成一定的生理机能即成为系统。

第一节 动物细胞

动物的种类很多,体形结构千变万化。根据细胞学说,组成动物体结构的基本单位都是细胞(cell)。细胞是动物体结构与机能的基本单位。

一、动物细胞的一般特征

动物细胞一般比较微小,只有在显微镜下才能看到。动物细胞大小常以微米计量,但鸟卵的直径可达几个厘米。动物细胞的形态结构与机能也是多种多样的(图1-1)。游离的细胞一般为圆形或椭圆形,如血细胞和卵;紧密连接的细胞有扁平、方形和柱形等;具有收缩机能的肌细胞多为纺锤形或纤维形;具有传导机能的神经细胞则为星形,多具长的突起。细胞虽然形形色色,但是它们在形态结构与机能上又具有共同的特征。

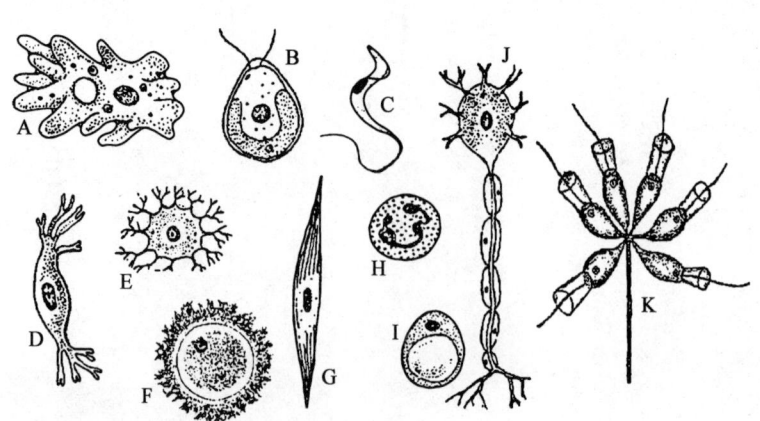

图1-1 各种动物细胞
A. 变形细胞;B. 衣滴虫;C. 锥虫;D. 梭形细胞;E. 扁平上皮细胞;F. 卵细胞;
G. 肌肉细胞;H. 白细胞;I. 巨噬细胞;J. 神经细胞;K. 领细胞

动物细胞的特征表现在:形态结构上具有细胞膜、细胞质(包括各种细胞器)和细胞核的结构;具核膜,为真核细胞(eukaryotic cell)。机能上具有利用和转变能量、维持细胞各种生命活动的能力,具有把简单的小分子物质(氨基酸、核苷酸、碱基)合成为复杂的大分子物质(蛋白质、核酸)的生物合成能力,具有自我复制和分裂繁殖的能力以及协调细胞机体整体生命的能力等。

二、动物细胞的化学组成

虽然动物细胞的形态和机能多种多样,但其组成基本元素大致是相同的。在自然界目前已知的112种元素中,有24种是细胞中所具有的,也是生命所必需的。其中的C、H、O、N、P和S对生命活动有着特别重要的作用。构成动物细胞的大部分有机分子是由这6种元素所构成的。而Ca、K、Na、Cl、Mg和Fe等元素在动物细胞中的含量虽然较少,但也是生命活动所必需的。此外还有10多种微量元素(如Mn、I、Mo、Co、Zn、Se、Cu、Cr、Sn、V、Si和F等)也是生物新陈代谢所不可或缺的。

动物细胞是由上述元素所形成的各种化合物所构成的。细胞内的化合物分为无机物(如水、无机盐)及有机物(如蛋白质、核酸、脂质及糖类)。动物细胞约含75%~85%的水、10%~20%的蛋白质、2%~35%的脂质、1%核酸、1%糖类和1%无机物。

蛋白质(protein)是细胞的基本物质,也是细胞各种生命活动的基础。蛋白质由氨基酸(amino acid)组成,组成蛋白质的常见氨基酸有20多种。氨基酸借肽键联成肽链。蛋白质是由几个、几十个、几百个甚至成千上万的氨基酸分子通过肽键按一定次序相连而成长链,又按一定的方式盘曲折叠形成极其复杂的生物大分子。随着构成蛋白质的氨基酸在数量和排列上的变换,蛋白质的特性也随之多样化。结构的细微差异都能影响到机能。不同的动物有不同的特有蛋白质,动物亲缘关系越近,它们的蛋白质越相似。另外,蛋白质具有"种"的特异性,因此可作为种类鉴别及种类间亲缘关系的证据,以及应用于组织移植等方面的实践。

核酸(nucleic acid)在生物的遗传、变异中起决定作用。核酸可分为核糖核酸(RNA)和脱氧核糖核酸(DNA)。细胞质与细胞核都含有核糖核酸。脱氧核糖核酸是细胞核的主要成分。

糖类(carbohydrate)是由C、H和O组成的,它的化学式为$C_x(H_2O)_y$,其中H与O的比例绝大多数为2:1,与水相似,故也称为碳水化合物。糖类不仅是细胞的主要能源,也是构成细胞的组分之一。动物细胞内的糖大多是由植物那里获取的。

脂质(lipid)中比较重要的有真脂(即甘油酯)、磷脂及固醇3大类。最简单的脂肪是由甘油和脂肪酸构成的。脂质不仅是一种能源,也是细胞各种结构的组成成分,尤其是细胞膜、核膜以及细胞器的膜,主要由蛋白质和磷脂组成。

三、动物细胞的结构

细胞就是一团原生质(protoplasm),构成细胞的结构有细胞膜、细胞核、细胞质和各种细胞器等(图1-2)。

(一)细胞膜

细胞膜(cell membrane,又称为质膜 plasma membrane)是包绕在细胞表面外的极薄的膜,一般在光学显微镜下看不见。电子显微镜下显示:细胞膜为3层(内外两层为致密层,中间夹着不太致密的一层),称为单位膜(unit membrane),厚度一般为7~10 nm,主要由蛋白质和脂质构成。因由脂质组成的膜脂具有流动性,所以细胞质膜也有流动性。细胞膜具有维持细胞形态和细胞内环境恒定的作用。细胞可通过细胞膜有选择地从周围环境吸收养分,并将代谢产物排出细胞外。细胞膜上的各种蛋白质,特别是酶,对多种物质出入细胞膜起

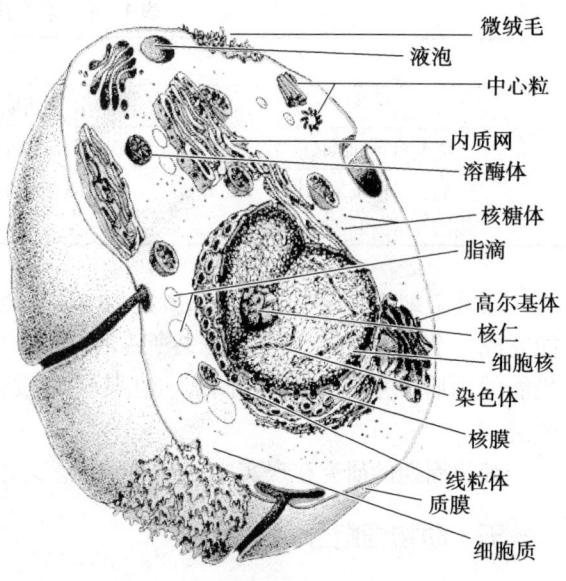

图1-2 动物细胞模式图

着关键性作用。同时,细胞膜还有信息传递、代谢调控、细胞识别与免疫等作用。

(二) 细胞质

细胞质(cytoplasm)是细胞膜之内、细胞核之外所有物质的统称。在光学显微镜下观察活的动物细胞,可见细胞质呈半透明、均质的状态,黏滞性较低。细胞质中还可见不同大小的折光颗粒,主要为细胞器和内含物等。细胞器(organelle)简称"胞器",具有一定的形态结构和机能,是细胞生命活动所不可缺少的。内含物(inclusions)是细胞代谢的产物或是进入细胞的外来物,不具代谢活性。除去细胞器和内含物,剩下的均质、半透明的似无结构的胶体物质,被称为细胞质基质(cytoplasmic matrix)。电子显微镜下的细胞基质呈现出很复杂的内膜系统。

细胞质中包含重要的细胞器有内质网(endoplasmic reticulum, ER)、核糖体(ribosome)、高尔基复合体(Golgi complex)、溶酶体(lysosome)、线粒体(mitochondrium)、中心粒(centriole)、微丝(microfilament)和微管(microtubule)等。它们在动物细胞中蛋白质的合成、运输和分泌,细胞能量的产生以及在细胞运动和形态的维持等方面起着主要作用。

(三) 细胞核

细胞核(nucleus)是细胞的重要组成部分。细胞核的形状多种多样,一般与细胞的形状有关。通常每一个细胞有一个核,也有双核或多核的。在核的外面包围一层单位膜,称为核膜或核被膜(nuclear membrane)。在经特殊固定、染色后的活细胞核膜内侧,一般可识辨出核膜、核仁(nucleolus)、核基质(或称核骨架,nuclear matrix 或 nuclear skeleton)和染色质(chromatin)。

细胞核的机能是保存遗传物质,控制生化合成和细胞代谢,决定细胞或机体的性状表现,把遗传物质从细胞(或个体)一代代传下去。但细胞核不是孤立地起作用,而是与细胞质相互作用、相互依存而表现出细胞统一的生命过程。细胞核控制细胞质;细胞质对细胞的分化、发育和遗传也具有重要的作用。

四、动物细胞周期

动物细胞在生命活动过程中需要不断地生长和分裂,它的生长和分裂具有周期性。细胞由一次分裂结束到下一次分裂结束之间的时间段称为细胞周期(cell cycle),整个细胞周期包括分裂间期和分裂期(表1-1)。在细胞生长时,其体积逐渐增大,为细胞分裂提供了基础。在分裂期,细胞分裂为两个子细胞。两次细胞分裂之间的时期称为分裂间期(interphase)。分裂间期又根据 DNA 的复制分为 3 个时期。细胞分裂间期各阶段的主要生命活动见表1-1。

表1-1 细胞分裂间期各阶段的生命活动

细胞周期			
细胞分裂间期			细胞分裂期
DNA 合成前期(G_1)	DNA 合成期(S)	DNA 合成后期(G_2)	细胞分裂
合成 DNA 复制所需要的酶和底物、RNA	DNA 复制	合成纺锤体和星体的蛋白质	

在整个细胞周期中分裂间期所占的时间远较分裂期长。如人的细胞在组织培养中需要18~22小时才能完成一个细胞周期,而细胞分裂所需时间只占此周期的1小时。对于高等动物来讲,已经分化执行特殊机能的细胞一般不再进行分裂,但在某些刺激下,如创伤愈合或对生长素的反应中,可以重新开始生长分裂。

细胞周期的研究在现实中有着重要的意义,它为抗衰老、肿瘤治疗和神经损伤修复提供了理论基础。

五、动物细胞分裂

细胞分裂是动物生长、发育、分化和繁殖的基础。同时,不同的动物细胞有着特定的细胞寿命,不是所有细胞的分裂速度和代数都是相同的,有的出生时就停止了分裂,如神经细胞。细胞分裂在胚胎时比较快,以后随年龄的增加而下降。

细胞分裂可分为无丝分裂(amitosis)、有丝分裂(mitosis)和减数分裂(meiosis)。

(一) 无丝分裂

无丝分裂也叫做直接分裂,是一种比较简单的分裂方式。在分裂时看不见染色体的复杂变化,核物质直接分裂成两部分。一般是从核仁开始延长,横裂为二,接着核延长,中间缢缩,分裂成2个核;同时,细胞质也随之拉长并分裂,结果形成2个细胞(图1-3)。这种分裂不如有丝分裂普遍和重要。

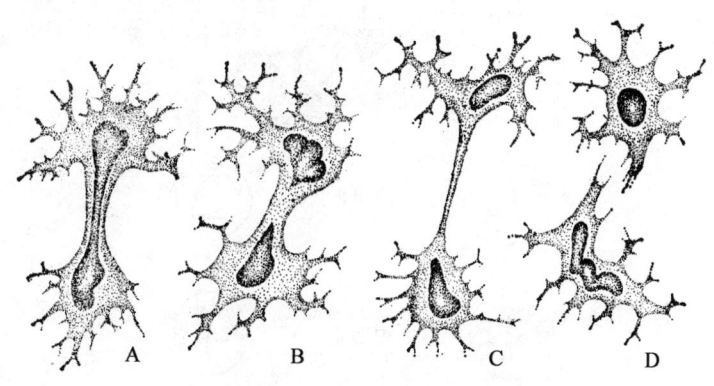

图1-3 动物细胞的无丝分裂
A. 前期;B. 中期;C. 后期;D. 末期

(二) 有丝分裂

有丝分裂也称为间接分裂,该分裂过程相对复杂。整个有丝分裂过程是连续的,一般把它分为前期、中期、后期和末期(图1-4)。

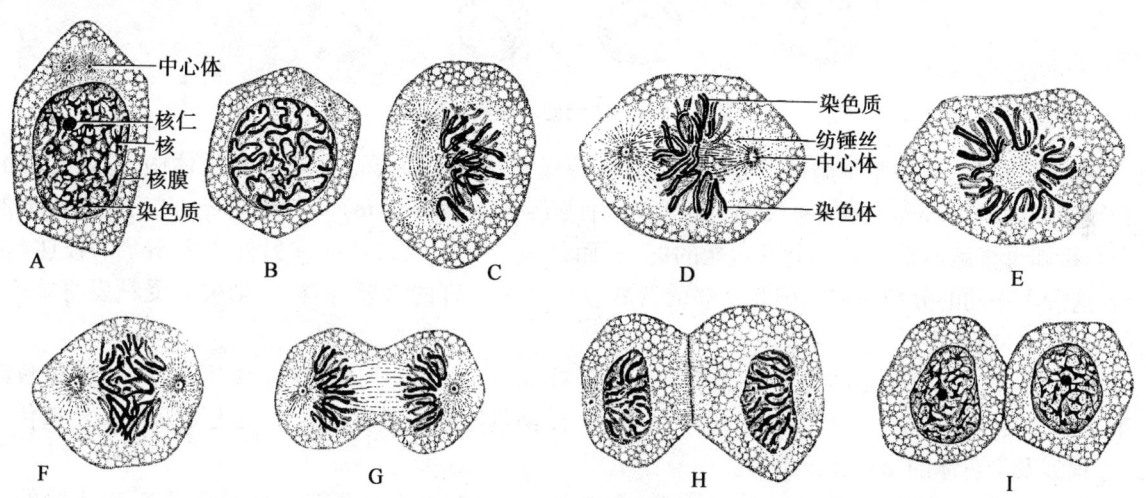

图1-4 动物细胞的有丝分裂
A. 分裂间期;B、C. 分裂前期;D、E. 分裂中期;F、G. 分裂后期;H. 分裂末期;I. 分裂完成的2个子细胞

(三) 减数分裂

减数分裂形式是随着配子生殖而出现的,凡是进行有性生殖的动、植物都有减数分裂过程。减数分裂与一般的有丝分裂的不同之处在于,减数分裂时进行2次连续的核分裂,细胞分裂了2次,其中染色体只分裂一次,结果染色体的数目减少一半(图1-5)。

减数分裂发生的时间,每类生物是固定的,但在不同生物类群之间可以是不同的。动物细胞的减数分裂又称为终端减数分裂(terminal meiosis)。这种减数分裂发生在配子形成时,配子形成过程中成熟期的最后2次分裂的结果是形成精子和卵。

在成熟期的2次细胞分裂中,初级精母细胞(primary spermatocyte)(2n)分裂(减数第一次分裂)到次级精母细胞(secondary spermatocyte)(n)时,染色体减少了一半,后者再分裂(减数第二次分裂),产生4个精

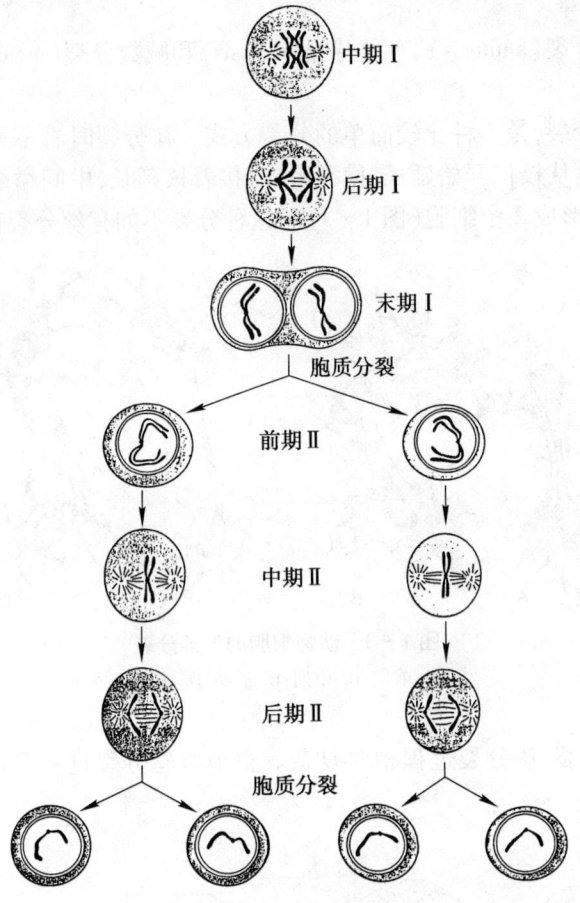

图1-5 动物细胞的减数分裂

细胞(spermatid)(n),这些精细胞通过分化过程转变成精子(spermatozoon)(n)。在雌体中,这些相应的阶段是初级卵母细胞(primary oocyte)($2n$)、次级卵母细胞(secondary oocyte)(n)和卵(egg)(n)。所不同的在于每个初级卵母细胞不是产生4个有功能的配子,而是只产生1个成熟卵和另外3个不孕的极体(polar body)。这种不平均的分裂使卵细胞有足够的营养以供将来发育的需要,而极体则失去受精发育能力,所以卵的数量不如精子多。

一般说来,第一次分裂是同源染色体(homologous chromosome)分开,染色体的数目减少一半,是减数分裂。第二次分裂是姊妹染色单体(sister chromatid)分开,染色体的数目没有减少,是等数分裂。从遗传学上讲,此过程涉及染色体的交换和重组等。

减数分裂对维持物种染色体数目的恒定性、遗传物质的分配和重组等都具有重要意义,对生物的演化发展也是极为重要的。

第二节 动物组织、器官和系统的基本概念

一、组织

多细胞动物是由不同形态和不同机能的组织构成的。组织(tissue)是由一些形态相同或类似、机能相同的细胞群所构成的。在组织内不仅有细胞,也有非细胞形态的物质,称为细胞间质(如基底、纤维等)。每种组织承担一定的机能。高等动物体(或人体)具有很多不同形态和不同机能的组织。归纳这些组织,通常可分为4大类的基本组织,即上皮组织(epithelial tissue)、结缔组织(connective tissue)、肌肉组织(muscular tissue)和神经组织(nervous tissue)。

(一) 上皮组织

上皮组织由密集的细胞和少量细胞间质(intercellular substance)组成,在细胞之间有明显的连接复合体(junctional complex)结构。一般细胞密集排列呈膜状,覆盖在体表和体内各种器官、管道、囊和腔的内表面及内脏器官的表面。上皮组织具有保护、吸收、排泄、分泌和呼吸等作用。根据上皮组织机能的不同,分为被覆上皮(cover epithelium)、腺上皮(glandular epithelium)和感觉上皮(sensory epithelium)等。

(二) 结缔组织

结缔组织由多种细胞和大量的细胞间质构成的。细胞的种类多,分散在细胞间质中。细胞间质有液体、胶状体、固体基质和纤维。结缔组织具多样化的特点,具有支持、保护、营养、修复和物质运输等多种机能。如疏松结缔组织(loose connective tissue)、致密结缔组织(dense connective tissue)、脂肪组织(adipose tissue)、软骨组织(cartilapenous tissue)、骨组织(osseous tissue)和血液(blood)等。

(三) 肌肉组织

肌肉组织由收缩性强的肌细胞构成。肌细胞一般细长呈纤维状,因此也称为肌纤维,其主要机能是将化学能转变为机械能,使肌纤维收缩,引发机体进行各种运动。根据肌细胞的形态结构分为横纹肌(striated muscle)(也称为骨骼肌 skeletal muscle)、心肌(cardiac muscle)、斜纹肌(obliquely striated muscle)和平滑肌(smooth muscle)。其中斜纹肌广泛存在于无脊椎动物。

横纹肌一般受中枢神经支配,故也称为随意肌。而其他类型肌肉不受中枢神经支配,称为非随意肌。

(四) 神经组织

神经组织由神经细胞(或称神经元 neuron)和神经胶质细胞(neuroglia cell)组成的。神经细胞具有高度发达的感受刺激和传导兴奋的能力。神经胶质细胞尚未被证明有传导兴奋的能力,但有支持、保护、营养和修补等作用。神经细胞是神经组织中形态与机能的单位,它的形态与一般细胞大不相同。神经细胞的形态多种多样,按胞突的数目可分为假单极、双极与多极神经细胞3大类。神经组织是组成脑、脊髓以及周围神经系统其他部分的基本成分,它能接受内外环境的各种刺激,并能发出冲动联系骨骼肌及机体内部脏器协调活动。

二、器官和系统

器官(organ)是由几种不同类型的组织联合形成的、具有一定形态特征和一定生理机能的结构。例如,小肠是由上皮组织、疏松结缔组织、平滑肌以及神经、血管等形成的,外形呈管状,具有消化食物和吸收营养的机能。器官虽然由几种组织所组成,但不是各组织的机械结合,而是相互关联、相互依存,成为有机体的一部分,不能与有机体的整体相分割。如小肠的上皮组织有消化吸收的作用,结缔组织有支持、联系的作用,平滑肌收缩使小肠蠕动,神经纤维能接受刺激、调节各组织的作用。这一切作用的综合才能使小肠完成消化和吸收的机能。

一些在功能上有密切联系的器官联合起来并完成一定的生理机能,即构成了系统(system)。例如,口、食管、胃、肠及各种消化腺,有机地结合起来形成消化系统。脊椎动物体(如人体)内有许多系统,如皮肤系统、骨骼系统、肌肉系统、消化系统、呼吸系统、循环系统、排泄系统、内分泌系统、神经系统和生殖系统。这些系统又在神经系统和内分泌系统的调节控制下,彼此相互联系、相互制约地执行其不同的生理机能。只有这样,才能使整个有机体适应外界环境的变化和维持体内外环境的协调,完成整个的生命活动,使生命得以生存和延续。

不同动物的同功器官和系统有着极大的差异,其结构的变化与动物的演化有着密切的联系。因此,有关动物器官和系统的比较研究在阐述动物演化上有着重要的意义。

本章节的内容涉及动物的细胞学、生物化学、遗传学、解剖学、组织学以及生理学等诸多动物学的分支学科。读者可根据需要,进一步阅读有关的文献,以了解更为详细的知识。

拓展阅读

［1］王镜岩,朱圣庚,徐长法. 生物化学教程. 北京:高等教育出版社,2008
［2］王金发. 细胞生物学. 北京:科学出版社,2003
［3］杨倩. 动物组织学与胚胎学. 北京:中国农业大学出版社,2008

思考题

1. 组成动物细胞的重要化学成分有哪些,各有何重要作用?
2. 细胞膜的基本结构及其最基本的机能是什么?
3. 细胞质各重要成分(如内质网、高尔基体、线粒体、溶酶体、中心粒等)的结构特点及其生物学机能是什么?
4. 简述4类基本组织的主要特征及其最主要的机能。
5. 简述器官、系统的基本概念。

第二章 原生动物门(Protozoa)

原生动物大都是单细胞的。它们具有一般动物所表现的各种生命活动;运动靠鞭毛、伪足和纤毛;具有多种营养方式;通过体表完成呼吸;排泄通过伸缩泡或体表;具有无性生殖和有性生殖;自由生活种类可形成包囊;分布广泛。少数寄生种类是重要的病原体。

第一节 原生动物门的主要特征

一、一般形态

原生动物大都由单个细胞构成的,因此也称为单细胞动物。构成原生动物体的单个细胞,既具有一般细胞的基本结构——细胞质、细胞核和细胞膜,又具有一般动物所表现的各种生命活动,如运动、消化、呼吸、排泄、感应及生殖等。因此,它与多细胞动物体内的单个细胞不同,而相当于多细胞动物整体,是一个能营独立生活的有机体。它没有像后生动物那样的器官和系统,而是由细胞分化出不同的胞器来行使各种生命活动,如有些种类分化出鞭毛或纤毛来完成运动;有些种类分化出胞口、胞咽,摄取食物后,在体内形成食物泡进行消化等。因此,就一个个体而言,原生动物细胞是非常复杂的。

一般的原生动物都在 250 μm 以下,少数可以达到数毫米(如纤毛虫中的旋毛虫 *Spirostomum*)和 1 cm 以上(如肉足虫中的 *Aulosphaera*)。

原生动物细胞的体表具有细胞膜。不同的原生动物种类细胞膜下存在着不同的皮膜下结构,故不同原生动物身体的柔韧性有差异;有些种类变形明显,有些种类保持固定体形。

有些原生动物的体表外有相对坚硬的外壳,这些外壳的质地可以由几丁质(表壳虫 *Arcella*)、硅质(鳞壳虫 *Difflugia*)、钙质(有孔虫)或纤维质(多甲虫 *Peridinium*)等构成。有的原生动物细胞质内有硅质的骨骼结构,如放射虫。

原生动物的细胞质内含有多种胞器,借以适应各种生命活动。一般情况下,原生动物的细胞质可以分成内外2个部分。外侧的较为透明、致密,为外质(ectoplasm)。外质的内侧不像外质那样透明,内含许多颗粒物质,流动性大,为内质(endoplasm)。细胞核位于内质中。

大多数原生动物只具有1个核,但也有些种类具有多个核(如多核变形虫 *Pelomyxa*、蛙片虫 *Opalina*)。有些原生动物细胞内具有2种类型的细胞核。一种是大核(macronucleus),一种是小核(micronucleus)。大核是多倍体的,与细胞的代谢有关;小核是二倍体的,与细胞的繁殖有关。

原生动物与多细胞动物一样,具有运动、营养、呼吸、排泄、感应和生殖等基本生命活动特性,同时也与生存的环境有密切的联系。

二、运动

原生动物的运动(locomotion)分为2类,一类是没有固定运动胞器的运动,如变形虫和簇虫,前者是因为身体不断变形,常会伸出伪足(pseudopodium)在固体基质上爬行;后者借助身体的不断收缩,做"蠕动"或"滑动"状前行或后退。另一类是有固定运动胞器(鞭毛 flagellum 或纤毛 cilium)的运动。

1. 伪足的结构与运动机理

伪足是肉足纲种类运动时,由体表向外形成的临时性的细胞质突起,是肉足虫的运动胞器。伪足形成时,外质向外凸出呈指状,内质流入其中,即溶胶质向运动的方向流动,流动到临时的突起前端后,又向外分开,接着又变为凝胶质,同时后边的凝胶质又转变为溶胶质,不断地向前流动,这样虫体不断向伪足伸出的方向移动,这种现象叫做变形运动(amoeboid movement)(图2-1)。不同肉足虫的伪足形态有所不同。有关变形运动的机理,有多种观点。有人认为,凝胶和溶胶的变化与细胞质中的蛋白质收缩有关。在凝胶状态时,蛋白质分子伸展开形成网状;形成溶胶时,蛋白质分子折叠卷曲起来,形成可溶性的紧密分子。近年来,一些学者不断地从大变形虫和其他变形虫的提取物中发现肌动蛋白和肌球蛋白。比较一致的看法认为,变形运动的机理可能与肌动蛋白和肌球蛋白的相互作用有着密切的关系。

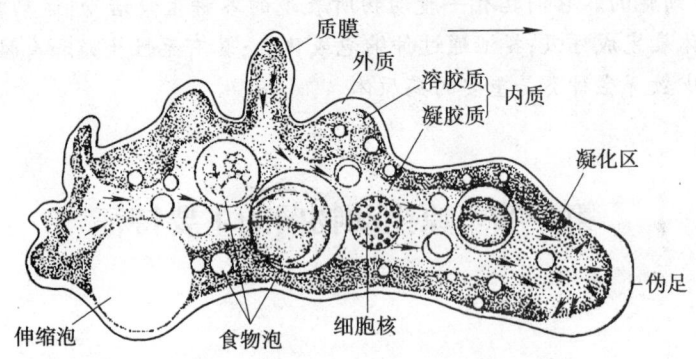

图2-1 肉足虫的伪足结构与变形运动

箭头示运动方向(仿Hegner)

2. 鞭毛和纤毛的结构与运动机理

鞭毛和纤毛均为细胞质伸展出来的丝状构造。在高放大倍数光学显微镜下可看出,在鞭毛的外周是原生质鞘,里面有1根具弹性的轴丝(图2-2A)。在电子显微镜下有些种类的鞭毛表面具有鞭茸毛(图2-2B、C)。

鞭毛可分为2部分:鞭毛干和毛基体(kinetosome)。鞭毛干是由鞭毛沟内游离出细胞表面的部分,外表是一层外膜,它与细胞的原生质膜相连(图2-3),膜内共有11条纵行的轴丝,其中9条轴丝从横断面上排成一圈,称为外围纤维(peripheral fibrils)。每条外围纤维是由2个亚纤维(subfibrils)组成双联体,其中1个亚纤维不成管状,从断面看具有2个腕,腕的方向均为顺时针。在9条外围纤维的中间有2条中心纤维,中心纤维是单管状,外面有中心鞘包围。这就是鞭毛及纤毛轴丝排列的"9+2"模式(图2-4、2-5)。9个外围纤维进入细胞质内形成的一筒状

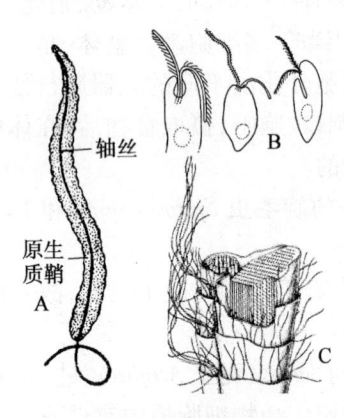

图2-2 鞭毛的基本结构

A. 光镜下的鞭毛结构(仿 Kudo);
B. 不同种类鞭毛上的鞭茸毛(仿 Margulis);
C. 鞭茸毛的超微结构(仿 Mignot)

结构就是毛基体,或称生毛体(blephroplast)。每根外围纤维变成3个亚纤维,成车轮状排列。而中心纤维在进入细胞质之前终止。毛基体向细胞内伸出的纤维称为根丝体(rhizoplast),终止在细胞核或其附近。毛基体的结构与中心粒相似,在细胞分裂时,毛基体也可起中心粒的作用。

一些寄生于血液或动物组织中的鞭毛虫种类,在基体旁还有1个动基体(kinetoplast),也称为动体,它是线粒体的一端膨大而成的膜囊状结构。动体与基体不相连。动体内有DNA,但与核的DNA不同,如锥虫(图2-4)。随着技术手段的提高和完善,目前对与基体有关的各种微管或微丝结构的研究很详细,有学者将鞭毛轴丝以及与毛基体有关的基部小纤维和胞器总称为鞭毛毛基系统(mastigont system)。

鞭毛或纤毛不断地打动(图2-5),借水的反作用力推动或拽动虫体运动。鞭毛与纤毛的差异仅表现在鞭毛较长(5~200 μm),数目较少,运动不那么有规律;纤毛较短(3~20 μm),数目较多,打动节奏有规律。

第一节　原生动物门的主要特征　21

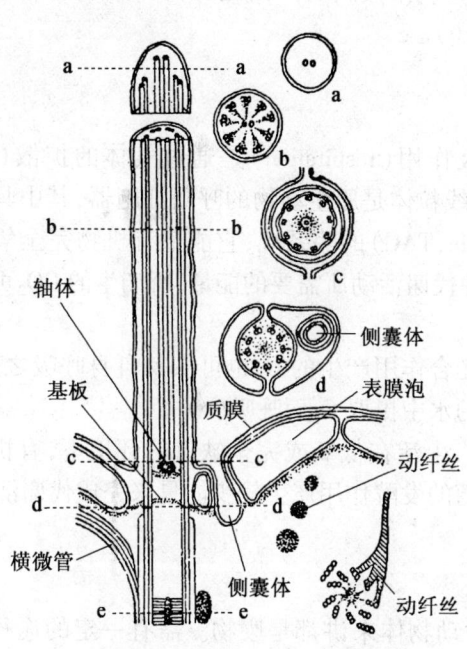

图2-3　鞭毛和纤毛纵切
示毛及毛基体，a～e示不同切面（仿Corliss）

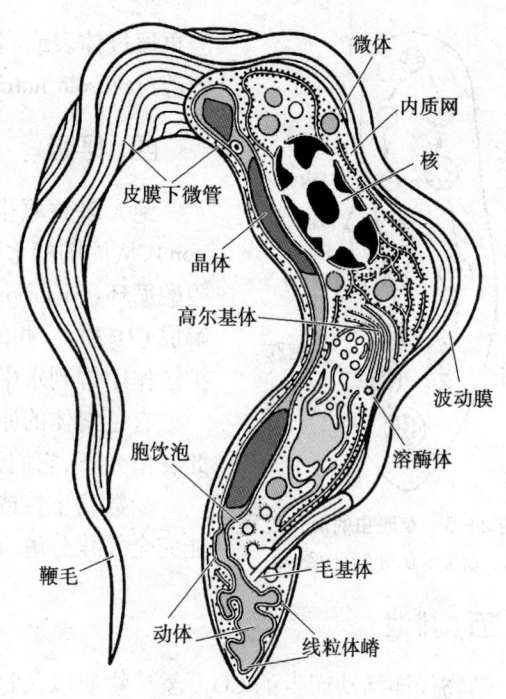

图2-4　锥虫的结构

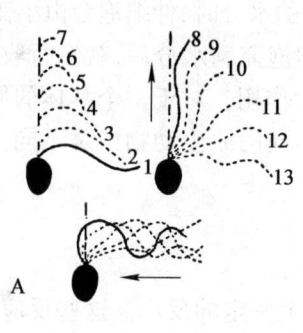

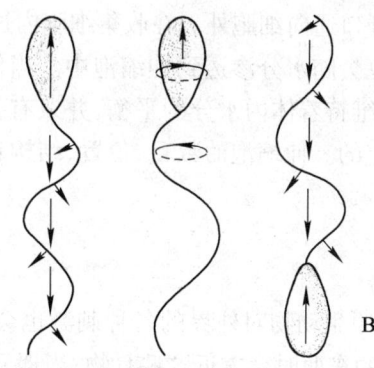

图2-5　鞭毛的运动模式
A. 鞭毛划动的不同方式；B. 鞭毛的划动方式导致的不同运动方向

不仅原生动物的鞭毛与纤毛有相似的结构，所有后生动物精子的鞭毛、多孔动物领细胞的鞭毛、扁形动物原肾细胞中的纤毛都有相似的结构，这可作为各类动物之间有亲缘关系的一个例证。

除了运动功能之外，鞭毛与纤毛的摆动，还可以引起水流，利于取食，推动物质在体内的流动。另外，它们也具有某些感觉的功能。

三、营养

原生动物包含了生物界的全部营养（nutrition）类型。在植鞭毛虫类，细胞质中含有色素体，色素体中含有叶绿素（chlorophyll）、叶黄素（xanthophyll）等。这些色素体与植物的色素体一样，可利用光能，将CO_2和水合成碳水化合物，即进行光合作用，自己制造食物。这种营养方式称植物性营养（holophytic nutrition）。孢子纲等寄生和其他一些自由生活的种类，能通过体表的渗透作用从周围环境中摄取溶于水中的有机物质而获得营养，这种营养方式称为腐生性营养（saprophytic nutrition）。绝大多数的原生动物还是通过取食活动而获得营养。例如，肉足纲通过伪足的包裹作用吞噬食物；纤毛虫类通过胞口（cytostome）、胞咽（cytopharynx）等细胞器摄取食物，食物进入体内后被细胞质形成的膜包围成为食物泡（food vacuole），食物泡随原生质流动，经消化酶作用使食物消化，消化后的营养物经食物泡膜进入内质中，不能消化吸收的食物残渣再通过体表或固定的肛点(cytopyge)排出体外,这种营养方式称为动物性营养(holozoic nutrition)(图2-6)。

四、呼吸

绝大多数原生动物的呼吸作用(respiration)是通过气体的扩散(diffusion),从周围的水中获得O_2。线粒体是原生动物的呼吸细胞器,其中具有三羧酸循环(tricarboxylic acid cycle,TAC)的酶系统,它能把有机物完全氧化分解成CO_2和水,并能释放出各种代谢活动所需要的能量,所产生的CO_2可通过扩散作用排到水中。

有色素体的原生动物,其光合作用产生的O_2也可供其自身呼吸之用,因此在阳光下,它们无需从周围的水中摄取O_2而呼吸。

少数腐生性或寄生的种类,生活在低氧或完全缺氧的环境下,有机物不能完全氧化分解,而利用大量糖的发酵作用产生较少能量来完成代谢活动。

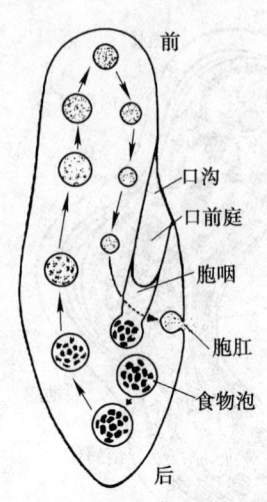

图2-6 草履虫的消化过程
箭头示食物泡运动路线

五、排泄

动物代谢活动产生的CO_2、含N物质以及过多的水分对动物体来讲都是废物。需有一定的途径排出体外。这个废物排出体外的过程就是排泄作用(excretion)。原生动物的排泄有多种途径,淡水生活以及某些海产的原生动物通过伸缩泡(contractile vacuole)完成排泄。伸缩泡为膜状结构,分布在原生动物细胞的一定部位。伸缩泡有开口通向细胞外。在收集细胞内过多的水分时,伸缩泡会由小变大,CO_2、含N物质和其他溶解性代谢废物也会随水分渗透到伸缩泡中。当伸缩泡充满水分后,就自行收缩将水分通过体表排出体外。因此,伸缩泡维持着体内水分的平衡,并兼有排泄作用。对于一个具体的原生动物来讲,伸缩泡的伸缩频率是较为稳定的。伸缩泡的数目、位置、结构在不同的原生动物中是不同,它也成为了原生动物分类的重要指标之一。

六、应激性

同其他动物一样,原生动物对外界的各种刺激也会产生一定的反应。这些反应就是应激性(irritability)。当它们遇到可食的东西时会靠近这些食物;当遇到有害刺激时会躲避。对化学药品它们也会有一定的反应,如草履虫(*Paramecium*)会趋集到有0.2%醋酸的地方;遇到高盐环境就会逃离。原生动物这种对各种物质、光、温度等的趋避能够帮助它们寻找到食物和逃避毒害,对它们的生存有很大意义。

七、生殖

原生动物的生殖(reproduction)分无性生殖(asexual reproduction)及有性生殖(sexual reproduction)。无性生殖存在于所有的原生动物,在一些种类中它是唯一的生殖方式(如锥虫)。无性生殖有以下4种形式:

(1) 二分裂(binary fission):原生动物最普遍的一种无性生殖,一般为有丝分裂(图2-7)。分裂时细胞核先由1个分为2个,染色体均等的分布在2个子核中,随后细胞质也分别包围2个细胞核,形成2个大小、形状相等的子体。

(2) 出芽(budding):实际也是一种二分裂,只是形成的2个子体大小不等,大的子细胞称母体,小的子细胞称芽体。

(3) 复分裂(multiple fission):分裂时细胞核先分裂多次,形成许多核之后细胞质再分裂,最后形成许多单核的子体,是一种能够迅速产生大量后代的繁殖方式。孢子纲种类均具有这种繁殖方式。

(4) 质裂(plasmotomy):一些多核的原生动物,如多核变形虫、蛙片虫所进行的一种无性生殖,即核先不分裂,而是由细胞质在分裂时直接包围部分细胞核形成几个多核的子体,子体再恢复成多核的新虫体。

原生动物的有性生殖又有2种方式:

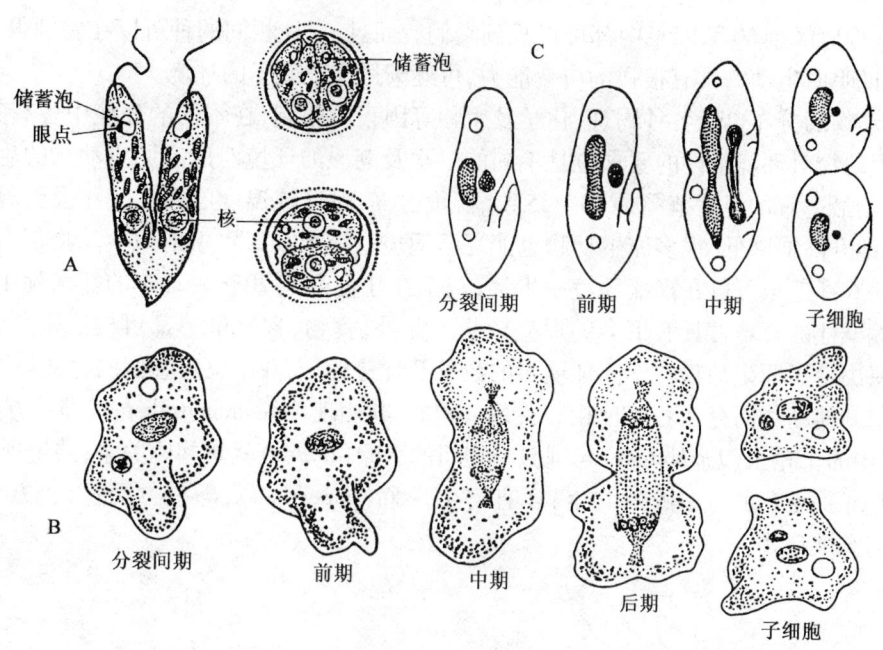

图2-7 原生动物无性生殖的各种方式
A. 眼虫的纵二分裂和包囊形成(仿 Woodruff); B. 变形虫的有丝分裂(仿 Hickman); C. 草履虫的横二分裂(仿 Hegner)

(1) 配子生殖(gamogenesis):大多数原生动物的有性生殖行配子生殖,即经过2个配子的融合(syngamy)或受精(fertilization)形成1个新个体,这与多细胞动物的精卵结合相似。如果融合的2个配子在大小、形状上相似,则称为同形配子(isogamete),同形配子的生殖称同配生殖(isogamy)。如果融合的2个配子在大小、形状均不相同,则称异形配子(heterogamete),根据其大小不同、分别称为大配子(macrogamete)或卵(ovum)及小配子(microgamete)或精子(sperm),两者受精结合后形成受精卵,称合子(zygote)。异形配子所进行的生殖称为异配生殖(heterogamy)。

(2) 接合生殖(conjugation):原生动物中的纤毛虫所特有的一种有性生殖方式。2个二倍体虫体腹面相贴,每个虫体的小核减数分裂,形成单倍体的配子核,相互交换部分小核物质,交换后的单倍体小核与对方的单倍体小核融合,形成1个新的二倍体的结合核,然后2个虫体分开,各自再行有丝分裂,形成数个二倍体的新个体。

八、包囊和卵囊的形成

许多自由生活的原生动物在不良环境中或由于某种未知原因,其体表可分泌出一些物质,这些物质凝固后把自己包裹起来,即形成了包囊(cyst)。包囊可以保护原生动物,使其渡过较为干燥和低温等不良环境。同时,包囊很容易被其他动物或风力携带扩散。因此,原生动物的广泛分布与其能够形成包囊有很大关系。部分原生动物种类的繁殖必须在包囊阶段完成。

一些寄生的原生动物,特别是孢子纲种类,其受精后的合子也会分泌出囊壁,形成卵囊(oocyst)。虫体就在卵囊中进行分裂繁殖。卵囊壁一般坚厚,同样具有保护的功能。

九、群体

虽然大部分原生动物都是单细胞的,但仍有少部分种类由多个细胞聚集成群体(clony),如团藻(Volox)、累枝虫(Epistylis)和聚缩虫(Zoothamnium)。这些群体的原生动物与多细胞动物的最大差别在于,群体中的细胞没有形态和功能上的明显分化。自然界客观存在的群体原生动物种类应该是单细胞动物向多细胞动物演化的一个过渡类型。

十、生活环境

原生动物的分布十分广泛,淡水、海水、潮湿的土壤、污水沟、雨后积水中都会有大量的原生动物分布,甚至从两极的寒冷地区到60℃温泉中都可以找到它们。而且，往往相同的种可以在差别很大的温度、盐度等条件下存在，说明原生动物具有很强的应变能力，可逐渐适应改变了的环境。

但是，原生动物的分布也受各种物理、化学及生物等因素的限制，在不同的环境中各有其优势种，也就是说不同的原生动物对环境条件的要求也是不同的。水及潮湿的环境对所有原生动物的生存及繁殖都是必要的，原生动物最适宜的温度范围是20～25℃，温度过高、过低或温度的骤然变化会引起虫体的大量死亡，但如果缓慢地升高或降低，很多原生动物也能逐渐适应。淡水及海水中的原生动物都有其自己最适宜的盐度范围。一些纤毛虫可以在高盐环境中生存，甚至在盐度高达20%～27%的盐水湖中也曾发现原生动物。中性或偏碱性的环境常具有更多的原生动物。此外，食物、含氧量等都可构成限制性因素，但这些环境因素往往只决定了原生动物在不同环境中的数量及优势种，而并不决定它们的存活与否。

原生动物与其他动物间存在着各种相互关系。例如，共栖现象(commensalism)，即一方受益、一方无益也无害，纤毛虫中的车轮虫(*Trichodina*)与刺胞动物门的水螅(*Hydra*)就是共栖关系；共生现象(symbiosis)，即双方受益，例如多鞭毛虫与白蚁的共生；还有寄生现象(parasitism)，即一方受益，一方受害，如疟原虫(*Plasmodium*)与脊椎动物。

第二节　原生动物的分类

目前已经记录的原生动物约有50 000种，其中约有20 000种为化石种。

原生动物的分类地位较为复杂。虽然早在19世纪就有学者将其从动物界划分出来，归为原生生物界。但直到生物的五界系统被普遍接受之前，原生动物一般被认为是动物界的一个独立的门。随着电子显微镜的广泛使用和分子生物技术的发展，原生动物的分类地位再次被划归为原生生物界的一个亚界。按此观点，原生动物亚界又被分成多个门，其下又设若干亚门、总纲及纲、亚纲等。2000年，由Lee J. J. 等人主编的由多个国家数十位原生动物学家合著的 *An Illustrated Guide to the Protozoa*(2nd edition)一书，将原生动物亚界分为9个门，2004年英国剑桥大学的Cavalier-Smith T. 又将原生动物划分为15个门。不同学者对原生动物的分门见表2-1。

表2-1　五界系统中的原生动物分门比较

Lee J. J. 等人的系统		Cavalier-Smith 的系统	
肉鞭门	Sarcomastigophora	变形门	Amoebozoa
黏孢子门	Myxozoa	领鞭门	Choanozoa
顶复门	Apicomplexa	丝足门	Cercozoa
粒网足门	Granuloreticulosa	有孔门	Foraminifera
等幅骨门	Acantharia	放射门	Radiozoa
太阳门	Heliozoa	渗养门	Percolozoa
纤毛门	Ciliophora	凹陷虫门	Loukozoa
微孢子门	Microsporida	眼虫门	Euglenozoa
双鞭门	Dinoflagellata	超滴虫门	Metamonada
		副基体虫门	Parabasalia
		厌氧滴虫门	Anaeromonadea
		黏虫门	Myzozoa
		纤毛门	Ciliophora
		无足门	Apusozoa
		太阳门	Heliozoa

对原生动物的系统分类,尽管有上述学者们集体的见解,但在一些专著和教材中仍程度不同地存在着不一致的分类系统,有的仍将原生动物视为动物界中的一门,其下分为四个纲:鞭毛、肉足、孢子和纤毛纲,这四大类群可以说是最基本的,也是最重要的。作为基础课的教学,为了便于学习和掌握,本教材中我们仍以这四类动物为重点学习内容。

第三节 鞭毛纲(Mastigophora)

一、鞭毛纲的主要特征

本纲的主要特征是虫体具有鞭毛,鞭毛是运动胞器,如眼虫(*Euglena*)、夜光虫(*Noctiluca*)、锥虫(*Trypanosoma*)、利什曼原虫(*Leishmania*)等。有时鞭毛还可以用于捕食或附着,同时鞭毛还有感觉功能。鞭毛通常有1~4条或稍多,少数种类具有较多的鞭毛。鞭毛的数量和生出的位置是鞭毛虫分类的重要依据。

很多鞭毛虫的细胞膜表面有纹路。电子显微镜观察显示这种纹路的一边是向内的沟(groove),另一边是向外的嵴(crest)。一条纹路的沟与相邻纹路的嵴相关联(图2-8B、C)。

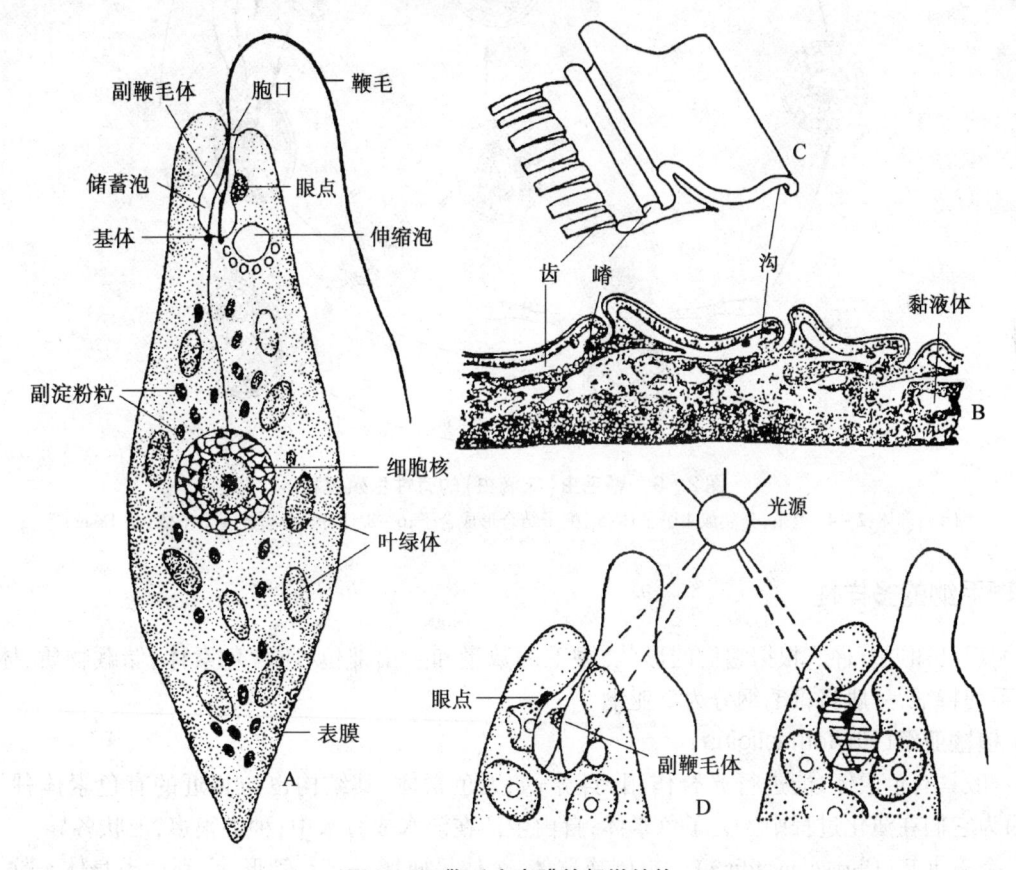

图2-8 鞭毛虫表膜的超微结构
A. 眼虫的形态;B、C. 眼虫表膜超微结构(B. 表膜横切;C. 一条表膜斜纹的图解,示沟和嵴);D. 眼点和副鞭毛体的作用示意图

很多鞭毛虫细胞内有眼点(eye spot)结构,该结构与感光有关。

自由生活的鞭毛虫可以分成2大类群,一类是细胞内具有色素体,故常显现出不同的颜色,如眼虫、扁眼虫(*Phacus*)、衣滴虫(*Chlamydomonas*)等;另一类不具色素体,一般为无色透明的,如波豆虫(*Bodo*)、滴虫(*Monas*)等。

自由生活的鞭毛虫体内常有储蓄泡,其位置临近眼点。

鞭毛虫的呼吸主要是通过体表完成的。

鞭毛虫的营养方式有3种:自养性营养(或称植物性营养)、腐生性营养和动物性营养。另外,如绿眼虫等还有混合性营养方式,即在有光条件下可行光合作用,自制养料;在无光条件下则进行腐生性营养。

鞭毛虫的排泄可通过伸缩泡和体表来完成,前者主要是自由生活种类,后者主要是寄生种类。

鞭毛虫的生殖有2种主要类型:无性和有性生殖。无性生殖一般是二分裂,如眼虫(图2-7A)。这种二分裂是纵分裂,即分裂沟沿虫体的纵轴,形成左右2个子体。

有些种类的无性生殖发生在包囊阶段。通过多次的二分裂,可以产生许多小的个体。在一些种类中也有出芽生殖的,如夜光虫。

鞭毛虫的有性生殖变化比较多,也较为复杂,有同配,也有异配(图2-9)。

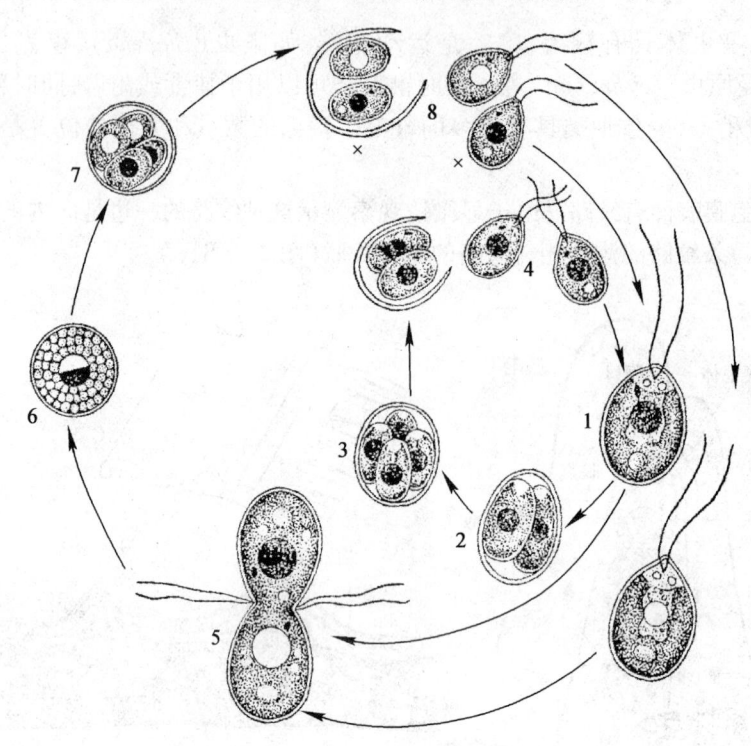

图2-9　鞭毛虫(衣滴虫)的有性生殖过程
1. 营养体;2~4. 繁殖,分裂成4个子体;5. 配子结合形成合子;6~8. 繁殖,分裂成4个子体(仿 Esser)

二、鞭毛纲的多样性

鞭毛纲现已知近万种。根据它们的形状、鞭毛的数量和生出部位、所含色素体、储藏物质、体表结构、群体等一系列特征,一般将鞭毛纲分为2亚纲。

(一) 植鞭亚纲(Phytomastigina)

虫体一般具有色素体,能进行光合作用,自养,如无色素体,其结构也与相近的有色素体种类无大差别,这是因为它们在演化过程中失去了色素体;自由生活在淡水或海水中;种类很多,形状各异。

目1. 金滴虫目(Chrysomonadina)　单体或群体、个体呈瓶形、杯形、管形,个别种类身体柔软,可变形。具1~2根鞭毛,无胞咽,无淀粉体;色素体1~2个,为黄色或褐色,细胞外有胶质囊包裹,或形成外壳。淡水及海水生活,大量存在时可使水呈鱼腥味,如钟罩虫(Dinobryon)(图2-10A)。

目2. 隐滴虫目(Cryptomonadina)　具2根鞭毛,前端有储蓄泡,有胞咽;有淀粉体;多数种有2个色素体,呈黄色或褐色,如隐滴虫(Cryptomonas)(图2-10B);少数种无色素体,细胞质泡状,海水或淡水生活,如唇滴虫(Chilomonas)(图2-10C)是生活于污水中无色素体的代表种。

目3. 植滴虫目(Phytomonadina)　又称绿滴虫目(Chloromonadida)。鞭毛2根或4根(部分有8根),

有许多小的绿色色素体,无胞咽,有淀粉体。单细胞种类如衣滴虫。本目中群体现象普遍,如团藻(*Volvox*)、盘藻虫(*Gonium*)、杂球虫(*Pleodorina*)(图2-10D~F)。群体种类的细胞间有原生质桥;复杂的群体种类出现了群体内部的营养细胞及生殖细胞分化,生活史复杂。

目4. 眼虫目(Euglenoidina) 身体多长圆形,鞭毛1~2根,具色素体或不具色素体,有胞咽;有副淀粉体;多数种有眼点,表膜纹路明显;部分种类有几丁质的囊壳。主要淡水生活,如眼虫、扁眼虫(*Phacus*)、囊杆虫(*Peranema*)(图2-10G、H)。

目5. 腰鞭目(Dinoflagellata) 具2根鞭毛,1根围绕在身体中部的横沟内,1根拖曳在后部的纵沟内,横沟内的鞭毛使身体旋转、纵沟内鞭毛推动身体前进。色素体黄色或褐色,少数种无色素体。一些种类体表裸露,如裸甲藻(*Gymnodinium*)(图2-10I),多数种类体表有纤维素形成的薄膜或甲板,如薄甲藻(*Glenodinium*)、膝沟藻(*Gonyaulax*)(图2-10J、K)等。甲板的排列方式是这类鞭毛虫分类的最重要依据。眼点通常存在。无性生殖,有的种可行横裂及斜裂,如角藻(*Ceratium*)。许多种类具有生物发光现象,如夜光虫(图2-10L)。海水与淡水生活,少数种可寄生。很多种类是"赤潮"生物,部分种类可产生有毒的物质(赤潮毒素)。

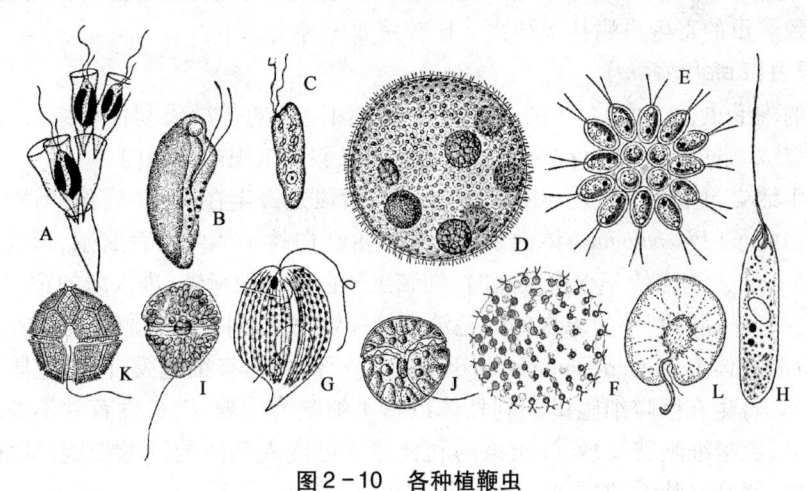

图2-10 各种植鞭虫

A. 钟罩虫;B. 隐滴虫;C. 唇滴虫;D. 团藻;E. 盘藻虫;F. 杂球虫;G. 扁眼虫;
H. 囊杆虫;I. 裸甲藻;J. 薄甲藻;K. 膝沟藻;L. 夜光虫

(二)动鞭亚纲(Zoomastigina)

鞭毛虫无色素体,不能自造食物,其营养方式是异养的。有不少寄生种类,对人和家畜有害。

目6. 领鞭毛目(Choanoflagellina) 单体或群体,每个细胞具有1根鞭毛,鞭毛基部周围有一圈透明的原生质领,群体以柄固着在其他物体上,淡水生活,如静钟虫(*Codosiga*)(图2-11A)。有的群体成一胶质团,领鞭毛细胞埋在其中,如原绵虫(*Proterospongia*)(图2-11B),由6~60个细胞组成。在动物界中只有领鞭毛虫及多孔动物具有领鞭毛细胞,一般认为它们之间有演化上的联系。

目7. 根鞭目(Rhizomastgina) 身体呈变形虫状,但有1~2根鞭毛或伪足,以伪足取食,淡水或海水。如变形鞭毛虫(*Mastigamoeba*)(图2-11C)。

目8. 动体目(Kinetoplastina) 具1~2根鞭毛,所有的成员均具动体,常与根丝体相连,其中含有DNA,位于大的延伸的线粒体内。动体能自我复制。身体一侧有波动膜。少数种类自由生活,如波豆虫(图2-11D)。大多数种类营寄生生活,例如锥虫和利什曼原虫(图2-11E、F)。

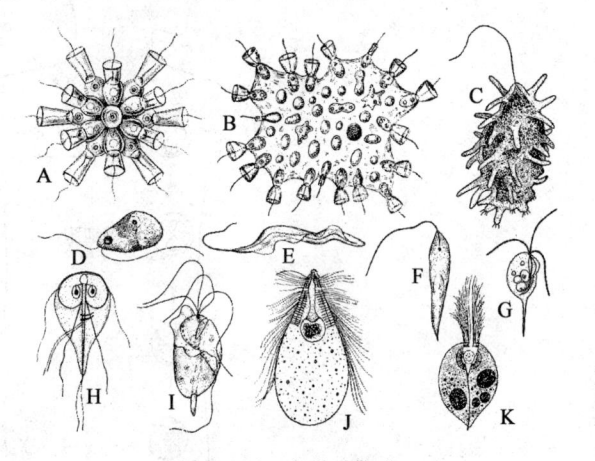

图2-11 各种动鞭虫

A. 静钟虫;B. 原绵虫;C. 变形鞭毛虫;D. 波豆虫;
E. 锥虫;F. 利什曼原虫;G. 唇鞭虫;H. 贾第虫;
I. 毛滴虫;J. 披发虫;K. 缨滴虫

目9. 曲滴虫目(Retoramonadina) 鞭毛2～4根,其中1根与腹面的胞口相连。寄生在昆虫及脊椎动物肠道内,如唇鞭毛虫(*Chilomastix*)(图2-11G)。

目10. 双滴虫目(Diplomonadina) 虫体明显的两侧对称,每侧具4根鞭毛(共8根),寄生于昆虫及脊椎动物的肠道内,也可以在人体肠道内寄生,如贾第虫(*Giardia*)(图2-11H)。

目11. 毛滴虫目(Trichomonadina) 鞭毛4～6根,其中1根向后并与体表相连,形成波动膜,具有轴杆。主要寄生于昆虫或脊椎动物的消化管等部位,如毛滴虫(*Trichomonas*)(图2-11I)。阴道毛滴虫(*T. vaginalis*)是寄生于女性阴道或尿道里的一种毛滴虫,可引起阴道炎或尿道炎症。

目12. 超鞭毛目(Hypermastigina) 构造复杂,鞭毛数目极多,成束排列或散布在整个体表,多为共生在昆虫消化管内的鞭毛虫,如披发虫(*Trichonympha*)和缨滴虫(*Lophomonas*)(图2-11J、K)。

三、鞭毛虫与人类

与人类的关系最为密切的鞭毛纲种类主要是一些营寄生生活的种类,这些种类寄生在人或人类饲养的经济动物后可导致严重的寄生虫病甚至死亡。比较重要的种类如下。

(一)利什曼原虫(*Leishmania*)

这是一种很小的鞭毛虫,寄生于人体的有3种。在我国流行的是杜氏利什曼原虫(*L. donovani*),它能引起黑热病,又名黑热病原虫。它寄生在患者的肝、脾、淋巴腺等组织的细胞内。

利什曼原虫的生活史包括两个阶段(图2-12),一个阶段是寄生在人体(或狗)等脊椎动物体内;另一阶段寄生在吸血的白蛉子(*Phlebotomus*)体内。利什曼原虫在白蛉子体内发育繁殖,形成具鞭毛的细滴虫,虫体长梭形(15～25 μm)。当白蛉子再次吸血时,细滴虫随白蛉子的唾液,进入新的宿主体内,并侵入到新宿主的巨噬细胞内发育。这时利什曼原虫的鞭毛消失,并转变为一种圆形或椭圆形的小体(约2～3 μm),称为无鞭毛体(又称利杜体 Leishman-Donovan bodies)。利杜体外具有细胞膜,内有胞质、胞核、基体(将来的鞭毛即由此发出)。寄生在巨噬细胞里的利杜体以宿主细胞为营养,生长发育并不断地进行无性繁殖。当繁殖到一定数量时,巨噬细胞破裂,释放出来的利杜体又可侵入其他的巨噬细胞,如此反复引起巨噬细胞的大量破坏和增生,使肝脾肿大、发高烧、贫血甚至死亡。

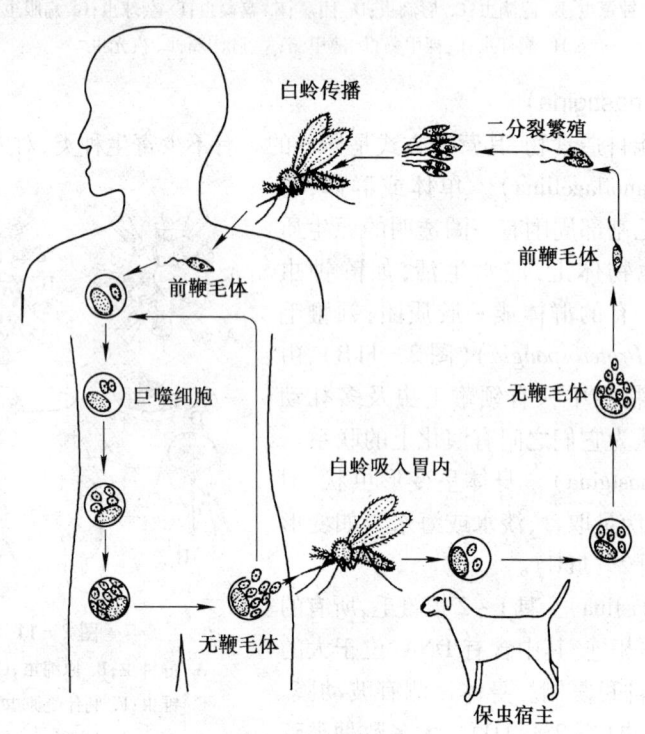

图2-12 利什曼原虫的生活史
(仿詹希美)

20世纪50年代前,我国的黑热病患者较多,主要流行于长江以北广大地区,为我国五大寄生虫病之一。之后在中央政府的统一安排下,各流行区建立了专门的防治机构,发动群众从治病、消灭病犬和白蛉子三方面进行防治。现已在全国范围内基本上控制了黑热病的流行。

(二) 锥虫(*Trypanosoma*)

锥虫多寄生于脊椎动物的血液中,其形状与利什曼原虫基本相似,只是基体向后移至体后端,鞭毛由基体发出后,沿着虫体向前伸,与细胞质拉成1波动膜(图2-4)。其运动主要靠波动膜及鞭毛,波动膜很适合于在黏稠度较大的环境中运动。锥虫广泛存在于各种脊椎动物中,从鱼类、两栖类,一直到鸟类、哺乳类的马、牛、骆驼甚至人都有锥虫的寄生。

寄生于人体的锥虫能侵入脑脊髓系统,使人发生昏睡病(sleeping sickness)(图2-13)。目前该病只在非洲发现,我国尚未发现。昏睡病是通过非洲大陆特有的采蝇(*Glossina*)的叮咬传播,为传播广泛的热带病,如不给予治疗,则可能造成死亡。在我国存在的锥虫,主要危害马、牛、骆驼等。对马危害较重,引起马苏拉病,使马消瘦、身体浮肿发热,有时突然死亡。

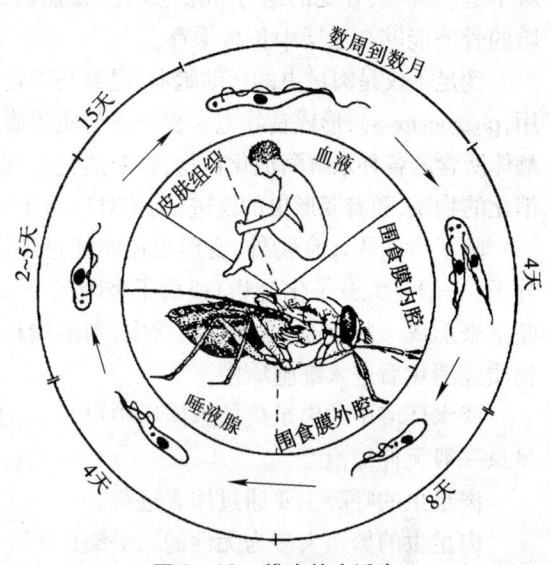

图2-13 锥虫的生活史

(三) 隐鞭虫(*Cryptobia*)

影响较大的主要是寄生于鱼鳃的鳃隐鞭虫(*C. branchialis*)。虫体形状似一柳叶,2根鞭毛,1根向前称为前鞭毛,1根向后称为后鞭毛,后鞭毛与体表成波动膜,伸出体外像一条尾巴。身体缓慢地向前扭动,不运动时即将后鞭毛插入鳃表皮的细胞里,破坏鳃细胞,还可分泌毒素,使鳃的微血管发炎,影响血液循环,使鱼呼吸困难。被感染的鱼,常常离群独游于水面,或靠近岸边,体色暗黑,不久即死亡。

第四节 肉足纲(Sarcodina)

一、肉足纲的主要特征

动物体以伪足为运动器,伪足有运动和摄食的功能。

肉足虫的体表为一层极薄的单位膜。在膜下为一层无颗粒、均质透明的外质。外质之内为内质,内质流动,具颗粒,其中有扁盘形的细胞核、伸缩泡、食物泡及处在不同消化程度的食物颗粒等。

肉足虫的伪足有多种形式(图2-14)。根据伪足形态结构的不同,可分为4种基本类型。

(1) 叶状伪足(lobopodium),为叶状或指状,如变形虫、表壳虫。

(2) 丝状伪足(filopodium),一般由外质形成,细丝状,有时有分支,如鳞壳虫。

(3) 根状伪足(rhizopodium),细丝状分支,分支又愈合成网状,如有孔虫。

(4) 轴伪足(axopodium),伪足细长,在其中有由微管组成的轴丝(axialfilament),如太阳虫、放射虫。

另外,形成伪足部分的细胞质所含颗粒物的多少(即伪足

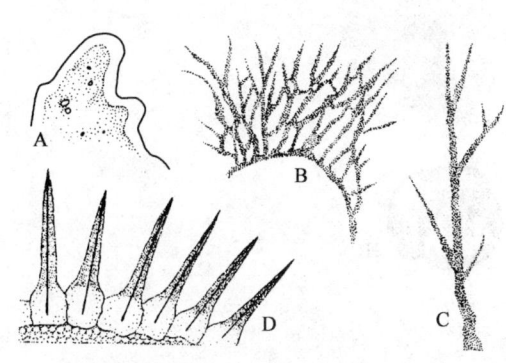

图2-14 伪足的各种基本类型
A. 叶状伪足;B. 网状伪足;C. 丝状伪足;D. 轴状伪足

是否透明）、伪足形成的方向等在不同的肉足虫中都有所差异。因此，有关伪足的形态特征是本纲动物种鉴定和分类的主要依据。

虽然部分肉足虫种类的虫体是裸露的，但也有不少种类具石灰质或几丁质的外壳，或有硅质的骨骼。对于这些种类，外壳的组分和形态以及骨骼的结构也是它们分类的依据之一。肉足虫石灰质的外壳或硅质的骨骼能够在地层中长久保存。

伪足不仅是肉足虫的运动胞器，也参与摄食。当肉足虫碰到颗粒性食物时，即形成伪足进行包围（吞噬作用，phagocytosis），形成食物泡。食物泡与质膜脱离，进入内质中，随着内质流动。食物泡和溶酶体融合，由溶酶体所含的各种水解酶消化食物，整个消化过程在食物泡内进行。已消化的食物进入周围的细胞质中；不能消化的物质，随着变形虫的前进，则相对地留于后端，最后通过质膜排出体外，这种现象称为排遗（excrement）。

除了吞噬固体食物外，变形虫还能通过胞饮作用（pinocytosis）摄取液体物质。即在液体环境中的一些分子（一般是大分子化合物）或离子吸附到质膜表面，使膜发生反应，凹陷下去形成管道，然后在管道内端断下来形成一些液泡，移到细胞质中，与溶酶体结合形成多泡小体（在一个膜内可有几个胞饮小泡），营养物质经消化后进入细胞质中。

淡水环境中的肉足虫的胞内质中可见一泡状的伸缩泡，起调节水分平衡和排泄功能。海水种类的肉足虫一般无伸缩泡。

肉足虫的呼吸主要通过体表进行。

肉足虫的繁殖大多为无性的二分裂（图2-7B），但有的种类具有性生殖，且具世代交替现象。大多在淡水或土壤中生活的肉足虫能够形成包囊，以抵御不良环境。大多数肉足虫为自由生活种类，分布在各种淡水、海水和土壤环境中，少数为寄生种类。

二、肉足纲的多样性

肉足纲现已知种类约12 000种，大部分是海洋种类。根据伪足形态的不同可分为2亚纲。

（一）根足亚纲（Rhizopoda）

伪足为叶状、指状、丝状或锥状，但都无轴丝。生活在水中和潮湿土壤中，部分种类为寄生的。

目1. 变形目（Amoebida） 细胞裸露无外壳，仅有一层很薄的原生质膜，伪足呈叶状、指状、丝状或锥状。淡水生活的种类通常有一个伸缩泡。分布于淡水、海水或潮湿的土地及动物的消化管中。多营底栖生活，也有漂浮于水上层的。如大变形虫（*Amoeba proteus*）、溶组织内变形虫（*Entamoeba histolytica*）和棘变形虫（*Acanthamoeba*）（图2-15A~C）等。

目2. 有壳虫目（Testacea） 具外壳，身体可完全缩入壳内。壳由几丁质、胶质和硅胶质，黏附砂粒和其他外物而成，壳通常具有单一的壳口，伪足由此伸出。大部分生活在淡水中，但也有生活于咸水或湿泥中的。如表壳虫（*Arcella*）、鳞壳虫（*Euglypha*）和砂壳虫（*Difflugia*）（图2-15D~F）。

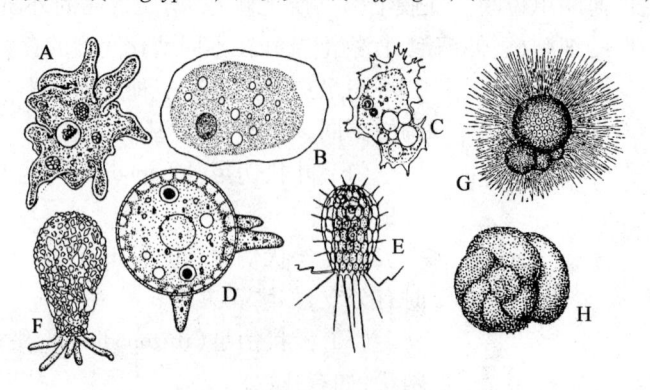

图2-15 各种根足肉足虫
A. 大变形虫；B. 溶组织内变形虫；C. 棘变形虫；D. 表壳虫；E. 鳞壳虫；F. 砂壳虫；G. 球房虫；H. 圆辐虫

目3. 有孔虫目（Foraminifera） 绝大多数有孔虫具有由原生质分泌形成外壳，通常由许多小室组成，依小室的数目,可分单室类和多室类。多室类的外壳具有许多小室,每小室均有连接孔相通,是原生质相流通的孔道,故称之为有孔类。伪足细长,具有黏性,并能伸缩,常相互交织成网状。生活史复杂,有世代交替现象(图2-16)。全部海产。大多营底栖生活,少数为浮游种类。如球房虫(*Globigerina*)和圆幅虫(*Globorotalia*)等(图2-15G、H)。有孔虫死亡后遗壳大量沉积海底,形成球房虫软泥。

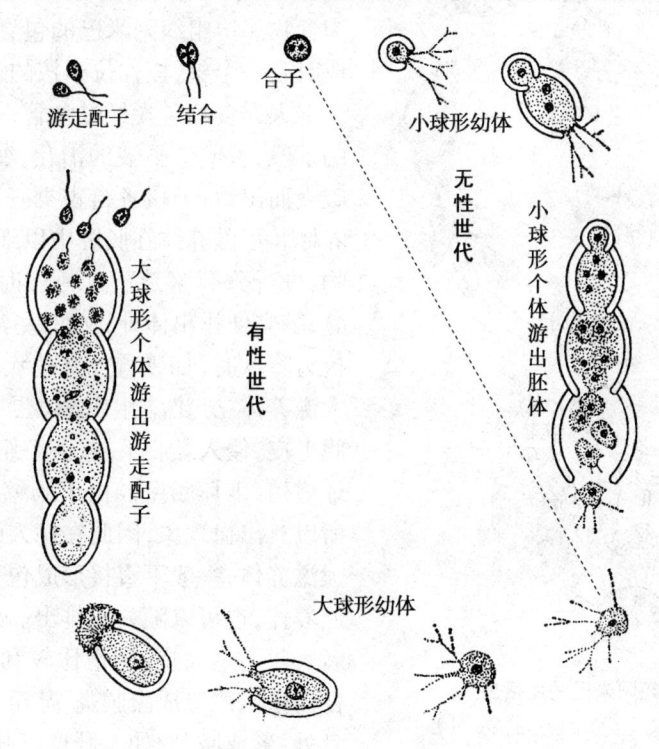

图2-16 有孔虫的生活史
示世代交替(仿Kudo)

(二) 辐足亚纲(Actinopoda)

伪足针状,有轴丝。虫体一般为球形,营浮游生活。

目4. 太阳虫目(Heliozoa)　身体一般呈球形,无外壳。伪足放射状,具有坚硬的原生质轴丝,轴丝能放出毒质。原生质还能分泌骨针。骨针的形状和位置常用作分类依据。繁殖为二分裂或出芽。主要生活在淡水中,喜生活于富有藻类的清水中,多为漂浮种类。如太阳虫(*Actinophrys sol*)和辐球虫(*Actinosphaerium eichhorni*)(图2-17A、B)。

目5. 放射虫目(Radiolaria)　细胞质明显地分为内外质两层,之间由中央囊隔开,中央囊骨质,囊上有1个或多个小孔,使内外质能互相交换。内质有1个或多个核,外质含有很多大空泡和共生的黄藻类,并伸出细长的伪足。伪足轴丝,辐射状排列于身体周围。外壳硅质,壳面带有雕刻花纹,全部海产。多为浮游种类。死亡后沉积海底形成放射虫软泥。如等棘骨虫(*Acanthometron*)、环骨虫(*Lithocircus*)和光眼虫(*Actinomma*)(图2-17C~E)等。

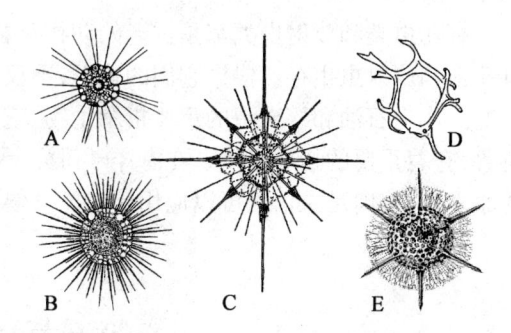

图2-17 各种辐足肉足虫
A. 太阳虫;B. 辐球虫;C. 等棘骨虫;D. 环骨虫;E. 光眼虫

三、肉足虫与人类

在肉足虫类中,大多种类是自由生活的。由于对它们认识的局限性,因此对于大多数肉足虫来讲,它们与人类活动的关系显得不很紧密或直接。对人类产生直接影响的有溶组织阿米巴。

溶组织阿米巴,又称痢疾内变形虫,是寄生在人的肠道,溶解肠壁组织引起虫源性痢疾的寄生肉足虫。溶组织阿米巴的形态,按其生活过程可分为3型:大滋养体、小滋养体和包囊(图2-18)。溶组织阿米巴的大、小滋养体结构基本上相同，不同的是大滋养个体大，约 12～40 μm，运动较活泼，能分泌蛋白分解酶，溶解肠壁组织。而小滋养个体小，约 7～15 μm，伪足短，运动较迟缓，寄生于肠腔，不侵蚀肠壁，以细菌和霉菌为食物。溶组织阿米巴的包囊具有感染性。包囊新形成时是一个核，核仁位于核的正中。

人误食的包囊经过食管、胃时很少有变化，到小肠的下段，囊壁受肠液的消化，变得很薄，囊内的变形虫破壳而出，每个核各自占据一部分胞质形成 4 个小滋养体。小滋养体在肠腔中以细菌及肠腔中的碎屑为食物，进行分裂繁殖。过一段时期，小滋养体可形成包囊，随粪便排出体外，又可感染新寄主。当寄主身体抵抗力降低时（如感冒或其他疾病），小滋养体就可变成大滋养体，分泌溶组织酶（蛋白质水解酶），溶解肠黏膜上皮，侵入黏膜下层，溶解组织、吞食红血细胞，不断地增殖，破坏肠壁。由于肠壁被破坏，血管也被破坏，所以有出血现象，因此在病人的大便中常是血多脓少。大滋养体，一般不直接形成包囊，可以在肠腔中形成小滋养体，也可以随粪便排出。感染溶组织阿米巴后，患者一般不发高烧，病情比较和缓。但有时大滋养体可使肠壁溃烂造成腹膜炎，甚至有的也可至肝、肺、脑、心各处，形成脓肿，如至肝形成肝脓肿，则长期发烧、肝痛肿大。消灭包囊来源和防止包囊进入人体是预防该病的根本环节。

从宏观层面上讲，肉足虫纲中的有孔虫和放射虫对现代人类活动的影响显得更大。

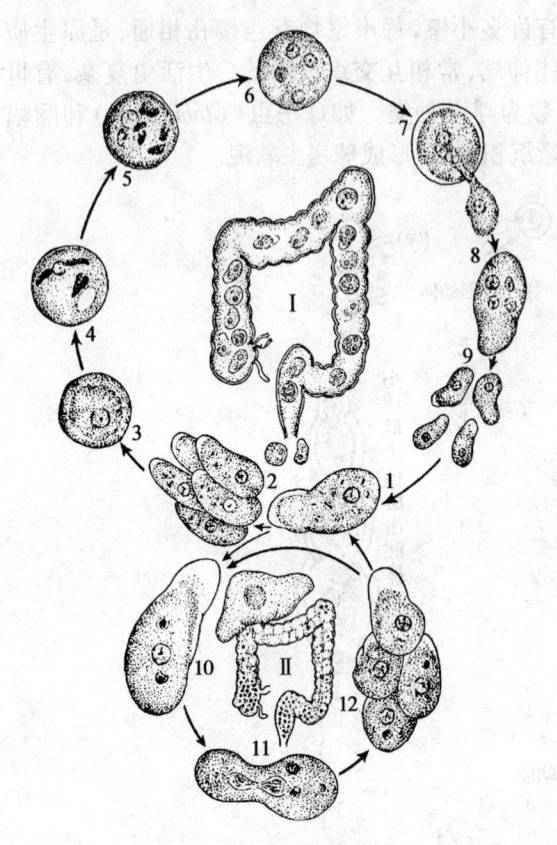

图 2-18 溶组织阿米巴的生活史
Ⅰ．肠腔中繁殖：1. 小滋养体；2. 二分裂后形成多个小滋养体；
3. 包囊前期；4. 单核包囊；5. 双核包囊；6. 四核包囊；
7. 脱囊；8. 脱囊后的小滋养体；9. 分裂为四体小滋养体。
Ⅱ．组织内繁殖：10. 大滋养体；11. 分裂中的大滋养体；
12. 二分裂后形成多个大滋养体（仿山东医学院）

有孔虫类和放射虫类都是古老的动物类群，不但化石多，而且在地层中演变快，不同的时期有不同的有孔虫和放射虫生存。根据它们的化石，不仅能确定地层的地质年代和沉积相，而且还能揭示出地下结构情况。作为石油和探矿中的重要指示生物，它们的信息对找寻沉积矿产、发现石油、确定油层和拟定油井位置，有着重要的指导作用。在海洋学研究上，这些肉足虫也是很好的海流水团动力学的指示生物。类似的原理，这些肉足虫信息可以应用于海洋气候、海岸带演化、盐湖形成以及淡水湖泊演替过程的还原。

第五节 孢子纲（Sporozoa）

一、孢子纲的主要特点

孢子纲的动物都是营寄生生活的，无运动器，或只在生活史的一定阶段以鞭毛或伪足为运动胞器，这在一定程度上可说明孢子虫与鞭毛虫和肉足虫的亲缘关系。孢子纲种类都具有顶复合器（apical complex）结构，因此近年来有学者将具有顶复合器的孢子虫另列为顶复体门（Apicomplexa）。顶复合器包括类锥体、极环、棒状体和微线体等结构（图 2-19）。目前对这些胞器的功能了解还不全面，有人认为，类锥体、棒状体和微线体等与孢子虫侵入寄主细胞有关。营养方式为异养。

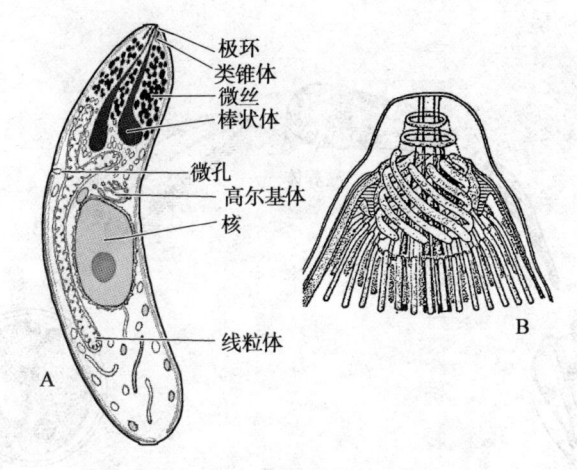

图 2-19 顶复类的基本结构
A. 孢子虫的结构；B. 顶复合器的模式结构

孢子虫的生殖分无性和有性两类。无性生殖为复分裂，复分裂的结果是能够迅速地产生大量的子代，这对于寄生生活有很重要的适应意义。

孢子虫的生活史很复杂，生活史中普遍存在着世代交替。一般这两个世代分别在两个宿主体内完成，无性世代在脊椎动物（或人）的体内进行，有性世代在无脊椎动物体内进行，并因此出现了更换宿主现象。也有些种类在同一寄主体内进行世代交替。其过程一般包括 3 个时期（图 2-20）：①裂体生殖（schizgony）期，为孢子虫有性生殖前由营养体（trophozoite）→裂殖体（schizont）→裂殖子（merozoite）的无性生殖（复分裂）期。此阶段可重复多次，以增加个体数量。②配子生殖（gametogony）期，包括大、小配子的形成和结合为合子的过程。③孢子生殖（sporogony）期，为孢子虫有性生殖后的无性生殖（复分裂），由合子→孢子母细胞（sporoblast）→孢子（spore）→子孢子（sporozoite）的阶段。形成的子孢子与前面提到的裂殖子不同，子孢子是被包裹在孢子壳中的，而孢子又被包裹在卵囊中。卵囊具很厚的卵囊壁，可以抵御不良环境。此环节不重复，它是孢子虫生活史中更换宿主的重要阶段。因此虽然裂体生殖和孢子生殖都是复分裂的无性生殖，但从事物的本质上讲是不同的。

不同种类孢子虫的生活史有一定的差异。因此在孢子虫的基础研究上，分析和比较它们生活史的差异是确定孢子虫种类的重要依据之一。

图 2-20 孢子虫生活史
（仿江静波等）

二、孢子纲的多样性

目前已知的孢子虫约有 4 000 种，分为 2 亚纲。

（一）晚孢子亚纲（Telesporia）

顶复合器发达，大多有类锥体，绝大部分能进行有性生殖；有卵囊和孢子形成；多为细胞内寄生，但某些种具细胞外的可动营养子。生活史为 2~3 段周期，具孢子，1~2 个寄主。

目 1. 簇虫目（Gregarinida） 成熟的滋养体大，细胞外寄生，如簇虫（*Gregarina*）和单房簇虫（*Monocys-*

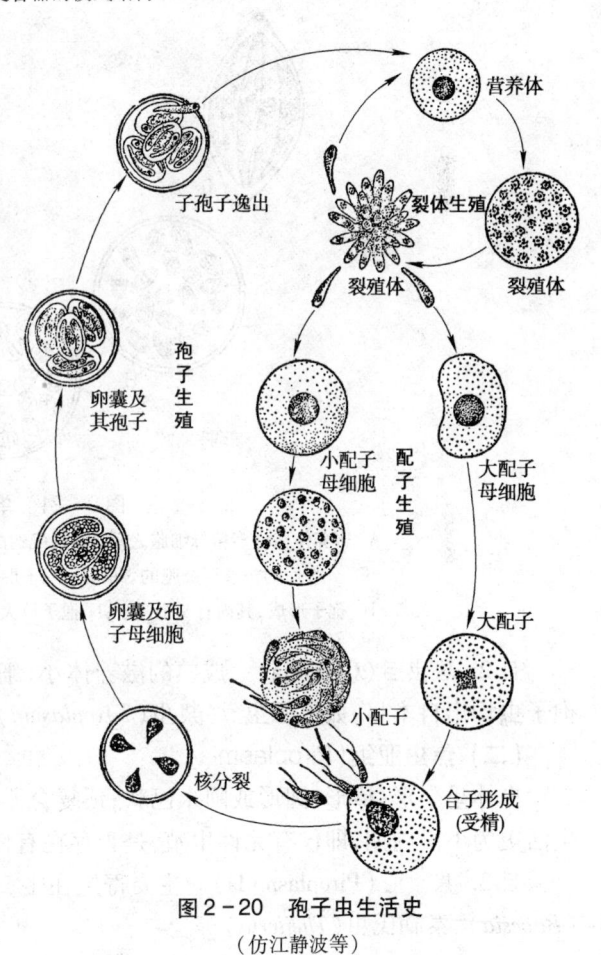

tis)(图2-21)等。

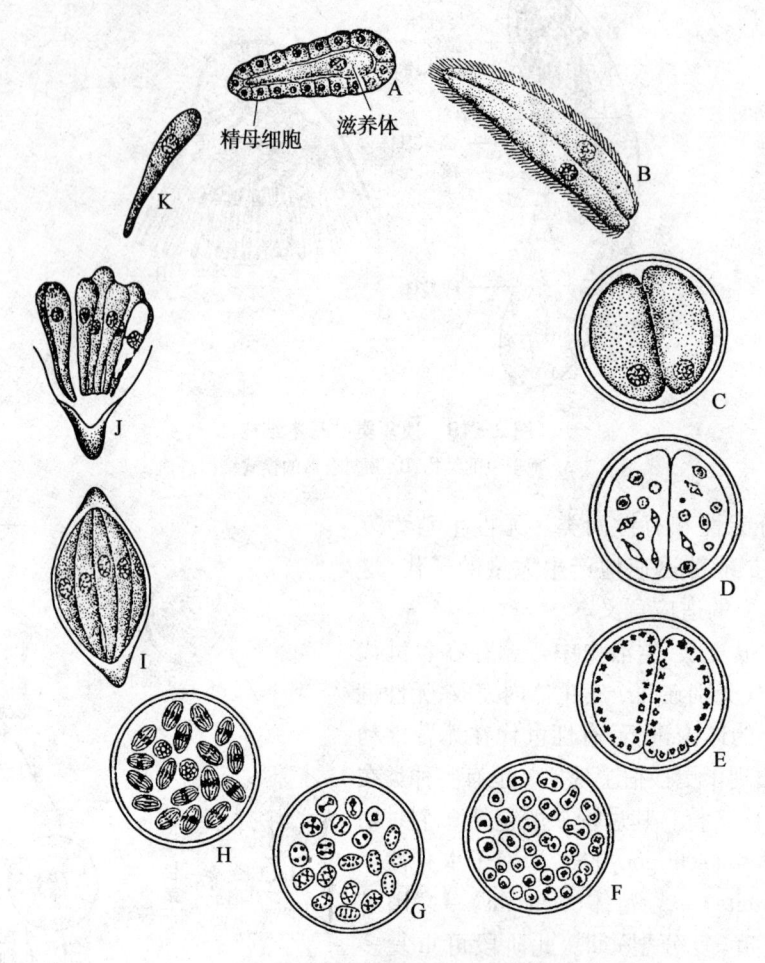

图2-21 单房簇虫及其生活史

A. 寄养体在许多精母细胞之间；B. 联配的配子母细胞；C. 联配的虫体分泌包囊壁；D. 核分裂；
E. 分裂后的核移至细胞的表面；F. 配子形成并配对结合成合子；G. 合子内的核分裂成8个；
H. 孢子形成，其内有8个孢子；I. 孢子放大；J. 子孢子逸出；K. 子孢子（仿 Hegner 和 Fantham）

目2. 球虫目（Coccidia） 成熟的滋养体小，细胞内寄生。多数能够严重影响人类和其他动物健康的孢子虫均出自本目，如疟原虫、弓浆虫（*Toxoplasma*）和艾美球虫（*Eimeria*）等。

（二）焦虫亚纲（Piroplasmia）

虫体呈梨形、棒形、圆形或阿米巴状；顶复合器不发达，无类锥体；无卵囊，无孢子；寄生于动物细胞内；生活史为1段周期，即仅有无性生殖，是否存在有性生殖尚无定论，具2个寄主，传播媒介为蜱。仅1个目。

目3. 焦虫目（Piroplasmida） 主要寄生在牛、羊、马等的血液红细胞、白细胞及肝细胞内，如巴贝斯虫（*Babesia*）、泰勒氏虫（*Theileria*）等。

三、孢子虫与人类

由于孢子虫都营寄生生活，故它们与人类的关系主要表现在对人以及人类驯养的经济动物的危害上。

（一）疟原虫（*Plasmodium*）

在所有孢子虫中，对人类影响最大的莫过于疟原虫。疟原虫能引起疟疾（malaria），这种病发作时一般多发冷发热，而且是在一定间隔时间内发作，有些地方叫"打摆子"或"发疟子"，是我国五大寄生虫病之一。

人们已描述的疟原虫有100多种，其中寄生在人体的疟原虫有4种：间日疟原虫（*P. vivax*）、三日疟原虫（*P. malaria*）、恶性疟原虫（*P. falciparum*）和卵形疟原虫（*P. ovale*）。疟原虫的分布极广，遍及全世界。我国以间日疟和恶性疟为最常见，卵形疟在我国极少发生。在东北、华北、西北等地区主要为间日疟，三日疟较少。恶性疟主要发生在我国西南,如云南、贵州、四川以及海南一带。历史文献所说的"瘴气",其实就是恶性疟。

这4种疟原虫的生活史基本相同,现以间日疟为例说明疟原虫的形态和生活史(图2-22)。

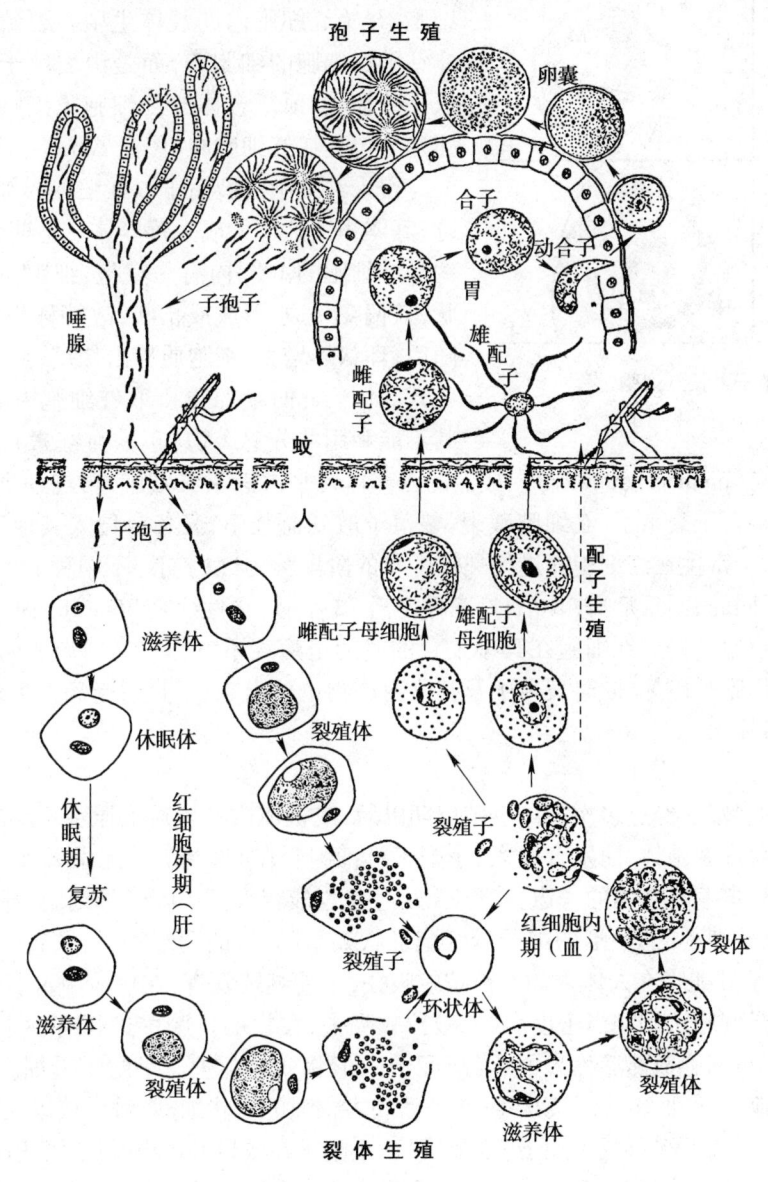

图2-22　间日疟的生活史
示休眠期(仿江静波等)

间日疟原虫的全部生活史可分为3个时期,需要经过2个宿主,即人和按蚊(*Anopheles*)。3个时期是:裂体生殖,在人体内进行;配子生殖,在人体内开始,在蚊胃中完成;孢子生殖,在蚊体中进行。

1. 裂体生殖

当被感染的雌按蚊叮人时,其唾液中疟原虫的长梭形子孢子随唾液进入人体,随着血流先到肝,侵入肝细胞内,以胞口摄取肝细胞质为营养并发育成滋养体,逐渐增大、成熟后的滋养体通过复分裂进行裂体生殖,形成很多小个体的裂殖子。当裂殖子成熟后,破坏肝细胞而出,进入血液循环系统,进而侵入红细胞。由于这一阶段疟原虫的裂体生殖过程不在红细胞内,故把疟原虫在肝细胞里发育并完成裂体生殖的阶段称为红外期。在红外期,一般的抗疟药对疟原虫没有什么作用。间日疟的红外期一般为8~9天,恶性疟原虫需6~7天。但有一小部分入侵肝细胞的子孢子并不马上进入发育阶段,而是进入休眠状态。被称为休眠子(hypnozoite)。休眠子的休眠时间可以是数月,也可达一年以上。由休眠子引起的疟疾是具有长潜伏期的。20世纪中叶,我国学者采用流行病学和感染实验,验证了休眠子的存在是导致感染间日疟后出现的疟疾复发以及临床上长潜伏期疟疾病例的原因。

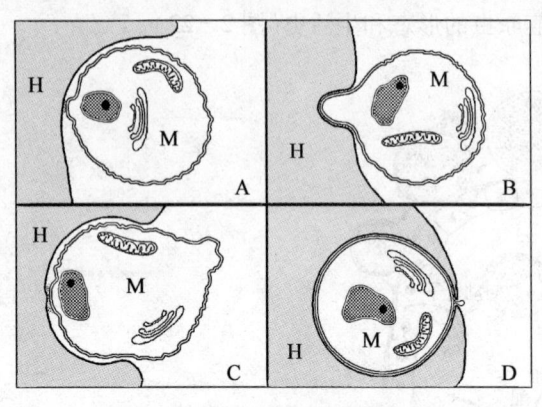

图2-23 裂殖子入侵红细胞过程
H. 宿主红细胞;M. 裂殖子

裂殖子成熟后,胀破肝细胞,散发在血液中,并侵入红细胞,开始红细胞内的裂体生殖。裂殖子入侵红细胞时并非钻破红细胞的细胞膜,而是由裂殖子前端的顶复合体释放一些物质,顶复合体与红细胞膜接触,红细胞膜内陷,将裂殖子包裹在红细胞内(图2-23A~D)。

侵入红细胞的裂殖子以红细胞的细胞质为营养生长发育,其体积渐渐增大成为营养体。早期营养体很小,直径大约是红细胞的1/3,内有一空泡,细胞质在空泡周围形成环状,核偏在一边,形成戒指状,故特称为环状体(ring form)。随后,环状体增大,细胞质伸出伪足,空泡逐渐消失,成为成熟营养体。此时疟原虫摄取红细胞内的血红蛋白为养料,其不能利用的分解产物(正铁血红素)成为色素颗粒,积于细胞质内,称为疟色素(pigment granules)。成熟的营养体几乎占满了红细胞,再进一步发育,形成裂殖体。裂殖体成熟后,形成很多个裂殖子,红细胞破裂,裂殖子散到血浆中,又各自侵入其他红细胞,重复进行裂体生殖。疟原虫裂殖子寄生在红细胞并进行裂体生殖的阶段称为红内期。不同种的疟原虫完成一次红细胞内裂殖的时间是不同的,间日疟需48小时,三日疟需72小时,恶性疟需36~48小时。这也是疟疾发作所需间隔的时间,即裂殖子进入红细胞在其中发育的时间里疟疾不发作。当新形成的裂殖子从红细胞出来时,由于大量的红细胞被破坏,同时裂殖子及其代谢产物也放出来,于是引起病人生理上一系列变化,临床表现出发冷发热等症状。

2. 配子生殖

疟原虫红内期的裂殖子经过多次裂体生殖周期以后,或机体内环境对疟原虫不利时,有一些裂殖子进入红细胞后,不再发育成裂殖体,而发育成大、小配子母细胞。在间日疟,大配子母细胞(雌)较大,有时较正常红细胞可大一倍,核偏在虫体的一边,较致密,疟色素也较粗大。小配子母细胞(雄)较小,核在虫体的中部,较疏松,疟色素较细小(恶性疟的配子母细胞形状如腊肠,雌的两端稍尖,核较致密,雄的两端钝圆,核较疏松)。这些配子母细胞在人体内如不被按蚊吸去,不能继续发育,在血液中可能生存30~60天。红细胞内的大、小配子母细胞达到相当密度后,如被按蚊吸去,在蚊的胃腔中进行有性生殖,大、小配子母细胞形成配子。大配子母细胞成熟后称大配子(雌配子),形状变化不大。小配子母细胞的核分裂成几小块移至细胞周缘,同时胞质活动,由边缘突出4~8条活动力很强的毛状细丝,每个核进入到一个细丝体内,之后鞭毛状细丝一个个脱离下来形成小配子(雄配子)。小配子在蚊胃腔内游动与大配子结合(受精)而成合子。合子逐渐变长,能蠕动,因此称动合子。动合子穿入蚊的胃壁,定居在胃壁基膜与上皮细胞之间,体形变圆,外层分泌囊壁,发育成卵囊。在一个蚊胃上可有一至数百个卵囊。

3. 孢子生殖

卵囊里的核及胞质进行多次分裂,形成数百至上万个子孢子;卵囊成熟后,卵囊破裂,子孢子释放出来,进入到体腔内并可以穿过各种组织,但最多的是在蚊的唾液腺中。唾液腺内的子孢子可达20万之多。当蚊再叮人时,这些子孢子就随着唾液进入人体。子孢子在蚊体内的生存可超过70天,但生存30~40天后其传染力大为降低。

疟原虫对人的危害很大,它能大量地破坏红细胞,造成贫血,使肝脾肿大,近年来发现间日疟原虫也能损害脑组织,严重地影响人们的健康,甚至造成死亡。

尽管联合国和各国政府在疟疾的防控上花了很大力气,但到目前为止,疟疾仍然是当今世界上流行最广、发病率及死亡率最高的热带寄生虫病。世界卫生组织(WHO)近年的报告显示,疟疾疫区涵盖了全世界的100多个国家的20多亿人口;临床患者多达4~5亿人,每年死亡200~300万人,以非洲、东南亚和拉丁美洲最为严重,而疟疾危重病区主要在撒哈拉沙漠以南的热带非洲国家。

疟疾的防控要做好两方面的工作：有效地降低媒介蚊子的密度和积极治疗患者。临床治疗上一般常用的抗疟药有奎宁和青蒿素，其中的青蒿素是我国在世界首先研制成功的一种抗疟新药，它是从我国民间治疗疟疾草药黄花蒿中分离出来的有效单体。经药理学及临床研究，青蒿素类药物具有很强的抗疟原虫活力，并对恶性疟具有特殊疗效。这一成果已得到世界范围的广泛认同。

虽然早在1880年 法国学者Laveran就首次确认了疟疾的元凶是疟原虫但在长达一个世纪的时期内，人们一直认为导致人发疟疾的病原体就只有前文所提到的4种，直到20世纪末，日本学者川本文彦在一名缅甸患者身上发现了一种外形特别的疟原虫。经研究后发现，该疟原虫是不同于前人所报道的4种疟原虫外的一个新种，其引发的临床症状为"四日型"。

由于疟原虫的危害极大，因此有关疟疾研究仍然是当今热带医学研究的热点话题，在疟原虫的细胞识别和入侵机理方面最近取得一定的突破。多国科学家联合研究发现，镰刀形红细胞贫血症(sickle cell anemia)患者对疟疾有天然的抗性。其原因是该病患者DNA中指导红细胞受体蛋白的基因发生了很小的突变，由此合成的红细胞受体蛋白不能与疟原虫表面蛋白结合，疟原虫也就无法入侵到红细胞中了。

（二）球虫

这类孢子虫多寄生于脊椎动物消化器官的细胞内。生活史与疟原虫的基本相同，区别在于它们只寄生在1个寄主体内，卵囊必须在寄主体外进行发育（图2-24）。孢子有厚壁。主要寄生于羊、兔、鸡、鱼等动物体内。如兔球虫，寄生在肝胆管上皮细胞的为兔肝艾美球虫(*Eimeria stiedae*)，寄生在兔肠上皮细胞的有穿孔艾美球虫(*E. perforans*)等。对家兔危害很大，尤其对断奶前后的幼兔更为严重，有时可引起家兔大量死亡，对养兔业是很大威胁。已记载的鸡球虫种类共有13种。不同种的球虫，在鸡肠道内寄生部位不同，其致病力也不尽相同。柔嫩艾美球虫(*Eimeria tenella*)寄生于盲肠，致病力最强；毒害艾美球虫(*E. necatrix*)寄生于小肠中1/3段，致病力强；巨型艾美球虫(*E. maxima*)寄生于小肠，以中段为主，有一定的致病作用；堆型艾美球虫(*E. acervulina*)寄生于十二指肠及小肠前段，有一定的致病作用，严重感染时引起肠壁增厚和肠道出血等病变；和缓艾美球虫(*E. mitis*)、哈氏艾美球虫(*E. hagani*)寄生在小肠前段，致病力较

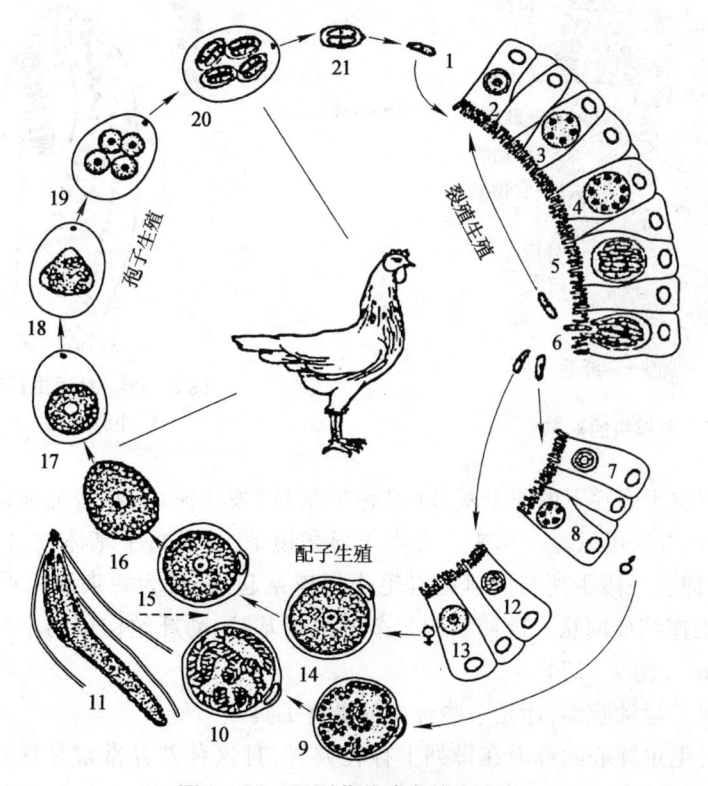

图2-24 巨型艾美球虫的生活史

1. 孢子感染宿主；2~6. 在鸡上皮组织内裂体生殖；7~15. 配子生殖；8~11. 小配子形成；12~14. 大配子形成；
16. 合子；17~20. 孢子在孢囊内发育；21. 孢子形成子孢子（仿Grell）

低，可能引起肠黏膜的卡他性炎症；早熟艾美球虫（*E. praecox*）寄生在小肠前 1/3 段，致病力低，一般无肉眼可见的病变；布氏艾美球虫（*E. brunetti*）寄生于小肠后段，盲肠根部，有一定的致病力，能引起肠道点状出血和卡他性炎症；变位艾美球虫（*E. mivati*）寄生于小肠、直肠和盲肠，有一定的致病力，轻度感染时肠道的浆膜和黏膜上出现单个的、包含卵囊的斑块，严重感染时可出现散在的或集中的斑点。

第六节　纤毛纲（Ciliata）

一、纤毛纲的主要特征

结构一般较复杂，是原生动物中分化最多的一类。以纤毛为运动器，一般终生具纤毛（图 2-25）。

纤毛的结构与鞭毛基本相同。纤毛可成排分散分布，也可由多根纤毛粘合成小膜（membranella），排列在口的边缘称为小膜带；或由一单排纤毛粘合形成波动膜（undulatinig membrane），通常在胞咽中。还有的纤毛成簇粘合成束成为棘毛（cirrus）（图 2-26）。

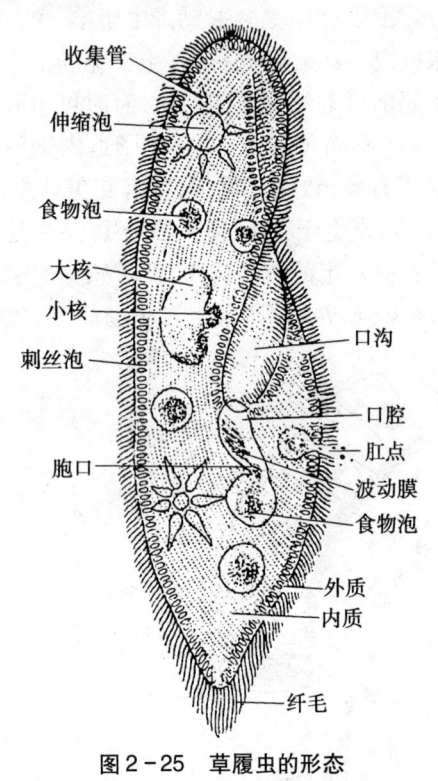

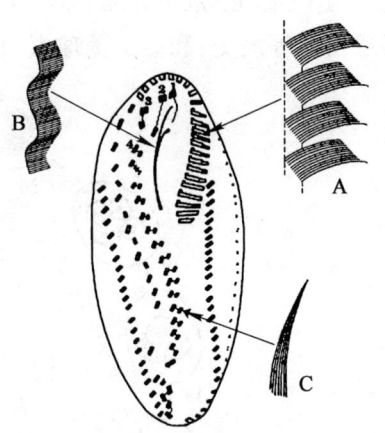

图 2-25　草履虫的形态

图 2-26　纤毛虫纤毛的排列形式
A. 小膜；B. 波动膜；C. 棘毛

每一根纤毛都是由位于表膜下的一个基体（又称毛基粒）发出来的，在普通显微镜下的活标本中看不清基体，但用一定的染色方法可以显示出来。在电子显微镜下，可见每个基体发出一细纤维（称为纤毛小根 ciliary rootlet），向前伸展一段距离与同排的纤毛小根连系起来，成为一束纵行纤维，称为动纤丝（kinetodesmas）。各种小纤维连结成网状。这种结构复杂的由毛基粒、动纤丝构成的小纤维系统被称之为表膜下纤维系统（infraciliture）（图 2-27）。

纤毛虫的纤毛不仅是运动胞器，还是一些种类的摄食工具。

由于不同类群的纤毛虫体表的纤毛在排列上存在差异，且这种差异常常是稳定的，故纤毛的数量、排列方式、分布位置等信息常作为纤毛虫分类的重要依据。随着人们对纤毛虫结构的认识的增加，毛基粒的排列状况和表膜下纤维系统的结构也逐渐成为了分类的依据。

在一些纤毛虫的表膜之下有一些小杆状结构，整齐地与表膜垂直排列，此为刺丝泡（trichocyst），有孔开

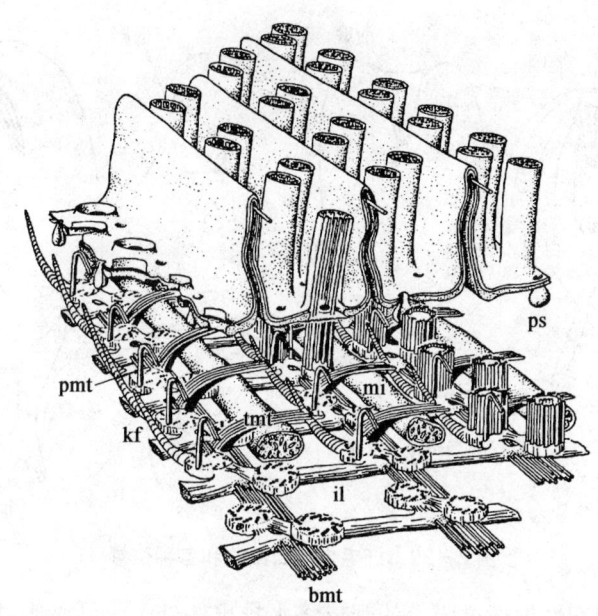

图 2-27 纤毛虫皮膜下结构

bmt:基层微管;il:表层下纤维网;kf:运动纤维;mi:线粒体;pmt:纤毛后微管;ps:遮挡盘;tmt:交叉微管(仿 Antipa)

口在表膜上(图 2-28A)。当动物遇到刺激时,刺丝泡射出其内容物,遇水成为细丝。如用 5% 亚甲基蓝、稀醋酸或墨水刺激时,可见放出的刺丝。一般认为刺丝泡有防御的机能。

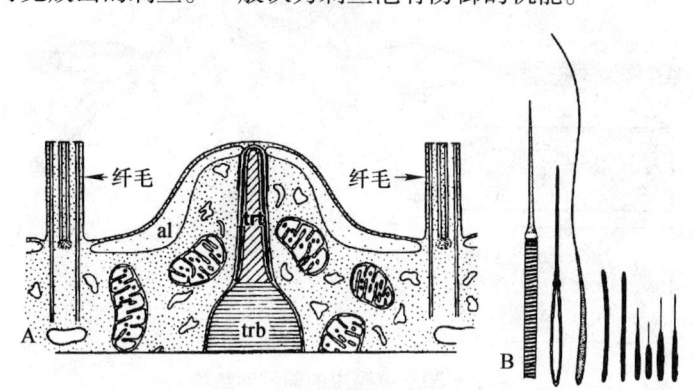

图 2-28 纤毛虫的刺丝泡

A. 刺丝泡在细胞内的结构(al:齿槽;trt:刺丝泡顶帽;trb:刺丝泡体);B. 不同类型的刺丝泡

刺丝泡可大致分为两种:一种是 1 个刺丝囊内包藏着卷曲的细管,放射时,此细管外翻,内含物质可通过细管由末端射出;另一种刺丝泡为囊状,内含能吸收大量水分的构造,放射时,由于吸水而膨胀,形成很长的丝(图 2-28B)。

绝大多数纤毛虫以捕食的方式获取营养,因而大多数纤毛虫都有胞口结构(图 2-29)。胞口一般由口沟(oral groove)或前庭(vestibule)、口腔(buccal cavity)和口腔底部的胞咽构成。但胞口的位置、胞口的组成还是存在着很大差异,有的种类胞口位于虫体的最顶端,有的在亚前段,有的在侧面,有的在腹面。胞口的组成上,有的仅为一条缝,有的是由刺杆有序排列,还有的是由纤毛组成的小膜排列在胞口中。纤毛虫胞口的结构是其分类的又一重要依据。

纤毛虫的摄食一般是通过收集水流带来的颗粒性物质,并集中到口腔内,在胞咽部被质膜包裹而形成食物泡。胞口附近纤毛的主要作用是打动水流,过滤和收集食物颗粒。食物泡在细胞质内与溶酶体融合,在水解酶的作用下对食物进行消化和吸收。食物消化后的残渣通过纤毛虫固定的位置(胞肛)排出。

与其他自由生活的原生动物一样,纤毛虫的渗透压调节和代谢废物的排泄也是通过伸缩泡完成的。纤毛虫的伸缩泡有的简单,有的复杂。最原始的伸缩泡就是单一的能收缩的液泡,但很多种类(如草履虫)还有数条收集管(collecting canals)(图 2-30),周期性地把细胞质内的多余水分和代谢废物收集起来,集

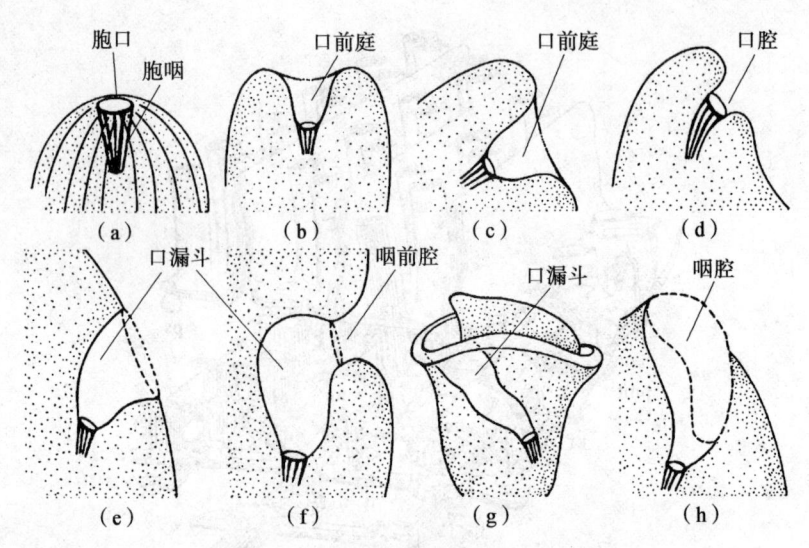

图 2-29 纤毛虫胞口结构和各种位置

中到伸缩泡中。伸缩泡再周期性地通过膜上的开口将水排出体外。不同种类纤毛虫的伸缩泡分布的位置和数量是不同的,故有时伸缩泡的形态、数量和分布位置也可作为纤毛虫分类的依据。

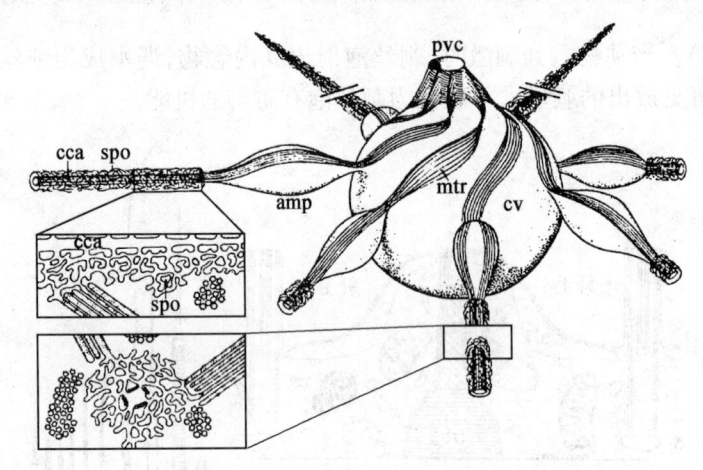

图 2-30 草履虫的伸缩泡结构
amp:壶腹;cca:收集管;cv 伸缩泡;pcv:开孔;spo:海绵体微泡;mtr:微管束(仿 Hausmann)

纤毛虫细胞内分布着大量的肌丝,参与了纤毛虫的很多机械活动,如伸缩泡的收缩就是肌丝伸缩的结果。有些种类的肌丝特别发达,因此虫体能够高度伸缩,如喇叭虫(*Stentor*)和钟虫(*Vorticella*)。

与其他原生动物类似,纤毛虫的呼吸是靠体表完成的。

纤毛虫的细胞核一般有 2 种:大核与小核。大核 1 个,形态多样,有圆球形、椭圆形、肾形、马蹄形、条带形、念珠状等。大核是多倍体的,普遍认为与纤毛虫的代谢有密切关联。小核 1 个或多个,一般为圆球形。小核是二倍体的,一般认为与生殖有关。

纤毛虫的生殖有无性分裂和有性的接合生殖。无性生殖为横二分裂(图 2-7C)。分裂时小核先行有丝分裂,大核再行无丝分裂,接着虫体中部横缢,分成 2 个新个体。在无性生殖过程中,纤毛虫的纤毛有不同的归宿,有些纤毛会脱落,毛基粒也会重新生成,导致了在无性生殖中,纤毛虫存在着各种可能的细胞发生模式。这方面的很多信息已被用于鉴定那些形态结构差异细微的纤毛虫种类。

纤毛虫的有性生殖为接合生殖(图 2-31)。当接合生殖时,2 个虫体的腹面部分互相粘合,该部分表膜逐渐溶解,细胞质相互通连,小核脱离大核,拉长成新月形,接着大核逐渐消失。小核分裂 2 次形成 4 个小核,其中有 3 个解体,剩下的 1 个小核又分裂为大小不等的 2 个核,然后 2 个虫体的较小核互相交换,与对方较大的核融合,这一过程相当于受精作用。此后 2 个虫体分开,接合核分裂 3 次成为 8 个核,4 个变为大核,其余4个核有3个解体,剩下1个小核分裂为2个,再成为4个虫体;每个虫体也分裂2次,结果是原来2个相接合的亲本虫体各形成4个子代虫体。在接合生殖中,虫体间发生了遗传物质的交换和重组。

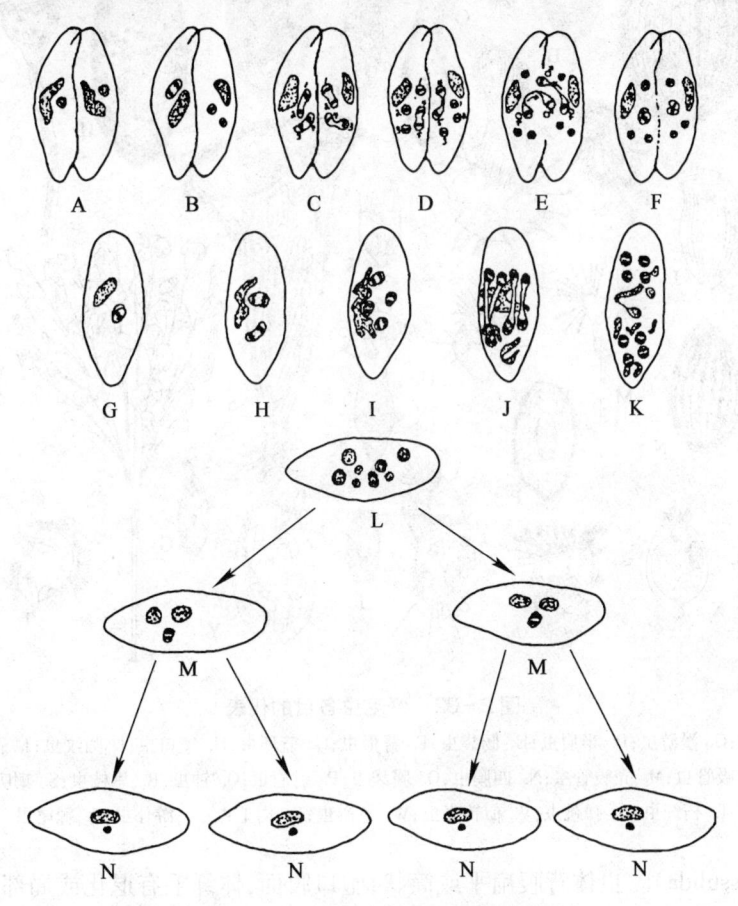

图2-31 草履虫接合生殖过程图解
A~F. 结合阶段;B~D. 小核进行3次分裂;E. 小核交换部分核物质;G. 接合完成后分开的虫体内保留1个小核;
G~K. 原有大核裂解,同时小核进行4次分裂;L. 虫体内有8个小核,并由小核发育成大核;
M. 虫体再次无性分裂;N. 虫体再次分裂,形成1大核1小核的4个个体(仿Calkins)

大多数纤毛虫为自由生活的,主要分布在各种淡水水体、河口、海洋以及湿润的天然环境中,营浮游或底栖生活。

二、纤毛纲的多样性

目前已描述的纤毛虫种类超过8 000种。由于整个原生动物类群在分类系统上的位置有很多观点,因此纤毛虫的分类也出现了多种意见。按照最新的分类系统,纤毛虫为一个独立的门,下有3纲的22目。为保持与国内外同类教材以及本书系统上的一致性,在这里我们仍将纤毛虫看作为一个纲的阶元,重点介绍我国常见的纤毛虫各目。

目1. 前口目(Prostomatida) 体纤毛分布均匀,纤毛无特化,胞口位于前或亚前端,围口纤毛下器与体纤毛相连,个体通常较大。如前管虫(*Prorodon*)和尾毛虫(*Urotricha*)(图2-32A、B)。

目2. 侧口目(Pleurostomatida) 体纤毛分布均匀,纤毛无特化,胞口裂缝状,位于侧腹面。如漫游虫(*Litonotus*)和半眉虫(*Hemiophrys*)(图2-32C、D)。

目3. 毛口目(Trichostomatida) 胞口前或亚前端,口区前庭明显,口区纤毛无特化,仅排列更密集,营寄生生活,寄生部位多为脊椎动物的消化管。如肠袋虫(*Balantidium*)(图2-32E)。

目4. 肾形目(Colpodida) 胞口前或亚前端,口区前庭明显,口区前庭内纤毛特化成膜状结构;极易形成包囊,多为土壤生活水体底栖。如肾形虫(*Colpoda*)和篮环虫(*Cyrtolophosis*)(图2-32F、G)。

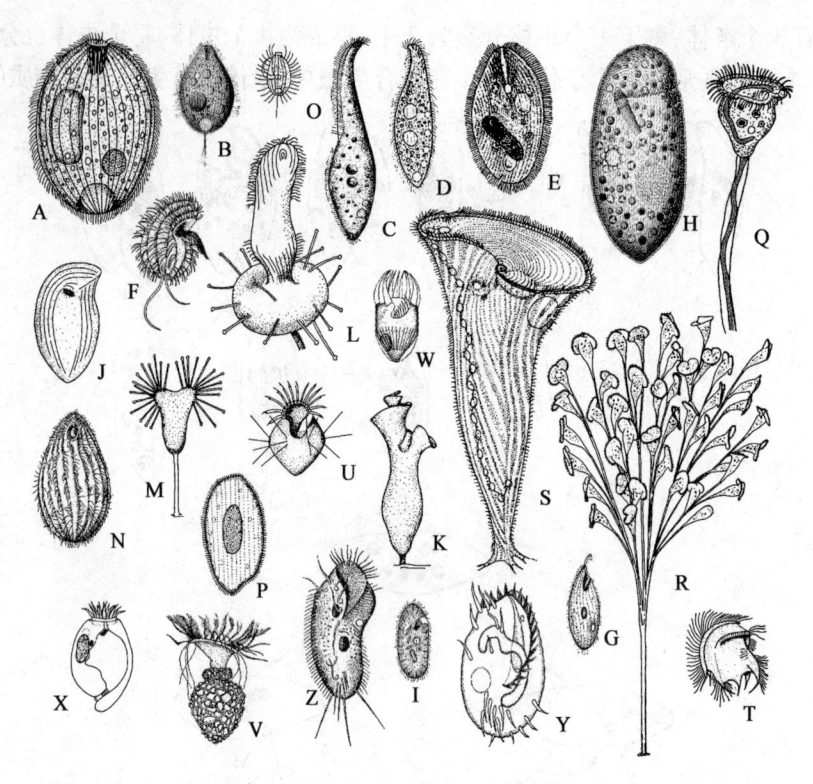

图 2-32 纤毛虫各目的代表

A. 前管虫；B. 尾毛虫；C. 漫游虫；D. 半眉虫；E. 肠袋虫；F. 肾形虫；G. 篮环虫；H. 篮口虫；I. 圆纹虫；J. 斜管虫；K. 旋漏斗虫；L. 足吸管虫；M. 壳吸管虫；N. 四膜虫；O. 膜袋虫；P. 射眉虫；Q. 钟虫；R. 累枝虫；S. 喇叭虫；T. 朽纤虫；U. 弹跳虫；V. 似铃壳虫；W. 急游虫；X. 内毛虫；Y. 游仆虫；Z. 棘尾虫

目 5. 篮口目（Nassulida） 虫体背腹扁平或筒状，胞口腹面，体纤毛有退化或局部集中，有围口系统，胞咽由刺杆组成，篮口式。如篮口虫（*Nassula*）和圆纹虫（*Furgasonia*）（图 2-32H、I）。

目 6. 管口目（Cyrtophotida） 背腹扁平，背部微拱而无纤毛，胞口腹面前半部，胞咽为刺杆组成的"篮咽"；多为外寄生或附着性种类。如斜管虫（*Chilodonella*）（图 2-32J）。

目 7. 漏斗毛目（Chonotrichida） 虫体花瓶状，具围绕胞口向外延伸成螺旋状的口围，除口围外，体表无纤毛。固着，海洋种类为主，无性生殖为出芽。如旋漏斗虫（*Spirochona*）（图 2-32K）。

目 8. 吸管目（Suctorida） 成体固着，通常无纤毛，有吸管为捕食工具。生活史中有幼体阶段，幼体具纤毛，肉食性种类。如足吸管虫（*Podophrya*）和壳吸管虫（*Actineta*）（图 2-32L、M）。

目 9. 膜口目（Hymenostomatida） 虫体纤毛密，全身分布，口腔有 3~4 片纤毛小膜，种类多，浮游生活。如四膜虫（*Tetrahymena*）（图 2-32N）、草履虫（*Paramecium*）、瞬口虫（*Glaucoma*）和前口虫（*Frontonia*）等。

目 10. 盾纤目（Scuticociliatida） 个体小，体纤毛分布均匀，常有 1 长尾纤毛，口腔有 3 片口膜。如康纤虫（*Cohnilenbus*）和膜袋虫（*Cyclidium*）（图 2-32O）等。

目 11. 无口目（Astomatida） 个体大，遍布纤毛，无胞口，常有各种棘或刺为附着工具，内寄生种类，宿主为环节动物。如射眉虫（*Anoplophyra*）（图 2-32P）。

目 12. 缘毛目（Peritrichida） 虫体多为倒钟形，无体纤毛，顶部有可缩入的口围盘和口围，大多固着，有群体现象。如钟虫（*Vorticella*）（图 2-32Q）、累枝虫（*Epistylis*）（图 2-32R）和聚缩虫（*Zoothamniium*）等。

目 13. 异毛目（Heterotrichida） 体型大，具明显的收缩性，体纤毛无特化，纤毛组成的围口小膜发达。如喇叭虫（*Stentor*）（图 2-32S）。

目 14. 齿口目（Odontostomatida） 虫体左右侧扁，体纤毛少，纤毛组成的围口小膜退化，体表盔甲化，虫体后部常有棘突。如朽纤虫（*Saprodinium*）（图 2-32T）。

目 15. 寡毛目（Oligotrichida） 虫体多为圆或椭圆形，围口小膜集中于虫体顶端，体纤毛退化或特化。

如弹跳虫(*Halteria*)、似铃壳虫(*Tintinnopsis*)和急游虫(*Strombidium*)(图2-32U~W)。

目16. 内毛目(Entodiniomorphida) 虫体围口小膜发达,多数种类体表盔甲化并有各种棘、突刺、沟回或隆起。均为内共生种类,生活在草食性哺乳动物消化管中。如内毛虫(*Entodinium*)(图2-32X)。

目17. 腹毛目(Hypotrichida) 虫体一般背腹扁平,背部略有隆起,体纤毛在腹部特化为用于身体爬行或支持的棘毛,在背部特化为背触毛,围口区明显,围口小膜发达;种类较多,分布广。如游仆虫(*Euplotes*)(图2-32Y)、尖毛虫(*Oxytricha*)和棘尾虫(*Stylonychia*)(图2-32Z)等。

三、纤毛虫与人类

由于绝大多数纤毛虫是自由生活的,因此它们与人类的关系更多地是间接的。人们利用纤毛虫容易采集和大密度培养、繁殖快、观察方便等特点,将纤毛虫作为重要的实验动物来开展科学研究。最常用的有草履虫、四膜虫和棘尾虫等。其研究领域涉及生物化学、遗传学、细胞生物学、动物生理学和细胞毒理学等。第一个具有酶功能的tRNA就是从四膜虫中发现的。在宏观尺度上,人们也开展了利用纤毛虫群落结构和它们生理生态特性与生存环境间关系的研究,并取得很大成果。

当然部分寄生种类的纤毛虫也给我们带来了不少难题。如车轮虫(*Trichodina* spp.)、多子小瓜虫(*Ichthyophthirius multifiliis*)和刺激隐核虫(*Cryptocaryon irritans*)分别是寄生在淡水和海水鱼身上的寄生性纤毛虫,感染严重时可引起鱼类大量死亡,对水产养殖业有很大影响。结肠肠袋虫寄生于人体的大肠中,可引起腹泻。

第七节 原生动物的系统发育

原生动物是单细胞生物,要讨论原生动物的系统发育,必然要涉及生命起源和细胞起源的问题。从基本原则上讲,在长年的地球发展过程中,首先是由无机物发展到简单的有机物,由简单的有机物发展到复杂的有机物,再发展成像蛋白质、核酸等那样复杂的大分子,进而发展出具有新陈代谢机能、但还无细胞结构的原始生命。现代科学告诉我们:"蛋白体"是由核酸和蛋白质组成的复杂体系,这是最初的生活物质、生命形态。之后又经过漫长的年代,才由非细胞形态的生活物质发展成为有细胞结构的原始生物。由原始生物演化发展,分化出原始单细胞动物和植物,进而发展成现代各种各样的原生动物。

在上述的原生动物这4纲中哪一类是最原始的?过去有人认为因肉足纲变形虫结构简单,故是最原始的。但它是动物性营养,需要吃其他原生动物或植物等,所以它不会是最早出现的。纤毛纲结构比较复杂、胞器分化明显,且也为动物性营养,也不可能是最早出现的。孢子纲的动物全是寄生的,寄生的种类是由自由生活的种类发展而来的,故也不可能是最早出现的。只有鞭毛纲具有3种营养方式,因此一般认为鞭毛纲是原生动物中最原始的。但是,在鞭毛纲中到底是哪一类最早出现的?这个问题目前还有争论。过去也有人认为最早出现的是有色鞭毛虫,因为它可以自己制造食物。但从色素体产生的共生理论看,色素体结构比较复杂,不可能想象最早出现的原生动物有如此复杂的结构。所以又有人认为最早出现的不是有色鞭毛虫,而是无色渗透性营养的鞭毛虫,因为无色渗透性营养的鞭毛虫一般构造比较简单,这种说法看来可以被接受。因为物质的发展是由简单到复杂,而在单细胞动物出现以前,已经存在着有机物的条件,当然并不是说是由现代的无色鞭毛虫发展来的,而可能是有些类似现代的无色鞭毛虫,假定把它叫做原始鞭毛虫。由原始鞭毛虫,经过漫长的岁月,形成现代的形形色色的鞭毛虫。现在有人认为领鞭毛虫是最原始的,它是所有多细胞动物的祖先。

肉足纲也是从原始鞭毛虫发展来的,因为很多肉足虫(如有孔虫)配子具鞭毛,根据生物重演论,说明其祖先是具鞭毛的。又如某些种类(如变形鞭毛虫)具鞭毛和伪足,这可说明鞭毛虫与肉足虫亲缘关系密切。纤毛虫可能是从原始鞭毛虫发展成鞭毛虫的过程中,又分出一支形成的,因为纤毛与鞭毛的结构是一致的,说明这两纲的关系较近。孢子纲因全部是寄生的,追溯其来源较困难。一般认为可能来源于鞭毛纲,如疟原虫和球虫,其配子都具鞭毛。

对原生动物的系统发育及各纲亲缘关系的认识,将随着实验技术手段的提升而不断加深。除形态学方面的信息外,目前大量的分子信息也被应用到阐述生物的系统发育上,通过计算机软件处理,再结合形态学信息,我们有理由相信,有关原生动物的系统发育一定能够得出可被普遍接受的观点。

拓展阅读

[1] 沈韫芬. 原生动物学. 北京:科学出版社,1999

[2] K·豪斯曼,N·胡斯曼,R·阿戴克. 原生生物学. 宋微波,等译. 北京:中国海洋大学,2007

[3] Cavalier-Smith T. Only six kingdoms of life. Proceedings of the Royal Society, Series B, Biological Sciences, 2004, 271: 1251-1262

[4] Lee J J, Leedale G F, Bradbury P. Illustrated Guide to the Protozoa. 2nd Edition. Lawrence: Allen Press Inc., 2000

[5] Patterson D J. Free-Living Freshwater Protozoa: A Colour Guide. London: Manson Publishing, 1996

[6] 陈兴保. 现代寄生虫病学. 北京:人民军医出版社,2002

思考题

1. 原生动物门的主要特征是什么?如何理解它是动物界里最原始、最低等的一类动物?原生动物群体与多细胞动物有何不同?

2. 原生动物门有哪几个重要纲?划分的主要根据是什么?

3. 掌握眼虫、变形虫和草履虫的主要形态结构与机能特点,并通过它们去理解和掌握鞭毛纲、肉足纲和纤毛纲的主要特征。

4. 以间日疟原虫为例,掌握孢子虫的生活史,说明生活史对于寄生虫病防治的重要性。

5. 通过各种途径,收集原生动物在科学研究或生产实践上的最新进展。

6. 原生动物研究有哪些基本方式和手段?

7. 初步了解原生动物的系统发育。

第三章 中生动物门及多细胞动物的起源

中生动物被认为是单细胞动物向多细胞动物过渡的一个门类。虽由多个细胞构成,但细胞没有分化,细胞间联系不紧密。

科学研究的结果从多个方面为多细胞动物的起源提供了依据。所有的多细胞胚胎发育过程都是由受精卵开始的,受精卵经过卵裂、囊胚、原肠胚等一系列过程,逐渐发育为成体。

第一节 中生动物门——从单细胞到多细胞的过渡

按照生物五界系统的划分,动物界不包括单细胞的原生动物。即使是按照传统分类系统,动物界里也只有原生动物门是单细胞的,其余都是多细胞动物。

从单细胞到多细胞是生物从低级向高级发展的一个重要过程,代表了生物演化史上一个极为重要的阶段。

虽然有些单细胞原生动物在形态结构上也较复杂,但也只是一个细胞本身的分化。原生动物中虽然也有群体现象,但群体中的每个个体细胞(个员),基本没有分化,是独立生活的,彼此间的联系并不密切,因此在发展上它们是处于低级的、原始的阶段。

与单细胞的原生动物相对应的,是多细胞的后生动物(Metazoa)。

虽然从原生动物到后生动物的变化是生物演化过程中一个质的飞跃,但按照辩证唯物主义的原理,事物的演化中一定存在着过渡。在动物学领域,早在1876年Van Beneden就认为应有一类动物是原生动物与后生动物间的一种过渡,这就是中生动物(Mesozoa)。有学者将原生动物、中生动物、后生动物并列为3个动物亚界。现在一般认为中生动物为动物界中的一门。

一、中生动物的基本特征

中生动物个体都较小,呈蠕虫状(vermiform),体长约0.5~10 mm,虫体由8~42个细胞组成,细胞数目在每个种内是恒定的。这些细胞基本上排列成双层,但又不同于真正多细胞动物的胚层。外层是单层具纤毛的体细胞,包围着中央的一个或几个延长的轴细胞。虫体前端的8~9个体细胞排成两圈,用以附着宿主,其余的体细胞略呈螺旋形排列(图3-1)。体细胞具营养的功能,轴细胞能形成生殖细胞,进行无性和有性生殖。生活史发育过程不完全了解。全部营寄生生活。

二、中生动物的多样性

中生动物的种类不多,已知仅百种,分为2纲。

(一)菱形虫纲(Rhombozoa)

菱形虫纲的动物寄生在头足类软体动物的肾内,有无性生殖和有性生殖。生活史较为复杂,尚不完全

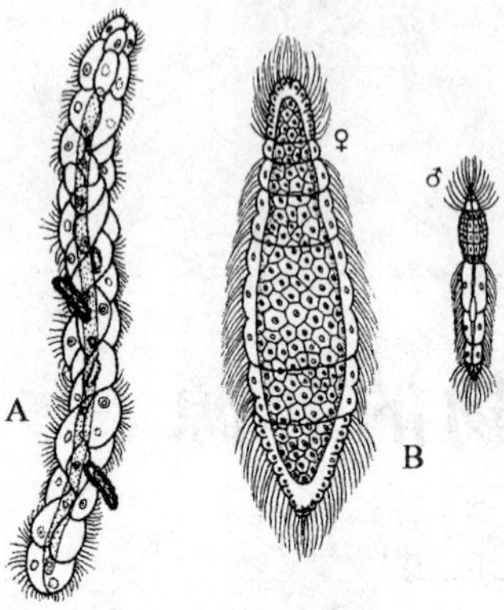

了解。包括双胚虫(Dicyemida)(图3-1A)和异胚虫(Heterocyemida)。

(二) 直泳虫纲(Orthonecta)

成虫多数雌雄异体(图3-1B),雌性个体较雄性大,外层亦为单层具纤毛的体细胞,呈环形整齐排列,前端体细胞的纤毛指向前方,其余的纤毛指向后方,体细胞中央围绕着许多生殖细胞(卵或精子)。少数种类的成虫雌雄同体,其精细胞在卵细胞的前方。没有轴细胞。性成熟后,雄性个体释放精子到海水中,精子进入雌性体内与卵受精,并在雌体内发育成具纤毛的幼虫(1层纤毛细胞包围几个生殖细胞)。幼虫离开母体又感染新宿主。当幼虫侵入宿主组织,其外层具纤毛的细胞消失,生殖细胞多分裂形成多核的变形体。变形体由无性的碎裂方法产生很多变形体,然后发育成雌、雄个体。寄生在多种海生无脊椎动物体内。

图3-1 中生动物
A. 双胚虫;B. 直泳虫

三、中生动物的分类地位

2000年以来,对中生动物的系统发育、亚显微结构、生理、生殖、发育、生态以及生化分类等进行了多方面的研究。目前对中生动物的系统发育关系仍存在着争议,有些学者基于中生动物全部为寄生,且生活史较复杂,结构简单,是适应寄生生活的退化现象,因而认为它是退化的扁形动物,甚至认为可以作为一纲列入扁形动物门,但最新的研究结果已否定了这种观点。从中生动物体内蛋白质(innexin)的氨基酸序列分析,有人认为中生动物与冠轮动物(Lophotrochozoan)更接近。而冠轮动物是新的动物界下的一个次亚界,包括现存的软体动物、环节动物、纽形动物、星虫动物、螠虫动物、须腕动物以及触手冠动物(包括苔藓动物、内肛动物、腕足动物和帚虫动物)。此外,根据18S rRNA序列,轮虫动物和环口动物也很可能属于冠轮动物。依此思路,中生动物就可能与一些演化程度较高的无脊椎动物有共同的祖先。另外,还有一些学者基于其身体结构有体细胞和生殖细胞的分化,体表具纤毛,且其寄生历史较长,因而认为中生动物是原始的种类,是由最原始的多细胞动物演化来的,或认为是早期后生动物的一个分支。生物化学分析表明:中生动物细胞核DNA中的鸟嘌呤和胞嘧啶的含量(23%)与原生动物纤毛虫类的含量相近,而低于其他多细胞动物,包括扁形动物(35%~50%)。因此认为中生动物与纤毛虫类原生动物的亲缘关系较近,更可能是真正原始的多细胞动物。至于中生动物和后生动物是否各自独立地源于原生动物的祖先,或中生动物确是原始的或退化的扁形动物,尚不清楚。

第二节 多细胞动物起源于单细胞动物的证据

国际学术界普遍存在的一个观点认为,多细胞动物是起源于单细胞动物的。大量基础资料积累和相关的研究分别从古生物学、形态学和胚胎发育等方面对该观点给予了支持。

千百万年地壳的变迁或造山运动,导致了古代动、植物的遗体或遗迹被埋在地层中并形成化石。来自最古老的地层的化石种类也是最简单的。在太古代的地层中有大量有孔虫壳化石,来自晚近的地层的动物的化石种类也较复杂,由此能看出生物由简单向复杂发展的顺序。说明最初出现单细胞动物,后来才发展出多细胞动物。

对比现存的动物各类群结构,可以看到单细胞动物和各种各样的多细胞动物,并形成了由简单到复杂的序列。在原生动物鞭毛纲中有些群体鞭毛虫,如团藻,其形态与多细胞动物很相似,故可推测这类动物是从单细胞动物过渡到多细胞动物的中间类型,即由单细胞动物发展成群体以后,又进一步发展成多细胞动物。

所有的多细胞动物胚胎发育过程都是由受精卵开始的。受精卵经过卵裂、囊胚、原肠胚等一系列过程,逐渐发育为成体。多细胞动物的早期胚胎发育基本上是相似的,而受精卵本身就是1个细胞。

第三节 多细胞动物胚胎发育的重要阶段

多细胞动物的胚胎发育比较复杂。不同的动物,其胚胎发育的情况不同,但是早期胚胎发育的几个主要阶段是相同的。

一、受精与受精卵

多细胞中营两性生殖的动物都会产生雌、雄生殖细胞。雌性生殖细胞称为卵,卵较大,里面一般含有大量卵黄。根据卵黄的多少可将卵分为少黄卵、中黄卵和多黄卵。雄性生殖细胞称为精子,精子个体小,能活动。精子与卵结合成为一个受精卵的过程就是受精(fertilization)(图3-2)。现代动物发育生物学研究显示,在精子接近卵时,精子会释放出某些物质,以改变卵细胞膜的透性。当有一个精子进入到卵后,卵就不再对其他精子有反应,这样就保证其他精子无法再进入到卵中,稳定了受精卵的二倍体性。

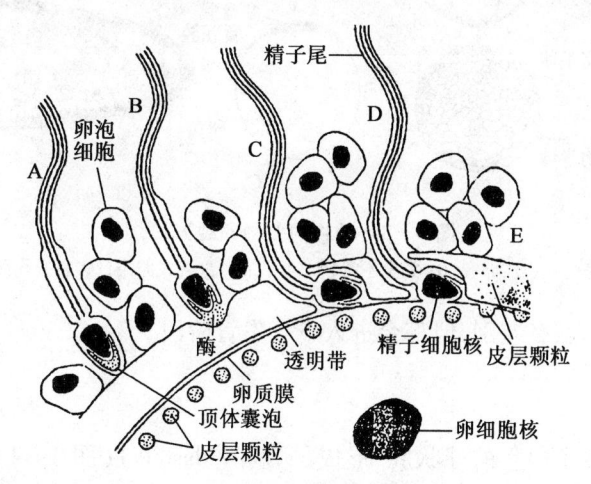

图 3-2 动物受精过程图解
A. 精子通过放射冠;B. 顶体开始作用,释放溶解酶;C. 精子穿过透明带,接近卵膜;
D. 精子和卵子膜融合,精子的遗传物质进入卵;E. 皮层释放酶物质,硬化透明带

受精卵是新个体发育的起点,由受精卵发育成新个体。

受精作用的重要意义在于形成具有双重遗传性的受精卵,保证了发育个体具有更大的适应性和更强的生命力。

二、卵裂

受精卵进行细胞分裂的过程就是卵裂(cleavage)。与一般细胞分裂不同的是,在每次分裂之后,新的细胞并不长大,而是继续进行分裂,因此分裂后的细胞越来越小,这些细胞也称分裂球(blastomere)。由于不同动物卵内卵黄多少及其在卵内分布情况的不同(图3-3),因此卵裂的方式也有多种。

1. 完全卵裂(total cleavage)

整个受精卵都进行分裂,多见于少黄卵。卵黄少、分布均匀,形成的分裂球大小相等的叫等裂(equal cleavage),如海胆和文昌鱼。如果卵黄在卵内分布不均匀,形成的分裂球大小不等的叫不等裂,如多孔动物和无尾两栖类。

2. 不完全卵裂(partial cleavage)

多见于多黄卵。卵黄多,分裂受阻,受精卵只在不含卵黄的部位进行分裂。分裂区仅限于胚盘处的称为盘裂(discal cleavage),如乌贼和鸡。分裂区仅限于受精卵表面的称为表面卵裂(peripheral cleavage),如昆虫。

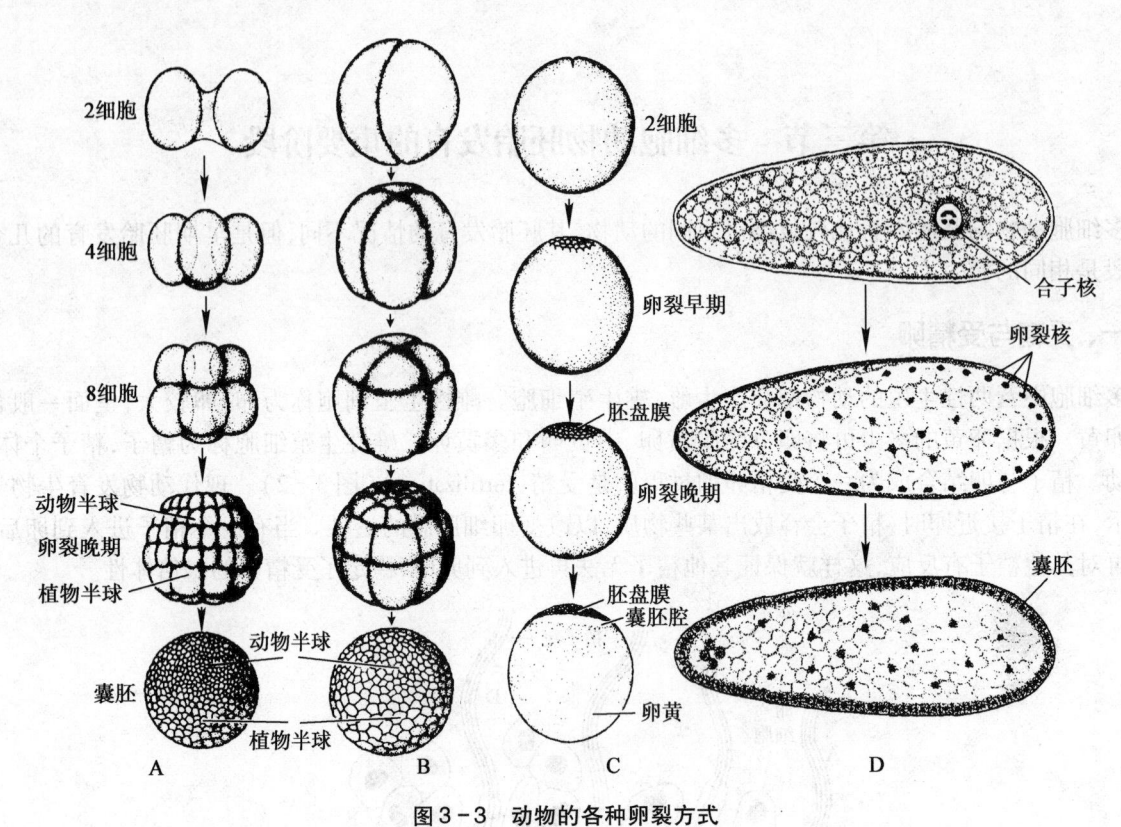

图 3-3 动物的各种卵裂方式
A. 完全等裂式卵裂；B. 完全不等裂式卵裂；C. 盘裂式卵裂；D. 表裂式卵裂

各种卵裂的结果，其形态虽有差别，但都会进入下一发育阶段。

三、囊胚的形成

多次卵裂后，分裂球形成了中空的球状胚，形成了囊胚(blastula)(图 3-4)。囊胚中间的腔为囊胚腔(blastocoel)，囊胚壁的细胞层称为囊胚层(blastoderm)。由于囊胚两极的细胞分裂速率有所差异，故一般会形成细胞较大的植物极(vegetal pole)和细胞较小的动物极(animal pole)。

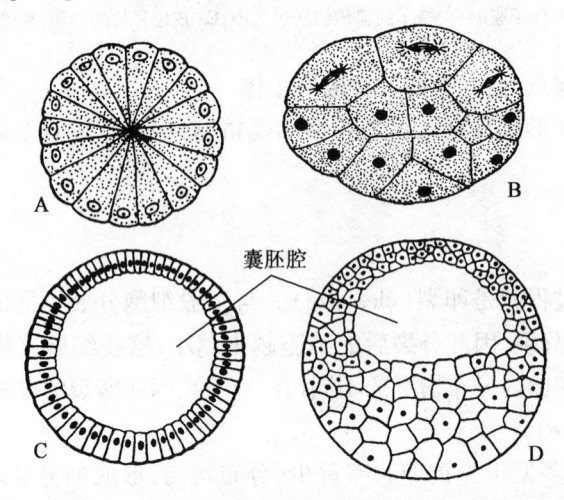

图 3-4 囊胚的基本结构及不同的囊胚类型
A. 水母的实心囊胚；B. 水螅的实心囊胚；C. 棘皮动物的空心囊胚；D. 蛙的空心囊胚

四、原肠胚的形成

囊胚进一步发育就进入到原肠胚(gastrula)形成阶段，此时胚胎分化出内、外两个胚层和原肠腔。原肠胚形成在各类动物有所不同(图3-5)。

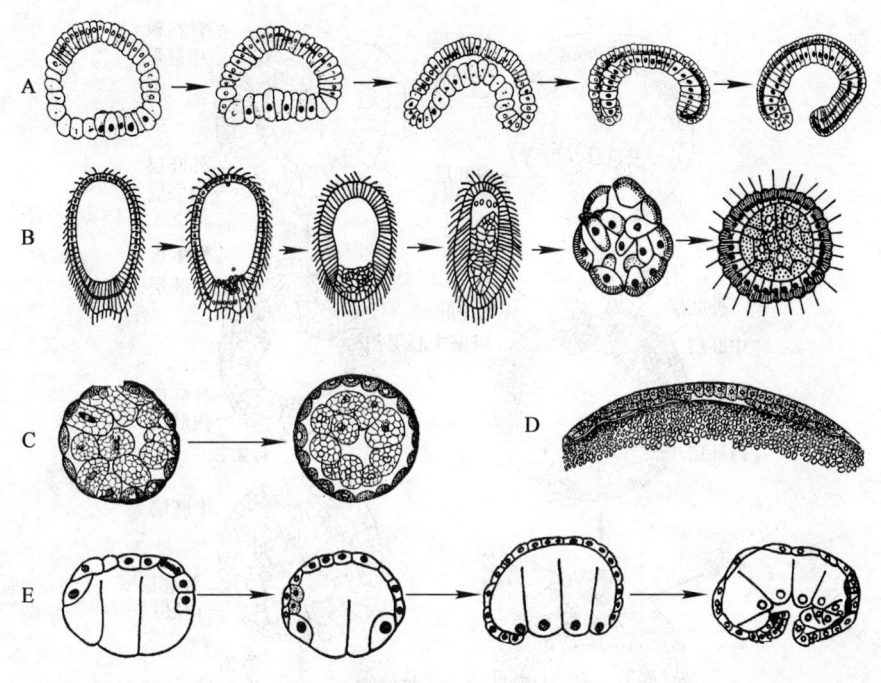

图3-5 原肠胚形成的方式
A. 内陷；B. 内移；C. 分层；D. 内转；E. 外包

1. 内陷(invagination)

由囊胚植物极细胞向内陷入形成2层细胞的原肠胚。外侧的细胞层称为外胚层(ectoderm)，向内陷入的一层为内胚层(endoderm)。内胚层所包围的腔，将形成未来的肠腔，故称为原肠腔(gastrocoel)。原肠腔与外界相通的孔称为原口或胚孔(blastopore)。

2. 内移(ingression)

也称为移入法，即囊胚一部分细胞移入内部形成内胚层。开始移入的细胞充填于囊胚腔内，排列不规则，接着逐渐排成一层内胚层。有的移入时就排列成内胚层。这样的原肠胚没有孔，以后在胚的一端开一胚孔。

3. 分层(delamination)

囊胚的细胞沿切线方向分裂，向着囊胚腔分裂出的细胞成为内胚层，留在表面的一层成为外胚层。

4. 内转(involution)

通过盘裂形成的囊胚，分裂的细胞由下面边缘向内转，伸展成为内胚层。

5. 外包(epiboly)

动物极细胞分裂快，植物极细胞分裂极慢，动物极细胞逐渐向下包围植物极细胞，形成为外胚层，被包围的植物极细胞为内胚层。

以上原肠胚形成的几种类型常常综合出现，最常见的是内陷与外包同时进行，分层与内移相伴而行。

五、中胚层及体腔的形成

绝大多数多细胞动物除了内、外胚层之外，还需进一步发育，在内外胚层之间形成中胚层(mesoderm)，在中胚层之间围绕的腔称为真体腔。中胚层的形成也有不同的方式(图3-6)。

1. 裂体腔法

在胚孔的两侧，内、外胚层交界处各有一个细胞分裂成很多细胞，形成索状，伸入内、外胚层之间，成为中胚层细胞。在中胚层之间形成体腔。由于这种体腔是在中胚层细胞之间裂开形成的，因此又称为裂体腔(schizocoel)，这种形成体腔的方式又称为裂体腔法(schizocoelic formation)。原口动物都是以端细胞法

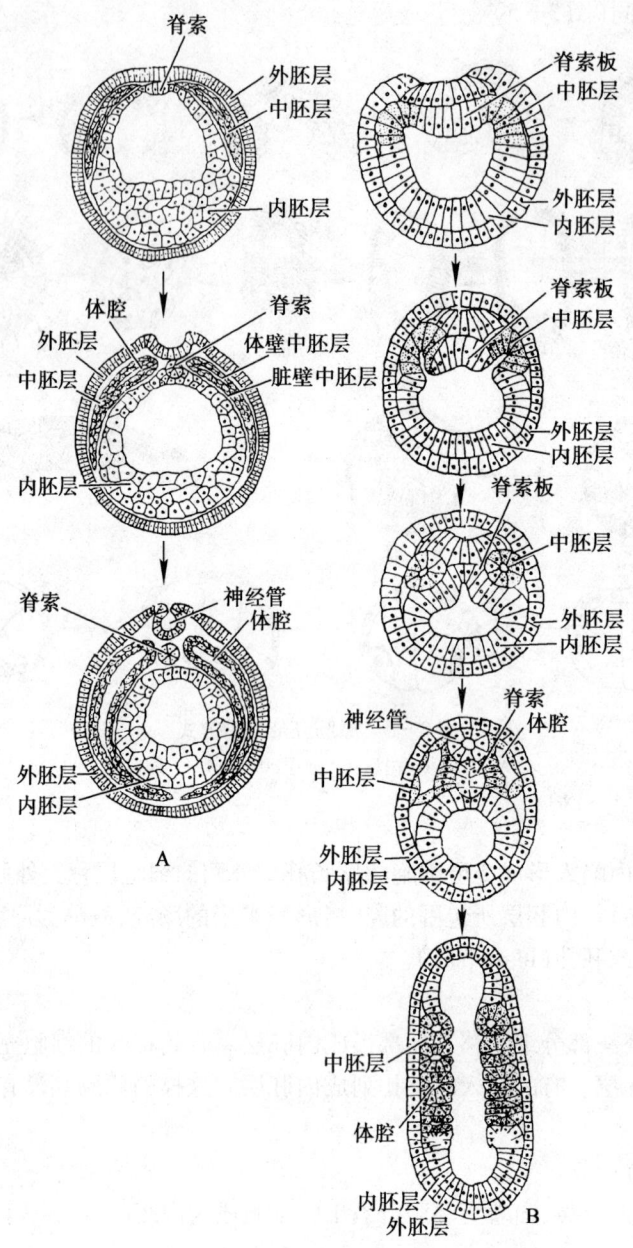

图 3-6 中胚层及真体腔的形成
A. 裂体腔法；B. 肠体腔法

形成中胚层和体腔。

2. 肠体腔法

在原肠背部两侧,内胚层向外突出成对的囊状突起称体腔囊。体腔囊和内胚层脱离后,在内外胚层之间逐步扩展成为中胚层,由中胚层包围的空腔为体腔。因为体腔囊来源于原肠背部两侧,所以又称为肠体腔(enterocoel)。这种形成体腔的方式称为肠体腔法(enterocoelic formation)。后口动物的棘皮动物、毛颚动物、半索动物及脊索动物均以这种方式形成中胚层和体腔。

六、胚层的分化

相对而言,胚胎早期的细胞较简单、均质,并具有可塑性,在进一步发育过程中,由于遗传性、环境、营养、激素以及细胞群之间相互诱导等因素的影响,而转变成为较复杂、异质和稳定的细胞,这种变化现象称为分化(differentiation)。动物体的组织、器官都是从内、中、外三胚层发育分化而来的,如内胚层分化为消化管的大部分上皮、肝、胰、呼吸器官、排泄与生殖器官的小部分;中胚层分化为肌肉、结缔组织(包括骨骼、血液等)、生殖与排泄器官的大部分;外胚层分化为皮肤上皮(包括上皮各种衍生物如皮肤腺、毛、角、爪等)、神经组织、感觉器官、消化管的两端。

从动物生殖细胞的产生,到成形的个体发育完成的整个过程的研究是现代发育生物学的重要内容。其研究成果对于人口的优生优育、经济动物的品质改良有着非常重要的意义。

第四节　生物重演律

德国动物学家赫克尔(Haeckel E.,1834—1919)利用生物演化的思想,总结了当时胚胎学方面的成果,并结合自己的研究结果,提出了生物重演律(recapitulation law)。当时在胚胎发育方面已揭示了一些规律,如在动物胚胎发育过程中,各纲脊椎动物的胚胎都是由受精卵开始发育的,在发育初期极为相似,以后才逐渐变得越来越不相同。达尔文用演化理论的观点曾做过一些论证,认为胚胎发育的相似性,说明它们彼此有一定的亲缘关系,并起源于共同的祖先。个体发育的渐进性是系统发展中渐进性的表现。达尔文还指出了胚胎结构重演其过去祖先的结构,"它重演了它们祖先发育中的一个形象"。

为了进一步说明不同动物胚胎发育中的规律性,赫克尔设计了一系列的实验。1866年他在《普通形态学》一书中给出了生物重演律的基本观点:生物发展史可分为两个相互密切联系的部分,即个体发育(ontogeny)和系统发育(phylogeny),也就是个体的发育历史和由同一起源所产生的生物群的发育历史。个体发育是系统发育的简单而迅速的重演。如青蛙的个体发育,由受精卵开始,经过囊胚、原肠胚、三胚层的胚、无腿蝌蚪、有腿蝌蚪,到成体青蛙。这反映了它在系统发育过程中经历了像单细胞动物、单细胞的球状群体、刺胞动物、原始三胚层动物、鱼类,发展到有尾两栖和无尾两栖动物的基本过程。说明了蛙个体发育重演了其祖先的演化过程,也就是个体发育简短重演了它的系统发育。

生物重演律对了解动物各类群的亲缘关系及其发展线索极为重要,对许多动物的亲缘关系和分类位置的确定有一定的意义。这样的例子在现代动物学研究中常常出现。

生物重演律是一条客观规律,它不仅适用于动物界,而且适用于包括人在内的整个生物界。"重演"不能被简单地理解为机械的重复,不能否认个体发育中也会有新的变异的出现,以及个体发育对系统发育的不断补充。个体发育与系统发育是辩证统一的,二者相互联系、相互制约,系统发育通过遗传决定个体发育,个体发育不仅简短重演系统发育,而且又能补充和丰富系统发育。

1990年代以来,国际上有学者开始质疑赫克尔的研究结果,认为他的研究不够严谨,有很多主观因素影响了研究的准确性和客观性。

第五节　关于多细胞动物起源的学说

一般认为,多细胞动物起源的方式有下列几种学说。

一、群体学说

群体学说(colonial theory)最早是由赫克尔(Haeckel,1874)提出,经梅契尼柯夫(Metchnikoff,1887)修正,海曼(Hyman,1940)再给予完善的。该学说认为后生动物来源于群体鞭毛虫,这是后生动物起源的经典学说。有一些日益增多的证据,因而是当代动物学中最广泛接受的学说。在不同的时期,该学说以不同的提法表现出来。

1. 原肠虫学说

赫克尔认为多细胞动物最早的祖先是由类似团藻的球形群体经细胞层内陷形成的。与原肠胚很相似,该球形群体有两胚层和原口,赫克尔将其称为原肠虫(gastraea)(图3-7)。

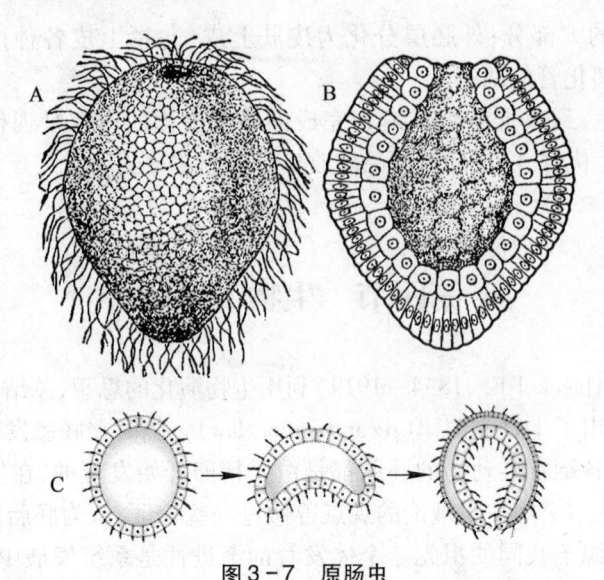

图3-7 原肠虫
A. 外形；B. 剖面；C. 原肠虫的形成过程

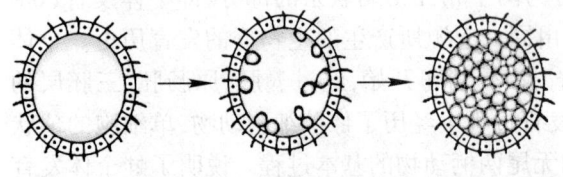

图3-8 吞噬虫学说图解

2. 吞噬虫学说

通过对多种较原始的多细胞动物胚胎发育的观察，梅契尼柯夫发现这些种类的原肠胚形成不是由内陷，而是由内移的方法形成的。同时他也观察到某些原始多细胞动物是靠吞噬作用进行细胞内消化，很少为细胞外消化。依此推测，最初出现的多细胞动物是进行细胞内消化，细胞外消化是以后发展起来的。由此，梅契尼柯夫提出了吞噬虫学说(也称为实囊虫学说)。他认为多细胞动物的祖先是由一层细胞构成的单细胞动物的群体，后来个别细胞摄取食物后进入群体之内形成内胚层，结果形成了两胚层的动物，起初是实心的，后来才逐渐地形成消化腔，梅契尼柯夫将这种假想的多细胞动物祖先称作吞噬虫(Phagocytella)(图3-8)。

这两种学说虽然在动物发育学上都有根据，但多数最原始的多细胞动物是由内移法形成原肠胚。而赫克尔所说的内陷法，很可能是后来才出现的。梅契尼柯夫的学说更符合机能与结构统一的原则，所以容易被学界所接受。

由现存的原生动物看，鞭毛类动物形成群体的能力较强。如果原始的单细胞动物群体进一步分化，群体细胞严密分工协作，形成统一整体，这就发展成了多细胞动物。但是单细胞动物群体多种多样，形态各异。依多细胞动物早期胚胎发育的形状看，群体学说认为由球形群体鞭毛虫发展成为多细胞动物符合于生物重演律。此外，具鞭毛的精子普遍存在于后生动物，具鞭毛的体细胞在原始的后生动物间也常存在，特别是在多孔动物和刺胞动物，这些也可作为支持鞭毛虫是后生动物的祖先的证据。梅契尼柯夫所说的吞噬虫，很像刺胞动物的浮浪幼虫，它被称为浮浪幼虫样的祖先(planuloid ancestor)。原始的后生动物是从这样一种自由游泳浮浪幼虫样的祖先发展来的。根据这种学说，刺胞动物为原始辐射对称，可以推断它直接来源于浮浪幼虫样的祖先。扁形动物的两侧对称是后来发生的。

Butshli O. 早在1883年所提出的扁囊胚虫(Plakula)学说最近又重新受到重视。他认为原始的后生动物是两侧对称的有两胚层的扁形状动物，称此动物为扁囊胚虫(图3-9)。根据Butshli的看法，扁囊胚虫借腹面细胞层的蠕动爬行、摄食，最后该动物背腹细胞层分开成为中空的。腹面的营养细胞内陷形成消化腔，同时产生了内外胚层，形成了两胚层动物。这里所提的扁囊

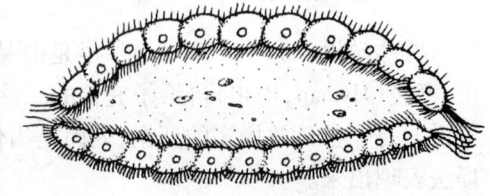

图3-9 扁囊胚虫

胚虫与现存的扁盘动物丝盘虫(Trichoplax)相似。因此，有些学者认为丝盘虫是扁囊胚虫现存种类的证据。

二、合胞体学说

合胞体学说(syncytial theory)是由 Hadzi(1953)和 Hanson(1977)提出的。他们认为多细胞动物来源于多核纤毛虫的原始类群(图3-10)。后生动物的祖先开始是合胞体结构,即多核的细胞,后来每个核获得一部分细胞质和细胞膜进而形成了多细胞结构。由于有些纤毛虫倾向于两侧对称,所以合胞体学说主张后生动物的祖先是两侧对称的,由其发展为无肠类扁形动物,并认为它们是现存的最原始的后生动物。该学说的支持者较少。因为任何动物类群的胚胎发育都未出现过多核体分化成多细胞的现象,实际上,无肠类合胞体是在典型的胚胎细胞分裂之后出现的次生现象。最主要的反对意见是不认可将无肠类扁形动物视为最原始的后生动物。体型的演化是从辐射对称到两侧对称,如果无肠类扁形动物的两侧对称是原始的,那么刺胞动物的辐射对称反而成为次生的了,这与已揭明的演化过程是相违背的。

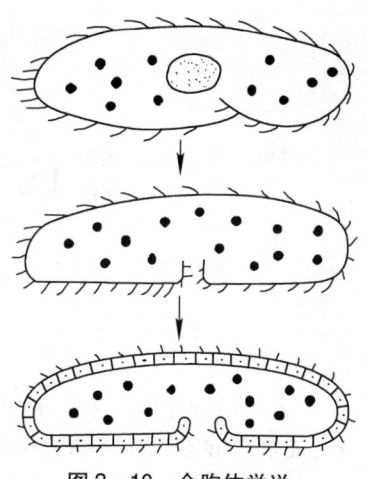

图3-10 合胞体学说

除上述的几个学说外,有关多细胞动物起源的学说还有共生学说(symbiosis theory)。该学说认为不同种的原生生物共生在一起,进而发展成为多细胞动物。这一学说存在着一些遗传学上的基本问题,因为不同遗传基础的单细胞生物如何聚在一起形成能繁殖的多细胞动物,目前在遗传学上无法解释。

对多细胞动物起源,虽然目前多数演化论者倾向于单元说,但事实上已有一些提示,不能排除多细胞动物起源的多元性,即起源于不止一类原生动物的祖先。这些观点的大部分集中在祖先类群究竟是鞭毛虫还是纤毛虫,找寻从原生动物过渡到多细胞动物的中间类型是解决这一问题的关键。

拓展阅读

[1] 张之沧. 科学技术哲学. 南京:南京师范大学出版社,2009

[2] Hidetaka F, Hochberg F G, Kazuhiko T. Cell number and cellular composition in infusoriform larvae of dicyemid mesozoans(Phylum Dicyemida). Zoological Science, 2004, 21(8): 877-889.

[3] 李云龙,刘春巧. 动物发育生物学. 修订版. 济南:山东科学技术出版社,2005

思考题

1. 如何从辩证法的角度分析中生动物是动物演化中的一类过渡类群?
2. 根据什么说多细胞动物起源于单细胞动物?
3. 动物受精作用的生物学意义有哪些?
4. 各种卵裂方式在动物多样性上有哪些意义?
5. 什么叫生物重演律?它对了解动物的演化与亲缘关系有何意义?
6. 关于多细胞动物起源有几种学说?各学说的主要内容是什么?

第四章 多孔动物门(Porifera)

多孔动物身体色泽各不相同,是最原始、最简单的多细胞动物。多孔动物的形态结构表现出体型不对称,没有器官系统和明确的组织分化,体壁由两层细胞构成等很多原始性的特征,也具有孔细胞、领细胞、骨针细胞和水沟系等特殊结构。多孔动物有无性生殖和有性生殖,胚胎发育中存在逆转现象。

第一节 多孔动物的主要特征

一、一般形态

多孔动物又称海绵动物,身体色泽各不相同,有大红、鲜绿、褐黄、乳白、紫色等各种颜色,一度被归为植物。直到1825年,人们利用显微镜以及生理学和胚胎学诸方面的工作成果,才确定了它是动物。事实上,多孔动物的色彩来源于共生藻或非活性的贮存色素,例如绿色是因其体内共生有绿色的虫绿藻,而红色、黄色、桔红色等是因为细胞内含有脂溶性的胡萝卜素。

多孔动物是最原始、最简单的多细胞动物。多孔动物的形态结构表现出很多原始性的特征,也有些特殊结构。

1. 体型多数不对称

多孔动物的体形各种各样,有不规则的块状、球状、树枝状、管状和瓶状等(图4-1)。从大多数种类的多孔动物整体看,它们没有一个很明确的身体形状,也不具有身体的对称性,但从一些存在分枝的局部上讲,是存在着一定的辐射对称特点的。它们主要生活在海洋中,极少数生活在淡水中。成体全部营固着生活、附着于水中的岩石、贝壳、水生植物或其他物体上。从潮间带到深海,以至淡水的池塘、溪流、湖泊都可见到多孔动物。多孔动物体表遍布小孔,是水流进入体内的孔道,与体内管道相通。通过水流带进食物和O_2,并排出废物。

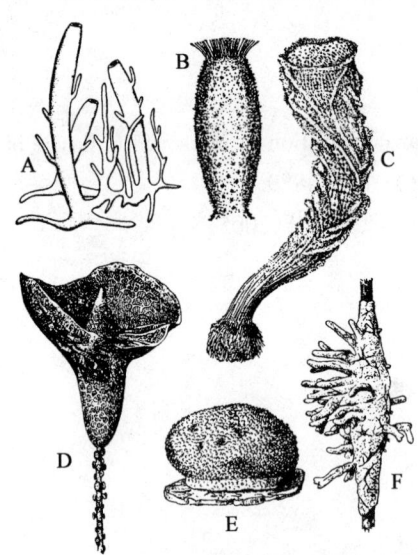

图4-1 各种形态的多孔动物
A. 白枝海绵;B. 毛壶;C. 偕老同穴;D. 佛子介;E. 沐浴海绵;F. 淡水海绵

2. 没有器官系统和明确的组织

多孔动物的体壁基本上是由两层上皮细胞构成(图4-2)。在电子显微镜下,体壁细胞一般呈疏松结合;两层上皮细胞间为中胶层。体表的一层为扁平细胞层,主要由扁平细胞(pinacocyte)构成,具保护作用。扁平细胞内有能收缩的肌丝,具有一定的调节功能。有些扁平细胞变为肌细胞(myocyte),围绕着入水小孔或出水孔形成能收缩的小环控制水流。在扁平细胞之间穿插有无数的孔细胞(porocyte),形成单沟系多孔动物的入水小孔。

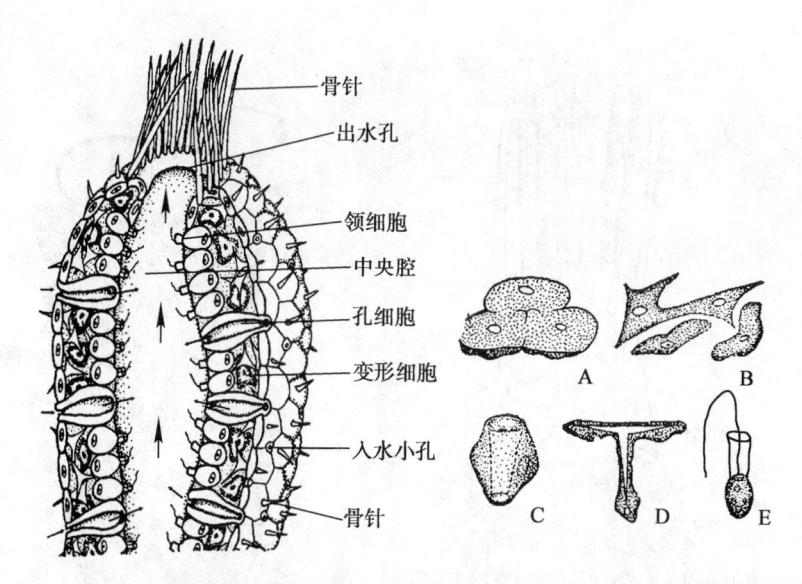

图 4-2　多孔动物的体壁结构及各种细胞形态
A. 皮层细胞；B. 变形细胞和星芒细胞；C. 孔细胞；D. 造骨细胞；E. 领细胞。箭头指示水流方向

中胶层(mesoglea)是胶状物质,其中有钙质或硅质的骨针(spicule)和(或)类蛋白质的海绵质纤维(spongin fiber)或称海绵丝。中胶层内散布有几种类型的细胞,如变形细胞(amoebocyte)、能分泌骨针的成骨针细胞(scleroblast)、能分泌海绵质纤维的成海绵质细胞(spongioblast)以及具有不同功能的原细胞(archeocyte)。有的原细胞能消化食物,有些能形成卵子和精子。另外,在中胶层里还有被认为具神经传导作用的芒状细胞(collencyte)。

体壁里侧是由领细胞(choanocyte)为主的领细胞层。领细胞与原生动物的领鞭毛虫在结构上相似,都有一透明领围绕1条鞭毛。在光学显微镜下,领看起来像一薄膜,但在电子显微镜下,领是由一圈细胞质突起及各突起间的很多微丝相联构成的(图4-3A)。领细胞的鞭毛摆动引起水流通过多孔动物体壁,水流携带的食物颗粒(如微小藻类、细菌和有机碎屑)和O_2就可以接近到细胞体,食物颗粒附在领上,然后落入细胞质中形成食物泡,在领细胞进行胞内消化,或将食物传给变形细胞消化(图4-3B)。不能消化的残渣,由变形细胞排到流出的水流中。部分淡水海绵的细胞中还有伸缩泡。

由上述的特点可见,与群体的原生动物相比,多孔动物的细胞分化较多,身体的各种机能是由或多或少独立活动的细胞完成的,因此一般认为多孔动物是处在细胞水平的多细胞动物。细胞排列一般较疏松,细胞之间有些联系但又不是那么紧密协作。体内、外表层细胞接近于组织,或者说是原始组织的萌芽,但又不同于真正的组织,因此可认为它还没形成明确的组织。严格地讲,多孔动物还不是真正的多细胞动物。

二、水沟系的作用及其类型

水沟系(canal system)是多孔动物所特有的结构,它对适应固着生活很有意义。不同种的多孔动物的水沟系有很大差别,其基本类型有3种(图4-4):

(1) 单沟型(ascon type)是最简单的水沟系。水流自入水小孔(ostium)流入,直接到中央腔(central cavity)或称海绵腔(spongiocoel)。中央腔的壁是领细胞,然后经出水孔(osculum)流出。如白枝海绵(*Leucosolenia*)。

(2) 双沟型(sycon type)相当于单沟型的体壁凹凸折叠而成,领细胞在辐射管的壁上。水流自流入孔(incurrent pore)流入,经流入管(incurrent canal)、前幽门孔(prosopyle)、辐射管(radial canal)、后幽门孔(apopyle)、中央腔,由出水孔流出。如毛壶(*Grantia*)。

(3) 复沟型(leucon type)最为复杂,管道分支多,在中胶层中有很多具领细胞的鞭毛室,中央腔壁由扁细胞构成。水流由流入孔流入,经流入管、前幽门孔、鞭毛室(flagellated chamber)、后幽门孔、流出管(excurren canal)、中央腔,再由出水孔流出。如浴海绵(*Euspongia*)、淡水海绵等多属此类。

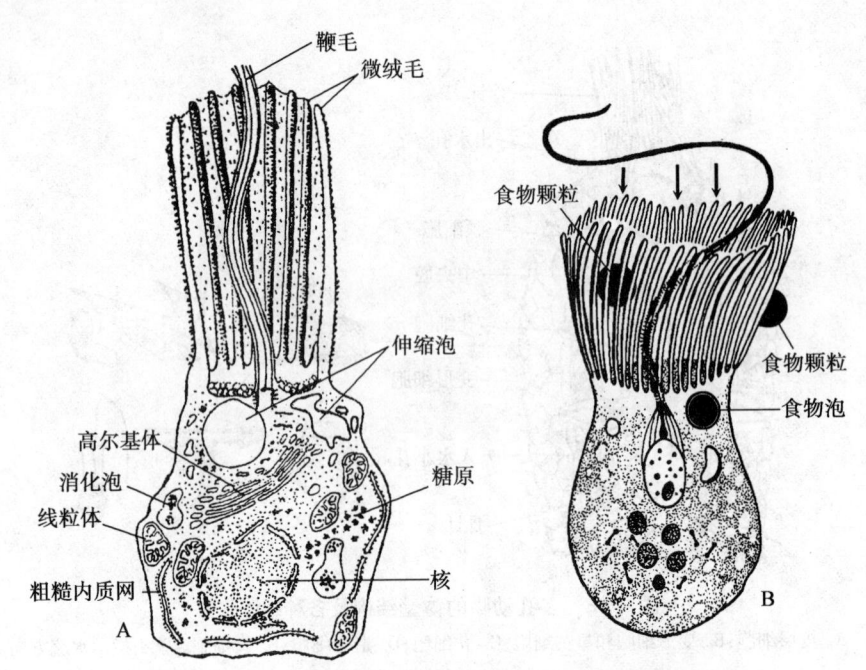

图4-3 多孔动物领细胞的显微结构(A)及摄食(B)
箭头示水流方向(A 仿 Welsch)

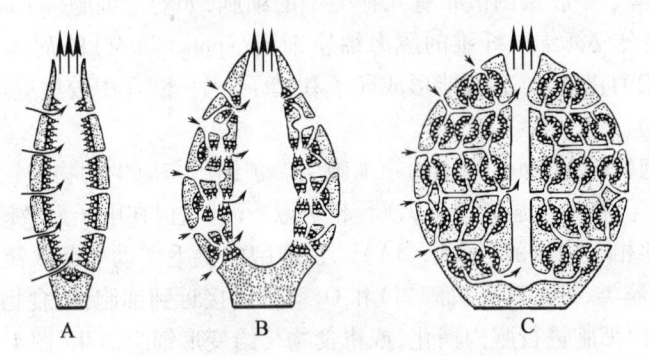

图4-4 多孔动物水沟系的不同类型
A. 单沟型；B. 双沟型；C. 复沟型。箭头示水流方向

比较这3种水沟系的类型,可看出其演化过程是由简单到复杂,由单沟型的简单直管到双沟型的辐射管,再发展到复沟型的鞭毛室,领细胞数目逐渐增多,这就相应地增加了水流通过动物体的速度和流量,同时扩大了摄食面积。在多孔动物体内,每天能流过超过它身体上万倍体积的水,这能使多孔动物得到更多的食物和 O_2,同时不断地排出废物,对多孔动物的生命活动和适应环境都是很有利的。

三、骨骼

多孔动物的身体柔软,是借助很多细小的硅质或钙质骨针以及角质的海绵丝来支持体型的,这些结构统称为多孔动物的骨骼。这些骨骼是由多孔动物中胶层里的成骨针细胞分泌而成的,一个骨针可以由单个成骨针细胞分泌而成,也可由多个成骨针细胞合作分泌而成。其过程首先是在成骨针细胞内形成一有机物的轴丝,然后沿该轴丝沉积钙质或硅质,形成一个小骨针。当骨针增大时,原来的双核细胞分裂成两个细胞,分别位于骨针的两端,继续分泌形成骨针的物质。最后,在骨针的外面再覆盖一层有机物,两个成骨针细胞脱落下来,一个完整的骨针就形成了(图4-5)。形成的骨针越复杂,参与的成骨针细胞越多。

骨针的基本成分有钙质、硅质、角质,其形状有单轴、三轴、四轴等。海绵丝分支呈网状(图4-6)。骨骼的形态结构在不同的多孔动物中是有明显差异的,因此骨骼是多孔动物分类的重要依据之一。

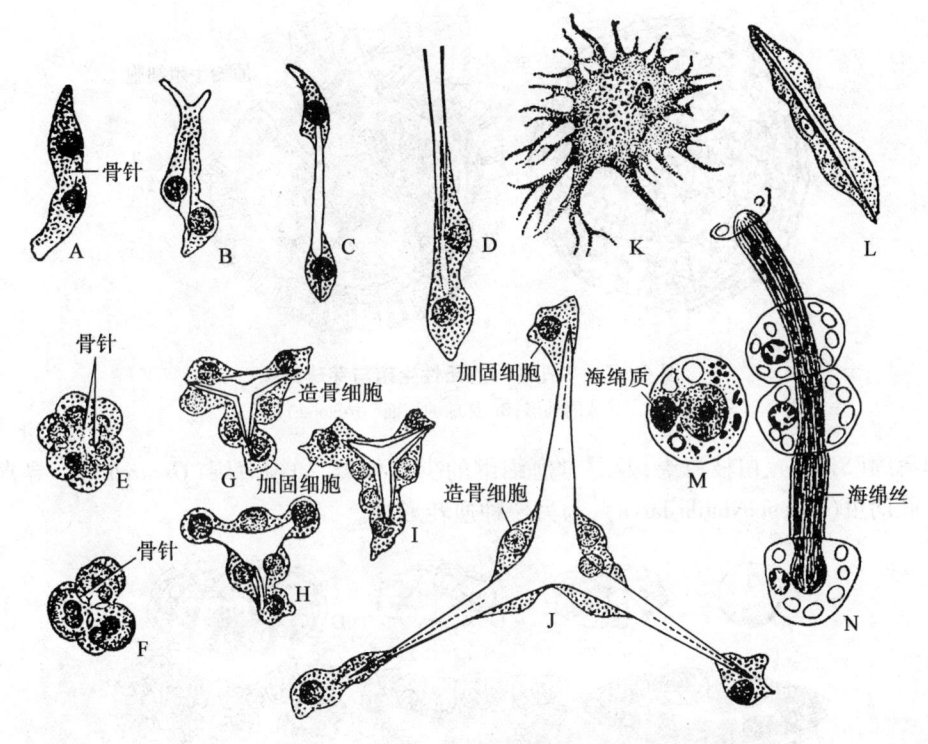

图 4-5　多孔动物骨针的形成过程

A~D. 单轴骨针的形成；E~J. 三辐骨针的形成；K. 钙质分泌细胞；L. 淡水海绵单轴硅质骨针的形成；M、N. 海绵丝的形成（仿 Hyman）

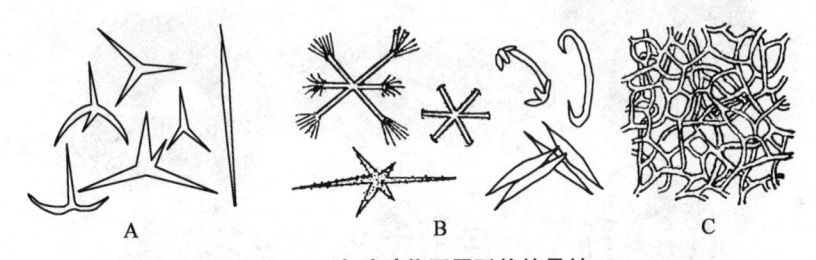

图 4-6　多孔动物不同形状的骨针

A. 钙质骨针；B. 硅质骨针；C. 海绵丝（仿 Storer）

四、生殖与发育

多孔动物的生殖有无性生殖和有性生殖。无性生殖又分出芽和形成芽球两种。出芽是由虫体体壁的一部分向外突出形成芽体，与母体脱离后长成新个体，或者不脱离母体形成群体。芽球（gemmule）（图 4-7）的形成是在中胶层中，由一些储存了丰富营养的原细胞聚集成堆，外包以几丁质膜和一层双盘头或短柱状的小骨针，形成球形芽球。当成体死亡后，无数的芽球可以生存下来，渡过严冬或干旱，当条件适合时，芽球内的细胞从芽球上的一个开口出来，发育成新个体。所有的淡水海绵和部分海产种类都能形成芽球。

多孔动物也行有性生殖。有些种类为雌雄同体（monoecy），有些为雌雄异体（dioecy）。精子和卵子是由原细胞或领细胞发育来的。卵子在中胶层里，精子不直接进入卵子，而是由领细胞吞食精子后，失去鞭毛和领后成变形虫状，将精子带入卵子进行受精。这是一种特殊的受精形式。就钙质海绵来说，受精卵通过卵裂形成囊胚，动物极的小细胞向囊胚腔内生出鞭毛，另一端的大细胞中间形成一个开口，后来囊胚的小细胞由开口倒翻出来，里面小细胞具鞭毛的一侧翻到囊胚的表面（图 4-8）。这样，动物极的一端为具鞭毛的小细胞，植物极的一端为不具鞭毛的大细胞，此时称为两囊幼虫（amphiblastula），幼虫从母体出水孔随水流逸出，然后具鞭毛的小细胞内陷，形成内层，而另一端大细胞留在外边形成外层细胞，这与其他多细胞动物原肠胚的形成正相反（其他多细胞动物的植物极大细胞内陷成为内胚层，动物极小细胞形成外胚层），因此称为逆转（inversion）。幼虫游动后不久即行固着，发育成成体。这种明显的逆转现象存在于钙质海绵

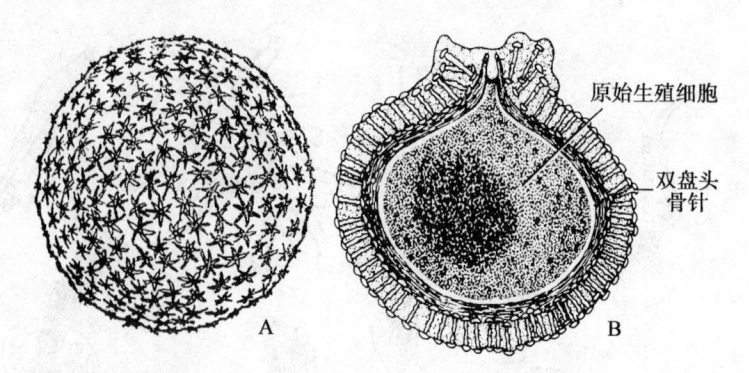

图 4-7　多孔动物的无性生殖与芽球结构
A. 芽球的外形；B. 芽球的切面（仿 Storer）

纲，如毛壶、樽海绵（*Sycon*）、白枝海绵，及寻常海绵纲的少数种类，如糊海绵（*Oscurella*）。寻常海绵纲的多数种类形成实胚幼虫（parenchymula larva），为另一种逆转形式。

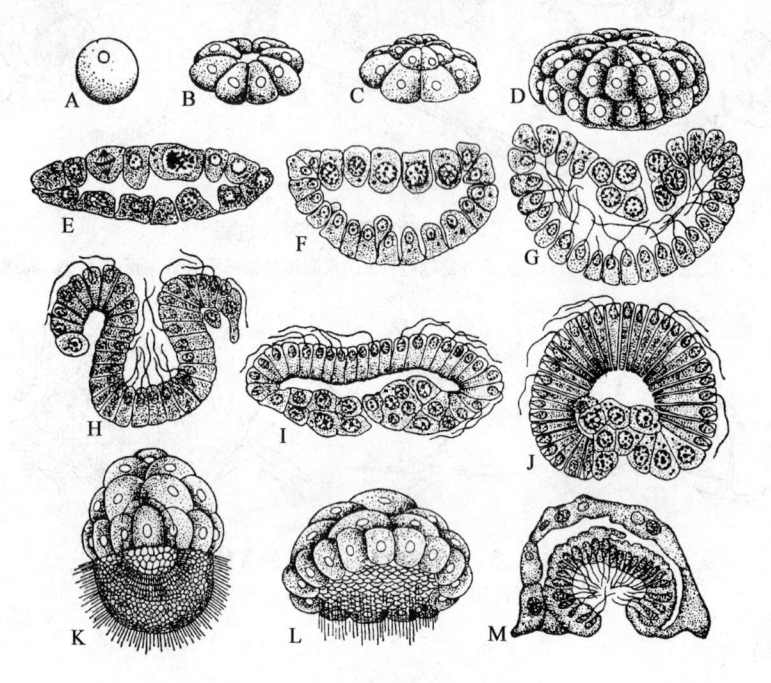

图 4-8　多孔动物的胚胎发育过程
A. 受精卵；B. 8 胚胎期；C. 16 胚胎期；D. 48 胚胎期；E、F. 囊胚期（切面）；G. 囊胚的小胚胞向囊腔内生出鞭毛（切面）；
H、I. 大胚胞一端形成一个开孔，并向外包，里面的变成外面（鞭毛在小胚胞的表面）（切面）；J. 幼两囊幼虫（切面）；
K. 两囊幼虫；L. 小胚胞内陷；M. 固着（纵切面）（仿 Storer）

多孔动物的再生能力很强，如把海绵切成小块，每块都能独立生活，而且能继续长大。将不同种的多孔动物捣碎过筛，再混合在一起，同一种海绵能重新组成小的多孔动物个体。

第二节　多孔动物的多样性及分类地位

一、多孔动物的多样性

已知的多孔动物约有 8 340 种，根据其骨骼特点分为 3 个纲。

（一）钙质海绵纲（Calcarea）
骨针为钙质，水沟系简单，体形较小，多生活于浅海。

目 1. 同腔目(Homocoela)　体壁薄，无皱褶，领细胞连续分布于中央腔，单沟型水沟系。如白枝海绵(Leucosolenia)(图 4 – 1A)和篓海绵(Clathrina)。

目 2. 异腔目(Heterocoela)　体壁较厚，有皱褶，领细胞分布于鞭毛管或鞭毛室内，双沟或复沟型水沟系。如毛壶(Grantia compressa)(图 4 – 1B)、樽海绵(Scypha)、白海绵(Leucandra)和樽壶(Sycetta)(图 4 – 9A ~ C)。

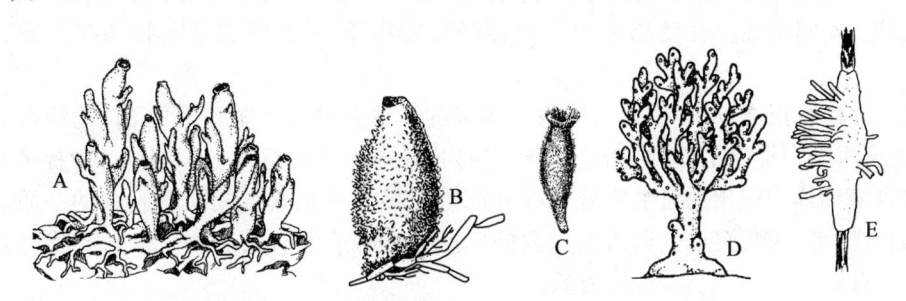

图 4 – 9　部分多孔动物的种类
A. 樽海绵；B. 白海绵；C. 樽壶；D. 细芽海绵；E. 针海绵

(二) 六放海绵纲(Hexactinellida)

骨针硅质、六放形，复沟型，鞭毛室大，体形较大，生活于深海。

目 3. 六放星目(Hexasterophora)　骨针三轴六放型。如偕老同穴(Euplectella)(图 4 – 1C)。

目 4. 双盘海绵目(Amphidiscophora)　骨针双盘型，两端具钩。如拂子介(Hyalonema)(图 4 – 1D)。

(三) 寻常海绵纲(Demospongiae)

硅质骨针或海绵质纤维，复沟型，鞭毛室小，体形常不规则，生活在海水或淡水。

目 5. 胶海绵目(Myxospongide)　无骨针，无海绵纤维丝。如糊海绵(Oscurella)。

目 6. 同骨海绵目(Carnosa)　大小骨针不易区分。如多板海绵。

目 7. 异骨海绵目(Choristida)　有大小不等的骨针。如洗手钵海绵和南瓜海绵。

目 8. 韧海绵目(Hadromerina)　有大骨针和星状小骨针，无海绵纤维丝。如穿贝海绵(Cliona)。

目 9. 软海绵目(Halichondrina)　有 1 ~ 2 种大骨针，有杆状小骨针，极少有海绵纤维丝。

目 10. 细芽海绵目(Poeciloslerina)　大小骨针复杂。如细芽海绵(Microciona)(图 4 – 9D)。

目 11. 简骨海绵目(Haplosclerina)　仅有一种大骨针，小骨针或有或无，有海绵纤维丝。如淡水的针海绵(Spongilla)(图 4 – 9E)。

二、多孔动物的分类地位

多孔动物的结构与机能的原始性，很多与原生动物相似，其体内又具有与原生动物领鞭毛虫相同的领细胞，因此过去有人认为它是与领鞭毛虫有关的群体原生动物。但是多孔动物在个体发育中有胚层存在，且多孔动物的细胞不能像原生动物那样无限制地生存下去，因此可以肯定多孔动物是属于多细胞动物。生化分析显示多孔动物体内具有与其他多细胞动物大致相同的核酸和氨基酸的结果更加证明了这一点。但部分多孔动物的胚胎发育又与其他多细胞动物不同，有逆转现象，又有水沟系、发达的领细胞、骨针等特殊结构，这说明多孔动物发展的道路与其他多细胞动物不同，所以认为它是很早由原始的群体领鞭毛虫发展来的一个侧支，因而也称为侧生动物(Parazoa)。

第三节　多孔动物与人类

古希腊人、古罗马人和我国古代劳动人民很早就认识并采集多孔动物，特别是浴用海绵。由于多孔动物的网孔细，弹力强，吸水性好，在工艺、医学和日常生活方面展现了广泛用途，如做油漆刷子、钢盔的衬垫和其他垫子,海绵灰治疗脚痛等。在地中海、红海和美洲沿海等地,人工养殖多孔动物业曾十分发达。随着人造海绵业的发展,使得多孔动物养殖业日趋衰落。但是随着科学技术的不断发展,人们又发现了多孔动物新的价值,例如有人正在研究用海绵净化海水,以达到维持海洋环境生态平衡的目的。

对多孔动物的研究,近年来也发展较快,不仅是研究多孔动物本身,而更重要的是用它作为研究生命科学基本问题的材料,如研究细胞和发育生物学等方面的一些基本问题,因此多孔动物对科学研究也有其特殊的意义。最近,人们发现多孔动物体内存在神经肽类物质,并在形态学上找到存在原始神经细胞的证据。

近年来,国内外均有报道,从多孔动物体内的提取的一些活性成分显现了抗菌、抗病毒和抗肿瘤的功能,例如,从红胡子海绵中提取了具较强的抗菌作用的Ectyonin,从蜂海绵(*Haliclona*)中提取具抗癌活性的Halitoxin。从多种海绵体内提出的海绵胸腺嘧啶和海绵尿核苷是化学合成阿糖胞苷的基质。阿糖胞苷不但是一种有效的抗病毒药物,而且也是目前国内外广泛治疗肿瘤的有效药物。多孔动物与其他海洋生物一样,为今后寻找有效新药提供了丰富的资源。

附:扁盘动物门(Placozoa)

目前在扁盘动物门(Placozoa)中仅发现了丝盘虫(*Trichoplar adhaerens*)一种动物,是已知最简单的多细胞动物之一。属于后生动物,但不属于真后生动物。本门于1971年由德国学者Grell建立。

丝盘虫的形状、大小及运动方式与原生动物的变形虫相似(图4-10),但它属多细胞动物,最大个体仅4 mm,无前后之分,也无口等器官。整个虫体覆盖一层具鞭毛的上皮细胞,背面细胞稍扁平,腹面细胞呈柱状;背腹上皮之间充满来源于腹面上皮的实质组织(parenchyma),内有许多变形细胞,因而体形经常改变,边缘不规则;无对称性,但有恒定的背腹面。无体腔,无消化腔,无神经系统。行出芽生殖和有性生殖。胚胎发育无逆转现象。

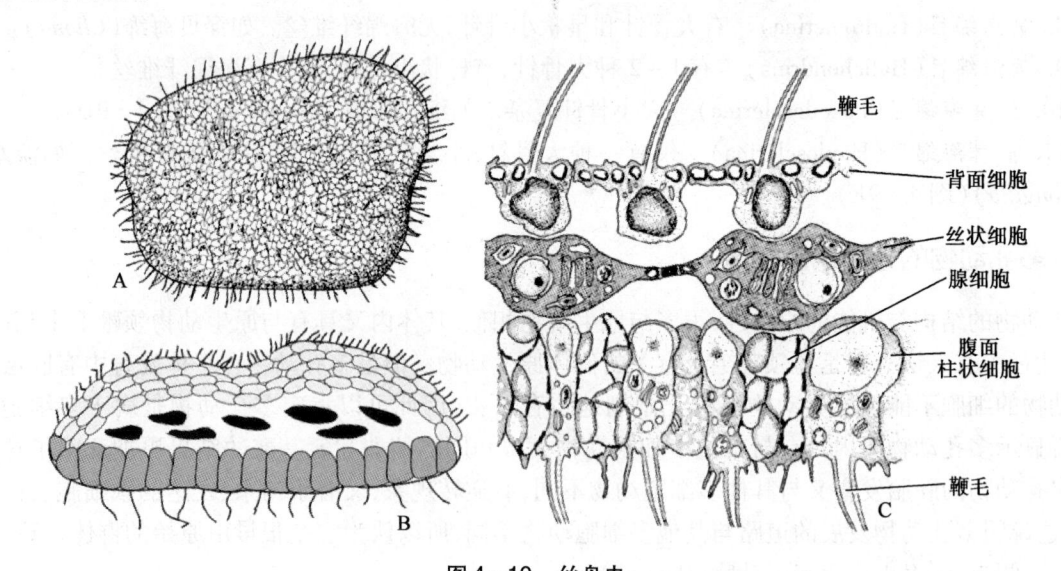

图4-10 丝盘虫
A. 丝盘虫的外形;B. 丝盘虫的截面;C. 丝盘虫组织的超微结构

扁盘动物与多孔动物一样,与动物界其他动物间缺乏关联性。被认为是最接近合胞体假说中预测的多细胞动物始祖。目前扁盘动物的分类地位未确定,有人认为是吞噬动物门(Phagocytozoa),应立为一亚界;有的将其列入侧生动物,但又无逆转现象。属于后生动物,但不属于真后生动物。

拓展阅读

[1] Müller W E G. Sponges(Porifera). Berlin: Springer, 2003

[2] 王晓红,王毅民,滕云业,张学华. 海绵动物骨针研究简介. 岩矿测试,2007,26: 404-408

[3] Sundar V C, Yablon A D, Grazul J L, et al. Fibreoptical features of a glass sponge. Nature, 2003, 424(21): 899-900

[4] Ereskovsky A V. The Comparative Embryology of Sponges. Berlin: Springer, 2010

思 考 题

1. 多孔动物的体型、结构有何特点？为什么说多孔动物是最原始、最简单的多细胞动物？
2. 如何理解多孔动物在动物演化上是一个侧支？
3. 收集多孔动物资源利用的最新进展,归纳多孔动物与人类的关系。
4. 扁盘动物对探讨动物演化有何意义？

第五章　刺胞动物门（Cnidaria）

多孔动物在动物演化上是一个侧支，刺胞动物才是真正后生动物的开始。这类动物在演化过程中占有重要位置，所有其他后生动物都是经过这个阶段发展起来的。刺胞动物为辐射对称、具两胚层，有极简单的组织分化，出现了原始的消化腔及原始的网状神经系统。本门动物中的很多种类是重要的造礁生物，在维持珊瑚岛礁生物多样性上有极重要的作用。

第一节　刺胞动物的主要特征

一、辐射对称

多孔动物的体型多数是不对称的。从刺胞动物开始，体型有了固定的对称形式。本门动物一般为辐射对称（radial symmetry），即大多数刺胞动物通过其体内的中央轴（从口面到反口面）有许多个切面可以把身体分为两个相等的部分。这是一种原始的、低级的对称形式。这种对称只有上、下之分，没有前后左右之分，只适应于在水中营固着的或漂浮的生活。利用其辐射对称的器官从周围环境中摄取食物或感受刺激。有些种类（海葵）已由辐射对称发展为两辐射对称（biradial symmetry），即通过身体的中央轴，只有两个切面可以把身体分为相等的两部分。这是介于辐射对称和两侧对称的一种中间形式。

二、两个胚层

虽然多孔动物具有两胚层，但由于在胚胎发育中，它有与其他后生动物不同的逆转现象，因此一般只称为两层细胞。刺胞动物才是具有真正两胚层（内、外胚层）的动物。刺胞动物的基本结构就是一个两层的囊（图5-1）。囊壁是由外胚层形成的皮层（epidermis）和内胚层形成的胃层（gastrodermis）及其间的中胶层（mesoglea）所构成。囊的中央是消化循环腔或称腔肠（gastrovascular cavity），即胚胎发育中的原肠腔。腔肠与多孔动物的中央腔不同，具有消化的功能，可以行细胞外及细胞内消化，并能将消化后的营养物质输送到身体各部分，故兼有循环的作用。这个囊只有1个开口，为胚胎发育时的原口，兼司口和肛门两种功能。

皮层与胃层之间的中胶层是由这两层共同分泌而成的。中胶层主要是一些凝胶物质，厚薄程度差异很大，水螅的中胶层就很薄，而水母的就很厚，甚至占体壁的绝大部分比例。虽然对于中胶层中是否有细胞成分，学界有不同看法，但主流观点认为刺胞动物中胶层与后面三胚层动物的中胚层是完全不同的。因此，目前我们还是认为刺胞动物是两胚层的多细胞动物。

三、细胞组织上的特点

与多孔动物相比，刺胞动物不仅有细胞分化，而且开始分化出简单的组织。刺胞动物的体壁是由皮层、胃层和中胶层所构成。皮层的细胞多为立方体，胃层的细胞多为长形的。它们的细胞组织情况可以以

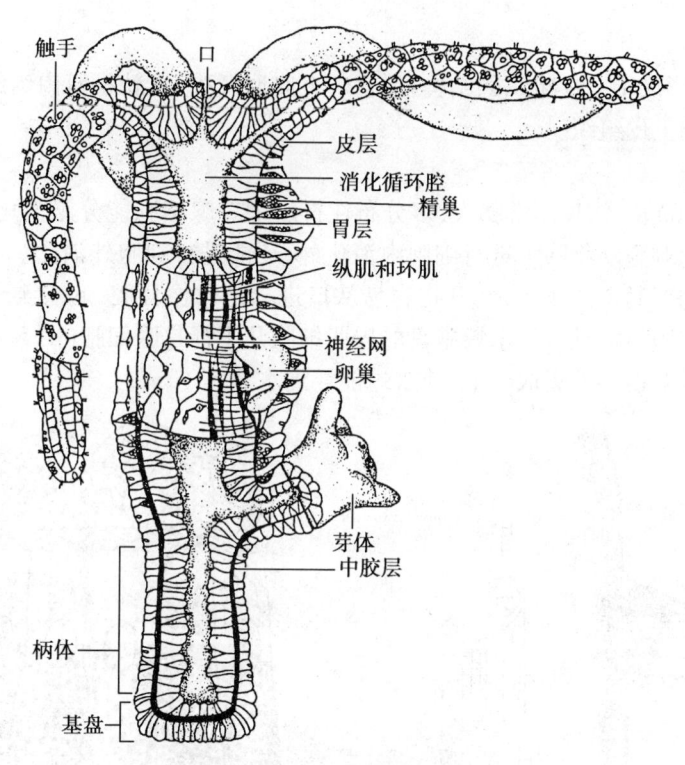

图 5-1 水螅的纵切面

水螅(*Hydra*)的横切面为例(图 5-2)。

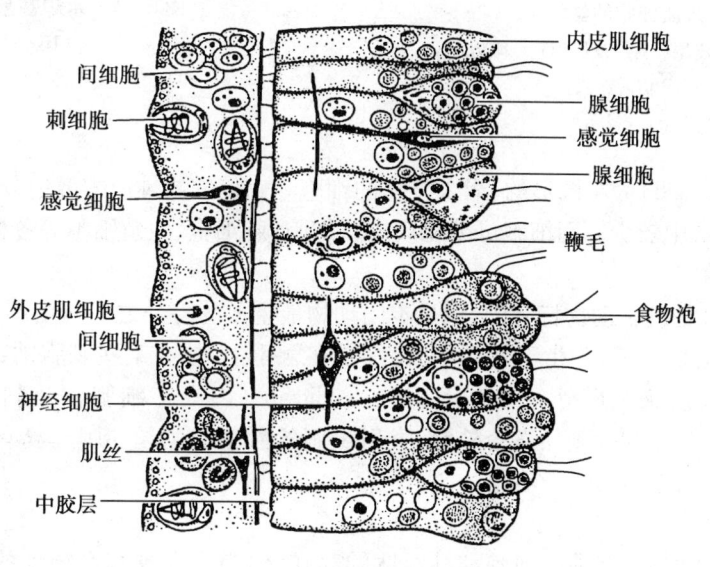

图 5-2 水螅的横切面

1. 皮肌细胞

皮肌细胞(epithelio-muscular cell)是组成皮层和胃层的主要细胞。它既是上皮细胞,又是最原始的肌肉细胞。形状为"⊥"形,细胞的基部,即靠近中胶层的一面,向两个方向伸延成突起,细胞内有具收缩能力的纤维状结构(肌原纤维)(图 5-3)。在皮层中,皮肌细胞比较短,其基部纤维的伸展方向是与体轴平行的,因此当它们收缩时,水螅体及其触手就缩短,司运动和保护功能。在胃层的皮肌细胞比较长,可以伸出伪足攫取食物至细胞内消化,细胞内常有不少食物泡;有些皮肌细胞还有鞭毛,能打动水流。胃层中皮肌细胞基部的肌原纤维伸展方向环抱着水螅体,与皮层中皮肌细胞的纤维成垂直角度,因此当它们收缩时,水螅体及其触手的直径变小,使虫体和触手都伸长了。由此可见,胃层的皮肌细胞具有营养和运动两种功能。在口和触手的基部,皮肌细胞的肌原纤维还有括约肌的作用。这些肌原纤维的结构和收缩机理与三胚层动物的相似。

刺胞动物皮层细胞形成了上皮组织的结构,但它却有肌原纤维,也就是肌肉组织和上皮组织没有完全分开,因此是一种原始的上皮组织。

2. 腺细胞

腺细胞(gladullar cell)长形,顶端常膨大,多分布在胃层中。腺细胞能分泌消化酶到消化循环腔中,使食物能在腔中消化,因此刺胞动物除了进行细胞内消化外,还能进行细胞外消化。在口旁垂唇的胃层中有大量的腺细胞,其分泌物有润滑的作用,使食物容易从口进入消化循环腔,起着类似于三胚层动物唾液腺的作用。在皮层中,腺细胞不常见。但水螅基盘的皮肌细胞几乎都是腺细胞(图5-4),其分泌物供附着之用。腺细胞还可分泌气体,由黏液裹成气泡,使水螅能浮到水面。

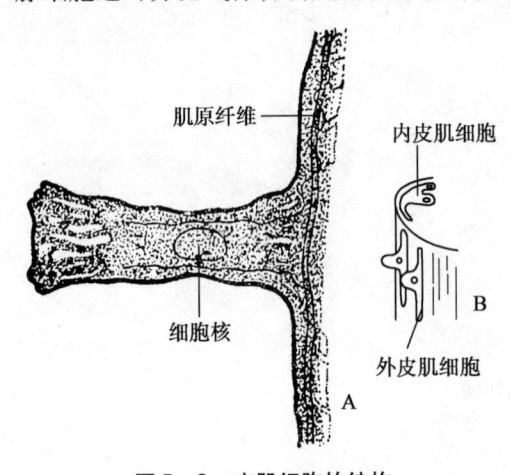

图5-3 皮肌细胞的结构
A. 皮肌细胞放大;B. 皮层和胃层皮肌细胞纤维方向
(A 仿 Storer,B 仿河振武)

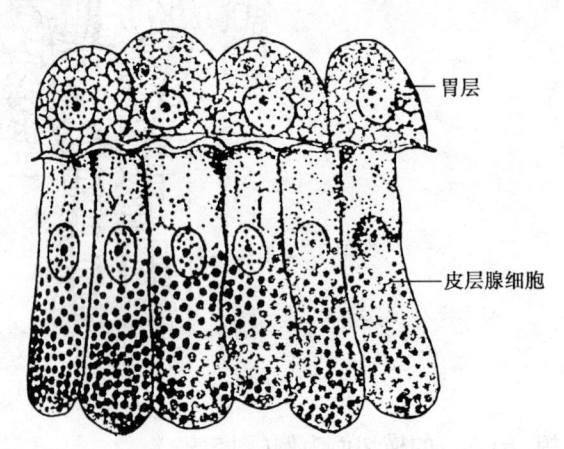

图5-4 水螅基盘的腺细胞
(仿 Hyman)

3. 间细胞

间细胞(interstilitial cell)为小圆形的、尚未分化的细胞。它们常成堆或零散地分布在皮肌细胞的基部。在皮层中比较多,在胃层中较少。间细胞可分化成皮肌细胞、刺细胞、生殖细胞等各种细胞。

4. 刺细胞和刺丝囊

刺细胞(cnidoblast)是刺胞动物特有的,也是本门动物最主要的特征之一。由间细胞分化而成后,移至皮层皮肌细胞内或细胞间。一般产生于外胚层,特别是在触手上,但在某些刺胞动物(海月水母、海葵等)的胃层也具有刺细胞。刺细胞向外一端有1刺针(cndiocil),内具1细胞核及刺丝囊(nematocyst)(图5-5)。遇到刺激后,刺胞动物的刺丝囊会外翻,发射出刺丝囊中的刺丝。刺丝囊有20多种,作用不完全一致,有些发射有毒液体,有的具缠绕功能。

5. 散漫神经系统

虽然有报道称多孔动物上有神经细胞和神经肽的存在,但尚未发现有系统性的神经体系。而刺胞动物则不同,在刺胞动物中胶层近皮层的一侧,散布着许多细小的神经细胞,这些细胞都有2~3个或更多的细长突起,彼此相互联络成网状(图5-6)。细胞的联系处没有愈合,类似于脊索动物神经细胞间的突触联系。这些神经细胞又与皮层和胃层的感觉细胞及皮肌细胞相联系。这样感觉细胞接受刺激,神经细胞传递信息,皮肌细胞做出反应,形成了感觉和运动的体系。因此它能对外界环境的刺激(接触、光和化学刺激)起有效的反应,同时身体各部分的动作也可以得到协调,这就与多孔动物大不相同了。刺胞动物能够移动和捕食与其具有这样的神经系统有关。但刺胞动物没有神经中枢,神经细胞的信息传递一般没有方向性,因此又称为散漫神经系统(diffuse nervous system),也称为网状神经系统(nerve net)。

刺胞动物神经的传导速度较慢,它比人的神经传导速度约慢1 000倍以上,这也说明刺胞动物神经系统是原始的。

近年来对刺胞动物神经突起超微结构的研究过程中,看到神经连接的突触在形态上有极化现象,就是

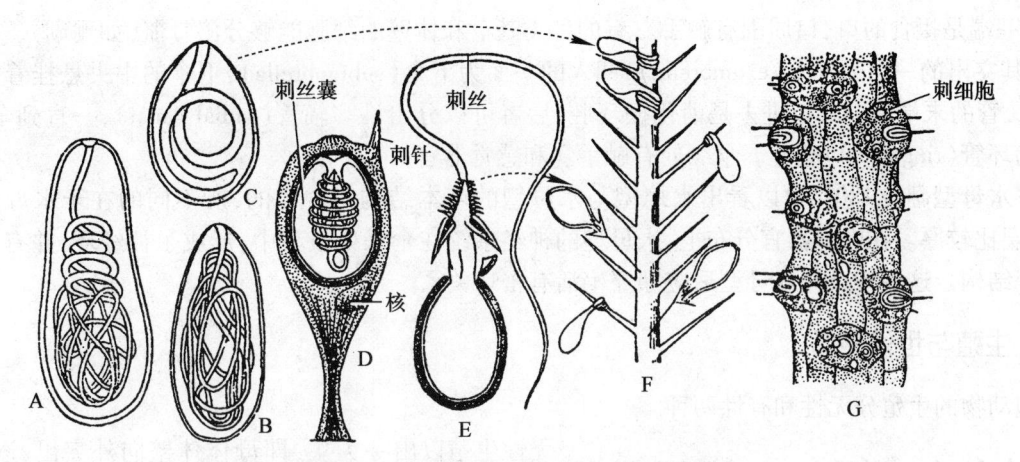

图 5-5　刺胞动物的刺细胞与刺丝囊结构
A、B. 黏丝刺丝囊；C. 卷缠刺丝囊；D. 刺细胞（内含有穿刺刺丝囊）；E. 穿刺刺丝囊的刺丝向外翻出；
F. 翻出的卷缠刺丝囊在甲壳动物的刺毛上；G. 触手的一段，示其上的刺细胞（仿 Storer）

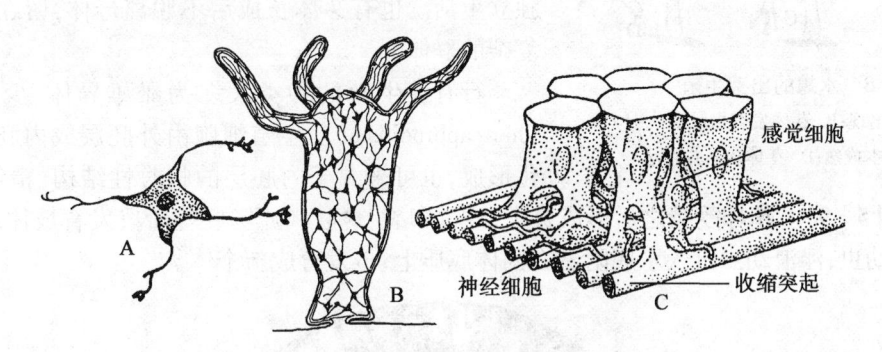

图 5-6　水螅的神经细胞和神经系统
A. 神经细胞；B. 皮层神经网；C. 皮肌细胞、神经网和感觉细胞

只在神经交接的一个突起上有泡，而另一个没有。在没有极化的突触上，2 个突起都有泡。这种形态上的极化可能是传导系统中极化传导的基础。

四、消化、呼吸与排泄

刺胞动物的消化循环腔具有细胞内和细胞外两种消化能力，一般不能消化淀粉。在消化循环腔内，腺细胞分泌酶（主要为胰蛋白酶）进行细胞外消化，经消化后形成一些食物颗粒，由内皮肌细胞吞入进行细胞内消化。胞外消化的过程很快，而胞内消化则较慢。消化后的食物可储存在内胚层细胞或扩散到其他细胞，不能消化的残渣再经口排出体外。

刺胞动物没有呼吸器官。呼吸是借助体壁的细胞与周围水进行气体交换来完成的，由各细胞吸 O_2、排出 CO_2。消化循环腔内的细胞也能进行气体交换。

刺胞动物没有特别的排泄器官。代谢产生的废物由体壁细胞排出至周围水环境中，或排入消化循环腔的水中。

五、水螅型与水母型

刺胞动物有两种基本形态，一种是适应固着生活的水螅型（polyp）；一种是适应漂浮生活的水母型（medusa）（图 5-7）。水螅型呈圆筒状，一端是用作固着的基盘（basal

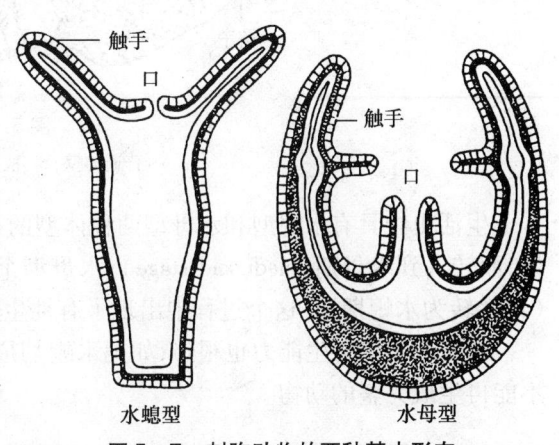

图 5-7　刺胞动物的两种基本形态

disc),另一端是摄食的口,口周围有触手。有的种类基盘和体壁的细胞能够分泌骨骼(如珊瑚)。水母型呈圆盘状,其突出的一面为外伞(exumbrella),凹入的一面为下伞(subumbrella),下伞的中央悬挂着垂管(manubrium),管的末端是口。口进去是消化循环腔,后者可以分出许多辐管(radial canal),一直到伞缘,与环绕伞缘的环管(ring canal)相连。伞缘处有触手囊和感觉器官。

若将水母型翻转180°,可以看出水螅型与水母型的基本结构是一样的,所不同的在于水母型比较扁平,中胶层比较厚。在内部器官分布上,水母型的神经系统在伞缘处较集中,形成了神经环,并有平衡囊和触手囊等结构。这些特点与水母型适应漂浮生活有密切关系。

六、生殖与世代交替

刺胞动物的生殖分无性和有性两种。

无性生殖以出芽为主,即母体体壁向外突出,逐渐长大,形成芽体(图5-8)。芽体的消化循环腔与母体相通连,芽体长出垂唇、口和触手,最后基部收缩与母体脱离,附于他处营独立生活。也有芽体长成后不脱离母体,留在母体上而构成复杂的群体。

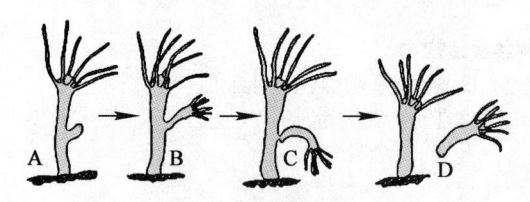

图5-8 水螅的出芽生殖
A. 芽体出现;B. 芽体发育出触手;
C. 芽体基本成熟;D. 芽体成熟并脱落

行有性生殖的种类大多为雌雄异体,少数为雌雄同体(hermaphroditism)。生殖细胞由外胚层或内胚层的间细胞分化形成,也可来源于内胚层的临时性结构,精巢为圆锥形,卵巢为卵圆形(图5-9)。精卵受精之后形成合子,经过卵裂、囊胚和原肠胚等阶段发育成体表长满纤毛的、能游动的浮浪幼虫,浮浪幼虫沉入水底附着在固体底质上,再发育成新个体。

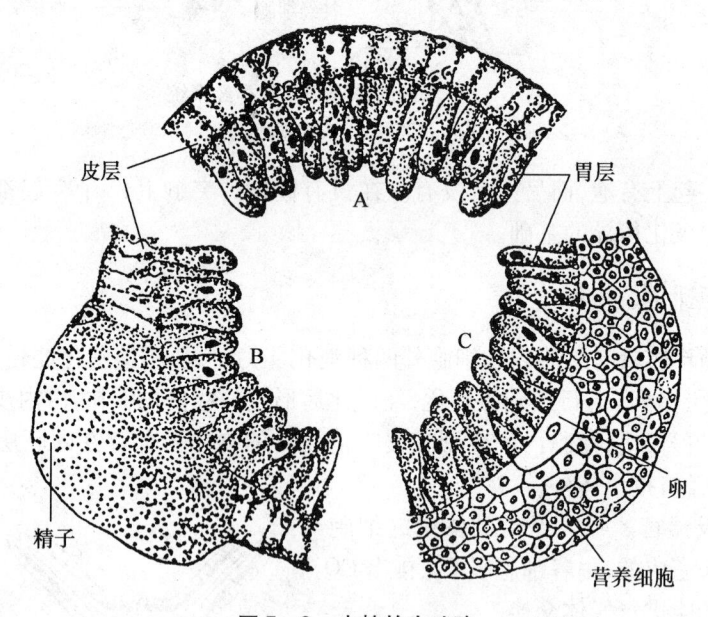

图5-9 水螅的生殖腺
A. 普通体壁;B. 精巢处切面;C. 卵巢处切面(仿陈义)

生活史中具有水螅型和水母型两种体型的种类,其水螅期(hydroid stage)通过无性生殖产生水母型个体,而转入到水母期(medusoid stage);水母型个体脱离母体发育成熟后,又以有性生殖产生出水螅型个体(再次转为水螅期)。这个过程中出现了有性生殖和无性生殖的交替,为典型的世代交替(图5-10)。

刺胞动物的再生能力也很强,如把水螅切成几小段,每段都能长成一个小水螅,但是只有单独的触手不能再生成完整的动物。

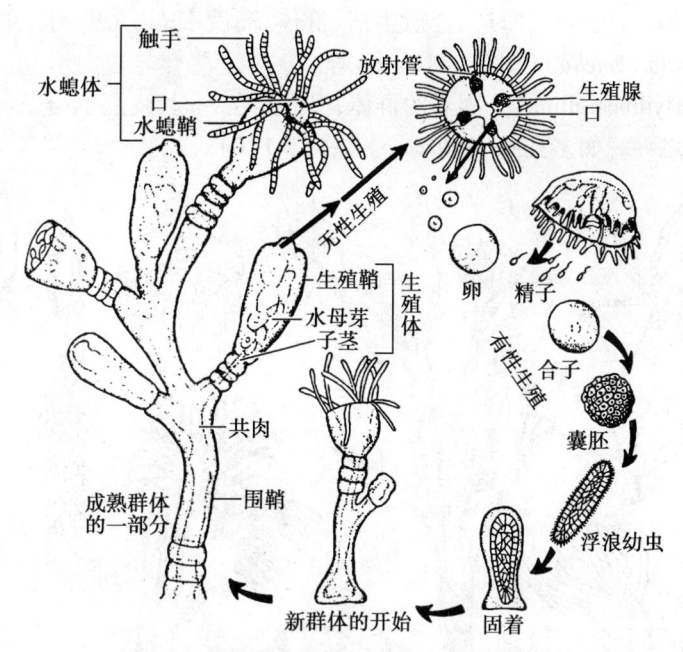

图 5-10 刺胞动物世代交替示意图(以薮枝螅为例)

第二节 刺胞动物的分类与多样性

刺胞动物约有 10 100 多种。根据个体的大小、生活史的特点、水螅型和水母型的有无以及生活方式等特点,分为 4 纲:水螅纲、钵水母纲、立方水母纲和珊瑚纲(表 5-1)。

表 5-1 刺胞动物各纲的比较

	水螅纲	钵水母纲	立方水母纲	珊瑚纲
种类数	3 700	200	20	6 100
代表种	水螅	大型水母	箱水母	海葵、珊瑚
中胶层有无细胞	无	有	有	有
水母型阶段	部分种有	绝大多数种有	有	无
出芽产生的水母型个体数	很多	很多	1 个	未见

一、水螅纲(Hydrozoa)

本纲动物约 3 700 多种,绝大多数生活在海水,少数生活在淡水。生活史中大部分存在水螅型和水母型,有世代交替。消化循环腔简单,胃层没有刺细胞。生殖细胞来自皮层。水螅虫纲现分为 6 个目。

目 1. 水螅目(Hydroida) 单体,无水母型,无围鞘,个体能运动。如水螅(图 5-11A)。

目 2. 被芽目(Calyptobalstea) 共肉外有角质围鞘,围鞘伸展至水螅体周围成水螅鞘,有伸展至生殖个员而形成生殖鞘。水母型扁,生殖腺在下伞中辐管之下。如薮枝螅(*Obelia*)(图 5-10)、钟螅(*Campanularia*)和多管水母(*Aequorea*)(图 5-11B、C)。

目 3. 裸芽目(Stylasterina) 共肉有围鞘,但只伸展至水螅体基部,因此水螅体裸出,无水螅鞘。水母型钟形,高比宽大。生殖腺在垂唇上。如筒螅(*Tubularia*)和淡水棒螅(*Cordylophora lacustris*)(图 5-11D、E)。

目 4. 硬水母目(Trachylina) 水母世代发达,水螅世代退化或无,平衡囊发生于触手基部的内胚层。如钩手水母(*Gonionemus*)、小舌水母(*Liriope*)和桃花水母(*Craspedacuste*)(图 5-11F~H)。

目5. 管水母目（Siphonophora） 海产，浮游生活，群体，高度多态，无围鞘。如双生水母（*Diphyes*）、僧帽水母（*Physalia*）和帆水母（*Velella*）（图5-11I~K）等。

目6. 水螅珊瑚目（Hydrocorallina） 固着的群体，根部连在一起，皮层能分泌石灰质的外骨骼，个员可收缩其中。为造礁生物之一。如多孔螅（*Millepora*）（图5-11L）。

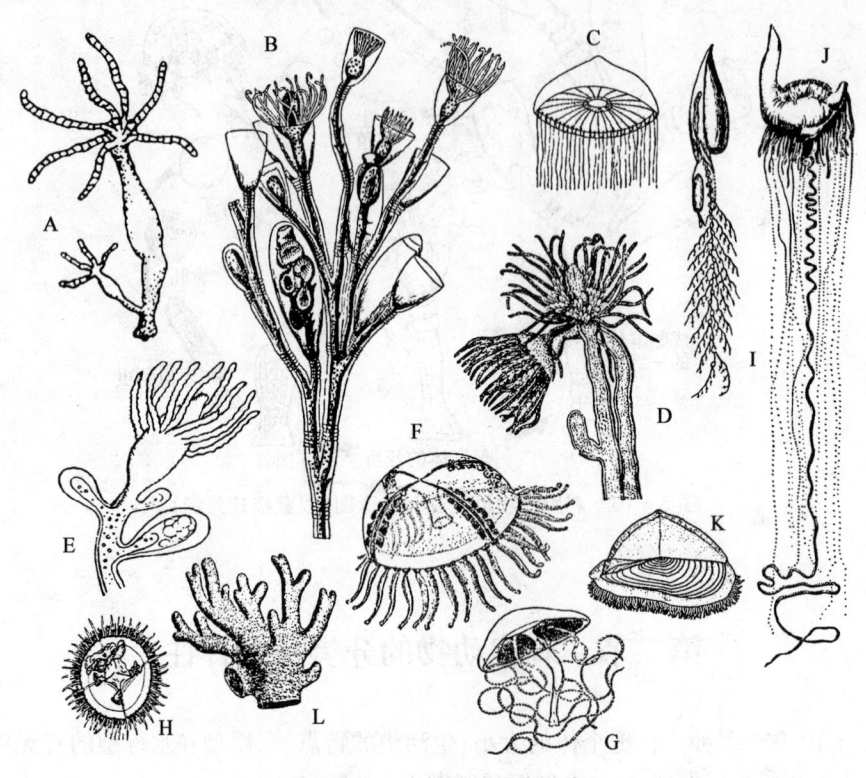

图5-11 水螅纲的代表种类
A. 水螅；B. 钟螅；C. 多管水母；D. 筒螅；E. 淡水棒螅；F. 钩手水母；
G. 小舌水母；H. 桃花水母；I. 双生水母；J. 僧帽水母；K. 帆水母；L. 多孔螅

二、钵水母纲（Scyphozoa）

本纲动物约200多种，全部生活在海水中，多为大型的水母类（如有一种霞水母 *Cyanea arctica* 伞部直径大的有2 m，触手长30 m），水母型发达，水螅型非常退化，常常以幼虫的形式出现，而且水母型的构造比水螅水母复杂。

目7. 十字水母目（Stauromedusae） 外伞部呈柄状，无触手囊，无世代交替，营固着生活。如喇叭水母（*Haliclystus*）（图5-12A）等。

目8. 旗口水母目（Semaeostomae） 伞部扁平，边缘有触手，在正、间辐管处有触手囊，有世代交替。如海月水母（*Aurelia*）（图5-12B）等。

目9. 根口水母目（Rhizostomae） 又称圆盘水母目 Discomedusae，伞部半球状，边缘无触手，口腕愈合，腕口有分枝的细管，管的外端有吸口。如海蜇（*Rhopilema*）（图5-12C）等。

三、立方水母纲（Cubozoa）

本纲以前为钵水母纲的1目。水螅体小，水母体大。会主动猎食鱼类、蟹类等动物。独居。其触手对于人体有剧毒。身体构造方面，具拟缘膜（velarium）。从大型水母体发展出浮浪幼体，后来经水螅体渐渐发育，通过直接转变成为水母体，中间不经过节片生殖（横裂 Strobilation）和蝶状幼体（Ephyra）阶段。约有20种，全部海产。

目 10. 立方水母目(Cubomedusae) 伞部为立方形,有 8 个触手囊,其中 4 个在正辐管,另 4 个在间辐管,无世代交替。如灯水母(*Charybdea*)等(图 5-12D)。

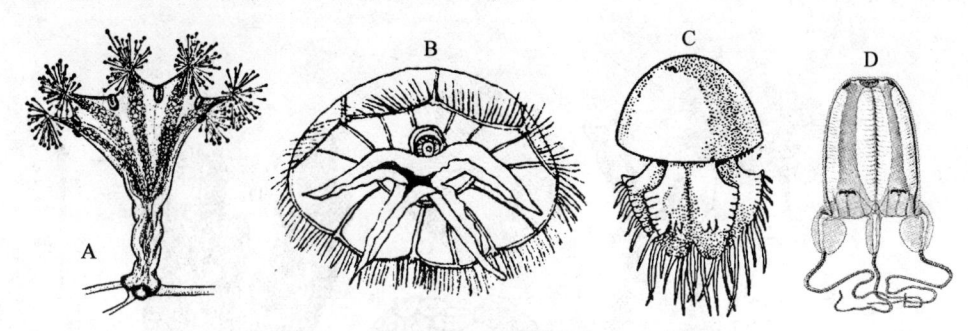

图 5-12 钵水母纲和立方水母纲的常见种类
A. 喇叭水母;B. 海月水母;C. 海蜇;D. 灯水母

四、珊瑚纲(Anthozoa)

本纲动物与前几纲不同,只有水螅型,没有水母型,且水螅体的构造较水螅纲的螅体复杂。多生活在暖海、浅海的海底。本纲很多种类为珊瑚礁的造礁生物,是国内和国外有关组织和机构确定的保护动物种类。约有 6 100 多种,全为海产,分为 2 个亚纲。

(一) 八放珊瑚亚纲(Octocorallia)

触手和隔膜各有 8 个,触手呈羽状分枝;具 1 条口道沟,沟所在的一面为腹面;肌束向腹面。

目 11. 海鸡冠目(Alcyonacea) 多为固着的群体,体软,无中轴。骨骼为散在的骨片或结合成骨管。如海鸡冠(*Alcyonium*)(图 5-13A)等。

目 12. 海鳃目(Pennatulacea) 为群体,部分呈羽状或棒状,柄部埋于泥沙中;有角质或石灰质的中轴。如海鳃(*Pennatula*)和笙珊瑚(*Tubipora*)(图 5-13B、C)等。

目 13. 柳珊瑚目(Gorgonacea) 为树枝状群体,内部有石灰质或角质的中轴,外部散在有骨片。如红珊瑚(*Corallium*)(图 5-13D)和柳珊瑚(*Plexaura*)等。

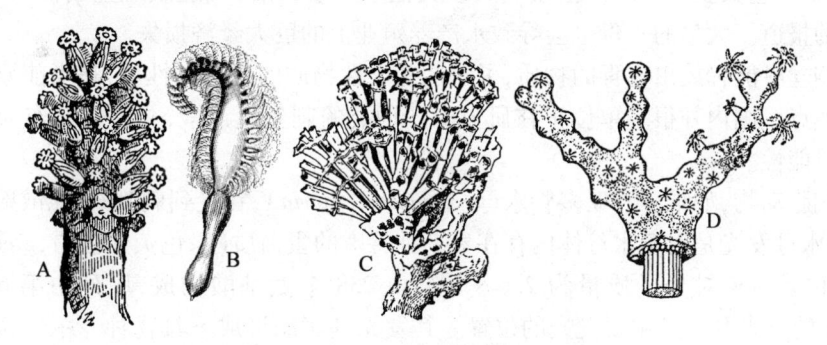

图 5-13 八放珊瑚亚纲的代表种类
A. 海鸡冠;B. 海鳃;C. 笙珊瑚;D. 红珊瑚

(二) 六放珊瑚亚纲(Hexacoralla)

触手中空,不分枝;一般具 2 个口道沟;隔膜成双,肌束相对。

目 14. 海葵目(Actiniaria) 体软,无骨骼,触手多。如细指海葵(*Metridium*)(图 5-14A)等。

目 15. 角海葵目(Cerianitharia) 形似海葵,但体较细长,触手排列成两圈。如角海葵(*Cerianthus*)(图 5-14B)等。

目 16. 石珊瑚目(Madreporaria) 大多为群体,具致密的外骨骼,个员长在外骨骼的杯状凹陷中。群体珊瑚虫其共肉部分的外胚层也分泌石灰质,由于群体的形状不同,其骨骼的形状也不一样。如菊花珊瑚(*Goniastrea*)、石芝(*Fungia*)(图 5-14C)、鹿角珊瑚(*Madrepora*,亦称为 *Acropora*)(图 5-14D)和脑珊瑚

($Meandrina$)(图 5 – 14E)等。

目 17. 角珊瑚目(Antipatharia)　树状或羽状群体,有黑色的角质管轴。如角珊瑚($Antipathes$)(图 5 – 14F)等。

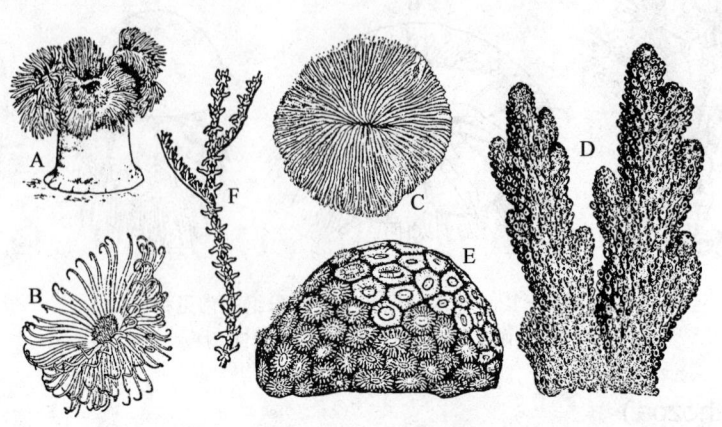

图 5 – 14　六放珊瑚亚纲的代表种类
A. 细指海葵;B. 角海葵;C. 石芝;D. 鹿角珊瑚;E. 脑珊瑚;F. 角珊瑚

第三节　刺胞动物与人类

刺胞动物中最有经济价值的是海蜇(包括海蜇 $Rhopilema\ esculentum$ 和黄斑海蜇 $R.\ hispidium$)。海蜇营养价值较丰富,含有蛋白质、维生素 B_1 和 B_2 等。经加工处理后的蜇皮,是海蜇的伞部,蜇头或蜇爪为海蜇的口柄部分。我国食用海蜇的历史悠久,在我国沿海海蜇的产量非常丰富,浙江及福建沿海一带最多。

除海蜇外,大多数的钵水母对渔业生产有害,不仅危害幼鱼、贝类,且能破坏网具。刺胞动物的刺丝囊对人的危害很大,如一些大型水母或海蜇螫刺人或其他水生动物后,可造成严重创伤。多年来,国内外不断有水母蜇伤人的报道。大量的水母也会导致水产养殖业上的巨大经济损失。

刺胞动物的刺丝囊能释放出有毒的物质,了解这些毒性物质的成分和性质,是当前海洋生物学研究的一个重要领域和热点。国内外很多单位正在研究海产种类的刺丝囊毒素,并评估其作为新药源或其他生物医学化合物的可能性。

一些海产的刺胞动物,如维多利亚多管水母($Aequorea\ victoria$),在受到刺激时,能散射出明快的淡蓝色光环。现已揭示:水母发光是由于水母体内存在着一种特殊的蛋白质(绿色荧光蛋白,green fluorescent protein,GFP)。该蛋白质的相对分子质量为 2.6×10^4,由 238 个氨基酸构成,序列中第 65 ~ 67 位氨基酸(Ser-Tyr-Gly)形成的发光基团是主要发光的位置。其发光基团的形成不具物种专一性,发出的荧光稳定,且不需依赖任何辅助因子或其他基质而发光。人们将这种蛋白质及其编码该蛋白质的基因整合到各种动植物、微生物的细胞内,作为一种示踪物广泛地应用在细胞生物学、遗传学、发育生物学、生物化学、神经生理学等生命科学的研究中,取得了非常好的效果。

水母还是仿生学研究对象,人们根据水母的结构原理制作预测风暴的报警仪器和新型动力推进系统。

石珊瑚的骨骼是构成珊瑚礁和珊瑚岛的主要成分。石珊瑚虫内胚层细胞中常共生有大量单细胞的虫黄藻($Zooxanthella$),有利于珊瑚虫从虫黄藻补充 O_2 和糖类,加速骨骼的生长(虫黄藻获得珊瑚虫的代谢废物如 CO_2、N 等,以利其进行光合作用)。石珊瑚的生活习性要求温暖(一般要求水温 22 ~ 30 ℃)、浅水(水深约在 45 m 以内)的环境,海水对它有一定的冲击力量,靠海边的珊瑚承受海水冲击的部分生活得最好,所以随着骨骼的堆积,常沿着海岸逐渐向海里推移,逐渐扩展,形成大的岛屿。在沿海的岸礁,有如海边上的天然长堤,能使海岸坚固。

大量的珊瑚骨骼堆积能形成岛礁,如闻名世界的大堡礁(Great Barrier Reef)是世界最大最长的珊瑚礁群,位于南半球,它纵贯于澳大利亚的东北沿海,北从托雷斯海峡,南到南回归线以南,绵延伸展共有2 011 km,最宽处161 km,有2 900个大小珊瑚礁岛。大堡礁海域生活着大约1 500种热带海洋鱼类和4 000多种棘皮动物、软体动物等其他海洋生物,聚集的鸟类有240多种。我国南海的南沙群岛、西沙群岛,印度洋的马尔代夫群岛,南太平洋的斐济群岛等均是国际著名的珊瑚礁群。

珊瑚骨骼对地壳的形成也有一定作用。在地质上常见到石灰质珊瑚骨骼形成的石灰岩,一般称为珊瑚石灰岩。有这种石灰岩的地方,亿万年以前曾是温暖的浅海,如我国四川、陕西交界的强宁、广元间都有这种石灰岩,考证其地质年代应在志留纪。古珊瑚礁和现代珊瑚礁可形成储油层,对找寻石油也有重要意义。

珊瑚礁是海洋生物多样性最为丰富的区域,生物多样性丰富的程度只有热带雨林可与之比拟。其生态系统中有超过2 500种珊瑚礁鱼类和700种造礁石珊瑚,以及大量的无脊椎动物和植物。珊瑚礁的面积只占不到全球海床的0.2%,但全世界的海洋生物约有1/4生活在珊瑚礁。

珊瑚礁并非仅仅拥有美丽的外表以及栖息着丰富的物种,通过分析栖息在海底的动物化石以及结合野外考察,科学家们发现,长期以来,珊瑚礁一直充当着无数海洋生命演化源泉的角色,其中甚至包括像蛤蜊和蜗牛这样通常被认为从浅海水域起源的一些物种。因此珊瑚礁对其他栖息地的生物多样性也有重要的贡献。

第四节 刺胞动物的系统发育

刺胞动物是真正多细胞动物的开始。从其个体发育看,一般海产的刺胞动物,都经过浮浪幼虫的阶段,由此可以认为:最原始的刺胞动物的祖先是形状如同浮浪幼虫的、能够自由游泳的、具纤毛的,即梅契尼柯夫所假设的群体鞭毛虫,细胞移入后形成原始两胚层的动物,发展成刺胞动物。

在现存的刺胞动物中,水螅纲无疑是最低等的一类,因为其水螅型与水母型的构造都比较简单,生殖腺来自于外胚层。钵水母纲的水螅型退化,水母型发达,结构较复杂;珊瑚纲无水母型,只有结构复杂的水螅型。这两纲的生殖腺又都来自于内胚层,由此可以认为,钵水母纲和珊瑚纲可能都是起源于水螅纲,但沿着不同的途径发展的。

附:栉水母动物门(Ctenophora)

栉水母动物以前曾被列入刺胞动物门,作为无刺胞亚门或栉水母纲。现在一般将其另列为一门。也有人把它与刺胞动物门并列,统称为辐射动物。

栉水母动物的种类和数量都比较少,全部生活在海水中,能发光,营浮游生活,也有的能爬行。

体形有球形、瓜形、卵圆形以及扁平带状等(图5-15)。形态结构类似刺胞动物的特点有:体型基本上属于辐射对称,但两侧辐射对称很明显;身体也分内、外胚层及中胶层;消化循环腔与钵水母的相似,具有分枝的辐管,除此之外,体内没有其他腔。

本门动物独有的特点有:

(1)体表具有8行纵行的栉板(comb plate)(图5-16),每1栉板是由1列基部相连的纤毛(栉毛)所组成。栉板下面有肌纤维使栉板运动。

(2)在反口面有一集中的感觉器官(sense organ),结构较复杂(图5-17)。在平衡囊内,由4条平衡纤毛束支持一钙质的平衡石(statolith),在平衡纤毛束基部有纤毛沟(ciliated furrow)与纵行的栉板相连。

(3)有触手的种类在身体两侧各有1触手囊或称触手鞘(tentacle sheath),囊内各有1条触手,触手上没有刺细胞(*Euchlora rubra*除外),但有大量的黏细胞(colloblast),该细胞表面分泌黏性物质,可用以捕食,

72　第五章　刺胞动物门（Cnidaria）

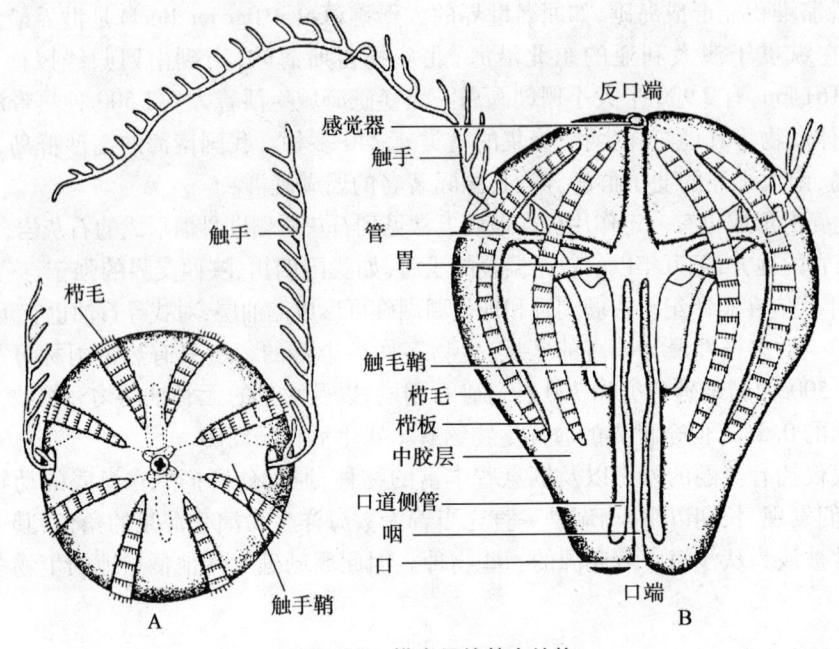

图 5-15　栉水母的基本结构
A. 横切面；B. 侧面观

细胞内侧有螺旋状丝，捕获物被粘着后，不致因其挣扎而损坏细胞。

（4）神经系统较集中，虽然在外胚层基部有神经网，但已向 8 行栉板集中，形成 8 条辐射神经索。

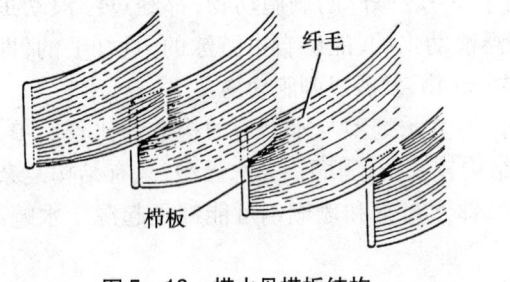

图 5-16　栉水母栉板结构

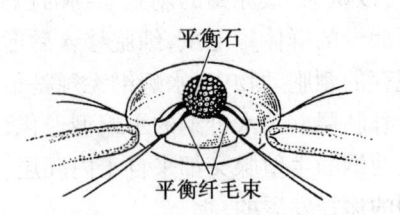

图 5-17　栉水母的感觉器官

（5）胚胎发育中开始出现不发达的中胚层，并由此发展成肌纤维。

由这些特点看出，栉水母类在演化上为特殊的一类，与刺胞动物接近，但较刺胞动物略为高等。有的学者认为爬行栉水母可能演化为扁形动物，但一般认为栉水母类在动物演化上是又一盲端，与更复杂的三胚层动物没有直接关系。

全球已知 240 多种，全为海产，但有少数种类能生活于半咸水中。多数种栖息于热带和亚热带海区，其中以太平洋的种类为最多。在北冰洋和南极海也有少数种类分布。该门分 2 纲 7 目（图 5-18）。

栉水母类以浮游生物为食，同时它本身又是鱼类的饵料，因此它们在食物链中有一定作用。栉水母类还能吃牡蛎幼虫、鱼卵和鱼苗，对牡蛎养殖和某些鱼的繁殖有一定影响。

这类动物虽然数量不多，又是动物演化的盲端，但却引起了科学家们对它的兴趣，希望用它来解决一些一般生物学问题，并已取得一定的成果。比如，近年来发现栉水母有 4 种传导系统（栉板活动系统、上皮下神经网的栉板抑制系统、肌细胞间的传导系统、协调发光的系统）。可见这个很特化的、具相当简单的协调系统的小类群，却显示出了行为控制和演化的一般原理。人们感兴趣的是原始的传导系统如何产生出这 4 种传导系统，以及在神经传导演化中又如何产生更高级动物那样的中枢神经系统等话题。

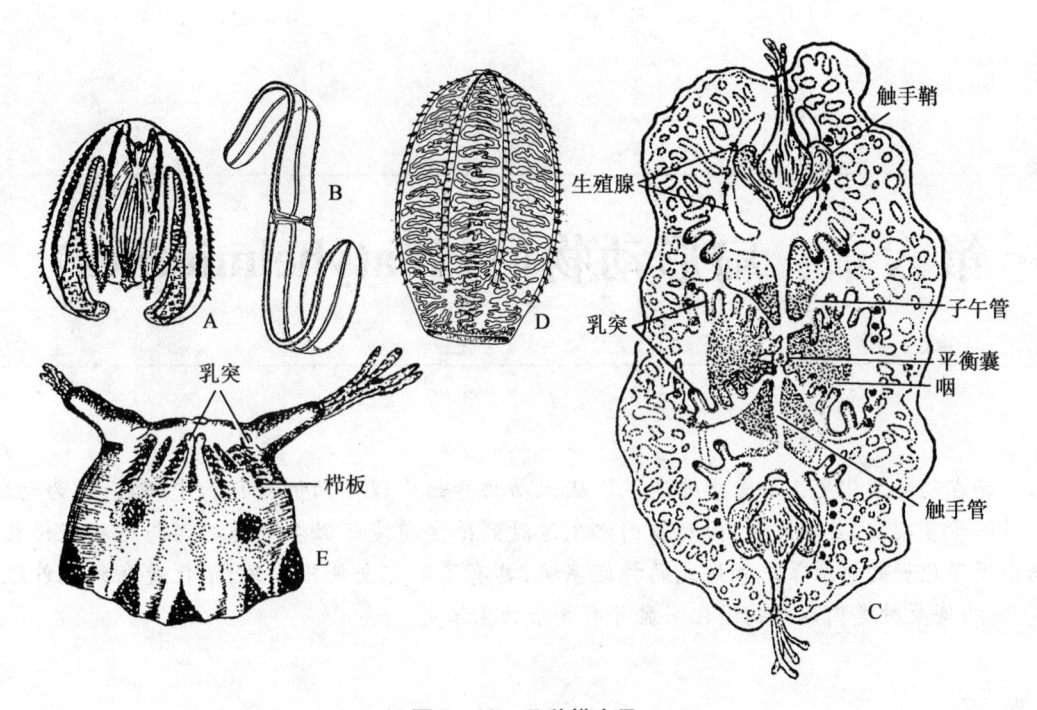

图 5-18　几种栉水母
A. *Mnemiopsis*；B. 带水母；C. 扁栉虫；D. 瓜水母；E. 腔栉虫

拓展阅读

[1] 帕姆·沃克. 美丽的珊瑚礁. 张凡姗译. 上海：上海科学技术文献出版社，2006

[2] Hutchings P A, Hoegh-Guldberg O. The Great Barrier Reef: biology, environment and management. Sydney: CSIRO Publishing, 2009

[3] Henderson N, Ai H W, Campbell R E, et al. Structural basis for reversible photobleaching of a green fluorescent protein homologue. Proceedings of the National Academy of Sciences of the United States of America (PNAS), 2007, 104: 6672-6677

思考题

1. 刺胞动物门的主要特征是什么？
2. 如何理解二胚层的出现在动物演化上的意义？
3. 刺胞动物的细胞分化有哪些生物学意义？
4. 刺胞动物分哪几个纲，各纲的主要特征是什么？
5. 什么是刺胞动物的多态现象，它的出现有什么意义？
6. 初步了解刺胞动物的系统发育。
7. 为什么珊瑚礁环境会成为海洋生物多样性的一个重要环节？
8. 收集有关珊瑚礁的现状资料，分析我国珊瑚礁环境面临的问题，并提出改进的建议。
9. 查询一下有毒刺胞动物的毒素有哪些？都会引起什么毒害？
10. 刺胞动物毒素的最新研究进展有哪些？

第六章　扁形动物门（Platyhelminthes）

扁形动物在动物演化史上有着重要地位。从此动物开始出现了两侧对称和中胚层，这为动物体结构和机能的进一步复杂、完善和发展，为动物由水生过渡到陆生奠定了必要的基础。与这些变化相关，扁形动物开始出现了原始的排泄系统和梯式的神经系统；具有了不完全消化系统，消化是在细胞外进行的；雌雄同体或异体；寄生种类内部结构退化明显并有复杂的生活史。

第一节　扁形动物的主要特征

一、两侧对称

从扁形动物开始出现了两侧对称(bilateral symmetry)的体型，即通过动物体的中央轴，只有一个对称面（或说切面）将动物体分成左右相等的两部分，因此两侧对称也称为左右对称（图6-1）。凡是两侧对称的动物，可明显地分出前后、左右、背腹。体背面发展了保护的功能，腹面发展了运动的功能，向前的一端总是首先接触新的外界条件。其身体分化的结果促进了神经系统和感觉器官越来越向体前端集中，逐渐出现了头部，使得动物由不定向运动变为定向运动，使动物的感应更为准确、迅速而有效，使其适应的范围更广泛。两侧对称不仅适于游泳，也适于爬行。在水中爬行才有可能演化到在陆地上爬行。因此，两侧对称是动物由水生向陆生过渡的重要条件之一。

二、中胚层的产生

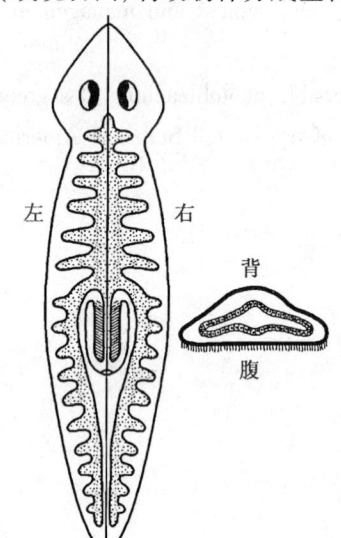

图6-1　两侧对称的模式图
（仿江静波）

虽然刺胞动物的中胶层也出现了部分散在的细胞甚至结缔组织，但无论从起源上，还是从作用上讲，刺胞动物的中胶层都还不是真正的中胚层。动物中胚层的形成是从扁形动物开始的，即在外胚层和内胚层之间出现了中胚层。中胚层的出现，对动物体结构与机能的进一步发展有很大意义。首先，由于中胚层的形成，减轻了内、外胚层的负担，引起了一系列动物组织、器官和系统的分化，为动物体结构的进一步复杂完备提供了必要的物质条件，使扁形动物达到了器官系统水平。其次，由于中胚层的形成，促进了新陈代谢的加强。比如由中胚层形成复杂的肌肉层，增强了运动机能，再加上两侧对称的体型，使动物有可能在更大的范围内摄取更多的食物。消化了更多食物，势必产生更多的代谢废物，因此促进了排泄系统的形成。扁形动物开始有了原始的排泄系统——原肾管系。反过来，由于新陈代谢提高，需要获取更多的食物，就又要求动物运动机能提高，经常接触变化多端的外界环境，这样，又促进了神经系统和感觉器官的进一步发展。扁形动物的神经系统比刺胞动物有了显著地进步,已开始集中为梯型的神经系统。另外,由中胚层所形成的实质组织(parenchyma)有储存养料和水分的功能,动物可以耐饥饿以及在某种程度上抗干燥,因此,中胚层的形成也是动物由水生演化到陆生的基本条件之一。

三、表皮和肌肉

扁形动物的表皮由来自于外胚层的柱状上皮细胞组成(图6-2)。由于生活方式的不同,扁形动物的表皮组织有些差异。营自由生活的扁形动物表皮中有杆状体(rhabdites),当它们遇刺激时,杆状体被排出体外,弥散有毒性的黏液,供捕食和防御敌害之用。

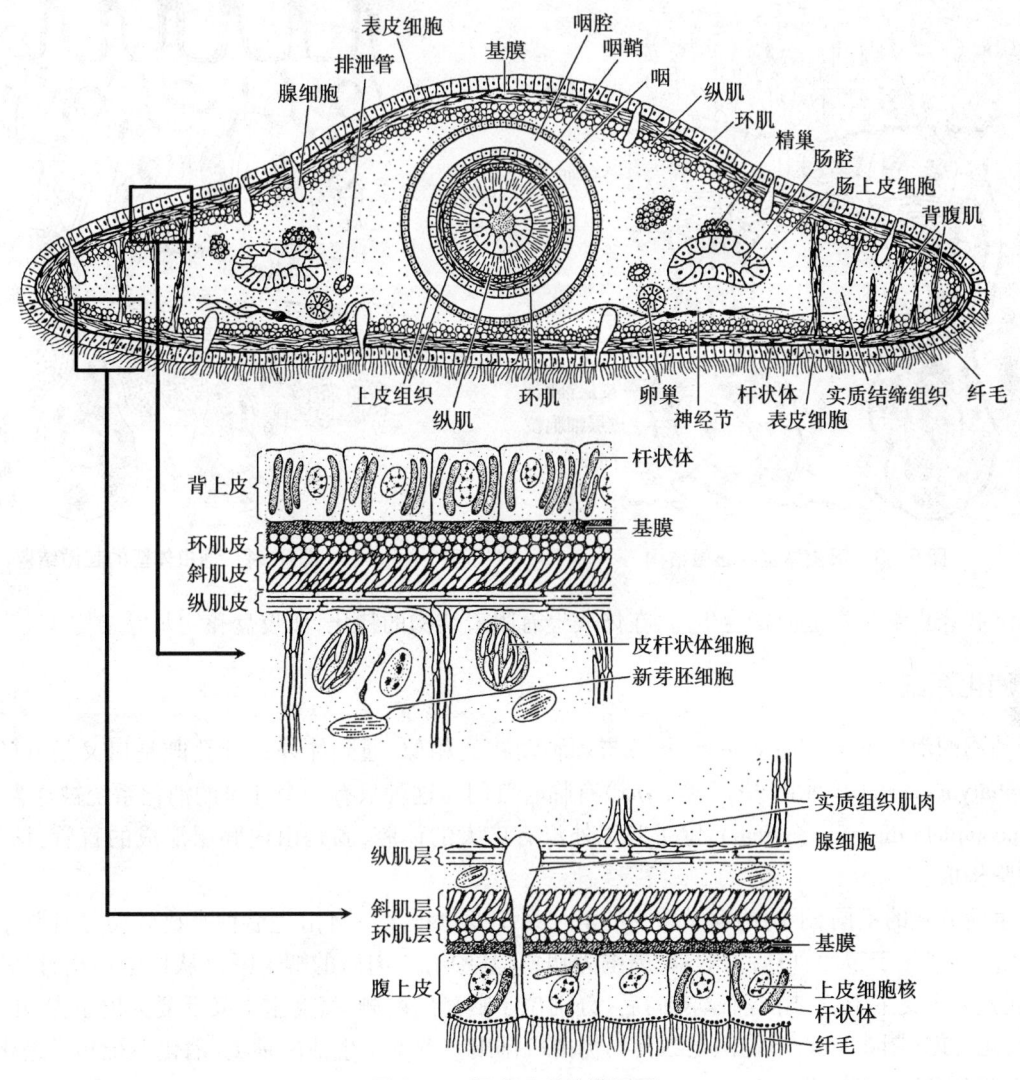

图6-2 涡虫过咽的横切面

虫体腹面的表皮有纤毛,表皮底下是非细胞构造的有弹性的基膜,再下面是中胚层形成的肌肉层,共有3层,外层为环肌(circular muscle),中层为斜肌(diagonal muscle),内层为纵肌(longitudinal muscle)。中胚层产生的复杂肌肉构造与外胚层形成的表皮相互紧贴而组成的体壁称为"皮肤肌肉囊"(dermo-muscular sac)(图6-2),它所形成的肌肉系统除有保护功能外,还强化了运动机能,加上两侧对称,使动物能够更快和更有效地去摄取食物,更有利于动物的生存和发展。在皮肌囊之内,为实质组织所充填,体内所有的器官都包埋于其中。

吸虫体壁的最外层,过去一直被认为是一层由间质细胞分泌的、非生物活性的角质膜。但电子显微镜显示该层是由许多大细胞的细胞质延伸、融合形成的一层合胞体(syncytium),其中有线粒体、内质网以及胞饮小泡、结晶蛋白所形成的小刺结构等，这一层称为皮层（tegument）。皮层的基部为基膜（basement membrane），其下为环肌和纵肌，再下来为实质细胞。大细胞的本体（包括细胞核）下沉到实质中，由一些细胞质的突起（或称通道）穿过肌肉层与表面的细胞质层相连（图6-3）。皮层的这种特殊结构，不仅对虫体有保护作用，而且虫体与环境之间的气体交换、含氮废物的排除也可通过扩散作用经体表进行。一些营养物质，特别是氨基酸类也通过胞饮作用被摄入虫体。

绦虫的体壁与吸虫的基本相同，不同之处是在皮层的表面具有很多微毛（microtriches）（图6-4）。

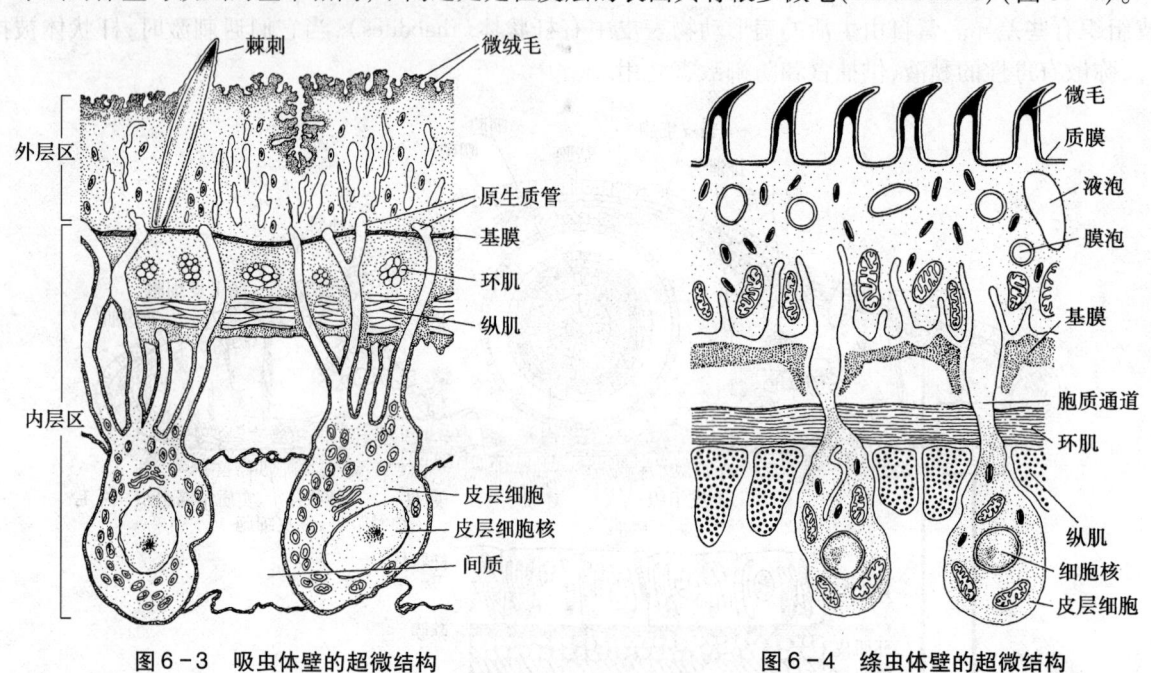

图6-3 吸虫体壁的超微结构

图6-4 绦虫体壁的超微结构

吸虫纲和绦虫纲种类适应寄生生活，在体表上有附着结构的特化，如吸盘和钩刺等结构。

四、消化系统

扁形动物的消化系统（digestive system）与刺胞动物的相似，通到体外的开孔既是口又是肛门，仅单咽目（Hyplopharyngida）的单咽虫（*Haplopharynx*）有临时肛门。这种只有一个开口的消化系统被称为不完善消化系统（incomplete digestive system），除了肠以外没有广大的体腔，肠是由内胚层形成的盲管，该盲管为一层上皮细胞构成。

由于生活方式的不同，不同的扁形动物的消化系统变化很大。自由生活种类比较明显且复杂，如涡虫的消化系统，其口位于腹面，口后为咽囊，周围为咽鞘，其中有肌肉质的咽。咽可从口中伸出，以捕捉食物；紧接着是肠，分3支主干，1支向前，2支向后，分别位于咽囊的两侧，每支主干又反复分出小支，小支末端封闭为盲管，无肛门（图6-5）；不能消化的食物仍由口排出。营寄生生活的种类，消化系统趋于退化（如吸虫纲）或完全消失（绦虫纲）（图6-6）。

五、呼吸与排泄系统

无特殊的呼吸、循环器官，依靠体表扩散作用进行气体交换，借网状的实质组织增加表面面积，由其中的液体运送和扩散新陈代谢的产物。

由于中胚层的出现，以及中胚层出现所带来的动物体结构和生理活动上的演化，扁形动物开始出现了原肾管（protonephridium）的排泄系统（excretory system）。这类排泄系统不仅存在于本门动物，也存在于其他多个原腔动物类群中。

原肾管是由身体两侧外胚层陷入形成的，通常由具许多分支的排泄管构成，有排泄孔通体外（图6-7）。每一小分支的末端，由焰细胞（flame cell）组成盲管。焰细胞由帽细胞（cap cell）和管细胞（tubule

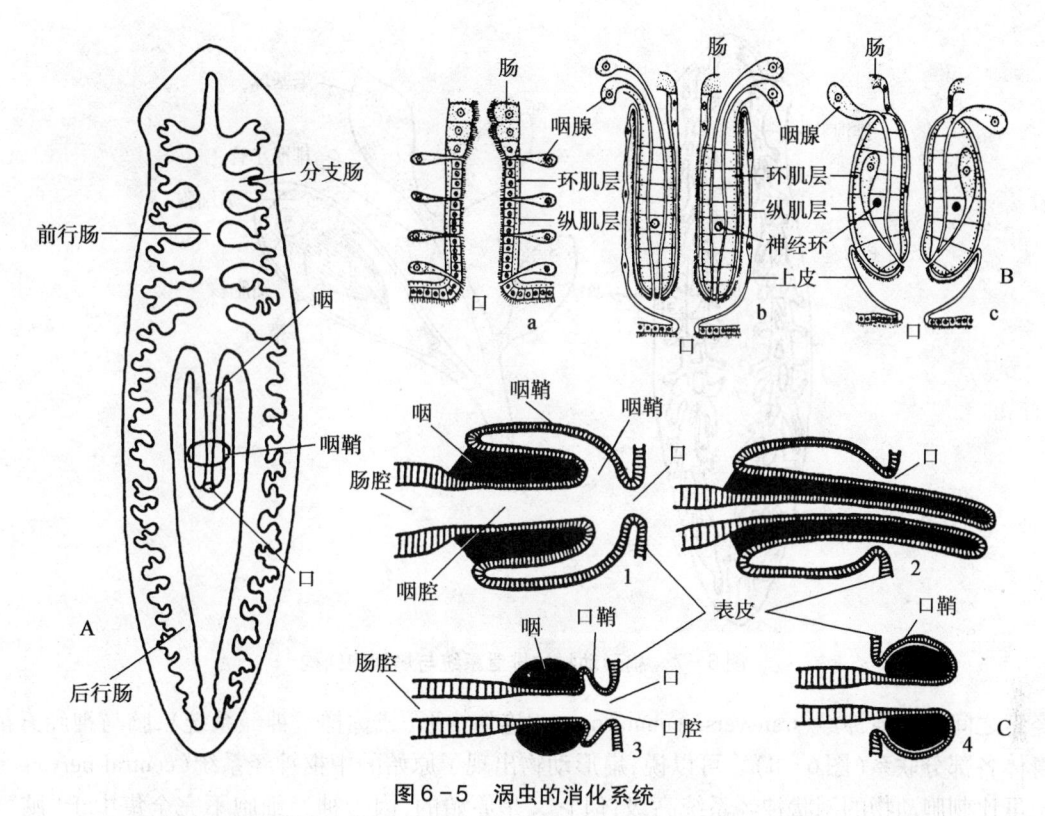

图 6-5 涡虫的消化系统
A. 涡虫消化系统；B. 涡虫咽的类型（a. 管状咽，b. 褶皱咽，c. 球形咽）（仿 Barnes）；
C. 涡虫咽的伸缩过程（1、2. 咽伸出，3、4. 咽翻出）（仿 Hyman）

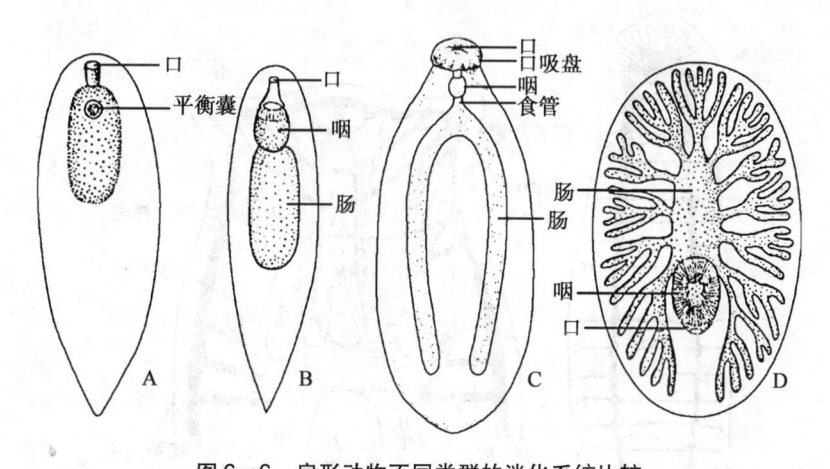

图 6-6 扁形动物不同类群的消化系统比较
A. 涡虫纲无肠目；B. 涡虫纲单肠目；C. 吸虫纲；D. 涡虫纲多肠目

cell)构成。帽细胞位于小分支的顶端，盖在管细胞上，帽细胞生有 2 条或多条鞭毛，悬垂在管细胞中央。鞭毛打动，犹如火焰，故名焰细胞。电镜观察显示：两个细胞间或管细胞上有许多小孔，管细胞连到排泄管的小分支上（图 6-7）。原肾管的作用可能是通过焰细胞鞭毛的不断打动，在管的末端产生负压，引起实质中的液体经过管细胞上细胞膜的过滤作用，Cl^-、K^+ 等离子在管细胞处被重新吸收，产生低渗液体或水分，经过管细胞膜上的无数小孔进入管细胞和排泄管并经排泄孔排出体外。原肾管的功能主要是调节体内水分、渗透压的同时也排出一些代谢废物。一些真正的排泄物如含氮废物是通过体表排出的。

六、神经系统与感觉

扁形动物的神经系统（nervous system）比刺胞动物有了显著的进步。由于两侧对称体制的出现，动物的神经细胞逐渐向前集中，形成了"脑"，并由"脑"向身体后端分出若干纵神经索（longitudinal nerve cord）；

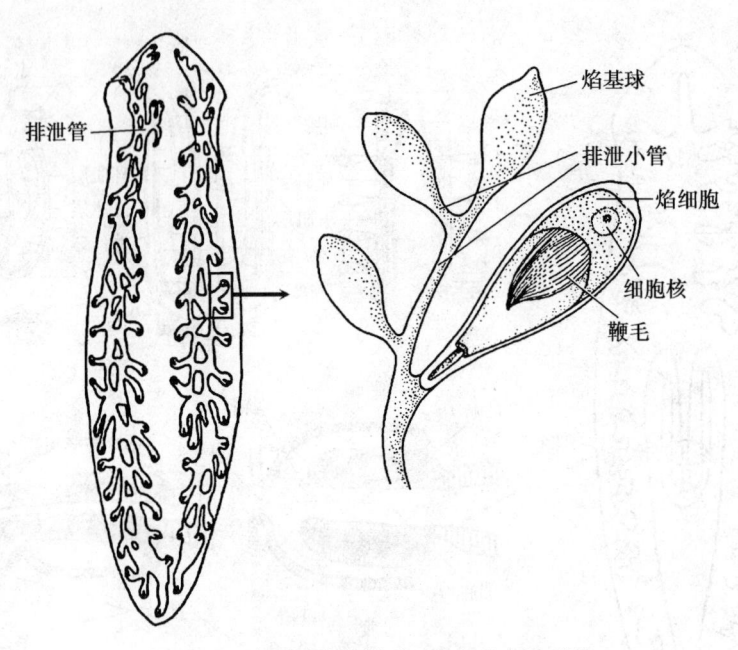

图 6-7 扁形动物的排泄系统与焰细胞结构

在纵神经索之间又有横神经(transverse commisure)相连如梯形(或称梯式神经系统),脑与神经索都有神经纤维与身体各部分联系(图6-8)。可以说,扁形动物出现了原始的中枢神经系统(central nervous system)。神经系统虽比刺胞动物的网状神经系统高级,但它又是原始的,因为神经细胞不完全集中于"脑",也分散在神经索中。

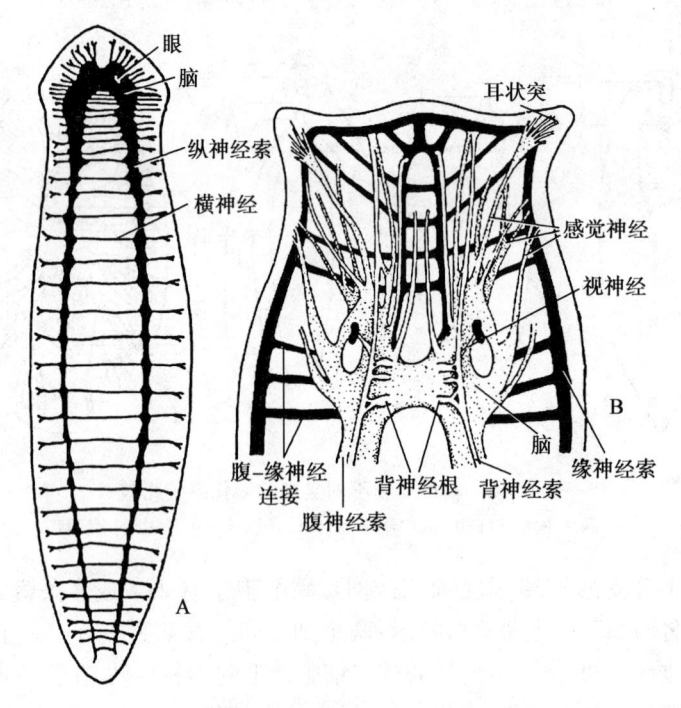

图 6-8 涡虫的神经系统
A. 涡虫的梯形神经系统;B. 涡虫的脑

感觉器官是动物体得以感知环境条件的变化,并通过中枢神经系统的控制而产生反应的重要器官。由于不同动物类群在身体结构、生理机能以及对外界刺激的灵敏度不同,不同动物类群感觉器官的发达程度也存在着明显差异。

自由生活扁形动物有比较明显的感觉器官,如涡虫的眼点(图6-9)和耳状突(图6-8B)。涡虫的1

对眼点位于背部,由色素细胞和视觉细胞所构成。它们只能辨别光线的明暗,不能成像;耳突在头的两侧,有许多感觉细胞,司味觉和嗅觉,在表皮内还分布着许多触觉细胞,涡虫对食物是正向反应,对光线的刺激是避强光,寻找暗的微光,夜间活动强于白昼。自由生活种类的感觉器官还包括触觉感受器(tangoreceptor)、化学感受器(chemoreceptor)和水流感受器(rheoreceptor)等,而寄生扁形动物的感觉器官不发达或完全退化。

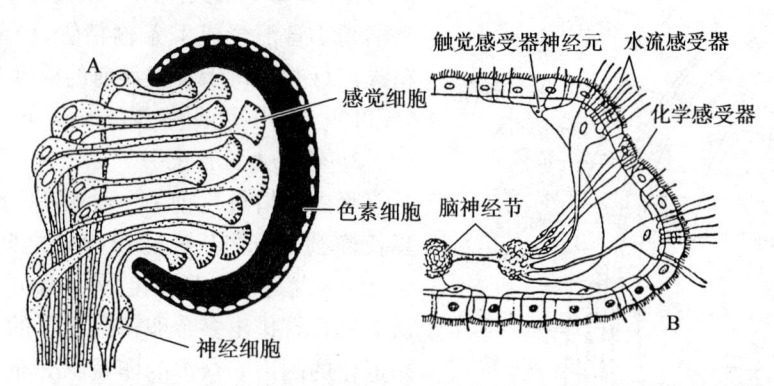

图6-9 涡虫的眼点(A)和感觉器官(B)

七、生殖系统

扁形动物大多数雌雄同体(涡虫纲),但也有雌雄异体和雌雄异形(吸虫纲)。由于中胚层的出现,形成了产生生殖细胞的固定的生殖腺和特定的生殖导管,如输卵管(oviduct)、输精管(vas deferens)等,以及一系列附属腺,如前列腺(prostate gland)、卵黄腺(vitellaria)等。这些结构的出现使生殖细胞能被排到动物体外,并出现了动物的交配行为和体内受精。动物交配行为的出现,使得动物的生殖细胞能保证在有水分的环境中完成受精过程,故这一点也是动物由水生向陆生演化的必要条件之一。

由于不同扁形动物类群的生殖系统差异很大,且生殖系统结构在分类上具有很大的意义,故特将它们集中在此进行比较。

(一)涡虫纲的生殖系统

1. 雄性生殖系统

在体之两侧有很多精巢,每一精巢有1输精小管(vassa efferentia),汇合在两侧各成1输精管,到身体中部膨大,一般称为贮精囊(seminal vesicle),两贮精囊汇入多肌肉的阴茎(penis),在阴茎基部有很多单细胞腺体称前列腺,开口于生殖腔(genital atrium)(图6-10)。

2. 雌性生殖系统

在身体前方两侧各有1卵巢,每一卵巢有1条输卵管(oviduct)向后行,同时收集由卵黄腺来的卵黄,2条输卵管在后端汇合形成阴道(vajina),通入生殖腔中,由阴道前端向前伸出1条受精囊(seminel receptacle,也称交配囊 copulatory bursa),在交配时接受和储存对方的精子(6-10)。

涡虫虽为雌雄同体,但需要交配进行异体受精(cross fertilization)。涡虫交配时,两虫各翘起体尾端的一段,腹面贴合,各自从生殖孔内伸出阴茎进入对方的生殖腔内,输入精子,行体内受精,然后两虫分开。对方的精子暂时储存在受精囊(seminal receptacle)内,当卵巢排卵时,从囊内游出,沿阴道、输卵管到达输卵管前段与卵受精。受精卵附以卵黄腺所产的卵黄细胞移至生殖腔,几个受精卵和不少卵黄细胞一同被生殖腔分泌的黏液(形成皮膜)裹住,形成卵囊(egg capsule)或称卵袋(cocoon),最后从生殖孔排出。

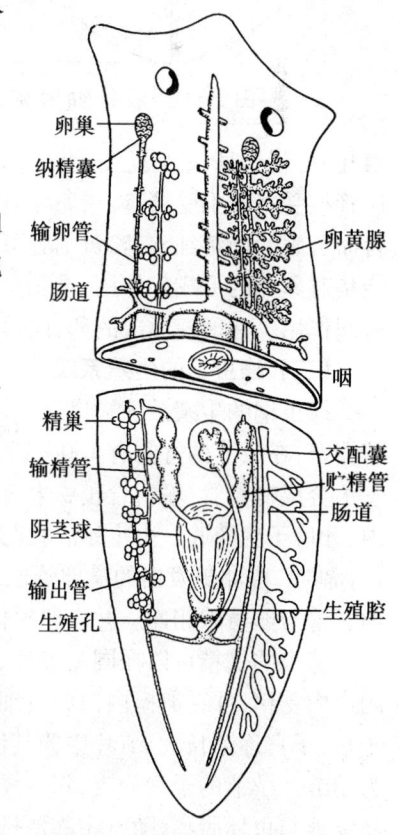

图6-10 涡虫的生殖系统

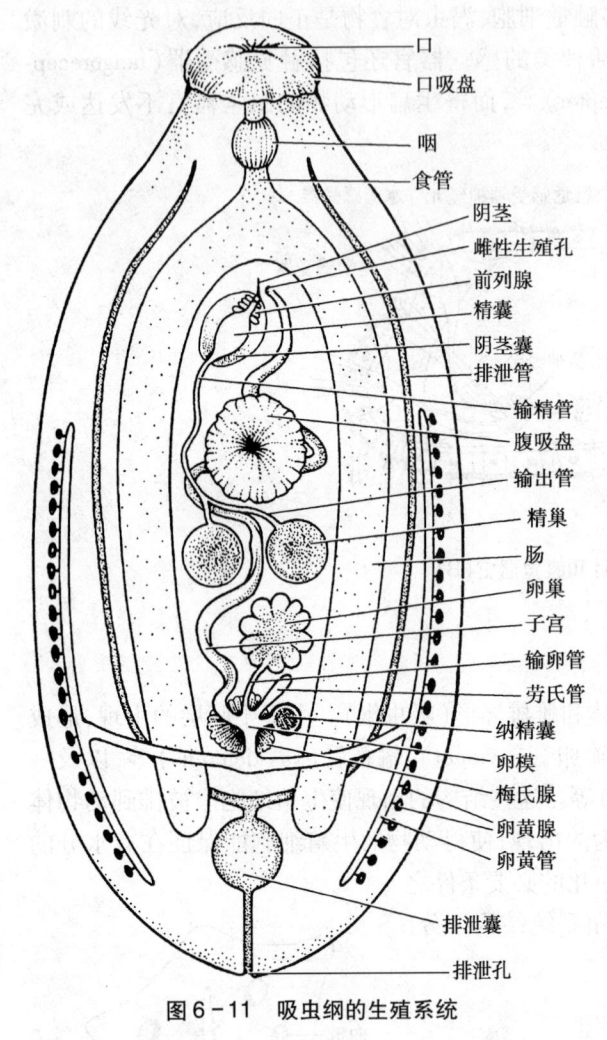

(二）吸虫纲的生殖系统

吸虫纲的生殖系统构造复杂，雌雄同体或异体。

1. 雄性生殖系统

吸虫有精巢 1 对，呈树枝状分支，在虫体后 1/3 处前后排列，每个精巢发出 1 条输精小管（或称输出管），2 条输精小管汇合成 1 条输精管，向前扩大成贮精囊，贮精囊前行并开口于腹吸盘前的雄性生殖孔通出体外（图 6-11）。无阴茎、阴茎囊（cirrus sac）和前列腺。

2. 雌性生殖系统

吸虫在精巢之前有一个略呈分叶状的卵巢。受精囊长椭圆形，位于精巢和卵巢之间。劳氏管（Laurer's canal）一端与输卵管相接，另一端开口在身体背面，有人认为其具有排出多余卵黄或精子的作用，也有人认为它是退化的阴道。众多的卵黄腺分布于虫体的两侧，各侧的腺体相互汇合成一卵黄管（vitelline duct），在虫体中部汇合成总卵黄管（common vitelline duct），然后与输卵管相连接。输卵管上有一卵模（ootype）（也称成卵腔），它是由输卵管、受精囊、劳氏管及卵黄管汇合而成。卵模周围有一群单细胞腺体，称为梅氏腺（Mehli's gland），其分泌物一部分与卵黄球的分泌物相结合而形成卵壳，另一部分可能具有一定的润滑作用。卵模之前为子宫（uterus），其内常充满虫卵，子宫迂回前行于腹吸盘与卵巢之间，开口于腹吸盘前的雌性生殖孔（图 6-11）。

吸虫能自体受精（self-fertilization），也能行异体受精。自体受精，精子从精巢出来，经输精管、贮精囊、生殖孔，再到子宫，最后达受精囊。异体受精，虫体从雌性生殖孔接受另一个体的精子，到受精囊，也可由劳氏管接受精子到受精囊，精卵在输卵管或卵模中结合成受精卵，在卵模中，每个受精卵的外面，包围很多来自卵黄腺的卵黄细胞，卵黄细胞可作为受精卵发育的营养，同时又可分泌一些物质形成卵壳。梅氏腺的功能是对卵壳的形成起作用，或刺激卵黄细胞释放卵黄物质以及活化精子，也有学者认为它的分泌物对卵有滑润作用。在卵模形成的卵，向前移至子宫，最后从生殖孔排出。

（三）绦虫纲的生殖系统

绦虫纲的生殖系统最发达。雌雄同体（图 6-12）。在每个成节内，都有成套的雌雄生殖器官。雄性生殖器官：在成节的背侧有 150~200 个泡状的精巢散布在实质中，每个精巢都连有输出管（输精小管），输出管汇合成输精管，输精管稍膨大盘旋曲折，成为贮精囊（有人仍称之为输精管），其后为阴茎，被包在阴茎囊内，开口于生殖腔。由生殖腔孔与体外相通。雌性生殖器官卵巢分为左右 2 大叶，在靠近生殖腔的一侧有 1 小副叶，由卵巢发出的输卵管通入卵模，卵模周围有梅氏腺。由卵模向上伸出一盲囊状的子宫，向下通过卵黄管与卵黄腺相连。并由卵模伸出一管称为阴道（或称腔），通至生殖腔，可以接受精子。

绦虫的受精可以在同一节片、不同节片间或两个个体间互相进行。精子从阴道到卵模，一般在卵模或阴道内受精，并在卵模内由卵黄细胞分泌成外壳。梅氏腺的分泌物对卵起滑润作用。受精卵由卵模到达子宫，子宫逐渐长大，节片中的其他部分逐渐消失，最后子宫分成许多支，其中储存很多卵，此时的节片称为孕节。孕节的子宫分支，猪带绦虫一般每侧约分成 9 支（7~13 支）。虫体后端的孕节常数节连在一起，陆续地与虫体脱离，随寄主粪便排出体外。被排出体外的节片，其子宫内的卵已发育成具 3 对小钩的六钩蚴（oncosphere 或 hexacanth embryo），卵为圆形，直径约 31~43 μm，其外壳在卵排出时已消失。但在卵外包

图 6-12 绦虫纲的生殖系统

有较厚的、具放射状纹的胚膜。

扁形动物营自由生活或寄生生活。自由生活的种类(如涡虫纲)分布于海水、淡水或潮湿的土壤中,肉食性。寄生生活的种类(如吸虫纲和绦虫纲)则寄生于其他动物的体表或体内,摄取宿主的营养。

八、扁形动物的发育与生活方式

扁形动物的发育过程随种类的不同有极大的差异,涡虫纲相对简单,吸虫和绦虫纲较为复杂。

涡虫卵囊中的受精卵经过胚胎各阶段,发育为成体。一些海产种类(如多肠目)的个体发育经螺旋卵裂和牟勒氏幼虫(Muller's larva)阶段(图6-13)。除进行有性生殖外,涡虫还可行无性生殖。淡水及陆生的涡虫以分裂方式进行无性生殖。分裂时以虫体后端粘于底物上,虫体前端继续向前移动,直到虫体断裂

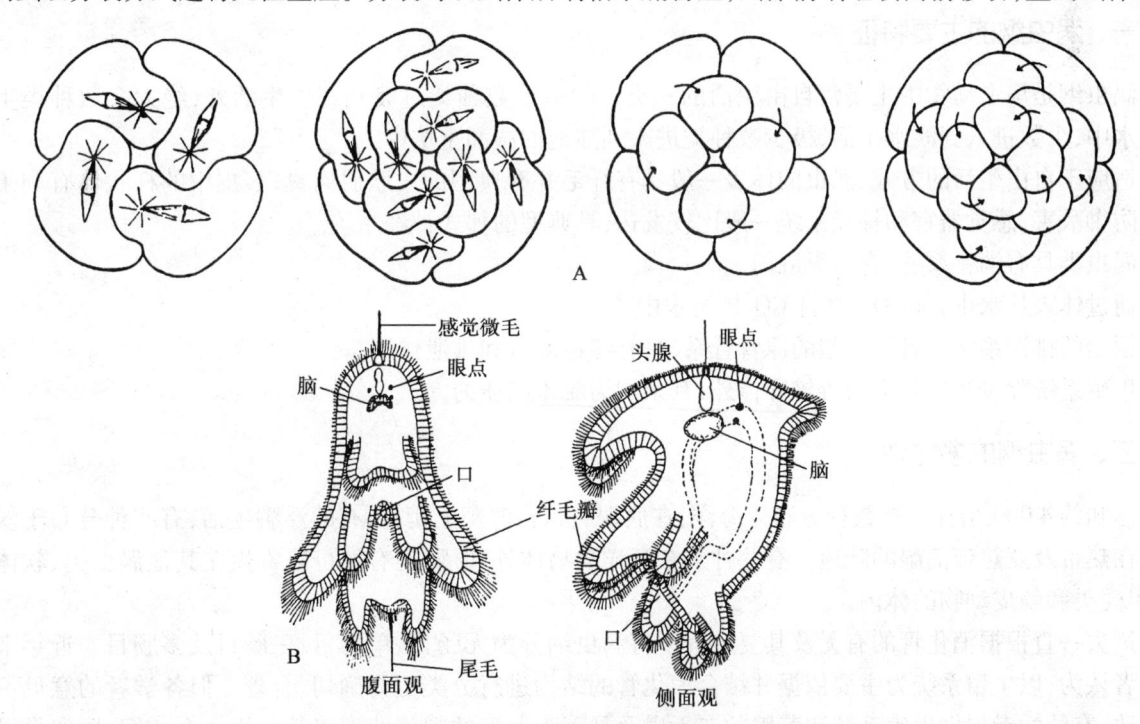

图 6-13 涡虫的螺旋卵裂(A)和牟勒氏幼虫(B)
(仿姜乃澄)

为两半。其分裂面常发生在咽后，然后各自再生出失去的一半，形成两个新个体。有些小型涡虫（如微口涡虫 *Microstomum*）经数次分裂后的个体并不立即分离，而是彼此相连，形成一个虫体链，当幼体生长到一定程度后，再彼此分离营独立生活。

吸虫纲的生活史趋于复杂，外寄生种类的生活史简单，通常只有1个宿主，1个幼虫期；内寄生种类的生活史复杂，常有2个或3个宿主，具多个幼虫期，如从受精卵开始，经毛蚴、胞蚴、雷蚴、尾蚴、囊蚴到成虫（不同种吸虫的幼虫期有所差别），且幼虫期（胞蚴、雷蚴）能进行无性的幼体繁殖，产生大量的后代，这无疑有利于多次更换宿主。

所有的绦虫都是寄生在人及其他脊椎动物体内的，它们的寄生历史可能比吸虫还要长，因此它们的身体构造也表现出对寄生生活的高度适应。虫卵可以因节片破裂或随节片与宿主粪便一同排出体外。一般也有幼虫期，其幼虫也为寄生的，大多数只经过1个中间宿主。

对于营寄生生活的扁形动物，其生活史的特征是鉴别和分类的重要依据之一。

第二节　扁形动物的分类

扁形动物约29 200种。相对于其他无脊椎动物门类，有关扁形动物门的分纲争论不大，一般分为3纲：涡虫纲、吸虫纲和绦虫纲。只是在纲下阶元的确定上有不同的观点，特别是那些原始类群（如无肠类）的分类地位争论较多。随着分子技术手段的引入，用于确定分类的信息在不断地增加，扁形动物纲下分类阶元的探讨也仍在进行中。

第三节　涡虫纲（Turbellaria）

一、涡虫纲的主要特征

涡虫纲是扁形动物中主要营自由生活的一类。除极少数种类过渡到寄生生活外，绝大多数种类生活在海水中，少数进入到淡水生活，极少数种类进入到陆地的湿润土壤中。

适应于自由生活的方式，涡虫的体表一般具有纤毛并有典型的皮肤肌肉囊，表皮中的杆状体有利于捕食和防御敌害；感觉器官和神经系统一般比较发达，具典型的梯式神经系统。

涡虫类具有消化系统，有口无肛门。

通过体表从水中获得 O_2，并将 CO_2 排至水中。

原始的排泄系统为具焰细胞的原肾管系，具有渗透调节和排泄作用。

生殖系统除少数单肠类为雌雄异体外，其余均为雌雄同体的。

二、涡虫纲的多样性

已知约4 000余种。多数种分布于海洋，在底泥、岩石、海藻上爬行，有的浮游生活，有些种分布于淡水以及在热带及亚热带潮湿的陆地。有些种类在海洋动物体外共栖，还有的可以寄生在其他涡虫类、软体动物、甲壳类和棘皮动物的体内。

过去一直根据消化管的有无及其复杂程度将涡虫纲分为无肠目、单肠目、三肠目及多肠目。近年来许多学者认为，以生殖系统为主要依据并结合消化管的结构进行分类更为确切、合理。但各学者的意见不完全一致，有的学者根据生殖系统卵黄腺的有无以及是否为典型的螺旋卵裂将其分为2个亚纲：原卵巢涡虫亚纲（Archoophoran）和新卵巢涡虫亚纲（Neoophoran），其下分为9个目或11个目不等。有的不列亚纲，直接分为12个目。现仅举常见的或与探讨演化关系有意义的几个目。

目1. 无肠目(Acoela)　生活在海水中,小型涡虫,体长1~12 mm,通常为2 mm。体长圆形,口位于近中央的腹中线上,有的具一简单的咽,无消化管,有一团来源于内胚层的营养细胞进行吞噬和消化。无原肾管,神经系统很不发达(包括脑及多条神经索并连成网状),有的为上皮神经网。具平衡囊,生殖细胞直接来自实质细胞,无输卵管,螺旋卵裂,直接发育。如旋涡虫(*Convoluta*)(图6-14A)。

目2. 大口虫目(Macrostomida)　小型涡虫。具简单的咽及具纤毛的囊状肠,有1对腹侧神经索。生殖系统结构完全,常行无性生殖,虫体横分裂后常不分开,形成虫链。生活在海水或淡水中。代表种如大口虫(*Macrostomum*)和微口涡虫(*Microstomum*)(图6-14B、C)。

目3. 多肠目(Polycladida)　体扁圆形或叶形,体长3~20 mm,通常在体之前缘或背部具1对触手,有许多眼,肠位于体中央向四周分出很多分支盲管,故名多肠目。具褶皱咽。神经系统包括脑及成网状的神经索。生殖系统完全。无卵黄腺,螺旋卵裂,发育中经牟勒氏幼虫。海产。常见的如平角涡虫(*Planocera*)(图6-14D)。

目4. 三肠目(Tricladida)　体长2 mm~50 cm,咽具褶皱管状,肠分3支(1支向前,2支向后),每支上各有许多分支。原肾管1对,卵巢1对,具分支的卵黄腺。生活海水、淡水中,也有的生活在陆地上。个别种营体外共生。如蛭态涡虫(*Bdelloura*)、笋蛭涡虫(*Bipalium*)和三角涡虫(*Dugesia*)(图6-14E~G)等。

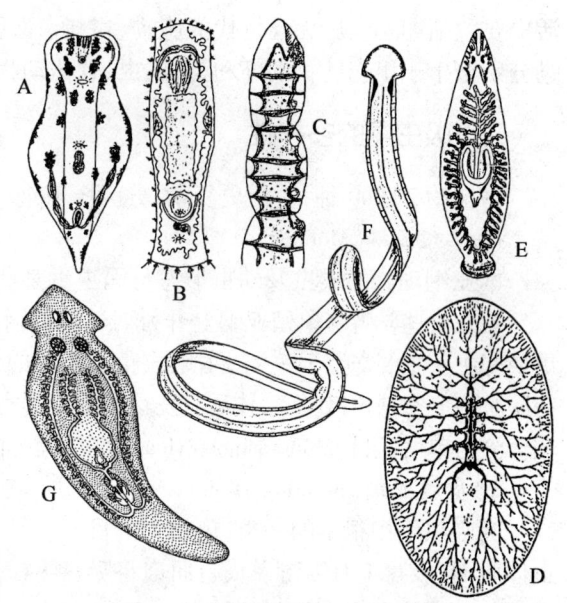

图6-14　涡虫纲的代表种类
A. 旋涡虫;B. 大口虫;C. 微口涡虫(局部);D. 平角涡虫;
E. 蛭态涡虫;F. 笋蛭涡虫;G. 三角涡虫

第四节　吸虫纲(Trematoda)

一、吸虫纲的主要特征

吸虫纲种类均为寄生,少数营外寄生,多数营内寄生生活。由于适应寄生生活,吸虫纲的形态结构和生理相应地发生了一系列变化。运动机能退化,体表无纤毛、无杆状体,也无一般的上皮细胞,而大部分种类发展出具小刺的皮层;神经系统和感觉器官也趋于退化,除外寄生种类有些尚有眼点外,内寄生种类的眼点、感觉器官消失;同时发展了吸附器,如肌肉发达的吸盘和小钩等,用以固着于寄主的组织上。

虫体柔软,左右对称,三胚层,无体腔。一般呈叶片状或长椭圆形,附着器官有角质的钩、棘刺及吸盘。

呼吸由外寄生的有氧呼吸到内寄生的厌氧呼吸。

消化系统相对趋于退化,一般较简单,有口、咽、食管及肠管。肠管通常有两支,互相对称,末端封闭成盲管,有的种类可合为一,或通于排泄管。

排泄系统由焰细胞、排泄小管、排泄囊、排泄孔组成。

神经系统由神经节、神经纤维及围绕食管的神经环组成,并有神经支对称分布于虫体各部。

生殖系统趋向复杂,生殖机能发达。除裂体科种类外,皆为雌雄同体。生殖器官发达,构造复杂。雄性生殖器官由睾丸、输精管、贮精囊、阴茎囊、前列腺、阴茎等部分组成;雌性生殖器官由卵巢、输卵管、受精囊、卵模、梅氏腺、卵黄腺及子宫等部分组成。

单殖亚纲和盾腹亚纲生活史简单,没有无性世代,亦无更换宿主。复殖亚纲生活史较复杂,出现有性世代和无性世代的转变,并更换宿主。幼虫期所寄生的宿主为中间宿主,成虫的寄生称终末宿主,一般生活史要包括卵、毛蚴,无性世代的胞蚴、雷蚴、尾蚴和囊蚴。尾蚴寄生于水生或陆生软体动物的腹足类,囊蚴分别寄生于甲壳动物的虾和蟹、昆虫、软体动物、鱼类、植物等生物体上。

二、吸虫纲的多样性

已知约 20 000 种,生活史复杂,分为 3 亚纲:单殖亚纲、盾腹亚纲和复殖亚纲。

1. 单殖亚纲(Monogenea)

本亚纲动物的成虫及幼虫形态与涡虫纲某些类别的形态有许多相似之处。

现在有些学者将单殖亚纲上升为纲与吸虫纲并列。本亚纲为体外寄生吸虫。生活史简单,直接发育,不更换寄主。主要寄生于鱼类、两栖类、爬行类等的体表和排泄器官或呼吸器官内,如鳃、皮肤、口腔,少数寄生在膀胱内。常缺少口吸盘,体后有发达的附着器官,其上有锚和小钩。眼点有或无。排泄孔 1 对,开口在体前端。分为单后盘目(Monopisthocotylea)及多后盘目(Polyopisthocotylea),目前已描述的虫种有 3 500 余种。

2. 盾腹亚纲(Aspidogastrea)

为吸虫纲中很小的一类,包括 1 个目。其最显著的特征是吸附器官,或者是单个的大吸盘覆盖在整个虫体腹面,吸盘上有纵行及横行肌肉将吸盘纵横分隔成许多小格,或者是一纵列吸盘。具口、咽及 1 个肠盲管。生殖系统基本上像复殖吸虫,典型的仅有 1 个精巢,与单殖吸虫和复殖吸虫有相似特征,但更接近于复殖吸虫。大部分内寄生在鱼类和爬行类消化管以及软体动物的围心腔或肾腔内。生活史中有 1 个或 2 个宿主。许多种类没有宿主的专一性,在软体动物及鱼体上均可生活及产卵。该类动物似能说明由自由生活向寄生生活的过渡。

3. 复殖亚纲(Digenea)

种类繁多,12 000 种以上,约有 140 余科 1 400 多属,占吸虫纲的大部分。为体内寄生的吸虫,主要寄生在宿主的内部器官内。生活史复杂,需要 2 个以上的宿主。一般幼虫期的宿主是软体动物,成虫期的宿主为脊椎动物和人,危害性严重。成虫有吸盘 1 个或 2 个,体后部无复杂的固着器,成虫无眼点,而幼虫有退化的感光器。这类寄生虫寄生在肠内的,一般称为肠吸虫,例如布氏姜片虫;寄生在肝、胆管内的,称为肝吸虫,如肝片吸虫;寄生在血液中的,则称为血吸虫。

三、重要的吸虫

1. 华枝睾吸虫(*Clonorchis sinensis*)

华枝睾吸虫的成虫寄生在人、猫、狗等的肝胆管内,人体被它寄生而引起的疾病称为华枝睾吸虫病,过去在我国主要流行于广东、台湾,以及四川、福建、江西、湖南、辽宁、安徽、河南、河北、山东部分地区,江苏徐州地区也有散在流行。国内寄生于猫、狗者居多,尤以猫为著。人体也有感染,患者有软便、慢性腹泻、消化不良、黄疸、水肿、贫血、乏力、胆囊炎、肝肿等,主要并发症是原发性肝癌,可引起死亡。

虫体柔软、扁平、菲薄、透明,如叶片状,前端较窄,后端略宽,虫体长为 10～25 mm,体宽为 3～5 mm。虫体的大小与宿主的大小、寄生胆管的大小和寄生的数目多少有关。具口吸盘(oral sucker)和腹吸盘(acetabulum)。口吸盘大于腹吸盘,在虫体的前端;腹吸盘位于虫体腹面前约 1/5 处。吸盘富有肌肉,为附着器官。生活的华枝睾吸虫呈肉红色,固定后呈灰白色,体内器官隐约可见,在虫体后 1/3 处有两个前后排列的树枝状睾丸,为该虫主要特征之一,故称枝睾吸虫(图 6-15)。

华枝睾吸虫的生活史如下(图 6-15C):

受精卵由虫体排出后,到人(或猫狗)的胆管或胆囊里,经总胆管进入小肠,然后随人(或猫狗)的粪便排出体外。虫卵产出后便已成熟,里面含有毛蚴。虫卵呈黄褐色,略似电灯泡形,顶端有盖,盖的两旁可见肩峰样小突起,底端有一个小突起称小疣。虫卵平均大小为 29 μm × 17 μm。

虫卵在一般情况下不能孵化,只有当虫卵进入水中,被第一中间宿主(first intermediate host)(纹沼螺、中华沼螺、长角沼螺等)吞食后,毛蚴(miracidium)即在螺的小肠或直肠内从卵中逸出,穿过肠壁变成胞蚴(sporocyst)。大部分的胞蚴不久即移往直肠的淋巴间隙,并在该处继续发育。在胞蚴中的许多胚细胞团各形成一雷蚴(redia),它们大部分移往肝间隙,其余移往直肠、胃及鳃的淋巴间隙。在感染后的第 23 天,雷蚴体内的胚细

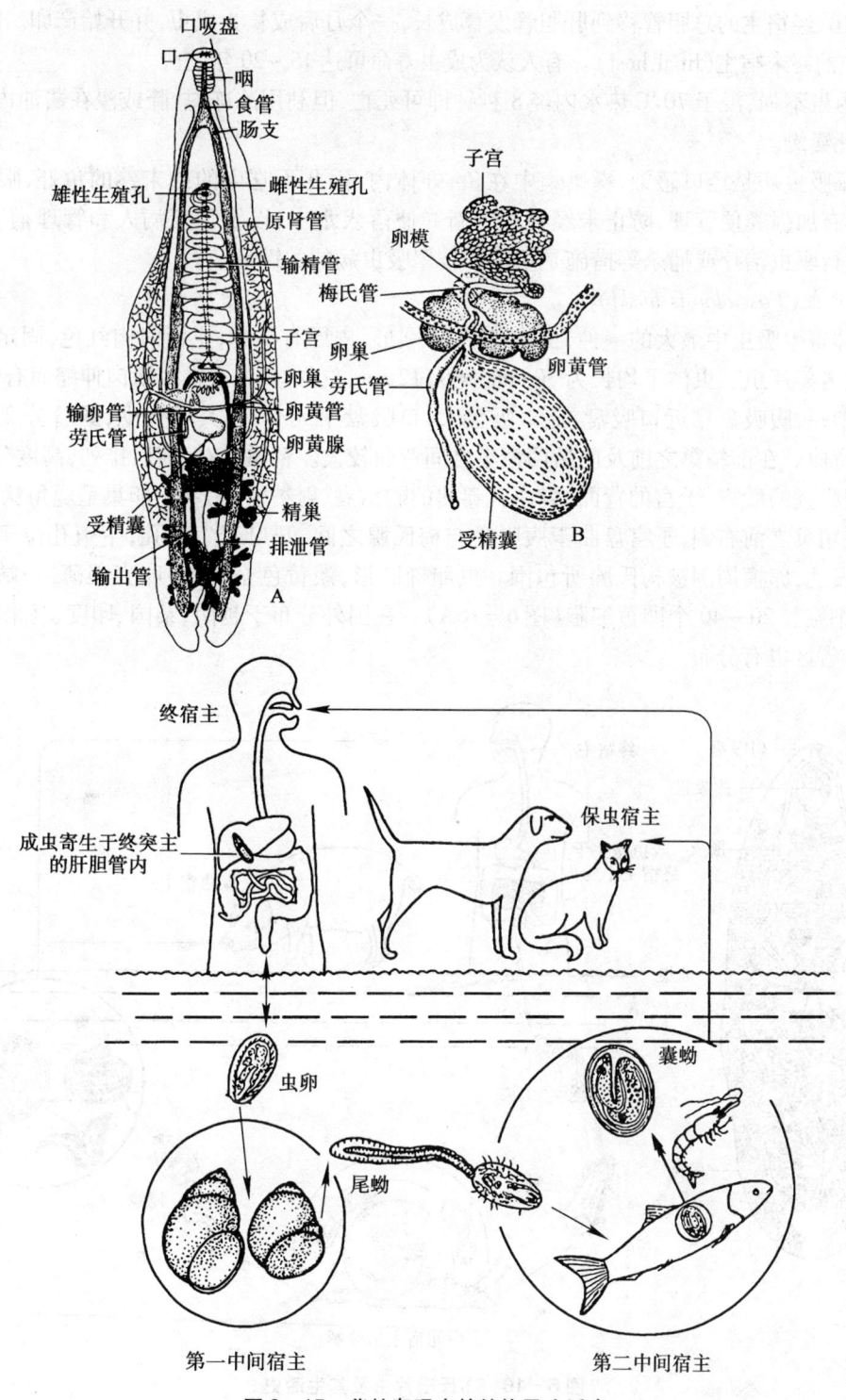

图 6-15 华枝睾吸虫的结构及生活史
A. 成虫整体结构；B. 雌性生殖系统局部；C. 生活史（仿詹希美）

胞团逐渐发育成尾蚴(cercaria)。尾蚴形似蝌蚪，分体部和尾部，体部有眼点、溶组织腺、成囊细胞和方形的排泄囊等；尾部长，有似鳍状的背膜及腹膜。尾蚴成熟后自螺体逸出，在水中可活 1～2 天，游动时如遇第二中间宿主(second intermediate host)，如某些淡水鱼或虾，则侵入其体内。国内已报导可做本虫第二中间宿主的，主要是鲤科鱼类，如草鱼、鳊、鲤、鲫、土鲮、麦穗鱼及米虾、沼虾等。尾蚴在宿主体内脱去尾部，形成囊蚴(metacercaria)。囊蚴椭圆形，排泄囊颇大，无眼点，大多数囊蚴寄生在鱼的肌肉中，也可在皮肤、鳍部及鳞片上。囊蚴是感染期，人或动物吃了未煮熟或生的含有囊蚴的鱼、虾而感染。囊蚴在十二指肠内，囊壁被胃液及胰蛋白酶消化,幼虫逸出,经宿主的总胆管移到肝胆管发育成长,一个月后成长为成虫,并开始产卵。因此,人和猫、狗是华枝睾吸虫的终末宿主(final host)。有人认为成虫寿命可达15~20年之久。

囊蚴抵抗力虽不强,浸于70℃热水内经8秒钟即可死亡,但利用冰冻、盐腌或浸在酱油内的方法,均不能在短期内杀死囊蚴。

由于华枝睾吸虫病是经口感染,囊蚴集中在鱼、虾体内,因此不吃生的或未熟的鱼虾,喂给猫、狗的鱼虾也应煮熟;再有加强粪便管理,防止未经处理的新粪便落入水中;以及治疗病人和管理猫、狗等动物,对患病的猫、狗进行驱虫治疗或捕杀等措施是防治华枝睾吸虫病的关键环节。

2. 布氏姜片虫(*Fasciolopsis buski*)

成虫是人体寄生吸虫中最大的一种,虫体扁平,卵圆形,皮层有体棘,生活时肉红色,固定后为灰白色,体形像姜片,故名姜片虫。虫体平均长为30 mm,宽为12 mm左右,其大小常因肌肉伸缩而有较大变化。口吸盘位于虫体前端,腹吸盘靠近口吸盘,比口吸盘大;口吸盘中央有口,其后为咽,肠管分2支,每支常有4~6个波浪形弯曲。在前精巢之前及前后两精巢之间弯曲较大。精巢2对,前后排列,高度分支,有长袋状的阴茎囊,在腹吸盘的后方、子宫的背面,囊内有卷曲的贮精囊、射精管、阴茎。卵巢呈鹿角状,分为3支,每支又分细支,在精巢之前右侧,子宫盘曲于腹吸盘与梅氏腺之间,开口于生殖孔,生殖孔位于腹吸盘前,虫体两侧卵黄腺发达,卵模周围被梅氏腺所包围。虫卵椭圆形,淡黄色至无色,卵壳很薄,一端有小盖,卵内有未分裂的卵细胞和20~40个卵黄细胞(图6-16A)。在国外分布于越南、泰国、印度、马来西亚、印尼、日本等,国内有些省区也有分布。

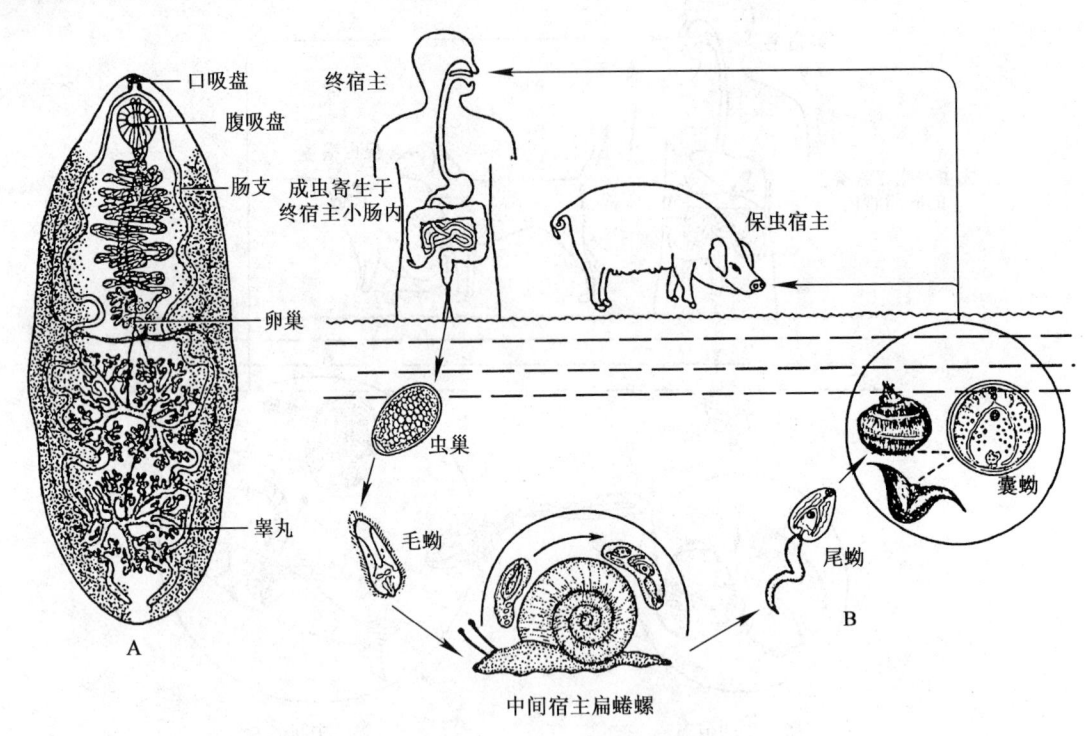

图6-16 布氏姜片虫及其生活史
A. 成虫;B. 生活史(仿詹希美)

布氏姜片虫的生活史如下(图6-16B):

成虫寄生于人或猪的小肠内,偶见于大肠。虫卵随粪便排出,落入水中,在一定温度下(27~32℃)经3~7周孵出毛蚴,毛蚴在水中找到中间宿主扁卷螺,便钻入螺体,经过胞蚴、雷蚴和第二代雷蚴阶段而发育成许多尾蚴,尾蚴从螺体内逸出,在水中游动,遇到菱角、荸荠、茭白等水生植物,即吸附于其表面,脱尾而成囊蚴。囊蚴扁平略呈圆形,囊蚴具有感染性,借水生植物的媒介作用,人或猪生食带囊蚴的菱角、荸荠等,用牙啃咬外皮时,囊蚴即被吞入,在小肠上段经过消化液和胆汁的作用,囊壁破裂,幼虫脱囊而出,吸附在十二指肠或空肠黏膜上,约经3个月发育为成虫,并开始产卵。成虫以肠内的食物为营养,一般可存活2年左右。

姜片虫病多见于儿童和青壮年,症状轻重与虫数的多少以及病人的体质有关。姜片虫以吸盘附着于宿主肠壁,而且常转移吸着部位,引起局部黏膜损伤,发炎、出血甚至溃疡,加上虫体本身夺取营养,可使患者营养不良、消瘦、贫血,儿童可引起发育障碍。

由于此病的流行常与种植某些水生植物和养猪业有密切关系,因此预防姜片虫感染的关键在于避免吃入活的囊蚴。不吃生的菱角、荸荠等。种植饲料的池塘内不用新鲜人、猪粪作肥料,加强粪便管理。积极治疗患病者或处理患病的家畜,杜绝传染源。

3. 日本血吸虫(*Schistosoma japonicum*)

在人体内寄生的血吸虫主要有三种,即埃及血吸虫(*S. haematobium*)、曼氏血吸虫(*S. mansoni*)和日本血吸虫。在我国流行的为日本血吸虫,它所引起的疾病简称血吸虫病。

日本血吸虫的成虫雌雄异体,体为长圆柱形(图6-17A)。雄虫粗短,乳白色,体表光滑,口吸盘和腹吸盘各1个。口吸盘在前端,腹吸盘略后于口吸盘,突出如杯状。自腹吸盘以后,虫体两侧向腹侧内褶,形成抱雌沟,雌虫停留其中,呈合抱状态。雌虫较雄虫细长,暗黑色,前端细小,后端粗圆。口吸盘与腹吸盘等大。虫卵椭圆形,淡黄色,卵无盖,其一侧有一小刺,排出的虫卵已发育至毛蚴阶段。

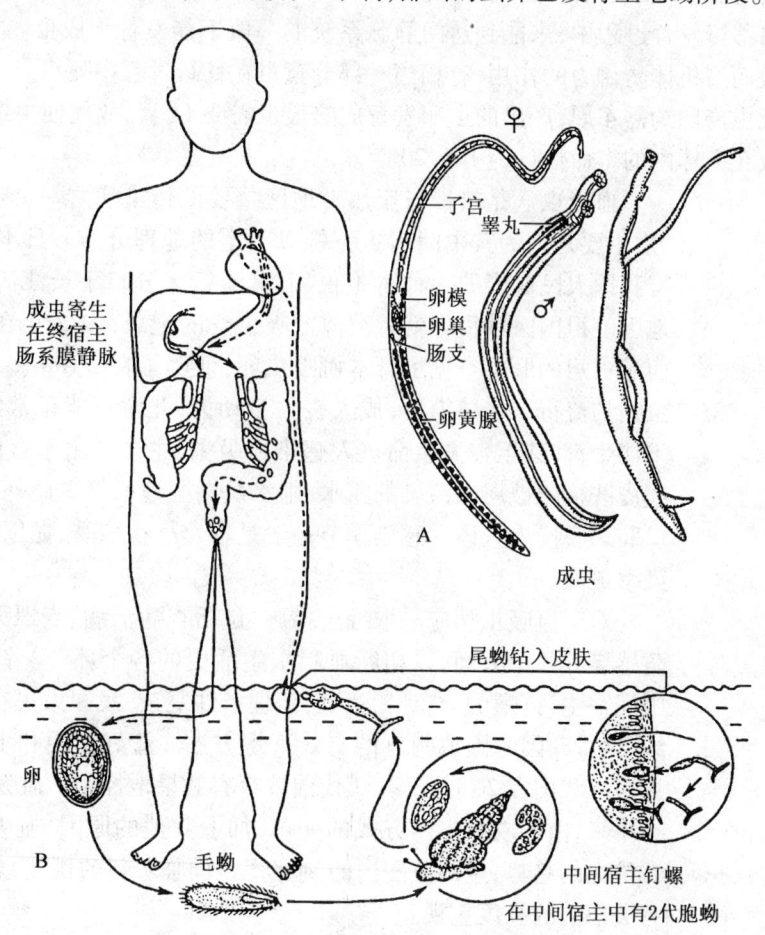

图6-17 日本血吸虫及其生活史
(仿詹希美)

日本血吸虫的生活史如下(图6-17B):

血吸虫成虫寄生于人体或哺乳动物的门静脉及肠系膜静脉内,雌雄虫在肠系膜静脉的小静脉管内交配后,雌虫于此处产卵,虫卵可顺着血流进入肝内,或逆血流而入肠壁,初产出的虫卵尚未成熟,在肠壁或肝内逐渐成熟。由于卵内毛蚴分泌酶的刺激,溶解周围的组织,虫卵经肠壁穿入肠腔,随粪便排出体外;不久受损伤的肠壁逐渐修复变厚,虫卵不易穿过肠壁,有的便死在组织内,有的流入肝。除肝外,虫卵还可游离于阑尾、胰、胃、肺、肾、脾、脑等各器官。虫卵随粪便排出体外,在自然界存活的时间受环境影响极大,一般存活时间不超过20天。干燥可加速虫卵死亡,与水接触后适宜的孵化温度为13~28℃,粪质愈少,水愈澄清,加上一定的光照,虫卵的孵化率也愈高愈快。从卵内孵出的毛蚴呈梨形,半透明,灰白色,周身被有纤毛,在水中近水面处作直线游动,有一定的趋光性和向上性。毛蚴的抵抗力较弱,在水中约存活1~3天。当毛蚴遇到钉螺,即自钉螺软体部分侵入螺体,进行无性繁殖,先形成母胞蚴,母胞蚴成熟破裂后释放出多个子胞蚴。子胞蚴成熟后即不断放出尾蚴,一条毛蚴进入螺体后能增殖到数万条甚至十万条尾蚴。毛蚴发育至成熟尾蚴的时间,夏季约需一个半月,冬季需5~6个月。

尾蚴分体部和尾部,体部圆筒状,后部稍膨大,尾部分尾干及尾叉,体部有吸盘及头腺。在有水的条件下,成熟尾蚴才能从钉螺体内逸出。光线的刺激、15~35℃的温度、pH6.6~7.8的水均适于尾蚴逸出。在5℃以下的环境中,尾蚴不逸出。尾蚴是血吸虫的感染期,其侵袭力在夏季可保持3天,秋冬季则达3天以上。尾蚴从螺体逸出后,一般密集在水面上,当接触人、畜的皮肤(或黏膜)时,借其头腺分泌物的溶解作用及本身的机械伸缩作用侵入皮肤,脱去尾部成为童虫,而后侵入小静脉和淋巴管,在体内移行。移行途径是:尾蚴→皮肤→静脉系或淋巴系→右心房→右心室→肺动脉→肺毛细血管→肺静脉→左心房→左心室→主动脉→肠系膜动脉→毛细血管→肝门静脉。

血吸虫在人体内移行发育过程中,未能到达门静脉系统的一般不能发育为成虫。在移行过程中,由于血吸虫对机体的刺激而遭机体防御力的作用,有相当一部分童虫在移行过程中死亡。

自尾蚴感染至成虫产卵约需4周,产出的虫卵发育成熟最少需要11天,故粪便中最早出现成熟虫卵是在感染后35天;成虫在人体内的寿命估计为10~20年。

血吸虫病是热带与亚热带地区重要的传染病之一,流行分布在一定的地方,主要是因为其中间宿主钉螺具一定的地理分布。日本血吸虫病是严重危害我国人民健康的一种寄生虫病,其流行区分布于长江流域及长江以南广大地区。祖国医学很早就有类似血吸虫病的记载,1972年在湖南马王堆出土的西汉古尸的肝中查见了日本血吸虫卵,证明了在2100多年前,我国已有血吸虫病的流行。受感染后,成人丧失劳动力,儿童不能正常发育而成侏儒,妇女不能生育,甚至丧失生命。人感染血吸虫,主要是由于接触疫水,如下水劳动或皮肤接触被尾蚴污染的露水、雨水及潮湿地面等。此外,饮水时尾蚴也可经口腔黏膜侵入人体。感染季节一般是春、夏、秋三季,尤以春末、夏季和早秋感染率最高。

对于血吸虫病应采取综合措施,包括查病治病、查螺灭螺、粪管、水管及预防感染等几个方面,以切断血吸虫生活史的各个环节。钉螺是血吸虫唯一的中间宿主,钉螺的分布广、量大,地理条件复杂,我国人民在实践中创造出许多结合生产、因时因地制宜的有效灭螺方法。管好粪便和水源可预防多种寄生虫病。我国在20世纪80年代前曾很有效果地控制了血吸虫病的流行,但近二十年来,由于农村生产方式的变革,加上其他原因,血吸虫病的流行区域又有扩大的趋势,全国范围内的"血防"也面临着新的挑战,急需引起各级政府和有关部门的高度重视。

4. 三代虫(*Gyrodactylus*)

三代虫是侵害淡水鱼类(鲤、鲫、鳟等)的寄生虫,也寄生于两栖类。有20余种,淡水鱼场中常发现,使鱼类患三代虫病。三代虫身体扁平纵长,前端有2个突起的头器,能够主动伸缩,又有单细胞腺的头腺1对,开口于头器的前端。此虫没有眼点,口位于头器下方中央,下通咽、食管和两条盲管状的肠在体之两侧。体后端的固着器为一大形的固着盘,盘中央有2个大锚,大锚之间由2条横棒相连,盘的边缘有16个小钩有秩序地排列着(图6-18)。三代虫用后固着器上的大锚和小钩固着在宿主的身上,同时前端的头腺也分泌黏液,用以黏着在宿主体上缓慢爬行。

雌雄同体,有卵巢2个及精巢1个,位于身体后部。为卵胎生,在卵巢的前方有未分裂的受精卵及发育

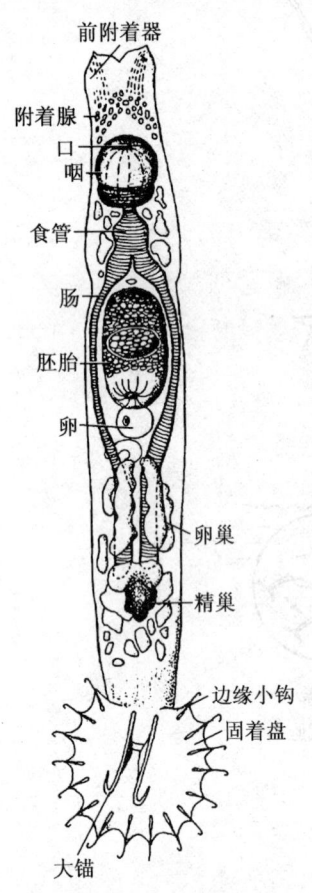

图6-18 三代虫的形态

的胚胎,在大胚胎内又有小胚胎,故称为三代虫。

三代虫寄生于鱼类体表及鳃上,对鱼苗及春花鱼种危害很大。感染方式主要是接触传染。

第五节 绦虫纲(Cestoida)

一、绦虫纲的主要特征

全部营寄生生活。成虫寄生于脊椎动物,幼虫主要寄生于无脊椎动物,但也有以脊椎动物为中间宿主的。除单节绦虫外,所有的绦虫体均分节,由头节(scolex)、幼节(neck)、成节(mature proglottid)和孕节(gravid proglottid)组成一条带状链体。绦虫广泛地寄生于人、家畜、家禽、鱼和其他经济动物的体内,引起各种绦虫病和绦虫蚴病。

头节是吸附器官,又称附着器,其结构有吸盘型、吸槽型和吸叶型等。一般头节的顶端具有吻突,吻突上有的具钩。有的吸盘或吸叶表面亦具小钩,起加强固着的作用。头节的后端为纤细的颈部,功能是产生新的节片。绦虫没有消化器官,全靠体表微毛吸收宿主的营养。

除个别种类外多为雌雄同体。每个节片内均有发达的生殖系统。孕节内子宫充分发育并占据整个节片,内含许多虫卵。生殖孔多开口于体节的一侧或两侧,但假叶绦虫雌雄两性的生殖孔开口于节片中央的腹面。

绦虫都需要中间宿主作为传播媒介。生活史包含卵、幼虫和成虫等阶段。

二、绦虫纲的多样性

绦虫种类繁多,但分类法仍未统一。目前多以布劳恩-卢埃(Braun-Lühe)的分类系统为基础加以扩充或修订。分为2亚纲:单节亚纲和多节亚纲。

1. 单节亚纲(Cestodaria)

一小类群,与吸虫纲种类有些相似,缺乏头节和节片,虫体仅有雌雄同体的生殖系统,有时存在像吸虫的吸盘,但是无消化系统。具有与绦虫相似的幼虫(十钩蚴),主要寄生在鲨鱼、鳐和原始的硬骨鱼的消化管或体腔内,中间宿主为水生的无脊椎动物幼虫或甲壳类等。分为对线目(Amphilinidea)、旋环目(Cyrocotylidea)和二孔叶目(Biporophylidea)。如旋缘绦虫(*Gyrocotyle*)。

2. 多节亚纲(Cestoda)

体由多个节片构成,幼虫为六钩蚴,成虫全部寄生在人或脊椎动物的消化管内。常见的绦虫均属于此类。分为11个目,其中假叶目(Pseudophyllidea)和圆叶目(Cyclophyllidea)最为重要。如猪带绦虫(*Taenia solium*)、牛带绦虫(*T. saginata*)和细粒棘球绦虫(*Echinococcus granulosus*)等。

三、重要的绦虫

1. 猪带绦虫

成虫为白色带状,全长为2~4 m,有700~1 000个节片(proglottid)。虫体分头节、颈节和节片3个部分(图6-19)。头节为圆球形,直径约为1 mm,头节前端中央为顶突(rostellum),顶突上有25~50个小钩,大小相间或内外两圈排列,顶突下有4个圆形的吸盘,这些都是适应寄生生活的附着器官。生活的绦虫以吸盘和小钩附着于肠黏膜上。头节之后为颈部,颈部纤细不分节片,与头节间无明显的界限,能继续不断地以横分裂方法产生节片,所以也是绦虫的生长区。节片愈靠近颈部的愈幼小,愈近后端的则愈宽大和老熟。依据节片内生殖器官的成熟情况可分为未成节(immature proglottid)、成节和孕节3种。未成节片宽大于长,内部构造尚未发育;成节近于方形,内有雌雄生殖器官;孕节长方形,几乎全被子宫所充塞。

猪带绦虫的生活史如下(图6-20):

虫体后端的孕节随宿主粪便排出,也有自行从宿主肛门爬出的节片有明显的活动力。节片内之虫卵

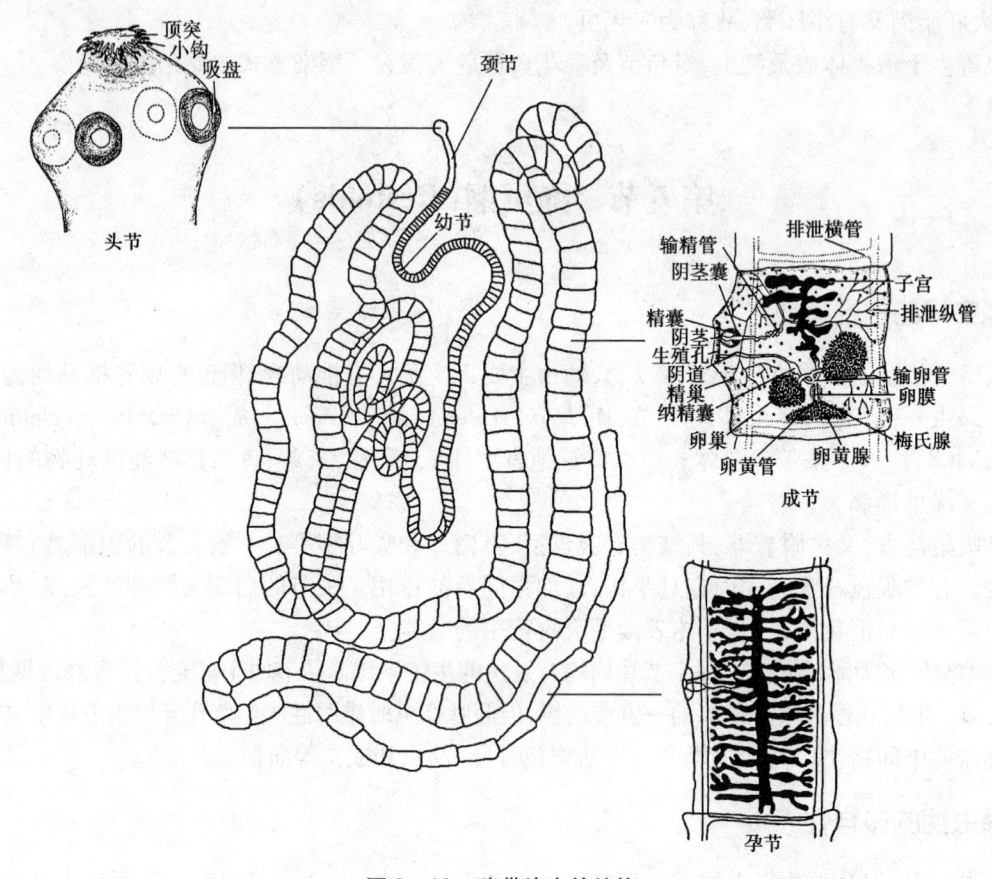

图 6-19 猪带绦虫的结构

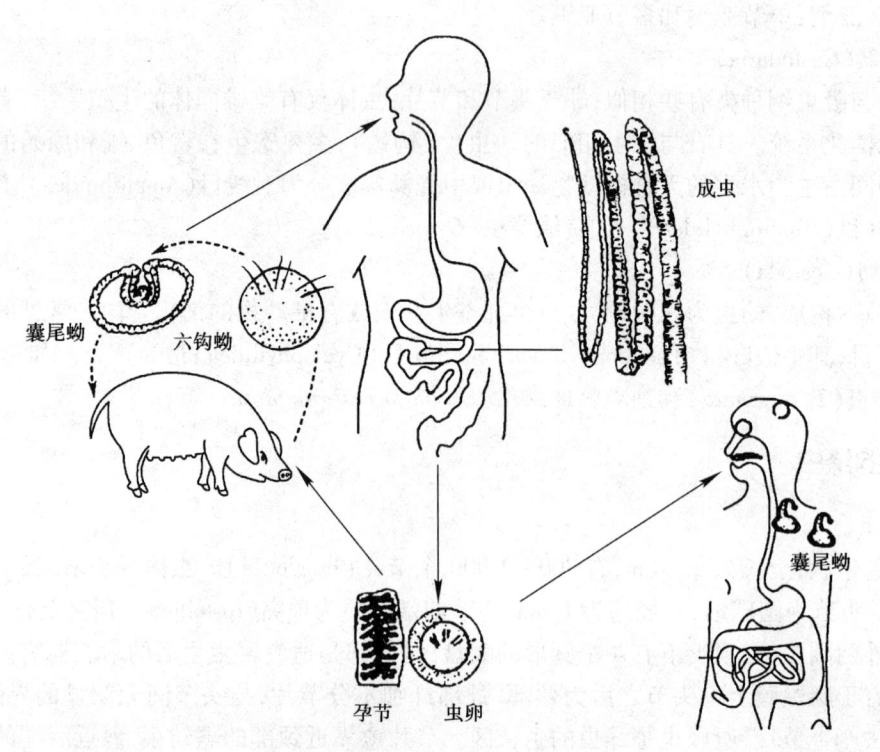

图 6-20 猪带绦虫的生活史

随着节片被破坏而散落于粪便中,虫卵在外界可活数周之久。当孕节或虫卵被中间宿主猪吞食后,在其小肠内受消化液的作用,胚膜溶解六钩蚴孵出,利用其小钩钻入肠壁,经血流或淋巴流带至全身各部,一般多在肌肉中经 60~70 天发育为囊尾蚴(cysticercus)。囊尾蚴为卵圆形、乳白色、半透明的囊泡,头节凹陷在泡内,可见有小钩及吸盘。此种具囊尾蚴的肉俗称为米粒肉或豆肉。这种猪肉被人吃了后,如果囊尾蚴未被杀死,在12指肠中其头节自囊内翻出,借小钩及吸盘附着于肠壁上,经2~3个月后发育成熟。成虫寿命较长,据称有的可活25年以上。

此外,人误食猪带绦虫虫卵,也可在肌肉、皮下、脑、眼等部位发育成囊尾蚴。其感染的方式有:经口误食被虫卵污染的食物、水及蔬菜等,或已有该虫寄生,经被污染的手传入口中,或由于肠之逆蠕动(恶心呕吐)将脱落的孕节返入胃中,其情形与食入大量虫卵一样。由此可知,人不仅是猪带绦虫的终宿主也可成为其中间宿主。猪带绦虫病可引起患者消化不良、腹痛、腹泻、失眠、乏力、头痛,儿童可影响发育。猪囊尾蚴如寄生在人脑的部位,可引起癫痫、阵发性昏迷、呕吐、循环与呼吸紊乱;寄生在肌肉与皮下组织,可出现局部肌肉酸痛或麻木;寄生在眼的任何部位可引起视力障碍,甚至失明。

2. 细粒棘球绦虫(*Echinococcus granulosus*)

成虫寄生于犬科食肉动物,幼虫(棘球蚴)寄生于人和多种草食类家畜及其他动物,引起一种严重的人畜共患病,称棘球蚴病(Echinococcosis)或包虫病(Hydatidosis)。棘球蚴病分布地域广泛,随着世界畜牧业的发展而不断扩散,现已成为全球性重要的公共卫生和经济问题。

细粒棘球绦虫是最小的绦虫之一,体长2~7 mm,平均3.6 mm。除头节和颈节外,整个链体只有幼节、成节和孕节各一节,偶或多一节。头节略呈梨形,具有顶突和4个吸盘。顶突富含肌肉组织,伸缩力很强,其上有两圈大小相间的小钩共28~48个,呈放射状排列。顶突顶端有一群梭形细胞组成的顶突腺(rostellar gland),其分泌物可能具有抗原性。各节片均为狭长形。成节的结构与带绦虫略相似,生殖孔位于节片一侧的中部偏后。睾丸45~65个,均匀地散布在生殖孔水平线前后方。孕节的生殖孔更靠后,子宫具不规则的分支和侧囊,含虫卵200~800个。

细粒棘球绦虫的终宿主是犬、狼和豺等食肉动物,中间宿主是羊、牛、骆驼、猪和鹿等偶蹄类,偶可感染马、袋鼠、某些啮齿类、灵长类和人。

生活史相对简单。成虫寄生在终宿主小肠上段,以顶突上的小钩和吸盘固着在肠绒毛基部隐窝内,孕节或虫卵随宿主粪便排出。孕节有较强的活动能力,可沿草地或植物蠕动爬行,致使虫卵污染动物皮毛和周围环境,包括牧场、畜舍、蔬菜、土壤及水源等。当中间宿主吞食了虫卵和孕节后,六钩蚴在其肠内孵出,然后钻入肠壁,经血循环至肝、肺等器官,经3~5个月发育成直径为1~3 cm的棘球蚴。随棘球蚴囊的大小和发育程度不同,囊内原头蚴可达数千至数万,甚至数百万个。原头蚴在中间宿主体内播散可形成新的棘球蚴,在终宿主体内可发育为成虫。

棘球蚴对人体的危害以机械损害为主,严重程度取决于棘球蚴的体积、数量、寄生时间和部位。因棘球蚴生长缓慢,往往在感染后5~20年才出现症状。原发的棘球蚴感染多为单个,继发感染常为多发,可同时累及几个器官。由于棘球蚴的不断生长,压迫周围组织、器官,引起组织细胞萎缩、坏死。

第六节 寄生现象的起源与宿主更换

一、寄生现象与寄生虫

自然界中不同的生物之间不是孤立的,而是相互依存,又相互制约。在具体的某两个物种的动物之间,其相互关系可以表现出不同的形式。例如,两种动物之间相互依存、共同得利,这种关系我们称之为共生(symbiosis);如果是一方得利、一方既无利又无害,这种关系我们称之为共栖(commensalism)(或偏利共生);如果是一方得利、一方受害,这就是寄生(parasitism),也就是说一方依赖于另一方(宿主 host)而存在,这种依赖不是以杀死、捕食或毁灭宿主而告终,是寄生物与宿主共同演化,相互协调,从而建立起寄生的关系。事实上,动物中的这种寄生关系是较共生与共栖更广泛存在的一种形式,例如原生动物、扁形动物、线虫动物、节肢动物中都有很多的种类是营寄生生活,这就足以说明寄生是生物生存的有效形式之一。吸虫纲及绦虫纲是动物界中最广泛地营寄生生活的类群。

至于寄生现象的起源，目前无据可考，它是否来自共栖或共生，还仅是一种推测。但寄生物由外寄生演化到内寄生，由兼性寄生演化到专性寄生是可以肯定的，这从吸虫纲及绦虫纲的一些种中可以得到很好的说明。

寄生物对寄生环境、寄生生活方式在形态、生理及生活史许多方面都产生了寄生适应。例如，它们产生了吸附器官，体表改变成原生质膜及微毛等结构，使体壁的外表面形成了一种营养界面，以直接吸收营养，而相应的消化系统在吸虫纲及绦虫纲中逐渐退化以致完全消失，消化的酶系也产生了改变。另外，体表的色素、纤毛、杆状体退化消失、神经感官的不发达、低氧或无氧呼吸、发达的生殖系统以及强大的繁殖能力，生活史中出现一个到几个幼虫期，进行宿主转移，所有这些适应性特征都使寄生物能够有效地发展、保存了这样的生存形式。

病毒、立克次体、细菌、寄生虫等永久或长期或暂时地寄生于植物、动物和人的体表或体内，以获取营养，赖以生存，并损害对方，这类营寄生生活的生物统称为寄生物；而营寄生生活的多细胞的无脊椎动物和单细胞的原生生物则称寄生虫。

二、寄生生活对寄生虫的影响

从自然生活演化为寄生生活，寄生虫经历了漫长的适应宿主环境的过程。寄生生活使寄生虫对寄生环境的适应性以及寄生虫的形态结构和生理机能发生了变化。寄生虫均为生态学上的 r – 对策者①。

1. 对环境适应性的改变

在演化过程中，寄生虫长期适应于寄生环境，在不同程度上丧失了独立生活的能力，对于营养和空间依赖性越大的寄生虫，其自生生活的能力就越弱；寄生生活的历史愈长，适应能力愈强，依赖性愈大。因此与共栖和互利共生相比，寄生虫更不能适应外界环境的变化，因而只能选择性地寄生于某种或某类宿主。寄生虫对宿主的这种选择性称为宿主特异性（host specificity），实际是反映寄生虫对所寄生的内环境适应力增强的表现。

2. 形态结构的改变

寄生虫可因寄生环境的影响而发生形态构造变化。如跳蚤身体左右侧扁平，以便行走于皮毛之间；寄生于肠道的蠕虫多为长形，以适应窄长的肠腔。某些器官退化或消失，如寄生历史漫长的肠内绦虫，依靠其体壁吸收营养，其消化器官已退化无遗。某些器官发达，如体内寄生线虫的生殖器官极为发达，几乎占原体腔全部，如雌蛔虫的卵巢和子宫的长度为体长的 15~20 倍，以增强产卵能力；有的吸血节肢动物，其消化管长度大为增加，以利大量吸血，如软蜱饱吸一次血可耐饥数年之久。新器官的产生，如吸虫和绦虫，由于定居和附着需要，演化产生了吸盘为固着器官。

3. 生理机能的改变

肠道寄生蛔虫，其体壁和原体腔液内存在对胰蛋白酶和糜蛋白酶有抑制作用物质，在虫体角皮内的这些酶抑制物，能保护虫体免受宿主小肠内蛋白酶的作用。许多消化管内的寄生虫能在低氧环境中以酵解的方式获取能量。繁殖能力大幅提升，如雌蛔虫日产卵约 24 万个，牛带绦虫日产卵约 72 万。幼虫通过中间宿主保护自身，如日本血吸虫每个虫卵孵出毛蚴进入螺体内。

三、更换宿主的生物学意义

有的寄生蠕虫，发育过程中不需要更换宿主，其开始发育阶段在外界环境中进行，如单殖吸虫。有些蠕虫需要更换宿主才能完成其生活史，如复殖吸虫普遍存在着更换宿主的现象。更换宿主一方面是与宿主的演化有关，最早的宿主应该是在系统发展中出现较早的类群，如软体动物，后来这些寄生虫的生活史延伸到较后出现的脊椎动物体内去，这样，较早的宿主便成为寄生虫的中间宿主，后来的宿主便成为终宿

---

① 根据生态学中 r – K 选择理论，r 对策者具有能够将种群增长最大化的各种生物学特性，即高生育力、快速发育、早熟、成年个体小及寿命短且单次生殖多而小的后代，一旦环境条件好转，就能以其高增长率 r 迅速恢复种群，使物种能得以生存。与此对应的 K 对策者则具有成年个体大、发育慢、迟生殖、产仔（卵）少而大，但多次生殖、寿命长、存活率高的生物学特性，以高竞争能力使自己能在高密度条件下得以生存。

主。更换宿主的另一种意义是寄生虫对寄生生活方式的一种适应,因为对其宿主来说,寄生虫总是有害的,若是寄生虫在宿主体内繁殖过多,就有可能使宿主迅速地死亡,宿主的死亡对寄生虫也是不利的,因为它会随着宿主一并死亡,如果以更换宿主方式,由一个宿主过渡到另一个宿主,如由终宿主过渡到中间宿主,再由中间宿主过渡到另一个终宿主,使繁殖出来的后代能够分布到更多的宿主体内去。这样,可以减轻对每个宿主的危害程度,同时也使寄生虫本身有更多的机会生存,但是在寄生虫更换宿主的时候,会遭受到大量的死亡。在长期发展过程中,繁殖率大的、能产生大量的虫卵或进行大量的无性繁殖的种类就能生存下来。这种更换宿主及高繁殖率的现象对寄生虫的寄生生活来讲,是一种很重要的适应,也是长期自然选择的结果。

第七节　扁形动物的系统发育

关于扁形动物的起源问题,学者们的意见尚未一致。郎格(Lang)认为:扁形动物是由爬行栉水母演化来的。因栉水母在水底爬行,丧失了游泳机能,体形扁平,口在腹面中央等特征与涡虫纲的多肠目极相似。而格拉夫(Graff)认为:扁形动物的祖先是浮浪幼虫样的,这种浮浪幼虫样的祖先适应爬行生活后,体形扁平,神经系统移向前方,原口留在腹方,而演变为涡虫纲中的无肠目。这两种学说都有它们的根据,但无肠目的结构是最简单和最原始的,因此后一种学说可能更为正确。这是多年来多数学者一致的看法。但是近年来也有些学者认为大口目涡虫是最原始的一类。无肠目及链虫目涡虫是由大口目祖先分出的分支。

扁形动物中,自由生活的涡虫纲是最原始的类群。吸虫纲无疑是由涡虫纲适应寄生生活而演变来的。吸虫的神经、排泄等系统的形式与涡虫纲单肠目极为相似;部分涡虫营共栖生活,纤毛和感觉器官趋于退化,与吸虫很相似,而吸虫的幼虫时期也有纤毛,寄生后才消失。这些事实都可以证实,营寄生生活的吸虫起源于自由生活的涡虫。

关于绦虫纲的起源问题有两种看法:一种认为它是吸虫对寄生生活进一步适应的结果,因为单节绦虫亚纲体不分节,形态很像吸虫,但是单节绦虫亚纲和其他绦虫的关系不大;另一种认为,绦虫起源于涡虫纲中的单肠目,因为它们的排泄系统和神经系统都很相似,而且单肠目中有借无性繁殖组成链状群体的现象,这与绦虫产生节片的能力可能有关。因此,后一种看法是比较可信的。

最新的分子水平的研究发现,扁形动物可能是较大的 Spiralian 和 Lophotrochozoan 演化支的一员。另外,学术界也有观点对原有的扁形动物系统发育概念提出了异议,并认为需要对新的确凿分类依据和传统上已接受的种群分类进行重新评估。

拓展阅读

[1] 詹希美. 人体寄生虫学. 北京:人民卫生出版社,2010

[2] Rohde K, Hefford C, Ellis J T, et al. Contributions to the phylogeny of platyhelminthes based on partial sequencing of 18S ribosomal DNA. International Journal for Parasitology, 1993, 23: 705-724

[3] Campos A, Cummings M P, Reyes J L, et al. Phylogenetic relationships of platyhelminthes based on 18S ribosomal gene sequences. Mol. Phylogenet Evol., 1998, 10:1-10

思考题

1. 两侧对称和三胚层的出现对动物演化有哪些意义?
2. 扁形动物门分成哪几纲? 各纲的主要特征是什么?

3. 通过对涡虫简要特征的了解,掌握涡虫纲的主要特点。涡虫纲的原始性表现在哪里?
4. 比较几种吸虫的结构、生活史的特点,掌握对各种寄生虫病的防治原则。
5. 掌握血吸虫生活史的特点及其危害、防治等,了解我国目前面临的血吸虫病状况。
6. 猪带绦虫的形态结构是如何适应于寄生生活的?掌握其生活史,并了解其危害和防治等。
7. 比较涡虫、吸虫和绦虫的构造、功能及生活史的特点。
8. 通过吸虫和绦虫,理解寄生虫与宿主之间的相互关系。
9. 理解扁形动物门的系统发展。

第七章 纽形动物和环口动物

纽形动物和环口动物是两个很小的动物门类。它们都为两侧对称、三胚层、无体腔的动物;有完整的消化管;都有间接发育现象。纽形动物还出现了初级的闭管式循环系统;间接发育存在帽状幼虫期;有较强的再生能力。

第一节 纽形动物门(Nemertinea)

一、纽形动物的主要特征

纽形动物体长由数毫米至数米,有长至 27 m,背腹扁平,身体延长成纽带状,故名。

纽形动物和扁形动物有很多相似之处,都为两侧对称、三胚层无体腔的动物。有带纤毛的柱状表皮,有的种类还有杆状体或腺细胞。在表皮和肌肉之间还有一些结缔组织,称下皮层。肌肉通常有 2 层(环肌和纵肌)或 3 层(多一层环肌或纵肌)。有的环肌在外,有的纵肌在外。肌肉的层数和排列是重要的分类根据。纽虫的排泄系统也为原肾管系统,具焰细胞的基本构造;同时,纽虫没有特定的呼吸系统,靠体表进行气体交换。但纽虫在另一些构造上又较扁形动物完善,如纽虫有一完整的消化管,有口和肛门,消化管两旁有许多侧囊,它和生殖腺都前后间隔地在体侧作对称排列。在消化管的上方还有一个能翻转的吻,可自由活动于吻腔中。吻端有刺和毒腺,用以捕捉食物和防御敌害(图 7-1A)。有人认为,吻腔是真体腔的部位。从纽虫起,开始出现了初级的闭管式循环系统,有 1 个背血管和 2 个侧血管,这 3 条纵管前后是相连的;血液在背血管中由后向前流,经两侧血管由前向后流(图 7-1B)。除少数种类的血细胞有血红蛋白外,一般纽虫的血是无色的。神经系统较发达,比涡虫集中,有较大的脑,由 2 对神经节组成。背神经连结在吻道上,腹神经连结在吻道下,环神经围绕吻道。感觉器官除了单眼外,头部还有纤毛沟,为化学感受器。多数纽虫雌雄异体,有许多精巢和卵巢,位于肠的侧盲囊之间,具有分节性。大多数纽虫体外受精,但也有少数体内受精。纽虫的发育有直接和间接两种。间接发育要经过幼虫期,这种幼虫称帽状幼虫(pilidium)(图 7-2),钢盔状,口旁两侧各有一下垂的瓣;体表具纤毛,顶端有纤毛囊;消化管有口,缺肛门。

纽虫的再生能力很强,在一定季节能自割成数段,每段可再生为一成虫。

二、纽形动物的多样性

纽形动物是种类较少的一门动物,大约有 1 200 种,几乎全是海产,见于从北极到南极的世界各地。大多数栖于温带的海岸,生活在岩石和藻类之间,有的居于自身分泌的黏液管里,埋于泥沙中;极少数是淡水种;也有一些生活在热带和亚热带的潮湿土壤中。大多数暗灰色或无色,有些种类色泽鲜艳。纽形动物门分为 2 亚纲 4 目。

(一) 无刺纲(Anopla)

吻无刺、口位于脑后。

图 7-1 纽虫的结构
A. 端纽虫的纵切面；B. 纵沟纽虫的横切面

目 1. 古纽目（Paleonemertea） 为纽虫中最原始的一类，体壁肌肉分 2 层或 3 层（环肌、纵肌和环肌），神经索通常在表皮细胞下、外环肌之外。只有侧血管、无中背血管，缺乏眼与脑。如管居纽虫。

目 2. 异纽目（Heteronemertea） 体壁具 3 层肌肉层，神经索位于肌肉之间，有 3 条血管，且其间存在联系，具脑器。如脑纹纽虫（*Cerebratulus*）（图 7-3A）及纵沟纽虫（*Lineus*）（图 7-3B）。

（二）有刺纲（Enopla）

吻具刺，口位于脑前。

目 3. 针纽目（Hoplonemertea） 吻具刺，体壁肌肉 2 层，分别为外环肌、内纵肌，神经位于间质中（即体壁肌肉层之内）；具中背血管；在海水、淡水、陆地生活，也有些共生。如海产的端纽虫（*Amphiporus*）（图 7-1A）、淡水的小体纽虫（*Prostoma*）（图 7-3C）和陆生纽虫（*Geonemertes*）等。

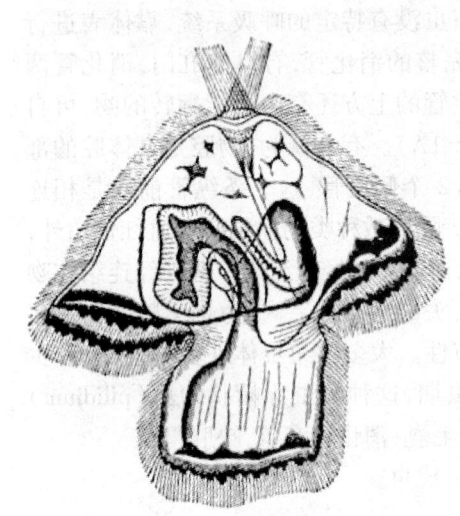

图 7-2 帽状幼虫

目 4. 蛭纽目（Bdellonemertea） 吻无刺，但可能是来自有刺的种类，吻与食管共同开口在一个腔内，神经索位于间质中，缺乏眼及脑，有的种身体后端具黏附着器。只有 1 个属，即蛭纽虫属（*Malacobdella*）（图 7-3D）。软体动物外套腔营内共生。

三、纽形动物在动物界的地位

从构造上看，纽虫动物有很多与扁形动物相同的特征，有人把它们列入扁形动物中，两者似有亲缘关

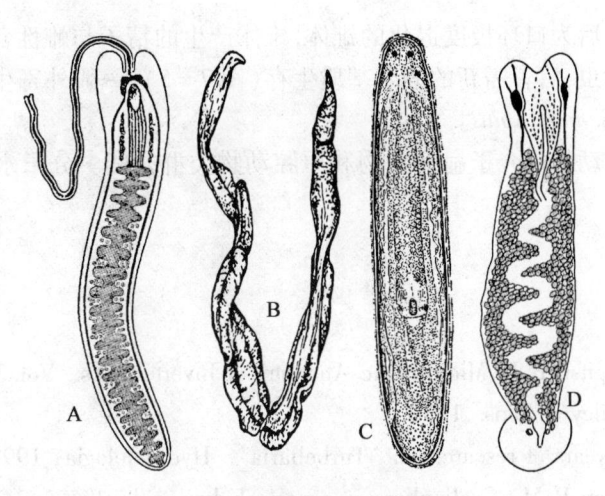

图 7-3 几种纽虫的代表
A. 脑纹纽虫；B. 纵沟纽虫；C. 小体纽虫；D. 蛭纽虫

系。但从消化管具肛门和闭管式循环系统来看,纽虫动物要比扁形动物进步很多；又如,假分节现象是向真分节动物发展的趋向,而帽状幼虫又与环节动物的担轮幼虫相似。这些特点显示,纽虫动物与环节动物也有相似之处。因此把它分出自成一门,分类地位应介于扁形动物与环节动物之间。

第二节 环口动物门(Cycliophora)

本动物门为 1995 年新建立的一个小门类。身体长度小于 0.5 mm,两侧对称,三胚层,无体腔；营养体口器呈漏斗形,顶端有一环发达的纤毛；消化管"U"形,肛门开口口环外侧底部(图 7-4)。生活史复杂,营养体以出芽方式产生幼虫,幼虫为浮游的,发育为成体后固着生活。有性生殖时,营养体可产生出将发育

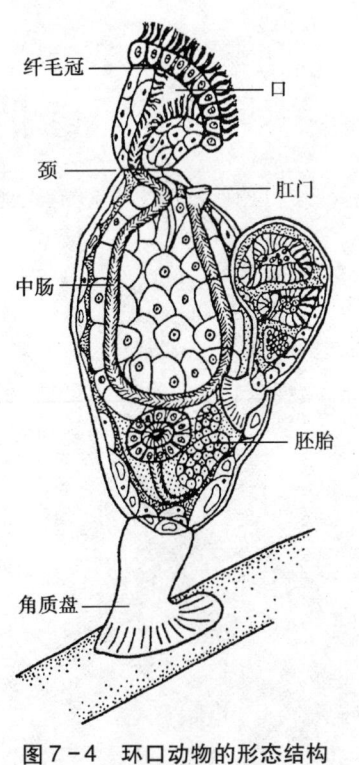

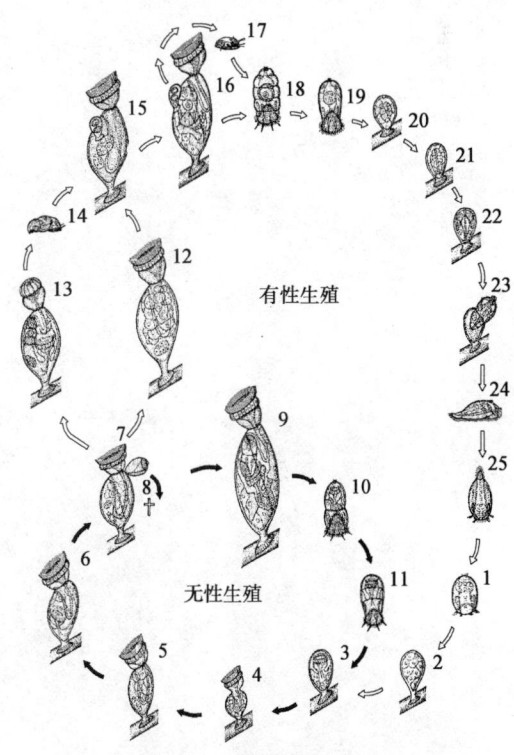

图 7-4 环口动物的形态结构

图 7-5 环口动物的生活史

为雄体的幼虫,该幼虫成熟后为口环极度退化的雄体,雄体产生的精子与雌性营养体产生的卵子结合成受精卵,受精卵发育成腹索幼虫,后者需新的固着基质生存(图7-5),一般外寄生于龙虾体表。只有很少几种,如 *Symbion pandora* 和 *S. americanus*。

类似于纽虫动物,环口动物也介于扁形动物和原腔动物类群之间。分子水平的信息显示环口动物与内肛动物关系更近。

拓展阅读

[1] Harrison F W, Bogitsh B J. Microscopic Anatomy of Invertebrates. Vol. 3: Platyhelminthes and Nemertinea. New York: John Wiley & Sons. 1990

[2] Rieger R M. 100 years of research on 'Turbellaria'. Hydrobiologia, 1998, 383: 1-27

[3] Funch P, Kristensen R M. Cycliophora is a new phylum with affinities to Entoprocta and Ectoprocta. *Nature*, 1995, 378: 711-714

思考题

1. 如何理解纽虫动物在动物界的地位?
2. 比较纽虫动物的帽状幼虫与环节动物担轮幼虫的异同。

第八章 线虫动物门(Nematoda)

　　线虫动物是原腔动物中最具代表性的一个重要类群。虫体体表被角质膜;具原体腔;体壁只有纵肌分布;具完全消化系统;排泄器官属原肾系统;具有多种感觉器官;雌雄异体且异形。分布极广,自由生活种类在海水、淡水和土壤中都能生存,数量极大,寄生种类可寄生在人体、动物和植物的各种器官内,危害较大;部分种类是科学研究的重要模式动物。

第一节　线虫动物的主要特征

一、外部形态

　　绝大部分线虫身体都是圆柱形的。线虫的体型大致可分为两大类,即梭形(fusiform)和丝形(filiform)(图8-1)。梭形者是长梭形,直径最大处位于身体的中央段,逐渐向身体前后两端尖削,其末端是尖的或钝的;丝形者较少,线状,身体各部直径差不多,雄虫的末端常与雌虫有别,常为弯曲状,后端还有乳突和交接膜等结构(图8-2)。

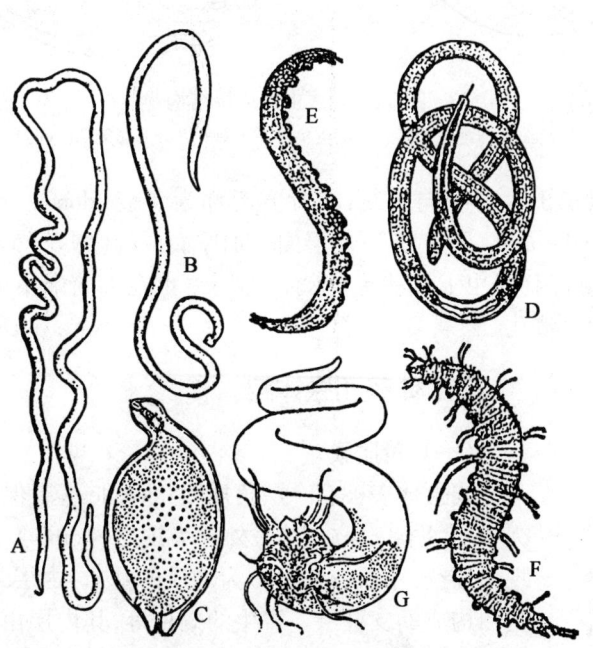

图8-1　线虫的外部形状
A. 麦地那龙线虫的成虫;B. 肾膨结线虫雄虫;C. 异皮线虫雌虫;D. 剑丝线虫;E. 瘤线虫;F. 韧节线虫;G. 肉食线虫
(A、B仿陈心陶;C仿Hyman;D~G仿Storer)

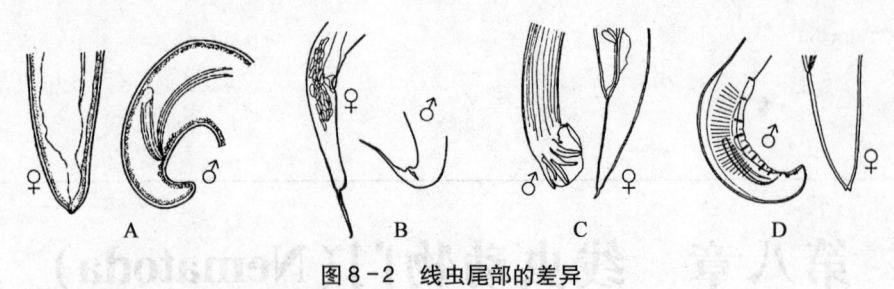

图 8-2 线虫尾部的差异
A. *Rhabdochona* sp.；B. *Skrjabinodon spinosulus*；C. *Oswaldocruzia* sp.；D. *Camallanus* sp.

自由生活的土壤线虫和植物线虫体多微小,最小的种类体长只有 200 μm;寄生线虫中,大的体长可超过 300 mm,最大的可达 1 m 以上(如肾膨结线虫 *Dioctophyma renale* 和麦地那龙线虫 *Dracunculus medinensis*)。

线虫的体表覆盖着一层光滑的角质层(cuticle),没有纤毛,也没有特别的色彩。体色为透亮中略带白色、淡黄色或淡红色。线虫的角质层有的是光滑的,营寄生生活的更是如此;但有的体表上常有斑纹、小刺或鳞片。另外,各种线虫的体表都具有各种乳突,具感觉功能;在前段具 1 对各种形状的感觉器官,称为头感器或侧器(amphid),在近尾端有 1 对尾感器(phasmid)(图 8-9)。感器的有无及形状是线虫分类的重要依据。有的线虫体表具环纹,出现了假分节现象。

线虫没有明显的头部,体前段有口,口周围的构造原始,表现为六放辐射对称,有 6 个唇瓣围绕着口(图 8-3),许多海产线虫尤为明显。线虫的次生性辐射对称说明线虫的祖先可能是营固着生活的。

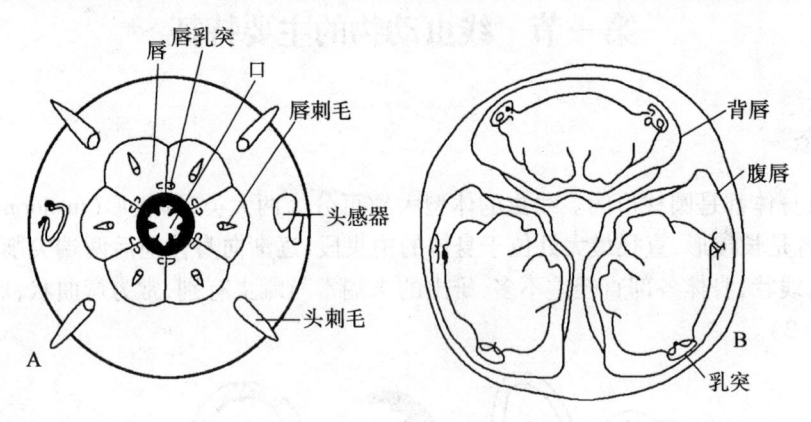

图 8-3 线虫的前端结构
A. *Plectus* 前端正面观；B. 蛔虫头部正面观(仿 Hyman 和 Mönnig)

从身体的外表一般可以辨出 4 行纵向的线,在背方者称为背线(dorsal cord),腹方的为腹线(ventral cord),在两侧的为侧线(lateral cord)。它们是下皮层向内加厚而成的(图 8-5)。

除前端的口和近末端的肛门(雄虫上又称为泄殖孔)外,线虫在离前端不远处有一排泄孔。雌虫的腹面中央或前或后还有一雌性生殖孔。

二、体壁和原体腔

(一)角质膜

线虫体表被有一层角质膜(cuticle),有保护作用。结构较复杂,可分为 3 层(图 8-4)。其最外层为皮层(cortex),皮层是一层鞣化蛋白质,表现出环纹;中层(median)为均质的基质;内层为基层(basal layer),是胶原蛋白构成的支柱层。寄生的蛔虫等,其内层由于纤维排列的方向不同,又可分为 3 层,因此使角质层表现出一定的弹性。

角质层是上皮细胞的分泌物,它限制了身体的生长,因此线虫在生长过程中要经过数次蜕皮(ecdysis)。蜕皮是脱去旧的角质膜,长出新的角

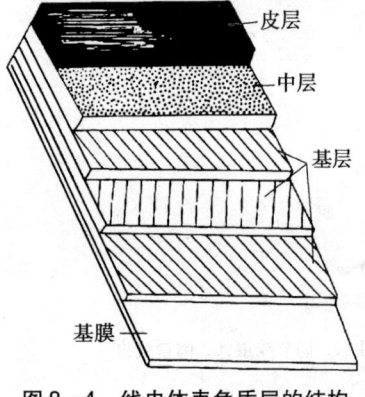

图 8-4 线虫体表角质层的结构

质膜的过程。在蜕皮前,角质层中有用的物质被虫体吸收,然后上皮细胞重新分泌新的表皮,使旧表皮与上皮细胞分离,并最后完全脱落,使虫体得以生长。研究表明,线虫的蜕皮是由神经环上的神经细胞分泌出激素(hormone),激素促使排泄细胞分泌蜕皮液,蜕皮液可溶解旧表皮而造成脱皮,蜕皮现象仅出现在幼虫期,成虫仅能增加角质层的厚度而不再蜕皮。

(二) 原体腔

线虫的体壁由角质层、上皮细胞及肌肉组成,也是皮肌囊结构(图8-5)。角质层内为上皮细胞,上皮细胞或界线清楚或为合胞体(syncytial)。在身体背、腹中线及两侧、上皮细胞向内凸出形成4条纵行的上皮索。上皮细胞核仅局限在索中,并排列成行。

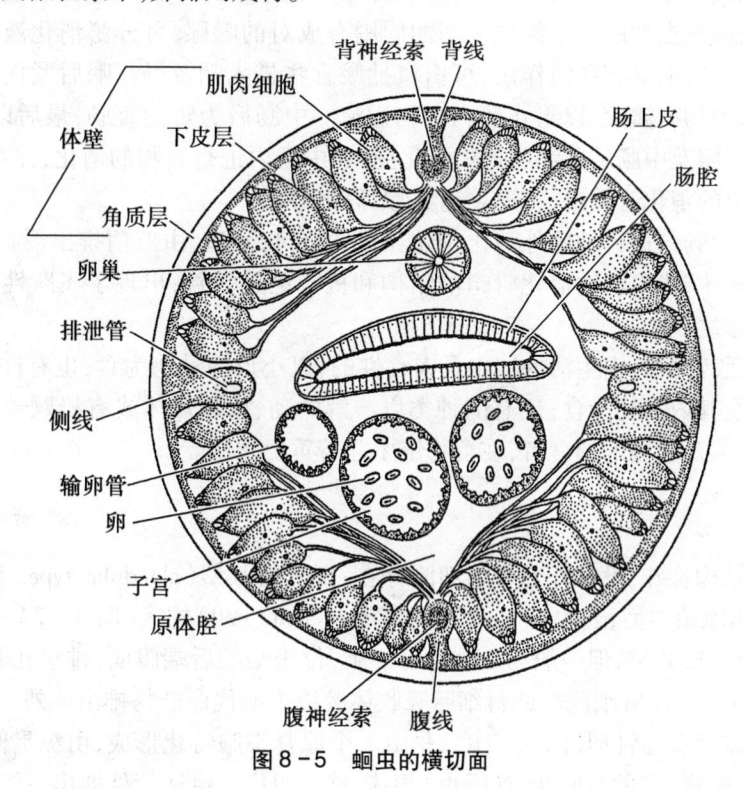

图8-5 蛔虫的横切面

上皮之内为中胚层形成的肌肉层,线虫缺乏环肌,只有纵肌,分布在上皮索之间,肌肉为斜纹肌。肌细胞的基部为可收缩的肌纤维,端部为不能收缩的细胞体部,它的功能可能是贮存糖元,核位于细胞体部。细胞体部的原生质延伸形成线状,分别连接到背索与腹索内的神经上,在那里接受神经支配。其他动物是由神经发出分支分布到肌肉上进行支配,而不是像线虫由肌肉延伸到神经处,去接受支配。

线虫体壁围成的体腔称原体腔(primary coelom)(也称假体腔 pseudocol),是由胚胎发育时的囊胚腔发展而来的。原体腔只有体壁中胚层,不具体腔膜(peritoneum),无脏壁中胚层。原体腔的出现,是动物演化上的一个重要环节。

原体腔中充满体腔液,体腔液内没有游离的细胞,但有体腔细胞固着在肠壁及体壁上,体腔液除了输送营养物及代谢物之外,还具抗衡肌肉收缩所产生的压力,起着骨骼的作用。

由于原体腔内充满了体腔液,致使虫体鼓胀饱满,身体难以任意伸缩,只能依靠纵肌收缩,沿背腹向弯曲,作波状蠕动。所以线虫的运动是由纵肌的收缩及角质层的弹性改变而共同完成。当背纵肌收缩时,腹面角质层中的纤维拉长,当背纵肌松弛时,腹面角质层中的纤维恢复,故表现出身体背腹方向的蛇形运动。一些种类体表具刺、环等,可做短距离的爬行或游泳运动。

三、消化系统

线虫消化系统的特点是具有完善的消化管,即有口有肛门。消化管分为前肠、中肠和后肠3部分(图8-6)。前肠由外胚层于原口处内陷形成,内壁有角质膜,分化为口、口腔及咽。中肠由内胚层形成,为消化

图 8-6 线虫的消化系统
（仿詹希美）

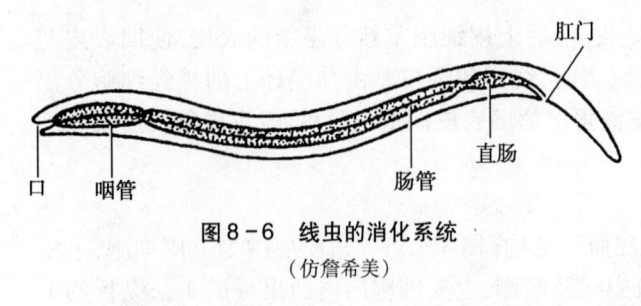

与吸收的主要部位。后肠由外胚层于胚胎后端内陷形成，内壁具角质膜，包括直肠和肛门。

口后为一管状或囊状的口囊（buccal capsule），口囊内壁角质层加厚，形成不同形状或不同数目的嵴、板、齿等结构，用以切割食物，特别在肉食性的种类较发达。有的种类在口囊中形成一中空或实心的刺，用以穿刺食物或抽吸食物汁液。

口囊之后为咽，咽常形成一个或几个咽球，由于肌肉细胞的加厚，咽腔在断面上呈三放形，三放中的一放总是指向腹中线，构成线虫咽的一个特征。咽的周围有成对的咽腺，可分泌消化液，咽腺可开口在咽前端。由于有很厚的肌肉层，咽具有泵的作用，可由口抽吸食物进入咽及肠。咽后紧接为中肠，是由单层上皮细胞组成，中肠的两端均有瓣膜，以阻止肠内食物逆流。中肠后为短的直肠，最后以肛门开口在近末端的腹中线上。线虫的咽腺及中肠的腺细胞产生消化酶，在中肠内进行食物的消化，并在肠壁细胞内完成细胞内的消化。寄生线虫的消化管简单，有退化趋势，无消化腺。

食物由口摄入，在中肠内进行细胞外消化，不能消化的食物残渣，由肛门排出（排遗 excrement）。与刺胞动物的消化循环腔相比，线虫动物消化管道的结构和机能更趋完善，出现了飞跃性的进步，这也是动物向更高层次演化的标志之一。

线虫的食性很广泛，许多自由生活的线虫是肉食性的，以小形的动物为食；也有许多种为植食性的，以藻类及植物根部细胞及其内含物为食；还有的种类以溶解的动、植物尸体或有机颗粒为食，它们构成了数量最大、分布最广的细菌及真菌的捕食者，在食物链中起着重要作用。

四、排泄系统

线虫的排泄器官结构特殊，没有纤毛及焰细胞存在，可分为腺型（glandular type）和管型（tubular type）2种。腺型排泄器官属原始类型，通常由 1~2 原肾细胞（renette cell）构成（图 8-7A），海产自由生活种类的线虫（如 *Linhomeus*）就属此类，但一般为 1 个原肾细胞，位于咽的后端腹面，排泄孔开口于腹侧中线。小杆线虫（*Rhabdias*）具有 2 个原肾细胞。原肾细胞吸收体腔液中的代谢产物排出体外。

寄生线虫的排泄器官多为管型（图 8-7B），是由 1 个原肾细胞特化形成，由纵贯侧线内的 2 条纵排泄管构成，二管间尚有 1 横管（有的呈网状，如蛔虫）相连，略呈"H"。由横管处伸出一短管，其末端开口即为排泄孔，位于体前端腹侧。溶于体腔液中的代射产物，通过侧线处的上皮进入排泄管。管型排泄器官是由腺型排泄器官演变而来的。

线虫的排泄器官虽然不同于扁形动物的原肾管，但这种排泄器官还是由外胚层形成，从结构与机能上看，类似原肾系统，是一种独特的原肾管。

线虫的代谢产物主要是 NH_3，可通过体壁及消化管排出。

线虫的排泄器官对维持其体腔液的压力是十分重要的，水通过口及体壁进入体内，过多的水分可通过排泄器官排出。实验证明：海产的种类可在 NaCl 的低渗液中进行调节，但不能在高渗液中调节；淡水及陆生的种类相反，维持体腔液低渗于周围环境；陆生线虫还可以在高度干燥条件下，降低代谢速率，处于隐生状态来渡过干燥，隐生时间可长达数年之久。

五、神经系统和感觉器官

线虫在咽的周围有一环状的围咽神经环（circumenteric ring），环的两侧膨大成神经节，由围咽神经环向前后各分出 6 条神经，前端的神经分布到唇、乳突及头感器等（图 8-8、图 8-9）。向后的 6 条神经中，1 条为背神经，1 条为腹神经，2 对侧神经，2 对侧神经离开围咽神经环后很快合并成 1 对，最后的这 4 条神经分别位于相应的纵行上皮索内，其中腹神经最发达，由腹神经发出分支到肠及肛门。腹神经索中包括运动神经纤维及感觉神经纤维，背神经索中主要为运动神经纤维，侧神经索中主要为感觉神经纤维。另外在脑环周围，神经细胞集中，形成神经节状。

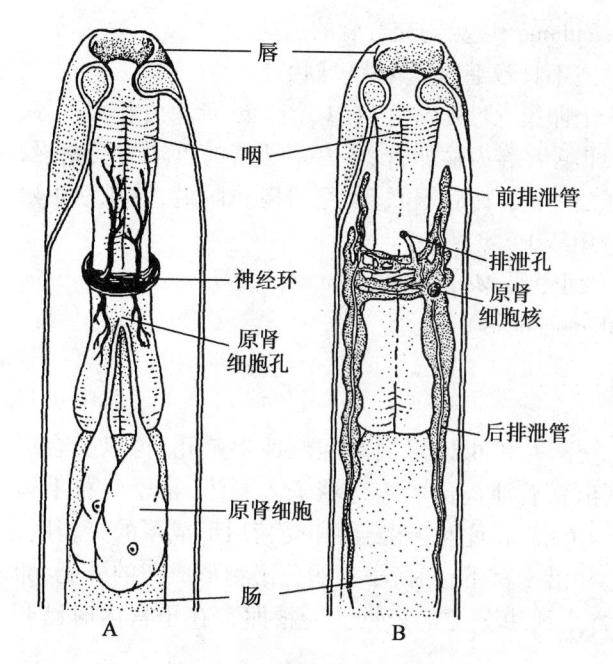

图8-7 线虫的排泄器官
A. 小杆线虫的肾细胞型排泄系统;B. 蛔虫的管型排泄系统

图8-8 线虫的神经系统
(仿Smyth)

线虫的感觉器官主要分布在头部及尾部两端。头部包括唇、乳突、感觉毛,还有一个特殊的头感器(图8-9A、B)。唇及乳突是头部的角质突起,有围咽神经环发出的神经进行支配。感觉毛在头部较发达,实际上是一种改变了的纤毛,为一种触觉感受器,有的种类感觉毛周围还有腺细胞围绕。头感器为一种化学感受器,也常有腺细胞伴随。它位于身体前端一侧,是体表的一个内陷物,呈囊状、管状、螺旋状等各种形态(图8-9C)。头感器是线虫分目的依据之一。水生种类特别是海产种类头感器发达,而陆生及寄生种类的头感器则退化了。电子显微镜研究已证实,化感器的感觉突实际上也是改变了的纤毛,过去一直认为线虫不存在任何纤毛,而头感器是变化了的纤毛。这一特征将线虫和其他有纤毛的动物在演化上联系起来。水生种类在咽的两侧还有1对眼点,为视觉器官,其中色素细胞分散或排列成杯状。

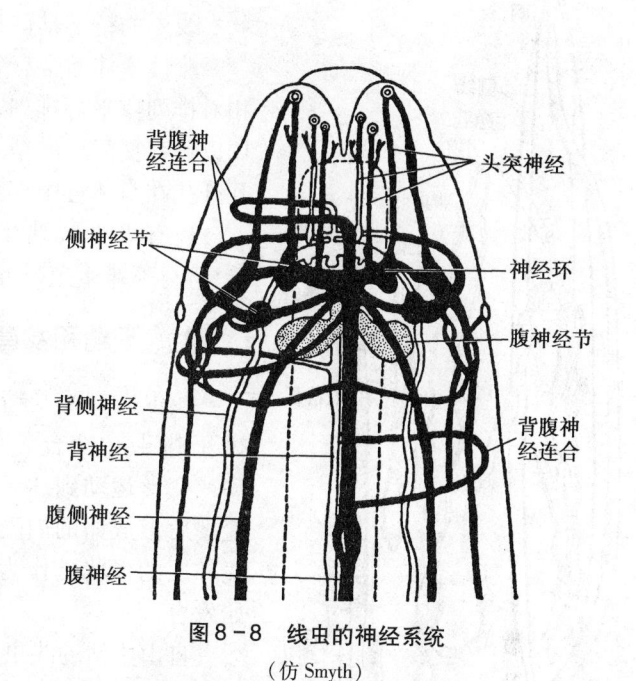

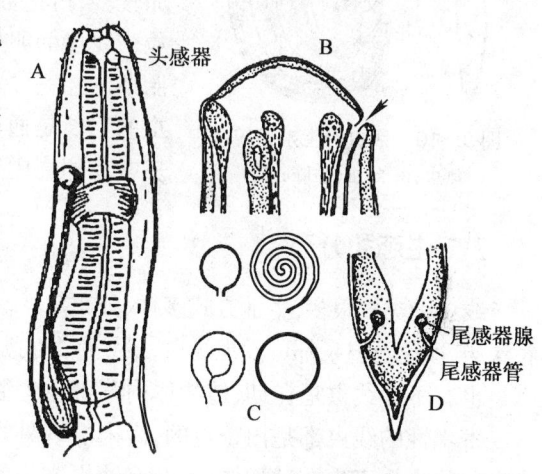

图8-9 线虫的头感器和尾感器
A. 线虫头感器的位置;B. 头感器的开口(箭头所示);
C. 各种形状的头感器;D. 小杆线虫的尾感器

线虫的尾端也有1对单细胞腺体称尾感器(图8-9D),分别开口在尾端两侧,它也是一种腺状感受器,这种感受器在寄生的种类发达。雄性个体尾端交配器周围也有感觉乳突及感觉毛。

六、生殖系统

线虫为雌雄异体,且雌雄异形,雄性个体小于雌性个体。有极少数种类为雌雄同体,如某些小杆线虫和植物线虫。更有一些种类只有雌虫存在,未发现雄虫。

生殖腺为管状(图8-10),生殖细胞是由生殖腺中一个大的末端细胞(terminal cell)发生,在其通过生殖腺的过程中,生长成熟。少数线虫生殖细胞来自整个生殖腺的管壁细胞。雄性生殖系统通常具有1个精巢,少数种有2个。后端连接输精管及其膨大的贮精囊,向后为肌肉发达的射精管(ejaculatory duct),开口到直肠或泄殖腔(cloaca)。射精管周围有数目不等的前列腺(prostatic gland)。大多数线虫雄性泄殖腔向外伸出2个囊,每个囊中有一角质的交合刺(spicule),有肌肉牵引可自由地由泄殖孔伸出体外,交配时用以撑开阴门。交合刺的长短、形态因种而异,为分类的重要依据之一。还有的线虫交合刺的背壁有角质小骨片，愈合成副刺（gubernaculum），以控制交合刺的运动。

线虫的精子具鞭毛或不具鞭毛而呈囊状、球状等。

雌性个体通常有2个卵巢，少数个体仅有1个卵巢，卵巢管长短不等，相对排列或平行排列，卵巢后端为输卵管、子宫。子宫的上端为受精囊，用以贮存交配后的精子，两个子宫后端联合，经肌肉质阴道，以雌性生殖孔开孔在身体近中部腹中线上。

还有极少数陆生线虫，如 *Mermis subnigrescens* 及 *Heterodera marioni* 等，可行孤雌生殖（parthenogenesis）。

七、受精和发育

线虫需交配受精，交配时雄虫以尾端对准雌性生殖孔，再以交合刺撑开阴门，由交合囊及射精管肌肉的收缩送精子入雌体，精子经鞭毛运动或变形运动到达子宫上端，在此与卵融合，卵受精后形成厚的受精膜，变硬后形成卵的内壳，卵沿子宫下行时，子宫的分泌物形成卵的外壳，卵壳外层的形状常作为寄生线虫分类的依据。受精卵常在子宫内时已开始发育。

自由生活的线虫产卵量较少，海产种类一般仅产数十粒卵，陆生种产卵较多，可达数百粒。寄生种类产卵量极大，每日可产卵数千到数十万粒。线虫的卵是决定型卵，分裂球排列不对称，许多种类的细胞分裂在胚胎期已经完成，除了生殖系统之外，其他的器官细胞数已固定，孵化后幼虫的生长是通过细胞体积的增加而实现。幼虫期一般蜕皮4次，前两次蜕皮常在卵壳中进行，成年后不再蜕皮。

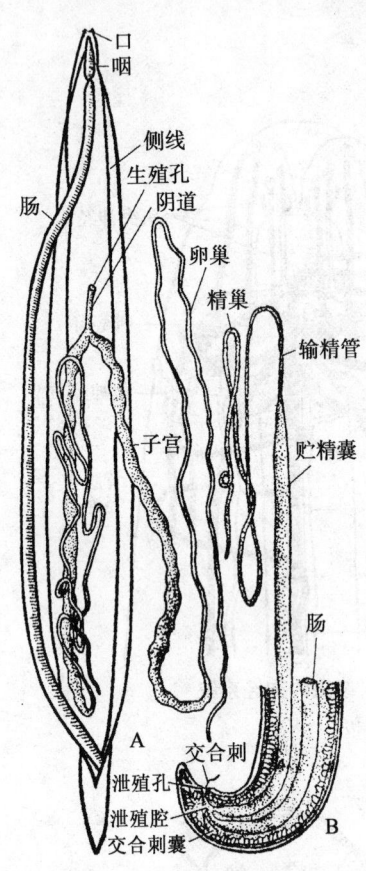

图8-10 线虫的生殖系统
A. 雌虫；B. 雄虫（仿陈心陶）

八、生态和分布

线虫种类数很多，生活方式多样，分布广泛。自由生活的种类广泛的分布在海洋、淡水及土壤中，甚至海底深渊、沙漠及温泉都可发现线虫，报导称海底泥沙中线虫可达442万条/m²，土壤中的线虫数量也是巨大的。

也有不少线虫是在动、植物体内营寄生生活，造成人畜重要疾病及农作物的减产。

寄生性的线虫都是内寄生的，尚未发现外寄生种类。不同种类的寄生线虫，其生活史差异非常大：有成虫与幼虫均寄生在动物体内的；有幼虫寄生在动物体内，成虫寄生在植物体内的；也有成虫寄生在动物体内，幼虫寄生在植物体内的；还有成虫寄生，幼虫营自由生活，或成虫营自由生活，幼虫寄生的；另外也有部分种类直接发育无幼虫期的；有的具有1个或2个中间寄主；甚至有的种成虫期寄生生活与自由生活交替出现。复杂且多样的寄生类型说明了线虫既有较长的寄生历史，又有较近期的寄生辐射。因此有人提出，线虫寄生现象的发展是与有花植物、昆虫及脊椎动物的演化相伴随而发展的。

第二节 线虫动物的分类

到目前为止，已报道了24 700多种的线虫动物。线虫动物的分类是一个争议很大的问题。自1919年Nathan Cobb建议将线虫动物作为一个独立的门以来，由于分类标准和鉴定依据各不相同，因此门下分类阶元的设置就存在着各种观点，多数学者认可本门下设2纲。1981年，Maggenti将线虫动物分为2纲20目。虽然有人认为线虫动物可能包括矛线纲（Dorylaimia）、刺嘴纲（Enoplia）、旋尾纲（Spirurina）、垫刃纲（Tylenchina）和小杆纲（Rhabditina）5纲，但由于尚缺较为完整的形态学特征和分子层次上的信息，故线虫动物门分为无尾感器纲（Aphasmida）和尾感器纲（Phasmida）2纲的观点还是目前的主流。

第三节 无尾感器纲（Aphasmida）

无尾感器纲又称有腺纲（Adenophorea）。身体尾端无尾感器，有尾腺，排泄器官腺状，由单细胞或多细胞腺体组成，海水、淡水、土壤及动植物体内均有分布，海产种类仅限于本纲。本纲分3亚纲。

（一）刺嘴亚纲（Enoplia）

咽柱形或圆锥形，前端细长，后端膨大腺状，咽腺有5个或更多，有各种生态类群。

目1. 刺嘴目（Enoplida） 身体小型或中型，头感器排列成3圈，第1圈为6个唇乳突，第2圈为6个感觉毛，第3圈为4个感觉毛。咽长圆锥形，基部膨大，咽腺5个，1个在背面，4个在腹面。雄性具2个精巢，排泄器官为单细胞的腺状体。尾腺3个。多数海产，少数咸水或淡水。如刺嘴虫（Enoplus）。

目2. 单齿目（Monochida） 头感器排列成2圈，第1圈为6个锥形突起，第2圈10个锥形突起，口部角质化，具1块状齿，咽腺5个，排泄器退化。仅生活在土壤及淡水。如单齿虫（Monochus）（图8-11A）。

目3. 矛线目（Dorylainida） 口腔中具有一长的可伸缩的矛刺，咽前端细长肌肉质，后端膨大腺状。头部16个突起排成2圈，第1圈6个，第2圈10个；生活在土壤及淡水。如矛线虫（Dorylaimus）（图8-11B）。

目4. 毛首目（Trichocephalida） 幼虫期口腔中有可伸缩的毛刺，成虫期消失。身体前端细长如鞭，内有一细长的、由2个大细胞组成的、非肌肉的咽，口结构简单、没有唇片。寄生于鸟及哺乳动物体内直接发育，或以节肢动物为中间寄主。如旋毛虫（Trichinella spiralis）（图8-13）和鞭虫（Trichuris trichura）（图8-14）。

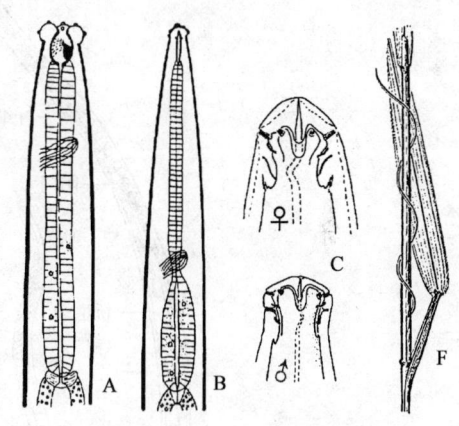

图8-11 刺嘴亚纲代表种类
A. 单齿虫；B. 矛线虫；C. 无尾大雨虫；D. 索虫

目5. 索虫目（Mermithida） 身体细长如索，可达50 cm，幼虫也细长。成虫无口囊，具16个头感器，由口直接连接咽，咽细长，肠特化成两行大的营养细胞。幼虫寄生于昆虫及无脊椎动物体内，成虫在土壤或淡水中自由生活。如无尾大雨虫（Agamermis decaudata）（图8-11C）和索虫（Mermis）（图8-11D）。

（二）色矛亚纲（Chromadoria）

咽呈圆柱形，其前后端为球形中间细窄如峡状，咽腺3个，为单细胞腺体。

目6. 色矛目（Chromadorida） 具螺旋形化感器，头感器在极前端，排列成1圈或2圈，口囊内具齿，咽前后端具球形膨大，体表角质层具环状或刻点状装饰。在海水、淡水及土壤生活。如色矛虫（Chromadora）（图8-12A）。

目7. 疏毛目（Araeolaimida） 头感器排列成3圈，第3圈特化成4个细长头毛，口前端漏斗形，口囊内通常无齿，体表具环纹，但无刻点，主要海产。如Plectus（图8-12B）。

目8. 带线虫目（Desmocolecida） 身体粗短，具明显的环状，体表装饰有鳞毛、刺、瘤等，身体前端有色素小点或小眼，缺乏明显的口囊，主要海产，淡水及土壤也偶有发现。如链头线虫（Desmoscolex）（图8-12C）。

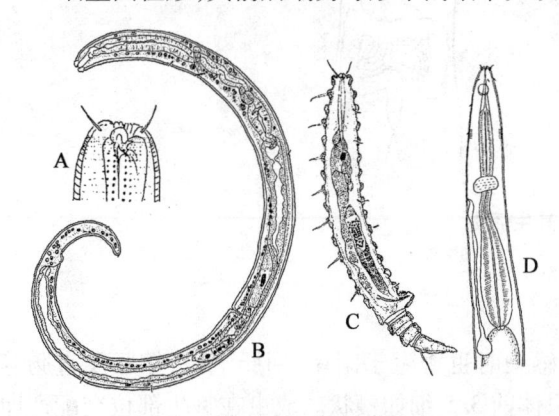

图8-12 色矛亚纲代表种类
A. 色矛虫（头部）；B. Plectus；C. 链头线虫；D. 咽管线虫

目9. 单宫目(Monohysterida) 头端具分散的刚毛,化感器呈环状,体表光滑或具环纹,有时体表刚毛排列成4或8个纵列。单个卵巢,海水、淡水及土壤均有分布。如咽管线虫(*Siphonolaimus*)(图8-12D)。

(三) 无尾感器纲的重要种类

1. 旋毛虫

成虫体小,向前端渐细,雌虫长3~4 mm,雄虫不及2 mm。人因食入带有旋毛虫囊包的哺乳动物(主要为猪)生肉而染病(图8-13)。另外,含旋毛虫囊包的碎肉屑也可被猪、狗、猫、鼠等食入,因此,该虫也可在这些动物中传播。旋毛虫病预后一般较好,少数人死于中毒性休克、心力衰竭、肺炎、脑膜脑炎等严重并发症。本病呈世界性分布,几乎所有食用猪肉或猪肉制品的地区均有人体感染的报告。人的感染率与疫源地的存在及生食肉类的饮食习惯有关。食牛、羊肉之所以会受染,可能因牛、羊等食入受污染的饲料、野草所致。

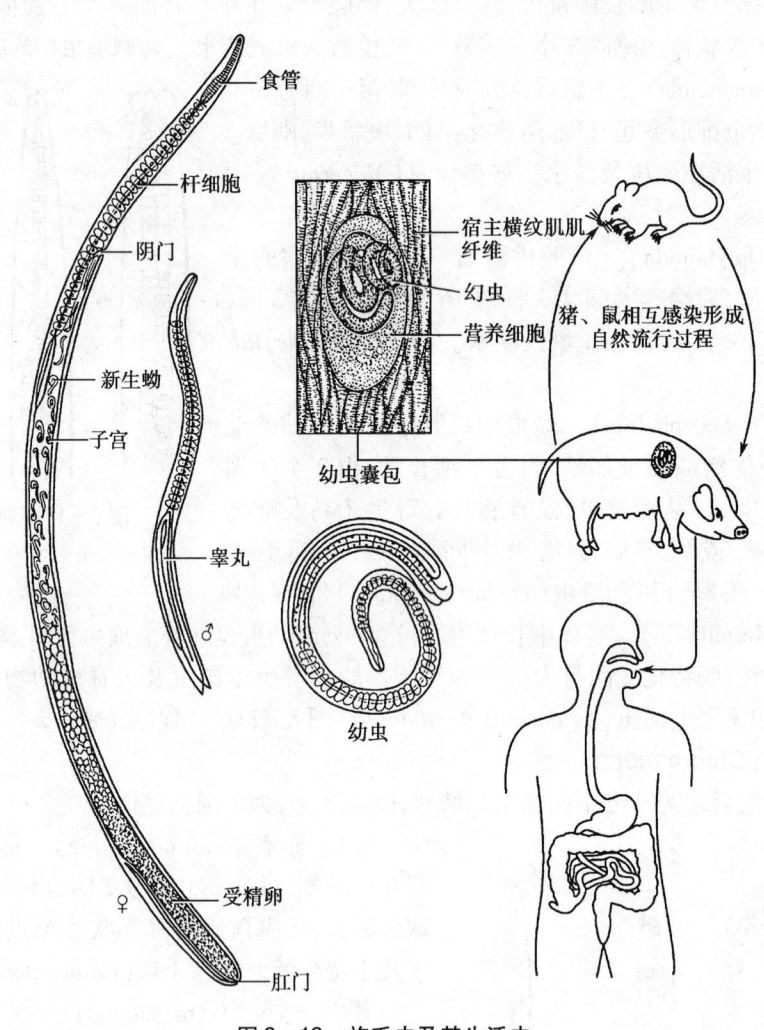

图8-13 旋毛虫及其生活史
(仿詹希美)

2. 鞭虫

因身体呈鞭状而得名。成虫寄生于人体盲肠内,严重感染时也寄生于阑尾、回肠下段、结肠及直肠等处。虫体呈鞭状,雌虫体长35~50 mm,雄虫30~45 mm,虫体前3/5细如鞭状。成虫在寄生部位交配产卵后,卵随宿主粪便排出体外,在土壤中经过3周左右的时间发育为感染卵,感染卵被人误食后在小肠内孵化,幼虫移行到盲肠处发育为成虫(图8-14)。自感染到成虫产卵约需1个月。日产卵数千粒,成虫寿命3~5年。

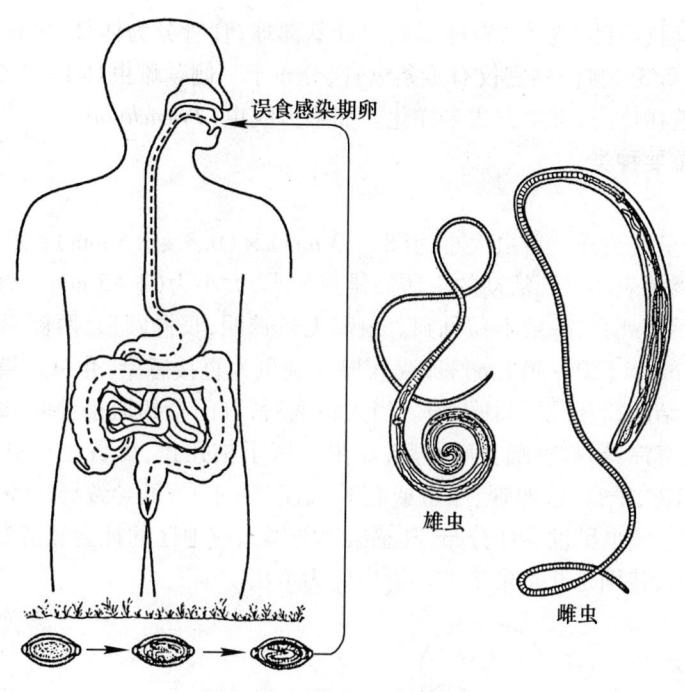

图 8-14 鞭虫及其生活史
（仿詹希美）

第四节 尾感器纲(Phasmida)

又称胞管肾纲(Secernentea)。身体尾端具1对尾感器,无尾腺,化感器不发达,排泄器官为胞管状,位于身体两侧上皮索内。咽腺通常有3个,绝大多数为陆生,偶然在淡水中发现,无海产种,分为3个亚纲。

（一）小杆亚纲(Rhabditida)

咽多分为3部分,但末端球内常具有瓣膜。雄性具发达的交合囊。

目10. 小杆目(Rhabditda) 小型到中型线虫,头感器均为乳突状,其数目6～12个不等。口囊为长管状,咽可分为3～5部分。卵巢有1～2个,在土壤中营自由生活或在脊椎动物体内寄生。如小杆线虫(*Rhabditis*)（图8-20A）。

目11. 圆线虫目(Strongylida) 口囊为柱形但无区分,雄性具交合囊,是由两个发达的侧叶及一中叶组成,侧叶中有6条放射肋支持,成虫寄生于脊椎动物小肠内,生活史中幼虫期有自由生活的阶段。如寄生在人小肠内的十二指肠钩口线虫(*Ancylostoma duodenale*)、美洲板口线虫(*Necator americanus*)和粪类圆线虫(*Strongyloides stercoralis*)。

目12. 蛔虫目(Ascaridia) 唇片有3个或6个,无口囊,咽呈柱形,缺乏肌肉质咽球(蛔虫例外),雄虫有2个等长的交合刺。如人蛲虫(*Enterobius vermicularia*)和人蛔虫(*Ascaris lumbricoides*)。

（二）旋尾亚纲(Spiruria)

目13. 旋尾目(Spirurida) 身体细长,中等大小,尾部盘曲,故名旋尾虫,头部具2个侧唇(或4个或更多的唇),口囊角质化,或具齿,交合刺不等长。成虫寄生于脊椎动物的消化管及呼吸道中,中间寄主为节肢动物。如斑氏丝虫(*Wuchereria bancrofti*)和马来丝虫(*Brugia malayi*)。

（三）双胃线虫亚纲(Diplogasteria)

多数为小型线虫,体长3～4 mm,体表具环纹,有刻点,唇不发达,咽可分为4个部分,有瓣膜。

目14. 双胃线虫目(Diplogasterida) 口囊变化很大,多数具齿,多在昆虫体内寄生,如双胃线虫(*Diplogaster*)。

目15. 垫刃线虫目(Tylenchida) 唇区光滑发达,化感器位于唇上,口囊内具长刺,食管为垫刃型,背食管腺开口于口针基部球后；口针为吻针，有明显的口针基部球；食管分为体部、中食管球、峡部和后食管，中食管球通常为虫体直径 2/3。排泄器官仅有 1 条纵管，分布于一侧。雌虫具 1~2 个卵巢，雄虫有 1 对尾感器，寄生于昆虫及高等植物体内，寄生方式多样化。如垫刃线虫（*Tylenchulus*）。

（四）尾感器纲的重要种类

1. 人蛲虫

成虫细小，乳白色，呈线头样。雌虫大小为 (8~13 mm) × (0.3~0.5 mm)，虫体中部膨大，尾端长直而尖细，常可在新排出的粪便表面见到活动的虫体。雄虫较小，大小为 (2~5 mm) × (0.1~0.2 mm)，尾端向腹面卷曲，雄虫在交配后即死亡，一般不易见到。虫卵无色透明，长椭圆形，两侧不对称，一侧扁平，另一侧稍凸，大小为 (50~60 μm) × (20~30 μm)，卵壳较厚。蛲虫为直接感染，儿童感染率特别高。蛲虫成虫寄生于人体的盲肠、阑尾、结肠、直肠及回肠下段。当人睡眠后，肛门括约肌松弛时，部分雌虫爬出肛门，在附近皮肤产卵。致使肛门奇痒，影响睡眠。产卵后，雌虫多因干枯死亡，少数雌虫可由肛门蠕动逆行返回肠腔（图 8-15）。若进入阴道、子宫、输卵管、尿道或腹腔、盆腔等部位，可导致异位寄生。雌虫在宿主体内生活期一般为 2 个月左右。蛲虫呈世界性分布，其感染率与国家或地区的社会经济发展无密切联系。即使在发达国家，蛲虫亦较常见，特别是儿童聚集的环境中尤为突出。

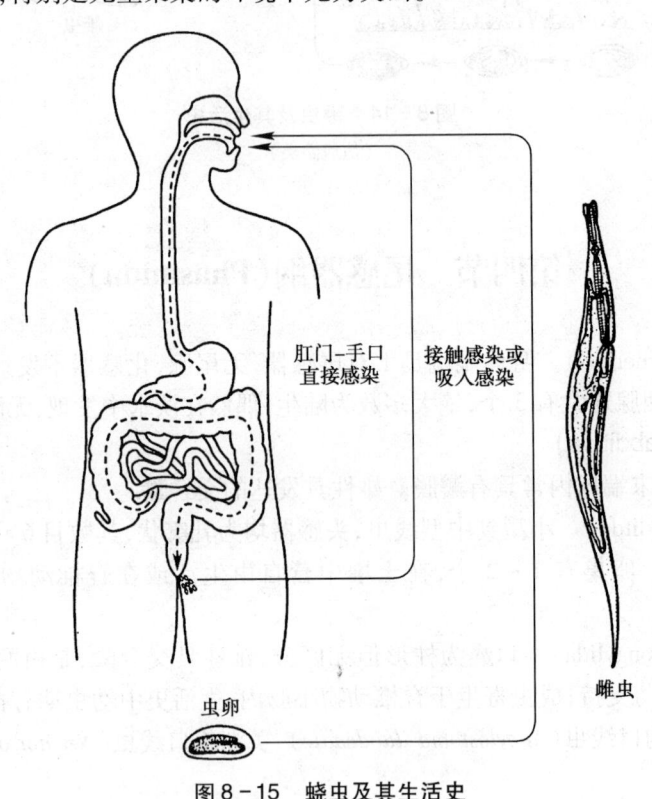

图 8-15 蛲虫及其生活史

（仿詹希美）

2. 人蛔虫

体呈圆柱状，向两端渐细，全体乳白色，侧线明显。雌虫长达 20~35 cm，雄虫 15~30 cm，直径 5 mm，雄虫短而细，尾端呈钩状。前端顶部为口，有 3 片唇，背唇 1 片，具 2 双乳突，腹唇 2 片，各具 1 双乳突（double papillae）和 1 侧乳突（lateral papillae），口稍后处腹中线上有一极小的排泄孔。肛门位于体后端腹侧的中线上。雌性生殖孔在体前端约 1/3 处的腹侧中线上，很小。雄性生殖孔与肛门合并称泄孔，自孔中伸出 1 对交合刺（图 8-16）。

成虫在人体小肠内交配并产卵，直接发育。每条雌虫日产卵量可高达 20 万粒，卵随宿主粪便排到体外。卵在 20~30 ℃、阳光充足、潮湿松软的土壤中经 2 周后在卵内发育成幼虫，1 周后幼虫在卵内蜕皮一次成为具感染能力的卵，新排出的卵没有感染力。人如果吞食了感染卵，卵到小肠后则幼虫孵化，幼虫穿过肠黏膜进入静脉，并随血液在体内循环，经过肝、心脏，最后到达肺部，幼虫在肺泡内寄生，在肺泡内脱皮两次，随咳嗽等动作沿气管逆行又回到咽部,再经吞咽动作又进入消化管中,进入小肠后再蜕皮一次,数周后发育成成虫,人体自虫卵感染到雌虫产卵,需60~70天,成虫在人体内存活1年左右。人如少量感染蛔虫,并不引起明显症状,如果严重感染则对人体造成很大危害。幼虫在人体内移行时,释放出免疫原性物质,引起宿主局部或全身的变态反应,如肺部炎症、痉挛性咳嗽、体温上升等。成虫在小肠内寄生,引起小肠黏膜机械性损伤,以致消化吸收不良,病人腹疼、食欲不振,严重时儿童会出现贫血、发育障碍等症状。体内大量成虫寄生,会出现成虫扭曲成团,造成肠梗阻,或成虫侵入胆囊,造成胆囊炎、胆道穿孔、胰腺炎、腹膜炎等。蛔虫是世界性分布的人体寄生虫,在我国感染很普遍,特别是在农村。蛔虫成虫产卵量大、虫卵有很强的理化抗性,直接感染不需要中间宿主,人们生食蔬菜及不卫生的生活习惯等都造成了蛔虫的广泛传播。因此积极治疗病人、管理粪便、改善环境条件及注意个人卫生是控制蛔虫流行的重要手段。

3. 十二指肠钩口线虫

体小,雌性长10~13 mm,雄性长8~11 mm,头端略向背面仰曲,形似钩,故得名。有一发达的口囊,囊内腹侧有2对钩齿,以此附在肠壁上,造成肠出血。背侧有1对三角形板齿,雄虫后端扩张成伞状物,称交合伞。雄性尾端交合伞背肋小枝有3个分叉。寄生在人的小肠内,在温暖地区常见,可引起慢性贫血病。钩虫卵随粪便排出时,已发育为2~8个细胞,在外界温湿条件下24小时成为幼虫,破卵外出,长仅0.2~0.3 mm,称杆状蚴,在土壤中自由生活,脱皮发育成丝状蚴,此为感染性幼虫,可刺破皮肤,进入人体,经心肺到小肠,3~4周后发育为成虫(图8-17A)。

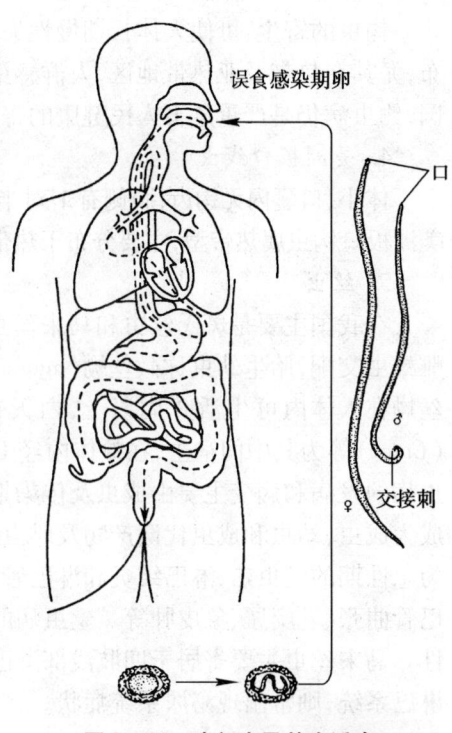

图8-16 人蛔虫及其生活史
(仿詹希美)

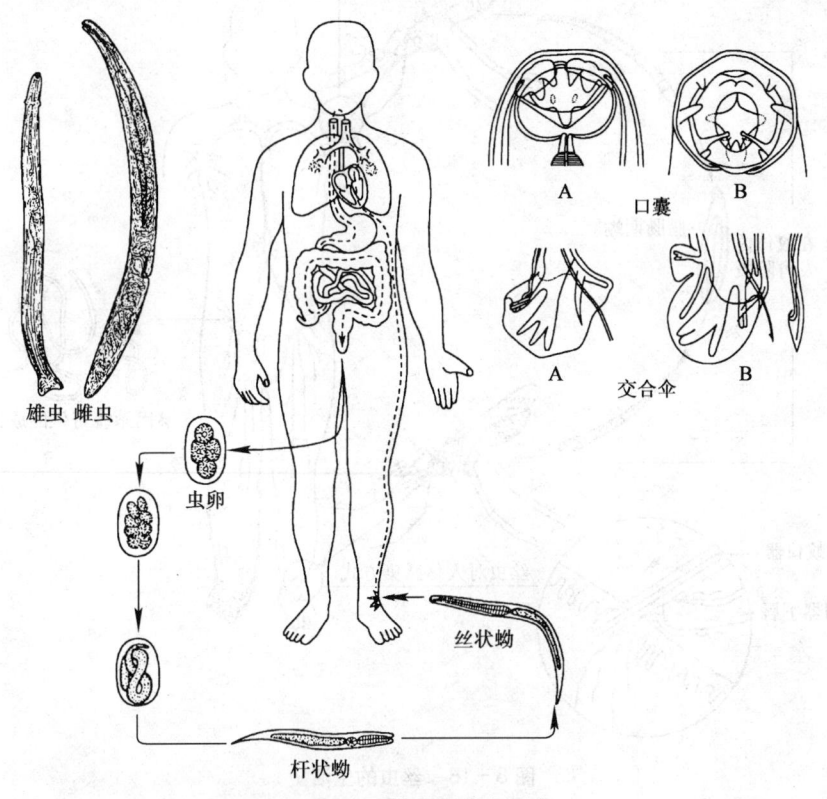

图8-17 钩虫及其生活史
A. 十二指肠钩口线虫;B. 美洲板口线虫(仿詹希美)

钩虫的寄生,可使人体长期慢性失血,从而导致患者出现贫血及与贫血相关的症状。钩虫呈世界性分布,尤其在热带及亚热带地区,人群感染较为普遍。据估计,目前全世界钩虫感染人数达9亿左右。在我国,钩虫病仍是严重危害人民健康的寄生虫病之一。

4. 美洲板口线虫

体小,口囊内无钩齿,腹侧有1对半月形的见板,雄性毛端交合伞其背肋小枝有2个分叉(图8-17B)。美洲板口钩虫属热带型,主要分布于热带、亚热带地区,我国南方多于北方。其生活史与十二指肠钩虫相似。

5. 丝虫

在我国主要是斑氏丝虫和马来丝虫。斑氏丝虫寄生在人的淋巴系统,雌虫长约75 mm,雄虫40 mm。雌雄虫交配,胎生幼虫称微丝蚴(microfilaria)。体弯曲,长200~300 μm,体外有一鞘膜,内充满细胞核。微丝蚴在人体内可生活2周以上,白天在内脏血液中,夜间则移至体表血液内。按蚊(*Anopheles*)及库蚊(*Culex*)等为其中间宿主,在蚊体内经10~17天即可发育成感染期微丝蚴,再传给健康人(图8-18)。丝虫病的发病和病变主要由成虫及传染期幼虫引起。传染期幼虫经蚊叮咬侵入人体后,在淋巴系统内发育成为成虫,幼虫和成虫代谢产物及雌虫子宫排泄物,引起全身过敏反应与局部淋巴系统的组织反应。表现为急性期的丝虫热、淋巴结炎和淋巴管炎。淋巴系统炎症的反复发作,则导致慢性期淋巴管阻塞症状、淋巴管曲张、乳糜尿、象皮肿等。丝虫病的发生与发展取决于丝虫种类、寄生部位、幼虫侵入数量及机体反应性。马来丝虫主要寄居于四肢浅部淋巴系统,故以四肢症状多见;斑氏丝虫寄居于腹腔、精索及下肢深部淋巴系统,则常出现泌尿系统症状。

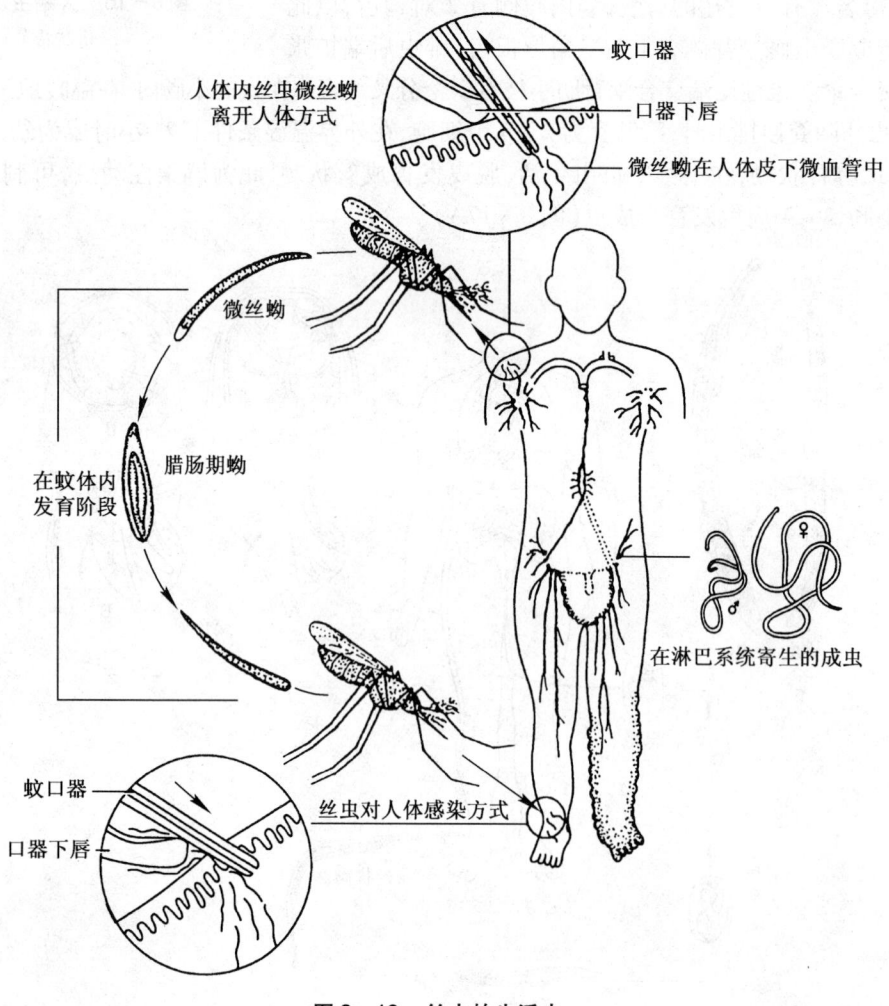

图8-18 丝虫的生活史

(仿詹希美)

6. 广州管圆线虫(*Angiostrongylus cantonensis*)

成虫线状,细长,体表有微细环状横纹。雌虫:(17~45 mm)×(0.3~0.7 mm),尾斜锥形;雄虫:(11~26 mm)×(0.2~0.5 mm),交合伞对称,呈肾形(图8-19)。

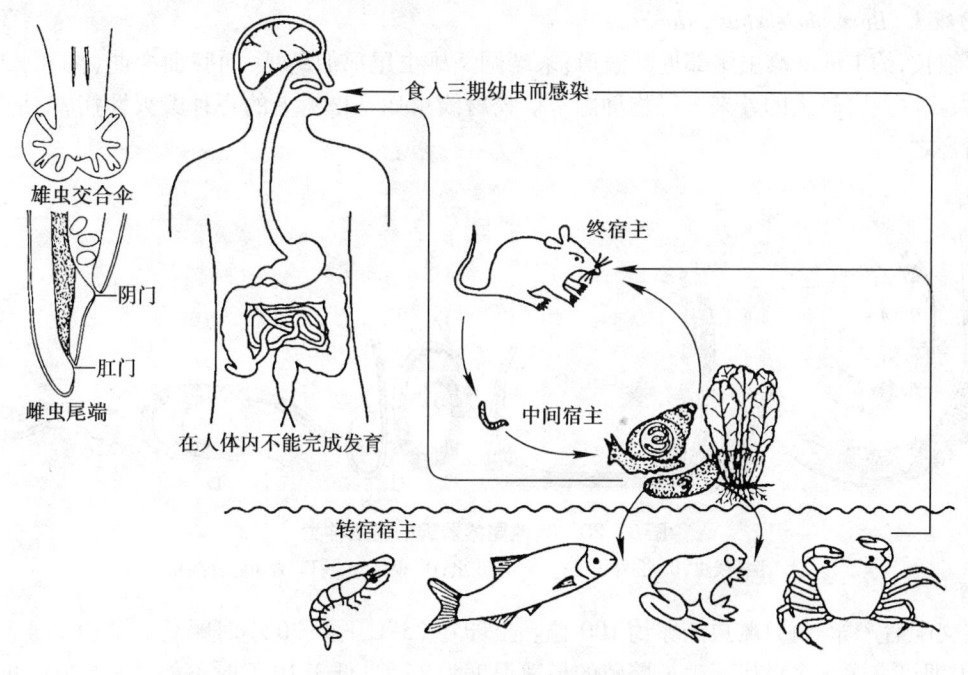

图8-19 广州管圆线虫及其生活史
(仿詹希美)

广州管圆线虫分布于热带、亚热带地区。其终末宿主主要是鼠类,以褐家鼠和家鼠较为普遍。广州管圆线虫中间宿主主要为褐云玛瑙螺(*Achatina fulica*,俗称东风螺)和福寿螺(*Pomacea canaliculata*)等。本病是一种人畜共患病,但人作为传染源的意义不大,人是广州管圆线虫的非正常宿主,该虫很少能在人体肺部发育为成虫,位于中枢神经系统的幼虫不能离开人体继续发育。

广州管圆线虫的生态特点复杂,不仅有众多的终宿主和中间宿主,还有多种转续宿主,如淡水鱼、虾等。人体感染广州管圆线虫主要是因食用生或半生的含有第三期幼虫的螺类、鱼、虾以及被此幼虫污染的蔬菜、瓜果和饮水所致。

7. 秀丽隐杆线虫(*Caenorhabditis elegans*)

成体长仅1 mm,全身透明。营自由生活,以细菌为食,居住在土壤中。全身共有959个细胞,性别为雌雄同体或雄性(图8-20E)。整个的生命周期仅3天。野生型线虫胚胎发育中细胞分裂和细胞系的形成具有高度的程序性,这样就便于对其发育进行遗传学分析。从受精卵发育成为成熟的成体只要2天多(25 ℃时需52小时)。

秀丽隐杆线虫的染色体数很少,$2n = 12$(有1对性染色体和5对常染色体),其基因组也很小,仅有8×10^7 bp,为人类基因组的3%,约有13 500个基因。真核生物中的基因都是产生单顺反子mRNA,但唯有秀丽隐杆线虫与原核生物相似,有25%左右的基因产生多顺反子mRNA,这与它们通过反式剪接使下游基因得到表达有关。还有一个特点是其基因组中非重复序列很高,达到83%,而高等真核生物都在50%以下,大肠杆菌(*E. coli*)的为100%。在这些特点上,秀丽隐杆线虫都较接近原核生物,也反映其在演化中的地位较为原始。

通过多年的研究,人们已经对该虫每一个体细胞的发育都了解得较为清楚。这些结果在研究细胞凋亡(apoptosis)过程有非常重要的意义。

另外,秀丽隐杆线虫还是具最简单神经系统的生物之一。在雌雄同体的个体中,总共有302个神经元,其连接形式也已完全被确认。这对于进一步探索动物行为与密切关连的神经机制,如趋化性(chemotaxis)、趋温性(thermotaxis)以及交配等有很大价值。

秀丽隐杆线虫作为模式生物的优越性及其在科学研究上的价值日渐显现。近些年来,多项诺贝尔奖都与这种线虫有关。

8. 松材线虫(*Bursaphelenchus xylophilus*)

成虫体细长,约 1 mm,雌虫尾部近圆锥形,末端圆。雄虫尾部似鸟爪,向腹面弯曲(图 8-20B)。原产于北美洲,为我国危害较大的外来入侵物种之一。松材线虫病是松树上的一种毁灭性病害,是当前世界上重大森林病害之一。

图 8-20 其他尾感器纲的线虫种类
A. 小杆线虫;B. 松材线虫;C. 小麦线虫;D. 根结线虫;E. 秀丽隐杆线虫

雌雄虫交配后产卵,每只雌虫产卵约 100 粒。虫卵在 25 ℃下经 30 小时孵化。幼虫共 4 龄。在 30 ℃时,线虫 3 天即可完成一个世代。生长繁殖的最适温度为 25 ℃,低于 10 ℃时不能发育,28 ℃以上繁殖会受到抑制,在 33 ℃以上则不能繁殖。

1982 年,我国在南京中山陵首次发现松材线虫,以后相继在江苏、安徽、广东和浙江等地成灾,几乎毁灭了在香港广泛分布的马尾松林。近距离传播主要靠媒介天牛,如松墨天牛(*Monochamus alternatus*),携带传播;远距离主要靠人为调运带疫(带松材线虫的天牛)的苗木、松材、松木包装箱及松木制品等进行传播。被松材线虫感染后的松树,针叶黄褐色或红褐色、萎蔫下垂,树脂分泌停止,在树干上可观察到天牛侵入孔或产卵痕迹,病树整株干枯死亡,木材蓝变,严重威胁用材林。

9. 小麦线虫(*Anguina tritici*)

寄生在小麦的植物线虫。成虫体小仅 3~4 mm,雌性向腹侧弯曲盘旋,较雄性粗大,寄生在小麦子房上,使麦粒形成虫瘿(图 8-20C)。在干燥条件下,幼虫在虫瘿内可生活 10 年以上。次年虫瘿随小麦播入土壤中,再侵害小麦植株,有小麦线虫寄生的小麦会严重减产。

10. 根结线虫(*Meloidogyne* spp.)

根结线虫遍布于各地的土壤,在较温暖的地域繁殖特别普遍。根结线虫雌雄异体。幼虫呈细长蠕虫状。雄成虫线状,尾端稍圆,无色透明,大小(1.0~1.5 mm)×(0.03~0.04 mm)。雌成虫呈梨形,多埋藏在宿主组织内,大小(0.44~1.59 mm)×(0.26~0.81 mm)(图 8-20D)。目前已知为害蔬菜的根结线虫主要有高弓根结线虫、花生根结线虫、北方根结线虫及南方根结线虫。线虫宿主范围广泛,常危害瓜类、茄果类、豆类及萝卜、葫萝卜、莴苣、白菜等 30 多种蔬菜,还能传播一些真菌和细菌性病害。根结线虫主要危害各种蔬菜的根部,表现为侧根和须根较正常增多,并在幼根的须根上形成球形或圆锥形大小不等的白色根瘤,有的呈念珠状。被害株地上部生长矮小、缓慢、叶色异常,结果少,产量低,甚至造成植株提早死亡。

第五节 线虫动物的系统发育

目前使用的线虫分类系统主要是建立在形态特征基础上的。由于种种原因,研究的结果尚不完整且学术界意见分歧颇大。较常用的系统主要有 5 个,分别是 Maggenti、Adamson、Anderson、Malakhov 和 Lorenzen 的系统。5个系统都将线虫动物门分为2纲：无尾感器纲和尾感器纲。其中，Maggenti和Anderson系统认为各种线虫均为单系；另外3个系统则认为尾感器纲是单系，而无尾感器纲是复系，且尾感器纲起源于无尾感器纲。从生态学角度看，后者似更有理，因为无尾感器纲包涵海洋、淡水、陆地和部分寄生种类，生态环境复杂多样，故复系的可能性较大；而尾感器纲则包括大部分寄生种类和小部分自由生活者，主要是陆生种类。然而，靠形态结构很难找到无尾感器纲是复系的确凿证据，尤其是对整个门各类群都适用的关键特征。电子显微镜技术的应用对线虫的系统研究虽有所促进，但仍未很好地解决线虫的系统发育问题。

Blaxter等人对48属共53种线虫的18S rDNA进行了比较，并在线虫高级阶元（目间）关系上给予了分析，提出了新的线虫系统发育观点。依此观点，线虫有5个主要分支，第1分支为单齿目、索线目、矛线目和毛首目；第2分支为三刺目和嘴刺目；第3分支为蛔虫目、霜冻目、旋尾目和尖尾目；第4分支包括垫刃目、滑刃目和小杆目中的一部分类群；第5分支则是双胃目、小杆目中含秀丽隐杆线虫的另一些类群和圆线目。每个分支均包含寄生和自由生活的种类，从而从根本上推翻了经典的尾感器纲和无尾感器纲两大支的线虫分类系统。该观点还指出动物寄生线虫至少有4次起源，植物寄生线虫至少有3次起源。这一论断的应用性前景令寄生线虫学家们很受鼓舞，因为寄生类群难以培养，如能找到与之亲缘关系相近的自由生活种类，必将大大有利于寄生线虫的研究。此外，分子系统树还显示：小杆目和色矛目都不是单系类群；垫刃线虫和滑刃线虫是姊妹群，它们与头叶总科有最接近的亲缘关系；双胃科不是垫刃线虫、滑刃线虫和小杆线虫之间的中间类型；尾感器纲是由色矛目中的一个类群起源的。

但由于研究的线虫种类有限，故上述的观点还需更多的信息给予支持和完善。

拓展阅读

[1] 李雍龙. 人体寄生虫学. 北京：人民卫生出版社，2008
[2] 廖金铃. 中国线虫学研究（第一卷）. 北京：中国农业科技出版社，2006
[3] 海棠. 不同种植制度对甘薯地土壤线虫群落的影响. 呼和浩特：内蒙古教育出版社，2008
[4] Freckman D W. Nematodes in Soil Ecosystems. Austin：University of Texas Press，1982
[5] Lee D L. The Biology of Nematodes. London：Taylor & Francis，2002

思考题

1. 以人蛔虫为例，归纳其形态结构及生活史特点，并说明它的哪些特点代表了线虫动物门的特点。
2. 比较蛲虫、钩虫、丝虫及旋毛虫的结构及生活史的异同。
3. 收集有关水生线虫的研究进展，归纳一下它们在水生态系统中的作用。
4. 以秀丽隐杆线虫为例，谈谈模式动物需要满足哪些基本条件？
5. 比较扁形动物与线虫动物的结构，归纳一下三胚层的出现对于动物演化的意义。

第九章 轮虫动物门（Rotifera）

轮虫体微小，常无色透明；身体多为纵长形，分为头、躯干和足三部分；头冠的存在是轮虫的形态特征之一；体细胞核数恒定；完全消化系统，并有咀嚼器结构，为分类的重要依据之一。排泄系统为原肾；雌雄异体；常有孤雌生殖现象；分布在各种淡水水体和湿润的土壤中，是淡水浮游动物的重要组成部分之一。

第一节 轮虫动物的主要特征

一、外部形态

轮虫体微小，与原生动物大小相似，一般种类 100～500 μm，最小的 <40 μm，最大的可达 4 mm。

轮虫的身体多为纵长形，通常无色透明，由于消化管内所包含食物的不同使身体呈现绿色、桔色或褐色等。身体呈长圆形或囊形，可区分成不明显的头部、躯干部及尾部，如臂尾轮虫（*Brachionus*）。不同的生活方式可使身体的形态发生很大的变化，例如，营固着生活或管居生活的种类，尾部延长成柄状，其形态的变化因种而异。

头部较宽，具有由 1～2 圈纤毛组成的头冠（corona），是轮虫的形态特征之一。头冠上的纤毛不停地摆动，有游泳和摄食功能。有些种类头冠上的纤毛特化成粗壮的刚毛，有感觉作用。头冠的形式不一，有些种类的头冠上半部完全裂开，形成 2 个纤毛轮器（trochus），纤毛摆动，形似车轮，故称轮虫（图 9-1）。

轮虫体被角质膜，常在躯干部增厚，称为兜甲（lorica），其上往往形成刺或棘。一些部位的角质膜因硬化程度不同而形成环形的折痕，形似体节。当身体收缩时，前后端的节可向中部缩入，如套筒状。

尾部又称足，为躯干部向后逐渐变细形成，呈长筒状，少数浮游种类无足。足内具足腺，借其分泌物可黏附于其他物体上。足末端一般有 1 对趾（toe），有的种类有 3 或 4 趾，趾在爬行时有固着于基质的作用。

多数轮虫主要借头冠纤毛的转动做旋转或螺旋式运动，另一些有附肢的种类如三肢轮虫（*Filinia longiseta*）、多肢轮虫（*Polyarthra*）和巨腕轮虫（*Hexathra*）等则借此做跳跃式运动。轮虫的尾部虽不是主要运动器官，但它的摆动具有辅助作用。当足腺分泌物黏着在基质上时，还会以足为圆心作转圈运动。三肢轮虫的后肢不能活动，但在运动中可起舵的作用。无

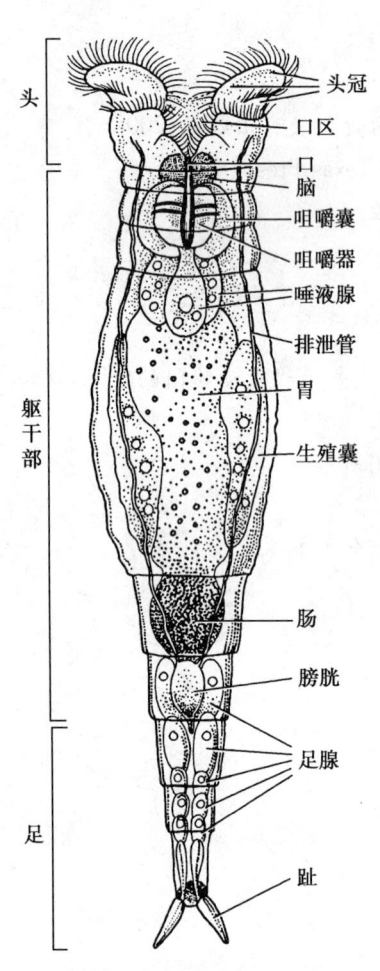

图 9-1 轮虫的基本形态

哪种运动方式,其速度一般<0.02 cm/s。

二、内部结构

1. 体壁和原体腔

轮虫的体壁由角质层、表皮和皮下肌肉组成。表皮下的合胞体细胞分泌的蛋白质硬化形成角质层。肌肉由环肌及纵肌成束而成,发达,使轮虫伸缩自如。

轮虫的躯干部的体壁与消化管道等内脏器官之间的空腔为原体腔,腔内充满体腔液和游离的网状组织。网状组织为若干变形细胞,在原体腔中起噬菌和协助排泄的作用。

2. 体细胞核数恒定

轮虫的各器官组织的结构均为合胞体,且各部分含有的细胞核数目是恒定的。如水轮虫(*Epiphanes senta*)的细胞核总数为959个、上皮组织有280个细胞核,各器官的细胞核数也是稳定的。这表明轮虫的发育有一个显著的固定形式:轮虫自卵孵出后体细胞核即不再分裂;身体部分受损后也不能再生。这种现象也出现在其他原腔动物类群中。

3. 消化系统

轮虫的消化管分为口、咽、胃、肠、肛门等部分。口位于头部腹面,咽部特别膨大,肌肉发达,又称咀嚼囊(mastax)。咽内具有咀嚼器(trophi),咀嚼器的基本结构是由7片硬化的咀嚼板组成(图9-2)。咀嚼器是轮虫动物独有的特征,是轮虫分类学的重要依据。咀嚼器有多种类型(图9-3),其与食性有密切关系。咀嚼器不停地运动,可磨碎食物。咽侧有1对或数个唾液腺。咽由管状食管通入膨大的胃,胃囊状,内壁具纤毛。一般胃前有1对胃腺,可分泌酶,有开口通入胃。胃是消化和吸收的主要部位。肠呈管状,较短,连于泄殖腔,以泄殖孔开口于躯干与足交界处的背侧。

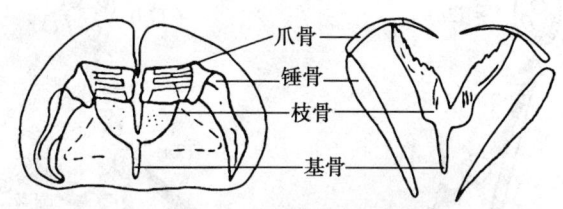

图9-2 轮虫咀嚼器的基本形态

4. 排泄系统

排泄器官为1对由排泄管和焰球(flame bulb)组成的原肾管(图9-4),位于体的两侧(图9-1),为合胞体细胞衍生而成,细胞核位于排泄管的管壁中,这一点与涡虫显然不同。2条排泄管通入膀胱,与肠汇合入泄殖腔,由泄殖孔开口于体外。

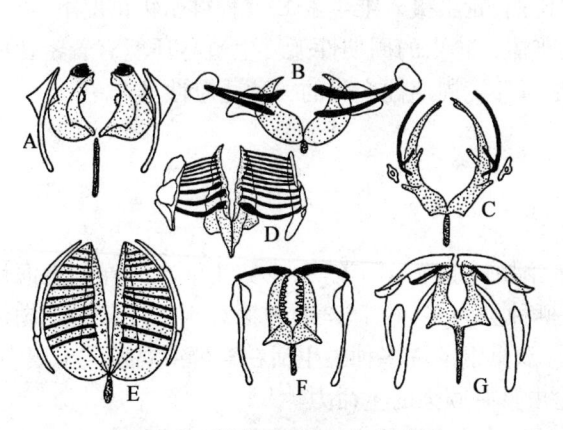

图9-3 轮虫咀嚼器的不同类型
A. 杖型;B. 钩型;C. 砧型;D. 槌型;E. 枝型;F. 钳型;G. 梳型

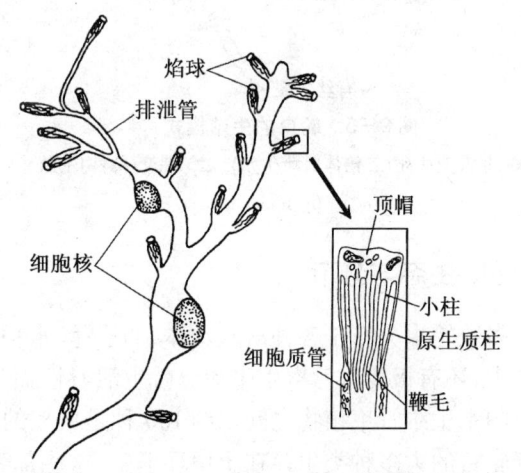

图9-4 轮虫的排泄系统

5. 呼吸

轮虫无专门的呼吸器官,气体交换通过体壁渗透扩散。很多轮虫通常生活在溶氧含量较高的水环境中,但也有些种类可在缺氧水中生活一段时期,或在溶氧含量很低(0.1~1.0 mg/L)的环境中生活一定时期。轮虫头冠纤毛的不停运行产生水流,使身体周围的水不断更新,这也有利于在低氧环境中呼吸作用的

6. 神经系统与感觉

轮虫的神经系统主要由位于咽背侧的双叶状脑神经节及伸向体后的 2 条腹神经索组成,脑神经节向体前端和背侧发出许多神经。轮虫的神经系统与涡虫的极为相似。感觉器官位于头部,有头冠上的感觉毛,眼点 1~2 个(一般为 1 个),1 条背触手及 2 条侧触手,触手为短棒状突起,其末端具感觉毛。

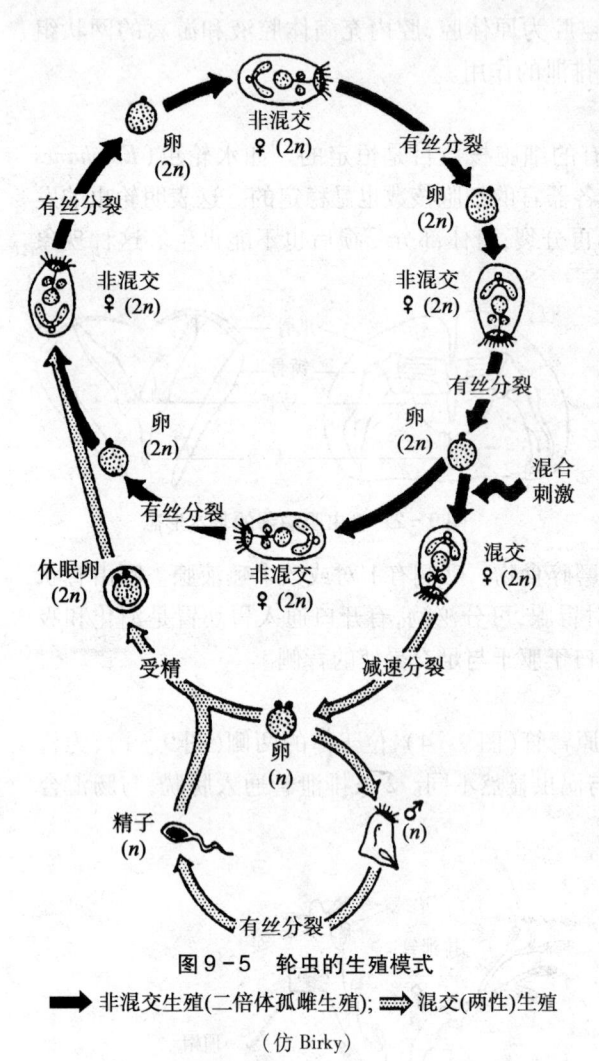

三、生殖与发育

轮虫为雌雄异体,但雄体不常见,自然环境中轮虫的雄体远多于雄体。雄体较小,寿命短,体内只有 1 精巢、1 输精管及阴茎,其他器官均退化。有些种类(如蛭态目)从未发现过雄性个体。雌轮虫的卵巢、输卵管、卵黄腺等一般都是单个的(单巢纲),少数种类左右成对(双巢纲)。

轮虫在环境条件良好时多营孤雌生殖,雌轮虫产的卵不需受精,称非需精卵(amictic egg),其染色体为二倍体,即卵成熟时不经减数分裂,此卵可直接发育成雌性个体,称为非混交雌体(amictic female)。经多代孤雌生殖,当环境条件恶化时,孤雌生殖产生混交雌体(mictic female)。混交雌体产生的卵成熟时经减数分裂,卵的染色体为单倍体,只有这种卵才能受精,故称为需精卵(mictic egg)(图 9-5)。轮虫受精作用在体内进行,一般是雄轮虫以阴茎刺破雌轮虫的体壁,将精子输入原体腔内。卵受精后,分泌一层较厚的卵壳,可以抵御不良环境,称休眠卵(resting egg)。当外界条件好转时,发育成非混交雌体,继续进行孤雌生殖。如需精卵未能受精,则发育成雄性个体。轮虫的非混交体每年出现数十代,而混交雌体一年只出现 1 或 2 代。食物和种群密度都影响产生混交雌体的比例,轮虫摄入维生素 E 及种群密集情况下,可产生混交雌体。轮虫的周期性孤雌生殖与环境有着密切的关系,是对环境周期性变化的一种适应性。

图 9-5 轮虫的生殖模式
➡ 非混交生殖(二倍体孤雌生殖);⇒ 混交(两性)生殖
(仿 Birky)

四、生态与分布

多数轮虫分布于各种淡水水体,如沼泽、水稻田、池塘、湖泊、水库与河流等,少数生活在海洋的近海岸海域中,还有极少数营寄生生活。就生活习性而言,以底栖种类为多,约 75% 的种栖息于沼泽、池塘、湖泊沿岸的水生维管束植物之间。约 100 种是典型的浮游种。双巢纲的许多种类生活在苔藓或腐殖质土壤中,而蛭轮目的大多种类生存在土壤环境中,这些都表明了轮虫具有顽强的生命力。

绝大多数轮虫为单体,少数为群体(如簇轮虫科 Flosculariidae 的簇轮虫 *Floscularia*、巨冠轮虫 *Sinantherina*、细簇轮虫 *Ptygura*、沼轮虫 *Limnias* 等)。轮虫以细菌、原生动物、藻类、小型水生无脊椎动物、有机质碎屑等为食,在微酸性和微碱性水体中生活,大多数轮虫具有高度的生态耐性,是广酸碱性种类。

当生存环境中的水分接近干枯时,有些种类(如蛭轮目)仍能生存。由于失去大部分水分,它们的身体呈高度蜷缩并进入称为隐生(cryptobiosis)的假死状态,以抵抗干燥的环境数月到数年;待环境中的水分增加后,它们即能复活。以此显示了轮虫具有极强的耐干燥能力。

第二节 轮虫动物的分类与多样性

目前已知轮虫动物有1 580多种。对于轮虫动物门的分类,有多种观点。常见的有门下分4纲(单巢纲、双巢纲、蛭形纲和摇轮纲)和门下分2纲(单巢纲和双巢纲),此处采用2纲的系统。分纲的依据是轮虫卵巢数量。

(一) 单巢纲(Monogononta)

雌虫有单个卵巢的轮虫。本纲有1 000多种,主要营浮游生活,分布在各种水体中(图9-6)。

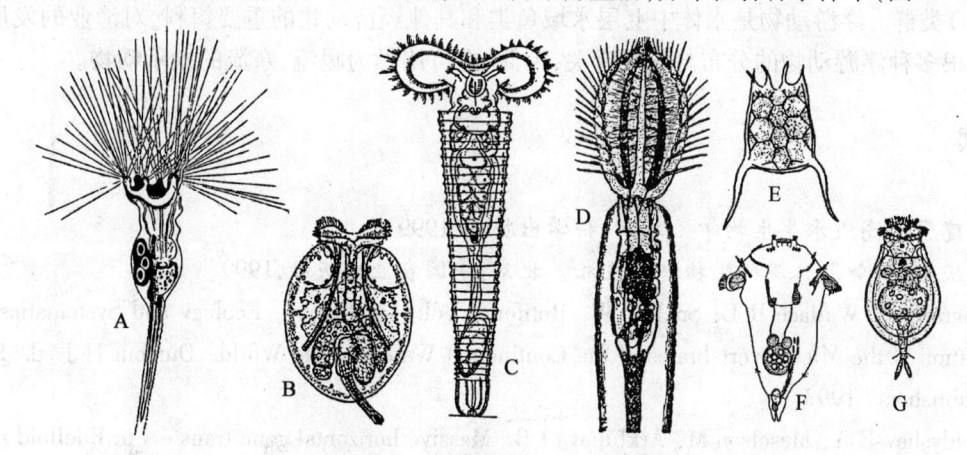

图9-6 单巢纲轮虫的代表种类
A. 簇轮虫;B. 镜轮虫;C. 胶鞘轮虫;D. 花环轮虫;E. 龟甲轮虫;F. 疣毛轮虫;G. 鬚足轮虫

目1. 簇轮虫目(Flosculariacea) 营固着、管居或自由生活,轮盘上具两圈纤毛,足腺发达。六腕轮型或聚花轮型头冠。咀嚼器呈槌枝型。如簇轮虫(*Floscularia*)和镜轮虫(*Testudinella*)(图9-6A、B)。

目2. 胶鞘轮虫目(Collothecacea) 大多数营固着生活,身体的前端被腕或刚毛包围,足腺发达。胶鞘轮型头冠,咀嚼器呈钩型。如胶鞘轮虫(*Collotheca*)和花环轮虫(*Stephanoceros*)(图9-6C、D)等。

目3. 游泳轮虫目(Ploima) 自由游泳生活,身体较短,兜甲或有或无,头冠各异。本目包括了大多数的轮虫,如龟甲轮虫(*Keratella*)、疣毛轮虫(*Synchaeta*)和鬚足轮虫(*Euchlanis*)(图9-6E-G)等。

(二) 双巢纲(Digononta)

雌虫有2个卵巢的轮虫。

目4. 摇轮虫目(Seisonidea) 卵巢无卵黄腺,雄体发达,头冠退化,与海产甲壳类共生,只有摇轮虫(*Seison*)(图9-7A)1属及2种。

目5. 蛭轮目(Bdelloidea) 枝形咀嚼器,无侧触手。身体前端有两个轮盘,尾部有环状结构,可套叠,未曾发现过雄虫。约有350种,很多种类分布在湿润的土壤中。如旋轮虫(*Philonida*)(图9-7B)。

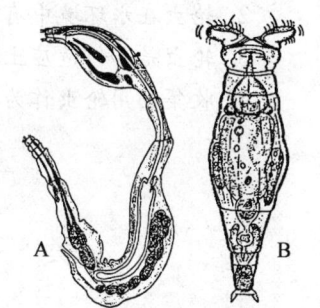

图9-7 常见的双巢纲轮虫
A. 摇轮虫;B. 旋轮虫

第三节 轮虫动物与人类

轮虫是许多经济鱼类和名贵动物的优质饵料,特别是对于刚刚孵化出来的幼苗来讲,轮虫常是"开口饵料";轮虫的数量多少常能影响到鱼、虾、蟹苗生长的快慢和成活率的高低。因此在水产养殖上,轮虫的规模化培养和种质优质化是影响水产优良种苗培育的重要环节。由于进行孤雌生殖,种群增长极为迅速,轮虫是理想的人工培养材料。目前已有在人工控制下产生休眠卵的方法。在此方面比较成熟的有皱褶臂尾轮虫(*Brachionus plicatilis*)。

同时,轮虫是很好的科学研究对象。通过对蛭轮虫咀嚼器的形状进行分析,并与遗传学信息做对比,人们发现这类动物在自然选择压力下形成了自己的多样性。孤雌生殖使得蛭轮虫的重复基因(duplicate gene copies)得以随时间变化而有所不同,这个过程中,轮虫可"偷取"其他物种的基因,选取其中有益的、排除有害的,合并变异后形成自己的基因。凭借这种独特的繁殖方式,蛭轮虫拥有了更为广泛的基因库,帮助其适应环境和生存繁衍。轮虫的孤雌生殖模式和休眠卵的特性是研究动物与环境关系的重要课题。

另外,轮虫与其他门类的小型水生动物(如节肢动物门的枝角类和桡足类等)共同构成了浮游动物(zooplankton)类群。浮游动物是水体中上层水域鱼类和其他经济动物的重要饵料,对渔业的发展具有重要意义。由于很多种浮游动物的分布与气候有关,因此,也可用做为暖流、寒流的指示动物。

拓展阅读

[1] 刘建康. 高级水生生物学. 北京:科学出版社,1999

[2] 李庆彪,宋全山. 饵料生物培养技术. 北京:中国农业出版社,1999

[3] Nogrady T, Wallace R L, Snell T W. Rotifera. Vol. 1:Biology, Ecology and Systematics. Guides to the Identification of the Microinvertebrates of the Continental Waters of the World. Dumont H J ed. Hague:SPB Academic Publishers, 1993

[4] Gladyshev E A, Meselson M, Arkhipova I R. Massive horizontal gene transfers in Bdelloid rotifers. Science, 2008, 320:1210-1213

思考题

1. 轮虫动物具有哪些主要特征?
2. 轮虫在水环境中有哪些作用?
3. 轮虫是如何适应土壤环境的?
4. 收集利用轮虫作为研究材料的文献,结合有关知识,谈谈轮虫在科研上的作用。

第十章 其他原腔动物类群

原腔动物是动物界中一个比较复杂的较大类群，又称假体腔动物(Pseudocoelomata)。该类动物曾被归为线形动物门(Nemathelminthes)，包括线虫纲(Nematoda)、轮虫纲(Rotifera)、腹毛纲(Gastrotricha)、线形虫纲(Nematomorpha)及棘头虫纲(Acanthocephala)等5纲。这几类动物具有一些共同的特点：都具有原体腔；发育完善的消化管；体表被角质膜；排泄器官属原肾系统；雌雄异体。

除了前文介绍的线虫动物和轮虫动物外，属于原腔动物类群的还有腹毛动物、线形动物、棘头动物、颚口动物、微颚动物、铠甲动物、内肛动物和动吻动物等。随着对动物学研究的深入，当今多数学者认为，原腔动物各类群都应各自列为独立的门。

第一节 腹毛动物门(Gastrotricha)

一、腹毛动物的主要特征

腹毛动物是一类身体微小的水生动物，多数生活在海洋中，少数在淡水。腹毛动物体呈圆筒状，长0.1~1.5 mm，但一般都小于0.6 mm。身体分头部和躯干两部分。腹毛动物保留较发达的纤毛，但仅分布在身体的腹面及头部，并以纤毛运动在黏液上滑行；但也有的种类，纤毛排列在身体的两侧，或排列成纵行或横排，或成刚毛束分布(图10-1A)；少数种类纤毛仅存在于头部腹面两侧，其功能不再是运动而变成了感觉器官。纤毛的变化及排列是腹毛动物种的特征之一。

体表的角质层或薄而光滑，或很厚呈鳞状、板状或呈刺状覆盖全身。海产的种类多在身体的两侧有一些黏液管；淡水种类身体尾部分叉处有黏附腺，它们都可分泌黏液，使动物可以随时黏着在基质上。角质层内为上皮细胞，上皮为合胞体。上皮细胞内为环肌与纵肌，通常有6对纵肌束，收缩时可使身体缩短或弯曲。借肌肉与纤毛的配合进行游泳或滑行运动。肌肉层之内即为不发达的原体腔，呈小的间隙状，围绕在器官之间，原体腔中没有变形细胞。

口位于身体前端，通入口腔，口腔内有突出的齿与钩。咽发达，其周围被肌肉包围呈球状，咽球内也有腺体。咽后是单层上皮细胞构成的中肠。经短的直肠以肛门开口在身体近后端腹面(图10-1B)。靠咽的抽吸作用，腹毛动物取食原生动物、细菌及硅藻等。海产种类咽部有1对咽孔，用以排出随取食而入咽的过多水分。

排泄器官为1对原肾，具长而盘旋的原肾管，以排泄孔(原肾

图10-1 腹毛动物的结构
A. 外形；B. 内部结构

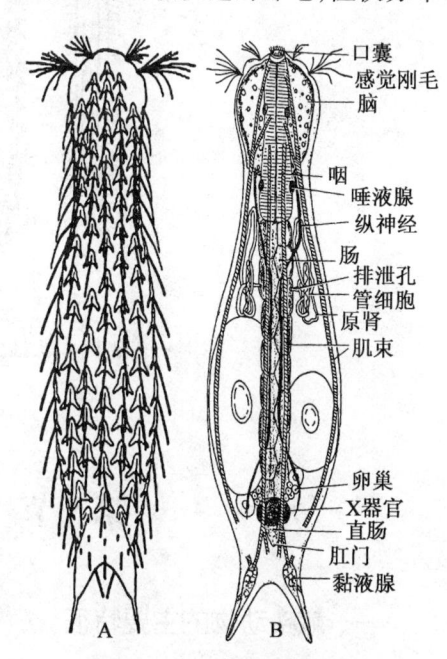

孔)开口在身体中部腹侧面。淡水种类原肾发达,兼有排泄与水分调节的功能;一些海产种没有原肾。

腹毛动物有较发达的脑,呈马鞍形位于咽的背面,由脑分出2条侧腹神经索纵贯全身。无特殊的感觉器官,主要由头部感觉毛及身体腹面的纤毛行感觉功能。淡水种类脑细胞中有成堆的色素粒,可能具眼的功能。

不同于大多数原腔动物,腹毛动物仍保留着原始的雌雄同体。如海产的种类有1对精巢,位于身体的近前端,1对输精管分别以雄性生殖孔开口在身体腹面后1/3处,有的种类还有退化的交配囊。1个或1对卵巢,位于精巢后面,消化管的两侧,有1对短小的输卵管,以1个雌性生殖孔开口在肛门前端。许多种还有受精囊。需交配、体内受精,受精卵通过体壁破裂而释放到外界,一般产卵1~5粒。有些种类的精巢退化,只有雌性个体出现,营孤雌生殖。

腹毛动物是全球性分布的类群,在陆地的潮湿土壤、沼泽、淡水水体、海洋中的河口、潮间带到大陆坡,都有它们的分布。

二、腹毛动物的多样性

已记载的腹毛动物有790多种,仅1纲2目。

目1. 大鼬目(Macrodasyida) 体长1~1.5 mm,咽上有2孔洞,身体前后两端和两侧均有管状的黏附腺。生活在海水或半咸水。如侧鼬虫(*Pleurodasys*)、大鼬虫(*Macrodasys*)和指足鼬虫(*Dactylopodala*)(图10-2A-C)等。

目2. 鼬虫目(Chaetonotida) 虫体呈瓶状,咽上无孔,黏附腺只在后末端存在,部分淡水种类具致病性。如鼬虫(*Chaetonotus*)、鳞皮鼬虫(*Lepidodermella*)、头趾虫(*Cephalodasys*)及尾趾虫(*Urodasys*)(图10-2D-G)等。

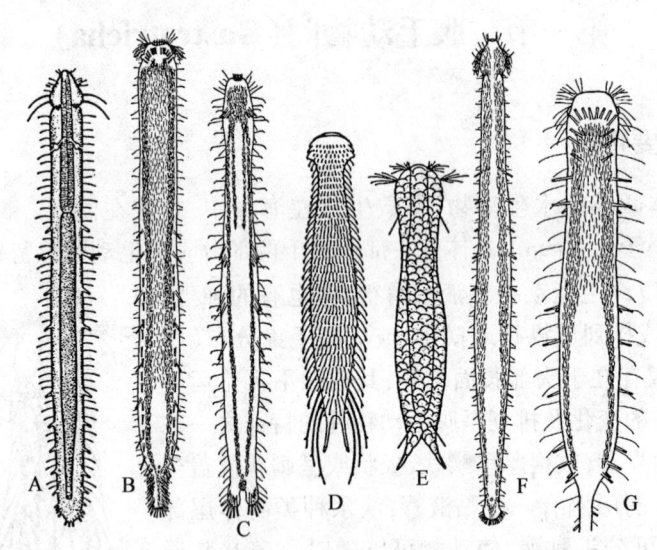

图10-2 各种腹毛动物
A. 侧鼬虫;B. 大鼬虫;C. 指足鼬虫;D. 鼬虫;E. 鳞皮鼬虫;F. 头趾虫;G. 尾趾虫

第二节 棘头动物门(Acanthocephala)

一、棘头动物的主要特征

体前端能伸缩的吻上排列着许多角质的倒钩棘,故称棘头虫。全部营寄生生活。

棘头虫体长为1.5~65 mm,但多数在25 mm左右。体表常有环纹,有假分节现象(图10-3A)。

体壁由角质层、表皮层和肌肉层组成。体壁内为一原体腔，腔的前方有肌肉质吻鞘，吻可缩进此鞘内，吻鞘的两边有1对长带状中空的垂襟。肌肉质的韧带自吻鞘基部通至体末端，生殖器官附着在韧带上（图10-3B）。在吻的基部有1个神经节，由此发出神经至吻和虫体的各部位。口、肠等消化系统缺失。

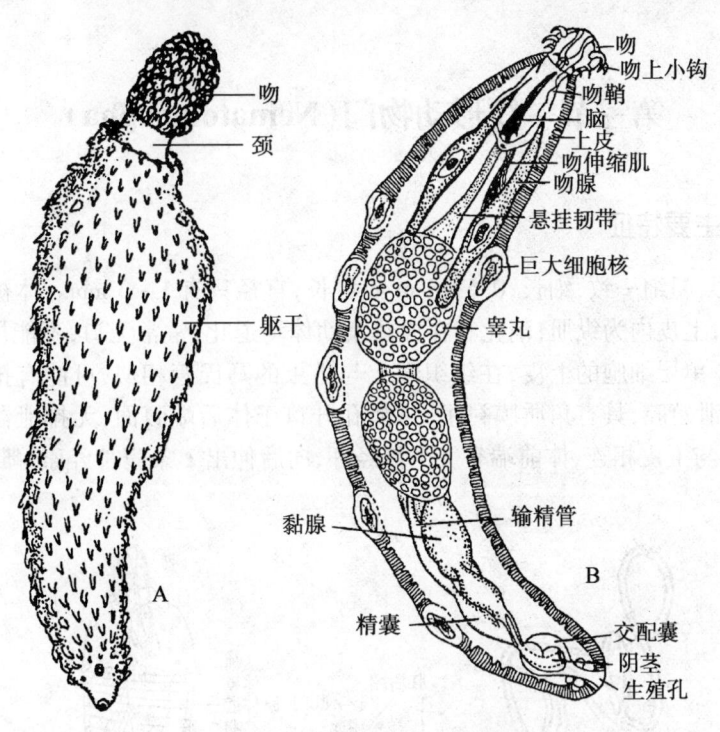

图10-3　棘头动物的形态结构
A. 外形；B. 内部结构

营养通过体壁吸收。循环与呼吸器官均无。排泄系统为焰茎球的原肾管，两侧的原肾管汇合成1条排泄管，然后与输精管或子宫会合，由生殖孔通体外。

棘头动物是雌雄异体。雄性生殖器官包括2个睾丸，各连1条输精管，2条管下端合成1条，它接受黏腺而通入贮精囊，囊的末端有尖状附属物，为阴茎，开口于交合伞中。雌性生殖系统比较特殊，卵巢连在韧带上，韧带后部两旁各有1个圆孔，通至体腔，韧带后方连接1个肌肉质的子宫钟，其后部两旁有1对圆孔，通至体腔；其末端又有2个较扁的孔，通至子宫。

卵自卵巢落入体腔液中，经过受精和成熟过程。子宫钟以吞咽运动将卵挤入钟内。未成熟的卵呈圆形，不能通过扁孔，须从边上的圆孔流回体腔，再行环流。成熟的卵近梭形，可经末端的扁孔流入子宫，经阴道产出。排出体外的卵被中间宿主节肢动物（如昆虫、甲壳动物）吞食，幼虫便在其体内发育。终宿主捕食中间宿主后，棘头虫就在脊椎动物肠管中发育为成虫。

二、棘头动物的多样性

全世界已记录的棘头动物有1 100多种，我国已知135种。分为原棘头虫纲（Archiacanthocephala）、新棘头纲（Eoacanthocephala）和古棘头纲（Palaeacanthocephala）3纲8目。

寄生在猪小肠内的猪巨吻棘头虫（*Macracanthorhynchus hirudinaceus*），为最大的一种棘头虫，雌虫长65 cm，雄虫15 cm，幼虫寄生在金龟子的幼虫蛴螬体内，猪吞食蛴螬而被感染，以吻固着于肠壁上，发育为成虫。棘头虫的寄生影响猪的生长发育，

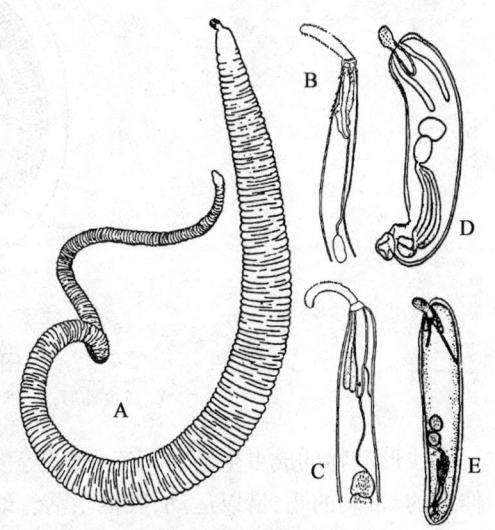

图10-4　几种棘头动物
A. 猪巨吻棘头虫；B. 雷吻棘头虫（前部）；
C. 细吻棘头虫（前部）；D. 伪棘头虫

严重时可使猪死亡。雷吻棘头虫(*Raorhynchus*)、细吻棘头虫(*Parahadinorhynchus*)寄生在海水鱼体内;多形棘头虫(*Polymorphus*)可寄生在家禽中;还有些种类寄生在两栖类和爬行类体内,如伪棘头虫(*Pseudoacanthocephalus*)等(图10-4)。

第三节　线形动物门(Nematomorpha)

一、线形动物的主要特征

线形动物体呈线形,粗细一致,细长,0.5~1 m或更长,直径只有1~3 mm。体被较硬的角质膜,其下为上皮,细胞界限清楚;上皮内为纵肌;消化管在成体及幼体均退化,常常无口,不能摄食,以体壁吸收宿主的营养物质。肠壁为一单层细胞的上皮,在组织学上与昆虫的马氏管相似,可能有排泄功能;消化管后端与生殖导管相连,形成泄殖腔,具有角质膜衬里;排泄孔开口于体后端腹面,无排泄器官;原体腔内充满间质(mesenchyme);神经与上皮相连,体前端有1个神经环,向后伸出1条腹神经索;雌雄异体,雄体较小,向腹侧卷曲(图10-5)。

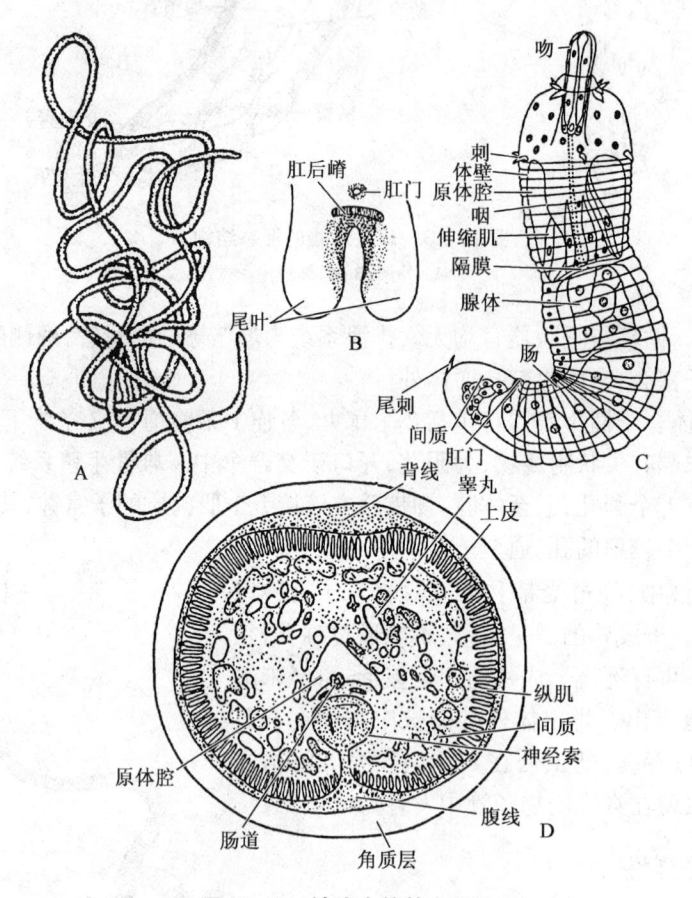

图10-5　铁线虫的基本结构
A. 成虫外形;B. 雄性成虫尾部结构;C. 幼虫的内部结构;D. 横切面

线形动物的成虫生活在河流、池塘等淡水中,多在春季雌雄交配产卵,卵黏成索状。孵出的幼虫具能伸缩的、带刺的吻,借以运动,底栖生活。幼虫钻入宿主体内或被宿主吞食,营寄生生活。寄生在昆虫类的螳螂、蝗虫、龙虱等体内,并逐渐发育为成虫。成虫离开宿主,在水中营自由生活。如宿主身体过小,幼虫即停止发育,当这个宿主被更大的宿主吞食后,幼虫再在新宿主体内继续发育。有更换宿主现象。

二、线形动物的多样性

已知大约有 320 种,分为 2 纲 2 目。

目 1. 铁线虫目(Gordioidea)　生活在淡水及潮湿土壤,如铁线虫(*Gordius aquaticus*)。成虫长 10～30 cm,直径 0.3～2.5 mm,自由生活,像一团生锈的铁丝状,雄虫体末端分二叉(图 10-5B)。离开水时,耐干旱,再遇到水则恢复运动。寄生在蝗虫体内,当这些昆虫落入水中时,成虫即离开宿主,营自由生活。

目 2. 游线虫目(Nectonematoidea)　大洋浮游生活,仅游线虫(*Nectonema*)1 属。

第四节　颚口动物门(Gnathostomulida)

颚口动物体长 0.5～1 mm,个别种可达 3.5 mm,身体呈长柱形、半透明。可分为头、躯干及尖细的尾部(图 10-6)。体表为一层上皮细胞,每个上皮细胞具有 1 根纤毛,利用纤毛进行滑行或游泳运动,其纤毛还可反转运动。上皮细胞内有 3～4 对纵行的肌肉束,使身体可以自由收缩及扭曲,颚口动物没有体腔,体内也具不发达的实质组织。

消化系统有口无肛门,口位于身体前端腹面,口腔内有一梳状的板和 1 对具齿的侧颚,颚被肌肉所控制。口腔后面为囊状的肠,颚口动物利用颚刮取细菌、真菌等微小生物为食。

颚口动物常生活在厌氧环境中,故可行无氧呼吸。

神经组织在上皮细胞基部成层状分布,在身体前端略有集中。感觉器官为纤毛窝或感觉纤毛,在头端较发达。

雌雄同体,少数为雌雄异体。雌性生殖系统包括单个的卵巢及 1 个交配囊,用以贮存交配后的精子,有的种类还有阴道。雄性生殖系统包括 1 个或 2 个精巢,位于身体的后半部,具交配器及交配刺,交配时雄性交配器将精子送到阴道或雌生殖孔中。也有的种行皮下授精,每次产 1 粒卵,卵通过体壁破裂排出体外,然后卵附着在海底砂粒上直接发育。有的种生活史中具摄食的无性阶段和不摄食的有性阶段交替出现的现象,其生殖系统随交替过程而退化或再生。

本动物门是 1956 年才创立起来的,目前已发现有 100 多个种,分为 Filospermoidea 和 Bursovaginoidea 2 目。有代表性的种类如颚口虫(*Gnathostomula*)。

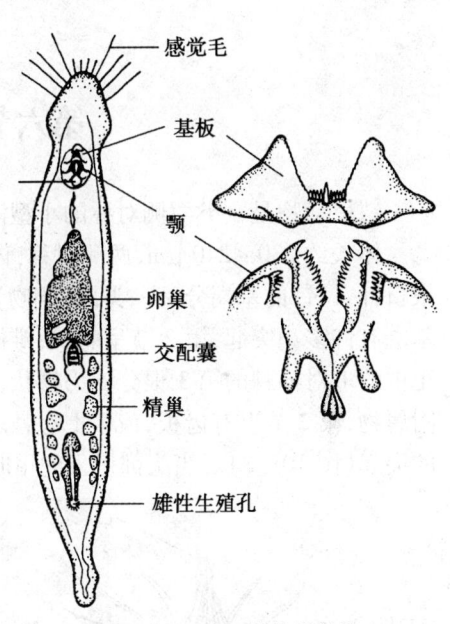

图 10-6　颚口动物的结构

第五节　微颚动物门(Micrognathozoa)

微颚动物门是 1994 年建立的一个门。目前只有 1 种动物 *Limnognathia maerski*(图 10-7),由丹麦科学家在格陵兰北部迪斯科岛地区的泉水里首次发现。它曾被归入扁形动物超门,身体小于 1 mm,颚的构造复杂,结构上与轮虫动物和颚口动物的类似,为觅食工具。动物体依过滤水流而获得食物。排泄系统为原肾管,单性生殖。生活在严寒环境。

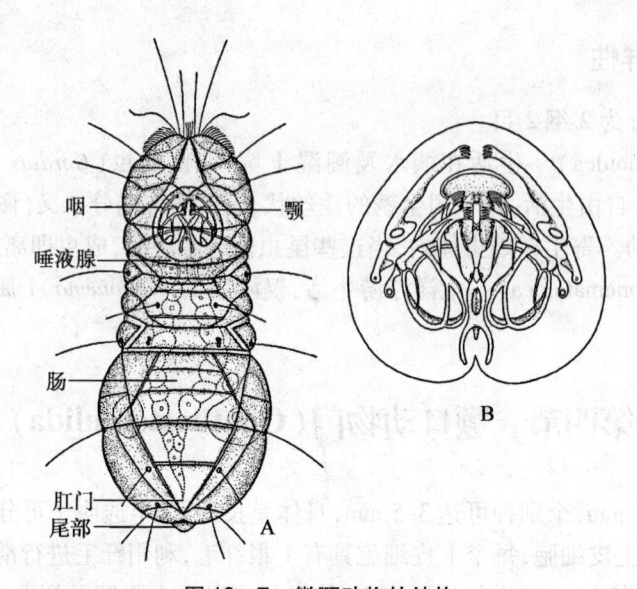

图 10-7 微颚动物的结构
A. 成虫；B. 咽及颚的结构（仿 Kristensen）

第六节 铠甲动物门（Loricifera）

铠甲动物是一类两侧对称的小型海产动物。

体长约 230~240 μm，两侧对称，体前端为口，口能缩入体内。口的后方为口锥，口锥为一层膜围着 8 根口针，口针的基端分叉。头部（翻吻）有 9 列棘，雌体的第 1 列棘是 6 根棒棘，每根棒棘分 2 节，第 1 节的基端有许多小突起，第 2 节呈刺状；雄体的第 1 列棘中腹面的两根像雌体，但背面的棒棘有分叉，其中腹面正中的 1 对棒棘的第 3 根分支为棒状，由此可与雌体相区别。最后两列呈棘齿状。胸部分 2 节，第 1 节无附属物，第 2 节上有齿板，齿板上有棘。腹部看不到分节，被 6 块板组成的兜甲包围，每块板的前端成尖锐的突起（图 10-8）。当头部缩入兜甲时，很像叶轮虫。

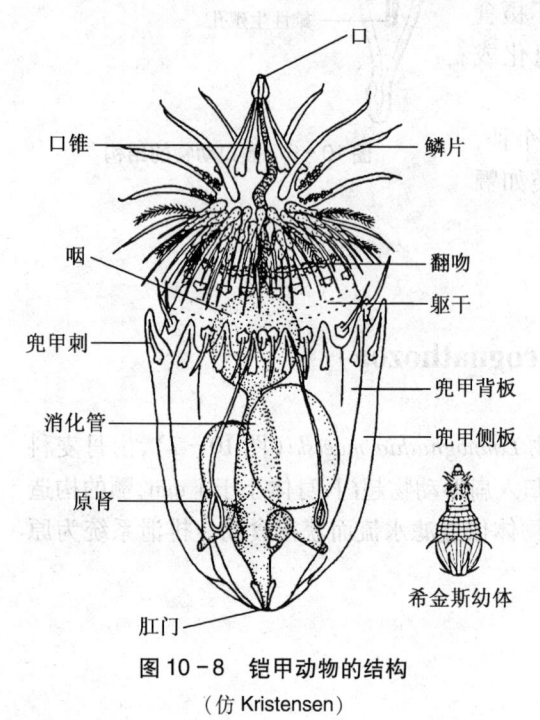

口位于最前端，通入口管，口管在口锥内弯曲，后接咽球，到食管和直的中肠，经直肠和肛锥到肛门。1 对大的唾腺，开口于口管的背面。卵巢 1 对，但只见 1 个成熟的卵。雄体精巢 2 个，大而占据了腹部体腔的一半。兜甲上能看到的唯一的感觉器为花形器，在背板后端 1 个，在两块侧板上各有 4 个排成四方形。每个花形器各有 5 个微乳突组成。

铠甲动物的幼体为希金斯幼体，幼虫为轮虫状。前端有口和口锥，口锥呈圆柱形，无口针。口锥可翻入翻吻，翻吻又能翻入胸部。但胸部未见有缩入腹部兜甲内的。胸部有 5 列板，腹面的板较大，共 30 块，另在前中线有 2 块长形的闭板；背面的板较小，约 60 块。虫体受惊时，胸部可缩短一半。身体腹面在胸、腹部之间有 1 对运动器官，由 3 对运动刺组成。前两对长棘状，有感觉和运动的功能；第 3 对短，末端呈爪状，在幼体爬行时攫握用。兜甲的几丁质化程度较成体弱，背、腹及两侧各一，每块板上都有凸起的纵褶，体背面后端还有 2 对感觉刚毛。后端正中有肛门。最引人注目的是 1 对尾肢或趾，与身体之间有球窝关节相连，几乎能朝任何方向转动。趾

图 10-8 铠甲动物的结构
（仿 Kristensen）

上有一系列的叶状构造,能协调一致变换方向。趾能推动身体游泳前进,趾端用于爬行。

发育过程中通过蜕皮而经历一系列的幼体期:从第 1 龄希金斯幼体、第 2 龄希金斯幼体到后期幼体。后期幼体的兜甲似成体,由 6 块板组成,但每块板都象希金斯幼体那样有 2~4 条纵脊。

有关铠甲动物的分类学研究报道很少,目前有 9 属的 30 种记载。

第七节 内肛动物门(Entoprocta)

分类学上曾一度把内肛动物与外肛动物门(Ectoprocta)合称为苔藓动物门(Bryozoa)。后来发现内肛动物为原体腔动物,而外肛动物为真体腔动物,现行分类已将这两类动物各自独立成门。

一、内肛动物的主要特征

体躯由萼部和柄部构成。萼部稍侧扁,与柄部垂直或略斜,其凹面(即自由缘)为腹部,凸面(即柄的附着面)为背部(图 10-9A)。萼部自由缘有一圆形或椭圆形触手环,触手间距均匀,内缘生有纤毛。萼部外表和背部光滑,或者背部有几丁质加厚部分。柄部是萼部的延伸,与萼部连接处无隔壁,或具不完全的隔壁。动物或借柄基部的足腺所分泌的黏液贴附在外物上,或由柄基部分出的分枝状匍茎匍卧在基质上。

体壁主要由角质表皮、细胞上皮、肌纤维和间充质构成。原体腔充满触手、柄部和匍茎的内隙以及体壁与消化管之间的腔隙,腔内弥散许多变形细胞和间叶细胞。

消化管呈"U"形,口和肛门恰好位于萼部自由缘的触手内侧。口和肛门的凹部是口前腔;位于生殖孔和肛门之间的口前腔腔隙是育卵室(图 10-9B)。

主神经节由神经细胞和神经纤维构成,位于胃的腹部、胃和口前腔腔壁之间。感觉器官仅是一些触觉细胞。

原肾,由 1 对大型的焰细胞球组成,位于食管和主神经节之间胃的腹部。

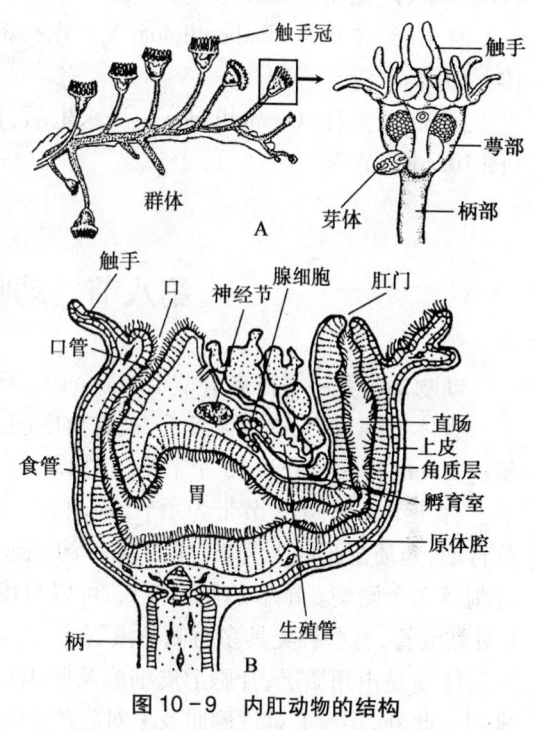

图 10-9 内肛动物的结构
A. 外形;B. 萼部矢状切面(示内部结构)

雌雄异体,少数为雌雄同体。有 1 对生殖腺,位于体腔内,肠的末端,开口于生殖孔。受精卵在育卵室内保育,幼虫为担轮型。幼虫经变态发育成为成虫。

内肛动物可行有性生殖及无性生殖。无性生殖为出芽产生新的群体。斜体虫科出芽区位于萼部口端两侧,芽体形成后脱离母体,借足腺附着于外物,形成新个体;海花柄科芽体由匍茎长出,与萼部不发生关系,芽体长出的新个体是母群体的一部分。内肛动物在条件不适宜时能使萼部退化脱落,仅保留柄部和匍茎,而在条件适宜时又能重新长出萼部。

内肛动物门分为单体和群体两大类,皆营固着生活。除单体的斜体虫类外,都无活动能力。只有湖萼虫生活在淡水中,其他都生活在海滨的浅水里,通常固着在海藻、蠕虫栖管、贝壳、水螅和外肛动物上。

二、内肛动物的多样性

目前已知有 169 种。依据生活方式、柄部构造、附着机构、出芽方式等的不同,可将它们归为斜体虫科、海花柄科和节虫科(图 10-10)。

科 1. 斜体节虫科(Loxosomatidae) 萼部与柄部之间无体腔膜,芽体由萼部产生。如斜体节虫

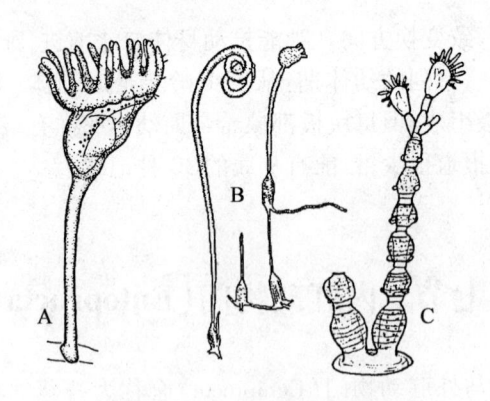

图 10-10　各种内肛动物
A. 斜体节虫；B. *Barentsia*；C. 节虫

(*Loxosoma*)(图 10-10A)。

　　科 2. 海花柄科(Pedicellinidae)　萼与柄部之间有体腔膜,芽体由匍匐茎部产生。如 *Barentsia*(图 10-10B)。

　　科 3. 节虫科(Urnatellidae)　淡水生活,群体很小,萼部可脱落,只有 1 属 2 个种。如节虫(*Urnatella*)(图 10-10C)。

第八节　动吻动物门(Kinorhyncha)

　　动吻动物是一类体表有节带(zonites)、无纤毛的原腔动物,仅有 180 种左右,生活在沿海底部泥沙中。
　　身体呈蠕虫形,体表无纤毛,被有角质层,腹面平,背面拱,两侧对称,分头、颈和胴 3 个区。体长一般不超过 1 mm,体表可分为 13 个节带,例如动吻虫(*Echinoderes*)(图 10-11),第 1 节带为头节,其顶端有口,头节上有几圈长刺;第 2 节带为颈节,周围有一层角质板,头节可缩入其中。其余的体节带构成躯干。在躯干节背面,角质层形成 1 背板,腹面有 2 个腹板。节带间质膜很薄,身体可以弯曲自如。每个躯干节带有 1 中背刺及 2 个侧刺。尾节的侧刺很长,可以自由运动。刺中空,内充满上皮组织,通常在第 3~4 节带之间有 1 对黏液管,有些种类具多对侧黏液管。
　　体壁是由角质层、合胞上皮细胞及肌肉层组成。合胞上皮细胞在中背及两侧加厚,肌肉成束,按节带排列。此外,还有 1 对背侧肌及 1 对腹侧肌纵贯全身,负责头及身体的收缩。运动时以头插入泥底,收缩头部牵引身体移动,如此重复前进。体壁内为原体腔,充满体腔液及变形细胞。
　　动吻动物的消化管包括口、口腔、咽、食管、肠和肛门。咽为肌肉质的筒状,食管短,食管后为中肠,后肠很短,肛门开口在躯干末端。唾液腺及消化腺开口到食管内,以硅藻或海底沉积的有机颗粒为食。
　　具 1 对原肾,位于身体近后端,焰球内具 1 条鞭毛,肾孔开口在第 11 节带两侧。脑成环状,围绕咽的前端,由此伸出 1 条腹神经索,在每个节带内腹面、背面及两侧都有成丛的神经细胞,神经与上皮紧密相联。
　　雌雄异体,雌性身体中部有 1 对囊状卵巢,有短的输卵管,生殖孔开口在最后 1 节带上。雄体有 1 对精巢,经输精管及末节的 1 对生殖孔开口到外界。尾端有 2~3 个刺。生殖和发育过程了解甚少。幼体体表的节带分界不清,经多次蜕皮之后,节带明显。成体不再蜕皮。
　　根据颈板、背板、腹板、胴刺和黏液管的数目和位置等形态特征,动吻动物分为 2 目：圆动吻虫目(Cyclorhagida)和平动吻虫目(Homalorhagida);6 科：刺节虫科(Echinoderidae)、环动吻虫科(Centroderidae)、神动吻虫科(Semnoderidae)、凯动吻虫科(Cateriidae)、坚动吻虫科(Pycnophyidae)和新环动吻虫科(Neocentrophyidae)。

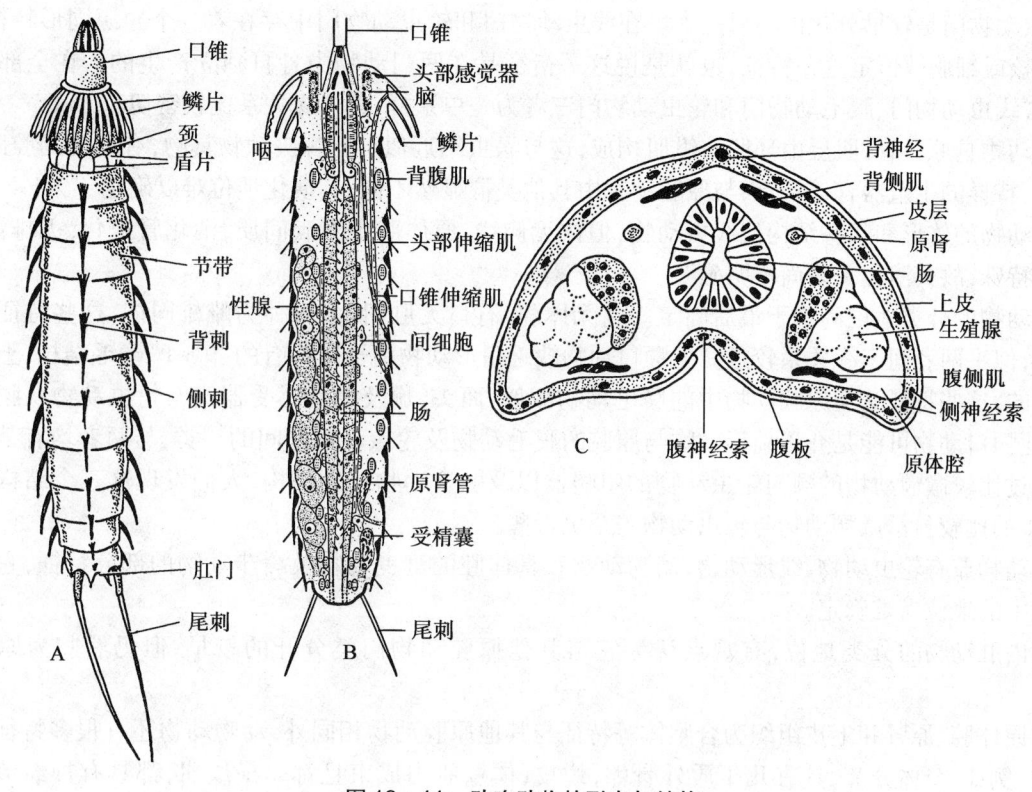

图 10-11　动吻动物的形态与结构
A. 外形；B. 成虫的剖面（示内部结构）；C. 节带的横切面

第九节　原腔动物的系统发育

原腔动物包括轮虫动物门、腹毛动物门、线虫动物门、线形动物门、动吻动物门、铠甲动物门、棘头动物门、颚口动物门、内肛动物门等。它们一般体纵长，蠕虫状，两侧对称，三胚层。原体腔内充满体腔液。体表具角质膜。有肛门。通常雌雄异体，两性外形也常不同。

由于原腔动物形态上的多样性，以及相关结构上的可比性较差，它们的生活习性和生活方式也存在极大差异。因此有关它们的系统发育一直是困扰动物学家们的问题。

线虫动物具有特殊的排泄管，无纤毛，特殊的纵肌层，线形生殖系统。这些结构特点与原腔动物中其他类群显然不同，它们是动物演化上的又一个盲支。

腹毛动物体表具角质膜和原体腔，尾具黏腺。这些与自由生活的线虫相似。另一方面，体表有纤毛，具焰球的原肾管，侧腹式神经，大多数种类为雌雄同体，这些特点似涡虫纲。说明腹毛动物与涡虫纲在演化上有着一定的类缘关系。

轮虫的构造和胚胎发育与涡虫纲相似。许多轮虫体形较扁，具纤毛的头冠显著偏向腹面。具焰球的原肾管与涡虫纲单肠目动物相同。雌雄异体，具卵黄腺，胚胎发育中早期卵裂属螺旋形，双腹式神经。这些特点说明轮虫动物可能由涡虫纲演化而来。但轮虫有发育完善的消化管，具特殊的咀嚼器，各组织器官为合胞体，且体细胞的细胞核数恒定。这些显然又不同于涡虫纲。总之，轮虫动物与涡虫纲在演化上有着较为接近的类缘关系。轮虫具足腺，有纤毛，具焰球的原肾管，与腹毛动物接近。因此，有的分类系统将这两类动物列为担轮动物（Trochelminthes）。

针对线虫动物、轮虫动物和腹毛动物的 10 个特征，根据比较形态学、外群比较及类群趋势等途径，人们确定了这些特征的祖征态和衍征态（极性），再通过支序分析后显示：腹毛动物门和轮虫动物门为一对姐妹群,而线虫动物门是较早分化出的另一支。在线虫动物门和轮虫动物门中存在着一个异源同形特征,即均有体细胞核或细胞数恒定这一特征,也就是说这一衍征是在两门动物中各自独立产生的。在全部原腔动物类群中,线虫动物门、腹毛动物门和轮虫动物门三者为一单系群,其亲缘关系比较密切。

棘头动物具原肾管,肌层由环肌与纵肌构成,这与涡虫纲近似。但棘头动物具吻,有复杂的腔隙系统,无消化管,特异的生殖器官等特点,与原腔动物中其他类群显然不同,其演化地位难以确定。

线形动物的体形和某些结构似线虫动物,但体无侧线,原体腔中充满间质,消化管退化,无排泄器官,神经结构特殊,故其演化关系尚不明确。

颚口动物的分类地位尚难于最后确定。它无体腔,有口无肛门,多数种为雌雄同体,这些特征与扁形动物相似,似乎两者间亲缘关系较近。但颚口动物缺乏扁形动物精子所特有的"9+1"鞭毛结构,上皮细胞是单纤毛的,这些特征又与原腔动物中的腹毛动物相似,而头、颚及毛状感受器又与轮虫动物及腹毛动物相似,因此颚口动物可能是介于扁形动物与原腔的腹毛动物及轮虫动物之间的一类,与两者均有某种亲缘关系。通过比较微颚动物的颚与轮虫动物的咀嚼器以及颚口动物的颚结构,人们发现这三个结构是同源的,进一步的比较显示微颚动物与轮虫动物关系更近些。

铠甲动物兼有轮虫动物、线形动物、动吻动物和真体腔的鳃曳动物及缓步动物的部分特征,它在动物系统演化中的地位尚难确定。

关于内肛动物的分类地位,有观点认为它与其他原腔动物门类分开的较早,但仍然归为原腔动物大类。

除了原体腔、原肾和上皮组织为合胞体等特征与其他原腔动物相同外,动吻动物还有很多特征类似于节肢动物,例如,身体分节,具有几丁质外骨骼,蜕皮,体壁肌肉成束且都是横纹肌,都具有神经节的神经索,从核苷酸序列分析,发现它们之间存在姊妹关系。但无论是以形态结构为主的传统分类系统,还是结合了分子信息的现代分类系统,动吻动物与铠甲动物是最近的。

拓展阅读

[1] 全仁哲,贺福德,陈道富,等. 线虫动物门、腹毛动物门及轮虫动物门间的系统学研究. 石河子大学学报(自然科学版),2002,6(2):101-104

[2] Giribet G, Distel D L., Polz M, et al. Triploblastic Relationships with Emphasis on the Acoelomates and the Position of Gnathostomulida, Cycliophora, Plathelminthes, and Chaetognatha: A Combined Approach of 18S rDNA Sequences and Morphology. Syst. Biol., 2000, 49(3): 539-562

[3] Sterrer W E, Gnathostomulida. In: Synopsis and Classification of Living Organisms, vol. 1. Parker S P. New York: McGraw-Hill, 1982, 847-851

[4] Van der Land J. Gnathostomulida. In: European Register of Marine Species. A check-list of the marine species in Europe and a bibliography of guides to their identification. Costello M J, Emblow C S, White R eds. Patrimoines Naturels 50, 2001

[5] Kristensen R M. An introduction to Loricifera, Cycliophora, and Micrognathozoa. Integrative and Comparative Biology, 2002, 42: 641-651

[6] Martin Vinther S 3 rensen. Further structures in the jaw apparatus of Limnognathia maerski (Micrognathozoa), with notes on the phylogeny of the gnathifera. Journal of Morphology, 2003, 255: 131-145

[7] Higgins R P, Kristensen R M. New Loricifera from southeastern United States coastal waters. Smithsonian Contributions to Zoology, 1986, 438:1-70

[8] Kristensen R M. Loricifera, a new phylum with Aschelminthes characters from the meiobenthos. Zeitschrift für zoologische Systematik und Evolutionsforschung, 1983, 21:163-180

[9] Kristensen R M. Loricifera. In: Microscopic Anatomy of Invertebrates, Vol 4. Harrison F W, Ruppert E E eds. New York: Wiley-Liss, 1991

[10] Kristensen R M. Loricifera. In: Encyclopedia of Life Sciences, 11. London: Macmillan Reference, 2000

[11] Kristensen R M, Brooke S. Phylum Loricifera, Chapter 8. In: Atlas of Marine Invertebrate Larvae. Young C M, Sewell M A, Rice M E eds. London: Academic Press, 2001

[12] Halanych K M. The new view of animal phylogeny. Annual Review of Ecology, Evolution, and Systematics, 2004, 35: 229-256

思考题

1. 如何理解原腔动物的多样性？
2. 尽可能多地收集有关原腔动物演化的资料，归纳一下各门类的关系。

第十一章　环节动物门（Annelida）

因身体具体节，且有真体腔，环节动物可以说是高等无脊椎动物的开始。由于体节和真体腔的出现，环节动物的其他器官出现了明显的复杂化。具有疣足和刚毛等运动器官；消化管壁有肌肉层；具有真正意义上完善的闭管式循环系统；出现了后肾；具链状神经系统；生殖细胞来源于体腔膜；间接发育中有担轮幼虫。

第一节　环节动物的主要特征

一、身体分节

从外表看，环节动物身体由前向后分成许多形态相似的段，每一段就是1个体节（metamere），这就是分节现象（metamerism）。身体分节是高等无脊椎动物的一个重要标志。

环节动物的分节现象不单表现在体表，在胚胎发育中，分节现象起源于中胚层，因此是由内到外的。同时，许多内部器官（如循环、排泄、神经等）也表现出按体节重复排列的，每个体节就是1个单位（图11-1）这对加强身体的适应能力、促进动物体的新陈代谢有着重大意义。

动物的分节现象和群体有些相似，但分节和群体有一个根本不同点：分节动物只有1个头部和1个神经系统。

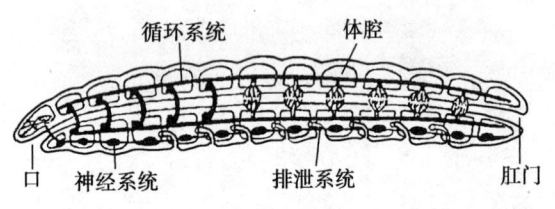

图11-1　环节动物的分节以及内部器官的排列
（仿江静波等）

因此身体分成多少节，它仍然是统一的整体。这种既分散又统一的结构形式是动物身体结构的一大进步。最高等的脊椎动物身体结构也是以分节为基础的，脊椎动物的脊椎骨就是体节遗留的迹象。

分节现象的起源可能由原始蠕虫的假分节（pseudometamerism）逐渐演变形成的。它们的消化、生殖等内脏器官成对按体节重复排列，当动物体作左右蠕动时，于各器官之间的体壁处产生了褶缝，以后在前后褶缝间分化出肌肉群，于是形成了体节。

环节动物除体前端2节及末1体节外，其余各体节在形态上基本相同，称为同律分节（homonomous metamerism）。分节不仅增强运动机能，也是生理分工的开始。如体节再进一步分化，各体节的形态结构发生明显差别，身体不同部分的体节完成不同功能，内脏各器官也集中于一定体节中，这就从同律分节发展成异律分节（heteronomous metamerism），致使动物体向更高级发展，逐渐分化出头、胸、腹各部分。因此分节现象是动物发展的基础，在系统演化中有着重要意义。

二、真体腔

前述的原腔动物体内也有空腔，但那个空腔相当于胚胎发育中的囊胚腔。这个空腔在成体中，其外侧体壁以中胚层的肌肉为界，内壁为内胚层的消化管，被称为原体腔。而环节动物体壁和消化管之间的空腔为中胚层形成的体腔膜(peritoneum)所包围的空腔，这个空腔就是真体腔(true coelom)，也称次生体腔(secondary coelom)或体腔(coelom)(图 11-2)。

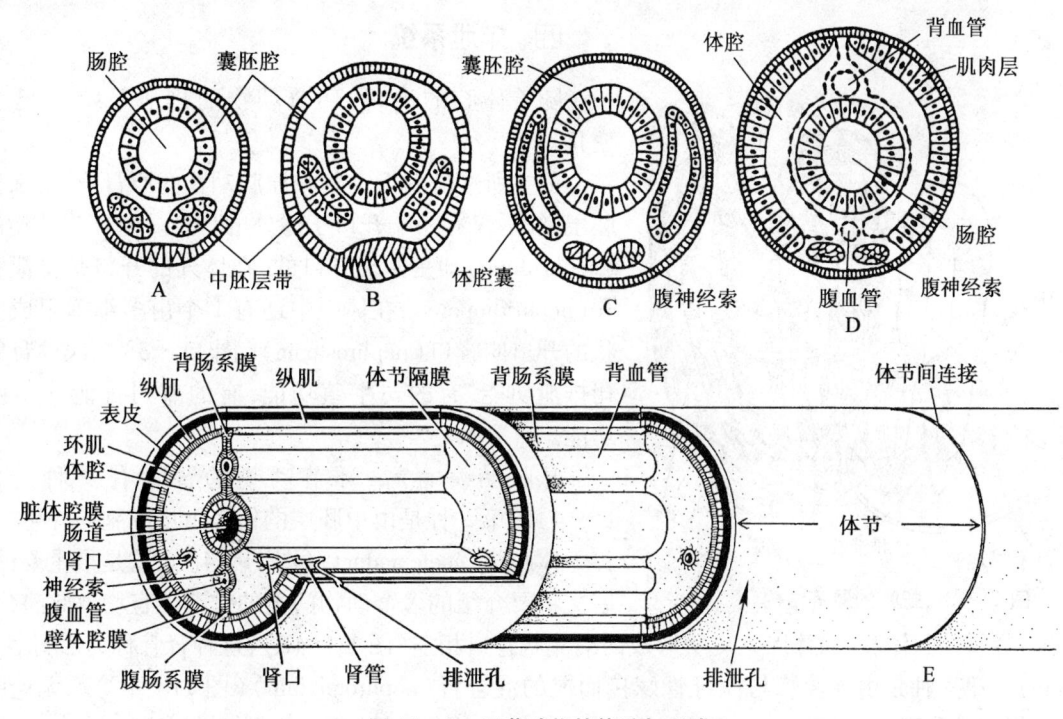

图 11-2 环节动物的体腔与形成
A、B. 中胚层带的出现；C. 体腔囊的出现；D、E. 真体腔形成（A～D 仿 Korschels）

早期胚胎发育时的中胚层细胞形成左右两团中胚带继续发育，中胚带内裂开成腔，逐渐发育扩大，其内侧中胚层附在内胚层外面，分化成肌层和脏体腔膜(visceral peritoneum)，与肠上皮构成肠壁；外侧中胚层附在外胚层的内面，分化为肌层和壁体腔膜(parietal peritoneum)，与体表上皮构成体壁。体腔位于中胚层之间，为中胚层裂开形成，故又称裂体腔(schizocoel)。

体腔的出现，是动物结构上又一个重要的发展。消化管壁有了肌肉层，增强了蠕动，提高了消化机能。同时，消化管与体壁为次生体腔隔开，这就促进了循环、排泄等器官的发生，使动物体的结构进一步复杂，各种机能更趋完善。

环节动物的体腔由体腔上皮依各体节间形成双层的隔膜，将体腔分为许多小室，各室彼此有孔相通。体腔内充满体腔液在体腔内流动，不仅能辅助物质的运输，也与体节的伸缩有密切关系。

三、循环系统

环节动物具有了真正意义上的、较完善的、结构复杂的循环系统。

在前述各门类动物中，只有纽形动物出现过循环系统。但纽形动物的循环系统只能算是很简单的、原始的，其循环系统中血液的流动是依赖身体的运动。而环节动物的循环系统就要复杂得多，其血管中血液的流动是由血管壁(背血管和被称为"心脏"的动脉弧)有规律地收缩和扩张搏动推动的。

环节动物的循环系统的出现与真体腔的产生有着密切的关系。真体腔发展，逐渐排挤着原体腔，使之不断减小，最后只在"心脏"和血管的内腔留下遗迹，即残存的原体腔(图 11-2D)。

环节动物的循环系统主要由背血管和腹血管构成，血管间以微血管网相连。血液始终在血管内流动，不进入组织间的空隙中，构成了闭管式循环系统(closed vascular system)。血液循环有一定方向，流速较恒定，提高了运输营养物质及携氧机能。

一些环节动物(如蛭类)的真体腔被间质组织填充而退化缩小，血管已完全消失，形成了血窦(sinus)，血液(实为血体腔液 haemocoeloic fluid)在血窦中循环,代替了血循环系统。这类环节动物的循环系统是体腔的残留。

环节动物的血液因血浆含有血红蛋白而呈红色,但血细胞无色。极少数多毛类的血细胞含血红蛋白。

四、排泄系统

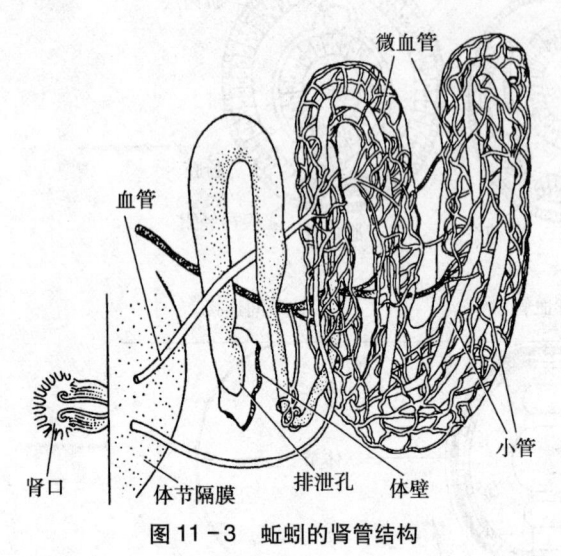

随着体腔的出现,环节动物的排泄系统也起了很大变化。

前文所述的扁形动物和原腔动物的原肾管,是来源于外胚层细胞、仅有一端开口于体外的盲管。但环节动物的肾管(nephridium)却是两端开口的,在体外的开口是排泄孔或肾孔(nephridiopore);在体腔中还有1个由多细胞组成的漏斗状的开口叫肾口(nephrostome)(图 11-3)。这种肾管有的司排泄功能,有的司生殖功能,有的兼司排泄和生殖两种功能。

从胚胎发育看,环节动物的肾管有 3 种起源(图 11-4)。第一种是由中胚层的体腔上皮细胞向外生长而成,称为体腔管(coelomoduct)(图 11-4A),这是最重要的一种,后文将要介绍的多个动物门类的排泄器官均由此演化而来。

图 11-3 蚯蚓的肾管结构

第二种是原肾管伸到体腔,与体腔上皮所形成的漏斗状肾口相连(图 11-4B),这种肾管称为后肾管(metanephridium)。第三种是由体腔管与原肾管嫁接而成的混合肾(nephromixium)(图 11-4C)。无论哪种起源,后肾管都有中胚层的参与。

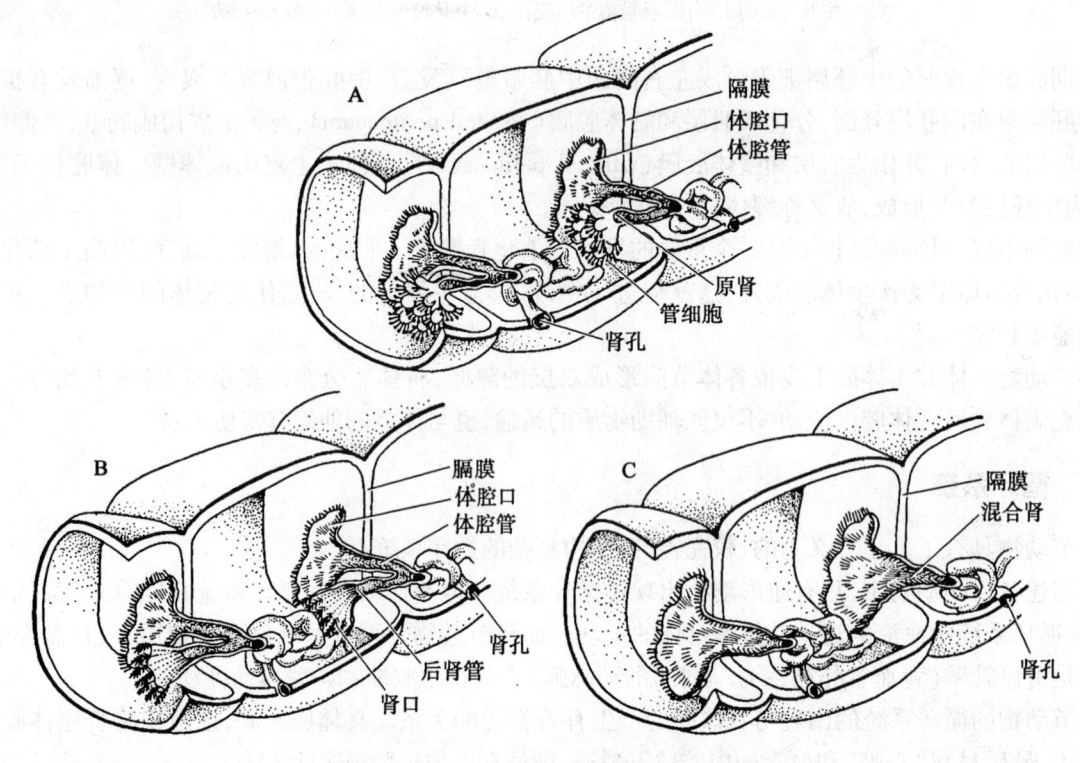

图 11-4 环节动物排泄系统的不同类型
A. 体腔管;B. 后肾管;C. 混合肾

多数环节动物具有按体节排列的后肾,每体节 1 对或很多。

五、神经系统和感觉器官

环节动物的神经系统与扁形动物及原腔动物最大的不同在于它基本上每个体节都有 1 对神经节,因此形成了神经链(nerve chain)形式。体前端咽背侧由 1 对咽上神经节(suprapharyngeal ganglion)愈合成的"脑",左右有 1 对围咽神经(circumpharyngeal connective)与 1 对愈合的咽下神经节(subpharygeal ganglion)相连。自此向后伸的腹神经索(ventral nerve cord)纵贯全身,腹神经索是由 2 条纵行的腹神经合并而成的,腹神经索在每个体节都有 1 对膨大的神经节(ganglion),腹神经索和它上面的神经节共同构成了 1 条腹神经链(图 11-5)。"脑"可控制全身的运动和感觉,腹神经节发出神经至体壁和各器官,司反射作用。环节动物的神经系统进一步集中,致使动物反应迅速,动作协调。

环节动物具各种感觉器官,但不同类群上的感觉器官有所不同(图 11-6)。多毛类的感官发达,有眼、项器(nuchial organ)、平衡囊(statocyst)、纤毛感觉器(ciliated sense organ)、触手(antennae)、触须(palps)及触觉细胞(tactile cell)等。寡毛类和蛭类的感官则不发达。眼位于口前叶的背侧,2~4 对,有的构造简单,有的发育良好。平衡囊位于头后体壁内,有管开口于体表(如沙蠋 *Arenicola*)。项器位于头后,实为 1 对纤毛感觉窝,为化学感受器。纤毛感觉器位体节背侧或疣足的背腹肢之间,又称背器官或侧器官。触觉细胞,分布于体表。感官不发达的种类有的无眼,体表有分散的感觉细胞、感觉乳突及感光细胞(photoreceptor cell)等。

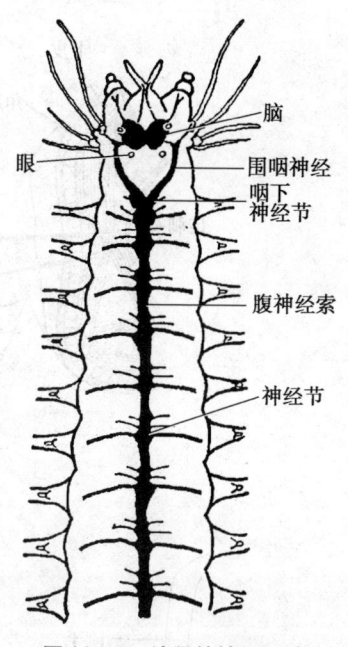

图 11-5 沙蚕的神经系统
(仿 Buchsbaum)

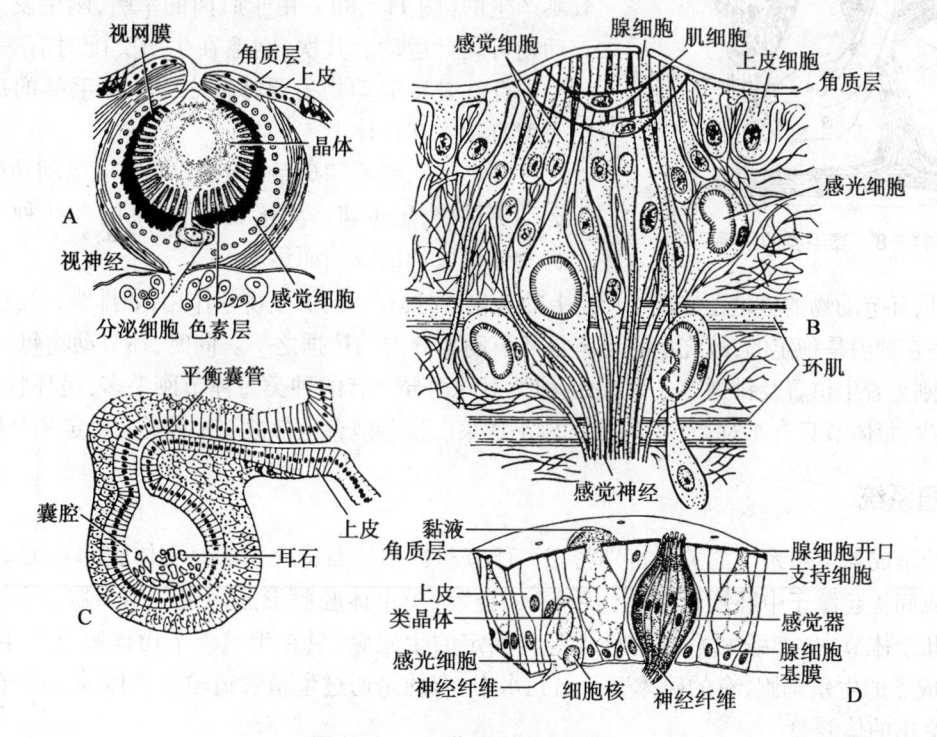

图 11-6 环节动物的感觉器官
A. 多毛类的眼;B. 蛭的感觉器切面;C. 多毛类的平衡囊切面;D. 寡毛类感觉器的结构

六、疣足与刚毛

疣足(parapodium)与刚毛(seta)是环节动物的运动器官。

环节动物有附肢形式的疣足。疣足是体壁凸出的扁平片状突起的双层结构(图 11-7),体腔也伸入其

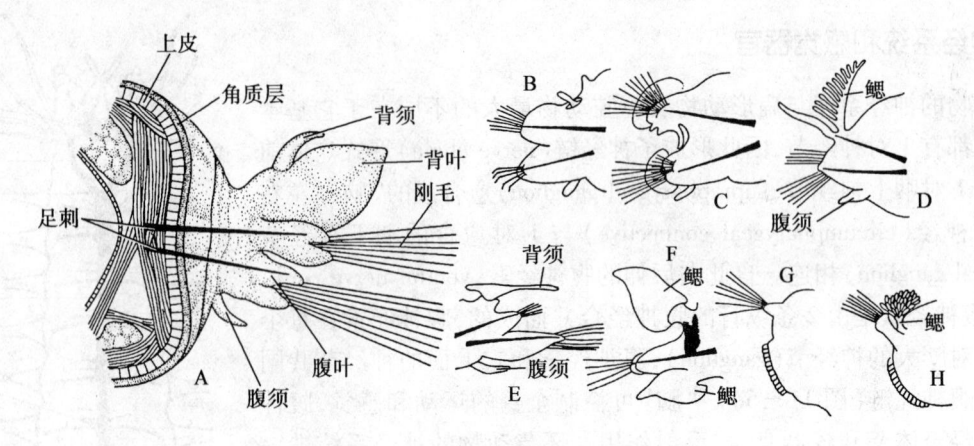

图 11-7　多毛类的疣足及其变化
A. 疣足的基本结构；B~H. 疣足的各种变化

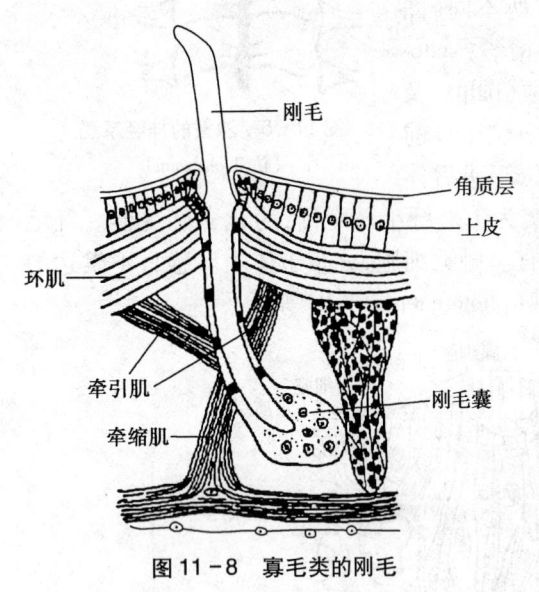

图 11-8　寡毛类的刚毛

中，一般每体节1对。疣足如浆般划动游泳，具运动功能。典型的疣足分成背叶(notopodium)和腹叶(neuropodium)，背叶的背侧具一指状的背须(dorsal cirrus)，腹叶的腹侧有一腹须(ventral cirrus)，有触觉功能。有些种类的背须特化成疣足鳃(parapodial gill)或鳞片等。背肢和腹肢内各有1根起支撑作用的足刺(aciculum)。背肢有1束刚毛，腹肢有2束刚毛。刚毛是表皮细胞内陷形成的刚毛囊(setal sac)内的毛原细胞分泌产生的(图11-8)。由于肌肉的牵引，刚毛发生伸缩，致使动物可爬行运动。其次，刚毛在生殖交配时有一定作用。刚毛的存在是环节动物主要特征之一。寡毛类的疣足退化，刚毛就直接生在身体上。

环节动物刚毛和疣足的出现，增强了运动功能，使它们的运动更敏捷，更迅速。无疣足、无刚毛的一些种类，则依靠吸盘及体壁肌肉的收缩而运动。

除运动外，环节动物的疣足还出现了形态上的变化，并具有不同的生物学作用，如排泄、呼吸、生殖等。疣足的各种形态在种内是稳定的，故疣足的形态是环节动物分类的依据之一。同时，环节动物每一体节所具有的刚毛数目、刚毛着生位置及排列方式等，也因种类不同而异。有的种类每体节刚毛多，呈环状排列，称为环生；有的刚毛少，每体节只有4对，为对生；有的刚毛成束。这些信息也常被用于种类的鉴定和分类研究。

七、生殖系统

真体腔的形成与生殖系统的关系特别密切。环节动物和后面将介绍的具真体腔的各类动物的生殖细胞都是直接或间接起源于中胚层形成的体腔膜。有些种类由体腔膜形成固定的生殖腺，而许多种类的生殖腺只在某几个体节内(如蚯蚓)；有的种类没有固定的生殖腺，只在生殖季节由体腔上皮生产生殖细胞(如沙蚕)。成熟的生殖细胞，有的破体壁而出到水中，有的是通过生殖管道输出到体外。生殖管道起源于体腔膜向外突出的体腔管。

八、担轮幼虫

陆生和淡水生活的环节动物为直接发育，无幼虫期。海产种类的个体发育中，经螺旋卵裂、囊胚，以内陷法形成原肠胚，最后发育成担轮幼虫(trochophore larva)。幼虫呈陀螺形，体中部具2圈纤毛环，位于体侧口前的一圈称原担轮(protroch)，口后的一圈为后担轮(metatroch)，体末尚有端担轮(telotroch)。口连接短的食管，之后连接膨大的胃，通入肠，肛门开口于体后端。消化管内具纤毛，只有肠来源于内胚层。

担轮幼虫的前端顶部有一束纤毛,有感觉作用,其基部为神经细胞组成的感觉板(sensory plate,也称顶板 apical plate)和眼点(图 11-9)。担轮幼虫体不分节,具有 1 对有管细胞的原肾管,原体腔、神经与上皮相连,这些都表现出原始的特点。担轮幼虫在海水中游泳,后沉入水底,口前纤毛环前的部分形成成体的口前叶,口后纤毛环以后的部分逐渐延长,中胚带形成体节和成对的体腔囊。近体末端的体节最早形成,最后幼虫的结构萎缩退化消失而发育成成虫(图 11-10)。

担轮幼虫不仅在环节动物的个体发育上很重要,在动物演化上也具有极大的意义。很多外观差异极大的无脊椎动物,包括环节动物、软体动物、内肛动物、外肛动物、腕足动物及帚虫动物等,都存在着担轮幼虫阶段,这表明它们存在着一定的亲缘联系。另外,纽虫动物的帽状幼虫与担轮幼虫很相似,也反映了不同动物类群在演化上的联系。

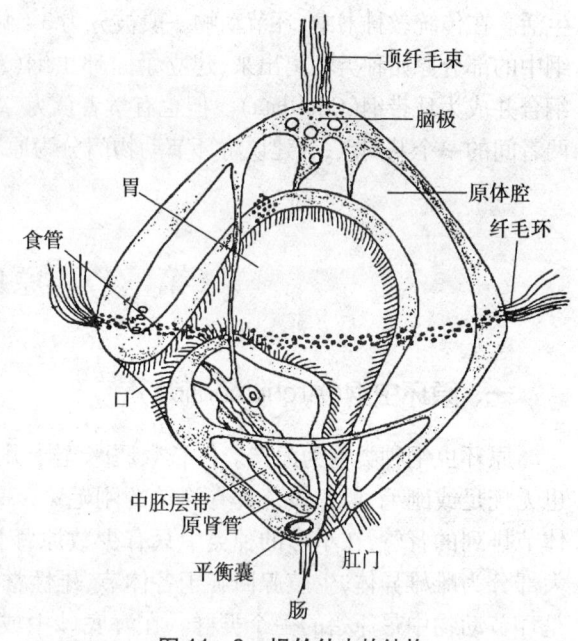

图 11-9 担轮幼虫的结构

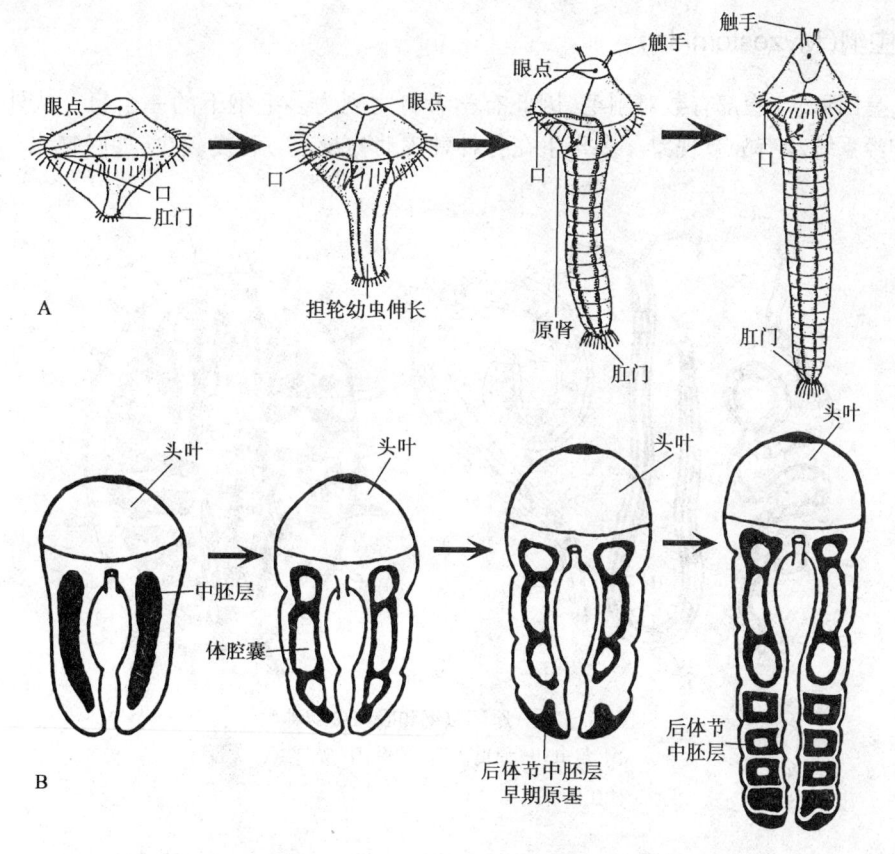

图 11-10 环节动物幼虫的发育
A. 担轮幼虫的发育;B. 环节动物体腔和体节的形成(仿南京师范学院生物系)

第二节 环节动物的分类

环节动物现存约 19 000 多种,大小差异极大,海水、淡水及陆地均有分布,大多为自由生活,少数营内寄生生活。在传统教科书中,环节动物一般被分为3纲:多毛纲、寡毛纲和蛭纲。1997年以来,动物学家们将多毛纲中的部分原始种类剥离出来,建立了原环虫纲(Archiannelida)和吸口虫纲(Myzostomida),并将寡毛纲和蛭纲合并成为环带纲(Clitellata)。但也有学者认为,寡毛纲和蛭纲还是存在着较大的差异,生殖环带的存在只是两者间的一个共同点,故建议将环节动物门分为原环虫纲、吸口虫纲、多毛纲、寡毛纲和蛭纲5纲。

第三节 原环虫纲和吸口虫纲

一、原环虫纲(Archiannelida)

原环虫纲种类均为海产。体长数厘米至十几厘米,呈细长丝状。体制比较简单,体表无明显的环节,也无疣足或刚毛,但各体节具有简单的刚毛束。表皮由纤毛上皮构成。循环系统极为简单。排泄器为按体节排列的肾管,在小形的种类中只有少数原肾管。神经系统分布在表皮中,口前叶有小形的眼和触手。大部分为雌雄异体,生殖腺回旋于各体节,雄性常具交配器。个体发育中有显著的担轮幼虫。一般被认为是环节动物中最原始的一个类群。在海底砂中或海藻上生活。本纲仅有数个属,如角虫(*Polygordius*)、原虫(*Protodrilus*)和囊须虫(*Saccocirrus*)(图11-11A~C)。

二、吸口虫纲(Myzostomida)

身体扁平,呈圆形状,腹部有数对刚毛,因此有学者将之列为多毛纲下的一个目。从外表看不出有分节现象,但其神经系统却有分节现象。多寄生在各种棘皮动物身上。种类较少,如吸口虫(*Myzostoma*)(图11-11D)。

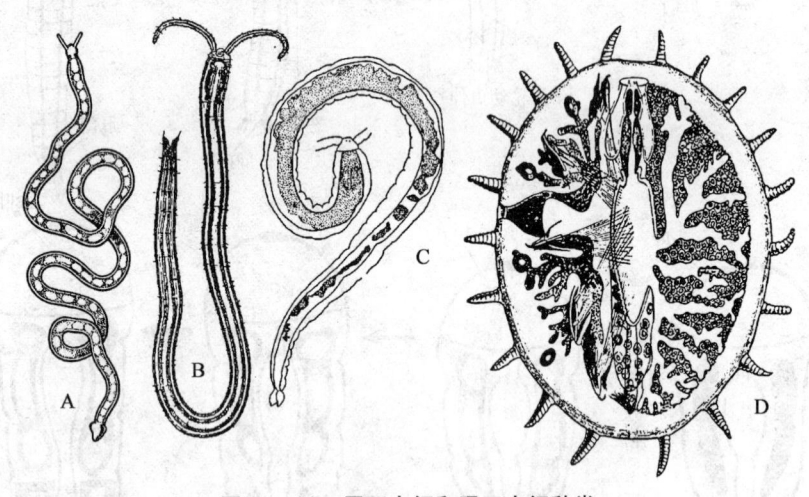

图11-11 原环虫纲和吸口虫纲种类
A. 角虫;B. 原虫;C. 囊须虫;D. 吸口虫

第四节 多毛纲(Polychaeta)

一、多毛纲的主要特征

1. 外部形态

身体一般呈长圆柱形,背腹略扁,绝大多数种类体长10 cm左右,直径2~10 mm,但最小的种类体长不足 1 mm，最长的可达 2~3 m。一些种类体表具美丽的色彩，如红色、粉色、绿色等。许多种类由于体表角质层中有交叉成层排列的胶原纤维而呈现虹色。

绝大多数多毛类的身体由许多相似的体节组成，如沙蚕（Nereis），身体的最前端有发达的口前叶，上有各种感觉结构，通常包括眼、触手、腹侧的触须及纤毛穴或纤毛沟等；口前叶之后为围口节（peristomium），围口节常与其后的一个或几个躯干节愈合。围口节上有具感觉作用的围口触须（peristomium cirri），口位于围口节与口前叶之间体节的腹面。口前叶与围口节构成多毛类的头部（图 11-12）。沙蚕及许多游走类多毛纲动物的咽可以翻出，咽上有 1 对颚及细齿用以捕食。躯干部体节相似，身体末端的体节称为肛节（pygidium），肛节上有肛门。

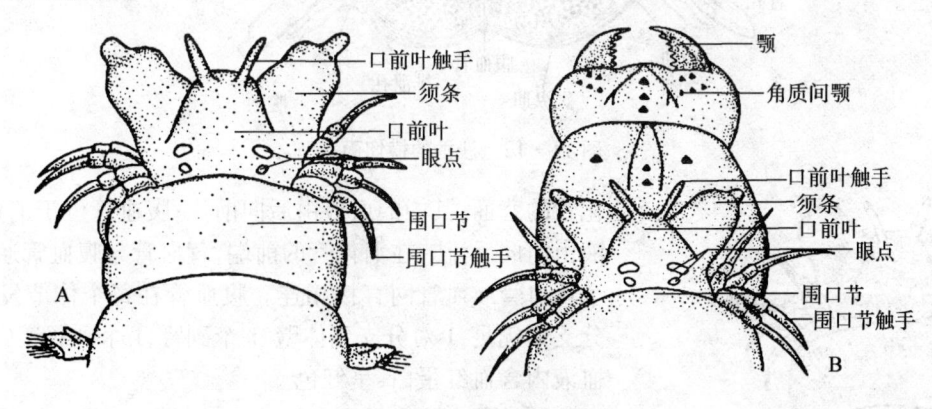

图 11-12 沙蚕头部的构造
A. 背面观；B. 腹面观

2. 疣足

多毛类躯干部每一个体节具有 1 对疣足，疣足多呈双叉型，它包括 1 个背叶和 1 个腹叶，由背叶与腹叶分别分出背须和腹须。背叶与腹叶中有 1 根或几根几丁质的足刺，起支持作用；背叶与腹叶的末端常有刚毛囊，背腹叶的刚毛排列成扇形。刚毛如有脱落，刚毛囊中的细胞可重新分泌刚毛，以取而代之。刚毛的形态因种而异，有些种类往往具几种刚毛。因此，刚毛的形态是多毛类鉴定和分类的重要依据之一。刚毛担负着防卫、感觉及支持身体等多种生理机能。原始多毛纲种类疣足的背叶、腹叶基本相似，但由于生活方式的变化，疣足可以出现不同的变化，一般是背叶缩小，甚至消失。例如叶须虫（Phyllodoce），其背叶消失，仅留有宽大扁平的背须用以运动；毛翼虫（Chaetopterus）的背须变成翼状，用以拨动水流以捕食；矶沙蚕（Eunice）背须成栉状，司呼吸作用；多鳞虫（Ploynoe）背须成鳞片状，借以保护身体。

3. 内部结构

多毛类的体壁外具角质层，其内有柱形表皮细胞。一些海产种类的能发光，其发光物质就存在于表皮细胞分泌的黏液中。在表皮细胞层内有一层薄的结缔组织，其内为 1 层环肌和 1 层厚的纵肌。纵肌常分为 4 束，2 束在背方，2 束在腹方；其内为壁体腔膜。每个体节都有 2 条联系正腹方和背侧方环肌的腹背斜肌，可以牵动疣足。斜肌还将体腔隔成近疣足的 2 个排泄室和 1 个包围着肠的肠室。消化管的外面有脏体腔膜，它与壁体腔膜包围广大的体腔。前后两体节间体腔有隔膜分开，又有背系膜和腹系膜将每节的体腔分成左右两半（图 11-13）。

消化管为一纵贯全身的直管，包括口、吻或咽（如吻不存在时，则形成口腔与咽）、食管、胃、肠、直肠及肛门。消化管具明显的肌肉层，可以蠕动，并推动食物在其中运行。不同种类的消化管可有所改变，例如，沙蚕缺乏胃，食管直接与肠相连，由肠道分泌消化酶，肠成为消化及吸收的场所。但沙蚕与沙蠋（Arenicola）都有发达的食管盲囊，以扩大消化面积。食管盲囊可分泌消化酶，如脂肪酶及蛋白酶等。还有的种类消化管的背中部内陷形成盲道，这样也可以增大消化面积。须头虫（Amphitrite）的肠道极长并盘旋，欧威尼亚虫（Owenia）的消化管没有明显的分化，只形成一个简单的直管，肠道内壁的上皮细胞具纤毛，以推动食物的运行。

大多数多毛类具发达的闭管式循环系统，由背血管、腹血管及连接它们的环血管组成。背血管位于消

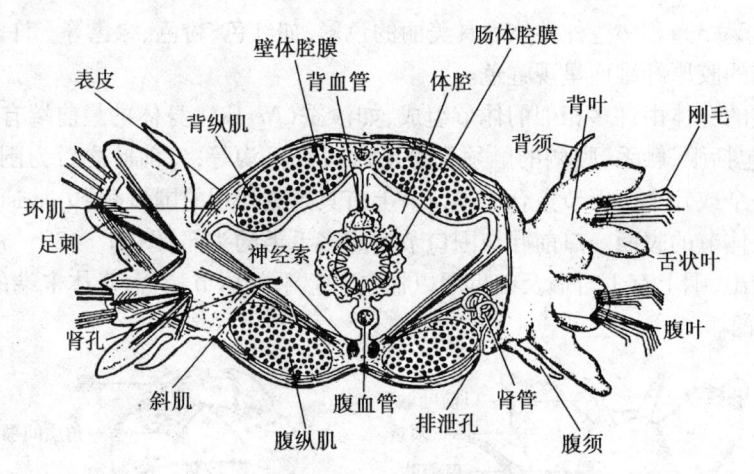

图 11-13 沙蚕的横切面

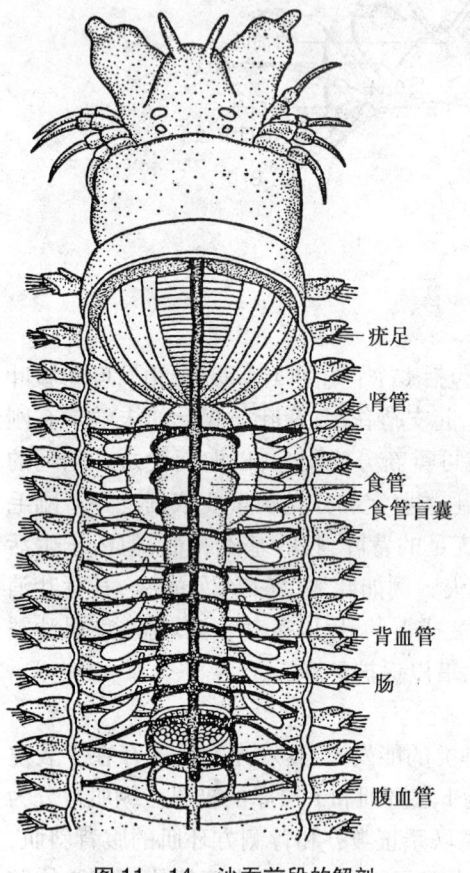

图 11-14 沙蚕前段的解剖

化管的背面，其中的血液由后向前流；腹血管位于消化管腹面，血液由前向后流。在消化管的前端，背血管与腹血管通过一个或几个环血管或血管网直接相连。腹血管在每个体节发出 1 对血管分支到疣足，1 对分支到体壁，1 个到肾，1 个到肠道(图 11-14)。血液内含血红蛋白，呈红色。

原始的多毛类没有专门的呼吸器官，而是通过体表进行气体交换，这种方式仍保留在一些小型的或丝状体型的多毛类中。大多数多毛类，特别是穴居及管居的种类具有鳃作为呼吸器官。鳃实际是由体壁的突起组成，其中含有血管丛，形状可以是叶状、羽状、丛状或树状等。许多种类的鳃是由疣足的背须或背叶改变形成的，例如沙蚕的背叶宽阔扁平，具有鳃的功能，叶须虫(Phyllodoce)的背须变成了扁平的鳃，沙蠋中部体节的背须也变成分枝状的鳃，而巢沙蚕(Dlopatra)的鳃是由背须形成螺旋分枝的棒状体。

也有的种类的鳃与疣足无关，例如须头虫的鳃位于前三个体节的背面呈树枝状，鳃的表面积达到了整个体表表面积的 25%~30%，以扩大气体交换的场所；丝鳃虫(Cirratulus)在许多体节产生丝状的鳃；缨毛虫(Sabella)头部的羽状触手也具呼吸作用。

穴居及管足的多毛类为了进行呼吸，必须有新鲜清洁的水流不断地流过身体表面。为此，体表多具纤毛，通过纤毛作用造成水流。例如，龙介虫科的螺旋虫(Spirorbis)、盘管虫(Hydroides)等是靠体表纤毛的摆动协助呼吸作用。体型较大的沙蚕、矶沙蚕、吻沙蚕(Glycera)等，体表不具纤毛，而是通过身体的波状运动或蠕动而引起水流，水流经穴道及鳃表面时完成其呼吸作用。

大多种类各体节都有 1 对后肾管，可排除代谢产物尿素及衰老细胞等。原始种类的排泄系统为原肾。

神经系统为典型的链状形式，它包括脑、围咽神经环及腹神经索 3 部分。感官发达，除眼、触手、触角外，还有项器等结构。

4. 生殖与发育

雌雄异体，生殖腺只在生殖季节出现。生殖细胞来源于体腔上皮。无生殖导管，成熟的卵由体壁上的临时裂口排出或由背纤毛器(体腔管的遗迹)处的临时开口排出。精子则由后肾管排出。卵在海水中受精，螺旋式卵裂，为实心囊胚，以外包法形成原肠胚，经担轮幼虫发育为成虫。少数种类有无性生殖。

5. 生态习性与分布

多毛类可分为两种生活类型：一种为自由活动的，包括在海底泥沙表面爬行的种类、钻穴的种类、自由游泳的以及远洋生活的种类，通称为游走类（Errantia）；另一种为不能自由活动的，包括一些管居的或固定穴居的种类，通称为隐居类（Sedentaria）。多毛类随不同种及生活方式的不同，其身体各部都会出现相应的形态改变。隐居的多毛类由于较少运动，头部及其感官常不发达，躯干部常出现分区现象。

多毛类的分布呈全球性。除少数营寄生外，大多为自由生活的。

二、多毛纲的多样性

多毛类包括了环节动物的大部分种类，约有12 000多种，除极少数为淡水生活外，其他均为海洋生活。多毛纲下分为2亚纲。因很难确定统一的分目标准，故只能分成许多独立的科。

（一）游走亚纲（Errantia）

体节数较多且相似，疣足发达，具足刺及刚毛。头部感觉器官发达，咽具颚及齿，主要包括爬行、游泳的种类，以及少数管居及穴居的种类。

科1. 鳞沙蚕科（Aphroditidae） 身体多椭圆形，背面盖有细长的刚毛或覆瓦状排列的鳞片，如背鳞虫（*Lepidonotus*）（图11-15A）和鳞沙蚕（*Aphrodita*）（图11-15B）。

科2. 叶须虫科（Phyllodocidae） 疣足单分枝，背须发达，呈扁平叶状，为爬行生活的种类，如巧言虫（*Eulalia*）（图11-15C）。

科3. 裂虫科（Syllidae） 身体较小而细弱，具单枝型疣足，疣足上有背须及腹须，前端体节背须较长，出芽生殖普遍，亦为爬行生活的多毛类，如锥裂虫（*Trypanosyllis*）（图11-15D）和自裂虫（*Autolytus*）（图11-15E）。

科4. 沙蚕科（Nereidae） 具2对眼及4对围口触手，咽上有1对颚，为大型爬行生活的种类，如沙蚕。

科5. 吻沙蚕科（Glyceridae） 属于游走类中的穴居生活的种类，具长圆柱形的口前叶和长的具4个颚的吻，如吻沙蚕（图11-15F）。

科6. 矶沙蚕科（Eunicea） 多为大型管居或穴居种类，管为羊皮纸质，吻上具复杂的颚，疣足背须发达，由背须上分出分枝的鳃，体表具强烈的金属光泽，例如矶沙蚕（图11-15G）、巢沙蚕（图11-15H）。

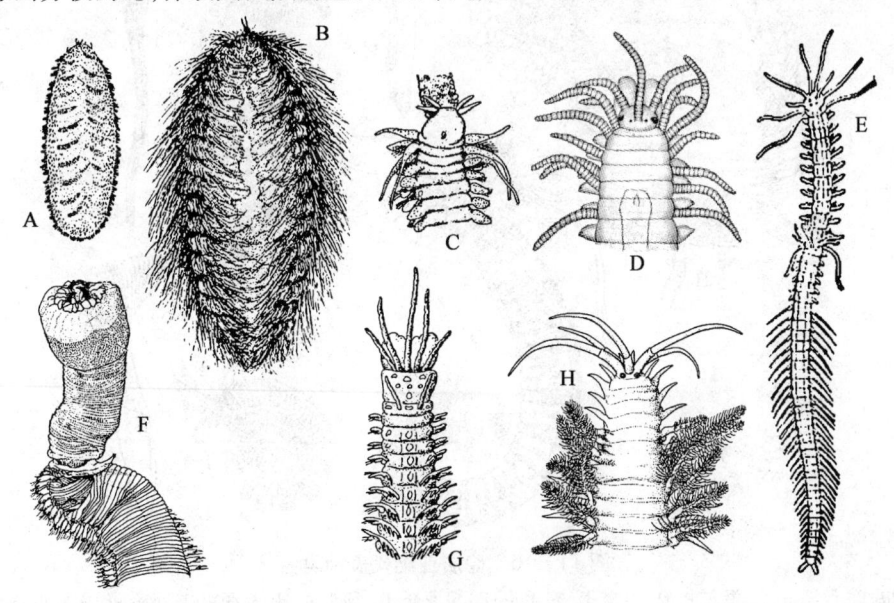

图11-15 游走亚纲代表种类
A. 背鳞虫；B. 鳞沙蚕；C. 巧言虫（前部）；D. 锥裂虫（前部）；E. 自裂虫；F. 吻沙蚕；G. 矶沙蚕（前部）；H. 巢沙蚕（前部）

（二）隐居亚纲（Sedentaria）

身体多分区，疣足不发达，不具足刺及复杂的刚毛，口前叶不具感觉附器，但头部具有用以取食的触须等结构,无颚及齿,鳃常限制在身体的一定区域内(图11-16)。

科7. 毛翼虫科(Chaetopteridae) 管居,身体分区,具1对长触须,疣足有很大改变,过滤取食,如毛翼虫(图11-16A)。

科8. 丝鳃虫科(Cirratulidae) 身体前端的体节具细长丝状的鳃,呈红色,疣足不发达,如丝鳃虫(图11-16B)。

科9. 泥沙蚕科(Opheliidae) 穴居,具圆柱形的口前叶,体节数目较少,在同一种内体节数目是固定的,如沿穴虫(*Ophelia*)(图11-16C)。

科10. 沙蠋科(Arenicolidae) 穴居,头部无触须等结构,疣足不发达,分支的鳃位于身体中部体节上,如沙蠋(图11-16D)。

科11. 帚毛虫科(Sabellariidae) 管居,身体前端有头冠及两个刚毛环,可形成厣板封闭管口,如帚毛虫(图11-16E)。

科12. 蛰龙介科(Terebellidae) 穴居或管居,口前叶上有成丛的丝状触手,兼具呼吸作用,有分支的鳃位于口后的几个体节上,疣足不发达,如蛰龙介(*Terebella*)和须头虫(图11-16F、G)。

科13. 缨鳃虫科(Sabellidae) 生活在膜质管中,口前触须演变成半圆形的羽状触手,触手上因有血管分布,因此具鳃的功能,触手上常有微小的眼点。疣足不发达,例如光缨虫(*Sabellastarte*)(图11-16H)。

科14. 龙介科(Serpulidae) 具钙质虫管,口前须也演变成半圆形的羽状触手,其中一个触手末端膨大,形成厣板,当虫体缩回管内时,封闭管口,如龙介(*Serpula*)和螺旋虫(图11-16I、J)。

除了上述的几个科外,最近科学家们还发现了一些以海洋鲸豚类骨骼为食的多毛类 *Osedax*(图11-16K)。

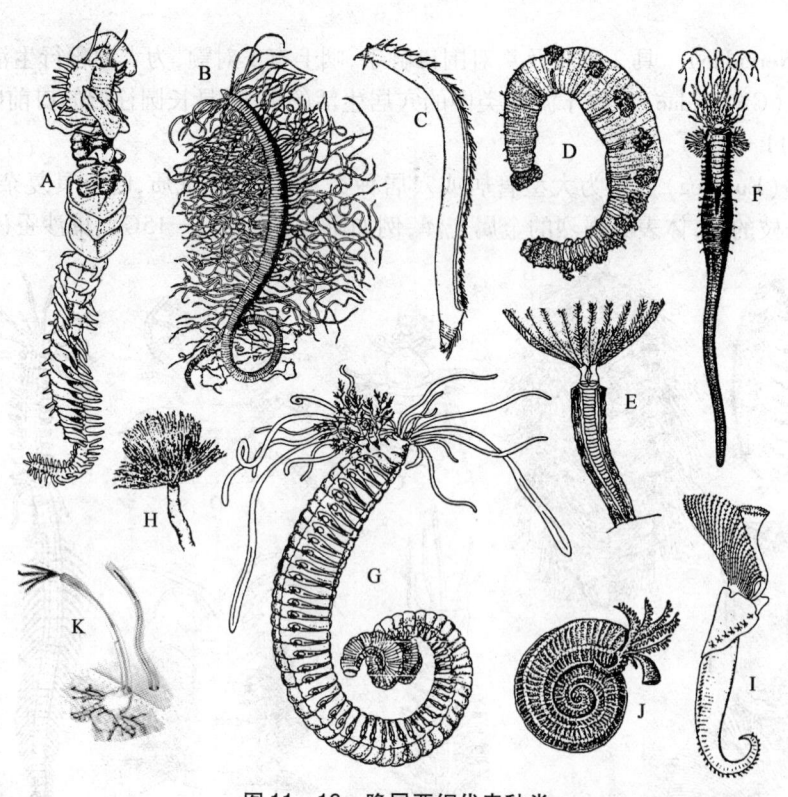

图11-16 隐居亚纲代表种类

A. 毛翼虫;B. 丝鳃虫;C. 沿穴虫;D. 沙蠋;E. 帚毛虫;F. 蛰龙介;G. 须头虫;H. 光缨虫;I. 龙介;J. 螺旋虫;K. *Osedax*

三、多毛纲与人类

多毛类是海洋食物链中的一个重要环节,是刺胞动物、扁形动物、软体动物、棘皮动物、甲壳类、鱼类及其他多毛动物的饵料。多毛类幼体在浮游生物中占一定比例,是经济动物幼体的摄食对象。浮游种类群在海面大量出现时,会引起鱼类的集群,对渔场的形成及鱼类对产卵场的选择都有较密切的关系。沙蚕可做渔业上的钩饵,中国南方沿海居民有炒食沙蚕的习惯。

多毛类可作海洋生态环境的指示生物,如耐低氧的小头虫(*Capitella capitata*)、奇异稚齿虫(*Paraprionospio pinnata*)等出现的多寡可指示底质污染的程度。

当前在农业生产上广泛使用的新型杀虫剂杀螟丹就是从多毛纲的异足索沙蚕(*Lumbriconeris heteropoda*)中得到启发后人工合成的。杀螟丹是一种广谱、高效、低毒的神经性毒剂,称沙蚕毒素,对家蝇、蚂蚁、水稻害虫有毒杀作用,对人和家畜无毒性(因恒温动物能将其分解排出),且不易使昆虫产生抗药性。

附着多毛类中具石灰质栖管的龙介虫和螺旋虫多附于岩石、贝类、珊瑚、海藻叶片、船只和码头上,才女虫(*Polydora*)对珍珠贝的凿穴等则对人类经济和生产活动有极大的危害。

第五节　寡毛纲(Oligochaeta)

一、寡毛纲的主要特征

1. 外部形态

绝大部分寡毛纲的种类是蚯蚓,蚯蚓中的大多数又是生活在土壤环境中,因此寡毛纲的身体构造表现出了很多对土壤生活的适应:①体表有黏液腺,可分泌黏液,同时还可由背孔分泌体腔液来湿润皮肤,使其在土壤中钻动时不易损伤皮肤,湿润的皮肤还可以完成呼吸。②头部退化。③疣足退化,刚毛着生在体壁上。柔软的疣足不利于动物在土壤间隙中运动;刚毛着生在体壁上,使动物在土壤中钻动时得到有力支撑。不同的种类,刚毛的数量不同,排列方式有对生和环生(图11-17C)之分。④受体腔液的压力的影响,口前叶(图11-17A)可以伸缩。⑤眼点退化,感光细胞主要在身体后部。蚯蚓多夜间活动,并常把后部露出土面,天亮时后部受到光的刺激,蚯蚓便钻入土壤中。⑥某些体节形成生殖带(clitellum)(图11-17A)。

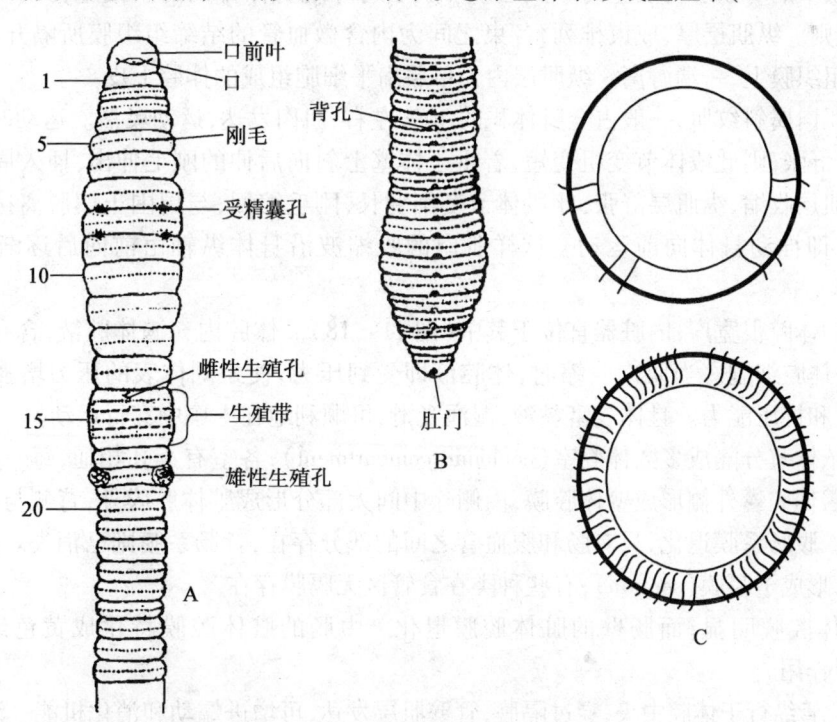

图 11-17　蚯蚓的外部形态与刚毛的排列方式
A. 前端腹面(数字为体节数);B. 后端背面;C. 刚毛的排列方式(A、B 仿林绍文;C 仿陈义)

2. 内部结构

寡毛纲动物的体壁由角质膜、上皮、环肌层、纵肌层和体腔上皮等构成（图11-18）。最外层为单层柱状上皮细胞，这些细胞的分泌物形成角质膜。此膜极薄，由胶原纤维和非纤维层构成，上有小孔。柱状上皮细胞间杂以腺细胞，分为黏液细胞和蛋白细胞，能分泌黏液，可使体表湿润。遇到剧烈刺激，黏液细胞大量分泌，包裹身体成黏液膜，有保护作用。

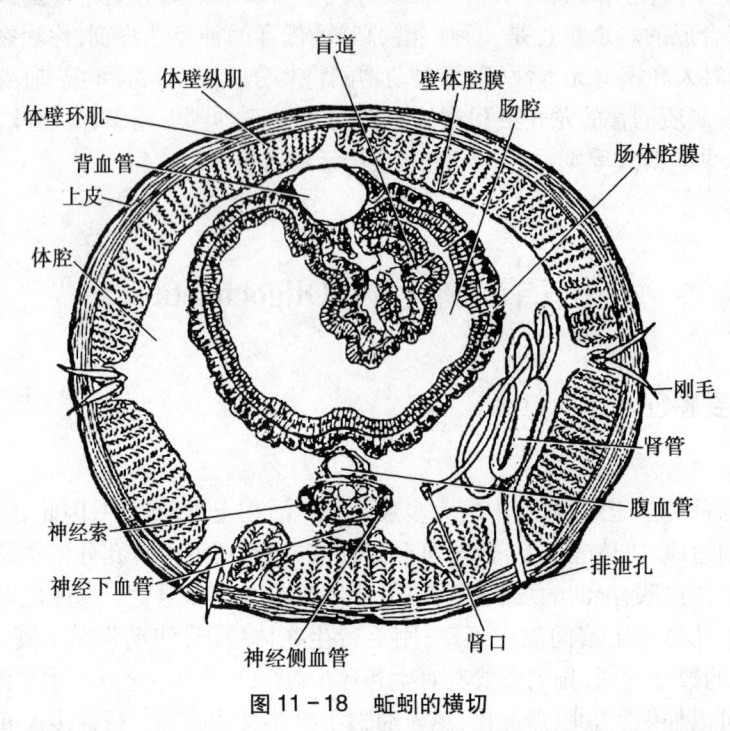

图11-18　蚯蚓的横切

上皮下面为狭窄的环肌层与发达的纵肌层。环肌层为环绕身体排列的肌细胞构成，肌细胞埋在结缔组织中，排列不规则。纵肌层厚，成束排列，各束之间为内含微血管的结缔组织膜所隔开。肌细胞一端附在肌束间的结缔组织膜上，一端游离。纵肌层内为单层扁平细胞组成的体腔上皮。

环节动物的肌肉属斜纹肌，一般占全身体积的40%左右，肌肉发达，运动灵活。运动时，一些体节的纵肌层收缩，环肌层舒张，则此段体节变粗变短，着生于体壁上斜向后伸的刚毛伸出，插入周围土壤；此时其前一段体节的环肌层收缩，纵肌层舒张，此段体节变细变长，刚毛缩回，与周围土壤脱离接触，而由后一段体节的刚毛支撑，即推动身体向前运动。这样肌肉的收缩波沿身体纵轴由前向后逐渐传递，导致动物运动。

寡毛纲动物的体腔很宽广，内脏器官位于其中（图11-18）。体腔内充满体腔液，含有淋巴细胞、变形细胞、黏液细胞等体腔细胞。当肌肉收缩时，体腔液即受到压力，使蚯蚓体表的压力增强，身体变得很饱满，有足够的硬度和抗压能力。且体表富黏液，湿润光滑，可顺利地在土壤中穿行运动。

体腔被膈膜依体节分隔成多数体腔室（coelomic compartment），各室有小孔相通，每一体腔室由左右二体腔囊发育形成。体腔囊外侧形成壁体腔膜，内侧除中间大部分形成脏体腔膜外，背侧与腹侧则形成背肠系膜和腹肠系膜。腹肠系膜退化，只有肠和腹血管之间的部分存在；背肠系膜则已消失。前后体腔囊间的部分紧贴在一起，形成了膈膜（septum），有些种类在食管区无膈膜存在。

体壁内的壁体腔膜明显，而肠壁的脏体腔膜退化。中肠的脏体腔膜特化成黄色细胞（chloragogen cell），可能有排泄作用。

寡毛类的消化管纵行于体腔中央，穿过隔膜，管壁肌层发达，可增进蠕动和消化机能。消化管分化为口、口腔、咽、食管、砂囊、胃、肠、肛门等部分（图11-19）。口腔可从口翻出，摄取食物。咽部肌肉发达，肌肉收缩，咽腔扩大，可辅助摄食。咽外有单细胞咽腺，可分泌黏液和蛋白酶，有湿润食物和初步消化作用。咽后连短而细的食管，其壁有食管腺，能分泌钙质，可中和酸性物质。食管后为肌肉发达的砂囊（gizzard），内衬一层较厚的角质膜,能磨碎食物。自口至砂囊为外胚层形成,属前肠。砂囊后一段富微血管、多腺体的消化管,称胃。胃前有一圈胃腺,功能似咽腺。胃后约自第15体节开始,消化管扩大形成肠,其背侧中央凹入成一盲道(typhlosole),使消化及吸收面积增大。消化作用及吸收功能主要在肠内进行。肠壁最外层的脏体腔膜特化成了黄色细胞。自第26体节始,肠两侧向前伸出1对锥状盲肠(caeca),能分泌多种酶,为重要的消化腺。胃和肠来源于内胚层,属中肠。后肠较短,约占消化管后端20多体节,无盲道,无消化机能。以肛门开口于体外。

寡毛类的循环系统由纵血管、环血管和微血管组成,属闭管式循环(图11-19)。血管的内腔为原体腔残留的间隙。

纵血管包括消化管背面中央的背血管(dorsal vessel)和腹侧中央的腹血管(ventral vessel)。背血管较粗,可搏动,其中的血液自后向前流动;腹血管较细,血液自前向后流动。紧靠腹神经索下面为一条更细的神经下血管(subneural vessel)。食管两侧各有一条较短的食管侧血管(lateral oesophageal vessel)。环血管主要有心脏4~5对,在体前部,位置因种类不同而异。心脏连接背腹血管,可搏动,内有瓣膜,血液自背侧向腹侧流动。壁血管(parietal vessel)连于背血管和神经下血管,除体前端部分外,一般每体节1对。收集体壁上的血液入背血管。血管未分化出动脉和静脉,血液中有血细胞,血浆中含血红蛋白,故显红色。

血循环途径主要是背血管自第14体节后收集每个体节一对背肠血管含养分的血液和一对壁血管含氧的血液,自后向前流动。大部分血液经心脏入腹血管,一部分经背血管在体前端至咽、食管等处的分支入食管侧血管。腹血管的血液由前向后流

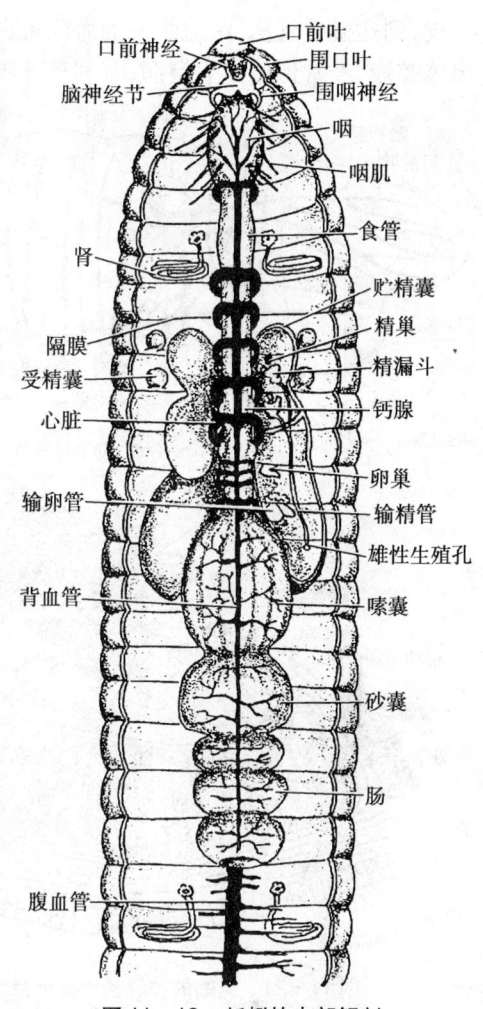

图11-19 蚯蚓的内部解剖

动,每体节都有分支至体壁、肠、肾管等处,在体壁进行气体交换,含氧多的血液于体前端(第14体节前)回到食管侧血管,而大部分血液(第14体节后)则回到神经下血管,再经各体节的壁血管入背血管(图11-20)。腹血管于第14体节以后,在各体节于肠下分支为腹肠血管入肠,再经肠上方的背肠血管入背血管。

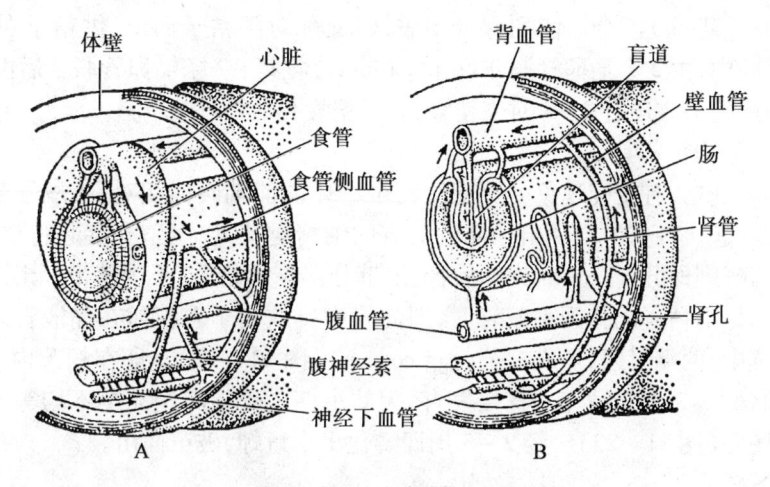

图11-20 蚯蚓循环系统

A. 前端;B. 后端(仿Storer)

寡毛类动物没有特化的呼吸器官,以体表进行气体交换。氧溶在体表湿润的薄膜中,再渗入角质膜及

上皮,到达微血管丛,由血浆中的血红蛋白与氧结合,输送到体内各部分。蚯蚓的上皮分泌黏液,由背孔排出体腔液,经常保持体表湿润,有利于呼吸作用。

排泄器官为后肾管,其结构与多毛类的类似。在体腔中的一段有肾漏斗,以肾口开口于体腔,并由肾管将体腔中的废物通过排泄孔排出体外(图11-3)。环毛属(*Pheretima*)的肾管分为很多小肾管,与普通肾管结构相似。

神经系统为典型的索式神经。中枢神经系统有位于第3体节背侧的1对咽上神经节(脑)及位于第3和第4体节间腹侧的咽下神经节,二者以围咽神经相连。自咽下神经节伸向体后的1条腹神经索于每节内都有一神经节(图11-21A)。外围神经系统有由咽上神经节前侧发出的8~10对神经,分布到口前叶、口腔等处;咽下神经节分出神经至体前端几个体节的体壁上。腹神经索的每个神经节均发出3对神经,分布在体壁和各器官。由咽上神经节发出神经至消化管,称为交感神经系统(sympathetic nerve system)。

外周神经系统的每条神经都含有感觉纤维和运动纤维,有传导和反应机能。感觉神经细胞能将上皮接受的刺激传递到腹神经索的调节神经元(adjustor neuron),再将冲动传导至运动神经细胞,经神经纤维连于肌肉等反应器,引起反应,这是简单的反射弧(图11-21B)。

感觉器官不发达,体壁上的小突起为体表感觉乳突,有触觉功能;口腔感觉器分布在口腔内,有味觉和嗅觉功能;光感受器广布于体表,口前叶及体前几节较多,腹面无,可辨别光的强弱,有避强光趋弱光反应。

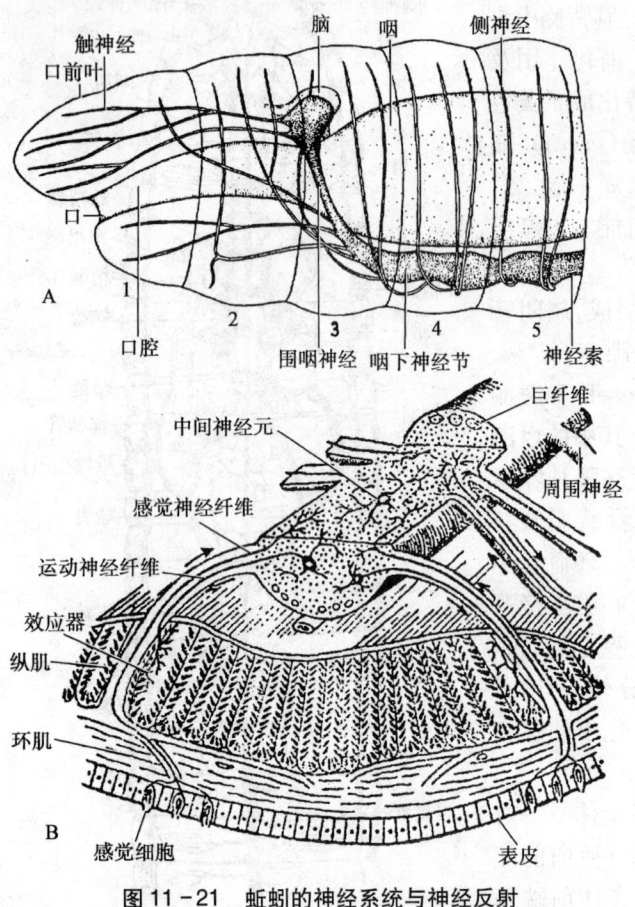

图11-21 蚯蚓的神经系统与神经反射
A. 蚯蚓前端的神经结构;B. 蚯蚓的神经反射

寡毛类动物一般为雌雄同体。生殖器官仅限于体前部数个体节内,结构较复杂(图11-19)。通常有2对精巢囊(seminal sac)和贮精囊。精子由精漏斗、输精管经雄性生殖孔排出。在输精管到达雄性生殖孔之前,与前列腺(prostate gland)汇合。前列腺分泌黏液,交配时随精子而出,供精子在其中生活。卵巢1对。卵成熟后落入体腔中,由2个输卵管漏斗(oviduct funel)收集。2条输卵管联合后由1个雌性生殖孔通往体外。在雄性生殖腺的前方还有2~3对受精囊,有受精囊孔通体外。

3. 生殖与发育

寡毛类一般为异体受精,有交配现象。交配时两个个体的前端腹面相对,头端互朝相反方向,借生殖带分泌的黏液紧贴在一起。各自的雄生殖孔靠近对方的纳精囊孔,以生殖孔突起将精液送入对方的纳精囊内。交换精液后,两蚯蚓即分开。待卵成熟后,生殖带分泌黏稠物质,于生殖带外形成黏液管,排卵于其中。当蚯蚓后退移动时,纳精囊孔移到黏液管时,即向管中排放精子。精卵在黏液管内受精,最后蚯蚓退出黏液管,管留在土壤中,两端封闭,形成蚓茧(egg cocoon)(图11-22)。卵在蚓茧内发育。蚓茧较小,如绿豆大小,色淡褐,内含1~3个受精卵。直接发育,无幼虫期。受精卵经完全不均等卵裂,发育成有腔囊胚,以内陷法形成原肠胚(图11-23)。经2~3周即孵化出小蚯蚓,破茧而出。

4. 生态习性与分布

寡毛类从生态上可区分成陆生及水生的两种类型。大多数种是陆生的,体型也较大,在陆地上穴居。除了沙漠地区,任何土壤中都有分布,例如各种蚯蚓。有报导称,每平方米草地的土壤中可有8 000条线蚓(*Enchytraeid*)和700条正蚓(*Lumbricids*)。它们主要在土壤有机质比较丰富的表层分布。土壤的结构、酸

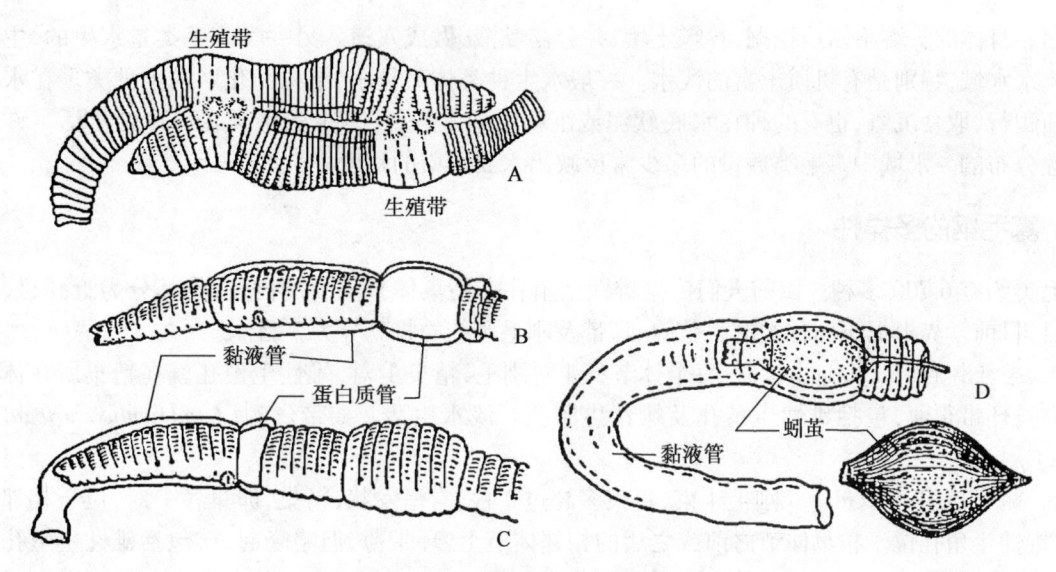

第五节　寡毛纲（Oligochaeta）　145

图11-22　蚯蚓的交配与蚓茧的形成
A. 2条蚯蚓在交配；B. 分泌黏液管和蛋白质管；C. 黏液管和蛋白质管往前滑出；D. 游离的黏液管包着蚯蚓和脱离出的蚓茧（仿Storer）

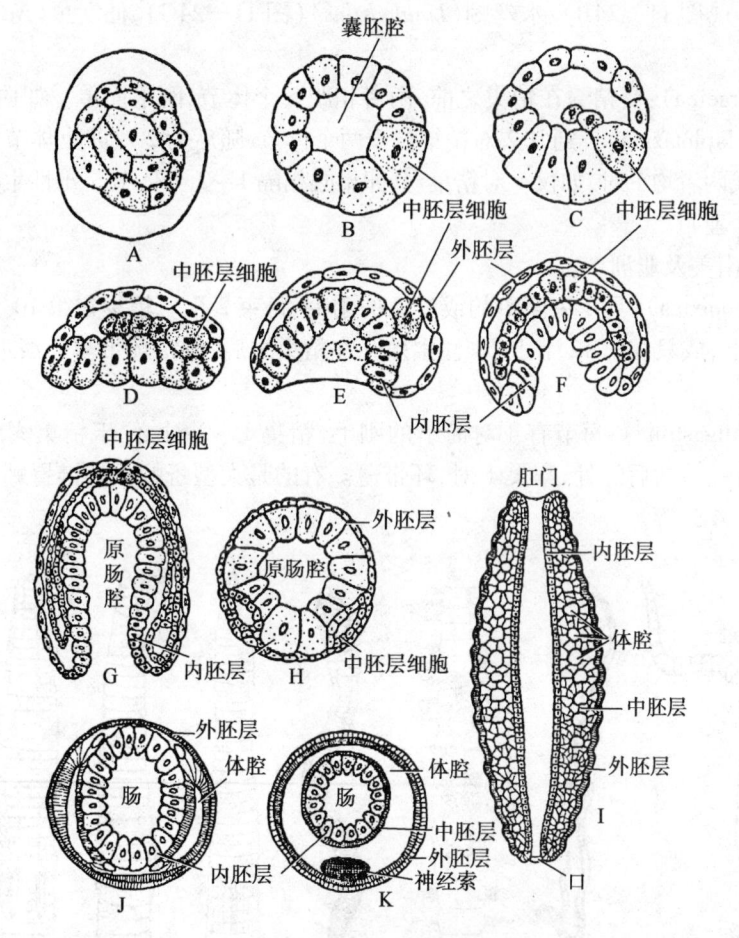

图11-23　蚯蚓的发育
A. 卵裂（外有一膜）；B、C. 囊胚（切面）；D～H. 原肠胚（F由E切，示中胚层细胞；H由G横切，示原肠及体壁）；I. 幼期的纵切；J. 为I的横切；K. 更晚期的横切（仿Hegner）

碱度、含水量、通气性等都是限制其分布及数量的因素。例如，土壤中的酸、碱度对寡毛类有很大的限制作用，酸性土壤不利于它们的生存，因土壤中缺乏游离的Ca^{2+}，而Ca^{2+}是维持其血液pH的重要因素，所以酸性土壤中寡毛类较少。一些大型的种类在环境不利时，例如在干旱或寒冷时，可潜入土壤深层，有时达1 m

多。它们靠身体的头端不断地挖掘，吞噬土壤，并分泌黏液，做成穴道。另一类寡毛类是水生的，主要分布在各种淡水水域，特别是有机质丰富的浅水。一般水生种类体型较小，结构简化。水生种类多在水域中的植物表面爬行，取食沉渣，也有的种在水底软泥或沉积物中穴居，还有少数种类在河口处生活。许多种类是世界性分布的。水域中寡毛类数量的多少常反映出水质污染的程度。

二、寡毛纲的多样性

寡毛类约有6 700多种。以前人们依据雄性生殖孔在精巢体节隔膜的位置，将其分为近孔目、前孔目和后孔目，目前学界根据不同种类的生殖腺、环带及刚毛等结构将其分为3目。

目1. 带丝蚓目（Lumbriculida） 每个体节具4对刚毛，精巢1对，雄性生殖孔就在精巢所在体节。卵巢1~2对，环带很薄，包括雄性生殖孔及雌性生殖孔。淡水生活。如带丝蚓（*Lumbriculus variegatus*）（图11-24A）。

目2. 颤蚓目（Tubificida） 刚毛4束，每束多超过2根，常呈发状；精巢、卵巢各1对，位于相邻的两个体节内，雄性生殖孔位于精巢体节之前或之后的相邻体节上，环带薄，但略隆起，亦包括雄性生殖孔及雌性生殖孔；淡水、海水生活，个别的种陆地生活。可分为2个亚目。

颤蚓亚目（Tubificina）：受精囊孔在雄性生殖孔之前或之后的相邻体节上，很少在相同的体节上，刚毛多样。如颤蚓（*Tubifex*）（图11-24B）、水丝蚓（*Limnodrilus*）（图11-24C），仙女虫（*Nais*）（图11-24D）、尾盘虫（*Dero*）等。

线蚓亚目（Enchytraeina）：受精囊在精巢之前，两者相距5个体节，刚毛简单。如白丝蚓（*Fridericia*）。

目3. 单向蚓目（Haplotaxida） 通常2对精巢位于两个体节，随后为2对卵巢体节。但也有的种仅1对精巢，或仅1对卵巢，或两者均1对，如仅1对精巢，其卵巢必相隔1~2个体节。雄性生殖孔在精巢之后一或几个体节上。包含4个亚目。

Alluroidina亚目：南美及非洲产。

单向蚓亚目（Haplotaxina）：具4束简单的或分叉的刚毛，每束2根。精巢在第10节和第11节上，卵巢在第12节和第13节上，或只在第12节上，雄性生殖孔在精巢之后一节，环带薄。淡水或半陆生生活，如单向蚓（*Haplotaxis*）。

链胃蚓亚目（Moniligastrina）：每体节有4对简单的刚毛，精巢1~2对，位于精巢囊中，雄性生殖孔1~2对，在相应精巢囊之后一节的后缘处，卵巢1对，环带薄。有的是大型蚯蚓。如链胃蚓（*Moniligaster*）和杜拉蚓（*Drawida*）（图11-24E）等。

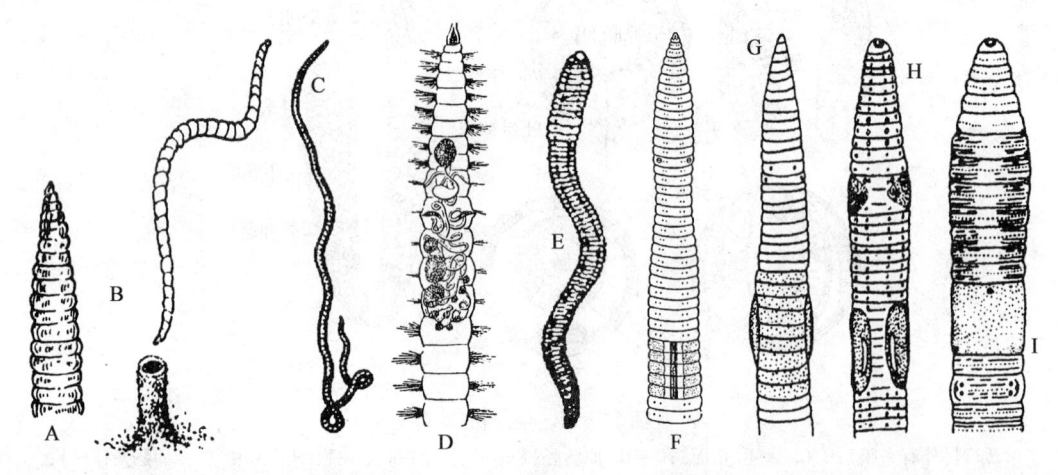

图11-24 各种寡毛类动物
A. 带丝蚓；B. 颤蚓；C. 水丝蚓；D. 仙女虫；E. 杜拉蚓；F. 正蚓；G. 爱胜蚓；H. 异唇蚓；I 环毛蚓

正蚓亚目（Lumbricina）：刚毛简单，8个，有时很多，排成环状，精巢1~2对，一般在第10~11节，雄性生殖孔1对，位于后精巢之后2个或更多的体节上，即在第14节之后。卵巢1对，位于第13节，环带较厚，卵黄较少。有些种类能够发光。主要陆生,少数为水生或半水生,包括大量常见的蚯蚓。如雄性生殖孔开口在第15节环带前的正蚓(图11-24F)、爱胜蚓(*Eisenia*)(图11-24G)、异唇蚓(*Allolobophora*)(图11-24H);雄性生殖孔开口在第17节的寒宪蚓(*Ocnerodrilus*);雄性生殖孔开口在第18节的巨蚓(*Megascolex*)、环毛蚓(*Pheretima*)(图11-24I)、微蠕蚓(*Microscolex*)等。

三、寡毛纲与人类

穴居在土壤中的蚯蚓,在土壤中穿行,吞食土壤,能使土壤疏松,改良土壤的物理化学性质。经过蚯蚓消化管的土壤,排出成蚓粪,含有的N、P、K的成分较一般土壤高数倍,是一种高效有机肥料。蚓粪又可增加腐殖质,对土壤团粒结构的形成起很大作用,有人估计林地或果园每年由蚯蚓形成的土壤团粒结构每公顷达$(47\sim170)\times10^3$ kg,增加N素75~125 kg。同时,蚯蚓还可将酸性或碱性土壤转化为近中性。

蚯蚓含蛋白质较高,其含量约占干重的50%~65%,含18~20种氨基酸,其中10余种为禽畜必需的。故蚯蚓是一种动物性蛋白添加饲料,对家禽、家畜和鱼类的产量提高效果明显。

蚯蚓还能入中药,有清热、息风定惊、平喘、降压、利尿和祛风活络等功效,可适用于高热、惊风、手足抽搐痉挛、小便不爽、水肿、风湿痛、慢性下肢溃疡、半身不遂、支气管哮喘等。产在广东、广西、福建、台湾的参环毛蚓(*Pheretima aspergillum*),药材上称"广地龙";产在长江下游及河北、山东、四川、甘肃、青海的直隶环毛蚓(*Pheretima tschiliensis*),药材上称"土地龙"。蚯蚓的消化管内存在着一类能溶解血纤维蛋白的酶类(蚓激酶,lumbrokinase)。临床试验已证明它与血栓(纤维蛋白)有特殊的亲和力,能够跟踪溶栓,有效溶解微栓,改善微循环,加强心、脑血管侧支循环;开放性修复血管受损内皮细胞;增加血管弹性,改善血管供氧功能,降低血液黏度;降低血小板聚集率,抑制血栓再次形成;修复血栓发生后周边坏死脑细胞,挽救半暗区。目前已广泛用于临床,并越来越多地用在心、脑血管、内分泌及呼吸系统等疾病的预防和治疗中。

蚯蚓吞食土壤和有机物质的能力很大,可利用蚯蚓处理城市的有机垃圾并转换为有机肥料。蚯蚓还有富集土壤中某些重金属的能力(如Cd、Pb和Zn等),这一特点可用于处理重金属污染的土壤,达到减轻污染的目的。蚯蚓加工后可制作食品,国外有利用蚯蚓制饼干、面包等。

少数蚯蚓是寄生虫的中间宿主。

第六节 蛭纲(Hirudinea)

一、蛭纲的主要特征

1. 外部形态

蛭纲动物一般称蛭或蚂蟥,营暂时性外寄生生活。身体背腹扁平,体节固定,一般为34节,末7节愈合成吸盘,故体节可见只有27节。每体节又分为数个体环(annulus),体内无隔膜(图11-25A)。头部不明显,常具眼点数对,无刚毛。体前端和后端各具1个吸盘,称前吸盘(口吸盘)和后吸盘,有吸附功能,并可辅助运动。

2. 内部结构

蛭类内部结构的最大特点是真体腔的退化和血窦的形成,但不同蛭类的变化差异甚大,较原始种类如棘蛭的真体腔发达,血管系统为闭管式,如同寡毛类的。吻蛭类的体腔进一步缩小,真正的血管系统已消失,代之以背血窦、腹血窦和侧血窦等(图11-26)。窦血液实为血体腔液(haemocoelomic fluid),通过源于体腔的管道循环,即一系列血体腔管(haemocoelomic channel)。因此血体腔系统(haemocoelomic system)代替了血循环系统。

除少数肉食性外,大多数蛭类以吸食无脊椎动物的体液和脊椎动物的血液为生。消化管分化为口、口腔、咽、食管、嗉囊、胃、肠、直肠及肛门等(图11-25B)。吸血性蛭类的口腔内具3片颚,颚片上有密齿,可

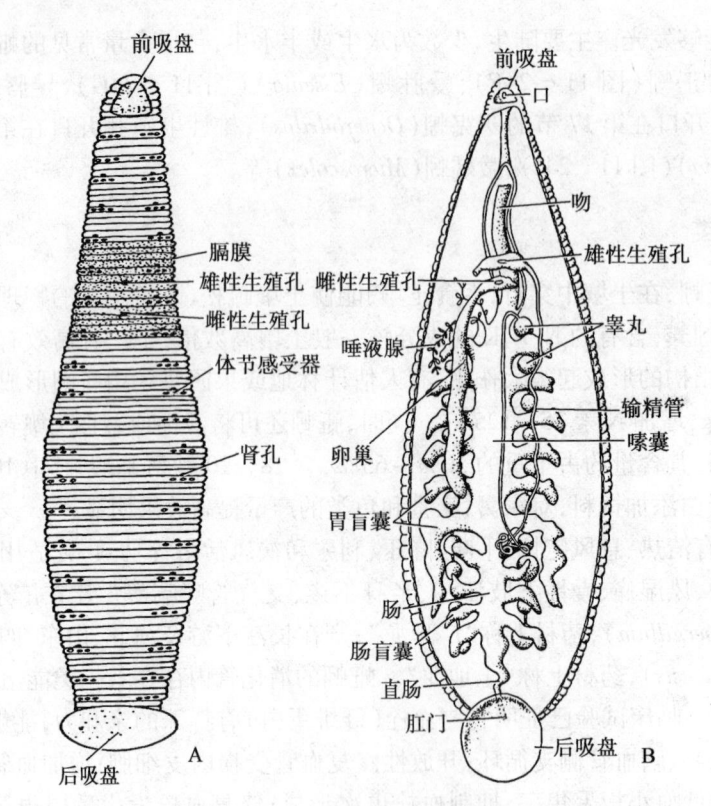

图 11-25 日本医蛭的基本结构
A. 外部形态；B. 内部结构

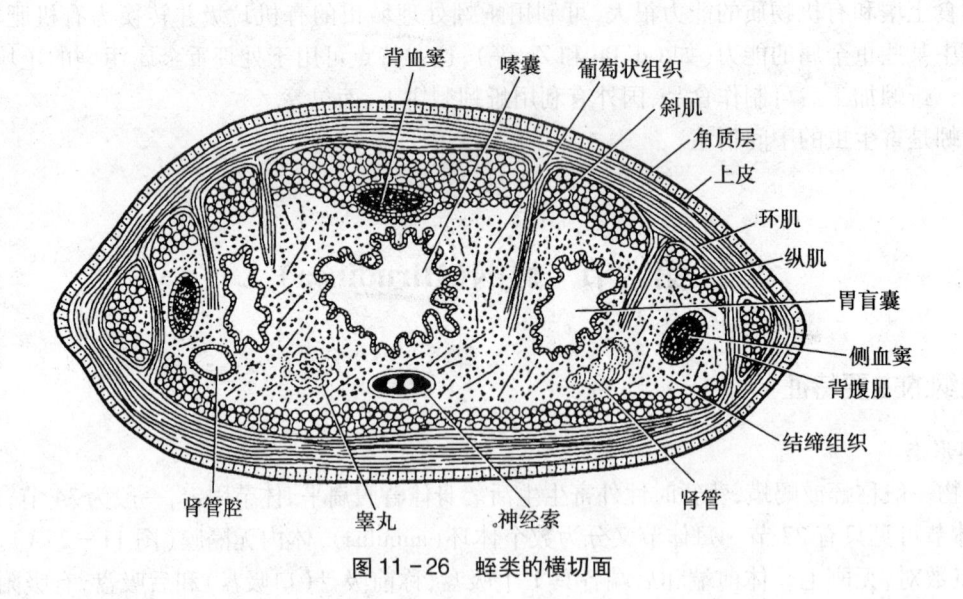

图 11-26 蛭类的横切面

咬破宿主的皮肤。咽部具有单细胞唾液腺，能分泌蛭素(hirudin)。蛭素是由 65 个氨基酸组成的多肽，为一种最有效的天然抗凝剂，有抗凝血、溶解血栓的作用。食管短，嗉囊发达，其两侧有数对盲囊，可储存血液。储存在嗉囊内的血液可以保持数月不坏。

蛭类借体表呼吸，少数种类借鳃呼吸。

排泄系统具肾管 17 对，肾管一端开口于体腔变成的小室，一端开口于体外。

蛭类为雌雄同体。雄性生殖器官有精巢数对至 10 余对、输精管、贮精囊、射精管、阴茎等（图 11-27）。阴茎可自雄性生殖孔伸出。雌性生殖器官有卵巢 1 对，输卵管 1 对，阴道开口为雌性生殖孔。

3. 生殖与发育

蛭类为异体受精，有交配现象，具有生殖带，这些特点似蚯蚓。它们交配时，以阴茎将位于射精管末端膨大处由前列腺分泌物形成的精荚送入对方的雌性生殖孔内。受精卵产出于生殖带分泌的卵茧内,直接发育。

4. 生态习性与分布

大多蛭类生活在淡水中,极少数在海水中,也有少数为陆生。它们常躲避阳光的直射。在淡水中,身体做波浪式游泳。在陆地上,两吸盘交替附着前行。食性上有杂食的,有肉食的。有的营自由生活,但多数营暂时性外寄生。

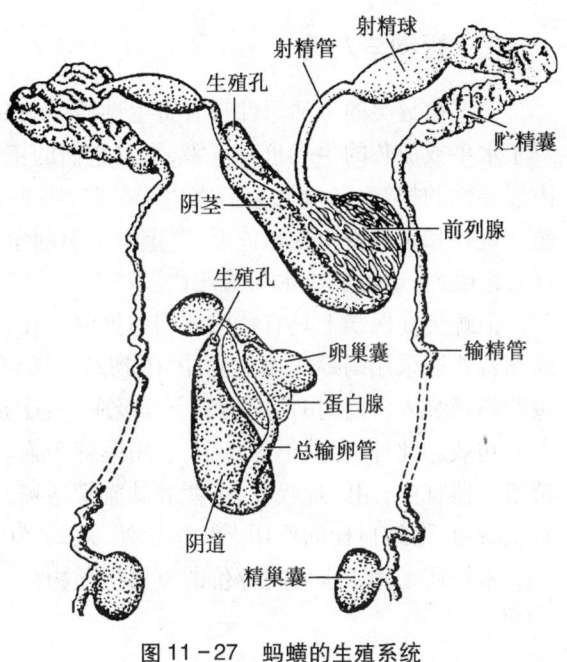

能否取得食物是决定蛭类分布的重要因素之一。例如,山蛭的分布范围常可通过放牧畜群的活动而扩展。温度和湿度对蛭类的活动影响很大。开春后气温回升的快慢和水田灌水的早晚直接影响田埂中蛭出土的时间。医蛭在平均温度 10~13 ℃ 时开始出土。水蛭在 11 ℃ 以下的水体中通常不能繁殖。但鱼蛭能在 5~10 ℃ 时生殖。医蛭科种类的卵茧一般产在含水量 30%~40% 的土壤中。山蛭的活动与湿度关系密切,它们的分布范围与空气和土壤的湿度更有直接的关系。海南山蛭 (*Haemadipsa hainana*) 分布于年降雨量为 1 800 mm 的山区或低洼地中。山蛭常分布于一定的海拔高度,敏捷山蛭 (*Haemadipsa zeylanica agilis*) 分布于海拔 1 700 m 上下,珠峰山蛭 (*H. qomolangma*) 分布于 2 400 m 左右。

图 11-27 蚂蟥的生殖系统
(仿叶正昌)

二、蛭纲的多样性

蛭类已报道约有 500 多种,分为 4 目。

目 1. 棘蛭目 (Acanthobdellida) 体腔发达,具刚毛;只有后吸盘。种类少,只有棘蛭科 (Acanthobdellidae) 1 科,棘蛭 (*Acanthobdellida*)(图 11-28A) 寄生在鲑鱼 (*Salmo*) 鳃上,分布于俄罗斯北部。

目 2. 吻蛭目 (Rhynchobdellida) 具有可伸出的管状吻,无颚;前吸盘有或无。体腔退化,有循环系统。多数终生寄生在瓣鳃类、鱼、鳖等体上。如喀什米亚扁蛭 (*Hemiclepsis kasmiana*)、宽身扁蛭 (*Glossiphonia lata*)(图 11-28B) 和扬子鳃蛭 (*Ozobranchus yantseanus*)(图 11-28C)。

目 3. 颚蛭目 (Gnathobdellida) 口腔内具颚,有前吸盘,无循环系统。肉食性或吸食脊椎动物及人的血液。日本医蛭 (*Hirudo nipponica*)(图 11-25) 为习见种类,分布广,河流、池沼、稻田中多有分布。另外还有宽身蚂蟥 (*Whitmania pigra*)(图 11-28D)、天目山蛭 (*Haemadipsa tianmushana*)(图 11-28E) 和日本山蛭 (*H. japonica*)(图 11-28F) 等。

目 4. 咽蛭目 (Pharyngobdellida) 口腔无颚片,具肉质的伪颚,咽长。分布在池塘、河流中或潮湿土壤中。如石蛭 (*Erpobdella*)(图 11-28G) 和勃氏齿蛭 (*Odontobdella blanchardi*)。

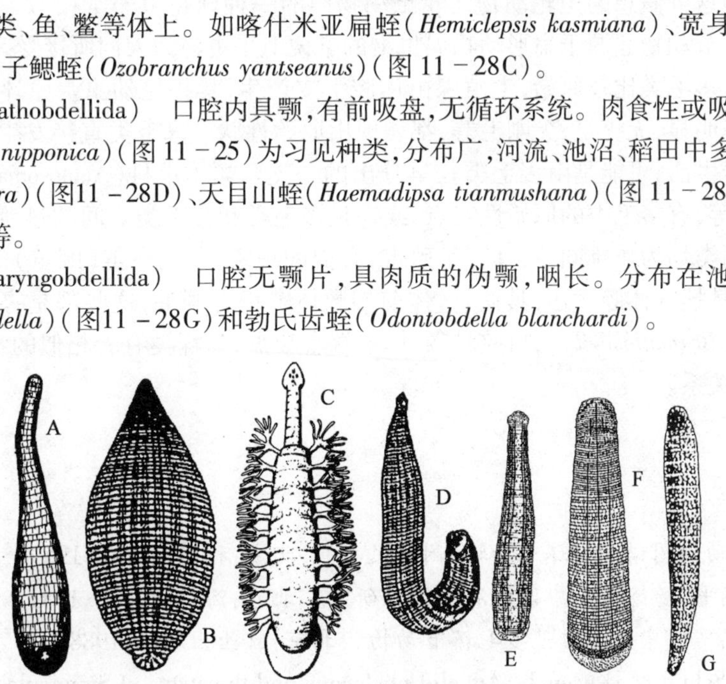

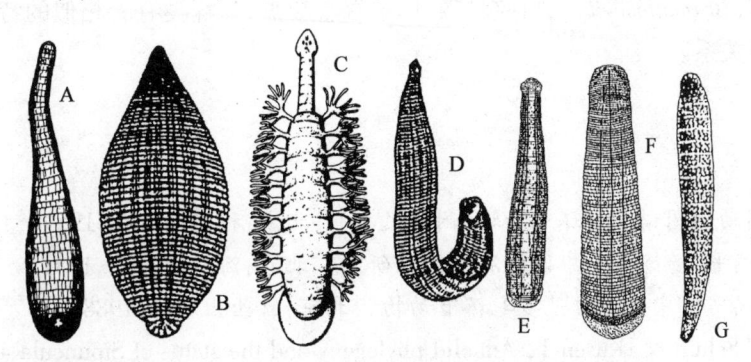

图 11-28 各种蛭纲代表
A. 棘蛭;B. 宽身扁蛭;C. 扬子鳃蛭;D. 宽身蚂蟥;E. 天目山蛭;F. 日本山蛭;G. 石蛭

三、蛭纲与人类

大多数蛭类的生活习性带有寄生性质,属有害动物。如吸血蚂蟥不但吸血,还会引起细菌感染。蚂蟥对于水牛或放牧的牛马也有危害,影响它们的正常生活和生长。人或家畜在喝水、涉水或洗澡时会感染上内侵袭性的蚂蟥(鼻蛭),它们寄生于鼻腔、咽头、食管、尿道、阴道或子宫,但不进入胃肠,更不会在体内繁殖。鱼蛭和湖蛭寄生在鱼体上,严重时可引起鱼的死亡。大量的晶蛭(*Theromyzon*)幼蛭侵入水鸟的鼻孔或气管内吸血,也可造成水鸟的死亡。

但蛭类在医学上具有特殊的利用价值。在古代,不少国家就曾利用医蛭吸血来给病人放血,19世纪,欧洲曾普遍采用蚂蟥放血法,法国在1827~1854年间,每年进口医蛭800万~5 700万条。中医里有把饥饿的蚂蟥装入竹筒,扣在皮肤上令其吸血,治疗赤白丹肿的做法。蚂蟥入药有破血痛经、消积散瘀、消肿解毒的功效。此外,在整形外科中,利用医蛭吸血,消除手术后血管闭塞区的瘀血,减少坏死发生;再植或移植组织器官中,用医蛭吸血,可使静脉血管通畅,从而提高手术的成功率。蛭素为最有效的天然抗凝剂,具有抗凝血、溶解血栓的作用。除蛭素外,从蚂蟥中还可以提取多种生物活性物质作为药用。

水蛭还是用于水环境评价的重要指示物种。作为实验动物,蚂蟥还被用在疫苗的开发上。

第七节　环节动物的系统发育

环节动物身体分节,出现了真体腔,这在动物演化上是个很大的进步。它们的起源有两种不同的学说:一种认为环节动物起源于扁形动物涡虫纲;另一种认为起源于似担轮幼虫式的假想祖先担轮动物(Trochozoan)。前一种学说的根据是某些环节动物的成虫和担轮幼虫都具有管细胞的原肾管,这与扁形动物由焰细胞构成的原肾管在本质上是相同的。环节动物多毛类个体在发育中的卵裂为螺旋式,又与涡虫纲多肠目相同;环节动物的担轮幼虫与扁形动物涡虫纲的牟勒氏幼虫在形态上有相似之处;涡虫纲三肠目中某些涡虫的肠、神经、生殖腺等均有原始分节的现象。后一种学说主要以环节动物多毛类在个体发育中具有担轮幼虫为依据,且这种假想的担轮动物与轮虫动物门的一种球轮虫非常相似。虽然环节动物起源问题尚未完全解决,但环节动物起源于扁形动物涡虫纲的学说似乎更易为人们所接受。

在环节动物内部,多毛类比较原始,生殖腺由体腔上皮产生,具担轮幼虫。原环虫类的神经与上皮未分开,有的种类体节不明显,无疣足,无刚毛等,都表现出原始性状。寡毛类直接发生,头部退化,无疣足而有刚毛,适应陆地穴居生活,可能是由多毛类较早分出的一支。颤体虫科(Aeolosomatidae)具纤毛窝,后肾管兼生殖导管的功能等,有多毛类的原始性特点,或许是多毛类和寡毛类之间的过渡类型。蛭类与寡毛类的类缘关系较近,这两类均为雌雄同体,具有生殖带,有交配现象,产生卵茧(蚓茧)等,可能由原始的寡毛类演化而来。蛭类中棘蛭的体腔发达,具血管,体前端数体节仍有刚毛,这些都是寡毛类的特征。寡毛类中某些寄生性的蛭蚓(*Branchiobdella*),口腔具颚,体末端有吸盘,与蛭类有着相似的特点,说明了蛭类与寡毛类有着较近的类缘关系。

拓展阅读

[1] 陈义. 中国动物图谱——环节动物(附多足类). 北京:科学出版社,1959

[2] 吴宝玲,孙瑞平,杨德渐. 中国近海沙蚕科研究. 北京:海洋出版社,1981

[3] 杨德渐,孙瑞平. 中国海习见多毛环节动物. 北京:农业出版社,1988

[4] Struck T H, Schult N, Kusen T, Annelid phylogeny and the status of Sipuncula and Echiura. BMC Evolutionary Biology, 2007, 7(57): 57

[5] Sawyer Roy T. Leech Biology and Behaviour: Anatomy, Physiology and Behaviour: Vol. 1. London:

Oxford University Press. 1986

[6] Vrijenhoek R C, Johnson S B, Rouse G W. A remarkable diversity of bone-eating worms (*Osedax*; Siboglinidae; Annelida). BMC Biology, 2009, 7: 74

思 考 题

1. 环节动物门有哪些主要特征？
2. 身体分节和真体腔的出现在动物演化上有何重要意义？
3. 环节动物分为几纲，各纲的主要特征是什么？
4. 从多毛类、寡毛类和蛭的形态特征，试述其对各自生活方式的适应性。
5. 了解蛭类的真体腔的演变与血循环系统的关系。
6. 试述环节动物的系统发育。
7. 收集有关蛭纲动物在现实生活中应用的事例，分析动物的利与害的关系。

第十二章　与环节动物有关的其他小门类动物

除了环节动物外,还有几个较小动物门类均为真体腔动物。虽然对它们分类地位观点不一,但根据目前动物界的分类体系,它们又都独立成门,且在生活史中表现出或多或少地与环节动物间的联系。

第一节　螠虫动物门(Echiura)

一、螠虫动物的主要特征

1. 外部形态

螠虫动物一般体长 15 mm~50 cm,多数不超过 10 cm,呈柱形或长囊形,身体由吻及躯干部组成(图 12-1A),如螠(*Echiurus*)。吻是身体前端的扁平状突出物,实际是其头叶,与环节动物的口前叶同源。吻不能缩回躯干内,其边缘向腹面卷曲,中央形成一口道,表面具纤毛。吻的基部边缘愈合,围绕口形成一漏斗形。吻的端部呈铲状,但有的种吻端部呈双叉型,如叉螠(*Bonellia*)。吻的长度变化很大,一般短于躯干的 1/2,但有的种吻极长,如叉螠躯干长 8 cm,而其吻可达 1 m,一种日本螠(*Ikeda*)体长 40 cm,而其吻长 1.5 m。

身体一般呈淡灰色或褐色,某些种呈绿色、玫瑰色或呈透明状。躯干部呈圆柱形,表面光滑,或散布有大量的乳突,或乳突成环状排列。乳突分泌的黏液可形成穴道。躯干部前端腹面具有 2 根大的、弯曲的刚毛,有的种尾端有 1~2 圈小刚毛,这些刚毛也来自刚毛囊,并有肌肉控制其运动。虫体用这些刚毛固着身体及清洁穴道。

2. 内部结构

螠虫的体壁结构相似于环节动物,体表有薄的角质层(吻沟中没有),上皮组织基部有色素颗粒,肌肉排列成片状或束状,其纵肌纤维发达。

体腔发达,位于躯干部形成一宽阔的腔,周围有体腔膜,吻部有管或腔隙,与躯干部的体腔有隔板分开,但体腔液相通。从发生上看,吻部的腔隙来自胚胎期的囊胚腔,而躯干部的体腔来自中胚层形成的真体腔。体腔液中含有球形的体腔细胞,细胞中含有血红蛋白或色素颗粒。

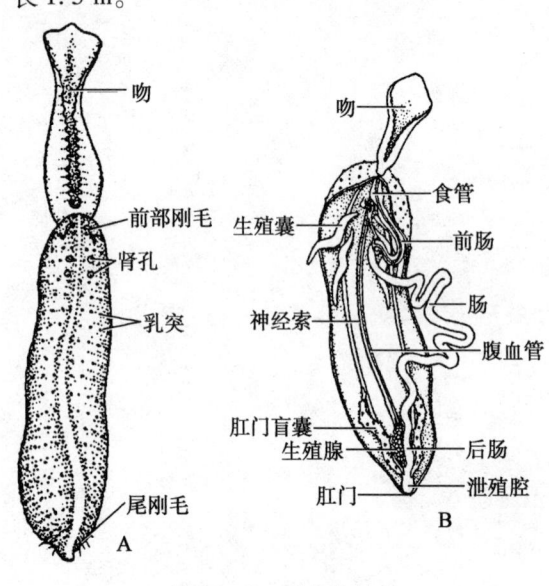

图 12-1　螠虫的形态
A. 外形;B. 内部结构

螠虫的消化管长而迂回,为体长的数倍,包括口、咽、食管、嗉囊、胃、中肠、直肠、排泄腔、肛门等。中肠部分最长,长约 100 cm,纵贯体腔呈 3 个环形曲折、其腹面附有纵行的纤毛沟和细管状的副肠。直肠较宽,壁厚,由体前直伸向体后,终于排泄腔,末端开口即肛门。中肠和直肠的肠壁上生有多条固肠肌,与体壁相连(图12-1B)。

除了刺螠,多数种是闭管式循环系统,包括心脏、背血管、腹血管、环血管等。心脏位于食管或胃的背面,有收缩能力。自心脏向前伸出背血管,通向前端;向后分出2支环血管,包绕胃部,绕向腹面,向前行,合为1支肠血管,再向前又分为2支腹血管,一支沿神经索背面伸向后部,另一支较粗,向前通向吻的基部。

螠类以体表进行气体交换。排泄器官为后肾,呈囊状。肾的数目因种而异,叉螠1对,螠2对,日本螠可多达100对。如果仅1~2对,则肾孔开口在腹面刚毛之后。螠类在直肠末端有一肛门囊(anal sac),其表面有许多成束的纤毛漏斗,一端开口到体腔,相似于肾口,一端进入直肠。一般认为它是改变了的后肾,具排泄机能,但其代谢产物的排出是经过肛门而非肾孔。

神经系统主要为腹神经索,进入吻后形成环状,无脑,由神经索沿途发出侧神经,侧神经向背行,形成一环状进入体壁,仅在上皮组织中特别是吻处存在触觉及化学感觉细胞。

3. 生殖与发育

螠类均为雌雄异体,生殖细胞来自体腔膜,在体腔中成熟,配子通过肾囊排出体外,一般卵在海水中受精,但叉螠的卵在雌性肾囊中受精。叉螠为雌雄异形,例如,绿叉螠(*Bonellia viridis*)雌性躯干部长8 cm,雄性的仅1~3 mm,雄性生活在雌性的肾囊或体腔中。雄性体表披有纤毛,没有吻,没有消化及循环系统,仅留有生殖结构。其成虫的性别分化由幼虫的生活环境所决定,如果初孵幼虫接触到成年的雌性,受其雌性激素的影响则发育成雄虫。幼虫先接触雌虫的吻,数日后由口进入肾囊中,1~2周后发育为成雄虫,每个肾囊中可含有20个左右。如果幼虫未与成年雌虫接触则发育成雌虫,一年后性成熟。

卵受精后经螺旋卵裂,发育成自由游泳的担轮幼虫,在发育过程中出现分节的胚层带以及10对按节排列的体腔囊,相应地神经、循环及后肾也都出现暂时的分节现象,也形成与环节动物相似的体壁结构。这些都说明螠类与环节动物的亲缘关系,所以一般认为它与环节动物同样起源于担轮动物,它与多毛纲的亲缘关系最近,应是多毛纲的退化类型。

4. 生态与分布

海产底栖动物,分布在各海域,从潮间带到几千米的深海,但主要在浅海海底泥沙中、岩石缝隙及珊瑚礁中,或腹足类或海胆的空壳中穴居。

二、螠虫动物的多样性

目前已报道的螠虫动物种类约230种左右,分为2目。

目1. 螠目(Echiuroidea) 体壁肌肉层由外到内的顺序为环肌、纵肌、斜肌;具血管,闭管式循环系统。如叉螠(*Bonellia*)(图12-2A)和棕绿螠(*Thalassema fuscum*)。

目2. 无管螠目(Xenopneusta) 体壁肌肉层由外到内的顺序为环肌、纵肌、斜肌,无血管,开放式循环系统。肠后端特化为呼吸器官。如单环肌螠(*Urechis unicinctus*)(图12-2B),俗称海肠子。我国仅渤海湾出产,且以胶东地区为主。

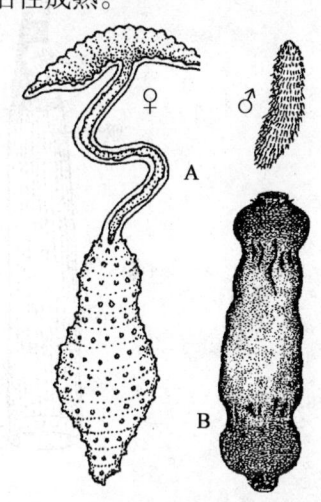

图12-2 螠虫动物的代表种类
A. 叉螠;B. 单环肌螠

第二节 星虫动物门(Sipunculida)

一、星虫动物的主要特征

1. 外部形态

星虫身体柔软,长筒状,形似蠕虫,不具体节,无疣足,亦无刚毛。一般体长约10 cm,最大的可达30~

40 cm。身体分为 2 区：前区能向内卷缩和向外翻出，称为吻部；后区较粗，体壁厚，称为躯干部（图 12-3A）。多数种的吻部着生小钩或棘刺，吻前端的触手形状变化较大，有指状、树枝状和丝状，排列方式有的呈环形或半环形，有的呈马蹄形。在躯干前端，腹面两个开口为肾孔，背面中央开口是肛门。体色多样，有乳白、浅灰、黄褐和棕褐色。全身有深棕色的皮肤乳突，因而表面较粗糙。只有少数种，如方格星虫（*Sipunculus*）（图 12-3B），皮肤光滑，无凸起的乳突生长。

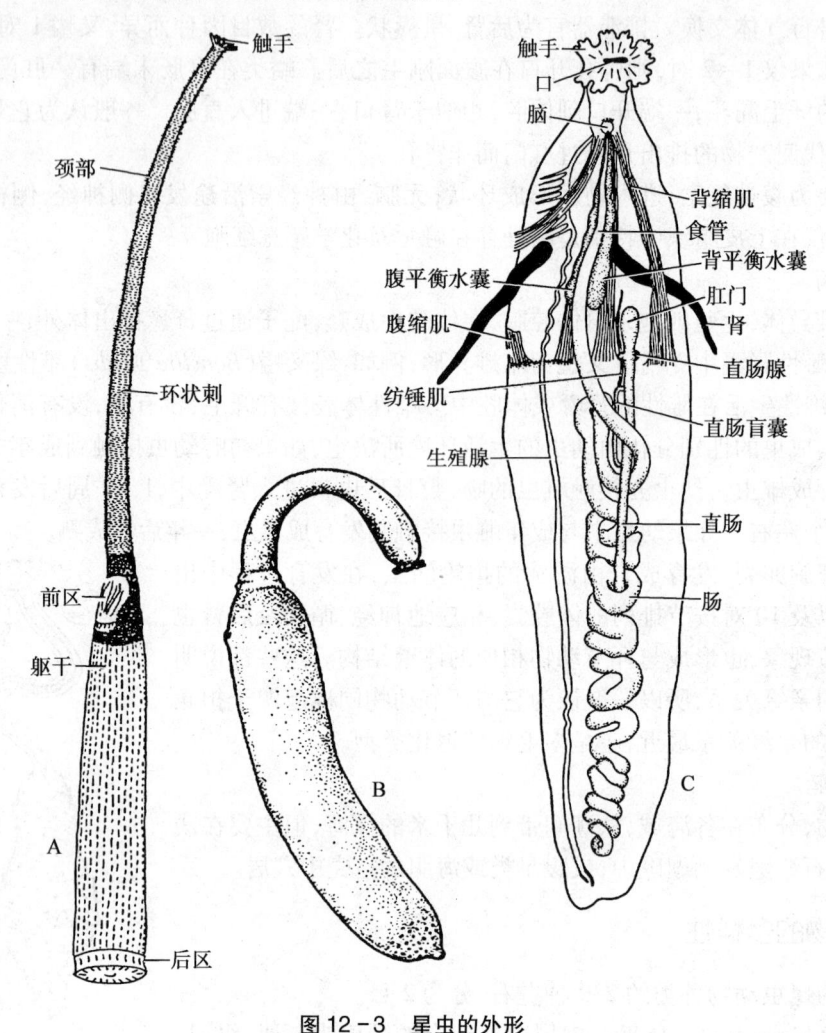

图 12-3 星虫的外形
A. 星虫的一般外形；B. 方格星虫的外形；C. 星虫的内部结构

2. 内部结构

体壁的最外层是角质层，下面有一层细胞形成的表皮，向下是真皮，再向下是发达的体壁肌肉层。肌肉层的外层是环肌，通常分离成束；中层是斜肌；内层是纵肌，多数种类形成肌束。体腔很大，但无隔膜，里边充满具循环功能的体腔液、血细胞和变形细胞。在生殖时，有不同发育阶段的生殖细胞。内脏器官均浸在体腔液中，其中有 2 或 4 条收吻肌，连接吻部伸向后方，附着在体腔壁上，当它收缩时，吻部可向体腔内卷缩。当它放松时，体后部环肌收缩，迫使体腔液向前流动，吻部可向外翻出。

消化系统包括口、食管、中肠、直肠、直肠盲囊、肛门等。整个消化管通常是体长的 2 倍。口后是一直行的食管（由吻部沿收吻肌下行），下接中肠，环绕纵贯体腔的纺锤肌盘旋而下，行至体腔后端，再折回，向上盘旋，形成许多盘卷的肠螺旋。直肠粗短，位于体前端，肠壁有明显的皱褶，多数种生有囊状的直肠盲囊。直肠最后在躯干前端的背中央开口，即肛门。整个消化管为"U"形的螺旋管道（图 12-3C）。

循环系统主要由背血管、围脑神经节血窦、触手冠和下唇血窦组成，此外还有血管丛。因有收缩作用，背血管又称收缩血管，位于食管背部。后端是盲管，前端通向围脑神经节血窦。当背血管收缩时，管内血液向前流动，先流入围脑神经节血窦，而后再流向他处血窦和血管丛。待流入触手冠和下唇血窦时，可使触手伸展,下唇翻出。

星虫无专门的呼吸系统,皮下血管丛是气体交换的主要器官。以1对后肾管作为排泄器管,位于体前端腹神经索的两侧,呈长囊状悬挂于体腔中,兼有生殖管作用。

神经系统由食管背面的脑神经节、环食管神经环和腹神经索组成。腹神经索位于腹中线处,纵贯全身,直达体后端,其上分出许多不成对的神经分支。无特殊感觉器官,但触手感觉灵敏。

3. 生殖与发育

星虫动物为雌雄异体,外形相似。生殖腺生在收吻肌基部的腹膜上。精或卵形成后,即掉到体腔,再经肾管排出体外,体外受精,直接发育或间接发育。间接发育者有担轮幼虫阶段。

4. 生态习性和分布

星虫动物生活在海洋中,除幼虫期外,皆营底栖生活,从潮间带直至深海。多数种栖息在热带和亚热带浅海泥沙内和珊瑚礁间。杂食小形动物、藻类、泥沙中的有机物等。

根据栖息的生态环境,星虫动物可归为穴居泥沙型、穴居珊瑚礁型和共栖型。

二、星虫动物的多样性

已报道约200余种,分为2纲4目。全部海产,广泛分布于三大洋中。

(一) 革囊星虫纲(Phascolosomida)

有完整的项触手,围口触手消失,吻钩呈环状排列,纺锤肌在体末端固着。

目1. 盾管星虫目(Aspidosiphoniformes) 体前端有角质或石灰质形成的肛门盾。如马岛石管星虫(*Lithacrosiphon maldivensis*)和斯氏盾管星虫(*Aspidosiphon steenstrupii*)(图12-4A、B)。

目2. 革囊星虫目(Phascolosomaformes) 体前端无角质或石灰质形成的肛门盾。如安岛反体星虫(*Antillesoma antillarum*)(图12-4C)和可口革囊星虫(*Phascolosoma esculenta*)。

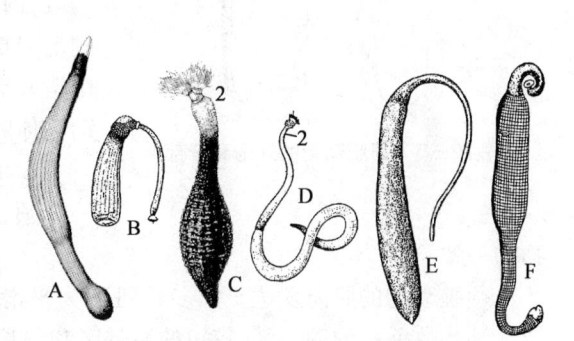

图12-4 各种星虫动物
A. 马岛石管星虫;B. 斯氏盾管星虫;C. 安岛反体星虫;
D. 戈芬星虫;E. 黑色缨心星虫;F. 裸体方格星虫

(二) 方格星虫纲(Sipunculida)

具有完整的围口触手,纺锤肌在体末端不固着。

目3. 戈芬星虫目(Golfingiaformes) 纵肌层连续,不分离成束。如戈芬星虫(*Golfingia*)和黑色缨心星虫(*Thysanocardia nigra*)(图12-4D、E)。

目4. 方格星虫目(Sipunculiformes) 纵肌层分离成束。如澳洲管体星虫(*Siphonosoma australe*)和裸体方格星虫(*Sipunculus nudus*)(图12-4F)。

第三节 须腕动物门(Pogonophora)

一、须腕动物的主要特征

1. 外部形态

须腕动物身体细而长,其多数种类的宽度(直径)不到1 mm,但体长却为体宽的100倍以上,最长可达36 cm。

须腕动物栖居在几丁质-硬蛋白构成的栖管内。栖管外表细如玉米须或较粗,大多数具褐色或黄色的色带(图12-5)。

须腕动物的身体前后共分为4部分：

（1）触手区：为动物体的前部（前体），具细长的触手，触手由圆形或三角形的位于触手区背面的头叶基部腹面伸出，从单一的螺旋形触手到多达200根以上排列成螺旋形圆柱体的触手。触手具有微小的、由单一的表皮细胞延长而成的羽枝，具有吸收营养物质的功能。

（2）系带区（中体）：又称腺体区，位于触手区和生殖区（后体）之间，较短，其主要功能是分泌几丁质-硬蛋白构成栖管，在腹面有几丁质系带，当虫体以栖管前端伸出时，系带可依附在管壁上以支持虫体的活动。

（3）生殖区：又称躯干部，极长，具许多外乳突和其他几丁质附着构造。

（4）尾体：系动物体后末端的分节区。尾体系由5～23个体节构成，内部具隔膜，外部具刚毛，与环节动物的体节相似。尾体及其刚毛的功能可能是使动物锚定在栖管内，并有助于动物在海底淤泥中凿穴活动。尾体结构脆弱，当动物被外力拉出海底淤泥时，易与动物体断开而留在海底。

2. 内部结构

须腕动物具真体腔。表皮外有角质层，它的微观结构与环节动物的一致。

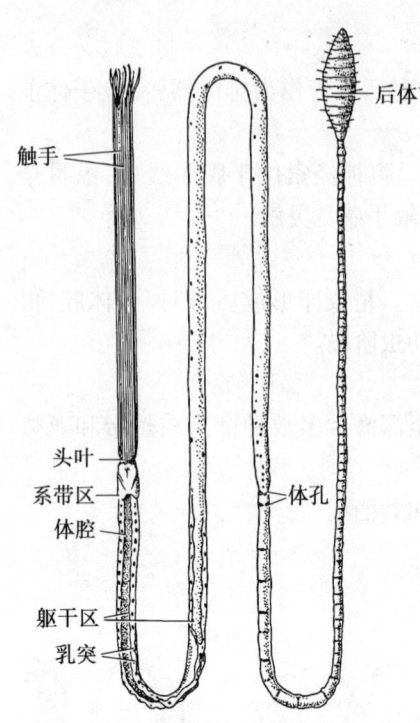

图12-5 须腕动物的外形和分部

须腕动物的肌肉发达。大多数肌肉为平滑肌，但心脏和血管的肌肉具横纹，类似于软体动物的喷门肌。动物体前端的触手区、较短的系带区和很长的生殖区以及末端的尾体4部分内都有腔隙。触手区有一袋形体腔囊，向前通向头叶和触手体腔，并有1对体胶管开口于两侧。系带区体腔囊长，无体胶管，但有许多管状腺体。体后部的生殖区有1对很长的体腔囊，其体腔管很发达，而且变为生殖管，其对外开口部为生殖孔。尾体内的体腔囊由膈膜分节。前后体之间都由膈膜隔开。所有体区的体胶囊均未发现腹膜性质的内膜，因此须腕动物的体腔囊并非是真正的体腔。

须腕动物没有口和消化管。消化和吸收是通过触手完成的。触手的排列方式和触手的表面构造，对须腕动物捕获、消化和吸收食物颗粒起着重要作用。

触手也是须腕动物的呼吸器官。

须腕动物具闭管式循环系统。虫体的背腹中央有背血管和腹血管。腹血管在触手区扩大成心脏，从心脏分出血管入触手，每一触手有向心、离心两条血管，分别为血液流入及流出管。血液在腹血管内由体后端流向前端，在背血管内侧由体前端流向后端。血液由心脏压入触手血管，然后由触手流入背血管。须腕动物的血液为红色，血液内有无核小体、圆形或椭圆形淋巴球。

须腕动物的触手区第1对体腔管兼有排泄功能，两管在消化部有很多毛细管与体腔相通，并有弯曲的排泄管，紧贴背血管。排泄物由触手区两侧的体胶管孔排出体外。

在动物体触手区背面头叶内有一主神经节，在主神经节的两侧，各有1条主神经索伸向体后，在表皮基底层内有上皮内神经。

须腕动物系雌雄异体，生殖孔的位置是其唯一的性别特征。生殖腺成双，圆柱形，位于生殖区的侧面。雄生殖孔开口于生殖区靠近系带区腹面的生殖突上，雌生殖孔开口于生殖区的中部。雄生殖管的末端部分把精子收集在精荚内，精荚具长尾。

3. 生殖与发育

有关须腕动物的生殖过程目前了解的不多，精子运输过程和受精过程至今均未观察到，但在雌虫栖管内发现了发育的幼虫。

卵子在雌虫栖管内孵育。卵子两侧对称，卵呈圆形或椭圆形，富含卵黄。卵裂方式是由辐射型或螺旋型发展而来的两侧对称型。无囊胚腔,以外包法形成原肠腔。从栖管收集到的后期胚胎具许多卵黄和两个纤毛环带。幼虫活动能力小,在附着以前一直呆在母虫栖管内。至于幼虫离开母虫栖管后是借水流漂浮或是立即下沉到海底,尚不清楚。

4. 生态习性与分布

绝大多数须腕动物都栖息于海底淤泥中,生活在直立的栖管内。它们通常密集成群,有时数量多达 200 条/m^2。极少数种在烂木或其他碎屑间构筑栖管。栖管很长,一般长达 10~85 cm,有的甚至超过 2 m。在栖管管壁上,常有刺胞动物、多孔动物和外肛动物附着。

须腕动物几乎全为深水生物,其栖息深度均在 100 m 以下,个别种能分布于深达 9 735 m 的海沟底,在高纬度地区常栖息于较浅的水域,而在低纬度地区则生活于深海海沟内。大多数须腕动物都分布于大陆坡以及大的岛屿周围,这和它们的营养方式密切有关。须腕动物可以从其栖息地周围的淤泥中吸收溶解的有机质,因此须腕动物分布最多的海区,经常有大量的有机质;而这些有机质与海流的流向、流速和底质有着密切的关系。有些须腕动物可以生活在 10~20 ℃ 的海水中。体内常与化能无机营养菌或甲基营养菌形成共生。

太平洋西北部水域和印尼马来海域有着极为丰富的须腕动物,太平洋东部、印度洋、大西洋西部以及南极水域也有须腕动物的分布,中国东海也发现了须腕动物。

二、须腕动物的多样性与分类地位

目前已知的须腕动物约有 150 多种,分为 2 目:无角板目(Athecanephria)和角板目(Thecanephria)。

关于须腕动物的分类地位,一直很有争议。在未发现尾体之前,动物学家普遍认为须腕动物是后口动物,动物体分为 3 区(前体、中体和后体),它们的一般体制似乎类似于羽鳃类的半索动物。1955 年被前苏联学者 Ivanorv A. V. 建立起一个独立的门,国内多个版本的动物学教材中基本上是依此观点的。然而,须腕动物尾的中胚层具分节、有与多毛类相似的刚毛等特点,又使得许多动物学家认为须腕动物在系统发育中处于原口动物的地位,更接近于环节动物。同时,也有一些动物学家认为,在动物系统演化中,须腕动物是介于原口动物与后口动物之间的中间类群,或者说须腕动物是沿着一条独立的演化道路的动物类群。最近,研究人员对须腕动物的线粒体基因组序列的分析显示:它与环节动物很近,故目前有人坚持认为须腕动物是环节动物门的一个纲。

第四节 鳃曳动物门(Priapulida)

鳃曳动物也是一小类海洋底栖动物,多分布在靠近两极地区的冷海中,从浅海到深海都有,在泥沙中或管居生活。常在海洋软底质营底栖生活,在潮间带至 8 000 m 深处均有。布尔吉斯页岩可能有其化石代表,云南澄江下寒武纪也可能有。

过去鳃曳动物一直被列为原体腔动物,但自 1961 年 Shapeero W. L. 发现它有体腔膜之后,人们才把它列为真体腔动物,而且独立成一门,仅报导过 19 种,现代种如鳃曳虫(Priapulus)。

体呈长筒形,5~20 cm 之间,可分为吻与躯干两部分(图 12-6A)。吻可缩入躯干前端,吻上有成行的嵴,嵴上有突起,吻的顶端有成圈排列的刺,口也位于吻的顶端。有的种围绕口有分枝的触手。吻后为躯干部,外表有许多体环,从几十个到 100 多个,因种而异。躯干部上也有许多小突起使之呈瘤状,躯干末端有 2 个泄殖孔及肛门的开口。躯干部之后为 1~2 个尾附器(caudal appendages),它是一中空的柄,表面附着大量的球形小囊,附器中的腔与体腔相通,有人推测它是气体交换的场所,或为化学感受器。

体壁结构与环节动物相似,但表皮层随生长而蜕皮。表皮细胞向外突起,形成体表的乳突或瘤。环肌呈分离的环状排列,使体表出现体环。纵肌在吻区成束排列,出现嵴状。发达的肌肉,使它能在泥沙中钻穴运动。

体内有发达的体腔,具有一层很薄的体腔膜,并包围内脏器官形成系膜,其中包含有变形细胞及含血红蛋白的血细胞。鳃曳动物为肉食性的,主要取食多毛类、小型甲壳类。取食时咽翻出,用口及咽周围的刺撕裂捕获物。咽的外围有发达的肌肉以控制咽的伸缩。咽后为肠、直肠,最后以肛门开口在躯干末端。在咽的前端有1神经环,后连1神经索,紧靠表皮细胞。吻与躯干的乳突具感觉功能。其排泄器官与生殖器官紧密相联,形成1对泄殖器官(urogenital organ),位于肠的两侧。它的中央是1原肾管,有成堆的管细胞连接到原肾管的一侧,另一侧为生殖腺。原肾管可排出代谢产物及生殖细胞,其末端为泄殖孔(urogenital pore)。

鳃曳动物都是雌雄异体,精子的释放刺激雌性产卵,卵体外受精,经放射卵裂、孵化后成一小的后原肠胚。发育成幼虫后躯干部被角质层包围形成一兜甲状,相似于轮虫。幼虫期蜕皮多次变态后成为成虫,成虫也行蜕皮。这些特征又相似于原体腔动物,故对其分类地位尚有争论。也许对其胚胎学有进一步的了解后,才能得出肯定的结论。

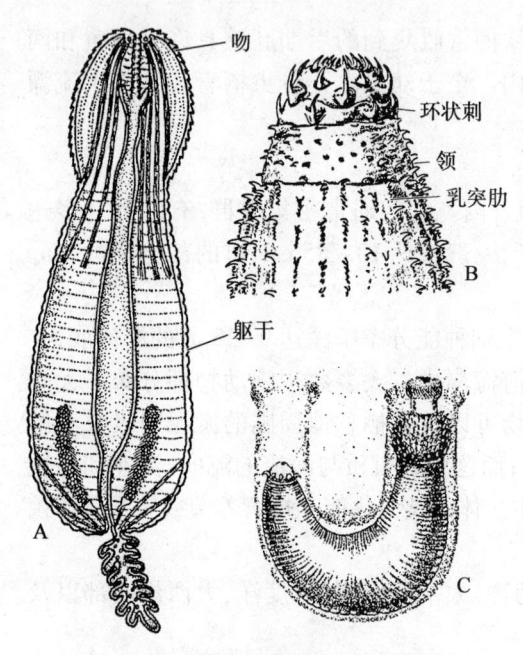

图 12-6 鳃曳虫的形态与生活状态
A. 整体;B. 前部外形;C. 生活状态

拓展阅读

[1] Saiz-Salinas J I, Dean H K, Cutler E B. Echiura from Antarctic and adjacent waters. Polar Biology, 2000, 23: 661-670

[2] Rieger R M, Purschke G. The coelom and the origin of the annelid body plan. Hydrobiologia, 2005, 535-536: 127-137

[3] 周红,李凤鲁,王玮. 中国动物志 星虫动物门 螠虫动物门. 北京:科学出版社

[4] Southward E C, Schulze A, Gardiner S L, 2005, Pogonophora(Annelida): form and function. Hydrobiologia, 2007, 535-536: 227-251

[5] Adegoke O S. A probable pogonophoran from the early Oligocene of Oregon. Journal of Paleontology, 1967, 41: 1090-1094

[6] Boore J L, Brown W M. Mitochondrial genomes of Galathealinum, Helobdella, and Platynereis: Sequence and gene arrangement comparisons indicate that Pogonophora is not a phylum and annelida and arthropoda are not sister taxa. Mol Biol Evol, 2000, 17: 87-106

[7] Storch V. Priapulida. In: Microscopic Anatomy of Invertebrates. Vol 4. Harrison F W, Ruppert E E eds. New York: Wiley-Liss, 1991

思考题

1. 如何判断动物门类间的亲缘关系?
2. 比较不同版本动物学教材,归纳一下各作者对本章介绍的几个动物门类的分类地位。

第十三章　软体动物门(Mollusca)

软体动物种类多,为动物界第二个大类群。软体动物的形态结构变异较大,但基本结构是相同的。身体柔软;没有明显的体节;可区分为头、足和内脏团3部分;体被外套膜;常常分泌有贝壳;真体腔退化;有发达的消化腺;呼吸靠鳃、外套膜进行;排泄系统为肾管;神经系统两极化明显;间接发育有担轮幼虫期;分布极为广泛,与人类的关系密切。

第一节　软体动物的主要特征

一、躯体的划分

软体动物的形态变异较大(图13-1),但基本结构是相同的。

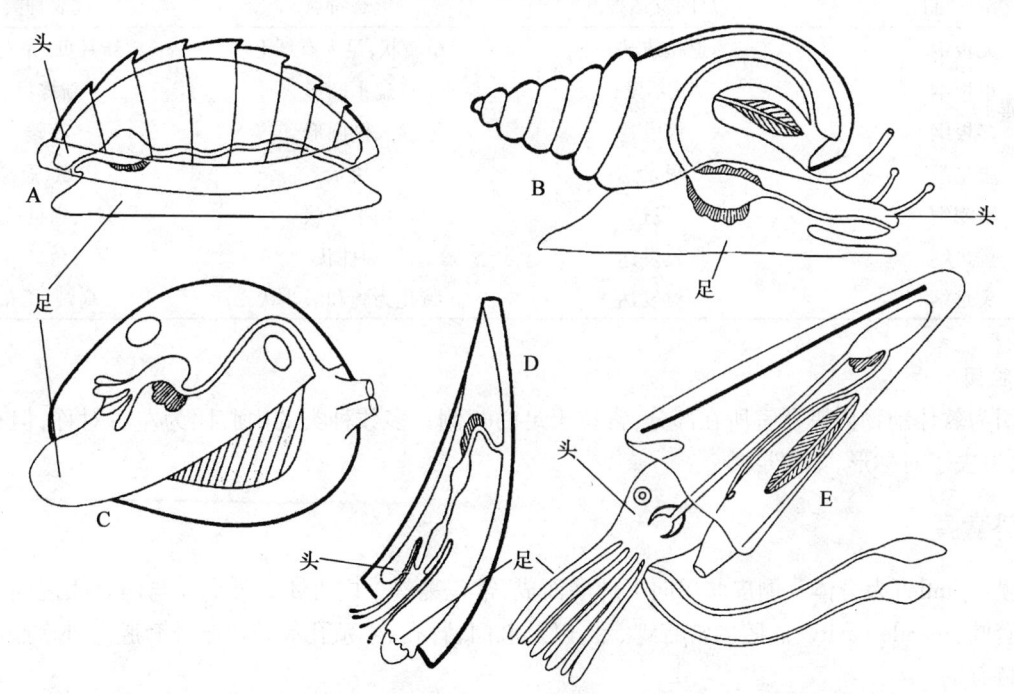

图13-1　软体动物各主要类群的外形
A. 多板纲;B. 腹足纲;C. 瓣鳃纲;D. 掘足纲;E. 头足纲

软体动物的身体一般可分为头、足(foot)和内脏团(visceral mass)3部分(图13-2)。

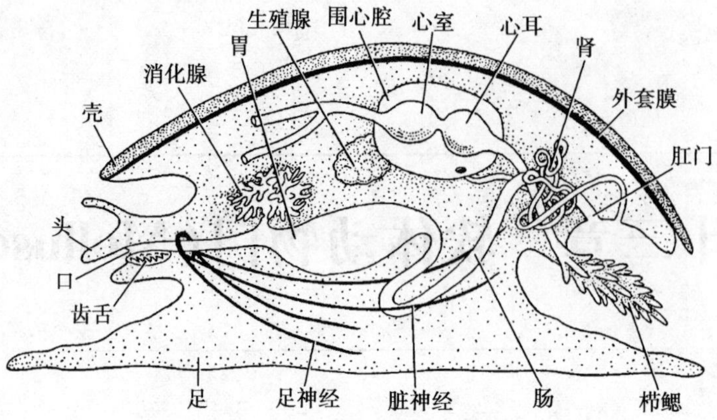

图13-2 软体动物的模式结构

1. 头部

头部位于身体的前端。运动敏捷的种类,头部分化明显,其上生有眼、触角等感觉器官,如田螺、蜗牛及乌贼等;行动迟缓的种类,头部不发达,如石鳖;穴居或固着生活的种类,头部已消失,如蚌类和牡蛎等。

2. 足部

足通常位于软体动物身体的腹侧,为运动器官,常因动物的生活方式不同而形态各异(图13-1、表13-1)。有的足部发达,呈叶状、斧状或柱状,可爬行或掘泥沙;有的足部退化,失去了运动功能,如扇贝等;固着生活的种类,则无足,如牡蛎;有的足已特化成腕,生于头部,为捕食器官,如乌贼和章鱼等,称为头足;少数种类足的侧部(即侧足 parapodium)特化成片状,可游泳,称为翼或鳍,如翼足类(Pteropoda)。

表13-1 软体动物足的比较

类群	足的发达程度	形态特点	代表种类
无板纲	退化或缺失	小崎状,足上有纤毛	新月贝、龙女簪
单板纲	小、不发达	扁平圆形	新蝶贝
多板纲	极发达	长椭圆形	石鳖
腹足纲	很发达	块状	田螺、冠螺
瓣鳃纲	发达	扁平斧状	河蚌、扇贝、贻贝
掘足纲	较发达	圆柱状	角贝
头足纲	极发达	特化为腕和漏斗状	乌贼、柔鱼

3. 内脏团

内脏团为软体动物内脏器官所在部分,常位于足的背侧。多数种类的内脏团为左右对称,但有的扭曲成螺旋状,失去了对称形,如腹足类。

二、外套膜

外套膜(mantle)为身体背侧皮肤褶向下伸展而成,常包裹整个内脏团。外套膜与内脏团之间形成的空腔称为外套腔(mantle cavity)。腔内常有鳃、足,以及肛门、肾孔、生殖孔等开口于外套腔。外套膜结构是软体动物所特有的。

外套膜由内外2层上皮构成(图13-3),外层上皮的分泌物,能形成贝壳;内层上皮细胞具纤毛,纤毛摆动,造成水流,使水循环于外套腔内,借以完成呼吸、排泄、摄食等。左右2片外套膜在后缘处常有一、二处愈合,形成出水孔(exhalant siphon)和入水孔(inhalant siphon)。有的种类出入水孔延长成管状,伸出壳外,称为出水管和入水管。

不同类群软体动物的外套膜发达程度是不同的,除分泌形成贝壳外,还分化出其他作用。

三、贝壳

贝壳(shell)为软体动物的重要特征,因此研究软体动物的学科也称为贝类学(Malacology)。大多数软体动物都具有一二个或多个贝壳,形态各不相同(图13-1)。有的呈帽状,螺类为螺旋形,掘足类为管状;瓣鳃类为瓣状。有些种类的贝壳退化成内壳,有的无壳。贝壳主要起保护柔软身体和维持体型的功能。

贝壳的成分主要是$CaCO_3$和少量的壳基质(conchiolin,或称贝壳素)构成。这些物质是由外套膜上皮细胞分泌形成的。贝壳的结构一般可分为3层(图13-3),最外一层为角质层(periostracum),很薄,透明,有光泽,由壳基质构成,不受酸碱的侵蚀,可保护贝壳。中间一层为壳层(ostracum),又称为棱柱层(primatic layer),占贝壳的大部分,由角柱状的方解石(calcite,$CaCO_3$成分为主)构成。最内一层为壳底(hypostracum),即珍珠质层(pearl layer),富光泽,由叶状霰石(aragonite)构成。外层和中层为外套膜边缘分泌形成,可随动物的生长逐渐加大,但不增厚;内层为整个外套膜分泌而成,可随动物的生长而增加厚度。珍珠就是由珍珠质层形成的。当外套膜受到微小沙粒等异物侵入刺激时,受刺激处的上皮细胞即以异物为核,陷入外套膜上皮间的结缔组织中,陷入的上皮细胞自行分裂形成珍珠囊,囊即分泌珍珠质,层复一层地将核包住,逐渐形成珍珠(图13-3)。

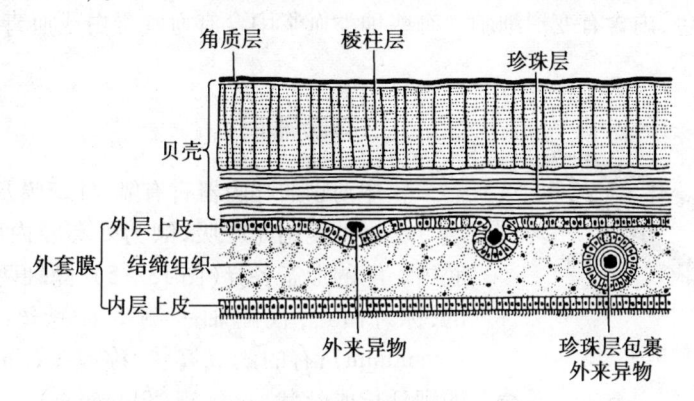

图13-3 瓣鳃类贝壳及外套膜的横切面

角质层和棱柱层的生长非连续不断的,由于食物、温度等因素影响外套膜分泌机能,故贝壳的生长速度是不同的,因此在贝壳表面形成了生长线,表示出生长的快慢。

四、消化系统

软体动物的消化管完整,包括:口、咽、食管、嗉囊、胃和肠;消化腺发达,有唾液腺、肝、胰等。少数寄生种类(内寄螺 Entocolax)退化。不同类群的消化系统存在着各种变化。多数种类口腔内具颚片(mandible)和齿舌(radula),颚片1个或成对,可辅助捕食。齿舌是软体动物特有的器官,位口腔底部的舌突起(odontophore)表面,由横列的角质齿组成,似锉刀状(图13-4)。摄食时以齿舌作前后伸缩运动,刮取食物。齿舌上小齿的形状和数目,在不同种类间各异,为鉴定种类的重要特征之一。小齿组成横排,许多排小齿构成齿舌。每一横排有中央齿1个,左右侧齿1或数对,边缘有缘齿1对或多对。齿舌上小齿的排列,以齿式表示,如中国圆田螺(Cipangopaludina chinensis)的齿式为2·1·1·1·2。

五、体腔和循环系统

软体动物的真体腔极度退化,仅残留围心腔(pericardinal cavity)及生殖腺和排泄器官的内腔。原体腔则存在于各组织器官的间隙,内有血液流动,形成血窦(blood sinus)。

软体动物的循环系统由心脏、血管、血窦及血液组成。心脏一般位内脏团背侧围心腔内,由心耳和心室构成。心室一个,壁厚,能搏动,为血循环的动力;心耳1个或成对,常与鳃的数目一致。心耳与心室间有瓣膜,防止血液逆流。血管分化为动脉和静脉。血液的流动形式是:心脏→动脉→血窦→静脉→心脏。故软体动物为开管式循环(open circulation)。开管式循环与环节动物的闭管式循环有很大区别。

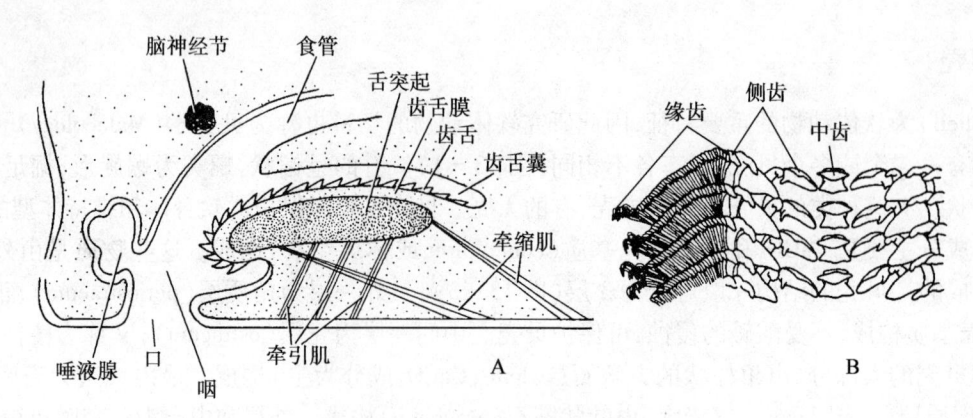

图 13-4 软体动物的齿舌结构
A. 齿舌的解剖;B. 齿舌的基本排列

开管式循环的效率没有闭管式高。软体动物具有这类循环模式,是与其大多数种类的运动能力比较低下相适应的。另外一些具有快速游泳能力的种类,如头足类,则为近闭管式循环。

软体动物的血液无色,内含有变形细胞。有些种类血浆中含有血红蛋白或血青蛋白,故血液显红色或青色。

六、呼吸器官

软体动物的呼吸器官有鳃、外套膜及外套膜形成的"肺"。

水生种类用鳃呼吸,鳃为外套腔内面的上皮伸展形成,位腔内。鳃的形态各异(图 13-5),鳃轴两侧均生有鳃丝,呈羽状的,称为楯鳃;仅鳃轴一侧生有鳃丝,呈梳状的,称为栉鳃(ctenidium);有的鳃成瓣状,称瓣鳃(lamellibranch);有些种类的鳃延长成丝状,称丝鳃(filibranch)。有的本鳃消失,又在背侧皮肤表面生出次生鳃(secondary branchium),也有的种类无鳃。鳃成对或为单个,数目不一,少则 1 个或 1 对,多则可达几十对。陆地生活的种类均无鳃,其外套腔内部一定区域的微细血管密集成网,形成"肺",可直接摄取空气中的 O_2。这是对陆地生活的一种适应性。

七、排泄器官

多数软体动物的排泄器官是肾管,与环节动物的肾管同源。只有少数种类的幼体为原肾管。肾管的数目一般与鳃的数目一致,后肾管由腺质部分和管状部分组成,腺质部分富血管,肾口具纤毛,开口于围心腔;管状部分为薄壁的管子,内壁具纤毛,肾孔开口于外套腔。后肾管不仅可排除围心腔中的代谢产物,也可排除血液中的代谢产物。除了肾管外,部分软体动物种类还有其他排泄器官,如河蚌的凯泊耳氏器(Keber's organ)(起源于围心腔表皮某些区域的腺体)也具有一定的排泄功能。

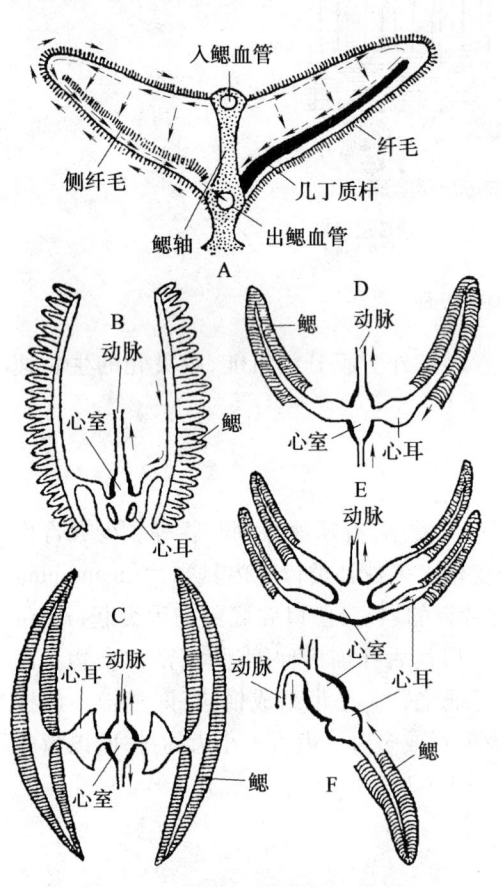

图 13-5 软体动物鳃的不同形态
A. 原始羽状鳃的横断面,示鳃丝的构造
(→示水流方向,---→示血液流动方向);
B~F. 鳃与心脏的关系
(B. 石鳖;C. 瓣鳃类;D. 头足纲的二鳃类;
E. 头足纲的四鳃类;F. 腹足纲的后鳃类)
(A 仿 Barnes;B~F 仿 Coole)

八、神经系统和感觉器官

软体动物的神经系统变化较大(图 13-6)。原始种类的神经系统无神经节的分化,仅有围咽神经环及向体后伸出的 1 对

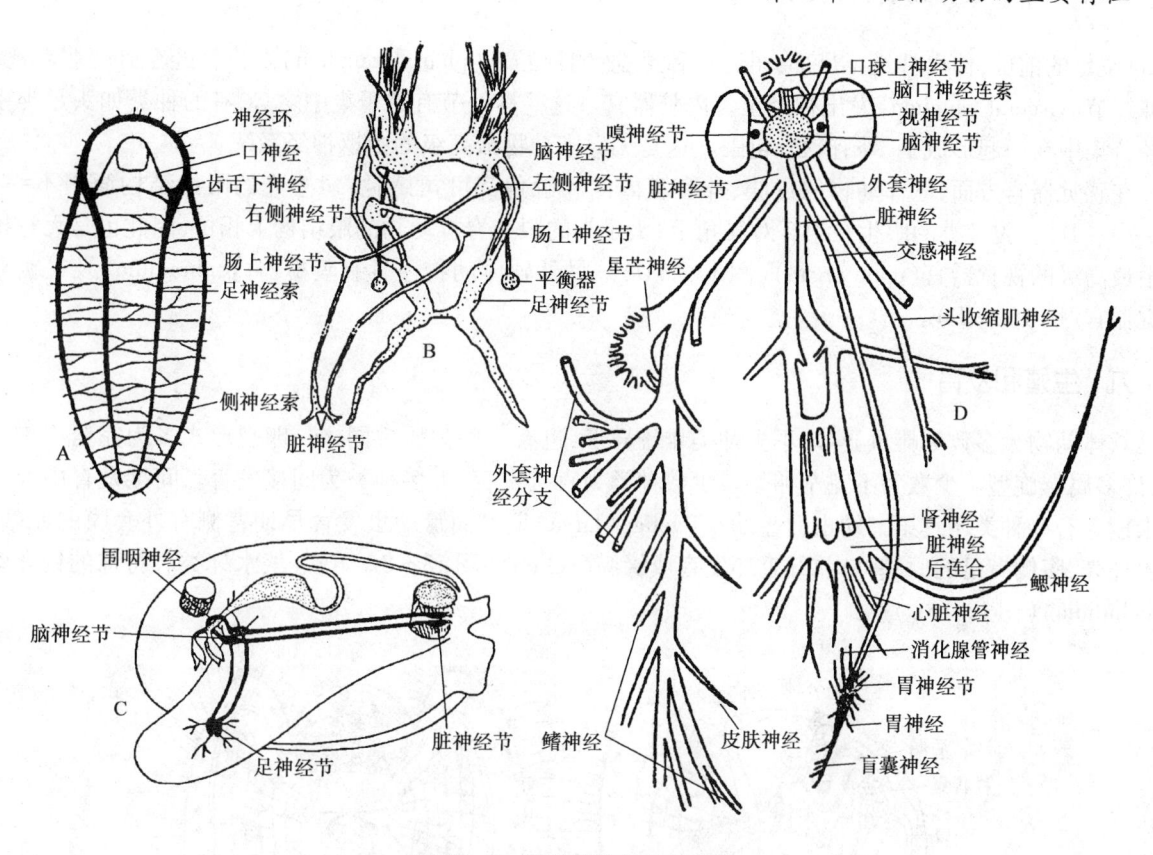

图 13-6 软体动物的神经系统
A. 多板纲；B. 腹足纲；C. 瓣鳃纲；D. 头足纲

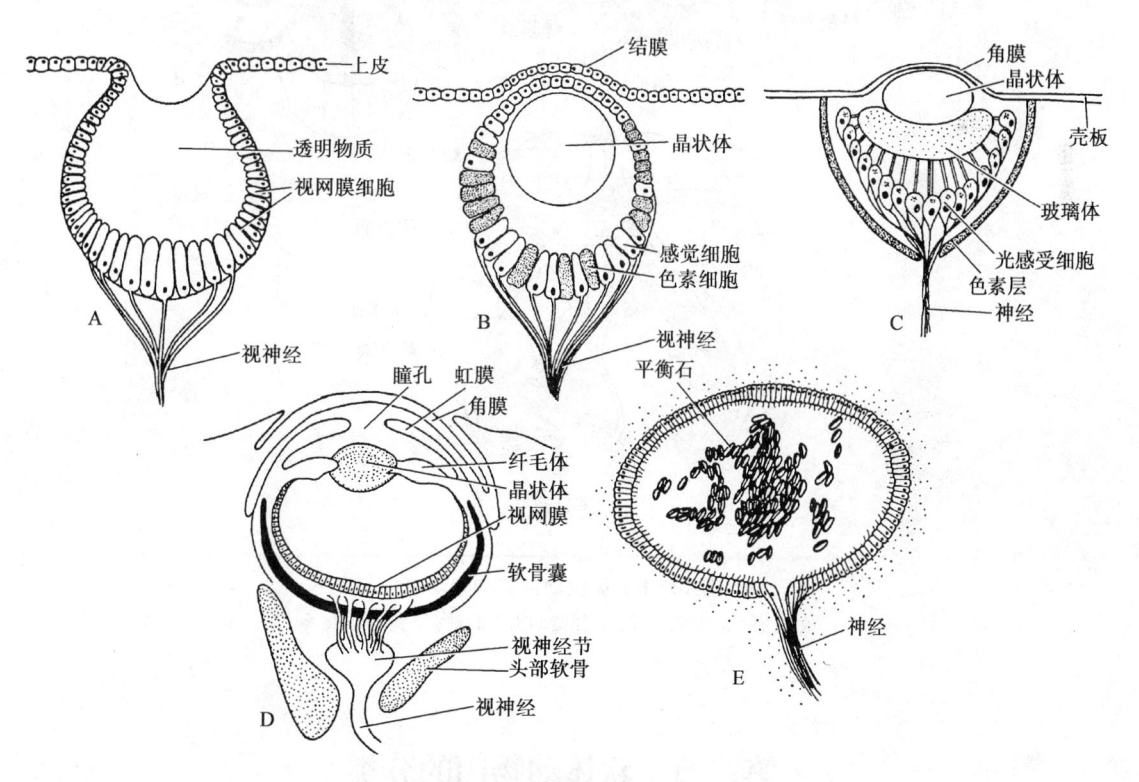

图 13-7 软体动物的感觉器官
A. 简单的腹足类眼结构；B. 复杂的腹足类眼结构；C. 多板纲的微眼；D. 头足类的眼；E. 腹足类的平衡囊结构

足神经索(pedal cord)和 1 对侧神经索(pleural cord)。较高等的种类，主要有 4 对神经节，各神经节间有神经相连。脑神经节(cerebral ganglion)位食管背侧，发出神经至头部及体前部，司感觉；足神经节(pedal ganglion)位足的前部,伸出神经至足部,司运动和感觉;侧神经节(pleural ganglion)发出神经至外套膜及鳃等;脏神经节(visceral ganglion)发出神经至各内脏器官。这些神经节有趋于集中之势,有的种类如头足类主要神经节集中在一起形成脑,外有软骨包围。这是无脊椎动物最高级的中枢神经系统。

在感觉器官方面,软体动物的皮肤、外套膜内侧和触角都可司感觉;司感光的眼的结构简繁不一(图13-7A~D)。腹足类的眼生在第2对触角上;头足类的眼与脊椎动物的眼结构上相仿,因此也是无脊椎动物中最高级的视觉器官(optic organ)(图13-7D)。另外软体动物还具有嗅检器(osphradium)及平衡囊等感觉器官(图13-7D)。

九、生殖和发育

软体动物大多数为雌雄异体,不少种类雌雄异形,也有一些为雌雄同体。卵裂形式多为完全不均等卵裂,许多属螺旋型。少数为不完全卵裂。少数种类为直接发育,大多种类为间接发育。间接发育中经担轮幼虫期。有些种类还具第二幼虫面盘幼虫(veliger larva)期。面盘幼虫发育早期背侧有外套膜的原基,且分泌外壳,腹侧有足的原基,口前纤毛环发育成缘膜(velum)(图13-8A、B)。淡水蚌类有特殊的钩介幼虫(glochidium)(图13-8C)。

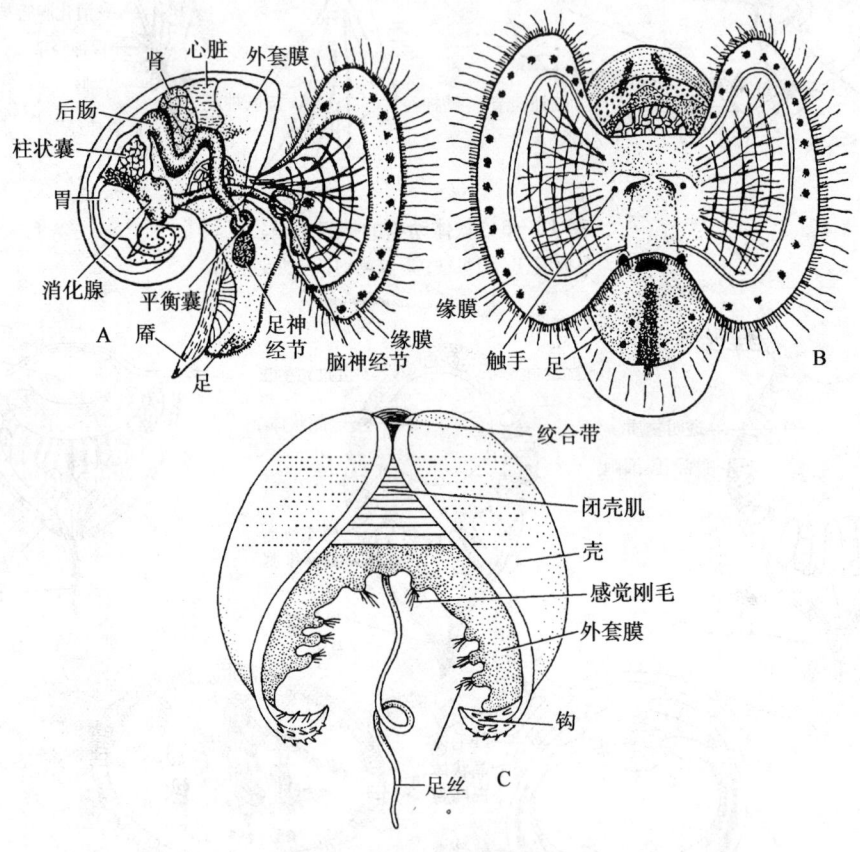

图13-8 面盘幼虫和钩介幼虫
A. 面盘幼虫侧面观;B. 面盘幼虫正面观;C. 钩介幼虫

第二节 软体动物门的分类

软体动物门目前已记载13万多种,分布广泛。依据它们的贝壳、足、鳃、神经及发生特点等特征,软体动物一般分为9或10纲,其中有3纲种类只有化石存在。但有学者认为尾腔纲(Caudofoveata)和沟腹纲(Solenogasters)应整合为无板纲(Aplacophora)。另外,同物异名现象在本动物门的分类中比较普遍和突出。这里介绍的是10纲体系中有现存种的7纲。

第三节 无板纲(Aplacophora)

一、无板纲的主要特征

无板纲是软体动物中的原始类群,体呈蠕虫状,细长或短粗,无贝壳。体表被具石灰质细棘的角质外皮,头小,口在前端腹侧,躯体细长,腹侧中央有一腹沟(图13-9),有的种类沟中有一小形具纤毛的足,有运动功能。体后有排泄腔,多数种类在腔内有1对鳃,腔后为肛门。无触角、眼等感觉器官;肠为直管状,齿舌有或无;心脏为1心室1心耳,血管系统退化;雌雄同体或异体,个体发育中有担轮幼虫期。

无板类为肉食性,穴居,生活在低潮线下数10 m至深海海底。有些种类将身体完全钻入泥中,只在表面露出排泄腔部分;有些种类在海藻或各种刺胞动物(如水螅、珊瑚、海鸡冠等)群体上爬行,缠绕,多以有孔虫或其他原生动物为食。分布遍及全球。

二、无板纲的多样性

无板类约有200多种,均为现生种。分为2目。

目1. 毛皮贝目(Chaetodermoida) 身体延长,呈蠕虫状。头部通过1个收缩部与体躯分开,身体呈圆筒状。口和排泄腔位于两端。全身被有角质带棘的外皮,腹面无腹沟。排泄腔内有2枚发达的羽状鳃。中肠具盲囊,有肝的作用。肾也具有生殖输送管的作用。雌雄异体,无交接器。齿舌特殊,有的具1枚大齿,大齿上生有多变的锯齿。如闪耀毛皮贝(*Chaetoderma nitidulum*)(图13-10A)。

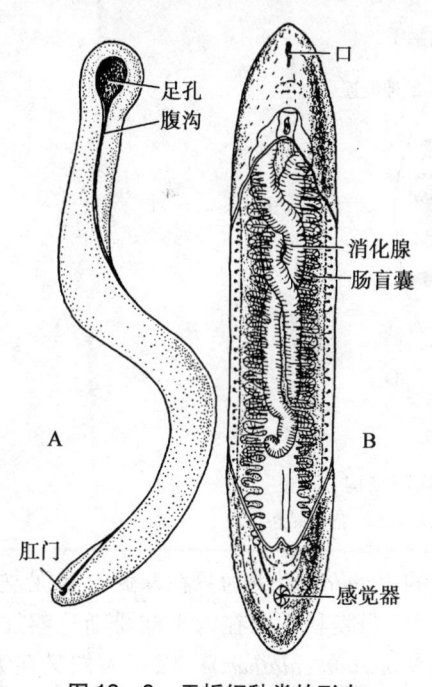

图13-9 无板纲种类的形态
A. 外形;B. 内部结构

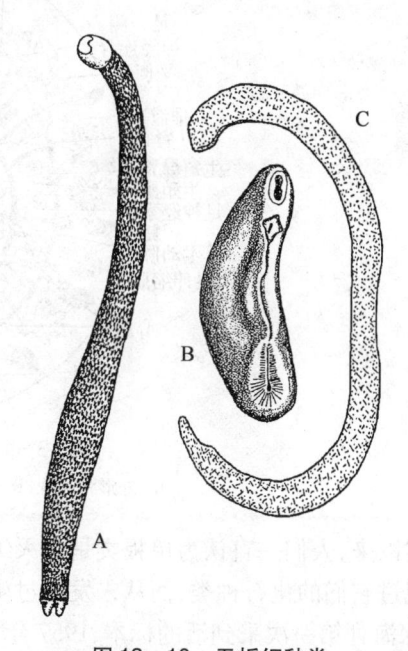

图13-10 无板纲种类
A. 闪耀毛皮贝;B. 隆线新月贝;C. 龙女簪

目2. 新月贝目(Neomenioida) 身体两侧对称,头和排泄腔区与体躯之间的界限不明显。口位于腹面近前端,排泄腔位于身体后端部或接近端部。具有腹沟,腹沟中有足,或至少在腹面有一长条形的区域,该区域无角质外皮。具足腺。鳃围绕在肛门边缘成褶叠状,有时缺乏。雌雄同体。齿舌的形状正常或缺乏齿舌。中肠没有盲囊。自由生活或营寄生生活。如隆线新月贝(*Neomenia carinata*)和龙女簪(*Proneomenia*)(图13-10B、C)。

第四节　单板纲(Monoplacophora)

身体左右对称,有 1 个笠贝形的贝壳,壳顶在中央部稍靠前方,向前倾斜(图 13-11A、B)。壳表有自壳顶生长的同心生长线,有的有放射线。胚壳右旋,壳口向后方,显示发育中没有经过扭转。足发达,足肌 8 对,分别排列于足的周围。鳃 5 或 6 对,环列于足的周围(图 13-11C)。头部不明显,在头的腹面,有触角叶,口腔内有发达的齿舌,齿式为 5·1·5。心脏为 1 心室、4 心耳。肾 6 对,1 对开口于前部,其余 5 对均开口于鳃的基部。生殖腺 2 对,在围心腔的前方(图 13-11D)。雌雄异体。绝大多数为化石种,已绝灭了近 4 亿年。

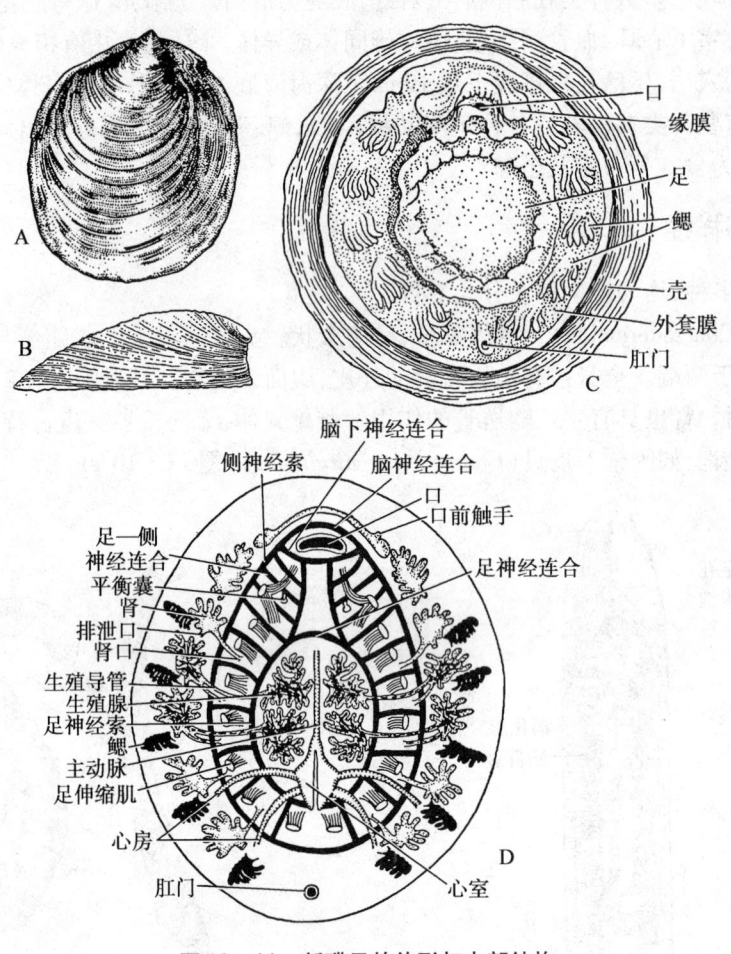

图 13-11　新碟贝的外形与内部结构
A. 外形背面观；B. 外形侧面观；C. 外形腹面观；D. 内部结构

长期以来,人们一直认为单板类是已灭绝的最原始腹足类的 *Patellacea*,因为只在寒武纪及泥盆纪的地层中发现过它们的化石种类,而从未发现过生存的标本。1952 年,丹麦科学家在太平洋哥斯达黎加沿岸的 3 570 m 深海处第一次采到活的标本,1957 年被定名为新碟贝(*Neopilina galathea*)。以后人们又在大西洋、印度洋等处发现了一些种类。这类被称为"活化石"的原始贝类的发现,对研究贝类的起源与演化提供了新的资料。

由于单板纲动物的原始性和现存种类的稀少性,在为数不多的报道中对它的分类系统存在着各种不同的观点。目前根据壳形、壳顶位置和肌痕,人们把单板纲分为 3 目:罩螺目(Tryblidioidea)、古祐目(Archinacelloidea)和弓壳目(Cyrtonellida)。

第五节 多板纲(Polyplacophora)

一、多板纲的主要特征

1. 外部形态

体呈椭圆形,背稍隆,腹平。背侧具8块石灰质贝壳,多呈覆瓦状排列。前面1块半月形,称头板(cephalic plate),中间6块结构一致,称中间板(intermediate plate),末块为元宝状,为尾板(tail plate),各板间可前后抽拉移动,因此动物脱离岩石后,可以卷曲起来。贝壳周围有1圈外套膜,称环带(girdle),其上丛生有小针、小棘等,形态各异。头部不发达,位腹侧前方,圆柱状,有一向下的短吻,吻中央为口。足宽大,吸附力强,在岩石表面可缓慢爬行。足四周与外套之间有一狭沟,即外套沟,在沟的两侧各有1列楯鳃,6对或数10对(图13-12A、B)。

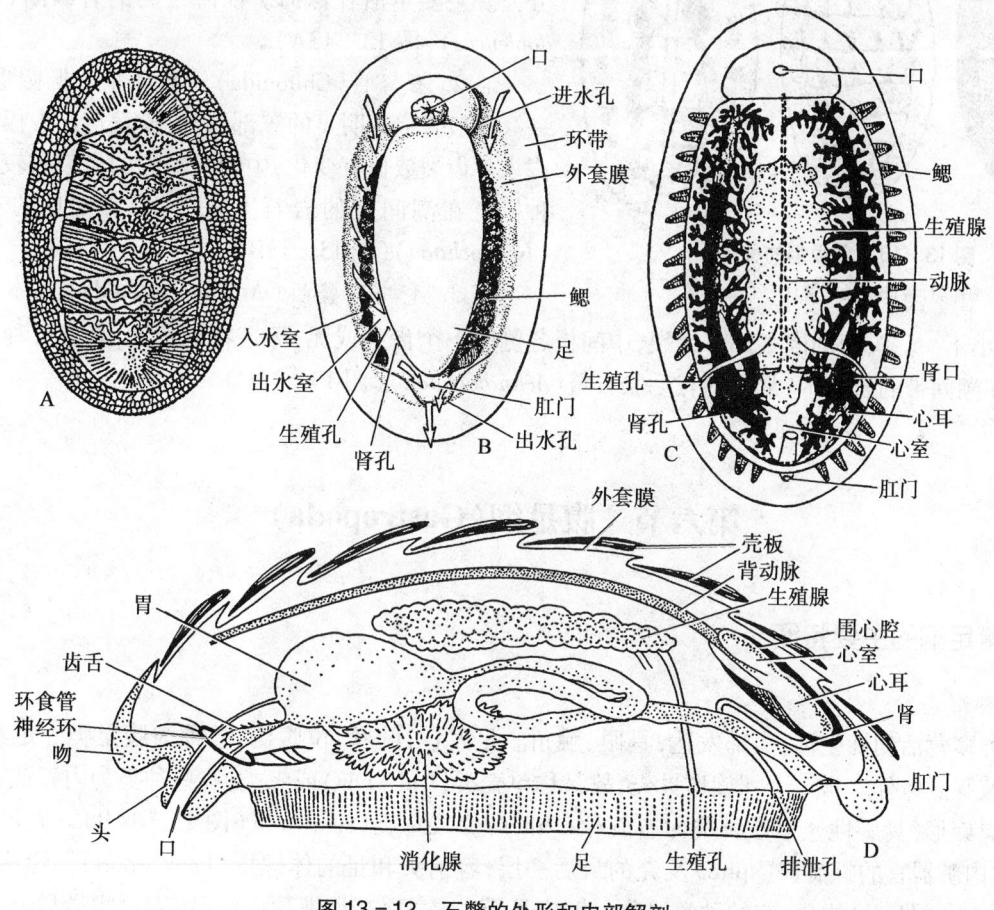

图13-12 石鳖的外形和内部解剖
A. 背面;B. 腹面(箭头为水流方向);C. 内部解剖正面观;D. 内部解剖侧面观(A仿张玺;D仿Storer)

2. 内部结构

口腔具齿舌,消化腺发达。口腔前有1对唾液腺,食管后有1对粗大的食道腺,胃周围为肝。
真体腔发达,显示其原始性。1管状心室,2心耳。
排泄为后肾管1对,肾口开于围心腔,肾孔开于外套沟中,后2对楯鳃之间(图13-12C、D)。
神经系统较为原始,由环食管的神经环与向后伸出的侧神经索和足神经索组成。神经索间有许多细神经相连,呈梯状神经系统。两侧神经索发出神经至外套、鳃及内脏器官;足神经索主要发出神经至足部(图13-6A)。

有的种类贝壳上常有微眼(aesthetes),可感光(图13-7C)。

3. 生殖与发育

雌雄异体,具生殖腺和生殖导管,生殖孔开口于外套沟内。

受精卵经完全不均等卵裂,经囊胚,以内陷法形成原肠胚,后生出两纤毛带,发育成担轮幼虫和面盘幼虫,后体逐渐延长,腹面生足,背侧生壳,并具眼,经变态成成体。

4. 生态习性与分布

全部生活在沿海潮间带,常以足吸附于岩石或藻类上。世界性分布。一般草食性,但也有的种类以有孔虫、外肛动物、蔓足类及其他小甲壳类为食。

二、多板纲的多样性

多板类约有1 000种,下分3目。

目1. 鳞侧石鳖目(Lepidopleurida) 身体狭小,贝壳无嵌入片,有的属(如 *Hemiarthrum* 属)即使有嵌入片也不分齿。主要生活在深海。浅海常见的有鳞侧石鳖(*Lepidopleurus*)(图13-13A)。

目2. 石鳖目(Chitonida) 身体呈长椭圆形,大小不一。一般壳板有明显的翼部,盖层较发达。头板和尾板的嵌入片齿裂数目有变化,中间板每侧的齿裂数较少。多数种栖息在潮间带的岩石上,我国沿海常见的有锉石鳖(*Ischnochiton*)(图13-13B)。

目3. 毛肤石鳖目(Acanthochitonida) 体呈长形或椭圆形,大小不一。头板的嵌入片有齿裂,中间板各侧有1个齿裂或无;环带特别发达,具有各种小鳞和针束。栖息在潮间带的岩石上,常见的有毛肤石鳖(*Acanthochiton*)(图13-13C)。

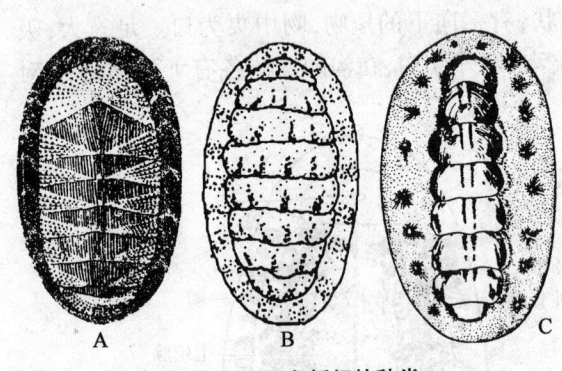

图13-13 多板纲的种类
A. 鳞侧石鳖;B. 锉石鳖;C. 毛肤石鳖

第六节 腹足纲(Gastropoda)

一、腹足纲的主要特征

1. 外部形态

腹足类多营活动性生活,头部发达,具眼、触角。足发达,叶状,位腹侧,故称为腹足类。足具足腺,为单细胞黏液腺。体外多被1个螺旋形贝壳,故又称单壳类(Univalvia)或螺类,有些种类为内壳或无壳。

壳呈螺旋形(具旋性),多数种类为右旋(dextral),少数左旋(senistral)(图13-14B)。壳可分为2部分,含捲曲内脏器官的螺旋部(spire)及壳的最后一层;容纳头和足的体螺层(body whorl)。螺旋部一般由许多螺层(spiral whorl)构成,有的种类退化(鲍、宝贝等)。壳顶端称螺顶(apex),为动物最早形成的一层,各螺层间的界限为缝合线(suture),深浅不一(图13-14A)。体螺层的开口称壳口(aperture),壳口内侧为内唇,外侧为外唇。壳口常有一盖,称厣(operculum),角质或石灰质,为足的后端分泌形成,可封闭壳口。有些种类无厣(肺螺类)。螺轴为整个贝壳旋转的中轴,位贝壳内部中央,轴的基部遗留的小窝为脐(umbilicus),深浅不一。有的种类由于内唇外转而形成假脐(如红螺 *Rapana*)。

腹足类的贝壳形态为分类的重要依据。

2. 内部构造

消化管包括口、口球、食管、嗉囊、胃、肠和肛门;口球内常具齿舌和颚片;消化腺有唾液腺,是一种黏液腺,无消化作用;肝发达,为重要消化腺,可分泌糖酶及蛋白酶(图13-15)。有的种类肝尚有排泄功能(肺螺类)。

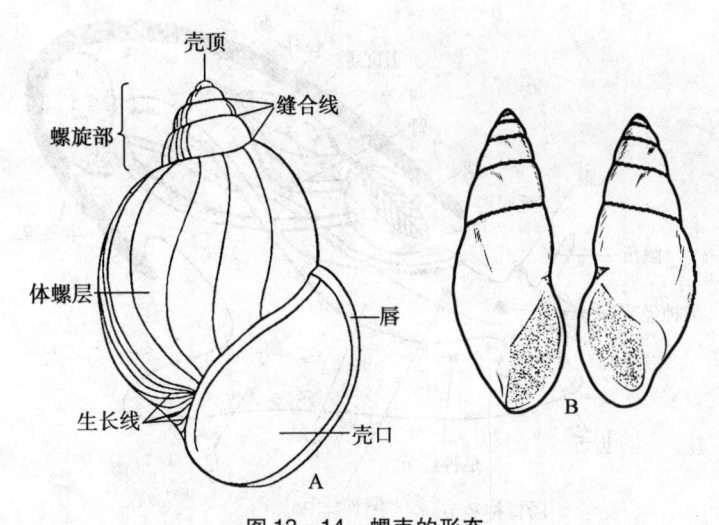

图 13-14 螺壳的形态
A. 螺壳的基本结构；B. 螺壳的右旋(左)与左旋(右)

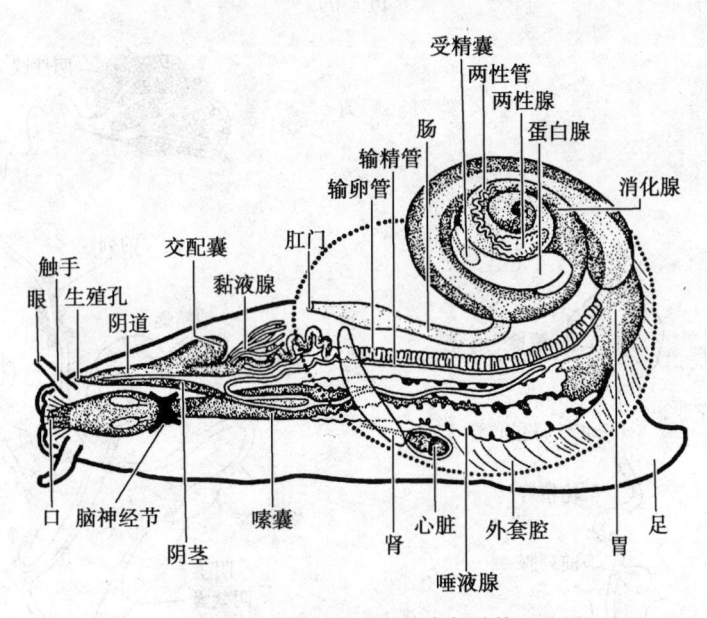

图 13-15 腹足纲的内部结构

水生种类用鳃呼吸，鳃一般呈栉状或羽状，1个，但原始种类为楯鳃；有些本鳃消失，生有次生鳃；陆生种类无鳃，以"肺"呼吸(图 13-16)。

心脏具1心室，1或2心耳。

肾1个，为一长形腺体；原始类型为1对。肾的一端开口于围心腔，一端开口于外套腔。

神经系统由脑、足、侧、脏4对神经节组成(图 13-16)，感觉器官有触角、眼、嗅检器、味蕾、平衡囊等，寄生种类无明显神经系统，感官极度退化或消失。

3. 生殖与发育

海产腹足类大多是雌雄异体，但陆生种类却是雌雄同体。雌雄异体的，两性形态没有差异，但雄体常较小，具交接器。有时壳口、厣和齿舌也有不同。雌雄的精巢或卵巢一般都在内脏团的背面，有生殖管开口于身体前端右侧(图 13-17)。雌雄同体种类的生殖系统比较复杂，一般包括两性腺，在不同时期可分布产精子和卵。其下连两性管，是精子和卵共同的通路。两性管之后是输精卵管，输精卵管的前半部分不分开，后半段完全分隔开。输精管末端是交接器，输卵管的末端是阴道。交接器和阴道都由生殖孔通外(图 13-18)。生殖系统还包括一些生殖腺体，这些腺体可分泌液体，参与交配。

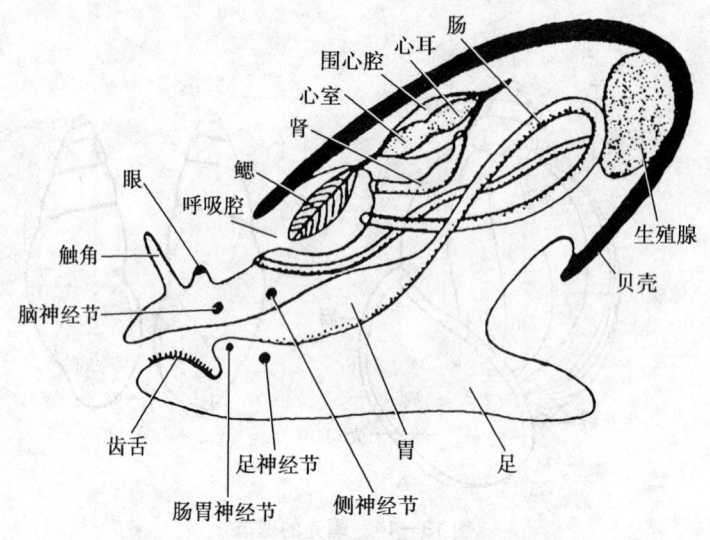

图 13-16 腹足纲的呼吸系统和神经系统
（仿张玺）

图 13-17 雌雄异体腹足类的生殖系统

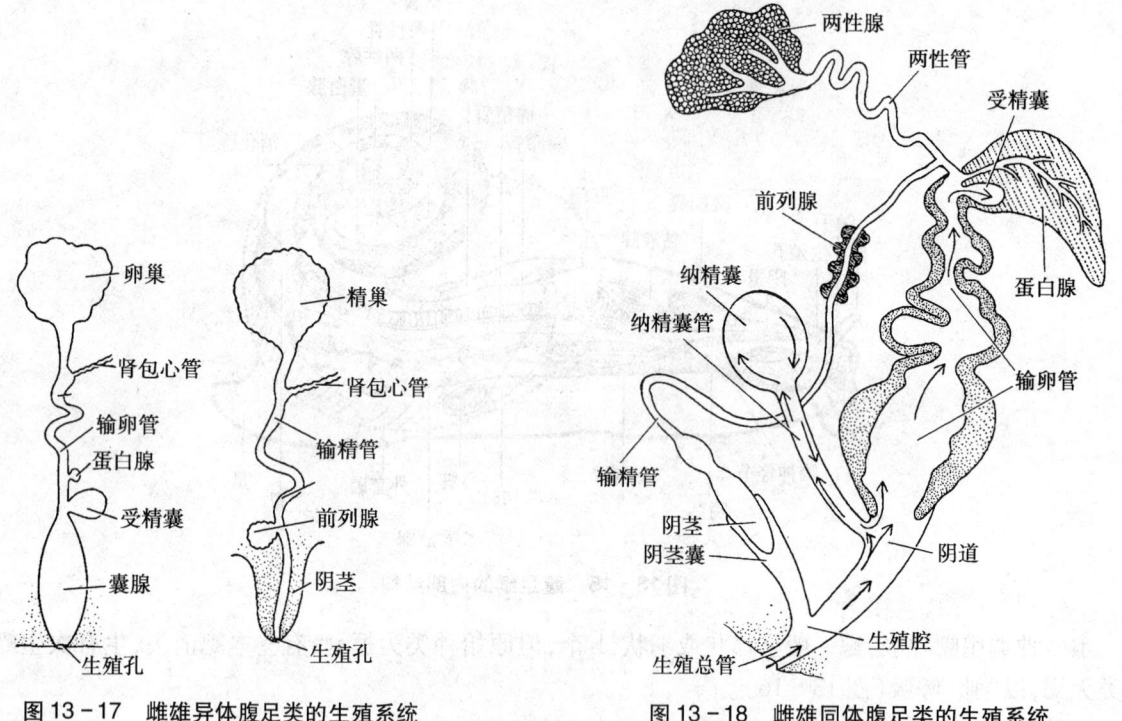

图 13-18 雌雄同体腹足类的生殖系统

腹足类动物为异体受精，有交配行为。受精卵完全均等卵裂，属螺旋型，经有腔囊胚，以外包或内陷法形成原肠胚。海水种类为间接发育，有担轮幼虫和面盘幼虫阶段；陆生种类是直接发育，田螺科（Viviparidae）的受精卵在体内发育成小田螺，为"卵胎生"。

4. 腹足纲身体不对称的起源

不仅古代腹足类的化石（下寒武纪）是两侧对称的，即使现代腹足类的幼虫期也是两侧对称的。因此，现代不对称的腹足类应该是由两侧对称的祖先演化而来的。那么这个不对称是如何产生的呢？对此问题存在着不同的看法。有人用"扭转学说"（Theory of torsion）加以解释（图 13-19），认为腹足类的祖先在背方有一个简单的贝壳，后来就经常把全部躯体和足缩进贝壳下，以躲避敌害。随着足部的发育，贝壳也就向上隆起，使得整个容积得以增加，于是便形成了一个长锥形的构造。但它们的鳃、排泄孔和肛门的开口在后方的外套腔中，当它们向前爬行时，受水的阻力，高耸的贝壳便会向后倾倒，压塞了外套腔向外的开孔，内外水流不畅，妨碍了呼吸、排泄等重要生理机能的正常进行。因此身体起了相应的调节，把外套腔及其开口逐渐向一侧扭转,直至扭转到180°,由后方扭到前方身体的背侧,这样水流就畅通无阻了。身体后背面高耸的圆锥形贝壳所占的体积很大,对腹足类的运动很不方便,因此在长期的演化中,内脏团和贝壳也就相应地卷曲起来,形成了螺旋形,这就形成了现在习见的腹足类基本形式。当内脏扭转和卷曲时,被压缩的那侧器官(心耳、肾和鳃)都退化了,因此就只剩下另一侧的1个心耳、1个肾和1个鳃。同时两侧平行的神经索也被扭成"8"字形。此过程是经过数千万年的演化完成的。

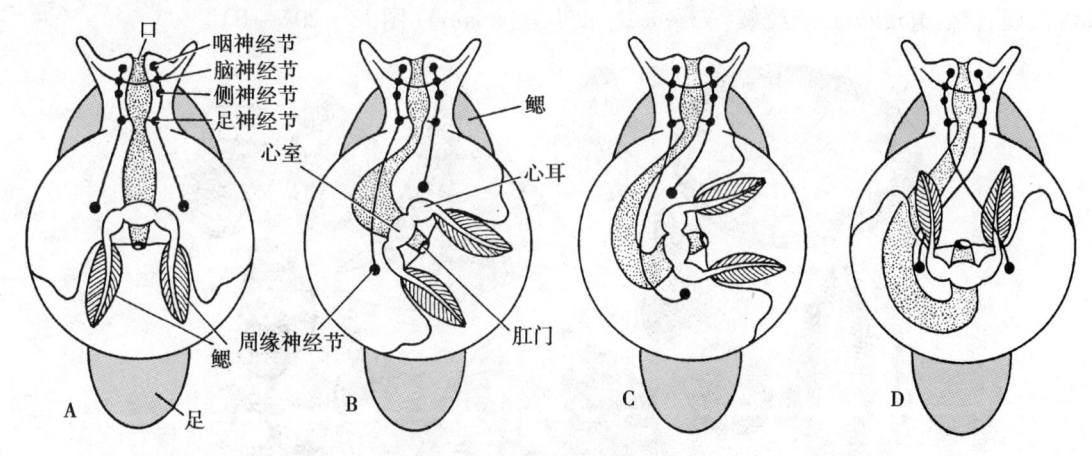

图13-19 腹足类扭转学说图解

腹足类动物的旋性在胚胎早期的卵裂阶段就已开始出现,研究显示:该性状与 nodal 基因的表达有关。

有些种类(后鳃类)由于贝壳退化,内脏又反扭转了,结果是外套腔开口、鳃和肛门又回到原来的体后端,神经系统也恢复原来的平行状,但已消失的心耳、肾和鳃又没有重新生出,故内腔仍然是不对称的。

5. 生态习性与分布

腹足类分布广泛,遍布于海洋、淡水及陆地,以海洋中最多。生活方式多样;多底栖生活,还可埋栖、孔栖而居。翼足类则在海水表面浮游。植食种类以藻类、菌类、地衣和苔藓植物等为食。肉食者可食海参、蟹类或吮吸贝壳内的营养液。还有少数种类营寄生生活。

二、腹足纲的多样性

腹足类约有10万种以上,分3亚纲、13目、约409个现生科;另外还有202个化石科;是动物界中仅次于昆虫纲的第二大纲。

(一) 前鳃亚纲(Prosobranchia)

又称扭神经亚纲(Streptoneura)。具外壳,头部具1对触角,鳃位于心室前方,侧脏神经连索左右交叉成"8"字形。是腹足纲中最大的1个亚纲,现存种超过55 000种,包括3目。

目1. 原始腹足目(Archaeogastropoda) 鳃呈楯状。大部分种类具有2个心耳。神经系统集中不显著,足神经节呈长索状,左右2个脏神经节彼此远离。具有1个脑下食管神经连索。嗅检器不明显,位于鳃神经上。平衡器中含有许多耳沙。眼的构造简单,开放或形成封闭的眼泡。肾1对,开口在乳头状的突起上。生殖腺一般开口在右肾中;但是蜒螺科只有1个左肾,生殖孔独立。吻或水管缺乏,齿舌带上的小齿数目极多。常见种类如鲍(*Haliotis*)、笠贝(*Notoacmea*)和马蹄螺(*Trochus niloticus*)(图13-20A~C)。

目2. 中腹足目(Mesogastropoda) 神经系统相当集中,除了田螺和瓶螺之外,没有唇神经连索。平衡器1个,仅仅有1枚耳石。唾液腺位于食管神经节的后方,有些种类则穿过食管神经环。通常没有食管附属腺、吻和水管。排泄和呼吸系统没有对称的痕迹,右侧相应器官退化。心脏只有1个心耳,不被直肠穿过。鳃1枚,栉状,通过全表面附在外套膜上。肾直接开口在身体外面,有的具1条输尿管。具有生殖孔,雄性个体具有交接器。齿式通常为2·1·1·1·2。有寄生种类。常见种类如圆田螺(*Cipangopaludina*)、滨螺(*Littorina*)、钉螺(*Oncomelania*)、沼螺(*Parafossarulus*)、黑螺(*Melanoides*)、虎斑宝贝(*Cypraea tigris*)、唐冠螺(*Cassis cornuta*)、水字螺(*Lambis chiragra*)、福寿螺(*Pomacea canaliculata*)和斑玉螺(*Natica tigrina*)(图13-20D~M)。

目3. 新腹足目(Neogastropoda) 又称为狭舌目(Stenoglossa)。具有外壳和水管沟。厣或有或无。神经系统集中,食管神经环位于唾液腺的后方,没有被唾液腺输送管穿过;胃肠神经节位于脑神经中枢附近。口吻发达,食管具有不成对的食管腺。外套膜的一部分包卷而形成水管。雌雄异体,雄性具有交接器。嗅检器为羽毛状。齿舌狭窄,齿式一般为 1·1·1 或 1·0·1。海产。包括 4 个总科:骨螺总科(Muricacea)、蛾螺总科(Buccinacea)、涡螺总科(Volutacea)、弓舌总科(Toxoglossa)。常见种类有红螺、荔枝螺(*Thais*)、骨螺(*Murex*)、延管螺(*Magilus*)、织纹螺(*Nassarius*)和芋螺(*Conus*)(图 13-20N~S)。

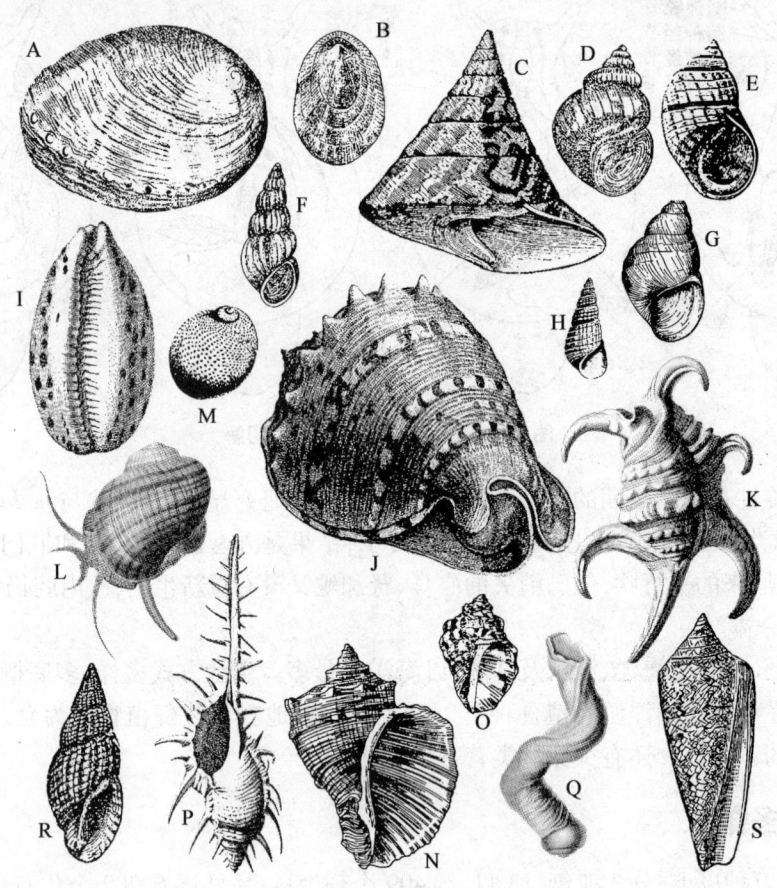

图 13-20 前鳃亚纲的常见种类
A. 鲍;B. 笠贝;C. 马蹄螺;D. 圆田螺;E. 滨螺;F. 钉螺;G. 沼螺;H. 黑螺;I. 虎斑宝贝;J. 唐冠螺;K. 水字螺;L. 福寿螺;M. 斑玉螺;N. 红螺;O. 荔枝螺;P. 骨螺;Q. 延管螺;R. 织纹螺;S. 芋螺

(二) 后鳃亚纲(Opisthobranchia)

也称直神经亚纲(Euthyneura)。贝壳不发达,有的为内壳(被鳃类),有的壳退化(无腔类),有的无壳(裸鳃类);触角 1 对、2 对或无;鳃位于心室后方;侧脏神经连索平行排列。现存 1 000 多种,全部海产。分 8 目。

目4. 头楯目(Cephalaspidae) 贝壳发达,具外壳或内壳,或多或少呈螺旋形。除捻螺外均无厣。外套腔较发达,外套膜后部成为大形的外套叶,突出于外套孔下。头部通常无触角,其背面有掘泥用的楯盘。眼无柄。侧足发达。具本鳃。胃中常具有角质或石灰质的咀嚼板。侧神经连索较长,生活于泥沙中,也有营浮游生活的。如腹翼螺(*Gastropteron*)和泡螺(*Hydatina*)(图 13-21A、B)。

目5. 无楯目(Anaspidea) 又称海兔目。无头楯,2 对触角;贝壳薄,部分或全部被外套膜包裹;足的两侧部分也位于贝壳上。常见种类有海兔(*Aplysia*)(图 13-21C)和蓝斑背肛海兔(*Notarchus leachii*)。

目6. 被壳翼足目(Thecosomata) 具石灰质壳或软骨的厚皮,贝壳螺层不多;有厣。足的前侧部分成为翼状副足(前鳍),用来浮游。分布在热带和亚热带海洋,也有少数种类出现在两极海域。主要栖息于海洋表面至深约 200 m 处,仅少数种类生活在更深的水层中。如龟螺(*Cavolinia*)、笔帽螺(*Creseis*)(图 13-21D、E)、长角螺(*Clio*)和蜒螺(*Limacina*)(图 13-21F)等。

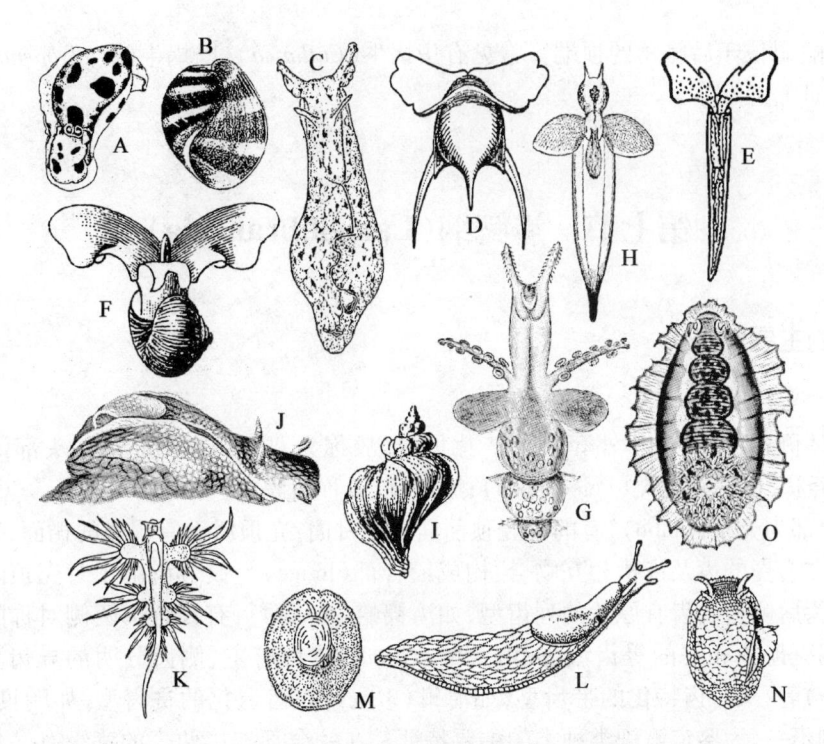

图 13-21 后鳃亚纲种类
A. 腹翼螺;B. 泡螺;C. 海兔;D. 龟螺;E. 笔帽螺;F. 蜮螺;G. 皮鳃;H. 海若螺;I. 双壳螺;
J. 海天牛;K. 海蛞蝓;L. 无壳螺;M. 伞螺;N. 无壳侧鳃;O. 海牛

目7. 裸体翼足目(Gymnosomata) 也称翼足目。成体无外套膜和贝壳。足的两侧演化为鳍状,为浮游器官。如皮鳃(*Pneumoderma*)和海若螺(*Clione*)(图13-21G、H)等。本目种类生态类型的划分在古海洋气候、海洋地质、海洋物理和海洋生物等学科研究中具有重要的意义。

目8. 囊舌目(Sacoglossa) 壳、外套膜及本鳃均消失。触手1对,齿舌上仅1列纵行小齿,分布藏在背侧的一个囊内。如长足螺(*Oxynoe*)、双壳螺(*Berthelinia*)、海天牛(*Elysia*)和海蛞蝓(*Glaucus*)(图13-21I~K)等。

目9. 无壳目(Acochlidiacea) 成体无贝壳,而具有骨针。长的内脏团形成身体的后部,背部无附属物。如小甜螺(*Microhedyle*)和无壳螺(*Acochlidium*)(图13-21L)。

目10. 背楯目(Notaspidea) 贝壳扁平,位于体背,或游离,或被外套膜覆盖,或无贝壳;无侧足和外套腔,栉鳃大。如伞螺(*Umbraculum*)和无壳侧鳃(*Pleurobranchaea*)(图13-21M、N)。

目11. 裸鳃目(Nudibranchia) 壳、外套膜及本鳃均消失;体背具有数目较多的裸鳃及其他次生鳃;内脏团平坦;齿舌上每行4个小齿。如海牛(*Doris*)(图13-21O)和石磺海牛(*Homoiodoris*)。

(三) 肺螺亚纲(Pulmonata)

无鳃,鳃的位置变成肺囊,以肺囊呼吸;大部分种类有螺旋形的贝壳,右旋或左旋,有的种类为内壳,但均无厣。神经系统集中于头部。头触角1~2对,眼位于触角的茎部或顶端。雌雄同体,交尾产卵,直接发育。多栖于陆地或淡水中。包括2目。

目12. 基眼目(Basommatophore) 具外壳,1对触角,眼位触角基部。常见种类有菊花螺(*Siphonaria*)、椎实螺(*Lymnaea*)、萝卜螺(*Radix*)和圆扁螺(*Hippeutis*)(图13-22A~D)。本目有多个种类为寄生蠕虫的中间宿主。

目13. 柄眼目(Stylommatophore) 贝壳发达或退

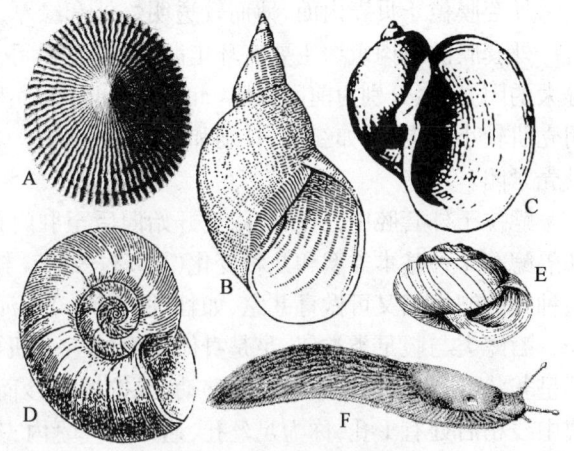

图13-22 肺螺亚纲种类
A. 菊花螺;B. 椎实螺;C. 萝卜螺;D. 圆扁螺;E. 巴蜗牛;F. 蛞蝓

化或无壳;2对触角;眼位于后触角的顶端。常见有华蜗牛(*Cathaica*)、巴蜗牛(*Bradybaena*)和蛞蝓(*Agriolimax*)(图13-22E、F)。

第七节 瓣鳃纲(Lamellibranchia)

一、瓣鳃纲的主要特征

1. 外部形态

两侧对称,身体侧扁;体具2片外套膜及2片贝壳,故称为双壳类(Bivalvia);头部消失,又称无头类(Acephala);足呈斧状,也称斧足类(Pelecypoda);瓣状鳃,故称瓣鳃类。

两壳背缘突出部为壳顶(umbo),有的种壳顶前面有小月面,壳顶后面有明显的楯面,壳的背缘较厚,此处常有齿和齿槽,左右壳的齿及齿槽相互吻合,构成铰合部(hinge)。铰合齿中正对壳顶的为主齿,其前的齿称前侧齿,其后为后侧齿。齿有原始的列齿型,如湾锦蛤(*Nucula*);有铰合部两侧对称的裂齿型,如三角蛤(*Trigonia*);有两壳齿数相等的等齿型,如海菊蛤(*Spondylus*);有主、侧齿分明的异齿型,如文蛤(*Meretrix*)、镜蛤(*Dosinia*)等;又有齿特化的带齿型,如海螂(*Mya*);有齿退化的贫齿型,如贻贝(*Mytilus*)等。铰合齿的数目和排列不一,为鉴定瓣鳃类种类的主要特征。在铰合部连接两壳的背缘有一角质的、具弹性的韧带(ligament),其作用可使两壳张开。绕壳顶具明显的同心生长线,有些种还以壳顶为起点,向腹缘伸出放射状的肋或纹(图13-23)。壳自背至腹为其高度,自前至后为其长度,两壳左右最宽处为其宽度。壳表的雕刻和花纹因种而异,有些种壳表还具毛状壳皮。贝壳内面光滑,肌痕明显。

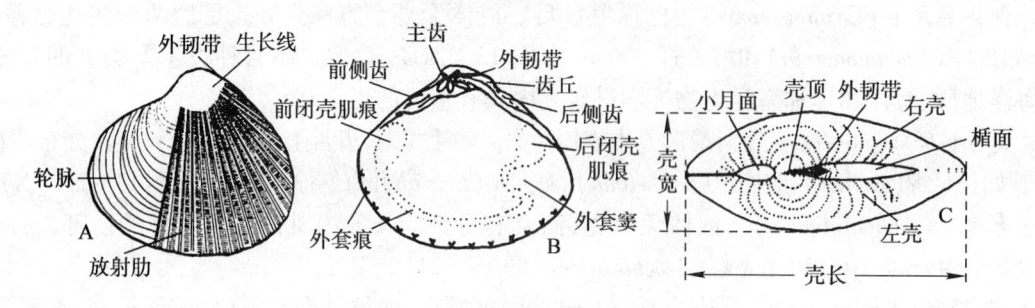

图13-23 瓣鳃类贝壳的形态
A. 外侧观;B. 内侧观;C. 顶面观(仿范学铭)

2. 内部构造

外套膜位于贝壳内面,薄而较透明。外套缘厚,常具色素和触手。

外套膜的肌肉组织主要有环走肌、水管肌和闭壳肌。闭壳肌为连接左右两侧的横行肌束。通常有2个等大的闭壳肌,分别为前闭壳肌(anterior adductor)和后闭壳肌(posterior adductor)(图13-24A),有些种前闭壳肌较小或退化,如江珧、牡蛎和扇贝等(图13-24C~E)。闭壳肌由横纹肌和平滑肌组成,其作用是使贝壳紧闭。

鳃位于外套腔中,从唇瓣附近开始向后至肛门孔处(图13-25)。鳃的构造可分为原鳃、丝鳃、真瓣鳃和隔鳃等4种基本类型和几种变化(图13-26)。瓣鳃类的鳃不仅是呼吸器官,还是重要的滤食器官。有些种类的鳃板间又可做育儿室,如牡蛎(*Ostrea*)和河蚌(*Anodanta*)。

瓣鳃类与腹足类类似,足是身体腹面的一个肌肉突起。足的大小和形状因种而异,多数两侧扁平,前端呈斧状,依靠肌肉伸缩做缓慢移动,或挖掘泥沙而潜入。一些种类如扇贝(*Pecten*)、江珧(*Pinna*)等足的腹中线稍后处有1孔,称为足丝孔,通入足丝囊内,其上皮细胞的分泌物遇水即变硬成贝壳素的丝状物,集合成足丝(byssus),用以固着;以壳固着的种类足消失,如襞蛤(*Plicatula*)和牡蛎等;还有些种能依靠足部的强力挺进作跳跃式运动,如三角蛤和斧蛤(*Donax*)等。

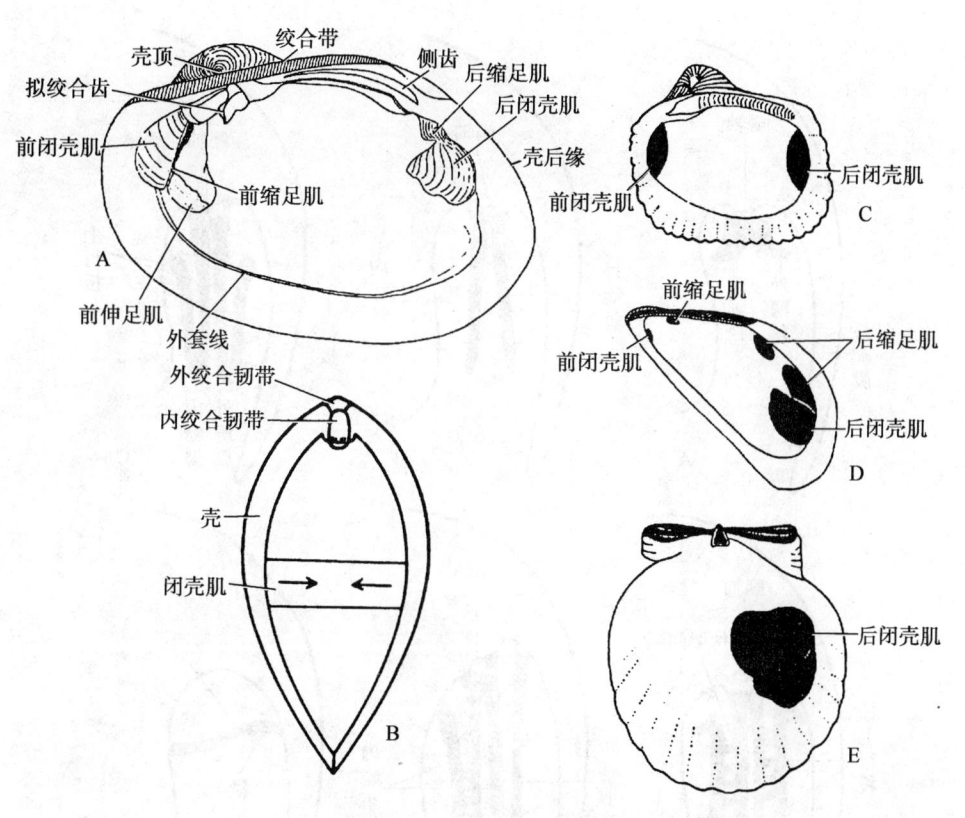

图 13-24 瓣鳃类的闭壳肌

A. 闭壳肌的一般形态；B. 瓣鳃纲的纵切面，示韧带与闭壳肌的关系；C~E. 不同瓣鳃纲种类闭壳肌的变化（C. 蛤；D. 牡蛎；E. 扇贝）

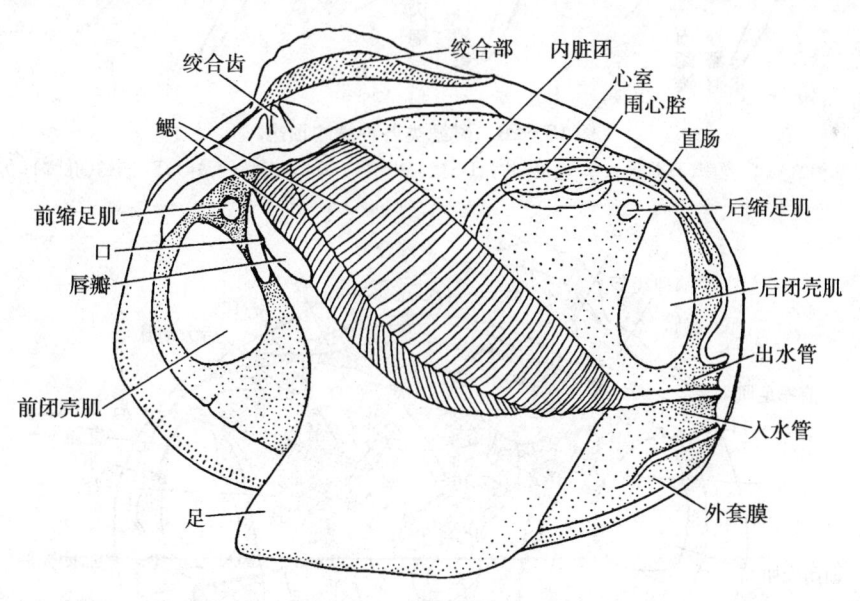

图 13-25 瓣鳃类鳃的形态

消化系统比腹足类简单，口位于前端上、下唇间的横缝，具纤毛，可摄食，两侧各有 1 对三角形唇瓣，口内无齿舌和腺体。食管短，直接通胃。胃壁较厚，呈卵圆形，位于内脏团中。胃肠间有晶杆（crystalline style），细长棒状。胃中有胃盾（gastric shield），有保护胃的作用。肠细长，直肠穿过围心腔，开口于体后端（图 13-27）。

瓣鳃类的循环系统为开放式（图 13-28A），由心脏（1 个心室、2 个心耳）、血管和血窦三部分组成。

肾 1 对，一端开口于围心腔（图 13-29B），另一端开口于外套腔。

瓣鳃类的神经系统有 3 对区分明显的神经节，即脑神经节、足神经节和脏神经节（图 13-6C）。原始的种类有 4 对神经节。足神经节附近有平衡器，脏神经节附近有嗅检器。

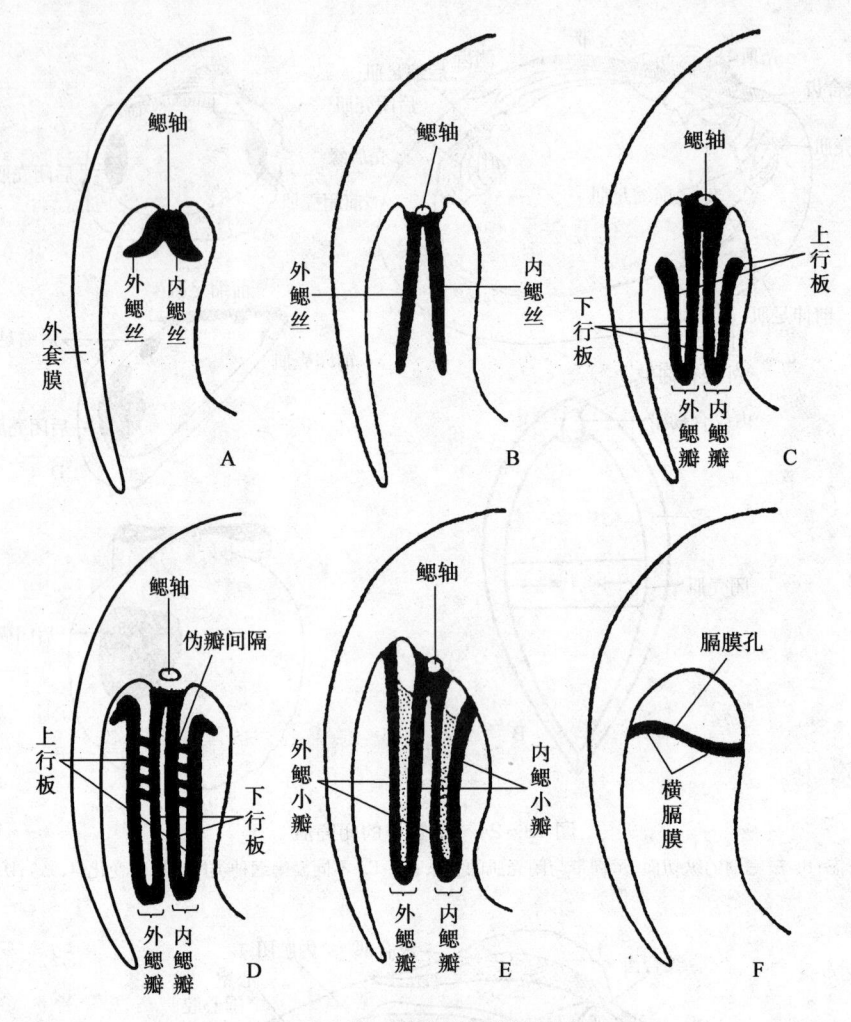

图 13-26 瓣鳃类各种鳃的形态

A. 原鳃(胡桃蛤); B. 丝鳃(日月贝); C. 丝鳃(蚶); D. 丝鳃(贻贝); E. 真瓣鳃(河蚌); F. 隔鳃(孔螂)(仿 Parker)

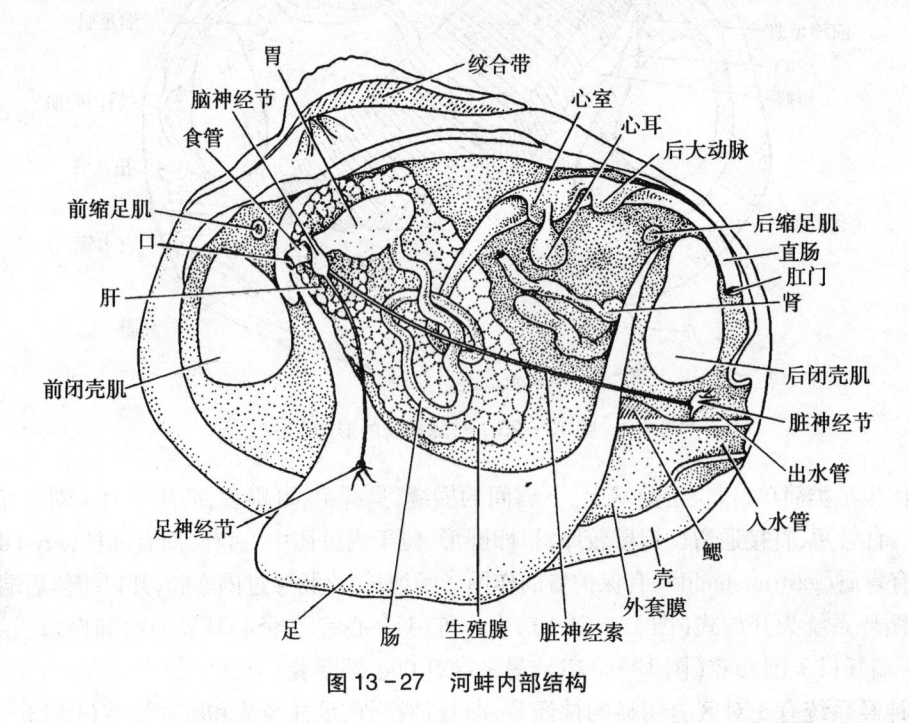

图 13-27 河蚌内部结构

生殖系统多为雌雄异体。生殖腺是多分支的管,生殖管的开口在肾管内或肾管附近。有不少种类有

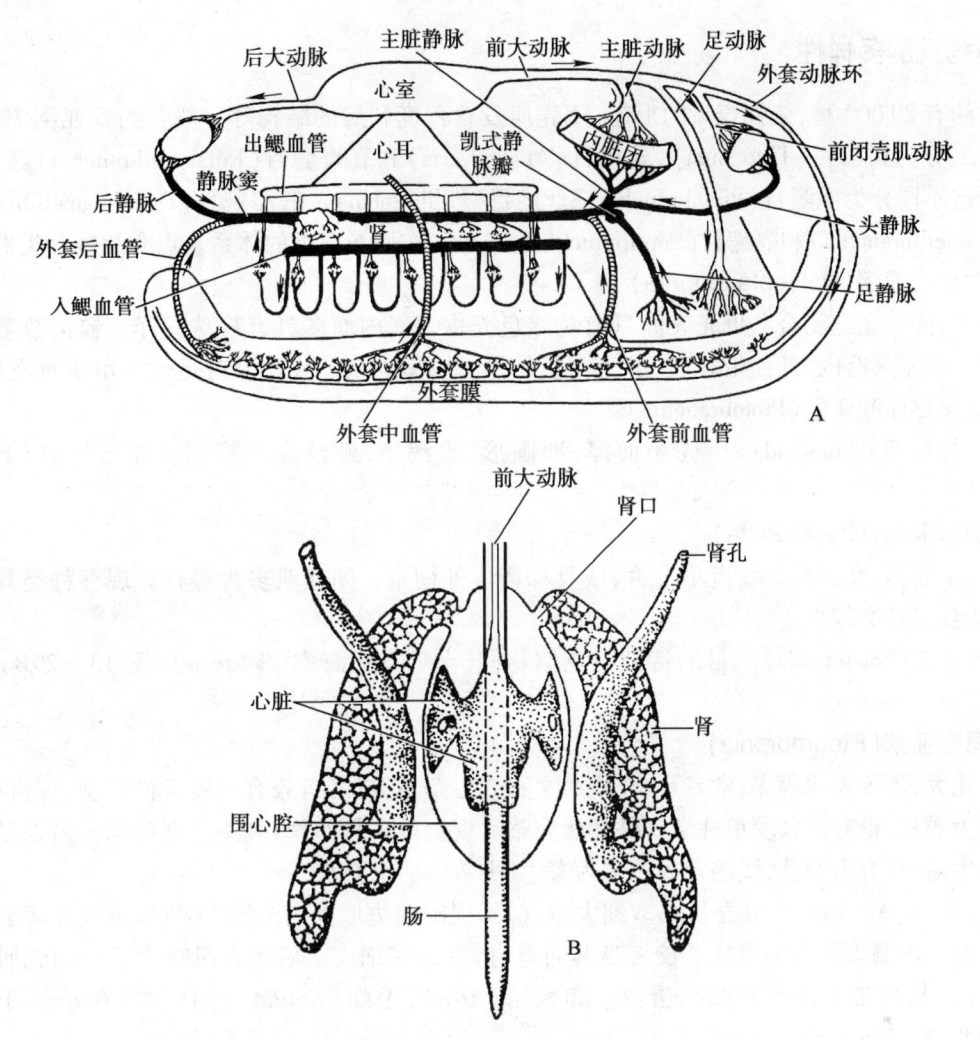

图 13-28 河蚌的循环系统(A)及心脏与肾的关系(B)
(仿江静波等)

性变现象。在生殖腺成熟时,雌性一般呈橘红色,雄性呈乳白色。

3. 生殖与发育

生殖方式较简单,没有交接器,主要依靠亲贝将生殖细胞直接排至海水中(少数产在母体的鳃腔中),卵在海水或鳃腔中受精发育。胚胎发育过程也与腹足类相似,都经过担轮幼虫和面盘幼虫期,至壳顶幼虫后期即下沉爬行,开始营附着或穴居生活。幼虫的游泳期和生长速度常与底质、水温和饵料等有密切关系。

4. 生态习性与分布

瓣鳃类动物均营水生生活,多数栖息在海洋中,少数在淡水湖泊和江河中,从热带至南北两极的辽阔水域都有它们的踪迹。垂直分布从潮间带的上区至万米的深海沟。

多数种类营底栖生活,潜入泥沙中,伸出水管摄食和排泄;少数生活在海底表面或石缝中,也有的以足丝或贝壳营固着生活,有些种还能自动脱落足丝,迅速开闭双壳在水中自由游泳,还有的种能用足丝与泥沙混合筑巢;又有些种有穿凿岩石、珊瑚和贝壳的能力;有少数种有凿木穴居的习性;此外,还有些种类营群聚和寄生生活,有的寄生在棘皮动物身体上或食管中,有的附着在蝼蛄虾的腹部,也有的生活在多孔动物中央腔或海鞘的被囊中。除极少数肉食性种类外,皆以硅藻、有机碎屑和原生动物为食。由于活动能力差,捕食方式都是被动的,主要依靠鳃纤毛活动形成水流,滤下食物;有些种类在海底表面利用水管搜集沉积物中的有机碎屑为食;少数肉食性的种类利用水管的膨大捕食其他小动物。

二、瓣鳃纲的多样性

瓣鳃类约有20 000种，依铰合齿的形态、闭壳肌发育程度和鳃的结构等一般分为6亚纲20目。也有学者将瓣鳃纲分为列齿目(Taxodonta)、异柱目(Anisomyaria)和真瓣鳃目(Eulamellibranchia)等3目；或者按照鳃的构造不同分为原鳃目(Protobranchia)、丝鳃目(Fillibranchia)、假瓣鳃目(Pseudolamellibranchia)、真瓣鳃目(Eulamellibranchia)和隔鳃目(Septibranchia)。这里，按照6亚纲的体系重点介绍现存类群。

(一) 古多齿亚纲(Palaeotaxodonta)

两壳相等，能够完全闭合。贝壳表面具有黄绿色壳皮。壳内面多具有珍珠光泽。铰齿数量多，沿前、后背缘分布。通常具有内、外韧带。前、后闭壳肌相等。鳃呈羽状。成体没有足丝。由于具有双栉鳃，是原始类型，故又称原鳃亚纲(Protobranchia)。

目1. 胡桃蛤目(Nuculoida) 壳小而厚，卵圆形；盾鳃小，鳃丝完全横列。如云母蛤(*Yoldia*)（图13-29A）。

(二) 隐齿亚纲(Cryptodonta)

多等壳，小而薄，文石质。铰齿不发育，或具栉齿。外韧带。闭壳肌多为等柱。现存种类具原鳃。海产，多内栖滤食。种类较少。

目2. 蛏螂目(Solemyoida) 目的特征与亚纲相同，常见有蛏海螂(*Solemya*)（图13-29B）和矩蛏螂(*Acharax*)。

(三) 翼形亚纲(Pterimorphia)

壳形变化大，不等壳或等壳，常具耳，壳质为文石或方解石，或二者兼有。铰齿栉齿型、等齿型或无齿。外韧带。多为异柱，也有等柱及单柱者。外套线完整。现生种多具丝鳃，有些为真瓣鳃。多以足丝固着或以壳体固着生活，也有为钻孔、浅掘穴等。多为海生，少数生活于淡水。

目3. 魁蛤目(Arcoida) 贝壳从小型到大型，似不规则四边形到椭圆形，不等壳或偶尔等壳。壳表有明显的放射肋。内侧腹缘有细齿状。铰齿盘薄而笔直，有许多细齿。后闭壳肌痕大于前闭壳肌痕。韧带面呈三角形，重复韧带。血液有血红蛋白。如魁蛤(*Arca*)、毛蚶(*Senilia*)、胡魁蛤(*Barbatia*)和扭魁蛤(*Trisidos*)（图13-29C~F）。

目4. 狐蛤目(Limoida) 贝壳呈桨状，双壳的膨度均等，铰合线沿三角形韧带凹槽的两边倾斜。壳顶宽圆，并放射出约20条密集的圆肋，每条肋上布满了锐利的凹槽状鳞。壳内缘呈宽锯状，双壳后端略有裂开。壳表黄、棕等白色，内面白色。如大黄狐蛤(*Acesta marissinica*)、东方狐蛤(*Limaria basilanica*)和大白狐蛤(*Lima vulgaris*)（图13-29G~I）。

目5. 贻贝目(Mytiloida) 体对称，两壳同形，铰合齿退化，或成结节状小齿。壳皮发达。后闭壳肌巨大，前闭壳肌退化或没有。心脏仅有1支大动脉。除有纤毛盘形成鳃丝间联系外，还有鳃叶间联系。生殖腺扩大而达外套膜中，生殖孔开口于肾外孔之旁，有明显的肛门孔。外套膜有一愈着点。足小，以足丝附着于外物上生活。大多数种类海产，少数淡水产。如沼蛤(*Limnoperna*)、翡翠贻贝和厚壳贻贝(*Mytilus coruscus*)（图13-29J~K）。

目6. 牡蛎目(Ostreoida) 两壳不等，左壳较大，并用来固着在岩石上。铰合齿和前闭壳肌退化。足和足丝均无。常见的有俗称"生蚝"的长牡蛎(*Crassostrea gigas*)、近江牡蛎(*Crassostrea ariakensis*)（图13-29L）、密鳞牡蛎(*Ostrea denselamellosa*)（图13-29M）和刺牡蛎(*Saccostrea kegaki*)等。

目7. 莺蛤目(Pterioida) 铰合齿大多数退化成小结节或完全没有。鳃丝屈折，鳃丝间有纤毛盘相连接，鳃瓣间以结缔组织相连接。前后闭壳肌不等大，或前闭壳肌完全消失。足不发达或退化。如栉江珧(*Atrina pectinata*)（图13-29N）、马氏珍珠贝(*Pteria martensii*)和栉孔扇贝(*Chlamys farreri*)（图13-29O）。

(四) 古异齿亚纲(Palaeoheterodonta)

壳文石质，具珠母质内壳层。铰齿变化大。等柱闭壳肌。外韧带。外套线完整。

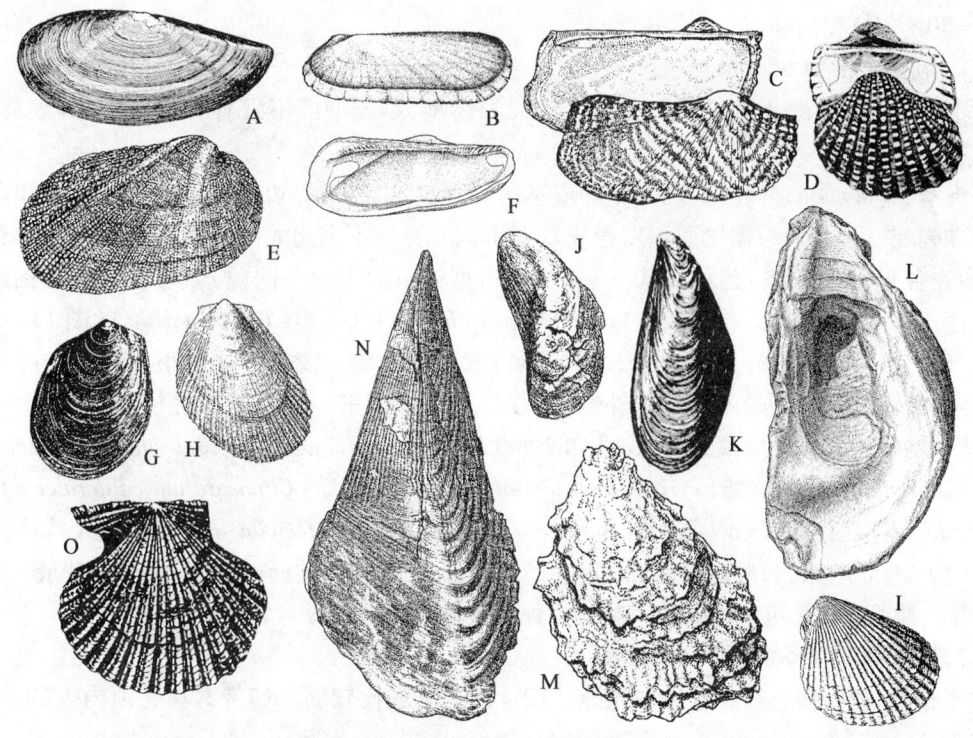

图13-29 瓣鳃纲各目代表种类(一)

A. 云母蛤;B. 蛏海螂;C. 魁蛤;D. 毛蚶;E. 胡魁蛤;F. 扭魁蛤;G. 大黄狐蛤;H. 东方狐蛤;
I. 大白狐蛤;J. 沼蛤;K. 厚壳贻贝;L. 近江牡蛎;M. 密鳞牡蛎;N. 栉江珧;O. 栉孔扇贝

目8. 三角蛤目(Trigonioida) 三角形的壳,壳面不但长出结节而且有同心脊。壳后部的纹路呈不同的式样,如三角蛤(*Trigonia*)(图13-30A)。

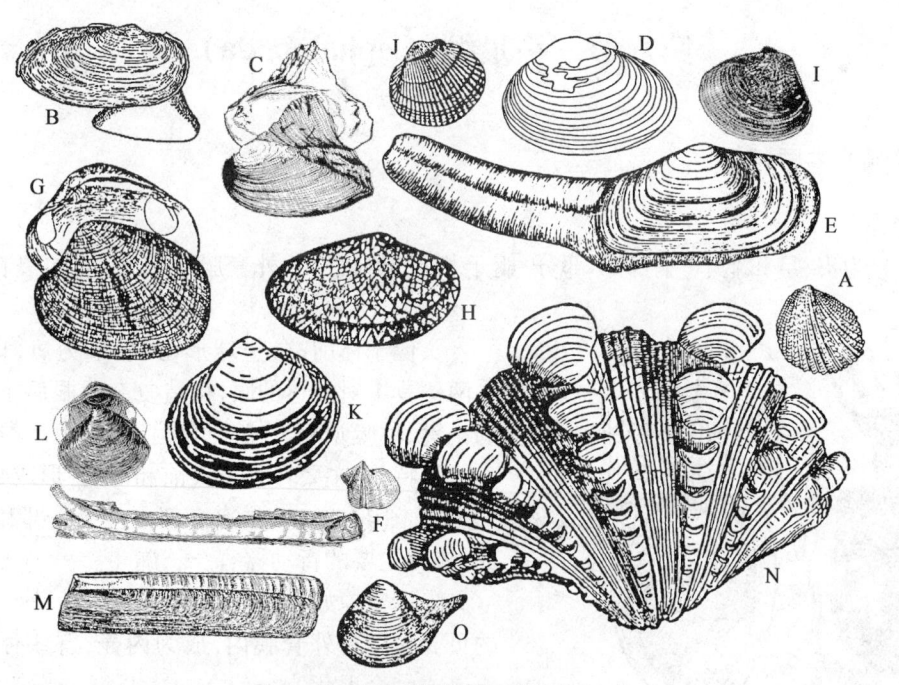

图13-30 瓣鳃纲各目代表种类(二)

A. 三角蛤;B. 珠蚌;C. 三角帆蚌;D. 蚬;E. 高雅海神蛤;F. 船蛆;G. 菲律宾蛤仔;H. 波纹巴非蛤;
I. 短文蛤;J. 加州扁鸟蛤;K. 四角蛤蜊;L. 西施舌;M. 大竹蛏;N. 砗磲;O. 中华杓蛤

目9. 河蚌目(Unionoida) 铰齿少或无。前后闭壳肌均发达,大小相等。鳃丝和鳃小瓣间以血管相连接。出水孔和入水孔常形成水管。种类较多,常见有珠蚌(*Unio*)、三角帆蚌(*Hyriopsis cumingii*)、蚬(*Corbic-*

ula)(图 13-30B~D)和河蚌。

(五) 异齿亚纲(Heterodonta)

等壳或不等壳,文石质,无珠母质内壳层。铰齿异齿型、厚齿型或不发育。外韧带,少数具内韧带,等柱闭壳肌。

目 10. 海螂目(Myoida) 壳薄,两壳相等或不相等,前后由略不等边到极度不等边。壳体全由霰石所构成。无珍珠壳层。小月面与楯纹面不发育或发育不佳。壳顶不突出。闭壳肌为等柱型或异柱型。无齿型,或者在两壳各有一个类似主齿的瘤状突起(与异齿型铰齿的主齿不同源)。现存种类行掘穴生活类别的水管很发达。如高雅海神蛤(俗称象拔蚌)(*Panopea abrupta*)和船蛆(*Teredo navalis*)(图 13-30E、F)。

目 11. 帘蛤目(Veneroida) 壳体外形多样,但一般两壳相等。铰合部通常很发达,式样变化很多,主齿强壮,常伴有侧齿发育。韧带多数位于外侧,少数种类有内韧带。闭壳肌为等柱型,前后闭壳肌痕近相等,水管发达。本目为瓣鳃纲中最大 1 目,已知 2 500 种以上。菲律宾蛤仔(*Ruditapes philippinarum*)、波纹巴非蛤(*Paphia undulata*)、短文蛤(*Periglypta petechialis*)、加州扁鸟蛤(*Clinocardium californiense*)、四角蛤蜊(*Mactra veneriformis*)、西施舌(*Coelomactra antiquata*)、彩虹明樱蛤(*Moerella iridescens*)、大竹蛏(*Solen grandis*)(图 13-30G~M)和长竹蛏(*S. strictus*)等都是重要的经济贝类;砗磲(*Tridacna*)是最大的贝类(图 13-30N),有些种类的壳长可达 1 m,为我国一类保护动物。

(六) 异韧带亚纲(Anomalodesmacea)

两壳常不相等,壳内面一般具有珍珠光泽。铰合齿缺乏或比较弱。韧带常在壳顶内方的匙状槽中,且常具石灰质小片。

目 12. 笋螂目(Pholadomyoida) 壳薄,有长的圆形后端。壳表面因许多微小的小疱而变得粗糙不平。铰合线上没有齿,但有为韧带附着用的短小脊骨。壳内侧彩虹色的珍珠层薄。如中华杓蛤(*Cuspidaria chinensis*)(图 13-30O)。

第八节 头足纲(Cephalopoda)

一、头足纲的主要特征

1. 外部形态

身体可区分为头、足和躯干(胴部)3 部分,躯干相当于内脏团,外套膜肌肉发达,包裹在内脏团外(图 13-1E)。

头位于体前端,呈球形,其顶端为口,口周围具口膜。头两侧具 1 对发达的眼,构造复杂。眼后下方有一椭圆形的小窝,称嗅觉陷,为嗅觉器官,相当腹足类的嗅检器。

足特化,主要环列于头前和口周,形成数十只、10 只或 8 只腕(图 13-31);也有一部分位于头部和胴部之间的腹面,成为主要的行动器官——漏斗。

除少数原始种类仍保留外壳(图 13-32),多数种类的贝壳包埋于外套膜内,成为内壳;有些种类的内壳仅余痕迹或完全退化。

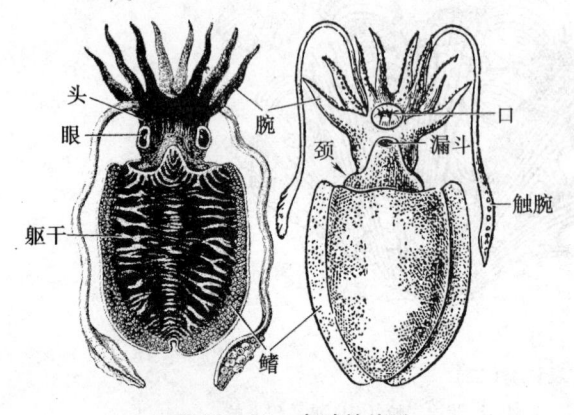

图 13-31 乌贼的外形
A. 背面 B. 腹面。示足和漏斗结构

2. 内部结构

头足类的体壁由上皮、结缔组织、肌肉组成,具内骨骼。上皮为单层细胞。除了鹦鹉螺之外,头足类很多种类(如金乌贼,*Sepia esculenta*)的表皮下有许多色素细胞(chromatophore),呈扁平状,细胞膜富弹性,周围有放

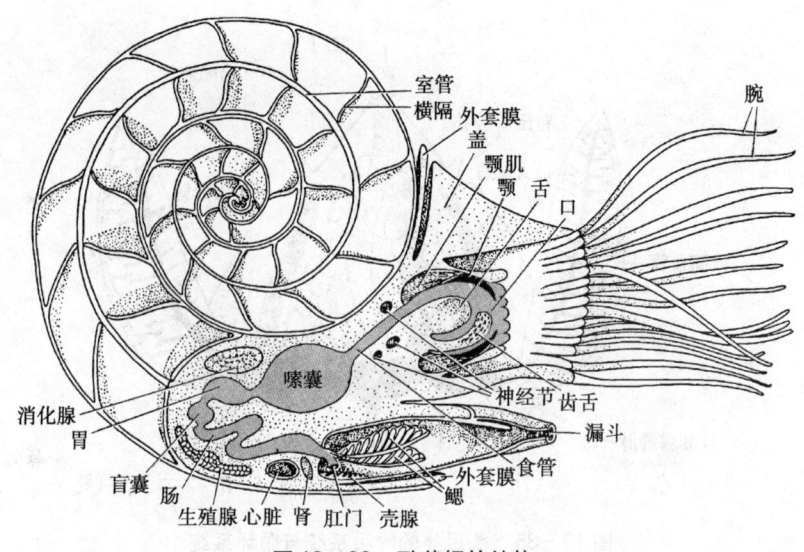

图 13-32 鹦鹉螺的结构

射状的肌纤维(图 13-33)。由于肌纤维的收缩,使色素细胞扩大呈星状,肌纤维舒张,色素细胞恢复原状,如此可使皮肤改变颜色的深浅。变色具有沟通和伪装的作用。

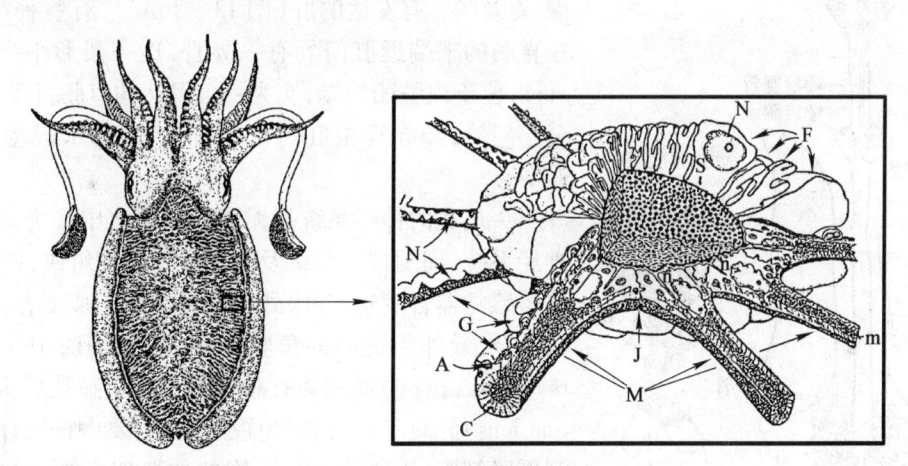

图 13-33 金乌贼的色素细胞
A. 轴;C. 肌纤维的收缩皮层;F. 色素细胞膜的褶叠;G. 神经胶质细胞;N. 神经末梢;
n. 肌细胞核;M. 肌纤维;m. 线粒体;J. 相邻肌纤维间连接;S. 弹性囊

头足类的内骨骼由内壳及软骨组成。内壳一般位于体背侧皮肤下的壳囊内,有的乳白色石灰质(图 13-34),有的为透明的淡黄色角质。内壳不但可以增加身体的坚强性,又可使身体相对密度减小,有利于游泳,并有助于保持平衡。头足类的软骨发达,其结构与脊椎动物相似,只是细胞有较长的分支。主要软骨有头软骨,包围中枢神经系统和平衡囊,上具孔,神经可伸出。还有颈软骨、腕软骨等。

头足类的呼吸以鳃完成。鳃为羽状,1 对或 2 对(图 13-5D),一般位于外套腔前端两侧(图 13-35)。

头足类的循环系统为近似闭管式(图 13-35)。心脏由 1 心室 2 心耳组成,位于体近后端腹侧中央围心腔内。心室菱形,不对称,壁厚,心耳长囊状,壁薄。心室向前伸出一前大动脉,分支至头、套膜、消化管等处;心室向后伸出一后大动脉,至套膜、肾、直肠、生殖腺等器官。心耳和肾的数目和鳃一致。

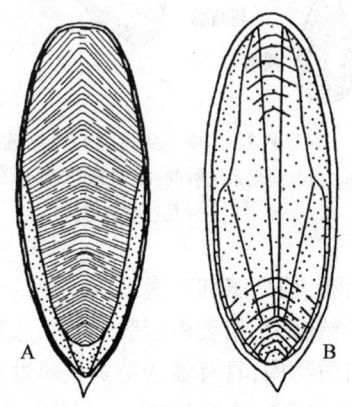

图 13-34 乌贼的内壳(海螵蛸)
A. 腹面观;B. 背面观(仿江静波等)

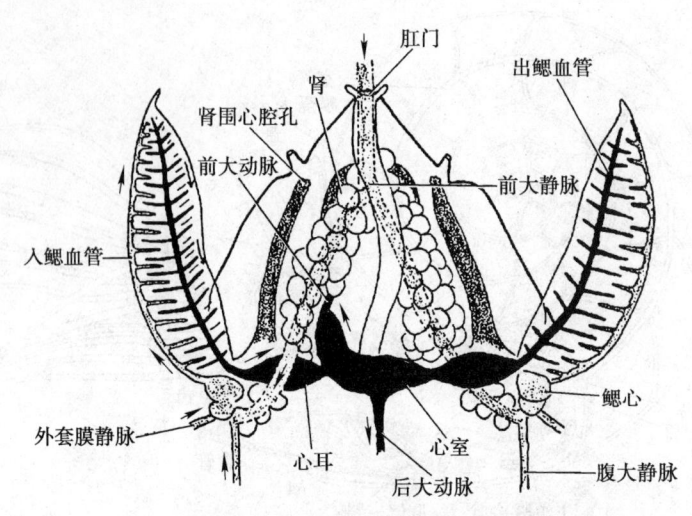

图 13-35 头足类的呼吸系统与循环系统
箭头示血流方向

口腔具有颚片(图 13-36C)和齿舌。消化系统包括食管、唾腺、胃及肠。有发达的肝(图 13-36A)。有些种类的消化系统在直肠的末端近肛门处有一导管,连一梨形小囊,即墨囊(ink sac),位于内脏团后端,实为一极发达的直肠盲囊。囊内腺体可分泌墨汁,经导管由肛门排出,使周围海水成墨色,借以隐藏避敌。

头足类的神经系统是无脊椎动物之中最为复杂的,由中枢神经系统、周围神经系统及交感神经系统组成(图 13-6D)。

感觉器官发达,除眼外,还有平衡囊、嗅觉陷等器官。眼结构复杂,最外为透明的角膜(cornea),无孔;中层为巩膜(sclera),瞳孔(pupil)周围为虹彩,连于巩膜,瞳孔后为晶体(crystalline lens)和睫状肌;内层为视网膜,主要由杆状体组成,外层是视网膜细胞(图 13-7D)。眼的构造似脊椎动物,但由外胚层内陷形成。平衡囊 1 对,位于头软骨内,介于足神经节和脏神经节之间。

头足类为雌雄异体。雌性生殖系统主要由卵巢、输卵管和缠卵腺组成。卵巢位于外套腔的后端。输卵管开口于生殖腔,输卵管为 1 对,部分种类的右侧输卵管退化。输卵管的远端具一个膨大的输卵管腺,再向前为雌性生殖孔,开口于外套腔(图 13-37A)。输卵管腺一般具有分泌卵壳的功能。雄性生殖器主要由精巢、输精管、阴茎、一些附属腺体和囊组成。精巢位于外套腔后端,有小孔通向输精管。输精管由本体部、生殖囊、贮精囊、前列腺和精囊组成(图 13-37B)。精囊前端为雄性生殖孔,生殖囊也有通向外套腔的孔。精荚包藏于精囊中,精荚由冠线、荚冠、放射导管、胶合体、连接导管和被膜等组成。阴茎为雄性生殖管末端长的肌肉质结构,具有输送精荚至雌性体内的功能。

图 13-36 头足类的消化系统
A. 乌贼消化系统解剖;B. 口球的结构;C. 颚的结构
(仿江静波等)

3. 生殖与发育

头足类不仅雌雄异体且异形,外形上区别不明显。但船蛸属和水孔蛸属的雄体比雌体小得多,有求偶行为。交配时,雄体用特化的交接腕(化茎腕)把贮藏精子的精荚送到雌体的外套腔内或口下方的垫上。有一些种类没有交接腕,它们直接将较长的阴茎伸出外套膜来与雌性直接交配。均为直接发育。

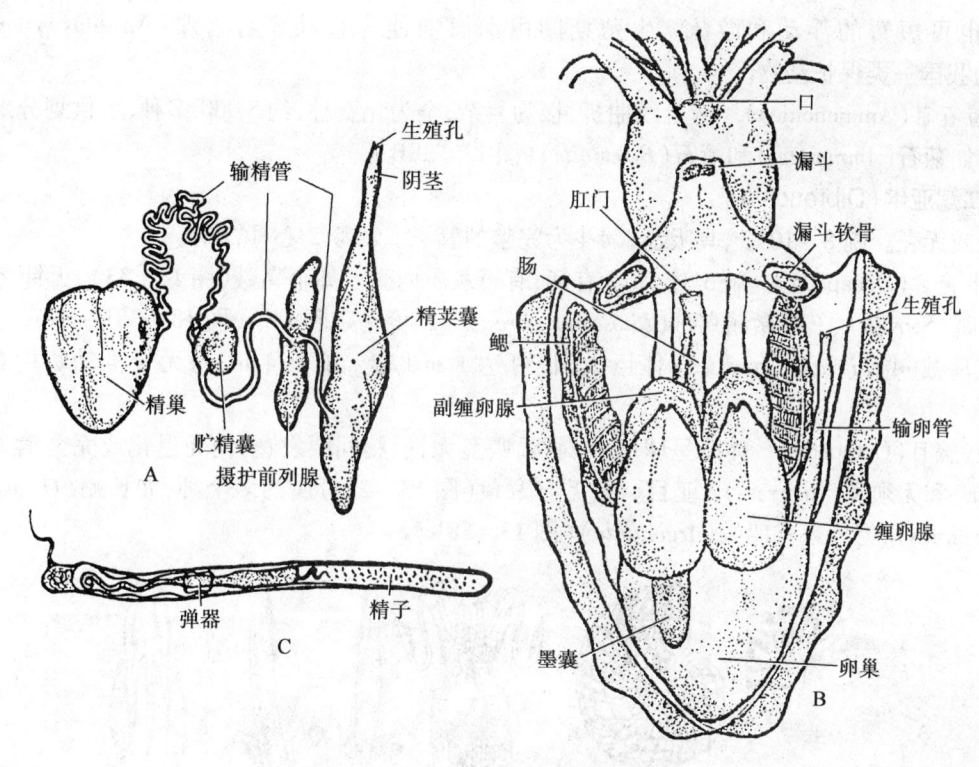

图 13-37 乌贼的生殖系统
A. 雄性生殖系统;B. 雌性生殖系统;C. 精荚结构(仿江静波等)

4. 生态习性与分布

游泳、底栖和浮游是头足类的 3 种主要生活方式。柔鱼(*Ommastrephes*)、枪乌贼(*Loligo*)和乌贼(*Sepia*)等主要营游泳生活,其中柔鱼和枪乌贼的游泳能力强,乌贼的游泳能力差。一般的行动方式是利用喷射动力,充满氧气的水被吸入外套膜中的鳃之后,肌肉收缩使空间减少,导致水从漏斗喷出,通常是背对着水喷出,并且能够用漏斗控制方向。这是一种相对用尾巴推进更为耗能的移动方式,相对效率随着体型增大而降低,这也使一些种类尽可能使用鳍和臂来推进。有一些章鱼(*Octopus*)种类的能够在海底行走,乌贼可以摆动外套膜上的翼状肌肉来移动。鹦鹉螺(*Nautilus*)、耳乌贼(*Euprymna*)等主要营底栖生活,但也能凭借漏斗喷射水流,形成反作用力短暂地在水层中游泳。水母蛸(*Amphitretus*)、水孔蛸(*Tremoctopus*)及船蛸(*Argonauta*)等主要营浮游生活。

头足类是凶猛的肉食动物,主要捕食磷虾、沙丁鱼、龙虾、蟹类等。另一方面,头足类本身又是抹香鲸、金枪鱼、鲨鱼等的主要猎取对象。

头足类在高盐度的海中种类多、数量大;在低盐度的海中种类少,数量小。头足类的生态分布与海流的关系十分密切,在锋面,辐合线和上升流的周围,均有头足类集群。

广泛分布于浅海、深海或大洋上层,按地理分布范围,可分为近海性和大洋性两大类:近海性种主要生活于大陆架以内近岸海域,如枪乌贼(*Loligo*)、乌贼和蛸等;大洋性种主要生活于大陆架以外的大洋中,如武装乌贼和柔鱼等。

二、头足纲的多样性

头足纲的现存种类约有 700 多种,化石种类在 10 000 种以上。主要根据鳃和腕的数目分为 2 亚纲 4 目。

(一) 四鳃亚纲(Tetrabranchia)

具外壳;腕数十个(60~90),无吸盘;漏斗为左右二叶组成;2 对鳃,2 对心耳,2 对肾。

目 1. 鹦鹉螺目(Nautiloidea) 外壳的隔膜与壳壁结合的缝合线为直线、不曲折。约有 3 500 种,绝大多数为化石种,生存种类仅存鹦鹉螺属(*Nautilus*),共 3 种。鹦鹉螺生活在南太平洋热带海区,在深海底营底栖生活,也可短暂的浮动和游泳。生殖期间由深海向浅海移动。鹦鹉螺(*Nautilus pompilius*)(图 13-38A)为我国一类保护动物。

目2. 菊石目(Ammonoidea) 缝合线曲折,极为复杂,全为化石种,约5 000多种,可供划分地层及探矿时的参考。如菊石(*Ammonites*)和箭石(*Belemnite*)(图13-38B、C)等。

(二) 二鳃亚纲(Dibranchia)

具内壳或无壳。腕8~10个,具吸盘;漏斗为完整的管子。2鳃,2心耳,2肾。

目3. 十腕目(Decapoda) 腕5对,吸盘有柄;有石灰质内壳。如金乌贼(图13-33)、无针乌贼(*Sepiella*)、旋壳乌贼(*Spirula*)、玄妙微鳍乌贼(*Idiosepius paradoxa*)、枪乌贼和柔鱼(图13-38D~H)。另外,本目的日本大王乌贼(*Architeuthis japonica*)体巨大,长可达1 m以上,腕长4 m,为无脊椎动物中最大者(图13-38I)。

目4. 八腕目(Octopoda) 体略呈球形;4对腕,吸盘无柄,腕间膜发达;内壳退化或完全消失。包括有须类(Cirrata)和无须类(Incirrata)2亚目。常见有章鱼(图13-38J)属的多个种,如长蛸(*O. variabilis*)和短蛸(*O. ocellatus*),另外还有船蛸(*Argonauta*)(图13-38K)。

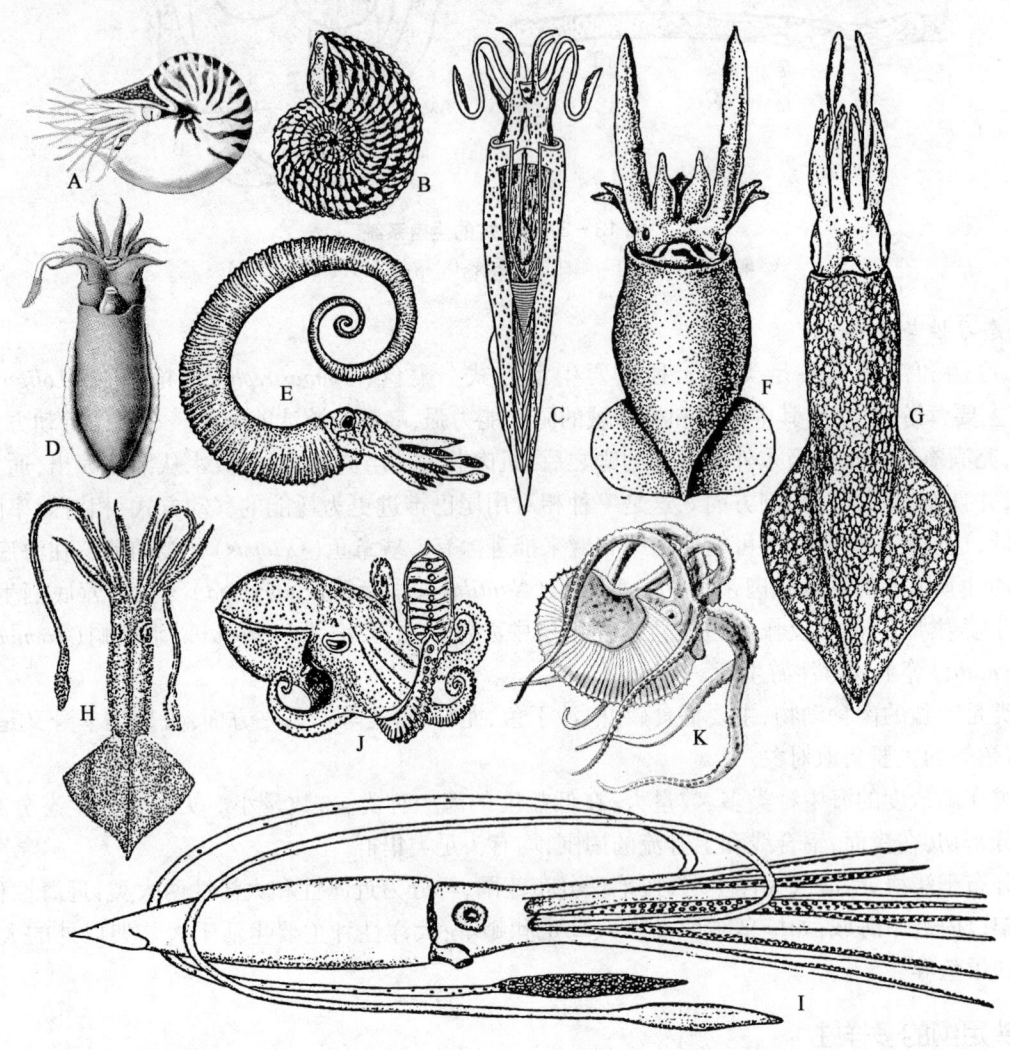

图13-38 头足纲代表种类

A. 鹦鹉螺;B. 菊石;C. 箭石;D. 无针乌贼;E. 旋壳乌贼;F. 玄妙微鳍乌贼;G. 枪乌贼;
H. 柔鱼;I. 大王乌贼;J. 章鱼;K. 船蛸

第九节　掘足纲(Scaphopoda)

全部海产。具长圆锥形稍弯曲的管状贝壳,如象牙状。粗的一端为前端,开口大,称为头足孔;细的一端为后端,开口小,称为肛门孔。壳凹的一面为背侧,凸的一面为腹侧。外套膜呈管状,前后端有开口。头部不明显,前端具有不能伸缩的吻,吻基部两侧生有许多头丝(captacula),能伸缩,末端膨大。头丝可伸出壳外,有触觉功能,也可摄食。掘足类为肉食性,吻内为口球,具颚片和齿舌。足在吻的基部之后,呈柱状,末端呈三叶状或盘状。足可伸得很长,能挖掘泥沙。肛门开口于足的基部腹侧(图13-39A)。无鳃,以外套膜进行气体交换。循环器官心脏有1室,无心耳,未分化出血管,仅有血窦。肾1对,囊状,位于胃侧面。雌雄异体,生殖腺1个;个体发育中有担轮幼虫和面盘幼虫。

掘足类自潮间带至7 000 m深海都有分布,约500种,仅有2目。

目1. 角贝目(Dentaliacea)　贝壳角状,足的前端尖,有2个翼状褶,口的周围有8个叶状唇瓣(图13-39B)。我国沿海有分布。如大角贝(*Dentalium vernedei*)和胶州湾角贝(*D. kiaochowwanensis*)。

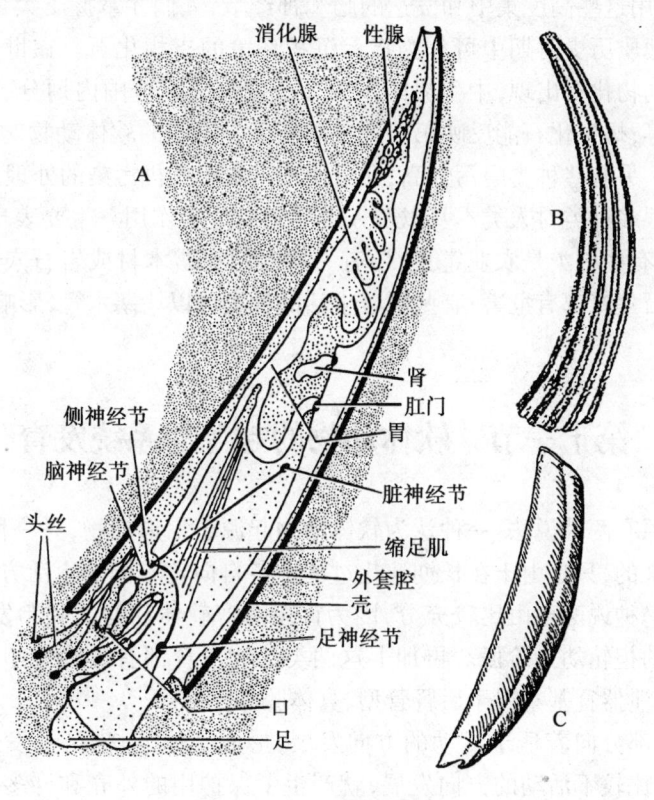

图13-39　掘足纲的形态
A. 角贝的基本结构;B. 角贝的壳;C. 棱角贝的壳

目2. 管角贝目(Siphonodentaliacea)　贝壳中部粗,两端略细,足的末端呈盘状,口的周围无唇瓣(图13-39C)。如棱角贝(*Cadulus*)。

第十节　软体动物与人类

软体动物种类多,分布广,大多数种类与人类关系密切。
软体动物是人类重要的蛋白质源。大量的淡水、海洋种类的软体动物,如鲍、玉螺、香螺、红螺、东风螺、泥螺、蚶、贻贝、扇贝、江珧、牡蛎、文蛤、蛤仔、蛤蜊、蛏、乌贼、枪乌贼和章鱼和淡水产的田螺、螺蛳、蚌、蚬;陆地栖息的蜗牛,都含有丰富的蛋白质、无机盐和维生素,具有很高的营养价值。

部分软体动物是传统中药的重要组成部分。鲍的壳(中药称石决明)可以治疗眼疾;宝贝的壳(海巴),能明目解毒;珍珠是名贵的中药材,有平肝潜阳、清热解毒、镇心安神、止咳化痰、明目止痛和收敛生机等作用;乌贼的"海螵蛸",可以治疗外伤、心脏病和胃病,以及止血;蚶、牡蛎、文蛤、青蛤等的壳也是中药的常用药材。在现代医药学领域,人们尝试着从鲍、凤螺、海兔、蛤、牡蛎和乌贼等提取多种抗生物质、抗肿瘤物和治疗心血管疾病的物质。

产量极大的小型软体动物可以做农田肥料或饲料。沿海出产的寻氏肌蛤、鸭嘴蛤、篮蛤等可以喂猪、鸭、鱼、虾;淡水产的田螺、河蚬可以饲养淡水鱼类。

软体动物的壳是生产石灰的良好原料。

由于很多软体动物的贝壳有独特的形状和花纹,富有光泽,绚丽多彩,各种宝贝、芋螺、凤螺、梯螺、骨螺、扇贝、海菊蛤和珍珠贝等是古今中外人士喜欢搜集的玩赏品。有些贝类,如蚌、贻贝、鲍、瓜螺等是制作螺钿、贝雕和工艺美术品的原料。

在科学与技术领域,软体动物也起着非常重要的作用。软体动物较为特殊的神经系统为人们提供了很好的实验材料,正是利用这些高度集中和发达的脑和神经节,人们才掌握了大量的神经冲动传导方面的知识。很多软体动物在地质历史时期中可作为指示沉积环境的指相化石。在世界各地寒武系的最底部,已有单板纲和其他软体动物化石出现,中生界的不少菊石成为洲际范围内划分、对比地层的带化石,可以了解古水域温度和盐度等;蜗牛化石能反映第四纪气候环境。不同的软体动物对生活环境反应敏感,故可用于水环境监测和评价。另有些种类耐污性高,又可用于高浓度有机污染的处理。

但软体动物中也有很多种类对人类本身以及人类活动有危害作用。主要表现在它们是一些严重寄生虫病的媒介或中间宿主;有些种类是农业害虫;还有一些专门穿凿木材或岩石穴居的种类,对于海洋中的木船、木桩和海港的木、石建筑都有危害;有些附着生活的种类可以堵塞水管,影响生产。

第十一节 软体动物的起源与系统发育

关于软体动物的起源有两种说法:一种认为软体动物起源于扁形动物;另一种认为软体动物和环节动物是从共同的祖先演化来的,只是由于在长期演化过程中各自向着不同的生活方式发展,所以最后形成两类不同体制的动物。后一种说法理由比较充分,因为许多海产软体动物的胚胎发育过程中也具有一个与许多环节动物幼虫相似的担轮幼虫阶段。再加上这两类动物发育都有螺旋型卵裂,在成体中某些变化上有共同的地方。例如,排泄器官基本属于后肾管型、真体腔等。

这个共同的祖先,一部分向着适于活动的方向发展,形成了体节、疣足及发达的头部,这就是环节动物;另一部分向着适应于比较不活动的方向发展,就产生了保护用的外壳和许多适于运动的构造,如分节现象和头部或不出现或退化。同时,也发展了一些软体动物所特有的结构——外套膜。

无论是从经典的形态解剖,还是从分子序列分析,此观点都较有说服力。

虽然软体动物各类群之间存在较大差别,但这些差别并不代表彼此间的亲缘关系。

软体动物中单板纲、无板纲及多板纲较为原始,这几类的真体腔发达,近似梯式神经;有的体呈蠕虫形,无壳,许多器官如鳃、肾、外壳等显示出分节排列现象。这些原始性状的存在,反映了它们接近软体动物的原始祖先,各自独立发展为一支。

腹足类较为原始,其生活方式活跃,头部发达。瓣鳃纲生活方式不活动,无头,但原始种类具楯鳃,足部具跖面,这与腹足纲接近。掘足纲头不明显,套膜在胚胎时为2片,后来才愈合成筒状,成对的肾,脑神经节与侧神经节分开,这些都表明掘足类接近于原始的瓣鳃类。但掘足类无鳃,无心脏,贝壳筒形,又显示与其他纲动物在演化上较为疏远,可能是较早分出的一支。头足纲为一古老的类群,起源早,化石种类多。

它们的生殖腔与体腔相通,似无板纲;在个体发育中,胚胎早期无肾,似多板纲和无板纲;生殖导管来源于体腔导管,又似多板纲。由于头足类具有原始软体动物的特点,说明它们与软体动物的原始种类接近。但头足类的结构复杂,神经系统高度集中,且为软骨质包围;眼的结构似脊椎动物;基本为闭管式循环系统;直接发生,无幼虫期。由于头足类既有原始性状,又有高度的演化特征,故推测它们可能是很早分出、沿着更为活跃的生活方式发展的一个独立的分支。

拓展阅读

[1] 刘必林,陈新军.头足类贝壳研究进展.海洋渔业,2010,32:332-339
[2] 张素萍.中国海洋贝类图鉴.北京:海洋出版社,2008
[3] 陈新军,刘必林,王尧耕.世界头足类.北京:海洋出版社,2009
[4] 陈玉霞,卢晓明,何岩,黄民生.底栖软体动物水环境生态修复研究进展.净水技术,2010,29(1):5-8
[5] 牟洪善,李金萍,王琨.软体动物神经系统的研究进展.生命科学仪器,2008,6(10):6-8
[6] 张建业,符立梧.几类重要的海洋抗肿瘤药物研究进展.药学学报,2008,43(5):435-442
[7] Halanych K M. The new view of animal phylogeny. Annu. Rev. Ecol. Evol. Syst., 2004, 35:229-56

思考题

1. 最能代表软体动物门的特征有哪些?
2. 软体动物与环节动物在演化上有何亲缘关系,根据是什么?
3. 软体动物分哪几纲,简述各纲的主要特征。
4. 分析软体动物种类多、分布广与其形态结构和生活习性之间的关系。
5. 选择软体动物的任一纲,详细分析它的特点。
6. 软体动物有多种不同生活方式,试述其特殊结构对生活方式的适应。
7. 为什么头足类的神经系统和感觉器官会成为无脊椎动物中最高等的?
8. 收集有关资料,了解人类利用软体动物的最新进展。

第十四章 节肢动物门（Arthropoda）

节肢动物是动物界最大一门。身体的异律分节及由此导致的身体各部位和内部器官的变化是节肢动物最大的特点。本门动物具有外骨骼和发达的横纹肌，结合具关节的附肢或翅，使得本门动物的运动能力大幅度提升。为适应运动的需要，节肢动物的消化系统、呼吸系统、排泄系统、循环系统和神经系统等都出现了多种变化。身体结构上的变化带来了物种更加多样化，促进了节肢动物适应各种生活环境并成为分布最广的动物类群。

第一节 节肢动物门的主要特征

一、异律分节

虽然环节动物的身体就已经出现了真正的分节，但它们是同律分节。而节肢动物却是异律分节（heteronomous segmentation），体节发生分化，其机能和结构互不相同。身体最前一节称为顶节（acron），最末一节称为尾节（telson），肛门位于其腹面或末端，因此又称肛节（anal segment）（顶节和尾节也出现于环节动物，顶节是环节动物的口前叶）。这2节都小，非胚带分节形成，不是真正的体节；顶节与尾节之间才是真正的体节。节数因种类而不同，多者可超过200节。机能和结构相同的体节常组合在一起，形成体部（tagmata）。通过体节的组合，有的类群（如六足动物）身体分为头（head）、胸（thorax）和腹（abdomen）三部分，头部是感觉中心，胸部为运动中心，腹部成为营养和生殖中心。有的（如蜘蛛、虾、蟹等）身体分为头胸部（cephalothorax）和腹部。还有的（如蜈蚣）身体又分为头部和躯干部（图14-1）。总之，体节既分化又组合，从而增强运动能力，提高了动物对环境条件的趋避能力。

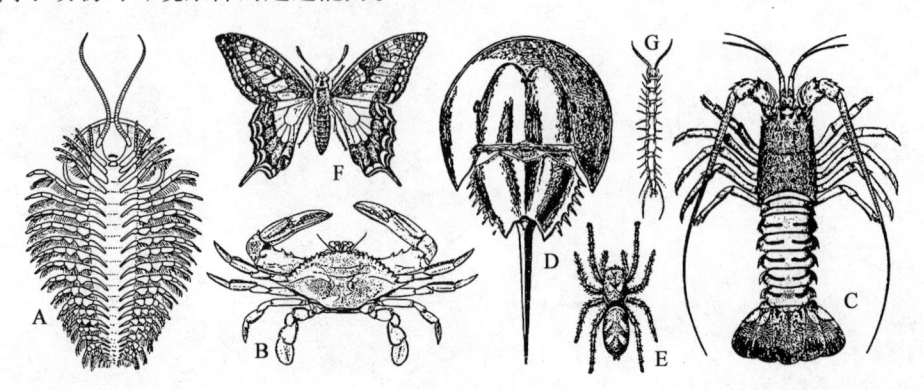

图14-1 节肢动物主要类群的外形
A. 三叶虫；B. 蟹；C. 龙虾；D. 鲎；E. 跳蛛；F. 蝶；G. 蜈蚣。显示异律分节

二、外骨骼及其意义

动物要在陆上存活,首先必须阻止体内水分的大量蒸发。前文所介绍的一些陆生动物具有包被身体的角质层,在一定程度上就起着这样的作用。但线虫动物和环节动物的角质层都很纤薄。节肢动物的外表却是由坚硬厚实的壳甲包裹着的。这层壳甲就是节肢动物的外骨骼,最外一层是很薄的蜡质层,可以防止外面的水分渗入或内部的水分蒸发。节肢动物的外骨骼自外而内分为3层,分别是上角层(epicuticle)、外角层(exocuticle)和内角层(endocuticle)(图14-2)。

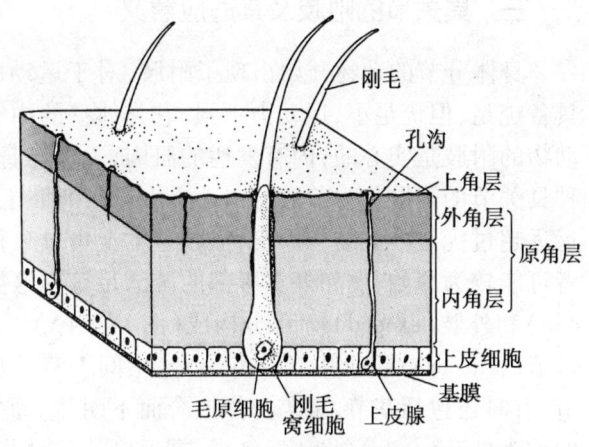

节肢动物的外骨骼主要由几丁质(甲壳质,chitin)和蛋白质组成,前者为含氮的多糖类化合物,是外骨骼的主要成分;后者大部分为节肢蛋白(arthropodin)。不同类群节肢动物的外骨骼在组成上略有差别,甲壳动物的外骨骼还含有大量的钙质,六足动物的却几乎无钙质。形成外骨骼的这些物质都是由位于外骨骼内面的一层上皮细胞分泌而来的。上皮细胞分泌的外骨骼一经硬化,便不能继续扩大。节肢动物的体壁包括非细胞结构的几丁质外骨骼、上皮组织以及最内侧的一层基膜(basement membrane)。基膜很薄,紧贴于上皮之内,由结缔组织形成,来源不明。各个体节通常包被4块外骨骼:背面一块为背板(背甲,tergite),腹面一块为腹板(腹甲,sternite),左右两侧的两块为侧板(侧甲,pleurite)。侧甲常见于甲壳动物中,六足动物腹节的侧板已完全退化,唯昆虫纲有翅亚纲的胸节具侧板,但这些侧板均由附肢原肢的亚基节(subcoxa)扩大演变而成,而非真正的体节外骨骼。

图14-2 节肢动物的外骨骼剖面

由于节肢动物外骨骼为非细胞结构,它不仅不能生长,而且在一定时间段内,限制了动物体的生长,因此,节肢动物都会发生蜕皮现象(moulting)。六足动物等成熟以后不再蜕皮,而甲壳动物等却终生都可蜕皮,有些种类一生竟蜕皮30次以上。蜕皮前,动物停止摄食,上皮脱离旧外骨骼,并开始产生新外骨骼,同时又分泌蜕皮液(moulting fluid)于新旧外骨骼之间。蜕皮液内含几丁酶和蛋白酶,能将旧外骨骼逐渐分解溶化,其分解产物即被上皮细胞吸收,但新外骨骼却不受这些酶的影响。旧外骨骼由于分解溶化而逐渐变薄,并在一定部位破裂,最后动物就从这裂缝内钻出,前肠和后肠内侧的旧外骨骼也连在一起蜕下;蜕下的全部旧外骨骼往往完整地遗留在动物栖息处。新外骨骼比旧外骨骼宽大,皱褶于旧外骨骼之下,一旦旧外骨骼脱去,动物由于吸水、吸气或肌肉伸张而使身体膨胀,柔软、皱褶而又具弹性的新外骨骼便随之扩张,这样身体也就生长了。再经过一段时间,新外骨骼渐渐增厚变硬,生长便停止(图14-3)。在动物界,这种间歇性生长的效果并不差于连续性生长,例如家蚕的一龄幼虫(蚁蚕)每条平均体重仅0.000 33 g,约经一个月,共蜕皮4次,发育成五龄幼虫(熟蚕),其体重竟达3.257 g,与一龄幼虫相比,增重约1万倍。

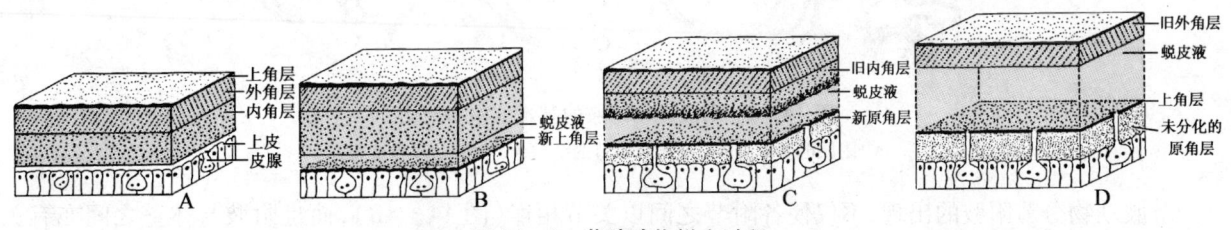

图14-3 节肢动物蜕皮过程

节肢动物的外骨骼具有支持和保护作用。昆虫和螃蟹中的外骨骼是充当盔甲的器官,也为动物体提供了一个框架或结构,对体内器官组织有保护作用;作为运动中的杠杆,是肌肉的附着点,因此,外骨骼也成了节肢动物运动器官的一部分;由于含有蜡层和几丁质的密致性,外骨骼能够有效地防止体内水分丢失和病原体侵入,这对陆生种类尤为重要。另外,节肢动物外骨骼上存在着各种突起,它们具有感觉功能,是体表的感觉器官的一部分。

三、具关节的附肢及其适应意义

身体分节的动物开始出现了附肢,对于运动的增强起到了十分重要的作用。一部分环节动物虽已具备疣足,但疣足小,运动力不强,它是体壁的中空突起,本身及其与躯干部相连处均无活动关节。节肢动物的附肢是实心的,内有发达的肌肉,不但与身体相连处有活动关节,并且本身也分节,十分灵活。这种具关节的附肢称为节肢(arthropodium),节肢上的各节称为肢节(podite)。节肢的灵活性和运动力都远远超过疣足。就结构而言,节肢基本上可分2种类型,即双枝型(biramous)和单枝型(uniramous)。前者可能较为原始,例如虾类腹部的游泳足等。这类附肢由原肢(protopodit)及其顶端发出的内肢(endopodit)和外肢(exopodit)3部分构成(图14-4A)。原肢是附肢的基干,连接身体,分3节,基部1节名为前基节(praecoxa)或亚基节(subcoxa),中间1节是基节(coxopodit),顶端1节为底节(basipodit);其中前基节,有时还包括基节,常与身体愈合而不明显。原肢内外两侧常有突起,内侧的称为内叶(endite),外侧的称为外叶(exite)(图14-4)。靠近口的几对节肢的内叶具有十分坚厚的角质膜,且常带齿或刺,用来研碎食物,特称颚基(gnathobasis)、小颚突起(maxillary process)或咀嚼板(kaulade)。由前基节或基节发出的外叶有时十分发达,往往分支,具备宽广的表面面积,用来呼吸。这种外叶特称为上肢(epipodite)或鞭鳃(肢鳃)(mastigobranchia)。内肢由原肢顶端的内侧发出,一般有4~5个肢节。外肢则由原肢外侧发出,肢节数较多。至于单枝型节肢原由双枝型演变而来,其外肢已完全退化,只保留了原肢和内肢,例如六足动物的3对步足。

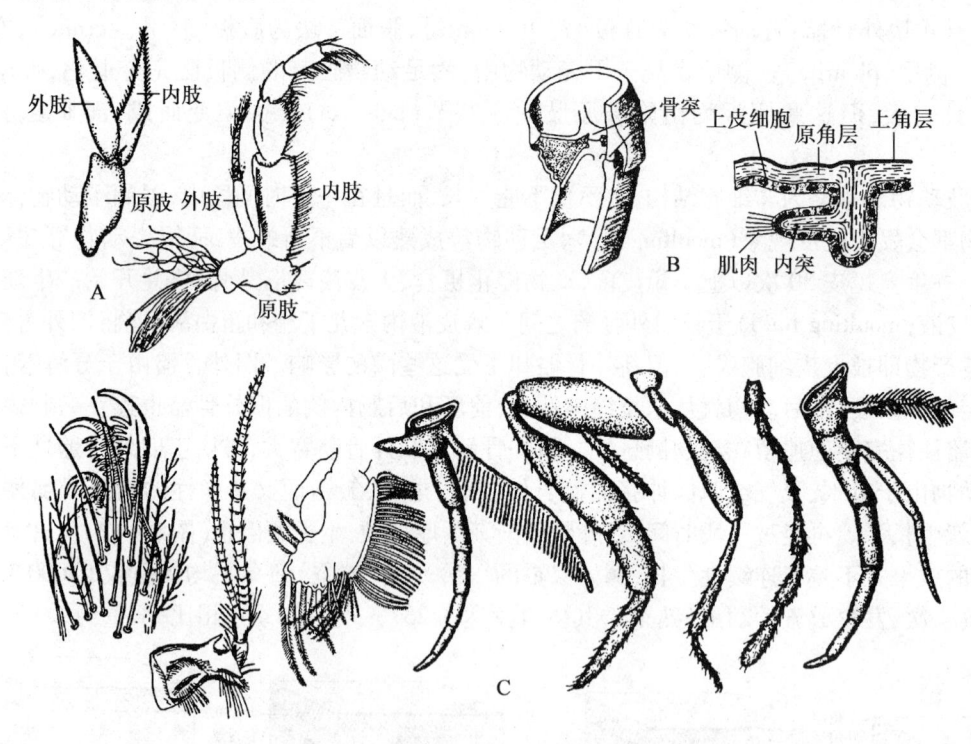

图14-4 节肢动物附肢的基本结构和变化
A. 附肢的基本结构;B. 附肢关节的结构;C. 附肢的多种变化

节肢动物分节附肢的出现,不仅使各附节之间以关节相连(图14-4B),而且附肢与体壁之间亦有关节,这大大增强了附肢的灵活性,使节肢动物的活动范围和活动能力增强。同时,附肢的原始功能是运动,但为了适应其生活环境,演化过程中附肢的形态和机能发生了变化,形成了口器、触角、各种运动的足以及呼吸器官(肢口纲的书鳃)和生殖器官(昆虫纲的外生殖器)等各种形态(图14-4C)。

四、肌肉系统

肌肉的发达是动物增强运动的关键,扁形动物、原腔动物和环节动物虽都具备由中胚层发育而来的肌纤维,但均为平滑肌或斜纹肌,且分散布列于皮肌囊内。节肢动物的肌纤维却是横纹肌,肌原纤维多,伸缩力强,同时肌纤维集合成肌肉束,其两端着生在坚厚的外骨骼上(图14-5)。通过外骨骼的杠杆作用,调整和放大了肌肉运动,以增强效能。节肢动物的肌肉束往往按节成对排列,相互拮抗。每个体节有躯干肌和附肢肌2种,躯干肌包括1对背纵肌和1对腹纵肌,前者收缩时,促使身体伸直或向上弯曲,而后者收缩时,却使身体下弯。每只附肢一般有3对附肢肌,可使附肢朝前后、上下、内外各种不同方位活动。

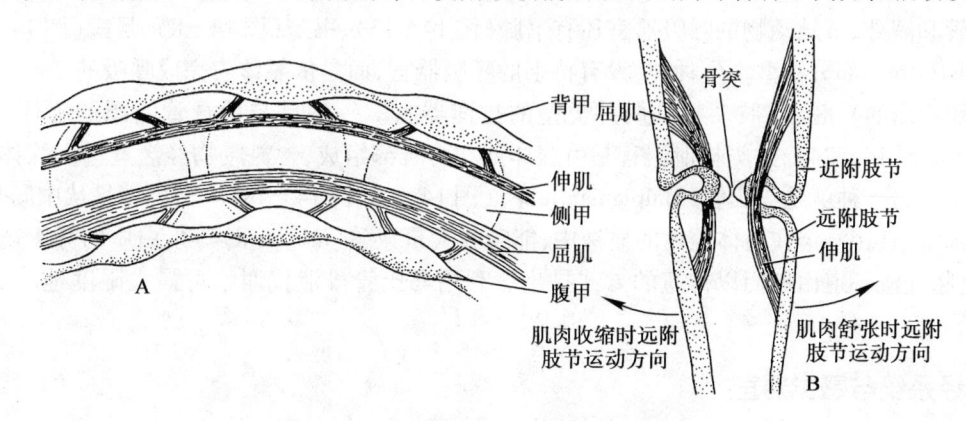

图14-5 节肢动物外骨骼与肌肉的关系
A. 体壁骨骼与肌肉;B. 附肢骨骼与肌肉

五、体腔与开管式循环

节肢动物的体腔在发育早期也形成中胚层的体腔囊,但在继续发育的过程中,不扩展为广阔的真体腔,而是退化为生殖管腔、排泄管腔和围心腔。在以后的发育过程中,围心腔壁消失,使体壁和消化管之间的原体腔与围心腔的真体腔相混合,形成混合体腔(mixocoel)。混合体腔内充满血液,混合体腔也称为血腔(haemocoel)。

节肢动物的循环系统十分简单,由具备多对心孔的管状心脏和由心脏前端发出的1条短动脉构成。这条短动脉伸入头部,末端开口;无微血管相连。血液通过这条动脉离开心脏,流动在身体各部分的组织间隙中,因此节肢动物的循环系统是开管式的。然后,这些血液由身体各部分的组织间隙逐渐汇集到体壁与内脏之间的混合体腔中,再通过心孔,回归心脏。直接浸润在血液中的肠道所吸收的养料可透过肠壁进入血液内,然后再随血流分送到身体各部分。

不同类群节肢动物循环系统的发达程度有些差别,有的循环系统非常简单,如六足动物(图14-47);有的比较复杂完善,如甲壳动物(图14-23)。

六、消化系统

动物的运动能力和活动范围加大了,势必要增加能量消耗,提高食物的需求量,这样也就促进了动物消化系统的发达。因此,节肢动物捕食、摄食以及碎食的结构也都明显强于环节动物。一部分种类还有十分发达的中肠突出物,便于体内储存养料,这对陆栖生活至关重要。六足动物虽无中肠突出物,却在肠道周围和体壁内面有许多脂肪细胞,代行养分储存的功能。对陆生动物来说,保存体内水分是十分重要的,绝大多数节肢动物都有6个直肠垫(rectal papillae),能从将要排出的食物残渣中回收水分,并将其输送到血体腔内,以维持体内水分的平衡。

七、呼吸和排泄

节肢动物呼吸系统的总体特点就是呼吸器官和呼吸方式的多样化。在节肢动物中,水生种类也像一部分环节动物和软体动物那样,以鳃呼吸(图14-21)。而鳃是体壁的外突物,如果暴露空气中,易使动物体内大量水分蒸发,危及生命。为数众多的陆栖节肢动物个体较大,活动又较剧烈,仅通过体表的扩散性呼吸,尚不足以获得足够的 O_2。特别由于体表被有坚厚的外骨骼,更不宜于扩散性呼吸,因此在漫长的适应过程中,陆栖节肢动物形成另一种呼吸器官,即气管(trachea)。气管是体壁的内陷物,不会使体内水分大量蒸发,其外端有气门和外界相通,内端则在动物体内延伸,并一再分支,布满全身,最细小的分支一直伸入组织间,直接与细胞接触(图14-50B)。一般动物的呼吸器官,无论是鳃还是肺,都只起到交换气体的作用,对动物身体内部提供 O_2 和排放 CO_2 都要通过血流的输送,唯独节肢动物的气管却可直接供应 O_2 给组织,也可直接从组织排放 CO_2,因此气管是动物界高效的呼吸器官。

除了气管和鳃外,节肢动物的呼吸器官还有书肺(图14-13)、书鳃(图14-8)、足鳃(图14-19)、气管鳃(图14-50D)等。部分小型水生种类,没有特别的呼吸器官,而是依靠体表完成呼吸的。

随着代谢作用的兴旺,节肢动物具两种类型的排泄器官。一种是与后肾管同源的腺体(绿腺 green gland、基节腺)(图14-24),这类排泄器官是由腺体部和膀胱部组成,含氮废物经渗透进入腺体部,再由膀胱部排出体外。另一种就是马氏管(Malpighian tube)(图14-13、图14-48)。马氏管是从中肠与后肠之间发出的多条细管,直接浸浴在血体腔内的血液中,能吸收大量尿酸(uric acid)等蛋白质的分解产物,使之通过后肠,与食物残渣一道由肛门以排遗的方式排出。利用马氏管排泄代谢物可最大限度地减少虫体水分的丧失。

八、神经系统与感觉器官

在增强运动器官的同时,节肢动物还必须发展感觉器官和神经系统,方能及时感知陆上多样及多变的环境因子,迅速作出反应。节肢动物的神经系统与环节动物的神经系统基本上是相同的,同属于链状结构。但由于节肢动物的异律分节,常有一些前后相邻的神经节愈合成一个较大的神经节或神经团。节肢动物神经节愈合的情况与身体外部分节的消失是密切相关的。如蜘蛛体外分节不明显,其神经节也都集中在食管的背方和腹方,形成了很大的神经团(图14-14A)。神经节互相愈合时,便失去其原来的链状结构。

节肢动物的感觉器官相当复杂,有司平衡、触觉、视觉、味觉、嗅觉和听觉的感觉器官。眼有单眼和复眼两种。复眼由多个小眼组成,能感知外界物体的运动和形状,能适应光线强弱和辨别颜色。

九、生殖与发育

节肢动物一般为雌雄异体,且往往雌雄异形。通常是体内受精,卵裂的方式是表裂,有直接发育,也有间接发育。间接发育的种类有一至数种不同的幼虫期,有时这些幼虫的生活习性与成虫不同。也有些节肢动物能进行孤雌生殖。节肢动物是没有无性生殖的。

第二节 节肢动物的分类与多样性

节肢动物门是动物界中最大一门,据不完全统计有124万种以上,约占动物界的80%。有关节肢动物高等级分类阶元的设置和归类,长期以来都是动物学研究的一个热门话题。虽然各学者基本上是根据节肢动物体节的组合、附肢以及呼吸器官等特征对其进行分类的,但历史上仍然出现过多个不同的分类系统(表14-1),各系统又都有能够支持的证据。国内教科书基本是将节肢动物门分3个或4个亚门。根据节肢动物比较功能形态学和胚胎学方面多年的研究结果,Manton 按照附肢形态和分支多少作为主要特征对其进行了分群。近20年来,欧、美和日本等国的教科书大多根据 Manton 的基本概念将现生的节肢动物门分为4亚门。这样,包括已完全灭绝的三叶虫亚门,节肢动物应分为5亚门21纲。这里,我们按这一新的体系给予介绍。

表 14-1　节肢动物门高级分类阶元体系的比较

二亚门系	三亚门系	旧的四亚门系	五亚门系	新的五亚门系
原节肢亚门	**有鳃亚门**	**三叶虫亚门**	**三叶虫亚门**	**三叶虫亚门**
有爪纲	甲壳纲	三叶虫纲	三叶虫纲	三叶虫纲
真节肢亚门	三叶虫纲	**螯肢亚门**	**有螯亚门**	**螯肢亚门**
肢口纲	**有螯亚门**	蛛形纲	肢口纲	肢口纲
蛛形纲	肢口纲	**甲壳亚门**	蛛形纲	蛛形纲
甲壳纲	蛛形纲	甲壳纲	海蛛纲	海蜘蛛纲
多足纲	**有气管亚门**	肢口纲	**有颚亚门**	**甲壳亚门**
昆虫纲	原气管纲	**单肢亚门**	甲壳纲	头虾纲
	多足纲	原气管纲	唇足纲	鳃足纲
	昆虫纲	多足纲	倍足纲	桨足纲
		昆虫纲	综合纲	须虾纲
			有爪亚门	蔓足纲
			原气管纲	桡足纲
			头虾纲	鳃尾纲
			须虾纲	介形纲
			微虾纲	软甲纲
			桡足纲	**多足亚门**
			鳃尾纲	倍足纲
			蔓足纲	唇足纲
			软甲纲	少足纲
			单肢亚门	综合纲
			昆虫纲	**六足亚门**
			倍足纲	原尾纲
			唇足纲	弹尾纲
			烛蚣纲	双尾纲
			综合纲	昆虫纲

第三节　三叶虫亚门（Trilobitomorpha）

　　已绝灭的 1 个亚门。虫体的外壳纵分为 1 个中轴和 2 个侧叶，故名三叶虫，由前向后分为头、胸和尾 3 部分（图 14-6）。寒武纪早期出现，种属和数量都很多，到了晚寒武世发展到高峰，奥陶纪仍然很繁盛，进入志留纪后开始衰退，至二叠纪末则完全绝灭。

　　三叶虫全为海生，生活在浅海地带，多数营游移底栖生活，少数钻入泥沙中或漂游生活。用外肢的鳃叶（鳃肢）呼吸。大多数三叶虫以其扁平的身体贴伏在海底上向前作缓慢的爬行或作暂时的游移。以内肢爬行时，尾部和后胸部可稍稍翘起，以减少前进阻力。壳刺较多的类型，一般认为增加浮力，有利漂浮，但有的壳刺，特别是尾刺，不仅可助浮游、挖掘、支撑，甚至可用作保护（当壳体卷曲时）。

　　在远古海洋中，三叶虫的生活范围从浅海到深海非常广。偶尔三叶虫在海底爬行时留下的足迹也被化石化了。几乎在所有今天的大陆上均有三叶虫的化石被发现，它们似乎在所有远古海洋中均有生存。今天在全世界发现的三叶虫化石有上万种，由于三叶虫的发展非常快，因此它们非常适合被用做标准

图14-6 三叶虫

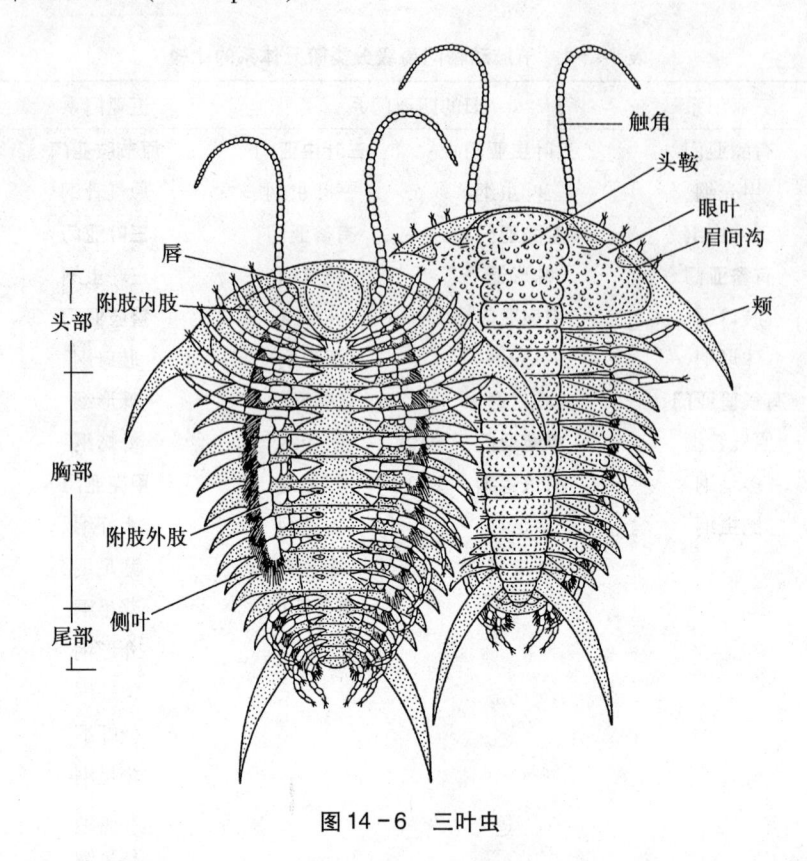

化石,地质学家可以使用它们来确定含有三叶虫的石头的年代。三叶虫是最早的、获得广泛吸引力的化石,至今为止还不断有新的物种被发现。在加拿大、美国、中国、德国和其他一些地方发现过非常稀有的、带有软的身体部位如足、鳃和触角的三叶虫化石。

第四节 螯肢亚门(Chelicerata)

身体较大,分为头胸部和腹部。具螯肢而无触角,是该亚门动物的主要特征。口后第1对附肢为脚须(pedipalp),主要是爬行,兼有执握、感觉和咀嚼功用。用鳃、书鳃或用书肺、气管呼吸。寒武纪至现代。海生或陆生。

一、外部形态

(一) 身体分部

异律分节明显,有愈合现象,身体分为头胸部及腹部。头胸部是由第2~7体节愈合而成。部分种类的头胸部与腹部间的界限不明显(图14-7)。

头胸部上有1对螯肢(位于口器前)和1对脚须(位于口器后);脚须具感觉功能。头胸部其他体节上各生出1对足。较原始形态的口前叶两侧有1对复眼,中央有4只单眼。口器是在第2及第3体节之间。腹部包括12或更少的体节数,前7节为前腹部,后5节为后腹部,以尾节或尖刺终结。

(二) 附肢

不同种类的螯肢及脚须在形态及功能上有各种变化。螯肢一般分2~3节,最后1节上有爪。不同种类的螯肢的大小各不相同,有的很明显(如广翅鲎),有的很细小(如蝎子)。很多种类的螯肢具毒腺,可以分泌有毒液体,用于摄食和防御。

大部分种类的脚须较螯肢细小。雄性蜘蛛的脚须末端演化成了交配器;而蝎子的则有大钳用来捕捉猎物。现生的螯肢亚门前腹部附肢退化,或是已经明显变异,如蜘蛛的吐丝板或鲎的鳃。

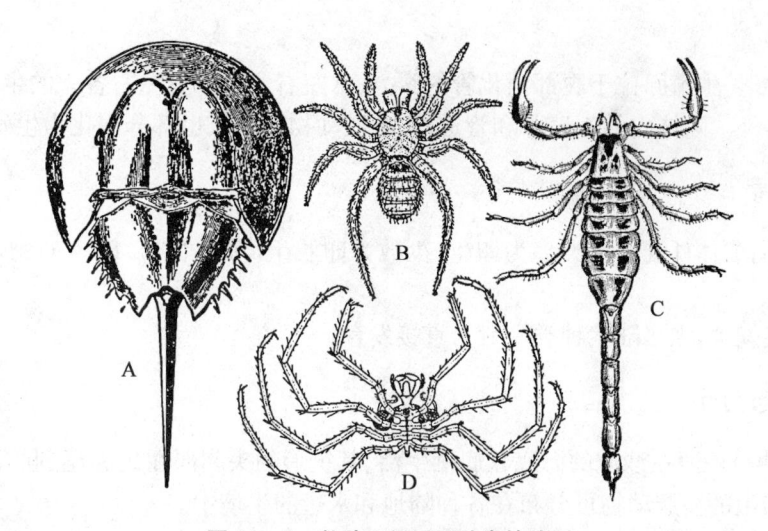

图 14-7 螯肢亚门不同种类的外形
A. 肢口纲；B. 蛛形纲；C. 蛛形纲蝎形目；D. 海蜘蛛纲

二、内部构造

(一) 消化系统

螯肢动物的消化系统分为前肠、中肠和后肠。相对而言，螯肢动物的消化管狭窄。一般以口取食。多数种类以其他动植物的汁液为食，故消化系统结构上也表现出一定的适应。少数种类可以捕食固体食物，如盲蛛目种类。肢口纲种类用螯肢将细小的动物放入，并用脚须基部的锯齿状颚基磨碎食物，再将食物放入口内。

螯肢动物的食性包括肉食性、草食性和腐食性。陆生的蜘蛛常可通过吐丝织网来捕获食物。

(二) 呼吸系统

不同种类的螯肢动物，呼吸器官也不同，水生种类只有鳃(如鲎)，有的种类只有书肺(如蝎)，有的种类只有气管(如避日目)，有的种类有书肺和气管(如蜘蛛目)。一般认为螯肢动物的气管与六足动物的气管在起源上是不同的，前者是由书肺演化而来。书肺是虫体腹部体表内陷的囊肿结构，内有很薄的书叶状的突起，是气体交换的场所。气体交换时，气体在书肺叶间和外界相连的间隙中流动，血液则在书肺叶间与血腔相连的空间流动，因而通过扩散作用即可进行气体交换。书肺与书鳃是同源的，是书鳃适应陆地空气呼吸内陷而成的。

有些小型螯肢动物没有专门的呼吸器官和系统，借体表呼吸。

(三) 排泄系统

陆生螯肢动物的排泄器官为基节腺和马氏管(图 14-13)，这是 2 种起源完全不同的器官。马氏管可将动物的代谢产物由溶解态浓缩为结晶态从消化管排出。

(四) 循环系统

螯肢动物的循环系统为开管式的。身体较大、呼吸器官较集中的种类，其循环系统较为发达；部分小型种类(如恙螨)没有循环系统。

(五) 神经系统与感觉器官

螯肢动物的神经系统为典型的链状结构，每体节上都有神经节。不同类群的神经节愈合程度存在差异；肢口纲种类的脑部包含了所有头胸部及第 1、2 腹节的神经节，而其他腹节的神经节则保持分离；蝎类的神经中枢分节明显；蛛形纲的神经系统最为集中，各神经节愈合成一个总神经团(图 14-14A)。

水生螯肢动物可拥有复眼及单眼，陆生类群只有单眼 2~12 只(多为 8 只)。单眼一般位于头胸部的前端。在结构上，位于中间的眼较侧旁者复杂。少数种类无眼。另外，螯肢动物的感觉器官包括体表的刚毛和各种化学传感器。

(六) 生殖系统

雌雄异体甚至异形,生殖腺位于腹部消化管的腹方,常左右愈合。有左右各一的生殖管,汇合后由 1 生殖孔在第 2 腹节通体外。除体内的生殖腺和管道外,螯肢动物的附肢也部分演化为生殖系统的一部分。

三、生殖与发育

有交配行为,体内或体外受精。大多为卵生,少数为卵胎生(如蝎目)。陆生的蜘蛛常用丝织成卵茧,起保护作用。

水生种类为间接发育,大多陆生种类一般为直接发育。

四、生态习性与分布

水生种类(肢口纲)一般在沙质的海底营底栖生活,其铲形的头胸部在足和尾剑的协助下,能使身体轻易地钻入沙底中。陆生的螯肢动物可分布在各种陆地和水边的生境中。

五、分类与多样性

(一) 肢口纲(Merostomata)

大型有鳃的水生动物,体长可达 60 cm。

身体分头胸部和腹部。头胸部具发达的马蹄形背甲(图 14-8A)。甲的背面隐约可见 3 条纵嵴,中嵴前端两侧有 1 对单眼,侧嵴外侧各有 1 复眼。头胸部腹面具有 6 对附肢围在口外(图 14-8)。第 1 对为螯肢,短小,仅由 3 节组成,末端呈钳状。其余 5 对附肢均由 7 节组成,统称步足。其中第 2 对(脚须)的末端在雄性变为钩状,用以抱握雌体。步足中的前 4 对末端均呈钳状,近端基节的内侧有长刺用以咀嚼食物,故称为颚肢。最后 1 对步足末端不呈钳状,但有几个突刺呈耙状,用以掘沙或清除附着物。最后 1 对步足之后有 1 对唇瓣(chilaria),其内侧也有刺,被认为是退化的第 7 体节附肢的基节。

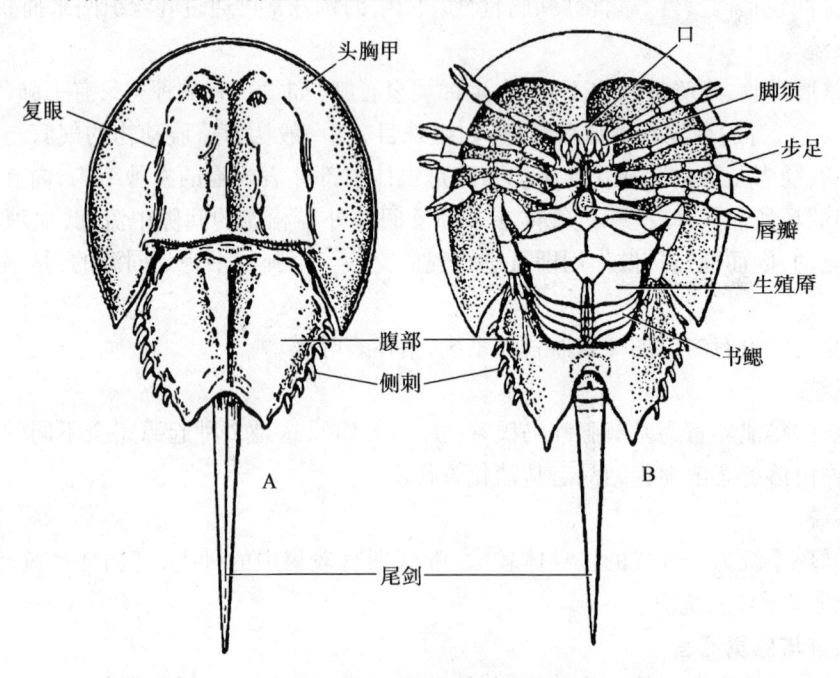

图 14-8 异形鲎的外形
A. 背面观;B. 腹面观

腹部体节愈合,形成一六角形的腹甲,腹甲后端为尾剑(telson)。腹甲背面靠中线处有 6 对小穴,是内部肌肉附着处。腹甲侧缘各有 1 列(一般 6 个)可动的短刺。腹部亦有 6 对附肢。其中第 1 对左右愈合成板状,其下方有生殖孔故称为生殖厣(genital operculum),盖在其他附肢之上。其余 5 对附肢变成书鳃(图

14-8B),由书鳃的运动可激起水流通过,以行呼吸。尾剑细长呈三棱形,与腹部有关节相连,用以支撑身体,特别是在背腹翻转时。

消化系统中有胃磨和肝盲囊结构(图14-9)。

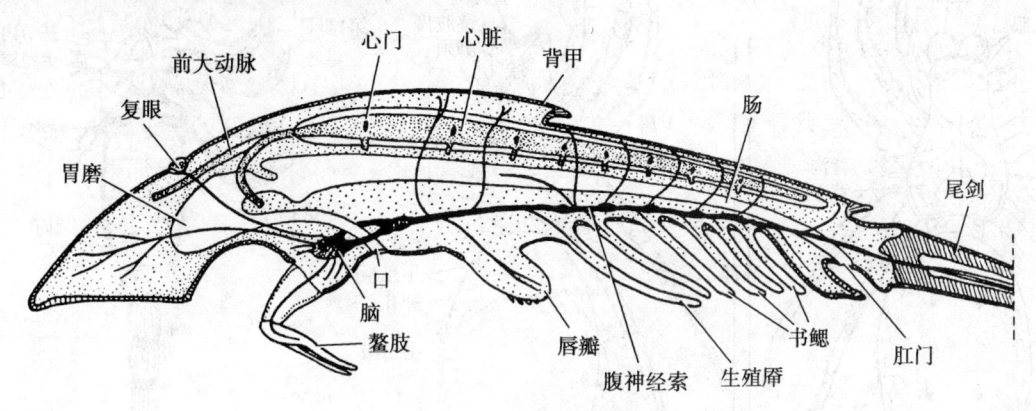

图14-9 鲎的内部结构

循环系统为开管式。血液中含有血青素及一种具有很强凝血能力的变形细胞。

排泄器官为4对基节腺。

链状神经系统呈明显愈合。在头胸部的神经节愈合成脑,可分为前脑与后脑。头胸部附肢均由脑支配。脑后为神经索及5个神经节,支配腹部附肢(图14-9)。

单眼具有角膜、晶体及视网膜细胞,复眼中的小眼数目少且排列稀松。头甲前端腹面还有化学感受器。

生殖腺位于肠的两侧,直延伸到腹部,经1对短的生殖导管以生殖孔开口在生殖厣板下。

繁殖在每年夏季。雌雄聚集在潮间带,雄性以脚须抱住雌性,雌性以附肢挖坑产卵时,雄性排精在卵上,行体外受精。每穴可产卵200~300粒,产卵后雌雄分开。发育为完全卵裂;初孵化幼体为三叶幼体(trilobite larva),形似三叶虫。刚孵化的幼虫尾剑不突出,仅2对书鳃,经13~14龄连续蜕皮后发育成成体,性成熟在第三年。

肢口纲包括2亚纲:板足鲎亚纲(Eurypterida)和剑尾亚纲(Xiphosura),前者已全部灭绝,后者也只有5个现生种,如异形鲎(*Limulus polyphemus*)(图14-8)和三刺鲎(又称为中国鲎)(*Tachypleus tridentatus*)(图14-10)。

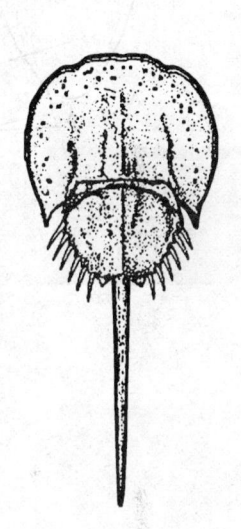

图14-10 三刺鲎

(二) 蛛形纲(Arachnida)

1. 外部形态

除蝎类外,本纲大多种类的身体没有明显的分节,身体分头胸和腹部2部分(图14-11A),这2部间往往由细腰部联系起来。但部分种类头胸部与腹部完全愈合,如蜱螨类;有的种类除第1节与头部愈合外,其他胸节都是分开的,如避日蛛(图14-16F)。

头胸部具单眼数对(不超过12个),无复眼。

头胸部附肢6对,第1对为螯肢,在口的前方,通常2~3节;第2对为脚须,在口侧,为感觉、捕食或交配用,末端可变成交接用的器官。另4对为步足,都是7节:基节、转节、腿节、膝节、胫节、后跗节和跗节。跗节有刚毛和爪;游猎型蜘蛛只2爪,而织网型蜘蛛却具3爪,上1对称为上爪,下1个称为中爪。这些结构既适于蜘蛛纺丝织网,也宜于它们在光滑的表面或网上爬行和歇息。

腹部附肢几乎全都退化,残存的第10和11腹肢则演变为纺器(spinneret)(图14-11A、B)。纺器是本纲动物特征性的结构,呈指状,位于腹部腹面后端或中部,通常共3对,分别称为前、中、后纺器。中纺器最小,不分节;前、后纺器粗大,分为2节。纺器顶部膜质,具有多个由刚毛演变而成的空心纺管(spinning tubes),各纺管均与体内丝腺(silk gland)的输出管连接。有些种类在左右前纺器之间还有1横板状筛器(cribellum)。筛器也由1对腹肢演变而来,同样有多数纺管。凡是具备筛器的种类,其第4对步足的后跗

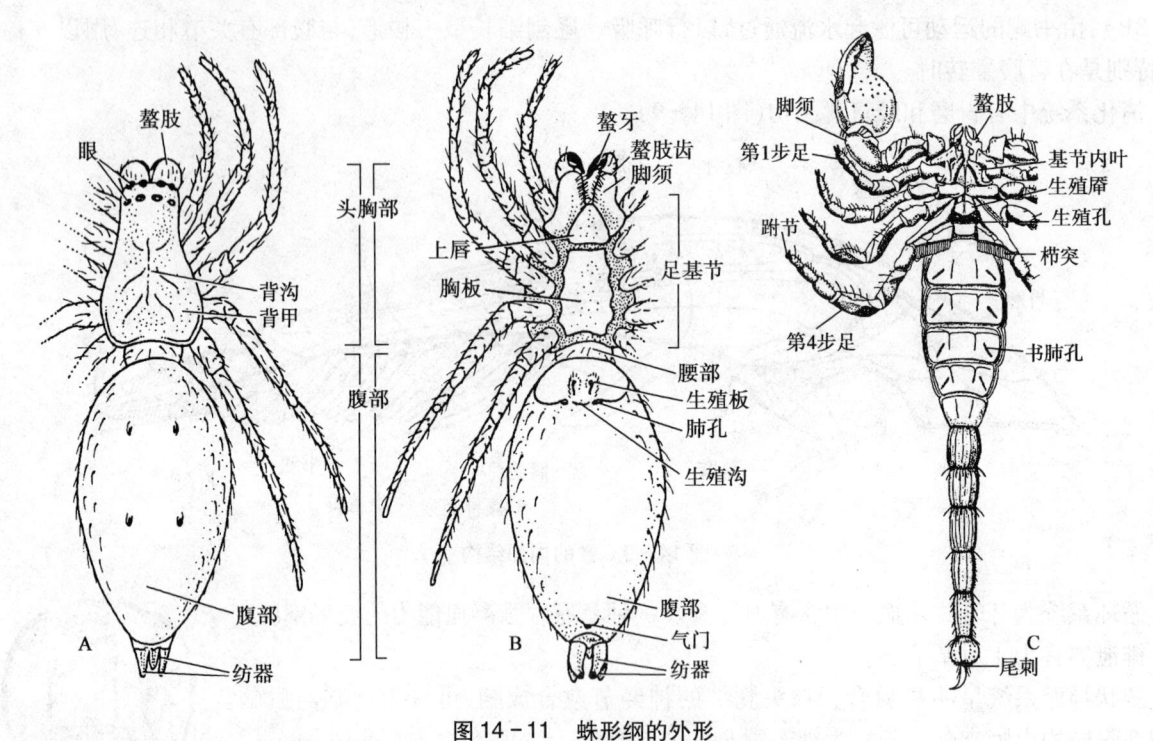

图 14-11 蛛形纲的外形
A. 蜘蛛的背面观；B. 蜘蛛的腹面观；C. 蝎子的腹面观

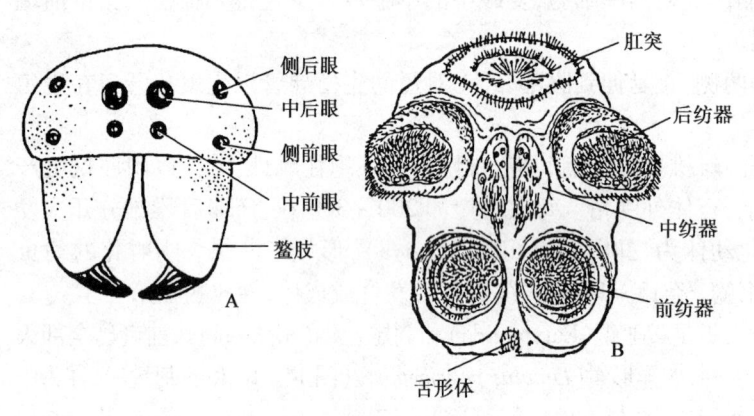

图 14-12 蜘蛛的眼（A）及纺器结构（B）

节背面均有栉节器（calamistrum）；栉节器由1列或2列朝向一方弯曲的刚毛组成，用来梳理由筛器纺出的蛛丝。

纺丝织网为蜘蛛重要的生物学特性，也是蜘蛛对陆上生活适应的结果，在演化上具重要意义。

2. 内部结构

呼吸器官有书肺或气管，或两者同时存在。蝎有书肺4对，蜘蛛为2对。

消化系统完全，分前、中、后3段。中肠段有胃结构。胃壁以强大肌肉附着在背板上，有很大的吸吮能力。胃后还有5对盲管，供储存液汁用。大多数蛛形纲的种类为肉食性。

排泄系统有2种，一是来源于体腔管的基节管，一是马氏管。

循环系统为开管式，血液从心脏出来后经血窦到书肺，再由肺静脉回到心脏（图14-13）。

神经系统表现为高度集中成神经团（图14-14）。

雌雄异体，多为直接发育。

多数种类活动于地面，不少种类织网悬栖空中，甚至还可飞行。

3. 蛛形纲的多样性

全世界已知约80 000多种，绝大多数陆生，仅少数螨类及1种蜘蛛为水栖。蛛形纲可分为4亚纲16

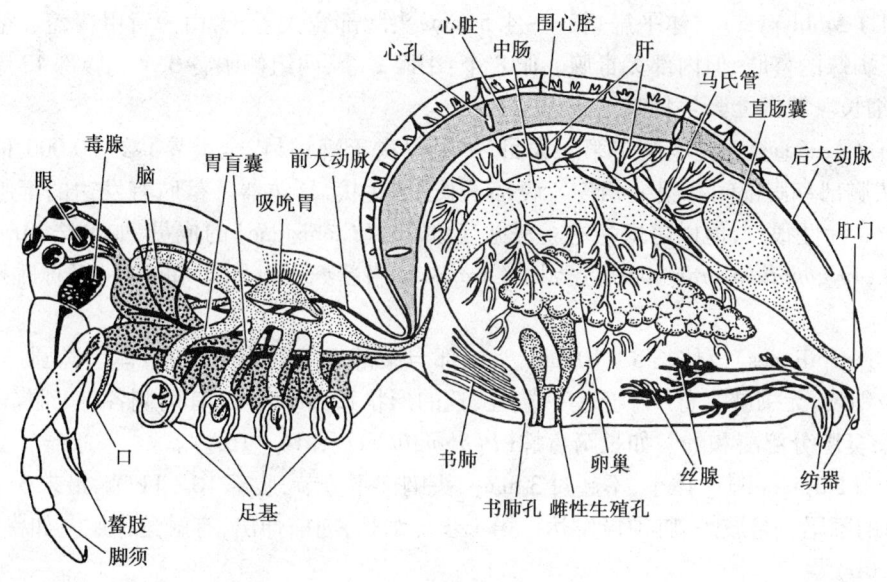

图 14-13 蜘蛛的内部结构

目,其中现生种类归属 3 亚纲 11 目。

目 1. 蜱螨目(Acarina) 是本纲最大的一个目,有 50 000 以上。体小,通常长 0.5～2.0 mm;圆形或椭圆形。全身不分节,头胸部和腹部也相互愈合。身体的前端部分以及 1 对螯肢和 1 对脚须共同组成颚体(gnathosoma),也称为假头(capilulum),内无脑,外无眼。颚体之后的身体其余部分称为躯体(idiosoma);两部分间以围头沟为界。通常两性生殖,但不少种类孤雌生殖。后者根据所产后代的性别又可分为产雌孤雌生殖和产雄孤雌生殖 2 种。产雌孤雌生殖是本目常见的一种生殖方式,未受精卵全部发育成雌螨。产雄孤雌生殖的种类行孤雌生殖时,所产的未受精卵全部发育成雄螨,但这些种类同时也行两性生殖,其受精卵发育成雄螨或雌螨。间接发育。分布广泛,部分种类是重要的传染病媒介或病原体,如红叶螨(红蜘蛛)(*Tetranychus*)、人疥螨(*Sarcoptes scabiei*)、地里纤恙螨(*Leptotrombidium deliense*)和全沟硬蜱(*Ixodes persulcatus*)(图 14-15A～D)等,但本目绝大多数种类是自由生活的。由于本目中螨类个体细小,不易被发现,常生存在灰尘和土壤中,故易成为敏感体质人群的致敏原。

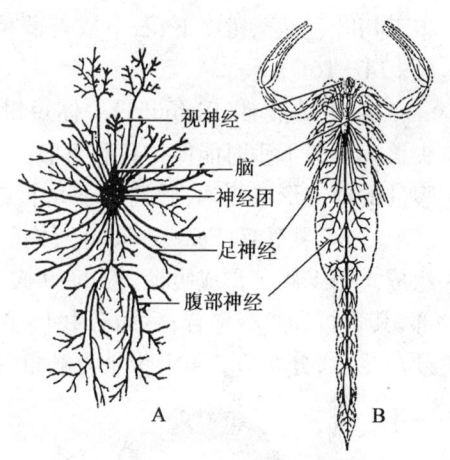

图 14-14 蛛形纲的神经系统
A. 蜘蛛的神经系统;B. 蝎子的神经系统

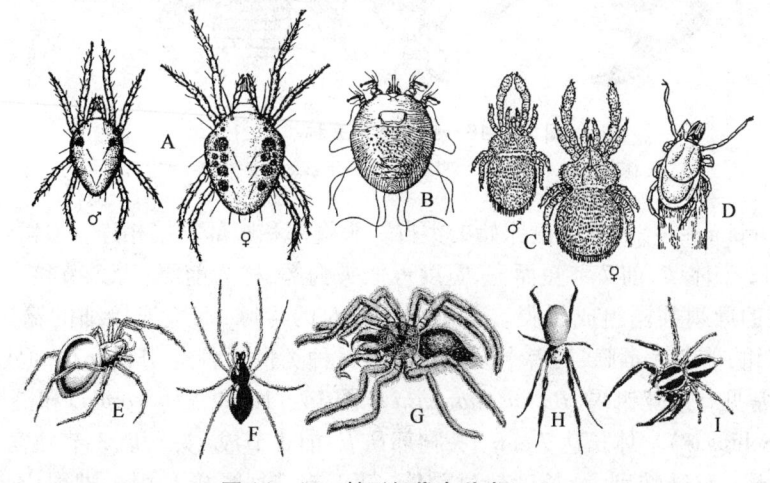

图 14-15 蛛形纲代表种类(一)
A. 红叶螨;B. 人疥螨;C. 地里纤恙螨;D. 全沟硬蜱;E. 水蛛;F. 草间小黑蛛;G. 园蛛;H. 络新妇;I. 蝇虎

目 2. 鞭蛛目(Amblypygi) 体平扁,长 4~4.5 mm,头胸部宽大于长,由一背甲覆盖。螯肢 2 节,其形状和功能类似于蜘蛛的螯肢,但内部无毒腺。眼 8 个:中眼 2 个,两组侧眼各 3 个。腹部 12 节,第 1 节形成腹柄,第 1 对足细长。我国无野生种类记载。

目 3. 蜘蛛目(Araneae) 是本纲中第二大目,种数仅次于蜱螨目,全世界共约 30 000 种,估计我国有 3 000 种左右。头胸部和腹部间有腹柄相连。腹部不长,呈囊状,具纺器。螯肢有发达的毒腺;雄蛛脚须末部特化成脚须器。食性很广,但以昆虫为主。常见有螲蟷科(Ctenizidae)的成员,如水蛛(*Argyroneta aquatica*)、草间小黑蛛(*Erigonidium graminicola*)、园蛛(*Aranea*)、络新妇(*Nephila*)和蝇虎(又称跳蛛)(*Plexippus*)(图 14-15E~I)。

目 4. 盲蛛目(Opiliones) 体长 5~10 mm,头胸部与腹部连接处宽阔,使整体呈椭圆形。腹部隐约可见分节。步足极细长,无书肺。背甲中部有一隆丘,丘的形状和大小各异,其两侧各有 1 眼。背甲前侧缘有 1 对臭腺的开孔,臭腺分泌醌和酚。如长踦盲蛛(*Phalangium*)(图 14-16A)。

目 5. 脚须目(Palpigradi) 体小,不超过 3 mm。头胸部不分节,腹部 10~11 节,最末 3 节变细,后面有 1 根细长而分节的鞭尾。螯肢短,脚须极发达。第 1 步足细长,向前伸出,有触角作用。如鞭蝎(*Mastigoproctus*)(图 14-16B)。

目 6. 伪蝎目(Pseudoscorpionida) 体型如蝎,脚须发达,但没有前腹和后腹之分,也没有尾刺。广泛分布于朽叶、土壤、树皮下、石下或苔藓植物中,有些种在沿海潮间带的漂浮物或海藻上。如螯蝎(*Chelifer*)(图 14-16C)。

目 7. 节腹目(Ricinulei) 体短粗,长 5~10 mm。表膜厚而有刻纹。背甲近方形,前缘有 1 片可动的头盖。头盖下垂时能保护口和螯肢。螯肢分 2 节,形成钳。脚须短于足,末端亦为小钳,能作 180°的转动。腹部的前方形成腹柄,后端形成 1 个突起,末端有肛门。种类很少,我国无野生种类报道。

目 8. 裂盾目(Schizomida) 体长不足 1 cm,体柔软。头胸部由几丁质壳甲形成 3 个盾区,腹部由 12 节组成。第 1 腹节形成腹柄,第 2~9 腹节宽,各有背板和腹板,并有侧膜相连,第 10~12 腹节细,组成后腹部,其背板和腹板愈合;后面有由 1~4 节组成的短鞭,鞭的形状,雌、雄不同。无眼。螯肢分 2 节,钳状。脚须步足状,分 6 节。第 1 步足为触角状器官,非步行用。如裂盾蝎(*Schizomus*)(图 14-16D)。

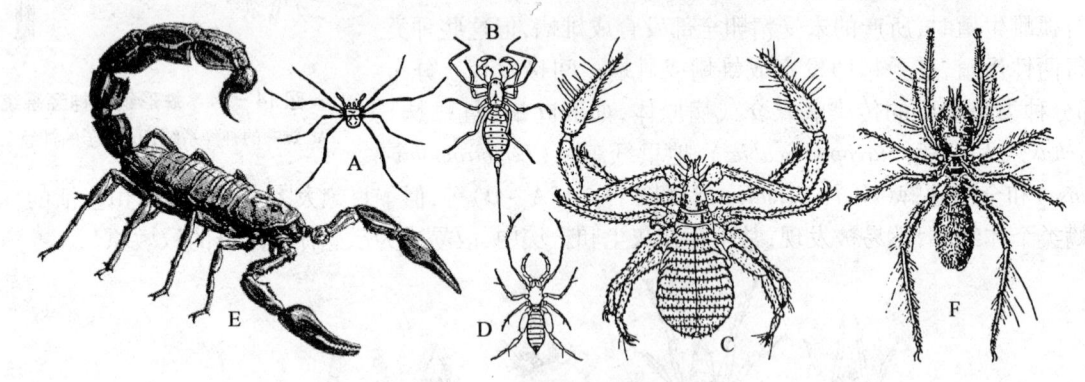

图 14-16 蛛形纲代表种类(二)
A. 长踦盲蛛;B. 鞭蝎;C. 螯蝎;D. 裂盾蝎;E. 东亚钳蝎;F. 避日蛛

目 9. 蝎形目(Scorpiones) 为本纲最原始的类群。头胸部和腹部直接相连,两体部间无细的腹柄。腹部较长,分为明显的 12 个体节,前 7 节短而宽,宽度近似头胸部,称为前腹;后 5 节狭窄,呈圆柱形,与末端一个由尾节演变而成的毒刺共同组成后腹。毒刺内有成对的毒腺,毒腺连接细的输出管,开口于毒刺末端。螯肢与脚须均有钳,前者无毒腺,后者十分发达。本目种类世界各地均有分布,但以温带和热带为主,北纬 50°以北少见。常见有东亚钳蝎(*Buthus martensii*)(图 14-16E)、蝎(*Scorpio*)和链蝎(*Hormurus*)。

目 10. 避日目(Solifugae) 体长达 7 cm。头胸部 6 节,前 3 节成"头",后 3 节独立。"头"前缘中部有 1 对眼。腹部大而分节。螯肢特别大,长度超过前体,分 2 节,钳状,摄食用。脚须成步足状。气管呼吸。主要分布在干热的沙漠地区,如避日蛛(*Galeodes*)(图 14-16F)。

目11. 有鞭目(Uropygi) 体长差异较大。头胸部有眼8~12个，3组排列。螯肢2节。腹部由12节组成，第1腹节成腹柄，第2~9腹节宽而分明，有背板、腹板和侧膜，第10~12腹节退化，其各节的背板和腹板愈合。体后有30~40小节组成的尾鞭。大多数喜欢潮湿的生境，少数生活在沙漠中，亚洲只发现了1种。

(三) 海蜘蛛纲(Pycnogonida)

由于身体有螯肢、触肢和4对长的步足，形状与蜘蛛相似，又完全产于海洋，因而得名。

海蛛类身体通常细小，大部分种类体长不超过10 mm，深海和南极海域的大形种类长度可达50~60 mm。

身体由头、胴和腹3部分构成(图14-17)。

在头的前方为一较大的、呈圆筒形、圆锥形或纺锤形的吻，其顶端有三角形的口。头本身不明显，原由3个体节愈合而成，介于吻基至第1对步足基部之间，背面有一个小突起，称为眼丘，上有4个单眼。深海种眼退化。多数种类头部有3对附肢：即螯肢、触肢和抱卵肢。在高等的种类中，前2对常退化或消失。螯肢着生于吻的基部上方，由柄节和螯构成，螯上有1个活动指及1个不动指。触肢在螯肢后外侧，通常有5~10节，顶端几节有感觉毛。抱卵肢在触肢后方，头的腹侧面，通常有10节，顶端有爪，顶端的4节常卷曲成环状，内缘生有几列锯齿形刺。抱卵肢在雄性个体中都有，且较发达，以做抱卵之用。

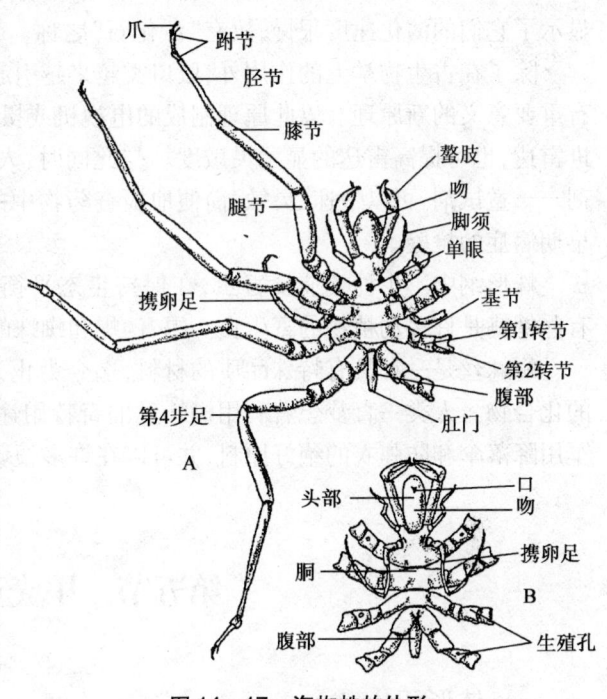

图14-17 海蜘蛛的外形
A. 背面观；B. 腹面观局部

头的后方为胴部，一般由4个体节构成，少数种类为5~6个体节。第1体节与头部愈合，每节各有1对步足。步足很发达，着生于胴部每节的两侧突起上，都由8节构成，顶端有爪，步足基部3节很短，称第1、2、3基节，其次为较长的股节、第1胫节和第2胫节，再次则为跗节和掌节。在演化程度较高的种类中，跗节常缩小，掌节延长而略弯。

腹部十分退化，无分节现象，也无附肢，末端为肛门。

消化系统是由口、咽、食管、中肠、后肠和肛门构成。在口的周围有3个强壮的常带刺的几丁质颚，借助颚的作用和吻的吸吮运动可摄取食物，同时由于吻部的肌肉活动，使咽部产生扩张与收缩，有助于其几丁质衬膜上的许多刺粉碎食物，在食管中还有筛器，以使较大的固体颗粒滤出，使食物进入肠道；中肠还通过胴部体节向各步足分出一条盲管。循环系统是开管式循环，由心脏和分为背腹两部分的血腔构成；血液由血腔流向身体各处，经背血腔返回心脏。神经系统属于典型的节肢动物神经系统，由背脑、围食管神经环、成对的腹神经节和腹神经索构成。排泄系统和呼吸系统缺乏，气体交换和排泄通过皮肤或肠壁进行。

雌雄异体，其生殖导管进入步足，可达第2胫节，生殖孔在第2基节的腹面，雌性的较大，雄性的较小，生在一个明显的疣上。

受精作用在体外进行。多数雄体股节的背面都有一些腺体，能分泌黏性物质，使受精卵胶结成球块并聚集到雄性抱卵肢上。

受精卵孵化后经过原丝海蛛幼体阶段至成体，幼虫类似甲壳动物的无节幼体。

本纲目前已知有1 000种，分布于世界各海，而以南北两极的寒冷海域最为常见，其他海域较少，从潮间带到6 800 m的大洋深沟底都有，但多数栖息在浅海区，主要营底栖生活。

海蛛类为肉食性动物，它们以吸吮刺胞动物、内肛动物和多孔动物为主，深海大形种类巨吻海蛛可能是食沉积物中的小型动物。

海蛛纲的分类主要依据头部3对附肢的有无及其各种不同的组合。目前的分类中通常是将海蛛纲直接分到科，主要有美海蛛科(Callipallenidae)、有丝海蛛科(Nymphonidae)、砂海蛛科(Ammotheidae)、长柱海蛛科(Tanystylidae)、巨吻海蛛科(Colossendeidae)、尖海蛛科(Phoxicilidiidae)、吻海蛛科(Endeidae)和海蛛科(Pycnogonidae)。

六、螯肢亚门与人类活动的关系

肢口类在5亿多年前就已经出现在地球上,曾繁盛一时。现代肢口类的形态构造与古代的差异不大,显示了它们的演化速度很慢,故有"活化石"之称。

除了在古生物学上的作用外,肢口类越来越引起科学家们的关注,如在鲎的眼上发现了对电视机设计有重要意义的新原理。以此原理制成的电视机或摄影机,能在微弱的光线下提供高清晰度的图像;用来改进雷达,也可提高雷达的显示灵敏度。与此同时,人们又发现鲎在医药上的用途:用鲎制成的一种特殊试剂——鲎试剂,可以快速、灵敏、简便地检查药物中的热原;从鲎的血液中提取某些物质,在临床上可用于早期癌症的检验。

蛛形纲中不少种类捕食害虫,在保持生态平衡上有一定的作用。蝎和蜘蛛中的某些种类可作药材。有些蜱螨是许多动植物的寄生虫。蝎、伪蝎和蜘蛛的毒液可能伤害或致死人畜。

蜘蛛丝是一种具有特殊品质的材料,迄今为止人类还无法生产出像它那样具有超强强度和弹性极强的化合物。人类一直梦想着利用蜘蛛丝的奇特用途。由于蜘蛛丝具有强度大、弹性好等特点。它也成为军用降落伞和防弹衣的绝好原料,并可以在许多领域里得到应用。蜘蛛丝的成分是蛋白质,可再生利用。

第五节　甲壳亚门(Crustacea)

一、体形和分节

甲壳动物与其他节肢动物类群相比,体节数及相关的附肢对数都较多,特别是低等种类全身可多达40体节以上,高等种类如日本沼虾等一般只有20体节,计6头节、8胸节和6腹节,其中头节和胸节全部愈合,形成头胸部,体节间的界限已难辨认。原第6头节背面的上皮层皱褶向后延伸扩大,包被头胸部的背侧,其外层上皮细胞所分泌形成的一块宽大甲壳就是头胸甲(carapace)。虾类的头胸甲都像日本沼虾那样,呈圆筒形,包裹了两侧的鳃和一部分附肢或附肢的基部,形成了左右各1个腔室,称为鳃室(gill chamber)。头胸甲的前端有额剑,而蟹类的则特别发达,呈横椭圆形,通称"蟹兜",额剑退化。腹部分为6体节,无论虾类还是蟹类,都十分清楚;第6腹节之后另有尾节。腹部虾类发达,而蟹类却颇退化,扁平呈片状,向前折曲在其发达的头胸部之下,通称"蟹脐";雌蟹的呈圆形(圆脐),雄蟹的则略呈三角形(尖脐)。

一般甲壳动物除头部第1节有复眼1对外,其他各节均有附肢1对;胸部各节也有附肢1对;腹部除尾节外,各节一般也具有附肢1对。

对于低等甲壳动物,形态变化多样,一般个体较小,体节数目不定;胸腹间界限不清楚。枝角类的背甲特别发达,左右两瓣,包裹了除头部以外的身体;介形类的介壳将全部身体包裹;有些种类的身体无背甲,分为头和躯干部;有些种类的成体外面被钙质的壳包绕;还有一些寄生种类只有在幼虫阶段方能判断是节肢动物(图14-18)。

二、附肢

甲壳动物的附肢对数较多,基本上是每个体节几乎都有1对。但由于对不同生活方式和条件的适应,甲壳动物的附肢出现了各种各样复杂的变化。甲壳动物胚胎发育过程显示:除第1对附肢是单肢型外,其他附肢均为双肢型的。在双肢型的附肢中,又可分为2大类:较为扁平的、不具关节的叶状肢(phyllopodium)和较为细长的、具关节的杆状肢(stenopodium)。叶状肢是较原始的一种附肢,在其轴部两侧,分外叶和内叶。轴部还有突起成鳃的构造。低等的鳃足类具有这种附肢。杆状肢可分为3部分,与身体关连的是原肢,而原肢上着生2肢,在外侧是是外肢,内侧的是内肢;内肢可分多节(图14-4A)。

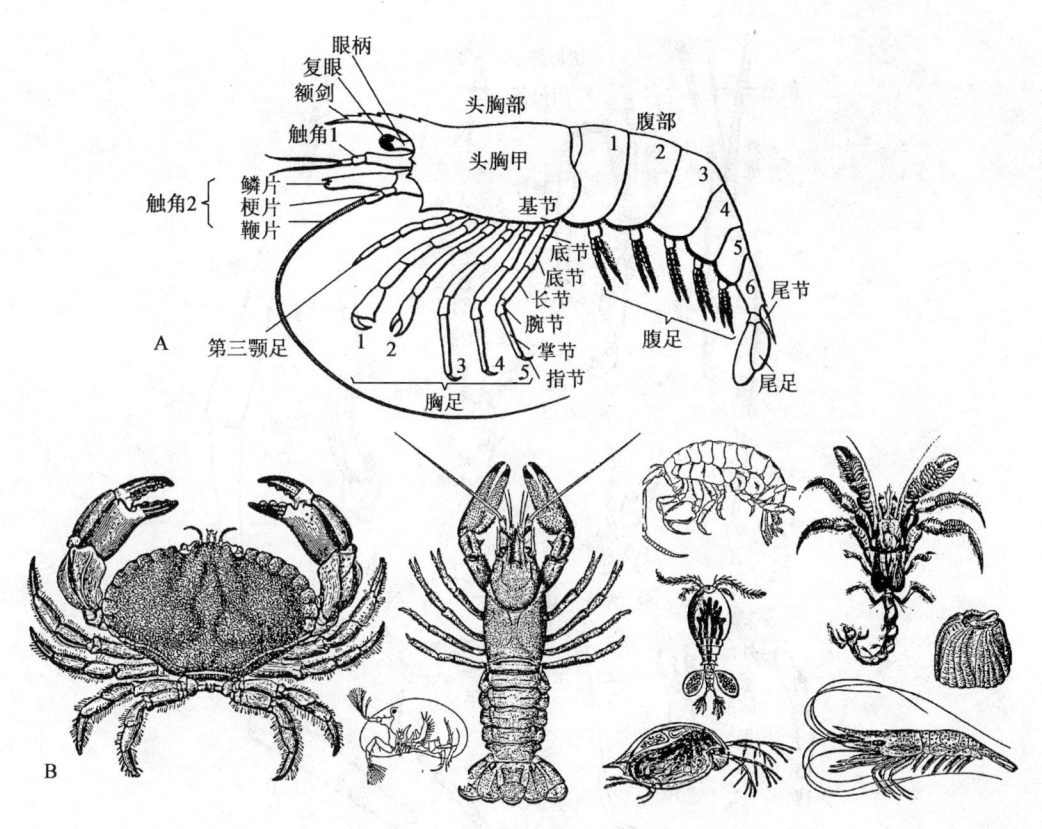

图 14-18 甲壳类的外形
A. 虾的体区划分;B. 各类甲壳动物的外形

甲壳动物的附肢有着各种复杂的变化。以对虾为例,其 19 对附肢就有种种不同的形态和功能(表 14-2,图 14-19)。

表 14-2 甲壳动物附肢的名称与主要功能

附肢编号	附肢名称	附肢的功能
1	小触角(antennule)	感觉
2	大触角(antenna)	感觉
3	大颚(mandible)	咀嚼
4~5	小颚(maxilla)	抱持食物
6~8	颚足(maxilliped)	触觉、味觉、抱持食物
9~13	步足(walking legs)	行走
14~19	游泳足(swimmertes)	游泳

甲壳动物的附肢不仅参与运动,还参与摄食、生殖、呼吸等多方面的生命活动。附肢的形态对于具体物种来讲是比较稳定的,因而,附肢的结构常被用于甲壳动物种类的鉴定。

三、内部解剖

(一) 消化系统

小型甲壳动物以细菌、单细胞藻类和有机碎屑等为食,它们的消化系统比较简单;大型种类主要以软体动物、环节动物和水草等为食,消化系统比较复杂。

一般来讲,甲壳动物的消化管分为前肠、中肠和后肠 3 部分;前肠包括食管和胃。食管短小;胃膨大呈囊状,尤其软甲亚纲内大型种类的胃,特别发达,胃内面的角质膜增厚,形成骨板和硬齿等,用来研磨食物。该结构称为胃磨(gastric mill),而具备胃磨的胃则称为磨胃(masticatory stomach)。粗大的食物虽经大、小

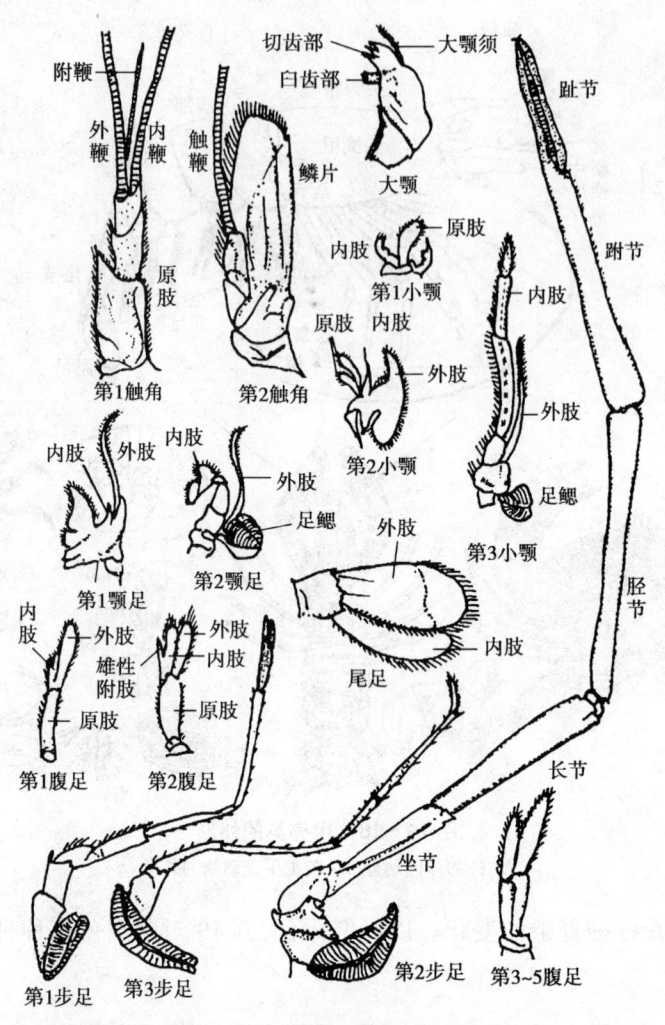

图14-19　日本沼虾的附肢
（仿江静波）

颚的初步咀嚼,但还是难以消化,必须再经磨胃进一步的碎化。这种胃相当于环节动物的砂囊,但它不仅可碎化食物,还有过滤作用,可拦阻粗大的食物颗粒,而只让已细小颗粒进入消化腺内暂时储备。磨胃因此也就分化成前后2部分,前是贲门胃,用来碎化食物,后为幽门胃,用来过滤食物。中肠长短因种类不同而差别很大,虾类的很长,蟹类的却很短,只限于消化腺输出管入口处附近的一小段肠道。甲壳动物中肠的主要特点还在于具有发达的消化腺,以虾的肝胰腺(hepatopancreas)最为明显(图14-20)。

（二）呼吸系统

大多数甲壳动物的呼吸器官是鳃。鳃是甲壳动物最有特征的器官之一。其数目和结构都因种类不同而异。虾的侧鳃(pleurobranchia)位于头胸甲下的两侧(图14-21)。除侧鳃外,虾还有附肢基部突起形成的足鳃(podobranchia)(图14-19)。

有些小型的甲壳动物没有专门的呼吸器官,它们靠体表进行呼吸,如桡足类。极少数陆生种类出现了体表内陷的伪气管,适于陆上生活,如鼠妇。

（三）肌肉系统

甲壳动物的肌肉为横纹肌,这一点在大型种类中尤为明显(图14-22)。横纹肌形成了很多强有力的肌肉束,分布在身体内部。肌肉的伸屈使得动物能够快速游动。

（四）循环系统

小型甲壳动物无循环系统或不完整,只具心脏,却无血管。大型种类才具备完整的开管式循环系统(图14-23)。

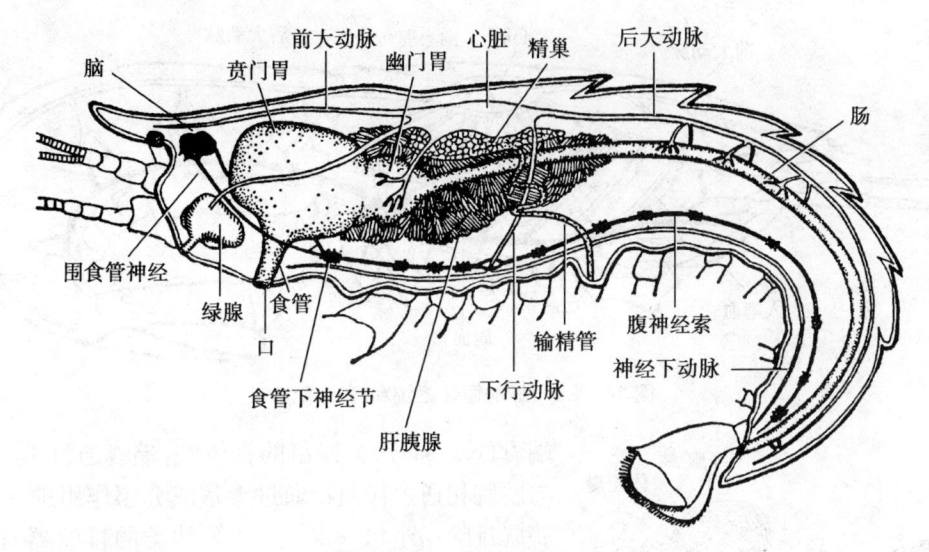

图 14-20 虾的内部结构
（仿堵南山）

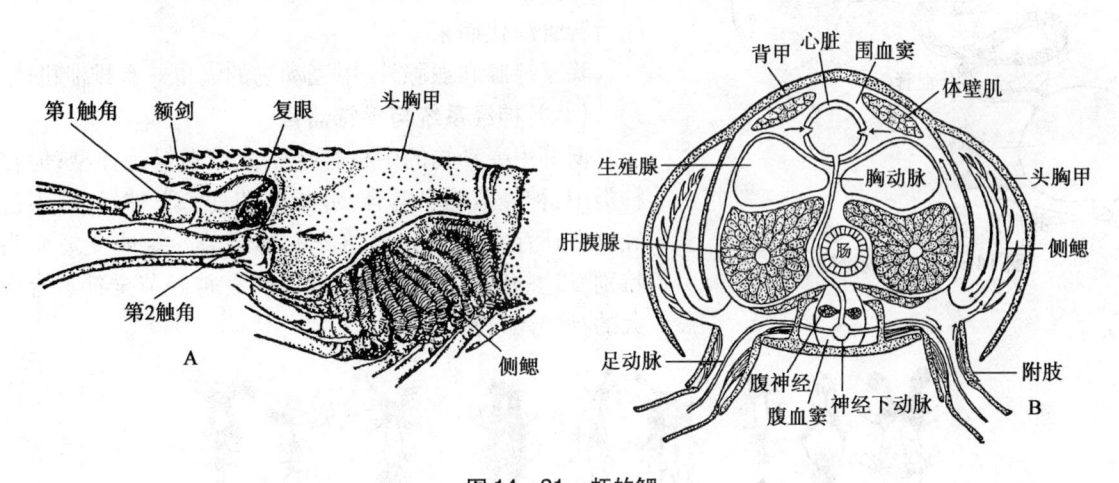

图 14-21 虾的鳃
A. 日本沼虾的侧鳃（仿江静波）；B. 龙虾胸部横切面

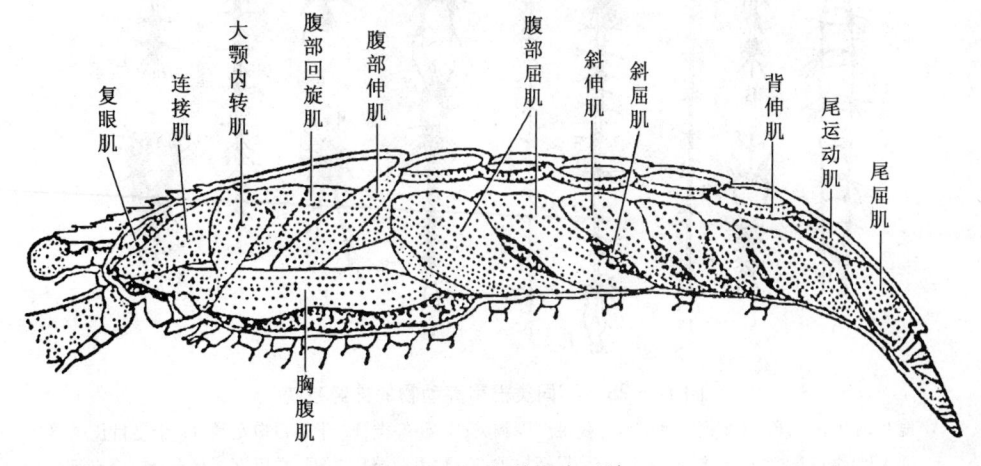

图 14-22 虾的肌肉系统

甲壳动物的血液含有许多变形细胞，以及血红素和血清素。

（五）排泄系统

甲壳动物的排泄器官是残留的真体腔和体腔囊演变的。高等甲壳动物的是 1 对绿腺。绿腺的内端是

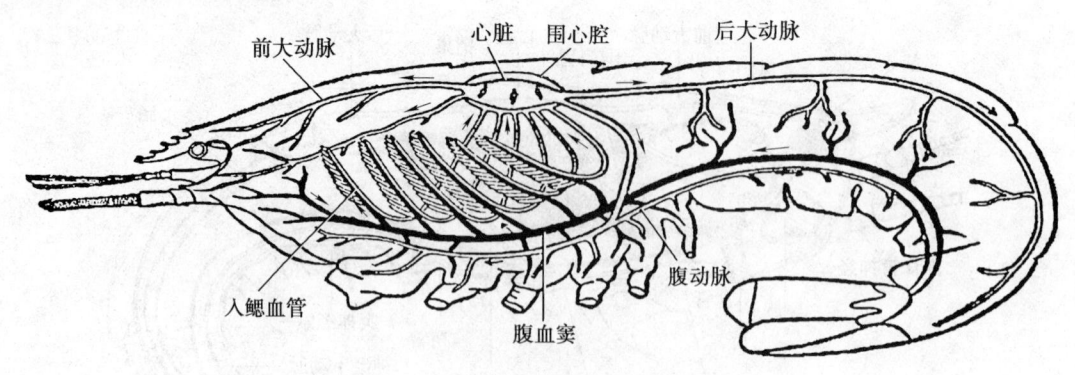

图 14-23 虾的循环系统和呼吸系统

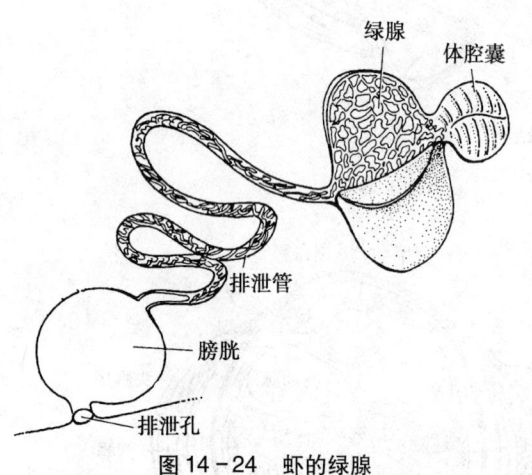

图 14-24 虾的绿腺

端囊(end sac),为残留的真体腔,端囊通过 1 条绿色的管道与膀胱相通。代谢物通过渗透或分泌作用进入到绿腺后,经膀胱排除(图 14-24)。低等种类的排泄器官是 1 对颚腺(maxillary gland)。颚腺的构造与绿腺相似,但无膀胱。颚腺的开口位于小颚的基部。不论绿腺和颚腺均是由环节动物的后肾管演化而来。

除了绿腺和颚腺外,甲壳动物的鳃也兼有排泄机能。

(六) 神经系统与感觉器官

低等甲壳动物的中枢神经系统仍然保持梯型;但在高等种类中,神经节明显愈合,形成脑和食管下神经节,不过腹神经链上还存在不少分离独立的神经节。身体变短而头胸部特别发达的蟹类,其腹神经链上所有神经节全都愈合成一个大的神经团(图 14-25)。

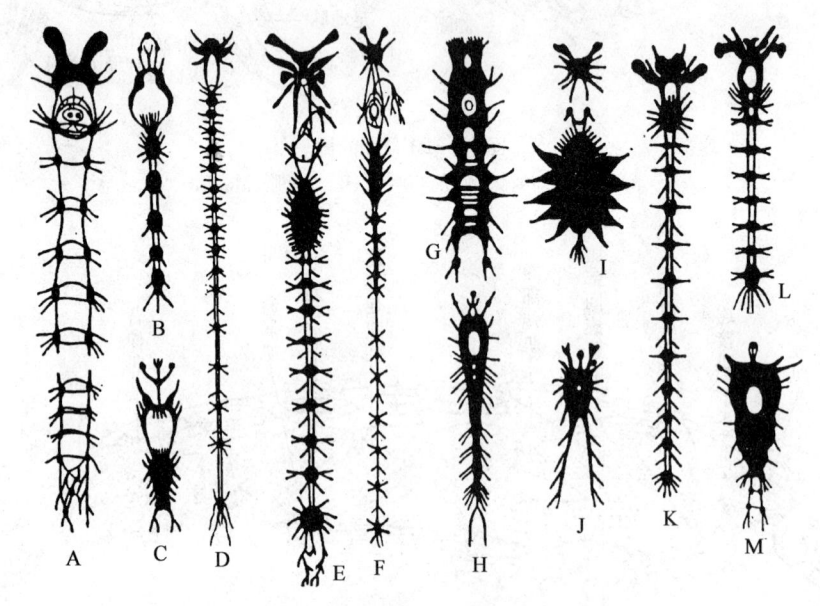

图 14-25 不同类群甲壳动物的神经系统
A. 鳃足纲背甲类;B. 蔓足纲有柄类;C. 蔓足纲围胸类;D. 磷虾类;E. 十足目口足类;F. 十足目长尾类;G. 鳃足纲枝角类;H、J. 桡足纲;I. 十足目短尾类;K. 软甲纲端足类;L. 软甲纲等足类;M. 介形纲

甲壳动物的感觉器官多样,有单眼、复眼、嗅毛、触毛和平衡囊等。

甲壳动物的复眼结构(图 14-26)与六足动物的类似。

平衡囊只见于高等种类,尤其虾类特别发达。该感觉器官由触觉器演变而来,原是第1对触角原肢内凹形成的一个小囊,囊底着生触毛。每根触毛基部与1个双极感觉细胞联系,这些感觉细胞游离的另一端相互束集,成为平衡囊神经,伸入脑中。触毛顶部黏着多数细小的平衡石(statolith)(图14-27A),平衡石或为外界的泥沙杂物,或由自身的分泌物形成。动物游泳或进行其他活动时,重力场发生变化,触毛承受来自平衡石的压力就随之改变,这种刺激被感觉细胞探觉,通过平衡囊神经传导到脑,脑再指令一定的肌肉群收缩,使动物体恢复正常姿态。除在身体前部触角基部外,有些种类的平衡囊位于身体后部,如糠虾(图14-27B)。

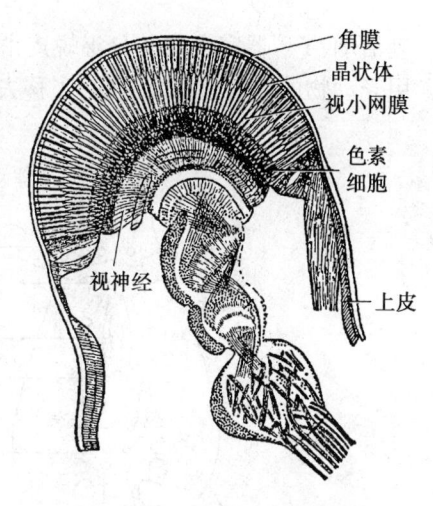

图14-26 甲壳动物的复眼结构

(七) 内分泌系统

内分泌腺(endocrine gland)是不具导管的腺体,其所分泌的活性物质称为激素(hormone)。激素随血液循环达于全身的靶器官或组织。自从发现环腺苷磷酸(cAMP)以来,对于激素作用原理的认识有了较大进展。含氮类(蛋白质类、肽类)激素对于靶细胞的作用,是通过cAMP的媒介而实现的。内分泌细胞所分泌的激素,随血液循环作为第一信使而作用于靶细胞膜,使膜内的腺苷环化酶活化。腺苷环化酶促使细胞内的ATP分解,产生cAMP。cAMP作为第二信使再促使细胞内的酶活化、细胞膜通透性的改变和蛋白质的合成,从而引起一系列生理生化效应。固醇类激素(性激素、肾上腺皮质激素)是进入细胞质后先和某种受体蛋白结合,形成"激素受体复合物"而起作用。越来越多的事实证明,动物机体机能的内分泌调节并非取决于单一激素。只有在各激素间处于相对平衡状态时,才能体现正常的调节机能。例如,血糖水平在血液内的相对恒定,除了受胰岛素和胰岛血糖素的主要控制外,还受甲状腺素、生长素、肾上腺素、肾上腺皮质激素以及促肾上腺皮质激素的影响。这体现了内分泌腺之间和激素之间的相互作用、拮抗统一。一种腺体所分泌的激素进入血液后,当达到一定浓度时,就转而抑制自身的分泌,这是内分泌的自我调节形式。这种由于血液中激素浓度的变动,而引起内分泌腺受到抑制或兴奋的机制称为反馈(feed back)。

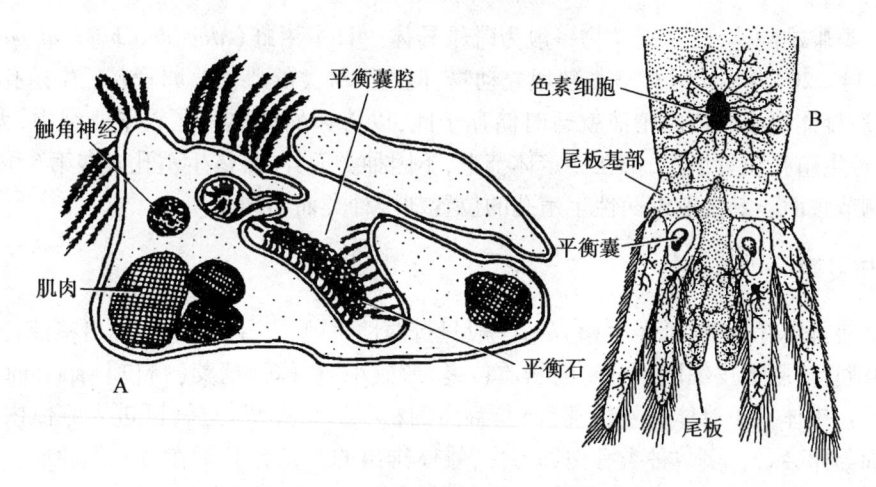

图14-27 甲壳动物的平衡囊
A. 对虾的平衡囊(仿陈宽智);B. 糠虾的平衡囊

内分泌系统(endocrine system)最早是在脊椎动物中发现的,研究也比较系统和全面。随着对无脊椎动物的研究,人们发现很多高等无脊椎动物也具有发达程度不同的内分泌系统。

甲壳动物内分泌系统主要包括位于眼柄视神经节上的X-器官窦腺复合体(X-organ-sinus gland)和位于头胸部的Y-器官。前者是甲壳动物内分泌调控中心,可分泌高血糖素(hyperglycemis hormone,CHH)、蜕皮素(molt-inhibiting hormone,MIH)、性腺发育抑制素(goand-inhibiting hormone,GIH)和大颚器官抑制素(mandibular organ-inhibiting hormone,MOIH)等多种神经肽类激素,参与甲壳动物的生殖、发育和蜕皮等生理活动；Y-器官合成并分泌蜕皮甾类到血液中。蜕皮甾类的合成受蜕皮抑制素的控制。当摘除眼柄后，甲壳动物的蜕皮周期会缩短；当移去Y-器官后，甲壳动物的蜕皮被抑制。

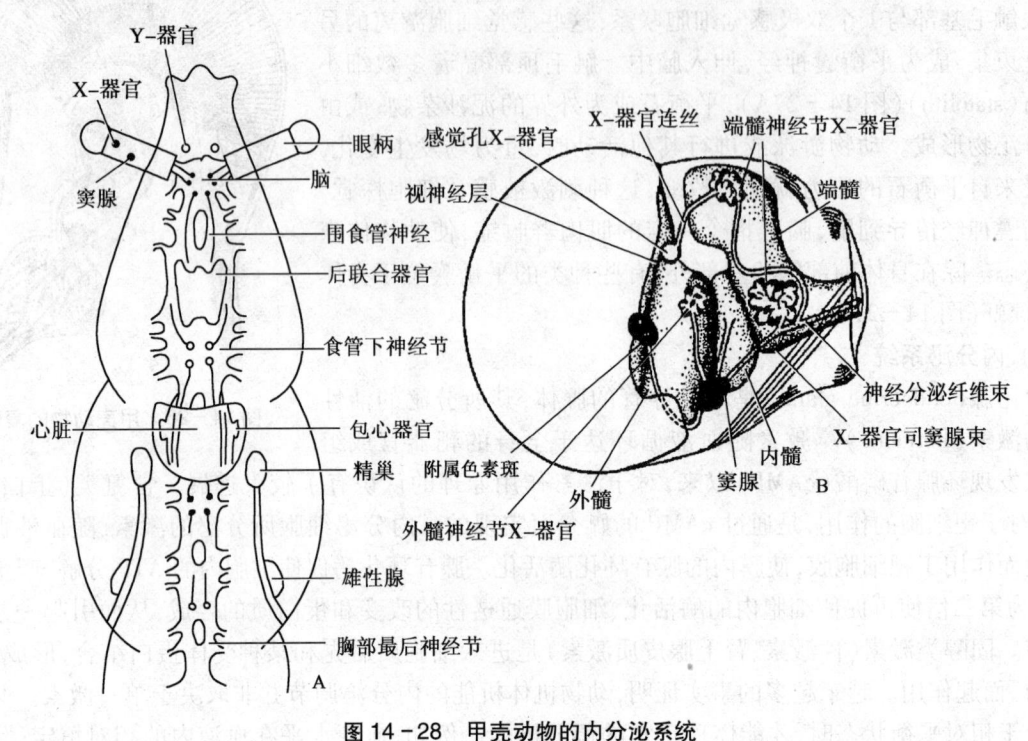

图14-28 甲壳动物的内分泌系统
A. 虾的内分泌器官分布；B. 眼柄解剖（示X-器官窦腺复合体）

另外，甲壳动物的内分泌系统还有后联合器官、围心腔腺以及位于肠道的可分泌胃肠激素的内分泌细胞。

（八）生殖系统

除极少数种类雌雄同体外，甲壳动物一般为雌雄异体。日本沼虾（*Macrobrachium nipponense*）两性生殖系统的结构（图14-20）基本上可代表一般甲壳动物，但不少种类的雌体输卵管在近生殖孔处突起，形成纳精囊，雌雄交配后雄体授予雌体的精液就暂时储存于此，以待卵的成熟。在软甲亚纲中，无论日本沼虾还是其他种类，两性生殖孔位置恒定，都在一定体节上，不因种类而异，雌体生殖孔必在第6胸节腹面，雄体生殖孔恒在第8胸节腹面。其余亚纲两性生殖孔的位置却因种类而不同。

四、生殖与发育

除少数种类兼行单性生殖（孤雌生殖）外，一般只行两性生殖。交配时雄体排出精液，其中的精子并不游离，而是被输精管的腺上皮细胞所分泌的物质包裹，形成小囊，称为精荚（精包）（spermatophore）；每个精荚内含多数精子。雄体授予雌体的是精荚，而非游离的精子。待卵成熟后，已进入雌体内的精荚才破裂，精子从中脱出而与卵会合。多数种类有抱卵习性，雌体排出的受精卵黏附在自身的腹肢上直到孵出幼体。但也有少数例外，如对虾等雌体产出的受精卵并不抱附身上，而是直接散落在水底。

受精卵经过发育，孵出幼体。幼体类型很多，因种类而不同；同一种甲壳动物常有类型不同的几种幼体（图14-29）。要通过这几种幼体的连续发育变态，才变为成体。无节幼体（nauplius）是甲壳动物最典型的幼体，身细小，呈卵圆形或圆形，不分节，有1个单眼和1片大的上唇，附肢为3对，即2对触角和1对大颚。这3对附肢的机能都尚未分化，第2触角和大颚既用来游泳，也用来摄食。这种幼体在水中营浮游生活。原溞状幼体和溞状幼体，形状基本像个小虾，但附肢发育不全。糠虾幼体身体呈小虾状，头胸部宽短；其头胸甲发达，常有刺，腹部细长，分节。有1对复眼。利用颚足游泳；也营浮游生活。

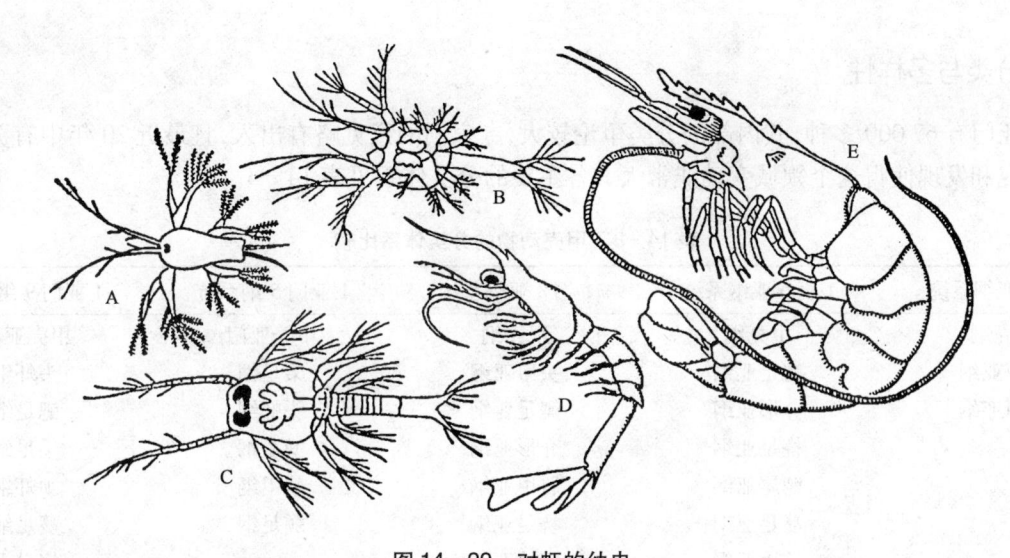

图 14-29 对虾的幼虫

A. 无节幼体；B. 原溞状幼体；C. 溞状幼体；D. 糠虾幼体；E. 成体（仿 Storer）

甲壳动物在发育过程中有蜕皮现象（图14-30），如中华绒螯蟹（*Eriocheir sinensis*）的溞状幼体要蜕皮5次，才变为大眼幼体（蟹苗）（megalopa）；再蜕皮1次，成为幼蟹。很多种类即使在成熟后，一般还能继续蜕皮。这一点与六足动物成熟后不再蜕皮的情况不同。

五、生态习性与分布

绝大多数甲壳动物生活在各类水体中，主要栖于海洋，少数种生活在淡水水域，如江河、湖泊、沼泽、水库、沟渠和池塘；有的栖于地下水或湿润的泥土中；还有少数为陆栖。近万米深的海沟以及近4 000 m 海拔的高山上也都有它们的踪迹。

许多甲壳动物营浮游生活。在海洋和淡水的浮游动物中，甲壳动物为最占优势的类群，如桡足纲、枝角目、端足目、磷虾目和十足目的毛虾（*Acetes*）、樱虾（*Sergestes*）等，常大量密集成群，在表层或深层水中均占优势。对虾

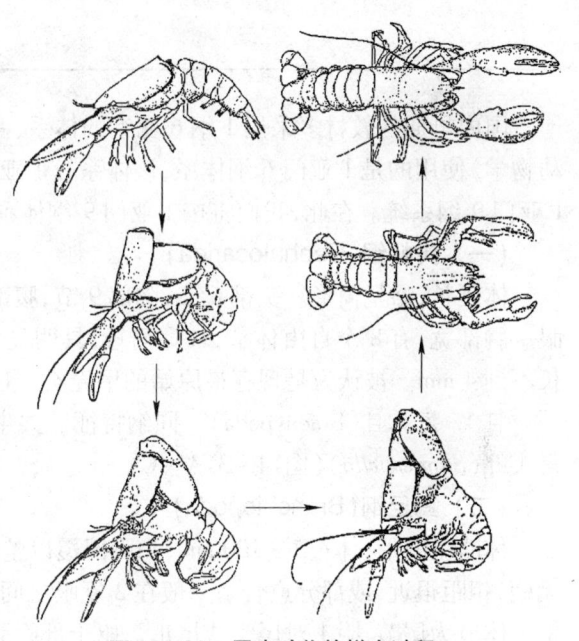

图 14-30 甲壳动物的蜕皮过程

类中有些只生活在深水层中，如拟须虾（*Aristaeomorpha foliacea*）、绿须虾（*Aristeus virilis*）等。它们的附肢，尤其是腹肢特发达，适应于漂浮和游泳生活。

大多数甲壳类是底栖的，尤其在海洋环境中，从潮间带到近万米的大洋深沟，栖息着大小不同、构造迥异的甲壳动物，如潮间带大量成群的蟹、寄居蟹、等足目、端足目及成群固着的藤壶，浅海底占优势的虾、蟹、虾蛄、桡足纲的猛水蚤，深海和海沟底占优势的涟虫目、原足目和端足目等。有的潜居底泥沙内，有的营穴而居，热带潮间带红树林湿地栖居的海蛄虾洞穴深度接近 1 m。

淡水种类有的发现于高温温泉中，如温泉虾类；有的栖于高山水体中，如山虾目。卤虫能生活在超高盐海水（卤池）或内陆高盐水体中；有些滨海陆栖种虽然能长时间适应于陆上空气中的生活，但繁殖时仍要进入海水，幼虫阶段必须在海水中度过。

也有一些甲壳动物营寄生生活，如桡足纲的鲺类、颚虱目、蔓足纲的根头目、等足目的鳃虱类。另有许多种类行共栖或共生生活，如许多鼓虾科、隐虾亚科、少数端足目、蟹类和蔓足纲分别与刺胞动物、多孔动物、棘皮动物共栖；寄居蟹与海葵共生。

六、分类与多样性

甲壳亚门有 67 000 多种,其内部的分类争论较大,专家们的意见略有出入,且最近 20 年中有关甲壳动物新的研究和发现使得这个领域变动非常大。各主要的分类体系见表 14-3。

表 14-3 甲壳动物的分类体系比较

1 纲 2 亚纲系统	1 纲 6 亚纲系统	1 纲 8 亚纲系统	1 亚门 5 纲系统	1 亚门 9 纲系统
甲壳纲	甲壳纲	甲壳纲	甲壳亚门	甲壳亚门
切甲亚纲	鳃足亚纲	头甲亚纲	桨足纲	头虾纲
软甲亚纲	介形亚纲	鳃足亚纲	头虾纲	鳃足纲
	桡足亚纲	介形亚纲	鳃足纲	桨足纲
	鳃尾亚纲	唇甲亚纲	软甲纲	须虾纲
	蔓足亚纲	桡足亚纲	颚足纲	蔓足纲
	软甲亚纲	鳃尾亚纲		桡足纲
		蔓足亚纲		鳃尾纲
		软甲亚纲		介形纲
				软甲纲

国内早期的教材多采用 1 纲 6 亚纲的体系,一些新编教材使用了 1 亚门 5 纲体系。新近出版的《甲壳动物学》使用的是 1 亚门 6 纲体系,该体系较 1 亚门 5 纲系统多了介形纲。目前国际上使用的分类体系是 1 亚门 9 纲系统。在此,我们将按 1 亚门 9 纲体系给予介绍。

（一）头虾纲（Cephalocarida）

体延长,略呈筒形。头部 6 节,胸部 9 节,腹部 11 节。头部与第 1 胸节愈合,盾形头胸背甲,平扁。无眼。胸部宽,有 8 个自由体节,较宽而短,具明显的侧甲,每节有附肢 1 对（共 9 对）。为小型海生动物,体长不到 4 mm。被认为是现存最原始的甲壳类。1 目。

目 1. 短足目（Brachypoda） 同纲特征。共 4 属,如哈琴头虾（*Hutchinsoniella*）、莱头虾（*Lightiella*）和桑得头虾（*Sandersiella*）（图 14-31A~C）。

（二）鳃足纲（Branchiopoda）

体略呈虾形,体长 1~100 mm,头胸部覆以整片背甲（头胸甲）或具两片介壳或不具背甲。复眼有柄或无柄,相距很近,或部分愈合。一般在 2 复眼之间有 1 单眼。大多躯干部体节形状相似,节数变化很大。最末 1 体节为尾节,附 1 对尾叉或尾爪。躯干部附肢为游泳足。附肢基部的扁平副肢用做鳃。生活在较平静的淡水中,少数分布于海洋。4 目。

目 1. 背甲目（Notostraca） 体长 20~90 mm。头部及躯干前部覆有一整片平扁的盾形背甲,躯干后部细长,圆筒形,尾节后端具 1 对细长的柱状尾叉,背甲后缘中部内凹,前端背面有 1 对无柄的复眼,1 单眼。第 1 触角十分细小,第 2 触角退化或完全消失。躯干部体节有 25~44 节,前 11 节各有 1 对附肢,12 节以后各节各有 2 对或更多的附肢。躯干肢具运动和呼吸的功能。如蟹形鲎虫（*Triops cancriformis*）（图 14-31D）。

目 2. 介甲目（Conchostraca） 体躯包裹在两片介壳中,壳外有同心环纹,外形似蚌壳。蜕皮时介壳并不蜕掉。壳顶的内面有一韧带与体躯相连。体前部上方有 1 束闭壳肌控制介壳的开闭。头部有 1 对无柄的复眼。第 1 触角细小,单肢,不分节。第 2 触角发达,双肢,用于游泳。躯干部具 10~42 个体节。尾节侧扁,前端上方有时具 1 对尾须。如扁豆渔乡蚌虫（*Limnadia lenticularis*）（图 14-31E）。

目 3. 枝角目（Cladocera） 体短,左右侧扁,分节不明显。体躯被两瓣薄而透明的介壳覆盖,背缘左右相合,腹缘左右分开,尾缘背侧具 1 针状壳刺,壳刺长短不等。头部第 1 对触角细小,第 2 对特别发达,呈双肢型,为运动器官。腹部短小,常具爪状尾节。复眼很大。4~6 对胸肢,是滤食和呼吸的主要器官。身体背面有一个小的囊状心脏,并具心孔。生殖腺位于肠的两侧,呈带状。在正常环境中,雌溞进行孤雌生殖,所产的卵(夏卵)一般较多,卵壁薄,不需受精即能发育为雌体。秋末、冬初或环境不良时,有一部分夏卵发育为雄虫,另一部分发育为有性生殖雌虫。雌雄交配后产生的卵称为有性生殖卵,或称为休眠卵或冬卵。冬卵一般1~2个。冬卵卵壁较厚,常被一卵鞍包围,能抵抗低温、干涸、缺食等恶劣环境。绝大多数生活在水流缓慢、水质肥沃的池塘和湖泊中。如溞(*Daphnia*)和象鼻溞(*Bosmina*)(图14-31F、G)。

目4. 无甲目(Anostraca) 体略呈长圆筒形,头部短小,其前端中央有1单眼,两侧有1对有柄的复眼。额下有1片上唇,向腹面延伸,覆盖口部。雄性第2触角发达。躯干部20~26节,生殖孔后的9或10个腹节无附肢。胸足11~19对,呈叶片状。尾叉不分节。大多数栖于淡水湖泊或池塘中,常出现于雨水池和稻田中;少数生活在海洋或咸水湖中。如南京丰年虫(*Chirocephalus nankinensis*)(图14-31H)。

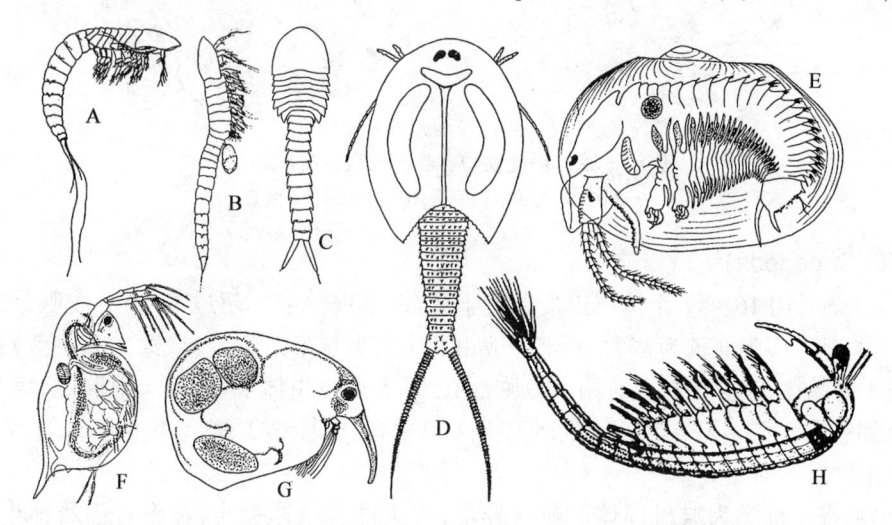

图14-31 甲壳动物各类群代表种类(一)

A. 哈琴头虾;B. 莱头虾;C. 桑得头虾;D. 蟹形鲎虫;E. 扁豆渔乡蚌虫;F. 溞;G. 象鼻溞;H. 南京丰年虫

(三)桨足纲(Remipedia)

较为原始的类群。体长10~40 mm,身体分头部和躯干部,躯干部细长,32体节,每节上生出1对桨状附肢。无眼。生活在高盐的地下水体或深海中。已发现有20多种,现生种类都属泳足目(Nectiopoda)。

(四)须虾纲(Mystacocarida)

体小细长,约1 mm;略呈圆筒形。后体部稍宽。第1触角自额部下方伸出,第2触角自后部的前侧方伸出。头部略呈长方形,额部向前突出,中央和前侧角各有一窄缺刻,将额部分成2叶,称为额板或前中叶。背面有一横沟,将头部分为前后两部,后部显著较长。有4个无节幼体眼。躯干部共11自由体节,5个胸节,后6节为腹部。尾节以前各节背面两侧各有1斜沟。第1胸节为颚足节,其后4节各有1对胸肢。腹部各节无附肢,尾节形状因种而异。仅须虾目(Mystacocaridida)1目。

(五)蔓足纲(Cirripedia)

身体和附肢完全被头胸甲包裹,外表常具坚硬的壳板。头胸部发达,腹部退化,仅有痕迹,末端常具尾叉。第1触角在幼虫阶段为固着器官,成体则退化或仅留痕迹,第2触角通常消失。胸肢6对。成体只有单眼,无成对复眼。多为雌雄同体。有4目。

目1. 囊胸目(Ascothoracica) 大触角退化,小触角及腹部常保留。胸部具6对蔓状附肢,在珊瑚或棘皮动物体内行寄生生活。如合囊虱(*Synagoga*)(图14-32A)。

目2. 围胸目(Thoracica) 原有的体节已消失。体外具有石灰质板,壳内有由皮肤形成的外套。头胸部发达,腹部退化或消失。有时具有尾叉。在有柄类中,整个动物分成头部和柄部。第1触角为幼虫变态阶段的固着器,第2触角消失。大颚发达。胸肢6对。雌雄同体,仅有少数雌雄异体,雄性甚小。固着生活,有柄或无柄,附着在其他物体上(岩石等)。如茗荷(*Lepas*)和藤壶(*Balanus*)(图14-32B、C)。

目3. 尖胸目(Acrothoracica) 触角退化。胸部具6对蔓状附肢。腹部亦退化。多数为小型。在钙质物上钻穴生活,体表裸露,具几丁质附着盘,有4~6对蔓肢。如 *Trypetesa*(图14-32D)。

目 4. 根头目(Rhizocephala) 全为寄生种。躯体极度退化,一般呈囊状、葡萄状或香蕉状。外表柔软,无壳板。成体外表有口与外界相通或无口。无附肢和体节。除生殖腺和退化的神经系统外,无任何内部器官。由似根系状的结构从宿主体中吸收营养。宿主以蟹类和寄居蟹居多,偶有寄生于等足类上。如蟹奴(*Sacculina*)(图14-32E)。

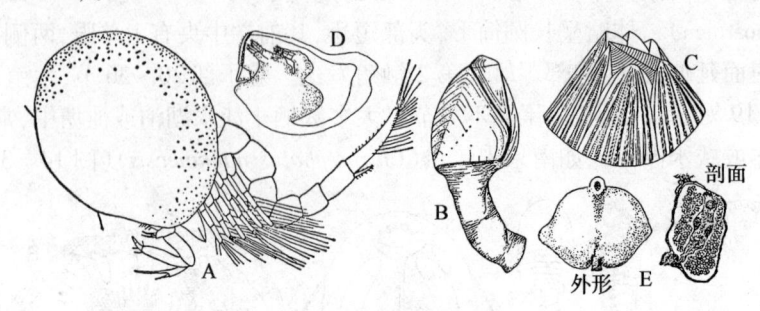

图14-32 甲壳动物各类群代表种类(二)
A. 合囊虱;B. 茗荷;C. 藤壶;D. *Trypetesa*;E. 蟹奴

(六)桡足纲(Copepoda)

身体一般1~4 mm,由16~17个体节组成。由于愈合,外观一般不超过11节。体躯分为头胸部和腹部,其间有1活动关节。头胸部较为宽大,头部一般由6个头节与第1胸节(或第1、2胸节)愈合而成。背面有1个单眼或1对晶体,其腹面有6对附肢。胸部有3~5个自由体节,各有1对胸足,第5对胸足有显著雌雄差异。腹部短小,由3~5节组成。雌性第1、2节愈合,雄性第1腹节为生殖节,末节最小,因具肛门,称为肛节,其末端有1对尾叉。

雌雄异体,少数寄生种类为雌雄同体。雌雄异形,寄生种类雄体极小,常附着于雌体生殖器官附近。一般进行两性生殖,少数营孤雌生殖。

桡足纲有14 000多种,分为10目。

目 1. 哲水蚤目(Calanoida) 身体呈圆筒形,明显分为头胸部和腹部。头胸部显著宽大,包括头部和4~5个胸节。腹部狭小,有雌雄区别。雌性腹部分4节,有时第1和第2腹节相互愈合,故仅有2~3节。雄性腹部分5节。两性腹部第1节皆为生殖节,但雌性生殖节较大,腹面有生殖突起,并有1对生殖孔,雄性只有1个生殖孔,位于生殖节的左侧。第1触角细长,也有雌雄差异。如近镖水蚤(*Tropodiaptomus*)、真镖水蚤(*Eudiaptomus*)和华哲水蚤(*Sinocalanus*)(图14-33A、B)。

目 2. 猛水蚤目(Harpacticoida) 体形多样,呈圆筒形、卵圆形或梨形。活动关节位于第6胸节末,其他各节间也能自由屈伸活动。第1触角一般很短,由4~10节组成。雄性第1触角左右相同,通常第4~6节较为膨大,有时可作为执握器用。海洋种类第2触角的内肢分3节,外肢分7节。淡水种类的内肢分2节,外肢分1~3节,有的种类外肢节消失,仅留刚毛。雌性腹部由4或5节组成,雄性分5节。腹部最末1节称肛节,后缘为尾叉,尾叉末端具若干刚毛。胸足均同形。大部分生活在海洋,仅少数生活于淡水或半咸水中,多数营底栖生活。种类繁多,已发现有3 000种,如猛水蚤(*Harpacticus*)和大星猛水蚤(*Maceosetella*)(图14-33C、D)。

目 3. 剑水蚤目(Cyclopoida) 头胸部粗大,呈卵圆形,腹部细小。第1胸节常与头部愈合,最末胸节常与腹部第1节结合。第1触角由6~17节组成,雄性左右触角相同,特化为执握肢;第2触角的外肢在幼体阶段很发达,到成体时消失,仅为单肢型,多数分3~4节。活动关节在第4、5胸节之间。雌性腹部分4节,雄性分5节。生殖节上常有1对简单的附肢,多数具2个生殖孔。腹部肛节后缘为尾叉。本目已发现有1 000种,如镖剑水蚤(*Cyclopina*)、拟剑水蚤(*Paracyclops*)(图14-33E)、日本新鳋(*Neoergasilus japonicus*)和白色舐皮蚤(*Lichomolgus albens*)。

目 4. 鱼虱目(Caligoida) 头胸部宽而背腹平扁,常呈卵圆形,由头部与第1~3胸节愈合而成。头胸部的前端有一块额板,额板上多数有2个吸附器官。第4胸节很小,为自由胸节。活动关节在第3、4胸节间。生殖节一般不大于头胸部。腹部较窄小,分1~4节。尾叉形状因种类各异,末端通常有尾刚毛。全部营寄生生活,如鲔鱼虱(*Caligus euthynus*)(图 14-33F)和双色将鱼虱(*Pandarus bicolor*)。

目 5. 颚虱目(Lernaeopodoida) 头胸部多呈长圆柱形,头端略粗。躯干部一般背腹略扁平,后端略宽。第 1 触角小,第 2 触角双肢型,粗壮、围于口管的两侧。口管圆锥形,开口处有 1 圈刚毛。大颚位于口管内,小颚位于口管基部的腹侧。第 1 颚足变形,为主要吸附器官。雄体很小,附于雌体上。不少种类雄体的头胸部与躯干部无明显的界限。全部营寄生生活,宿主为鱼类,如柱颚虱(*Clavella adunca*)(图 14-33G)。

目 6. 怪水蚤目(Monstrilloida) 身体圆筒形,前体部比后部宽,活动关节位于第 4、5 胸节或第 5、6 胸节间。幼体寄生,成体浮游生活。如赫耳兰怪水蚤(*Monstrilla heloglandica*)(图 14-33H)。

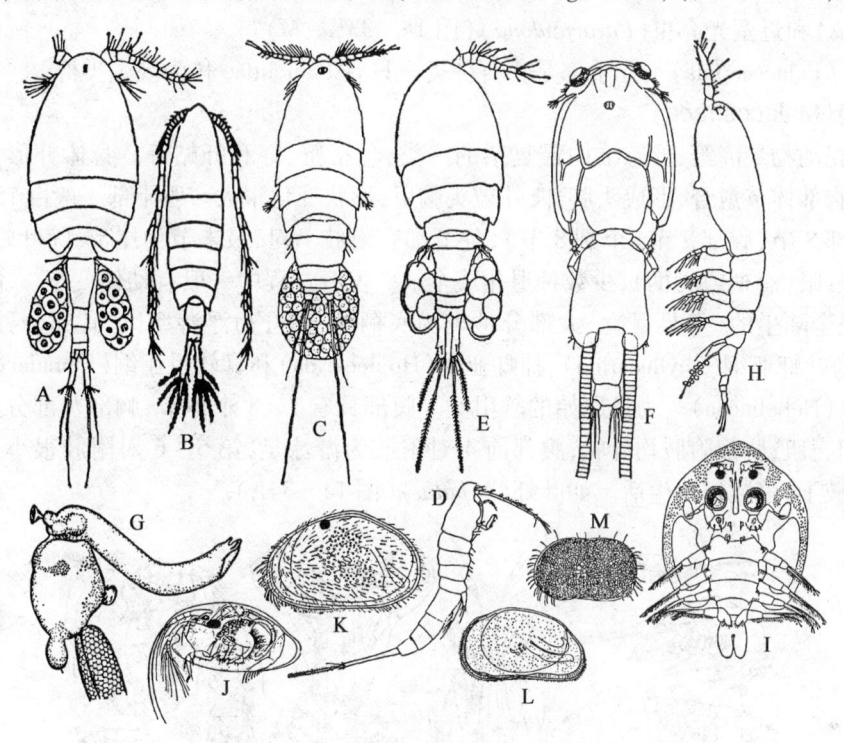

图 14-33 甲壳动物各类群代表种类(三)
A. 真镖水蚤;B. 华哲水蚤;C. 猛水蚤;D. 大星猛水蚤;E. 拟剑水蚤;F. 鲔鱼虱;G. 柱颚虱;
H. 赫耳兰怪水蚤;I. 鲺;J. 海萤;K. 肥壮介虫;L. 真腺介虫;M. 近萤光介虫

(七)鳃尾纲(Branchiura)

体略呈圆形,背腹平扁。头部与第 1 胸节愈合,背面的头胸甲向侧后方扩展成 2 片宽阔的侧叶,整个呈盾形。第 2~4 胸节为自由体节,第 5、6 胸节与腹部合并退化,无分节痕迹。腹部小,后端中央凹入成肛窦。尾叉很小,生在凹入处或两突出的腹叶末端。第 1 触角基部粗壮,具刺或钩,有执握的功能。大颚和第 1 小颚包在由上、下唇合成的口管内,用于刺吸。有 1 对大而能动的复眼,1 对由第 2 小颚变成的圆形吸盘。多数寄生于淡水鱼体表、口腔壁或鳃上,少数寄生在海鱼体上。仅鲺目(Argulidea)1 目,如鲺属(*Argulus*)(图 14-33I)。

(八)介形纲(Ostracoda)

体长一般不超过 0.5 mm,最大达 23 mm。头胸甲由两瓣钙质化的介壳构成,整个身体完全包被在壳瓣内。两壳对称或不对称,表面常有各种突起和雕纹。两介壳有闭壳肌,背面具铰合链相联结,有的种类还有齿,腹面方开启。身体分节不明显,末部向腹面弯曲,末端具尾叉,形状随种而异。浮游种类通常呈三角形,其腹面具爪状硬刺,便于游泳,而底栖种类常为细长柱状,仅末端有爪,用于爬行。附肢最多不超过 7 对,第 1 触角单肢型,分 4~7 节,具运动、感觉等功能,雄性较发达。第 2 触角一般呈双肢型,内肢较小,雄性有时形成执握器,外肢较强大,具发达羽状毛,用于运动。大颚的形状随种类而异,触须呈双肢型,外肢细小,内肢有的呈足状,用于爬行,有的可执握食物,或协助咀嚼食物。大颚后面为口后附肢,数目随种而异。本纲约 5 600 多种,分壮肢亚纲(Myodocopa)、尾肢亚纲(Podocopa)和古肢亚纲(Palaeocopa)的 5 目。

目1. 壮肢目(Myodocopida) 2对触角均发达,具复眼。胸部2对单肢型附肢。两壳前端有凹陷,触角由此伸出,大触角双肢型。如海萤(*Cypridina*)(图14-33J)。

目2. 海介虫目(Halocyprida) 介壳前端无触角凹。仅头部具5对附肢。第2触角内、外肢发达。无复眼。尾叉片状,边缘有爪刺。海洋底栖生活。

目3. 筒肢目(Platycopida) 介壳无触角凹。除头部5对附肢外,只有1对躯干肢。第2触角有发达的内、外肢。无复眼。尾叉叶状,边缘有刚毛。全部海产。

目4. 尾肢目(Podocopida) 大触角单肢型,具2对胸足。海水及淡水生活,如肥壮介虫(*Cypridopsis*)、真腺介虫(*Eucypris*)和近萤光介虫(*Paracandona*)(图14-33K~M)。

目5. 古肢目(Palaeocopida) 几乎都是化石种类。只有Puniciidae科为现生类群。

(九) 软甲纲(Malacostraca)

软甲纲是甲壳动物最高等、形态结构最复杂的一类,包括蟹、虾和虾蛄等。身体虾形,或缩短为蟹形。有些类群头部与胸部体节愈合,形成头胸部,外被头甲,形状变化很大。躯干部一般由15节构成,极少数为16节,其中胸部8节,腹部7节(个别8节),各节都有附肢1对,最末节为尾节,除叶虾目外均无尾叉。头部常有成对的复眼(有柄或无柄),少数种退化或全缺。发育过程中一般有幼体变态。主要为海生,少数栖于淡水,也有完全陆生的(等足目)。大部分种类为底栖型,部分为浮游型,也有部分种类营寄生生活。有25 000种,分为叶虾亚纲(Phyllocarida)、掠虾亚纲(Hoplocarida)和真软甲亚纲(Eumalacostraca)的14目。

目1. 叶虾目(Nebeliacea) 为最原始的软甲类。腹部具有7~8个体节;胸部及部分腹部包有2枚介形背甲,之间具闭壳肌;胸部附肢均叶状,腹部前4对附肢为游泳足,第5~6对附肢很小,第7对无附肢。卵携带在胸部附肢上,多数浅海生活。如叶虾(*Nebalia*)(图14-34A)。

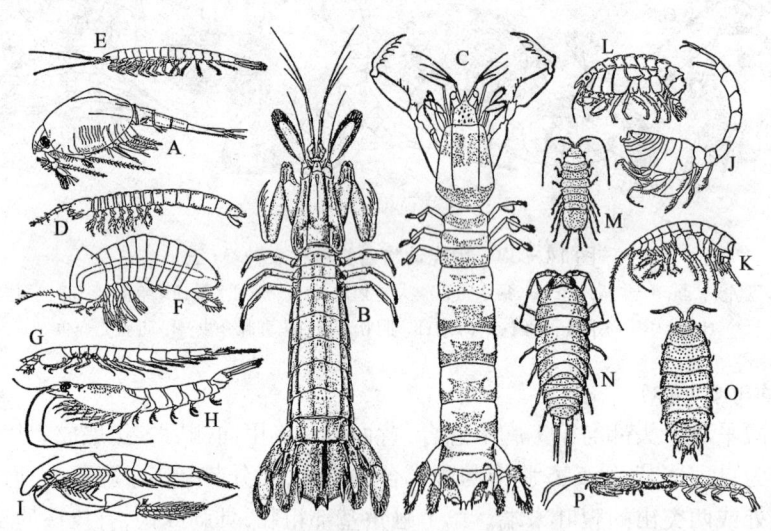

图14-34 甲壳动物各类群代表种类(四)

A. 叶虾;B. 虾蛄;C. 刺虾蛄;D. 拟地虾;E. 塔斯马尼亚山虾;F. 奇异温泉虾;G. 鳞眼洞虾;H. 疣背糠虾;
I. 何氏糠虾;J. 丽涟虫;K. 长尾钩虾;L. 漂浮钩虾;M. 栉水虱;N. 海蟑螂;O. 鼠妇;P. 华丽磷虾

目2. 口足目(Stomatopoda) 体长5~36 cm。身体背腹扁平,背甲小,楯形。第1~2胸节愈合,第3~4胸节退化,第5~6胸节分节清楚。腹部及尾均很发达,且分节清楚。整个背部具嵴或棘。第1触角三叉型,第2触角具宽大鳞片。前5对胸足具螯,其中第2对胸足特别发达,形如螳螂的前足,后3对胸足细长无螯。腹部发达,具鳃。大多数种类为穴居,或生活在岩石下、珊瑚礁中,穴深可达1 m,通常等在穴口,遇食物后立即伸出第2对胸足以捕食。约有300多种,如虾蛄(*Squilla*)和刺虾蛄(*Acanthosuqilla*)(图14-34B、C)。

目3. 地虾目(Bathynellacea) 8个胸节全部游离,最末1腹节与尾节愈合,具尾叉。生活在地下水中,如拟地虾(*Parabathynella*)(图14-34D)。

目4. 山虾目(Anaspidacea) 第1胸节与头部愈合成头胸部。6腹节游离,末一腹节不与尾节愈合,无尾叉。生活在淡水中,如塔斯马尼亚山虾(*Anaspides tasmaniae*)(图14-34E)。

目 5. 温泉虾目(Thermosbaenacea)　体型较小,一般体长 3～5 mm。体呈圆筒形,略平扁。头部与第 1～3 胸节愈合,形成小的头胸甲。胸部自由体节短。腹部 6 节,前 5 节短,尾节与第 6 节愈合。无眼。第 1 触角原肢粗大,3 节,第 2 触角较细小。步胸足双肢型,内肢细,5 节,末节呈爪状,外肢略呈鞭状,具游泳的功能。自第 1 对向后节数减少,第 5 对很小,不分节。腹肢仅有第 1、2 对,构造简单,单肢不分节,退化成小棒状。尾肢双肢型,相对较发达,内肢细小,不分节,外肢粗大呈片状,由 2 节构成。生活于海水、淡水或温泉中,底栖或潜于沙间。种类较少,如奇异温泉虾(*Tethysbaena texana*)(图 14-34F)。

目 6. 洞虾目(Spelaeogriphacea)　体略呈筒状,稍平扁,虾形。头胸甲小,仅与第 1 胸节愈合,两侧形成鳃室,后端覆盖第 2 胸节大部。胸部 7 自由节,稍短而宽,与腹部体节无显著差异。腹部延长,包括 6 节和 1 尾节。头部前端有眼叶,无角膜和色素。第 1 触角柄部 3 节,双鞭多节,第 2 触角原肢 2 节,外肢小鳞片状,内肢多节,鞭状。第 1 胸肢变形为颚足,为呼吸器,内肢 5 节,其余 7 对胸肢为步足,各由 6 节构成,只有基节可见。腹肢前 4 对为游泳足,双肢型,多节。第 5 对仅为痕迹,小棒状。第 6 对(尾肢)外肢两节,内肢 1 节,与尾节构成尾扇。雌性胸部有 5 对复卵板,构成育卵囊。卵少而大,在囊内发育。仅有鳞眼洞虾(*Spelaeogriphus lepidops*)1 种(图 14-34G)。

目 7. 糠虾目(Mysidacea)　体虾形。头胸甲发达,前端背面突出,形成额角或额板,背面有明显的颈沟。后端背面前凹,末 4 胸节游离,不与头胸甲愈合。腹部 7 节,各节无明显的侧甲板,尾节末端完整(尖、圆或平直)或有缺刻。有带柄的复眼,少数种无角膜,眼柄圆、扁或愈合为一宽板。少数种有双角膜。第 1 触角柄部 3 节,双鞭。雄性柄末端腹面有带密毛的角状突。第 2 触角有发达的鳞片,无触鞭,鳞片有时分 2 节,两缘或内缘有羽状刚毛,个别属(如蛛糠虾属)外肢刺状,无鳞片。胸肢外肢强壮,为游泳器官,第 1 对或前 2 对内肢变形,宽阔而短,成为颚足。多生活在海水,如疣背糠虾(*Lophogaster*)和何氏糠虾(*Holmesiella*)(图 14-34H、I)。

目 8. 涟虫目(Cumacea)　呈虾形。头胸部较粗大,腹部纤细,略呈链状。头部与胸部前 3 节或 4 节愈合。胸部有 5 或 4 个自由体节。腹部 6 或 7 节,尾节有时全无。头胸甲两侧紧包头胸部,其前缘、两侧缘与头部腹面前缘,胸部腹甲两侧缘及附肢基部完全愈合,形成封闭的鳃室。前侧缘向前突出,形成假额角,向前常超出额缘前端。复眼无柄,互相结合,位于背面前端中线上。自由胸节短而宽,腹部体节间的关节能向背腹两面屈曲。第 1 触角柄短小,柄部 3 节,鞭仅几小节,单肢或双肢,第 2 触角强大,柄部粗单枝,无鳞片,雄性触鞭较细长,有时超过体长。雌者短小,仅 4、5 节。腹肢构造简单而小,双肢,原肢 2 节,内肢 2 节,外肢 1 节。雌性完全失去附肢(游泳肢)。尾肢窄长,双肢型,原肢为细长的柄,内肢 1～3 节,外肢 1 节,无游泳功能。全为海产,底栖生活,少数浮游生活,如丽涟虫(*Lampropus*)(图 14-34J)。

目 9. 端足目(Amphiopoda)　体多侧扁;头部与第 1 或前 2 胸节愈合,无头胸甲。腹部通常有 6 节,但末端 2 或 3 节有时愈合,尾节明显,有时裂开。复眼无柄。第 1 触角单肢或双肢,外鞭较长。第 2 触角单肢(无外肢),柄部多为 5 节(较粗大)。胸肢 8 对,均为单肢型。第 1 对为颚足,底节左右愈合,基节和座节内缘扩大,突出为内叶,其余各节数目有变化,多为 3～5 节。主要为海洋种类,淡水中有少数种。全世界已知 6 000 多种。如长尾钩虾(*Melita*)和漂浮钩虾(*Pleustes*)(图 14-34K、L)。

目 10. 等足目(Isopoda)　多数身体背腹平扁。头部短小,盾形,与胸部第 1 节或前 2 节愈合。无头胸甲。腹部较胸部短,分节可能清楚或存不同程度愈合,最末腹节与尾节愈合。胸部附肢均无外肢,第 1 对为颚足,其他 7 对为形状相似的步足,双肢型,为游泳和呼吸器官。一般不具眼柄。第 1 触角很小,单肢,柄部 3 节。大多数为海产,不少种陆栖,如栉水虱(*Asellus*)、海蟑螂(*Ligia*)和鼠妇(*Armadillidium*)(图 14-34 M～O)。

目 11. 原足目(Tanaidacea)　身体略呈长筒状,平扁,虾形。体长约 10 mm。头部与第 1 或前 2 胸节愈合,形成小的头胸甲。胸部自由体节占全体的大部。腹部较短小,共 6 节,末节与尾节愈合。复眼常生于不能转动的眼柄上。部分种无眼(特别是深海种)。第 1 触角单肢或双肢。第 2 触角有时有一小的鳞片状外肢。胸肢第 1 对为颚足,基部有一片状上肢伸入鳃室内,起鳃的作用。第 2 胸肢为螯足(即第 1 步足),较粗大,有螯或亚螯,与以后各对形状不同。第 1、2 步足都有小的外肢,其后 5 对步足构造相似,末端一般为爪状,都无外肢。雌性第 2～6 对胸肢(或仅第 6 对)有复卵片,构成育卵囊。腹肢一般较发达,但雌性有时数目减少,有的全缺(如底栖生活的原足虫科),尾肢在腹部末端,细长分节,双肢鞭状或粗短小而不分枝。

目 12. 磷虾目（Euphausiacea） 体呈小虾状，鳃裸露，不包被于头胸甲内。8 对胸肢形态基本相同，均双肢型，不特化成颚足。有发光器（Photophora），能发出蓝绿色闪光。分布世界各海洋，共约 100 种。如华丽磷虾（*Euphausia superba*）（图 14-34P）。

目 13. 异虾目（Amphionidacea） 头胸甲大而薄，膜质，延伸包裹胸肢。胸肢双肢型，有短而小的外肢，第 1 胸肢特化为颚足。雄性胸肢 7 对，雌性 6 对。腹肢 5 对，雄性腹肢为双肢型，雌性第 1 腹肢为单肢型。仅 *Amphionides reynaudii* 1 种。

目 14. 十足目（Decapoda） 为本纲最大的目，共 8 000 种以上。体躯延长呈虾形（腹部发达）或缩短扁圆呈蟹形（腹部退化），有些种类介于其间，腹部不同程度地缩小或变形（如寄居蟹等）。头部与 8 个胸节全部愈合而成头胸部。头胸甲发达，鳃完全被其包裹而不外露，其前端在虾类中常形成额角，蟹类的头胸甲侧缘折向腹面形成完整的鳃室，适应潜入水底的生活。胸肢前 3 对形成颚足，后 5 对为步足，因称为十足目。游泳生活的种类腹部很发达，共 7 节，多侧扁。腹肢发达，共 6 对，末对特化成尾肢，与尾节共同形成尾扇，掌握游泳的方向。爬行生活种类的腹部有的扁平（如龙虾类），有的曲卷并变形（如寄居蟹等），另有许多退化成薄片状甲板，失去尾肢和部分腹肢。蟹类雄性仅有第 1、2 对腹肢，变形为交接器，雌性仅有第 2~5 对腹肢，双肢型，失去活动功能，只用来抱卵。有具柄的复眼，眼柄 2~3 节，角膜常斜接于柄上。第 1 触角柄部 3 节，基节基部背面有平衡囊，保持身体的平衡。游泳生活的种类常有柄刺，第 3 节末端有 2 鞭（部分虾类为 3 鞭），有触觉和嗅觉的功能。游泳生活的种类和爬行生活的虾类的第 2 触角多有发达的鳞片（外肢），蟹类和部分寄居蟹类无此鳞片，内肢为触鞭，原肢基部有排泄器官，即触角腺的开口。常见的有罗氏沼虾（*Macrobrachium rosenbergii*）、中国对虾（*Penaeus chinensis*）、克氏原螯虾（小龙虾）（*Procambarus clarkii*）、龙虾（*Panulirus*）、海螯虾（*Nephrops*）、海蜊蛄（*Homarus*）、三疣梭子蟹（*Portunus trituberculatus*）、中华绒螯蟹（*Eriocheir sinensis*）、寄居蟹（*Pagurus*）和招潮蟹（*Uca*）（图 14-35）。

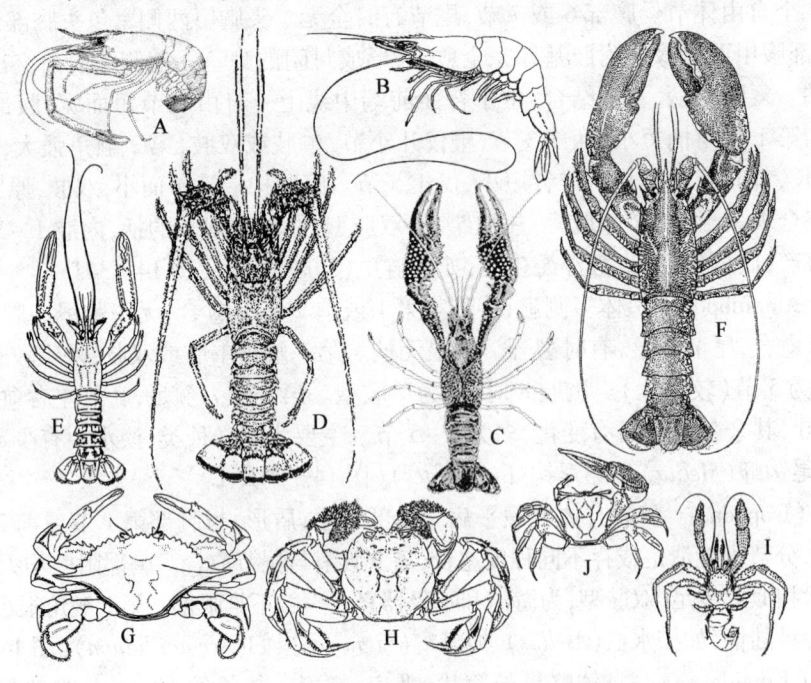

图 14-35 甲壳动物十足目代表种类
A. 罗氏沼虾；B. 中国对虾；C. 克氏原螯虾；D. 龙虾；E. 海螯虾；F. 海蜊蛄；
G. 三疣梭子蟹；H. 中华绒螯蟹；I. 寄居蟹；J. 招潮蟹

七、甲壳动物亚门与人类

许多甲壳动物可供食用，如十足目的虾和蟹，肉质鲜美，营养价值高。当前，边远海域和深海的甲壳类资源已受到重视,尤其是南极的磷虾。

许多甲壳类动物在海洋或淡水中是鱼虾的天然饵料,例如,磷虾类、糠虾类、枝角类和浮游桡足类等是上层鱼类的重要食物,而底栖小型甲壳动物则是中下层鱼虾类的重要饵料,它们直接影响经济鱼类的生长和资源量,对渔业生产起着重要的作用。同时,它们在维持海洋生态系统的结构和功能上意义非凡。

小型甲壳动物常常被用于环境评价和监测。化石种类又可以用于地层分析和古环境研究。枝角类中的溞是重要的模式动物之一,在环境科学、药学、毒理学等科学研究上具有重要作用。

甲壳动物的外壳可以提取甲壳素。甲壳素具有抑制癌、瘤细胞转移,提高人体免疫力及护肝解毒作用,尤其适用于糖尿病、肝肾病、高血压、肥胖等症,有利于预防癌细胞病变和辅助放化疗治疗肿瘤疾病。

在工业上,甲壳素可作为纺织品防霉杀菌除臭剂的原料,通过后处理附着于纺织品纤维上,提高了产品的附加值;甲壳素还可以用于制造服装、家用特殊功能纺织品、医用手术衣或布、伤口敷料、烧伤创面敷料或深加工为人造皮肤等;在食品保鲜上,甲壳素也发挥着重要的作用;甲壳素还被应用于染料、纸张和水处理等;在农业上可做杀虫剂、植物抗病毒剂,渔业上做养鱼饲料。

也有不少甲壳动物对人类是有害的。例如,等足目的蛀木水虱和团水虱等穴居海中木材内,大量繁殖时,能破坏海港或码头的木质建筑物。蔓足纲的藤壶附着于船底、浮标或其他水下设施上,能降低船只行驶速度,浪费燃料,或使浮标、水雷等设施下沉,失去作用。寄生甲壳类(如寄生桡足类、等足类、蔓足类等)常使宿主(鱼类、虾、蟹等)停止生长,不能成熟和繁殖;而某些淡水种,如绒螯蟹、沼虾、蝲蛄等,又是肺吸虫的中间宿主,误食感染的生虾、蟹时,会受肺吸虫感染。甲壳动物中有些种,如在珊瑚礁栖居的一些蟹类体内含有毒成分,误食会中毒。

八、甲壳动物亚门的起源与系统发育

甲壳动物作为形态差异较大、种类繁多、分布极广的动物,它的起源及其各类群间的亲缘关系一直是人们感兴趣的问题。已有的资料显示,最早的甲壳动物出现在古生代的寒武纪。对于甲壳动物的起源以及与节肢动物其他类群的关系虽然探讨了100多年,但仍然没有取得一致意见。一部分学者认为海栖的原有爪类(Protoonychophora)是节肢动物门的远祖,由此分为2支,一支发展成为陆生的有爪类→多足类→六足类;另一支则发展成为水生的甲壳动物。而另一部分学者认为甲壳动物起源于三叶虫,本亚门中最原始的头虾纲可能与三叶虫是近亲,二者胸部附肢特别类似。

尽管甲壳动物与其他节肢动物的亲缘关系还不明了,而且在结构上,各纲的相互间又截然不同,但学者们普遍认为甲壳动物的起源是单元的,也就是说甲壳动物的9纲共同起源于同一个原始祖先,这种甲壳动物的原始祖先被称为原甲壳动物(Protocrustacea)。

对于原甲壳动物的形态,学者们又提出了不同的假说。一种假说认为,原甲壳动物很像无节幼体,体节很少,只有3对附肢。甲壳动物个体发育过程中出现的无节幼体似乎也证明了个体发育重演系统发育的过程。但现存甲壳动物中并不存在体节很少、仅3对附肢的种类。无节幼体应该是甲壳动物早期的幼体,正像环节动物有担轮幼体一样。因此,甲壳动物的原始远祖近似无节幼体这一假说较难令人接受。另一种假说认为,与其他节肢动物一样,甲壳动物与环节动物有一定的近缘关系,因此甲壳动物的远祖必然具备环节动物的特征而有较多的体节。目前多数学者认为原甲壳动物为一小型浮游动物,其身体分为头与躯干2部分;头部有2对触角、1对大颚和2对小颚;除有复眼1对外,还另有1个无节幼体眼;躯干部有多数相同的体节与多对同型的附肢。在现存种类中,以头虾纲与原甲壳动物最为近似。

关于甲壳动物亚门内的系统发育,有观点认为在甲壳动物现存种类出现前,可能已由原甲壳动物发展出2支,一支为除软甲纲以外的所有甲壳动物,另一支则系软甲纲。

头虾纲可能是最原始的现存甲壳动物。古胚胎学的资料证明,甲壳动物中具有多数体节和多对同型附肢的种类比较古老。除头虾纲外,鳃足纲也具备这些特征。鳃足纲中原始的种类不仅有多数体节与多对同型附肢,同时还像头虾纲一样,全部附肢几乎都具咀嚼板,且腹神经索成对。这2纲大概较早地已从非软甲纲类群中分化出来。其余5个非软甲纲相互间的关系显得比较密切,但它们与头虾纲或鳃足纲的关系较为疏远。须虾纲一方面具备不少原始特征,另一方面又与桡足纲有许多相同之处,例如体节的数目与口肢的对数,且这2纲的后无节幼体也十分近似。蔓足纲是固着生活的类群,但还保持着与桡足纲有亲缘关系的特征,2纲均有6对双枝型的胸肢。鳃尾纲一方面与桡足纲有无可置疑的亲缘关系,另一方面胸肢的结构又与介形纲相似。至于介形纲的身体短而少节乃是从主群分化出来后产生的次生性特征。总之,须虾纲、桡足纲、蔓足纲、鳃尾纲以及介形纲5纲是亲缘关系较为密切的一大类群。

　　甲壳动物系统发育的另一大支是软甲纲,这是甲壳动物发展的主干。在这1纲中,叶虾亚纲、掠虾亚纲和真软甲亚纲部分目等均为小型类群,都还保持了一些原始的特征。而软甲亚纲的囊虾总目(包括洞虾目、糠虾目、涟虫目、端足目、等足目和原足目)与真虾总目(包括磷虾目、异虾目和十足目)不仅是软甲纲的,也是甲壳动物的发展顶点。

第六节　六足亚门(Hexapoda)

一、外部形态

六足动物在胚胎发育阶段原都有20个体节,分为头、胸和腹3个体部(图14-36)。

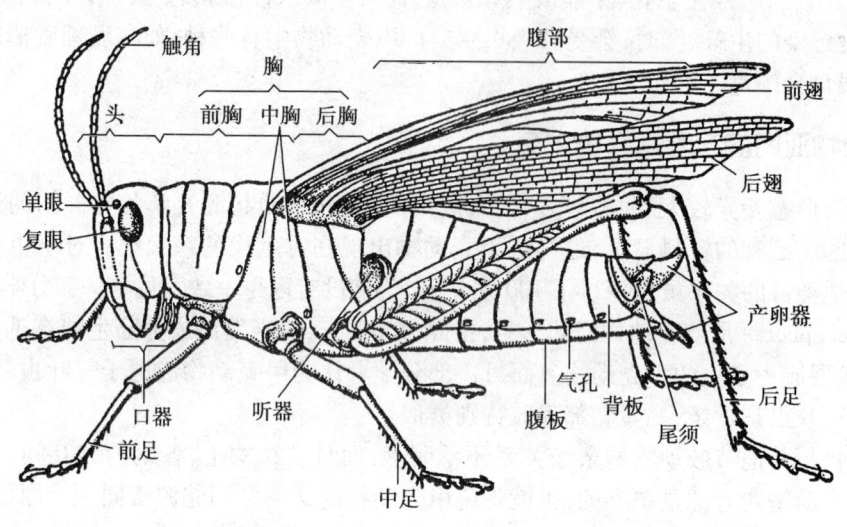

图14-36　六足动物的模式外形
(仿江静波)

(一)头部与附属器官

头部由顶节和前6个体节愈合而成。愈合十分完整,节间界限已完全消失,其外骨骼相互拼合,构成一个坚硬的头壳(head capsul)。头部是六足动物的感觉中心,有触角和眼等多种感觉器官(图14-37)。

以口器在头部着生的位置可将六足动物的头分成3类:

(1) 下口式:口器向下,约与身体的纵轴垂直。如蝗虫(图14-37)和黏虫等。

(2) 前口式:口器向前,与身体纵轴平行。如步甲虫(*Antilliscaris megacephalus*)(图14-38A)及草蛉幼虫等。

(3) 后口式:口器向后斜伸。与身体纵轴成一锐角,不用时常弯贴在身体腹面。如蜻象、蝉和蚜虫(图14-38B)等。

头部原有6对附肢,由于原第1和第3体节的2对已完全退化,因此只保留4对附肢。原第2体节的1对演变成触角。触角为感觉器官,上生嗅毛和触毛(图14-39A)。所有昆虫的触角都不分叉,由多个小节构成,第1节较大,称为梗节(scape),第2节称为柄节(pedicel),其余各节合称为鞭节(flagellum)。由发自

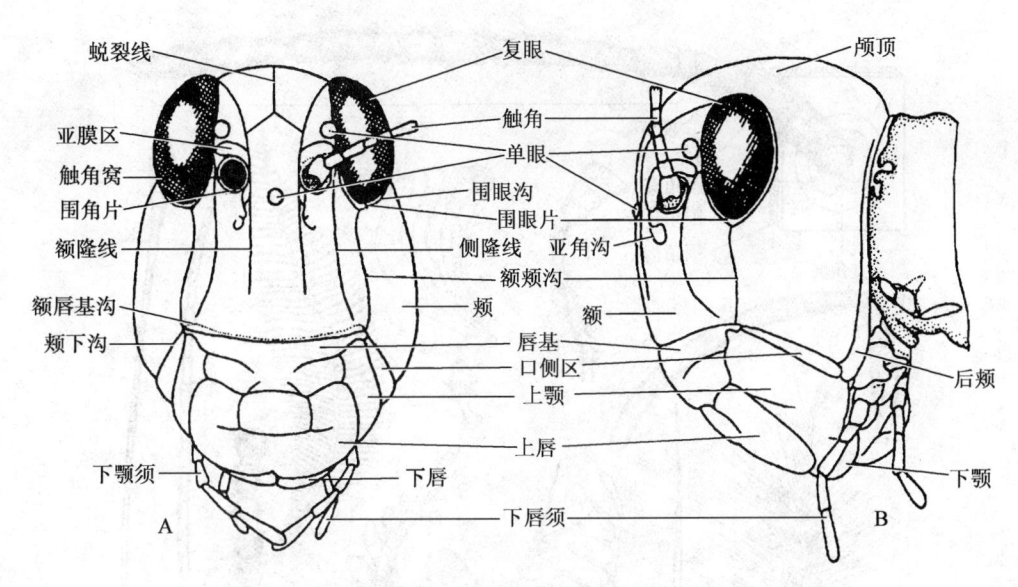

图 14-37 蝗虫头部的图解
A. 正面观；B. 侧面观（仿江静波）

头壳内部而附着在梗节上的外在肌（提肌和降肌）以及发自梗节而附着在柄节上的内在肌（伸肌和屈肌）二者的配合伸缩，使触角可自由活动。鞭节虽无肌肉着生，但借血压的作用，活动也敏捷。因此触角便于接受来自各种不同方位和方向的刺激。触角的大小、形状和结构都十分多样，在不同种类之间，差别很大，甚至同一种类也常因性别而异（图 14-39B～M、表 14-4）。

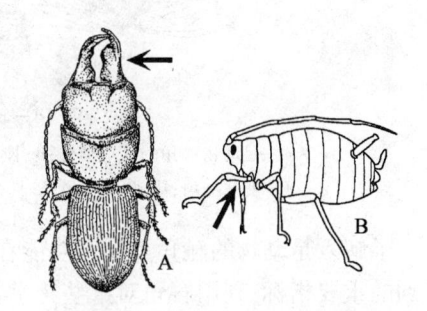

图 14-38 六足动物口的位置
A. 步甲的前口式头部；B. 蚜虫的后口式头部

表 14-4 六足动物的各种触角类型特点

触角类型	形态特点	代表种类
刚毛状（setaceous）	触角很短小，基部 1~2 节稍粗，鞭节纤细，类似刚毛	蝉、蜻蜓
丝状（filiform）	触角细长如丝，鞭节各节大致相同，向端部逐渐变细	蝗虫、天牛
念珠状（moniliform）	触角各节大小相似，近于球形，整个触角似一串念珠	白蚁
锯齿状（serrate）	鞭节各亚节向一侧突出成三角形，整个触角形似锯条	芫菁和叩头虫的雄虫
栉齿状（pectiniform）	鞭节各亚节向一侧突出成梳齿，整个触角形如梳子	绿豆象雄虫
羽状（plumose）	鞭节各亚节向两侧突出成细枝状，整个触角形如篦子或羽毛	大蚕蛾、家蚕蛾
膝状（geniculate）	柄节特别长，梗节短小，鞭节由若干大小相似的亚节组成，基部柄节与鞭节之间呈膝状或肘状弯曲	胡蜂、象甲
具芒状（aristate）	一般分为 3 节，端部一节膨大，其上生有一刚毛状的构造，称为触角芒，芒上有时还有许多细毛	蝇类
环毛状（whorled）	除触角的基部 2 节外，鞭节的各亚节环生一圈细毛，越靠近基部的细毛越长，渐渐向端部逐减	雄蚊类
球杆状（clavate）	鞭节基部若干亚节细长如丝，端部数节逐渐膨大如球，全形如棒球杆状	蝶类
锤状（capitate）	类似球杆状，但端部数节突然膨大，末端平截，形状如锤	部分瓢甲、郭公甲
鳃叶状（lammellate）	鞭节的端部数节（3~7 节）延展成薄片状叠合在一起，状如鱼鳃	金龟甲

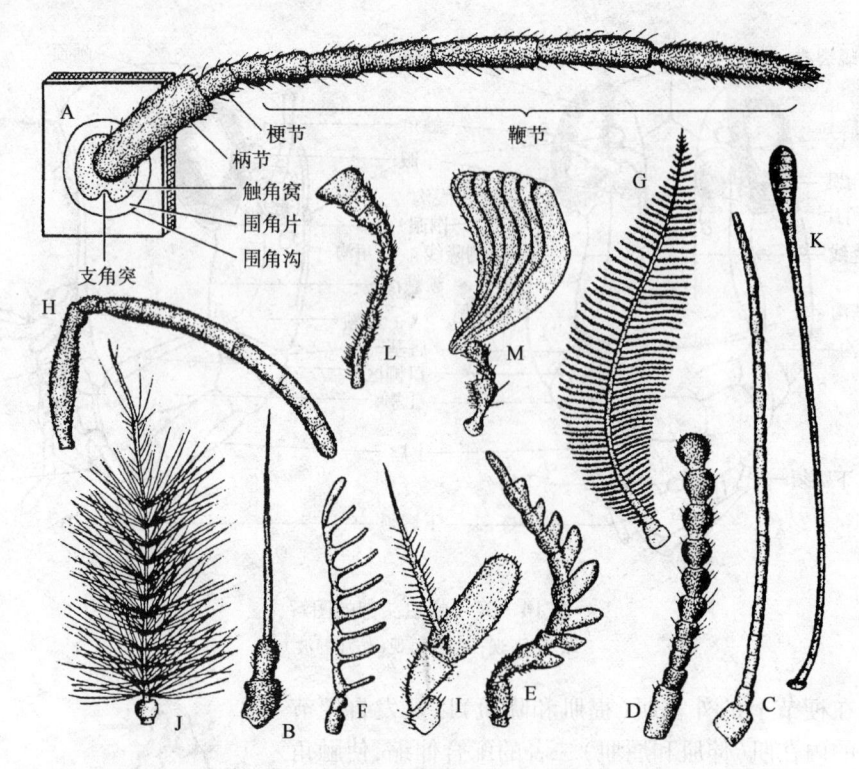

图 14-39 六足动物触角的基本结构及各种变化

A. 六足动物触角的基本结构；B. 刚毛状触角；C. 丝状触角；D. 念珠状触角；E. 锯齿状触角；F. 栉齿状触角；G. 羽状触角；H. 膝状触角；I. 具芒状触角；J. 环毛状触角；K. 球杆状触角；L. 锤状触角；M. 鳃叶状触角

了解六足动物的触角类型和功能在现实中有非常重要的意义，如触角的特征是六足动物种类和性别鉴别的重要指标；利用触角对某些化学物质有敏感的嗅觉功能，可进行诱集或驱避。

原头部后3体节的3对附肢演变成了3对口肢，即1对大颚、1对小颚和1片下唇，另加上唇和舌，组成六足动物的口器（图14-40A）。随着食性的不同，各种类的口器变化很大（图14-40B～G），咀嚼式口器是最原始和最典型的一种，见于多数六足动物中，由此演变出嚼吸式、刺吸式、虹吸式和舐吸式等各种口器。

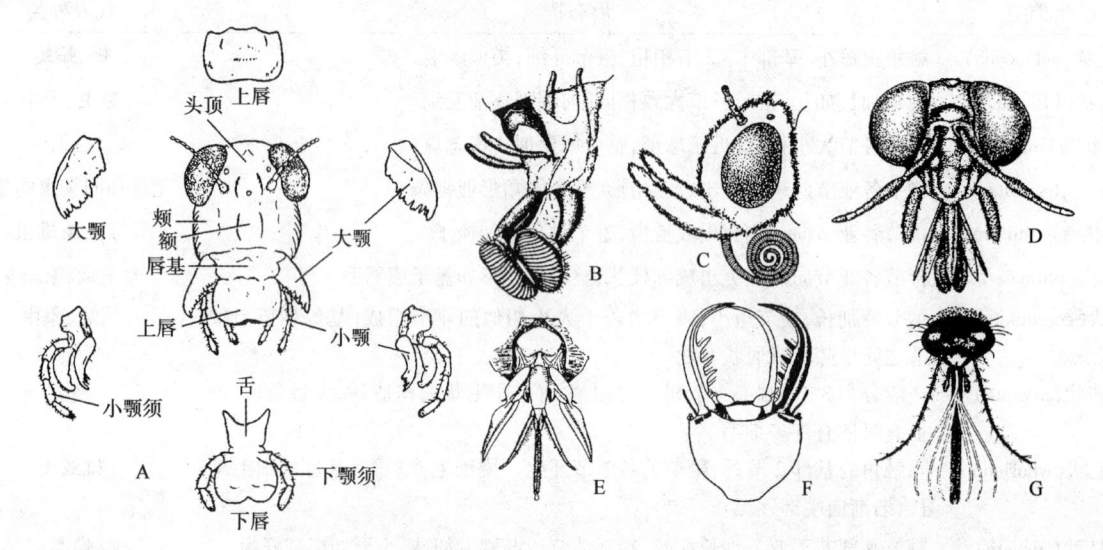

图 14-40 蝗虫口器的解剖及六足动物的口器类型

A. 蝗虫口器的解剖；B. 蝇类的舐吸式口器；C. 鳞翅目的虹吸式口器；D. 虻类的刺舐式口器；E. 蜜蜂的嚼吸式口器；F. 脉翅目幼虫的捕吸式口器；G. 蚊类的刺吸式口器

(二) 胸部与附属器官

六足动物的胸部由3个体节愈合而成,这3个胸节分为前胸节、中胸节和后胸节。各胸节相互已不能自由活动,但节间界线仍可辨认。胸部是全身的运动中心,具备翅和足两种运动器官。

胸部的3对足是由胸部的3对附肢演变而成的,分别对应胸部各体节的足称为前、中、后足。

最为典型的足是步足(walking leg)(图14-41A)。步足是几乎所有六足动物都具有的,其作用主要是爬行。为适应各种生活环境和满足需要,六足动物的前足和后足往往由于机能改变而使形态相应特化,例如稻蝗和蚤类等的后足变成跳跃足(spring leg),其腿节特别粗壮;螳螂等的前足变为捕捉足(gasping leg),其基节颇长,腿节下缘锋利带刺,胫节下缘有凹槽,凹槽左右缘也有刺。腿节和胫节弯曲时,便于夹持食物;蝼蛄等的前足粗短,特化成开掘足(fossorial leg),其腿节呈掌状,用来拨掘泥土,胫节和跗节都呈铗状,有利于切断植物的根部;蜜蜂类用以采集和携带花粉的携粉足、龙虱等水生种类游泳足、雄性龙虱所特有抱握足以及虱类所特有的攀悬足等(图14-41B~I)。

除了足作为运动器官外,绝大多数种类的成虫胸部还有2对翅,它们分别位于中胸节和后胸节。排在前面的、位于中胸节的1对翅称为前翅;后面的、位于后胸节的称为后翅。翅不是由附肢演变而来的,而是由翅芽(wing pad)逐渐发育形成的。翅芽是中胸和后胸近背面左右侧壁的扁平褶突。在发育早期,翅芽上下两层翅壁的结构完全与体壁相同,后来两层上皮细胞逐渐靠拢愈合,最终萎缩退化,因此发育完成的翅仅由2层角质膜构成(图14-42B)。翅内有高度角质化的翅脉(vein),用来支撑纤薄的翅。翅脉为翅内小管,是两层翅壁未曾愈合的部分,管周角质特别发达坚厚,借以增强翅的牢固性;同时翅脉也是神经、气管以及血液出入的通路。翅脉分为纵脉和横脉两种,纵脉由翅基走向翅缘,而横脉则与纵脉相交。两种翅脉交织,将翅面分成许多小区,各小区称为翅室(cells of wing)。一片翅内全部翅脉所组成的整个系统称为脉相(脉序、脉系)(veination)(图14-42A)。各种昆虫都有其独特的脉相,并且恒定不变,作为昆虫分类的重要依据。

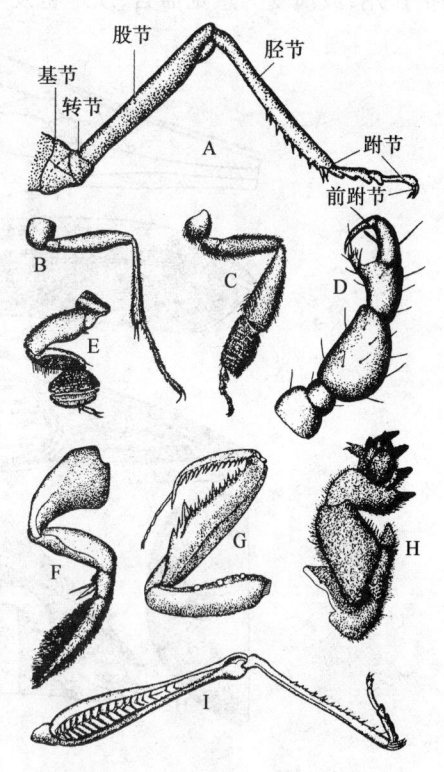

图14-41 六足动物足的基本结构及各种变化

A. 足的基本结构;B. 步行足;C. 携粉足;
D. 攀缘足;E. 抱握足;F. 游泳足;
G. 捕捉足;H. 开掘足;I. 跳跃足(仿周尧)

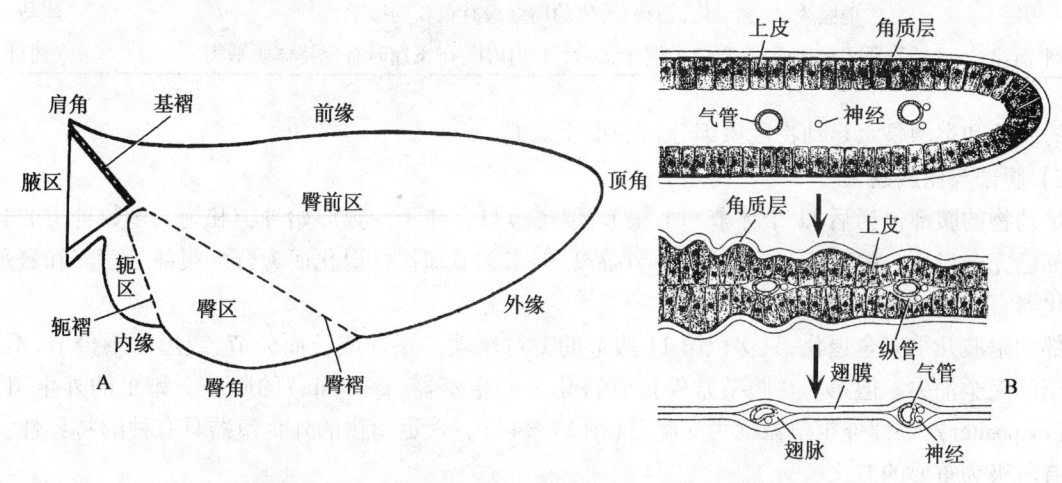

图14-42 六足动物翅的基本形态(A)及形成过程(B)

翅的主要作用是飞行,一般为膜质。这类翅薄而透明,翅脉明显可见,称为膜翅,如蜂类、蜻蜓等的前后翅;甲虫、蝗虫、蟑螂等的后翅。但不少六足动物由于长期适应其生活条件,前翅或后翅发生了变异,或具保护作用,或演变为感觉器官,质地也发生了相应变化(图14-43、表14-5)。

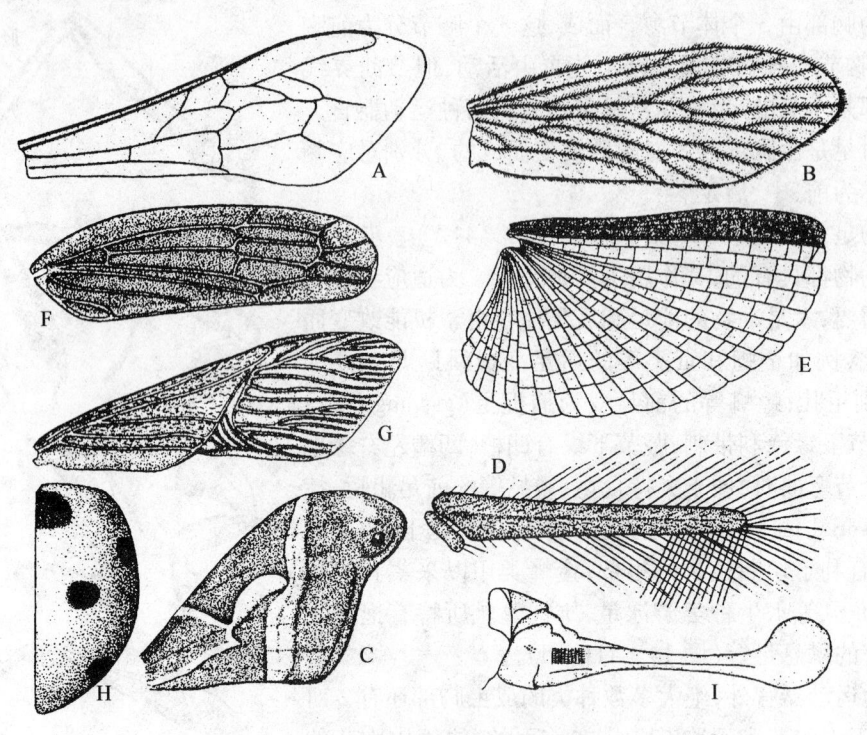

图14-43 六足动物翅的类型
A. 膜翅；B. 毛翅；C. 鳞翅；D. 缨翅；E、F. 覆翅；G. 半鞘翅；H. 鞘翅；I. 平衡棒(仿周尧)

表14-5 昆虫翅的各种变化比较

翅的类型	特 点	代表种类
膜翅	薄而透明,翅脉明显可见	蜂类、蜻蜓等
覆翅	质地较坚韧似皮革,翅脉大多可见,一般不司飞行	直翅目的前翅
鞘翅	质地坚硬如角质,翅脉不可见,不司飞翔作用,司保护	甲虫
半鞘翅	基半部为皮革质,端半部为膜质,膜质部的翅脉清晰可见	蝽类
鳞翅	质地膜质,翅面上覆盖有密集的鳞片	鳞翅目
毛翅	质地膜质,翅面上覆盖一层较稀疏的毛	石蛾
缨翅	质地膜质,翅脉退化,翅狭长,翅的周缘缀有很长的缨毛	蓟马
平衡棒	后翅退化而成,形似小棍棒状,无飞翔作用,在飞翔时有保持体躯平衡	双翅目

翅的质地和类型是六足动物昆虫纲分目的重要依据。

(三) 腹部与附属器官

六足动物的腹部包括后11个体节和1尾节,但尾节只存在于少数原始种类和绝大多数种类的胚胎,在成虫中都已完全退化。腹节相互不愈合,各节游离,但末3节却往往退化而愈合。腹部是营养和繁殖中心,内有消化器官和生殖器官等。

腹部的附肢几乎完全退化,只保留第11腹节的1对尾须。尾须或长而分节,或短而不分节,不少高等种类甚至已完全消失。但第8、9腹节常保留有特化为外生殖器(genitalia)的附肢。雌虫的外生殖器称为产卵器(ovipositor),雄性外生殖器称为交配器(图14-44)。六足动物的外生殖器具有种的特异性,在种类鉴定上有着极为重要的意义。

具有外生殖器的腹节,称为生殖节;生殖节以前的腹节,称为生殖前节或脏节;生殖节以后的腹节多有不同程度的退化或合并.称为生殖后节。

第1~7腹节,每节两侧各生有1个气门,连同第8腹节上的气门,共有8对气门(图14-36)。

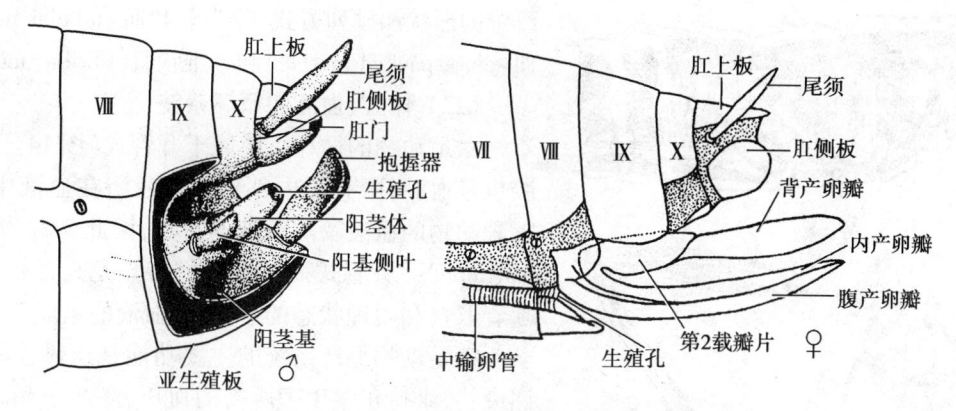

图14-44 六足动物外生殖器

二、内部构造

(一) 体壁和肌肉

六足动物的体壁(integument)是体躯的最外层组织,由单一的细胞层及其分泌物所组成(图14-45)。体壁是六足动物内部器官和外界环境之间的保护性屏障,既能防止体内水分的蒸发,又能防止外来物质如病原体、杀虫剂等的侵袭;表皮硬化成的外骨骼有保持六足动物体型的作用,部分体壁内陷形成内骨骼,用以附着肌肉;作为营养物质的储备库,在虫体饥饿和蜕皮过程中,体壁内储存的营养物质可被消化和利用;体壁还特化成各种感觉器官和腺体,接受环境刺激和分泌各种化合物而调节动物的行为;体壁内陷还形成了虫体的部分器官。

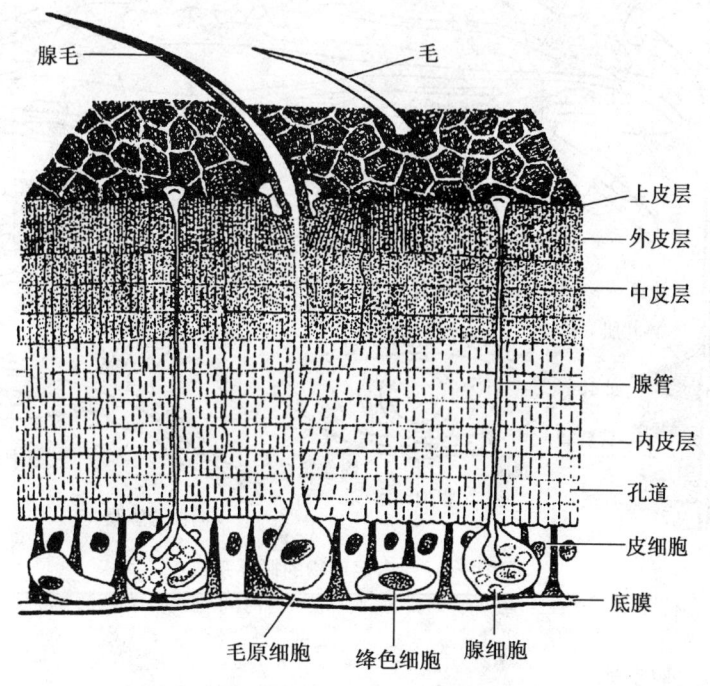

图14-45 六足动物的体壁横切

六足动物的体壁来源于外胚层,由里向外可分为底膜、皮细胞层和表皮层。表皮层是皮细胞分泌的产物,底膜则由血细胞分泌而成。体壁的最外面是蜡层(wax layer)。蜡层的主要成分是长链烃类和其他脂肪酸和醇,由皮细胞在蜕皮前分泌,然后扩散到虫体表面。蜡层的存在对于虫体保持水分具有重要作用。

六足动物通过肌肉系统来维持其基本形态,利用肌肉的收缩来实现动物的一切活动和行为(图14-46)。六足动物的肌肉系统起源于中胚层,在胚胎发育过程中,当体腔囊开始扩大,互相融合成整个体腔时,囊壁细胞分别在外胚层下形成体壁肌(skeletal muscle),在内胚层外面形成内脏肌(visceral muscle)。体壁肌按肌原

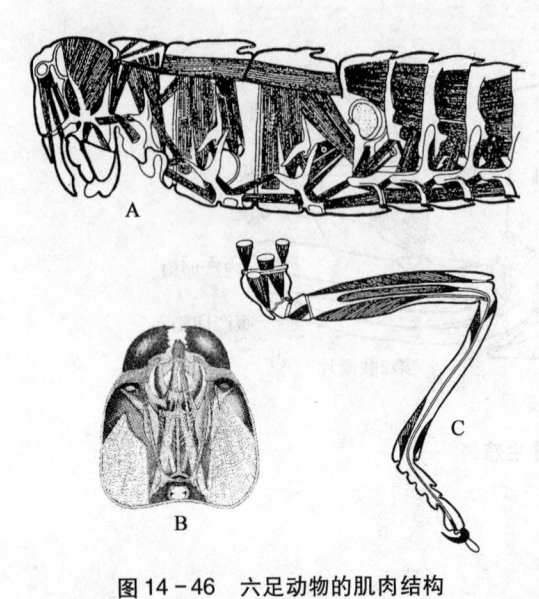

224　第十四章　节肢动物门（Arthropoda）

纤维的形状和排列方式，分为管状肌（tubular muscle）、束状肌（close-packed muscle）和纤维状肌（fibrillar muscle）3类。

（二）体腔、血腔和循环系统

六足动物的循环系统属于开管式（图14-47），它的体腔也是血腔，所有的内部器官都浸浴在血液中，血液兼有哺乳动物的血液及淋巴液的特点，因此又称为血淋巴（hemolymph）。开管式循环系统的特点是血压低，血量大，并随着取食和生理状态的不同，其血液的组成变化很大。

六足动物循环系统的主要功能是运输养料、激素和代谢废物，维持正常生理所需的血压、渗透压和离子平衡，参与中间代谢，清除解离的组织碎片，修补伤口，对侵染物产生免疫反应，以及飞行时调节体温等。

六足动物的循环系统没有运输O_2的功能，O_2由气管系统直接输入各种组织器官内，所以它们大量失血后，不会危及生命安全，但可能破坏正常的生理代谢。

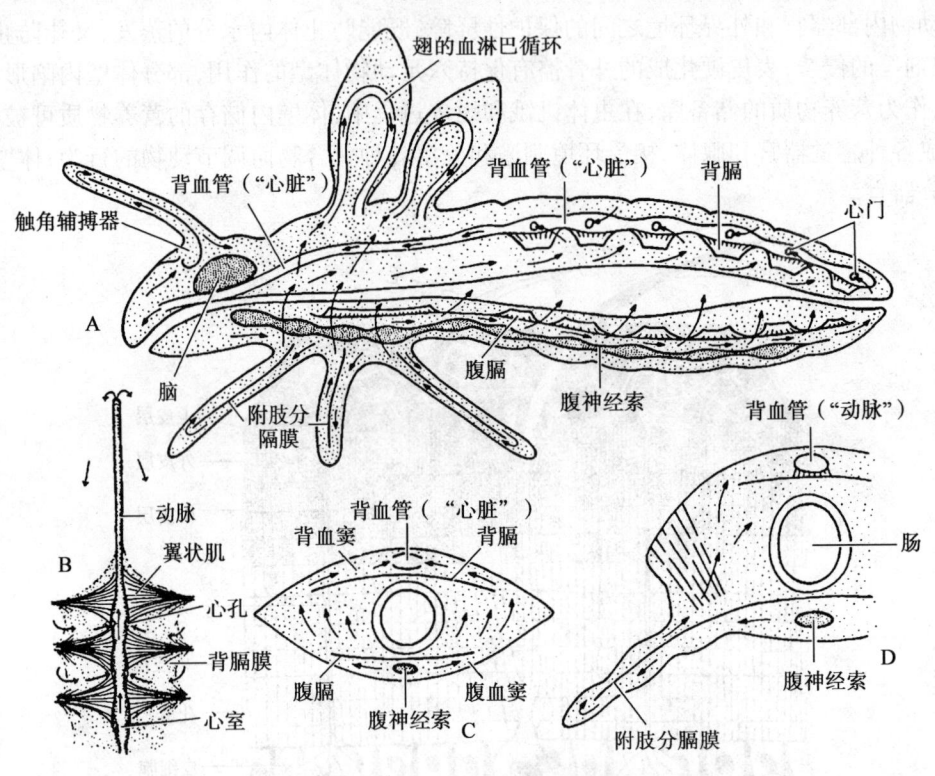

图14-46　六足动物的肌肉结构
A. 蝗虫体壁肌肉；B. 蚂蚁头部的肌肉；C. 附肢上的肌肉

图14-47　六足动物的循环系统
A. 蝗虫的循环系统模式图；B. 心脏与背动脉；C. 腹部血流方向（横面观）；D. 胸部血液循环（横面观）

（三）消化系统和排泄器官

一般来讲，六足动物的消化管分为前肠、中肠和后肠3部分（图14-48），由于来源不同，这3部分在组织学上有着显着的差别。前肠与后肠来源外胚层，都是体壁的内陷，因此内衬角质膜，称为内膜（intima），蜕皮时就像体表的外骨骼一样，也要脱换；中肠来源内胚层，因此无内膜。前、中、后肠都由单层上皮细胞构成，其外有一层由结缔组织形成的底膜，底膜外又有2层肌纤维。前肠和后肠内层为纵肌，外层为环肌，而中肠正相反，内为环肌，外为纵肌。中肠内还有围食膜（peritrophic membrane），该膜将食物和肠壁细胞隔开，防止后者受到磨损。吸食血液或其他液汁的昆虫无围食膜，或者有而很不发达。围食膜由中肠肠壁细胞内面的分泌物形成，主要成分为几丁质，能使消化酶和营养物质透过。中肠肠壁细胞只吸收透过围食膜的这些营养物质,即单糖、氨基酸和脂肪酸等。围食膜使用一段时间后,带着食物残渣通过后肠,从肛门排出,接着再产生新的围食膜。

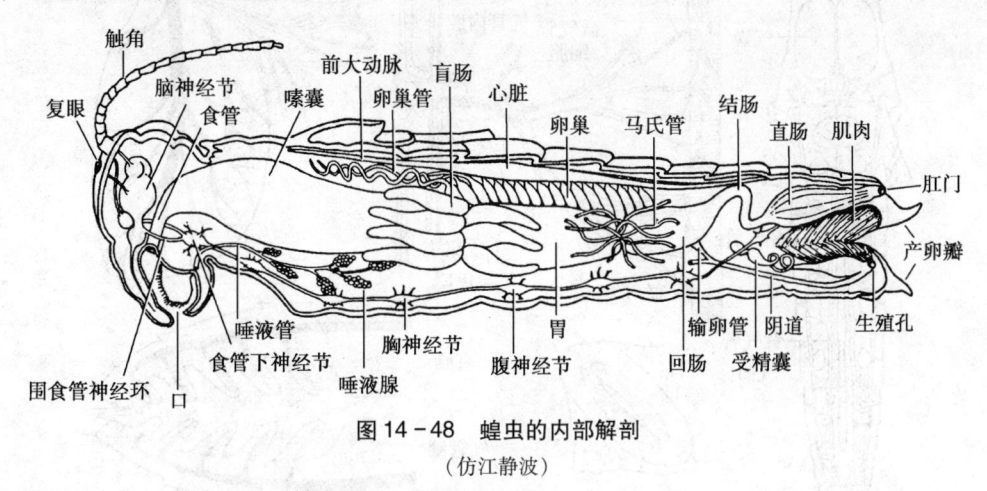

图 14-48　蝗虫的内部解剖
(仿江静波)

马氏管是六足动物的主要排泄器官(图 14-49),由外胚层衍生而成,管的多少因种类而异,多的有 200 余条,而大部分内翅类昆虫却只有 4~6 条,始终成偶数。蚜虫等少数种类则无马氏管。各条管的末端封闭,基端可能直接开口于消化管,也可能 2 条或多条汇合后再开口。管壁只有一层大型细胞,其外为底膜,底膜外还有环肌、斜肌以至纵肌。大型细胞层内面无内膜,却有多数微绒毛。血液中的代谢废物即尿酸先进入大型细胞内,并在这些细胞本身所产的几种酶的作用下,分解成尿囊酸、二羟醋酸和尿素等。这些尿酸衍生物都比尿酸易溶于水,因而能从大型的管壁细胞本身进入管腔中,最后到达后肠,与粪一起排出体外。

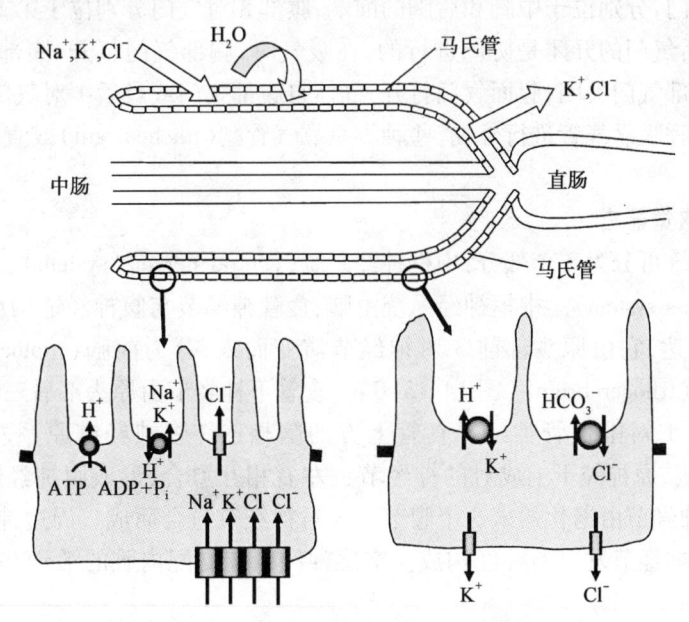

图 14-49　马氏管在排泄中的作用
示离子的运动方向

(四) 呼吸系统

六足动物的呼吸系统是由外胚层内陷形成的管状气管组成(图 14-50)。气管管壁为几丁质膜,有螺旋纹保持气管扩张,便于空气通过。它们通过气管系统直接将 O_2 输送给需氧组织、器官或细胞,再经过呼吸作用,将体内储存的化学能以特定的方式释放,为生命活动提供所需要的能量。

气管系统包括在虫体内呈现一定排列的管状气管、分布于各组织细胞间微气管和气管在虫体两侧的开口——气门。此外,还包括由气管转化为气囊等的组织结构。

原始种类每一体节都具有 1 对气门和分布于在本节的独立气管系,随着不同种类的演化,个体节间出

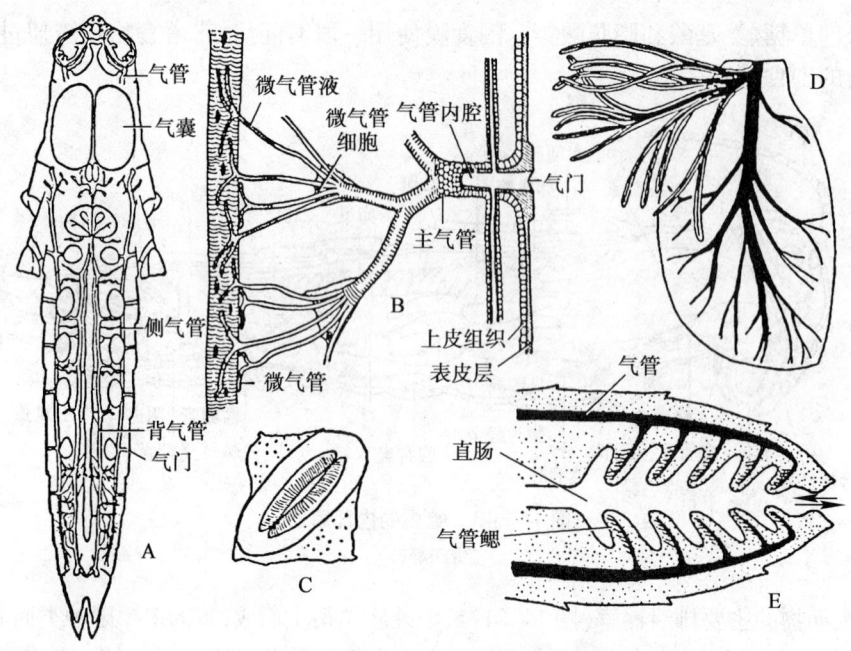

图14-50 六足动物的呼吸系统
A. 气管的分布；B. 气管的结构；C. 气门的构造；D. 蜉蝣的气管鳃；E. 蜻蜓幼虫的直肠鳃

现了连接的侧纵干，侧纵干可使呼吸通风更为有效。

不同的六足动物种类，生活习性和环境不同，气门的数目、位置和结构也发生了变化，一般地讲，六足动物的胸部只有2对气门，分别位于中胸和后胸的前端，腹部8对气门分别位于第1至第8腹节。

在多数种类上，前后气门的开闭是协调进行的，在吸气时，胸部气门打开，腹部气门关闭，气体自胸部气门流入；在排气时，胸部气门关闭，腹面气门打开，气体自腹部气门或最后1对气门流出。

除了大多数种类的呼吸靠气管进行外，有些种类是靠气管鳃(tracheal gill)或直肠鳃(rectal gill)完成呼吸的（图14-50C、D）

（五）神经系统与感觉器官

六足动物的神经系统可分为3个部分：中枢神经系统(central nervous system)、交感神经系统和外围神经系统(peripheral nervous system)。中枢神经系统由脑、食管神经节与腹神经链构成（图14-51A）。其脑在无脊椎动物中最为发达，它由原头部前3对神经节演变而来，分为前脑(protocerebrum)、中脑(间脑)(deutocerebrum)与后脑(tritocerebrum)（图14-51B）。食管下神经节由原头部后三体节的3对神经节愈合而成，位于食管下方，以1对围食管神经与食管上方的脑相连。腹神经链原系左右2根神经干(nerve trunk)相互靠拢合并而成，原神经干上成对的神经节也左右相互愈合，形成腹神经链上3个胸神经节和8个腹神经节，末1个腹神经节由退化的末3个腹节的3对神经节愈合而成。周边神经系统由脑、食管下神经节以及腹神经链上各神经节发出的神经构成。交感神经系统支配内脏的活动和气孔的开闭等，由腹神经链上的神经节发出。

六足动物具有十分发达的感受器官，触角司感觉、嗅觉；味觉器位于口器上；听觉器可位于触角的基部、前足的胫节或腹部第1节等处。遍布全身触毛(sensory hair)能感受接触、气流和水流等任何压力变化的刺激。视觉器可分单眼和复眼两种；单眼又因着生部位的不同而分为背眼(dorsal ocelli)和侧眼(lateral eye)。背眼只出现于成虫体上，通常3个，着生于头部额区，排布呈三角形。而侧眼却见于一部分种类的幼虫头部左右两侧，每侧可能1个，也可能数个，因种类而异。每个单眼只有1个双凸的透镜，其内为一层角膜细胞，角膜细胞层内为由一群视觉细胞构成的小网膜；每个视觉细胞的近端突起延长成为单眼神经纤维。在透镜边缘和视觉细胞间常有色素细胞。单眼大概只可感受光线强弱的变化，而复眼可形成物像，是六足动物的主要视觉器。复眼共1对，着生在成虫头部左右两侧，其特点是有多个透镜。每个复眼由多数视觉单元即个眼（小眼）(ommatidium)组成。个眼数目因六足动物的种类而不同，从几个到2万个以上。

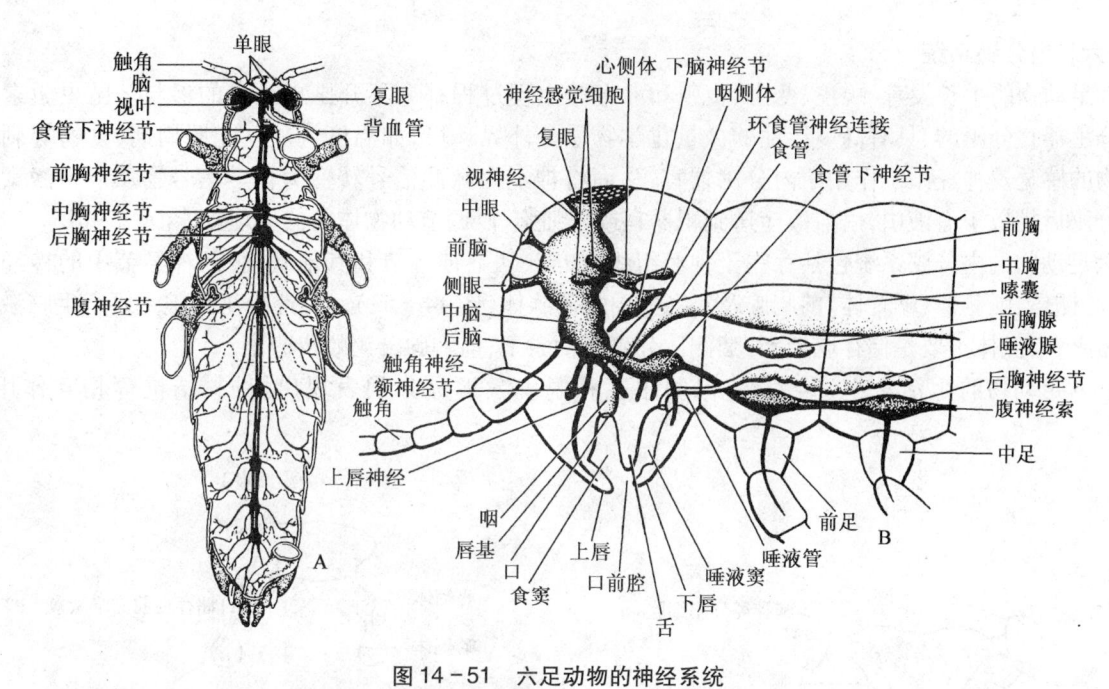

图 14-51 六足动物的神经系统
A. 蝗虫的神经系统；B. 头部神经系统的结构（仿 Ruppert）

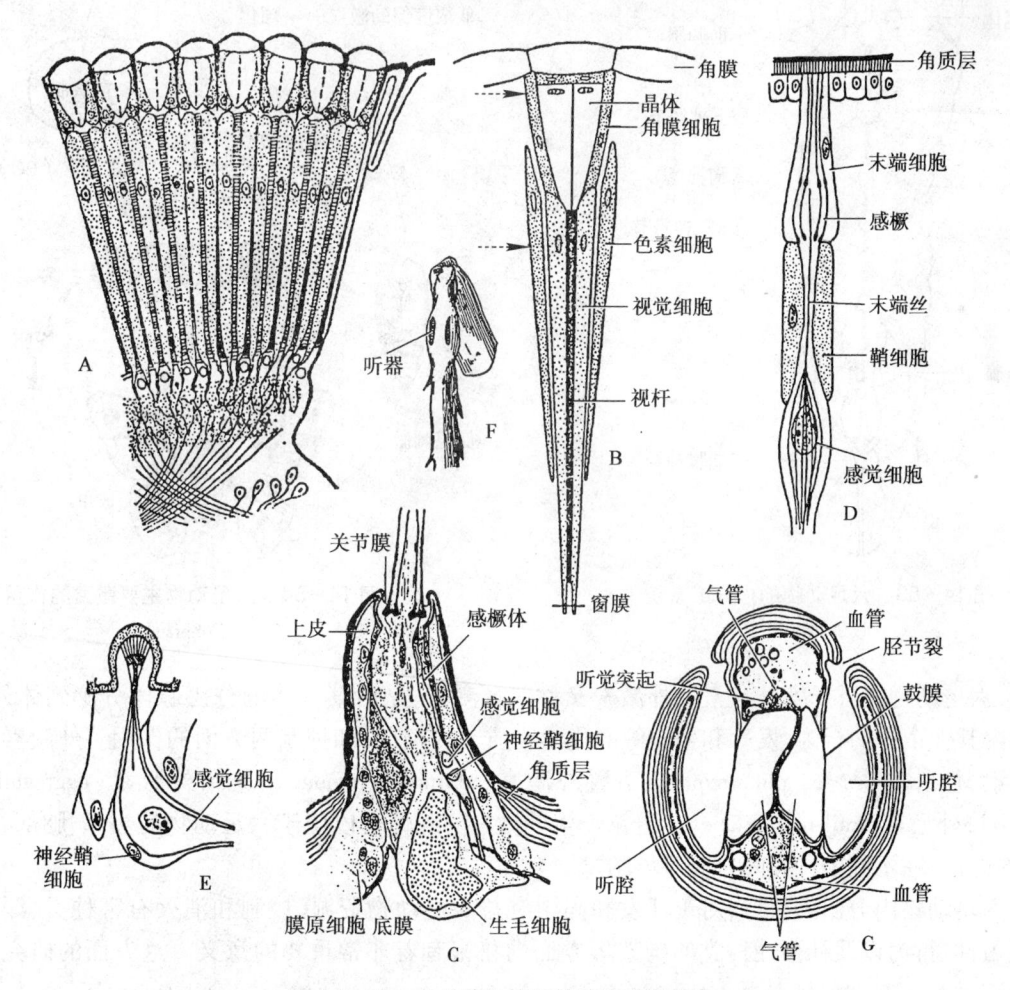

图 14-52 六足动物的眼及其他感觉器官
A. 复眼的局部切面；B. 复眼单个小眼构造；C. 毛状感受器结构；D. 震动感受器；
E. 钟形器官；F. 胫节上的听器；G. 听器的横切面

(六)内分泌系统

六足动物的生长发育、蜕皮、变态、生殖和滞育等生理过程都离不开昆虫激素的参与。昆虫激素是指由内分泌器官分泌的、具有高度活性的微量化学物质。外界环境,如温度、湿度、光照周期、食物等刺激通过动物的感觉及神经系统作用于内分泌器官,从而将神经性脉冲信号转变为化学信号物质——激素。激素被分泌后扩散于血液中,由血液运送到靶器官或靶细胞,以调节动物体内的生理机能。

六足动物的内分泌系统包括存在于神经组织,如脑、咽下神经节和其他胸、腹部神经节中的神经分泌细胞;心侧体、咽侧体、咽背体、前胸腺及睾丸等内分泌腺体(图14-53)。神经分泌细胞主要产生脑激素和滞育激素;心侧体主要是储存脑激素;咽侧体分泌保幼激素;前胸腺分泌蜕皮激素。

在六足动物的生活史中,脑激素、保幼激素和蜕皮激素等分别表现出协同、拮抗等相互作用(图14-54)。

图14-53 六足动物的内分泌系统
(仿郭郛)

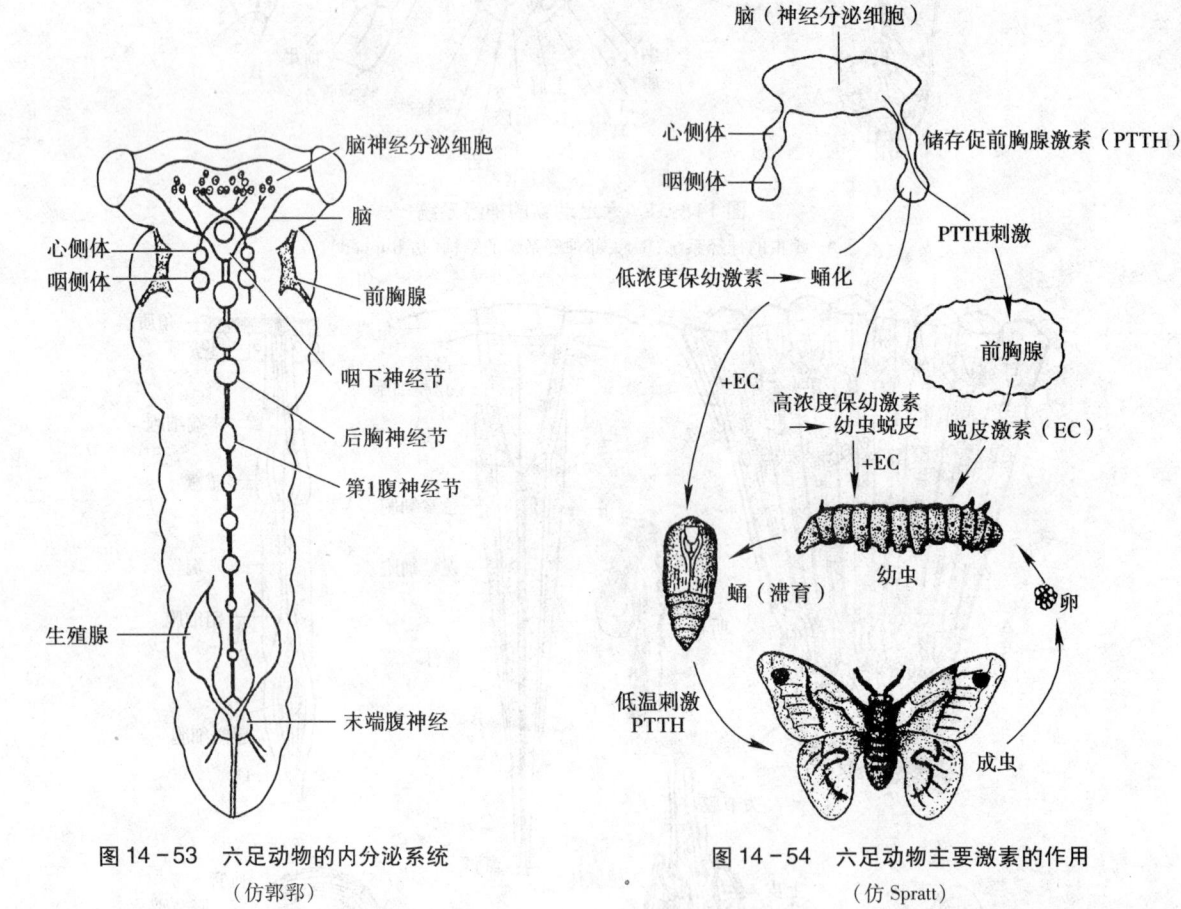

图14-54 六足动物主要激素的作用
(仿Spratt)

另外,六足动物还可产生外激素。外激素又称信息激素,是由某个体的分泌腺体分泌到体外,能影响种间或种内其他个体的行为、发育和生殖等的化学物质,具有刺激和抑制两方面的作用。外激素主要有性抑制外激素、性外激素(sex pheromone)、告警外激素(alarm pheromone)、集结外激素(aggregation pheromone)和标迹外激素(trail pheromone)。分泌产生外激素的腺体可以位于六足动物的头部、胸部、腹部和翅上,具体的部位,在不同的种类间是有差异的。

了解六足动物内分泌的特点,对于开发和利用有益六足动物资源、控制和消灭有害种类、深入揭示它们的生活习性、行为以及社会性种类的构架等方面的秘密有着非常重要的意义。这方面的研究是当今六足动物生理学和生态学的热点之一。

(七)生殖系统

六足动物均为雌雄异体,其生殖系统包括外生殖器和内生殖器官两部分。外生殖器一般由腹部末端的几个体节和附肢组成,如产卵器、阴茎及抱握器等(图14-44);内生殖器官主要有由中胚层形成的生殖腺和附腺,如卵巢、睾丸、输卵管及输精管等组成(图14-55)。

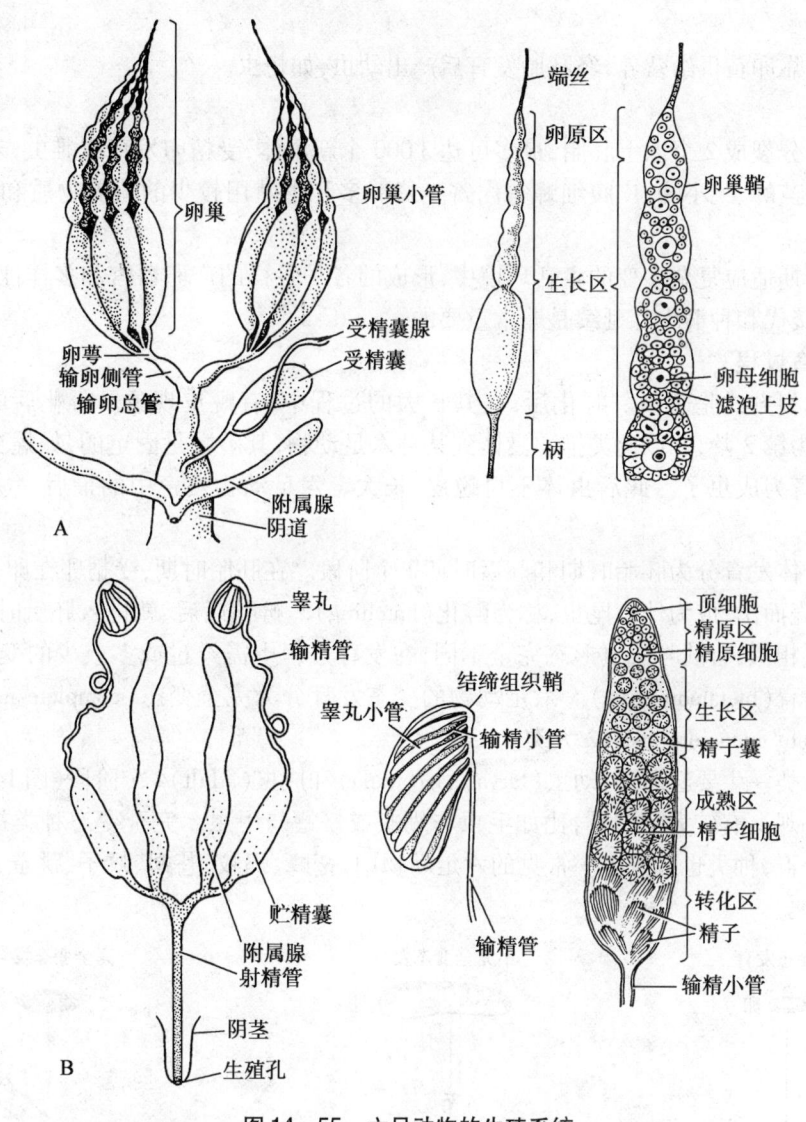

图14-55 六足动物的生殖系统
A. 雌性生殖系统;B. 雄性生殖系统

很多种类明显异形。在异形上,不仅表现在生殖器官上的差异,其第二性征也因雌雄而不同,如鳞翅目中很多种类两性色彩差异特别显著。

三、六足动物的生殖和发育

(一)生殖方式

六足动物的生殖主要有4种方式。

1. 两性生殖

通过雌雄交配,雌虫产下受精卵后,再发育成新个体。绝大多数昆虫都以这种方式繁衍后代。

交配时,雄虫授予雌虫的可能是精荚,也可能是游离的精子。雌虫排出的是受精卵,体内受精。卵外有2层包被物,内层为卵黄膜(vitelline membrane),外层为卵壳(chrion),壳上有1个或多个小孔,称为卵孔(micropyle),是受精时精子的入口。卵为中黄卵。

六足动物的卵在形态上也存在着很高的多样性,在种类鉴定上有一定的参考价值。

2. 孤雌生殖

雌虫的卵不经过交配受精就能发育成新个体,如蚜虫和一些粉虱、介壳虫、蓟马等。孤雌生殖不仅能在短时间内繁殖大量后代,而且只要有一头雌虫被带到新的地区,就很容易扩散蔓延开来。

3. 卵胎生

卵在母体内依靠卵黄供给营养,经胚胎发育后产出幼虫,如蚜虫。

4. 多胚生殖

在1个卵中可分裂成2个以上胚胎,最多可达3 000个新个体,受精卵发育成雌虫,未受精卵发育成雄虫。如膜翅目中的茧蜂、跳小蜂、广腹细蜂等内寄生蜂。多胚生殖用较少的营养物质和在较短时间内,就能繁殖大量后代。

六足动物在长期适应复杂多变的生活环境中,形成的各种各样的产卵器官和多样性的生殖方式,对它们生儿育女、传宗接代和种群生存延续是非常重要的。

(二) 个体发育过程

六足动物的卵裂方式是表裂。孵化后,在其长大的过程中,有蜕皮现象。孵化后的虫为第1龄(instar),第一次蜕皮为第2龄,并以此类推。具体到某种六足动物,其龄数是固定的,如蝗虫有5龄。性器官成熟后,虫体就发育为成虫了。此后虫体不再蜕皮、长大。六足动物发育中的最后一次蜕皮被称为羽化(eclosion)。

六足动物的个体发育分为胚胎时期和胚后时期2个阶段。在胚胎时期,受精卵在卵壳内充分发育成为胚胎,胚胎随后脱壳而出,成为幼态昆虫,称为孵化(hatching)。孵化以后,就进入胚后时期。在胚后期,有的幼虫形态与成虫相似,有的与成虫形态完全不同,在发育过程中需经过或多或少的变化才变为成虫,这一过程就是变态发育(metamorphosis)。六足动物的变态发育分为完全变态(complete metamorphosis)与不完全变态(incomplete metamorphosis)2大类。

完全变态的种类一生要经历卵、幼虫(larva)、蛹(pupa)和成虫(adult)4个阶段(图14-56)。此类昆虫的幼虫与成虫在外观上有较大的差别,比如毛虫与蝴蝶或蛴螬与甲虫。完全变态种类被认为是昆虫纲中演化程度最高的一群,种类也最繁多。常见的六足动物中,蜜蜂、蚂蚁、苍蝇、蚊子、跳蚤、蝶、蛾以及各种甲虫都是完全变态的。

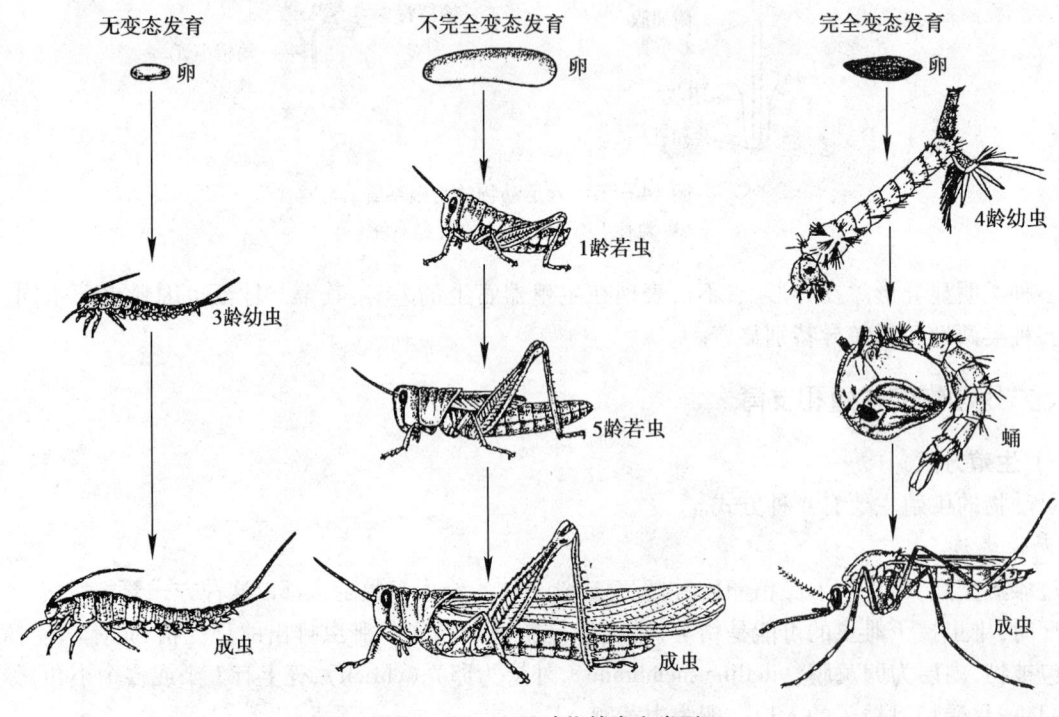

图14-56 六足动物的发育类型

不完全变态的种类一生经历卵、幼虫和成虫3个阶段(图14-56)。它们的幼虫在外观上与成虫差别一般不大,通常只是体型稍小,没有翅。不完全变态昆虫的幼虫生活在陆地上的又称为若虫(nymph),生活在水中的又称为稚虫。常见的种类中,蝗虫、蟋蟀、螳螂、蜻蜓、蝉、蟑螂、蚜虫和虱等都是不完全变态的。

另外,还有少数较为原始的六足动物在发育过程中,幼虫与成虫除个体大小和性器官上有差异外,没有其他明显的差别。它们的发育为无变态(ametabola),如鱼衣(图14-56)。

六足动物从卵开始,顺次经过幼虫和蛹,直到变为成虫而产生后代为止,称为一个世代(generation),也可称为一代(brood)。每个世代历时的长短因种类和外界条件而异,中华稻蝗等多数种类一年只有一个世代,这些种类称为一年一代或一化性六足动物。世代历时短的种类一年可连续有几个世代,称为一年多代或多化性。另有极少数种类一个世代可长达几年之久,这些种类称为多年一代或多年性六足动物。

四、休眠和滞育

六足动物为了安全度过不良环境条件(主要是低温或高温)而处于不食不动,停止生长发育的一种状态。当不良环境条件解除后,它们可以立即恢复正常的生长发育,这种现象就是六足动物的休眠(dormancy)。如东亚飞蝗以卵越冬,甜菜夜蛾以蛹越冬等都属于休眠性越冬。休眠性越冬的种类耐寒力一般较差。

滞育(diapause)是六足动物长期适应不良环境而形成的一个种的遗传性。在自然情况下,当不良环境到来之前,生理上已经有所准备,即已进入滞育。一旦进入滞育,必需经过一定的物理或化学的刺激,否则恢复到适宜环境也不进行生长发育。滞育性越冬和越夏的种类有固定的滞育虫态。滞育又可区分为专性滞育(obligatory diapause)和兼性滞育(facultative diapause)2种类型。引起六足动物滞育的重要生态因素有光周期、温度、食物等,而内在因素则是激素。

无论在休眠还是滞育状态,虫体均停止取食、运动、繁殖和内分泌活动,一切新陈代谢均下降到最低水平,其生命的维持依赖休眠和滞育前体内储存的能量和营养物质。

五、六足动物的多态现象与社会性

(一)多态现象

多态现象(polymorphism)也称为多型现象,是指同种动物同一性别的个体间在大小、体型、体色等形态结构方面存在明显差异的现象。对于六足动物,多态现象不仅可以在成虫期出现,也可以在幼期或蛹期出现,但以成虫期居多,且以雌性普遍。多态现象在蜜蜂、蚂蚁和白蚁等社会性昆虫(social insect)和蚜虫中表现最为突出(图14-57)。如在蜜蜂的雌性中,有负责生殖的蜂后(王)和失去生殖能力而担负采蜜、筑巢等工作的工蜂;在白蚁的雌性中,生殖型个体常可分为长翅型、短翅型和无翅型;在蚜虫中,受光周期、宿主植物和种群密度等因素的影响会出现干母(fundatrix)、干雌(fundatrigenia)、有翅孤雌胎生蚜(winged virginopara)、无翅孤雌胎生蚜(wingless virginopara)、雄蚜(male)、雌蚜(gynopara)和卵生雌蚜(ovipara)等不同型。在其他非社会性昆虫如直翅目、同翅目和鳞翅目的一些种类中,受季节、种群密度、食料等影响,也会出现多态现象。如在春夏季节的蚤斯体色多为绿色,而秋冬季节多为灰褐色;当种群密度过于拥挤时,一些鳞翅目幼虫和蝗蝻的体色明显加深;当食料丰富和种群密度较低时,一些飞虱会出现短翅型(brachyptery);当食料质量变化时,一些鳞翅目幼虫,如夜蛾科灰翅夜蛾属(*Spodoptera*)的一些种类和尺蛾科的 *Nemoria arizonaria* 幼虫个体大小、体色和头部形状会因食物质量和数量而发生明显的变化等。

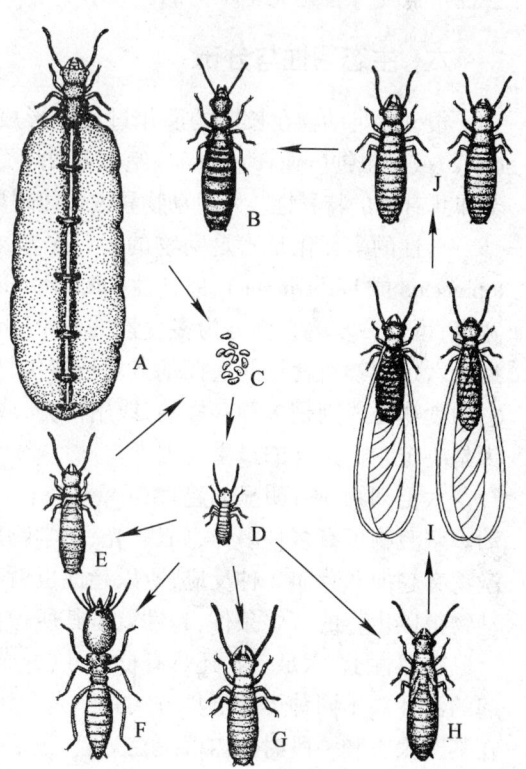

图14-57 白蚁的多态性
A. 蚁后;B. 雄蚁;C. 卵;D. 若蚁;E. 补充生殖蚁;
F. 兵蚁;G. 工蚁;H. 长翅生殖蚁若虫;
I. 长翅雌、雄生殖蚁;J. 脱翅雌、雄生殖蚁。
箭头显示各形态间可出现的联系(仿侯林)

(二) 社会性

六足动物昆虫纲的一部分种类是营社会性生活的,亲体与其子代在一个巢穴里共同生活。这些昆虫被称为社会性昆虫。社会性昆虫的行为和生活史类型是极其多种多样的。其中膜翅目和等翅目昆虫的社会性行为最为典型。昆虫的社会性群体有别于一般的昆虫群体。一般的昆虫群体的产生主要是由外部的自然条件,如食物、温度、湿度、光线和地理环境等因素引起的,群体内的个体之间只可能有暂时性的生活关系(如争斗和交配),亲子之间不发生任何联络。例如,某些鳞翅目昆虫的幼虫群栖一处,越冬前许多瓢虫个体的团聚,蝗虫成群迁飞等。

昆虫的社会性群体的产生,主要是由群体内部条件造成的。成虫间具永久性的生活关系,并以超越个体的特征互相辨认。它们的活动既有分工,又有配合,彼此相依为命,是一个世代重叠生存适应的统一体。群体的最典型特征是存在等级分化。一个群体通常只有1个或少数几个个体能繁衍后代,其他多数个体则不能生殖或生殖能力大大减退。群体中的非生殖个体常以其形态和年龄而有所分工。例如,在蜜蜂中,年轻的工蜂通常是留在巢内喂养幼虫和蜂王,而年老的工蜂则负责保卫蜂巢和外出觅食。这种等级分化主要决定于食物的数量和质量、它在发育期间所接触到的化学物质以及群巢内部的条件等。这种现象的产生也是长期演化的结果。

一般认为,昆虫社会性行为是由雌性个体照料后代的本能行为发展起来的。昆虫社会性行为的发展和雌性的繁殖力也有一定的关系。在昆虫社会中常伴随着多态现象,它们的这种以多态现象为基础的社会性与人类社会是完全不同的。

六、生态习性与分布

很多六足动物在长期的演化过程中形成了与自然中昼夜变化规律相吻合的节律,即生物钟(biological clock)或昆虫钟(insect clock)。绝大多数种类的活动,如飞翔、取食、交配等,均有固定的昼夜节律,而且昼夜节律具有种的特异性。六足动物昼夜节律现象是其身体全方位发展、生理机能不断提升的一个综合结果。

食性的多元化是六足动物的另一个重要特点。根据食物的性质,可以将六足动物分为植食性(phytophagous 或 herbivorous)、肉食性(carnivorous)、腐食性(saprophagous)等几个主要类别;而根据食物范围的宽窄,可进一步将它们分为多食性的(polyphagous)、寡食性(oligophagous)和单食性的(monophagous)等类型。六足动物对食物的选择基本上是遗传性决定的,是它的上代长期适应的结果。而六足动物用以识别它的食物方式则是多种多样的,或用视觉,或用嗅觉,有的还要用味觉。后二者总的说是化学刺激,可以认为是决定它们选食的最主要因素。

六足动物还有明显的趋性(taxis)特征。趋性就是动物体对某种刺激进行趋向或背向的有定向的活动。刺激物可有多种多样,如热、光、化学物质等,因而趋性也就有趋热性、趋光性、趋化性之分。由于对刺激物有趋向和背向2种反应,所以趋性也就有正趋性和负趋性(即背向)之分。对刺激作出一定的反应是动物得以生存的必要条件,趋性就是其所做出的一种反应方式。

在习性上,六足动物还具有群集性(aggregation)。群集性就是同种动物的大量个体高密度地聚集在一起的习性。不同种类的群集方式并不完全相同,有一些是临时的群集,另有一些则永久地群集。前者只是在某一虫态和一段时间内群集在一起,过后就分散;后者则是终生群集在一起。实验研究表明,六足动物的群集方式的转变受到外激素的影响。

拟态(mimicry)和保护色现象(protective coloration)是六足动物习性方面的重要特点。前者是指一种动物与另一种生物很相象,因而获得了保护自己的现象;后者是指某些动物具有同它的生活环境中的背景相似的颜色,这有利于躲避捕食性动物的视线而得到保护自己的效果。这些习性也均为六足动物长期适应环境变化的结果。

六足动物种类繁多,数量又大,且分布广泛,地球上几乎无处没有它们的踪迹。它们高度适应陆上生活,虽然一小部分也栖息在池塘和湖泊等淡水水域中,甚至也出现于沿岸浅海。但这些水生种类的祖先原来也陆栖,后来才逐渐适应于水中生活。其中有些种类一生都在水里度过,另一些种类只有幼虫和蛹生活在水里,成虫却也陆栖。

七、分类与多样性

到目前为止,已命名的六足动物有110多万种,是最昌盛的动物类群。据测算还有1 000万种以上尚未被认知。六足动物是动物界节肢动物门的1个纲、总纲,还是1个亚门?它们分为多少目?各个目的系统分类地位如何排列?这些都是学术界长期争论的问题。早期人们认为六足动物是单系群的,故将它们统一归为节肢动物门下的昆虫纲。随着科学的发展,新的观点和理论也不断出现。目前,六足动物为多系群的观点比较流行。根据这一观点,六足动物包括4纲:原尾纲、弹尾纲、双尾纲和昆虫纲。

(一) 原尾纲(Protura)

最原始的六足动物,通称为蚖。体微细,长0.5~2 mm。头呈卵圆形,口器为内颚式,无触角,具假眼1对和形状各异的下颚腺1对。前胸足长大,常向前伸举,跗节上生有感觉刚毛。成虫腹部分12节。近腹部后端分别有雌性或雄性外生殖器。世界各大陆均有发现,原尾虫生活在腐殖质较多的湿润土壤中、砖石下或树皮里,以植物根系上的附生真菌为食。一般分布在30 cm以内的表土层。在未开发的森林土壤中,密度可达每立方米数百至数千只。每年出现一个或者春秋两季各出现一个高峰期。已知有500余种,分为蚖目(Acerentomata)(图14-58A)、华蚖目(Sinentomata)和古蚖目(Eosentomata)3目。

(二) 弹尾纲(Collembola)

腹部具弹器善弹跳,通称为跳虫。体微小,长形或圆球形。无翅,身体裸出或被毛或鳞片。平时弹器弯向前方夹在握弹器上,当跳跃时,由于肌肉的伸展,弹器猛向下后方弹击物面,使身体跃入空中。多数生活在潮湿的地方,以腐烂的植物类、地衣或菌类为主要食物,少数种类取食活的植物体和发芽的种子,成为农作物和园艺作物的害虫。有极少数种类为肉食性,取食腐肉。遍布全球。已知约有2 600多种。仅弹尾目(Collembola)1目(图14-58B)。

(三) 双尾纲(Diplura)

通称铗尾虫、双尾虫,以腹部末端有1对显著的尾须而得名。体细长而扁平,体长一般小于20 mm,最大可达49 mm。无翅、无复眼和单眼。触角长,呈丝状,具有20~40或更多个环节。咀嚼式口器,内藏于头部腹面的腔内。胸部构造原始,侧板不发达,胸足发达,3对足的差别不大,跗节1节。腹部11节,第1~7腹节腹面各有1对针突。腹末有1对尾须或尾铗,线状分节或钳状,无中尾丝。表变态,为比较原始的变态类型。若虫和成虫除大小和性成熟度外,外形上无显著差异,腹部体节数也相同。分布极广,多生活于砖石、枯枝落叶下或土壤等潮湿荫蔽环境中。极怕光,行动迅速。以植物、腐殖质、菌类或小动物为食。约600种,仅双尾目(Diplura)1目(图14-58C)。

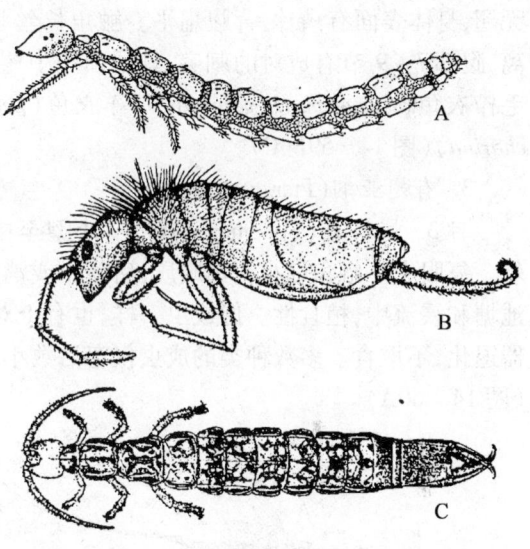

图14-58 六足动物各类群代表种类(一)
A. 蚖;B. 弹尾虫;C. 双尾虫

(四) 昆虫纲(Insecta)

体分头、胸、腹3部分。头部具触角1对(极少数无触角)。胸部3节,每节有足1对。中胸和后胸节可有翅各1对。腹部除末端数节外,附肢多退化或无。生殖孔后位。全世界超过100万种,我国12万~15万种,每年还陆续发现0.5万~1万新种。昆虫种类繁多,约占动物界种数的80%。习性歧异,分布范围很广。

最早进行昆虫分目的是生物分类学鼻祖林奈,1758年他把当时人们所认识的昆虫根据翅的特征分为7个目:鞘翅目、半翅目、鳞翅目、脉翅目、膜翅目、双翅目和无翅目。随着对自然认识的深入,人们发现了更多以前未认识的昆虫,并建立了一些新的目。同时,在根据翅的特征进行昆虫分目的基础上,又提出参照口器特征、综合特征、变态特征、翅的原生与次生,引入比较解剖学、古生物学的原理与方法对昆虫进行分类。在认识到林奈建立的昆虫纲7目中的异质性后,将林奈的无翅目分为缨尾目、虱目和蚤目;从鞘翅目中分出革翅目和直翅目;从脉翅目中分出蜻蜓目、蜉蝣目、襀翅目、等翅目、毛翅目和长翅目。从1758年起到

20世纪末,人们先后提出了30多个昆虫分类系统。由于学术观点的不同,同一类昆虫,有的学者将其归为1目,有的学者将其划分为2或3目。到20世纪90年代,昆虫纲最少为28目。对于昆虫纲分目的多少与系统排列,国内外学者先后进行了详细地对比和说明。根据最新的分类体系,此处采用了昆虫纲分为3亚纲30目体系。

1. 石蛃亚纲(Archaeognatha)

目1. 石蛃目(Archaeognatha) 小型,体长通常15 mm以下,近纺锤形。胸部较粗而向背方拱起。体表一般密披不同形状的鳞片,有金属光泽。体色多为棕褐色,有的背部有黑白花斑。有单眼,复眼大,左右眼在体中线处相接。胸部的中足和后足的基节上通常有外叶。腹部11节,有附器和3根尾须。如石蛃(*Machilis*)(图14-59A)。

2. 衣鱼亚纲(Zygentoma)

目2. 衣鱼目(Zygentoma) 中型,体长4~20 mm。无翅,身体表面有鳞片,背腹扁平。触角长丝状,复眼分离,腹部7~9节有成对的刺突,具尾须和中尾丝。如多毛栉衣鱼(*Ctenolepisma villosa*)、西洋衣鱼(*Lepisma saccharina*)(图14-59B、C)。

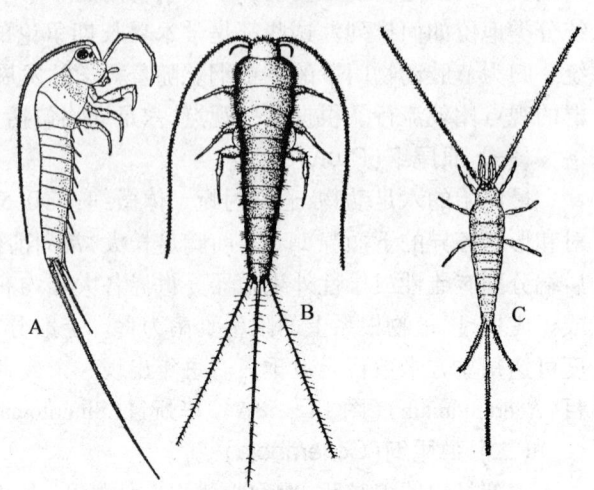

图14-59 六足动物各类群代表种类(二)
A. 石蛃;B. 多毛栉衣鱼;C. 西洋衣鱼

3. 有翅亚纲(Pterygota)

目3. 蜉蝣目(Ephemeroptera) 小型至中型,体柔软。复眼大。触角细小。翅膜质,后翅小或消失。1对尾须细长多节,中间常有1中尾丝。若虫栖于湖泊、池塘和溪流中,植食性。像成虫一样,也有1对长的尾须和1条中尾丝。具有片状或丝状气管鳃。成虫口器退化,不取食。多数种类的成虫仅存活数小时,但若虫可活3年之久。不完全变态。如蜉蝣(*Ephemera*)(图14-60A)。

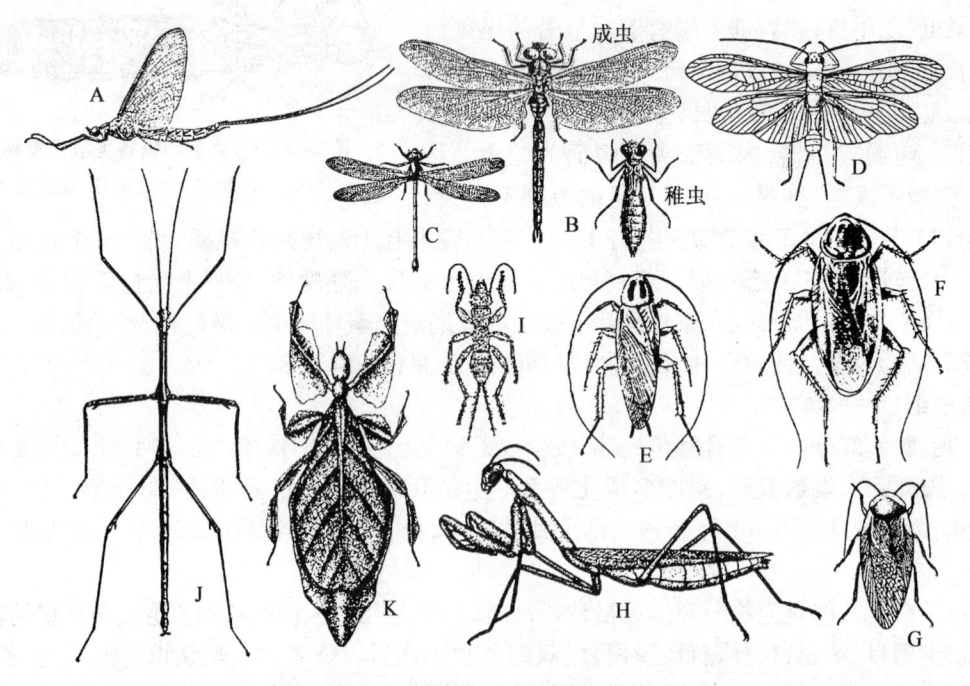

图14-60 六足动物各类群代表种类(三)
A. 蜉蝣;B. 蜻蜓;C. 豆娘;D. 石蝇;E. 德国姬蠊;F. 美洲大蠊;G. 中华地鳖;
H. 刀螂;I. 中华螳螂;J. 竹节虫;K. 䗛

目 4. 蜻蜓目(Odonata) 大型。头部转动灵活。复眼大。触角细小。口器咀嚼式,有坚强的齿。翅 2 对,不能折叠,膜质透明,翅脉网状,多横脉。各翅均有一翅痣(pterostigma)。尾须小,只 1 节。白天活动,飞行敏捷而有力,可持续飞行颇长时间,并能在飞行中捕捉其他昆虫为食。若虫水生,其下唇特化成一捕食器官,称为面罩,用来捕食小型甲壳动物和其他昆虫。不完全变态。最常见有蜻蜓和豆娘(图 14-60 B、C)。

目 5. 襀翅目(Plecoptera) 俗称石蝇。中小型,体软,细长而扁平,多为黄褐色。头宽。触角丝状,多节。口器咀嚼式,较软弱。前胸方形,大而能活动。翅 2 对,膜质,后翅常大于前翅。飞翔能力不强。尾须 1 对,多节,丝状。半变态。雌虫产卵于水中。稚虫水生,小型种类 1 年 1 代,大型的 3~4 年 1 代。如石蝇(*Perla*)(图 14-60D)。

目 6. 等翅目(Isoptera) 统称白蚁(termites)。小型至中型,体柔软,色浅。触角较短小,呈佛珠状,多节。复眼有或无。口器咀嚼式。翅的有无因个体而不同,有些个体无翅,有些翅不充分发育,还有些虽具 2 对翅,但婚飞后脱落。前翅和后翅均膜质,其大小、形状与翅脉也前后相似。尾须很短,分 2 节。不完全变态。为社会性昆虫(图 14-57)。本目共 2 000 余种,分布以热带和亚热带为主。

目 7. 蜚蠊目(Blattaria) 体较扁平、长椭圆形,前胸背板大,盾形,盖住头部。各足相似,基节宽大,跗节由 5 小节组成。腹部 10 节,其背面只看到 8 节或 9 节,雄虫腹面可看到 8 节,雌虫 6 节,有的种类雄虫背面具驱拒腺开口,可分泌臭气。若虫在发育中翅芽不反转。雌虫产卵管短小,藏于第 7 腹片的里面。雄虫外生殖器复杂,常不对称,被生有 1 对腹刺的第 9 节所掩盖。尾须多节。无鸣器和听器。如德国姬蠊(*Blattella germanica*)、美洲大蠊(*Periplaneta americana*)和中华地鳖(*Eupolyphaga sinensis*)(图 14-60 E~G)。

目 8. 螳螂目(Mantodea) 中至大型。头三角形且活动自如。前足腿节和胫节有利刺,胫节镰刀状,常向腿节折叠,成捕捉足。前翅皮质,为覆翅,缺前缘域,后翅膜质,臀域发达,扇状,休息时叠于背上。腹部肥大。除极寒地带外,广布世界各地,尤以热带地区种类最为丰富。如小刀螂(*Statilia*)、拟刀螂(*Paratenodera*)、刀螂(*Tenodera*)(图 14-60H)。

目 9. 蛩蠊目(Grylloblattodea) 中型。扁长形,体长 13~30 mm。体色为暗灰色,无翅。头部为前口式,咀嚼式口器。触角呈丝状,28~40 节,表面有很多刚毛。复眼小,近圆形,位于头部两侧前方,无单眼。胸部发达,前胸最大,3 对足相似,跗节 5 节,末端有 2 爪,无爪垫。雄虫每 1 跗节下都有片状物。腹部 10 节,第 10 腹节有 1 对长尾须,8~9 节。仅产于寒冷地区。如中华蛩蠊(*Galloisiana sinensis*)(图 14-60I)。

目 10. 螳螂竹节虫目(Mantophasmatodea) 长约 2 cm。有颚,长有 2 个小牙和长丝状触角。咀嚼式口器。为 2002 年新创立的 1 目,只有 3 种。

目 11. 竹节虫目(Phasmatodea) 大型。体多呈棒状,少数种类扁平似叶。触角细长多节。复眼较小。口器咀嚼式。翅退化或完全消失。尾须短,仅 1 节。雄虫稀少,常行孤雌生殖。雌虫产卵器不明显。卵单产,散落地面。行动迟拙,以拟态著称。不完全变态。如竹节虫和蟥(图 14-60J、K)。

目 12. 纺足目(Embioptera) 中小型。体长而扁,一般 4~6 mm。体壁柔软,雌、雄异型。体淡褐至深褐色。头大,触角念珠状,15~32 节。无单眼。雌虫复眼小,雄虫复眼发达,肾形。口器为咀嚼式,上颚雌、雄不同。前胸较头窄。雌虫无翅,状如若虫。雄虫一般有翅,少数种类有有翅和无翅 2 种类型。翅膜质,双翅狭长,前、后翅同形,但后翅略小。翅面多毛,翅脉简单。有翅雄虫不善飞翔。前足第 1 跗节膨大,内含纺丝腺,向外开口,能纺丝,结成丝管,因而得名"足丝蚁"。腹部与胸部等长,可见 10 节。雄虫第 10 腹节背板中部裂开,分成左右 2 个背片,不对称。尾须 2 节,雄虫不对称,左尾须基节膨大,内侧生 1 个或数个小瓣。如足丝蚁(*Oligotoma*)(图 14-61A)。

目 13. 直翅目(Orthoptera) 中型到大型。复眼一般大小,触角丝状,多节。口器为咀嚼式。前翅为覆翅(tegmen),狭而较厚,革质,休息时掩盖后翅。后翅宽而较薄,膜质,休息时折叠于前翅之下。后足发达,成为跳跃足。尾须短,几乎均为 1 节。常具听器。雄虫一般有发声器。雌虫产卵器发达。不完全变态。本目昆虫可分 2 类,一类触角长度超过体长之半,听器位于前足胫节,雄虫以左右前翅相互摩擦而发声,雌虫产卵器长。如蟋蟀(*Gryllulus*)和螽蟖(图 14-61B、C)等鸣虫。另一类触角长度不超过体长之半,听器位于第 1 腹节左右两侧,雄虫以同侧的前翅和后足摩擦发声,雌虫产卵器短。如中华稻蝗(*Oxya chinensis*)、东亚

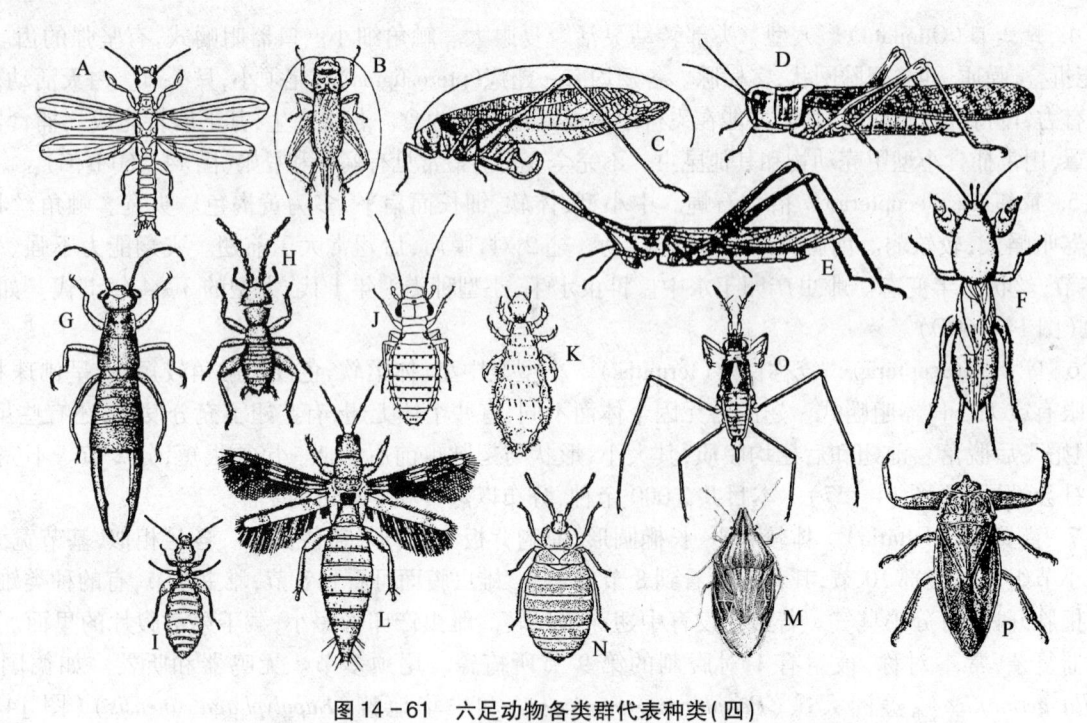

图 14-61　六足动物各类群代表种类（四）

A. 足丝蚁；B. 蟋蟀；C. 螽蟖；D. 东亚飞蝗；E. 蚱蜢；F. 蝼蛄；G. 蠼螋；H. 中华缺翅虫；I. 书虱；
J. 窃虫；K. 人虱；L. 蓟马；M. 麦蝽；N. 温带臭虫；O. 水蝇；P. 桂花蝉

飞蝗（*Locusta migratoria manilensis*）和蚱蜢（图 14-61D、E）等。另外，部分种类的前足为开掘足，如蝼蛄（图 14-61F）。

目 14. 革翅目（Dermaptera）　中、小型。体长而扁平。头部扁阔，复眼圆形，少数种类复眼退化，有些种类无复眼。触角 10~30 节，多者可达 50 节，线形。上颚发达，较宽，其前端有小齿。前胸游离，较大，近方形，后胸有后背板。腹板较宽，除少数种类外，多具翅。发育属渐变态类。如蠼螋（*Labidura*）（图 14-61G）。

目 15. 缺翅目（Zoraptera）　小型。头三角形，触角念珠状，口器咀嚼式，无翅或有翅。翅膜质，脉少，后翅小于前翅。尾须不分节、短小。种类稀少，如中华缺翅虫（*Zorotypus sinensis*）（图 14-61H）。

目 16. 啮虫目（Psocoptera）　小型，长不到 6 mm。通常有翅或翅退化成小翅型，也有无翅的；有翅型一般体色浓，无翅型色淡。头大，能活动，成垂直位置，上方有明显的"Y"形蜕裂缝。触角丝状或鬃状，13~50 节。复眼大而突出，左右远离，有的种类复眼退化为两群小眼。有翅个体常有 3 个单眼，无翅个体缺单眼。口器咀嚼式，上颚强大。有翅种类前胸缩小，无翅种类前胸增大，中胸最大且常与后胸分离。有翅型具膜质翅 2 对，前翅大，后翅小，翅脉较少，但多走向特殊，有合并、弯曲的现象。如书虱（*Liposcelis divinatorius*）、窃虫（*Atropos pulsatorium*）（图 14-61I、J）和裸啮虫（*Psyllsocus ramburii*）等。

目 17. 虱目（Phthiraptera）　小型。体背腹扁平。触角 3~5 节。有复眼而无单眼。口器刺吸式。胸节完全愈合。无翅。缺尾须。不完全变态。为人类和哺乳动物体外寄生虫，终生寄生，吸食血液。如人虱（*Pediculus humanus*）（图 14-61K）。

目 18. 缨翅目（Thysanoptera）　微小至小形，长 0.5~14 mm，一般为 1~2 mm。口器锉吸式，左右不对称。翅狭长，具少数翅脉或无翅脉，翅缘扁长，有或长或短有毛。也有无翅及仅存遗迹的种类。缺尾须。渐进变态。如蓟马（*Haplothrips*）（图 14-61L）。

目 19. 半翅目（Hemiptera）　本目由原半翅目和同翅目（Homoptera）合并而成，包括同翅类和异翅类 2 个主要群组。

同翅类体小型到大型。头后口式。触角短，刚毛状、线状或念珠状。刺吸式口器，喙多为 3 节。后口式。前翅质地均匀，膜质或革质，有些蚜虫和雌性蚧壳虫无翅，雄性蚧壳虫只有 1 对前翅，后翅退化呈平衡棍。足跗节 1~3 节。尾须消失。雌虫常有发达的产卵器；许多种类有蜡腺，但无臭腺。有些种类能发声或发光。

异翅亚目小型至大型。触角 3~5 节,一般 4 节。复眼大,单眼 2 个。口器刺吸式,长喙状。前翅为半鞘翅(hemielytron),不等质,基部革质,坚实不透明,称为革部,末部膜质,柔软透明,称为膜部。后翅全部膜质或退化。后胸有臭腺,遇敌害时放出臭气。无尾须。不完全变态。

本目超过 6 万种。如麦蝽(*Aelia*)、温带臭虫(*Cimex lectularius*)、水蝇(*Gerris*)和桂花蝉(*Lethocerus indicus*)(图 14-61M~P)等。

目20. 脉翅目(Neuroptera) 小型至大型。体柔软。触角发达,呈丝状,多节。复眼大,常有 3 单眼。口器咀嚼式。2 对翅大小几乎相等,均膜质,无臀叶,翅脉多而呈网状,停息时置于腹部背面呈屋脊状。尾须 1 节或无。成虫取食或不取食。幼虫肉食性,捕食其他昆虫。完全变态。常见如草蛉(*Chrysopa perla*)(图 14-62A)。

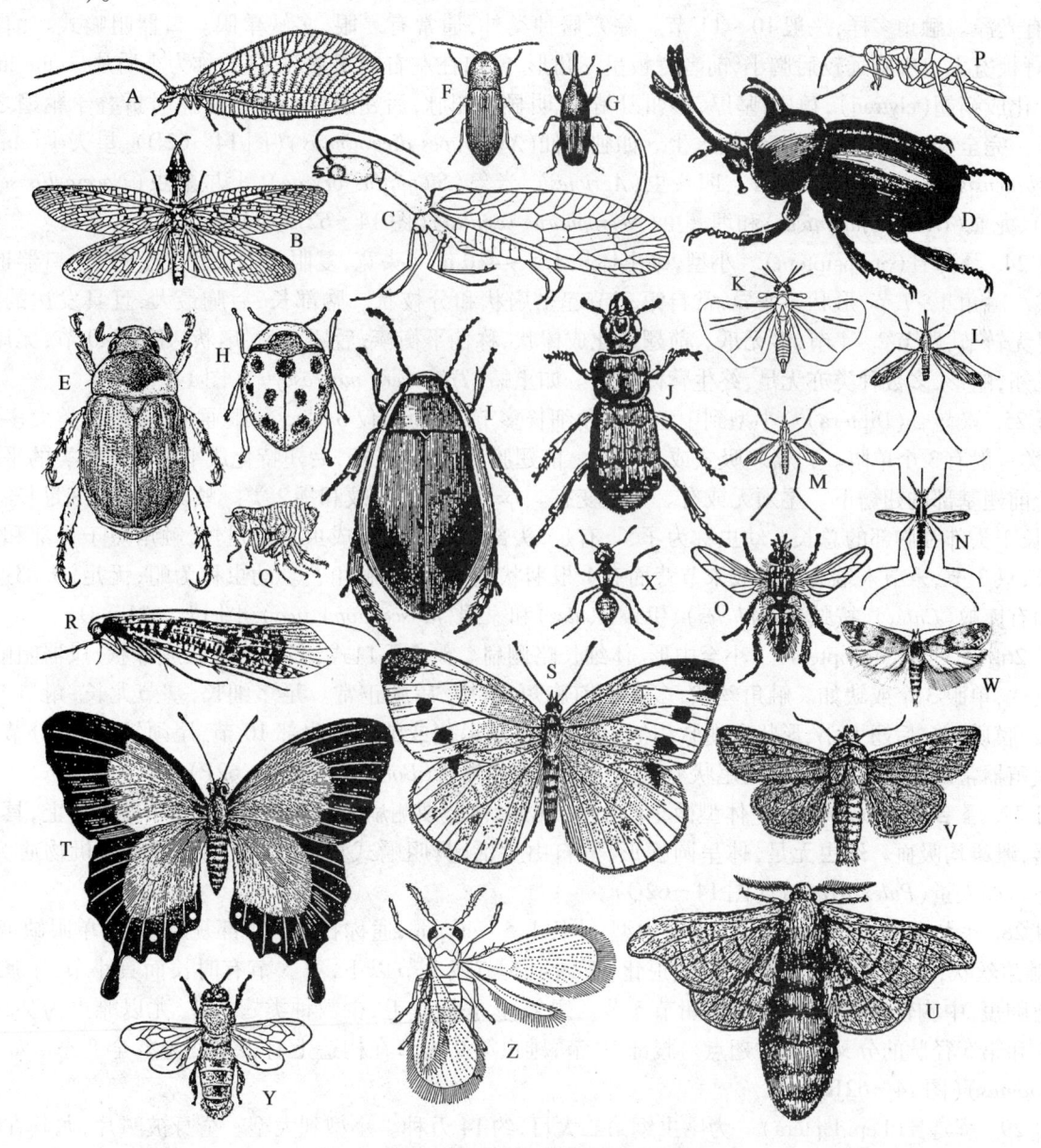

图 14-62　六足动物各类群代表种类(五)
A. 草蛉;B. 鱼蛉;C. 蛇蛉;D. 独角仙;E. 金龟子;F. 叩头虫;G. 米象;H. 七星瓢虫;I. 龙虱;J. 埋葬虫;
K. 土蜂;L. 库蚊;M. 按蚊;N. 伊蚊;O. 家蝇;P. 蝎蛉;Q. 人蚤;R. 经石蛾;S. 菜粉蝶;
T. 凤蝶;U. 家蚕;V. 黏虫;W. 棉红铃虫;X. 蚂蚁;Y. 蜜蜂;Z. 赤眼蜂

目21. 广翅目(Megaloptera) 中至大型,体长 8~65 mm。头前口式,咀嚼式口器。上颚发达,下颚须 5 节,下唇须 3 节。触角丝状、锯状或栉状。复眼凸出,单眼 3 个或缺如。胸部 3 节分明,前胸大,略呈方形,中、后胸有后背片和气门。足3对,形态相似,跗节5节,爪1对,无中垫。翅2对,膜质,前后翅相似,翅脉呈网状,前缘部翅脉不分叉,后翅臀区宽广,可以折叠。翅脉较多,但到外缘不再分成小叉,可区别于脉翅目。前缘横脉成列,简单或端部分叉。缺尾须。腹部10节,气门8对。无尾须。雄虫外生殖器发达。如鱼蛉(*Corydalus*)(图14-62B)。

目22. 蛇蛉目(Raphidioptera)　体细长,小至中形。多为褐色或黑色。头部长,后端常狭缩变细,呈三角形。复眼发达,单眼3个或缺,触角丝状,口器咀嚼式。前胸延长呈颈状,中、后胸宽短。翅狭长,膜质,翅脉网状,前、后翅相似。腹部10节,无尾须。雄虫尾端具肛上板和抱握器,雌虫具长针状产卵器。全变态。如蛇蛉(*Agulla*)(图14-62C)。

目23. 鞘翅目(Coleoptera)　为动物界最大的目,超过35万种,统称甲虫(beetles)。小型到大型。体坚硬,有光泽。触角多样,一般10~11节。除穴居种类外,通常有复眼,多缺单眼。口器咀嚼式。前胸发达,其背板宽大。中胸远较后胸小,前者背板呈三角形,露出在左右鞘翅基部之间,称为小盾片(scutellum)。前翅特化成鞘翅(elytron),角质,坚厚,形如刀鞘,无明显的翅脉;后翅膜质,较长,停息时折叠于鞘翅之下。无尾须。完全变态。大多陆栖,少数水生。如独角仙(*Xylotrupes dichotomus*)(图14-62D)、星天牛(*Anoplophora chinensis*)、金龟子(*Anomala*)、叩头虫(*Agriotes*)、米象(*Sitophilus oryzae*)、七星瓢虫(*Coccinella septempuncta*)、龙虱(*Cybister japonicus*)和埋葬虫(*Necrophorus vespillo*)(图14-62E~J)。

目24. 捻翅目(Strepsiptera)　小型,雄虫体长1.5~4.0 mm,头宽,复眼大而突出,无单眼。口器退化,咀嚼式。触角4~7节,形状多变异,常自第3节起呈扇状和分枝状。胸部长,后胸最大,且具发达的后背片。足无转节,跗节2~4节,多无爪。前翅退化成棒状,称伪平衡棒,后翅宽大,扇状。腹部10节,无尾须。雌虫无翅,蛆形,多数种类亦无足,终生营内寄生。如土蜂(*Triozocera macroscyti*)(图14-62K)。

目25. 双翅目(Diptera)　小型到中型。触角细长多节,或短而仅3节。复眼通常颇大,蚊类大多无单眼,蝇类一般有3个单眼。口器刺吸式或舐吸式。前翅膜质,用来飞翔,后翅特化成平衡棒。蝇类的平衡棒隐藏于前翅基部的翅瓣下。尾须无或有。完全变态。本目昆虫分为蚊和蝇2类。蚊类成虫身细足长,触角多节,长于头部和胸部的总长。幼虫称为孑孓,有足,头部明显。蝇类成虫身粗足短,触角短于头部和胸部的总长,只3节,末节末端有节鞭或末背面有1根羽状刚毛,称为触角芒。幼虫称为蛆,无足,头部退化。常见的有库蚊(*Culex*)、按蚊(*Anopheles*)、伊蚊(*Aedes*)和家蝇(*Musca domestica*)(图14-62L~O)。

目26. 长翅目(Mecoptera)　小至中形,体细长略侧扁。头部下口式,多向下延长成喙状,口器咀嚼式。复眼发达,单眼3个或缺如。触角丝状,多节。前胸短小,中、后胸正常。足多细长,基节尤长,跗节5节。翅狭长,膜质,前、后翅大小、形状和翅脉相似,少数种类翅退化或消失。腹部10节,尾须短小、不分节。雄虫外生殖器常膨大成球形,并似蝎尾状上举。全变态。如蝎蛉(*Boreus*)(图14-62P)。

目27. 蚤目(Siphonaptera)　体型微小或小型,无翅,体坚硬侧扁,外寄生于哺乳类和鸟类体上,具刺吸式口器,雌雄均吸血。幼虫无足,体呈圆柱形,营自由生活,具咀嚼式口器,以成虫血便或有机物质为食。全变态。如人蚤(*Pulex irritans*)(图14-62Q)。

目28. 毛翅目(Trichoptera)　小型至中型,体长1.5~40 mm,通称石蛾。头部复眼发达,单眼缺或1~3个,触角丝状,多节。口器咀嚼式,弱或退化,下颚须5节或5节以下,第5节有时长而具小节,下唇须3节。前胸短,中胸较后胸大。足细长,跗节5节。翅2对,膜质具毛,少数种类翅退化,尤以雌虫为甚,翅面上第4和第5径脉的分叉间有一翅点。腹部10节,雄虫第9腹节在构造上有很多变异。全变态。如经石蛾(*Ecnomus*)(图14-62R)。

目29. 鳞翅目(Lepidoptera)　为昆虫纲第二大目,约14万种。小型到大型。全身被鳞片,尤其在翅上特别密集。鳞片由体表的毛演变而成,是色彩的载体;通过鳞片的组合,使翅带有各种不同颜色和斑纹。触角多节,形状多样。复眼大,单眼一般有2个。口器特化成卷曲的长喙,用来吮食花蜜。但很多种蛾类的口器退化,不摄食。2对翅扁平,前翅较后翅大。翅脉稀少,特别是横脉,前后各翅均有一大的中室。飞行时,前后翅连在一起活动;静息时,蝶类的2对翅竖直上举,而蛾类的则分展左右或向后平置,叠在腹部背面。有退化的尾须。完全变态。幼虫称为蠋(eruca),其身体由发达的头部、3胸节和10腹节构成。除3对胸足外,第3~6腹节各有1对腹足,第10腹节还有1对尾足。口器咀嚼式,主要啮食显花植物的叶子,因而成为农业害虫。颚腺分泌唾液,下唇腺特化成丝腺。幼虫共5龄,末龄大多吐丝作茧而化蛹。

本目昆虫分为2大类,即蝶和蛾。蝶类触角细长,末端膨大呈鼓槌状。腹部细。白天活动。幼虫不作茧,蛹裸露。如菜粉蝶(*Pieris rapae*)和凤蝶(图14-62S、T)。蛾类触角形状多样,但绝不呈鼓槌状。腹部粗大。黎明、薄暮或夜间活动。幼虫作茧化蛹。如家蚕(*Bombyx mori*)、二化螟(*Chilo suppressalis*)、黏虫(*Mythimna separata*)和棉红铃虫(*Pectinophora gossypiella*)(图14-62U~W)等。

目30. 膜翅目(Hymenoptera) 为昆虫纲第三大目,其种数仅次于鞘翅目和鳞翅目,共约11万种。小型到中型。触角形状多样,但大多弯曲呈膝状,一般雌虫13节,雄虫12节。1对复眼大,另有3个单眼,无翅个体缺单眼。口器嚼吸式。2对翅均为膜质,翅脉少,尤其横脉,后翅较小。因后翅前缘有翅钩列,可和前翅的反卷后缘钩连,飞翔时前后翅同步活动。静息时,翅平展于腹部背面。少数种类的一些个体无翅,或交配后翅脱落。第1腹节和后胸合并,称为并胸腹节(propodeum)。大多数种类在并胸腹节之后,身体缢缩似柄。无尾须。雌虫腹部末端有1锯状或针状产卵器。大部分种类的卵通过产卵器产出,但一部分种类的卵由产卵器基部的生殖孔排出,产卵器演变成喷注毒液的攻防器官。该器官由1螫针和1对刺组成,腹部内又有1毒腺,毒腺开口于螫针基部。刺螫时,螫针和刺外伸,穿入被螫者体内,同时毒液流经螫针和刺之间的空道而注入被螫者伤口。完全变态。孤雌生殖较其他目普遍。不少种类为社会性昆虫。如各种蚂蚁(Formicidae)、蜜蜂(*Apis mellifica*)、金小蜂(*Dibrachys cavus*)和赤眼蜂(*Trichogramma evanescens*)(图14-62X~Z)。

八、六足亚门与人类

以昆虫纲为主要代表的六足动物种类繁多,数量浩大,分布广泛,与人类的关系十分密切。依据对人类的利害关系,可分有益和有害两大类,但这样划分是相对的。

昆虫可提供工业原料。例如家蚕,目前世界上共有40多个国家和地区人工饲养家蚕,年产蚕丝超过10万t,我国的产茧量和产丝量都占首位。

完成植物的传粉作用。油菜和多种果树都是虫媒植物,借蜜蜂等昆虫传播花粉,否则不可能结果。很多昆虫是其他动物种类的天然食物,在当今强调绿色农业的氛围中,也具有很好的开发利用前景。一些以前不为人知的昆虫体内的活性物质,被用来研究和开发新的抗生素和药物。人们利用不同昆虫间的相互捕食关系,建立了很多利用天敌昆虫进行病虫害的生物防治方法。

在科学研究上,昆虫同样非常重要,如果蝇(*Drosophila*)是生命科学研究中重要的模式生物之一,在染色体结构和特定基因功能的研究上都曾扮演过重要角色。昆虫的学习行为(learning behavior)和社会行为给了科学家们很多启示,它们也是生理学、遗传学、细胞学、生物化学、仿生学和生态学研究的重要对象。

与此同时,不少六足动物对人类及其活动有着重要影响,它们传播疾病,严重威胁人们的健康和生命,一些危害严重的寄生虫病和传染病都有六足动物的参与;严重危害农作物、果树和森林等,特别是有害昆虫每年夺走大量的粮食、瓜果和木材。给人类带来了巨大的损失。

九、六足亚门的起源与系统发育

六足动物最早约出现于3.5亿年前的古生代泥盆纪,比鸟类的出现早近2亿年,是第一批出现在陆地上的动物,称得上是一个古老的动物家族。同时,以昆虫为代表的六足动物又是地球上发展最成功的动物类群,它们种类最多、数量最大、分布最广,适应各种环境。长期以来,多数学者在探讨六足动物起源时,都认为六足类与多足亚门类最近缘,如颚肢亚门、单肢亚门和缺角类的提出都是建立在这一认识的基础上。但近年来,学者们在特征分析中得到一个"六足类 + 甲壳类"的分支,提出了"泛甲壳动物(Pancrustacea)"的概念。依此观点,六足动物不是与多足类,而是与甲壳类最近缘。这一观点得到了来自分子生物学、发育生物学、形态学和古生物学研究结果的支持。在六足动物内部,演化基本路线为动物体从无翅到有翅;个体发育从无变态经半变态最后到全变态。在这个演化过程中,分别分化出了各种各样的六足动物,其结果也是适应环境变化的一种表现。

第七节 多足亚门（Myriapoda）

一、多足亚门的主要特征

异律分节，但分化程度不高。身体分为头部和躯干2部分（图14-63）。头部由原前6个体节愈合而成，但只保留3~4对附肢，原第1和第3体节的附肢已完全退化，原第1体节的1对演变成触角，它的形状、长短以及节数等都因种类而异。头部有触角1对，1~2对小颚。躯干由许多体节组成，每一体节有1~2对步足。呼吸器官为气管。循环系统包括1条细长的、贯通躯干前后的心脏。典型的链索状神经系统，大多有单眼。生殖腺位于消化管的上面或下面，生殖孔位于身体后端的生殖节腹面或躯干第3或第4节的腹面。出现了原始的求偶行为，异体受精。发育分全态（epimorphic）或异态（anamorphic）。

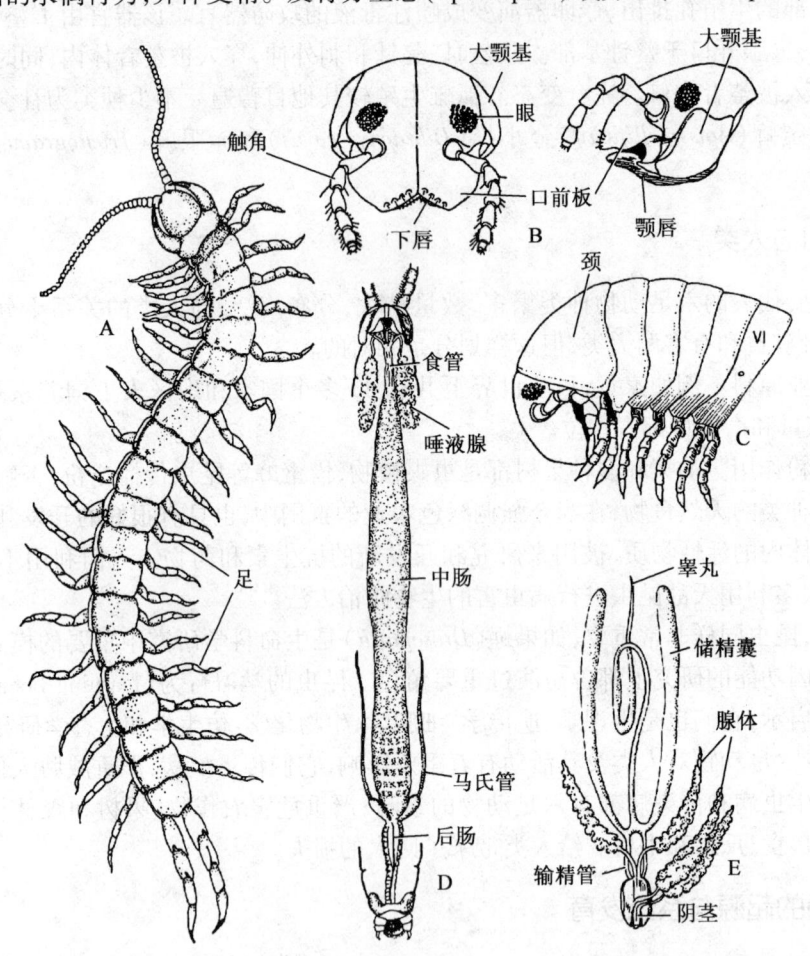

图14-63 蜈蚣的形态
A. 少棘蜈蚣的外形；B. 蜈蚣的头部外形；C. 马陆的头部；D. 蜈蚣的消化系统解剖；E. 蜈蚣的雄性生殖系统

由于大多数种类的体表没有蜡质层，故生活环境一般较为湿润。主要分布在温带到热带的土壤和腐殖质中。

二、多足亚门的分类与多样性

多足亚门有13 000多种，均为陆生。一般分为4纲23目。

（一）唇足纲（Chilopoda）

通称蜈蚣、百足虫，广义上的蜈蚣即指唇足纲。身体角质化程度低，每1体节具1对步足，体长多在

10～300 mm之间,最大个体可超过400 mm。1对巨大的颚足是强有力的捕食工具,唇足纲因此得名,颚足实际是第1躯干节的附肢。约3 200种,分为5目。常见有大蚰蜒(Thereuopoda)(图14-64A)、少棘蜈蚣(Scolopendra mutilans)(图14-63A)。

(二) 倍足纲(Diplopoda)

体呈圆柱形,最大的种类长达280 mm。外骨骼富含钙质,体壁因此特别坚硬;头部原由前5体节愈合而成,第6体节游离,称为颈节(collum segment)。躯干部体节多,最少11节,最多可达100节以上。颈节和前4个躯干节被认为是胸部,各节有1对步足,但颈节常无。其余躯干节则被当做腹部,每节有2对步足,称为倍节(diplosomite),各倍节由原2个体节愈合而成。有侧眼。触角短,只有6～8节。约15 000种,分为15目。常见有马陆(图14-64B)。

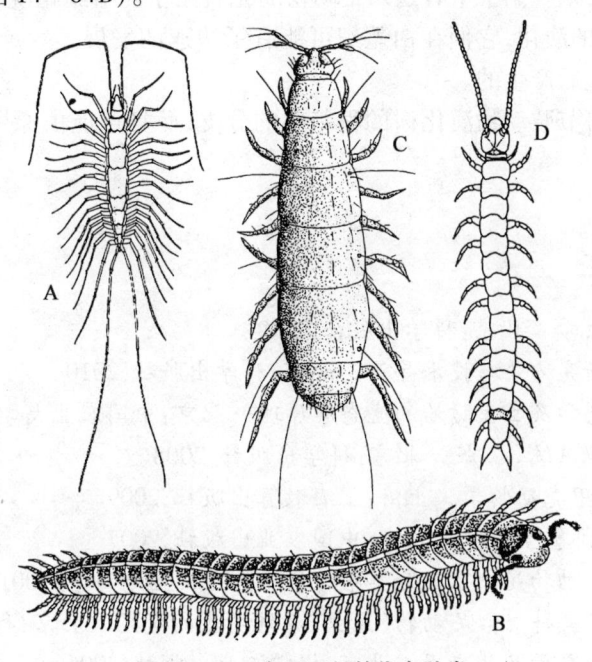

图14-64 多足亚门的代表种类
A. 大蚰蜒;B. 马陆;C. 赫氏烛蚬;D. Scutigerella

(三) 少足纲(Pauropoda)

身体通常很小,在0.5～2 mm之间,与倍足类组成二颚类。身体由11个体节和1个尾节组成,覆盖着6个背板,步足9对。约700种,为2目。常见有赫氏烛蚬(Pauropus huxleyi)(图14-64C)。

(四) 综合纲(Symphyla)

一般体长2～8 mm,全身乳白色,外型与蜈蚣类似。躯干部有12对步足。仅1目,约200种。如Scutigerella(图14-64D)。

第八节 节肢动物的起源及各类群间的演化

节肢动物无疑是由环节动物演化而来的,如身体分体节,神经系统链状,绿腺、颚腺与肾管(体腔管)同源,叶足与蚴足相似等皆可以说明。不过对于节肢动物的祖先是一元抑或多元的问题则仍有争论。

最早的节肢动物可追溯到6亿年前。人们发现最早的节肢动物化石不是三叶虫,而是与甲壳类相似。据此,有人推断节肢动物都源自一个基干类群——古代的甲壳类,或"原甲壳动物"。

三叶虫出现于寒武纪的早期,可能是自原甲壳动物演化出来的第1主支,它们是当时最繁盛的节肢动物,直到2.4亿年前(二叠纪和三叠纪之间)灭绝。

螯肢动物肢口类可能起源自前寒武纪的晚期,在寒武纪中大爆发。肢口纲广鳍目(已灭绝)和剑尾目的化石见于5亿年前的奥陶纪。广鳍目的鳍鲎是节肢动物中个体最大的,体长近3 m,曾在古代的海洋和淡水中一直生活到二叠纪,在志留纪和泥盆纪十分繁荣。有证据表明:广鳍目的某些种类甚至演化为两栖的或半陆生的。剑尾目大多灭绝,现仅剩3属5种,成为一类"活化石"。到志留纪,许多螯肢动物演化为陆生种类。

在化石中随后出现了多足动物。现生的多足类都是陆生的,但最早见于奥陶纪晚期与志留纪早期之间的化石却是海洋种类。陆生种类在志留纪中期才出现,它们与陆生的螯肢动物共同在陆地上栖息。

六足类是节肢动物中最晚出现的一支。类似今天的弹尾类和石炳类的化石出现在泥盆纪的早期,可追溯到3.9亿年前。但在志留纪发现的一些遗迹化石与六足类非常相像,分子钟的资料似乎表明六足动物的起源应推前到志留纪的早期。第一个有翅六足动物的化石见于泥盆纪稍晚时。随着1.3亿年前开花植物的出现,以及六足类飞行的演化,它们在白垩纪可能有了快速的发展。六足动物基本上是陆生类群,水生种类是次生性进入水生境后产生的。

现在的甲壳动物起源自节肢动物演化树的很基部的分支,而且可能由原甲壳动物在不同时期多次演化而来。

拓展阅读

[1] 许再福. 普通昆虫学. 北京:科学出版社,2009

[2] 文礼章. 昆虫学研究方法与技术导论. 北京:科学出版社,2010

[3] 沈佐锐. 昆虫生态学及害虫防治的生态学原理. 北京:中国农业大学出版社,2009

[4] 克卢登. 昆虫生理系统. 2版. 北京:科学出版社,2008

[5] 薛俊增,堵南山. 甲壳动物学. 上海:上海教育出版社,2009

[6] 王红勇,姚雪梅. 虾蟹生物学. 北京:中国农业出版社,2007

[7] 尹文英. 有关六足动物昆虫系统分类中的争论热点. 生命科学,2001,13(2):49-53

[8] 尹文英,宋大祥,杨星科. 六足动物(昆虫)系统发生的研究. 北京:科学出版社,2008

[9] 宁黔冀. 甲壳动物激素及其应用. 北京:化学工业出版社,2006

[10] 陈振耀. 昆虫世界与人类社会. 2版. 广州:中山大学出版社,2008

[11] Fortey R A. Trilobite systematics: The last 75 years. Journal of Paleontology, 2001, 75: 1141-1151

[12] Fortey R A. The lifestyles of the Trilobites. American Scientist, 2004, 92: 446-453

[13] Coddington J A, Levi, H W. Systematics and evolution of spiders(Araneae). Annu. Rev. Ecol. Syst., 22: 1991, 565-592

[14] Harland D P, Jackson R R. Eight-legged cats and how they see—a review of recent research on jumping spiders(Araneae: Salticidae). Cimbebasia, 2000, 16: 231-240

[15] Foelix R F. Biology of Spiders. London: Oxford University Press, 1996

[16] Schram F. Crustacea. London: Oxford University Press, 1986

[17] Thorp J H, Covich A P. Ecology and classification of North American freshwater invertebrates. New York: Academic Press, 2001

[18] Martin J W, Davis G E. An Updated Classification of the Recent Crustacea. Natural History Museum of Los Angeles County, 2001

[19] Koenemann S, Jenner R A. Crustacea and Arthropod Relationships. London: CRC Press, 2005

[20] Gaunt M W, Miles M A. An Insect molecular clock dates the origin of the insects and accords with palaeontological and biogeographic landmarks. Molecular Biology and Evolution, 2002, 19: 748-761

[21] Giribet G, Edgecombe G D, Wheeler W C. Arthropod phylogeny based on eight molecular loci and morphology. Nature, 2001, 413: 157-161

[22] Waggoner B. Introduction to the Myriapoda. Berkeley: University of California, 1996

[23] Regiera J C, Wilson H M, Shultz J W. Phylogenetic analysis of Myriapoda using three nuclear protein-coding genes. Molecular Phylogenetics and Evolution, 2005, 34: 147-158

[24] Manton S M. The Arthropoda: Habits, Functional Morphology and Evolution. London: Manton Clarendon Press, 1977

思 考 题

1. 节肢动物门有哪些重要特征？节肢动物比环节动物的进步表现在哪些方面？
2. 从节肢动物的特点，说明在动物界中节肢动物种类多、分布广的原因。
3. 比较一下国内不同版本教材中有关节肢动物起源的描述，谈谈你自己的看法。
4. 比较国内外有关节肢动物的分类体系。
5. 举例说明甲壳亚门动物的特点。
6. 螯肢亚门的消化系统有什么特点？
7. 举例说明昆虫口器的类型和结构。怎样根据口器的类型和结构选用农药、防治害虫？
8. 如何理解六足动物的呼吸系统与循环系统间的关系？
9. 试述昆虫纲各重要目的特征，并举出各目的常见种类。
10. 节肢动物与人类有什么利害关系？
11. 如何理解节肢动物的系统发育？

第十五章 缓步动物、有爪动物和五口动物

从体不分节到分体节、从同律分节到异律分节,动物的演化不是跳跃式完成的。在现存动物中,缓步动物、有爪动物和五口动物就兼有线虫动物、环节动物和节肢动物的特点。虽然它们的种类不多,分布也很有限,但在揭示动物演化中,它们具重要意义。

第一节 缓步动物门(Tardigrada)

缓步动物是动物界中俗称水熊虫(water bear)的一类小型动物,主要生活在淡水的沉积物、潮湿土壤以及苔藓植物的水膜中,少数种类生活在海水的潮间带。从1773年Goeze的首次报道到现在,缓步动物的研究已经有200多年的历史。

它们非常细小,大部分不超过1 mm,最小的 *Echiniscus parvulus* 初生的时仅50 μm。而最大的 *Macrobiotus bufelandi* 也只有1.4 mm。通体透明,无色,黄色,棕色,深红色或绿色。身体的颜色主要是它们的食物赋予的,摄入食物中的类胡萝卜素可在各器官沉积。

身体为两侧对称,分为4节,体被角质层或角质化的背甲。具有4对附肢,附肢的末端着生锐爪,爪的数目和形状因种而异(图15-1)。

图15-1 缓步动物的外形
A. 侧面观;B. 背面观

具发达的真体腔,体液内有大量有储存功能的球形细胞。
体细胞数目恒定,从幼体到成体,仅仅是细胞体积的增加,而没有细胞数目的增加。
肌肉系统发达,由横纹肌组成了背肌带和背腹肌带,足部有缩足肌(图15-2)。
具复杂的口器。口器由口管、口针、针托、吸咽和吸咽内的大板组成。有些种类的口管有螺旋状增厚的管壁。吸咽有发达的肌肉。借助口针刺破植物细胞壁,以吸咽产生吸力通过口管吸食植物汁液。口器的类型、构成口器的各种结构以及爪的形状和数量等都是缓步动物鉴定和分类的主要依据。前肠有很多

成对的腺体，薄薄的食管连接中肠。中肠和后肠之间有马氏管，专司体内的渗透压平衡和排泄作用。

没有专门的循环系统和呼吸系统。

神经系统为链状，由围咽神经节、咽下神经节和腹部4个神经节构成。多数种类有1对眼。

通常雌雄异体。淡水种类行孤雌生殖。性腺1个，位于肠背部。雄性的生殖孔与肛门共同开口于泄殖腔；雌性的生殖孔位于第3、4对足间。

受精卵全裂，直接发育。

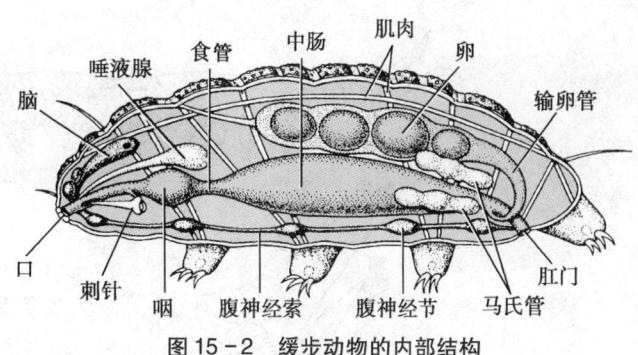

图15-2 缓步动物的内部结构

在生活环境恶化时，缓步动物能够转入隐生状态。在此状态下，动物体失水、收缩、身体代谢率极低。一旦环境改善，动物可在数小时内复苏。缓步动物的隐生又可分为低湿隐生(anhydrobiosis)、低温隐生(cryobiosis)、变渗隐生(osmobiosis)及缺氧隐生(anoxybiosis)等4种，能够在恶劣环境下停止所有新陈代谢。缓步动物也因此被认为是生命力最强的动物。在隐生状态下，一般可在高温(151 ℃)、绝对零度(-272.8 ℃)、高辐射、真空或高压的环境下生存数分钟至数日不等。曾经有缓步动物隐生时间超过120年的记录。

有记录的缓步动物大约有1 150余种，其中许多种是世界性分布的。在喜马拉雅山脉(海拔6 000 m以上)或深海(海拔-4 000 m以下)都可以找到它们的踪影。分为3纲5目。异缓步纲(Heterotardigrada)包括大多数海生种类和"有甲"的陆生种类；真缓步纲(Eutardigrada)主要包括"无甲"的淡水种类和其他的陆生种类；中缓步纲(Mesotardigrada)只有 *Thermozodium esakii* 一种。

缓步动物门在动物界中的地位长期以来存在争议。Dujardin(1851)根据缓步动物具有与线虫动物相似的咽，而认为缓步动物是线虫动物的近亲；而Haeckel(1896)与里希特斯(1909)则认为它的近亲应该是节肢动物，该观点得到了大部分的学者的认可。1929年，根据当时组织学的证据，人们将它划为节肢动物下的1纲。但目前大多数动物学家认为，它们在系统分类上应是一个独立的动物门。最近，应用18S rRNA技术等分子生物手段的研究表明：缓步动物与节肢动物有着最近的亲缘关系，二者互为姊妹群。

第二节 有爪动物门(Onychophora)

有爪动物经常被简称为有腿的虫。"有爪动物(Onychophora)"一词出现于1853年。全部产于热带，非洲中部、马来半岛、美洲中部均有分布，主要在南半球，靠捕食小动物，如昆虫生活。

有爪类身体呈蠕虫状，或长圆柱形，体长在1.5~15 cm之间，例如栉蚕(*Peripatus*)。身体分头部与躯干部(图15-3)。

头部不明显，头的前端有1对口前触手，触手上有许多环纹，单眼1对，触手下有1对钝形的口乳突(oral papillae)。头的前端腹面有口腔，周围围有口膜，口内有1对大颚，每个大颚的末端具1对角质钩。

躯干部腹面两侧有14~43对足，数目因种及性别而异。足呈圆柱形，是体壁的突起，不分节，具环纹，但末端有爪，故称有爪动物。爪的腹面有3~6个肉垫用以附着。身体表面有一些或大或小的结节，结节的表面有纤毛，用以感觉。体表呈黑色、蓝色或绿色等，有时由于小骨片的存在而使体表出现虹彩。

有爪动物体壁表面具有一层很薄的角质层，可在蜕皮时脱去。其内为单层上皮细胞，再内为结缔组织及3层肌肉层，即环肌、斜肌及纵肌(图15-4)。因此体壁呈环节动物的皮肌囊状。依靠体壁的伸缩及足的举起，离开地面行缓慢的爬行运动。

真体腔减少到生殖腹腔及肾内的空腔，而体内器官之间的空腔为血腔。血腔被隔膜隔成背面的围心血窦、中间的围内脏窦、腹面的围神经窦及2个腹侧血窦，与节肢动物的血腔及血窦相似。

口位于口乳突后端的凹陷处，内有1对颚用以切碎食物。口后为咽及食管、肠、直肠，最后以肛门开口

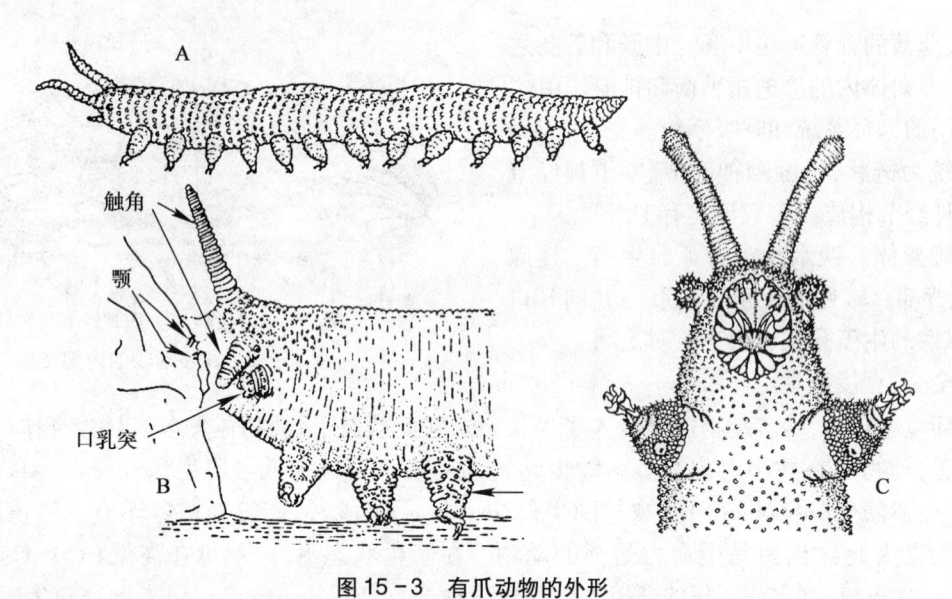

图15-3 有爪动物的外形
A. 整体外形；B. 身体前段侧面观；C. 身体前段腹面观

在身体末端腹面。有1对唾液腺开口在前肠的中背部。身体前端还有1对黏附腺（adhesive gland），开口在口乳突上，当取食或受到干扰时，它可分泌黏液物质，黏液物变硬拉长以缠绕捕获物，具协助捕食及防卫的功能。大多数有爪动物为肉食性的，取食各种小型无脊椎动物。

循环系统相似于节肢动物，在围心血窦中有一管状心脏，两端开口，每节（以每对足代表1体节）都有1对心孔。血液在心脏中是由后向前流，血液无色，其中含具吞噬作用的变形细胞。

以气管进行呼吸，气管短小不分支，直接伸入组织中。成束的气管开口在一个共同的腔中，最后以气孔开口到体表。气孔的数目很多，不按节排列。

排泄器官为后肾管，与节肢动物的绿腺或颚腺相似。其一端为体腔的遗迹，纤毛漏斗开口于端囊中。肾管的后端膨大形成膀胱，最后以肾孔开口在每对足基部内侧。雌性后端的肾演变成了生殖导管。

有爪动物主要分布在热带及亚热带的雨林地区，隐蔽在石下、树桩下等潮湿土壤中。它们多孤立地分布在非洲、澳洲、南美、亚洲南部，我国西藏高原也曾发现，这说明它们曾是广泛分布的、且目前已近灭绝的动物，现存种类仅有70种左右。本动物门下有1纲2目。

关于有爪动物的分类地位，学界有不同意见。一些动物学家将它们列为节肢动物门的一个纲；也有一些动物学家将它独立成门。它是一类古老的、演化很慢的动物类群，从寒武纪的化石到现存的种类其变化都很少。

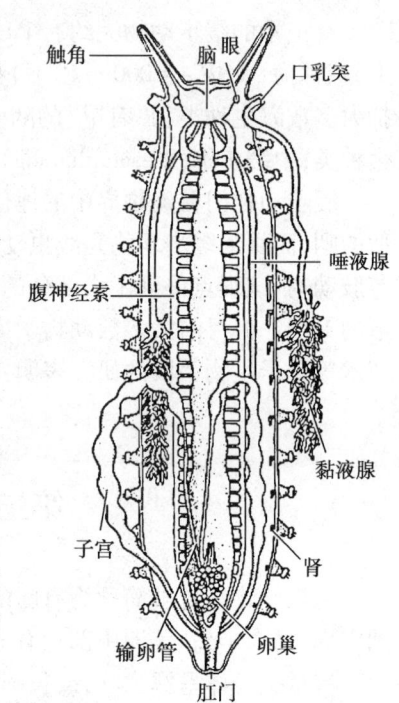

图15-4 有爪动物的内部结构

第三节 五口动物门（Pentastomida）

五口动物又称舌形动物，是一类介于环节动物和节肢动物之间的寄生性动物。

五口动物体软，呈圆柱或略扁而长的蠕虫状，无色，透明，无足。长数毫米至十几厘米；体表分近百个清晰的节段，内部却并不分节（图15-5）。

虫体前端口部突出，呈椭圆形，周围有2对可伸缩的钩，用以附着在宿主的组织上。

体壁具厚的角质层,在幼虫发育过程中周期性地蜕皮。体壁肌肉为横纹肌,但排列成环形及纵形层。

具血腔。

消化管简单,呈一直管,前端有口,周围有钩,适于吸血。

没有呼吸、循环及排泄器官。

神经系统与环节动物及节肢动物相似,腹神经索上有3对神经节。

雌雄异体,生殖系统发达,生殖孔位于腹中线前端或后端,体内受精。发育中的卵通过宿主口、鼻黏液或粪便排到体外。其中间宿主可能是鱼或啮齿动物;幼虫在中间宿主体内发育需蜕皮数次。幼虫具4~6个腿状附肢。当中间宿主被终宿主取食后,则进入终宿主的胃,再通过食管、气管或鼻、咽呼吸道进入肺或鼻道中生存。

五口动物的分类地位尚难以确定,但它们的附肢、体腔、神经及幼虫的特征,说明它们与节肢动物有着某些联系。有观点认为五口动物是特化了的寄生甲壳动物,与鲺有很近的亲缘关系;或者说五口动物是较早从节肢动物的祖先那里分出的一支。

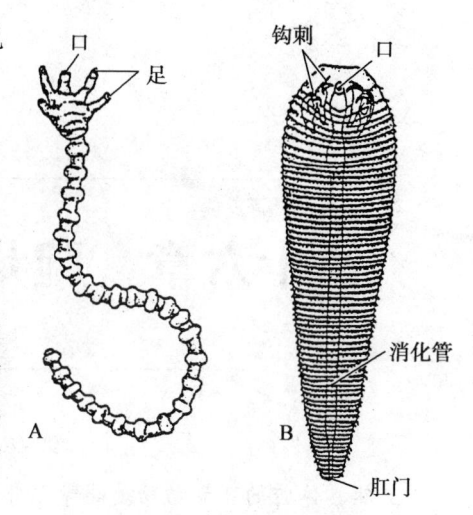

图15-5 五口动物的外形
A. 四足走头虫(Cephalobaena tetrapoda);
B. 舌状虫(Linguatula serrata)

拓展阅读

[1] 王立志,李晓晨. 缓步动物门研究进展. 四川动物,2005,24(4): 641-645

[2] 苏丽娜,李晓晨. 缓步动物休眠现象研究进展. 四川动物,2006,25(1):191-195

[3] Kinchin I M. The Biology of Tardigrades. London: Portland Press, 1994

[4] Mclnnes S J. Zoogeographic distribution of terrestrial/fresh water tardigrades from current literature. J. Natural History, 1994, 28: 257-352

[5] Monge-Najera J. Phylogeny, biogeography and reproductive trends in the Onychophora. Zoological Journal of the Linnean Society, 1995, 114: 21-60

[6] Riley J. The biology of pentastomids. Advances in Parasitology, 1986, 25: 45-128

思考题

将缓步动物、有爪动物以及五口动物与节肢动物的各主要特征对比一下,分析它们的异同。

第十六章 腕足动物、外肛动物和帚虫动物

虽然真体腔的环节动物是高等无脊椎动物的标志。但某些真体腔的动物类群由于固着生活的关系，身体反而简化了，相对应的神经系统、肌肉系统等方面也出现了退化的现象，表面的构造反而与原始的刺胞动物有些相似。腕足动物、外肛动物及帚虫动物就具有这些特点。这三类动物在系统演化上的亲缘关系不很密切。由于它们都具触手构成的触手冠，常将它们统称为总担动物(Lophophorates)。

第一节 腕足动物门(Brachiopoda)

一、腕足动物的主要特征

腕足动物全部生活在海洋中，多数分布在浅海。体外具背腹2壳，很像软体动物的瓣鳃纲，但这两类动物差异极大。

腕足动物以2个外壳包裹，外壳由腹壳和背壳组成。腹壳一般大于背壳(图16-1)。腹壳与动物固着有关，背壳与触手冠(lophophore)有关。壳表光滑，但通常有生长线、放射沟、刺等装饰构造。壳内有若干肌痕。背腹两壳或以动物体的柔软组织黏合一起，或借两壳的齿槽装置铰合在一起。背壳内面有一钙质腕骨，用以支持触手冠。肉茎系由两壳后端或由肉茎孔伸出的圆柱形构造，是腕足动物露出体外的唯一器官，固着在腹壳上。肉茎伸出的一端或有肉茎孔的一端为前端，对应的另一端为后端，有腕骨的一面为腹面，故背壳又叫茎壳。

背腹两壳的内面各具一片外套膜，其边缘有刚毛。壳由套膜分泌形成，两套膜之间为外套腔，动物柔软身体的大部分位于其中。外套腔被隔膜分为前后2部分，前部内有螺旋状的总担，一般左右各一，后部为内脏团。除体壁肌纤维外，还有发达的闭壳肌、开壳肌和调节肉茎活动的肌束(图16-2)。

真体腔发达，充满体腔液。体壁由表皮、结缔组织、肌纤维、神经网和腹膜构成。真体腔分前腔、中腔和后腔。除后肾开口外，体腔为封闭系统。

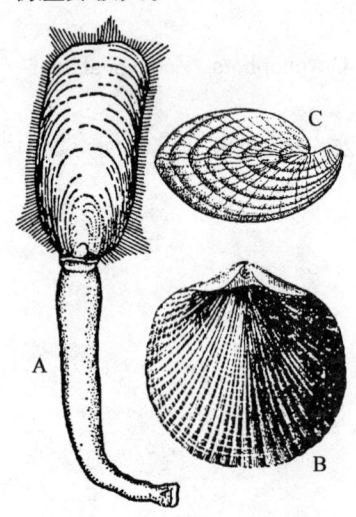

图16-1 腕足动物的外形
A. 海豆芽；B. 酸酱贝背面观；
C. 酸酱贝侧面观

循环系统由心脏和血管组成，血管与体腔相通，故为开管式循环，血液即体腔液。

消化管呈"U"形，由口、食管、胃、肠组成，或终于肛门向外开口，或终于盲囊而开口于体腔，有1对消化腺。

神经系统由一较小的食管上神经节和一较大的食管下神经节构成。无特殊感觉器官。

后肾2对，兼有排泄及生殖导管2种功能。

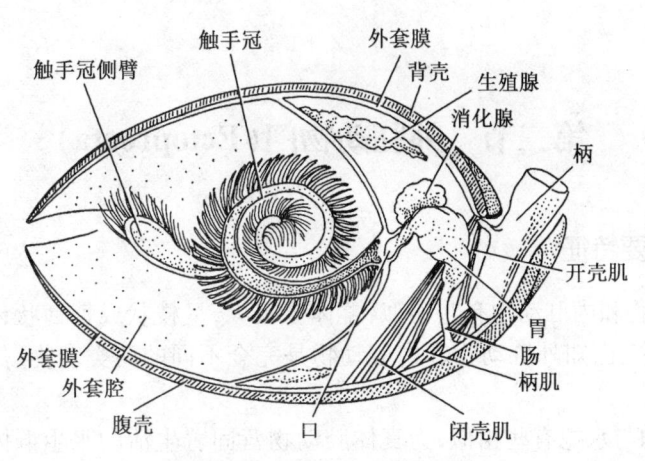

图16-2 腕足动物的内部结构

腕足动物虽有雌雄同体的种类,但绝大多数为雌雄异体。一般具有2对生殖腺。胚胎发育中以肠腔囊法形成中胚层及真体腔。少数种类有育卵习性,但绝大多数行体外受精。个体发育中有类似担轮幼虫、具纤毛的幼虫。

由外壳或借柄状肉茎附着而营固着生活。有聚生现象,即一种或数种个体常聚集在一起。大部分腕足类是底上动物,它们或者直接以腹壳或者以肉茎固着在岩石、贝壳等坚硬的基质上营固着生活,通常腹壳在上,背壳在下,水平横卧在基质上。但少数活动能力较强的种类可借助肉茎收缩或背壳上下活动掘孔营钻穴生活,属于底内动物。

通过触手冠的纤毛运动以摄取食物,通常的食物有硅藻、放射虫、软体动物幼虫、海藻碎片等。

腕足动物的地理分布很宽泛,从北极至南极,从低潮线下至水深5 000 m以上的深海海底,都有它们的代表。生活在潮间带的种类为数极少,纯粹深海种类也不多,绝大部分种类生活在大陆架浅海底。喜生活在冷水区域,纯热带性种类甚少。

腕足动物在下寒武纪出现,奥陶纪至二叠纪最繁盛,中生代时大为减少,到新生代时大部分种都绝灭了。它们的化石对地层鉴定和石油开采有重要的参考价值。

二、腕足动物的多样性

腕足动物现存种类有440多种,已描述的化石种在30 000种以上。由Huxley在19世纪后期提出、被学界长期沿用的传统分类体系将腕足动物分为无铰纲(Ecardines)和有铰纲(Testicardines)2纲。20世纪末,Popov等选取了不同腕足动物的29个特征性状,应用计算机软件对各类腕足动物进行了分支系统分析,提出了对原有2纲成员的调整建议。之后,Williams等人在Popov等人观点的基础上,再次对腕足动物的分类体系进行了修正。最新的分类体系为:3亚门、8纲、26目。

(一)舌形贝亚门(Lingulata)

几丁磷灰质壳,无腕骨,消化管终于肛门向外开口,幼虫期长,消化管、触手冠和成体肌肉(至少大部分)在动物附着以前就已出现,幼虫不经变态或外套倒转。以肉茎固着生活,从早寒武纪到现代各个时期都比较常见,包括舌形贝纲(Lingulata)和神父贝纲(Paterinata),如海豆芽(*Lingula*)(图16-1A)。

(二)髑髅贝亚门(Craniiformea)

方解石或霰石质壳,无肉茎,躺卧或以腹壳固着生活,寒武纪至现代,但化石较少。只有髑髅贝纲(Craniata)1纲。

(三)小嘴贝亚门(Rhynchonelliformea)

壳内后部有铰合构造,壳质为碳酸钙,有腕骨,消化管终于盲囊,开口于体腔内,幼虫期短,附着后即行变态,外套发生倒转、前移。幼虫附着后才出现消化管、触手冠和成体肌肉。包括奇里贝纲(Chileata)、小圆货贝纲(Obolellata)、库脱贝纲(Kutorginata)、扭月贝纲(Strophomenata)、小嘴贝纲(Rhynchonellata)5纲。如酸酱贝(*Terebratella coreanina*)(图16-1B)。

第二节　外肛动物门(Ectoprocta)

一、外肛动物的主要特征

从外形上看,外肛动物和内肛动物有些相似,群体皆很大,呈枝状或匍匐状,似苔藓植物,曾合称为苔藓动物门(Bryozoa),但现在已知外肛动物和内肛动物是完全不同的两类动物,苔藓动物门已专指外肛动物门。

外肛动物的个体结构与水螅有些相似,为真体腔动物营固着生活的水生群体无脊椎动物,体不分节。有发达的触手冠,触手冠上着生许多具有纤毛的触手,由纤毛摆动引起水流而获取食物。个员皆在1个虫室(zooecium)中,彼此之间只以角质或钙质的保护壳互相连接(图16-3)。

个员体壁由表皮、上皮和腹腔膜构成。表皮由上皮分泌,几丁质或胶质,或钙化成为坚硬的外骨骼。

触手冠、消化管以及相关联的肌肉是个员的主要组成部分。各种外肛动物的个员结构大体相近,通常呈梨形或瓶形。消化管弯曲成"U"字形,由口、咽、胃、直肠和肛门组成(图16-4)。肛门因消化管弯曲而与口十分接近,但开口于触手冠之外。触手冠是外肛动物的摄食器官,当摄食时,借助体壁变形使触手冠伸出体外。

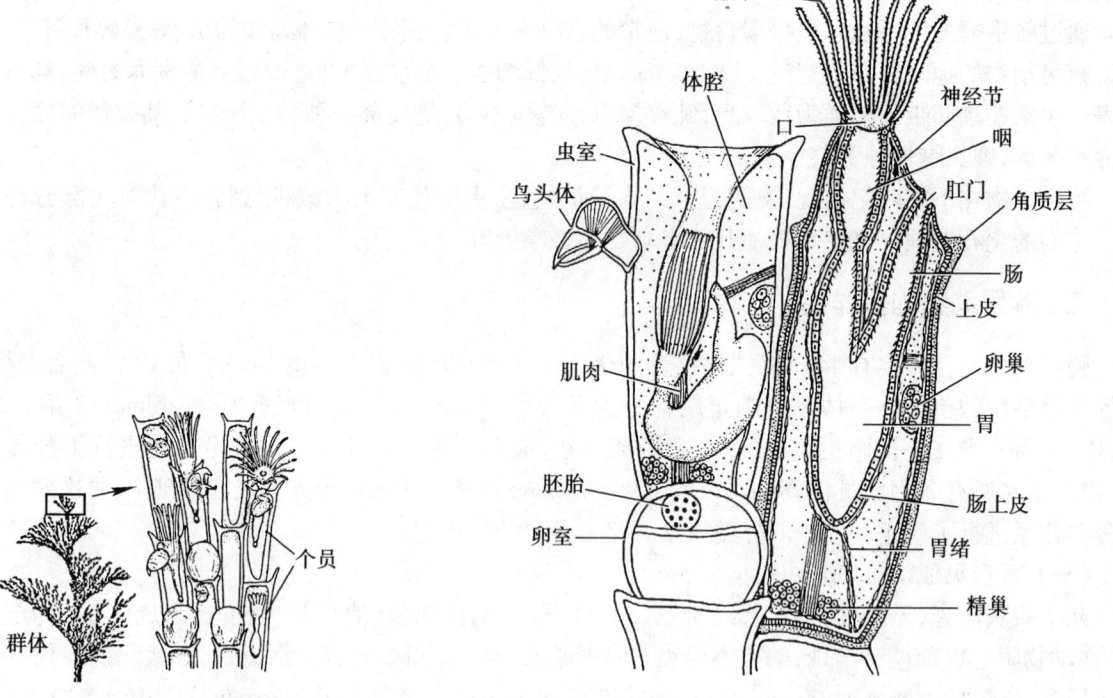

图16-3　外肛动物的外部形态

图16-4　外肛动物个员的结构

外肛动物既没有呼吸、循环和排泄系统,也没有视觉和听觉器官。控制个员活动的唯一中枢机构是位于虫体顶端、口和肛门之间的类球形神经节。

外肛动物为雌雄同体。精巢位于胃绪上,卵巢通常在个虫体壁上。精巢和卵巢均无输导管,生殖细胞输入体腔内,由体腔孔逸出体外。

外肛动物多为群体。有性生殖产生的幼虫经附着变态成为初虫或初级个员,初级个员再经出芽或休眠芽萌发形成群体。按生长方式可分为直立型和被覆型2大类,大多数外肛动物都属于后一类。这类群体平卧在各种基质上,形状多半很单纯,呈薄层状、皮壳状,多数为单层。双层或多层的群体则形状比较多样。直立型群体的生长自由度大，群体形状错综复杂，常见的有块状、网状、链条状、扇状、树枝状、树丛状等。

外肛动物群体普遍存在的多态现象是本门动物固有的明显特征。它是由不同环境条件引起的同一物种的群体变异，但通常系指某种外肛动物群体内的个员变异，系群体内不同个员执行不同的生活机能以维持群体的整体性而长期演化的结果，如鸟头体(图16-4)。多态现象的基础是本身能够进行摄食活动、在解剖结构上完整的个员。

二、外肛动物的多样性

外肛动物种类很多，已描述约24 000种，现存的种类近5 400种，另外的15 000种为化石种。广泛分布于各种海域，淡水中也有少数种类；从潮间带到8 000 m深的海底，从寒冷的极地水域到热带海洋，都有外肛动物，但多数栖息在大陆架浅海。由于多态现象和生态变异，外肛动物的种属鉴定存在着很多问题，目前本门动物分为3纲、4目。

（一）被唇纲(Phylactolaemata)

触手冠呈马蹄形，口背侧具一口上突。个员圆柱状，无钙质外骨骼，体腔延至个员间，群体为几丁质或胶质团块，单态，淡水生。只有苔虫目(Plumatellida)1目，如羽苔虫(*Plumalella*)(图16-5A)。

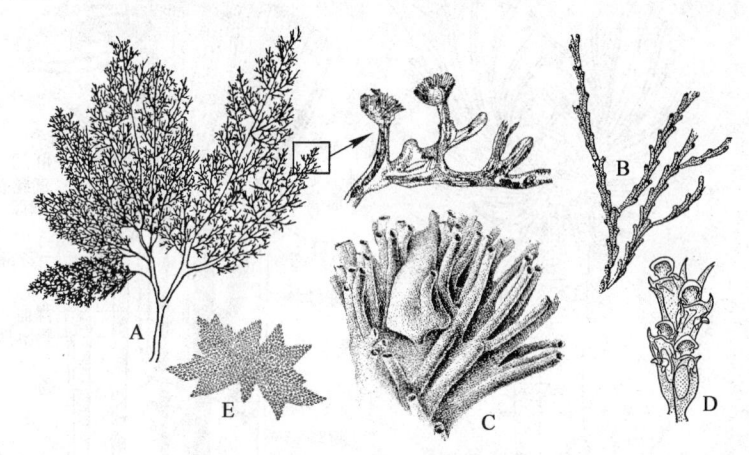

图16-5 外肛动物的种类
A. 羽苔虫；B. 克神苔虫；C. 管孔苔虫；D. 草苔虫；E. 琥珀苔虫

（二）狭唇纲(Stenolaemata)

个员呈管状，具钙质外骨骼且与邻近个员相愈合，室口圆形，由端膜关闭，触手冠的外伸不依赖体壁变形；海产。仅环口目(Cyclostomata)1目。如克神苔虫(*Crisia*)(图16-5B)和管孔苔虫(*Tubulipora*)(图16-5C)。

（三）裸唇纲(Gymnolaemata)

个员呈圆柱形或扁平形，触手冠环状，无上口突和体壁肌，触手冠依体壁变形而外伸。绝大多数海产。包括栉口目(Ctenostomata)和唇口目(Cheilostomata)2目。如草苔虫(*Bugula*)(图16-5D)和琥珀苔虫(*Electra*)(图16-5E)。

三、外肛动物与人类

外肛动物的生态特点决定了它们能在各种固体基质表面形成特定的生物群落。因而，沿海工厂的冷却水管、船底、浮标、码头、水产养殖网箱等设施及养殖的海带、贝类等都有外肛动物群落的附着，并造成不同程度的危害，阻碍养殖生物的生长发育，使产量下降，故为海洋污损生物的主要成员之一。长期以来，外肛动物一直被认为是对人类活动有害的一类动物。人们为了不同的目的，开发研制了各种清除外肛动物的药剂和技术。

近些年来,随着人们对海洋生物资源利用的重新认识,对于外肛动物的价值认识也发生了变化。人们从草苔虫中分离得到了一类大环内酯类化合物(草苔素),该类物质包括近 20 个结构类似物。研究显示草苔素对肿瘤生长、转移及血管新生都有抑制作用,其中草苔素-1 已进入临床研究,是极有希望的新型抗癌药物。这为开发和利用外肛动物资源开辟了一条新路。

第三节 帚虫动物门(Phoronida)

帚虫动物是一个很小的门类,只有 2 属 10 余种。

帚虫动物大多群居生活,圆柱状的虫体。大多数不超过 100 mm。管栖,管子由上皮分泌,成分为几丁质。

虫体前端具向外散开的形似扫帚的触手冠,由内外 2 行具纤毛的触手构成,围绕着口(图 16-6A)。口为横裂状,位于两列触手之间。

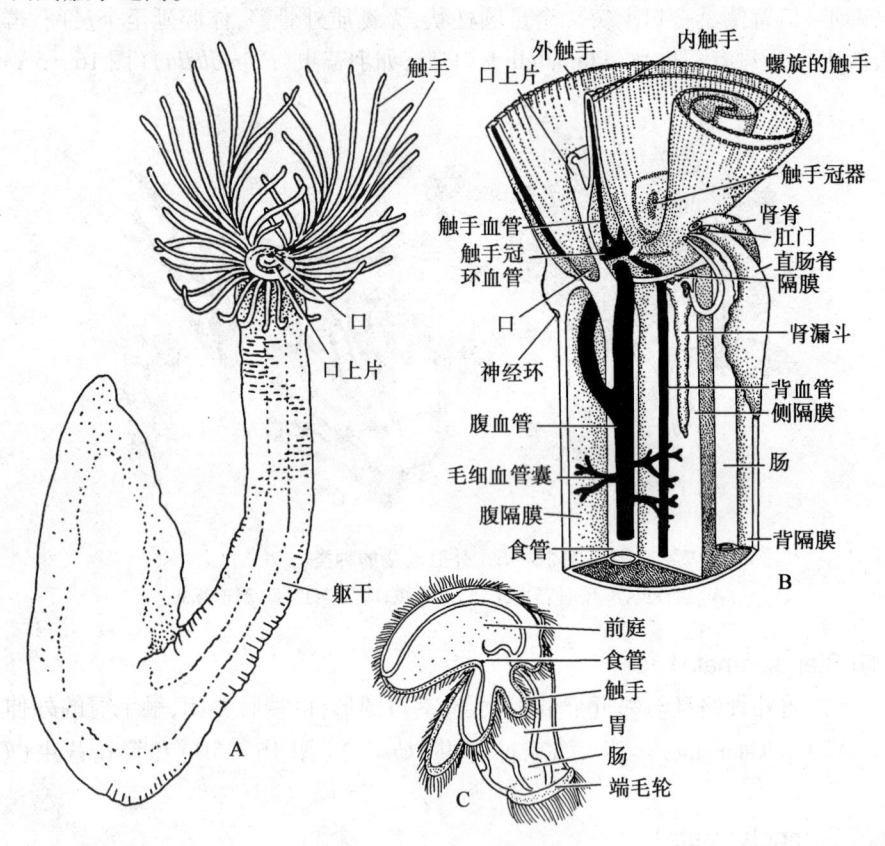

图 16-6　帚虫的形态结构
A. 外部形态;B. 内部结构;C. 辐轮幼虫

消化管呈"U"形,具食管和胃;肛门在触手冠的基部,口的一侧(图 16-6B)。

真体腔被一稍斜行的隔膜分为前后 2 部分,前部为体腔,后部为后腔(metacoel),后腔又被背、腹、侧肠系膜隔成 4 个纵室。

闭管式循环,无心脏,背、腹血管可以收缩。红细胞含有血红蛋白。

具 1 对"U"后肾管,兼作生殖导管用。肾孔开口于肛门附近。

神经系统简单,口后有一上皮内神经环,由此发出神经至身体各部。

多数种类雌雄同体,少数雌雄异体。雌雄同体种类的卵巢位侧血管的背侧,精巢位腹侧。卵裂有各种形式,有的为螺旋式卵裂,个体发育中经似担轮幼虫的辐轮幼虫(actinotrocha)(图 16-6C)。

分布仅限于热带和温带的浅海区域。

第四节 腕足动物、外肛动物及帚虫动物的系统演化

这三类动物的演化地位较难确定。它们在个体发育中具有似担轮幼虫的幼虫阶段,都为真体腔,后肾管;生殖细胞来自体腔上皮,由肾管排出,这些特点似环节动物。腕足动物以肠腔囊法形成中胚层和体腔,这是后口动物的特点。因此传统观点认为,这三类动物可能是介于原口动物和后口动物之间的一类动物。但目前有证据表明,这三类动物仍然属于原口动物。

对这三个门类动物结构的比较可以发现,尽管它们有着一些共同的结构特点,但外肛动物有虫室,除有性生殖外,尚能进行无性生殖(出芽);腕足动物具背腹2瓣壳;帚虫动物呈蠕虫状,体腔有隔膜,闭管式循环系统。这些又都反映了它们彼此在系统演化上的亲缘关系不密切。由于这三类动物都具触手冠结构,故常将它们统称为总担动物(Lophophorates)。

拓展阅读

[1] 戎嘉余,李荣玉. 评述腕足动物门高级别分类的新方案. 古生物学报,1997, 36: 378-386

[2] 张志飞,王妍,Emig C C. 海豆芽——进化中的"活化石". 自然杂志,1997,31: 201-203

[3] Halanych K M, Bacheller J D, Aguinaldo A M, Liva S M, Hillis D M, Lake J A. Evidence from 18S ribosomal DNA that the lophophorates are protostome animals. Science, 1995, 267: 1641-1643

[4] Fuchs J, Obst M, Sundberg P. The first comprehensive molecular phylogeny of Bryozoa(Ectoprocta) based on combined analyses of nuclear and mitochondrial genes. Molecular Phylogenetics and Evolution, 2009, 52: 225-233

[5] Hayward P G, Ryland J S, Taylor P D. Biology and Palaeobiology of Bryozoans. Fredensborg: Olsen and Olsen, 1992

[6] Emig C C. The biology of Phoronida. Adv. Mar. Biol., 1982, 19: 1-89

思考题

1. 腕足动物门、外肛动物门及帚虫动物门各有什么主要特征?
2. 内肛动物与外肛动物有哪些异同点?
3. 腕足动物与软体动物瓣鳃纲有哪些异同?

第十七章 毛颚动物与异涡动物

毛颚动物门和异涡动物门也都是很小的动物类群,它们共同的特点是均为后口动物。

毛颚动物分为头、躯干和尾 3 部分;具发达的真体腔;有横隔将体腔分成 3 对体腔囊;肌肉系统发达;神经系统由脑神经节和腹神经节组成;无循环、呼吸和排泄系统;雌雄同体。

异涡动物结构简单,没有中枢神经系统、消化管、排泄系统和性腺。

第一节 毛颚动物门(Chaetognatha)

毛颚动物体细长,箭状;一般 1~3 cm,最长可达 12 cm 以上。

身体两侧对称,可分为头、躯干和尾 3 部分(图 17-1A)。

头部略膨大,躯干与头连接处稍微缢缩为颈部,尾部末端尖细。头部两侧各着生一列 4~13 根镰刀状、几丁质的颚毛,其顶端尖锐,基部膨大,附着于头部肌肉上,开阖自如,为捕食器官(图 17-1B)。

头背面中部有眼 1 对,眼的中心有黑色或暗褐色的色素区,由色素细胞和感光细胞组成,被认为有调节动物昼夜移栖节律和支配趋光运动的功能。由纤毛细胞构成的纤毛环司触觉和嗅觉,起于两眼间或眼后缘,可向后伸展到躯干前段。包含纤毛细胞和支持细胞的触毛斑呈圆形,周身分布,也具感觉功能。头部外被一层可以自由伸缩的表皮组织,称头巾,有保护作用。颚毛活动时,头巾后缩;动物急速游动时头巾向前包裹整个头部,以减少阻力。

在颈部和躯干常有由泡状细胞组成的泡状组织,是表皮的增厚部分。它可能具有保护躯体和提高动物浮力的作用。躯干和尾部两侧有 1~2 对侧鳍,有漂浮和平衡身体的功用。尾部有 1 个近三角形的尾鳍,与运动有关。鳍是表皮的延伸,内有鳍条支撑着。营底栖生活的种类在身体腹面还有像棘皮动物管足状的附着突起,在尾部较多。有的种类在侧鳍后端形成大的指状附着器。尾部两侧在侧鳍和尾鳍间突出 1 对贮精囊,成熟时膨大,从外缘破裂排出精胞,其形状和位置因种而异。

毛颚动物具发达的真体腔。在头与躯干、躯干与尾间皆有横隔,形成了 3 对体腔囊。

肌肉系统发达,头部尤为明显,有 10 多种成对的肌肉,协同支配着头部的展缩以及颚毛、齿和口的运动。背、腹面各有 2 束主纵肌带构成躯干和尾部体壁,纵肌带在背腹间的排列疏松,使身体两侧呈明显的间隙,称为侧带。毛颚动物依靠背、腹肌的交替伸缩和尾鳍的摆动,可急速地跃进。

神经系统主要由脑神经节和腹神经节组成。脑神经节是中枢,位于头部背侧,由此发出许多对神经到眼、纤毛环及支配食管、口、颚毛和齿运动的肌肉群上,还有 1 对主联系神经分布到腹神经节。腹神经节埋于躯干前段腹面的表皮组织中,近椭圆形,也分出许多对神经,其细分支分布到身体表面和触毛斑上。神经系统主宰和协调着毛颚动物的感觉、运动和捕食器官。

无循环、呼吸和排泄系统。

毛颚动物为雌雄同体。卵巢 1 对,位于躯干体腔囊两侧的后段,呈长筒形,随性成熟向前伸长(图

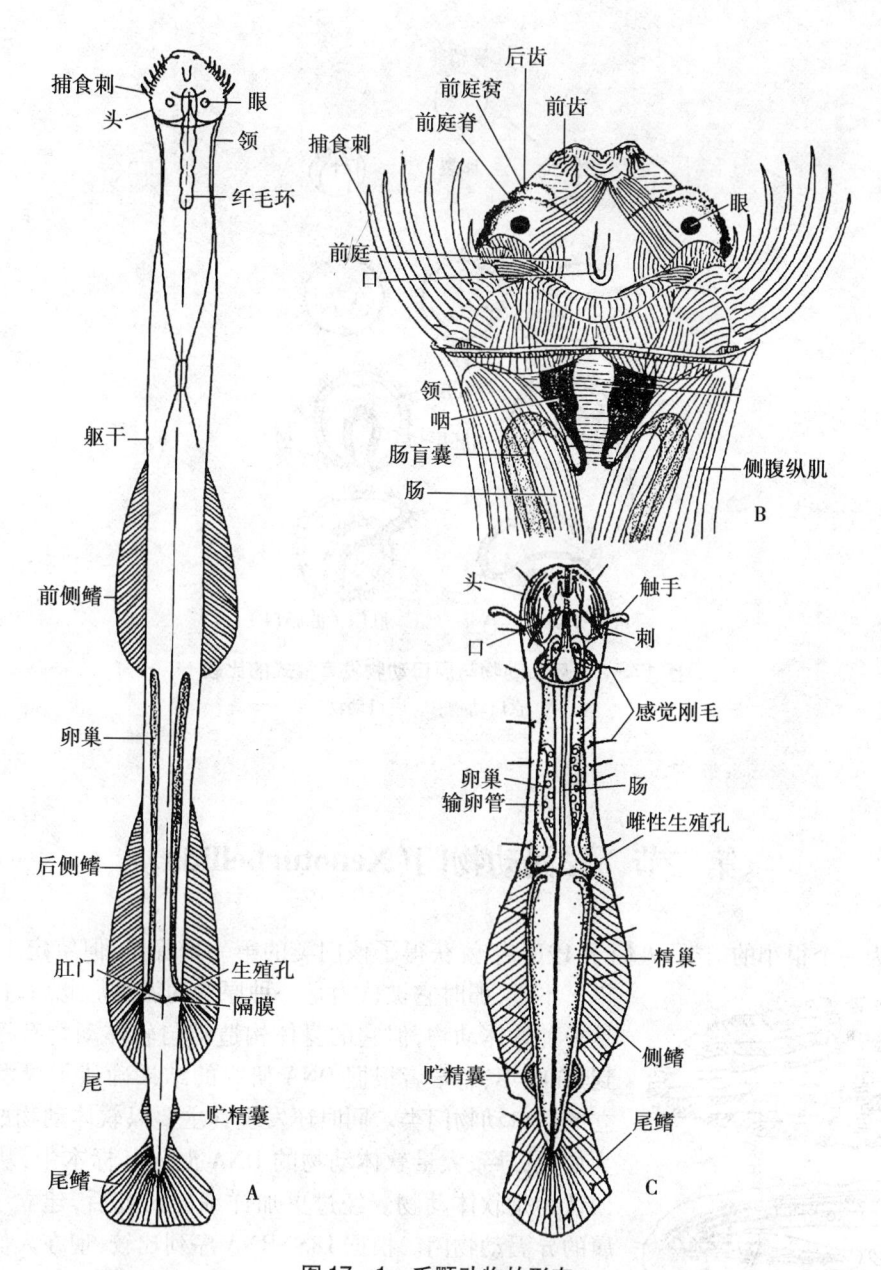

图 17-1 毛颚动物的形态
A. 外部形态；B. 头部的内部解剖；C. 内部结构

17-1C)。卵巢长度和卵的数目、大小和排列方式因种而异。卵巢外侧有输卵管，管内另套一贮精管，它的后端膨大为纳精囊，与位于躯干后端侧面的雌生殖孔相通。精巢细长，位于尾体腔前段外侧。成熟的精子进入贮精囊后，被分泌物包裹形成精胞，待贮精囊破裂排出。

毛颚动物为体内受精，产卵水中，直接发育。卵裂为全裂和等裂。胚胎发育到囊胚期后，以内陷法形成原肠。在原口对面有2个内胚层细胞分化生殖细胞，再分裂为4个，2个将发育成为精巢，另2个将发育为卵巢。此时原口封闭，胚胎前端（原口对面）的内胚层形成2条并行的皱褶，深入原肠腔内，把原肠分隔成3个不完全的分室。左右两个是体腔囊。体腔囊继续扩大后，与中间剩余的原肠腔分离，形成成虫的真体腔。在真体腔形成过程中，前端的外胚层内陷与剩余的原肠连通即成为成体的口，而原来的原口形成肛门（图17-2）。胚胎发育具有这一过程的动物为后口动物（deuterostome）。因此，毛颚动物是后口动物。

与更高等的大型水生动物相比，毛颚动物的运动能力有限，常营浮游生活。

本门有180多种，仅箭虫纲（Sagittoidea）1纲2目。其分类依据主要是根据动物侧鳍数目和位置、有无腹部横走肌及其所在部位、有无齿和齿列数目等特征。

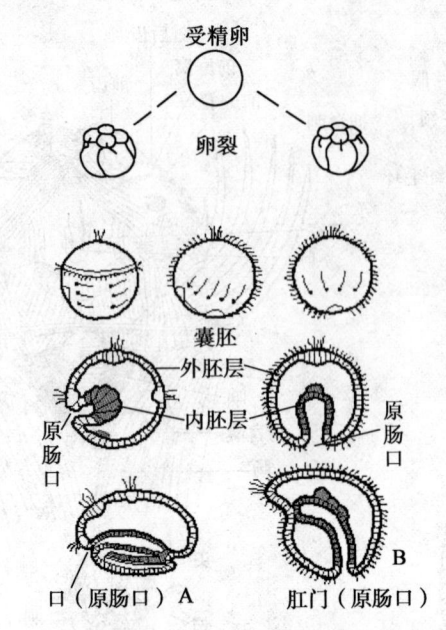

图 17-2 后口动物与原口动物发育模式的比较
A. 原口动物；B. 后口动物

第二节 异涡动物门(Xenoturbellida)

异涡动物为一个很小的门类，人们于 1915 年就获得了该门类的第一份标本，但鉴定工作完成于 1949 年。不过，那时它被认为是一种原始的涡虫。此后，也有研究认为这是一种软体动物，但它的身体构造却与软体动物有极大的差异。直到 2003 年，有学者根据 DNA 研究的结果确认了异涡虫应为一类独立的后口动物门类。同时还发现其主要以软体动物的卵为食。正因为如此，导致大量软体动物的 DNA 混入其标本中，从而导致此前被误认为是软体动物。经过更加详细的研究后，建立了仅有异涡虫 1 属的异涡动物门。根据 18S rRNA 序列比较，现在人们将异涡动物的分类地位定在后口动物类群较为原始的一类。

异涡虫体长约 4 cm，两侧对称，结构简单，没有中枢神经系统、消化管、排泄系统和性腺(但在囊中有配子、卵子和晶胚产生)；具有扩散性神经系统和纤毛(图 17-3)。异涡动物门下仅有 1 属 2 种，只在瑞典、苏格兰、冰岛和挪威的附近海域发现过。

图 17-3 异涡动物的形态
A. 异涡虫的外形；B. 异涡虫的内部结构

拓展阅读

[1] 霍元子,孙松,杨波. 南黄海强壮箭虫(Sagitta crassa)的生活史特征. 海洋与湖沼,2010,41: 180-185

[2] 萧贻昌. 中国动物志 无脊椎动物 第三十八卷 毛颚动物门 箭虫纲. 北京:科学出版社,2004

[3] Bone Q, Knapp H, Pierrot-Bults A C. The biology of chaetognaths. London: Oxford University Press, 1991

[4] Ehlers U. Comparative morphology of statocysts in the Plathelminthes and the Xenoturbellida. Hydrobio-

logia, 1991, 227: 263-271

[5] Bourlat S J, Juliusdottir T, Lowe C J, et al. Deuterostome phylogeny reveals monophyletic chordates and the new phylum Xenoturbellida. Nature, 2006, 444: 85-88

[6] Telford M J. Xenoturbellida: the fourth deuterostome phylum and the diet of worms. Genesis, 2008, 46(11): 580-586

[7] Israelsson O. Observations on some unusual cell types in the enigmatic worm Xenoturbella(phylum uncertain). Tissue and Cell, 2006, 38: 233-242

思 考 题

1. 比较动物胚胎发育的原口和后口形成。
2. 后口动物的出现有什么意义？

第十八章 棘皮动物门（Echinodermata）

虽然两侧对称的体制是动物演化中一个明显的进步，但棘皮动物因适应底栖生活，其体型为次生性辐射对称。与之相对应的，棘皮动物的水管系统、消化系统、神经系统和生殖系统等亦呈辐射对称排列；运动器官为管足，运动能力有限；体壁上的皮鳃具有呼吸和排泄的双重功能。该门类表现出高等的特征是具有中胚层产生的内骨骼以及胚胎发育中的后口。

第一节 棘皮动物的主要特征

一、外形

不同类群棘皮动物的外形随其在海洋栖息的深度和生活方式的不同，差异较大。一般可分为4种类型：①体呈多角星形或五角星形，扁平，背面稍拱起，有棘、疣、颗粒状突起的海星型；②体呈半球形、卵形或盘形，表面有由骨板愈合而成的"骨壳"，并具许多小孔和长短粗细不一棘刺的海胆形；③体呈长圆筒形，无腕无棘，体表有长短大小不等的疣足和肉刺，前端口周围有触手的海参型；④体呈树枝状，腕羽状分支，形似植物的海百合型（图18-1）。

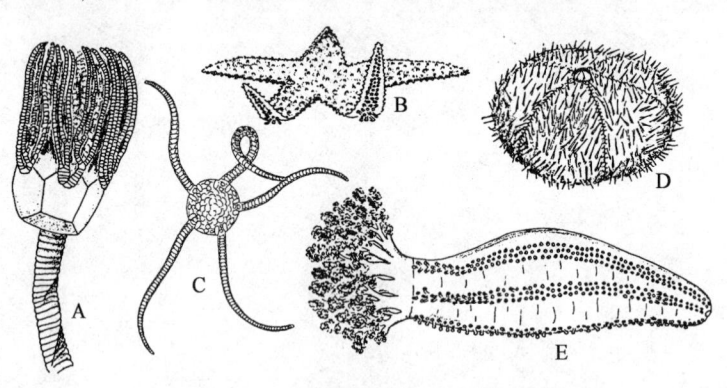

图18-1 棘皮动物的各种外形比较
A. 海百合；B. 海星；C. 蛇尾；D. 海胆；E. 海参

无论属何种体型，成体多呈辐射对称，一般都可分为中央盘和腕2部分。中央盘是主体，是水管、循环、消化、神经等器官系统大部分所在的地方。中央盘的中间有口、筛板和肛门。口所在的一面，称口面；与此面相对的一面称反口面。肛门多位于反口面（图18-2）。筛板多在肛门附近，上有许多小孔，是海水出入体内的门户。腕多细长，突出于中央盘作辐射排列。腕的腹面有呈"V"字形的纵沟，称步带沟（ambulacral groove）或管足沟。沟内有2~4行管足，是棘皮动物多数种类的运动器官。依管足的分布，棘皮动物的身体可以区分为10带区，有管足的带区称步带（ambulacrum），无管足的带区称间步带（interambulacrum），二者相间排列。体表具长短粗细不等的棘状突起，称之为棘。有些棘的上端分叉似钳，称为叉棘或棘钳（图

18-3B)。体表还有许多薄膜状的颗粒形突起,其内腔与体腔相通,具呼吸、排泄功能,称为皮鳃(图18-3)。

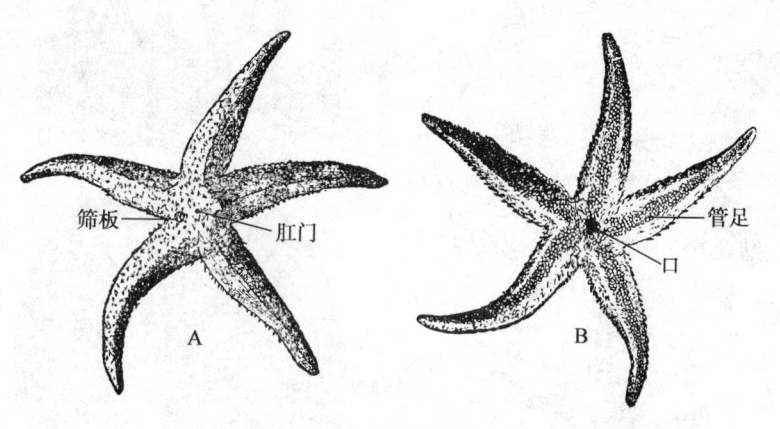

图 18-2 海星的外形
A. 反口面;B. 口面

二、体壁和骨骼

棘皮动物的体表为一层柱状上皮,其外有一层薄的角质膜。上皮细胞间散布有腺细胞和神经感觉细胞,基部为一层薄的基膜与真皮分开。基膜下为一神经层。真皮较厚,包括结缔组织和肌肉层。结缔组织分泌小骨片,并将它们联系在一起,成网状骨骼。肌层外为环肌纤维,内为纵肌纤维,均属平滑肌。反口面沿各腕背中线辐射伸出的纵肌束较发达。体壁最内层为体腔上皮,具纤毛。在肌层外侧真皮内,充满一系列空隙,有的空隙形成一环,围绕于皮鳃的基部。内骨骼常常突出于体表形成棘,外覆有上皮(图18-3、18-4B)。

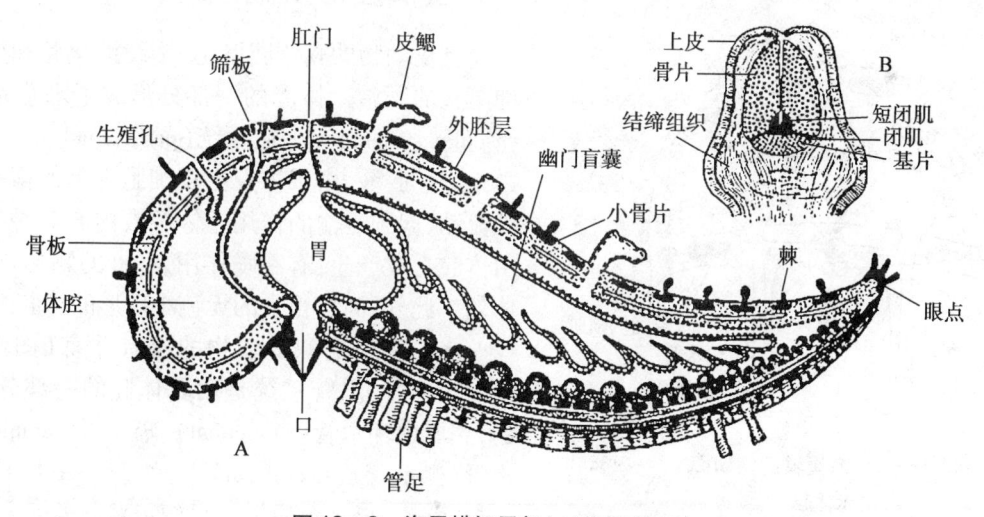

图 18-3 海星横切局部(A)和叉棘(B)

棘皮动物骨骼很发达,由许多分开的骨板构成,各骨板均由一单晶的方解石组成。骨骼外包表皮,皮上一般带棘。海胆和海星有不同的叉棘。海胆骨骼最为发达,骨板密切愈合成壳。海星、蛇尾和海百合的腕骨板成椎骨状。海参的骨骼最不发达,变为微小的分散骨针或骨片。

分布在体壁中的内骨骼,排列成窗格状,其间充满结缔组织。口面腕中央为2行不带棘的步带板(ambulacral plate),构成步带的底壁,前后步带板间有排列整齐的小孔,管足即由此孔伸出体外。步带板两侧各为1行侧步带板(adambulacral plate),其上有一细长的可活动的侧步带棘(adambulacral spine),有保护管足的功能。侧步带板上面为下缘板(supramarginal plate)和上缘板(inframarginal plate)。反口面腕中央为1块龙骨板(carinal ossicle),具棘。龙骨板与缘板之间为一系列背侧板(dorsolateral plate)。这些骨片每一组

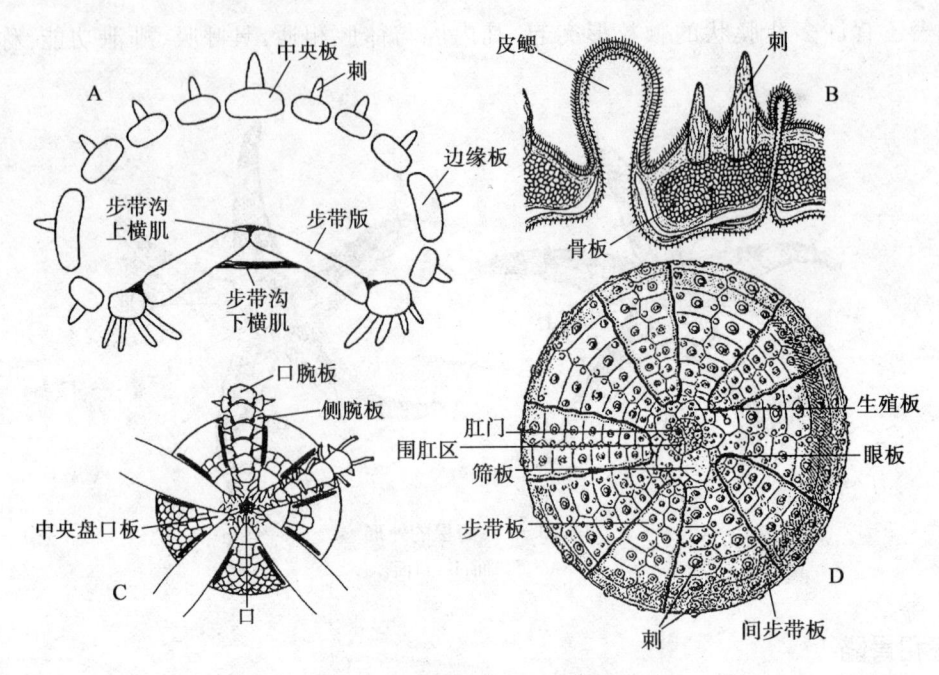

图 18-4 棘皮动物内骨骼的排列

A. 海星过臂示骨板排列；B. 过骨板横切放大示棘刺和皮鳃；C. 蛇尾的骨板排列（局部）；D. 海胆骨板排列

彼此相连，各组间有活动关节，故腕可上下灵活运动。

棘皮动物不同的种类，其内骨骼板片有着稳定地排列方式，因此内骨骼的排列是棘皮动物分类的主要依据之一。

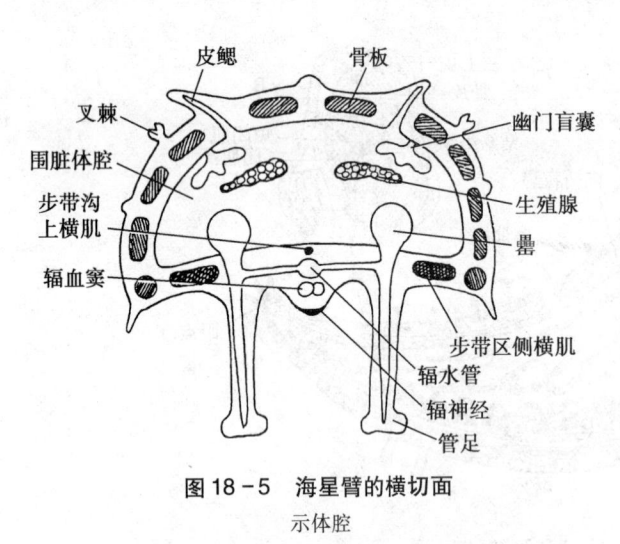

三、体腔和水管系统

棘皮动物的真体腔发达，围绕消化管和生殖腺，直伸至腕的顶端。体腔的一部分形成了水管系统（water vascular system）和围血系统（perihaemal system）。体腔内充满体腔液，由于体腔上皮细胞纤毛的摆动，使体腔液流动，起到运输的作用。体腔液内有 2 种变形细胞，由体腔上皮产生，有吞噬作用，吞食的颗粒自皮鳃排出体外。此外，尚有很少的无色小球形的体腔细胞存在。

水管系统是棘皮动物的特有器官（图 18-6A）。从发育上看，水管系统是由真体腔的一部分特化形成的，主要由环水管（ring canal）、辐水管（radial canal）、支水管（侧水管）(lateral canal）、管足（tube foot）和罍相互连接而成。辐水管的走向呈辐射状。管足与支水管连

图 18-5 海星臂的横切面
示体腔

接处有瓣膜，管足的一端是盲囊状的罍，当罍收缩时，瓣膜关闭，水被压入管足，使之伸长，反之，管足缩短。罍节律性的收缩与扩张，引起管足相应的伸长与缩短，海星等便借此缓慢移动（图 18-6B）。管足除运动功能外，一般还有呼吸和排泄功能。蛇尾等的管足退化，无运动功能，只司呼吸、排泄和感觉。

环管于一间步带处向反口面伸出一石管（stone canal）（位于轴器内），管壁内有石灰质环，较硬，管末端连于筛板，与外界相通。筛板为一圆形小骨板，其上有许多辐射排列的小沟纹，沟底有许多小孔（约 200 个）。环管上间步带处各具 1 对帖德曼氏体（Tiedmann's body），在石管连接环管处只有 1 个，故总共有 9 个。帖德曼氏体是一种特殊的小型不规则的腺体组织，内腔含有体腔细胞，可能产生变形细胞。有些种类于此位置上尚有波里氏囊（Polian vesicle）（1~5 个）有调节水管系内水压的作用。

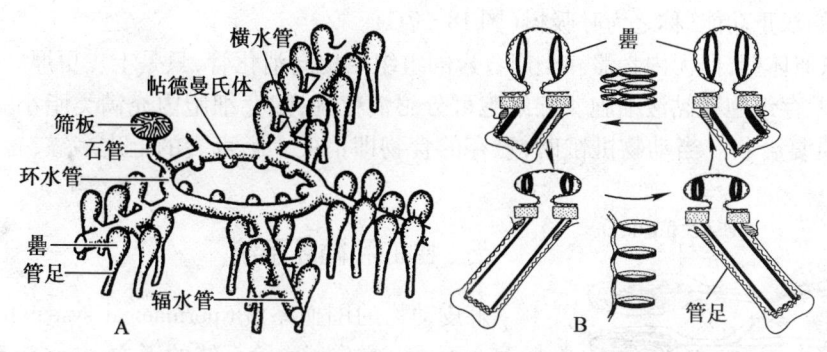

图 18-6 海星的水管系统(A)与管足运动机理(B)

四、消化系统

棘皮动物的消化系统由口、食管和消化管组成。消化系统一般自口面向反口面延伸。口位于中央盘正中,围口膜中央处,口周围有括约肌和辐射肌纤维。经短的食管进入宽大的充满中央盘的胃。胃分为近于口面的贲门胃和近于反口面的幽门胃二部分,二者之间有一缢缩。贲门胃大,多皱褶;幽门胃小,扁平,向各腕内伸出2支盲囊,称幽门盲囊(pyloric caecum)(图18-7)。

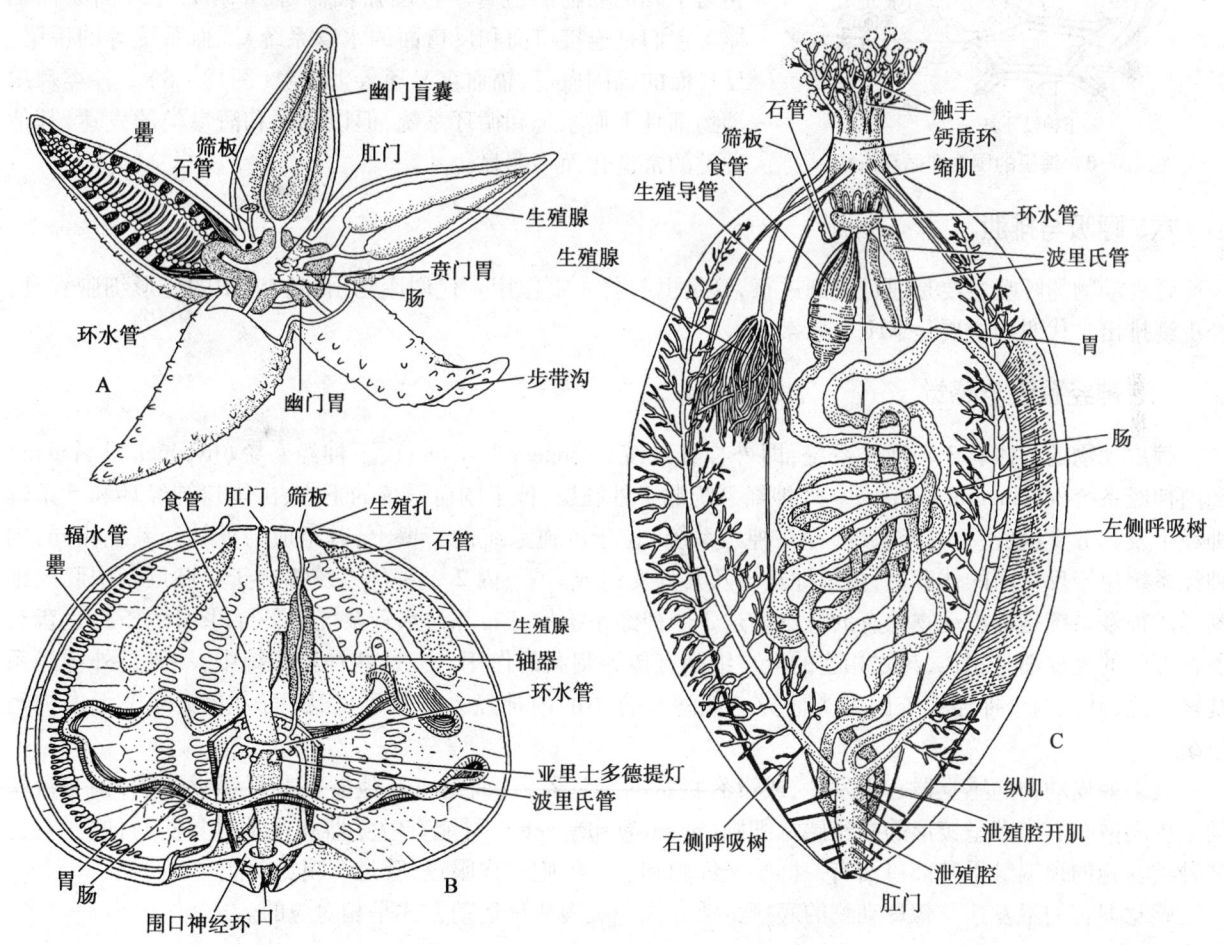

图 18-7 棘皮动物的消化系统
A. 海星;B. 海胆;C. 海参

消化管的形状因种类不同而不同,一般短而直,海星、蛇尾等的消化管呈囊袋状,有不用的肛门或无肛门。消化后的残渣仍由口排出体外;海参、海胆的消化管呈长管状,口的附近有捕集食物的触手或咀嚼器(亚里士多德提灯)(图18-7B、C),消化后的残渣由肛门排出体外。同时,海参的直肠壁向内突起呈树枝状,具排泄和呼吸的双重功能,称之为呼吸树(图18-7C)。

消化管的组织似体壁,但无内骨骼。幽门盲囊的组织结构同消化管,只是上皮更厚。具纤毛的上皮细胞可分为腺细胞、贮存细胞和黏液细胞。腺细胞可分泌消化酶;贮存细胞内充满类脂小滴、少量糖原和某些多糖——蛋白质复合物。当动物饥饿时,贮存的食物即消失。肠盲囊的上皮多皱,含有黏液细胞和腺细胞。

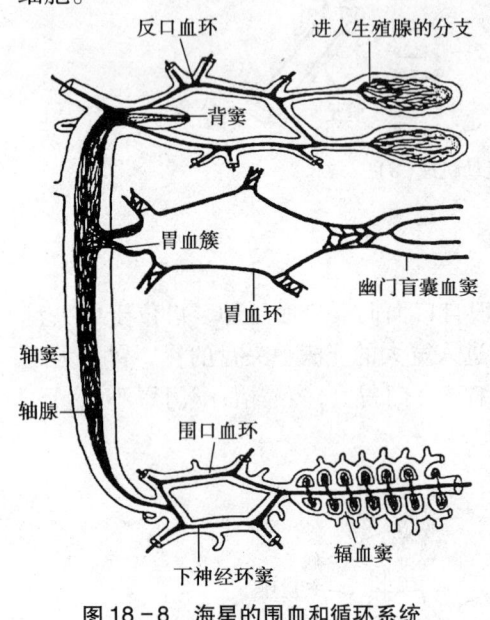

图18-8 海星的围血和循环系统

五、围血和循环系统

棘皮动物的围血系统(perihaemal system)也是由一部分体腔演变而成。它位于水管系统的下方,与水管系统的走向一致,作辐射状排列。围血系统由口面和反口面的环围血窦、辐围血窦以及连通它们的轴窦组成,包围在循环系统的外面。

循环系统(血系统)是由口面和反口面的环血窦(环血管)(oral haemal ring)、辐血窦(辐血管)(radial haemal canal)以及连通它们的轴器组成,而血窦又是由许多不规则的葡萄状的空隙构成的。空隙中的体液含游离细胞(海参类含的是血红细胞),相当于其他动物的血管。包围在轴器、轴窦和石管外面的称轴体。它们是连接口面和反口面的水管系统、围血系统等的桥梁。反口面的辐围血窦、辐血窦又通入生殖腺(图18-8)。各类棘皮动物都具围血系统和循环系统,但以海胆和海参类的发达,其他种类的常退化而不明显。

六、呼吸与排泄

棘皮动物的呼吸主要是通过皮鳃进行,管足也起着一定作用。代谢废物由体腔液中的变形细胞吞食,经皮鳃排出。代谢物主要是NH_3和尿素。

七、神经系统与感觉

棘皮动物的成体有3套神经系统,即外神经系统(ectoneural system)、下神经系统(hyponeural system)和内神经系统(entoneural system)。外神经系统源于外胚层,位于围血系统的下方,由围口神经环和5条辐神经干及其分支组成;下神经系统(深在神经系统)位于围血系统的管壁上,其组成与外神经系统相同;内神经系统位于反口面的体壁上,由辐神经干及其分支组成。下、内2个神经系统都源于中胚层。中胚层细胞形成神经系统是棘皮动物独有的特点。这3个神经系统的分布都与水管系统相平行(图18-5),也皆与所在部位的上皮细胞相连,与之相连的上皮细胞有传导刺激的作用。在这些神经系统中,一般是外神经系统较发达,其他两个神经系统因种类而异。如海百合类的内神经系统特别发达,而海参类却全无内神经系统。

大多棘皮动物的感觉器官不发达,或没有特定的感觉器官,而是由其他器官兼行感觉功能,如海盘车的上皮间散布着许多呈棱形的神经感觉细胞(neurosensory cell),可能有触觉器和化学感觉器两种功能;有些种类在腕的顶端触手基部口面有一群感光细胞和色素细胞构成眼点;管足有嗅觉功能。

感觉器官的不发达与棘皮动物的底栖生活方式和缓慢挪移运动方式是相对应的。

八、生殖与发育

绝大多数棘皮动物是雌雄异体。生殖腺由体腔上皮形成,位于间步带区。一般有5对或5的倍数的生殖腺,成熟时常充满体腔。卵巢黄色,精巢白色(图18-7)。成熟的生殖细胞经生殖管由反口面排出体外,在水中受精。受精卵通常进行等裂,经桑椹期到囊胚期。由内陷法形成原肠,再由腔肠法形成中胚层和1对体腔囊,这对体腔囊再分成前、中、后3对体腔囊。原口在后方形成肛门,并在近中央腹面的外胚层内陷,和内胚层的外突形成幼虫的口。此时,前端的口前叶成了幼虫器,用以附着它物(图 18-9)。海百合类的幼虫器永不消失,并长出柄;而其他种类的幼虫器随着进一步的发育而消失。这时就变成一个左右对称的幼虫。再经变态便发育成辐射对称的幼体。

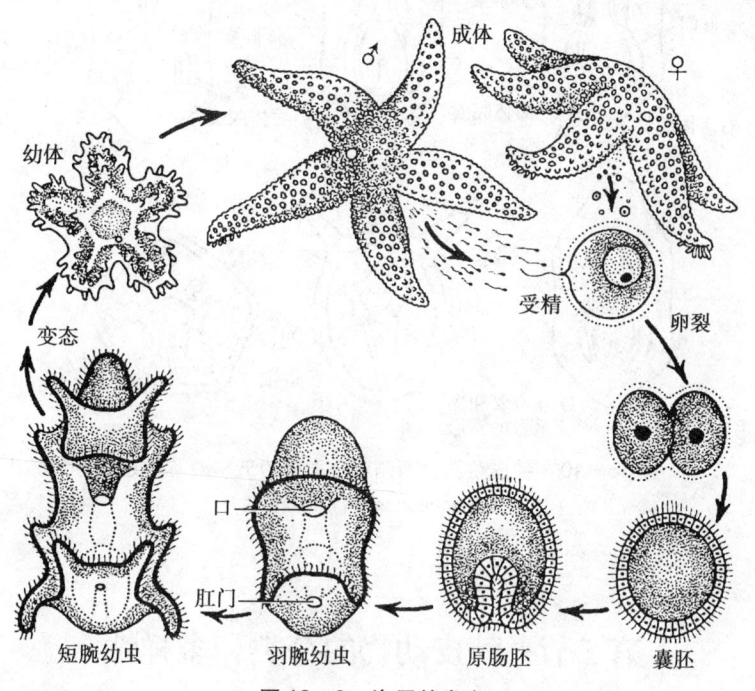

图 18-9 海星的发育

在变态过程中,左中体腔囊形成环水管,后又分出 5 条辐水管,再进一步分成侧水管和管足;左后体腔囊分出一部分形成围血系统;左前体腔囊形成了中轴体。最后 1 对体腔囊形成了后来的体腔,其他的都退化了。与此同时,在左侧环水管中央,外胚层的陷入和消化管壁的外突形成了后口。右侧也以同样的方法形成了幼体的肛门。随着新口、肛门的形成,幼虫的口和肛门都封闭消失。这样,幼虫以左侧的口面和右侧的反口面为中轴,形成了辐射对称形式。水管系统和其他器官都沿着与中轴垂直的方向形成和发展。至此,成虫的口面原是幼虫的左侧,反口面便是幼虫的右侧。如此形成的辐射对称体型完全是一种次生现象(图 18-10)。棘皮动物的体型由两侧对称变成辐射对称,完全是对固着生活的适应。现在移动生活的种类也是由固着生活的种类演变而来,因而它们的幼虫仍要过短期的固着生活。此外,具很强的再生能力,身体任何一部分被损伤后,很快就会再生出来,成为一个完好的整体。如海星的腕或体盘受损后,过一段时间,受损的部分就再生出来,成为一个完整的海星。

九、生态习性与分布

棘皮动物是海洋底栖生物的重要门类,分布于世界各海洋。其生活方式随种类而异,有的匍匐于海底,为底上动物;有的穴居在泥沙内,为底内动物;少数海胆营钻石生活;海百合营固着或暂时固着生活;少数海参营浮游生活。摄食方式多样,吞食性、滤食性、肉食性和植食性都有。除极少数种类如板蛇尾(*Ophiomaza*)外,棘皮动物几乎都是自由生活种类。

有些棘皮动物有群集现象,在海底的数量很大。如爱尔兰西海岸脆刺蛇尾(*Ophiothrix fragilis*)的最高密度超过 10 000 个/m^2;黄海海底的紫蛇尾(*Ophiopholis mirabilis*)可达 380 个/m^2。某些底栖动物群落优势种常为棘皮动物。深渊海底的底栖动物生物量中,棘皮动物量最高约占 90%。

棘皮动物的垂直分布范围很广,从潮间带到万米深海沟均有其成员。大多数为典型的狭盐性动物,半咸水或低盐海水中很少见。它们对水质的污染很敏感,被污染了的海水中棘皮动物很少。

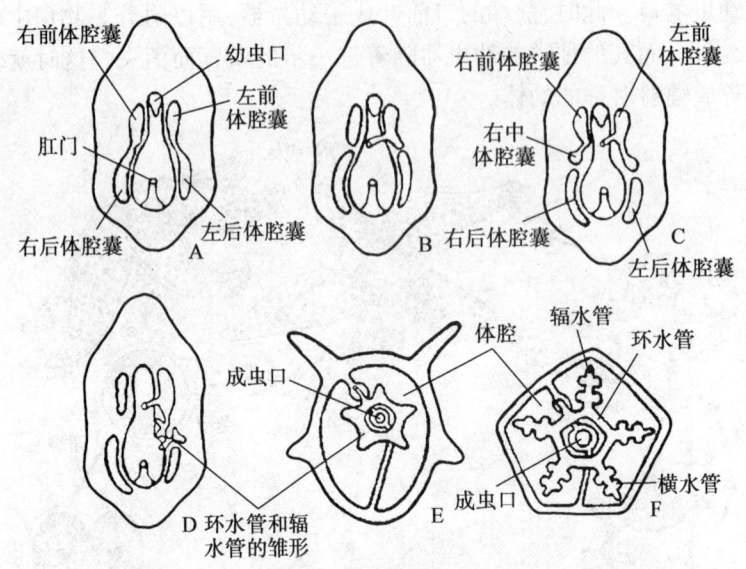

图 18-10 棘皮动物由两侧对称发育为五辐对称的过程
（仿 Buchsbaum 和 Korschelt）

第二节 棘皮动物的分类和多样性

棘皮动物为一古老的类群，始于古生代寒武纪，到志留纪、石炭纪、泥盆纪最繁盛。先后总共已出现了 20 000 多种，现存的有 7 000 多种。棘皮动物的分类是依据动物的体形、有无柄和腕、筛板的位置以及管足的结构等划分的。国内教科书中多采用分 2 亚门 5 纲或 6 纲的分类体系，此体系是 19 世纪中叶由 Forbes 提出的。150 多年来，人们对棘皮动物的现存种类和化石种类开展了大量的研究工作，不仅有经典的形态结构资料，也有大量的组织、细胞乃至分子水平的资料，故棘皮动物门的分类体系几经调整。目前，包含化石种类在内，国际上多将棘皮动物门分为 6 亚门 16 纲，其中的 3 亚门 5 纲有现生种类，其他纲下的成员均为化石种类。

一、海百合亚门（Crinozoa）

身体可分为萼（即体盘）、腕和茎 3 部分，为有柄棘皮动物，大多以茎固着生活于海底，少数无茎者以萼部固着，亦有些茎退化而营漂浮生活。萼与腕合称冠部，腕上有食物沟。口部向上，在口面的中央或近中央部分。本亚门包括始海百合纲（Eocrinoidea）、海林檎纲（Cystoidea）、拟海百合纲（Paracrinoidea）、垫海蕾纲（Edrioblastoidea）、拟海蕾纲（Parablastoidea）、海蕾纲（Blastoidea）和海百合纲等 8 纲。只有海百合类延续至今，其余 7 纲在古生代即已绝灭。

纲 1. 海百合纲（Crinoidea） 多生活在深海中，底栖，营固着生活。一类终生具柄，称海百合类（Stalked crinoids），一类成体无柄，为海羊齿类（Comatulids）。海羊齿类多栖息于沿岸浅海岩礁底，可附着外物或自由游泳生活。

海百合体分根、茎和冠 3 部分。茎一般称柄，由许多骨板构成，其上常有分支的附支，称为根卷支，有附着作用。冠由萼和腕构成，萼呈杯状或圆锥状，背侧由石灰质骨板组成，具口、肛门、步带沟。步带沟内生触手，无运动功能，可捕食。海羊齿的萼称体盘，腕原始为 5 个，但由于一再分支而成多个。腕由多数腕板构成，两侧具有许多羽支。消化管完整，主要以浮游动物为食。生殖腺位于生殖羽支内，个体发育中有桶形的樽形幼虫（doliolaria）。海百合的再生能力极强。如海百合（*Metacrinus*）和海羊齿（*Antedon*）（图 18-11A、B）。

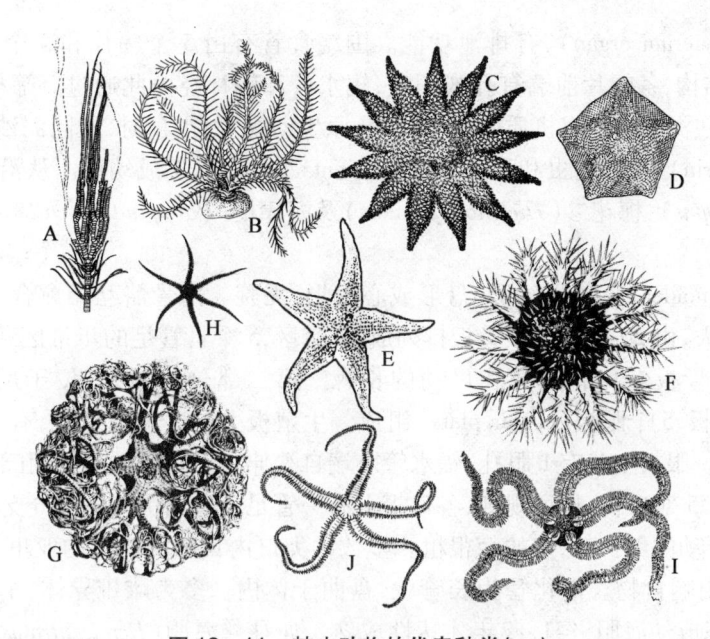

图 18-11 棘皮动物的代表种类（一）
A. 海百合；B. 锯羽丽海羊齿；C. 太阳海星；D. 海燕；E. 海盘车；F. 长棘海星；
G. 筐蛇尾；H. 真蛇尾；I. 滩栖阳遂足；J. 刺蛇尾

二、海星亚门（Asterozoa）

壳体扁平，由中央盘及辐射腕组成，多呈星状，五辐对称明显。腕 5 个或更多，与中央盘界线明显或不明显。腕宽大中空，与体腔相通（海星纲），或细长弯曲充满脊骨，无脏器伸入其中（蛇尾纲）。不具茎。口面向下，肛门则位于上方。海底自由生活。海星亚门又分为海星纲（Asteroidea）、蛇尾纲（Ophiuroidea）和体海星纲（Somasteroidea），其中体海星纲只有化石种类。

纲 2. 海星纲（Asteroidea） 体扁平，多为五辐射对称，体盘和腕分界不明显。生活时口面向下，反口面向上。腕腹侧具步带沟，沟内伸出管足；内骨骼的骨板以结缔组织相连，柔韧可曲。体表具棘和叉棘，为骨骼的突起。具皮鳃。水管系发达。个体发育中经羽腕幼虫（bipinnaria）和短腕幼虫（branchialaria）。如砂海星（*Luidia*）、太阳海星（*Solaster*）、海燕（*Asterina pectinifera*）、海盘车（*Asterias rollestoni*）、鸡爪海星（*Henricia leviuscula*）和长棘海星（*Acanthaster planci*）（图 18-11C~F）等。

纲 3. 蛇尾纲（Ophiuroidea） 体扁平，星状，体盘小，腕细长，二者分界明显。腕内中央有一系列腕椎骨，骨间有可动关节，肌肉发达。腕只能作水平屈曲运动，很灵活。腕上常被有明显的鳞片，无步带沟。管足退化，呈触手状，无运动功能。每一腕节由 4 块腕板组成，上下左右各一，侧腕板上生有腕棘，侧腕板间有 2 列触手孔，触手自此伸出。触手孔边有触手鳞。消化管退化，无肠，无肛门。个体发育中经蛇尾幼虫（ophiopluteus）。有少数种类雌雄同体，胎生。如筐蛇尾（*Gorgonocephalus*）、海盘（*Astrodendrum*）、真蛇尾（*Ophiura*）、滩栖阳遂足（*Amphiura vadicola*）和刺蛇尾（*Ophiothrix fragilis*）（图 18-11G~J）。

三、海胆亚门（Echinozoa）

壳多为球形或半球形，无茎、无腕，水管经向发生。包括海旋板纲（Helicoplacoidea）、海座星纲（Edrioasteroidea）、海蛇函纲（Ophiocistioidea）、海蒲团纲（Camptostromatoidea）、海盘囊纲（Cyclocystoidea）、海参纲和海胆纲。除海胆纲及海参纲外，其余 5 纲为已灭绝。

纲 4. 海参纲（Holothuroidea） 体呈蠕虫状，两侧对称，背腹略扁，具管足，背侧常有变形的管足，无吸盘或肉刺。口位体前端，周围有触手，其形状与数目因种类不同而异，肛门位体末。内骨骼为极微小的小骨片，形状规则。消化管长管状，在体内回折，末端膨大成泄殖腔。由此分出 1 对分支的树状结构，称呼吸树或水肺，为海参特有的呼吸器官。受刺激时，可从肛门射出，抵抗和缠绕敌害，以后可再生。另有许多盲管状的居维叶氏器(Cuvierian organ),有排泄功能。围绕食管有由 5 个辐片和 5 个间辐片构成的石灰环(calcareous ring)特有结构,各辐片前端有孔或凹痕,辐水管和辐神经由此通过。筛板退化,位体内。海参在海底匍匐,食物为混在泥沙内的有机质碎片、藻类及原生动物等,摄食时,连同泥沙一同吞入。个体发育中经耳状幼体(auricularin)、樽形幼虫和五触手幼虫(pentactula),变态成幼参。从沿海到万米深的海沟都有分布。如刺参(Stichopus)、梅花参(Thelenota ananas)及海棒槌(Paracaudina chilensis var ransonnettii)(图 18-12A~C)。

纲 5. 海胆纲(Echinoidea) 体呈球形、盘形或心脏形,无腕。内骨骼互相愈合,形成一坚固的壳。壳板分 3 部分:第一部最大,由 20 行多角形骨板排列成 10 带区,5 个具管足的步带区和 5 个无管足的间步带区,二者相间排列。各骨板上均有疣突和可动的长棘。第二部称顶系,位于反口面中央,由围肛部(periproct)和 5 个生殖板、5 个眼板(ocular plate)组成。生殖板上各有 1 生殖孔,有 1 块生殖板多孔,形状特异,兼作筛板的作用。眼板上各有 1 眼孔,辐水管末端自孔伸出,为感觉器。围肛部上有肛门。第三部分为围口部,位于口面,有 5 对口板,排列规则,各口板上有一管足。口周围有 5 对分支的鳃,为呼吸器官。海胆的壳上生有疣突及可动的细长棘,有的棘很粗。多数种类口内具结构复杂的亚里士多德提灯(Aristotle's lantern),其上具齿,可咀嚼食物。消化管为长管状,盘曲于体内。多为雌雄异体,个体发育中经海胆幼虫(echinopluteus),后变态成幼海胆,经 1~2 年才达性成熟。如马粪海胆(Hemicentrotus pulcherrimus)、雕刻肋海胆(Temnopleurus toreumaticus)和紫海胆(Anthocidaris crassispina)(图 18-12D~F)。

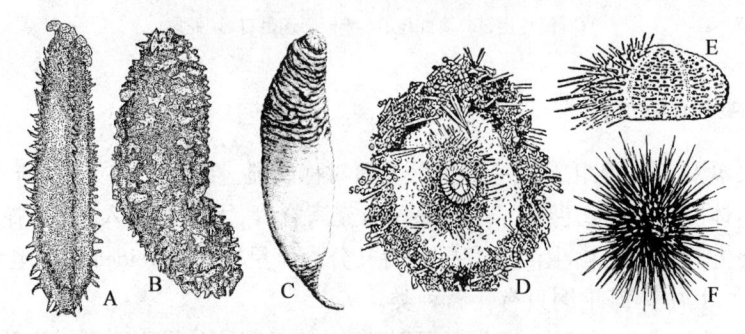

图 18-12 棘皮动物的代表种类(二)

A. 刺参;B. 梅花参;C. 海棒槌;D. 马粪海胆;E. 雕刻肋海胆;F. 紫海胆

第三节 棘皮动物与人类

某些体壁厚的大形海参可供食用,是有名的海珍品。全世界约有 40 种海参可食用,中国产有约 20 种,北方的刺参(Apostichopus japonicus)质量最佳。某些正形海胆的生殖腺(卵)也可食用,日本、地中海和南美等地都有吃海胆卵和用海胆卵制成的鱼子酱的习惯。海胆卵含有大量的蛋氨酸,营养价值很高。光棘球海胆(Strongylocentrotus nudus)和紫海胆是中国的重要经济种。海胆卵还是很好的生物实验学材料。有人把海胆卵随宇宙飞船发射到太空中,以探索宇宙射线和外层空间环境对有机体的影响。海胆卵发生变态的情况可以用来检验海水水质的污染程度。某些棘皮动物具有毒腺或毒液,是海洋生物药物的来源。从几种海参体上分离出来的海参素和黏多糖,具有抗癌活性。棘皮动物化石种类甚多,在地层学上有一定的意义。某些钻石种类能造成海岸线的破坏。长棘海星以石珊瑚水螅体为食,会破坏珊瑚礁。海星喜吃贝类,对贝类养殖有害。

最新研究发现,海星等棘皮动物在海洋碳循环中起着重要作用。它们能够直接从海水中吸收碳,以无机盐的形式(例如 $CaCO_3$)形成骨骼。动物死亡后,体内大部分含碳物质会留在海底,从而减少了从海洋进入大气层的碳。通过此途径,棘皮动物大约每年吸收 1 亿吨的碳。

第四节 棘皮动物的系统发育

棘皮动物体呈辐射对称,但它们的幼虫为两侧对称,因此辐射对称是次生的。一些已绝迹的化石种类中有的为两侧对称体形,如出现于寒武纪地层中的海林檎类(Cystidea)化石和海蕾类(Blastoidea)化石。因此有人认为,棘皮动物的祖先为两侧对称体形的对称幼虫(dipleurula),具有3对体腔囊,与现在生存的棘皮动物幼虫形态类似。也有一些人主张五触手幼虫为棘皮动物的祖先。五触手幼虫也为两侧对称体形,具3对体胶囊和围绕口的5条中空触手;5条触手似总担,为体腔囊的延伸,是形成水管系统的基础。通过演化,五触手幼虫转为固着生活,其体形逐步转化为辐射对称。有一部分以后再营自由生活,但其体形仍保持着辐射对称。海百合纲为最古老的一类,出现于寒武纪,泥盆纪以后逐渐衰落。它们大多数营固着生活,其形态特征与海林檎纲和海蕾纲相似,且海百合类的幼虫与海林檎类近似,故海百合纲可能来源于海林檎纲。海星纲与蛇尾纲体形一致,均为五辐射对称,这二类的演化关系较为接近。而海胆纲与蛇尾纲的幼虫均为长腕幼虫(pluteus),在结构上相似,二者关系较近。但海胆纲心形目种类,体近心脏形,肛门位体后端,体形属两侧对称。故海胆纲是介于蛇尾纲和两侧对称体形的海参纲之间的一个类群。海参纲体呈蠕虫状,两侧对称,口与肛门位体的前后两端,是棘皮动物中特殊的一类。其樽形幼虫与海百合纲的樽形幼虫很相似,故与海百合纲有着较近的类缘关系。海参只有1个生殖腺,这是较为原始的性状。故海参纲可能是演化过程中较早分出的一支。

棘皮动物不同于大多无脊椎动物,而与脊索动物一样,同属后口动物。真体腔由肠腔囊发育形成,中胚层产生内骨骼,这也是脊索动物的特征。海参纲的耳状幼体与半索动物肠鳃类的柱头虫幼虫(tornaria)在结构上非常相似,因此棘皮动物是无脊椎动物中与脊索动物最为相似的类群。

由于是后口动物,故棘皮动物与毛颚动物、异涡动物和半索动物类缘关系较近,为无脊椎动物中最高等的类群。

拓展阅读

[1] 张凤瀛,廖玉麟. 中国经济动物志 棘皮动物门. 北京:科学出版社,1963
[2] Smith A B. The pre-radial history of echinoderms. Geological Journal, 2006, 40: 255-280
[3] Paul C R C, Smith A B. The early radiation and phylogeny of echinoderms. Biol. Rev., 1984, 59: 443-481

思考题

1. 以棘皮动物为例,分析动物在形态结构变化上是如何适应生活环境的。
2. 棘皮动物的内骨骼有何特点和生物学意义?
3. 如何理解棘皮动物为无脊椎动物中的高等类群?
4. 现场了解一下有关海参养殖的过程。
5. 试述棘皮动物的系统发育及其对了解动物演化的意义。

第十九章 半索动物门(Hemichordata)

半索动物兼有无脊椎动物和脊椎动物特征,被认为是无脊椎动物向脊椎动物演化的过渡类群。体呈蠕虫状,由吻、领和躯干3部分组成;两侧对称;真体腔发达;具短小的口索和鳃裂结构;循环系统属于开管式;均为自由生活。

第一节 半索动物的主要特征

一、外部形态

体呈蠕虫状,长2.3 mm~2.5 m不等。两侧对称且背腹明显,全身由吻(proboscis)、领(collar)和躯干(trunk)3部分组成(图19-1)。吻为圆锥形,位于最前端,内有一吻体腔(proboscis coelom)。借吻体腔内液体压力的变化,吻有很强的伸缩力。吻后是指环状的领,其内有1对领体腔(collar coelom),也能做伸缩运动。口位于领与吻交汇处。躯干部最长,其前端两侧有成对的鳃孔。鳃孔的数目随动物的长大有所增加。躯干的前端两侧还各有一生殖嵴(genital ridge),其内为生殖腺。鳃后躯干部,肠隐约可见,为肝区和肠区,末端为肛门。虫体的体表由表面具纤毛的柱状表皮层所覆盖。

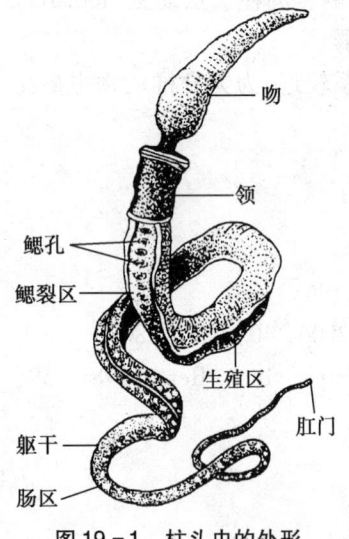

图19-1 柱头虫的外形
示虫体的分区

二、内部结构

1. 体壁和体腔

体壁由表皮、肌肉层和体腔膜构成(图19-2)。表皮的外层是单层较厚的上皮,外被纤毛,除肝区外,上皮内含有形状各异的多种腺细胞,均可分泌黏液至体表,黏牢洞道壁上的沙粒,使之不致坍塌。外层下为神经细胞体及神经纤维交织而成的神经层,底部则为薄而无结构的基膜。基膜的深处是环肌、纵肌和结缔组织合成的平滑肌层,紧贴其内的为体腔膜。

吻内有一吻腔,后背部以吻孔与外界相通,可容水流进入和废液排出,当吻腔充水时,吻部变得坚挺有力,形似柱头,可用于穿洞凿穴。领和躯干部被背、腹隔膜分为成对的领腔及躯干腔。吻腔、领腔及躯干腔都是由体腔分化而来。

2. 消化和呼吸

消化管是从前往后纵贯于领和躯干末端之间的一条直管,管壁肌纤维少。口位于吻、领交汇处的腹面。口腔背壁向前突出1个短盲管至吻腔基部,盲管过去曾被认为是不完全的脊索,被称为口索(stomochord),也有人认为短盲管可能是脊椎动物脑垂体前叶的前身。由于口索形甚短小,所以把具有这一结构

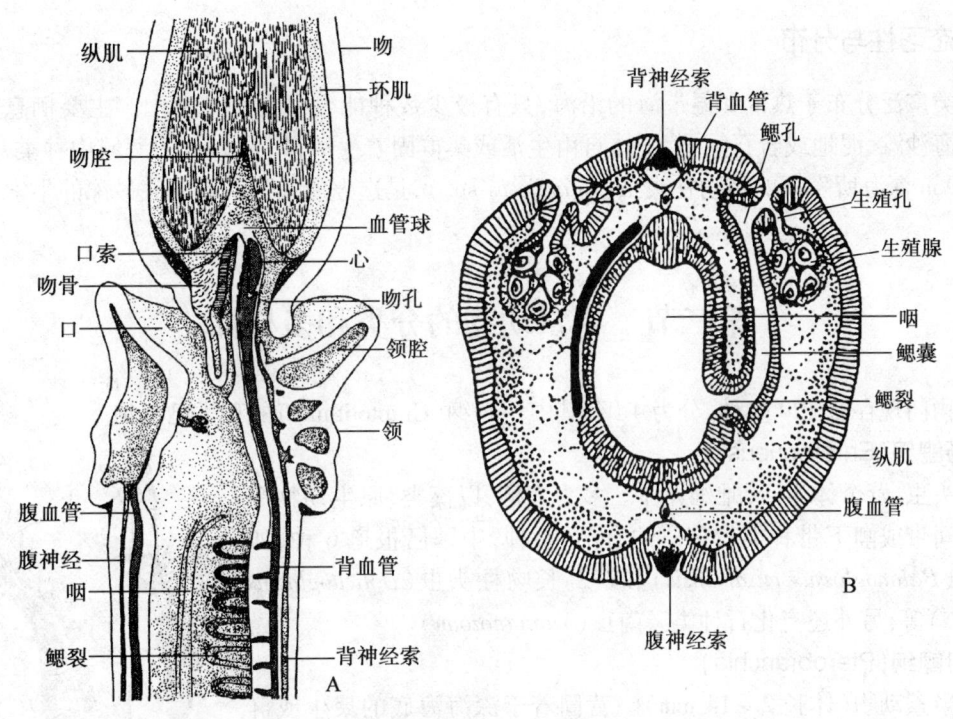

图 19-2 半索动物的剖面
A. 局部纵切面；B. 横切面

的动物称为半索动物。胃的分化不显著,在肠管靠后段的背侧有若干对黄、褐、绿等混合色彩的突起为肝盲囊(hepatic caecum),故称肝区。肠管直达虫体末端,开口于肛门。

呼吸是通过鳃囊完成的。虫体的口后咽部在外形上相当于鳃裂区,其背侧排列着许多(7~700)成对的鳃裂,每个鳃裂各与一"U"形鳃囊相通,然后再由此通向体表。彼此相邻的鳃囊间布有丰富的微血管,虫体在泥沙掘进过程中,水和富含有机质的泥沙被摄入口内,水经鳃囊从鳃裂排出时,就完成了气体交换的呼吸作用,而食物的消化和吸收情形,则与蚯蚓大致相同。

3. 循环和排泄

循环系统属于开管式,主要由纵走于背、腹隔膜间的背血管、腹血管和血窦组成。循环方式与蚯蚓类似:背血管的血液向前流动,腹血管的流向往后。背血管在吻腔基部略为膨大呈静脉窦,再往前则进入中央窦。中央窦内的血液通过附近的心囊搏动,注入其前方的血管小球(又称脉球 glomerulus),由此过滤排出新陈代谢废物至吻腔,再从吻孔流出体外。自血管球导出 4 条血管,其中有 2 条分布到吻部,另 2 条为后行的动脉血管,在领部腹面两者汇合成腹血管,将血管球中的大部分血液输送到身体各部。

4. 神经

与其他无脊椎动物相比,半索动物的神经系统相当发达。除身体表皮基部布满神经感觉细胞外,还有 2 条紧连表皮的神经索,即沿着背中线的 1 条背神经索和沿着腹中线的 1 条腹神经索。背、腹神经索在领部相联成环。背神经索在伸入领部处出现有狭窄的空隙,由此发出的神经纤维聚集成丛。该结构曾被认为是早期的背神经管。

三、生殖与发育

半索动物为雌雄异体。生殖腺的外形相似,均呈小囊状,成对地排列于躯干前半部至肝区之间的背侧(图 19-2B)。性成熟时卵巢呈现灰褐色,精巢呈黄色。体外受精,卵和精子由鳃裂外侧的生殖孔排至体外。受精卵为均等全裂,间接发育。幼虫与棘皮动物海参的短腕幼虫在形态或生活习性上很相似。少数种类为直接发育。

四、生态习性与分布

多数种类广泛分布于热带和温带海的沿海,只有极少数种能生存在寒带海中。主要栖息于潮间带或潮下带的浅海沙滩、泥地或岩石间,营个体自由生活或集群固着生活,40 m 以下的海域中种类甚少,在西非大西洋 4 500 m 深海所发现的粗吻柱头虫(*Glandiceps* sp.),是迄今所知生活在海底最深的半索动物。

第二节 半索动物的分类和多样性

半索动物门现存有 120 多种,分为 4 纲,其中笔石纲(Graptolithina)的种类已灭绝。

(一) 肠鳃纲(Enteropneusta)

俗称柱头虫,营个体生活,雌雄异体。多为穴栖,以藻类、原生动物等为食。以潮间带或潮下带种类较多。约有 70 余种,中国已报道 6 种,如三崎柱头虫(*Balanoglossus misakiensis*)和黄岛长吻柱头虫(*Dolichoglossus hwangtauensis*)等,另外还有化石种类云南虫(*Yunnanozoon*)。

(二) 羽鳃纲(Pterobranchia)

小形的半索动物(体长 2~14 mm)。营固着于深海海底的聚生或群体生活,躯干呈囊状,具"U"形消化管,具 1 对触手腕(杆壁虫)或 4~9 对触手腕(头盘虫和无管虫)。无吻骨骼。雌雄异体或无性生殖。这类动物较为罕见,我国尚未发现。如头盘虫(*Cephalodiscus*)和杆壁虫(*Rhabdopleura*)(图 19-3A、B)等。

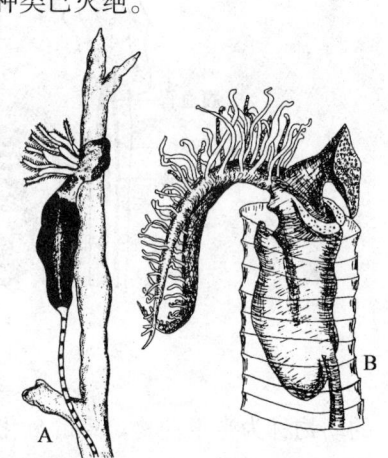

图 19-3 现存的半索动物种类
A. 头盘虫;B. 杆壁虫

(三) 浮球纲(Planctosphaeroidea)

本纲是基于只知道其幼虫的单一物种(大洋浮球虫 *Planctosphaera pelagica*)而提出的。幼虫虫体透明,呈球状。体表具有一些弧形分支纤毛带,具"U"形消化管,具带胶质的体腔囊,生活在深海。成虫尚未被发现。

第三节 半索动物在动物界的位置

半索动物在动物界究竟处在什么地位?长期以来存在两种观点。

观点一认为:半索动物应该列入动物界中最高等的一个门即脊索动物门中。因为半索动物的主要特征与脊索动物的主要特征基本符合。它的口索相当于脊索动物的脊索;它的背神经索前端有空腔,相当于脊索动物的背神经管;它也有咽鳃裂。当然,在脊索动物中,半索类是最原始的一类。

观点二则认为:把口索直接看成是与脊索相当的构造欠说服力。较深入的研究显示,口索很可能是一种内分泌器官;而半索动物的很多结构特点,如腹神经索、开管式循环、肛门位于身体末端等,正好反映出它们应属于非脊索动物。

目前后一种观点较为主流,即半索动物不是脊索动物中的一个类群,而是非脊索动物的一个独立门类。

对半索动物化石种类和现存种类的比较显示,在漫长的地质年代中,半索动物的演化速度是很慢的,现存种类仍保留着很多与其祖先相似的特点。

关于半索动物的起源,各方面研究的结果表明:半索动物与棘皮动物的亲缘更近。因为它们都是后口动物;两者的中胚层都是由原肠凸出形成;两类动物的幼虫相似;组织学和生物化学组分上具有一定共性。它们可能是由一类共同的原始祖先分支演化而成的。

拓展阅读

[1] 舒德干,张兴亮,陈苓,Geyer G. *Yunnanozoon* 是半索动物的远祖. 西北大学学报,1996,26(1):73-74

[2] Cameron C B. A phylogeny of the hemichordates based on morphological characters. Canadian Journal of Zoology. 2005, 83(1): 196-215

[3] Lowe C, Terasaki M, Wu M, et al. Dorsoventral patterning in hemichordates: insights into early chordate evolution. PLOS Biology, 2006, 4: 1603-1618

[4] Cameron C B, Swalla B J, Garey J R. Evolution of the chordate body plan: New insights from phylogenetic analysis of deuterostome phyla. Proceedings of the National Academy of Sciences, 2000, 97: 4469-4474

思考题

1. 半索动物的主要特征有哪些?
2. 半索动物和棘皮动物的亲缘关系较近,除了书上介绍的理由外,你还收集到哪些信息支持这一观点?
3. 收集各方面的信息,综合论述一下半索动物在动物界中的地位。

第二十章　无脊椎动物门类的比较与演化

　　无脊椎动物(Invertebrata)是背侧没有脊柱的动物,其种类数占动物总种类数的95%。它们是动物的原始形式,是动物界中除脊索动物门以外全部门类的通称。

　　在前面章节中,我们介绍了各无脊椎动物门类的特点。它们在外形、内部结构以及生活方式和习性上都存在着巨大的差异,似乎没有什么共同的特征,仅仅存在一点相互有别的亲缘关系而已。但从事物的本质讲,它们间也存在着一定的联系。在此,利用比较解剖学的原理,特归纳总结无脊椎动物各门类间在形态结构上的特点和联系,并借此为读者提供一个较完整的无脊椎动物类群演化过程的总结。

第一节　无脊椎动物一般构造和生理的比较

一、对称

　　动物身体的形状是各种各样的。这些多种多样的形状也表示出动物的演化过程和动物对不同环境的适应性。在形形色色的形态中,最基本的是对称问题。最原始的情况是不对称(无对称),如变形虫(图2-1),这是由于缺乏固定的结构形式(一些多细胞动物,如多孔动物和刺胞动物的一些种类,由于群体的形成,也产生不对称的情形)。进一步是球状辐射对称(等轴无极对称),通过中心可将身体分为无限或有限的相同的两半,例如太阳虫、大多数的放射虫(图2-17)等。这是由于动物悬浮在水中时,上下左右的环境都一样。这两类动物除了从深部(或中心)到表面的差异外,没有向某个方向的特性递减率。再其次是辐射对称(单轴对称),通过一个固定的主轴,可以把身体切成若干相等的两半,如表壳虫、钟虫,许多多孔动物(图4-1)和刺胞动物(图5-11)。这是由于对固着和漂浮生活的适应,环境只有上下之分,周围没有差别,因此除了出现辐射对称的情况外,还有两极的分化。沿主轴出现特性率递减,即有上下之别(例如水螅的口端代谢较快,感觉较灵敏等)。再进一步是两侧对称,动物有前、后、背、腹之分,只剩下左右两侧是对称的,这是适应爬行的结果。它们也同样有沿着主轴的特性递减率,即有前后之分(图6-1,图11-17A、B,图13-31)。一部分原生动物有类似两侧对称的情形。在多细胞动物中,扁形动物以上的动物都是属于两侧对称的。不过,在软体动物中,原是两侧对称的腹足类,由于身体扭转,产生了左右不对称的情形(图13-1B)。棘皮动物的辐射对称,也是在两侧对称的基础上,适应固着生括,再一次演变而成辐射对称的(图18-2)。刺胞动物的某些种类(如珊瑚纲及栉水母)则是左右辐射对称的,它们介于辐射对称和两侧对称之间。

二、胚层与体腔

　　单细胞原生动物,无所谓胚层的构造,最多如团藻一样只有一层细胞。但是多细胞动物却有胚层的分化(图20-1)。首先是分成2个胚层,即外胚层和内胚层(胚胎发育过程中有移入法、内陷法等)。两胚层的动物有多孔动物、刺胞动物。但是部分多孔动物的胚胎发育到后期，2个胚层的位置刚好和其他动物相反（动物性细胞在内，植物性细胞在外，因此称为逆转动物）。更进一步，在动物体内外2个胚层中间形成了第3个胚层，即中胚层（中胚层形成的方法主要有裂腔法和肠腔法），于是出现了3胚层的动物。中胚层的产生对动物的器官系统的复杂化有很大的意义。也是动物由水生到陆生的一个重要基础。自扁形动物以上，都是3胚层的动物，但是栉水母门由于胚胎发育过程中形成了中胚层芽，中胚层芽还会形成一些肌肉纤维，也可以说是中胚层开端，不过这些细胞是由外胚层游离而来的，和扁形动物以后的中胚层起源于内胚层不同。

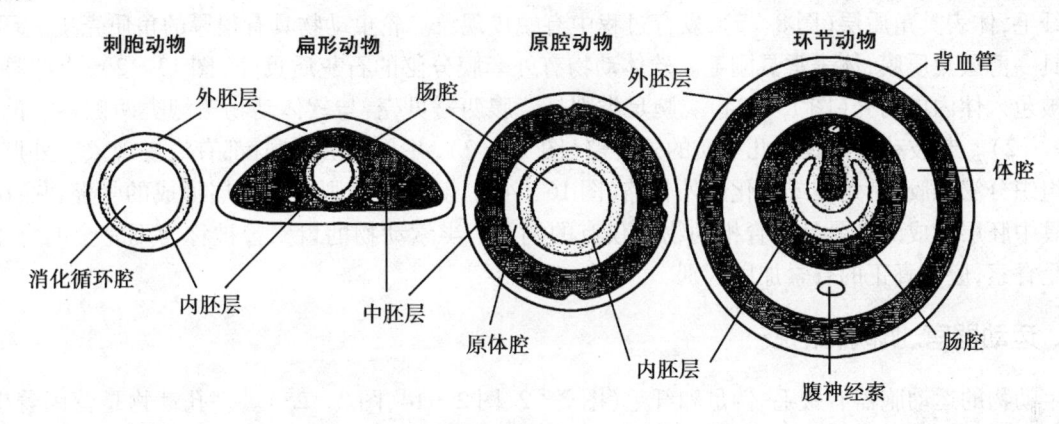

图 20-1 无脊椎动物胚层和体腔的比较

体腔是指动物消化管与体壁之间的腔。扁形动物以下，没有任何形式的体腔（图20-1）。无体腔的动物还有纽形动物和环口动物。线虫动物的消化管（单层内胚层细胞构成）和体壁之间有原体腔（图20-1）。原体腔也就是原来的囊胚腔。线虫动物的原体腔，外面以中胚层的纵肌为界，里面以内胚层的消化管壁为界。具有原体腔的动物门类还有轮虫动物、腹毛动物、线形动物、棘头动物、颚口动物、微颚动物、铠甲动物、内肛动物和动吻动物。自环节动物以上，都有真体腔的构造。真体腔是在中胚层之内的腔，内外都由中胚层产生的体腔上皮所包裹。真体腔的产生对消化、循环、排泄、生殖等器官的进一步复杂化都有重大意义，被认为是高等无脊椎动物的重要标志之一。真体腔较发达的除环节动物外，还有螠虫动物、星虫动物、须腕动物、鳃曳动物和缓步动物。但有些高等无脊椎动物（包括环节动物门的蛭纲、软体动物门、有爪动物门、五口动物门和节肢动物门等），真体腔退化，形成了围心腔、排泄器官（如肾管、绿腺、基节腺等）和生殖器官的内腔和生殖管。至于蛭纲的血管和血窦，一般也还是真体腔的残留，节肢动物中的六足动物，其原体腔与真体腔的界限消失，形成了混合体腔，即发达的血窦。固着生活的外肛动物、腕足动物和帚虫动物的真体腔却很发达。棘皮动物，体腔甚发达，一部分体腔还形成了水管系统、围血系统等。须腕动物和半索动物都有发达的分3部的体腔囊。

三、体节和身体分部

身体分节也是高等无脊椎动物的重要标志之一。动物身体出现体节后，不但对运动有利，而且由于各体节内器官的重复，使动物的反应和新陈代谢加强了。环节动物是同律分节多，异律分节少（图11-1），而节肢动物却异律分节多，同律分节少（一般分头、胸和腹3部分）（图14-36）。异律分节对身体的进一步复杂化有很大的意义。总担动物和软体动物身体不分节，软体动物身体分头、足、内脏团3部分（图13-2）。毛颚动物、须腕动物和半索动物的体腔前后分3部分，也可以说是3个体节。棘皮动物长成后看不出分节的现象，但从它们胚胎发育中的3对体腔囊看来，可能是由3体节的祖先演化而来的。

需要特别注意的是，虽然扁形动物绦虫纲和动吻动物分别有节片和节带结构，但由于这些结构并非是在真体腔的基础上发展起来的，故不能被认为是体节结构。

四、体表和骨骼

原生动物的体表有的质膜很薄(图2-1),有的有加厚的角质膜(如眼虫)(图2-8B),有的具纤维质的胞壁(如植鞭目)(图2-10E、J),有的具角质的外壳(图2-15D、E、F),有的还具石灰质的壳(图2-15H),此外还有具硅质骨针和几丁质的中心囊(图2-17E)。多孔动物具骨针(图4-6),有石灰质的,有硅质的,也有海绵丝的。刺胞动物(如珊瑚)具角质或石灰质的骨骼(图5-14C、D、E)。扁形动物和纽形动物的体表具纤毛(图6-2),但寄生种类的(吸虫、绦虫)成虫体表只有由细胞质构成的外皮层,无纤毛。线虫动物一般无纤毛,体表具角质层(图8-5),发育过程中有蜕皮现象。轮虫动物具有很厚的角质壳皮。环节动物的体表具一薄层角质膜,体表常具刚毛。软体动物有外套膜分泌的石灰质贝壳(图13-2),有些种类的贝壳又可被包入体内成内壳(图13-34)。腕足类则具背腹两瓣贝壳,与软体动物瓣鳃类两侧各一的贝壳不同(图16-2)。节肢动物门具有几丁质的外骨骼(图14-2),并与线虫相同,都有蜕皮现象。外肛动物具有上皮组织分泌的胶质、角质或钙化的外骨骼(图16-4)。棘皮动物则具中胚层形成的骨骼(图18-5)。头足类具中胚层形成的软骨是无脊椎动物中仅有的例子。半索动物的口索曾被称为不完全的脊索,现认为它不是脊索,应与真正的脊索加以区别。

五、运动器官、肌肉和附肢

原生动物的运动胞器有鞭毛、伪足和纤毛(图2-2、图2-14、图2-25)。多孔动物是营固着生活的,但其两囊幼虫是用鞭毛运动的;其体内水流的穿行,是靠领细胞鞭毛的打动(图4-2)。刺胞动物开始有了原始的肌肉细胞,即外胚层和内胚层的皮肌细胞(图5-3),可使身体伸缩,而产生运动(如水螅、水母等),其幼虫时期(浮浪幼虫)则以纤毛运动(图5-10)。扁形动物中胚层的肌肉与外胚层的表皮形成了皮肌囊,可作蠕形运动;自由生活的,其体表仍具纤毛(图6-2),用以爬行或游动。营寄生生活的(吸虫或绦虫),其成虫没有纤毛,体表具外皮层,用吸盘和钩附在寄主体上(图6-15A、图6-19),只能蠕动。但其幼虫(如吸虫的毛蚴、尾蚴、裂头绦虫的六钩毛蚴)都有纤毛(图6-16、图6-17、图6-20)。纽形动物的成虫和幼虫都是有纤毛的(图7-1B、图7-2)。典型的线虫动物,在生活史中的任何一个时期都无纤毛,但一些具原体腔的动物,如轮虫(图9-1)、腹毛虫则具纤毛(图10-2)。线虫动物只具纵肌(图8-5),其运动作蛇行状。环节动物具疣足和刚毛(图11-13),而其皮肌囊还有发达的纵肌和环肌(图11-18),能游泳(多毛纲),能钻土(寡毛纲)。节肢动物的附肢具关节,称节肢(图14-4),在外骨骼和成束横纹肌的配合下,能做迅速而多样化的运动,因此其附肢功用甚大,除能用作陆上爬行、水中游泳外,与感觉、摄食、咀嚼、交配和产卵,甚至与呼吸都有关系。昆虫纲除节肢外,多数还有2对由中胸和后胸的体壁两侧扩展而成的翅(图14-36),使昆虫成为无脊椎动物中唯一能飞的类群。软体动物一般是不活泼的,其成体以多肉的足作固着或缓慢地爬行运动(少数浮游)(图13-16),但其中头足类是能迅速运动的,其足形成腕,可捕食,又有一部分形成漏斗,可喷水,因而可以迅速游走(图13-31)。棘皮动物的腕和管足司运动(图18-3),有的棘(海胆纲)也能活动,其幼虫则以纤毛运动。半索动物的肠鳃类靠吻体腔和领体腔的充水和排水,而使身体伸缩运动(图19-2A)。

六、消化系统

原生动物只有细胞内消化,除全植物性营养和腐生的种类外,可用伪足或胞口来摄食,并且形成了暂时性的食物泡,司消化、吸收,与多细胞动物胃的机能相似(图2-6)。多孔动物仍然是细胞内消化的,借领细胞打动水流和用变形虫的方式以固体食物为食(图4-3)。刺胞动物开始才有消化管(消化循环腔),具细胞内和细胞外两种消化作用。但它们的消化管只有口无肛门,消化吸收后剩余的渣滓仍由口排出(如水螅)(图5-1)。扁形动物的消化系统和刺胞动物基本相同(如涡虫)(图6-5A),但是寄生的种类消化管有退化(部分吸虫)甚至消失的(如绦虫)。纽形动物和线虫动物的消化管都是有口和肛门的(如线虫),称完全消化管(图7-1A、图8-6)。完全消化管分前肠、后肠(外胚层发生)和中肠(内胚层发生)。棘头动物门却因对寄生生活的适应而失去消化管。环节动物以后,由于真体腔的产生,消化管有肌肉(图 11-18),因此分化就更复杂(图 11-19)。由此之后,动物一般除消化管外还形成了各种消化腺(图13-15)。棘皮动物的消化管原是完全的(图 18-7B),但有的种类的肛门不用(海星纲)或消失(蛇尾纲)。

七、呼吸和排泄

原生动物无呼吸系统,借体表和周围的水进行气体交换,排泄也借体表来进行。不过,作为调节水渗透压的伸缩泡也兼有排泄的功能(图 2-1、图 2-8A、图 2-25)。多孔动物、刺胞动物都没有呼吸和排泄系统,也是借体表来进行呼吸和排泄的。扁形动物、线虫动物无呼吸系统,除了用体表进行呼吸外,大部分寄生的种类能进行厌氧呼吸。扁形动物、纽形动物和线虫动物的排泄器官都是外胚层内陷的盲管,叫做原肾。扁形动物和纽形动物的原肾管顶端盲管内有鞭毛,称焰茎球或焰细胞(图 6-7)。原腔动物类的原肾管则无鞭毛。环节动物,由于体腔的产生,它们的肾管一端通体腔,一端通体外(肾管可由体腔上皮向外突出而成,称体腔管,可由原肾变来,也可由原肾和体腔管形成混合肾管)(图 11-4),这两端开口的肾管又被统称为后肾。软体动物有体腔管形成的肾,一端通退化的体腔(围心腔),一端通外界(外套腔)(图 13-28B)。节肢动物的排泄系统有二类,一类也是体腔管,如绿腺和颚腺(图 14-24);另一类是肠壁的管状突起,即马氏管(图 14-48)。环节动物的体表(如蚯蚓)和疣足都具有呼吸的功能(有些疣足的背须还会形成鳃突)。软体动物在外套腔内有体壁突起的鳃(有栉状、丝状或瓣状),外套膜表面也可以在水中进行呼吸(如河蚌)(图 13-26)。肺螺亚纲外套膜形成肺囊,适于陆地呼吸(如蜗牛)。节肢动物用鳃(图 14-21)、书鳃(图 14-8B)、书肺(图 14-13)、气管(图 14-50A)、直肠鳃(图 14-50E)、气管鳃(图 14-50D)和体表进行呼吸。棘皮动物的管足和皮鳃(图 18-3A),有呼吸和排泄的功能,而海参有呼吸树构造(图 18-7C)。半索动物具有脊索动物所共有的主要特征——有咽鳃裂,咽鳃是它的呼吸器官(图 19-2)。血管小球是半索动物的排泄器官。

八、循环系统

原生动物的细胞内原生质是不断流动的,其食物泡也会不断地在身体环行。多孔动物、刺胞动物、扁形动物都没有循环系统,但刺胞动物、扁形动物分支的消化循环腔可将食物送至身体各部分,也具有一定循环的功能。原腔动物的原体腔也有输送养料的功能。

纽形动物有了最原始的循环系统(一般是2~3条纵血管,但不会搏动)(图 7-1A)。环节动物和须腕动物就有了正式的闭管循环(蛭纲是开管的),背血管和弧状的心(环血管),可以搏动(图 11-1)。节肢动物是开管循环(图 14-23、图 14-47A),不同类群的循环系统变化较大。软体动物(图 13-28A)和半索动物也是开管循环,但头足类的循环系统较为完善(图 13-35)。棘皮动物的循环系统不发达,在围血窦的隔膜内,与水管系统平行成辐射排列(图 18-8)。

九、神经系统和感觉器官

原生动物无神经系统,只有纤毛虫有纤维系统联系纤毛,可能有感觉传递的功能(图 2-27)。多孔动物一般被认为无神经系统,只借原生质来传递刺激,因此反应极迟钝。刺胞动物有散漫的神经系统,即神经细胞和其突起互相连络成网状(图 5-6B)。扁形动物开始有中枢神经系统的形成,一般分脑(其神经联系前端的感觉器官)和数条后行的神经索。神经索间有神经联络成梯状,因此称为梯式神经系统(图 6-8A)。线虫动物的神经系统也处于同一水平(图 8-8)。环节动物的神经系统由脑、围咽神经、消化管腹方的2条神经索和基本上每节1对神经节合成神经链,即所谓链式神经系统(图 11-5)。节肢动物的神经系统也是这种形式,只是神经节多有前后愈合的情形(图 14-14B、图 14-25、图 14-51)。软体动物的神经系统乃由脑、侧、脏、足4对主要神经节和其间的联络神经所构成(图 13-6C),值得注意的是头足类的脑,乃是神经节集中,并有软骨保护的神经中枢,也可以说是无脊椎动物最高等的神经中枢了(图 13-6D)。棘皮动物有3套神经系统,即下、外、内3个神经系统,都与水管系统一样做辐射排列(如海星)。半索动物已经具备类似脊索动物的雏形背神经管,这在无脊椎动物中是唯一的一门。

在感觉器官方面，除多孔动物没有什么感觉器官外，其他各门都有某些感觉器官(或胞器)。如原生动物有眼点(图2-8A、D)，刺胞动物有触手囊(如水母)，栉水母的反口端有感觉器(图5-15B、5-17)，扁形动物、环节动物和软体动物都具有各式的眼(图6-8B、图11-6A、图13-7)。节肢动物中，有单眼和复眼(图14-12A、图14-26)，六足动物具有多种感觉(触觉、味觉、嗅觉、听觉等)器官(图14-52)。软体动物中头足类的眼最复杂，其构造和脊椎动物相仿(图13-7D)。此外，各门不同的动物也可能会有其特殊的司平衡、触觉、嗅觉、味觉的构造。

十、内分泌系统

内分泌系统是由多种分布在体内的无管腺体(内分泌腺)组成。腺体分泌出来的具有生物活性的物质，统称为激素。

原生动物无内分泌系统。所有后生无脊椎动物都发现有神经分泌细胞。神经分泌细胞分泌的神经激素是无脊椎动物激素的主要来源，但其性质和功能很多还不清楚。高等无脊椎动物，包括环节动物、节肢动物和软体动物才具有非神经性的内分泌腺。这些组织和腺体或起源于外胚层(如神经分泌细胞和咽侧体)，或起源于中胚层(如高等无脊椎动物的生殖腺)。绝大多数无脊椎动物的激素在化学结构和功能上都与脊椎动物不同。低等无脊椎动物的神经激素的作用主要是调节体色、生长、再生、生殖和渗透压，高等无脊椎动物的激素还可调节蜕皮、变态、行为、心搏、呼吸和物质代谢。

无脊椎动物激素的存在是很普遍的。软体动物、环节动物、节肢动物、棘皮动物都有激素调节活动。例如软体动物的乌贼和节肢动物的对虾，它们的体色可随环境而变化，这是由于体壁下色素细胞内的色素凝集或扩散形成的，它受脑内神经细胞分泌激素控制。昆虫内分泌腺比较发达而完善，可以分泌多种昆虫激素。昆虫激素控制着昆虫发育过程中的变态和蜕皮。首先，脑分泌出脑激素，该激素刺激昆虫前胸里面的前胸腺，使之分泌蜕皮激素(ecdysone)。昆虫经几次蜕皮变为成虫。此过程尚需保幼激素(juvenile hormone)。保幼激素是由咽侧体分泌出来的。它的功能是维持幼虫阶段不变成成虫。只有当保幼激素浓度降低时，方可由幼虫变为蛹，而蛹期则不需要保幼激素，此时蜕皮激素方能起作用，使幼虫蜕皮成蛹，再使蛹蜕皮成为成虫。假如在昆虫幼虫的早期摘除咽侧体，幼虫蜕皮后变为蛹，蛹再蜕皮为成虫。若在幼虫最后一次蜕皮之前，将另一幼虫咽侧体摘除植入该幼虫体内，结果该幼虫蜕皮后不变为成虫，仍为幼虫。同时，由于幼虫的阶段延长，个体长得很大，待保幼激素浓度降低之后，才变为蛹，成为特大成虫。可见脑激素、蜕皮激素和保幼激素三者互相制约，共同作用并控制着昆虫的变态发育。

十一、生殖系统和生殖

原生动物的生殖，无性的有二分裂、出芽(外出芽和内出芽)和复分裂(裂体生殖和孢子生殖)，有些原生动物在不良的环境下可形成包囊，在其中也可以进行分裂(如眼虫)。有性生殖有受精和接合生殖，受精有同配(同形配子)和异配(异形配子)等。有些原生动物的生活史中有无性和有性世代交替的现象。多孔动物有无性生殖和有性生殖。无性生殖除出芽外，有芽球的形成，借以渡过不良的环境。刺胞动物有无性的出芽生殖(也有二裂的)和有性生殖，并有世代交替的现象(如薮枝虫、海月水母)，其生殖腺由外胚层或内胚层产生。扁形动物的生殖腺由中胚层产生，而且有了生殖管和附属腺，多是雌雄同体。线虫动物多是雌雄异体的，一般生殖腺与生殖管互相连接，呈管状。自环节动物以后，所有生殖腺都是由体腔上皮演变而来的，并且一般有体腔管通往体外，水中生活的无脊椎动物有体内和体外受精的，但是陆生的种类都是体内受精的。节肢动物中的一些种类以及轮虫等可以行孤雌生殖。

十二、发育

无脊椎动物除了节肢动物的卵裂是表裂，头足类是盘裂外，一般都是全裂，其中扁形动物、环节动物、软体动物的卵裂是螺旋式的，刺胞动物、棘皮动物和总担动物等以辐射式卵裂为主。胚胎发育的过程中，原口成为将来的口者，则属原口动物，原口成为肛门或封闭，口重新形成者就是后口动物(还有其他差别，如中胚层形成的方式不同等)。毛颚动物、异涡动物、棘皮动物、半索动物和脊索动物是后口动物，外肛动物、帚虫动物和腕足动物可能在原口动物和后口动物之间，其他属原口动物。

发育过程中有直接发育(即幼虫与成虫形态无大差异，不须经过变态的)和间接发育(即幼虫和成虫形态不同，须经变态的)2种。间接发育的，其幼虫也有各种不同的形式(图20-2)，多孔动物有两囊幼虫，刺胞动物有浮浪幼虫，扁形动物的涡虫纲有牟勒氏幼虫，纽形动物有帽状幼虫，环节动物、外肛动物、腕足动物和帚虫动物以及软体动物都有担轮幼虫或类似担轮幼虫的幼虫。牟勒氏幼虫、帽状幼虫和担轮幼虫的形状颇相似。节肢动物的幼虫，重要为甲壳类的无节幼体，体不分节，但有3对附肢，因此代表3体节。棘皮动物的幼虫是两侧对称的，经附着后变态为成虫。半索动物的柱头虫的柱头幼虫与棘皮动物的短腕幼虫形态结构非常相似，说明这2门动物间的亲缘关系是很亲近的。一些寄生种类生活史复杂，如吸虫和绦虫等，要换两三种寄主，在此过程中也有各种的变态。它反映了这些寄生虫和宿主关系的历史过程，也可以说是寄生虫对寄生生活不断适应的结果。

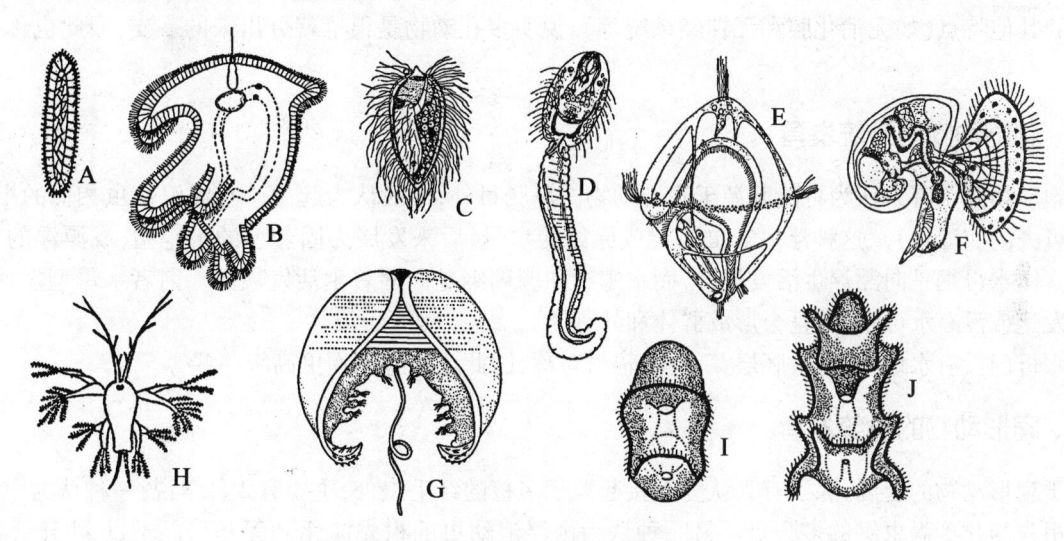

图20-2 各种无脊椎动物的幼虫

A. 刺胞动物的浮浪幼虫；B. 涡虫的牟勒氏幼虫；C. 吸虫的毛蚴；D. 吸虫的尾蚴；E. 环节动物的担轮幼虫；F. 软体动物的面盘幼虫；
G. 软体动物的钩介幼虫；H. 甲壳动物的无节幼体；I. 海星的羽腕幼虫；J. 海星的短腕幼虫

第二节　无脊椎动物系统演化概述

一、原生动物的起源和演化

最早的生命体，应是一团能进行新陈代谢的蛋白质。当其有了细胞核和细胞质的分化，便形成了原生动物(单细胞动物)。原始的单细胞动物可能是原始鞭毛虫。鞭毛纲和肉足纲有甚密切的关系，有些肉足虫有时具鞭毛(如 *Mastigamoeba*)。肉足纲还有一些种类有性生殖过程中具鞭毛(如有孔虫，图2-16)，因此肉足纲可能由原始鞭毛虫演化而来。纤毛虫和具孢子的孢子纲均可能由鞭毛类演化而来。

二、多细胞动物的起源

多细胞动物起源于单细胞动物已为生物学家所公认。但从单细胞动物演化到多细胞动物是通过什么方式呢？生物学家们的意见尚未一致。有一派学者认为，多细胞动物起源于个体原生动物细胞的分化。他们认为多核的纤毛类再进一步分化为涡虫纲中的无肠类。该派学者还认为，无肠类演化成单肠类，而刺胞动物是由单肠类演化而来。另一派的学说认为，多细胞动物起源于单细胞动物鞭毛虫的群体。此派学说认为鞭毛纲中的高级群体(团藻等)是单细胞动物与多细胞动物之间的过渡类型。后者是多数教科书编写动物分类时的依据。

根据单细胞群体形成多细胞动物的理论，最早的多细胞动物是怎样的呢？在这方面又有两种学说：一种是原肠虫说，即某些单细胞群体由内陷法形成了原始两胚层的多细胞动物，称原肠虫。另一种是实球虫说，即某些单细胞群体由移入法形成原始的实球虫。到底原始的多细胞动物是原肠虫呢？还是实球虫呢？这是颇难确定的。但从低等无脊椎动物的胚胎发育看来，移入法是比较普遍的，而且也比较能代表原始的情形，因此实球虫说可能比较可靠。

三、多孔动物的系统发育

多孔动物由鞭毛纲领鞭毛虫的群体演化而来，几无疑议。多孔动物的领细胞和领鞭毛虫在构造上完全相同，就是最好的证明。不过，部分多孔动物胚胎发育过程中的逆转现象，与其他动物都不同。加上多孔动物的其他特点（如无消化腔和无神经系统等），说明多孔动物是很早就分出来的一支，因此也称做侧生动物。

四、刺胞动物的系统发育

刺胞动物除了有人认为可能起源于扁形动物的单肠目外，一般认为起源于与浮浪幼虫相似的祖先（即梅契尼可夫的实球虫）。这种浮浪幼虫演化成原始的水母，后来发展为固着型的水螅型，或漂浮的复杂的水母型。钵水母纲是向漂浮生活发展的，而水螅纲和珊瑚纲是向固着生活发展的。前者水母型发达，后者水螅型发达或没有水母型，并且会形成群体和外骨骼。

栉水母门没有水螅型，有中胚层芽，左右辐射对称，因此比刺胞动物更高级一些。

五、扁形动物的系统发育

关于扁形动物的起源，除了有人认为直接起源于多核的纤毛虫外，主要有2种学说：一种认为由爬行栉水母的祖先演化到涡虫纲的多肠目。另一种认为由浮浪幼虫的祖先演化到无肠目。不过，由于无肠目显然是最原始的类型，所以后一种学说是比较可信的。扁形动物的3纲中，应以自由生活的涡虫纲最原始，吸虫纲是涡虫纲适应寄生生活，体表纤毛消失，感觉器官退化，生殖系统发达，并产生附着器官的结果。即使是绦虫纲，一般认为也不过是涡虫纲对寄生生活更高度的适应，纤毛消失，前端产生附着器官，消化系统完全消失，生殖系统更加发达，而身体分成许多节片的结果。

六、线虫动物和原腔动物的系统发育

由于原腔动物形态上的多样性，以及相关结构上的可比性较差，它们的生活习性和生活方式也存在极大差异。因此，有关它们的系统发生问题到目前为止还没有很好地解决。

线虫动物具有特殊的排泄管，无纤毛，特殊的纵肌层，线形生殖系统。这些结构特点与原腔动物中其他类群显然不同，它们是动物演化上的一个分支。

腹毛动物体表具角质膜和原体腔，尾具黏腺。这些与自由生活的线虫相似。另一方面，体表有纤毛，具焰球的原肾管，双腹式神经，大多数种类为雌雄同体。这些特点似涡虫纲。因此，通过腹毛动物说明了原腔动物与涡虫纲在演化上有着一定的亲缘关系。

轮虫的构造和胚胎发育与涡虫纲相似。许多轮虫体形较扁，具纤毛的头冠显著偏向腹面。具焰球的原肾管与涡虫纲单肠目动物相同。雌雄异体，具卵黄腺，胚胎发育中早期卵裂属螺旋形，双腹式神经。这些特点说明轮虫可能由涡虫纲演化而来。

棘头动物具原肾管，肌层由环肌与纵肌构成，这与涡虫纲近似，但棘头动物具吻，有复杂的腔隙系统，无消化管，特异的生殖器官等特点，与原腔动物中其他类群显然不同，其演化地位难以确定。

线形动物的体形和某些结构似线虫动物，但体无侧线，原体腔中充满间质，消化管退化，无排泄器官，神经结构特殊，故其演化关系尚不明确。

颚口动物的分类地位尚难以最后确定。它兼有原腔动物部分类群和扁形动物的部分特征，因此颚口动物可能是介于扁形动物与原腔的腹毛动物及轮虫动物之间的一类，与二者均有某种亲缘关系。

通过比较微颚动物的颚与轮虫动物的咀嚼器以及颚口动物的颚结构，人们发现的这3个结构是同源的，进一步的比较显示微颚动物与轮虫动物关系更近些。

铠甲动物兼有轮虫动物门、线形动物门、缓步动物门、动吻动物门和鳃曳动物门的部分特征，它在动物系统演化中的地位尚难确定。

关于内肛动物的分类地位，有观点认为它与其他原腔动物门类分开得较早，但仍然归为原腔动物大类。

除了原体腔、原肾和上皮组织为合胞体等特征与其他原腔动物相同外，动吻动物还有很多特征类似于节肢动物，例如，身体分节，具有几丁质外骨骼，蜕皮，体壁肌肉成束且都是横纹肌，都具有神经节的神经索，从核苷酸序列分析，发现它们之间存在姊妹关系。但无论是以形态结构为主的传统动物分类系统，还是结合了分子信息的现代分类系统，动吻动物与铠甲动物都是最近的。

七、低等真体腔动物的系统发育

因涡虫纲的器官系统有假分节的现象（如肠支、生殖系统、神经系统等），环节动物一般被认为是起源于扁形动物的涡虫纲。环节动物的担轮幼虫也具有原肾。同时，担轮幼虫和牟勒氏幼虫形态也颇相似。在环节动物门主要的3纲中，多毛纲是最原始的，寡毛纲是适应土壤生活的结果，蛭纲是寡毛类适应半寄生生活的结果。

须腕动物是1955年被建立起的一个独立门。其尾中胚层具分节、具与多毛类相似的刚毛等特点，又使得许多动物学家认为须腕动物在系统发育中处于原口动物的地位，更接近于环节动物。同时，也有一些动物学家认为在动物系统演化中，须腕动物是介于原口动物与后口动物之间的中间类群，或者说须腕动物是沿着一条独立的演化道路的动物类群。最近，研究人员对须腕动物的线粒体基因组序列的分析显示：它与环节动物很近，故目前有人坚持认为须腕动物是环节动物门的一个纲。

蠕虫动物的内部结构及其发育中幼虫的结构与环节动物多毛类有很多共同点，故一般认为它是多毛类的退化结果。

八、软体动物的系统发育

就软体动物发育过程中的螺旋式卵裂和具担轮幼虫阶段看，软体动物无疑与环节动物的亲缘关系是很密切的。这2门应是同一祖先朝不同方向发展的结果。环节动物朝活动的方向发展，因此身体出现了环节和疣足；软体动物向不活动的方向发展，因此出现了贝壳。

软体动物中的单板纲、无板纲及多板纲较为原始，这几类的真体腔发达，近似梯式神经，有的体呈蠕虫形，无壳，许多器官如鳃、肾、外壳等显示出分节排列现象。这些原始性状的存在，使学者认为它们接近软体动物的原始祖先，各自独立发展一支。

腹足类较为原始。

瓣鳃纲的生活方式不活动，无头，但原始种类具楯鳃，足部具跖面，这与腹足纲接近。

掘足纲的结构表明它接近于原始的瓣鳃类。但掘足类无鳃，无心脏，贝壳筒形，又显示与其他纲动物在演化上较为疏远，可能是较早分出的一支。

头足纲为一古老的类群，起源早，化石种类多。头足类既有原始性状，又有高度的演化特征，故推测它们可能是很早分出的、沿着更为活跃的生活方式发展的一个独立的分支。

九、节肢动物的系统发育

节肢动物无疑是由环节动物演化而来的,如身体分体节,神经系统链状,绿腺、颚腺与肾管(体腔管)同源,叶足与蚴足相似等皆可以说明。不过节肢动物的祖先是单元抑或多元的,则有争论。

有人推断各类节肢动物都源自一个基干类群——古代的甲壳类,或"原甲壳动物"。只是各类群发展的方向有所不同而导致了现生类群的分化。

三叶虫出现于寒武纪的早期,可能是自原甲壳动物演化出来的第一主支。

螯肢动物肢口类可能起源自前寒武纪的晚期,在寒武纪中大爆发。

早期多足动物是海产的,后演化为陆栖。

六足类是节肢动物中最晚出现的一支。由于翅的出现和飞行活动,六足动物基本上是陆生类群,水生种类是次生性进入水生环境后产生的。

现在的甲壳动物起源自节肢动物演化树很基部的分支,而且可能由原甲壳动物在不同时期多次演化而来。

十、后口动物的系统发育

后口动物包括毛颚动物、异涡动物、棘皮动物、半索动物和脊索动物5个门。脊索动物不属无脊椎动物,故不在此讨论。后口动物的胚胎发育过程中原口成肛门或封闭,中胚层的形成是肠腔法等,使它们和其他原口动物分别开来,自成一大类。毛颚动物应是早期分出的一支,就其体腔前后分隔成3部分看来,应具3个体节。棘皮动物是两侧对称的,祖先因适应固着生活又再成为辐射对称的,就其对称幼虫的体腔囊看来,其祖先应该也是3体节的。棘皮动物中最古老的是海百合纲。它们还停留在固着生活的阶段。其他各纲则又从固着生活改变到移动生活。海星、蛇尾、海胆的幼虫较相似,其中尤以海胆和蛇尾最相似。至于海参,又有再次过渡到两侧对称的趋势。须腕动物是后口动物很早就分出来的适应固着生活的一支,它的体腔也分3部分,是后口动物中唯一不具消化管的类群。半索动物门由于其口索曾被认为是脊索,加上有鳃裂和背神经具腔等,曾被认为是脊索动物,现在一般学者认为口索根本不同于脊索(可能是内分泌器官),此外,它们具腹神经索以及循环系统为开管式等,因此已把它们从脊索动物中分出来,隶属无脊索动物(即无脊椎动物)。由于柱头虫与海参的短腕幼虫极为相似,因此半索动物与棘皮动物是最为亲近的。

十一、总担动物的分类地位

腕足动物、外肛动物及帚虫动物3门的分类位置颇难确定,它们之间关系也不密切,由于它们具有与担轮幼虫相似的幼虫,显然应属原口动物,但它们也有后口动物的特点,如这3门动物主要为辐射卵裂以及腕足类的体腔乃是由肠腔法形成的。因此,通常把它当做是介于原口动物与后口动物之间的类群。也有人把腕足类列入后口动物,把外肛动物等列入原口动物的。但目前最新的观点是,它们都不属于后口动物。

十二、无脊椎动物各门的亲缘关系

现根据各无脊椎动物门类的形态学特点以及分子系统学方面的信息,结合国内外普遍的看法将各主要门纲的亲缘关系图解如下(图20-3)(脊索动物也并列入供参考):

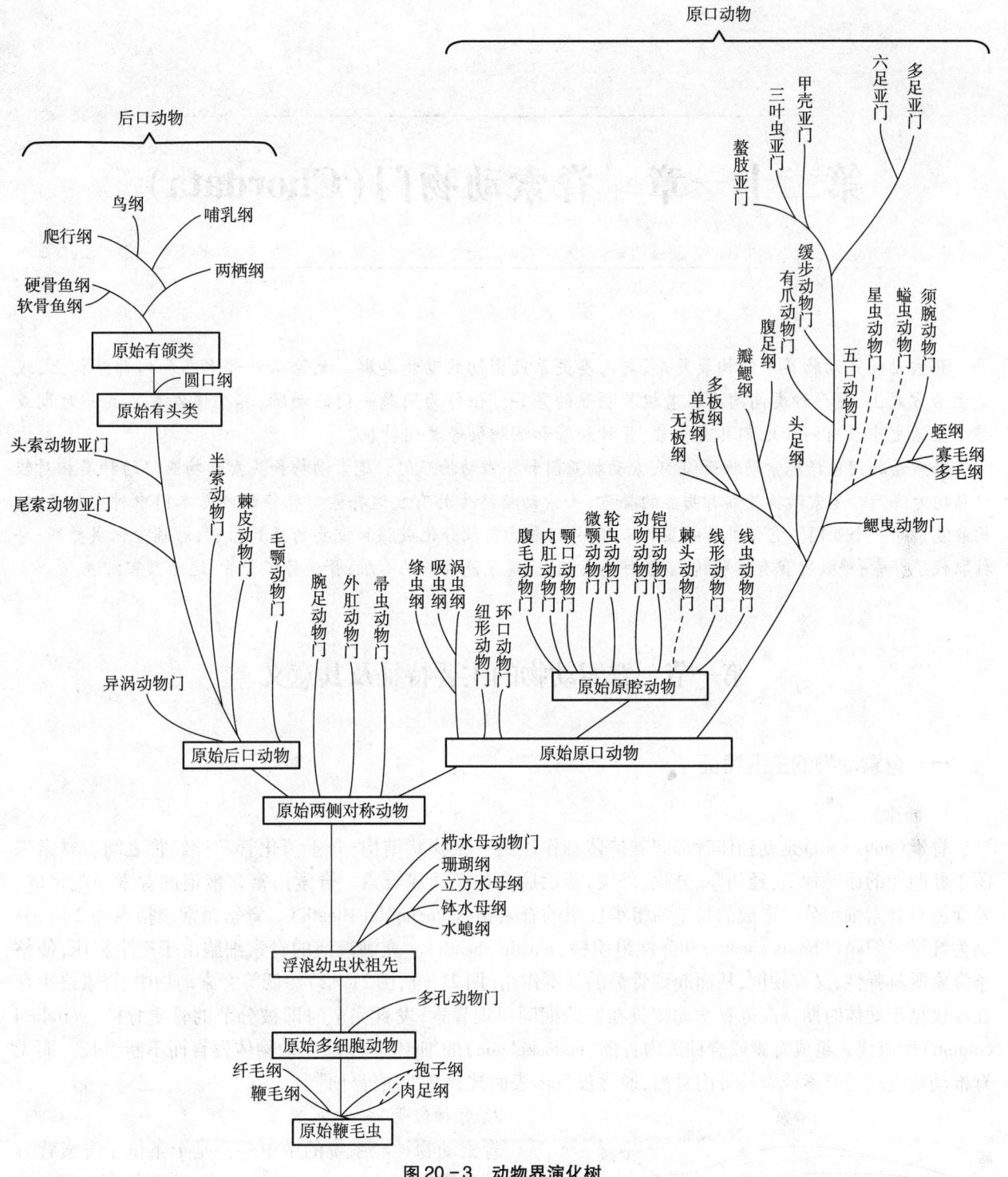

图 20-3　动物界演化树

虚线表示可能的演化途径

第二十一章 脊索动物门(Chordata)

脊索动物是动物界中结构最复杂、与人类关系最密切的动物类群。无论从外部形态和内部结构上，或是生活方式上，现存种类间均存在着极其明显的差异。但作为同属一门的动物，其个体发育的某一时期或整个生活史中没有例外地都具有脊索、背神经管和咽鳃裂等共同特征。

脊索动物门包括尾索动物亚门、头索动物亚门和脊椎动物亚门。尾索动物和头索动物亚门的种类相对较少且均为海产。尾索动物尾部有明显的脊索；头索动物终生具有发达脊索。脊椎动物是本门中种类最多、结构最复杂的一个亚门。它们具有明显的头部；神经管的前端分化成脑和重要的感觉器官，后端分化成脊髓；脊柱取代了脊索；呼吸器官有鳃和肺；多数种类具颌；出现了能收缩的心脏；肾代替了肾管；运动器官发达。

第一节 脊索动物的主要特征及其意义

一、脊索动物的主要特征

1. 脊索

脊索(notochord)是动物体背部起支持体轴作用的一条棒状结构，介于消化管和神经管之间。脊索来源于胚胎期的原肠背壁，经加厚、分化、外突，最后脱离原肠而成脊索。脊索由富含液泡的脊索细胞组成，外面围有脊索细胞分泌形成的具结缔组织性质的脊索鞘(notochordal sheath)。脊索鞘常包括内外2层，分别为纤维组织鞘(fibrous sheath)和弹性组织鞘(elastic sheath)。充满液泡的脊索细胞由于产生膨压，使整条脊索既具弹性，又有硬度，从而起到骨骼的基本作用(图21-1，图21-2)。低等脊索动物中，脊索终生存在或仅见于幼体时期。高等脊索动物只在胚胎期间出现脊索，发育完全时即被分节的骨质脊柱(vertebral column)所取代。组成脊索或脊柱等内骨骼(endoskeleton)的细胞，都能随同动物体发育而不断生长。而无脊椎动物则缺乏脊索或脊柱等内骨骼，通常仅身体表面被有几丁质等外骨骼。

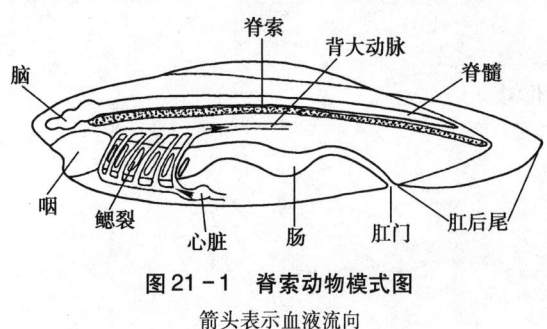

图21-1 脊索动物模式图
箭头表示血液流向

2. 背神经管

脊索动物神经系统的中枢部分是1条位于脊索背方的背神经管(dorsal tubular nerve cord)，由胚体背中部的外胚层下陷卷褶所形成(图21-1)。在高等种类中，背神经管前、后分化为脑和脊髓。神经管腔(neurocoele)在脑内形成脑室(cerebral ventricle)，在脊髓中成为中央管(central canal)。无脊椎动物神经系统的中枢部分为1条实性的腹神经索(ventral nerve cord)，位于消化管的腹面。

3. 咽鳃裂

低等脊索动物在消化管前端的咽部两侧有一系列左右成对排列、数目不等的裂孔，直接开口于体表或以一个共同的开口间接地与外界相通,这些裂孔就是咽鳃裂(pharyngeal gill slits)(图21-1)。低等水栖脊索动物的鳃裂终生存在并附生着布满血管的鳃,作为呼吸器官,陆栖高等脊索动物仅在胚胎期或幼体期(如两栖纲的蝌蚪)具有鳃裂,随着发育成长最终完全消失。无脊椎动物的鳃不位于咽部,用作呼吸的器官有软体动物的栉鳃以及节肢动物的肢鳃、足鳃和气管等。

4. 脊索动物的心脏及主动脉

脊索动物的心脏位于消化管的腹面,循环系统为闭管式(图21-1)。无脊椎动物的心脏及主动脉在消化管的背面,循环系统大多为开管式。

5. 肛门后有肛后尾

绝大多数脊索动物在肛门后方有肛后尾(post-anal tail)(图21-1),无脊椎动物的肛孔常开口在躯干部的末端。

在上述特征中,具有脊索、背神经管和咽鳃裂是区别脊索动物和无脊椎动物最主要的3个基本特征。此外,脊索动物还有一些性状同样也见于高等无脊椎动物的,例如三胚层、后口、存在真体腔、两侧对称的体制、身体和某些器官的分节现象等。这些共同点表明脊索动物是由无脊椎动物演化而来的。

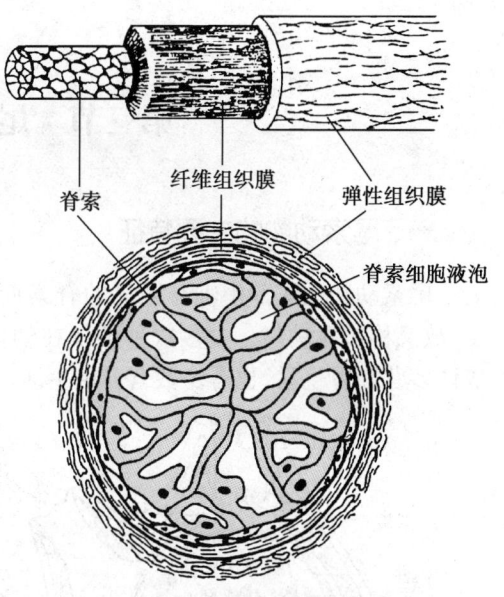

图21-2 脊索的纵截与横切面
(仿 Kardong 和 Hickman)

二、脊索的出现在动物演化史上的意义

脊索的出现被认为是动物演化史中的重大事件。由于脊索的存在,使动物体的支持、保护和运动的功能得到了质的飞跃。这一结构在脊椎动物又有了更加完善的发展,从而使脊椎动物成为在动物界中占统治地位的一个类群。

脊索(以及脊柱)构成了支撑动物躯体的主梁,是体重的受力者,使内脏器官得到有力支持和保护,运动肌肉获得坚强的支点,在运动时不因肌肉的收缩而使躯体缩短或变形,进而导致动物有了向大型化发展的可能。脊索的中轴支撑作用也使动物体更有效地完成定向运动,对于主动捕食及逃避敌害都更为准确、迅捷。脊椎动物头骨的形成、颌的出现以及椎管对中枢神经的保护,都是在此基础上完善和发展的。

第二节 脊索动物分类概述

现存的脊索动物约有64 800多种,分属于尾索动物亚门(Urochordata)、头索动物亚门(Cephalochordata)和脊椎动物亚门(Vertebrata)3个亚门。尾索动物和头索动物两个亚门是脊索动物中最低级的类群,总称为原索动物(Protochordata)。脊索动物各亚门的分纲见表21-1。

表21-1 脊索动物门各亚门的分纲

尾索动物亚门		头索动物亚门		脊椎动物亚门	
尾海鞘纲	Appendiculariae	头索纲	Cephalochorda	圆口纲	Cyclostomata
海鞘纲	Ascidiacea			软骨鱼纲	Chondrichthyes
樽海鞘纲	Thaliacea			硬骨鱼纲	Osteichthyes
				两栖纲	Amphibia
				爬行纲	Reptilia
				鸟纲	Aves
				哺乳纲	Mammalia

第三节 尾索动物亚门（Urochordata）

一、尾索动物的主要特征

尾索动物因尾部中轴有明显的脊索而得名。成体的体表都包裹着一层由表皮所分泌的纤维质的被囊，故又称被囊动物。大多数种类仅在幼体期有脊索和背神经管。海产，分布很广，从近岸到大洋都有。成体多营固着生活，也有少数营自由生活。终生或幼虫期体形为蝌蚪状，由躯干部和尾部组成。

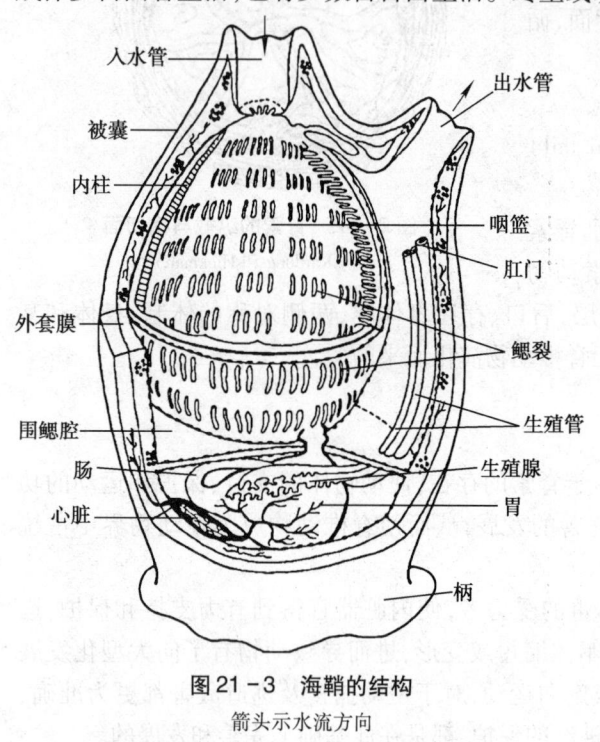

身体有2孔，一为入水孔（口孔），用于进水和摄食，一为出水孔（排泄孔），用于排除水和废物。口在入水孔下面，口下面为宽大的咽，具很多鳃裂，鳃裂周围密生纤毛，借纤毛的摆动使水由咽不断地经过鳃裂流到围鳃腔，而进行呼吸作用，围鳃腔是体壁内围绕咽的部分，鳃裂开口于此腔内，肛门和生殖孔亦开口于此（图21-3）。围鳃腔由出水孔与外界相通。咽的腹面直到食管有一特殊构造，称为内柱，内柱上皮细胞生有许多纤毛，并有分泌黏液的腺细胞把流进咽中的微小浮游生物黏住，靠纤毛的摆动，把食物送进食管，消化不了的食物，随水流由出水孔排出体外。

心脏位于胃附近的1个肌肉囊内，无收缩机能，借围心腔壁的肌肉而缩张。囊的两端分出血管通到身体各部，血流方向不定，每条血管都轮流作为动脉或静脉。血液无色。

尾索动物成体的神经系统和感觉器官都明显退化，在咽的背侧有1个神经节，分出神经通到身体各部，在神经节的腹面有一神经下腺。感觉器官仅在外套膜、入水孔和出水孔有分散的感觉细胞。无成形的排泄器官，在肠的弯曲部有一囊状块，无特殊的输出管，在里面常发现有尿酸。

图21-3 海鞘的结构
箭头示水流方向

绝大多数雌雄同体，精巢和卵巢位于胃的附近，依靠水流将另1个体的精子通过入水孔带进围鳃腔，卵和精子在此处受精。受精卵通过出水孔流出体外，在海水中发育。除有性生殖外，还有出芽或分裂的无性生殖。有世代交替现象。

尾索动物成体的形态结构与典型的脊索动物有很大差异，但其幼体的外形酷似蝌蚪并具有脊索动物3个主要特征（图21-4）。幼体长约0.5 mm，尾内有发达的脊索，脊索背方有中空的背神经管，神经管的前端甚至还膨大成脑泡（cerebral vesicle），内含眼点和平衡器官等；消化管前段分化成咽，有少量成对的鳃裂；身体腹侧有心脏。

幼体经过几小时的游动后，就用身体前端的附着突起（adhesive papillae）黏着在其他物体上，开始变态。在变态过程中，幼体的尾连同内部的脊索和尾肌逐渐萎缩，并被吸收而消失，神经管及感觉器官也退化而残存为1个神经节。同时，咽部却大为扩张，鳃裂数急剧增多，同时形成围绕咽部的围鳃腔；附着突起也为柄所替代。附着突起背面因生长迅速，把口孔的位置推移到另一端（背部），于是造成内部器官的位置也随之转动了90°~180°。最后，由体壁分泌被囊素构成保护身体的被囊，使其从游动的幼体变为营固着生活的成体（图21-5）。尾索动物在变态发育中失去了一些重要的构造，形态变得更为简单。这种变态称为逆行变态（retrogressive metamorphosis）。

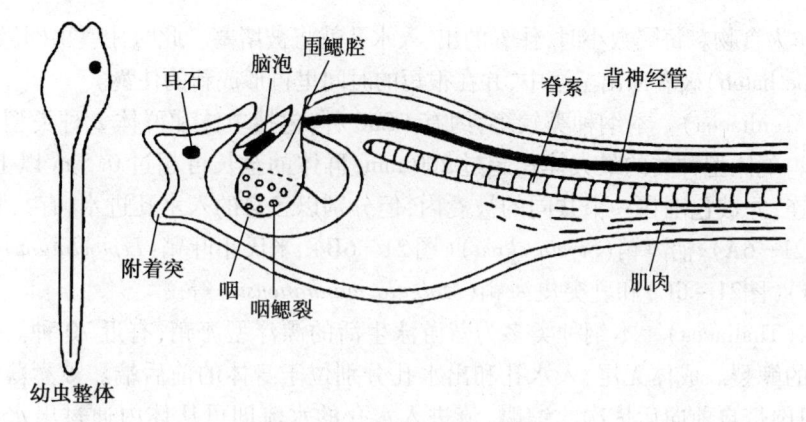

图 21-4　尾索动物幼体的形态
（仿 Jurd）

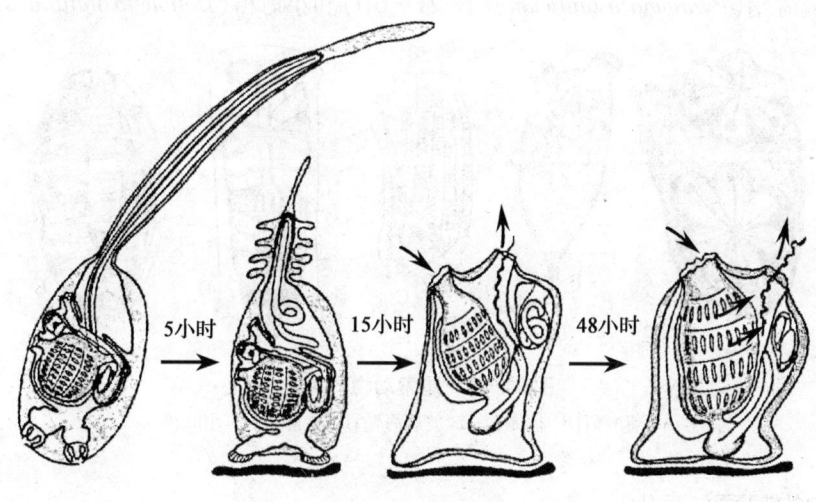

图 21-5　尾索动物的逆行变态
（仿 Cloney）

海鞘是尾索动物亚门中最主要的类群,约占全部种数的 90% 以上。柄海鞘是海鞘类中的优势种,经常与盘管虫(*Hydroides*)、藤壶(*Balanus*)及苔藓虫(*Bugula*)等附着在一起,固着在码头、船坞、船体,以及海水养殖的海带筏和扇贝笼上,被作为沿海污损生物的重要指标种。

由于尾索动物在动物演化史所处的特殊地位,它受到了动物学家、生物演化论者和比较内分泌学家的高度关注,同时人们从以海鞘为代表的尾索动物的化学组分中发现了不少结构新颖、活性独特的化合物。因此,尾索动物也成为科学工作者竞相研究的热点动物之一。

二、尾索动物的分类与多样性

早在 2000 多年前,尾索动物就已被记载和描述,曾先后隶属于无脊椎动物中的蠕虫类、拟软体动物、外肛动物或软体动物,直到 1866 年对海鞘的胚胎发育及变态细致的研究后,才正式确定其应置于脊索动物门。

尾索动物是脊索动物中最原始的类群,遍布世界各地海洋,约 1 380 多种,分属于尾海鞘纲、海鞘纲和樽海鞘纲 3 纲。

纲 1. 尾海鞘纲(Appendiculariae)　本纲是尾索动物中的原始类型,共 1 目 3 科 60 余种。体长数 mm 至 20 mm,如住囊虫(*Oikopleura*)和巨尾虫(*Megalocercus huxleyi*)等。尾海鞘纲与本亚门中其他两纲的主要区别是:体外无被囊,只有 2 个直接开口体外的鳃裂而缺乏围鳃腔,终生保持着带有长尾的幼体状态(neotonous),大多在沿岸浅海中营游泳生活。生长发育过程中无逆行变态,故也称幼形纲(Larvacea)。住囊虫包藏在由皮肤分泌的胶质住囊(gelatinous house)内,住囊有入水孔和出水孔,住囊虫在囊中借助内有脊索和神经索的尾巴摆动进水,并使囊中的水由出水孔排出,推动动物体前进,同时通过虫体口外特有的网筛(filter),从流水中滤取微小的浮游生物作为食物。每隔数小时,住囊的出、入水孔就将被堵塞。此时住囊虫即激烈挥动长尾,从特殊的小室孔道(escape hatch)破囊冲出至海中,并在很短的时间里再形成新的住囊。

纲2. 海鞘纲(Ascidiacea) 本纲种类较多,约有1 250种,包括单体和群体2种类型,附着于水下物体或营水底固定生活。单体型种类的最大体长超过200 mm,群体的全长可超过0.5 m以上。群体型种类的许多个体都以柄相连,并被包围在一个共同的被囊内,但分别以各自的入水孔进水,有共同的排水口。如菊海鞘(*Botryllus*)(图21-6A)、柄海鞘(*Styela clava*)(图21-6B)、米氏小叶鞘(*Leptoclinum mitsukurii*)、玻璃海鞘(*Ciona intestinalis*)(图21-6C)和乳突皮海鞘(*Molgula manhattensis*)等。

纲3. 樽海鞘纲(Thaliacea) 本纲种类多为营游泳生活的漂浮型海鞘,有近70种。体呈桶形或樽形,咽壁有2个或更多的鳃裂。成体无尾,入水孔和出水孔分别位于身体的前后端。被囊薄而透明,囊外有环状排列的肌肉带,肌肉带自前向后依次收缩时,流进入水孔的水流即可从体内通过出水孔排出,以此推动樽海鞘前进,并在此过程中完成摄食和呼吸。生活史较复杂,具有性与无性的世代交替。如樽海鞘(*Doliolum deuticulatum*)、磷海鞘(*Pyrosoma atlanticum*)(图21-6D)和小海樽(*Doliloletta natilnalis*)(图21-6E)。

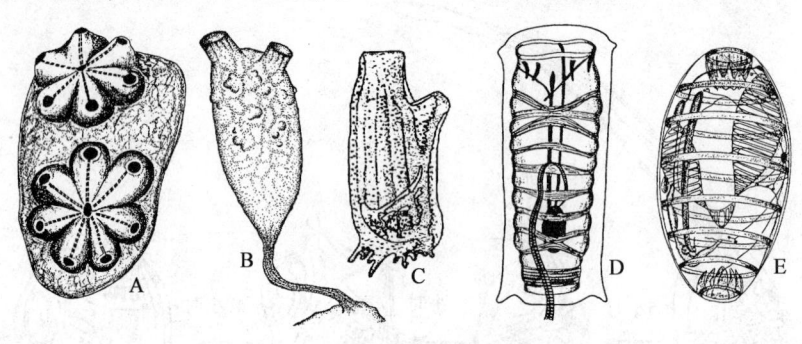

图21-6 尾索动物的种类
A. 菊海鞘;B. 柄海鞘;C. 玻璃海鞘;D. 磷海鞘;E. 小海樽

三、尾索动物的起源与演化

有关尾索动物的起源问题,长期以来没有得到很好解决。目前发现的最早的尾索动物化石是始祖长江海鞘(*Cheungkongella ancestralis*),它的躯体基本构型具有明显的两重性或演化性状上的"镶嵌性":既产生尾索动物的过滤取食系统,同时还残留着其祖先的口触手。具有这种特征的低等动物主要是总担动物。另外,总担动物的部分种类也存在着表面构造和内部结构的退化现象,这又与现生尾索动物种类的逆向变态有些类似。从这些方面看,原始尾索动物应该与总担动物类群(腕足动物、外肛动物及帚虫动物)有着共同的祖先。但由于尾索动物化石方面信息获取得还太少,且分子生物学方面的信息也不完整,故对于尾索动物的起源尚没有一个令人满意的解释。

作为最低等的脊索动物,尾索动物与高等脊索动物存在着演化上的亲缘关系,两者可能都是从原始无头类动物演化而来。这类原始无头类一方面将幼体时期的尾和自由游泳的生活方式保留到成体,另一方面缺失了生活史中的固着生活阶段,通过幼态滞留及幼体性成熟途径发展为头索动物和脊椎动物。尾索动物是在演化过程中适应特殊生活方式的一个退化分支,除保留滤食的咽及营呼吸作用的咽鳃裂外,大多数种类已在变态中失去所有的进步特征,并向固着生活的方向发展。

第四节 头索动物亚门(Cephalochordata)

一、头索动物的主要特征

头索动物是一类终生具有发达脊索、背神经管和咽鳃裂等特征的无头鱼形脊索动物。它们的脊索不但终生保留,且延伸至背神经管的前方,故称头索动物。又因都缺乏真正的头和脑,所以又称无头类。因本亚门只有文昌鱼目1目,故也常将头索动物统称为文昌鱼。

(一) 外部形态

文昌鱼的体形略似小鱼,无明显的头部,左右侧扁,半透明,可隐约见到皮下的肌节(myomere)和腹侧块状的生殖腺(图21-7A);身体两端尖出,故有双尖鱼(Amphioxus)之称,又因其尾形很像矛头而名海矛。一般体长约50 mm,但产于美国的加州文昌鱼(*Branchiostoma californiense*)可超过100 mm。

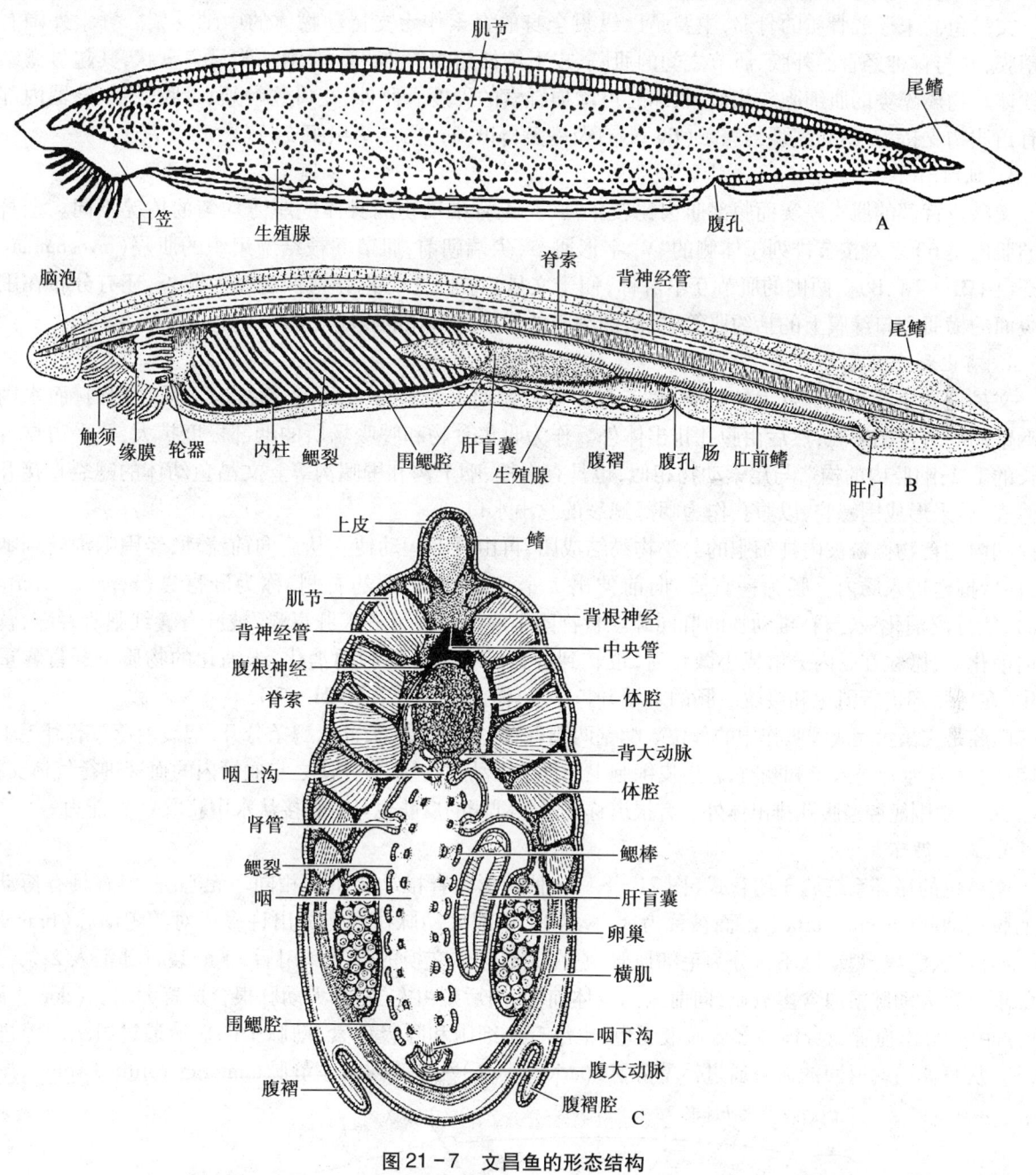

图21-7 文昌鱼的形态结构
A. 外形;B. 纵剖面;C. 过咽的横切面

文昌鱼前端的腹面为一漏斗状的口笠(Oral hood),口笠内为前庭(vestibule),内壁有轮器(wheel organ),由前庭引向位于一环形缘膜(velum)中央的口。口笠和缘膜的周围分别环生触须(cirri)及缘膜触手(velar tentacle)(或称轮器),具有保护和过滤作用,可阻挡粗砂等物随水流进入口中。整个背面沿中线有1条低矮的背鳍(dorsal fin),往后与高而绕尾的尾鳍(caudal fin)相连。此外,在肛门之前还有肛前鳍(preanal fin)。无偶鳍,只在身体前部的腹面两侧各有1条由皮肤下垂形成的纵褶,称为腹褶(metapleura fold)。

腹褶和肛前鳍的交界处有1腹孔(atripore),是咽鳃裂排水的总出口,故又名围鳃腔孔(图21-7B)。

(二) 内部结构

1. 皮肤

文昌鱼的皮肤薄而半透明,由单层柱形细胞的表皮和冻胶状结缔组织的真皮两部分构成,表皮外覆有一层角皮层(图21-7C)。表皮外在幼体期生有纤毛,成长后则消失殆尽。

2. 骨骼

文昌鱼尚未形成骨质的骨骼,主要是以纵贯全身的脊索作为支持动物体的中轴支架。脊索外围有脊索鞘膜,并与背神经管的外膜、肌节之间的肌隔、皮下结缔组织等连续。脊索细胞呈扁盘状,其超显微结构与软体动物瓣鳃类的肌细胞较相似,收缩时可增加脊索的硬度。此外,在口笠触须、缘膜触手、轮器内部也都有角质物支持,奇鳍和鳃裂的鳍条(fin rays)及鳃条(gill bar)由结缔组织支持(图21-7C)。

3. 肌肉

文昌鱼背部的肌肉厚实而腹部肌肉比较单薄,与无脊椎动物周身体壁厚薄均匀的情况不同。全身主要的肌肉是60多对按节排列于体侧的"V"字形肌节,尖端朝前,肌节间被结缔组织的肌隔(myocomma)所分开(图21-7A、B)。两侧的肌节互不对称,便于文昌鱼在水平方向作弯曲运动。此外,还有分布在围鳃腔腹面的横肌和口缘膜上的括约肌等,控制围鳃腔的排水及口孔的大小。

4. 消化和呼吸器官

文昌鱼靠轮器和咽部纤毛的摆动,使带有食物微粒的水流经口入咽,食物被滤下留在咽内,而水则通过咽壁的鳃裂至围鳃腔,然后由腹孔排出体外。作为收集食物和呼吸场所的咽部极度扩大,几乎占据身体全长的1/2,咽腔内的构造与尾索动物相似,也具有内柱、咽上沟和围咽沟等。文昌鱼幼体的鳃裂直接开口于体表,后来形成围鳃腔,以腹孔作为咽部鳃裂的总出水口。

咽内的食物微粒被内柱细胞的分泌物黏结成团,再由纤毛运动使它从后向前流动,经围咽沟转到咽上沟,往后推送进入肠内。肠为一直管,向前伸出1个盲囊,突入咽的右侧,称为肝盲囊(hepatic diverticulum),能分泌消化液,与脊椎动物的肝同源。食物团中的小微粒可进入肝盲囊,被肝盲囊细胞所吞噬,营细胞内消化,大微粒在肠内分解成小微粒后,也转到肝盲囊中进行细胞内消化,未消化的物质由肝盲囊重返肠中,在后肠部进行消化和吸收。肠的末端开口于身体左侧的肛门(图21-7B)。

咽腔是文昌鱼完成呼吸作用的部位。咽壁两侧有60多对鳃裂,彼此以鳃条分开,鳃裂内壁布有纤毛上皮细胞和血管。水流进入口和咽时,藉上皮细胞上的纤毛运动,通过鳃裂并使之与血管内的血液进行气体交换,最后,水再由围鳃腔经腹孔排出体外。有报道称文昌鱼纤薄的皮肤也具有直接从水中获取O_2的能力。

5. 血液循环

文昌鱼的循环系统属于闭管式(图21-8),这种情形与脊椎动物基本相同。无心脏,但有具有搏动能力的腹大动脉(ventral aorta),因而被称为狭心动物。由腹大动脉往两侧分出许多成对的鳃动脉(branchial arteries)进入鳃隔,鳃动脉不再分为毛细血管,它在完成气体交换的呼吸作用后,于鳃裂背部汇入2条背大动脉根。背大动脉根内含多氧血,向前流向身体前端,向后则由左、右背大动脉根合成背大动脉(dorsal aorta),再由此分出血管到身体各部。血液无色,也没有血细胞和呼吸色素,动脉中的血液通过组织间隙进入静脉。从身体前端返回的血液通过体壁静脉(parietal vein)注入1对前主静脉(anterior cardinal vein);尾的

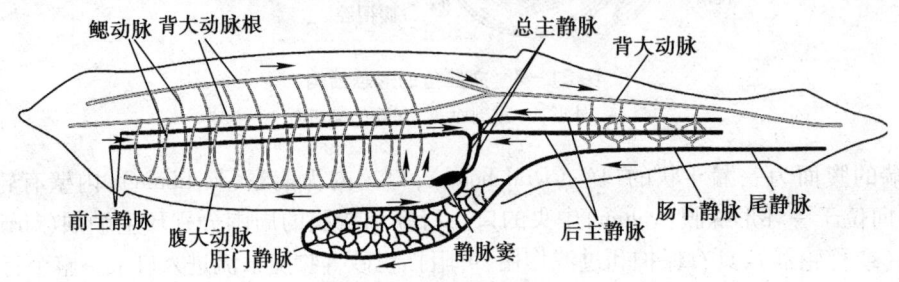

图21-8 文昌鱼的循环系统

箭头示血流方向

腹面有1条尾静脉(caudal vein),收集一部分从身体后部回来的血液,进入肠下静脉(subintestinal vein),大部分血液则流进2条后主静脉(posterior cardinal vein)。左、右前主静脉和两条后主静脉的血液全部汇流至1对横行的总主静脉(common cardinal vein),或称居维叶氏管(Cuvierian duct)。左、右总主静脉会合处为静脉窦(sinus venosus),然后通入腹大动脉。从肠壁返回的血液由毛细血管网集合成肠下静脉,尾静脉的部分血液也注入其中;肠下静脉前行至肝盲囊处,血管又形成毛细管网,由于这条静脉的两端在肝盲囊区都形成毛细血管,因此称作肝门静脉(hepatic portal vein)。由肝门静脉的毛细血管再一次合成肝静脉(hepatic vein)并将血液汇入静脉窦内。

6. 排泄器官

文昌鱼的排泄器官由数十对按节排列的肾管(nephridium)(图21-9)组成,位于咽壁背方的两侧。其结构和机能与扁形动物及环节动物的原肾比较近似。每个肾管是一短而弯曲的小管,弯曲的腹侧有单个开口于围鳃腔的肾孔(nephrostome),弯管的背侧连接着5~6束与肾管相通的管细胞(solenocytes)。管细胞由体腔上皮细胞特化而成,其远端呈盲端膨大,紧贴体腔,内有一长鞭毛。代谢废物通过体腔液渗透进入管细胞,经鞭毛的摆动到达肾管,再由肾孔送至围鳃腔,随水流排出体外。此外,在咽部后端背部的左右,各有1个称为褐色漏斗(brown funnel)的盲囊,有人认为它们有排泄功能,也有人推测它们可能是一种感受器。

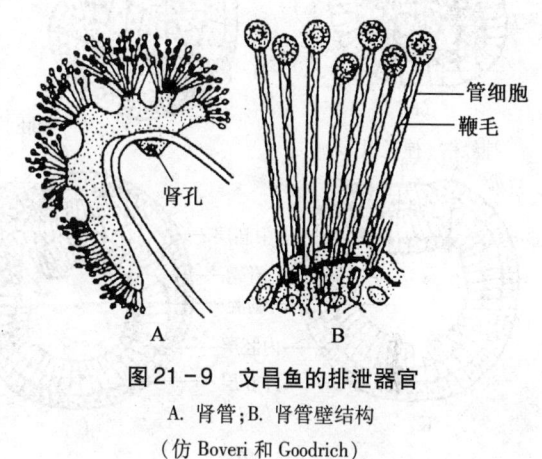

图21-9 文昌鱼的排泄器官

A. 肾管;B. 肾管壁结构

(仿 Boveri 和 Goodrich)

7. 神经系统

文昌鱼的中枢神经是1条纵行于脊索背面的背神经管,神经管的前端内腔略为膨大,称为脑泡(cerebral vesicle)。幼体的脑泡顶部有神经孔与外界相通,长成后完全封闭。神经管的背面并未完全愈合,尚留有一条裂隙,称为背裂(dorsal fissure)。周围神经包括由脑泡发出的2对"脑"神经和自神经管两侧发出的成对脊神经。神经管在与每个肌节相应的部位,分别由背、腹发出1对背神经根及几条腹神经根,或简称背根(dorsal root)和腹根(ventral root)(图21-7C)。背根和腹根在身体两侧的排列形式与肌节一致,左右交错而互不对称,且其背根和腹根之间也不像脊椎动物那样联结成一条脊神经。背根是兼有感觉和运动机能的混合性神经,接受皮肤感觉和支配肠壁肌肉运动;腹根专管运动,分布在肌肉上。

文昌鱼的感觉器官很不发达,许多位于神经管两侧的黑色小点是光线感受器,称为脑眼(ocelli)。每个脑眼由一个感光细胞和一个色素细胞构成,可通过半透明的体壁,起到感光作用。神经管的前端有单个大于脑眼的色素点(pigment spot),色素点也称眼点,但无视觉作用。此外,全身皮肤中还散布着零星的感觉细胞,其中尤以口笠、触须和缘膜触手等处较多。

8. 生殖系统

文昌鱼为雌雄异体。生殖腺附生于围鳃腔两侧的内壁上,为26对左右厚壁的矩形小囊(图21-7)。性成熟时可根据精巢为白色或卵巢呈现淡黄色进行文昌鱼的雌雄鉴别。成熟的精子和卵都是通过生殖腺壁的裂口释出,坠入围鳃腔,再随同水流由腹孔排出,在海水中完成受精作用。

(三) 发育

文昌鱼在每年的5~7月产卵,通常产卵和受精都在傍晚进行。卵小而含卵黄少,为均黄卵(isolecithal egg),卵径0.1~0.2 mm。文昌鱼的发育需经历受精卵→桑椹胚→囊胚→原肠胚→神经胚各个时期,才孵化成幼体(图21-10A~N),完成此过程大约需要20多个小时。

胚胎发育结束后,全身披有纤毛的幼体就能突破卵膜,到海水中活动,此时有白天游至海底夜间升上海面进行垂直洄游的生活规律。幼体期约3个月,然后沉落海底进行变态。幼体在生长发育和变态的过程中,身体日益长大,出现前庭,鳃裂的数目因发生次生鳃条而增加了一倍,并由原来直接开口体外而变为通入新形成的围鳃腔中(图21-10O~Q)。一龄的文昌鱼体长约40 mm,性腺发育成熟,可参与当年的繁殖。

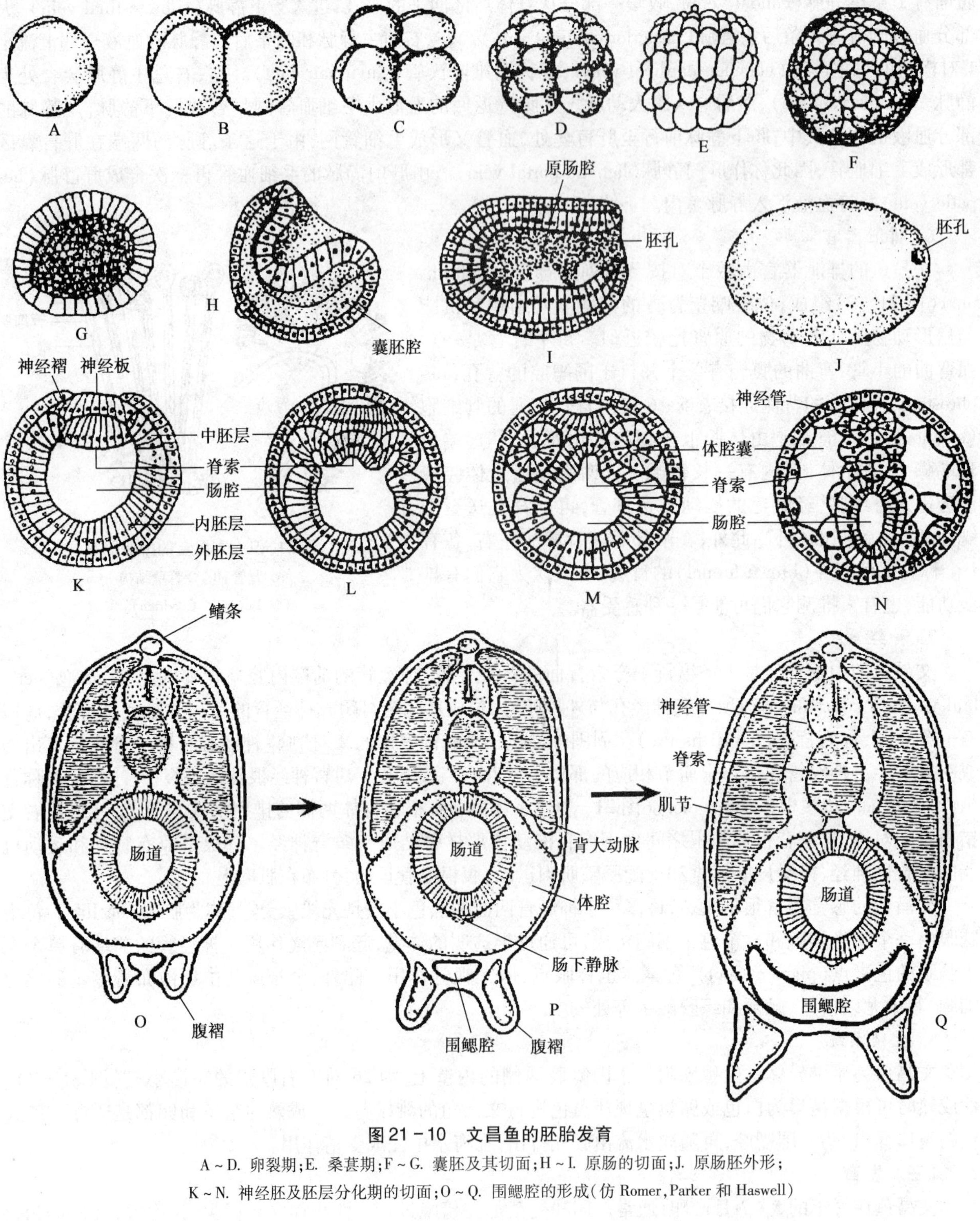

图 21-10 文昌鱼的胚胎发育

A~D. 卵裂期；E. 桑葚期；F~G. 囊胚及其切面；H~I. 原肠的切面；J. 原肠胚外形；
K~N. 神经胚及胚层分化期的切面；O~Q. 围鳃腔的形成（仿 Romer, Parker 和 Haswell）

（四）习性与分布

文昌鱼喜栖浅海水质清澈的沙滩上，平时很少活动，常把身体半埋于沙中，前端露出沙外，或者左侧贴卧沙面，借水流携带矽藻等浮游生物进入口内。夜间较为活跃，凭藉体侧肌节的交错收缩，在海水中作短暂的游泳。寿命约 2 年 8 个月左右。5~7 月为生殖季节，一生中可繁殖 3 次，其中以最后一次产卵最多。

文昌鱼广泛分布在世界热带和亚热带的沿岸海域以至暖温带地区。福建沿海海区曾是我国文昌鱼生息繁衍的理想场所，但近半个世纪以来，由于人类活动的加剧，这一传统产地的生境受到破坏，使原来名闻遐迩的文昌鱼产地已完全失去了捕捞价值。野生的文昌鱼种群现已被列入保护动物名录中。

(五) 头索动物在科学研究中的作用

虽然头索动物为较小的动物,种类也不多,但它处于无脊椎动物和脊椎动物之间,是动物演化过程中的重要一环,故具有极高的学术价值。文昌鱼的摄食、排泄等机能都类似无脊椎动物,但循环系统、呼吸系统、神经系统和胚胎发生过程都具有脊椎动物的特点;在生物化学组分上,它具有脊椎动物所有的磷酸肌酸物质,但不具备脊椎动物所有的血红蛋白和铁的化合物,文昌鱼含有一种特殊的含钒(V)成分。所以,无论从形态、生理、生化和发生哪一方面看,都说明它是无脊椎动物演化到脊椎动物的过渡类型动物和见证。因为文昌鱼没有脊椎骨,因此不容易留下化石的遗迹,但以上所述足以说明文昌鱼是"活化石"。

除了在分类学和动物演化研究上的作用外,文昌鱼还是非常重要的模式实验动物。人们在细胞生物学、分子遗传学、基因组学、蛋白质组学、分子免疫学、发育生物学等很多学科的研究成果都是利用文昌鱼来完成的。因此可以说文昌鱼对人类的发展做出了巨大贡献。

二、头索动物的分类与多样性

头索动物亚门仅1纲,即头索纲(Cephalochorda)。虽然头索动物的种类不多,但有关头索动物的分类系统,却一直是在变化着。1948年,Bigelow等提出头索纲只有文昌鱼目(Amphioxiformes)1目,包括3科:鳃口文昌鱼科(Brachiostomatidae)、侧殖文昌鱼科(Epigonichthyidae)和浮游文昌鱼科(Amphioxididae)。1994年,Nelson在其提出的分类系统中,将头索纲分为1目1科2属22种;1996年,Poss和Boschung在系统地整理了全世界已发表的文昌鱼分类学文献和各地馆藏的1724件文昌鱼类标本后认为:在全部已命名的50个文昌鱼种名中,只有鳃口文昌鱼属(*Branchiostoma*)的22种和侧殖文昌鱼属(*Epigonichthys*)的7种为有效种,其余的均为同物异名;最近,Nishikawa认为应恢复偏殖文昌鱼属(*Asymmetron*),后续的分子生物学研究也支持了这一观点。最新的报道认为,头索类有33种。

鳃口文昌鱼属的体长约5 cm,但产于美国西海岸的加州文昌鱼(*Branchiostoma californiense*)体长达10 cm。我国最常见的有白氏鳃口文昌鱼(*Branchiostoma belcheri*)。偏殖文昌鱼体形较高,体长一般为16 mm,明显地小于鳃口文昌鱼,形态特征是只在身体右侧具生殖腺,分布仅限于印度洋—太平洋热带海区,我国北部湾西北部和汕头附近的浅海区曾有发现。

三、头索动物在动物演化中的意义

头索动物的身体构造虽然比较简单,但已充分显示出典型的脊索动物的特点。谢维尔曹夫根据文昌鱼的胚胎发育推测,头索动物的祖先似乎是一类身体非左右对称、无围鳃腔、鳃裂较少而直通体外、营自由游泳生活的动物。这样的动物称为原始无头类,很可能是头索动物和脊椎动物的共同始祖,它们在演化中由于适应不同的生活而分两支演变,一支改进和发展了适于自由游泳生活的体制结构,演变成原始有头类,向着脊椎动物演化;另一支向少动和底栖钻沙的生活方式发展,特化为旁支,演变成头索动物的鳃口科动物。人们曾先后在非洲、澳大利亚、斯里兰卡、苏门答腊的深海捕到过偏殖文昌鱼,从它所具有的无围鳃腔和肝盲囊、腹褶及鳃裂均不对称、只在身体右侧有生殖腺、口和肛门的位置偏左等特征看来,谢维尔曹夫有关文昌鱼演化的推论基本上是正确的。

第五节 脊椎动物亚门(Vertebrata)

脊椎动物是脊索动物门中数量最多、结构最复杂、演化地位最高的一大类群,因而也是动物界中最进步的类群。这一群动物不但与人类的物质生活、文化生活等有直接的关系,而且也为人类了解其自身提供许多宝贵的科学资料,因为人类在自然界的位置也处于脊椎动物之列。

脊椎动物虽只是一个亚门,但因各自所处的环境不同,生活方式就显现出千差万别,形态结构也差别悬殊。然而,高度的多样化并不能掩盖它们都属于脊索动物的共性,即在胚胎发育的早期都出现脊索、背神经管和咽鳃裂(图21-11);有些种类的幼体用鳃呼吸;有些种类即使是成体,也终生用鳃呼吸。脊椎动物的特征集中表现在以下几点:

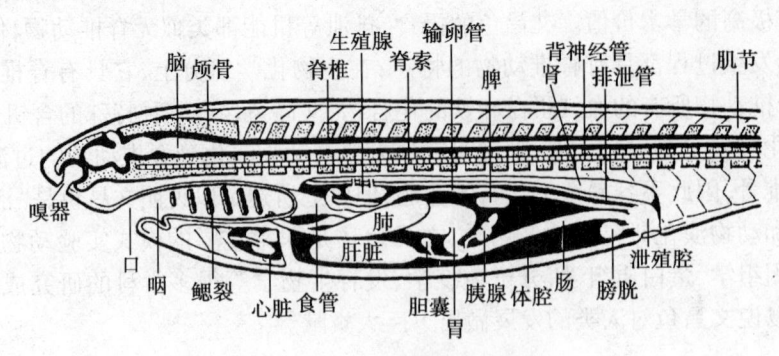

图21-11 脊椎动物的模式结构

(1) 出现了明显的头部,神经管的前端分化成脑和眼、耳、鼻等重要的感觉器官,后端分化成脊髓。这就大大加强了动物个体对外界刺激的感应能力。由于头部的出现,脊椎动物又称"有头类"。

(2) 在绝大多数的种类中,脊索只见于发育的早期,以后为脊柱(vertebral column)所代替。脊柱由单个的脊椎(vertebra)连接组成,脊椎动物因此得名。脊柱保护着脊髓,其前端发展出头骨保护着脑。脊柱和头骨是脊椎动物特有的内骨骼的重要组成部分,它们和其他的骨骼成分一起,共同构成骨骼系统以支持身体和保护体内的器官。

(3) 原生的水生种类(即在系统发展上最多只达到鱼类阶段的动物)用鳃呼吸,次生的水生种类(即在系统发展上已超过鱼类阶段,因适应环境的关系又重新过水中生活,如鲸类)及陆生种类只在胚胎期间出现鳃裂,成体则用肺呼吸。

(4) 除了圆口类之外,都具备了上、下颌(jaw)。颌的作用在于支持口部,加强了动物主动摄食和消化的能力。以下颌上举使口闭合的方式,为脊椎动物所特有。

(5) 完善的循环系统。出现了能收缩的心脏,促进了血液循环,有利于生理机能的提高。在高等的种类(如鸟类和哺乳类)中,心脏中的多氧血与缺氧血已完全分开,机体因得到多氧血的供应,能保持旺盛的代谢活动,使体温恒定,形成脊椎动物中所特有的恒温动物。

(6) 构造复杂的肾代替了简单的肾管,提高了排泄系统的机能,使新陈代谢所产生的大量废物更有效地排出体外。

(7) 除了圆口类之外,都用成对的附肢作为运动器官,即水生种类的鳍(fin)和陆生种类的肢(limb)。这种成对的附肢,在整个脊椎动物中,数量不超过2对。所以,作为成对的鳍,只有胸鳍和腹鳍;作为成对的肢,也只有前肢和后肢。少数成体附肢少于2对的种类,在其身体上一定还不同程度地留有附肢的痕迹,说明它们是从有成对附肢的祖先演变而来的。

拓展阅读

[1] 王义权,方少华. 文昌鱼分类学研究及展望. 动物学研究,2005,26: 666-672

[2] 王磊,宿红艳,王昌留,王艳华. 从无脊椎动物到脊椎动物的纽带——头索动物文昌鱼. 海洋湖沼通报,2007,(2): 45-51

[3] 张士璀,郭斌,梁宇君. 我国文昌鱼研究50年. 生命科学,2008,20: 64-68

[4] 王磊,宿红艳,王昌留. 海鞘与文昌鱼谁更接近脊椎动物的始祖. 海洋湖沼通报,2010(1): 23-30

[5] 张士璀,吴贤汉. 从文昌鱼个体发生谈脊椎动物起源. 海洋科学,1995,(4): 15-21

[6] 郑成兴. 中国沿海海鞘的物种多样性. 生物多样性,1995,(3): 201-205

[7] 贺诗水,成永旭. 海鞘的药用价值及其研究进展. 上海水产大学学报,2002,11:167-170

[8] 董志峰,程云,欧阳藩,管华诗. 海鞘中的抗肿瘤生物活性物质. 生物工程进展,1999,19(2):32-36

[9] Shimeld S M, Holland N D. Amphioxus molecular biology: insights into vertebrate evolution and developmental mechanisms. Can J Zool, 2005, 83: 90-100

[10] Holland L Z, Laudet V, Schubert M. The chordate amphioxus: an emerging model organism for developmental biology. Cell Mol Life Sci, 2004, 61: 2290-2308

[11] 钟婧,张巨永,Mukwaya E,王义权. Revaluation of deuterostome phylogeny and evolutionary relationships among chordate subphyla using mitogenome data. 遗传学报,2009,36(3): 151-160

[12] Shu D G, Chen L, Han J, et al. An early Cambrian tunicate from China. Nature, 2001, 411: 472-473

[13] Hildebran M, Gonslow G. Analysis of Vertebrate Structure. 5th edition. New York: John Wiley & Sons, Inc., 2001

思 考 题

1. 脊索动物的三大主要特征是什么？试简略说明之。
2. 脊索动物门可分为几个亚门？几个纲？试扼要记述一下各亚门和各纲的特点。
3. 归纳一下目前尾索动物研究的最新进展。
4. 何谓逆行变态？
5. 认真阅读一篇应用头索动物作为材料的研究论文,综述一下文昌鱼在科学研究上的作用。

第二十二章　圆口纲(Cyclostomata)

圆口纲又称无颌类,是最原始的脊椎动物类群。身体呈鳗形,无成对偶肢和上下颌;眼后有鳃裂7个或更多;口呈吸盘状;脊索发达,终生保留;具脊柱的雏形;背神经管分化成的各部依次排列在一个平面上;不能主动捕食,营寄生或半寄生生活。

第一节　圆口纲的主要特征

体呈鳗形,分为头、躯体和尾3部分,体长随种类不同而异,从不足20 mm到长达1 m左右。

头背中央有1个短管状的单鼻孔(nostril),因此又称单鼻类(Monorhina),圆口类特有的松果眼(pineal eye)就位于鼻孔后方的皮下,具有水晶体和视网膜。松果眼的腹面还有1个更小的结构,称顶体(parietal body)。这两个构造可能是退化了的感光器官。内耳平衡器只有1或2个半规管。头侧有1对大眼,无眼睑(eye lid)。眼后两侧各有7个鳃裂开孔,故也称七鳃鳗。体表黏滑无鳞,皮肤由多层上皮细胞组成,有发达的单胞腺,真皮为结缔组织。口呈吸盘状或漏斗状(buccal funnel),无上、下颌,又称无颌类,不能主动捕食,营寄生或半寄生生活。无成对的附肢即偶鳍,仅具奇鳍,背鳍(dorsal fin)2个,尾鳍(tail fin)1个,尾是脊椎动物中最原始的原尾型。肛门位于尾的基部,其后为泄殖乳突(urogenital papilla)(图22-1)。

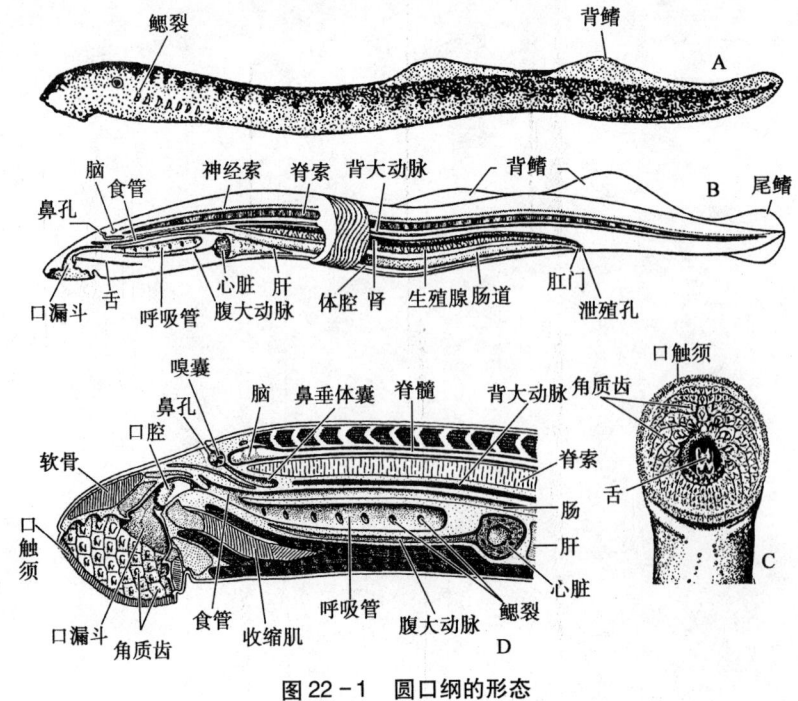

图22-1　圆口纲的形态

A. 外形;B. 内部解剖;C. 头部腹面观;D. 前部解剖

脊索发达,终生保留,具脊柱的雏形。

具原始不分节的肌节,成 W 形,角顶朝前。

头骨原始,脑颅(neurocranium)不完整,主要由软骨纤维组织膜构成。背神经管分化成大脑、间脑、中脑、小脑和延脑 5 部分,但依次排列在一个平面(图 22-2)。

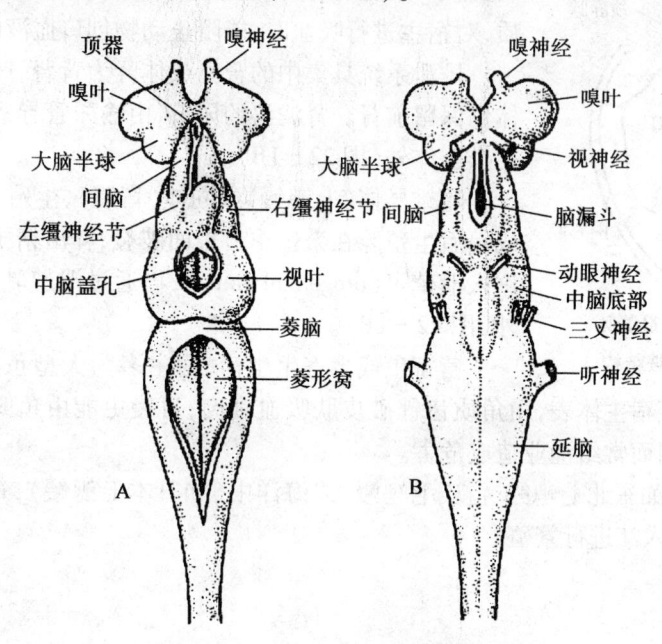

图 22-2 圆口纲的脑结构
A. 背面观;B. 腹面观

呼吸器官为特殊的鳃囊,故又称鳃囊类,鳃裂每侧 7 个(七鳃鳗)或 1~16 个(盲鳗)(图 22-3)。鳃囊和内鳃孔由特化的软骨鳃篮(branchial basket)支持。

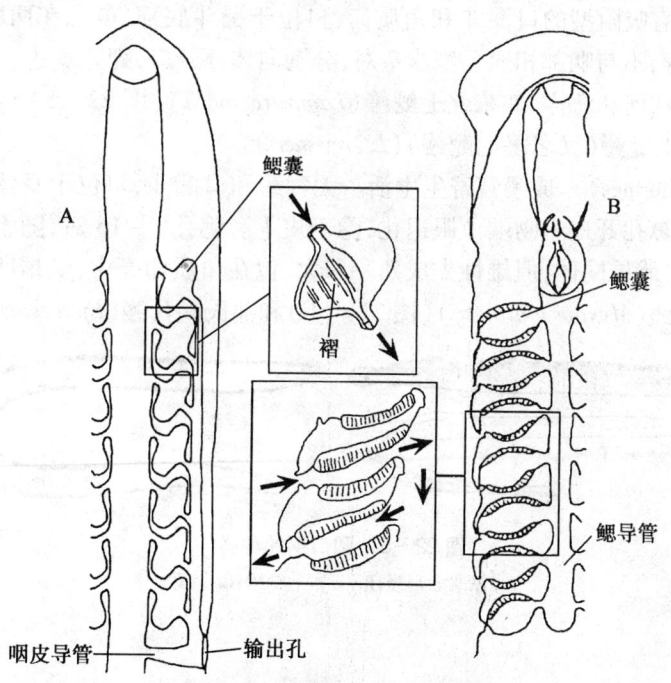

图 22-3 圆口纲的呼吸系统
A. 盲鳗;B. 七鳃鳗。箭头示水流方向

有集中的感觉器官,如嗅觉器官、听觉器官和视觉器官。

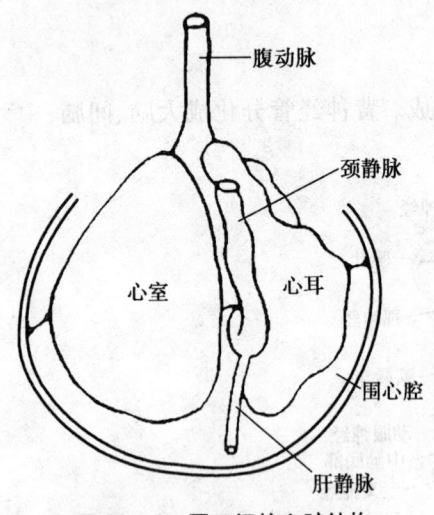

血液循环为单循环,均与文昌鱼十分相似。心脏由静脉窦、1 心房和 1 心室组成(图 22-4),无肾门静脉和总静脉。血液中已有红细胞。

消化管中的胃未分化,肠管内由黏膜褶及螺旋瓣来增加消化吸收面积。口腔后有 1 对"唾腺",以细管通至舌下,可分泌抗凝血物质,对宿主进行吸血时,能阻止动物创口血液的凝固。

排泄系统具集中的肾。成体肾为背肾,胚胎期为前肾,但盲鳗成体仍保留前肾。肾滤泌的尿液,由输尿管导入膨大的泄殖窦,经泄殖孔排至体外(图 22-1B)。

雌雄异体(七鳃鳗)或同体(盲鳗),生殖腺单个,无生殖导管。性成熟后生殖腺在繁殖季节表面破裂,释出精子或卵,由腹腔经生殖孔进入泄殖窦(urogenital sinus),再通过泄殖乳突末端的泄殖孔排出体外(图 22-1B)。

图 22-4 圆口纲的心脏结构

营寄生或半寄生生活,宿主多为大型鱼类及海龟类。七鳃鳗主要用前端的口漏斗吸附于宿主体表,用角质齿锉破皮肤吸血食肉;盲鳗更能由鱼鳃部钻入宿主体内,吃尽其内脏,使之仅存躯壳,因而常给渔业造成危害。

七鳃鳗生活在江河(如东北七鳃鳗、雷氏七鳃鳗)或海洋中(如日本七鳃鳗),每年 5、6 月间,成鳗常聚集成群,溯河而上或由海入江进行繁殖。

第二节 圆口纲的分类与多样性

现存的圆口纲动物约 70 多种,分属于 2 个目。

目 1. 七鳃鳗目(Petromyzoniformes) 大多数种类的成鳗营半寄生生活,少数非寄生种类的角质齿退化消失,无特殊的呼吸管。有吸附型的口漏斗和角质齿,口位于漏斗底部,鼻孔在两眼中间的稍前方。脑垂体囊(pituitary sac)为盲管,不与咽部相通。鳃囊 7 对,分别向体外开口,鳃笼发达。内耳有 2 个半规管。卵小,发育有变态。分布于江河和海洋,如东北七鳃鳗(*Lampetra morii*)(图 22-5A)、日本七鳃鳗(*L. japonicus*)(图 22-5B)和雷氏七鳃鳗(又名溪七鳃鳗)(*L. reissneri*)。

目 2. 盲鳗目(Myxiniformes) 成鳗营寄生生活。无背鳍和口漏斗,口位于身体最前端,有 4 对口缘触须。脑垂体囊与咽相通,鼻孔开口于吻端。眼退化,隐于皮下。鳃孔 1~16 对,随不同种类而异,鳃笼不发达。内耳仅 1 个半规管。雌雄同体,但雄性先成熟。卵大,包在角质卵壳中,受精卵直接发育成小鳗,发育无变态。海样种类,如盲鳗(*Myxine glutinosa*)(图 22-5C)和蒲氏黏盲鳗(*Eptatretus burgeri*)。

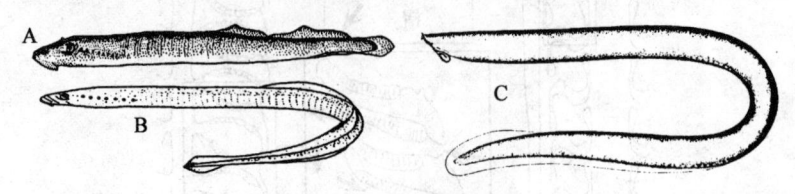

图 22-5 圆口纲的种类
A. 东北七鳃鳗;B. 日本七鳃鳗;C. 盲鳗

第三节 圆口纲的起源与演化

虽然迄今尚未找到属于圆口纲 2 个现存目的化石,但对距今 5.25 亿年的古生代早期的奥陶纪(或寒武纪)、志留纪和泥盆纪的地层中发现的甲胄鱼类(Ostracoderm)化石研究显示:这类鱼一般在体前部覆盖着盔甲样的外骨骼(如鳞甲鱼和半环鱼等)(图22-6),与现存的圆口纲动物有许多共同特点,例如无上下颌,早期类型没有成对的附肢,有鳃笼和单鼻孔,嗅囊与鼻垂体囊相通,两眼间有小的松果体孔,内耳有3个半规管等,说明它们之间有一定的亲缘关系。甲胄鱼是现已发现的最早的脊椎动物化石,现存圆口类可能与甲胄鱼类来自共同的无颌类祖先,甲胄鱼是向底栖生活发展的一支,而圆口类是适应半寄生或寄生生活的一支,这两类不一定有直接的亲缘关系。甲胄鱼到泥盆纪末即告绝灭,现生圆口类(盲鳗与七鳃鳗等)则留存至今,成为脊椎动物中特化的一群。

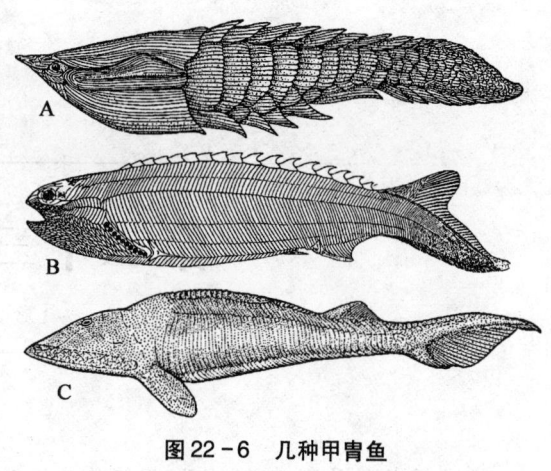

图22-6　几种甲胄鱼
A. 孔甲鱼; B. Pterolepis; C. 半环鱼

拓展阅读

[1] 林斌彬,张子平,王艺磊,张雅芝. 七鳃鳗遗传多样性与演化研究进展. 动物学杂志,2009,44(1): 159-166

[2] 孟庆闻. 中国动物志 圆口纲 软骨鱼纲. 北京:科学出版社,2001

[3] Shigehiro K, Kinya O G, Blair K S S. Jawless fishes(Cyclostomata). In: Timetree of Life. Hedges S B, Kumar S. London: Oxford University Press, 2009

[4] Philippe J. Early Vertebrates. London: Oxford University Press, 2003

[5] Shigeru K, Kinya O G. Hagfish(Cyclostomata, Vertebrata): searching for the ancestral developmental plan of vertebrates. BioEssays, 2008, 30: 167-172

思考题

1. 有哪些特点能说明圆口纲是脊椎动物亚门中最低等的一个纲?
2. 比较一下圆口纲和头索动物在形态上异同。

第二十三章 鱼 类

鱼类是体被骨鳞、以鳃呼吸、用鳍作为运动器官和依上、下颌摄食的变温水生脊椎动物。鱼类是脊椎动物中种类最多的一个类群，超过其他各纲脊椎动物种数的总和。鱼类不仅种类多，形态上也存在着巨大的差异。

长期以来，鱼类作为脊椎动物亚门的一纲，包含软骨鱼和硬骨鱼两大类。但目前更主流的观点认为这两类应分别成为独立的纲，故目前的鱼类分类地位是脊椎动物亚门的软骨鱼纲和硬骨鱼纲。

第一节 鱼类的主要特征

水是鱼类的唯一生存环境，离水后鱼将无法存活，并因鳃的黏连和表面干燥，造成窒息而很快死亡。只有极少数鱼类，由于具有特殊的适应器官及机能，才得以在离水后的短时期内存活。鱼之所以能在水中生活，主要决定于水的一系列理化特性和鱼类具有适应水生环境的形态特征及其生理机能。

一、体形和皮肤

(一) 体形

由于生活习性和栖息环境不同，鱼类分化成各种不同的体型(图 23-1)。多数鱼类生活在温带和热带海洋水深 200 m 内的中上层，具有纺锤形的体型，能作快速而持久的游泳。栖息在江湖河池和静水水域中的鱼类，一般都有与纺锤形相似的侧扁形体型，这些鱼类游速较慢，不太敏捷，很少作长距离迁移。还有适应底栖生活的平扁形体型，以及潜伏于泥沙而适于穴居或擅长在水底礁石岩缝间穿绕游泳的鳗形体型等。

鱼体可分为头、躯干和尾 3 部分(图 23-2)。头和躯干之间以鳃盖后缘(或最后 1 对鳃裂)的鳃孔为界，而躯干与尾的分界线是肛门或泄殖孔。

鱼类不仅具有背鳍、臀鳍和尾鳍等奇鳍，还出现了偶鳍(包括胸鳍和腹鳍)(图 23-2)。鳍膜内有鳍条支持，鳍条包括棘(spine)和软鳍条(soft ray)2 类，软鳍条又可分为分节而末端分支的分支鳍条(branched ray)和分节而末端不分支鳍条。棘和软鳍条的数目依种而异，是鱼类分类学上的鉴别特征之一。

胸鳍(pectoral fin)位于头的后方，是协助平衡鱼体和控制运动方向的器官。腹鳍(pelvic fin)具有稳定身体和辅助升降的作用，通常小于胸鳍。臀鳍(anal fin)位于肛门和尾鳍之间，是维持鱼体垂直的平衡器官。尾鳍(tail fin)在鱼的运动中起着舵和推进作用。胸鳍、腹鳍的具体位置、形态以及尾鳍的形态在不同鱼类种类中存在着各种变化。这些变化与鱼类的栖息环境与生活方式有密切的联系。

在鱼类学研究中，常用鳍式表示鱼类鳍的组成和鳍条数目。鳍式是反映鱼类物种间差异的重要指标之一，故常用于分类学研究。鳍式是由拉丁字母、罗马字母和阿拉伯数字组成。各鳍拉丁文的第 1 个字母代表鳍的类别名称，如"D"代表背鳍；"A"代表臀鳍(肛鳍)；"V"代表腹鳍；"P"代表胸鳍；"C"代表尾鳍。大写的罗马数字代表棘的数目。阿拉伯数字代表软鳍条的数目，棘或软鳍条的数目范围以"—"表示，棘与

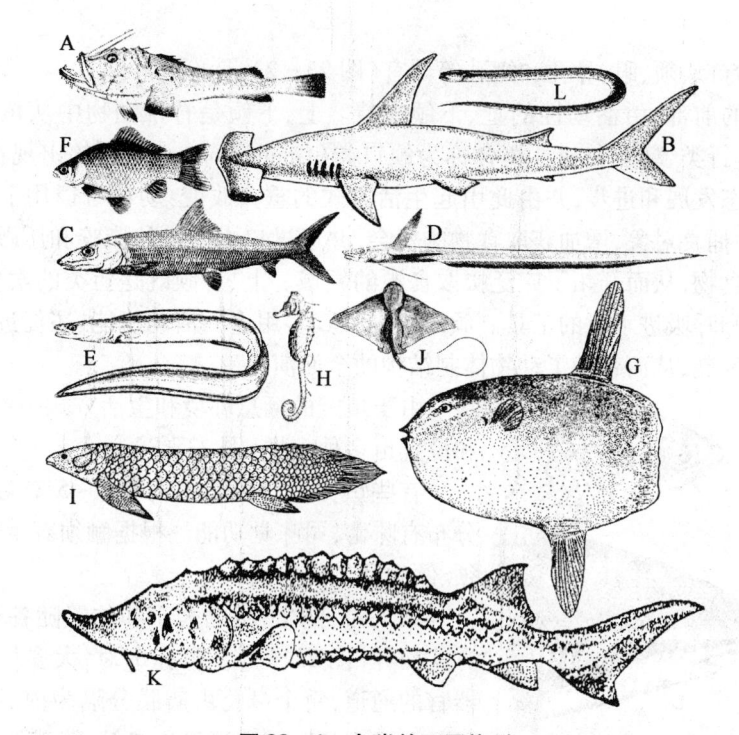

图 23-1 鱼类的不同体型
A. 鮟鱇；B. 锤头双髻鲨；C. 北梭鱼；D. 紫鳉鱼；E. 海鳗；F. 鲫鱼；
G. 翻车鲀；H. 海马；I. 澳洲肺鱼；J. 鳐；K. 中华鲟；L. 黄鳝

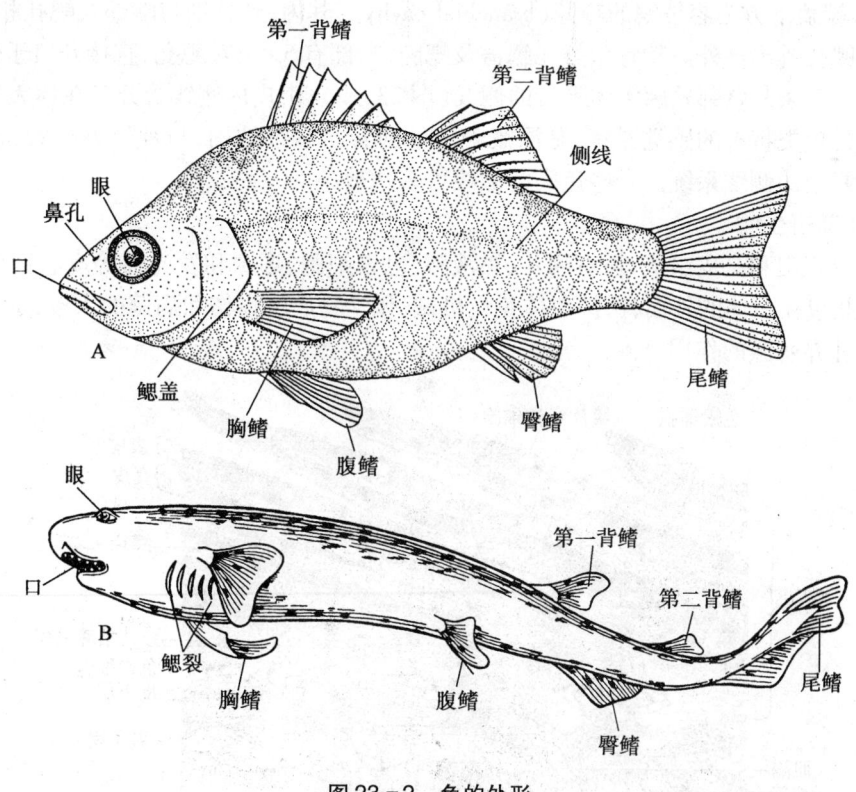

图 23-2 鱼的外形
A. 硬骨鱼类；B. 软骨鱼类

软鳍条相连时用"—"表示，分离时用","隔开。例如鲤鱼的鳍式：D. Ⅲ—Ⅳ—17—22；P. Ⅰ—15—16；V. Ⅱ—8—9；A. Ⅲ—5—6；C. 20—22。以上表示鲤鱼有 1 个背鳍，3~4 根硬棘和 17 至 22 根软鳍条；胸鳍 1 根硬棘和 15 至 16 根软鳍条；腹鳍 2 根硬棘和 8 至 9 根软鳍条；臀鳍 3 根硬棘和 5 至 6 条软鳍条；尾鳍

20 至 22 根软鳍条。

鱼类的头部主要有口、须、眼、鼻孔和鳃孔等器官(图 23-2)。

鱼类的口位于头的前部,由活动性的上、下颌支持。上、下颌是脊椎动物中从鱼类开始出现的结构。因此,鱼类、两栖类、爬行类、鸟类和哺乳类合称为颌口类(Gnathostomes)。颌的出现在脊椎动物发展史上是一个极其重要的形态发展和进步,并由此引起生活方式的重大改变:动物可以用上、下颌构成的口作为索食工具,主动地追逐捕食对象,增加获取食物的机会,并通过口中牙齿的撕咬和压碾作用,使原来不能直接利用的物质转变为食物,从而开拓了广泛摄取食源的领域。上、下颌既是鱼类的索食、攻击和防御器官,也是营巢、求偶、钻洞和呼吸进水时的工具。颌的出现及其多用途的活动机能,还促进了运动器官、感觉器官和其他相关器官的发展,从而带动了动物体制结构的全面演化。

由于鱼类的栖息环境和生活方式的各不相同,其口的形状和位置也多种多样(图 23-3)。

有些鱼类在口的周围长有 1~5 对触须(barbels),触须上分布有味蕾,司味觉功能。根据触须着生部位的不同可分为吻须、颌须和颏须等。

眼 1 对,侧生,眼的大小和位置随各种鱼类的体型及生活方式而异(图 23-1)。鼻孔 1 对,大多位于吻的背面,是嗅觉器官的通道,每个鼻孔由瓣膜分隔为前鼻孔和后鼻孔,水流通过鼻孔进入鼻腔与嗅囊发生接触,能感受外界的化学刺激。大多数鱼类的鼻腔均不与口腔相通。

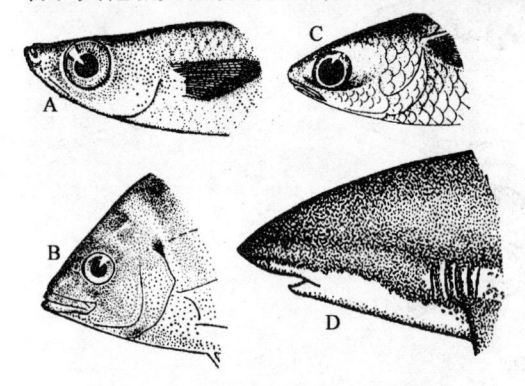

图 23-3 鱼类不同的口形态和位置
A. 青鳉;B. 黑鲷;C. 鲻;D. 长尾鲨

头的后侧有一骨质鳃盖(opercular),后缘内侧附生鳃盖膜(gill membrane),鳃盖下方为容纳鳃的鳃腔(branchial cavity),其内、外分别与咽部及鳃孔相通,进入口中的水流通过鳃腔由鳃孔排出体外。软骨鱼类无鳃盖及鳃腔,咽部有 5~7 对鳃孔,直接开口于体外。

躯干两侧各有 1 条与背部轮廓大体平行的侧线(图 23-2),由皮内侧线管开口在体表侧线鳞上的小孔连接而成。侧线是鱼类特有的感觉器官,是深藏于皮下的管状系统结构,与神经系统紧密联接。此外,在头部也常常形成复杂的侧线系统。有些鱼类的侧线可多达数条。

(二) 皮肤及其衍生物

鱼类的皮肤由表皮和真皮组成,还有鳞片、黏液腺、色素细胞、毒腺和发光器等皮肤衍生物及附属结构(图 23-4)。皮肤包在鱼体的外面,保护鱼体免受机械、化学物质的损伤和病菌的入侵,也具有呼吸、排泄、渗透调节和感受外界刺激的作用。

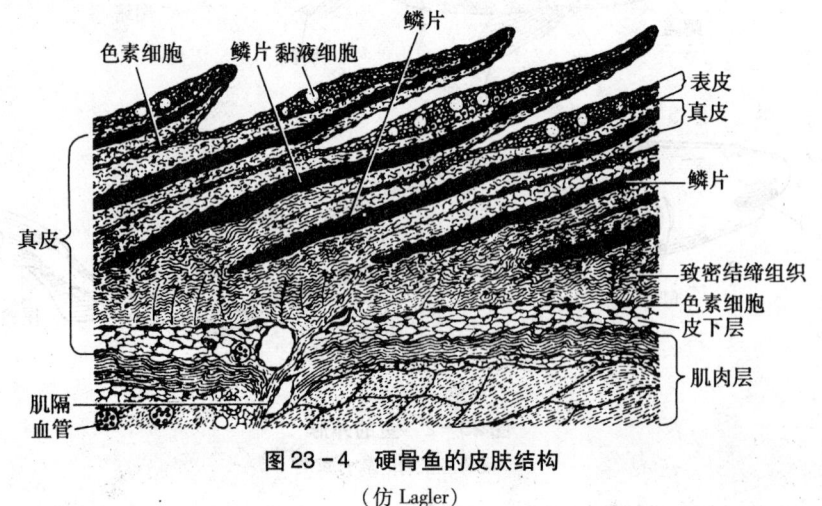

图 23-4 硬骨鱼的皮肤结构
(仿 Lagler)

表皮包在鱼体的最外面,由上皮细胞构成,可分为基部的生发层和上部的腺层。生发层细胞具旺盛的分生能力,是产生新细胞的增殖层;腺层因内含杯状细胞、颗粒细胞、浆液细胞、棒状细胞、线细胞等单细胞腺而得名。真皮的厚度大于表皮,位于表皮层下方,由纵横交错的纤维结缔组织(胶原纤维和弹性纤维)组成,自表及里可分为外膜层(membrana externus)、疏松层(stratum spongiosum)和致密层(stratum compectum)等3层。真皮层下不甚发达的皮下层(subcutis)内含色素细胞、脂肪细胞和供应皮肤营养的毛细血管等(图23-4)。

色素细胞有4种,即黑色素细胞、红色素细胞、黄色素细胞和虹彩细胞(或称反光体),丰富多彩的鱼类体色就是由于各种色素细胞互相配合而成。

皮肤中的腺体由表皮衍生,主要有黏液腺和毒腺(venomous gland)。黏液腺是表皮组织中各种单腺细胞腺,它们分泌的黏液能滑润鱼的体表,减少游泳时与水的摩擦,鱼体只需消耗较少的能量,即可获得较快的运动速度。黏液还具有调节鱼体渗透压、澄清水中污染的作用。毒腺是由多个表皮细胞集合在一起,陷入真皮层内,外包结缔组织,特化成一个能分泌有毒物质的腺体。毒腺与刺、棘的关系比较密切,常位于牙(海鳝)或刺棘的基部及其周围(鲼、角鲨、虎鲨、毒鲉、䲢、黄颡鱼等),毒液可通过棘沟或棘管注入其他动物体内,达到自卫、攻击或捕食的目的。

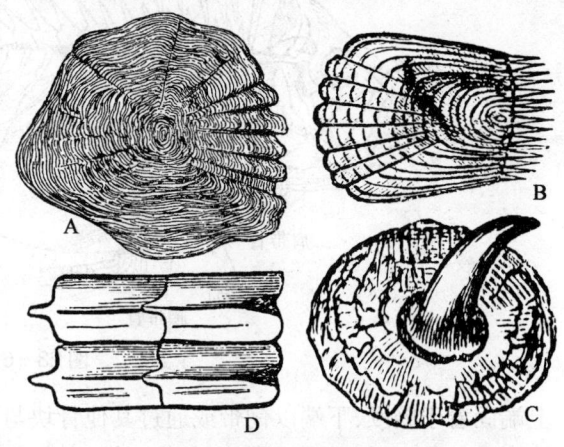

图23-5 各类型鱼鳞
A. 圆鳞;B. 栉鳞;C. 盾鳞;D. 硬鳞

大多数鱼类的全身或部分皮肤外面被有不同的鳞片(scale),这些鳞片是依靠身体组织中的钙质渐次沉积于真皮中形成的。鱼鳞起着保护皮肤的作用。一般来说,鱼的鳞片可分3种,即骨鳞(bony scale)(图23-5A、B)、盾鳞(placoid scale)(图23-5C)和硬鳞(ganoid scale)(图23-5D)。

骨鳞是鱼鳞中最常见的一种,是真皮层的产物,仅见于硬骨鱼类。骨鳞柔软扁薄,有弹性,排列成覆瓦状。根据骨鳞后区边缘的形状可将骨鳞分为圆鳞(cycloid scale)(图23-5A)和栉鳞(ctenoid scale)(图23-5B)。骨鳞的形状、数量和排列方式在一定范围内是固定的,常以鳞式表示:侧线鳞数×(侧线上鳞数÷侧线下鳞数)。鳞式可被用于鱼类种类鉴定的依据。

盾鳞是软骨鱼特有的鳞片,由表皮和真皮联合衍生,包括埋在皮肤内的骨质基板和外露的鳞棘。

硬鳞只存在于少数硬骨鱼的硬鳞鱼类,来源于真皮层,鳞质坚硬,成行排列而不呈覆瓦状。

二、骨骼系统

鱼类已具较发达的内骨骼系统,按其功能和所在部位,可分为中轴骨骼(axial skeleton)和附肢骨骼(appendicular skeleton)2部分(图23-6);按其性质,又可分为软骨和硬骨。软骨鱼类终身具软骨质的骨骼系统。软骨是由生骨区的软骨组织形成的;硬骨鱼的骨骼系统是由2种不同发育途径形成的硬骨所构成,即从软骨骨化而成的软骨化骨(cartilagobone)和在膜质基础上直接骨化而来的膜骨(membrane bone)。

(一) 中轴骨骼

中轴骨骼包括头骨(skull)和脊柱(vertebral column)。

1. 头骨

头骨可分为包藏脑及视、听、嗅等感觉器官的脑颅(neurocranium)和左右两边包含消化管前段的咽颅(splanchnocranium 或 visceral skeleton)2部分。

鱼类具有完整的脑颅,构成脑颅的骨块数是脊椎动物中最多的。这些骨块分别位于脑颅的鼻区(olfactory region)、蝶区(orbital region)、耳区(otic region)、枕区(occipital region)以及脑颅的背、腹和侧面(图23-7);咽颅是7对分节的弧形软骨,分别支持口、舌和鳃片。第1对为颌弓(mandibular arch),在软骨鱼类中构成上、下颌,这是脊椎动物最早出现和原始型的颌,称作初生颌(primary jaw)。硬骨鱼类和其他脊椎动物的上、下颌分别被前颌骨(premaxilla)、上颌骨(maxilla)和齿骨(dentary)等膜骨构成的次生颌(secondary jaw)所代替,而原来组成初生颌的骨块则退居口盖部,或转化为听骨;第2对为舌弓(hyoid arch),包括背面1对舌颌骨(hyomandibular)、中部的1对角舌骨和位于腹面连接左、右角舌骨的单块基舌骨;舌颌骨的

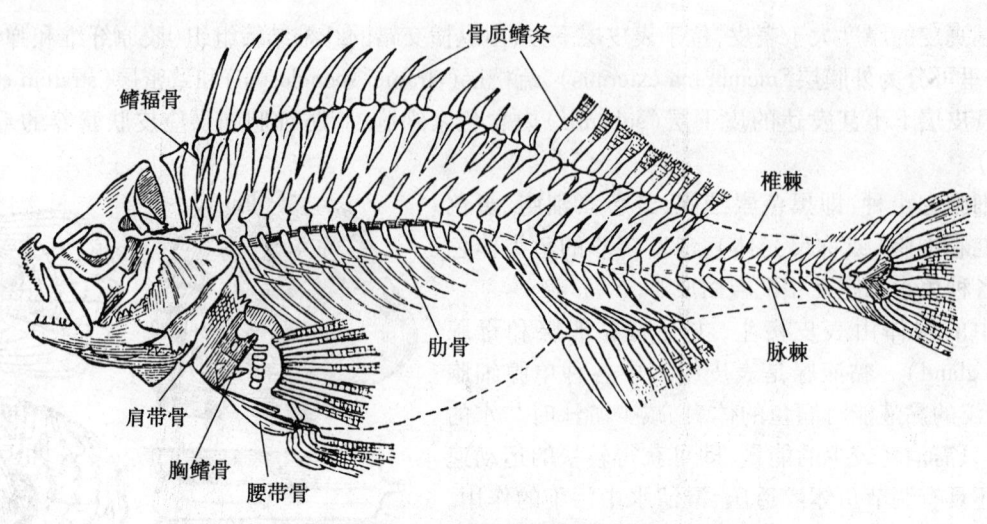

图23-6 硬骨鱼的骨骼系统

上端固着于脑颅,下端以韧带或通过其他骨块与下颌关连,鱼类以舌颌骨将下颌悬挂于脑颅的形式称为舌接式(hyostylic)。第3至第7对是支持鳃的鳃弓(branchial arch)。硬骨鱼类的第5对鳃弓特化成1对下咽骨(hypopharyngeal bone),下咽骨上无鳃,其内侧在不同鱼类中长有数目、形状和排列方式各异的咽齿(pharyngeal teeth),常用于鲤科鱼类分类的依据。

覆盖在鳃弓外侧并构成鳃腔的是3~4块鳃盖骨(opercular)(图23-7),其中以主鳃盖骨最大,它的上角前缘与舌弓背部的舌颌骨关接,可以在鱼类完成呼吸动作时,使主鳃盖骨的开关与口的闭启配合协调。

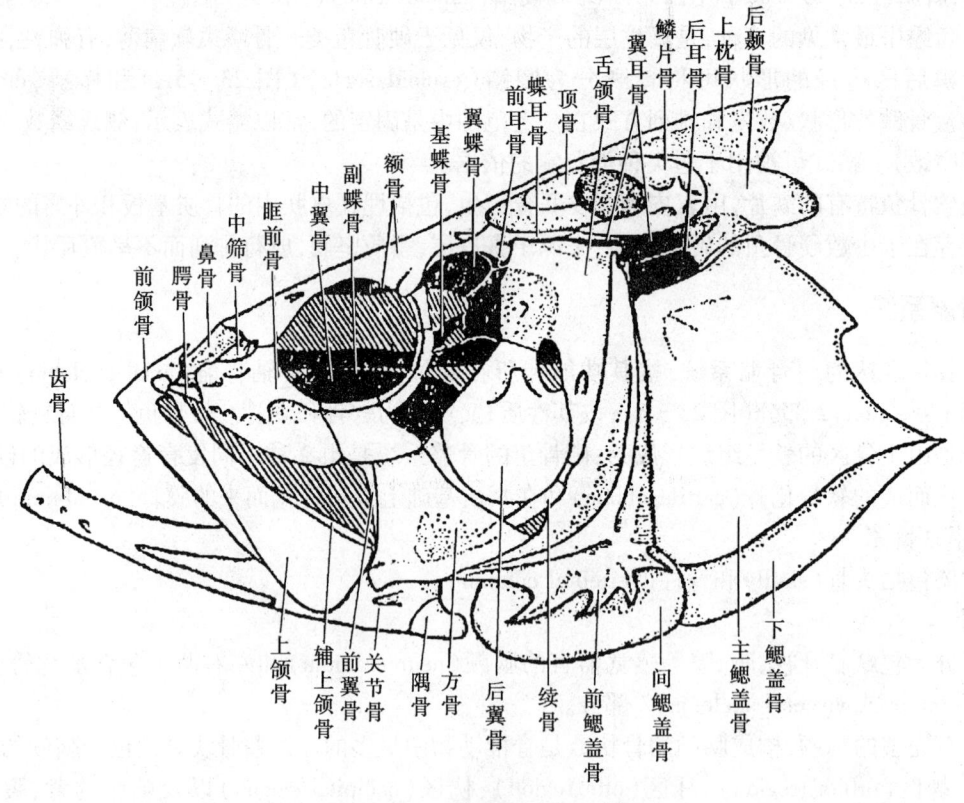

图23-7 硬骨鱼头骨的侧面观
(仿孟庆闻)

2. 脊柱和肋骨

脊柱紧接于脑颅之后,由一连串软骨或硬骨的椎骨关连而成,从头后至尾按节排列,取代了脊索的地位,成为对体轴强有力的支撑及保护脊髓的结构。鱼类的椎骨完整,中央为椎体(centrum),椎体的两端凹入,是脊椎动物中最原始的双凹型(amphicoelous)椎体。相邻的 2 个椎骨之间彼此以前、后关节突(zygapophysis)关联,加强了椎骨的坚韧性和活动性。2 个双凹型椎骨间所形成的球形腔内仍留有残存的脊索,并通过椎体正中的小孔道,使整条脊索串连成念珠状(图 23-8)。脊柱的分化程度低,分为躯椎和尾椎两部分。每一躯椎由椎体、椎弓(又称髓弓 neural arch)、髓棘(或称棘突 neural spine)、椎体横突(parapophysis)等各部构成;尾椎则包括椎体、髓弓、髓棘、脉弓(haemal arch)和脉棘(haemal spine)等各部。两者在椎体上方的构造完全相同,但躯椎具有肋骨(rib);肋骨从两侧包围体腔,起着保护内脏的作用;脉弓为尾动脉和尾静脉提供了通道。椎弓于椎体上方构成椎管,是容纳脊髓通过的管道。

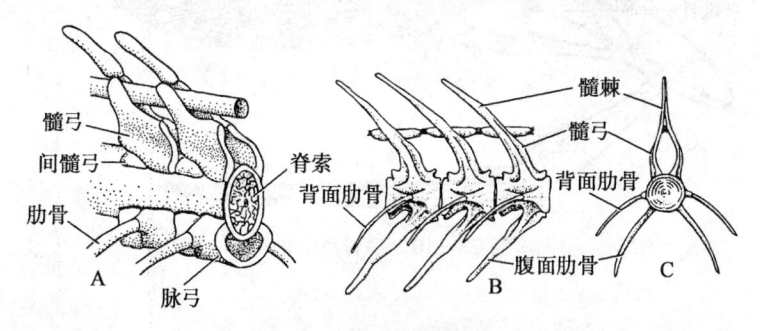

图 23-8 鱼类脊柱的结构
A. 软骨鱼的脊柱;B. 硬骨鱼的脊柱侧面观;C. 硬骨鱼椎体的正面观

(二)附肢骨骼

鱼类的附肢骨骼包括鳍骨及悬挂鳍骨的带骨,而鳍骨又可分为奇鳍骨和偶鳍骨。

1. 奇鳍骨

奇鳍骨包括背鳍、臀鳍和尾鳍的骨骼,是一系列深埋于体肌肉的支鳍骨(担鳍骨 pterygiophore),每个支鳍骨分为上、中、下 3 节,骨的上节支持着 1 根背鳍条或臀鳍条。尾鳍是鱼类游泳时的主要推进器官,最后几枚尾椎骨愈合成 1 根翘向后上方的尾杆骨,尾杆骨的上、下各有若干骨片或软骨片愈合而成的上叶和下叶,作为支持尾鳍鳍条的支鳍骨。尾鳍骨骼根据椎骨末端位置及尾鳍分叶对称与否可分为原型尾、歪型尾、正型尾和矛型尾(图 23-9)。

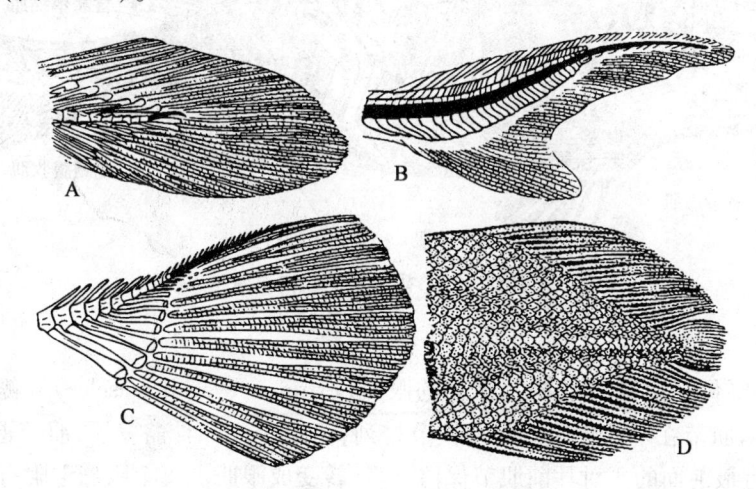

图 23-9 鱼类尾鳍骨骼的类型
A. 原型尾;B. 歪型尾;C. 正型尾;D. 矛型尾

2. 偶鳍骨和带骨

偶鳍骨包括胸鳍和腹鳍骨骼,由支鳍骨、鳍条和带骨组成。带骨又分为肩带(pectoral girdle)和腰带(pelvic girdle),前者是连接胸鳍的,后者是连接腹鳍的。软骨鱼的肩带和腰带都埋藏在肌肉中,不与脊椎相连;硬骨鱼的肩带由肩胛骨(scapule)、乌喙骨(coracoid)、匙骨(cleithrum)、上匙骨(supracleithrum)和后匙骨(postcleithrum)等组成,并通过上匙骨牢固地关连在头骨上(图 23-10)。腰带骨结构简单,特化为无名骨。

图 23-10 硬骨鱼的带骨

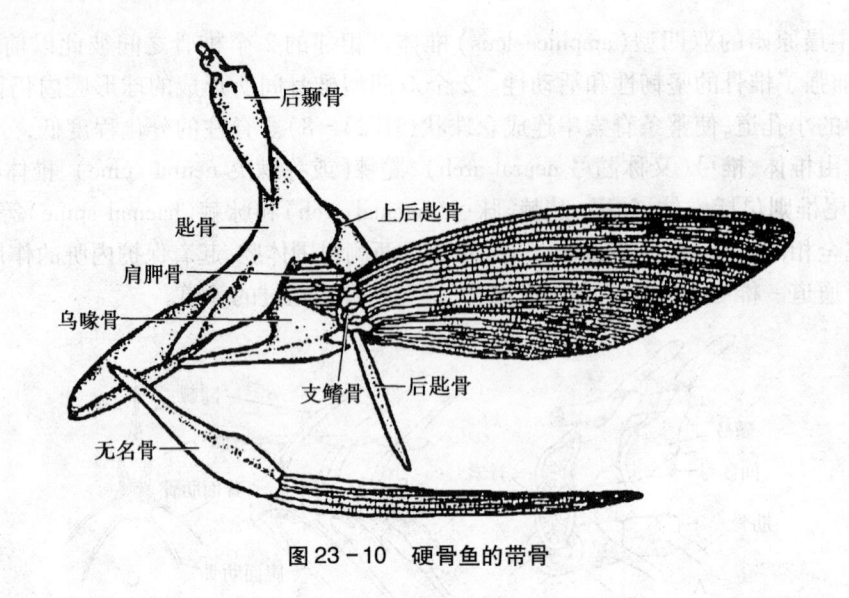

三、肌肉系统

鱼类的肌肉包括头部肌、躯干肌和附肢肌（图 23-11）。有些种类还有由肌肉细胞特化的发电器官。

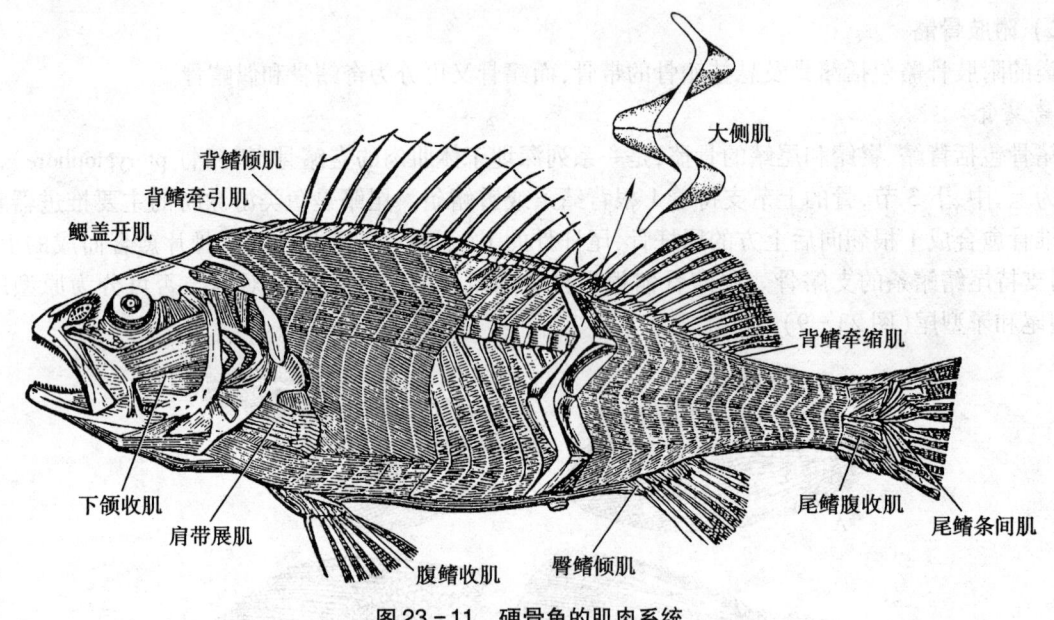

图 23-11 硬骨鱼的肌肉系统

（一）头部肌肉

鱼类头部肌肉主要包括由脑神经控制活动的眼肌（extrinsic eyeball muscles）和鳃节肌（branchiomeric muscles）。咽区的 8 对肌节在未分化前清晰地按节排列，但由于头部骨骼发展，肌节退化消失或分化成结缔组织和舌肌等，只有最前面的 3 对耳前肌节保留下来，转变成眼肌。每个眼球上附有 6 条眼肌，其中上直肌、下直肌、内直肌和下斜肌由第 1 对肌节演变而来；上斜肌来自第 2 对肌节，外直肌由第 3 肌节变成。这些眼肌的收缩，可以使眼球往不同方向转动。眼肌是很稳定的肌肉，不仅鱼类如此，在脊椎动物其他各纲中也基本一致。

鳃节肌附生在颌弓、舌弓和鳃弓上，分别控制上、下颌的开关、鳃盖活动和呼吸动作等，受三叉神经（V）、颜面神经（VII）、舌咽神经（IX）和迷走神经（X）支配。上、下颌的出现引发了颌肌的发达。调节硬骨鱼两颌启闭的肌肉在头侧和腹面，司口关闭的是下颌收肌（adductor mandibularis muscle）和咬肌（masseter muscle）。位于头部腹面（左、右齿骨之间）的颏舌骨肌（geniohyideus muscle）收缩时可使下颌降低，口即张开。

专司鳃盖提起的肌肉有鳃盖开肌、鳃盖提肌及舌颌提肌。鳃盖收肌和鳃条骨舌肌具有关闭鳃盖的作用，并使鳃条骨靠近身体，关闭鳃孔。

鳃肌常分化为背、腹两群，中间互不连接。背群主要有鳃弓提肌、鳃弓收肌、鳃间背斜肌，腹群有鳃间腹斜肌、鳃弓连肌、鳃弓牵引肌等。这些鳃肌的数目多、体积小、功能复杂而难于确定。

支配口、鳃盖开关和鳃弓活动的拮抗肌，有规律地交错收缩和宽息，便能形成水流不间断地进入口内和由鳃孔排出，完成摄食和呼吸动作（图23-12）。

（二）躯干肌

鱼类的躯干肌包括大侧肌（lateralis muscle）和棱肌（carinate muscle）。

图23-12 鱼类头部的肌肉
（仿孟庆闻）

1. 大侧肌

大侧肌是鱼体上最大、最重要的肌肉，位于躯体两侧，由一系列被肌隔分开的锯齿形肌节组成（图23-11）。每个肌节彼此以套叠形式配置，因此在肌节弯曲处，形成具有若干同心圈的锥状构造，是游动前行的主要动力。此外，体侧中央的水平骨隔（horizontal skeletogenous septum）将大侧肌分成上部的轴上肌（epaxialis muscle）和下部的轴下肌（hypaxialis muscle）。鱼类的轴上肌丰厚结实，为脊椎动物中最发达的类群，背鳍肌由此分化而来。轴下肌的肌层较薄，也无斜肌分化。多数鱼类的大侧肌可区分为性质和功能不同的两种肌肉，一种是条形的红肌或称浅层侧肌，由于肌肉内含有肌红蛋白（myoglobin）和大量血液而色泽暗红，含脂率高，位于水平骨隔上、下的躯干表层或脊柱两侧，能作长时间游泳的鱼类大多具有发达的红肌；另一种是白肌，是构成大侧肌的主要肌肉，不含肌红蛋白和脂肪，呈现白色，能行低氧代谢，它是产生急速行动的物质基础，但缺乏持久的能力。

2. 棱肌

确切地说棱肌是一些支配奇鳍升竖和降伏的纵形肌肉，如背鳍和臀鳍前、后的牵引肌及牵缩肌（图23-11）。软骨鱼类无棱肌，故其奇鳍缺乏升降能力。

（三）附肢肌

附肢肌包括在胸鳍、腹鳍处由大侧肌分化而来的展肌（abductor muscle）、伸肌（extensor muscle）和收肌（adductor muscle），支配偶鳍的向外伸展或内收（图23-13）。尾鳍肌比较复杂，每侧包括6块肌肉，控制尾的上曲下弯，并参与游泳时的推进运动。

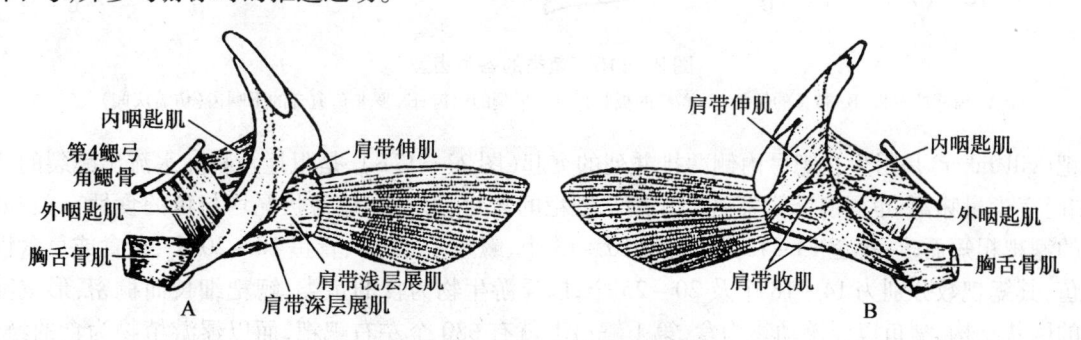

图23-13 硬骨鱼的肩带及胸鳍肌
A. 外侧面；B. 内侧面（仿孟庆闻）

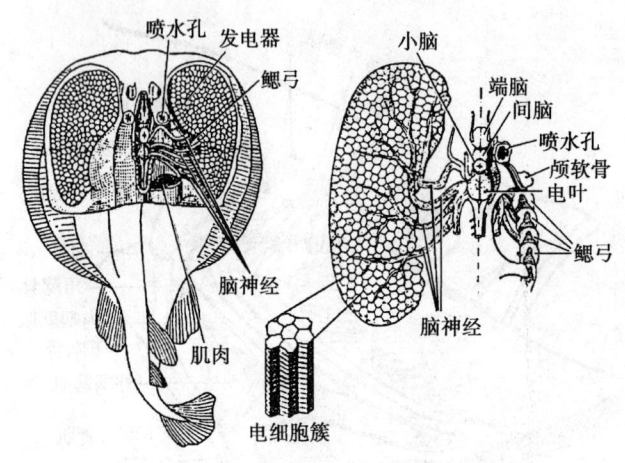

图 23-14 电鳐的发电器官
（仿 Madl）

（四）发电器官

有些鱼类，如鳐科、电鳐科、裸臀鱼科、电鳗科、瞻星鱼科等具有发电器官（electric organ），与御敌避害、攻击捕食、探向测位及求偶等活动有关。发电器官的位置因鱼种而不同（眼后、胸鳍基部、尾部），其功能单位电细胞（electrocyte）由肌细胞特化而成（图 23-14），电细胞集合成柱状作串联组合，发电器官的动作电位是由每个电细胞的电位差相加所得。每一个电细胞的电位差约 0.1 V。

四、消化系统

鱼类的食性一般有植食性、肉食性和杂食性三类，针对不同的摄食习性，鱼类的消化系统有着结构和生理上的适应。

鱼类的消化管包括口腔、咽、食管、胃、肠和肛门等。消化管由表及里由 4 层组成，即浆膜（serous layer）、肌肉层（muscular layer）、黏膜下层（submucous layer）、黏膜层（mucous layer）。黏膜层的内壁上有纵行、网状等不同形式的褶皱或螺旋瓣（spiral valve），这是延缓食物在消化管的移行速度和增加吸收营养物质面积的适应结构。

鱼类的口腔和咽并无明显的界限，统称为口咽腔，内有齿、舌、鳃等器官，覆盖在口咽腔上的复层上皮富含单细胞黏液腺，但无消化腺及消化酶。许多鱼类不仅具有紧密贴合在上、下颌的颌齿（jaw teeth），也有附生于犁骨（vomer）上的犁齿（vomerine teeth）、腭骨上的腭齿（palatine teeth）、舌骨上的舌齿（tongue teeth）和下咽骨上的咽齿（pharyngeal teeth）等（图 23-15）。大多数硬骨鱼类的颌齿与咽齿的发展程度常成反相关的互补作用，即颌齿强大者，则咽齿不发达或退化，反之亦然。鱼齿的形状各异，有犬齿形和圆锥形，也有臼齿形及门齿形，甚至还有前、后异形的颌齿，不同的齿型、齿的数目与排列方式不仅能反映出鱼类在食性上的差异，也能作为鱼类分类的依据之一。

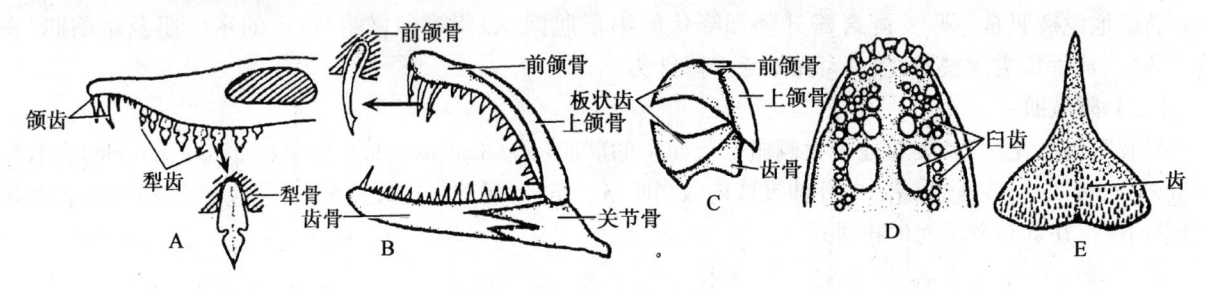

图 23-15 鱼类的各类齿型
A. 海鳗的犁齿；B. 带鱼的颌齿；C. 鲛鲼的板状齿；D. 平鲷的臼齿；E. 罗非鱼愈合的下咽齿（仿孟庆闻）

鳃耙（gill raker）是附生在鳃弓内侧两排并列的突起（图 23-17B），是阻挡食物随水流出鳃裂的滤食结构；顶端尚有少量味蕾，也具有味觉器官的作用。鳃耙的数目、形状和疏密状况均与鱼的食性有关，如肉食性鱼类的鳃耙粗短而疏：鳜鱼 13~15 个，乌鳢 10~13 个，鳡鱼 7~8 个，青鱼 18~20 个；杂食或草食性的鲤鱼及草鱼，其鳃耙数分别为 14~18 个及 20~25 个；以浮游生物为食的鱼类，鳃耙细长而稠密，形成筛滤微小食物的网状结构，鳙鱼以浮游动物为食，第 1 鳃弓上就有 680 个左右鳃耙，而以浮游植物为食的鲢鱼，鳃耙数可高达 1 700 个，过滤面积约 25 cm^2，使含有食物的水流在流入口咽腔时，通过鳃耙的筛滤作用，将食物截留，由黏液裹成食物团，利于吞咽。

食管（esophagus）短而环肌发达，壁厚，因布有味蕾，故对摄入的食物有选择及吐弃的功能。胃（stomach）是消化管最膨大的部分，前、后以贲门（cardiac portion）和幽门（pyloric portion）分别与食管及肠相通

（图23-16）。硬骨鱼类在幽门与肠连接处常有很多指状的幽门盲囊。鱼的胃可分为三类：直筒形、弯曲形和盲囊形。胃内壁具有胃腺（gastric gland），分泌的胃液中包含 HCl、Cl^{-1} 等无机盐和黏蛋白、消化酶等有机物，胃液分泌由食物直接刺激胃而引起。HCl 的作用在于激活胃蛋白酶原，供给胃蛋白酶所需要的酸性环境，使食物中的蛋白质变性，以利消化，同时还具有一定的杀菌作用。由于食性复杂，鱼类的胃液中所含的消化酶因鱼种而不同，也随其食性差异而不同。肉食性鱼类的胃蛋白酶活性甚高，主要是把蛋白质消化成氨基酸和蛋白胨。非肉食性鱼类的胃蛋白酶少，但淀粉酶、糖原分解酶、麦芽糖酶的含量较多。捕食甲壳类和浮游动物的鱼类，胃内具有较强分解几丁质作用的几丁质分解酶。

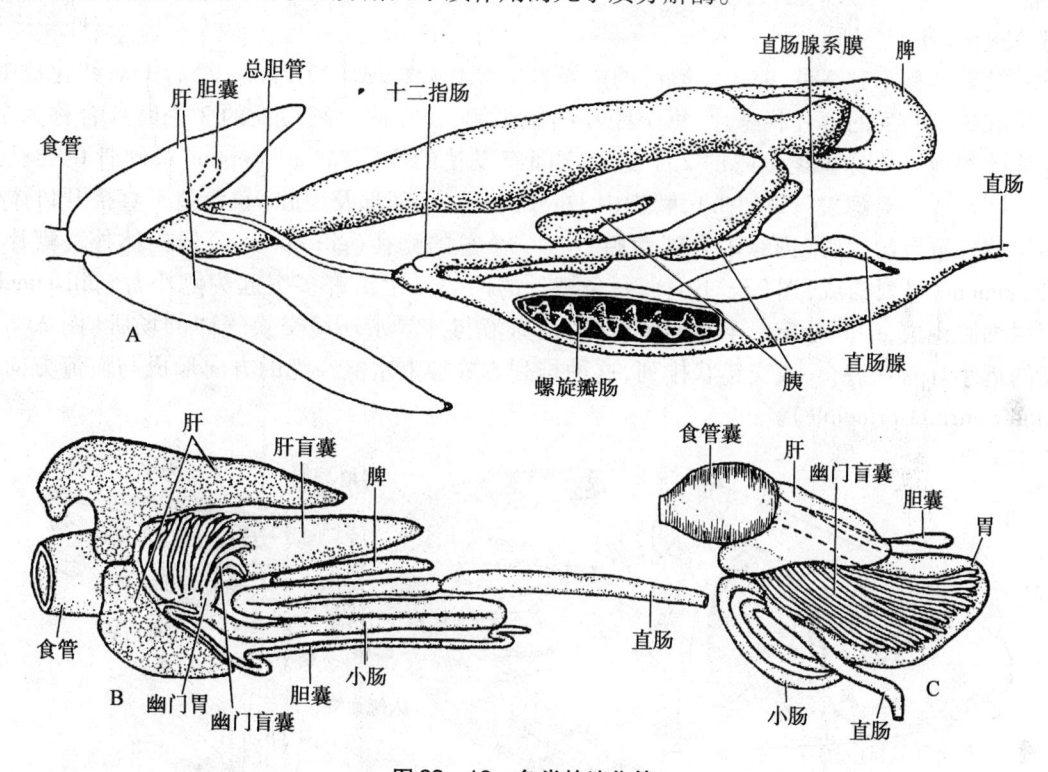

图23-16　鱼类的消化管
A. 软骨鱼；B. 大黄鱼；C. 银鲳（仿郑光美和孟庆闻）

肠是消化和吸收的重要场所。鱼类的肠管分化不明显，很难区分小肠和大肠，其长度随鱼种、食性和生长特性而不同。植食性种类（如草鱼和鲢鱼）的肠都很长，约为体长的6～7倍，有的鱼肠可达体长的15倍，其中尤以吃硅藻的鲻鱼和鳀鱼最长。肉食性的乌鳢、鳜鱼、狗鱼、鳕鱼和鳗鱼的肠管最短，只及体长的1/3～3/4。有些鲤科鱼类的肠管长可随年龄增加而变长，例如，鲢鱼在体长5 cm 时，肠长是体长的3倍，当体长为6.7 cm 时，肠体之比增大成7.8倍；鳊鱼的生长与肠长同样也具有正相关的现象。鱼类的生长必然促进代谢量的相应增加，因此依靠增长肠管以扩展肠内的表面积。

鱼类并无真正的肠腺，进行肠内消化的主要消化腺是肝和胰（pancreas）。肝的形状不一，一般分成两叶，但也有不分叶（鳗鲡）或呈三叶（鲣鱼、金枪鱼）、多叶（玉筋鱼）的。鲤科鱼类的肝呈弥散状分散在肠管之间的肠系膜上，因混杂有胰细胞而称为肝胰脏，但两种腺体的分泌物分别由胆管和胰管导入肠内（图23-18）。肝分泌的胆汁通过肝管贮存在胆囊中，再以胆管将胆汁输入肠内。胆汁能促进脂肪分解，使脂肪乳化，同时也有助于蛋白质的消化，促使某些蛋白质成分的沉淀。肝除制造胆汁外，还能把消化吸收的物质合成为糖原、脂肪和蛋白质。此外，对中间代谢、解毒作用、维生素及免疫物质的生成，都有重要作用。多数鱼类均有发达的胰，所分泌的胰液中含有胰蛋白酶、胰脂肪酶及淀粉酶。由于胰的消化酶只能在碱性环境中发挥作用，故胰液中的 HCO_3^- 可以有效地中和进入肠内的 HCl 而经常保持碱性状态，有利于胰液进行消化作用。有些鱼类的胰中埋有内分泌器官胰岛细胞，能分泌胰岛素（insulin），用作调节血糖的平衡。由此可见，肠是食物进行化学消化的主要场所，许多营养物质在这里被分解成简单成分。随着肠管的蠕动，把已消化了的食物吸入分布于肠壁上的血管和淋巴管中。未消化的食物残渣则经肛门排出体外。

五、呼吸系统

鳃是鱼类的呼吸器官，位于口咽腔两侧，对称排列。有些鱼类为适应某种特殊的生活条件，除鳃以外，还可通过皮肤（鳗鲡、鲇鱼、弹涂鱼等）、肠管（泥鳅）、鳃上器（攀鲈、斗鱼、乌鳢等）及气囊（肺鱼）等各种器官进行辅助呼吸，度过缺水乏氧的困难时期。此外，鳃还有排泄氮代谢废物及参与鱼体内、外环境的渗透调节等机能。

（一）鳃的构造

鱼类一般都具有5对鳃弓，前4对鳃弓的内缘着生鳃耙（图23-17A、B），最后1对特化成咽下骨，外凸面上长有2个并列的薄片状鳃片，每个鳃片叫做半鳃，长在同一鳃弓上的2个鳃片合称为全鳃，它们的基部彼此相连。软骨鱼类全鳃的2个鳃片之间有发达的鳃间隔（gill septum），硬骨鱼类已退化消失。鳃弓之间形成5对鳃裂（gill cleft），鳃裂内、外分别开口于咽部及鳃腔（软骨鱼类直接开口体表），硬骨鱼类的鳃腔外覆有鳃盖骨（内缘附有鳃盖膜），以一个总的鳃孔（gill opening）通向体外。鳃片由无数鳃丝（gill filament）排列构成（图23-17C），每条鳃丝的两侧又生出许多突起为鳃小片（gill lamella），鳃小片由两层细胞组成，中间分布着丰富的微血管，是血液与外界水环境交换气体的场所（图23-17D）。相邻鳃丝的鳃小片互相嵌合，成交错状排列，这种排列方式加上水流经鳃的方向形成与血流方向的对流配置（counter current principle）。

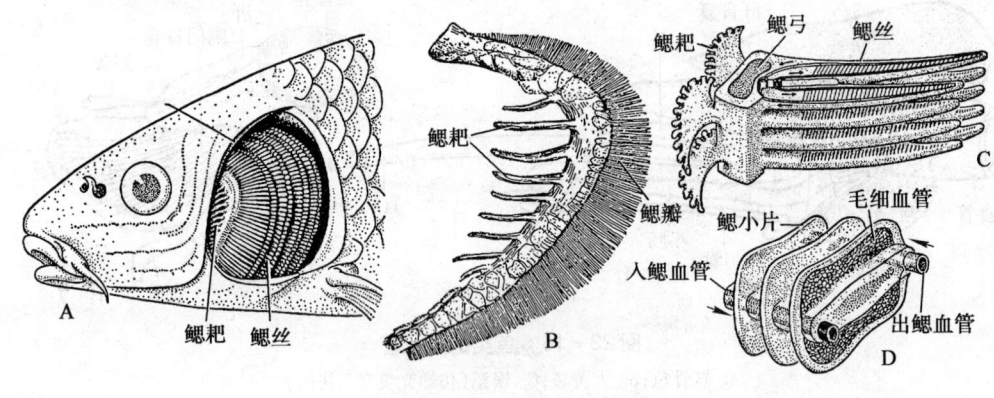

图23-17 鱼鳃的结构

（二）呼吸运动

鱼类在水中主要依靠口和鳃盖的运动完成呼吸动作。硬骨鱼类都有2对呼吸瓣，1对是附生于上、下颌内缘的口腔瓣（oral valve），闭嘴时可防止口中的水逆行流出，另1对附着在鳃盖骨后缘，即鳃膜，可阻止水从鳃孔倒流入鳃腔，同时也对口咽腔及鳃腔内的压力改变起着重要作用。

鱼类的呼吸运动是一个连续进行的过程，主要是运用下颌鳃部肌肉的收缩及口腔的协同动作，使口腔壁、鳃盖和鳃膜运动，改变口咽腔和鳃腔内部的压力，造成水流从口流入及由鳃孔流出，并在不断通过鳃的同时进行气体交换（图23-18）。一般认为，鱼类从口中进水的过程始于鳃膜紧闭的一瞬间。鱼口张开，鳃条骨展开而下沉，口咽腔的容积扩大，水被吸入口中，接着鱼口关闭，鳃盖骨往上提起，但此时鳃膜仍紧贴体表并盖着鳃孔，鳃腔的空间因此相应增大，内压减小，于是水流由口咽腔进入两侧的鳃腔，并通过鳃区。当水流通过鳃区进入鳃腔时，口腔瓣已经关闭，口咽腔在肌肉收缩的压力作用下，逐渐缩小，并往后波及到鳃盖部，造成鳃盖有力地拉下，使鳃腔内的压力增大，流入和积贮于鳃腔内的水便冲开紧贴在体表的鳃膜，从鳃孔流出体外。

延脑是鱼类呼吸中枢的所在地，在呼吸中枢控制下，通过第5、第9、第10对脑神经的支配，使颌部和鳃部的肌肉产生反射性的协调运动，完成呼吸动作。酸性水域会影响鱼从外界吸取O_2的能力，在碱性偏大的环境里同样不利于鱼类的呼吸。当pH大于10或低于2.8时，均将造成鱼类呼吸器官的表面遭受损害。渔业生产上所说的"浮头"，就是由于池水中缺氧所引起，如不及时采取充气措施，常可造成大量池鱼窒息

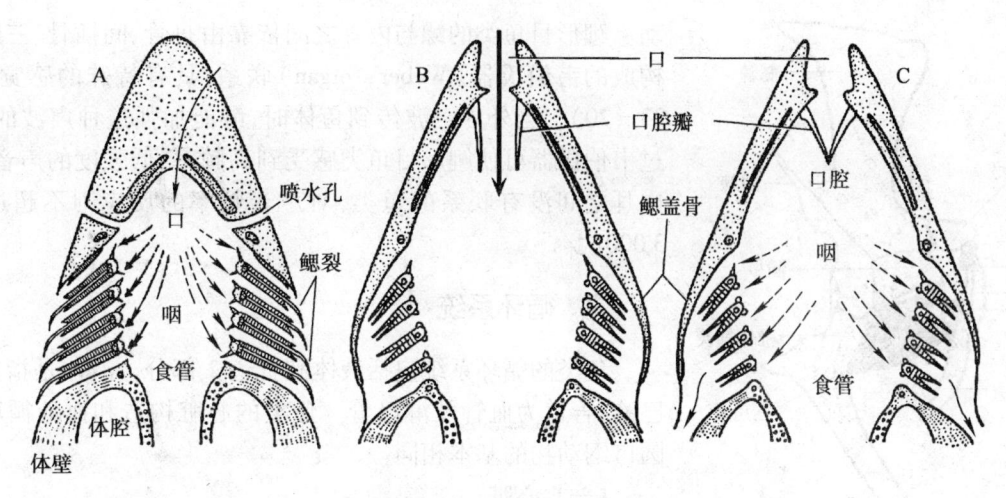

图 23-18 鱼类的呼吸过程
A. 软骨鱼；B、C. 硬骨鱼。箭头示水流方向

死亡,生产上叫做"泛塘"。在鱼类正常呼吸过程中,时常会出现呼吸节律被突如其来的短促的呼吸运动所打乱,这时有一部分水从口中吐出,同时有一部分水由鳃孔溢出,这种现象称为"洗涤运动"。洗涤运动的作用在于清除鳃上的外来污物,有利鱼类的气体交换。

(三) 鳔

绝大多数鱼类有鳔(gas bladder),少数种类(软骨鱼类、金枪鱼类和马鲛等)无鳔,是次生现象。鱼鳔是位于肠管背面的囊状器官,鳔的内壁为黏膜层,中间是平滑肌层,外壁为纤维膜层(图 23-19)。纤维膜层的细胞间因有小板状的鸟粪素结晶(guinine crystals)而呈现白色。鳔因鱼种不同而分为 1~3 室,前、后室的间隔壁上有孔,便于鳔内气体流通和调节。根据鳔与食管之间是否存在相通的鳔管(pneumatic duct),可将鱼类分为两大类:一类为有鳔管的管鳔类(physostomous),如鲤形目、鲱形目等,一类为鳔管退化消失的闭鳔类(physoclistous),如鲈形目等,但是许多闭鳔类鱼类在刚孵化时是具有鳔管的,当通过鳔管将吞入的空气充满鱼鳔后即闭塞退化。鳔内的气体中除主含 N_2、O_2 和 CO_2 外,还有微量的其他气体。一般情况下,生活在浅水水域的鱼类,鳔内的 O_2 含量甚低,以鲤鱼为例,O_2 含量仅占鳔内气体总量的 2.42%,相当于它在 4 分钟内生活所需的氧气量,因而鱼鳔的呼吸机能是并无实际意义的。

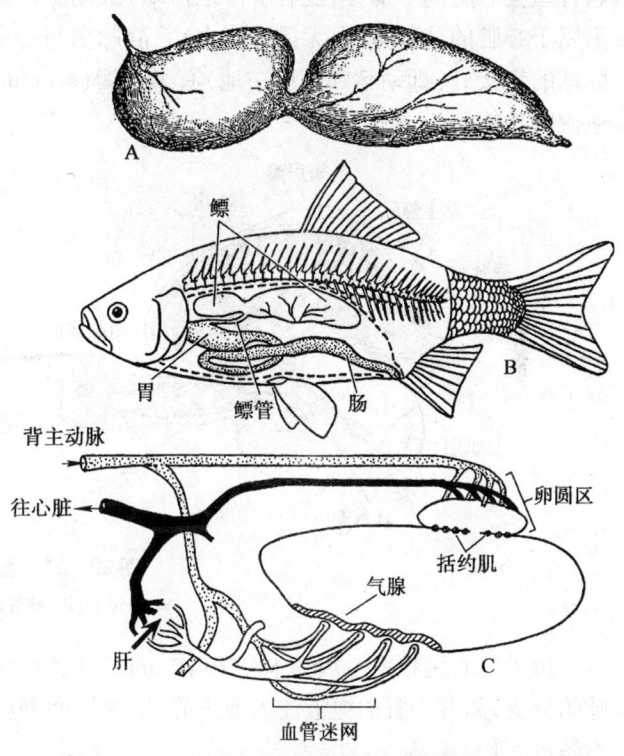

图 23-19 鱼鳔的结构及与其他器官的关系
A. 鳔的形态；B. 鳔在鱼体中的位置；C. 鳔与其他器官的联系

鳔是鱼体比重的调节器官,它的作用是通过特有的气腺(gas gland)分泌气体以及卵圆窗(仅见于闭鳔类)或鳔管排放气体(管鳔类)而实现的。鳔内气体的分泌和吸收直接影响到鱼鳔的容积大小,在一定程度上可引起鱼体密度的变化。不过,有鳔鱼类在水域中上升或下降活动都有一定范围,所能自由活动的水层是比较狭窄的,而且鳔内气体的分泌和吸收过程相当缓慢,不能快速地适应水压的变化,所以鳔的主要功能是使鱼体悬浮在限定的水层中,以减少鳍的运动而降低能量消耗。鱼类实现升降运动的主要器官则是鳍和大侧肌的运动。

鱼鳔壁的四周还分布着许多神经末梢,能感知声波及气体压力、水压的变化,并引起与此相适应的运动。鲤形目鱼类的鳔与内耳之间依靠由舟骨、间插骨、三脚骨等骨构成的韦伯氏器(Weber's organ)联系,具有特殊的感觉功能(图23-20)。当外界声波传到鱼体时,鳔能加强这种声波的振幅,通过韦伯氏器可使鲤形目鱼类感受到高频率、低强度的声音,而鳔与内耳之间没有联系的鱼类,对声音频率的反应则不超过2 000~3 000次/s。

六、循环系统

鱼类的循环系统包括液体和管道2部分。液体是指血液和淋巴液,管道为血管及淋巴管。鱼类的心脏构造和血液循环方式与圆口纲动物的基本相同。

(一) 心脏

鱼类的心脏位于鳃弓后下方的围心腔内,后方以结缔组织的横隔与腹腔分开。由于心脏紧靠肩带,肩带从两侧和腹面包围心脏,使心脏得到很好的保护。心脏小,一般只占体重的1%左右,由静脉窦、心房、心室等3部分构成(图23-21)。心室的前方有一稍微膨大的动脉圆锥(conus arteriosus,是软骨鱼类心脏的一部分,能有节律地搏动)或动脉球(bulbus arteriosus,是硬骨鱼腹大动脉基部扩大而成的,不属于心脏的一部分,也无搏动能力)。静脉窦与心房之间有窦耳瓣,心房和心室之间有耳室瓣,心室与动脉球的交接处(即动脉圆锥所在地)有半月瓣(semilunar valve),所有这些瓣膜都具有提高血压和防止血液逆流的功能。

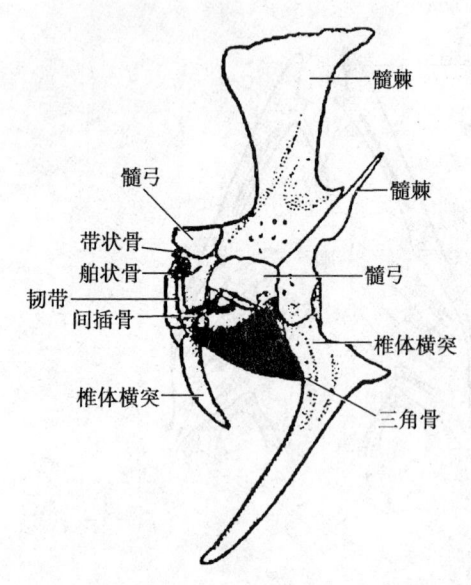

图23-20 鲤科鱼类的韦伯氏器

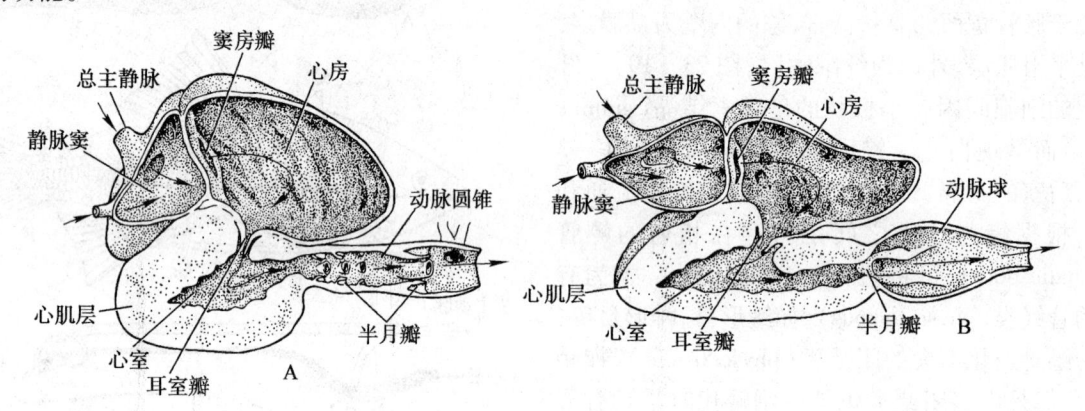

图23-21 鱼类的心脏结构
A. 软骨鱼;B. 硬骨鱼。箭头示血流方向

鱼类的心跳频率一般为18~20次/min。供给心脏营养的血液来自背大动脉或出鳃动脉以及锁骨下动脉的分支,离开心脏的血液注入前主静脉,再返回静脉窦。鱼体内的血量少,仅为体重的1.5%~3.0%,决不超过5%。

(二) 血液循环

鱼类的血液循环方式属于单循环(single circulation)。单循环血液循环方式是与鱼类的心脏构造简单及用鳃呼吸密切相关的。

鱼的血液循环过程为:心脏收缩将血液(缺氧血)压入腹大动脉,舒张时又从静脉窦的后方吸进血液。进入腹大动脉的血液,在咽部下方前行并列向两侧分支成动脉弓,沿鳃束间向背部延伸。由动脉弓分出进入鳃褶的血管为入鳃动脉,离开鳃褶的是出鳃动脉,入鳃和出鳃动脉间以鳃动脉毛细血管相连,气体交换就在此进行。带氧的新鲜血液经出鳃动脉,通过鳃束背面的鳃上动脉汇入背大动脉,由背大动脉再分送到身体各部分和内脏器官,包括头部动脉、腹腔动脉、肾动脉和尾部动脉,在这些部位的毛细血管网又将头部静脉血输入前主静脉,前后两条主静脉汇合成总主静脉。另一群内脏(消化管壁)的毛细血管网将静脉血输入肝门静脉,肝门静脉内的血液和肝动脉血则都经过肝毛细血管,最后汇入肝静脉,肝静脉又和总主静脉血都进入静脉窦,最后流回心脏,从而完成血液循环(图23-22)。

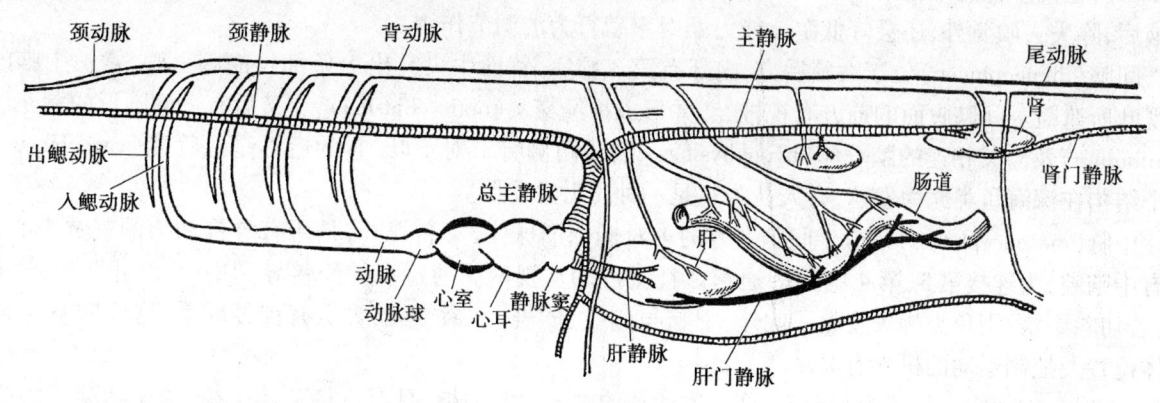

图23-22 鱼类的血液循环

(三)淋巴系统

鱼类的淋巴系统不发达。身体各组织细胞间未被静脉毛细血管所吸收的少量组织液,可进入通透性极高而内压较低的淋巴管(lymphatic vessel),成为无色透明的淋巴液(lymph)。淋巴液来源于组织液,除不含红细胞和血液蛋白质外,其他成分与血液近似,它的流动方向为单向运行。淋巴管在最后一枚尾椎骨的下方,扩大成左、右相连的2个圆形淋巴心(lymph heart),能不停地搏动,把淋巴液推向前行,最后流入后主静脉,参与血液循环。

鱼类淋巴液的主要机能是协助静脉系统带走多余的细胞间液、清除代谢废料和促进受伤组织的再生等。

脾(spleen)是循环系统中的一个重要器官,是造血、过滤血液和破坏衰老红细胞的中心场所。脾位于胃的一侧或胃的后方,可分为外层红色的红髓和内层白色的白髓2部分。红髓制造红细胞及血小板,白髓生产淋巴球和白细胞。出入脾进行血液循环的血管分别为腹腔系膜动脉的分支脾动脉和脾静脉,最后血液注入肝静脉。脾内的微血管口径小,当衰老的红细胞通过管口时,易受损伤而导致死亡,其血红蛋白尤其是含铁部分则可被重新利用来制造新的红细胞。

七、神经系统和感觉器官

鱼类的神经系统由中枢神经系统(central nervous system)、外周神经系统(peripheral nervous system)和植物性神经系统(vegetative nervous system)组成。

(一)中枢神经系统

鱼类的中枢神经系统由脑和脊髓共同组成,并分别包藏在软骨或硬骨质的脑颅及椎骨的髓弓内。

1. 脑

鱼类的脑由端脑、间脑、中脑、小脑和延脑等5部分组成(图23-23),结构比较简单,脑的体积也比其他脊椎动物小得多。据测定,鳗鲡的脑仅占体重的0.005%,而大多数鸟类和哺乳动物则为0.5%~2.0%。

端脑由嗅脑(rhinencephalon)及大脑(cerebrum)组成,嗅脑包括紧靠嗅囊的嗅球(olfactorybulb)和细长的嗅束(olfactory tract),往后与大脑相连。大脑中央有纵沟将其隔成左、右大脑半球(cerebral hemisphere),半球内各有一侧脑室。除软骨鱼类和肺鱼外,绝大多数鱼类的大脑

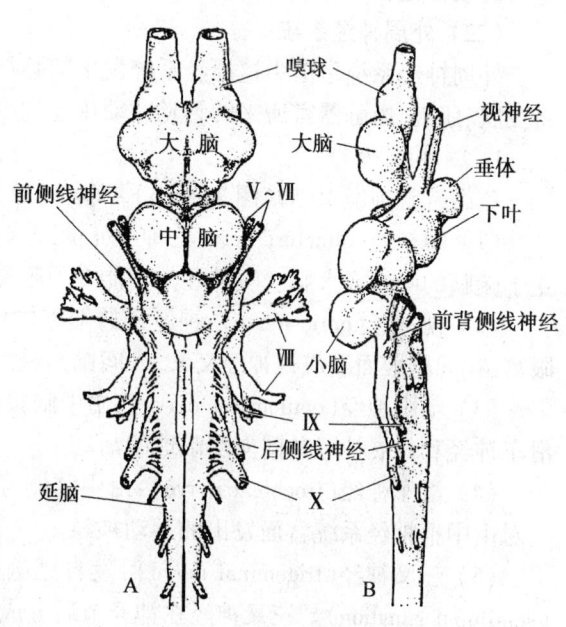

图23-23 硬骨鱼的脑和脑神经
A. 背面观;B. 侧面观。罗马字母表示脑神经

背壁都很薄,无神经组织,主要由嗅神经组成特有的古脑皮(paleopallium),即嗅脑。腹面有纹状体(striatum corpora),是许多神经细胞集中形成的脑组织所在处。大脑是鱼类的嗅觉和运动调节中枢,损伤或切除其大脑后,除失去嗅觉外,还会降低游泳能力及对繁殖行为的调节作用。

间脑(diencephalon)位于大脑后方,内部有第3脑室,背面中央突出1条细长的脑上腺,常被中脑的1对视叶所遮盖。间脑腹面的前方有视神经,并形成神经交叉(optic chiasma),交叉后有一椭圆形的漏斗(infundibulum)及与其相连的脑垂体(hypophysis)。漏斗两侧有1对下叶,它的后方是血管囊(vascular sac),这个结构在深海鱼类尤为发达,有人认为它是一种压力感受器。

中脑(mesencephalon)是位于间脑上方的1对椭圆形球体,又名视叶,是所有脊椎动物的视觉中心;脑内有中脑腔,为连接第3、第4脑室的通道。视觉冲动从视网膜通过视神经传导到中脑,终止于中脑背侧部,若切除中脑,则鱼类顿失视觉。此外,中脑与侧线、体表、小脑、延脑等也有神经联系,这些联系与调整鱼体位置及控制运动的机能有关。

小脑(cerebellum)位于中脑后方,是身体活动的主要协调中枢,具有维持鱼体平衡、掌握活动的协调和调节肌肉张力等作用;小脑两侧有耳状或球形的小脑鬈,与内耳及侧线器官的关系密切,所以鱼类的小脑又是听觉和侧线感觉的共同中枢。

延脑(medulla oblongata)位于脑的最后部,是多种生理机能和感觉的中枢。延脑的前部有面叶及位于其两侧的迷走叶,是感受口内和皮肤表面味觉的中枢。延脑体前宽后窄,背面覆有脉络丛(choroid plexus),膜下为三角形的第4脑室,脑室后方与脊髓内的神经管腔相通。延脑是鱼类的听觉、皮肤感觉、侧线感觉和呼吸和调节色素细胞作用的中枢。

2. 脊髓

脊髓是中枢神经系统的低级部位,以脊神经与机体的各部相联系。脊髓是1条扁圆形的柱状管,包藏于椎骨的髓弓内,前面与延脑连接,往后延伸到最后1枚椎骨。脊髓由前向后逐渐变细,但因出现胸鳍和腹鳍而在其相应部位略显膨大。背、腹面分别具有背中沟和腹中沟,以此将脊髓分成左、右两半。围绕在脊髓神经管腔四周成蝶形的灰质(gray matter),是神经原本体,灰质周围为白质(white matter),里面只有神经纤维。

白质是上行和下行神经束的通道,传导感觉和运动的神经冲动,把鱼体组织器官与脑的活动互相联结起来。灰质部分有神经元,可完成最基本的反射活动,所以脊髓是鱼体和内脏反射的初级中枢所在处,但它的活动都是在中枢神经系统的高级中枢部位支配下进行的。

(二)外周神经系统

外周神经系统是由中枢神经系发出的脑神经(cranial nerves)和脊神经组成,其作用是通过外周神经将皮肤、肌肉、内脏器官所来的感觉冲动传递到中枢神经,或由中枢向这些部位传导运动冲动。

1. 脑神经

鱼类有脑神经10对(图23-23),其名称及分布的部位在无羊膜类各纲动物中都大致相同。

(1) 嗅神经(olfactory nerve):神经元的细胞体分布在嗅囊的黏膜上,由细胞体轴突集合成的嗅神经终止于端脑的嗅叶或大脑。嗅神经的功能专司嗅觉。

(2) 视神经(optic nerve):神经元的细胞体位于眼球的视网膜上,由轴突合成的视神经穿过眼球壁和眼窝,在间脑腹面形成视神经交叉,入间脑而最后抵达中脑。视神经专司视觉。

(3) 动眼神经(oculomotor nerve):由中脑腹面发出,分布到眼球的上直肌、下直肌、内直肌和下斜肌,与滑车神经和外展神经共同支配眼球的活动。

(4) 滑车神经(trochlear nerve):由中脑侧背面发出,穿过眼窝壁,分布到眼球的上斜肌上。这是唯一一对由中枢神经系统背面发出的运动神经。

(5) 三叉神经(trigeminal nerve):发自延脑的前侧面,在通出脑颅前神经略为膨大,称为半月神经节(semilunar ganglion)。三叉神经在神经节后分成4支:深眼支、浅眼支、上颌支和下颌支。深眼支分布到鼻部黏膜和吻部皮下。浅眼支与面神经的浅眼支在基部并合,一起分布到头顶及吻端的皮肤上。上颌支沿口角分布到上颌。下颌支由口角分布至下颌。三叉神经既支配着颌的动作,也接受来自吻部、唇部、鼻部及颌部的感觉刺激。

(6) 外展神经(abducens nerve)：由延脑腹面发出，穿过眼窝壁分布于眼球的外直肌上。

(7) 面神经(facial nerve)：从延脑侧面发出，与三叉神经的基部接近，关系也甚密切。面神经分为3支：浅眼支、口支和舌颌支。浅眼支与三叉神经的浅眼支合并，一同分布到吻部。口支穿过脑颅，分布到上颌和口腔顶部。舌颌支最粗大，分支可达舌弓、舌颌骨、下颌骨、鳃盖骨及鳃条骨等。面神经支配头部和舌弓的肌肉运动，并接受来自皮肤、触须、舌部和咽鳃等处的感觉刺激。

(8) 听神经(auditory nerve)：由延脑侧面发出，与三叉神经、面神经、舌咽神经的基部彼此靠拢，分布至内耳的半规管、椭圆囊、球状囊及壶腹上，感知听觉和平衡感觉。

(9) 舌咽神经(glossopharyngeal nerve)：从延脑侧面发出而紧挨听神经之后，穿过前耳骨到达第1鳃弓。它的基部有一神经节，节后分为鳃裂前支和鳃裂后支，分布到口盖部、咽部、鳃裂的壁上及头部侧线系统。

(10) 迷走神经(vagus nerve)：发自延脑侧面最粗大的1对脑神经，由此分出3支：鳃支、内脏支及侧线支，分布到第1至第4鳃弓、心脏、消化器官、鳔及侧线系统上。迷走神经的机能是支配咽喉部和内脏器官的活动，并感受咽部的味觉、躯干部的皮肤感觉及侧线感觉等。

鱼类的10对脑神经中，嗅神经、视神经及听神经为纯感觉神经，仅由导入的感觉神经纤维构成，分别与嗅、视、听觉发生联系；动眼神经、滑车神经和外展神经是纯运动神经，只包含运动神经纤维，用于支配动眼肌的活动；三叉神经、面神经、舌咽神经及迷走神经均为混合神经，兼有感觉和运动两种神经纤维，主要与咽弓、内脏的感觉和运动有关。

2. 脊神经

脊髓具有明显的分节现象，每节发出1对左、右对称的脊神经与外周相联系。每1脊神经包括1个背根和1个腹根。背根连于脊髓的背面，腹根发自脊髓的腹面。背根内主要包括感觉神经纤维，腹根主含运动神经纤维。背根有感觉作用，它的神经纤维来自皮肤和内脏，负责传导周围部分的刺激至中枢神经系统，靠近脊髓处各有一膨大的脊神经节(spinal ganglion)，联系周围部分及脊髓；腹根的神经纤维分布到肌肉和腺体上，用以传导自中枢神经系统发出的冲动到周围各反应器。

(三) 植物性神经系统

植物性神经系统是专门支配和调节内脏平滑肌、心脏肌、内分泌腺、血管扩张和收缩等活动的神经，与内脏器官的生理活动、新陈代谢有着密切的关系。植物性神经也由中央神经系统的脑或脊髓发出，但并不直接到达所支配的器官，而是通过神经元交换神经元的方式到达各器官。植物性神经系统可分为交感神经系统和副交感神经系统(parasympathetic nervous system)，其神经纤维同时分布到各种内脏器官，产生拮抗作用(antagonism)，器官在两种对立作用的制约下，才能维持其平衡和正常的生理机能。鱼类的植物性神经系统尚处于初级阶段，还不及高等脊椎动物那样发达和完善。

(四) 感觉器官

鱼类的感觉器官主要包括皮肤感受器、侧线感觉器、听觉器官、视觉器官、嗅觉器官和味觉器官等。

1. 侧线系统

侧线系统(lateral line system)是鱼类特有的皮肤感觉器官，呈管状或沟状，埋于头骨内和体侧的皮肤下面，侧线管以一系列侧线孔穿过头骨及鳞片，连接成与外界相通的侧线(图23-24)。侧线管内充满黏液，感觉器就浸埋在黏液里。感觉器一般由一群感觉细胞和一些支持细胞组成，称为神经丘，感觉细胞具有感觉毛和分泌机能，其分泌物在整个感觉器的外部凝结成胶质顶，感觉神经末梢分布于感觉细胞之间。当水流轻击鱼体时，水压通过侧线孔，影响到管内的黏液，并使感觉器内的感觉毛摆动，从而刺激感觉细胞兴奋，再通过神经将外来刺激传导到神经中枢。支配头部侧线的是面神经和舌咽神经，而支配躯干部侧线的是迷走神经的侧线支。侧线能感受低频率的振动，具有控制趋流性的定向作用，同时还能协助视觉测定远处物体的位置，故在鱼类生活中具有重要的生物学意义。

软骨鱼类除侧线外，吻部还有特殊的皮肤感受器：罗伦氏壶腹(ampulla of Lorenzini)，由罗伦瓮、罗伦管和管孔3部分组成。罗伦瓮是一个基部膨大的囊状结构，内有腺细管和感觉细胞，面神经的神经末梢分布其间;罗伦管是由罗伦瓮通出的管道,末端以管孔开口于皮肤表面(图23-25)。罗伦氏壶腹是水流、水压、水温的感受器,也是电感受器官。

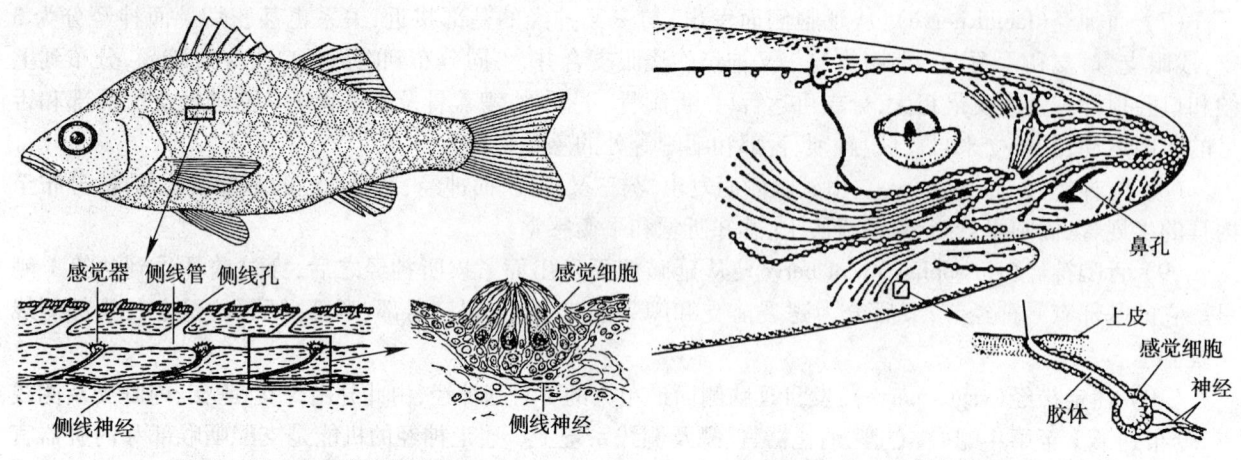

图23-24 硬骨鱼侧线的结构

图23-25 软骨鱼的罗氏壶腹结构

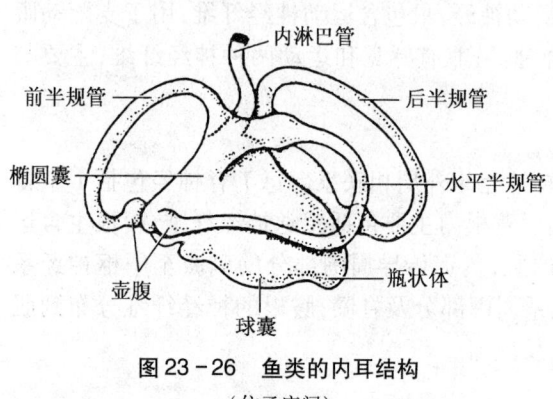

图23-26 鱼类的内耳结构
(仿孟庆闻)

2. 听平衡觉器官

鱼类的听平衡觉器官(auditory organ)是1对内耳,因其结构复杂而称膜迷路(membrane labryinth),包藏于脑颅听囊内的外淋巴液中,膜迷路里充满着内淋巴液。每侧的内耳都包括上、下两部分:上部是椭圆囊(utriculus)及与其连通的3个半规管,管的一端膨大成壶腹(ampulla);下部是球囊(sacculus),球囊后方有一突出的瓶状囊(lagena),这些囊内有石灰质的耳石(otolith)3～5块,其中以球囊中的矢耳石(sagitta)体积最大。椭圆囊、球囊和壶腹内的感觉上皮,分别形成听斑(acoustic spot)和听嵴(acoustic crista),与听神经的末梢相联系,是鱼类平衡和听觉器官中的主要感受部位(图23-26)。当鱼体移位时,耳石对听斑和听嵴的压力起了变化,内淋巴液的压力也随之发生改变,于是感觉的信息通过听神经传递到中枢神经系统,引起肌肉反射性运动。膜迷路上部的椭圆囊和半规管是鱼体平衡机制的中心,而球囊和瓶状囊内的听斑能感受声波,并通过听神经将外界的声浪传到脑,产生听觉。

3. 视觉器官

鱼类的视觉器官是位于脑颅两侧眼眶内的眼。鱼的眼由被膜和调节器组成(图23-27),功能是感觉颜色、物体形状和光的强度。多数鱼类缺乏活动性眼睑,有些鲨鱼的下眼睑内有瞬膜或瞬褶(nictitating fold),可向背上方移动,遮蔽鱼眼。鱼的眼球呈球状,具3层被膜:外层是软骨质或纤维质的巩膜,巩膜在前方形成透明而扁平的角膜,有保护眼及避免因磨擦而遭受损伤的作用。中层是脉络膜层(choroid),由自外向内的银膜(argentea)、血管膜(vascular coat)和色素膜(uvea)组成。银膜为鱼类所特有,呈银色而含鸟粪素,可将射入眼球的微弱光线反射到视网膜上;血管膜与色素膜互相紧贴难以分辨。脉络膜往前延伸成虹膜(iris),虹膜中央的孔即瞳孔。眼球的最内层为视网膜(retina),是产生视觉作用的部位,由数层神经细胞组成,内含司光觉的圆柱细胞(rod cell)和感知色觉的圆锥细胞(cone cell);视神经分布到视网膜上,视神经通出处无视觉作用,称盲点(blind point)。

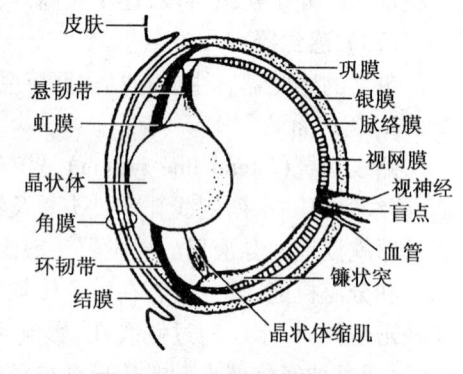

图23-27 硬骨鱼眼的结构

眼球内有透明细胞构成的晶体。角膜与晶体之间,以及晶体与视网膜之间分别有水样液(aqueous humor)和玻璃液(vetreous humor),前者有反光能力,而玻璃液则能固定视网膜的位置,使透过它的光线落到视网膜上。晶体大而圆,无弹性,背面藉悬韧带连接在虹膜上,紧挨于角膜后方,使鱼眼只能看到较近处的物体。镰状突(falciforme process)是硬骨鱼类调节视距的特有结构,为一膜质的垂直隆起,一端附着盲点,另一端以韧带与附着在晶体腹面的晶体缩肌相连,通过该肌的伸缩能稍稍移动晶体的位置,调整视距,适应观察较远处的物体,但最远的视距一般不超过15 m。

鱼眼一般位于头部两侧,紧靠吻部前方的是不能见物的无视区。无视区之前则为两眼都能见物的双眼视区,也是鱼类视觉最清晰和对物体距离具有精确感觉的区域。一侧鱼眼能见物体的范围,称为单眼视区。

4. 嗅觉器官

鱼类的嗅觉器官是其重要的化学感受器之一,由鼻孔、鼻腔和位于鼻腔内的嗅囊构成。多数的鱼类都具有2个鼻孔,即前鼻孔和后鼻孔,前鼻孔是进水孔,后鼻孔是出水孔,凭借前后鼻孔控制水流的进出。鼻腔又称嗅腔,每个鼻腔都通过鼻孔与外界相通。一些硬骨鱼类还具有与嗅囊相连通的附属囊,它在鼻腔内的数量和位置因种而异。嗅囊是1对内陷的构造,由嗅囊膜、嗅轴和嗅板组成。嗅囊多开口于头部背前方,以外鼻孔与外界相通。嗅囊的形态多种多样,依据嗅囊外形差异可将鱼类的嗅囊分为杯形、瓮形、豆荚形、椭圆形和圆形等。嗅板由层嗅觉上皮中间夹一基质层或称固有膜构成,基质内有结缔组织、血管和成束的神经轴突组成的无髓神经纤维,无髓神经纤维末端与嗅球相连。嗅板上皮细胞主要由纤毛非感觉细胞、纤毛感觉细胞、支持细胞和基细胞等组成。

鱼类对于嗅觉的感受,主要是通过分布于嗅板上的感觉细胞来完成。在嗅板上,纤毛感觉细胞和微绒毛感觉细胞占据的嗅板区称为感觉区,纤毛非感觉细胞或无纤毛的区域可称为非感觉区。

5. 味觉器官

鱼类的味觉器官(gustatory organ)是味蕾。味蕾是由一组细胞集合而成的椭圆形构造,也是由感觉细胞和支持细胞组成。味蕾分布很广,在口腔、舌、鳃弓、鳃耙、体表皮肤、触须及鳍上都有分布。各种味蕾的分布区域及分布密度是不一致的,一般味蕾在口唇及口盖部位分布较密。

八、排泄系统

鱼类大部分代谢废物都是以尿的形式由肾滤出,并通过输尿管排出体外。鱼类的排泄系统由1对肾及输尿管组成,其功能除排泄尿液外,在维持鱼体内体液的适当浓度、进行渗透压调节方面也具有重要作用,以保证机体适应所处的环境。

(一)肾及泌尿机能

肾紧贴于腹腔背壁,是1对坚实而呈块状的泌尿器官(图23-31)。有些硬骨鱼类的肾前端尚有不具有泌尿机能的头肾(head kidney)。肾由许多肾小体(renal corpuscle)构成,肾小体包括肾小球(glomerulus)和肾小管(renal tuble)。肾小球是背大动脉分支在肾小管的肾口旁形成的一个毛细血管团;肾小管的前端凹入,由两层扁平上皮细胞构成杯状的肾小球囊(renal capsule,或称鲍曼氏囊 Bowmen's capsule),将肾小球包入其内。肾小球囊的囊壁分内、外两层,两层之间有一狭小腔隙,称为肾囊腔,与肾小管的管腔相通。由半渗透性的肾小球囊从毛细血管的血液内滤泌的尿液,经肾小管后段的吸水作用,曲折盘行汇集到总的输尿管。尿在肾中的生成过程是连续不断的,生成后经输尿管流入膀胱暂时贮存起来,积聚到一定量时,再经泌尿孔(urinary pore)一次性排出体外。硬骨鱼的膀胱为输尿管(中肾管)后端膨大形成的,故也称为导管型膀胱。

淡水鱼类肾内的肾小球数量明显多于海洋鱼类,这种特点与它们具有高渗性的体液有关。淡水鱼类在进行鳃呼吸及取食的同时,也摄入了过量水分,为维持正常范围的体液浓度,就必须通过众多肾小球的滤泌作用,增大泌尿量而排除体内的多余水分。

鱼类尿液中的含水量达95%以上,此外还含有少量肌酸、肌酐、尿酸等难于扩散的氮分解物,以及Na^+、K^+、Ca^{2+}、Mg^{+2}、Cl^-、SO_4^{2-}和PO_4^{3-}等无机盐。

(二) 渗透压的调节

淡水和海水的含盐度相差极大,但是分别栖息于两种不同水域中的鱼类,其体液所含盐分的浓度却并无显著差异,这表明鱼类具有调节渗透压的机能。相对于外界环境,淡水鱼类体液是高渗溶液,按渗透原理,体外的淡水将不断地通过半渗性的鳃和口腔黏膜等渗入体内,但肾可借助众多肾小球的泌尿作用,及时排出浓度极低几乎等于清水的大量尿液,保持体内水分恒定。淡水鱼类在尿液的滤泌和排泄过程中,肾小管具有重吸收作用,将滤泌尿液中的盐分重新吸收回血液内,故排尿时丧失的盐分很少。此外,有些鱼类还能通过食物或依靠鳃上特化的吸盐细胞从外界吸收盐分,这对鱼类维持渗透压的平衡,也具有重要的作用。

反之,海洋鱼类体液相对于海水是低渗性溶液。为维持体内、外的水分平衡,鱼类除了从食物内获取水分外,尚须吞饮海水,然而吞饮海水的结果又造成了盐分浓度在鱼体内的增高。为减少盐分的积聚,海鱼把吞下的海水先由肠壁连盐带水一并渗入血液中,再由鳃上的排盐细胞将多余的盐分排出而把水分截留下来,使体液维持正常的低浓度。

淡水鱼类和海洋鱼类由于生活在环境条件不同的水域中,所以二者分别通过其独特的途径进行渗透压调节。因而海洋鱼类一般不能进入淡水生活,反之亦然。

九、内分泌系统

鱼类的内分泌腺及组织有脑垂体、肾上腺、甲状腺、胸腺、胰岛、后鳃腺、性腺及尾垂体等(图23-28)。

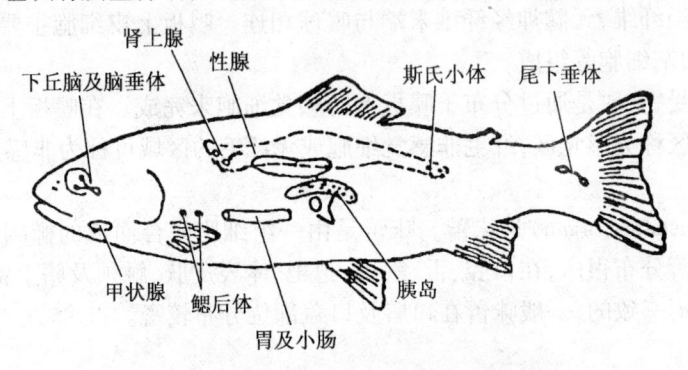

图23-28 鱼类的内分泌腺分布示意图
(仿林浩然)

脑垂体位于间脑腹面,是最重要的内分泌腺。腺垂体分为3个部分,即前腺垂体、中腺垂体或称中叶及后腺垂体或称过渡带。下丘脑与脑垂体之间存在密切的关系,下丘脑中的神经分泌细胞分泌的神经内分泌激素与脑垂体发生联系,控制脑垂体的机能,它可分为释放激素及抑制激素两类,它们的化学性质都是多肽。下丘脑神经分泌细胞可直接支配垂体分泌细胞,亦可通过两者之间血管网来完成。由于下丘脑和脑垂体在结构和功能上的密切联系,常把它们看作一个功能单位,即下丘脑-垂体单位。脑垂体分泌的激素种类很多,可以影响到鱼的生长、体色、控制性腺、甲状腺和肾上腺的发育等等。

硬骨鱼类的甲状腺多为弥散性的,主要分布在腹主动脉及鳃区的间隙组织里,有时也随着入鳃动脉进入鳃,甚至有的弥散到眼、肾、头肾和脾等处。少数鱼类有结实的甲状腺。板鳃鱼类的甲状腺位于基舌骨腹面的凹陷内。甲状腺分泌甲状腺素。甲状腺素在生长及器官形成方面有明显的作用。甲状腺素在渗透调节方面,也可能起到一定的作用。

鱼类没有集中的肾上腺,但是具有与高等脊椎动物肾上腺细胞相应的细胞群——髓质(肾上组织)和皮质(肾间组织)。肾上组织分泌的激素为肾上腺素和去甲肾上腺素,能促进心跳,扩大鳃血管,导致黑色素细胞里黑色素粒集中。肾间组织分泌的激素为类固醇性质的皮质激素,对渗透压的调节有一定作用,对蛋白质及碳水化合物的代谢有一定影响。

胰岛或称蓝氏岛。板鳃鱼类的胰岛埋藏在结实的胰组织内,硬骨鱼类的胰岛组织存在于胆囊、脾、幽门盲囊及小肠的周围,与胰是分开的。胰岛产生胰岛素,具有调节碳水化合物、脂肪和蛋白质的机能,是调节体内糖代谢的重要激素,它能维持正常的血糖含量。胰岛还分泌一种胰高血糖素,它的作用是促进糖原分解、脂肪分解及尿素生成,主要作用的器官是肝。它是体内促进能量动员的一个主要激素,对维持体内能量平衡起着重要作用。它与胰岛素的作用是拮抗的。

十、生殖系统

鱼类的生殖系统由性腺(精巢和卵巢)及输送生殖细胞的生殖导管组成。进行体内受精的鱼类,其雄性还有特殊的交配器。性腺左右成对而对称,但黄鳝和银汉鱼(Atherina hepsetus)等只有左侧的发达。性腺由系膜悬系于腹腔背壁。

(一) 鱼类的性别

鱼类一般都是雌雄异体,少数种类有雌雄同体现象,两性鱼甚至还有自体受精能力。此外,黄鳝和剑尾鱼等少数种类尚有性逆转现象,即性腺的发育从胚胎期一直到性成熟期都是卵巢,只产生卵,经第1次繁殖后,卵巢内部发生了改变,逐渐转变成精巢而呈现出雄鱼特征。

一般在外形可用于区分性别的只有软骨鱼类腹鳍内侧的鳍脚、食蚊鱼臀鳍鳍骨特化而成的交配器(clasper)和雌性鳉鱼类由生殖孔伸出体外的产卵管等。而表现于两性异形的第二性征则是多方面的:既有雌鱼体大于异性10~30倍以上的角鳑和康吉鳗,也有雄鱼体略大于雌性的黄颡鱼和棒花鱼等;雄宽鳍鱼(Zacco)和马口鱼(Opsaurichthys bidens)的前部臀鳍条显著延长;雄银鱼的臀鳍上方有一横列大鳞;雄泥鳅的胸鳍约与头长相等,而雌性则甚短小;雄鱼的腹鳍后缘抵达肛门,而雌鱼则不然;雌、雄鳜鱼的生殖孔分别为横形和圆形。除了雌雄大小上的差异外,反映鱼类两性差异的还有婚色(nuptial color)和珠星(nuptial organ)等形态上的变化,而这些变化会随着生殖期结束而消失或复原。

通常情况下,鱼群的性比接近1:1。有些种类的性比差异较大,如鲫鱼群的雌雄比可达10:1。

(二) 生殖器官

鱼类的生殖系统由生殖腺(精巢和卵巢)和生殖导管(输精管和输卵管)组成。

1. 雄性

精巢在性成熟时呈乳白色,表面匀净细腻,俗称鱼白,而在一般情况下为淡红色。精巢呈圆柱形或呈盘曲的细带状,在生殖期达到最大体积,通常位于腹腔左、右两侧,彼此分开,但有时也可在后部互相接触或合而为一(图23-29)。精巢表面有腹膜所形成的外膜,内由不规则排列的壶腹形腺体或辐射状排列的叶状腺体构成,这些腺体就是精子的生长发育和成熟处。精子可从精巢的背面或底部的输出管注入输精管。

硬骨鱼类的输精管由精巢外膜往后延续而成,与肾无任何联系,这种现象在脊椎动物中是绝无仅有的。左、右输精管常在后段连合,以生殖孔开口于肛孔和泌尿孔之间,精子排至水中营体外受精。雄性软骨鱼类的输尿管兼有输精管的作用,管的后部膨大成贮精囊,往后分别导入尿殖窦(urogenital sinus),经尿殖乳头末端的孔开口于泄殖腔,精子由泄殖腔再通过鳍脚上的沟进入雌鱼生殖导管内,营体内受精。

2. 雌性

鱼类的卵巢有2种类型:游离卵巢和封闭卵巢(图23-30)。游离卵巢的表面裸露,不包有腹膜形成的卵囊膜,卵巢里面有许多滤泡,每个滤泡内有1枚卵,滤泡在卵成熟时能分泌溶解酶,溶解滤泡,卵即突破而出排入腹腔,借体壁肌收缩,经输卵管腹腔口进入输卵管,软骨鱼类和肺鱼类的卵巢均属于这一类型。硬骨鱼类的卵巢为封闭卵巢,卵巢外被腹膜形成的卵囊膜包围,并往后延伸变窄成输卵管,成熟的卵不排入腹腔,而是落进卵巢的卵巢腔内,由此直接输送进输卵管。未发育成熟的卵巢常呈透明的条状,一旦成熟即变为长囊形而几乎充塞整个腹腔,颜色则由白转为黄色,但有些鱼类(红鳍鲌、鲇鱼)也可呈现绿色或橘红色(大麻哈鱼)等。

(三) 性腺发育及卵的结构

掌握鱼类性腺各发育阶段的形态特征是鉴别鱼体是否达到性成熟的指标,因而对养殖业和进行人工繁殖工作具有十分重要的实践意义。鱼类性腺的发育一般分为6期。

Ⅰ期性腺为一线状体,紧贴于腹腔背壁,肉眼无法分辨其雌雄。

Ⅱ期卵巢呈扁带状,表面有血管分布而呈浅粉红色或淡黄色,放大镜下已可看清卵粒,卵径90~

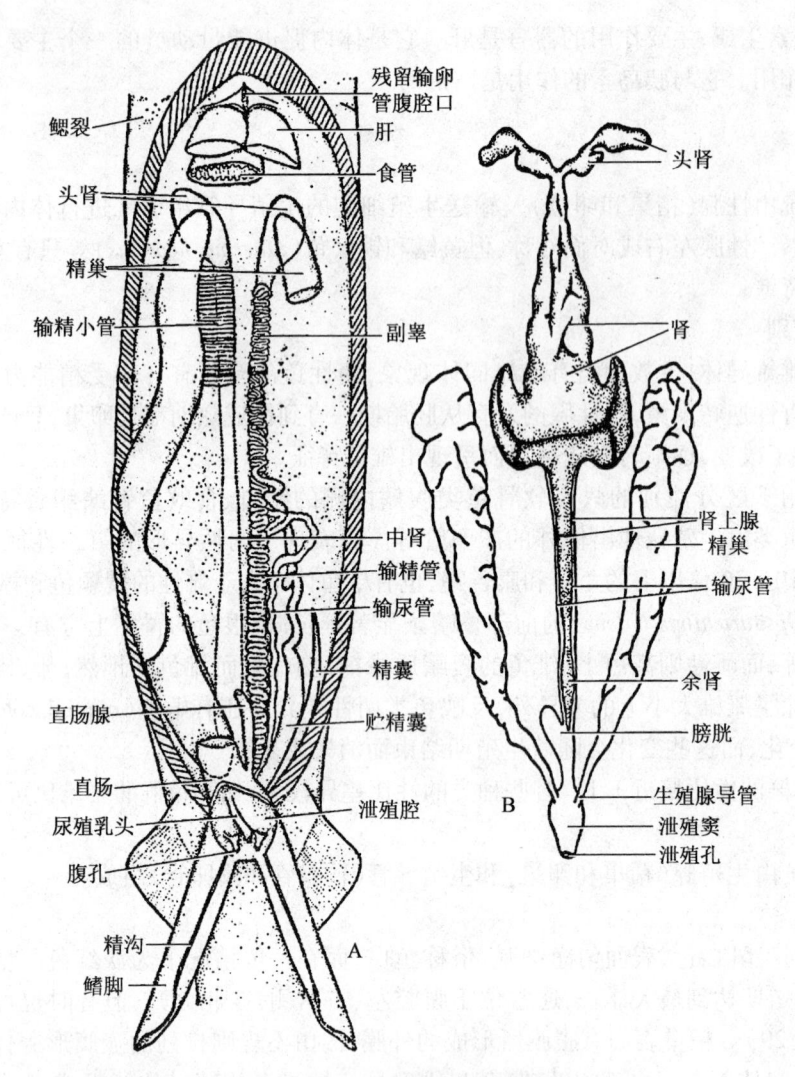

图 23-29　鱼类的雄性生殖系统
A. 软骨鱼类；B. 硬骨鱼类（仿孟庆闻和郑光美）

300 μm。精巢仍为细带状，血管不明显，故大多呈浅灰色。

Ⅲ期卵巢青灰色或黄白色，肉眼能辨认其卵粒，但卵粒互不分离，卵径 250～500 μm。精巢因血管发达而呈粉红色或淡黄色。

Ⅳ期血管十分发达，整个卵巢显示浅黄色或粉红色，卵形饱满，但在卵巢内因彼此挤压而略呈不规则状，卵径 800～1 500 μm。精巢转为乳白色，表面血管清晰。

Ⅴ期用手触摸腹部有松软感，提起雌鱼或轻压鱼腹时，成熟的卵子从生殖孔中可自然流出。以同样方式处理雄鱼，也有大量黏稠的乳白色精液溢出体外。

Ⅵ期卵巢因产卵后体积大大缩小，显得松软而空虚，由于血管充塞，故外观呈紫红色。精巢萎缩成细带形，浅红色或淡黄色。

有些鱼类在人工饲养条件下，由于缺乏或不能满足其某些必要的生殖条件，即使亲鱼已经生长到性成熟阶段，却不能进行繁殖活动。这时，可对亲鱼注射脑下垂体液、绒毛膜促性腺激素，促进其产卵和排精活动。

鱼类的生殖方式有卵生（oviparity）、卵胎生（ovoviviparity）和胎生（viviparity）三种类型。除软骨鱼类和食蚊鱼、海鲫、汤氏鲉、绵鳚等营卵胎生或胎生外，绝大多数鱼类的繁殖方式为卵生。

鱼卵为圆形的端黄卵，卵黄含量丰富，细胞质不多，分布在卵周围和核的附近，受精后集中到动物极形成胚盘。各种鱼类的卵径大小不一，虎鱼的卵径仅 0.3～0.5 mm，矛尾鱼为 85～90 mm（重 320 g，是硬骨鱼

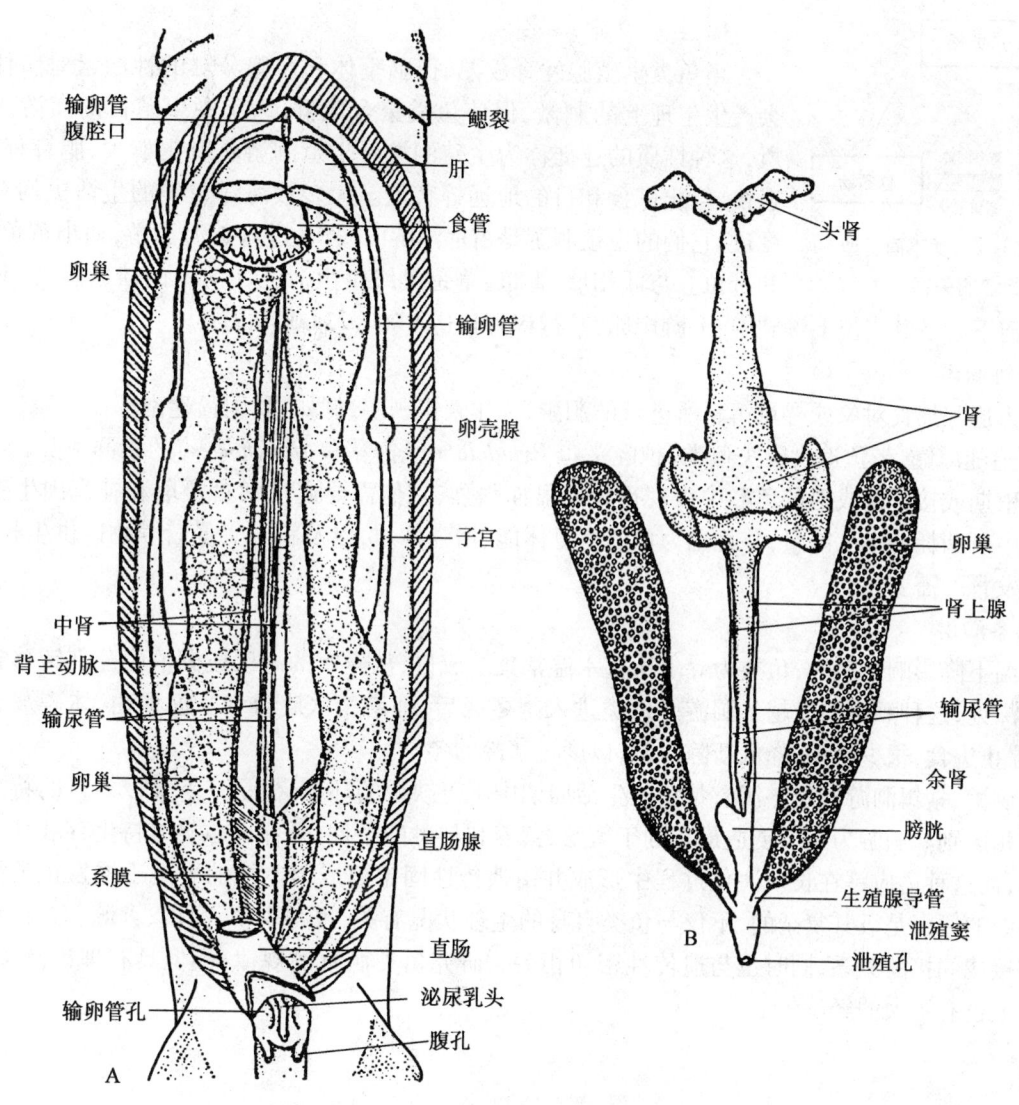

图 23-30　鱼类的雌性生殖系统
A. 软骨鱼类；B. 硬骨鱼类（仿孟庆闻和郑光美）

类中最大的），而鼠鲨的卵径为 150～220 mm。鱼卵依其本身的比重不同，可分为浮性卵和沉性卵两大类，前者具有油球，色泽透明，产出后即漂浮于水面。淡水鱼类大多产沉性卵，卵内不含油球，产出后常沉入水底。鱼卵表面为一薄层的卵膜，外部包有角质或胶质构成的壳膜。在动物极附近的壳膜上有一小孔，称卵膜孔，似可释放出一种由糖蛋白或黏多糖组成的受精素（fertilizin），以诱导精子游趋此孔而达到受精目的。

第二节　鱼类的洄游

某些鱼类在生活史的各不同阶段，对生命活动的条件均有其特殊要求，因此必须有规律地在一定时期集成大群，沿着固定路线作长短距离不等的迁移，以转换生活环境的方式满足它们对生殖、索饵、越冬所要求的适宜条件，并在经过一段时期后又重返原地，鱼类的这种习性和行为称为洄游（migration）。鱼类在由海入河的溯河洄游或自河至海的降河期间，都需要有一个转换调节渗透压机制的过程，以适应水质不同的环境改变。

依据鱼类洄游的不同类型，可分为生殖洄游（breeding migration）、索食洄游（feeding migration）和越冬洄游（overwintering migration）。它们三者间的关系如下图（图 23-31）。

1. 生殖洄游

当鱼类生殖腺发育成熟时,脑垂体和性腺分泌的性激素对鱼体内部就会产生生理上的刺激,促使鱼类集合成群,为实现生殖目的而游向产卵场所,这种性质的迁徙称为生殖洄游。生殖洄游具有集群大、肥育程度高、游速快、停止进食和目的地远等特点。大多数海洋鱼类的生活史均在海洋中度过,它们的生殖洄游是由远洋游向浅海,进行近海洄游,如小黄鱼、大黄鱼和带鱼。与此相反,青鱼、草鱼等终生生活在江河中的淡水鱼类,其生殖洄游是从江河下游及其支流上溯到中、上游产卵,其行程可长达 1 000~2 000 km。

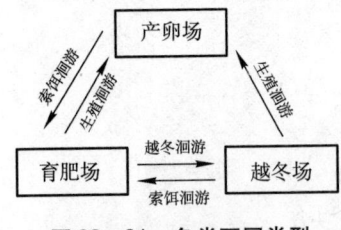

图 23-31 鱼类不同类型洄游的关系

2. 索饵洄游

鱼类为追踪捕食对象或寻觅饵料所进行的洄游,称作索饵洄游,例如,我国福建南部蓝圆鲹(*Decapterus maruadsi*)追随犀鳕、带鱼追食隆头鱼类(拟隆头鱼 *Pseudolabrus*、海猪鱼 *Halichoeres*)的集群洄游。索食洄游在结束繁殖期或接近性成熟的鱼群中表现得较明显而强烈,它们需要通过索食摄取和补充因生殖洄游和繁殖过程中所消耗的巨大能量,并且也为鱼类恢复体能、增强体质,以及积贮大量营养物以供生长、越冬和性腺再次发育的需要。

3. 越冬洄游

当气温下降影响水温时,鱼类为寻求适宜水温常集结成群,从索饵的海区或湖泊中分别转移到越冬海区或江河深处,这种洄游叫做越冬洄游。鱼类进入越冬区后,即潜至水底或埋身淤泥内,体表被有一层黏液,暂时停止进食,很少活动,降低新陈代谢,以度过寒冷的冬季。

生殖洄游、索饵洄游和越冬洄游是鱼类生活周期中不可缺少的环节,但是三者又以各自的特点和不同目的而互相区别。洄游为鱼类创造最有利于繁殖、营养和越冬的条件,是保证鱼类维持生存和种族繁衍的适应行为,而这种适应是在长期演化过程中形成并由遗传性固定而成为本能的。至于诱发鱼类洄游和决定洄游路线的原因是极其复杂的,不仅与鱼类自身的生理状况有关,也与季节、温度、食源、海流、水质变化等都有直接或间接的关系,同时也与遗传性密切相关。研究鱼类洄游的规律,不但具有理论意义,而且在渔业生产上也有重大的经济价值。

第三节 鱼类的分类和多样性

根据最新的数据统计,已记录的鱼类有 31 000 多种。

有关鱼类的分类历史是比较长的,不少鱼类学家均提出了不同特点的分类系统。缪勒(Muller J.,1814)提出的分类系统是最早的科学分类体系,他将鱼类列为脊椎动物中的 1 纲——鱼纲,下面分 6 亚纲、14 目。缪勒之后,又有不少鱼类学家先后提出了新的分类系统,其中以前苏联鱼类分类学家贝尔格(Berg L. S.,1940)提出的分类系统较为完善,他把古生鱼类和现存鱼类共分为 12 纲、119 目,并对每个纲、目、科的特征都加以描述,该系统被后人长期采用。1966 年,格林伍德(Greenwood P. H.)等人提出了现生鱼类分类新体系;1971 年,前苏联学者拉斯(Rass T. S.)和林德贝尔格(Lindberg G. V.)根据鱼类内部器官的结构和个体发育资料,将贝尔格的分类系统加以增补和修正,提出了新的较完善的分类系统,将现存鱼类分为软骨鱼纲和硬骨鱼纲。20 世纪末和 21 世纪初,加拿大学者尼尔逊(Nelson J. S.)在拉斯体系的基础上做了进一步的完善工作。目前国际上普遍接受的鱼类分类系统就是拉斯体系:鱼类分为软骨鱼纲和硬骨鱼纲;软骨鱼纲又分为 2 亚纲、2 总目、13 目;硬骨鱼纲又分为 2 亚纲、11 总目、39 目。这里以此体系介绍我国有分布的类群。

一、软骨鱼纲(Chondrichthyes)

内骨骼全为软骨的海产鱼类。体被盾鳞。鼻孔腹位。鳃间隔发达,鳃孔 5~7 对。鳍的末端附生皮质鳍条。歪型尾。无鳔和"肺"。肠内具螺旋瓣。生殖腺与生殖导管不直接相连。雄鱼有鳍脚,营体内受精。绝大多数分布于热带及亚热带海洋,包括2亚纲。

(一) 板鳃亚纲(Elasmobranchii)

体呈梭形或盘形。鳃孔5~7对,各自开口于体外而无鳃盖。上颌不与颅骨愈合。雄性仅有位于腹鳍内侧的鳍脚。共2总目。

1. 侧孔总目(Pleurotremata)

目1. 六鳃鲨目(Hexanchiformes) 鳃孔6~7对。背鳍1个,无硬棘,有臀鳍。具喷水孔。底栖生活,游泳缓慢。如油夷鲛(*Notorynchus cepedianus*)和灰六鳃鲨(*Hexanchus griseus*)(图23-32A、B)。

图23-32 软骨鱼纲代表种类(一)

A. 油夷鲛;B. 灰六鳃鲨;C. 日本锯鲨;D. 日本扁鲨;E. 长吻角鲨;F. 宽纹虎鲨;G. 狭纹虎鲨;H. 梅花鲨;I. 星鲨;J. 斜齿鲨;K. 日本须鲨;L. 豹纹鲨;M. 鲸鲨;N. 姥鲨;O. 长尾鲨;P. 噬人鲨

目2. 锯鲨目(Pristiophoriformes) 头平扁,吻长似剑状突出。鼻孔前方有1对皮须。具瞬膜及喷水孔。无臀鳍。如日本锯鲨(*Pristiophorus japonicus*)(图23-32C)。

目3. 扁鲨目(Squatiniformes) 为侧孔总目中唯一体型平扁的类群。胸、腹鳍扩大,且彼此接近。背鳍2个,形小而位于尾部上方。如日本扁鲨(*Squatina japonica*)(图23-32D)。

目4. 角鲨目(Squaliformes) 背鳍2个,大多有硬棘。无瞬膜。具喷水孔。鳃孔位于胸鳍基底前方。缺乏臀鳍。如长吻角鲨(*Squalus mitsukurii*)(图23-32E)。

目5. 虎鲨目(Heterodontiformes) 头大吻钝,眼上棱起显著,有鼻口沟。前方的牙尖细,后方的牙平扁呈臼齿状。背鳍2个,前方各具1枚鳍棘。有臀鳍。宽纹虎鲨(*Heterodontus japonicus*)和狭纹虎鲨(*H. zebra*)(图23-32F、G)。

目 6. 真鲨目（Carcharhiniformes） 背鳍前无硬棘、眼有瞬膜或瞬褶、有臀鳍。梅花鲨（*Halaelurus burgeri*）、星鲨（*Mustelus*）、斜齿鲨（*Scoliodon*）（图 23 - 32H ~ J）和锤头双髻鲨（*Sphyrna zygaena*）（图 23 - 1B）。

目 7. 须鲨目（Orectolobiformes） 有鼻口沟或鼻孔开口至口内。前鼻瓣常有 1 鼻须或喉部具 1 对皮须。最后 2 ~ 4 对鳃孔位于胸鳍基底上方。第 1 背鳍与腹鳍相对或位于其后。如日本须鲨（*Orectolobus japonicus*）、豹纹鲨（*Stegostoma fasiatum*）和鲸鲨（*Rhincodon typus*）（图 23 - 32K ~ M）。

目 8. 鼠鲨目（Lamniformes） 背鳍 2 个，无硬棘。有臀鳍。较有代表性的种类有姥鲨（*Cetorhinus maximus*）、长尾鲨（*Alopias vulpinus*）和噬人鲨（*Carcharodon carcharias*）（图 23 - 32N ~ P）。

2. 下孔总目（Hypolremata）

目 9. 电鳐目（Torpediniformes） 体盘椭圆形，皮肤光滑柔软。头侧与胸鳍之间的皮下具有特化而成的发电器官。常见有黑斑双鳍电鳐（*Narcine maculata*）和日本单鳍电鳐（*Narke japonica*）（图 23 - 33A、B）。

目 10. 锯鳐目（Pristiformes） 吻狭长而平扁，似剑状突出，边缘具尖利的吻齿。如锯鳐（*Pristis*）（图 23 - 33C）。

目 11. 鳐形目（Rajiformes） 吻圆钝或突出，侧缘无吻齿。尾粗大，背鳍 2 个，无尾刺。如犁头鳐（*Rhinobatos hynnicephalus*）和团扇鳐（*Platyrhina sinensis*）（图 23 - 33D、E）。

目 12. 鲼形目（Myliobatiformes） 胸鳍往前延伸到达吻端，或前部分化为吻鳍或头鳍。腹鳍前部不分化成足趾状构造。尾小，背鳍一个或无，常具尾刺。如日本燕𫚉（*Gymnura japonica*）、𫚉（*Dasyatis*）、鲼（*Myliobatis*）和蝠鲼（*Mobula japonica*）（图 23 - 33F ~ H）。

（二）全头亚纲（Holocephali）

体表光滑或偶有盾鳞。鳃腔外被一膜质鳃盖，后缘具 1 总鳃孔。背鳍 2 个，第 1 背鳍前有 1 强大硬棘，能自由竖立或垂倒。雄性除腹鳍内侧的鳍脚外，尚有腹前鳍脚及额鳍脚。仅银鲛目（Chimaeriformes）1 目。如黑线银鲛（*Chimaera phantasma*）（图 23 - 33I）。

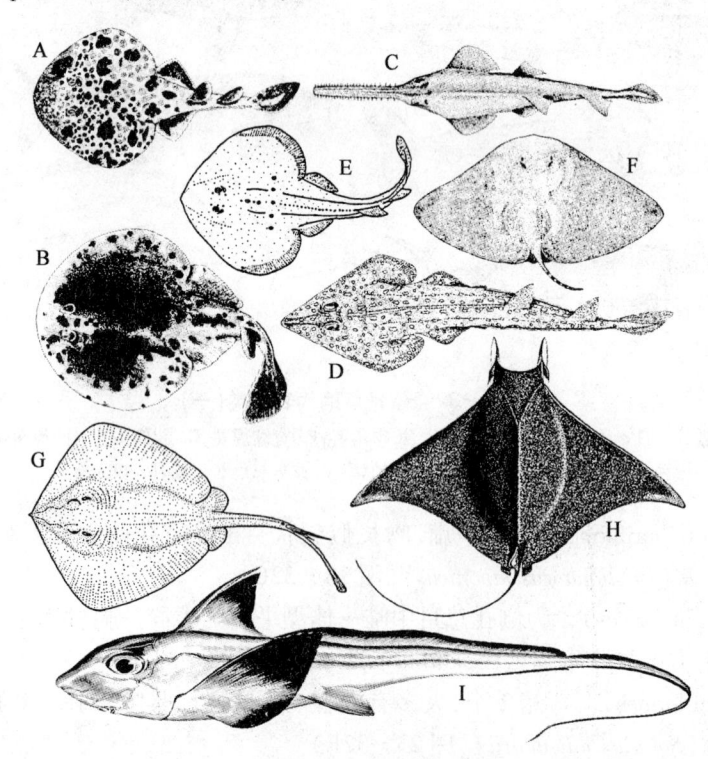

图 23 - 33 软骨鱼纲代表种类（二）

A. 黑斑双鳍电鳐；B. 日本单鳍电鳐；C. 锯鳐；D. 犁头鳐；E. 团扇鳐；F. 日本燕𫚉；G. 𫚉；H. 蝠鲼；I. 黑线银鲛

二、硬骨鱼纲（Osteichthyes）

骨骼大多由硬骨组成。体被骨鳞或硬鳞，一部分鱼类的鳞片有次生性退化现象。鼻孔位于吻的背面。鳃间隔退化，鳃腔外有骨质鳃盖骨，头的后缘每侧有一外鳃孔。鳍的末端附生骨质鳍条，大多为正型尾。通常有鳔，肠内大多无螺旋瓣。生殖腺外膜延伸成生殖导管，二者直接相连。无泄殖腔和鳍脚，营体外受精。硬骨鱼类包括2亚纲。

（一）内鼻孔亚纲（Choanichthyes）

口腔内具有内鼻孔。有原鳍型的偶鳍，即偶鳍有发达的肉质基部，鳍内有分节的基鳍骨支持，外被鳞片，呈肉叶状或鞭状，故又称肉鳍亚纲（Sarcopterygii）。肠内有螺旋瓣。共有2总目。

1. 总鳍总目（Crossopterygiomorpha）

为一类出现于泥盆纪的古鱼，也是当时数量最多的硬骨鱼类。具1条纵行的脊索，无椎体，颌下有一喉板（gular plate），肠内有螺旋瓣。现存腔棘鱼目（Coelacanthiformes）1目，是动物界最珍贵的活化石之一。如矛尾鱼（*Latimeria chalumnae*）（图23-34A）。

2. 肺鱼总目（Dipneustomorpha）

本总目是与古总鳍鱼类亲缘关系较近的同时代的鱼类，两者的主要区别是肺鱼类口腔中有内鼻孔、偶鳍内具双列式排列的鳍骨和高度特化而适于压碎软体动物硬壳的迷齿。肺鱼类一方面具有某些原始特性：上、下颌由腭骨、翼骨、犁骨、夹板骨、隅骨等构成，而无次生颌；脊索终生保留，组成椎骨的骨片直接连在脊索上，椎体尚未形成。心脏前有动脉圆锥。肠内具螺旋瓣；尾鳍为原型尾。鳔有鳔管与食管相通，出现了原始的双循环。本总目在世界各地曾有过广泛的分布，但现生种类仅单鳔肺鱼目（Ceratodiformes）和双鳔肺鱼目（Lepiosireniformes）2目的5种，并被隔离分布于南美洲、亚洲和大洋洲。如澳洲肺鱼（*Neoceratodus forsteri*）（图23-1I）和非洲肺鱼（*Protopterus annectens*）（如图23-34B）。

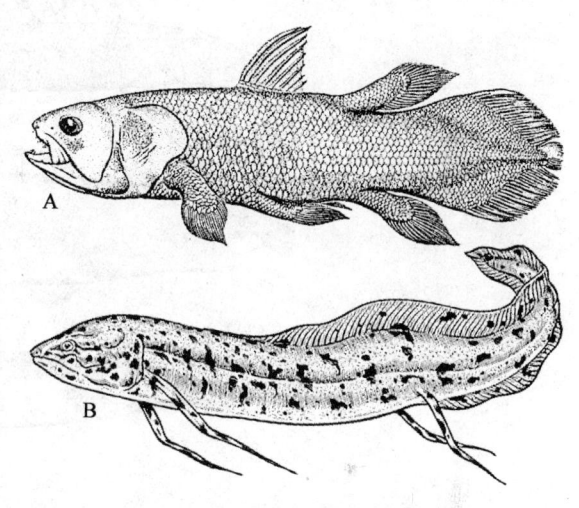

图23-34 硬骨鱼纲代表种类（一）
A. 矛尾鱼；B. 非洲肺鱼

（二）辐鳍亚纲（Actinopterygii）

本亚纲种类的各鳍均由真皮性的辐射状鳍条支持。体被硬鳞、圆鳞或栉鳞，或裸露无鳞。无内鼻孔。种类极多，占现生鱼类总数的90%以上，共包括9总目、36目。

1. 硬鳞总目（Ganoidomorpha）

为鱼类中古老类群的残余种，除了具有硬骨鱼类的主要特征外，仍留有一些原始性状。体被外覆硬鳞质的菱形硬鳞。心脏具动脉圆锥。肠内有螺旋瓣。尾鳍为歪型尾。颌部常有喉板。

目1. 鲟形目（Acipenseriformes） 体形似鲨，吻长，口腹位，有喷水孔。躯干部有5行纵列的骨板，或皮肤裸露而仅在歪型尾的上叶列有少数硬鳞性质的叉状鳞。内骨骼为软骨，仅于头部具有膜质硬骨。髓弓、脉弓、间髓弓、间脉弓等骨片并不愈合，脊索发达，无椎体。如鳇鱼（*Huso dauricus*）（图23-35A）、长江鲟（*Acipenser dabryanus*）（图23-35B）、中华鲟（*A. sinensis*）（图23-1K）和白鲟（*Psephurus gladius*）（图23-35C）。

目2. 多鳍鱼目（Polypteriformes） 背鳍分离为一列小鳍，每个小鳍前方各有1枚鳍棘。胸鳍有肉质的基叶。尾鳍为圆形的正型尾。鳔分2叶，内多分隔，开口于食管腹面。幼鱼期有外鳃。如多鳍鱼（*Polypterus bichir*）（图23-35D）和芦鳗（*Calamoichthys congicus*）。

目3. 弓鳍鱼目（Amiiformes） 体被圆形硬鳞。内骨骼大多为硬骨。颌下有一大形喉板。鳔内分许多小室，为辅助呼吸器官。现存仅1种，即弓鳍鱼（*Amia calva*）（图23-35E）。

目4. 雀鳝目（Lepidosteiformes） 体被菱形硬鳞。无喉板及喷水孔。鳔有呼吸作用。如扁口雀鳝鱼（*Lepidosteus platystomus*）（图23-35F）。

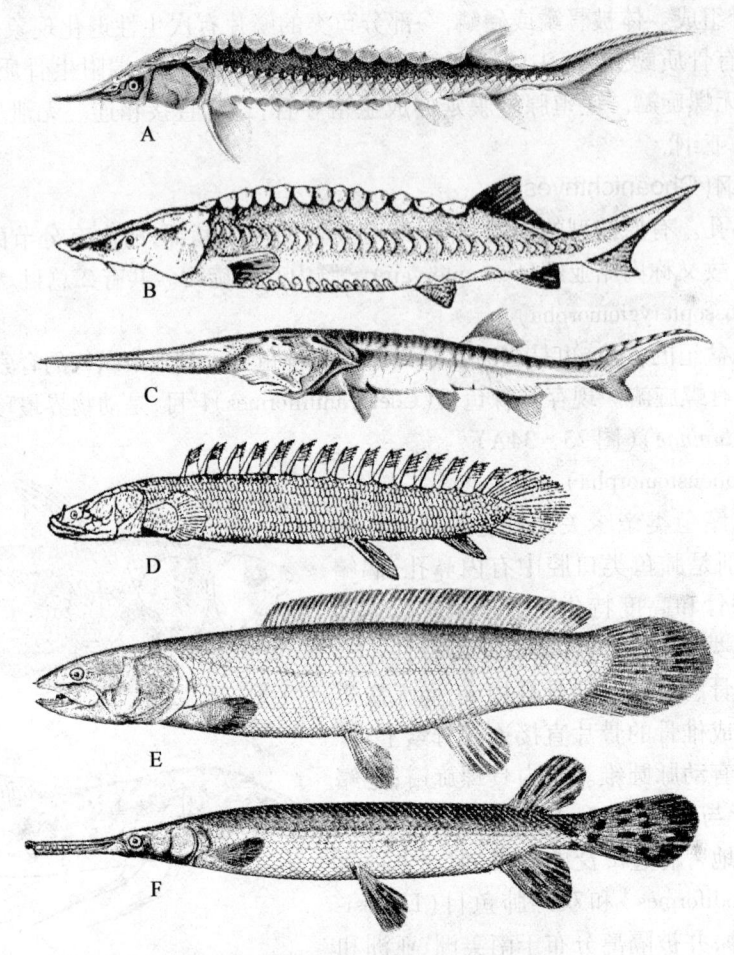

图23-35 硬骨鱼纲代表种类（二）
A. 鳇鱼；B. 长江鲟；C. 白鲟；D. 多鳍鱼；E. 弓鳍鱼；F. 扁口雀鳝鱼

2. 鲱形总目（Clupeomorpha）

腹鳍腹位，鳍条一般不少于6枚。胸鳍基部位置低，接近腹缘。鳍无棘。圆鳞。

目5. 海鲢目（Elopiformes） 为硬骨鱼类中的低等类群，有些还保留动脉圆锥和喉板等原始特征。稚鱼为"柳叶体"型，在个体发育中有变态。如北梭鱼（*Albula vulpes*）（图23-1C）和大海鲢（*Megalops cyprinoides*）（图23-36A）等。

目6. 鼠鱚目（Gonorhynchiformes） 口小，上颌缘主要由前颌骨组成。两颌无牙、体被圆鳞或栉鳞，无脂鳍。有鳃上器官。鳔有或无。无眶蝶骨、基蝶骨。尾下骨5~7块。无颞孔。如鼠鱚（*Gonorynchus abbreviatus*）（图23-36B）。

目7. 鲱形目（Clupeiformes） 鳍无棘，背鳍单个。体被圆鳞，无侧线。本目中有许多种类是很有经济价值的海鱼，在世界渔业中占有重要的地位。如鲱鱼（*Clupea pallasi*）、鲥鱼（*Tenualosa reevesii*）、鳓鱼（*Ilisha elongata*）、刀鲚（*Coiliamystax ectenes*）、鳀鱼（*Engraulis japonicus*）（图23-36C~G）。

目8. 鲑形目（Salmoniformes） 体形和特征与鲱形目相似，但背鳍后方常具一脂鳍（adipos fin）；有侧线。大多栖居于北极和高纬度水域内。如大麻哈鱼（*Oncorhynchus keta*）、池沼公鱼（*Hypomesus olidus*）、陈氏短吻银鱼（太湖银鱼）（*Salangichthys tangkahkeii*）和黑斑狗鱼（*Esox reicherti*）（图23-36H~K）。

目9. 灯笼鱼目（Myctophiformes） 口大，两颌、腭骨及舌上均有能倒伏的尖齿。具脂鳍。鳍无棘。如长蛇鲻（*Saurida elongata*）和龙头鱼（*Harpodon nehereus*）（图23-36L、M）。

目10. 鲸口鱼目（Cetomimiformes） 身体软，具发光组织。眼小或退化。口大，口裂甚宽。体多数裸

图 23-36 硬骨鱼纲代表种类（三）

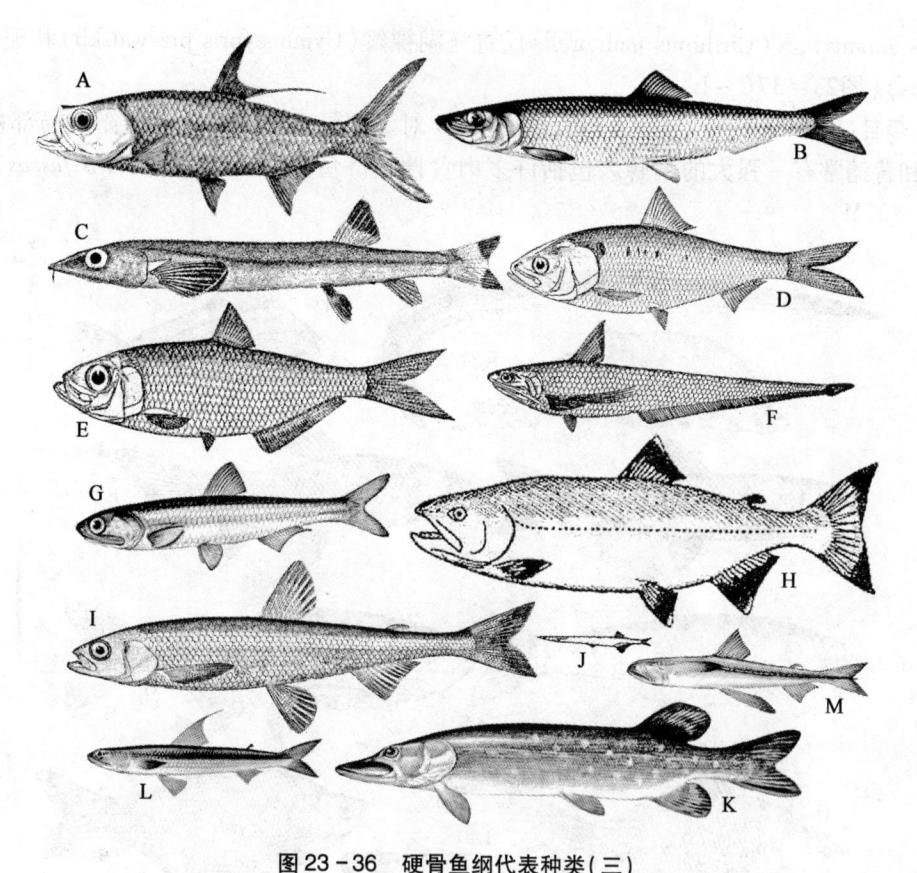

A. 大海鲢；B. 鼠鱚；C. 鲱鱼；D. 鲥鱼；E. 鳓鱼；F. 刀鲚；G. 鳀鱼；H. 大麻哈鱼；
I. 池沼公鱼；J. 太湖银鱼；K. 黑斑狗鱼；L. 长蛇鲻；M. 龙头鱼

露。腹鳍存在时，呈腹位、胸位或喉位。背鳍大多和臀鳍相对。多数种类无脂鳍。栖息于深海。如紫辫鱼（*Ateleopus purpureus*）（图 23-1D）。

3. 骨舌总目（Osteoglosso）

仅 1 目。

目 11. 骨舌鱼目（Osteoglossiformes） 口上位或端位。上颌缘由前颌骨和上颌骨构成。副蝶骨、两颌与舌有发育良好的齿。如有腹鳍，则为腹位。胸鳍位低。无脂鳍。背鳍小或中等，位于体之中部或后部。臀鳍一般位于体之后部或与尾鳍相连。体被圆鳞，具侧线。如驼背鱼（*Notopterus notopterus*）（图 23-37A）。

4. 鳗鲡总目（Anguillomorpha）

体呈鳗形。腹鳍腹位或缺失。背鳍及臀鳍的基底长，与尾鳍相连。个体发育有变态。肉食性，生殖时到深海产卵，仔鳗变态后游向近岸。多栖息于热带和亚热带水域，只有少数种类可进入淡水中。共 3 目，我国仅 1 目。

目 12. 鳗鲡目（Anguilliformes） 体形细长似蛇。一般无腹鳍。鳃孔狭窄。鳍无硬刺或棘。背鳍、臀鳍和尾鳍相连，各鳍均无硬棘。背鳍及臀鳍均长，一般在后部相连续。胸鳍有或无。体无鳞，鳞片退化。脊椎骨数多。如鳗鲡（*Anguilla japonica*）（图 23-37B）和海鳗（*Muraenesox cinereus*）（图 23-1E）。

5. 鲤形总目（Cyprinomorpha）

较低等的硬骨鱼类。腹鳍腹位，有些种类（鲇形目）有脂鳍。鳔有管与食管相通，具韦伯氏器。广布于世界各洲，大部分种类生活于淡水，但以热带和亚热带水域中最多，可生活在高山、平原、江河、山溪、激流中。包括了许多重要的经济鱼类和养殖鱼种，全世界约有 51 000 种，分鲤形目和鲇形目 2 个目。

目 13. 鲤形目（Cypriniformes） 体被圆鳞或裸露。许多种类口内无齿，但下咽骨有发达的咽齿。种类有 3 000 多种，如胭脂鱼（*Myxocyprinus asiaticus*）、草鱼（*Ctenopharyngodon idellus*）、青鱼（*Mylopharyngodon piceus*）、鲢（*Hypophthalmichthys molitrix*）、鳙（*H. nobilis*）、鲤鱼（*Cyprinus carpio*）、鳊鱼（*Parabramis pekinensis*）、

鲫鱼(Carassius auratus)、鲮(Cirrhinus molitorella)、青海湖裸鲤(Gymnocypris przewalskii)和泥鳅(Misgurnus anguillicaudatus)(图23-37C~L)。

目14. 鲇形目(Siluriformes) 口大齿利,口须1~4对。咽骨有细齿。体表裸露或局部被骨板。通常有脂鳍,胸鳍和背鳍常有一强大的鳍棘。包括许多肉食性经济鱼类,如胡子鲇(Claris fuscus)和鲇(Silurus asotus)(图23-37M)。

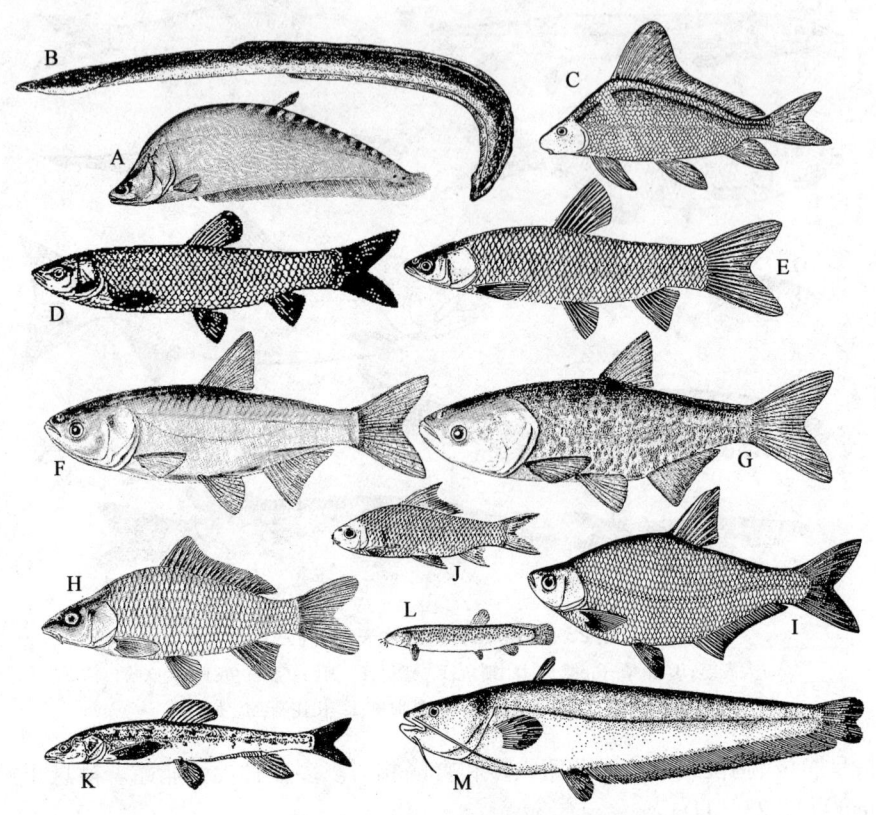

图23-37 硬骨鱼纲代表种类(四)

A. 驼背鱼;B. 鳗鲡;C. 胭脂鱼;D. 草鱼;E. 青鱼;F. 鲢;G. 鳙;H. 鲤鱼;I. 鳊鱼;J. 鲮;K. 青海湖裸鲤;L. 泥鳅;M. 鲇

6. 银汉鱼总目(Atherinomorpha)

体被圆鳞。腹鳍腹位,鳍条5~9枚,背鳍与臀鳍对生。有3目。

目15. 鳉形目(Cyprinodontiformes) 鳍无棘,背鳍1个,位于臀鳍上方,无侧线,为热带及亚热带淡水中的小型鱼类。如青鳉(Oryzias latipes)和食蚊鱼(Gambusia affinis)(图23-38A、B)。

目16. 银汉鱼目(Atheriniformes) 体型较小,圆筒或侧扁形。无侧线或不发达。具2背鳍,第1背鳍具柔韧的鳍棘,第2背鳍与臀鳍通常具1棘,其余为分支鳍条。腹鳍小,胸位或腹位。被圆鳞或栉鳞。具顶骨。近海内湾种类,如麦银汉鱼(Atherion elymus)(图23-38C)。

目17. 颌针鱼目(Beloniformes) 鳍无棘,背鳍1个。侧线低位,与腹缘平行。多为海洋种类,如边鱵(Hemiramphus limbatus)(图23-38D)、斑鳍飞鱼(Cypselurus poecilopterus)和尖嘴扁颌针鱼(Ablennes anastomella)(图23-38E、F)。

7. 鲑鲈总目(Parapercomorpha)

体被圆鳞或皮肤裸露。许多种类颌部有一小须。腹鳍胸位或喉位,背鳍1~3个,臀鳍1~2个。仅2目。

目18. 鲑鲈目(Percopsiforms) 体具背脂鳍,腹鳍腹位或亚腹位。背鳍前部具1~2鳍棘,9~12鳍条。臀鳍具1~2鳍棘,6~7鳍条。胸鳍位低。鳃膜条骨6块。侧线完整。我国没有该目的记载。

目19. 鳕形目(Gadiformes) 体长形。背鳍1~3个。臀鳍1~2个。常有胸鳍。腹鳍0~17,多为喉位或颏位。尾鳍担鳍骨正型,真正尾鳍条很少或无。如大头鳕(Gadus macrocephalus)(图23-39A)。

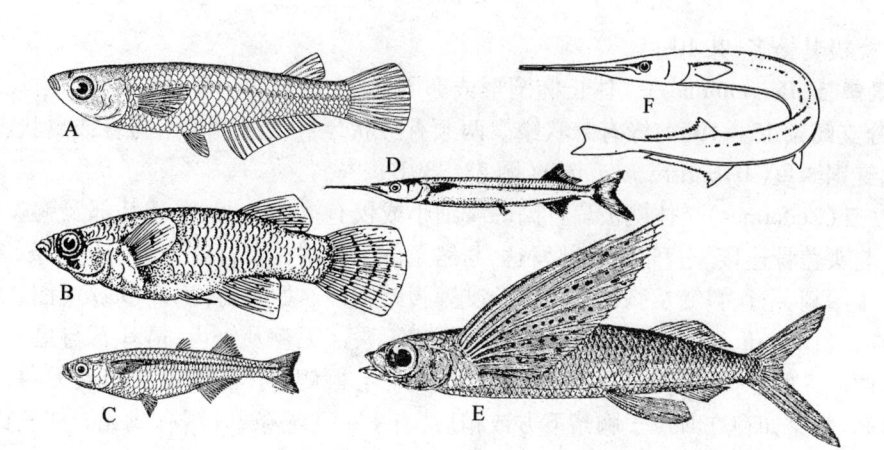

图 23-38　硬骨鱼纲代表种类（五）
A. 青鳉；B. 食蚊鱼；C. 麦银汉鱼；D. 边鱵；E. 斑鳍飞鱼；F. 尖嘴扁颌针鱼

图 23-39　硬骨鱼纲代表种类（六）
A. 大头鳕；B. 红锯鳞鱼；C. 海鲂；D. 儒氏皇带鱼；E. 中华多刺鱼；F. 海龙；G. 鲻鱼；H. 鮻；I. 中国华鲈；J. 鳜鱼；K. 大黄鱼；L. 小黄鱼；M. 黄姑鱼；N. 条纹圆鲹；O. 黑斑石斑鱼；P. 真鲷；Q. 黑鲷；R. 鲫鱼；S. 河川沙塘鳢；T. 带鱼；U. 大眼金枪鱼；V. 银鲳；W. 圆尾斗鱼；X. 乌鳢；Y. 松江鲈鱼；Z. 红娘鱼

8. 鲈形总目（Percomorpha）

胸鳍大多为胸位或喉位，鳍通常有鳍棘。体常被栉鳞，但也偶有骨板或皮肤裸露的情况。本总目绝大多数为海鱼,种类极其繁多,共 10 目。

目 20. 金眼鲷目(Beryciformes) 体长椭圆形或卵圆形,中等侧扁。背、臀鳍多有鳍棘。有栉鳞、圆鳞或无鳞。尾鳍分支鳍条 18~19,前缘有棘状鳞。两颌有绒状牙群,有些犁骨、腭骨或翼状骨亦有绒状。均为海洋种类,如红锯鳞鱼(*Myripristis pralinia*)(图 23-39B)。

目 21. 海鲂目(Zeiformes) 体侧极扁且高。鳞细小或仅有痕迹。背、臀鳍基部及胸腹部有棘状骨板。后颞骨不分叉,与头盖骨连接。背鳍鳍棘部发达,与鳍条部区分明显。背鳍有 5~10 鳍条,棘间膜延长呈丝状。臀鳍有 1~4 鳍棘。背、臀鳍及胸鳍条均不分支。腹鳍胸位。如海鲂(*Zeus faber*)(图 23-39C)。

目 22. 月鱼目(Lampriformes) 体延长呈带状,侧扁。头部无棘及锯齿;箭耳石与星耳石很特化,星耳石甚大。口小,两颌一般能伸缩,无后耳骨。牙细小或无。有假鳃。体通常具圆鳞或无鳞,或呈瘤状凸起。各鳍无真正鳍棘。腹鳍如存在时位于胸鳍下方或稍后,有 1~17 鳍条,臀鳍有或无。如儒氏皇带鱼(*Regalecus russellii*)(图 23-39D)。

目 23. 刺鱼目(Gasterosteiformes) 吻大多呈管状,许多种类体被骨板,背鳍 1~2 个,有时第 1 背鳍为游离的棘组成。如中华多刺鱼(*Pungitius sinensis*)、海龙(*Syngnathus*)(图 23-39E、F)和海马(*Hippocampus*)(图 23-1H)。

目 24. 鲻形目(Mugiliformes) 背鳍 2 个,前后分离,第 1 背鳍由鳍棘组成。腹鳍腹位或亚胸位。如鲻鱼(*Mugil cephalus*)和鲛(*Liza haematocheila*)(图 23-39G、H)。

目 25. 合鳃目(Synbranchiformes) 体形似鳗,无胸鳍和腹鳍,奇鳍彼此相连,无鳍棘。左、右鳃孔位于头的腹面合而为一,鳃小而不发达,借咽腔进行呼吸。无鳔。有性逆转。我国只产黄鳝(*Monopterus albus*)(图 23-1L)。

目 26. 鲈形目(Perciformes) 腹鳍胸位或喉位,鳍条 1~5 枚。背鳍 2 个,分别由鳍棘和鳍条组成,无脂鳍。体大多被栉鳞。鳔无鳔管。本目为鱼类中种类最多的,包括许多重要的海产经济鱼种。如中国花鲈(*Lateolabrax maculatus*)、鳜鱼(*Siniperca chuatsi*)、大黄鱼(*Pseudosciaena crocea*)、小黄鱼(*P. polyactis*)、黄姑鱼(*Nibea albiflora*)、条纹圆鲹(*Decapterus fasciatus*)、黑斑石斑鱼(*Epinephelus tukula*)、真鲷(*Pagrosomus major*)、黑鲷(*Sparus macrocephalus*)、䲟鱼(*Echeneis naucrates*)、河川沙塘鳢(*Odontobutis potamophila*)、带鱼(*Trichiurus haumela*)、大眼金枪鱼(*Thunnus obesus*)、银鲳(*Pampus argenteus*)、圆尾斗鱼(*Macropodus opercularis*)和乌鳢(*Channa argus*)(图 23-39I~X)。

目 27. 鲉形目(Scorpaeniformes) 第 1 眶下骨后延成一骨突,并与前鳃盖骨连接。头部粗壮,常具棘棱或骨板。胸鳍基底比较宽大。本目为广泛分布于热带、温带及寒带沿岸水域的海鱼,有些种类也进入河川、湖泊等淡水中。如松江鲈鱼(*Trichidermus fasciatus*)和红娘鱼(*Lepidotrigla*)(图 23-39Y、Z)。

目 28. 鲽形目(Pleuronectiformes) 俗称比目鱼。体形侧扁,成鱼的眼、鼻、口、齿和偶鳍等均不对称,两侧的体色也各不相同,无眼侧通常颜色浅淡。背鳍及臀鳍的基底长,腹鳍胸位或喉位。肛门位置前移至胸鳍的后下方,且不在腹面正中。无鳔。幼鱼身体侧扁而左右对称,泳姿正常,变态后随同头骨的变化,一眼移位至另一侧,以无眼侧平卧水底,营底栖生活。为重要的海洋经济鱼类。如牙鲆(*Paralichthys lethostigma*)、瓦鲽(*Poecilopsetta beanii*)、带纹条鳎(*Zebrias zebra*)和斑头舌鳎(*Cynoglossus puncticeps*)(图 23-40A~D)。

目 29. 鲀形目(Tetrodontiformes) 体短粗,皮肤裸露或被有刺、骨板、粒鳞等。上颌骨常与前颌骨愈合,齿锥形或门齿状,或愈合为喙状齿板。鳃孔小。腹鳍胸位或连同腰带骨一同消失。有些种类具气囊,能使胸腹部充气和膨胀,用以自卫或漂浮水面。大多为海洋鱼类,喜栖浅海海底或沿岸岩礁海区,只有少数种类有定居淡水或在一定季节进入江河的习性。如密斑马面鲀(*Navodon tessellatus*)、驼背三棱箱鲀(*Rhinesomus gibbosus*)、弓斑东方鲀(*Fugu ocellatus*)(图 23-40E~G)和翻车鲀(*Mola mola*)(图 23-1G)。

9. 蟾鱼总目(Batrachoidomorpha)

体短粗,平扁或侧扁,皮肤裸出,有小刺或小骨板。鳃孔小,位于胸鳍外侧的腹面。腹鳍胸位或喉位。本总目均为底栖的肉食性种类。

目 30. 海蛾鱼目(Pegasiformes) 外形似蛾。体宽短,平扁。躯干部圆盘状,尾部细长或较短。头短,

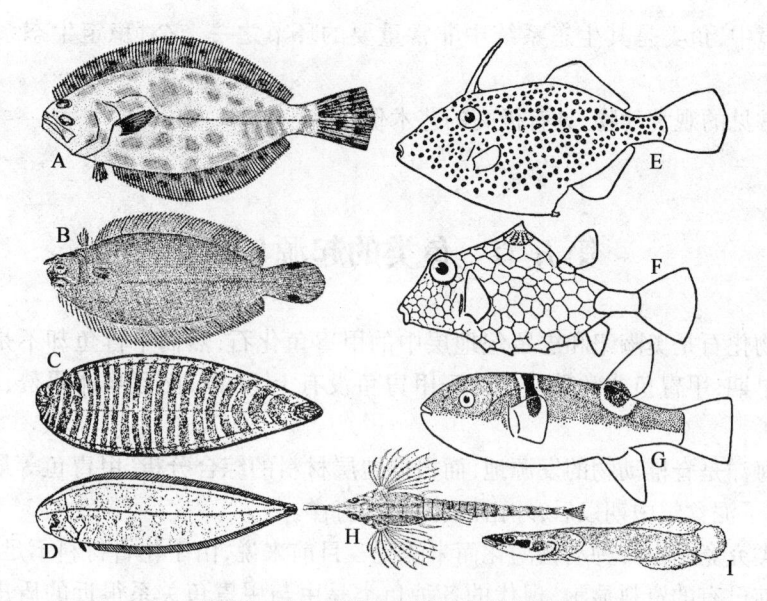

图23-40　硬骨鱼纲代表种类(七)
A. 牙鲆；B. 瓦鲽；C. 带纹条鳎；D. 斑头舌鳎；E. 密斑马面鲀；F. 驼背三棱箱鲀；
G. 弓斑东方鲀；H. 飞海蛾鱼；I. 黄喉盘鱼

吻部突出。眼大，下侧位。口小，下位。无牙。体无鳞，完全被骨板，躯干部骨板密接。背鳍1个。臀鳍短小，与背鳍相对，均位于尾部。胸鳍宽大。如飞海蛾鱼(*Pegasus volitans*)(图23-40H)。

目31. 鮟鱇目(Lophiiformes)　体平扁或侧扁。头大，平扁或侧扁。眼中大或较小。口宽大或小，上位。上颌由前颌骨组成。下颌突出。体无鳞，皮肤裸露或具硬棘，或被细小棘刺。背鳍由鳍棘部和鳍条部组成，第1背鳍棘游离，成为引诱食饵之钓具。鳍棘部常具1~3独立鳍棘，位于头的背侧。胸鳍具2~4长形鳍条基骨。如鮟鱇(*Lophius*)(图23-1A)。

目32. 喉盘鱼目(Gobiesociformes)　因喉部具吸盘而得名。体型较小。前部平扁，后部侧扁。体光滑无鳞。头大，甚平扁。口裂伸达眼中部下方，唇较厚。牙小。头部黏液孔发达，体侧侧线孔不明显。背鳍和臀鳍无鳍棘，全由鳍条组成。如黄喉盘鱼(*Lepadichthys frenatus*)(图23-40I)。

第四节　鱼类与人类

鱼类与人类的关系源远流长，考古学家于出土文物中多次发现过石质的鱼钩、鱼叉和鱼网坠，证实了早在人类发展初期曾经历过以捕鱼和狩猎为主要生产方式的渔猎时代，我国学者还在公元前11世纪的殷墟内，发现了青、草、鲤、赤眼鳟、黄颡和鲻等6种鱼的骨骸。

鱼的肉味鲜美，是高蛋白、低脂肪、高能量、易消化的优质食品。自古以来，鱼类就是人类食物中的重要组成部分之一。除鲜食外，鱼类生产的很多副产品都具有综合利用开发的前景，为工业和医药生产提供了大量的原料。鱼的头、骨、刺等废弃物和不堪食用的杂鱼，常用于生产鱼粉，或采用生物发酵方法制造液化饲料。鱼粉是养猪和养禽业增产所不可缺少的添加剂。

渔业生产涉及的领域很多，对渔业生产要求的增加能促进其他学科的发展，同时渔业生产本身在很多国家或地区均为重要的经济支柱产业，其发展和提高还有着稳定社会、创造就业机会的作用。

在科研领域，斑马鱼(*Brachydanio*)是极为重要的模式动物和实验材料，在生命科学各研究领域都曾发挥作用。有些鱼类还是毒理学实验的很好材料，在环境保护上也具有重要意义。

在自然的水环境中,鱼类是其生态系统中非常重要的环节之一,它对稳定生态系统有着极为重要的意义。

有些鱼类还是常见的观赏动物,具有极高的艺术价值。

第五节　鱼类的起源与演化

最早的脊椎动物化石是奥陶纪和志留纪地层中的甲胄鱼化石,然而甲胄鱼却不是真正的鱼类。在志留纪晚期和泥盆纪早期,甲胄鱼非常繁盛。由于甲胄鱼没有上、下颌,而且身体累赘、活动较迟钝,所以到了晚泥盆纪就绝灭了。

过去一直认为海洋是脊椎动物的发源地,而根据地层材料的综合分析,甲胄鱼等最早的脊椎动物早期是栖息于淡水的,到了泥盆纪中期以后,才由河、湖移居海洋。

那么真正的鱼类究竟是由哪种动物演化而来的呢?目前来说,由于化石材料不足,尚未找到鱼类的直接祖先。而根据目前已有的资料显示,现代的各种鱼类是由与甲胄鱼关系很近的盾皮鱼发展而来的。盾皮鱼的外形与甲胄鱼类很相似,不同的是盾皮鱼已经有了上、下颌和偶鳍,还有成对的鼻孔。生存能力上已比甲胄鱼有了较大的进步。盾皮鱼类的化石发现于志留纪晚期,到泥盆纪末就大部分绝灭了。

现在一般认为盾皮鱼类是有颌类的远祖,其中出现得最早的是棘鱼类,由它演化为硬骨鱼类;而盾皮鱼的另一支则演化为软骨鱼。软骨鱼和硬骨鱼都出现于泥盆纪,后来取代了盾皮鱼类。泥盆纪是鱼类最为繁盛的时代,称为鱼类时代。

当时由于海陆分布发生了很大的变化,环境的恶劣使生活在淡水的鱼类面临很大的挑战,有些不能适应环境变化的种类趋于绝灭,而有些种类产生了变异,多数的软骨鱼由淡水迁居到海水。早期的硬骨鱼则产生了另一种适应,在咽喉部分向体腔内长出一对原始的"肺",以此在鳃呼吸困难时进行气呼吸。在泥盆纪,硬骨鱼已分化为古鳕类、肺鱼类和总鳍鱼类。其中有许多种类在古生代末及中生代又移栖海洋。现在占鱼类总数90%以上的辐鳍鱼类就是由古鳕类演化而来的。

拓展阅读

[1] 秉志,鲍璇,杨慧一. 鲤鱼骨骼肌的初步观察. 动物学报,1958,10(3):289-315

[2] 孟庆闻. 鱼类比较解剖. 北京:科学出版社,1987

[3] 孟庆闻. 中国动物志 圆口纲 软骨鱼纲. 北京:科学出版社,2001

[4] 孟庆闻,苏锦祥,缪学祖. 鱼类分类学. 北京:中国农业出版社,1995

[5] 林浩然. 鱼类生理学. 广州:广东高等教育出版社,2007

[6] 曹启华,阎世尊. 鱼类学. 北京海洋智慧图书有限公司,1996

[7] 王军,陈明茹,谢仰杰. 鱼类学. 厦门:厦门大学出版社,2008

[8] 尾崎久雄. 鱼类血液与循环生理. 上海:上海科学技术出版社,1982

[9] 唐玫,马广智,徐军. 鱼类免疫学研究进展. 免疫学杂志,2002,18(3):S112-116

[10] 沈世杰. 台湾鱼类志. 台北:台湾大学动物学系,1993

[11] Nelson J S. Fishes of the World. 4th edition. New York: John Wiley and Sons, Inc. 2006

[12] Wilga C D, Lauder G V. Function of the heterocercal tail in sharks: quantitative wake dynamics during steady horizontal swimming and vertical maneuvering. The Journal of Experimental Biology, 2002, 205: 2365-2374

思 考 题

1. 鱼类是如何适应水生生活的?
2. 鱼类和圆口纲有何异同点? 为什么圆口纲动物不是鱼类?
3. 鱼的鳞、鳍和尾有哪些类型?
4. 鱼类的骨骼系统有些什么特点?
5. 鱼类消化管的结构和它们的食性有什么关系?
6. 鱼类是如何调节体内渗透压的?
7. 比较圆口纲动物与鱼类在神经系统的差异。
8. 收集相关资料,总结一下鱼类的生殖特点和类型。
9. 鱼类的洄游有什么生物学意义?
10. 举例说明软骨鱼和硬骨鱼的特征。
11. 收集有关资料,分析一下鱼类作为模式动物有哪些特点?
12. 比较国内各动物学教材中的鱼类分类系统。

第二十四章 两栖纲(Amphibia)

从整个动物界来看,无脊椎动物中的环节动物和节肢动物就已基本上完成了由水生向陆生的演化。到了脊索动物,动物再次出现了由水生向陆生转变的现象,其代表动物类群就是两栖动物。因此,两栖动物具有水生脊椎动物与陆生脊椎动物的双重特性,它们既保留了水生祖先的一些特征,又出现了真正陆地脊椎动物的许多特征。

两栖动物虽已具备登陆的身体结构,但是繁殖和幼体发育仍旧必须在淡水中进行。幼体形态似鱼、用鳃呼吸、有侧线、依靠尾鳍游泳、发育中需经变态才能上陆生活,这是两栖动物有别于其他陆栖脊椎动物的基本特征。

第一节 两栖纲的主要特征

一、体形

现存两栖动物的体型大致可分为蚓螈型、鲵螈型和蛙蟾型(图24-1)。蚓螈型的种类外观很像蚯蚓,眼和四肢退化,尾短而不显,以屈曲身体的方式蜿蜒前进,营隐蔽的穴居生活,代表动物有蚓螈和鱼螈(图24-1A)等。鲵螈型的种类四肢短小,尾甚发达,终生水栖或繁殖期营水生生活,匍匐爬行时,四肢、身体及尾的动作基本上与鱼的游泳姿势相同,代表动物有各种蝾螈和鲵类(图24-1B)。蛙蟾型的体形短宽,四肢强健,无尾,是适于陆栖爬行和跳跃生活的特化分支,也是两栖动物中发展最繁盛和种类最多的类群,代表动物为各种蛙类和蟾蜍(图24-1C)。

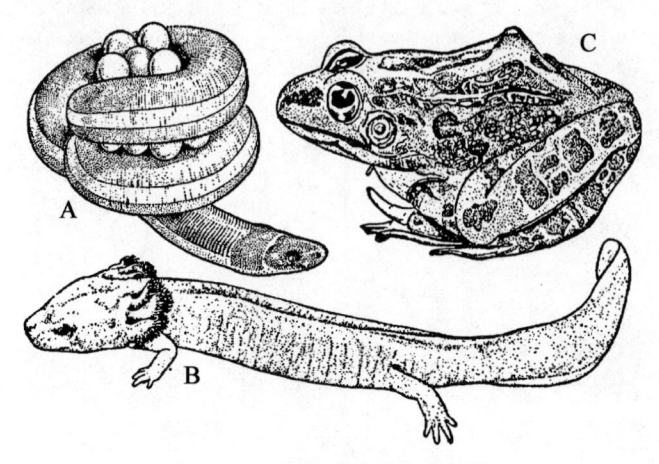

图24-1 两栖动物的3种体型

A. 蚓螈型(鱼螈);B. 鲵螈型(泥螈);C. 蛙蟾型(蛙)

两栖动物的身体分为头、躯干、尾和四肢4部分(图24-2)。头形扁平而略尖,游泳时可减少阻力,便于破水前进。口裂宽阔,颌缘是否有齿视种类不同而异。吻端两侧有外鼻孔1对,具鼻瓣,可随意开闭控制气体吸入和呼出,外鼻孔经鼻腔以内鼻孔开口于口腔前部。大多数陆栖种类的眼大而突出,具活动性眼睑,下眼睑连有半透明的瞬膜(有些鲨鱼已有瞬膜),当蛙、蟾等潜水时,瞬膜会自动上移遮蔽和保护眼球。蛙蟾类的眼后常有一圆形的鼓膜(tympanic membrane),覆盖在中耳(middle ear 或称鼓室 tympanic cavity)外壁,内接耳柱骨(columella),能传导声波至内耳产生听觉;中耳还以耳咽管(eustachian tube)与咽腔连通。雄体的咽部或口角有1~2个内声囊(internal vocal sac)或外声囊(external vocal sac)。外声囊是由咽壁扩展所致的皮肤囊,充气时可膨胀成泡状或袋状;内声囊位于咽喉腹面或下颌腹面,被皮肤掩盖,由该处肌肉皱褶向外突出所形成的双壁结构,能发生共鸣作用而扩大喉部发出的叫声。水栖的鲵螈类、大蟾蜍、日本林蛙无声囊,生活于急流山涧内的湍蛙既无声囊,也不发声,而分布在青藏高原的倭蛙和高山蛙不但缺乏声囊,甚至连鼓膜和听骨(耳柱骨)也一并消失。

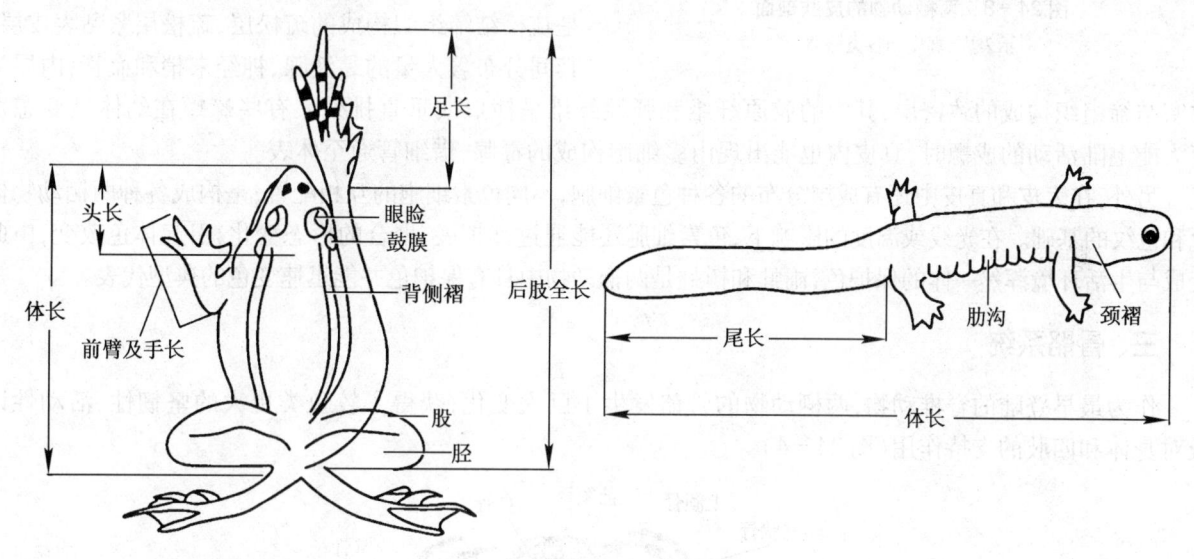

图24-2 两栖动物的外形
A. 无尾类;B. 有尾类

颅骨后缘至泄殖孔为躯干部,背面或光滑,如蝾螈、肥螈、雨蛙;或粗糙而具瘰粒,如疣螈、瘰螈、蟾蜍;一些种类常有2条隆起的背褶(dermal plicae),如黑斑蛙、金线蛙、日本林蛙;另一些种类却只有长短不一的纵行肤褶(skin fold)或肤棱(skin ridge),如虎纹蛙、泽蛙等;分布在我国北方的小鲵、山溪鲵、北鲵和爪鲵,体侧均有明显的肋沟(costal groove),尾侧扁,是鲵螈类的游泳器官。

附肢2对,但鲵螈类中的鳗螈仅有细小的前脚,而蚓螈和鱼螈的四肢则已退化。蛙蟾类的四肢发展很不平衡,前肢短小,4指,指间无蹼(web),主要用作撑起身体前部,便于举首远眺,观察四周;后肢长大而强健,5趾,趾间有蹼,适于游泳和在陆地上跳跃前进。树栖蛙类的指、趾末端膨大成吸盘,能往高处攀爬,吸附在草木的叶和树干上。

二、皮肤

化石资料显示:古两栖动物的体表被鳞,有些种类的背部和头部还覆有从真皮鳞演变而成的骨板。现生两栖动物的皮肤裸露并富含腺体,鳞已退化,只有穴居生活的蚓螈类在皮下尚有残存的鳞迹。

皮肤由表皮和真皮组成,真皮底部有皮下结缔组织,并以此与体肌疏松地相连(图24-3)。表皮是皮肤的外层,含有多层细胞,最内层由柱状细胞构成生发层,能不断地产生新细胞向上推移,由此向外,细胞逐渐变为宽扁形,最外层细胞有不同程度的轻微角质化,称为角质层(stratum corneum)。两栖动物皮肤角质化较明显的部位有:蟾蜍头部骨棱的表皮和背上的角质突起或疣粒(wart)、髭蟾上唇边缘的角刺、棘蛙类繁殖前胸部出现的角质刺团、巴鲵掌、跖部的角质鞘和爪鲵指(趾)端的角爪等。角质层细胞从皮肤的表面脱落，即为脊椎动物中常见的蜕皮现象。表皮中含有丰富的黏液腺，黏液腺为多细胞构成的泡状腺，腺体的分泌部下沉于真皮层，外围肌肉层，有管道通至皮肤表面。黏液腺可借真皮层内的肌纤维收缩，从皮肤开口的腺孔中流出分泌物，使体表经常保持湿润黏滑和空气、水的可透性，对于减少体内水分散失及利用皮肤进行呼吸都具有重要作用，也是两栖动物通过蒸发冷却以调节体温的一种途径。在不同种类中，黏液腺可能转变为耳旁腺和毒腺，毒腺可分泌多种有毒物质，有些毒液毒性极强。

表皮下方为真皮，真皮较厚，也分为两层：外层是疏松结缔组织构成的疏松层，疏松层紧贴表皮层，其间分布着大量的黏液腺、神经末梢和血管；内层为致密结缔组织构成的致密层，其中的胶原纤维和弹性纤维呈横形或垂直排列。有些蝾螈在幼体经变态发育为能上陆活动的成螈时，真皮内也能出现由多细胞构成的毒腺，借细管通至体表。

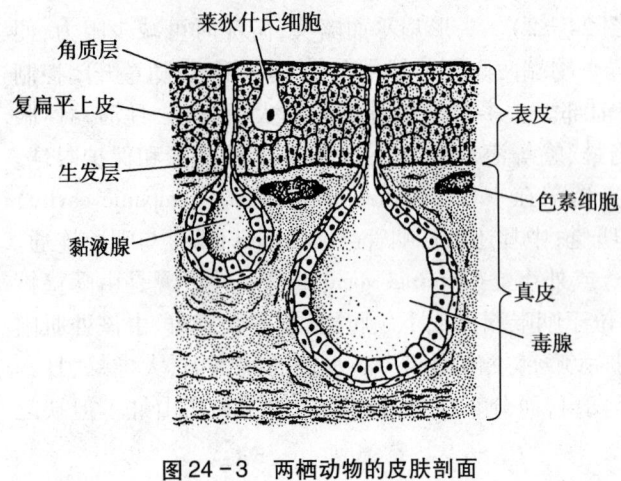

图 24-3 两栖动物的皮肤剖面
示表皮、真皮和各类腺体

另外，在表皮和真皮中还有成层分布的各种色素细胞，不同色素细胞的互相配置，是构成各种两栖动物体色和色纹的基础。在光线或温度的影响下，色素细胞还能通过其扩展、聚合的形态变化，引起体色改变，由此变成与生活环境浑然一体的保护色，雨蛙和树蛙是两栖动物中具有保护色并能迅速变色的典型代表。

三、骨骼系统

作为最早登陆的脊椎动物，两栖动物的骨骼发生了巨大变化，获得了较鱼类更大的坚韧性、活动性以及对身体和四肢的支持作用（图 24-4）。

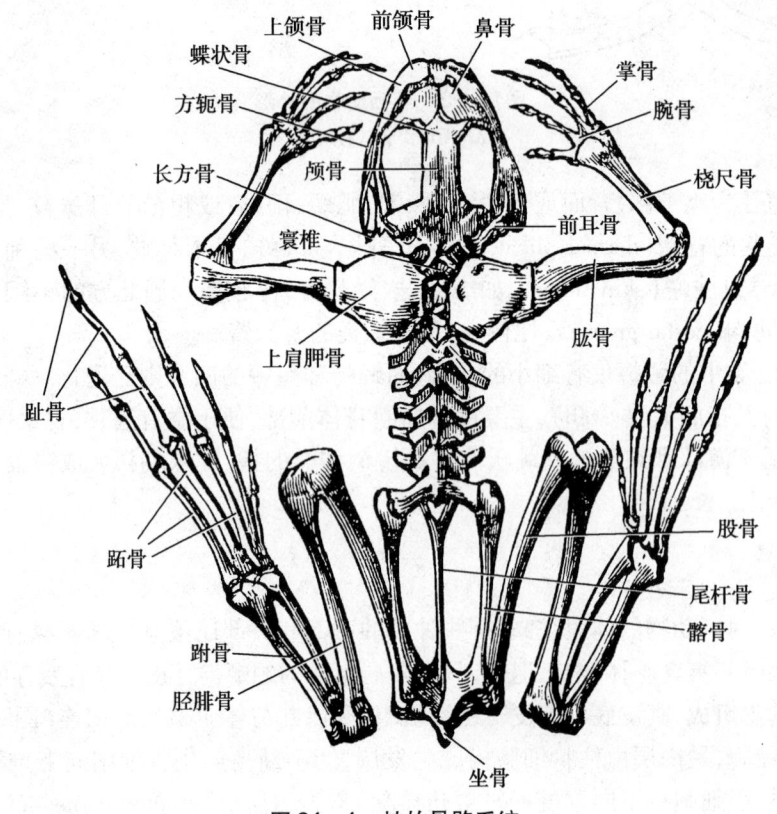

图 24-4 蛙的骨骼系统

(一) 头骨

两栖动物的头骨极为特化(图24-5),具有下列几个特点:

1. 宽而扁,脑腔狭小,无眶间隔,属于平底型(platybasic type),枕髁2个,由侧枕骨所形成。
2. 骨化程度不高,骨块数目也很少,软骨性硬骨有侧枕骨、眶蝶骨(或单块筛蝶骨)和前耳骨(protic)各1对,而膜性硬骨也只有颅骨背面的鼻骨、额骨、顶骨(或愈合成额顶骨frontoparietal)各1对。颅侧有1块鳞骨(squamosal),颅底由单块副蝶骨(parasphenoid)和1对犁骨构成。
3. 颅骨通过方骨(quadrate)与下颌连接,为自接型(autostylic)连接方式。初生颌(腭方软骨和麦氏软骨)趋于退化,由其外包的膜性硬骨(前颌骨、上颌骨和齿骨等)组成的次生颌,代为行使上、下颌的功能。鲵螈类因颧骨(jugal)和方轭骨(quadratojugal)消失,致使颅骨的边缘变得不完整。
4. 舌弓背部的舌颌骨移至中耳内,转化成听骨——耳柱骨。
5. 幼体时期的鳃弓退化,其残余部分在成体中转变为支持舌和喉部的软骨。

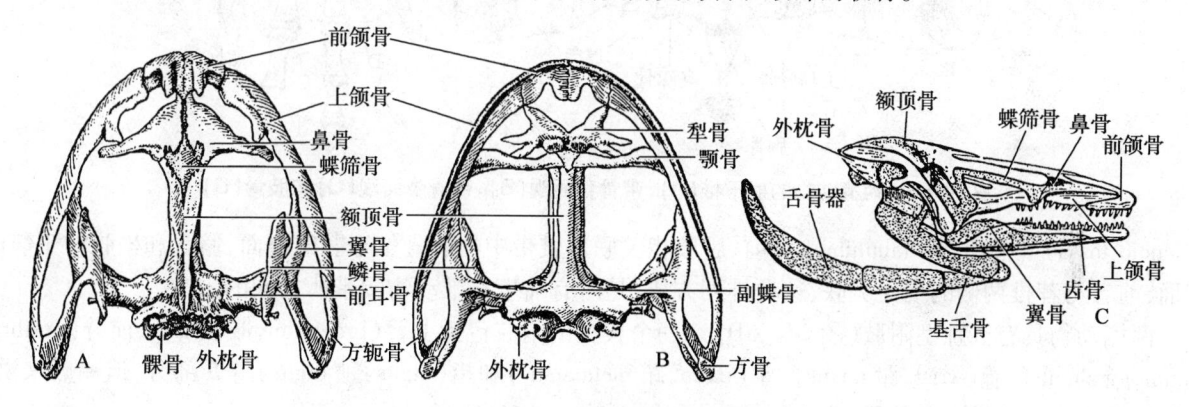

图24-5 两栖类的头骨结构
A. 顶面观;B. 腹面观;C. 侧面观

(二) 脊柱

在鱼类分化为躯椎和尾椎的基础上,进一步出现了颈椎(cervical vertebra)、躯干椎(图24-6A)、荐椎(sacral vertebra)和尾椎。颈椎1枚,因形状似环又称寰椎(atlas),椎体前有一突起与枕骨大孔的腹面连接,突起两侧的1对关节窝与颅骨后缘的2个枕髁关节,使头部有了上下运动的可能性。横突不发达,无肋骨。椎骨后端有2个后关节面。荐椎1枚,横突及肋骨大而粗壮,外端与腰带的髂骨(ilium)连接,使后肢获得较为稳固的支持。与真正的陆栖脊椎动物相比,因其颈椎和荐椎的数目较少,所以两栖动物在增加头部运动及支持后肢的功能方面还处于不完善的初步阶段。躯干椎的数目在不同种类之间存在着很大差异(7~200枚)。一般说来,水栖鲵螈类的躯干椎12~16枚,尾椎大多在20枚以上,原始种类(异鲵Xenobius)的前面几枚尾椎尚留有尾肋的遗迹。而半陆生蛙蟾类的演化趋势却是脊柱变短而躯干椎的数目减少至7枚左右,尾椎骨愈合成1根棒状的尾杆骨(urostyle),这是由于水栖生活的躯体波浪状摆动运动方式被半陆栖生活的四肢爬跳运动方式代替的缘故。两栖动物的躯干椎具有陆生脊椎动物椎骨的典型结构(图24-6),每枚躯干椎均由椎体、棘突(髓棘)和成对的前关节突、后关节突所组成,因而增强了脊柱的牢固性和灵活性。除少数种类椎体为双凹型外,大多为前凹型和后凹型。双凹型椎体可增大椎体间的接触面,提高支持体重的效能。脊柱两旁,前后相邻的两个椎骨之间,有一椎间孔是脊神经向外延伸到躯体各处的必经之孔。

(三) 带骨和肢骨

两栖动物的肩带不附着于头骨,腰带借荐椎与脊柱联接,这是四足动物与鱼类的重要区别。肩带脱离了与头骨的连接后,不但可以增进头部的活动性,并且也极大地扩展了前肢的活动范围。蛙蟾类的肩带由肩胛骨、乌喙骨、上乌喙骨(epicoracoid)和锁骨(clavicle)等构成,并在胸部正中出现了胸骨(sternum)(图24-6B、C),但与躯干椎的横突或肋骨互不连接。腰带由髂骨、坐骨(ischium)和耻骨(pubis)构成骨盆。鲵螈类的肩带、胸骨和耻骨等大多没有骨化,也缺乏锁骨。组成肩带和腰带的诸骨交汇处,分别形成肩臼

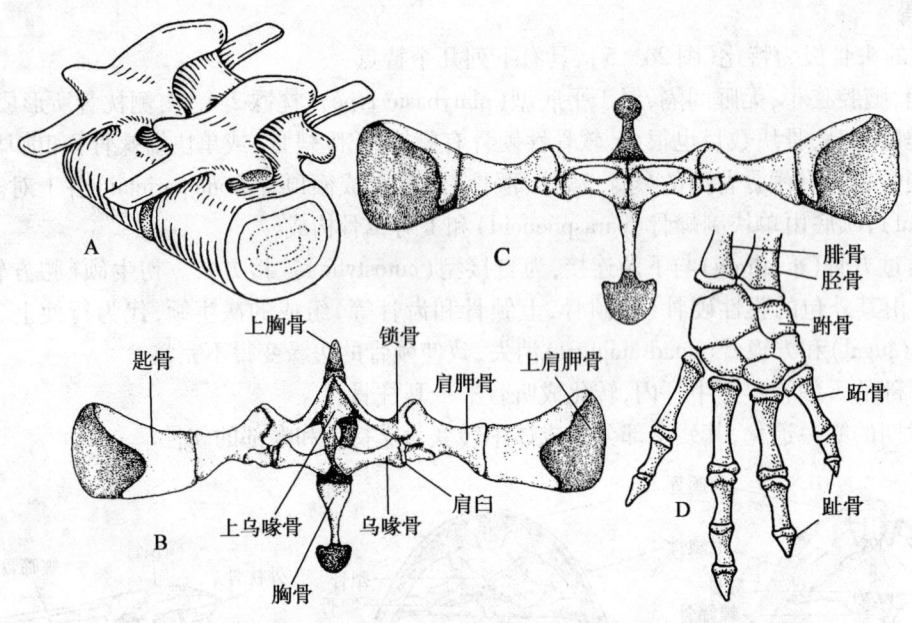

图24-6 两栖动物的躯干椎(A)、带骨背面观(B)、带骨腹面观(C)和肢骨(D)

(glenoid fossa)和髋臼(acetabulum),与前、后肢相关联。腰带中的耻骨位于髋臼腹面,髂骨和坐骨位于髋臼背面,前者与荐椎两侧的横突关联,这种排列方式,是所有陆生脊椎动物腰带所共同的。

两栖动物具有五趾型附肢(图24-6D)。一个典型的附肢包括上臂(brachium,股 thigh)、前臂(antibrachium,胫 shank)、腕(wrist,跗 tarsus)、掌(palm,跖 metatarsus)和指(digits,趾 digits)等5部分,但一般来讲,前后肢骨骼的称呼上有所差异(表24-1)。

表24-1 两栖动物前后附肢骨骼的称呼

典型附肢	前 肢	后 肢
上臂骨	肱骨(humerus)	股骨(femur)
前臂骨	桡骨(radius)和尺骨(ulna)	胫骨(tibia)和腓骨(fibula)
腕骨	腕骨(carpus)	跗骨(tarsus)
掌骨	掌骨(metacarpus)	跖骨(metatarsals)
指骨	指骨(phalanx)	趾骨 phalanx)

此外,蛙蟾类的拇趾(hallux)内侧还有一个矩(calcar)。

四、肌肉系统

两栖动物的肌肉组成了体壁、运动器官和多种内脏器官,并依靠骨骼肌的收缩,产生协调的运动。

两栖动物由水生转变为陆生时,身体和四肢的运动方式由单一的游泳变得更加复杂多样,出现了屈背、扩胸、爬行及跳跃等不同形式的活动。因此,与这些运动有关的肌肉都得到了相应的发展(图24-7)。两栖动物的肌肉有以下特点:

(1)除了幼体(蝌蚪)和鲵螈类外,原始的肌肉按节排列现象在大多数种类成体中已不明显,肌隔消失,大部分肌节由于改变了运动姿势而发生了愈合或移位,并分化成许多形状和功能各异的肌肉。

(2)躯干背部的轴上肌由于水平骨隔位置上移到椎骨横突外侧,因而体积已大为减缩,仅占躯干肌的一小部分。鲵螈类的轴上肌保留着分节状态。蛙蟾类轴上肌的外侧形成起于头骨基部到尾杆骨前部的背最长肌(musculus longissimus dorsi),其作用是使脊柱向背方弯曲;轴下肌分化为3层,由表及里分别为腹外斜肌、腹内斜肌和腹横肌。腹外斜肌呈薄片状,起自背侧的腱膜,肌纤维往后下方走向,覆盖着整个腹腔的后半部,最终在腹直肌的内缘止于白线。腹内斜肌藏于外斜肌下,肌纤维方向指向前上方,正好与腹外斜

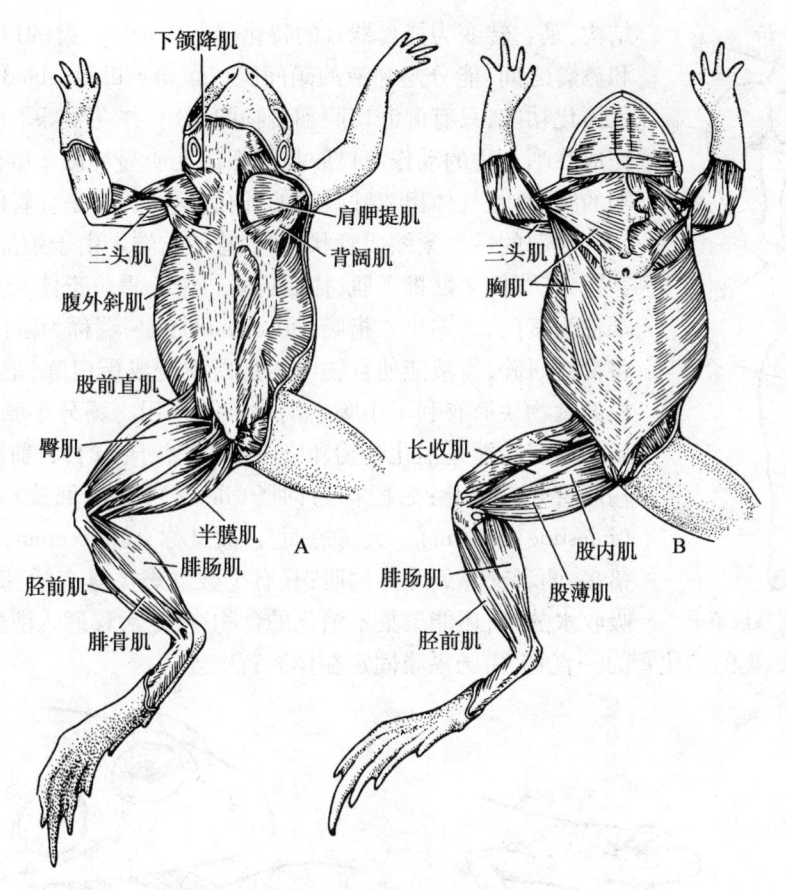

图 24-7 蛙的肌肉系统图示
A. 背面；B. 腹面

肌相反。这些肌肉的分化，与其支持腹壁、压缩肺囊和参与呼吸动作有关。腹横肌位于腹壁的最内层，肌纤维呈背腹走向，由耻骨伸往胸骨，有保护腹壁和向前牵拉腰带的作用，以适应两栖类在陆地上的爬行和跳跃运动。

（3）由于五趾型附肢的出现，附肢肌也得到了相应的发展，变得强大而复杂。除了起于躯干而分布到附肢去的外生肌外，还发展出了起于带骨或附肢骨近端部，止于附肢骨的内生肌，使得附肢的各部分能彼此做相应的局部运动。一般说来，起止于后肢的肌肉要比前肢更发达，用以加强爬行和跳跃能力。

（4）绝大多数两栖动物在幼体时期用鳃呼吸，变态发育为成体登陆后，鳃退化消失，鳃弓和鳃肌也转化成支持喉头、舌的软骨，以及控制咽喉部和舌活动的肌肉。

五、消化系统

两栖动物的消化系统包括消化管和消化腺两部分（图 24-8）。

（一）消化管

两栖动物的消化管包括口、口咽腔、食管、胃、小肠、大肠和泄殖腔。

口咽腔结构比较复杂，除有牙齿和舌外，还有内鼻孔、耳咽管孔、喉门和食管等开口，分别与外界、中耳、呼吸道和消化管相通。

鲵螈类和蚓螈类（鱼螈）的颌缘都有1~2排单尖形的颌齿，而蛙蟾类则无颌齿或仅有上颌齿，口腔顶壁的犁骨上有两簇细小的犁骨齿。这些牙齿易断裂，也易生长补充，故称为多出性的同型齿（homodont）。两栖动物的牙齿并无咀嚼食物的机能，只有咬伤捕食对象和防止食物滑出口外的作用。舌由舌骨（hyoid bone）和舌肌构成，位于口腔底部。鲵螈类的舌呈垫状，活动性较差；蛙蟾类的舌根均附着于下颌前部，舌尖游离而有深浅不同的分叉，朝向咽喉部，能迅速翻出口外，黏捕飞行或爬动的昆虫为食。舌的这种特殊结构,是它转变为捕食器官的特化(图24-9)。蛙的口腔中有位于前颌骨和鼻囊之间、能分泌黏液的颌间腺(intermaxillary gland),但该腺体分泌物无消化功能,只有湿润口腔和食物的作用,并在眼球下沉突向口腔时,协助完成吞咽食物的动作。口腔与咽部似无明显界限。喉门(也称声门)位于咽的腹面,是气体出入呼吸道的开孔;咽的背面是食管的开口。

咽部的后方紧缩成管状,即食管的始端。由于颈部分化不明显而食管甚短,其背侧紧贴椎下肌,往后通入胃中。胃位于体腔左侧,前连食管的一端称为贲门,后连十二指肠(duodenum)的一端称为幽门。胃壁的蠕动,可将食物研碎,胃液能使食物中的蛋白质变成蛋白胨,把脂肪和糖类变成疏松的食物块而有利于小肠中消化液的作用。肠分小肠和大肠两部分。小肠的主要功能是消化食物和吸收营养,始于幽门,其前段称为十二指肠,总输胆管开口于此;后段称为回肠(ileum),几经回旋后,通入宽阔的大肠(intestine crassum)。大肠短而直,故又称直肠(rectum),约为小肠直径的2倍多,两者交界处无括约肌,只有少数蛙蟾类具有活塞状的瓣膜。大肠除吸收水分外,还能聚集不消化的食物,使之后移通入泄殖腔的腹面,再从泄

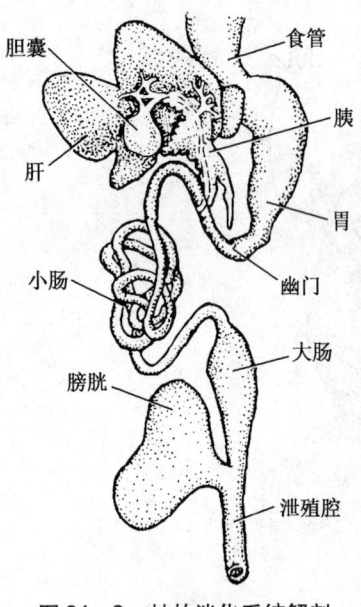

图24-8 蛙的消化系统解剖

殖孔排出体外。蚓螈类的消化管为一直管,由肠系膜固定在体腔背壁。

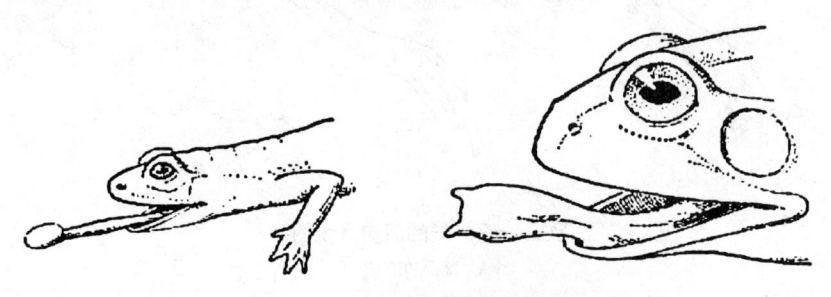

图24-9 两栖动物舌的结构

各消化器官的内壁,均有发达程度不一和数目不等的纵褶,纵褶下方由黏膜肌层和黏膜下层支持。黏膜层内,含有大量嗜酸细胞,细胞质中具有嗜红细胞质颗粒,能分泌胃蛋白酶和盐酸,因此被认为是一种未分化的"胃腺"。

(二) 消化腺

两栖动物的主要消化腺是肝和胰(图24-8)。肝位于体腔的前半部,一般分为2～3叶,胆囊位于肝叶之间或偏右部,是贮存肝细胞分泌的胆汁的场所,以数根输胆管与总输胆管相通,并由此将胆汁送入十二指肠远端。胰位于胃和十二指肠之间,形状狭长,为不规则的叶状器官(鲵螈类分为背叶和腹叶),有胰管与输胆总管汇合后开口于十二指肠。胰分泌胰液与胆汁混合一并注入十二指肠内,在"胃液"初步消化的基础上,进一步消化食物。胰不仅是一个重要的消化腺,也是一个内分泌腺。

六、呼吸系统

两栖动物的幼体与鱼类一样,营鳃呼吸,两者的血液循环方式也几乎完全相同。幼体早期有3对附生于头侧的外鳃(external gill)(图24-10A),泥螈(Necturus)的外鳃甚至终生保留(图24-1B)。外鳃随同幼体发育而被皮肤褶形成的鳃盖所遮掩并逐渐消失,蛙蟾类另以新产生的4对内鳃(internal gill)作为呼吸器官。变态登陆后,内鳃消失,再由咽部腹侧长出1对肺(lung),代替原有的鳃进行呼吸,这是陆栖脊椎动物的重要特征。

成体两栖动物的呼吸系统包括鼻、口腔、喉气管室(laryngotracheal chamber)和肺等。肺是绝大多数种类成体的主要呼吸器官,位于心和肝的背侧,为一对中空的、半透明的及富有弹性的薄壁囊状结构。肺内被网状隔膜分隔成许多小室,称为肺泡(alveolus),以此增大肺与空气的接触面积。肺泡壁密布着肺动脉和

肺静脉的微血管,使动物体的气体交换在肺内得以顺利进行(图 24-10B)。

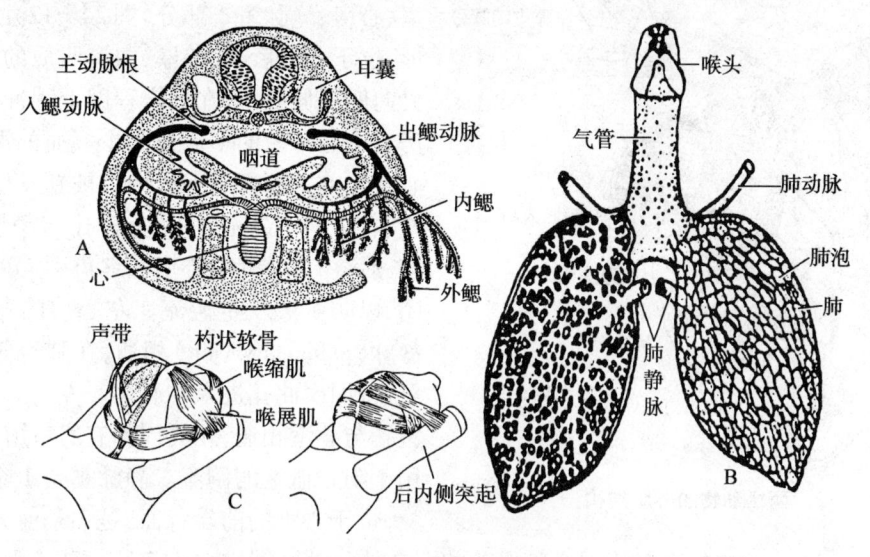

图 24-10 两栖动物的呼吸系统和喉门结构
A. 泥螈的外鳃;B. 蛙的肺;C. 蛙的喉门

两栖动物肺的结构还比较简单,故需要辅助呼吸器官以弥补肺摄氧的不足。两栖动物的皮肤薄而湿润,且在皮下分布着由肺皮动脉(pulmocutaneous artery)分出的皮动脉及肌皮静脉,通过这些皮下血管进行气体交换所得到的氧气,大约相当于肺获氧量的2/5。对于鲵类和冬季蛰眠的蛙蟾类来说,肺呼吸停止时,皮肤便成了代替肺作用的呼吸器官,如无肺螈科(Pleurodontidae)树螈(*Aneides lugubris*)既没有鳃,又缺乏肺,完全凭藉分布在皮肤和口腔黏膜下的大量血管进行呼吸。

两栖动物的呼吸动作主要依靠口腔底部的颤动升降来完成,并由口腔黏膜进行气体交换,故称口咽式呼吸(bucco-phryngeal respiration)。在一般情况下,外鼻孔的瓣膜张开,喉门紧闭,口底下降而将空气吸入,经内鼻孔到达口内。接着,口底抬升,将空气循原路由鼻孔呼出,此时因喉门始终紧闭而空气不能进入肺,只是由口腔黏膜执行气体交换机能。经过口底多次升降颤动后,外鼻孔关闭,口底上举,喉门开启,迫使吸入的空气从口腔进入肺,完成气体交换。压迫空气从肺内呼出至口腔的动作,是靠着口底下降,腹壁肌肉收缩和肺本身的弹性复原来完成的(图 24-11)。

另外,喉气管室以狭小的裂缝开口于咽部,形成喉门(glottis)。蛙蟾类在喉门内侧大都附生着1对声带(vocal cord),是2片水平状的弹性纤维带,当空气从肺里冲出

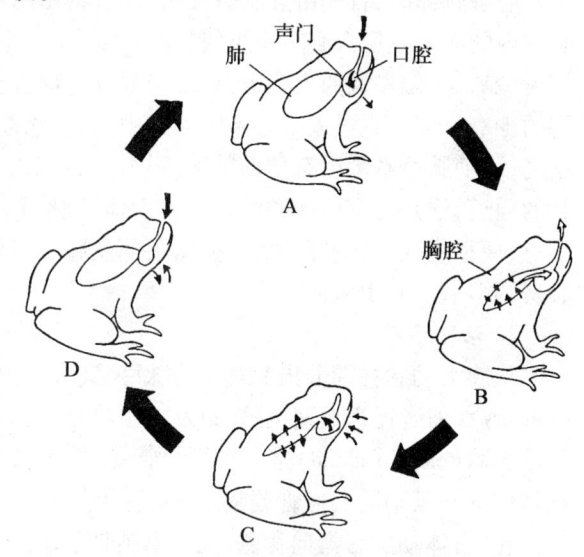

图 24-11 蛙的呼吸动作

时,就会振动声带而发出鸣声(图24-10C)。雄性的声带比雌体的发达,并由声囊使鸣声发生共鸣作用,故其鸣声也较雌体更为响亮。

七、循环系统

两栖动物的循环系统包括血管系统和淋巴系统两部分,血液循环方式为包括肺循环和体循环的双循环。

(一)血管系统
1. 心脏

幼体时期的心脏只有1心房和1心室。变态后,心脏的位置由紧挨头部腹面后移至胸腔内,外被围心

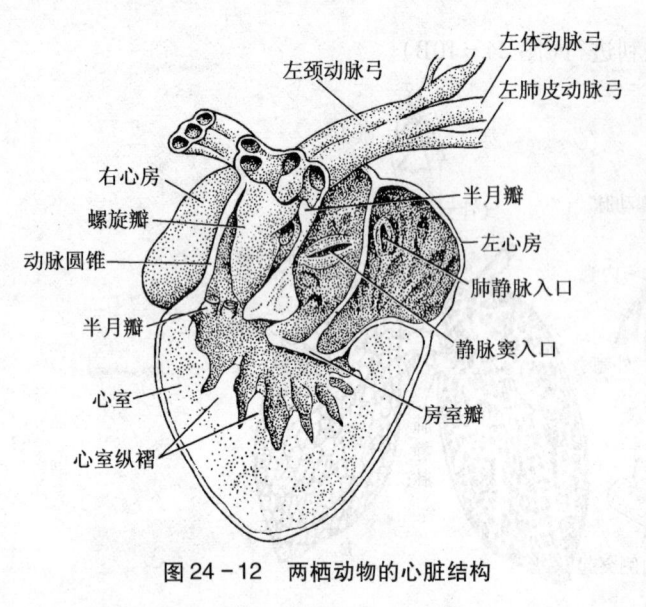

膜而受到围心腔的很好保护。成体的心脏可分为心室、心房、静脉窦3部分(图24-12)。心室近似三角形,位于心脏后端,壁厚,内有肌质的柱状纵褶,由中央向四周伸展,可在一定程度上缓冲分别由左、右心房流进心室内的多氧血和少氧血的混合。心房位居心室之前,壁薄而色深,内腔被新发生的房间隔分成左、右心房。右心房以窦房孔与静脉窦相通,孔的前、后各有一瓣膜,心房收缩可引起两个瓣膜同时关闭,以防血液发生逆流。左心房的背壁有一孔与肺静脉(pulmonary vien)相通,在肺经气体交换后的多氧血,即由此孔进入左心房。左、右两心房分别以房室孔与心室相通,孔的周围有房室瓣(或称三尖瓣),用于阻止血液的倒流。静脉窦是1个三角形的薄壁囊,位于心脏的前端背面,是2条前大静脉(precava)

图24-12 两栖动物的心脏结构

和1条后大静脉(postcava)内的血液流回心脏之前的汇合处。动脉圆锥自心室腹面的右侧发出,与心室连接处有3个半月瓣(valvula semilunaris),瓣的作用也和心脏中的其他瓣膜相同。此外,蛙蟾类的动脉圆锥内还有一纵形的螺旋瓣(spiral valve),能随动脉圆锥的收缩而转动,有助于分配由心脏压出的含氧量不等的血液,循着一定的顺序,分别流入相应的动脉中去。动脉圆锥的前段为腹大动脉,是动脉系统的起点,由此导出3对动脉弓:颈动脉弓(carotid arch)、体动脉弓(systemic arch)和肺皮动脉弓(pulmocutaneous arch)(图24-12),它们分别由鱼类中的第3、4、6对动脉弓演变而成,但鲵螈类却保留着第5对动脉弓,并汇合体动脉弓参与背大动脉的组成。蚓螈类只有体动脉弓和肺动脉弓,颈动脉弓由体动脉弓分出至头、脑部。

心脏收缩时,首先由静脉窦开始收缩,将窦内的少氧血注入右心房。接着左、右心房同时收缩,于是右心房内的血液被压入心室中央偏右的一侧,左心房内的血液则被压入心室偏左的一侧。这样,心室中偏右侧为少氧血,偏左侧的为多氧血,中间部分为混合血。心室收缩初期,由于肺皮动脉弓离心室最近,心室右侧的少氧血即率先进入。心室收缩的中期,收缩波从右面移向左边,由于肺皮动脉弓内已充满血液而阻力增高,颈动脉弓基部因有颈动脉腺,阻力也相当大,加以在动脉圆锥收缩时,螺旋瓣往左偏转,关住肺皮动脉的通道,于是心室中部的混合血流入体动脉弓。心室收缩末期,其左侧的多氧血,因受到的压力已达到顶点,便径直注入颈动脉弓,供血给头部及脑。另外,实验证明两栖动物在心室内并未严格区分来自左、右心房的多氧血和少氧血。

2. 动脉系统

从腹大动脉往前分出1对颈动脉弓,又分为内颈动脉(internal carotid artery)及外颈动脉(external carotid artery),前者运送血液至脑、眼及上颌等处,后者运送血液到下颌和口腔壁。位于内、外颈动脉分叉处的颈动脉腺(carotid gland)是一个压力感受器,用以监测动脉的血压,当动脉血压降低时,颈动脉腺就能发出兴奋传导到延脑的心血管调整系统。

左、右体动脉弓弯向背侧,在分出锁骨下动脉(subclavian artery)至前肢及食管后,便汇合成1条背大动脉,往后延伸并发出动脉分支到内脏各器官及后肢。蚓螈类因无四肢而缺乏锁骨下动脉及髂动脉。

左、右肺皮动脉弓各分为两支,一支是肺动脉(pulmonary artery),通至肺,在肺壁上分散成毛细血管网,另一支为皮动脉(cutaneous artery),行至背部皮下,也分散成毛细血管网。肺和皮肤都是两栖动物进行气体交换的器官。

3. 静脉系统

心脏以静脉窦接受前大静脉和后大静脉的血液,通过右心房流入心室。肺静脉经左心房进入心室。前大静脉代替了鱼类的前主静脉,汇集由头部和躯干前段的外颈静脉(external jugular vein)、内颈静脉(internal jugular vein)和来自前肢的血液、肌皮静脉(musculo-cutaneous vein)等。后大静脉代替了鱼类的后主静脉,收集来自躯干后段和消化系统返回心脏的血液。尾和后肢的静脉在前行中分为2对,1对沿肾的外缘成肾门静脉(Renal portal vein),进入肾,分成许多细小血管,再次汇集成数条肾静脉(renal vein),由两肾之间通出,与来自生殖腺的生殖腺静脉(genital vein)一起,将血液送入后大静脉;另1对是盆骨静脉(pelvic vein),在腹壁中央合并成1条腹静脉(abdominal vein),其血液往前注入肝门静脉。从胃、肠、脾、胰等器官所来的静脉合成肝门静脉,进入肝,再由肝发出1对肝静脉通入后大静脉,最后将血液汇入静脉窦(图24-13)。

由于不完全的双循环,动脉血液中的含氧量不充分,造成组织细胞中物质的氧化效率不高,新陈代射甚为缓慢,产生的热量少,不足以抵消所丧失的热量,加上没有良好的保温条件,也不具备完善的体温调节机制,因而不能维持恒定的体温。这些动物的体温在很大程度上随环境温度而变化,主要借吸收太阳辐射来提高体温,它们被称为变温动物(poikilothermal)或冷血动物(cold-blood),也叫外温动物(ectothermal)。冬季严寒时,需寻觅适宜的地点入蛰冬眠,此时不吃不动,新陈代谢降到最低水平,依靠夏秋活动期大量摄食积累在体内的脂肪供给能量。翌年春末夏初出蛰活动。分布在热带的两栖动物在酷热的夏季,由于气温太高、环境干旱和食物匮缺,常钻到土层深处湿度较大的洞穴里进行夏眠,暂避不宜的生活条件。

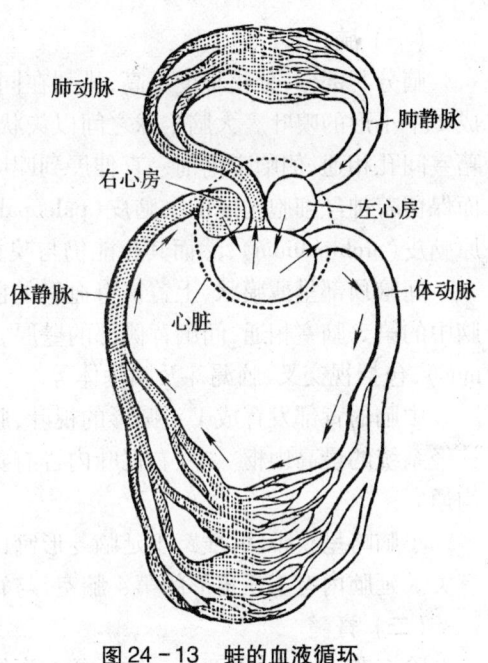

图24-13 蛙的血液循环
箭头示血液流向

(二)淋巴系统

两栖动物具有了比较完整的淋巴系统,几乎遍布皮下组织,这与防止皮肤干燥和进行皮肤呼吸有关。包括淋巴管、淋巴腔(lymphatics saccus)和淋巴心等结构。

两栖动物由血管渗出的组织液和从组织细胞内渗出淋巴液的活动较其他脊椎动物更为旺盛而且血压较低,有发达的淋巴心以助淋巴液回心,通常蛙蟾类有淋巴心2对,鲵螈类约16对,蚓螈类甚至可多达百余对。淋巴腔由淋巴管膨大所成,尤以蛙类皮下淋巴腔最为发达。

八、排泄系统

两栖动物的排泄器官是肾、皮肤和肺等,但以肾最重要,大量的尿液都是在肾内滤出。鲵螈类的肾是1对长扁形的带状器官,蛙蟾类的是1对结实的椭圆形分叶器官。肾小球的滤过机能强,每天从血液中滤出的水分可达动物自身体重的1/3,因而对于水栖种类维持动物体的内环境恒定,具有十分重要的意义。

左、右肾的外缘各连接1条输尿管,即中肾管,分别通入泄殖腔的背面(图24-17)。雄体肾的前部缩小并失去泌尿功能,由一些肾小管与精巢伸出的精细管相连通,并借道输尿管运送精子,因此兼有输尿管和输精管的用途。雌体的肾及输尿管只有泌尿和输尿作用,与生殖系统无任何联系。蛙蟾类有一体积较大而薄壁的膀胱,由泄殖腔的腹壁突出所形成,故称泄殖腔膀胱(cloacal bladder),是暂时贮存尿液的器官。膀胱与输尿管并不直接相通,肾滤泌产生的尿液经输尿管先导入泄殖腔并倒流到膀胱里。当膀胱充满尿液后,由于膀胱受压收缩,以及伴随着泄殖孔的张开,才将尿液排出体外(图24-8、图24-17)。

肾除了泌尿功能外,还有调节体内水分和维持渗透压的作用。两栖动物的膀胱重吸收水分的机能使体内水分的保持得到了加强,但是这种作用仍不足以抵偿由于体表蒸发所造成的大量失水。因此,这就决定了两栖动物虽能上陆生活,却不能长时间地远离水源,也是两栖动物在干旱的荒漠地带分布少、温湿多水地区分布多的原因之一。陆地上冬眠的种类,蛰眠期间完全依靠皮肤的渗透,从土壤中吸收水分,获取维持生命活动的最低需水量。

九、神经系统

两栖动物神经系统与鱼类比较接近,但是随着上陆生活的环境变化及其所受到的影响,它们的神经系统有了某些进步性的变化。

(一) 脑

脑分5部分,分化程度不高,排列在同一个平面上,并不形成明显的脑曲。大脑的体积增大,往前延伸成2个小形的嗅叶。大脑半球之间以矢状裂相隔,位于脑内的左、右侧脑室,称为第1、第2脑室,2个脑室藉室间孔相通,侧脑室向前一直伸展到嗅叶中,往后与间脑内的第3脑室相通。大脑半球不仅在腹部和侧面保留着神经细胞构成的古脑皮(paleopallium,或称旧脑皮),并且在顶部也发生了零星的神经细胞,称作原脑皮(archipallium),然而其机能仍与嗅觉有关。

间脑顶部呈薄膜状,上盖富有血管的前脉络丛,由背面正中伸出不发达的松果体,松果体的内腔与间脑中的第3脑室相通,间脑背侧部的壁厚,称为视丘或丘脑(thalamus),视丘的前下方为下丘脑(hypothalamus),包括视交叉、脑漏斗及脑垂体等。

中脑的背部发育成1对圆形的视叶,腹面增厚为大脑脚(crus cerebri),既是两栖动物的视觉中心,也是神经系统的最高中枢。左、右视叶内皆有宽大的中脑室,两室彼此相通,并以中脑导水管分别与第3、4脑室沟通。

小脑略呈狭带状,横跨于延脑菱形窝的前缘,紧贴在视叶之后,这种状况与两栖动物的运动方式简单有关。延脑内有1三角形的第4脑室,与脊髓的中央管相通,脑室顶壁下陷,形成菱形窝,盖有后脉络膜。

(二) 脊髓

除有背正中沟外,两栖动物还具有脊椎动物中首次出现的腹正中裂(fissura mediana ventralis)。由于四肢发达及运动机能的增强,附肢肌完全消失了分节性,并促使脊髓在肱部和腰部发展成2个膨大部分,即颈膨大和腰膨大。

(三) 脑神经

脑神经10对(图24-14),但古两栖类的头骨上却有一个舌下神经孔,可能是该神经退化后的痕迹。

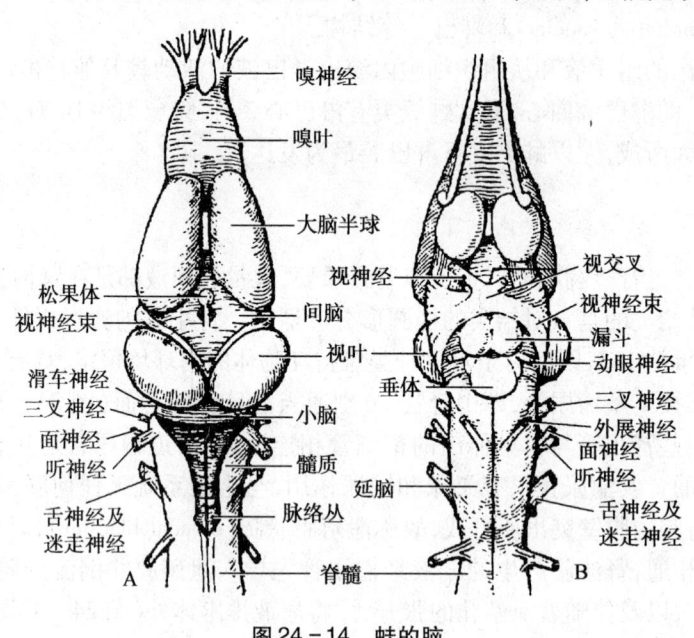

图24-14 蛙的脑
A. 背侧;B. 腹侧(仿Gaupp)

(四) 脊神经

脊神经的对数因动物类别不同而有很大差异,其中第1对脊神经由寰椎和第2椎骨之间的椎间孔穿出,其分支往前分布到舌肌及部分肩肌上,支配舌的运动。有些脊神经集合成臂神经丛和腰荐神经丛,分别进入前、后肢。

(五) 植物性神经系统

虽然两栖动物的植物性神经较鱼类的进步,但仍以交感神经为主。交感神经的主体是1对纵行于脊柱两侧的交感神经干,由神经将一系列交感神经节串连而成。交感神经节以交通支与脊神经相连,同时还发出交感神经分布到内脏各器官(图24-15)。副交感神经出现于中枢神经的前段和后段,前段的中枢位于中脑和延脑,副交感神经纤维伴随着第Ⅲ、Ⅶ、Ⅸ、Ⅹ对脑神经同行,分布到眼、口腔腺、血管和内脏各器官;后段的中枢位于脊髓的荐部,由此发出数对副交感神经,分布到盆腔内的脏器。这些内脏器官同时接受交感神经及副交感神经的支配并以其互相拮抗的作用维持正常生理机能。

十、感觉器官

(一) 侧线器官

两栖动物的幼体都具有侧线。侧线由许多感觉细胞形成的神经丘所组成,用作感知水压的变化。幼体变态后侧线消失殆尽,但在水栖鲵螈类的头躯部始终保留着侧线器官和侧线神经,其构造与鱼类的极为相似。

(二) 视觉器官

两栖动物的视觉器官已初步具有了与陆栖相适应的特点。半陆生的蛙蟾类的眼位于头的背侧,可深陷至眼眶内,具能活动的眼睑和瞬膜以及泪腺(lachrymal gland)和哈氏腺(Harderian gland)。这些结构及腺体分泌物都能使眼球润滑,免遭伤害和干燥,有利于陆地生活。大鲵和泥螈的眼小,因其角膜与皮肤愈合而眼睑不能活动,也无泪腺。大多数种类的眼球具有凸出的角膜,晶体近似圆形而稍扁平,以悬韧带固着于眶壁上(图24-16A)。由于晶体和角膜的间距较鱼类的远,因而适于观看较远处的物体。晶体的腹面(鲵螈类)或背腹面(蛙蟾类)有一块小形的晶体牵引肌,收缩时能将晶体拉向前移和改变其弧度,调整视觉的成像焦距,使之由远视转变成适于近视。此外,

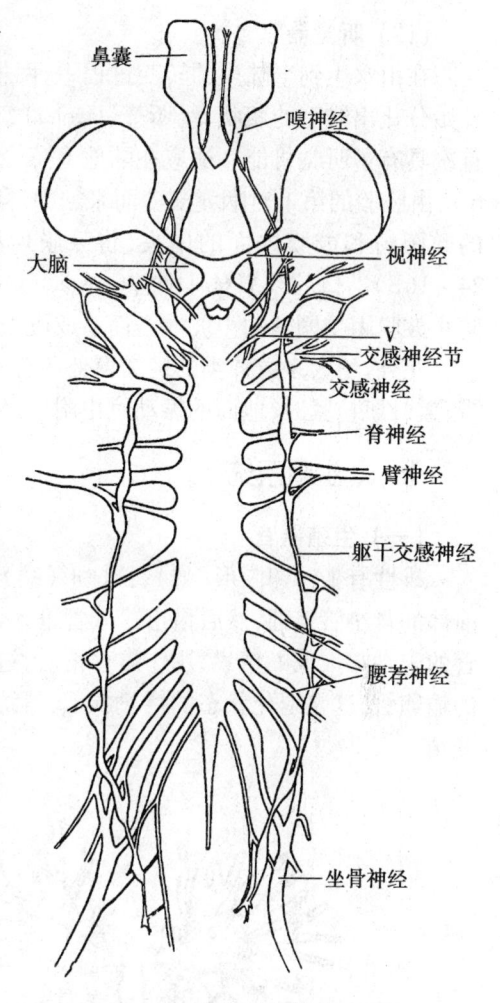

图24-15 两栖动物的脊神经及植物性神经系统

在脉络膜和晶体之间还有一些辐射状排列的脉络膜张肌,有协助晶体牵引肌调节视觉的作用。总体上讲,两栖动物的视觉调节能力不强,视觉调节方式也不同于改变晶体形状的陆生脊椎动物,所以它们在陆地上还是近视动物,只有当潜入水中时,角膜由凸变平,方可能适当地增阔视野。

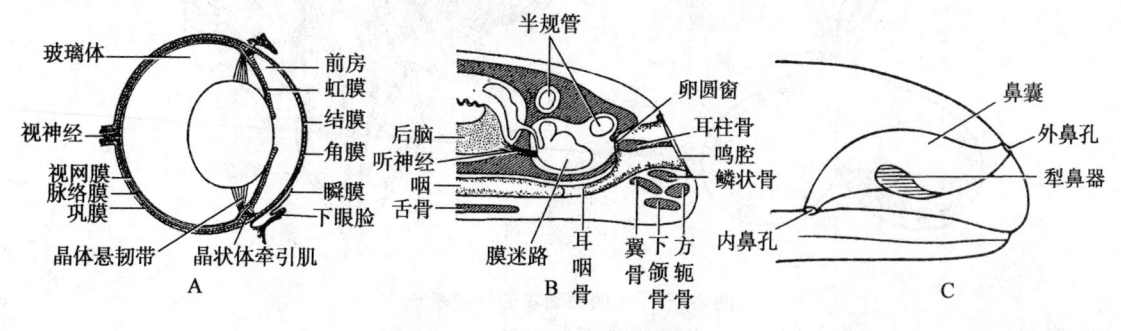

图24-16 两栖动物的感觉器官
A. 眼结构;B. 蛙的内耳;C. 嗅觉器官

(三) 嗅觉器官

两栖动物鼻腔内壁衬有褶襞状的嗅黏膜(olfactory mucous membrane),分布在嗅黏膜上的嗅神经往后通至嗅叶(图24-16C),司嗅觉,因此鼻腔开始兼有嗅觉和呼吸的两重机能。

(四) 听觉器官

在由水生到半陆生的转变过程中，两栖动物的听觉器官有了极其深刻的变化。内耳球状囊的后壁已开始分化出雏型的瓶状囊(听壶,lagena),有感受音波的作用。因此,两栖动物的内耳除有平衡感觉外,还首次具有了听觉机能。适应在陆地上感受声波而出现了中耳(middle ear),中耳腔又名鼓室(tympanic cavity),由胚胎的第 1 对咽囊演变而来。中耳腔内有 1 枚与鱼类舌颌骨同源的耳柱骨,两端分别紧贴内耳外壁的椭圆窗和鼓膜内面的中央,将鼓膜所感受的声波传入内耳,通过听神经传导到达脑,产生听觉(图 24-16B)。口腔以 1 对耳咽管(eustachin tube)与中耳腔相通并进入空气,使鼓膜内、外的受压趋于平衡,防止鼓膜因受剧烈的声波冲击而造成震裂。

此外,绝大多数种类的椭圆窗外还有 1 块平板状的盖骨,以一小形的盖骨肌(operculum muscle)连接肩带,盖骨肌拉紧时,地面的振动可由附肢经该肌肉传导到盖骨而达到内耳。

十一、生殖系统

(一) 生殖器官

雄性有 1 对卵圆形(蛙)、长柱形(蟾)或分叶状(蝾螈)的精巢(图 24-17A)。精液通过输精小管与肾前部的肾小管连通,然后借道输尿管进入泄殖腔而排出体外,故名输精尿管。蛙蟾类在繁殖期间,输精尿管的末端膨大成贮精囊,用作贮存精液,过了生殖季节则缩小恢复正常。此外,它们还保留着细小而明显的输卵管,这是退化状态的缪勒氏管。除蚓螈类、蝾螈科和尾蟾(*Ascaphus truei*)等少数种类外,均营体外受精。

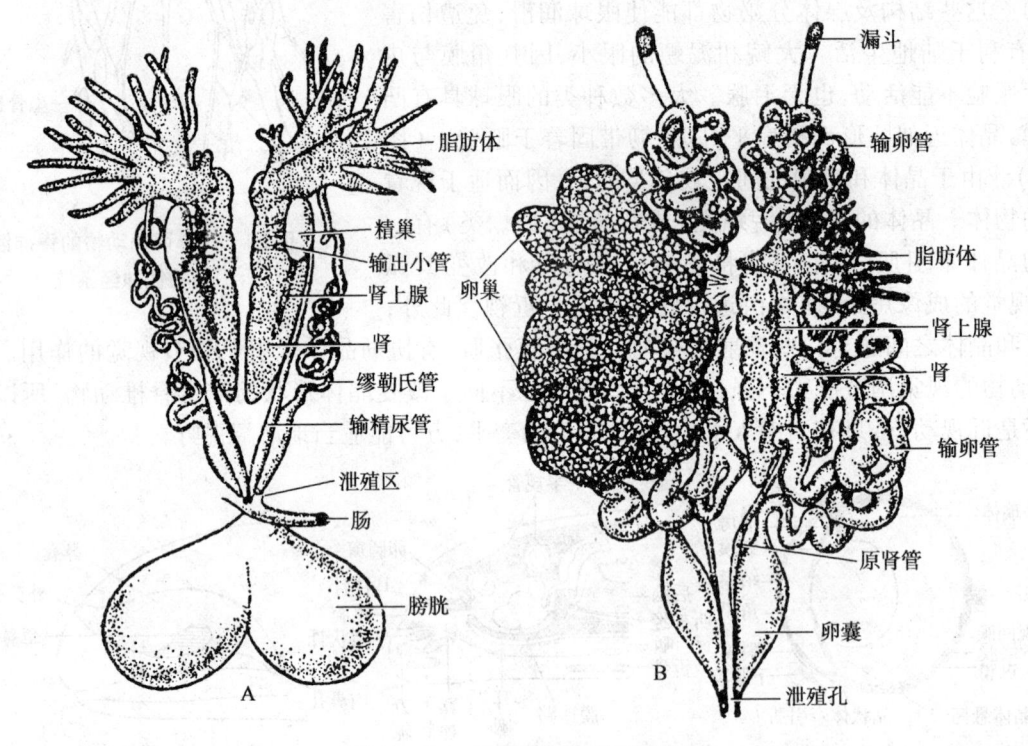

图 24-17 两栖动物的泄殖系统
A. 雄性;B. 雌性(仿 McEwen)

雌体有 1 对囊状结构的卵巢(图 24-17B),囊内常含有许多圆形的卵,卵巢和卵的大小、颜色随季节及发育状况而不同。低温蛰眠是大蟾蜍等卵子成熟的决定因素,卵成熟后由卵巢进入腹腔,通过腹腔膜上的纤毛活动和腹肌收缩而进入输卵管前端的漏斗。卵在输卵管内向远端移动的行程中,包上由管壁分泌的胶质,形成卵胶膜,最后到达输卵管扩大的子宫部,于两性配对或抱对后与雄性的精液同时排至水中,完成体外受精。左、右输卵管后部合并为一(蟾)或各自开口于泄殖腔的背壁。实验证明:输卵管分泌物是两栖类成熟卵受精不可或缺的物质条件。

蛙蟾类生殖腺的前方都有1对黄色的指状脂肪体(fat bodies)，是供给生殖腺发育所需的营养结构。通常，蛰眠期前的蛙和蟾蜍由于摄食旺盛，体内都积贮了丰富的营养物质，因而脂肪体也显得十分粗大。当进入生殖细胞迅速生长发育的繁殖季节，脂肪体被大量消耗而萎缩得很小。此外，蟾蜍属和南美洲的短头蟾科种类的生殖腺前缘都附生着一个形状各异的毕特氏器(Bidder's organ)，由蝌蚪生殖腺前部膨大部分经变态后形成。毕特氏器相当于退化卵巢的残余部分，内含无数尚未分化或发育不完全的卵细胞。摘去蟾蜍的精巢，可导致毕特氏器发育成具有产卵功能的卵巢。

除了在内部结构上的差异外，两栖动物的两性差异一般在外部特征上也有所表现，如雄性蛙蟾类的身体略小于雌性；花背蟾蜍(Bufo raddei)有色斑上的区别；大树蛙(Rhacophorus deunysi)的两性间存在着吻端上的差异；雄性鲵螈类的肛部隆起呈椭圆形，肛裂较长。繁殖季节内，因受性激素的影响，不少种类的雄性会出现各种形式的副性征：棘腹蛙(Rana borlengeri)和峨嵋髭蟾(Vibrissaphora boringii)等的前臂因抱雌能力加强变得粗壮而有力。某些种类的前肢内侧第1、第2指的基部局部隆起成婚垫(Nuptial pad)，有些种类如铃蟾(Megalobatrachus)、花棘蛙(Rana maculosa)的第3指上也有婚垫，垫上富有黏液腺或角质刺、用于加固抱对作用。

(二) 生殖方式

绝大多数两栖动物的繁殖期都在春夏之际，而中国林蛙(Rana temporaria chensinensis)却于冰雪初融的3月开始抱对；崇安髭蟾(Vibrissaphora liui)和绿臭蛙(Rana margaratae)则可迟至深秋11月或冬季进行产卵。抱对现象(amplexus)是蛙蟾类在产卵前必不可少的繁殖行为，当雄性一旦追逐到雌体后，鸣声便嘎然而止，用前肢紧紧抱住异性的腋下而蹲伏于其背上(图24-18A)。抱对可持续6~8小时，甚至长达一天或数日之久，其生物学意义显然是与刺激两性同步排精产卵和提高受精率具有密切关系。鲵螈类在繁殖期无抱对行为，也不鸣叫招唤异性，但雄体常表现出某些求偶动作：东北小鲵(Hynobius leechii)的两性彼此靠拢，结伴游泳，雄体屡屡下沉到雌鲵腹下来回窜游，或以尾部卷绕对方；雄性东方蝾螈(Cynops orientalis)常围绕雌体游动，以吻碰触其泄殖孔，尾部不停地弯曲抖动，这种动作可反复多次，甚至持续几小时。

除泳蟾、尾蟾和几种蝾螈营卵胎生外，均以产卵方式进行繁殖。通常雌体都是一次性将所怀的成熟卵全部产出。东方蝾螈在整个繁殖期内每天产1枚受精卵，而泽蛙每年可产卵4~5次，每次的产卵量也比较少。卵及包裹在卵外的胶质膜或

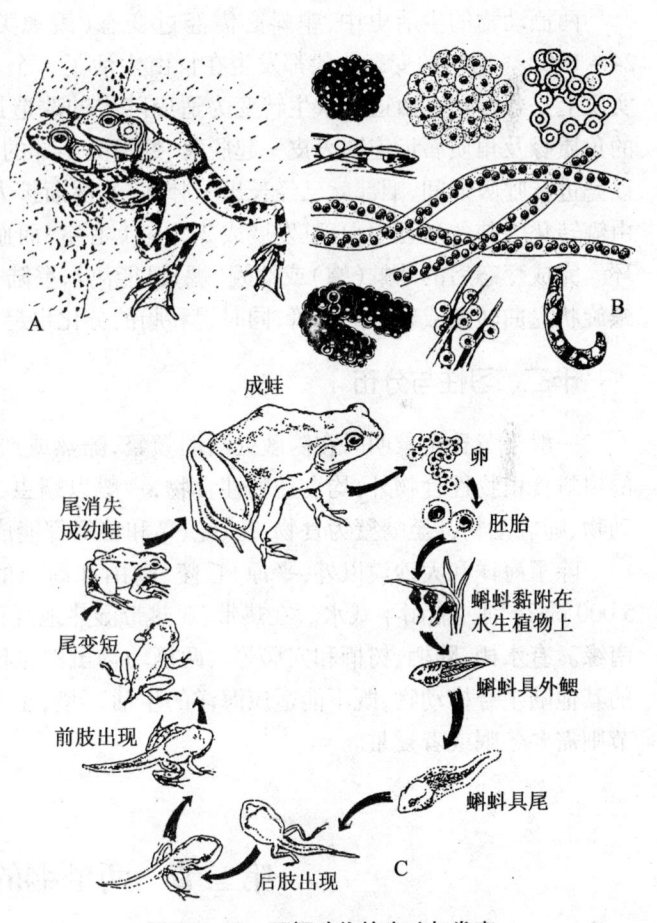

图24-18　两栖动物的生殖与发育
A. 蛙的抱对；B. 两栖动物的各种卵；C. 蛙的发育生活史

胶质囊，其大小、颜色和形状都因动物种类而异(图24-18B)：大鲵的卵带成念珠状，小鲵呈圆筒状，蟾蜍的胶质膜连成长条状，青蛙和雨蛙的卵聚成团块状，锄足蟾则集成片状，但蝾螈和铃蟾则产单生卵。两栖动物的卵为多黄卵，动物极含有丰富的细胞质，表层内因有黑色素微粒而呈现深褐色或黑色，有利于吸收日光，植物极主要包含卵黄，但无色素，故成灰白或浅黄色。卵外有胶质膜2~3层，豹蛙甚至可达5层之多，胶质膜轻而薄，可被精子头部含有的蛋白酸酶所分解和穿透，与卵子结合成受精卵，并吸水膨胀漂浮在水面，以利充分接受光照和积贮发育所需的热量。此外，胶质膜还有促进精子正常受精、保护受精卵和使胚

胎免遭污染、机械损伤、低渗影响、病原体侵入及水生动物吞食等作用。生活在平原地区的蛙蟾类,卵径为 1.5~3.0 mm;而姬蛙(*Microhyla*)的卵形甚小,直径仅 0.8~1.0 mm;栖息于山地溪流中的高山型种类,如角蟾(*Megophrys*)和齿突蟾(*Scutiger*)等,卵径增大,直径为 3.5~4.0 mm,最大卵径可达 5 mm。

(三) 胚胎发育和变态

卵在受精后 2~4 小时便开始分裂。受精卵因内含的卵黄分布不均匀而进行不完全卵裂,动物极和植物极的细胞分裂是非等速进行的,这种卵裂形式与文昌鱼的完全卵裂及鱼类的盘裂不同。受精卵经卵裂期、囊胚期、原肠胚期、神经胚期后,胚体发育到出现外鳃、口、尾鳍、心脏跳动和血液循环时,即冲破卵胶膜或卵袋进入水中,孵化成独立生活的幼体——蝌蚪。刚出卵胶膜的蝌蚪酷似幼鱼:口的后面有一能分泌黏膜的吸盘,以此吸附在水草上,静止不动,2~3 天后吸盘开始退化;有一侧扁的长尾作为运动器官;也有分支的羽状外鳃完成呼吸。外鳃不久就被新发生的鳃盖褶遮蔽起来,并渐趋萎缩而代之以咽部的 4 对内鳃,鳃盖褶以单个出水孔与体外相通。蛙蟾类蝌蚪的两颌外包黑色的角质喙,构成口的上、下唇,附生角质唇齿数行,以此啃食水生植物,唇的边缘另有许多乳突,可能是蝌蚪的味觉感受器。

两栖动物的卵从受精到发育成幼体所需的时间,因时、因地、因水温和种类而不同,通常在水温 12~23 ℃的条件下,蛙蟾类约为 4~5 天,而分布于我国东北地区的极北小鲵则需 17~19 天。

两栖动物的生活史中,蝌蚪必需经过变态(鲵螈类的变态不太明显)才能成为幼蛙或幼鲵(螈)(图 24-18C)。蝌蚪的变态一般都发生在自由生活了 3 个月之后,变态期间蝌蚪体内、外出现的一系列变化,实质上是各种器官由适应水生转变为适应陆生的改造过程。最显著的外形变化是成对附肢的出现、两颌的角质喙及角质唇齿连同表皮一起脱落、蛙蟾类尾部的萎缩消失等。内部器官也有相应变化,当蝌蚪还在以鳃进行呼吸期间,咽部就已经长出了肺芽,并逐渐扩大和形成左、右肺,最终完全代替了鳃。在呼吸器官由鳃转化为肺的过程中,心脏发展成 2 心房 1 心室,而血液循环方式也随之由单循环变成了不完全的双循环。完成变态后的幼蛙(蟾)或幼鲵(螈)已能离水登陆,营两栖生活,并且演变为吃动物性食物、消化管由螺旋状盘曲转变成粗短的肠管,同时胃和肠的分化也趋于明显。

十二、习性与分布

一般于黄昏至黎明时在隐蔽处活动频繁,酷热或严寒季节以夏蛰或冬眠方式度过。除了一些无尾目的蝌蚪食植物性食物外,均食动物性食物,一般以蠕虫、蜘蛛和昆虫为食。较大的两栖动物还以小的爬行动物、哺乳动物甚至螃蟹为食物,鱼、蛇、鸟和兽等都能成为它们的天敌。

除了海洋和大沙漠以外,平原、丘陵、高山和高原的各种生境中均有两栖动物的分布,垂直分布可达 5 000 m;个别种能耐半咸水。在热带、亚热带湿热地区种类最多,南北温带种类递减,仅个别种可达北极圈南缘。有水栖、陆栖、树栖和穴居等。两栖动物虽然也能适应多种生活环境,但是其适应力远不如更高等的其他陆生脊椎动物,既不能适应海洋的生活环境,也不能生活在极端干旱的环境中,在寒冷和酷热的季节则需要冬眠或者夏蛰。

第二节 两栖纲的分类与多样性

现存的两栖纲动物分为蚓螈目、有尾目和无尾目 3 目、34 科、398 属,约 7 690 种。

(一) 蚓螈目(Caeciliformes)

蚓螈类是两栖纲中最低等的类群。体细长,形似蚯蚓,四肢及带骨均退化,尾短或无。营钻土穴居生活。全身裸露,体表有皮肤褶皱形成的数百条覆瓦状环褶,环褶内有次级环褶及围绕体轴呈环状排列的骨质圆鳞(水生种类无鳞),可用于加固体壁抵抗泥土压力的作用。环褶表面腺体丰富,分泌物能减少水分蒸发,并可有效地降低体表与洞壁的摩擦,加快在洞穴中运动的速度。眼小,大多隐于透明的皮下成眼点状。耳无鼓膜,听神经退化。鼻眼间近颌缘的凹槽内有一能伸缩自如的触突,状如蜗牛的触角。分布于非洲、美洲和亚洲的热带地区,其中尤以中、南美洲的种类最多。我国仅报道属鱼螈科(Ichthyophidae)的版纳鱼螈(*Ichthyophis bannanicus*)1种(图24-19A)。

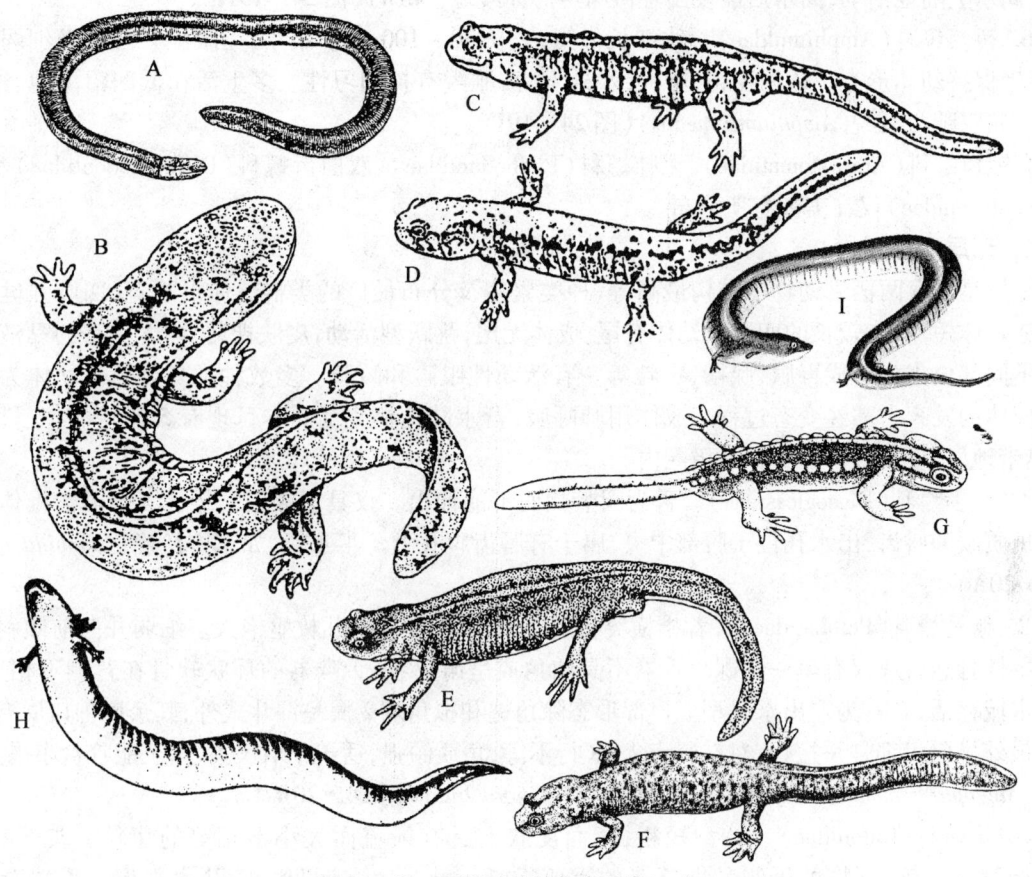

图24-19 两栖动物的代表种类(一)
A. 版纳鱼螈;B. 大鲵;C. 极北小鲵;D. 山溪鲵;E. 东方蝾螈;F. 肥螈;G. 红瘰疣螈;H. 鳗螈;I. 双趾两栖鲵

(二) 有尾目(Caudata)

体呈圆筒形。有较短的四肢,终生有长尾而侧扁。除爬行外,主要以四肢后伸贴体和尾部左右摆动的方式在水中游泳前进。再生力强,肢、尾损残后可重新长出再生肢或再生尾。爬行,多数种类以水栖生活为主,形似蜥蜴,如大鲵(*Andrias davidianus*),俗称"娃娃鱼",是现生体型最大的两栖动物。本目共9科,主要分布在北半球,少数渗入热带地区。

科1. 隐鳃鲵科(Cryptobranchidae) 终生生活在活水中,多见于山间溪流中。成体仍然保持有鳃裂,体侧有皮肤褶皱以增加皮肤面积用于在水中呼吸,前肢4指,后肢5趾。如大鲵(图24-19B)。

科2. 小鲵科(Hynobiidae) 体较小,全长不超过30 cm。犁骨齿两长列,呈"U"或排列成左右两短行。四肢较发达,指4,趾5或4。皮肤光滑无疣粒,有或无唇褶,有眼睑和颈褶。体侧有明显的肋沟。多数有肺。大多全变态。陆栖或水栖,体外受精,卵产于水中。如极北小鲵(*Salamandrella keyserlingii*)、山溪鲵(*Batrachuperus pinchonii*)(图24-19C、D)。

科3. 蝾螈科(Salamandridae) 全长不超过20 cm。头躯略扁平,皮肤光滑或有瘰疣。有活动性眼睑。肋沟不明显。有眼睑。犁骨齿两长列,呈"∧"形排列两行。四肢较发达,指4,趾5或4。多数水中产卵,少数在水源附近湿土上产卵。多为水栖,少数陆栖。不少种类为我国所特有。如东方蝾螈、肥螈(*Pachytriton brevipes*)和红瘰疣螈(*Tylototriton shanjing*)(图24-19E~G)。

科4. 洞螈科(Proteidae) 全长20~30 cm,终生保持幼体形态,水生,长有外鳃,眼退化而隐于皮下,为典型的洞穴生物。如泥螈(图24-1B)。

科 5. 鳗螈科(Sirenidae)　体细长似鳗,前肢细弱,无后肢和骨盆,尾短。眼极小,无眼睑。无上下颌齿而是角质鞘。终生有外鳃,犁骨齿保持幼体期状态。常于沼泽或溪流底部泥中挖穴而居,或隐藏在水草乱石之中,偶尔上陆地活动,离水后能发出轻微叫声。如鳗螈($Siren$)(图 24-19H)。

科 6. 两栖鲵科(Amphiumldae)　体细长似鳗,全长 30~100 cm。眼小,无眼睑。四肢极细弱而短小,尾短,终生保持幼体形态。体内受精,卵大,水外发育,雌鲵有护卵习性。多生活在低凹沼泽地、池塘或浅水沟内。如双趾两栖鲵($Amphiuma\ means$)(图 24-19I)。

另有钝口螈科(Ambystomatidae)、无肺螈科(Plethodontidae)、双曲齿螈科(Dicamptodontidae)和急流螈科(Rhyacotritonidae)仅在美洲有所分布。

(三) 无尾目(Anura)

无尾类是现存两栖纲动物中结构最高等、种类繁多及分布最广的类群。体形短宽,四肢强健,适于跳跃和游泳。体短宽,有较长的四肢。幼体有尾,成体无尾,跳跃型活动,皮肤裸露,内含丰富的黏液腺,有些种类在不同部位集中形成毒腺、腺褶、疣粒等。有活动性眼睑和瞬膜。多数种类具鼓膜。幼体为蝌蚪,从蝌蚪到成体的发育中需经变态过程。成体用肺呼吸,营水陆两栖生活。本目现有 5 亚目的 20 科,遍布热带、亚热带地区,极少数种分布在北极圈内。

科 1. 盘舌蟾科(Discoglossidae)　舌为圆盘状而不能伸出。仅具上颌齿。雄体无声囊。椎体后凹型。蝌蚪有角质颌和唇齿,出水孔位于腹部中央,属于有唇齿腹孔型。半水栖,如东方铃蟾($Bombina\ orientalis$)(图 24-20A)。

科 2. 锄足蟾科(Pelobatidae)　荐椎横突特别宽而长大,荐椎前几枚躯椎大多细弱并向前倾斜成锐角,荐椎与尾杆骨愈合或仅有单一骨髁。舌器不具前角或呈游离状,舌喉器的环状软骨在背侧不相连。卵和蝌蚪在水域存活,蝌蚪为左出水孔型。口部形态除角蟾和拟角蟾 2 属呈漏斗式外,其余属种口周有唇乳突,上下唇最外排唇齿都是一短行,左右唇齿 2~8 行不等,角质颌强,适于刮取藻类,甚至能咬食小蝌蚪。如峨眉角蟾($Megophrys\ omeimonlis$)和崇安髭蟾($Vibrissaphora\ liui$)(图 24-20B、C)。

科 3. 蟾蜍科(Bufonidae)　体型短粗,背面皮肤上具有稀疏而大小不相等的瘰粒。头部有骨质棱嵴。耳旁腺大,其分泌物的干制品即著名的重要蟾酥。鼓膜大多明显。瞳孔水平形。舌端游离,无缺刻。无颌齿和犁骨齿。后肢较短。椎体前凹型,无肋骨。肩带弧胸型。多陆生性强,昼伏夜出,产卵于长条形的胶质卵带内,蝌蚪有唇齿左孔型。如花背蟾蜍($Bufo\ raddei$)和黑眶蟾蜍($B.\ melanostictus$)(图 24-20D、E)。

科 4. 雨蛙科(Hylidae)　小型蛙类。体细瘦,皮肤光滑。有上颌齿和犁骨齿。椎体前凹型,无肋骨。肩带弧胸型。最末 2 节指骨和趾骨之间各有一间介软骨,指、趾末端膨大成吸盘,并有马蹄形横沟。如中国雨蛙($Hyla\ chinensis$)(图 24-20F)。

科 5. 蛙科(Ranidae)　皮肤光滑或有疣粒。鼓膜明显隐于皮下。上颌有齿,一般有犁骨齿。舌一般长椭圆形,后端大多具缺刻。蝌蚪一般有唇齿左孔型。如中国林蛙、泽陆蛙($Fejervarya\ limnocharis$)、海陆蛙($F.\ cancrivora$)、虎纹蛙($Hoplobatrachus\ chinensis$)、黑斑侧褶蛙($Pelophylax\ nigromaculatus$)(俗称青蛙)、牛蛙($Rana\ catesbeiana$)(图 24-20G~L)。

科 6. 树蛙科(Rhacophoridae)　外形及生活习性与雨蛙相似,但亲缘关系甚远。末端两指、趾之间有间介软骨,指、趾端明显膨大成吸盘,并有马蹄形横沟。树栖,多有筑泡沫卵巢的习性,蝌蚪生活于静水水域内。如大泛树蛙($Polypedates\ dennysi$)(图 24-20M)。

科 7. 姬蛙科(Microhylidae)　中小型陆栖蛙类。头狭而短,口小,大多数种类无上颌齿和犁骨齿。舌端不分叉。无蹼。在静水水域内产卵,卵分散于水面,蝌蚪口位于吻端,常缺乏角质颌和齿唇。如北方狭口蛙($Kaloula\ borealis$)(图24-20N)。

另有 10 多个科在我国没有报道。

图 24-20 两栖动物的代表种类（二）
A. 东方铃蟾；B. 峨眉角蟾；C. 崇安髭蟾；D. 花背蟾蜍；E. 黑眶蟾蜍；F. 中国雨蛙；G. 中国林蛙；H. 泽陆蛙；
I. 海陆蛙；J. 虎纹蛙；K. 黑斑侧褶蛙；L. 牛蛙；M. 大泛树蛙；N. 北方狭口蛙

第三节　两栖动物与人类

两栖动物与人类具有密切关系。绝大多数蛙蟾类生活于农田、耕地、森林和草地，捕食的对象中，以严重危害农作物的蝗虫、蚱蜢、黏虫、稻螟、松毛虫、甲虫、蜡象等所占的比例较高。在农业生产上，养蛙治虫的生物防治法不仅是增产节支的有效措施，而且还是防止农药污染环境与作物的理想办法。

由于蛙肉的鲜美可与鸡肉媲美，曾常作为宴席上的珍馐佳肴。然而从保护珍稀动物和有益动物的角度出发，则应大力宣传进行保护，制止为了供给食用而漫无节制地捕杀。原产于美洲的牛蛙已被许多国家移养成为食用蛙种，我国于 20 世纪 50 年代末也引进和试验养殖。牛蛙是生活在静水水域中的巨型蛙类，体型肥硕，头体长 200 mm，重 1 kg 以上，后肢强健粗壮，因其鸣声高亢，犹似牛吼而得名。牛蛙的综合利用价值高，除供食用外，蛙皮还能制革，而其他部分可加工成骨粉和饲料等。近年来，福建、湖南、湖北和陕西等省在加强资源动物保护的同时，还对棘胸蛙和中国大鲵等进行了人工养殖。

很多两栖动物可作药用，其中最负盛誉的首推蛤士蟆和蟾酥，市上出售的蛤士蟆是中国林蛙的整体干制品，而其雌性输卵管的干制品即蛤蟆油，富含蛋白质、脂肪、糖、维生素和激素，是我国名贵的强壮健身滋补品。蟾蜍耳旁腺分泌的毒液成分复杂，干制加工后制成的蟾酥，为我国数十种传统中成药的主要原料。

蟾酥在临床上用于急救各种心力衰弱,以及对口腔炎、咽喉肿痛、肿节等有镇痛、消炎、退肿和止血的作用;在口腔外科手术中可用作黏膜表面麻醉剂;对皮肤癌和血液病也有一定疗效。不过,蟾酥含毒,需在医生指导下服用,否则可能引起中毒或甚至危及生命。

两栖动物的卵大而裸露,便于采集,也容易培养和观察,因此是教学和科学研究的良好实验材料,已广泛应用于生物学、生理学、发育生物学、药理学等实验中。一些原始的两栖动物在阐述动物演化上有重要意义。

第四节 两栖动物的起源与演化

1932年在格陵兰东部晚泥盆世地层中发现的鱼石螈(*Ichthyostega*),既有继承鱼类的祖征,如残留的2小块鳃盖骨和位于尾部的鳍条;又有两栖动物的新征,如内鼻孔、耳鼓窝,表明有中耳发生以及典型的五趾型四肢等。总鳍鱼类的扇鳍鱼类偶鳍已孕育着发展为五趾型的趋势。这些显示了硬骨鱼类与两栖动物可能有的渊源关系。近年来,有人认为鱼石螈类只是已特化了的、并能适应陆地生活的动物的一个旁支。2004年在加拿大北部埃尔斯米尔岛同一地层发现的提塔利克鱼(Tiktaalik)不仅具有耳鳍鱼(Panderichthys)的特征,而且其前鳍也已演化出类似四肢动物前臂的骨骼结构,肋骨及颈部也表现出两栖动物的特征。两栖动物的起源与演化争议颇多,尚待探索。

从演化历史来看,现存两栖动物的无尾类是非常特化的类群。现代有尾类蝾螈的形态特征代表两栖动物的一般特征,它们四肢发达,有长尾,非常像晚泥盆世的鱼石螈。鱼石螈的骨骼形态特征,特别是肢骨特征,奠定了后来陆栖四足脊椎动物的基础。由于刚从总鳍鱼类演化而来,所以它的头骨仍保留着较多的骨片,相似于它的鱼类祖先。

拓展阅读

[1] 于洪贤. 两栖爬行动物学. 哈尔滨:东北林业大学出版社,2001

[2] 马克·奥谢,蒂姆·哈利戴. 两栖与爬行动物:全世界400多种两栖与爬行动物的彩色图鉴新版. 王跃招译. 北京:中国友谊出版公司,2007

[3] 费梁,叶昌媛,江建平. 中国两栖动物彩色图鉴. 成都:四川科技出版社,2010

[4] Duellman W E, Linda T. Biology of Amphibians. Baltimore:Johns Hopkins University Press, 1994

[5] Stuart S N, Chanson J S, Cox N A, et al. Status and trends of amphibian declines and extinctions worldwide. Science, 2004, 306:1783 – 1786

[6] Daeschler E B, Shubin N H, Jenkins F A Jr. A Devonian tetrapod-like fish and the evolution of the tetrapod body plan. Nature, 2006, 440:757 – 763

思考题

1. 简要总结两栖纲躯体结构的主要特征。
2. 两栖动物有哪些对陆生生活的适应表现?还存在哪些不完善之处?
3. 比较一下无脊椎动物和脊椎动物由水生过渡到陆生所表现出的异同性。
4. 阅读有关两栖动物的药用文献资料,并归纳总结两栖动物在临床上的价值。
5. 收集有关资料,比较一下蝌蚪与鱼类在结构上的异同。
6. 收集一个应用两栖动物开展生态农业生产的案例,分析该案例对生态系统的影响。

第二十五章 爬行纲(Reptile)

爬行动物是体被角质鳞或硬甲、在陆地繁殖的变温羊膜动物(Amniota)。是一支从古两栖类在古生代石炭纪末期分化出来的产羊膜卵的类群,它们不但承袭了两栖动物初步登陆的特性,而且在防止体内水分蒸发,以及适应陆地生活和繁殖等方面,获得了进一步发展并超过两栖类的水平。爬行动物是真正的陆栖脊椎动物,同时,古爬行类还是鸟、兽等更高等的恒温羊膜动物的演化原祖,因此,爬行动物在脊椎动物演化中占有承上启下和继往开来的重要地位。

第一节 爬行纲的主要特征

一、羊膜卵及其在动物演化史上的意义

在脊椎动物从水到陆的漫长演化过程中,动物体各系统器官在获得全面发展的基础上,由两栖动物产无羊膜卵转变成爬行动物产羊膜卵(amniotic egg)(图25-1B)是一个极其重要的飞跃进步。羊膜卵的结构和发育特点使羊膜动物彻底摆脱了它们在个体发育初期对水的依赖,这才可能确保脊椎动物在陆地上进行繁殖。

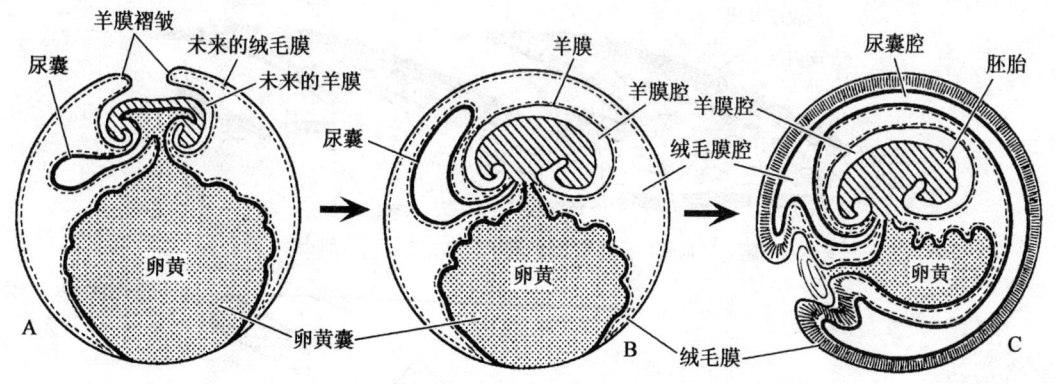

图25-1 羊膜卵的基本模式及羊膜动物的胚胎发育

爬行动物产的羊膜卵为端黄卵,具有卵黄膜而缺乏适于水中发育的内胶膜和外胶膜,包裹在卵外的有输卵管壁分泌和形成的蛋白、内外壳膜(shell membrane)和卵壳(shell)。卵壳坚韧,由石灰质或纤维质构成,能维持卵的形状、减少卵内水分蒸发、避免机械损伤和防止病原体侵入。卵壳表面有许多小孔,通气性良好,可保证胚胎发育时进行气体代谢。卵内有一个很大的卵黄囊,贮有丰富的卵黄,为发育期间的胚胎供给营养物质。

胚胎在发育期间,出现羊膜(amnion)、绒毛膜(chorion)和尿囊(allantois)等一系列胚膜的现象是羊膜动物共有的特性,也是保证羊膜动物能在陆地上完成发育的重要适应。羊膜卵的胚胎发育到原肠期后,在

胚体周围发生向上隆起的环状皱褶——羊膜绒毛膜褶，不断生长的环状皱褶由四周逐渐往中间聚拢，彼此愈合和打通后成为围绕着整个胚胎的 2 层膜，即内层的羊膜和外层的绒毛膜，两者之间是一宽大的胚外体腔(exocoelom)。羊膜将胚胎包围在封闭的羊膜腔(amniotic cavity)内，腔内充满羊水，使胚胎悬浮于自身创造的一个水环境中进行发育，能有效地防止干燥和各种外界损伤。绒毛膜紧贴于壳膜内面。胚胎在形成羊膜和绒毛膜的同时，还自消化管后部发生一个充当呼吸和排泄的器官，称为尿囊。尿囊位于胚外体腔内，外壁紧贴绒毛膜，因其表面和绒毛膜内壁上富有毛细血管，胚胎可通过多孔的壳膜和卵壳，同外界进行气体交换(图 25-1A~C)。此外，尿囊还作为一个容器受纳胚胎新陈代谢所产生的尿酸。

具有产羊膜卵的特性后，爬行动物不需在水中繁殖，为其通过辐射适应向干旱地区分布及开拓新的生境地创造了条件。

然而，爬行动物有机结构的完善程度并未达到动物界发展的顶峰，与更高等的鸟类和哺乳类比较，它们还有许多较为低等之处。因此，爬行动物与脊椎动物中的无羊膜类一样，自身活动产生的热量较少，以及体温调节机能的不完善，不足以维持恒定的体温，在很大程度上还要受到环境的影响，不能生活在过低或过高温度环境中，在严寒酷冷的冬季和炎热干旱的夏季里仍需要进行蛰眠。它们都还属于变温动物。

二、爬行纲的躯体结构

(一) 外形

爬行动物体表被有鳞片。身体外形差异显著，可分为基本形态的蜥蜴型(蜥蜴、鳄、楔齿蜥等)和特化形态的蛇型(蛇和蛇蜥等)、龟鳖型(龟和鳖等)，分别适应于地栖、树栖、水栖和穴居等不同生活方式。除蛇型种类外，身体可明显地区分为头、颈、躯干和尾部，有活动性的眼睑(壁虎科种类例外)，鼓膜下陷于外耳道的深处；四肢强健有力，前后肢均为五指(趾)，末端具爪，善于攀爬、疾驰和挖掘活动；泄殖孔纵裂(鳄、龟)、横裂(蜥蜴、蛇)或圆形(龟、鳖)；尾基较为粗大，往后逐渐变细，终于尾梢。

(二) 皮肤

爬行动物皮肤的特点是表皮高度角质化，约有 10 层细胞构成，且外被角质鳞(horny scale)，构成完整的鳞被(图 25-2A)，可有效地防止体内水分的蒸发；角质鳞的彼此相邻部分角质层变薄，使鳞片稍能活动。树栖或善于攀爬的种类，体表常被发达的棱鳞(keeled scale)。鳄类在角质鳞下尚埋有真皮发生的骨

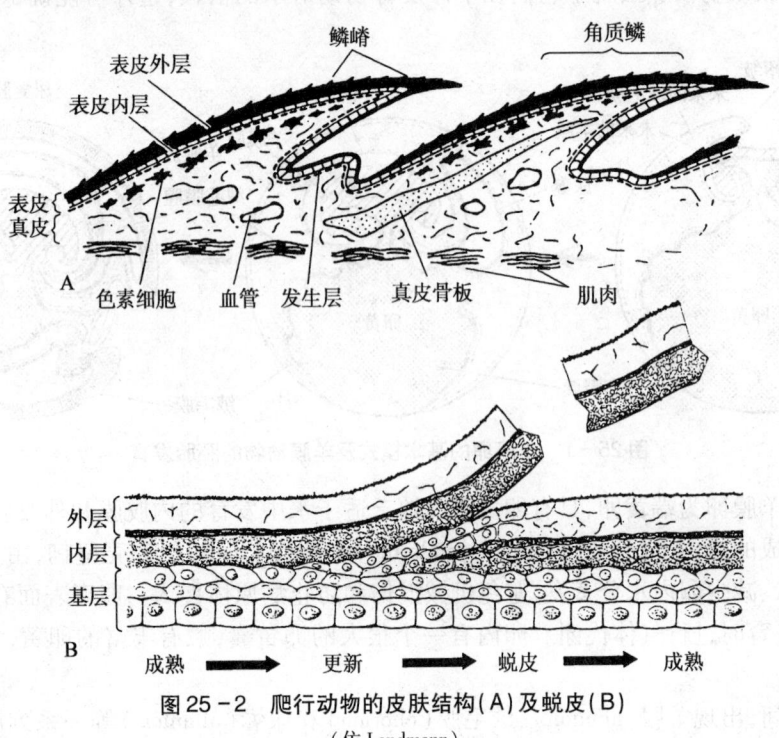

图 25-2 爬行动物的皮肤结构(A)及蜕皮(B)

(仿 Landmann)

板和腹膜肋(abdominal ribs);龟甲则由表皮形成的角质盾(horny epidermal shield)与真皮来源的骨板(bony plate)共同愈合而成。皮肤干燥,皮肤腺很不发达,有些种类如草蜥、麻蜥和壁虎科的皮肤腺位于大腿内侧或泄殖孔前的股腺(femoral gland)。腺孔排列成行,称为鼠蹊窝(igunal pore)、股窝(femoral pore)和肛前窝(preanal pore)等,其分泌物在繁殖期常积贮在孔外,形成黄色的短刺状小突起,有助于交配时把持雌蜥。鳄的泄殖腔内及蛇尾的基部,以及龟类的颌下和胯间都具有1对臭腺(scent gland),其分泌物有特殊气味,雄体能以此招诱异性,或循着味源找雌体逐偶交配。

爬行动物的被鳞具定期更换规律,即为蜕皮。其一生中蜕皮的次数及蜕皮方式因种而异,生长迅速的蛇类每2个月左右蜕皮1次。由于蛇的鳞片浮覆在真皮突起的顶部,与真皮连接不紧密,因此,在蜕皮过程中,通过酶的作用,将旧的表皮细胞层的基部溶解掉,使旧的表皮角质层与生发层细胞不断分裂所形成的新细胞层分离,把蛇皮完整地蜕下(图25-2B)。蜥蜴的蜕皮为成片脱落;龟、鳄无定期蜕皮规律,通常是以不断更新替旧的方式进行的。

真皮由致密的纤维结缔组织构成,内含丰富的色素细胞(鳄的色素颗粒沉着在表皮角质层),由此组成色彩鲜艳的斑纹图案(图25-3)。许多蜥蜴(草蜥、捷蜥、石龙子、沙蜥等)的色素细胞在植物性神经或脑垂体等内分泌腺的调节下,可控制其扩展和收缩,从而引起体色变化。避役类因善于快速变色而素有"变色龙"之称。蜥蜴的变色除了起到使身体与环境融为一色的保护作用外,还具有吸收地表辐射热及调温的功能。

图25-3 爬行动物各种表面斑纹图案

(三) 骨骼系统

爬行动物的骨骼系统包括中轴骨(头骨和脊柱、肋骨和胸骨)和附肢骨(图25-4A),大多由硬骨构成。骨骼的骨化程度高,很少保留软骨部分。

1. 头骨

爬行动物的头骨具有下列几个特点:

(1) 颅骨较高而隆起,为高颅型(tropibasic type)(图25-5),表明颅腔扩展及脑容量已有明显增大。构成颅骨的软骨化骨和膜骨数目,在陆生脊椎动物中是最多的。

(2) 有单枚枕髁,与第1枚颈椎关连。

(3) 颅底由前颌骨和上颌骨的腭突、腭骨等的突起共同合成雏型的次生腭(secondary palate),使口腔中的内鼻孔位置后移。次生腭的结构在各类群中存在差异,在鳄类中尤为发达,是适应于水中捕食的特化现象(图25-6)。

(4) 颅骨两侧在眼眶后方出现1~2个颞孔(temporal fossa)。颞孔是由于原来附生咬肌的颞部向内低陷所形成的孔洞,当咬肌等收缩时,可使膨大的肌腹部向颞孔凸出而纳入其间。颞孔是爬行动物分类的一个重要依据,根据颅骨上颞孔的有无及孔的位置,可将爬行动物分为无颞孔类(Anapsida)、上颞孔类(Pa-

图 25-4 爬行动物的骨骼系统

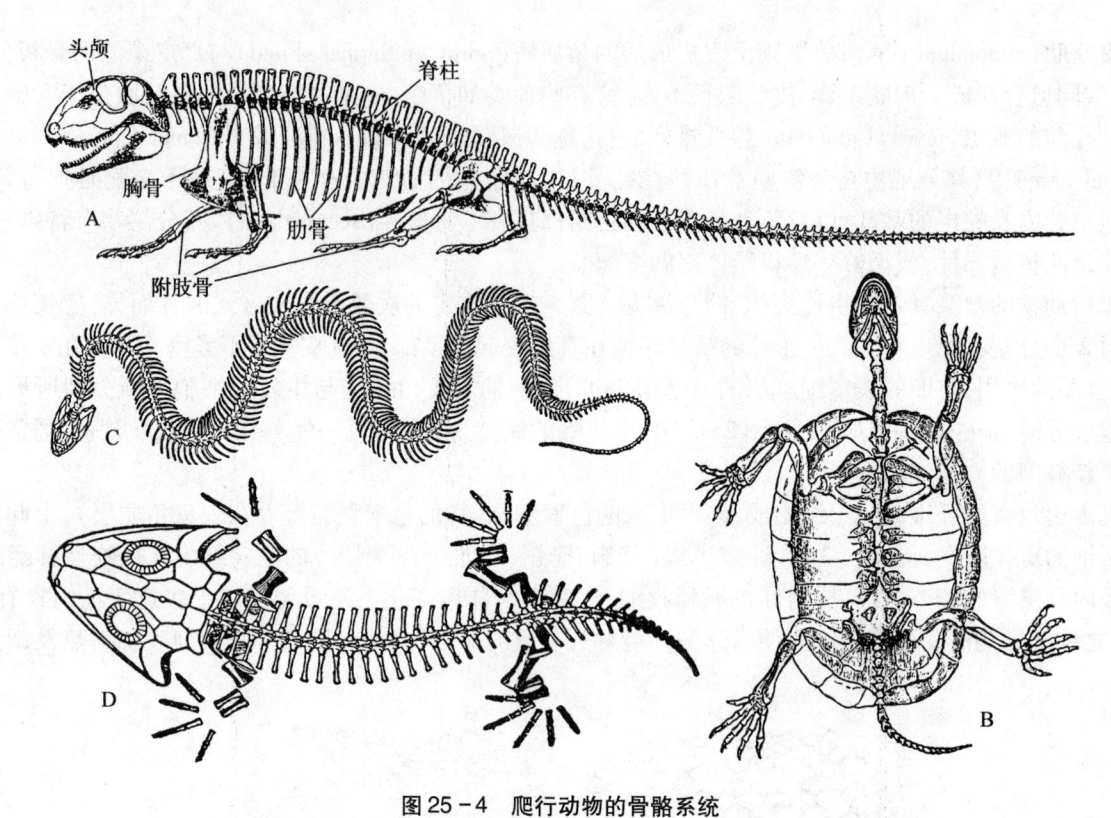

A. 爬行动物的模式骨骼结构；B. 龟鳖类的骨骼系统；C. 蛇的骨骼系统；D. 鳄鱼的骨骼系统

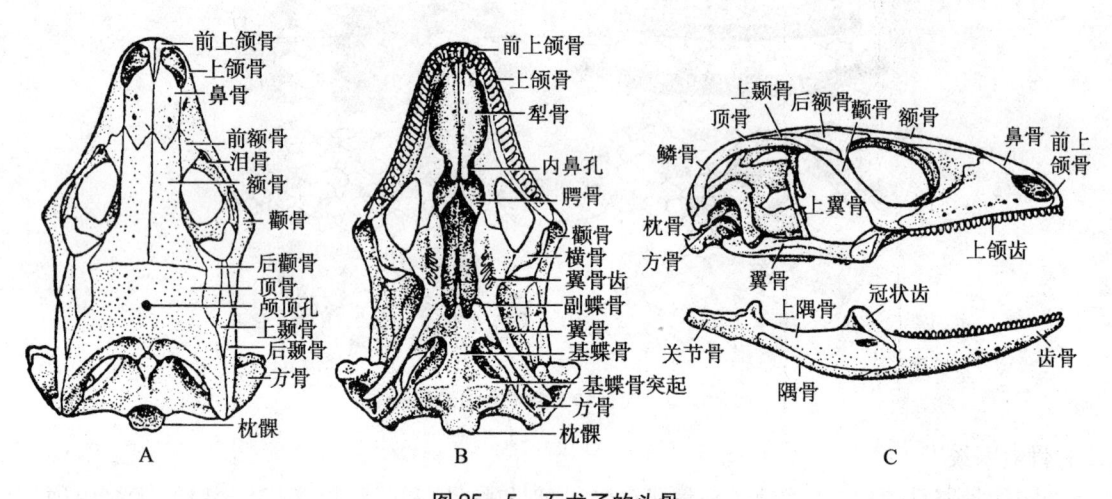

图 25-5 石龙子的头骨

A. 背面观；B. 腹面观；C. 侧面观（仿杨安峰）

rapsida)、合颞孔类(Synapsida)和双颞孔类(Diapsida)等4个类型（图25-7、表25-1）。另外，化石种类中还存在宽颞孔类（图25-7C）。

表 25-1 爬行动物颅骨类型及特征

颅骨类型	颅骨的特征	代表类群
无颞孔类	颅骨无颞孔及颞弓	古爬行动物、海龟类
上颞孔类	颅骨只有单个上颞孔，上颞弓由眶后骨和鳞骨	鱼龙类
合颞孔类	颅骨一侧各有单个颞孔，被眶后骨、鳞骨和颧骨所围，以眶后骨和鳞骨构成上颞弓	兽齿类
双颞孔类	颅骨两侧具有上、下2个颞孔	现存的鳄、蜥蜴、蛇等

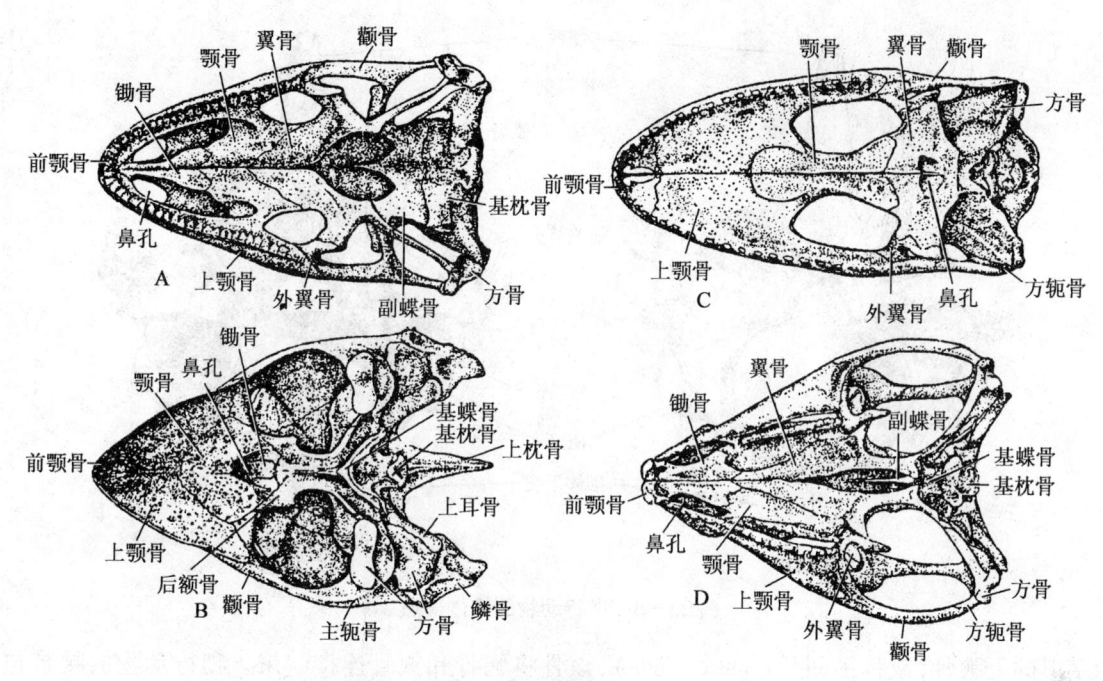

图 25-6　不同类群爬行动物的次生腭比较
A. 蜥蜴类；B. 海龟；C. 鳄鱼；D. 楔齿类（仿 Romer）

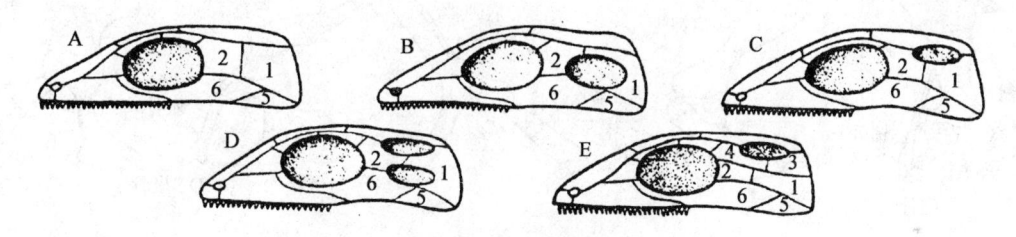

图 25-7　爬行动物的颅骨类型和演化
A. 无颞孔类；B. 合颞孔类；C. 宽颞孔类；D. 双颞孔类；E. 上颞孔类。
1. 鳞骨；2. 眶后骨；3. 上颞骨；4. 后额骨；5. 方颧骨；6. 颧骨（仿 Romer）

（5）很多种类在两眼窝之间具有薄骨片形成的眶间隔（interorbital septum）。

（6）下颌除了关节骨外，还有齿骨、夹板骨、隅骨、上隅骨和冠状骨等多块膜成骨参与组成。

2. 脊柱、肋骨和胸骨

爬行动物的脊柱已分化成陆栖脊椎动物共有的颈椎、胸椎、腰椎、荐椎、尾椎等 5 个区域。出现了 2 枚荐椎，第 1 颈椎特化寰椎；第 2 颈椎特化为枢椎。荐椎数目的增多及其与腰带的牢固连接，增强了后肢承受体重负荷的能力。寰椎前部与颅骨的枕髁关连，枢椎的齿突伸入寰椎，构成可动联结，使头部获得更大的灵活性，从而使头部既能上下运动，又能转动（图 25-8）。

颈椎、胸椎和腰椎两侧都附生发达的肋骨（图 25-4A），每根肋骨一般由背段的硬骨和腹段的软骨合成，除龟鳖类和蛇类外，爬行动物前面一部分胸椎的肋骨均与腹中线的胸骨连接成胸廓（throax）。胸廓为羊膜动物所特有，具有保护内脏器官和加强呼吸作用的机能，同时也为前肢肌肉提供了附着点。肋骨附有肋间肌，它们的收缩可造成胸廓有节奏性的扩展和缩小，协同呼吸运动的完成。

有些壁虎和蜥蜴的尾椎中部有一个能引起断尾行为的自残部位，是尾椎骨在形成过程中前、后两半部未曾愈合而特化的结构。当遭受拉、压和挤等机械刺激时，附生在自残部位前、后的尾肌分别向不同方向做强烈的收缩，导致尾椎骨的某个自残部位处断裂，连同肌肉和皮肤一起发生自残（autotomy）断尾现象。自残部位的细胞始终保持着增殖分化能力，因此，残尾断面可重新长出再生尾。

3. 带骨和附肢骨

爬行动物的肩带包括乌喙骨、前乌喙骨、肩胛骨、上肩胛骨（图 25-9A），比两栖动物的肩带更坚固。

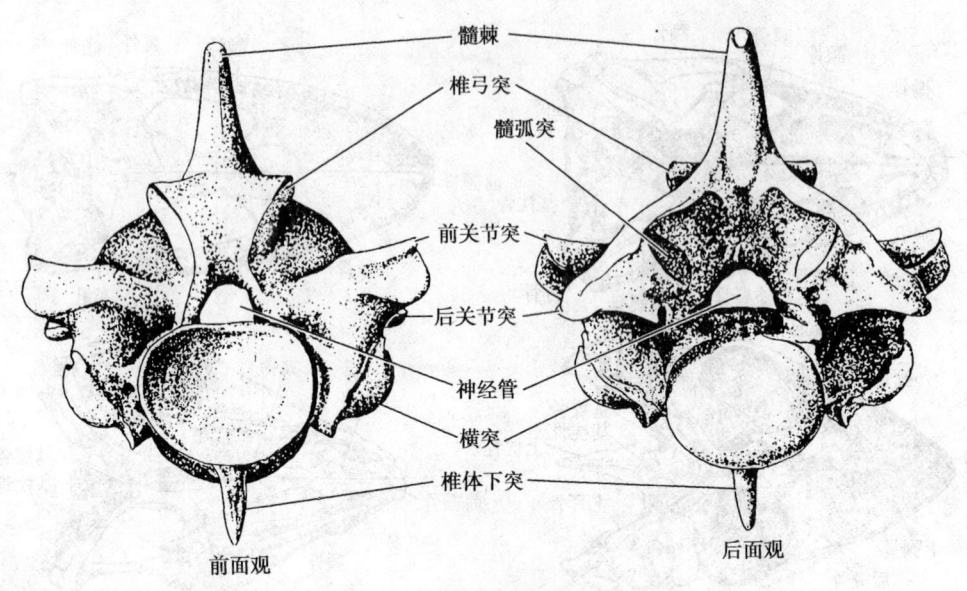

图 25-8 爬行动物的椎体形态

并有十字形的上胸骨，或称锁间骨(interclavicle)，该骨将胸骨和锁骨连接起来。爬行动物的腰带包括髂骨、坐骨和耻骨，耻骨与坐骨间有耻坐孔(图25-9D)。

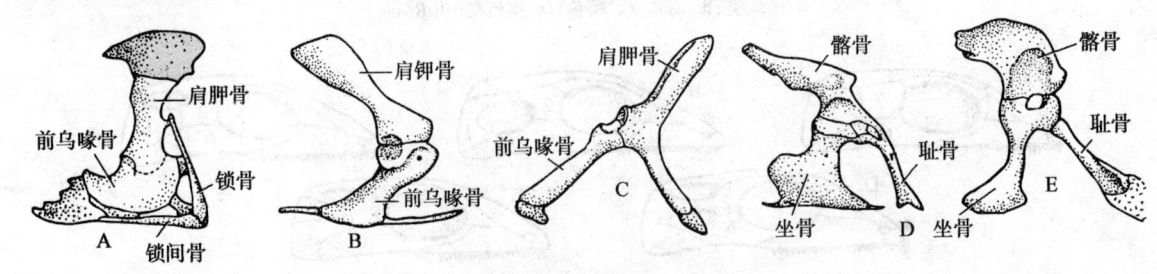

图 25-9 爬行动物的带骨
A. 楔齿蜥肩带；B. 鳄鱼肩带；C. 龟的肩带；D. 蜥蜴的腰带；E. 鳄鱼的腰带

爬行动物具典型的五趾型四肢，四肢与身体的长轴呈横出的直角相交，故只能腹部贴地爬行运动，只有沙蜥等能使四肢肘(elbow)或膝(knee)部以下的部分转向腹部下方，将身体抬离地面疾驰奔跑(图25-10)。后肢的踵关节位于两列跗骨之间，这种关节方式称为跗间关节(intratarsal joint)。蛇蜥类(Ophisaurus)四肢消失，但仍留有带骨；蛇类既无四肢又无带骨，然而蟒科、盲蛇科(Typhlopidae)和瘦盲蛇科(Leptotyphopidae)动物的体内，则留有退化的髂骨和股骨，而泄殖孔两侧还有1对角质的爪状突，也是后肢残迹的一部分(图25-10C)。

(四) 肌肉系统

爬行动物的肌肉分化更为复杂(图25-11)，分化出了陆生脊椎动物特有的皮肤肌(skin muscle)和肋间肌(intercostal muscle)。

皮肤肌一般起自躯干肌、附肢肌或咽部肌肉而止于皮肤，能调节角质鳞的活动。蛇是爬行动物中皮肤肌最发达的类群。

肋间肌位于胸部表层肋上肌下方的相邻两枚肋骨之间，可分为外肋间肌和内肋间肌，用于调节肋骨升降，控制胸腹腔的体积变化，并协同腹壁肌肉完成呼吸作用。

爬行动物的躯干肌因四肢发达而渐趋萎缩。背部的主要肌肉是背最长肌，担负着脊柱上、下屈曲的机能。背肌在两侧还分化出一层薄片肌，为髂肋肌(iliocostales)，往下伸展到腹壁，止于肋骨侧面。背最长肌和髂肋肌均起自颅骨枕区后缘，肌肉收缩与头、颈部的转动有关。腹肌由表及里仍为外斜肌、内斜肌、横肌构成，腹直肌也发育良好(图25-11A、B)。

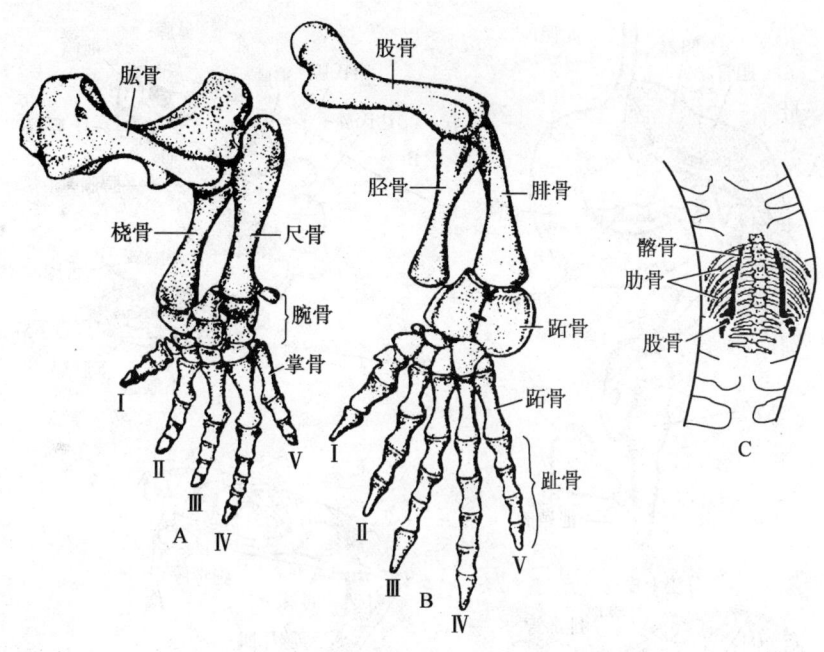

图 25-10 爬行动物四肢骨的形态
A. 前肢；B. 后肢；C. 蟒蛇退化的后肢（仿 Romer）

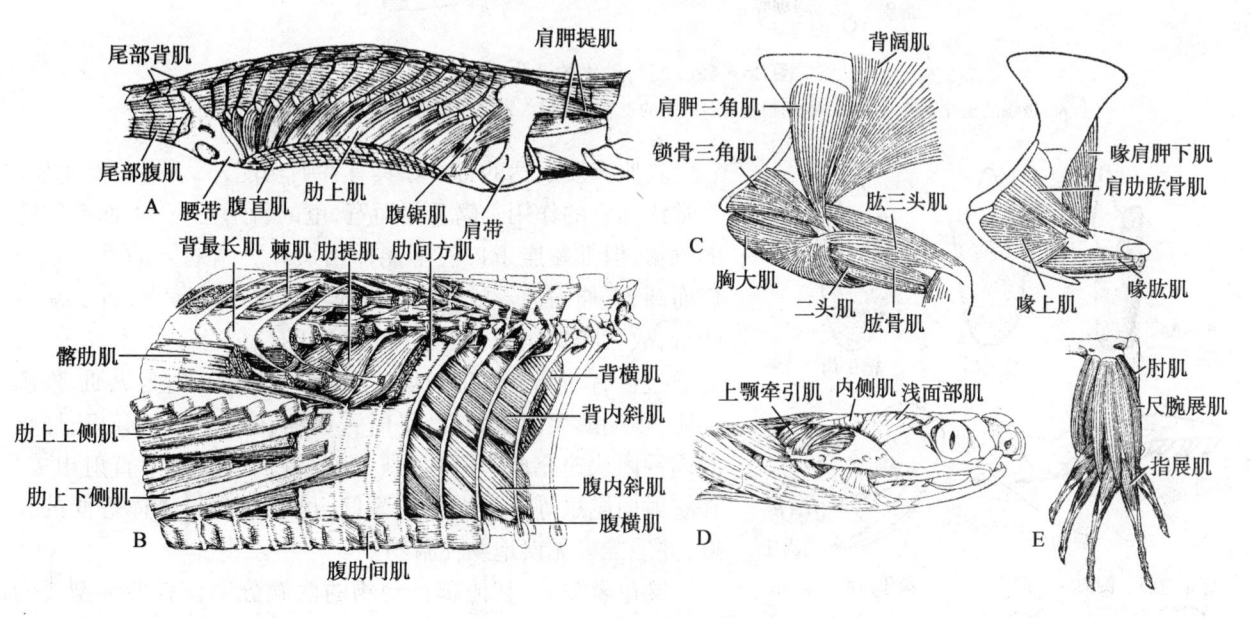

图 25-11 爬行动物的肌肉系统
A. 楔齿蜥浅层躯干肌；B. 蛇躯干肌（示肋间肌）；C. 蜥蜴附肢肌（前肢）；D. 蛇的头部肌肉；E. 蜥蜴前足的肌肉

爬行动物四肢上部的肌肉粗大（图 25-11C），前臂肌大多起自背部、体侧、肩带（如背阔肌、三角肌和三头肌等），收缩时可前举和伸展前肢；后肢有位于腰腿之间的耻坐股肌、髂胫肌，腿部的股胫肌和臀部肌肉等，主要机能是把大腿拉向内侧和使膝关节闭合，将动物体抬离地面并往前爬动。

（五）消化系统

爬行动物的消化管较两栖动物的复杂（图 25-12A）。口腔与咽有明显分界。口腔内有相对完整的次生骨质腭，内鼻孔后移，将口腔和鼻腔隔开，有效地解决了摄食与呼吸相互干扰的矛盾。有发达的唇腺（labial gland）、腭腺（palatine gland）、舌腺（lingual gland）和舌下腺（sublingual gland）等口腔腺（图 25-12B），其分泌物有助于湿润食物和完成吞咽动作。毒蛇的毒腺（toxic gland）由唇腺变态而成，腺导管通到毒牙的沟或管中（图 25-12C）。毒蜥的毒腺来自于舌下腺。

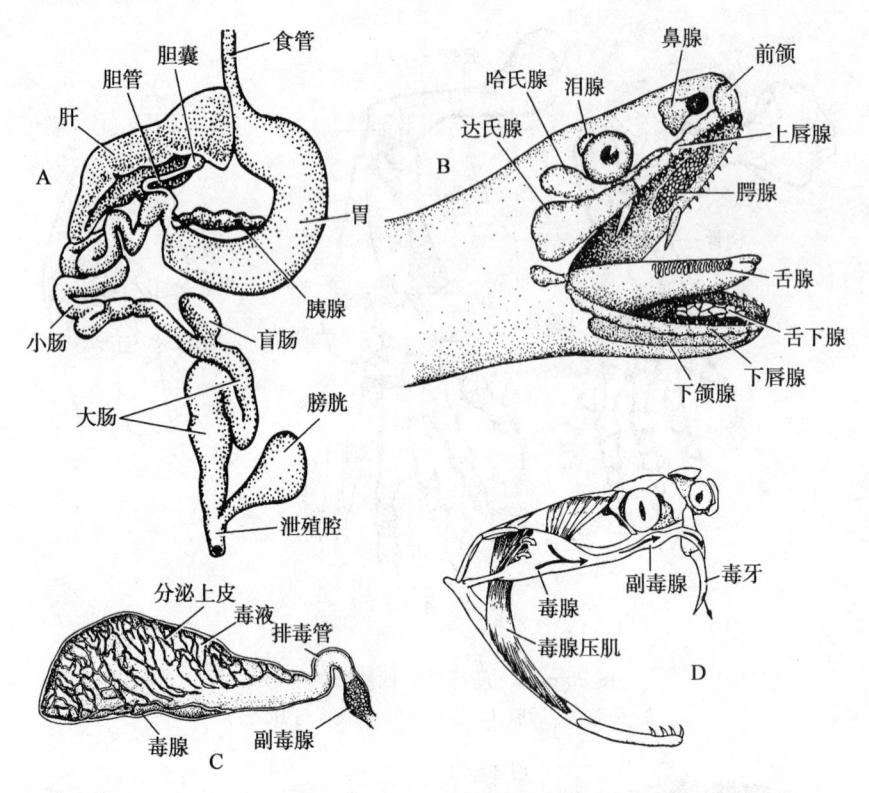

图25-12 爬行动物的消化系统

A. 蜥蜴的消化系统解剖；B. 蛇的口腔腺；C. 蛇的毒腺结构；D. 毒腺的作用过程（箭头示毒液的流向）

具肌肉质发达的舌。除具有吞咽功能外，舌还具有示警、感觉或捕食的作用。鳄舌厚而宽，龟的舌形短宽，舌面有敏感的触觉，但都黏连于口底不能伸出口外。蜥蜴类的舌大多平扁而圆，有伸缩性。蛇舌形甚细长，缩藏在舌鞘内，舌上缺少味蕾，故无味觉作用，但能把空气中的气体分子溶附在舌上，并通过特有的犁鼻器感知嗅觉。避役类的舌，内为纵肌，外围环肌，顶端膨大而富黏性，平时舌压缩在口中的鞘套里，捕食时因舌内快速充血，环肌强烈收缩，将舌头从口中直射出去，在它射向昆虫等捕捉对象的瞬间，可以达到与蜥体等同的长度，并能准确无误地黏住猎物。

除龟鳖类外，其他爬行动物的两颌分别长有各种型式的牙齿，受损脱落后可不断更新长出再生牙。通常按着生位置不同，可分端生齿（如飞蜥、沙蜥）、侧生齿（大多数蜥蜴及蛇）和槽生齿（如鳄类）（图25-13A）。

大多数爬行动物的牙为同型齿，只有鳄类和少数鬣蜥科蜥蜴（沙蜥）有初步分化为异型齿的趋势。同型齿只能咬捕食物而不具咀嚼食物的能力，故大多爬行动物只能把食物整体吞咽。毒牙（fangs）是毒蛇前颌骨和上颌骨上的少数几枚特化的大牙，因表面有沟或中央有管而分别称为沟牙（grooved tooth）及管牙（canaliculated tooth）（图25-13B），通过毒牙基部的排毒导管与毒腺相连。沟牙因着生的位置不同又有前沟牙和后沟牙之分。毒腺一般位于眼后部、口角上方或上颌外侧，毒腺外覆有坚韧的结缔组织，内侧具压毒腺肌，有压挤毒腺及牵引启闭下颌的作用。毒蛇咬物的同时，可通过肌肉对毒腺的压挤，迫使其中的毒液输入排毒导管，经毒牙的沟、管排出，注入捕获的物体内（图25-12D）。

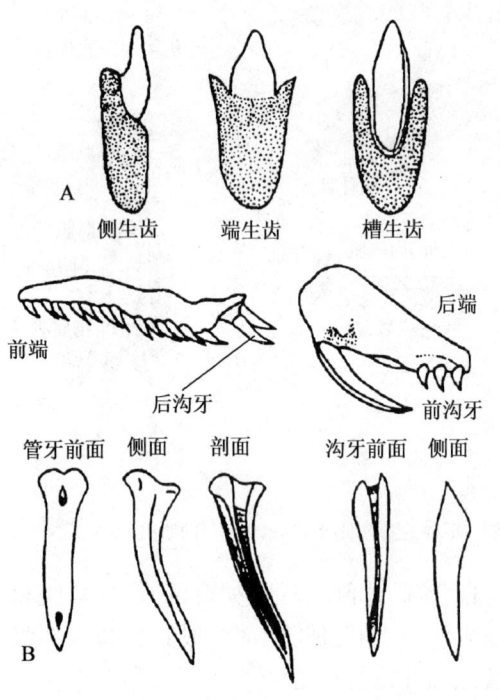

图25-13 爬行动物的牙齿类型（A）及毒牙（B）

(六) 呼吸系统

爬行动物适应陆地生活，肺呼吸功能进一步完善，无鳃呼吸和皮肤呼吸。多数种类具一对肺，在胸腹腔中左右对称排列（图 25-14A）。蛇类和蛇蜥等无肢爬行动物中，肺的位置常出现两侧互不对称现象，左肺大多萎缩或退化（如眼镜蛇科、海蛇科和一部分蝰蛇科种类）（图 25-14C），成为失去呼吸机能的残留器官。

肺形似囊状，内部具有复杂的间隔，使之分隔成无数蜂窝状小室（图 25-14B），并分布着极其丰富的肺动脉和肺静脉的微血管，因而比两栖动物能更有效地扩大与空气接触及交换气体的表面积。蝮蛇和避役类的肺结构比较特殊，前部为呼吸部，后部内壁平滑并伸出若干膨大的气囊，分布于内脏间，称为贮气部，无交换气体作用。

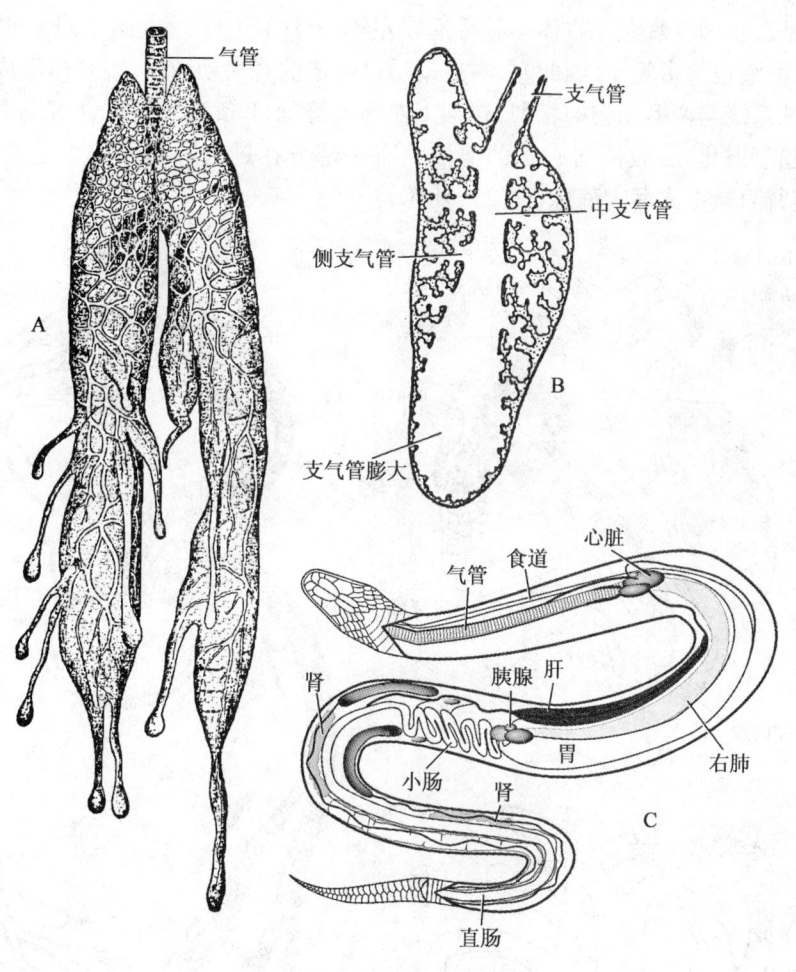

图 25-14 爬行动物的肺
A. 避役的肺；B. 楔齿蜥的肺；C. 蛇的内部器官

爬行动物的呼吸道分化为气管和支气管（bronchi）。支气管在爬行动物中首次出现。气管壁由气管软骨环支持，气管的前端膨大形成喉头（larynx），其壁由环状软骨和 1 对杓状软骨支持。喉头前面有一纵长裂缝状的喉门。气管分成左右 2 支气管，分别通入左右肺。

除了像两栖动物可借助口底运动进行口咽式呼吸外，爬行动物还发展了羊膜动物所特有的胸腹式呼吸。胸腹式呼吸依靠外肋间肌收缩，提起肋骨，扩展胸腔，吸入空气进肺，当内肋间肌收缩时，可牵引肋骨后降，胸腔缩小，空气从肺内呼出，呼吸作用就是通过胸腔有节奏地扩张和缩小的过程完成气体交换的。

水栖龟鳖类，以咽壁和突出在泄殖腔两侧的副膀胱（或称肛囊）作为辅助呼吸器官，故能较长时间潜伏于水底。

（七）循环系统

爬行动物的循环系统为不完全双循环。

心脏有2心房1心室，静脉窦不发达，一部分被并入右心房，动脉圆锥已退化消失。心室出现了不完全的室间隔，使得多氧血和少氧血的分流更完善（图25-15A）。鳄类具有完整的室间隔，仅在左、右体动脉的基部留有一个沟通两个心室的潘氏孔（foramen of Panizzae）（图25-15B）。

爬行动物的肺动脉、左体动脉弓和右体动脉弓分别由心室出发，每个主干的基部均有半月瓣。肺动脉弓和左体动脉弓出自心室右侧和中央部，右体动脉弓则从心室左侧发出。心室在室间隔不完全处形成一个静脉腔，多氧血由肺静脉返回左心房、左心室，并有部分血液通过静脉腔流入右心室内，所以从右心室中部导出的左体动脉弓内，血液中的含氧量与左心室中的血液基本一致，或只混有极少量的少氧血。实际上仅右心室的右侧才是真正的少氧血。右体动脉弓远较左体动脉弓粗大，后者始于心室的右中部，其中的血液主要来自静脉腔，血液也为多氧血，因此左、右体动脉弓合成的背大动脉中，混合血的成分极少。

爬行动物的静脉系统与两栖动物的相似，包括1对前大静脉、1条后大静脉、1条肝门静脉和1对肾门静脉。肾静脉逐渐趋于退化，后肢流向心脏的血液只有一部分在进入肾时分散为毛细血管，构成肾门静脉，另一部分则穿越肾直接汇入后大静脉（图25-15C）。

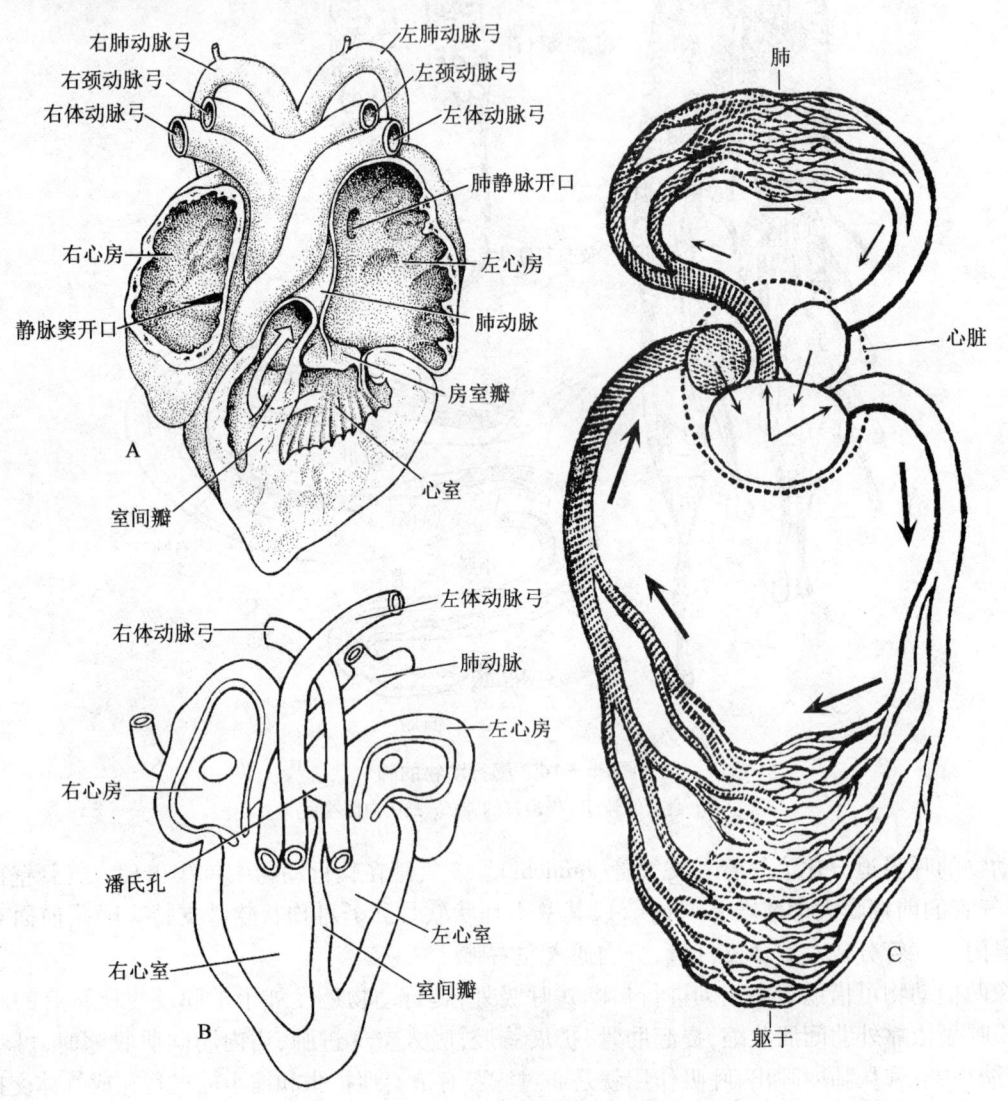

图25-15 爬行动物的循环系统

A. 蜥蜴的心脏；B. 鳄鱼的心脏；C. 爬行动物的血液循环示意

(八) 排泄系统

爬行动物的排泄系统开始出现后肾(metanephros)，但在胚胎发育中也经历过前肾和中肾阶段。

肾紧贴于身体后半部的背壁，左右各一，其位置在鳄类和蛇类中并不完全对称，右肾较左肾稍前(图25-14C)。肾的体积因种类而异，但大多呈分叶状，爬行动物肾的基本结构和功能，同两栖动物并无本质区别，但是肾内的肾单位数目却远远多于后者，泌尿能力大为增强，并通过专用导管输送尿液，在输精管或输卵管开口的前内侧进入泄殖腔(图25-18A、B)。

除鳄类和蛇类外，爬行动物均有膀胱，膀胱的开口于泄殖腔腹面。羊膜动物的膀胱由胚胎期的尿囊基部扩大形成，故称尿囊膀胱(allantoic bladder)。大多数爬行动物泌排的尿液中，其含氮废物主要是尿酸和尿酸盐(urate salt)，它们比尿素难溶于水，所以常在尿液中沉淀成白色半固态物质。这种物质的成分很复杂，包括 Na^+、K^+ 以及尿酸的氨盐，其中的 Na^+ 和 K^+ 常以尿酸盐的形式，通过泄殖腔随粪便排出，而水分在这些物质沉淀时，又被输尿导管、大肠和膀胱重新吸收进入血液内，用于再产生尿和沉淀。这种重复周转对于干旱地区生活的爬行动物减少体液丧失和保持肾内不致形成高于血浆的渗透压，都具有十分重要的适应意义。有些种类还具有肾外排盐(extra renal salt excretion)的盐腺(salt gland)，通过盐腺分泌物将血液中多余的盐分带出体外，对于维持体内水、盐及酸碱平衡有重要意义。

(九) 神经系统与感觉器官

1. 神经系统

爬行动物脑的各部已不完全排列在同一平面上，延脑发展出颈曲(图25-16)。大脑半球明显增大。然而纹状体仍占大脑主要部分，出现了由灰质构成的新脑皮层(neopallium)，并在皮层中出现了锥体细胞(pyramidal cell)。新脑皮在爬行动物中尚处于系统发生的早期阶段。

间脑在背面几乎难于辨识，由此发出细小的脑上腺(epiphysis)和顶器(parietal organ)。

中脑背面为1对圆形的视叶，视叶仍是爬行动物的高级神经中枢。蟒蛇和响尾蛇已分化为四叠体(corpora quadrigemina)。从爬行动物开始，有少数神经纤维自丘脑延伸至大脑，这表明从爬行动物起神经活动已有向大脑逐渐集中的趋势，发展到哺乳类则达到了高峰。

爬行动物的小脑比两栖动物大而不及鱼类，这与爬行动物缓慢活动的生活习性相对应。善于游泳的水生种类小脑发育良好，其后缘一般都覆盖着延脑菱形窝的前半部，而鳄类的小脑两侧甚至还开始分化出1对小形的小脑耳，是鸟类和哺乳类蚓体和小脑髯的前身，其机能与平衡相关。

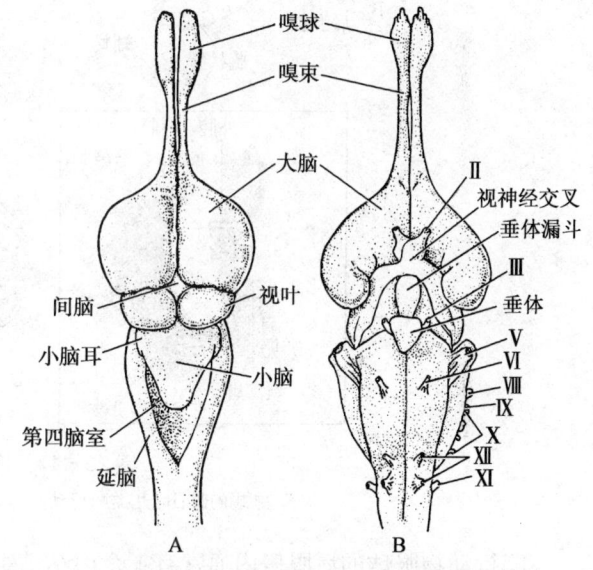

图25-16 爬行动物的脑(以鳄为例)
A. 背面观；B. 腹面观(罗马字母示脑神经)

爬行动物开始具有12对脑神经(图25-16B)，前10对脑神经与鱼类和两栖类相似，第XI、XII脑神经分别为副神经和舌下神经，均与运动有关。

脊髓长，达身体尾端。在前、后肢基部神经丛相连部分，有明显的胸膨大和腰荐膨大。

2. 感觉器官

除了蛇和蜥蜴类的部分种类外，爬行动物都有活动性的上、下眼睑和瞬膜，在龟鳖类、鳄类和蜥蜴中出现了泪腺(lachrymal gland)，其分泌物经鼻泪管由鼻腔排出。蛇眼表面盖有一层透明的薄膜，是由上、下眼睑扩展、愈合和特化而成，有保护眼球的作用，蜕皮时可随全身的角质鳞一同完整地蜕掉。

爬行动物眼球的构造比较典型(图25-17A)，视觉的调节是依靠改变晶体与视网膜之间的距离以及改变晶体的形状来控制的。晶体略成扁圆形，在正常情况下适于远视，其周围的"赤道"部连接着悬挂晶体的睫状体(ciliary body)，内有横纹肌性质的睫状肌(ciliary muscle)，不但能移动晶体的前后位置，调节视距，收缩时还能改变晶体的凸度，使之成为圆形适应近视。蛇眼内的睫状肌退化，使晶体变形的视距调节作用,由虹膜括约肌的收缩代为执行。

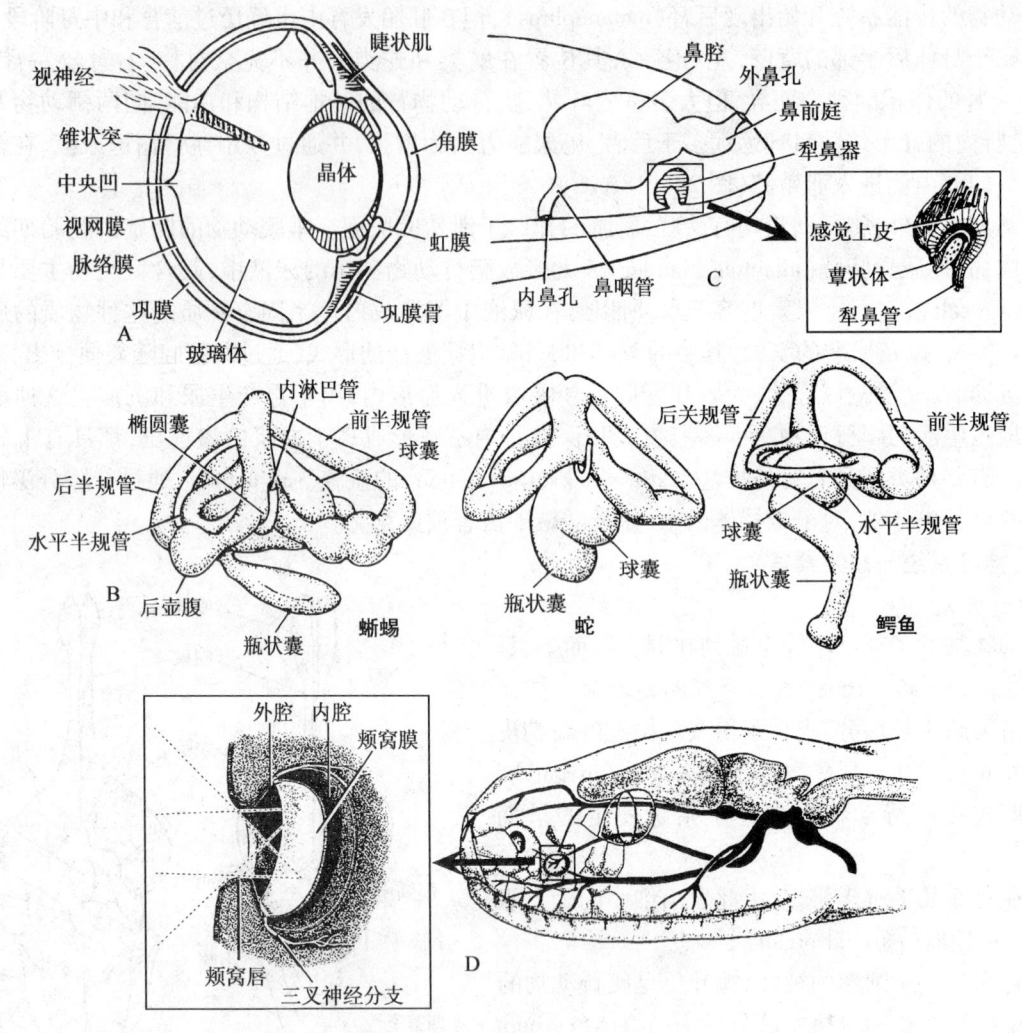

图 25-17　爬行动物的感觉器官
A. 蜥蜴的眼；B. 几类爬行动物的内耳；C. 犁鼻器的结构；D. 红外线感受器

爬行动物眼球的后眼房内通常有1个由结缔组织构成、从脉络膜突出的锥状突(conus papillaris),内具丰富的毛细血管,有营养眼球的功能。眼球的巩膜中有一圈呈覆瓦状排列的环形小骨片,为巩膜骨(scleral ossicle)。

有些种类,如楔齿蜥和鬣蜥科、蜥蜴科的蜥蜴,在两眼稍后方的头部正中有单个顶眼(parietal eye)。顶眼位于间脑顶器的顶端,埋于皮下,通过顶间鳞上的颅顶孔隐约可见,光线也能由颅顶孔透入。顶眼的基本结构与正常眼相似,具有很小的角膜、水晶体和视网膜,但是不能在视网膜上成像,仅有感光功能。顶眼对于蜥蜴调节和适度地利用日光热能起着极其重要的作用,还与蜥蜴某些周期性的生命活动和识别归途具有密切关系。爬行动物的顶眼来源于旁松果体(parapineal body)。

爬行动物听觉器官类似于两栖动物,由内耳和中耳组成,并具有了由于鼓膜下陷而出现了锥形的外耳道,中耳内有耳柱骨和耳咽管,耳柱骨的外、内两端分别接触鼓膜和紧贴内耳的椭圆窗(fenestra ovalis),椭圆窗之下还出现了前所未有的正圆窗(fenestra rotunda),窗外盖有薄膜,使内耳中淋巴液的流动有了回旋余地。内耳的膜迷路构造与两栖动物大致相同(图25-17B),但是司听觉的瓶状体有了明显扩大。鳄类的瓶状体延长成卷曲的耳蜗(cochlea),内有螺旋器,是真正的听觉器。蛇类适应穴居生活,中耳、鼓膜和耳咽管均已退化,但是耳柱骨仍保留,它能由下颌骨敏锐地接受通过地面振动传来的声波,并通过颅骨上的方骨及与之关联的耳柱骨传入内耳,从而感受听觉。

爬行动物的嗅觉器官有鼻甲骨(conchae)和犁鼻器(Jacobson's organ)。鼻甲骨是爬行动物鼻腔内首次出现的结构,并在鳄类中已发展到具有3个鼻甲骨的水平。鼻甲骨的表面覆有嗅上皮,分布着嗅神经和嗅觉感觉细胞,是真正的嗅觉区。龟鳖类的鼻甲骨不发达。犁鼻器在蜥蜴和蛇类十分发达。犁鼻器的内壁覆有感觉上皮和嗅黏膜,并通过位于感觉上皮深层的犁鼻神经(嗅神经的分支)与脑相连,司嗅觉(图25-17C)。

蝰科蝮亚科和蟒科蛇类存在着一类特有的热能感受器——红外线感受器(infrared receptor)(图25-17D)。该器官位于蝮蛇、竹叶青、响尾蛇等眼鼻之间的颊窝(facial pit)及蟒类唇鳞表面的唇窝(labial pit)。尖吻蝮的颊窝是1对三角形凹陷,窝内有一层厚仅10~15 μm的薄膜,将窝分隔为内、外2室,外室较大,开口朝外。内室位于颊窝深处,以一细管导向眼前角,借一小孔通至皮肤表面,可调节内、外室之间的压力,孔口有括约肌。颊窝膜的内壁上密布着三叉神经分支的神经末梢,其终端略为膨大,内部充满线粒体。研究表明:热能感受器的作用与线粒体的关系极为密切,能感受一定距离内0.001℃的温度变化。

(十) 生殖系统与生殖

爬行动物营体内受精。

雄性有精巢1对,精子通过输精管到达泄殖腔(图25-18)。泄殖腔内具可充血膨大并能伸出泄殖腔的交配器。蛇和蜥蜴的雄性交配器是1对半阴茎(hemipenis),平时不显露体外,埋藏在泄殖腔后方而位居尾基腹面的两个肌质的阴茎囊中,故有些种类的雄蜥尾基部常显得比较膨大。阴茎囊由薄层的环肌构成,收缩时能压挤半阴茎而使之翻出泄殖腔外,囊的末端藉韧带联接在尾肌上。半阴茎的腹面正中有深凹的精沟,并由其前方分叉至顶端的龟头。交配时,两个半阴茎同时由泄殖腔内翻出(图25-18C),但是只有一侧的半阴茎插入雌体泄殖腔中,输精管内的精液沿着半阴茎的精沟注入雌性体内。不同种类雄体的半阴茎形态不一,可作为分类及探索动物间亲缘关系的依据。雄性龟、鳖的泄殖腔腹面有单个交配器,称为阴茎(penis),内有海绵体,能充血勃起伸出体外交配(图25-18D)。

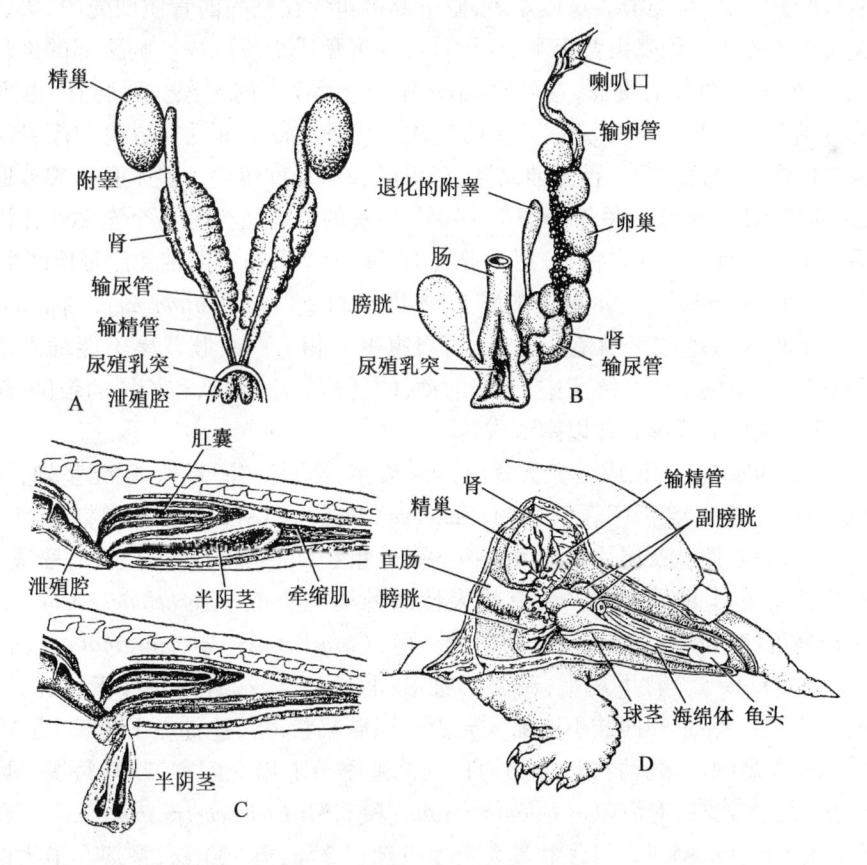

图25-18 爬行动物的泄殖系统
A. 雄性系统解剖;B. 雌雄系统解剖;C. 蛇的半阴茎;D. 龟的阴茎结构

雌性有卵巢和输卵管各1对。输卵管上段为开口于体腔的喇叭口,中段因有蛋白腺而称为蛋白分泌部(蜥蜴和蛇类无蛋白腺),下段是能分泌形成革质(蜥蜴和蛇类)或石灰质(龟、鳖、鳄)卵壳的壳腺部,输卵管末端开口于泄殖腔(图25-18B)。雌龟和鳖在泄殖腔壁上有一个不甚明显的阴蒂(clitoris),是与雄体阴茎同源的器官。

绝大多数爬行动物以卵生方式繁殖,主要依靠阳光的温度或植物腐败发酵产生的热量进行孵化。

某些古北界高纬度高海拔地区的蛇和蜥蜴以及海蛇类营卵胎生。受精卵在输卵管内发育成仔体时产出。少数种类(石龙子 Eumeces chinensis、蓝尾石龙子 E. elegans)的受精卵在母体的输卵管内已初步发育,至产卵前进入器官形成阶段,并出现了脑泡及眼点等,是介于卵生和卵胎生之间的一种过渡类型,可称为亚卵胎生。

第二节 爬行纲的分类与多样性

现存的爬行动物约有9 280多种。根据头骨侧面、眼眶之后的颞颥孔之有无、数目的多少及位置的不同,爬行纲分为无孔亚纲、下孔亚纲(Synapsida)、调孔亚纲(Euryapsida)和双孔亚纲4亚纲,其中下孔亚纲和调孔亚纲均已灭迹。

(一) 无孔亚纲(Anapsida)

最原始的爬行动物,出现于石炭纪晚期。头骨侧面没有颞颥孔,包括杯龙目(Catylosauria)、龟鳖目(Chelonia)和中龙目(Mesosauria),目前仅存龟鳖目。

龟鳖目是爬行动物中的特化类群。身体宽短,躯干部被包含在坚固的骨质硬壳内,头、颈、四肢和尾外露,但大多数种类可缩入壳中。硬壳由背甲和腹甲组成,外覆角质板或软皮。胸腰部的椎骨连同肋骨一起与背甲互相愈合。肩带位于肋骨的腹面,这是脊椎动物中绝无仅有的现象。无胸骨,也不形成完整的胸廓,上胸骨和锁骨分别参与了腹甲(内板和上板)的组成。颅骨上没有颞孔。方骨与颅骨团结,不能活动。颌和口内无齿,代之以颌缘的角质鞘。舌无伸缩性;有瞬膜和活动性眼睑。泄殖孔纵裂或圆形。雄性具单个交配器。卵壳钙质或革质(海龟),每年产卵2~3次,一次的产卵数为几十个至200枚以上。龟鳖的寿命较长,一般可活数十年。现存250多种,分属2亚目15科,大多分布于温带和热带地区主要如下。

科1. 平胸龟科(Platysternidae) 本科仅1属1种,即平胸龟(Platysternon megacephalum)。头大颌强,上喙钩曲呈鹰嘴状,俗称大头龟或鹰嘴龟。尾长,约与腹甲长相等;头、肢及尾不能缩入龟壳内。龟壳扁平,背、腹甲以韧带连接。生活于山区溪流中,夜间活动,能凭藉钩喙、利爪和长尾的帮助,越过障碍物或攀援上树。分布于东南亚地区和我国长江以南诸省。

科2. 龟科(Testudinidae) 头顶或至少头背前部被鳞,颅骨颞区有凹陷。龟壳坚硬,绝大多数种类的背甲和腹甲在甲桥处以骨缝接合,但闭壳龟(Cistoclemmys)和摄龟(Cyclemys)则借韧带相连。龟壳的骨板外覆以表皮性角盾。头、颈、四肢及尾均可缩入壳内。附肢粗壮,爪钝而强,指、趾间有蹼或无蹼,约有90多种。除大洋洲外,广泛分布于世界各地。具有代表性的种类有象龟(Geochelone elephantopus)、四爪陆龟(Testudo horsfieldi)、乌龟(Chinemys reevesii)和黄缘闭壳龟(Cistoclemmys flavomarginata)(图25-19A~D)。

科3. 海龟科(Chelonidae) 背甲扁平,略呈心脏形;肋骨长,末端游离与缘板相连。腹甲各板均小。背、腹甲之间藉韧带相连。头、颈和四肢不能缩入壳内。四肢桨状,指、趾骨扁平而长,有1~2爪。生活于暖水性海洋,以鱼、虾、头足纲、甲壳动物和海藻为食。繁殖季节上岸交配和产卵,每次产卵百余枚。卵壳革质,孵化期40~60天。常见的有海龟(Chelonia mydas)和玳瑁(Eremochelys imbricata)(图25-19E、F)。

科4. 棱皮龟科(Dermochelyidae) 背甲最大长度可超过2 m,重800 kg,是现存最大的龟类。背甲由几百枚多边形的小骨板镶嵌而成,外覆革质皮肤,无角质盾片。背甲上有7条纵棱,全部纵棱在体后汇合成一个尖形的末端。四肢桨状,无爪。仅1属1种,即棱皮龟(Dermochelys coriacea)(图25-19G),产于热带和亚热带海洋,我国东海及南海都有分布。

图 25-19　爬行动物代表种类（一）

A. 象龟；B. 四爪陆龟；C. 乌龟；D. 黄缘闭壳龟；E. 海龟；F. 玳瑁；G. 棱皮龟；
H. 鳖；I. 鼋；J. 鳄龟；K. 巴西红耳龟

科 5. 鳖科（Trionychidae）　中、小型淡水龟类。背、腹甲骨质，无缘板和角质盾片，覆有柔软的革质皮肤。背甲边缘为厚实的结缔组织，俗称裙边。吻端尖出成可动的吻突，鼻孔开口于此。四肢不能缩入壳内，指、趾间的蹼大，内侧 3 指、趾有爪。本科约有 20 多种，主要分布在非洲、东南亚和北美。常见有鳖（*Pelodiscus sinensis*）和鼋（*Pelochelys*）（图 25-19H、I）。

科 6. 鳄龟科（Chelydridae）　现存最大的淡水龟鳖类之一。头部粗大，颚部强劲，并且呈钩状，尾长，腹甲相对较小，并且呈十字型，背甲每侧各有 12 枚缘盾。如原产于北美洲的鳄龟（*Macrochelys temminckii*）（图 25-19J），近些年来以非正常途径进入我国，是危害严重的外来物种。

科 7. 泽龟科（Emydidae）　背甲相对平缓，具脚蹼。多为水生，如原产美洲的巴西红耳龟（*Trachemys scripta*）（俗称巴西龟）（图 25-19K）是全球性危害严重的外来物种。

（二）双孔亚纲（Diapsida）

头骨侧面有 2 个颞颥孔，眶后骨和鳞骨位于两孔之间。多数现存种类均来自本亚纲，包括始鳄目（Eosuchia）、喙头目、有鳞目、槽齿目（Thecodontia）、鳄目、蜥臀目（Saurischia）、鸟臀目（Ornithischia）和翼龙目（Pterosauria），其中始鳄目、槽齿目、蜥臀目、鸟臀目和翼龙目均为已灭绝类群，只有化石种类。

1. 喙头目（Rhynchocephalia）

本目是爬行动物中最古老的类群之一，它们大多生活在下二叠纪和三叠纪，曾经广泛分布于欧、亚、非和拉丁美洲，现在只存楔齿蜥（*Sphenodon punctatum*）1 种，仅见于新西兰北方柯克海峡的一些小海岛上，总共不足千尾，已濒临绝灭。由于楔齿蜥具有一系列类似古爬行动物的原始特征，因此在动物学上有"活化石"之称。

2. 有鳞目（Squamata）

现代爬行动物中最为兴盛的一个类群。体表满被角质鳞片，一般无骨板，身体多为长形。前后肢发达或退化。体内受精,雄性有1对由泄殖腔壁向外翻出的半阴茎。卵生或卵胎生。营水生、陆生、树栖或地下穴居等多种生活方式。除南极外,分布遍及全球。包括蜥蜴亚目(Lacertilia)、蛇亚目(Serpentes)和蚓蜥亚目(Amphisbaenia)。

(1) 蜥蜴亚目(Lacertilia)

蜥蜴类是爬行动物中种类最多的一个类群,多数种类四肢发达,指、趾5枚,末端有爪,适于爬行和挖掘;少数种类四肢退化或缺失。有肩带及胸骨。眼睑可动。舌扁平形,能伸缩,但无舌鞘。左、右下颌骨以骨缝连接,两颌附生端生齿或侧生齿。鼓膜、鼓室及耳咽管一般均存在。陆栖,也有树栖、半水栖或穴居种类。繁殖季节,雄蜥常以袭击方式追逐异性。除南极洲外,广布于全球。现存的蜥蜴亚目约4 000种,分别隶属于16科。

科1. 壁虎科(Gekkonidae) 皮肤柔软,体被粒鳞。眼大,瞳孔常垂直,无活动性眼睑。有攀援能力的种类,指、趾末端具膨大的吸盘状(指)趾垫,垫的表面有1~2列横形排列的趾下瓣,其上附生着繁多的垂直形细丝,用以扩大与攀援物的接触面。细丝顶端有分泌物,可增加与攀援体的附着力,有利于在平滑的岩石和墙壁上爬行。椎体双凹型。尾有自残现象,再生力强。生活环境多样,夜间活动,能发出叫声。本科约600余种,分布在各大洲的热带及温带地区。如多疣壁虎(*Gekko japonica*)、无蹼壁虎(*G. swinhonis*)、大壁虎(*G. gecko*)和沙虎(*Teratoscincus*)(图25-20A~D)。

科2. 鬣蜥科(Agamidae) 中小型蜥蜴。头背无对称大鳞,体鳞覆瓦状排列,常带棱或有鬣鳞。端生齿,有异形分化趋势。椎体前凹型。尾长,无自残能力。卵生或卵胎生。本科约有300种,主要分布于亚洲。如斑飞蜥(*Draco maculatus*)、鬣蜥(*Agama*)和草原沙蜥(*Phrynocephalus frontalis*)(图25-20E~G)。

科3. 石龙子科(Scincidae) 头顶有对称排列的大鳞片。全身被覆瓦状圆鳞,角质鳞下具有真皮性骨板。侧生齿,尖出或钩状。尾粗圆,有自残能力。卵生或卵胎生。本科约600余种,广泛分布在各大洲。如蓝尾石龙子(*Eumeces elegans*)和蜓蜥(*Lygosoma indicum*)(图25-20H、I)。

科4. 蜥蜴科(Lacertidae) 头顶有对称的大鳞片,腹鳞方形或矩形,纵横排列成行。四肢发达,有股窝或鼠蹊窝。尾长易断,也易再生。生活于林区草丛、草原、荒漠和平原地带。卵生或卵胎生。全世界约有140余种,广泛分布在欧、亚、非三洲。如北草蜥(*Takydromus septentrionalis*)和丽斑麻蜥(*Eremias argus*)(图25-20J、K)。

科5. 蛇蜥科(Anguidae) 体呈蛇形,有后肢骨的残余。全身被覆瓦状圆鳞,鳞下有真皮性骨板。眼小,有活动眼睑。体侧有凹入的纵沟。尾长易断,能再生。侧生齿,形状不一。常见有脆蛇蜥(*Ophisaurus harti*)(图25-20L)。

科6. 鳄蜥科(Shinisuridae) 体形似鳄,躯干粗壮,四肢发达,指、趾末端具弯曲的利爪。尾长而侧扁。头顶鳞片形状不一,大致对称。背部的粒鳞间杂有大形棱鳞,并形成纵列往后延伸至尾部呈2行棱嵴。鼓膜不显。舌短,前端分叉。侧生齿。卵胎生。本科仅1种,即产于我国广西瑶山的鳄蜥(*Shinisaurus crocodilurus*)(图25-20M)。

科7. 巨蜥科(Varanidae) 体型巨大,是蜥蜴目个体最大的类群。身体及四肢均甚粗壮,尾长而侧扁。头顶无对称的大鳞片,背面被粒状棱鳞,腹鳞方形,鳞下有真皮性骨板。舌细长,分叉,可缩入舌基的鞘内。侧生齿。尾无自残能力。本科仅1属30种左右,分布于非洲、大洋洲、亚洲南部及东南部。如巨蜥(*Varanus*)(图25-20N)。

科8. 避役科(Chamaeleontidae) 俗称"变色龙"。形似蜥蜴,但因适于树栖生活而使各种器官的构造极端特化。身体侧扁,被覆粒鳞,背部有脊棱。四肢长,前、后脚的5枚指、趾分成互相对生的两组:内侧3指愈合成一组,外侧两指愈合成另一组;第1、2趾形成一组,其他3趾形成一组,适于抓握树枝。尾长,善于缠绕。眼大而凸出,左、右两眼都能独立地往各个方向转动;舌长,末端膨大,富有黏液,捕虫时能迅速射出,投粘猎物。真皮层有色素细胞、鸟嘌呤结晶和折光性极强的微粒,在神经支配下,能快速改变体色适应周围环境。卵生或卵胎生。本科共85种,除了有2种分布在西班牙南部、印度和斯里兰卡外,其他种类全产于非洲和马达加斯加岛。本科的代表是避役(*Chameleon*)(图25-20O)。

科9. 毒蜥科(Helodermatidae) 唯一有毒的蜥蜴,牙齿弯曲而基部膨大,下颌齿的前、后两面均有深

图 25-20　爬行动物代表种类（二）
A. 多疣壁虎；B. 无蹼壁虎；C. 大壁虎；D. 沙虎；E. 斑飞蜥；F. 鬣蜥；G. 草原沙蜥；H. 蓝尾石龙子；I. 蝘蜓；J. 北草蜥；
K. 丽斑麻蜥；L. 脆蛇蜥；M. 鳄蜥；N. 巨蜥；O. 避役；P. 短尾毒蜥；Q. 珠背毒蜥

沟，下唇腺特化成毒腺。体形肥胖，尾短而粗，背面有珠状小瘤，皮下有扁平的骨鳞。体色醒目可怖，背部灰白色或黑色，饰有斑驳错落的粉红色、黑色及黄色的斑点，尾具宽阔的深色环纹。栖于沙地，行动迟缓，以蚁类、蛇卵及小鼠为食；卵生。本科仅2种，即短尾毒蜥（*Heloderma suspectum*）和珠背毒蜥（*H. horridum*）（图25-20P、Q）。

(2) 蛇亚目（Serpentes）

体细长，分头、躯干和尾3部分，颈部不明显；四肢消失，带骨及胸骨退化，但部分种类还有骨盆及残余后肢。无活动性眼睑、瞬膜和泪腺。缺乏鼓膜，鼓室萎缩，耳咽管也消失。内耳的卵圆窗和方骨之间由耳柱骨相接。由于大量膜骨退化或消失，颅骨已无双颞孔的痕迹。椎体前凹型，除寰椎和尾椎外，其余椎骨上都附有可动的肋骨，是蛇类向前爬动的主要支持器官。成对的内脏器官因受体形的影响，使其左右对称的位置变换成前后交错的位置，或只保留一侧器官，另一侧则萎缩、退化。无膀胱。雄性有1对交配器，卵生或卵胎生。交配前有求偶的婚舞行为。

蛇类是蜥蜴在演化过程中高度特化的一个分支，在种系发生上与蜥蜴有较密切的亲缘关系。全世界现存蛇类约有3 200种，分别隶属于13科，广布于各大洲。

科1. 盲蛇科（Typhlopidae）　周身覆有形状相同的圆鳞，光滑无棱。眼甚退化，隐于鳞片之下，故称盲蛇。因方骨不能活动且下颌骨左右两半在前端愈合,所以无法扩大张口角度。上颌有少量牙齿,下颌无齿。有腰带骨的残迹,表明本科的原始性。卵生或卵胎生。常见有钩盲蛇(*Ramphotyphlops braminus*)(图25-21A)。

图25-21 爬行动物代表种类(三)

A. 钩盲蛇;B. 蟒蛇;C. 沙蟒;D. 游蛇;E. 赤链蛇;F. 黑眉锦蛇;G. 乌梢蛇;H. 中国水蛇;I. 眼镜蛇;J. 眼镜王蛇;K. 银环蛇;L. 双色海蛇;M. 蝮蛇;N. 烙铁头;O. 竹叶青;P. 草原蝰;Q. 白头蝰;R. 蚓蜥

科2. 蟒蛇科(Boidae) 背鳞小而光滑,腹鳞大而宽阔;腰带骨退化,但仍留有股骨残余。泄殖孔两侧有1对角质爪状物,有成对的肺。卵生或卵胎生。有的卵生种类具有孵卵行为,母蟒借肌肉节律性收缩能升高体温,有助于卵的孵化。主要以恒温动物为食,大多数种类发展了与这种食性相适应的热能感受器。常见有蟒蛇(*Python molurus*)和西北的沙蟒(*Eryx miliaris*)(图25-21B、C)。

科3. 游蛇科(Colubridae) 蛇亚目种类最多的一科。头顶有对称大鳞片,腹鳞宽大。两颌都有牙齿,少数种类的上颌骨后端有2~4枚较大的沟牙。卵生或卵胎生。分布几乎遍布全球,如游蛇(*Coluber*)、赤链蛇(*Dinodon rufozonatum*)、黑眉锦蛇(*Elaphe taeniurus*)、乌梢蛇(*Zoacys dhumnades*)及中国水蛇(*Enhydris chinensis*)(图25-21D~H)。

科4. 眼镜蛇科(Elapidae) 外形上与一般无毒蛇不易区别,上颌骨的前部有1对较大的前沟牙,其后尚有几枚预备毒牙。本科的蛇毒为神经毒素,主要作用于人和动物的神经系统。全世界的毒蛇中,有一半左右的种类都隶属于本科,约 180 多种,分布在大洋洲、亚洲、非洲和美洲。常见有眼镜蛇(*Naja naja*)、眼镜王蛇(*Ophiophagus hannah*)、银环蛇(*Bungarus multicinctus*)(图 25-21I~K)和金环蛇(*B. fasciatus*)。

科 5. 海蛇科(Hydrophiidae) 终生生活于海洋,毒牙为前沟牙。体后部及尾侧扁。鼻孔位于吻背,有启闭自如的鼻瓣。腹鳞窄或消失。卵胎生。以鱼类为食。本科共 49 种,分布于印度洋和太平洋温水区域。如双色海蛇(*Pelamis bicolor*)(图 25-21L)。

科 6. 蝰科(Viperidae) 上颌骨短而高,附生着长而弯曲的管牙及若干副牙。由于头骨的机械活动,闭口时上颌骨连同管牙卧于口腔顶部。张嘴时上颌骨和管牙都一起竖立起来。全为毒蛇,蛇毒为血循毒类,主要作用于心血管系统及血液。根据头部有无颊窝和顶鳞的大小,可分为蝮亚科(Crotalinae)、蝰亚科(Viperinae)和白头蝰亚科(Azemiopinae)。本科共有 180 余种,我国常见的有蝮蛇(*Agkistrodon halys*)、尖吻蝮(五步蛇)(*Deinagkistrodon acutus*)、烙铁头(*Trimeresurus jerdonii*)、竹叶青(*T. stejnegeri*)、草原蝰(*Vipera ursini*)和白头蝰(*Azemiops feae*)(图 25-21M~Q)。

(3) 蚓蜥亚目(Amphisbaenia)

具弹头形、横扁形或者竖扁形的头,大部分种的头骨是硬骨,通常依靠头部在地下挖穴行动,其挖穴方式与头部的形状相关。下颚中间有 1 颗独特的牙齿。眼被皮肤和鳞片覆盖,视觉退化,外耳和鼓膜也已退化。身体可以伸缩。右肺体积变小。多数无足,少数有前肢。本亚目有 4 科,如蚓蜥(*Amphisbaena*)(图 25-21R)。

3. 鳄目(Crocodiliformes)

体长大,尾粗壮,侧扁。头扁平、吻长。鼻孔在吻端背面。指 5,趾 4(第 5 趾常缺),有蹼。眼小而微突。头部皮肤紧贴头骨,躯干、四肢覆有角质盾片或骨板。颅骨坚固连结,不能活动。具顶孔。齿锥形,着生于槽中,每侧在 25 枚以上。舌短而平扁,不能外伸。外鼻孔和外耳孔各有活瓣司开闭。有颈肋和腹膜肋。无膀胱。阴茎单枚,肛孔内通泄殖腔,孔侧各有 1 个麝腺。下颌内侧也各有一较小的麝腺。现存鳄目共 22 种,分别隶属于鳄科(Crocodilidae)、鼍科(Alligatoridae)和食鱼鳄科(Gavialidae),大多生活于非洲、大洋洲、亚洲南部及热带美洲等温暖地区。常见的有扬子鳄(*Alligator sinensis*)、密西西比河鳄(*A. mississippiensis*)、湾鳄(*Crocodilus porosus*)及马来鳄(*Tomistoma schlegelii*)(图 25-22A~D)。

图 25-22 爬行动物代表种类(四)

A. 扬子鳄;B. 密西西比河鳄;C. 湾鳄;D. 马来鳄

第三节 爬行动物与人类

爬行动物是一个古老的动物类群,与人类活动关系持久并较为密切。部分种类的爬行动物可以为人类提供食物,如鳖、蛇类等,它们营养丰富,对身体有滋补和治病作用。

中国传统医学中,有多味中药来自于爬行动物,如一些蜥蜴类、鳖甲和龟板、蛇肉、蛇胆、蛇蜕、蛇毒都可入药。蛇胆可加工成蛇胆川贝液、蛇胆陈皮末、蛇胆半夏液等中成药,治风湿关节痛、咳嗽多痰等病。蛇蜕的中药名叫龙衣,入药有杀虫祛风的功能,可治疗喉痹疔肿、疥癣和难产。

蛇毒是一类复杂的蛋白质,包括神经毒(neurotoxic)和血循毒(hemotoxic)两大类。这些毒素进入人和动物体内后,可随淋巴及血液扩散,引起中毒症状。

蛇毒研究是生物科学中极有开发前途的一个分支,我国对蛇毒研究已由蛇毒血清的试制,逐步深入到有关蛇毒的生化及其综合利用方面。目前,已制成的眼镜蛇毒注射剂具有比吗啡更有效和更持久的镇痛作用,对于减轻晚期转移癌痛、三叉神经和坐骨神经痛、风湿性关节痛、脊髓痨危象、带状疱疹等病人的剧痛,都有明显的效果。用蛇毒酶治疗癌症也收到了一定疗效。蝰蛇蛇毒有较强的凝血性,对于机体缺乏凝血的血友病患者,可将蛇毒用于其出血性疾病的局部止血治疗。我国学者从蝮蛇蛇毒中提取的抗栓酶,在临床已用于脑血栓、血栓闭塞性脉管炎、冠心病的治疗。

在生态系统中,蜥蜴和蛇类通过大量捕食昆虫及鼠类等摄入能量而有益于农牧业生产;草原上的蛇类能够有效地控制草原鼠害的发生,对于维持陆地生态系统的稳定性具有不可忽视的作用。

在科学研究上,由于爬行动物的古老历史,多种爬行动物在解决动物门类起源和演化上扮演着重要的作用。蛇类对地壳内部的剧烈震动、地温升高及地面发生反复无常的倾斜运动等,具有很强的敏感性,因而可能在地震前表现出反常的行为。随着仿生学的发展,科学家还根据毒蛇颊窝的构造及其独特的热测位器作用,把研究成果应用到红外线测位仪上,并制成具有高度精确性和能追踪飞机、潜艇、车辆的响尾蛇导弹及火箭自导装置等。海龟洄游路线的导航机制可启发改善航海仪器的研究。也有人认为,龟类背甲符合最优结构的薄壳结构理论,在大型建筑设计上有借鉴之处。

长期以来,由于人类活动的干扰,大量的爬行动物种类和数量剧减。很多有着非常重要价值的爬行动物种类消失或处于濒危状态。因此,保护这些濒危爬行动物物种是当前保护生物学的一个很重要的课题。

第四节 爬行动物的起源与演化

从生物学或化石方面论证,爬行类无疑是起源于两栖类,特别是迷齿亚纲最接近于爬行纲的祖先。

最早的爬行类化石见于上石炭纪下部,即杯龙类的 Hylonomus。但其具体特征与迷齿类对比,还不是很理想。从比较解剖学出发,发现于美国德克萨斯西蒙城下二叠纪的西蒙螈(Seymouria)是介于爬行类和两栖类之间的过渡型。西蒙螈的头骨及牙齿保持了两栖类的特点,而头后的骨骼则具有爬行类的特点。但由于西蒙螈的出现时间较晚,故不可能是爬行类的祖先。

从最早的含有爬行类化石的上石炭纪中便已见到有大鼻龙类、阔齿龙类、盘龙类和中龙类的许多类群,这说明爬行动物在晚石炭世之前早已分支进化了,它们有可能是多源起源。再经过二叠纪的分支进化,爬行纲的各亚纲均已出现,为中生代爬行类的大发展打好了基础。从中生代开始,它们不仅横行于大陆,而且还占领了天空和水域。中生代的中期分支进化出的种类更是多种多样,很多类群更发展成庞然大物。在当时的地球上,它们是占居绝对统治地位的动物。所以,中生代被称为"爬行动物时代",又叫做"恐龙时代"。侏罗纪和白垩纪是巨大爬行动物——恐龙的兴旺时期。它们不仅个体发展得特大,而且体态乃至食性也非常特化。在白垩纪末期,这些在地球上经历了1亿多年的庞然大物终于绝灭了。渡过中生代而又残存到新生代的只有龟鳖类、鳄类和有鳞类(蜥蜴和蛇),而很少的喙头类可以看做是爬行类的活化石。

拓展阅读

[1] 中国野生动物保护协会. 中国爬行动物图鉴. 郑州:河南科学技术出版社,2002

[2] 费梁,孟宪林. 常见蛙蛇类识别手册. 北京:中国林业出版社,2005

[3] 邵敏贞,郑颖,叶锋平,范泉水. α-银环蛇毒素和β-银环蛇毒素的研究进展. 蛇志,2010,22(2):132-136

[4] 夏中荣,古河祥,李丕鹏. 全球海龟资源和保护概况. 野生动物,2008,29(6):312-316

[5] 赵尔宓. 中国蛇类. 合肥:安徽科学技术出版社,2005

[6] 劳伯勋. 蛇类的养殖及利用. 2版. 合肥:安徽科学技术出版社,1997

[7] 殷方臣,郑颖,邱薇,等. 蛇毒神经毒素研究进展. 动物医学进展,2008,29(8):67-70

[8] Vidal N, Hedges S B. The molecular evolutionary tree of lizards, snakes, and amphisbaenians. Comptes Rendus Biologies, 2009, 332: 129-139

[9] Zug G R, Vitt L J, Caldwell J P. Herpetology: An Introductory Biology of Amphibians and Reptiles. 2nd ed. London: Academic Press, 2001

思考题

1. 简述羊膜卵的主要特征及其在动物演化史上的意义。
2. 爬行动物与无脊椎蜕皮动物类群在蜕皮过程上有哪些异同?
3. 比较一下鱼类和爬行动物皮肤衍生物的特点。
4. 总结爬行动物与人类的关系。
5. 收集有关毒蛇研究的文献,了解相关的进展。
6. 利用各种资源,了解我国濒危爬行动物的现状,并归纳出目前的保护措施。

第二十六章 鸟纲(Aves)

鸟类是体表被覆羽毛、具翼、恒温和卵生的高等脊椎动物。具旺盛的新陈代谢以及能在空气中飞行，是鸟类与其他脊椎动物最根本的区别。鸟类起源于爬行类，在躯体结构和功能方面有很多类似爬行类的特征，但鸟类有较爬行类更为高级的特征。鸟类结构上的特点使其在种数上成为仅次于鱼类而遍布全球的脊椎动物。

第一节 鸟纲的主要特征

一、恒温及其在动物演化史上的意义

鸟类与后面将介绍的哺乳类都属恒温动物。恒温动物的出现是动物演化历史上的一个极为重要的进步性事件。恒温动物具有较高及稳定的新陈代谢水平以及调节产热、散热的能力，使动物的体温保持在相对恒定的、略高于周围环境温度的水平。这与无脊椎动物以及低等脊椎动物(鱼类、两栖类和爬行类)有了本质的区别。

恒温动物的体温均略高于环境温度，这是由于在低于体温的环境温度下，有机体散热容易。但恒温动物的体温又不能过高，过高的体温不仅要消耗更多的能量，同时，高温还将导致蛋白质的变性(denaturation)。较高而恒定的体温，促进了动物体内各种酶的活动、发酵过程，使数以千计的各种酶催化反应获得最大的化学协调，从而大大提高了新陈代谢水平。恒温还减少了动物对外界环境的依赖性，扩大了生活和分布的范围，提升了动物在夜间主动活动的能力以及得以在寒冷地区生存的能力。

恒温是产热和散热过程的动态平衡。产热与散热相当，动物体温即可保持相对稳定。失去平衡就将引起体温的波动，甚至导致死亡。恒温动物之所以能迅速地调整产热和散热，是与其具有高度发达的中枢神经系统密切相关的。体温调节中枢(丘脑下部)通过神经和内分泌腺的活动来完成协调。因此，恒温是脊椎动物躯体结构和功能全面演化的产物。

恒温的出现，是动物有机体在漫长的发展过程中与环境条件对立统一的结果。

二、鸟纲的躯体结构

(一) 外形

鸟类身体呈纺锤形，分为头、颈、躯干、尾和四肢。体外被覆羽毛(feather)，具有流线型的外廓(图26-1)，从而减少了飞行中的阻力。

头端具角质的喙(bill)，是啄食器官。喙的形状与食性有密切关系。颈长而灵活，尾退化、躯干紧密坚实、后肢强大。这些特点都是对飞行生活方式适应的结果：躯干坚实和尾骨退化有利于飞行的稳定；颈部发达可弥补前肢变成翅膀后的不便；眼大而圆，具眼睑及瞬膜。瞬膜是一种近于透明的膜，能在飞翔时遮

覆眼球，以避免干燥气流和灰尘对眼球的伤害。鸟类瞬膜内缘具有一种羽状上皮(feather epithelium)，能刷洗灰尘。耳孔略凹陷，周围着生耳羽，有助于收集声波。夜行性鸟类的耳孔极为发达。

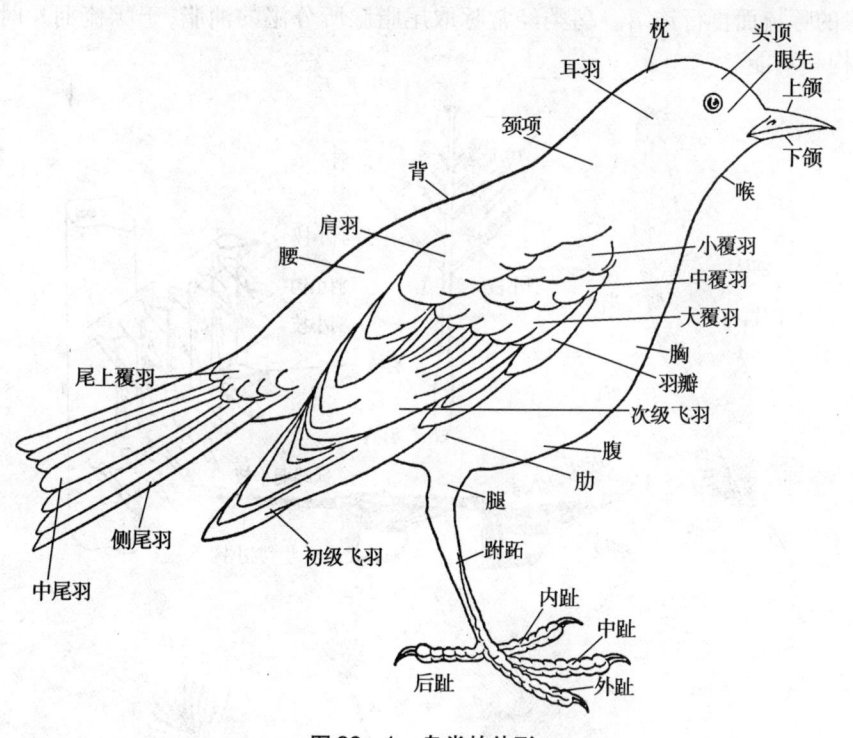

图 26-1 鸟类的外形

前肢变为翼(wing)，后肢具四趾，这是鸟类外形上与其他脊椎动物不同的显著标志。拇趾通常向后，适于树栖握枝。鸟类足趾的形态与生活方式有密切关系。

尾端着生有扇状的正羽，称为尾羽，在飞翔中起着舵的作用。尾羽的形状与飞翔特点有关。

（二）皮肤及衍生物

鸟类的皮肤薄而松，便于肌肉剧烈运动。鸟类皮肤缺乏皮肤腺，这与爬行类相似。鸟类皮肤由表皮和真皮构成（图 26-2）。

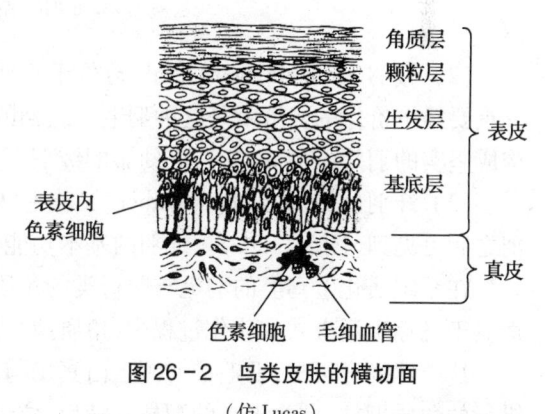

唯一的皮肤腺称尾脂腺(oil gland 或 uropygial gland)，它能分泌油质以保护羽毛不致变形，并可防水，因而水禽（鸭、雁等）的尾脂腺特别发达，但有些种类（如鸸鹋、鹤鸵、鸨及鹦鹉等）则不具尾脂腺。它的分泌物是一种类脂物，可能还含有维生素 D。鸟类外耳道的表皮能分泌一种蜡质物，其中含有脱鳞细胞(desquamated cells)。

图 26-2 鸟类皮肤的横切面
（仿 Lucas）

鸟类的皮肤外面具有由表皮所衍生的角质物，如羽毛、角质喙、爪和鳞片等。一些鸟类的冠(comb)及垂肉(wattle)为加厚的、富于血管的真皮所构成，其内富有动静脉吻合(anastomosis)结构。

羽衣的主要功能有保持体温，形成隔热层。通过附着于羽基的皮肤肌，可改变羽毛的位置，从而调节体温；构成飞翔器官的一部分——飞羽及尾羽；使外廓更呈流线型，减少飞行时的阻力；保护皮肤不受损伤。羽色还成为一些鸟类的保护色。

根据羽毛的构造和功能，可分以下几种：

（1）正羽(contour feather)又称翮羽，为被覆在体外的大型羽片（图 26-3B）。翅膀及尾部均着生有一列强大的正羽，分别称为飞羽(flight feather)和尾羽(tail feather)。飞羽及尾羽的形状和数目，是鸟类分类的依据之一。正羽由羽轴和羽片所构成。羽轴下段不具羽片的部分称为羽根，羽根深插入皮肤中。羽片是由许多细长的羽枝所构成。羽枝两侧又密生有成排的羽小枝。羽小枝上着生钩突或节结,使相邻的羽小枝互相钩结起来,构成坚实而具有弹性的羽片,以搧动空气和保护身体(图26-3A)。由外力分离开的羽小枝,可借鸟喙的啄梳而再行钩结。鸟类经常啄取尾脂腺所分泌的油脂,于啄梳羽片时加以涂抹,使羽片保持完好的结构和功能。

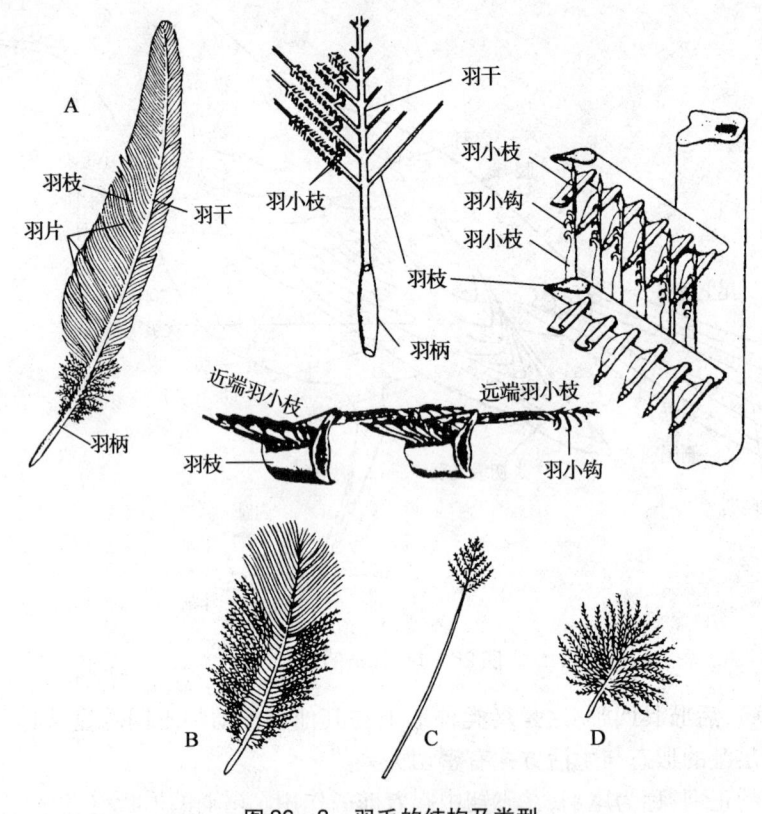

图26-3 羽毛的结构及类型
A. 正羽的结构;B. 正羽;C. 毛状羽;D. 绒羽

(2) 绒羽(plumule;down feather)位于正羽下方,呈棉花状,构成松软的隔热层。绒羽在水禽特别发达,有重要经济价值的鸭绒就是这种羽毛。绒羽的结构特点是羽轴纤弱,羽小枝的钩状突起不发达,因而不能构成坚实的羽片(图26-3D)。幼雏的绒羽不具羽小枝。

(3) 纤羽(filoplume;hair feather)又称毛状羽,外形如毛发,杂生在正羽与绒羽之中。在拔掉正羽与绒羽之后可见到(图26-3C)。纤羽的基本功能为触觉。

在系统演化上鸟类的羽毛与爬行类的角质鳞片是同源的,有一种假说认为,鸟类的爬行类祖先在朝着适应于飞翔生活方式的演化过程中,角质鳞片逐渐增大延伸,然后劈裂成枝,即成羽毛。

从个体发育可见,羽毛最初源于由真皮与表皮所构成的羽乳头。随着羽乳头的生长,其表层形成许多纵行的角质羽柱,即为未来的羽枝。随后,位于背方的羽柱发育迅速,成为未来的羽茎;羽茎两侧的羽柱随羽茎的生长而移至其两侧排列,即为羽枝,由它们构成羽片。

鸟类的嘴缘及眼周大多具须(bristle),为一种变形的羽毛,仅在羽干基部有少数羽支或不具羽支,有触觉功能。

羽毛着生在鸟类体表的一定区域内,形成羽迹(feather tract),着生处称为羽区(pteryla)。不着生羽毛的地方称裸区(apteria)(图26-4)。羽毛的这种着生方式,有利于剧烈的飞翔运动。鸟类腹部的裸区,还与孵卵有密切关系;雌鸟在孵卵期间,腹部羽毛大量脱落,称"孵卵斑"。根据这个特点可判断在野外所采集的鸟类是否已进入繁殖期。

鸟类的羽毛是定期更换的,称为换羽(molt)。通常一年有两次换羽:繁殖结束后所换的新羽称冬羽(winter plumage);冬季及早春所换的新羽称夏羽(summer plumage)或婚羽(nuptial)。换羽的生物学意义在

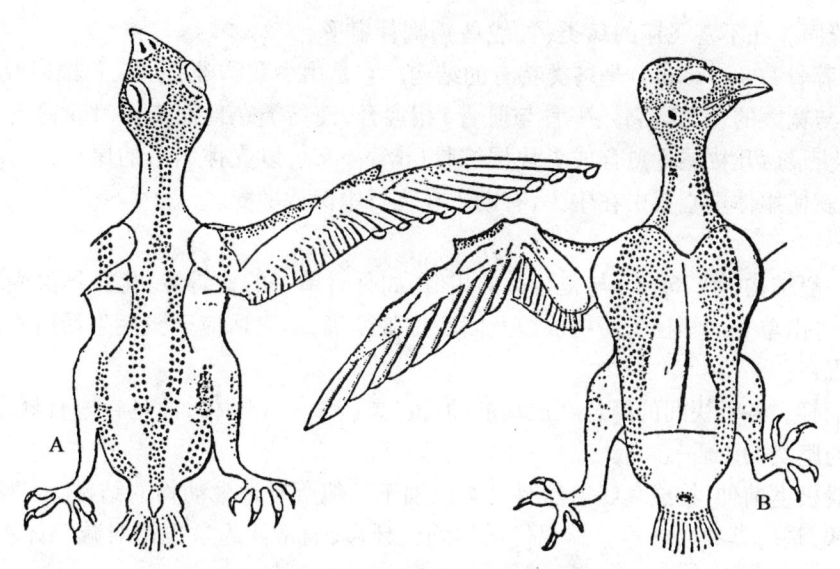

图 26-4 鸟类皮肤的羽区和裸区
A. 背面观；B. 腹面观

于有利于完成迁徙、越冬及繁殖过程。甲状腺的活动是引起换羽的基础,在实践中注射甲状腺素或饲以碎甲状腺,能引起鸟类脱羽。

飞羽及尾羽的更换大多是逐渐更替的,能使换羽过程对飞翔力影响达到最小,但雁鸭类的飞羽更换则为一次全部脱落。在这个时期内它们丧失飞翔能力,隐蔽于人迹罕至的湖泊草丛中。在研究雁鸭类迁徙的工作中,常利用这个时机张网捕捉,进行大规模的环志工作。对于繁殖期及换羽期的雁鸭类,应严禁滥捕。

（三）骨骼

鸟类适应于飞翔生活,在骨骼系统方面有了显著的特化,主要表现在:骨骼轻而坚固,骨骼内具有充满气体的腔隙(pneumatization),头骨、脊柱、骨盘和肢骨的骨块有愈合现象,肢骨与带骨有较大的变形(图 26-5)。

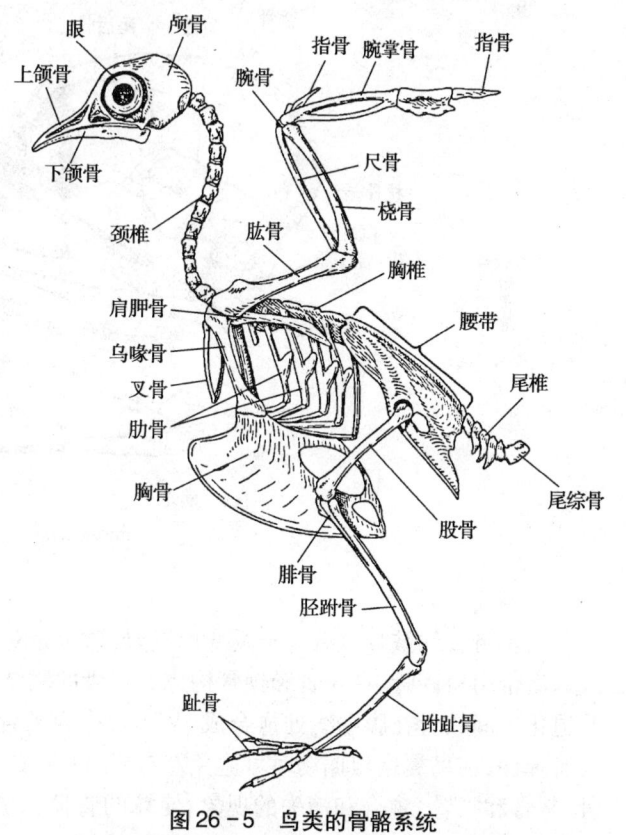

1. 脊柱及胸骨

脊柱由颈椎、胸椎、腰椎、荐椎及尾椎五部分组成。颈椎数目变异较大,从 8 枚(一些小型鸟类)至 25 枚(天鹅)不等,家鸽为 14 枚,鸡为 16~17 枚。颈椎椎骨之间的关节面呈马鞍形,称异凹型椎骨。这种特殊形式的关节面使椎骨间的运动十分灵活。此外,鸟类的第 1 枚颈椎呈环状,称为寰椎;第 2 枚颈椎称为枢椎。与头骨相联结的寰椎,可与头骨一起在枢椎上转动,这就大大提高了头部的活动范围。鸟类头部运动灵活,转动范围可达 180°,猫头鹰甚至可转 270°。颈椎具有这种特殊的灵活性,是与前肢变为翅膀和脊柱的其余部分大多愈合密切相关的。

图 26-5 鸟类的骨骼系统

胸椎 5~6 枚。借硬骨质的肋骨与胸骨联结,构成牢固的胸廓。鸟类的肋骨不具软骨,而且借钩状突彼此相关联,这与飞翔生活有密切联系:胸骨是飞翔肌肉(胸肌)的起点,当飞翔时体重由翅膀来负担,因而坚强的胸廓对于保证胸肌的剧烈运动和完成呼吸,是十分必要的。鸟类胸骨中线处有高耸的龙骨突(keel),

以增大胸肌的固着面。在不善飞翔的鸟类(如鸵鸟),胸骨扁平。

愈合荐骨(综荐骨)(synsacrum)是鸟类特有的结构。它是由少数胸椎、腰椎、荐椎以及一部分尾椎愈合而成的,而且它又与宽大的骨盆(髂骨、坐骨与耻骨)相愈合,使鸟类在地面步行时获得支持体重的坚实支架。鸟类尾骨退化,最后几枚尾骨愈合成1块尾综骨(pygostyle),以支撑扇形的尾羽。鸟类脊椎骨骼的愈合以及尾骨退化,就使躯体重心集中在中央,有助于在飞行中保持平衡。

2. 头骨

鸟类头骨的一般结构(图26-6)与爬行类的相似,如具有单一的枕骨髁、化石鸟类尚可见头骨后侧有双颞窝的痕迹、听骨由单一的耳柱骨所构成以及嵴底型脑颅等,但它适应于飞翔生活所引起的特化是非常显著的。主要表现在:

(1) 头骨薄而轻。各骨块间的缝合在成鸟的颅骨已愈合为一个整体,而且骨内有蜂窝状充气的小腔。这就解决了轻便与坚实的矛盾。

(2) 上下颌骨极度前伸,构成鸟喙。这是鸟类区别于其他所有脊椎动物的结构。鸟喙外具角质鞘,构成锐利的切缘或钩,是鸟类的取食器官。现代鸟类均无牙齿,通常认为这也是对减轻体重(牙齿退化连同咀嚼肌肉不发达)的适应。

(3) 脑颅和视觉器官的高度发达,在颅型上所引起的改变:颅腔的膨大,使头骨顶部呈圆拱形,枕骨大孔移至腹面。眼眶的膨大,使这一区域的脑颅侧壁被压挤至中央(因而将脑颅腔后推),构成眶间隔。眶间隔在某些爬行类即已存在,但鸟类由于眼球的特殊发达,从而更强化了这个特点。

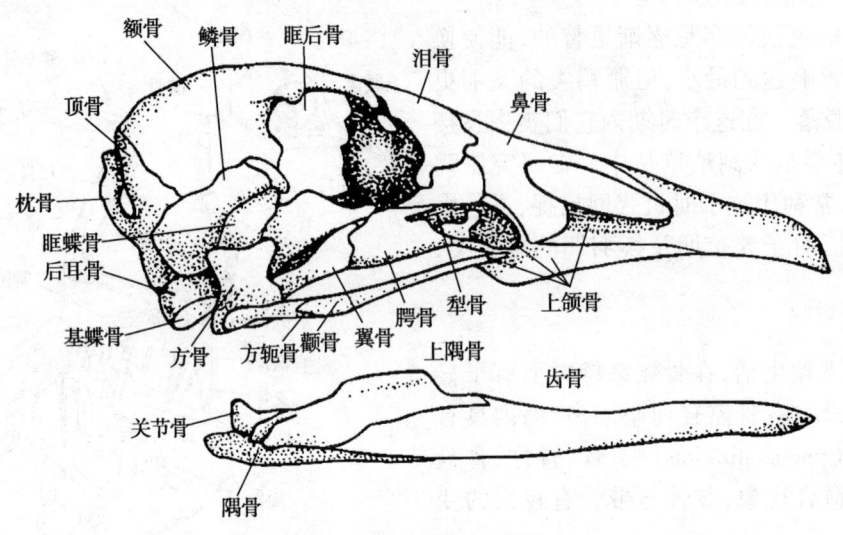

图26-6 鸟类的头骨结构

3. 带骨及肢骨

鸟类带骨和肢骨也有愈合及变形现象,这也是对飞行生活方式的适应。

肩带由肩胛骨、乌喙骨和锁骨构成。三骨的联结处构成肩臼,与翼的肱骨相关节。鸟类的左右锁骨以及退化的间锁骨在腹中线处愈合成"V"形,称为叉骨(wishbone),此为鸟类特有的结构(图26-5)。叉骨具有弹性,在鸟翼剧烈搧动时可避免左右肩带(主要是乌喙骨)碰撞。前肢特化为翼,出现了手部骨骼(腕骨、掌骨和指骨)愈合和消失的现象,使翼的骨骼构成一个整体,搧翅方能有力。由于指骨退化,现代鸟类大都无爪(图26-7A)。少数种类(麝雉 Opisthocomus hoazin)的幼鸟指上具2爪,用于攀缘。鸟类手部(腕、掌骨及指骨)所着生的一列飞羽称初级飞羽(primaries),下臂部(尺骨)所着生的一列飞羽称次级飞羽(secondaries)(图26-1)。

鸟类腰带的变形,与以后肢支持体重和产大型具硬壳的卵有密切关系。腰带(髂骨、坐骨及耻骨)愈合成薄而完整的骨架,其髂骨部分向前后扩展,与愈合荐骨相愈合,使后肢得到了强有力的支持(图26-5)。耻骨退化,且左右坐骨、耻骨不像其他陆生脊椎动物那样在腹中线处相汇合联结,而是一起向侧后方伸展,构成所谓"开放式骨盘",这是与产大型硬壳卵有密切关系的。但极少数陆栖原始种类(如鸵鸟)中,左右耻

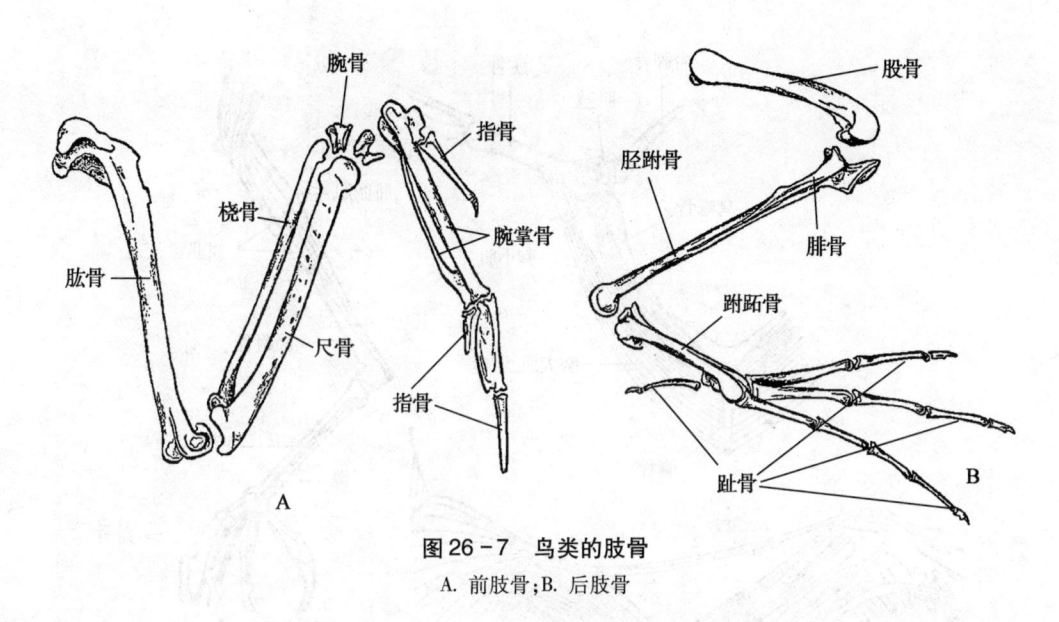

图26-7 鸟类的肢骨
A. 前肢骨；B. 后肢骨

骨或坐骨在腹中线处尚有联合现象。鸟类的后肢强健，股骨与腰带的髋臼相关节。下腿骨骼有较大变化：腓骨退化成刺状；相当于一般四足动物的胫骨，与其相邻的一排退化的跗骨相愈合，构成一细长形的腿骨，称为胫跗骨（tibiotarsus），远端一排的退化跗骨与其相邻的跖骨相愈合，构成一块细长形的足骨，称为跗跖骨（tarsometatarsus）（图26-7B）。这种简化成单一的（胫跗骨及跗跖骨）骨块关节以及这两块骨骼的延长，能增加起飞和降落时的弹性。大多数鸟类均具4趾，拇趾向后，以适应于树栖握枝（图26-7B）。鸟趾的数目及形态变异也是鸟类分类的重要依据。

（四）肌肉系统

鸟类的肌肉系统与其他脊椎动物一样，是由骨骼肌（横纹肌）、内脏肌（平滑肌）和心肌组成。由于适应飞翔生活，鸟类在骨骼肌的形态结构上有了显著改变，这些改变主要可归纳为：

1. 由于胸椎以后的脊柱的愈合，而导致背部肌肉的退化，颈部肌肉则相应发达。
2. 使翼扬起（胸小肌）及下搧（胸大肌）的肌肉十分发达（占整个体重的1/5），它们的起点均附着在胸骨上，通过特殊的联结方式而使翼搧动（图26-8A、B）。此外，支配前肢及后肢运动的肌肉，其肌体部分均集中于躯体的中心部分，并以伸长的肌腱来"远距离"操纵肢体运动。这对保持重心的稳定，维持在飞行中的平衡，有着重要意义。
3. 后肢具有适宜于栖树握枝的肌肉。这些与树栖有关的肌肉（例如栖肌、贯趾屈肌和腓骨中肌），能够借肌腱、肌腱鞘与骨骼关节三者间的巧妙配合，而使鸟类栖止于树枝上时，由于体重的压迫和腿骨关节的弯曲，导致与屈趾有关的上述肌肉的肌腱拉紧，足趾自然地随之弯曲而紧紧抓住树枝（图26-8C）。栖肌（ambiens）并非鸟类所特有，它始见于爬行类，在高等鸟类（例如雨燕目和雀形目）消失。
4. 具有特殊的鸣管肌肉，可支配鸣管（以及鸣膜）改变形状而发出多变的声音或鸣啭。鸣肌在雀形目鸟类（鸣禽）特别发达（图26-12）。

鸟类的颌肌、前后肢肌和鸣肌，常做为研究鸟类分类学的依据。近年来，对有关鸡类的后肢肌群、鸮类的鸣肌和鸥类的翅肌等分类方面以及猛禽颌肌的功能形态学等领域，都作了较深入的研究。

（五）消化系统

鸟类消化系统的主要特点表现为具有角质喙以及相应的轻便的颌骨和咀嚼肌群。这与鸟类牙齿退化，以吞食方式将食物存贮于消化管内有关。

喙的形状因食性和生活方式不同而有很大变异（图26-9）。绝大多数鸟类的舌均覆有角质外鞘，舌的形态和结构与食性和生活方式有关；取食花蜜鸟类的舌有时呈吸管状或刷状；啄木鸟的舌具倒钩，能把树皮下的害虫钩出。某些啄木鸟和蜂鸟的舌，借特殊的构造而能伸出口外甚远，最长者可达体长的2/3。

口腔内有唾液腺，其主要分泌物是黏液，仅在食谷的燕雀类唾液腺内含有消化酶。在鸟类中以雨燕目

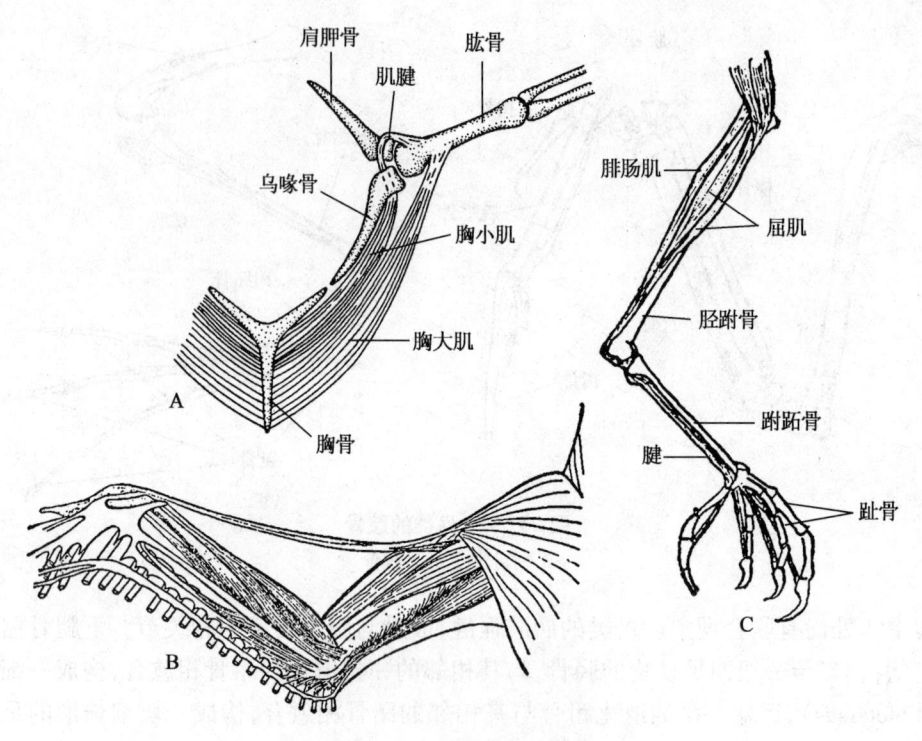

图 26-8　鸟类的肌肉系统
A. 鸟类胸大肌；B. 鸟类翼肌肉结构；C. 鸟类后肢的屈肌

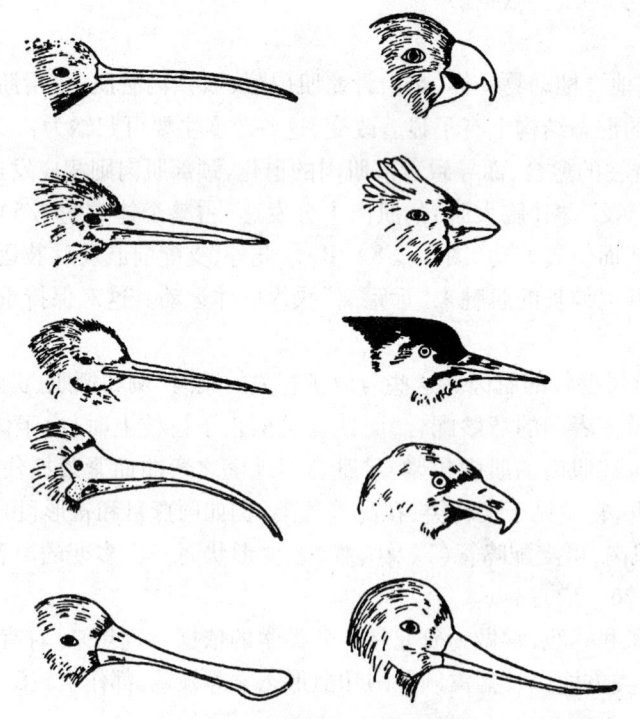

图 26-9　鸟类喙的不同形态

的唾液腺最发达，其内含有黏的糖蛋白(glycoprotein)，它们以唾液将海藻黏合而造巢，其中的金丝燕所筑的巢，即为传统的滋补品"燕窝"，目前国际上为保护金丝燕，已禁止采集。有些鸟类的食管一部分特化为嗉囊(crop)，它具有贮藏和软化食物的功能。雌鸽在繁殖期间，嗉囊壁能分泌一种称之为"鸽乳"的液体，，用以喂饲雏鸽。食鱼鸟类以嗉囊内制成的食糜饲雏。鸟类的胃包括腺胃(前胃)(glandular stomach 或 proventriculus)和肌胃(砂囊)(muscular stomach 或 gizzard)两部分(图 26-10)。腺胃壁内富有腺体，能分泌强酸性的黏液和消化液；肌胃外壁为强大的肌肉层，内壁为坚硬的革质层（中药称"鸡内金"），腔内并容有鸟类不断啄食的砂砾。在肌肉的作用下，革质壁与砂砾一起将食物磨碎。研究表明：砂砾使肌胃对于种子的消化力大幅度提高。肉食性鸟类的肌胃不发达。鸟类的直肠极短，不贮存粪便，且具有吸收水分的作用，有助于减少失水以及飞行时的负荷。在小肠与大肠交界处生有一对具有吸水作用的盲肠，并能与细菌一起消化粗糙的植物纤维。植食性鸟类的盲肠特别发达。类似于爬行类，鸟类的肛门开口于泄殖腔。鸟类泄殖腔的背方有一个特殊的腺体，称为腔上囊（bursa fabricii）。腔上囊在幼鸟阶段发达，成体时则失去囊腔而成为一个具有淋巴上皮的腺体结构。虽然腔上囊已被认为是一种淋巴组织，但近来有观点认为，它还能产生具有免疫成分的分泌物，其中含有类似肾上腺皮质激素或甲状腺激素的活性。腔上囊还可用于鉴定鸟类的年龄，并已被广泛推广。

　　鸟类消化生理方面的特点是消化力强、消化过程十分迅速，这是鸟类活动性强，新陈代谢旺盛的物质基础。

　　鸟类主要的消化腺是肝和胰，它们分别分泌胆汁和胰液注入十二指肠。

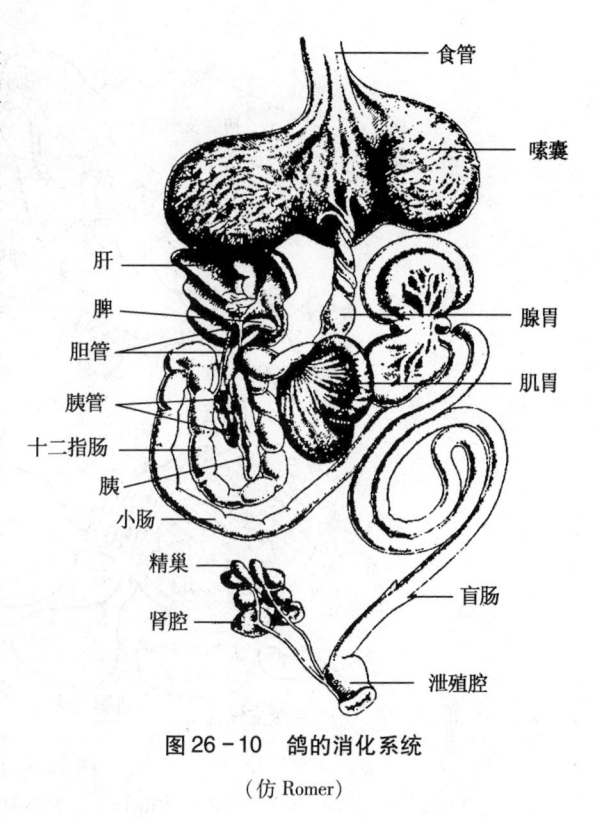

图26-10　鸽的消化系统

（仿Romer）

（六）呼吸系统

　　鸟类的呼吸系统特化明显，表现在具有非常发达的气囊（air sac）系统与肺气管相通连。气囊广布于内脏、骨腔以及某些运动肌肉之间。由于存在气囊，导致鸟类形成了独特的呼吸方式——双重呼吸（dual respiration）。这种呼吸方式与其他陆栖脊椎动物仅在吸气时吸入 O_2 有显著不同。这种特殊的呼吸系统结构是与鸟类飞翔中的高氧消耗相适应的，飞行中的鸟类所消耗的 O_2 比休息时多21倍。气囊是为鸟类在飞翔时提供足够 O_2 的装置。在栖止时，鸟类主要靠胸骨和肋骨运动来改变胸腔容积，引起肺和气囊的扩大和缩小，以完成气体代谢。当飞翔时，鸟类以胸骨作为搧翅肌肉（胸大肌和胸小肌）的起点，趋于稳定，因而主要靠气囊的伸缩来协助肺完成呼吸。扬翼时气囊扩张，空气经肺而吸入；搧翼时气囊压缩，空气再次经过肺而排出。因而鸟类飞翔越快，搧翼越猛烈，气体交换也越快，这样就确保了 O_2 的充分供应。

　　鸟类肺与气囊的构造十分复杂，其结构的特点和机能如图26-11所示。鸟类的肺相对体积是较小的，是一种海绵状缺乏弹性的结构。这种结构主要是由大量的细支气管组成，其中最细的分支是一种呈平行排列的支气管，称为三级支气管或平行支气管。在三级支气管周围有放射状排列的微气管，其外分布有众多的毛细血管，气体交换即在此处进行，它是鸟肺的功能单位（图26-11B），相当于其他陆栖脊椎动物（特别是哺乳类）的肺泡，但在结构上又有本质的区别，即肺泡乃系微细支气管末端膨大的盲囊，而鸟类的微气管却与背侧及腹侧的较大支气管相通连，因而不具盲端。鸟类的微气管直径仅有 $3\sim10~\mu m$，其肺的气体交换总面积（cm^2/g 体重）比人的约大10倍。

　　气管入肺之后，成为贯穿肺体的中支气管（或初级支气管）。中支气管向背、腹发出很多分支，称背支气管与腹支气管，它们又总称为次级支气管。背、腹支气管借数目众多的平行支气管（三级支气管）相互联结，气体在肺内沿一定方向流动，即从背支气管→平行支气管→腹支气管，称为"d-p-v系统"。也就是呼气与吸气时，气体在肺内均为单向流动。

　　气囊是鸟类的辅助呼吸系统，主要由单层鳞状上皮细胞构成，有少量结缔组织和血管，它缺乏气体交换的功能。鸟类一般有9个气囊，其中与中支气管末端相通连的为后气囊（腹气囊及后胸气囊），与腹支气管相通连的为前气囊（颈气囊、锁间气囊和前胸气囊）；除锁间气囊为单个的之外，均系左右成对。气囊遍布于内脏器官、胸肌之间，并有分支伸入大的骨腔内。

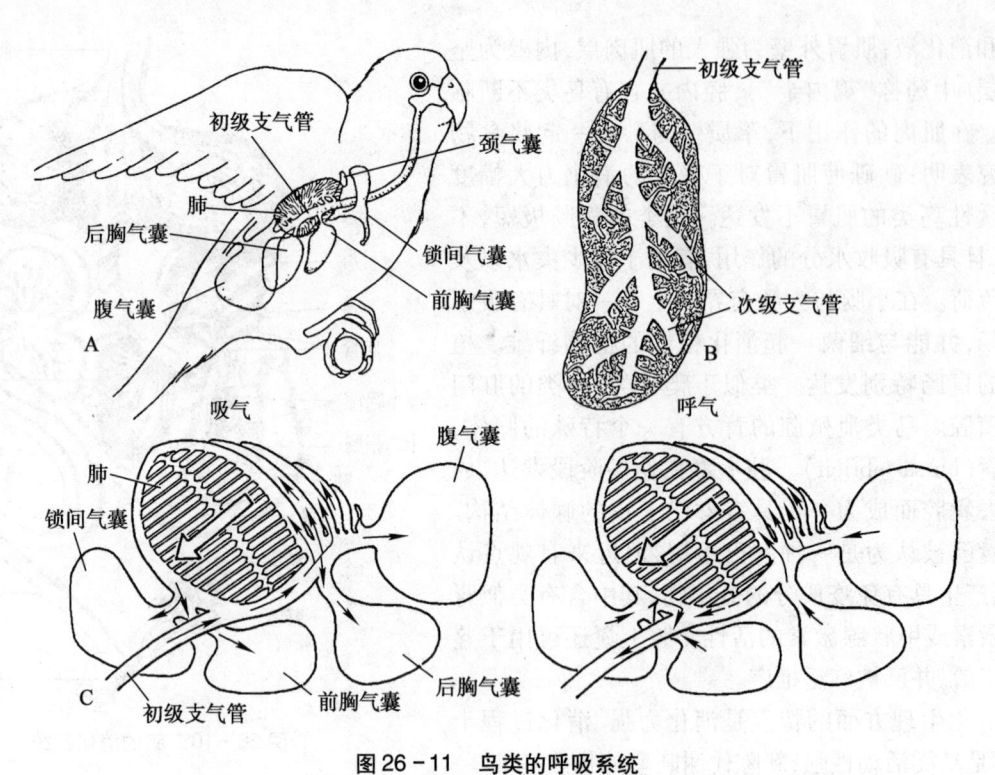

图 26-11 鸟类的呼吸系统
A. 鸟类的呼吸系统组成；B. 鸟类肺的基本结构；C. 鸟类的呼吸过程。箭头示气流方向

当鸟类吸气时，新鲜空气沿中支气管大部直接进入后气囊（一些具有"新肺"的鸟类，有一小部气体经过新肺的三级支气管后再进入后气囊），与此同时，一部分气体经次级支气管（背支气管）和三级支气管，在肺（也称"古肺"）内微气管处进行 CO_2 与 O_2 交换。吸气时前、后气囊同时扩张，呼气时同时压缩。当鸟类呼气时，肺内含 CO_2 多的气体经由前气囊再排出。此时，后胸气囊中所贮存的气体经由"返回支"进入肺内进行气体交换，再经前气囊、气管而排出（图 26-11C）。通过实验发现，一股吸入的空气要经过 2 次呼吸运动才最后排出体外。在鸟类的连续呼吸过程中，不论每一次吸气及呼气，肺内总是有连续不断的富含 O_2 的气体通过，这是与其他陆生脊椎动物不同的。

鸟类后气囊与前气囊的收缩和扩张是相协调的，使鸟类在剧烈飞翔时，前后气囊随着搧翅节律而张缩，不断地把空气抽入肺内再行排出。鸟类在飞翔时，其搧翅的频率并不一定与呼吸频率相协调。这种协调关系在飞翔中是有变化的。

除了辅助呼吸以外，气囊还有助于减轻身体的比重，减少肌肉间以及内脏间的摩擦，以及为快速的热代谢冷却等作用。

鸟类的鸣管（syrinx）是由气管所特化的发声器官，位于气管与支气管的交界处（图 26-12）。此处的内外侧管壁均变薄，称为鸣膜。鸣膜能因气流振动而发声。鸣管外侧着生有鸣肌。鸣肌的收缩可使鸣管壁的形状及紧张度发生改变。鸣禽的鸣管及鸣肌均甚复杂，加上鸟类双重呼吸的特点，使吸气及呼气时均能振动鸣管而发出悦耳多变的鸣啭。一般陆栖脊椎动物（例如哺乳类）的发声器官位于气管上端，且绝大多数仅在呼气时发声。鸟类的喉门由 4 块部分骨化的软骨构成，虽非发声器官，但能通过喉门的运动而调节声调。

（七）循环系统

鸟类的循环系统反映了其较高的代谢水平，主要表现为动静脉血液完全分开、完全的双循环（心脏 4 腔、具右体动脉弓），心脏容量大，心跳频率快、动脉压高、血液循环迅速，因而气体、营养物质及废物的代谢旺盛。

1. 心脏

比较心脏的相对大小，在脊椎动物各类群，鸟类是占首位的，其约为体重的 0.4%～1.5%。心脏的心房与心室已完全分隔（具左心房与左心室，以及右心房与右心室）（图 26-13）。低等脊椎动物心脏的静脉

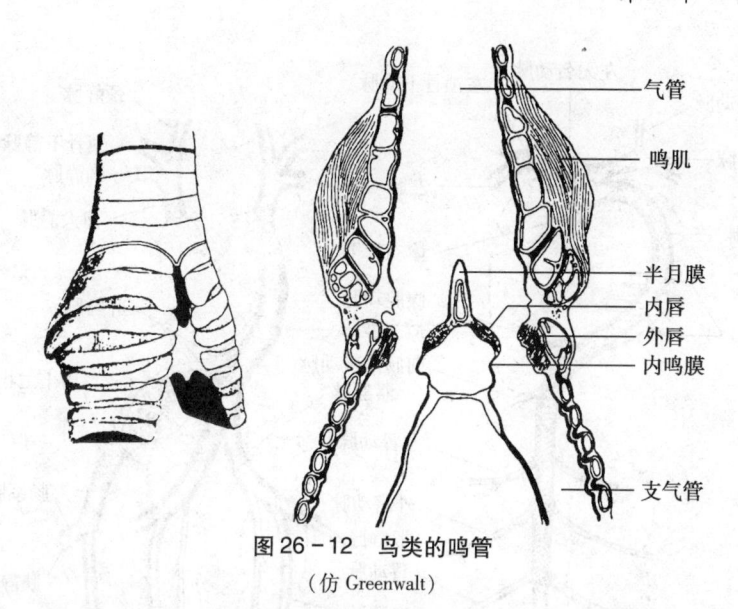

图 26-12 鸟类的鸣管
(仿 Greenwalt)

窦,在鸟类已完全消失。来自体静脉的血液,经右心房、右心室,而由肺动脉入肺。在肺内经过气体交换,含氧丰富的血液经肺静脉回心而注入左心房,再经左心室而送入体动脉到全身。鸟类的右心房与右心室间的瓣膜为肌肉质构成,这一点与其他陆栖脊椎动物不同。

鸟类心跳的频率比哺乳类快得多,一般均在 300～500 次/min 之间。动脉压也较高(如雄鸡为 25 kPa,雌鸡为 22 kPa),因而血液流通迅速。

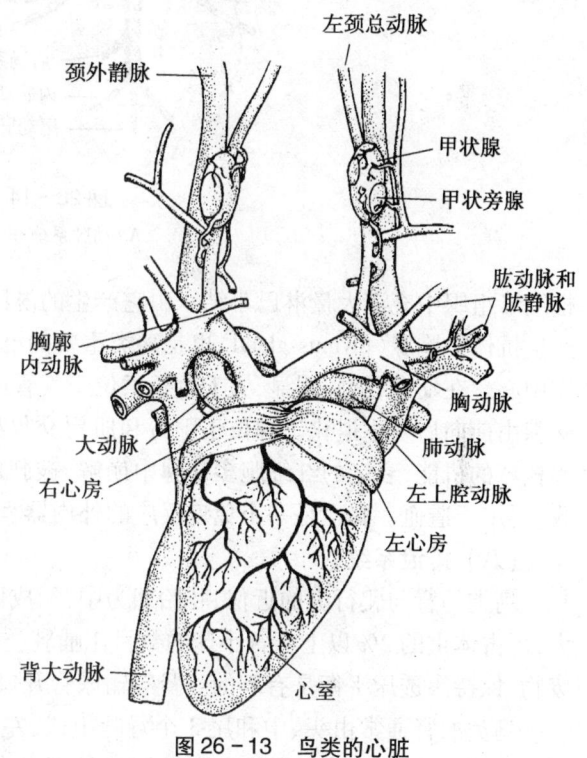

2. 动脉

鸟类的动脉系统基本上继承了较高等爬行动物的特点,但左侧体动脉弓消失,由右侧体动脉弓将左心室发出的血液输送到全身(图 26-14A)。

3. 静脉

鸟类的静脉系统也基本上与爬行类相似,但有两个特点:

(1) 肾门静脉趋于退化。自尾部来的血液只有少数入肾,其主干经后大静脉回心。最近有人报告,鸟类在肾门静脉腔内具有一种独特的含有平滑肌的瓣膜,可根据需要而把静脉血液送入肾或绕过肾。

图 26-13 鸟类的心脏

(2) 具尾肠系膜静脉,可收集内脏血液进入肝门静脉。尾肠系膜静脉为鸟类所特有(图 26-14B)。

4. 血液及淋巴系统

鸟类血液中的红细胞含量较哺乳类少[$(2\,000\sim7\,645)\times10^3$ 个/cm^3],红细胞具核,一般为卵圆形。红细胞中含有极大量的血红蛋白,执行输送 O_2 及 CO_2 的机能。

鸟类的淋巴系统包括淋巴管、淋巴结、淋巴小结、腔上囊(法氏囊)(bursa of Fabricius)、胸腺和脾等。具有 1 对大的胸导管,收集躯体的淋巴液,然后注入前大静脉。但是鸟类的小肠绒毛中不具哺乳类那种乳糜管,因而肠内糖类、蛋白质和脂肪的代谢产物,均经过肝门静脉直接进入肝后贮藏和利用。对鸟类淋巴管系统上的淋巴节的研究,至今只有少量报道。有观点认为它们不能像哺乳类的淋巴节那样过滤淋巴。少数种类在身体后方具有能搏动的淋巴心。鸡胚的内髂静脉附近也有 1 对淋巴心,至成体消失。腔上囊是鸟类特有的、位于泄殖腔背面一个盲囊的中心淋巴器官。鸡的腔上囊呈球形,鸭的腔上囊呈指状。幼鸟特别发达,随着性成熟逐渐退化,一年左右消失不见。腔上囊的黏膜形成若干纵行的皱褶。黏膜上皮下的疏

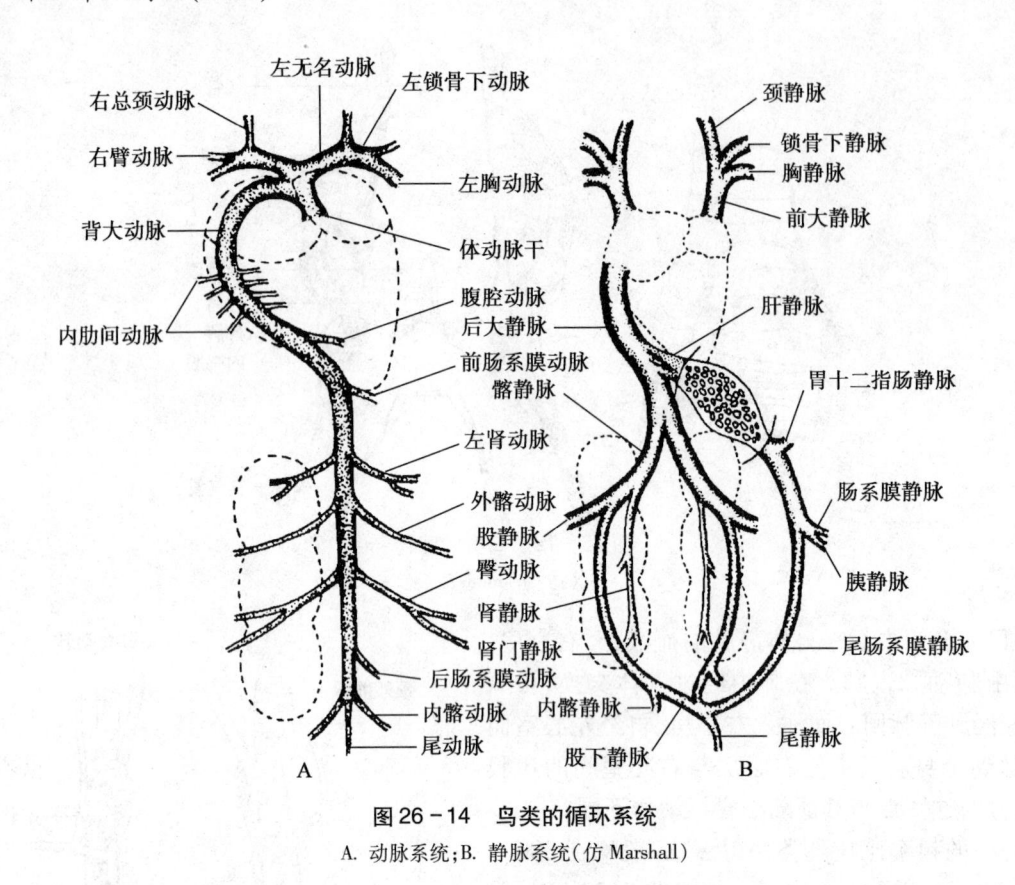

图 26-14 鸟类的循环系统
A. 动脉系统；B. 静脉系统（仿 Marshall）

松结缔组织中充满大量淋巴小结。由它产生的淋巴球分布到脾和淋巴结中，在抗原刺激下可变为浆细胞，产生抗体。胸腺（thymus gland）也是鸟类重要的淋巴器官，它和腔上囊被认为是淋巴组织起免疫作用的反应中心。在幼鸡，胸腺明显，为1对长索位于气管两侧，延伸达颈部全长，此后则分为若干叶；到性成熟后，胸腺由前向后发生退化。脾位于腺胃和肌胃交界处的背侧，呈圆棱的四面体，红褐色。具有产生淋巴球、单核球的机能，衰老的红细胞多在脾中崩解，被脾内的吞噬细胞吞噬，使红细胞内的血红素和铁质得到回收，再用于造血。脾也是一个免疫反应的外周器官。

（八）排泄系统

鸟类的肾与爬行类的近似，胚胎期为中肾，成体行使泌尿功能的为后肾。鸟肾的相对体积比哺乳类的大，可占体重的2%以上。肾小球的数目比哺乳类的多两倍，这对于在旺盛的新陈代谢过程中，能迅速排除废物、保持渗透压平衡是有利的。肾经输尿管开口于泄殖腔（图 26-18A、B）。

鸟类的肾通常由头、中和尾3个肾叶组成，左右成对（图 26-18A、B）。每一肾叶含有众多的、外观成梨形的肾小叶，各肾小叶外环包以肾门静脉所发出的小静脉和肾的收集管。肾小叶中央有中央静脉与外周的小静脉借毛细血管相通连（图 26-15）。肾小叶动脉位于中央静脉附近，其分支形成肾小球和出肾小动脉。这种结构与哺乳类不同，显示二者没有同源关系。

鸟类与爬行类的尿大都由尿酸构成的，而不是哺乳类的尿素。在这一点上，鸟类与爬行类很相似，其结果都能减少体内水分的散失。再加上成鸟的肾小管和泄殖腔都具有重吸收水分的功能，所以鸟类排尿失水极少。鸟类不具膀胱，所产的尿连同粪便随时排出体外，这种排泄方式也是减轻体重的一种适应。新近的研究显示，鸟尿含有多种成分，绝大部分并非由尿酸构成。海鸟具特别的盐腺参与盐水平衡的调节。盐腺位于眼眶上部，开口于鼻间隔。它能分泌出比尿的浓度高很多的 NaCl 溶液，借以把进入体内的海水所带来的盐分排出，维持正常的渗透压。一些沙漠中生活的鸟类以及隼形目的鸟类，其盐腺也有调节渗透压的功能，使之能在缺乏淡水、蒸发失水较高以及食物中盐分高的条件下生存。

与其他羊膜动物一样，鸟类也面临着保存体内水分的问题。由于鸟类皮肤干燥、缺乏腺体，体表覆有角质羽毛及鳞片，这些都能减少体表水分的蒸发。加之排尿及排粪中所失水分很少，因而水的需求量比其

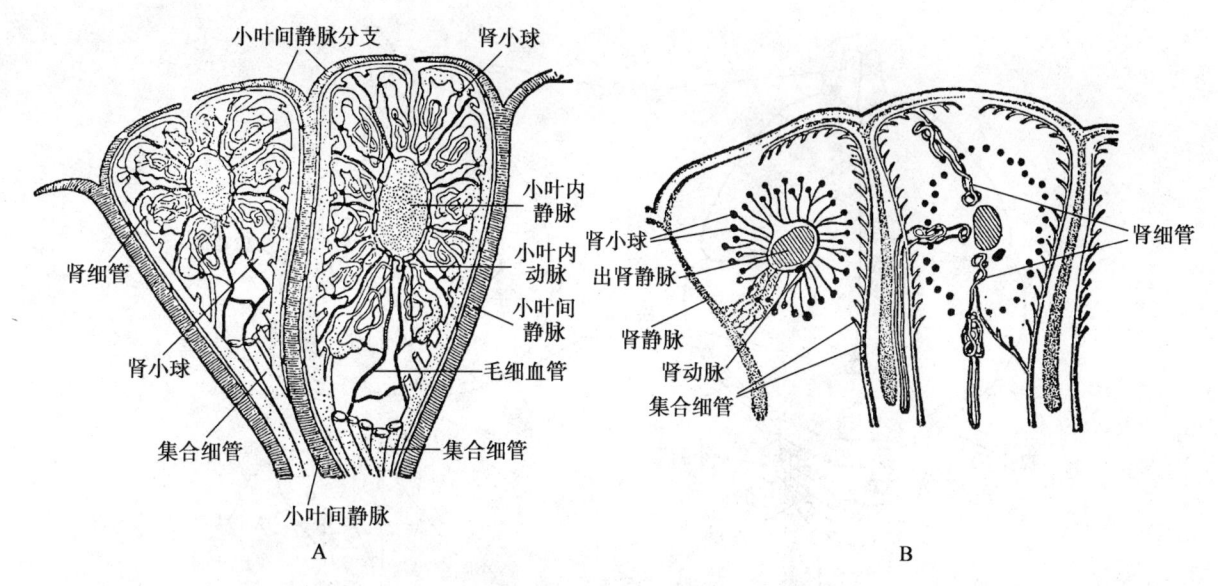

图 26-15　鸟类肾的基本结构
A. 鸟肾的小叶结构；B. 鸟类肾单位及血脉分布（仿 Grasse）

他陆生动物要少很多。但仅依靠食物中的水分并不能满足鸟类的需要。大量的实践证明，供水是家禽成活的关键之一。这主要是由于呼吸所蒸发的水量，以及高温时水的蒸发冷却作用。对哀鸽（*Zenaida macroura*）的实验发现，在 39℃条件下，每天的饮水量为在 23℃时的 4 倍，在高温下 24 小时不给水可使体重减轻 15%，但一经饮水，几分钟之内就可恢复体重。这种对水的要求，在荒漠地区的鸟类尤为明显，它们常常集成大群迁飞来寻找水源。

（九）神经系统和感觉器官

1. 脑及脑神经

鸟类的脑在很多方面像爬行类（图 26-16），而与哺乳类有很大不同。例如，鸟类的大脑皮层不发达。大脑和小脑的表面都比较平滑，缺乏许多皱褶（脑沟及脑回）。鸟类的嗅叶退化，大脑的顶壁很薄，但底部十分发达，称为纹状体（striatum corpora）。纹状体是鸟类复杂的本能活动和"学习"的中枢。鸟类的间脑由上丘脑、丘脑和丘脑下部 3 部分构成，其中丘脑下部（也叫下视丘）（hypothalamus）构成间脑的底壁，为体温调节中枢并节制植物性神经系统。丘脑下部还对脑下垂体的分泌有着关键性的影响，通过脑下垂体的分泌而激活其他内分泌腺。鸟类的中脑接受来自视觉以及一些低级中枢传入的冲动，构成比较发达的视叶。小脑比爬行类发达得多，为运动的协调和平衡中枢。

鸟类有 12 对脑神经。但第Ⅺ对（副神经）不甚发达，且对这一对神经是否存在曾有争议，直至 1965 年方证明其存在。

2. 感觉器官

鸟类的感觉中以视觉最为发达，听觉次之，嗅觉最为退化。这些特点都是与飞行生活有密切联系的。视觉为飞翔定向的主要器官。

鸟眼的相对大小比其他所有脊椎动物都大，大多数外观呈扁圆形，为扁平眼；鹰类的眼球为球状，鸮的为筒状。眼球最外壁为坚韧的巩膜，其前壁内着生有一圈覆瓦状排列的环形骨片，称巩膜骨（sclerotic ring），构成眼球壁的坚强支架，使鸟类在飞行时不致因强大的气流压力而使眼球变形。在后眼房内的视神经背方伸入一个具有色素的、多褶的和富有血管的结构，称为栉膜（pecten）（图 26-17A），它在演化上与爬行类眼内的圆锥乳突（conus papillaris）同源，确切的功能尚不清楚，一般认为有营养视网膜的功能，并可借体积的改变而调节眼球内的压力；也有一些证据指明它可在眼内构成阴影，减少日光造成的目眩。

与爬行类相似，鸟眼的晶体调节肌肉也是横纹肌，这一点与鱼类和哺乳类不同。通过横纹肌调节晶体有利于飞行中迅速聚焦。眼球的前巩膜角膜肌（anterior sclerocorneal muscle）能改变角膜的屈度，后巩膜角膜肌（posterior sclerocorneal muscle）能改变晶体的屈度，因此，它不仅能改变晶体的形状以及晶体与角膜间

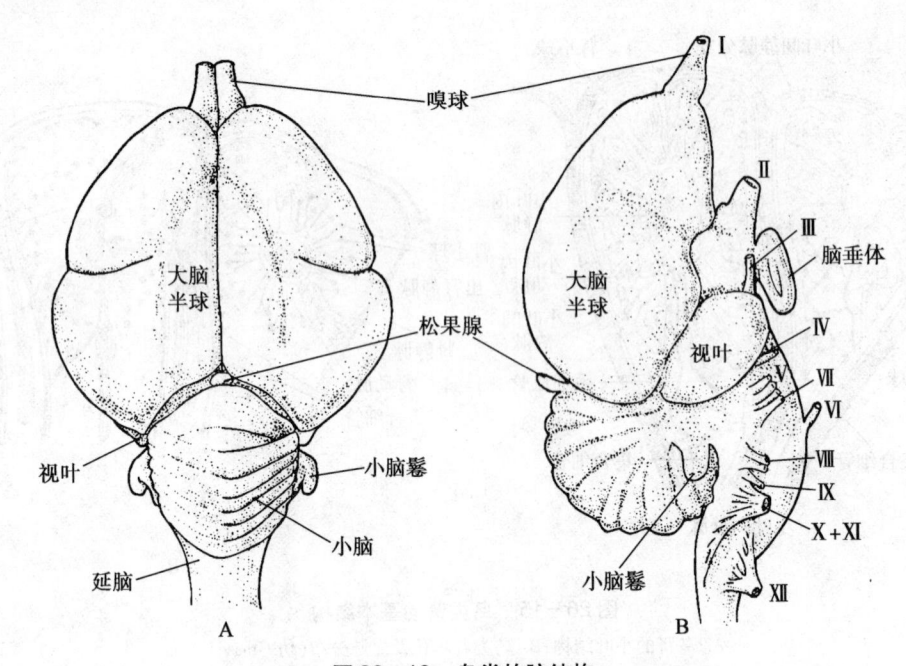

图 26-16　鸟类的脑结构
A. 背面观；B. 侧面观（罗马字母示脑神经编号）（仿 Romer）

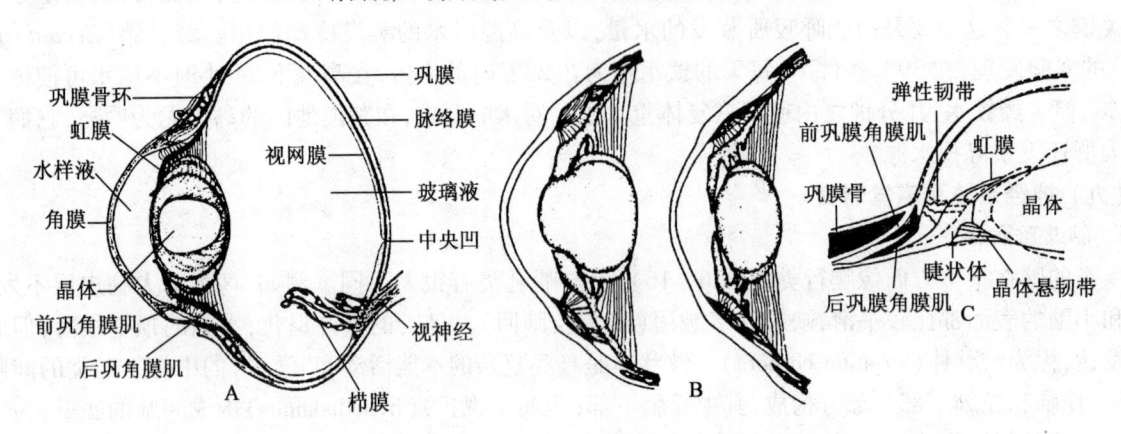

图 26-17　鸟类眼的结构与视觉调节
A. 鸟眼的结构；B. 鸟眼从近视（左）调至远视（右）；C. 眼球的调节肌

的距离（图 26-17C），而且还能改变角膜的屈度，称为双重调节。鸟类的虹彩呈黄、褐及黑色。虹彩肌也是横纹肌，与哺乳类不同。潜水鸟类在水下时，能借虹彩肌的收缩来压迫晶体前部，协助调焦。

由于鸟类具有这种精巧而迅速的调节机制，使其能在一瞬间把扁平的"远视眼"调整为"近视眼"（图 26-17B），鹰类的眼球甚至可被调节成筒状，这是飞翔生活所必不可少的条件。鹰在高空中能察觉田地内的鼠类，并在数秒内俯冲抓捕，其视力较人的大 8 倍；燕子在疾飞中能追捕飞虫，这些都与具有良好的视力调节能力分不开。

鸟类的听觉器官基本上似爬行类，具有单一的听骨（耳柱骨）和雏形的外耳道。夜间活动的种类，听觉器官尤为发达。

大多数鸟类鼻腔内具有 3 个鼻甲（nasal concha），但嗅觉退化，一般认为这也是飞行生活的产物。少数种类（如兀鹫）的嗅觉相当发达，已成为一种嗅觉寻食的定位器官。

（十）内分泌系统

鸟类的主要内分泌腺有脑下垂体、甲状腺、甲状旁腺、后鳃腺、肾上腺、胰岛、性腺、松果腺和胸腺。

脑下垂体位于间脑的腹面，视神经交叉之后，由漏斗与间脑相联。可以分为前叶和后叶两部分，前叶又称腺垂体（adenohypophysis），在发生上来源于口腔顶部的上皮；后叶又称神经垂体（neurohypophysis），发生上是由间脑的底部向下突起而形成。

垂体前叶分泌多种激素(如生长激素、促甲状腺激素、促肾上腺皮质激素、促性腺激素等),这些激素可以调节其他内分泌腺的活动,从而影响机体的生长发育、新陈代谢和生殖活动。促性腺激素能促进雌鸟卵巢中卵细胞的发育、成熟和排卵,并促进雌激素的分泌。外界因素,如光线,通过眼睛和神经系统,可以促进脑下垂体促性腺激素的分泌。因此,用人工控制光照时间的长短,就有可能影响母鸡的产蛋时间和产蛋量。

垂体后叶释放的加压素和催产素有增高血压、抗利尿和刺激输卵管平滑肌收缩的作用。实际上,上述两种激素并非后叶产生,而是由丘脑下部神经核所产生。产生的激素沿丘脑下部垂体束进入垂体后叶,积累于神经末梢处,当需要时才释放到血液中。

甲状腺1对,为暗红色的椭圆形体,位于胸腔入口处气管的两侧、颈动脉旁(图26-13)。甲状腺分泌的激素有甲状腺素和三碘甲状腺素,它们都是一些含碘的蛋白质,其生理作用包括促进机体的生长发育和新陈代谢,以及促进换羽和羽毛的生长。

甲状旁腺在胚胎时期有4个,每边2个,1大1小,成年后大小两叶通常合并,包在一个共同的结缔组织被囊里,位于甲状腺后端,大致呈暗褐色(图26-13)。甲状旁腺分泌甲状旁腺素,能调节机体的钙和磷的代谢,使动物体内维持一定的血钙、血磷水平,对于鸟类骨的生长和雌鸟的蛋壳形成有重要意义。

后鳃腺是1对2~3 mm的小腺体,呈血红色或淡红色,位于甲状旁腺的后面,靠近颈动脉和锁骨下动脉的发出处。其大小和位置在不同个体有相当程度的变化。后鳃腺分泌降钙素(calcitonin),其作用在于调节血浆中钙离子的浓度。

肾上腺为1对黄褐色或紫红色的小腺体,位于两肾前叶的前方,在雄鸟与副睾相连接(图26-18A),在雌鸟,左肾上腺与卵巢相连接。肾上腺分泌肾上腺皮质激素和肾上腺素。肾上腺皮质激素维持机体的正常新陈代谢,调节水盐平衡;肾上腺素则可以升高血糖、加速心跳、升高血压。产蛋母鸡受到惊扰而出现防御性反应时,肾上腺素分泌增多,刺激卵巢和输卵管内血液的转移,则有造成突然停产的可能。

鸟类的胰除能分泌通过胰管送入小肠的胰液之外,还有内分泌的机能。胰内有散在的胰岛细胞团,它们属于内分泌腺。鸡的胰岛分泌两种激素,一种是胰岛素,另一种为胰高血糖素。胰岛素促使血中的葡萄糖转化为糖原;胰高血糖素可以促使血糖浓度升高。

松果腺为一钝圆锥形小腺体,淡红色,位于大脑背侧和小脑之间的三角地带(图26-16)。松果腺分泌许多种物质,其中一种称为降黑色素(melatonin)的化学物质,具有激素作用,可以使鸡的生殖腺延迟发育。

睾丸产生的雄性激素是由精小管之间的间质细胞所分泌;卵巢产生的雌性激素是由卵泡上皮细胞所分泌。鸟类的第二性征,例如冠的大小、被羽的色泽和结构、鸣声和性情等,都受到性激素的控制。

(十一) 生殖系统

鸟类生殖腺的活动存在着明显的季节性变化。在繁殖期生殖腺的体积可增大几百倍到近千倍。一般认为这也与适应飞翔生活有关。

1. **雄性生殖系统**

鸟类的雄性生殖系统基本上与爬行类的相似,具有成对的睾丸和输精管,输精管开口于泄殖腔(图26-18A)。鸵鸟和雁鸭类等的泄殖腔腹壁隆起,构成可伸出泄殖腔外的交配器,起着输送精子的作用。在某些鹳形目及鸡形目等鸟类,还残存着交配器的痕迹。这些都可以作为鉴别雌雄性别的标志。但大多数鸟类均不具交配器官,借雌雄鸟的泄殖腔口接合而受精。鸟类的精子在泄殖腔和输卵管内存活寿命比哺乳类长,例如将雌家鸭与雄鸭隔离之后,第一周产64%受精卵,第3周为3%,最后一枚受精卵在第17天产出。

2. **雌性生殖系统**

绝大多数雌鸟仅具单侧(左侧)有功能的卵巢,右侧卵巢退化(图26-18B)。但某些鹰类(尤其是雀鹰、鹞和隼)雌鸟有半数个体具有成对的卵巢。一侧卵巢退化,通常认为与产生大型具硬壳的卵有关。成熟卵通过输卵管前端的喇叭口进入输卵管。受精作用发生于输卵管的上端。受精卵在输卵管内下行的过程中,依次被输卵管壁所分泌的蛋白(albumen)、壳膜和卵壳所包裹。卵在输卵管中移动时,由于管壁肌肉

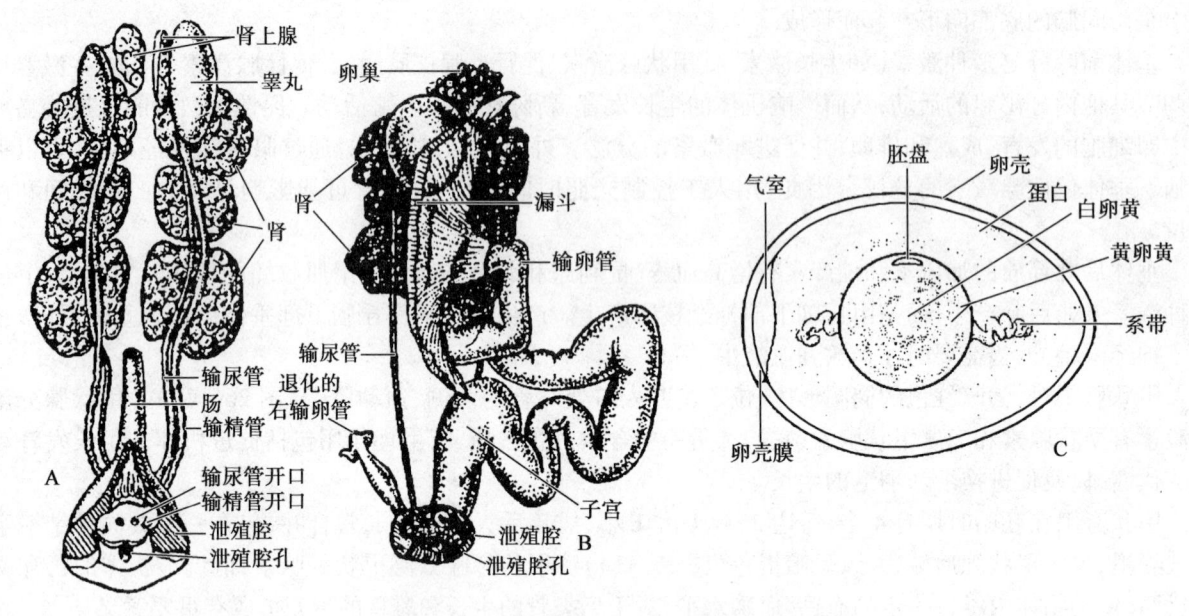

图 26-18 鸟类的泄殖系统及卵的基本结构
A. 雄性系统；B. 雌性系统；C. 卵的基本结构（仿 Romer）

的蠕动而旋转,逐渐被包裹以均匀的蛋白层,两端稠蛋白层随着扭转而成系带(图 26-18C)。被系带所悬挂着的卵黄,由于重力关系而使胚盘永远朝上,利于孵化,这是一种重要的生物学适应。卵壳为 $CaCO_3$ (89%~97%)及少数盐类和有机物构成,其表面有数千个小孔,以保证卵在孵化时的气体交换。很多鸟类的卵壳上有各种颜色和花纹,它们是由输卵管最下端管壁的色素细胞在产卵前 5 小时左右所分泌的色素形成。卵最后经泄殖腔排出。

幼鸟的输卵管为白线状,产过卵的输卵管虽也萎缩,但上下端的直径不等。此特点可作为野外鉴定鸟类年龄的依据。

光线能刺激家禽提早产蛋以及在秋冬季产更多的蛋。已知一些野禽,如环颈雉、黄腹角雉、麻雀,也对光照刺激有反应,而另一些种类则不敏感。增大光照能促进"光敏"鸟类的运动和进食,另外还通过脑下垂体分泌激素刺激卵巢。12~14 小时光照对脑下垂体分泌和产卵的刺激最大。

第二节 鸟类的繁殖、生态及迁徙

一、鸟类的繁殖

鸟类繁殖具有明显的季节性,并有复杂的行为,例如占区、筑巢、孵卵及育雏等,这些都是有利于后代存活的适应。

鸟类的性成熟大多在出生后一年,但不同种类的性成熟时间存在很大差异。多数鸣禽及鸭类通常不足一岁就达到性成熟;少数热带地区食谷鸟类的幼鸟经 3~5 个月即可繁殖;信天翁及兀鹰迟至 9~12 年性成熟。性成熟的早晚一般与鸟类的年死亡率相关;死亡率愈低的,性成熟愈晚,每窝所繁殖的雏鸟数也少。

大多数鸟类的配偶关系维持到繁殖期终了、雏鸟离巢为止。少数种类为终生配偶。在全部鸟类中,有 2% 科和 4% 亚科鸟类是一雄多雌;约 0.4% 科及 1% 亚科鸟类是一雌多雄;其余大多为一雄一雌。

普通鸟类每年繁殖一窝(Brood),少数如麻雀、文鸟及家燕等,一年可繁殖多窝。在食物丰富、气候适宜的年份,鸟类繁殖的窝数和每窝的卵数均可增多。一些热带地区的食谷鸟类甚至几乎终年繁殖。

在外界条件作用下,通过神经内分泌系统的调节,鸟类出现了性腺的发育和繁殖行为。每年春季,光照、环境及景观等条件的变化,将通过鸟类的感官作用于神经系统丘脑下部的睡眠中枢,使鸟类处于兴奋状态。位于丘脑下部的神经分泌神经元(肽能神经元)向脑下垂体门静脉内分泌释放因子(RF),从而引起脑下垂体分泌。脑下垂体所分泌的卵泡刺激素(FSH)和黄体生成素(LH)促使卵巢的卵细胞发育并分泌性激素,进而使生殖细胞成熟并出现一系列的繁殖行为。同时,甲状腺分泌的甲状腺素在脑下垂体所分泌的促甲状腺激素(TSH)的作用下,增进了有机体的代谢活动,提高了生殖行为的敏感性。而肾上腺所分泌的肾上腺素在脑下垂体所分泌的促肾上腺皮质激素(ACTH)的促进下,提高了有机体对外界刺激的应激能力,有利于完成与繁殖有关的迁徙等行为。昼夜节律(circadian rhythm)的体内生物钟对繁殖周期活动也有影响。在整个繁殖周期内,鸟类通过感官作用于神经内分泌系统,不断地强化着其性周期的生理活动和行为,如雄鸟的求偶炫耀、交配、筑巢和孵卵等一系列活动。

鸟类出现的一系列繁殖行为都是在每年进入繁殖季节以后,随着性腺的发育而进行的;在雏鸟成长离巢后,秋季来临,亲鸟开始换羽并陆续离开营巢地点,飞往适宜的地区越冬。

(一)占区或领域

鸟类在繁殖期常各自占有一定的领域(territory),不许其他鸟类(尤其是同种鸟类)侵入,称为占区现象,所占有的一块领地称为领域。占区、求偶炫耀(courtship display)以及配对(pair formation)是有机地联系在一起的,占区成功的雄鸟也是求偶炫耀的获胜者。

占区的生物学意义主要有:保证营巢鸟类能在距巢最近的范围内,获得充分的食物供应;调节营巢地区内鸟类种群的密度和分布,利于自然资源被有效地利用;保持合理的分布密度,可减少传染病的散布;减少其他鸟类对生殖活动和行为的干扰;对附近参加繁殖的同种鸟类起着社会性的兴奋作用。

领域的大小可从数平方公里(如鹰、鹗、鹭、和雪鸮)到数百平方公里(如雷鸟)。领域大小是可变的,在营巢的适宜地域有限、种群密度相对较高的情况下,领域可被其他鸟类"压缩"或"分隔"而缩小。人类活动也可致使营"独巢"的鸟类被迫压缩其领域,而成"松散的群巢";再进一步压缩,则形成"群巢"。

鸟类在占区和营巢过程中,雄鸟常伴以不同程度和形式的求偶炫耀。终日在领域内鸣叫(尤以雀形目最为突出)。求偶炫耀和鸣叫都是使繁殖活动得以顺利进行的本能活动,使神经系统和内分泌腺处于积极状态,激发异性的性活动,从而使两性的性器官发育和性行为的发展处于同步(synchronize)。求偶炫耀对于两性的辨认(特别是雌雄同型鸟类)是极为重要的。由于求偶炫耀在鸟类中存在着种的特异性,因而对于亲缘关系较近的不同种鸟类,求偶炫耀还起着避免种间杂交的生物学隔离机制作用。求偶炫耀活动衰退,或被领域附近的新的"入侵者"所超过时,会使得繁殖进程中断。

(二)筑巢

绝大多数鸟类均有筑巢行为(nest-building)。低等种类仅在地表凹穴内放入少许草、茎叶或毛;高等种类(雀形目)则以细枝、草茎或毛、羽等编成各式各样精致的鸟巢。鸟巢具有的功能包括:使卵不致滚散,能同时被亲鸟所孵化;保温以及使孵卵成鸟、卵及雏鸟免遭天敌伤害。鸟类营巢可分为"独巢"和"群巢"两类。大多数鸟类均为独巢或成松散的群巢。群巢在岛屿及人迹罕见的地区最为常见,其中如各种海鸟、鸥类、鹭类、雨燕类及某些鸦科鸟类。

我国常见的鸟巢,依其结构特点可有多种类型(图26-19)。

1. 地面巢:低等地栖或水栖鸟类(如鸵鸟、企鹅以及大部陆禽、游禽、涉禽)的巢式。巢的结构简陋,卵色与环境极相似,孵卵鸟类也具同样的保护色。

2. 水面浮巢:某些游禽及涉禽能将水草弯折并编成厚盘状,可随水面升降。

3. 洞巢:一些猛禽、攀禽及少数雀形目鸟类产卵于树洞或其他裂隙内。洞穴的位置、结构与鸟类的生活习性有密切关系。其中较低等的种类都不再附加巢材,产白色卵。雀形目洞巢种类则会在洞内置复杂的巢材,卵色也多样,为一种后生的特化现象。

4. 编织巢:以树枝、草茎或毛、羽等编织的巢。低等种类(如鸠鸽目、鹭类、猛禽)的巢型简陋。雀形目鸟类则能编成各种型式(皿状、球状、瓶状)的精致鸟巢。在我国,典型的鸟类有织布鸟(*Ploceus philippinus*)和缝叶莺(*Orthotomus sutorius*)。

受人类活动的影响,有不少鸟类(特别是洞巢鸟类)已转为在建筑物上营巢。

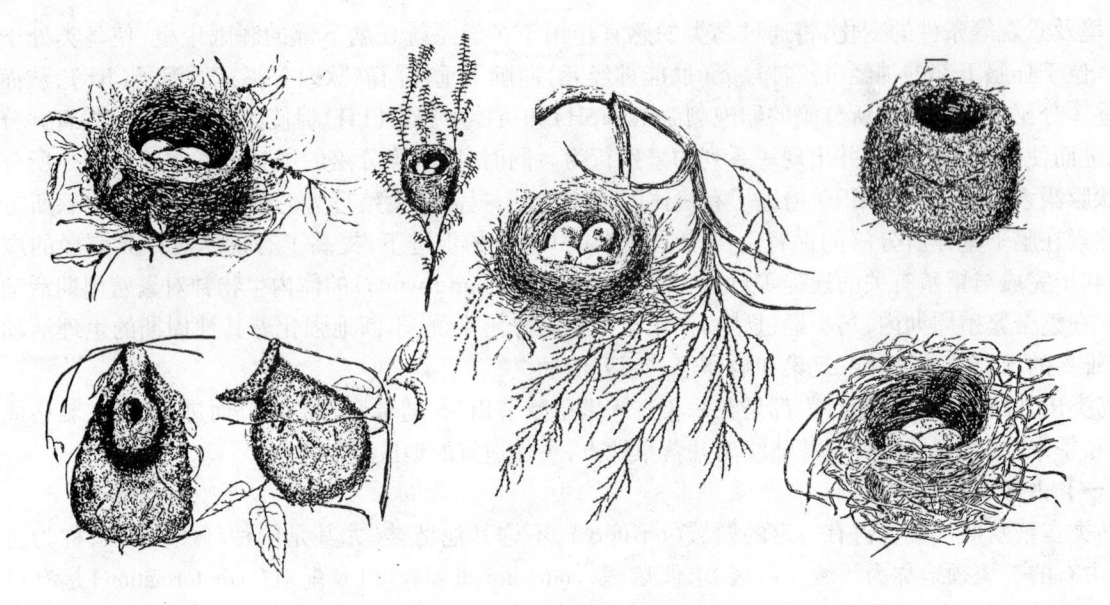

图 26-19　鸟类的各种类型巢

(三) 产卵与孵卵

卵产于巢内并加以孵化(incubation)。卵的形状、颜色和数目以及卵壳的显微结构、蛋白电泳特征在同一类群间常常是类似的,卵的特征可以反映出不同类群之间的亲缘关系,从而可作为研究分类的依据。

鸟类在巢内所产的满窝卵数目称为窝卵数(cluth)。窝卵数在同种鸟类是稳定的。一般说来,对卵和雏的保护愈完善、成活率愈高的种类,窝卵数愈少。就同一种鸟而言,热带的比温带的产卵少;食物丰盛年份的产卵数多。此外,窝卵数也与孵卵亲鸟腹部的孵卵斑所能掩盖的数目有关。窝卵数是自然选择的结果。

鸟类中存在着定数产卵(determinate layer)与不定数产卵(indeterminate layer)两种类型。定数产卵是在每一繁殖周期内只产固定数目的窝卵数,如有遗失亦不补产,例如鸠鸽、鲱鸥、环颈雉、喜鹊和家燕等。不定数产卵是在未达到其满窝卵的窝卵数以前,遇有卵遗失即补产一枚,雌鸟的排卵活动始终处于兴奋状态,直至产满其固有的窝卵数为止,已知一些企鹅、鸵鸟、鸭类、鸡类、一些啄木鸟以及一些雀形目鸟类均有此特性。饲养卵用家禽就是利用了鸟类的这种特性。

孵卵大多由雌鸟担任,如伯劳、鸭及鸡类等;也有的由雌雄轮流孵卵,如黑卷尾、鸽、鹤及鹳等;少数种类为雄鸟孵卵,如鸸鹋和三趾鹑等。雄鸟担任孵卵者,其羽色暗褐或似雌鸟。多数种类参与孵卵的亲鸟腹部均具有孵卵斑。孵卵斑有单个的、两个侧位的以及一个中央和两个侧位的。

孵卵时,鸟卵的温度一般为 34.4~35.4 ℃。在孵卵早期,卵外温度高于卵内温度;至胚胎发育晚期,卵内温度略高于卵外温度。

每种鸟类的孵卵期通常是稳定的,一般大型鸟类的孵卵期较长,小型鸟类孵卵期短。

(四) 育雏

胚胎发育完成后,雏鸟借嘴尖部临时着生的角质突起——"卵齿"将壳啄破而出。依据发育的程度不同,鸟类的雏鸟分为早成雏(precocial)和晚成雏(altricial)。雏鸟的早成性或晚成性是长期自然选择的结果。

早成雏在孵出时已充分发育,被有密绒羽,眼已张开,腿脚有力,待绒羽干后,即可随亲鸟觅食,大多数地栖鸟类和游禽属此类。早成雏是地栖种类提高成活率的一种适应性。尽管如此,早成雏的卵和雏的死亡率都比晚成雏高得多,故产卵数目也多。

晚成雏出壳时尚未充分发育,体表光裸或微具稀疏绒羽,眼不能睁开。需由亲鸟衔食饲喂一定阶段,在巢内完成后期发育,方能逐渐独立生活,雀形目和攀禽、猛禽以及一部分游禽属此类。一般而言,凡筑巢隐蔽而安全,或亲鸟凶猛足以卫雏的鸟类,其雏鸟多为晚成雏。

晚成雏的发育一般呈"S"型生长曲线：从早期的器官形成和快速生长期，过渡到物质积累和中速生长期，至晚期的物质消耗大于积累生长期。在雏鸟发育早期，尚缺乏有效的体温调节机制，需依靠亲鸟的伏巢维持雏鸟的体温。随着雏鸟内部器官的发育，产热和神经调节机制的完善以及羽衣（体温覆盖层）的出现，而转变为恒温。

由于短时期内亲鸟的持续饲喂，导致雏鸟体内脂肪积累，使得很多种晚成雏在离巢前的体重会超过成鸟。这种现象有助于雏鸟渡过由于外界因素所导致的食物短缺，为离巢前的飞羽、肌肉等的生长提供较充分的能量。

晚成雏鸟类育雏期的食量很大，主要以昆虫为主食。

二、鸟类的迁徙

迁徙（Migration）并非鸟类所特有的本能活动。虽然某些节肢动物（如东亚飞蝗）和其他类群脊椎动物中的某些种类也存在着季节性的长距离更换栖息地的现象，但在动物迁徙的研究中，鸟类的迁徙是最普遍和最引人注目的，并一直是鸟类学研究的重要课题之一。

根据迁徙活动的特点，鸟类可分为留鸟（resident）和候鸟（migrant）。留鸟终年留居在出生地（繁殖区），不出现迁徙，常见的有麻雀和喜鹊等。候鸟则在春、秋两季，沿着固定的路线，往返于繁殖区与越冬区域之间，我国常见的很多鸟类就属于候鸟。候鸟又可分为夏候鸟（summer resident）和冬候鸟（winter resident），其中夏季北上繁殖，冬季南去的鸟类称夏候鸟，常见的有家燕和杜鹃；冬季飞来越冬、春季北去繁殖的鸟类称冬候鸟，典型的有大雁。另外，还有些仅在春秋季节规律性地从我国某地路过的鸟类被称为旅鸟。鸟类的迁徙大多发生在南北半球之间，而东西方向间则较少。

严格的说，现今所说的留鸟，有不少种类秋冬季节具有漂泊或游荡的性质，以获得适宜的食物供应，这种鸟也被称为漂鸟（wanderer）。

（一）迁徙的原因

引起鸟类迁徙的原因非常复杂，至今也尚无明确的结论。大多数鸟类学家认为：鸟类的迁徙主要是对冬季不良的食物条件的一种适应，以寻求较丰富的食物供应，特别是那些以昆虫为食的种类最为明显。还有一种观点则认为：北半球夏季的长日照使得亲鸟可以有更多的时间来捕捉昆虫喂养雏鸟。这两种观点都有一定的说服力，但还不能完全解释鸟类迁徙所出现的各种复杂现象。

对于鸟类迁徙的起源，也存在着两种互相对立的假说观点。观点一认为：现今的繁殖区是候鸟的故乡，冰川到来时迫使它们向南退却，但遗传的保守性促使这些鸟类于冰川退缩后重返故乡，如此往返不断而形成迁徙本能。观点二则认为：现今的越冬区是候鸟的故乡，由于大量繁殖，迫使它们扩展分布到冰川退却后的土地上去，但遗传保守性促使这些鸟类每年仍返回越冬区（故乡）。由于这两种观点都与地球历史上的冰川期有关，故也被认为冰川说。但冰川说并不能解释为什么有些鸟类不迁徙，且冰川期（第四纪更新世）仅占整个鸟类历史的百分之一，因而它对鸟类遗传性的影响终究是有限的，所以也还不能排除在冰川期以前鸟类即已存在着迁徙的事实。

（二）迁徙的诱因

对于鸟类迁徙的诱因，也曾有不少假说加以解释，其中包括光照、食物、气候以及植被外貌的改变，都可引起迁徙活动。现代的实验表明：光照条件的改变，可通过视觉、神经系统而作用于鸟类间脑下部的睡眠中枢，引起鸟类处于兴奋状态。光刺激还增强了脑下垂体的活动、促进性腺发育和影响甲状腺分泌，增强机体的物质代谢，进一步提高对外界刺激的敏感性，从而引起迁徙。

应该明确的是：鸟类迁徙是种类遗传性所决定并在多种条件刺激下引起的连锁性反射活动。

（三）迁徙的定向

迁徙的最显著特点是，每一物种均有其较固定的繁殖区和越冬区，它们之间的距离从数百到数千公里不等。大量的研究表明：很多鸟类次年春天可返回原巢繁殖。即使是人为干预使实验鸟类远离迁徙路线，它们仍有能力返回原栖地。那么，鸟类究竟依靠什么来定向就成了一个极有意思的科学问题。不同的学者利用各种手段和技术对此问题进行了探讨，并提出很多假说。这些假说包括训练和记忆假说、视觉定向

(visual orientation)假说、天体导航(celestial navigation)假说和磁定向(magnetic orientation)假说。最近,利用人造地球卫星遥测遥感技术获取的大量资料表明,鸟类在一定的地理条件下,能依靠气象条件(主要为季风)来选择迁徙方向,并借助风力进行迁徙。所有这些研究结果和相关的假说,还均处于探索阶段。因此,要想彻底揭示鸟类迁徙与定向之谜,还需深入研究。

(四) 研究迁徙的意义

对鸟类迁徙机制及其迁徙途径的研究在动物学理论上和实践上都有重要的意义。在理论上,除了能揭示鸟类迁徙本能的形成及其发展过程,为生物演化以及有机体与环境之间的复杂关系提供更为深入的资料外,研究成果对于其他动物类群的迁徙研究也有一定的参考价值。在实践上,可为经济鸟类有效地利用和控制提供理论基础,并为仿生学提供更广阔的研究领域和思路。

第三节 鸟纲的分类与多样性

鸟类形成后逐渐演化,渐趋复杂,形成越来越多的种类,据一般推测,第三纪中新世是鸟类的全盛时期,后来冰期来临,鸟类受到沉重的打击,种群衰退。据估计,历史上曾经存在过大约10万种鸟,而幸存至今的只有1/10。长期以来鸟纲被分为古鸟亚纲(Archaeornithes)和今鸟亚纲(Neornithes),在大量古生物学研究的基础上,特别是20世纪80年代以来,一个新的亚纲——反鸟亚纲(Enantiornithes)得以建立。3亚纲中,古鸟亚纲和反鸟亚纲均为化石种类。现存已知鸟类约9 900多种,都是今鸟亚纲成员。

一、古鸟亚纲

以始祖鸟(*Archaeopteryx lithographica*)为代表,见于距今1.45亿年前的晚侏罗纪地层中,迄今已报道的始祖鸟化石有10例,均产于德国巴伐利亚州索伦霍芬附近的印板石石灰岩内。1984年以来我国发现数具完整的古鸟化石,是德国以外的首次记录。

始祖鸟具有爬行类和鸟类的过渡形态。它与鸟类相似的特征:具羽毛;有翼;骨盘为"开放式";后肢具4趾、3前1后。同时始祖鸟又具有类似爬行类的特征:具槽生齿;双凹型椎体;有18~21枚分离的尾椎骨;前肢具3枚分离的掌骨,指端具爪;腰带各骨未愈合;胸骨无龙骨突;肋骨无钩状突(图26-20A、B)。

除了始祖鸟外,本纲还包括在我国辽西发现的孔子鸟(*Confuciusornis*)(图26-20C、D)。孔子鸟应产于早白垩世,比始祖鸟晚,较始祖鸟进步得多,已经有了角质喙,飞行能力也比始祖鸟强得多。

二、反鸟亚纲

个体一般较小,具尾综骨,嘴里多残存牙齿,胸骨发达,叉骨"V"形且具锁下突,其肩胛骨和乌喙骨的连接方式与现代鸟类的相反,具较强的飞行能力。反鸟类是中生代白垩纪分布最为广泛、种类和数量最为丰富的鸟类,在全世界各大陆几乎都有发现。早白垩世反鸟类主要发现于欧洲、亚洲和澳大利亚,而晚白垩世主要发现于北美、南美、欧洲、亚洲和非洲马达加斯加等地。反鸟类在晚白垩世末全部绝灭。中国目前已知的反鸟类化石均发现于早白垩世以辽西为中心的区域内及其邻区,以热河生物群及其相对应生物群中为主。如始反鸟(*Eoenantiornis*)、华夏鸟(*Cathayornis*)和中国鸟(*Sinornis*),被认为是现在鸟类的直接祖先。

三、今鸟亚纲

本亚纲也称新鸟亚纲,包括了白垩纪的化石鸟类和现存的全部鸟类。3块掌骨愈合成1块,且近端与腕骨愈合成腕掌骨。尾椎骨不超过13块,通常具尾综骨。胸骨较发达,少数为平胸,多数为突胸(具龙骨突起)。本亚纲可分为4总目,即齿颌总目(Odontognathae)、平胸总目(Ratitae)、企鹅总目(Impennes)和突胸总目(Carinatae),其中除齿颌总目为化石鸟类外,其余3个总目皆为现代鸟类。

图 26-20　鸟纲化石种类代表
A. 始祖鸟化石；B. 始祖鸟复原图；C. 孔子鸟复原图；D. 孔子鸟化石

对于本亚纲中现存种类的分类，国际上存在着两个系统，一个系统是目前鸟类学家们普遍接受的传统分类体系；另一个是利用 DNA 分子交杂技术对鸟类的系统演化和亲缘关系进行研究后提出的全新分类系统。在此体系中，Sibley 等对各种鸟类的分布提供了较好的解释，同一地区的鸟类多半被归在一起。此处的介绍还是采用了国际较为通用的分类体系。

（一）平胸总目

为较原始的一类。是现存体型最大的鸟类，适于奔走生活。翼退化、胸骨不具龙骨突起，不具尾综骨及尾脂腺，羽毛均匀分布（无羽区及裸区之分）、羽枝不具羽小钩（因而不形成羽片），雄鸟具发达的交配器官，足趾因适应奔走生活而趋于减少（2~3 趾）。现存种类分布限在南半球（非洲、美洲和澳洲南部）。本总目含 8 目，其中新颚目（Caenagnathiformes）、隆鸟目（Aepyornithiformes）和恐鸟目（Dinornithiformes）均已灭绝。

目 1. 鸵鸟目（Struthionformes）　是现代生存的最大的鸟类，体重大者达 135 kg，体高 2.5 m，卵重超过 1.3 kg。擅长奔跑，腿部裸露，只有两个脚趾。主要产于非洲，但在史前时期曾经出现在中国。如鸵鸟（*Struthio camelus*）（图 26-21A）。

目 2. 美洲鸵鸟目（Rheiformes）　3 趾，又被称作三趾鸵鸟，虽然不会飞，翼却比较发达。无副羽，尾羽缺。如美洲鸵（*Rhea americana*）（图 26-21B）。

目 3. 鹤鸵目（Casuariiformes）　足仅具 3 趾，均向前。翅退化。跗蹠被网状鳞。副羽发达，颈部被羽或裸出。如鸸鹋（*Dromaius novaehollandiae*）（图 26-21C）。

目 4. 无翼目（Apterygiformes）　颈部短。两翼退化，仅留痕迹。无尾部。嘴极长而朝下弯曲，鼻孔开口于嘴的尖端。仅产于新西兰。如褐几维鸟（*Apteryx australis*）（图 26-21D）。

目 5. 鹬形目（Tinamiformes）　翼短圆，具硬而弯曲的初级飞羽。胸骨具龙骨突。足 4 趾，后趾高位或缺。尾短。如红翅鹬（*Rhynchotus rufescens*）（图 26-21E）。

(二) 企鹅总目

为不会飞翔而擅长游泳和潜水的海洋鸟类,具有一系列适应潜水生活的特征。前肢鳍状,适于划水。具鳞片状羽毛(羽轴短而宽,羽片狭窄),均匀分布于体表。尾短。腿短而移至躯体后方,趾间具蹼,适应游泳生活。在陆上行走时躯体近于直立,左右摇摆。皮下脂肪发达,有利于在寒冷地区及水中保持体温。骨骼沉重而不充气。胸骨有发达的龙骨突,分布限在南半球。仅企鹅目(Sphenisciformes)1目,如王企鹅(*Aptenodytes patagonicus*)(图26-21F)。

图 26-21 鸟纲代表种类(一)
A. 鸵鸟;B. 美洲鸵;C. 鸸鹋;D. 褐几维鸟;E. 红翅鹀;F. 王企鹅

(三) 突胸总目

翼发达,善于飞翔,胸骨具龙骨突起。最后4~6枚尾椎骨愈合成1块尾综骨。具充气性骨骼。正羽发达,构成羽片,体表有羽区、裸区之分。雄鸟绝大多数均不具交配器官。根据其生活方式和结构特征,大致可分为6个生态类群,即游禽、涉禽、猛禽、攀禽、陆禽和鸣禽。本总目包括现存鸟类的绝大多数,分布遍及全球,总计约35个目,8 500种以上。我国所产的突胸总目鸟类有21目。

目1. 潜鸟目(Gaviiformes) 擅长潜水又不失飞翔能力,但行走笨拙。嘴直而尖。两翅短小。尾短,被复羽所掩盖。腿部粗壮。脚在体的后部,跗骨侧扁,前3趾间具蹼。雏鸟为早成鸟。如红喉潜鸟(*Gavia stellata*)(图26-22A)。

目2. 䴙䴘目(Podicipediformes) 中等大小的游禽,善于潜水。趾具分离的瓣状蹼。嘴短而钝。羽毛松软如丝,尾羽几为绒羽构成。在水面以植物茎叶营浮巢。如小䴙䴘(*Podiceps ruficollis*)(图26-22B)。

目3. 鹱形目(Procellariiformes) 又称信天翁目。大型海洋性鸟类。外形似海鸥,但体型粗壮(大者体长可近1 m)。嘴强大具钩,被多数角质片所覆盖。鼻孔呈管状;趾间具蹼。翼长而尖,善于翱翔。产卵于岸边的地上或洞穴中,有时卵下略垫以草叶。卵白色,每窝产1枚。两性均参加孵卵,孵卵期70~80天。雏鸟尚需哺育42天,为晚成鸟。如短尾信天翁(*Diomedea albatrus*)(图26-22C)。

目4. 鹈形目(Pelecaniformes) 大型游禽。4趾间具1个完整蹼膜(全蹼)。嘴强大具钩,并具发达的喉囊以适应食鱼的习性。如斑嘴鹈鹕(*Pelecanus philippensis*)、鸬鹚(*Phalacrocorax carbo*)、小军舰鸟(*Fregata minor*)及褐鲣鸟(*Sula leucogaster*)(图26-22D~G)。

目5. 鹳形目(Ciconiiformes) 大中型涉禽。栖于水边,涉水生活,嘴、颈及腿均长。胫部裸露。趾细长,4趾在同一平面上(这一点与鹤类不同)。雏鸟晚成。我国常见的有2类,即鹳与鹭。它们外形很相似,但前者中趾爪内侧不具栉状突,颈部不深曲缩成"S"型,如黑鹳(*Ciconia nigra*)及东方白鹳(*Ciconia boyciana*)(图26-22H、I);后者如大白鹭(*Egretta alba*)及苍鹭(*Ardea cinerea*)(图26-22J、K)。

图 26-22 鸟纲代表种类（二）

A. 红喉潜鸟；B. 小䴘；C. 短尾信天翁；D. 斑嘴鹈鹕；E. 鸬鹚；F. 小军舰鸟；G. 褐鲣鸟；H. 黑鹳；I. 东方白鹳；
J. 大白鹭；K. 苍鹭；L. 绿头鸭；M. 斑嘴鸭；N. 鸿雁；O. 豆雁；P. 天鹅

目 6. 雁形目（Anseriformes） 大中型游禽，为重要经济鸟类。嘴扁、边缘具有梳状栉板（有滤食功能），嘴端具加厚的"嘴甲"。腿后移，前 3 趾间具蹼。翼的飞羽上常有发闪光的绿色、紫色或白色的斑块，称为"翼镜"。气管基部具膨大的骨质囊，有助于发声时的共鸣。雄鸟具交配器官。尾脂腺发达。雏鸟孵出后不需哺育即能独立活动（早成鸟）。种类遍布于全世界，主要在北半球繁殖。多具有季节性的长距离迁徙的习性。如绿头鸭（*Anas platyrhynchos*）、斑嘴鸭（*A. poecilorhyncha*）、鸿雁（*Anser cygnoides*）、豆雁（*A. fabalis*）和天鹅（*Cygnus cygnus*）（图 26-22L~P）。

目 7. 隼形目（Falconiformes） 肉食性鸟类，体型多为大、中型。嘴具利钩以撕裂捕获物。脚强健有力，借锐利的钩爪撕食鸟类、小兽、蛙、蜥蜴和昆虫等动物。善疾飞及翱翔，视力敏锐。幼鸟晚成型。白昼活动。雌鸟较雄鸟体大。如红脚隼（*Falco vespertinus*）、黑耳鸢（*Milvus migrans*）、鹗（*Pandion haliaetus*）和秃鹫（*Aegypius monachus*）（图 26-23A~D）。

目 8. 鸡形目（Galliformes） 适应于陆栖步行的陆禽类。腿脚健壮，具适于掘土挖食的钝爪。上嘴弓形、利于啄食植物种子。嗉囊发达。翼短圆，不善远飞。雌雄大多异色，雄鸟羽色鲜艳，繁殖期间好斗，并有复杂的求偶炫耀。雏鸟早成。鸡形目为重要的经济鸟类，除肉、羽以外，还有很多种类为著名的观赏鸟，其中有不少是我国特产。如柳雷鸟（*Lagopus lagopus*）、花尾榛鸡（*Tetrastes bonasia*）、绿孔雀（*Pavo muticus*）、白鹇（*Lophura nycthemera*）、红腹锦鸡（金鸡）（*Chroysolophus pictus*）、环颈雉（*Phasianus colchicus*）、白冠长尾雉（*Syrmaticus reevesii*）、原鸡（*Gallus gallus*）、褐马鸡（*Crossoptilon mantchuricum*）、鹌鹑（*Coturnix coturnix*）、中华鹧鸪（*Francolinus pintadeanus*）和石鸡（*Alectoris chukar*）（图 26-23E~P）。

图 26-23　鸟纲代表种类（三）
A. 红脚隼；B. 黑耳鸢；C. 鹗；D. 秃鹫；E. 柳雷鸟；F. 花尾榛鸡；G. 绿孔雀；H. 白鹇；I. 红腹锦鸡；J. 环颈雉；
K. 白冠长尾雉；L. 原鸡；M. 褐马鸡；N. 鹌鹑；O. 中华鹧鸪；P. 石鸡

目9. 鹤形目（Gruiformes）　体型大小不等的涉禽。涉禽类的腿、颈、喙多较长，胫部通常裸露无羽，趾不具蹼或微具蹼，4趾不在一平面上（后趾高于前3趾）。鹤形目雏鸟为早成鸟。如丹顶鹤（*Grus japonensis*）、骨顶鸡（*Fulica atra*）和大鸨（*Otis tarda*）（图26-24A～C）。

图 26-24　鸟纲代表种类（四）
A. 丹顶鹤；B. 骨顶鸡；C. 大鸨；D. 金眶鸻；E. 白腰草鹬；F. 燕鸻；G. 红嘴鸥；H. 燕鸥；
I. 毛腿沙鸡；J. 原鸽；K. 山斑鸠；L. 珠颈斑鸠

目10. 鸻形目(Charadriiformes) 涉禽,多为中小型鸟类,种类很多,主要分布在北半球。体多为沙土色,奔跑快速。翼尖善飞。雏鸟为早成鸟。由于体色具有隐蔽性、能突然起飞而方向不定。如金眶鸻(*Charadrius dubius*)、白腰草鹬(*Tringa ochropus*)、燕鸻(*Glareola maldivarum*)(图26-24D~F)。

目11. 鸥形目(Lariformes) 海洋性鸟类,与鸻形目亲缘关系密切,但习性近于游禽。常栖息于水边捕食,又似涉禽。体羽大多为银灰色。翼尖长而善飞翔。前3趾间具蹼。雏鸟在形态上为早成鸟,但孵出后留巢待哺,习性似晚成鸟。巢置于地表,产2~4枚梨形卵,孵卵期约20天。如红嘴鸥(*Larus ridibundus*)和燕鸥(*Sterna hirundo*)(图26-24G、H)。

目12. 鸽形目(Columbiformes) 陆禽。嘴短,基部大多柔软。鼻孔外具有蜡膜。腿却健壮,4趾位于一个平面上。嗉囊发达,在育雏期能分泌鸽乳喂雏。雏鸟为晚成鸟。如毛腿沙鸡(*Syrrhaptes paradoxus*)、原鸽(*Columba livia*)、山斑鸠(*Streptopelia orientalis*)和珠颈斑鸠(*S. chinensis*)(图26-24I~L)。

目13. 鹦形目(Psittaciformes) 攀禽。第4趾后转(称对趾型)、嘴坚硬具利钩,上嘴能上抬,均有利于在树上攀援及掰剥种皮。大多营巢于树洞中。产白色近球形卵,孵卵21天。雏鸟为晚成鸟。为著名的观赏鸟类,如绯胸鹦鹉(*Psittacula alexandri*)和虎皮鹦鹉(*Melopsittacus undulatus*)(图26-25A、B)。

目14. 鹃形目(Cuculiformes) 攀禽。对趾型。外形略似小鹰,但嘴、爪不具钩。多数分布于欧亚大陆的种类为寄生性繁殖,将卵产于其他种类的鸟巢中。雏鸟为晚成鸟。如大杜鹃(俗称布谷鸟)(*Cuculus canorus*)和四声杜鹃(*C. micropterus*)(图26-25C、D)。

目15. 鸮形目(Strigiformes) 夜行性猛禽。除外形具备猛禽类特征以外,其外趾能后转成对趾型,以利攀援。两眼大而向前,眼周有放射状细羽构成的"面盘",有助于夜间分辨声响。听觉为夜间的主要定位器官,耳孔特大,耳孔周缘具皱襞或具耳羽,有利于收集音波。羽片柔软,飞时无声。营巢于树洞中,产白色球形卵1~7枚。雏鸟为晚成鸟。如长耳鸮(俗称猫头鹰)(*Asio otus*)(图26-25E)。

目16. 夜鹰目(Caprimulgiformes) 夜行性攀禽。前趾基部并合(称并趾型),中爪具栉状缘。羽片柔软,飞时无声。口宽阔、边缘具成排硬毛,适应于飞捕昆虫。体色与枯枝色相似,为白天潜伏时的保护色。不营巢,置1~2枚卵于地表,雏鸟为晚成鸟。如夜鹰(*Caprimulgus indicus*)和红点颏(红喉歌鸲)(*Luscinia calliope*)(图26-25F、G)。

目17. 雨燕目(Apodiformes) 小型攀禽。后趾向前(称前趾型);羽多具光泽。雏鸟为晚成鸟。如楼燕(北京雨燕)(*Apus apus*)和金丝燕(*Collocalia*)(图26-25H、I)。

目18. 咬鹃目(Trogoniformes) 攀禽。嘴短而宽,嘴尖稍曲。翅短而有力,尾长而宽阔。脚短弱,具异型足,第1、2趾向后,第3、4趾向前。被金属光泽的鲜艳羽毛,雌雄不同。树洞中营巢。雏鸟为晚成型。如红头咬鹃(*Harpactes erythrocephalus*)(图26-25J)。

目19. 佛法僧目(Coraciiformes) 攀禽。脚为并趾型。种类较多,形体各异。营洞巢,多为白色球形卵,雏鸟为晚成鸟。如翠鸟(*Alcedo atthis*)、戴胜(*Upupa epops*)和双角犀鸟(*Buceros bicornis*)(图26-25K~M)。

目20. 䴕形目(Piciformes) 又称啄木鸟目。攀禽。脚为对趾型。嘴形似凿,专食树皮下栖居的害虫(如天牛幼虫);尾羽的尾轴坚硬而富有弹性,在啄木时起着支架的作用。凿洞为巢,产3~5枚白色钝椭圆形卵。孵卵期10~18天,雏鸟为晚成鸟。如大斑啄木鸟(*Dendrocopos major*)(图26-26A)。

目21. 雀形目(Passeriformes) 鸣禽,占现存鸟类的绝大多数,约5400多种。体形大小不一,鸣管及鸣肌发达复杂,善于鸣叫。喙、翼变化甚大。嘴全部为角质,嘴基无蜡膜。腿较细短。足趾3前1后,后趾与中趾等长(称离趾型)。跗跖后部的鳞片愈合成1块完整的鳞板。大多营巢巧妙,雏鸟为晚成鸟。常有复杂的占区、营巢、求偶行为。本目为鸟类中最高等的类群,在鸟类演化史上较其他各目出现的晚,并处于剧烈的辐射演化阶段,种类繁多(多达64个科)。如百灵(*Melanocorypha mongolica*)、家燕(*Hirundo rustica*)、喜鹊(*Pica pica*)、秃鼻乌鸦(*Corvus frugilegus*)、画眉(*Garrulax canorus*)、黄眉柳莺(*Phylloscopus inornatus*)、大山雀(*Parus major*)、麻雀(*Passer montanus*)和燕雀(*Fringilla montifringilla*)(图26-26B~J)。

图 26-25 鸟纲代表种类（五）
A. 绯胸鹦鹉；B. 虎皮鹦鹉；C. 大杜鹃；D. 四声杜鹃；E. 长耳鸮；F. 夜鹰；G. 红点颏；H. 楼燕；
I. 金丝燕；J. 红头咬鹃；K. 翠鸟；L. 戴胜；M. 双角犀鸟

图 26-26 鸟纲代表种类（六）
A. 大斑啄木鸟；B. 百灵；C. 家燕；D. 喜鹊；E. 秃鼻乌鸦；F. 画眉；G. 黄眉柳莺；H. 大山雀；I. 麻雀；J. 燕雀

第四节　鸟类与人类

　　鸟类是人类最早进行驯化的动物类群之一，除了家鸡、家鸭、鹅、火鸡、珠鸡和鹌鹑等是早已通过对野生原祖的驯化成为了重要的动物蛋白质来源外，近年来，人们仍然在大力开展经济鸟类的研究和开发，并通过延伸产业链，扩大鸟类资源的利用率，提高产品的附加值。将有巨大经济价值和驯养繁殖前景的野生动物变为家养，不仅具有广阔的现实前景，同时也是保护和利用野生动物资源的一种途径。

　　鸟类在动物类群中是益处极大、害处极小的一个类群。它们是维护人类的生存环境以及生态系统稳定性的重要因素。鸟类在提供极大的生态效益和经济效益之外，对科学和社会文明的发展也有着重要的贡献。生物演化理论以及许多生物学和生态学的理论，都是先从鸟类学研究中揭示并进而在其他类群中得到验证的。鸟类在城市生态系统中的美化与点缀以及在文学、艺术创作方面的贡献，更是众所周知的，因而，"爱鸟"和"观鸟"早已成为发达国家的一种广泛的群众运动。近二十年来，生物多样性的保护问题已成为全球关注的热点之一，1992年联合国环境与发展大会上通过了《生物多样性公约》。作为最早的缔约国之一，我国需承担保护包括大量鸟类在内的我国众多野生动物生物多样性的义务。

第五节　鸟类的起源与演化

　　较一致的看法是鸟类的直接祖先是一种小型恐龙。奥斯特罗姆认为由假鳄类演化为恐龙中的虚骨龙类，然后再进一步演化为始祖鸟，进而演变为新鸟类。

　　以前曾认为是侏罗纪唯一鸟类的古鸟亚纲的始祖鸟，到2004年时又被认为是一种恐龙。从已发现的标本可以清楚地看到始祖鸟具有羽毛；后足对趾型；腕掌骨和跗跖骨愈合；骨盘结构、锁骨、喙部、下颌关节方式以及眼等许多特征与鸟类相似。始祖鸟具槽生齿，有具尾椎的长尾；脊椎双凹型；前翅掌指骨游离并具爪；脑、胸骨、肋骨及后肢等特征又与爬行类接近。所以，始祖鸟被认为是爬行动物与鸟类之间的中间环节。新近研究结果表明：始祖鸟并非鸟类，而是原始的恐爪龙类。

　　除始祖鸟和反鸟亚纲之外的其他鸟类全属于今鸟亚纲，其身体结构与现在的鸟类更为接近，其中白垩纪的一些口中具槽生齿的鸟类，构成齿颌超目，包括黄昏鸟目及鱼鸟目。今鸟亚纲其余成员的口中均不具有真正的牙齿。从白垩纪开始出现，在始新世开始繁荣，共34目。近年来，在白垩纪地层中又发现一些已绝灭的不具牙齿的鸟类化石，但大都比较零散。这些新颌鸟类有4个目。近鸡鸟目发现于加拿大艾伯塔省晚白垩世地层，1940年被定名为近鸡鸟，1971年又报道了第二个种，这一目与鸡形目、雁形目关系较密切。戈壁鸟目发现于蒙古戈壁省的晚白垩世地层，1974年定名为戈壁鸟，推测可能是平胸类的早期代表。1981年根据在南美晚白垩世地层采集的部分鸟化石，建立了反鸟属，并认为它在演化及分类上应处于齿颌超目与古鸟亚纲之间，建立了反鸟目。1982年，在蒙古又发现一个新的早白垩世鸟化石——傍鸟，并建立新的傍鸟目，指出它有可能是最早的突胸鸟类，与鸮形目较接近。1984年，在中国甘肃省玉门市附近早白垩世地层中发现了甘肃玉门鸟化石。

　　新生代的鸟类第三纪早期的化石记录较少，始新世和渐新世突胸类有较大发展，平胸鸟只有鸵鸟目和隆鸟目开始出现，目前已发现近40个已绝灭科的化石。第四纪是鸟类极繁盛的时期。大多数现生种都来源于这个时期。平胸类分布于南半球，但是隆鸟类和鸵鸟类的代表在始新世见于中东及欧洲。现生鸵鸟属的化石曾发现于摩尔达维亚的中新统和广泛发现于中国、蒙古、欧洲和非洲的上新统和更新统。现生种的化石则见于蒙古、阿拉伯和阿尔及利亚的更新统。

　　新颌鸟类中也有一些鸟的颌上具有骨质突起，它们是发现于始新世—上新世的骨齿鸟类，已全部绝灭。骨齿鸟亚目的代表都具有齿状突起，但不具槽生齿。有将近10个属，分布于欧、亚、美洲和西非等地。

拓展阅读

[1] 郑光美. 鸟类学. 北京:北京师范大学出版社,1996

[2] 郑光美,张词祖. 中国野鸟. 北京:中国林业出版社,2002

[3] 韩之明,孙悦华,郑光美. 分子生物学技术在鸟类亲缘关系研究中的应用. 中国鸟类学研究,北京:中国林业出版社,2000. 334-338

[4] 雷富民,杨岚. 中国鸟类的DNA分类及系统发育研究概述. 动物分类学报,2009,34:309-315

[5] 杨岚,雷富民. 鸟类宏观分类和区系地理学研究概述. 动物分类学报,2009,34:316-328

[6] 赵洪峰,高学斌,雷富民,等. 中国受胁鸟类的分布与现状分析. 生物多样性,2005,13:12-19

[7] 雷富民,王钢,尹祚华. 鸟类鸣唱的复杂性和多样性. 动物分类学报,2003,28:163-171

[8] 赵洪峰,雷富民. 鸟类用于环境监测的意义及研究进展. 动物学杂志,2002,37(6):74-78

[9] 雷富民,卢建利,刘耀,等. 中国鸟类特有种及其分布格局. 动物学报,2002,48:599-610

[10] 雷富民,王钢. 鸟类鸣声行为对其物种分化和新种形成影响. 动物分类学报,2002,27:641-648

[11] 雷富民. 鸟类鸣声结构地理变异及其分类学意义. 动物分类学报,1999,24:461-466

[12] 张淑霞,杨岚,杨君兴. 近代鸟类分类与系统发育研究进展. 动物分类学报,2004,29:675-682

[13] Butchart S H M, Stattersfield A J, Collar N J. How many bird extinctions have we prevented? Oryx, 2006,40:266-278

[14] Sibley C G, Monroe B L. Distribution and taxonomy of birds of the world. London: Yale University Press, 1990

[15] Sibley C G, Ahlquist J E, Monroe B L. A classification of the living birds of the world based on DNA-DNA hybridization studies. Auk, 1988, 105:409-423

思考题

1. 总结鸟类主要特征以及与爬行类相似的要点。
2. 总结鸟类适应飞翔生活方式,在各个器官系统上的结构特点。
3. 鸟类进步性特征表现在哪些方面?
4. 鸟类的3个总目在分类特征上有哪些主要区别?
5. 总结鸟类的各种生态类群由于适应不同的环境和生活方式,在形态结构上有哪些趋同性特征?
6. 始祖鸟化石的发现有何意义?它具备哪些特征?
7. 什么叫迁徙?举例介绍留鸟和候鸟。
8. 鸟类繁殖行为有哪些特征?试述其生物学意义。
9. 简述鸟类与人类的关系。

第二十七章　哺乳纲(Mammalia)

哺乳动物是脊椎动物中身体结构、机能和行为最复杂的一个类群。它们是全身被毛、运动快速、恒温、胎生及哺乳的脊椎动物。哺乳类具有的进步性特征使它们能够适应各种各样的环境条件,分布几遍全球,广泛适应辐射,形成了陆栖、穴居、飞翔和水栖等多种生态类群。

鸟类和哺乳类都是从爬行动物起源的,它们分别以不同的方式适应陆栖生活所遇到的许多基本矛盾。但在系统演化史上,哺乳类比鸟类出现早,它是从具有若干类似于古两栖类特征的原始爬行动物起源的。因而在哺乳类的躯体结构上仍保持着某些与两栖类类似的特征。

第一节　哺乳纲的主要特征

一、胎生、哺乳及其在动物演化史上的意义

哺乳动物完善的陆上繁殖方式和较高的后代成活率,是通过其胎生和哺乳来实现的。绝大多数哺乳类均为胎生(vivipary),它们的胎儿通过胎盘(placenta)与母体联系并获得营养。胎儿在母体内完成胚胎发育的过程称为妊娠(gestation)。妊娠结束后,胎儿成为幼儿时方产出。产出的幼儿以母体的乳汁哺育。另外,哺乳类还具有一系列复杂的本能活动来保护哺育中的幼儿。

胎生方式为发育的胚胎提供了保护、营养以及稳定的恒温发育条件,是保证酶活动和代谢活动正常进行的有利因素,使外界环境条件对胚胎发育的不利影响减低到最小程度。这是哺乳类在生存斗争中优于其他动物类群的一个重要方面。

胎盘是由胎儿的绒毛膜(chorion)、尿囊(allantois)以及母体子宫壁的内膜结合形成的(图27-1)。胎儿与母体各有一套循环系统,但这两套血液循环系统并不通连,而是被一约2 μm厚的极薄的膜所隔开。胎儿与母体间营养物质和代谢废物的交换是透过膜的弥散作用完成的。这种弥散不同于物理学上的简单扩散,而是具有高度特异的选择性的。一般说来,O_2、CO_2、水、电解质、无机盐、小分子有机物、简单的脂肪以及某些维生素和激素可以透过这层膜,而大分子蛋白质、红细胞以及其他细胞均不能透过。超微结构研究显示,这些物质运输,是通过胚胎绒毛膜上的几千个指状的绒毛膜绒毛像树根一样嵌入子宫内膜而实现的,绒毛极大地扩展了吸收接触的表面积。以人的胎儿为例,整个绒毛的吸收表面积约为皮肤表面积的50倍。胎盘细胞具有许多种类型,以控制母体与胎儿间的物质交换,它们同时具有胎儿暂时性的肺、肝、小肠和肾的功能,并能产生激素。由于胎盘是含有双亲抗原的胚胎结构,因而它在免疫学方面的意义已得到重视。

根据胚胎的尿囊和绒毛膜与母体子宫内膜结合的紧密程度不同,可将哺乳类的胎盘分为无蜕膜胎盘和蜕膜胎盘两大类。无蜕膜胎盘的尿囊和绒毛膜与母体子宫内膜结合不紧密,胎儿出生时易于脱离,不使子宫壁大出血。蜕膜胎盘的尿囊和绒毛膜与母体子宫内膜结为一体,因而胎儿产生时需将子宫壁内膜一

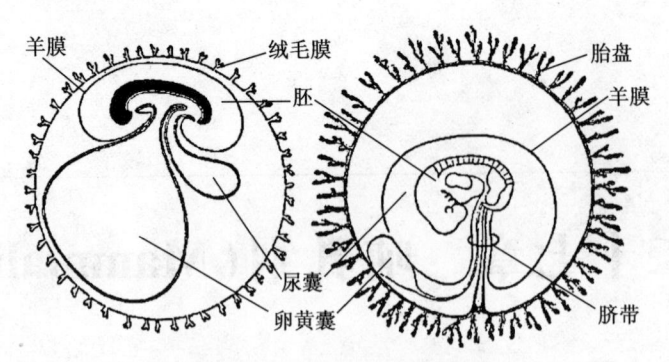

图 27-1 哺乳动物胎盘的结构

起撕下产出,造成大量流血。一般认为蜕膜胎盘的效能高,更有利于胚胎发育,是属于哺乳类的较高等的类型特征之一,但该特征也非绝对,部分无蜕膜胎盘类型种类的幼仔在产出时发育也十分良好。

无蜕膜胎盘又可分为绒毛均匀分布在绒毛膜上的散布状胎盘(鲸、狐猴以及某些有蹄类属此)和绒毛汇集成小叶丛散布在绒毛膜上的叶状胎盘(大多数反刍动物属此)。蜕膜胎盘又可分为绒毛呈环带状分布的环状胎盘(食肉目、象、海豹等属此)及绒毛呈盘状分布的盘状胎盘(食虫目、翼手目、啮齿目和多数灵长目属此)(图27-2)。

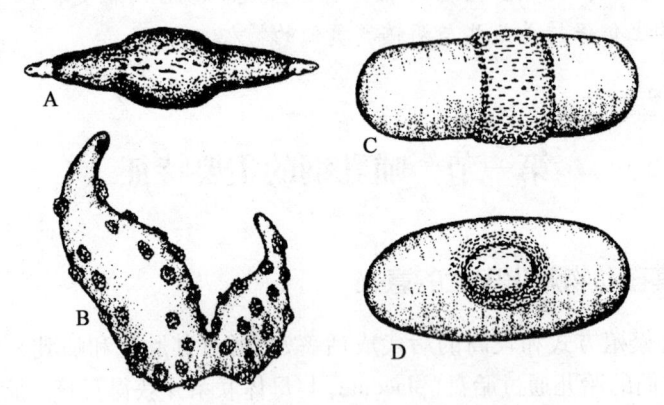

图 27-2 哺乳动物胎盘的类型
A. 散布状胎盘;B. 叶状胎盘;C. 环状胎盘;D. 盘状胎盘(仿 Torrey)

哺乳类从卵受精到胎儿产出的阶段称为妊娠期。各类动物的妊娠期都较为稳定,可作为分类的依据之一。胎儿发育完成后产出,称为分娩。不同类群兽类的产仔数是不同的,一般说来,母兽乳头的对数与产仔数相关,后代成活率高的类群,所产仔数较少。

以乳汁哺育幼仔,使后代在较优越的营养条件和安全保护下迅速成长,是哺乳类特有的生物学适应。加上哺乳类对幼仔有各种完善的保护行为,因而具有远比其他脊椎动物类群高得多的成活率。与之相关的是哺乳类所产幼仔数目显著减少。

生乳作用是通过神经-体液调节方式来完成的。通过吸吮刺激和视觉,反射性地引起丘脑下部-垂体后叶径路分泌,释放催产素,使乳腺末房旁的平滑肌收缩而泌乳;同时还引起丘脑下部分泌生乳素释放激素和生乳素抑制激素,以调节脑垂体分泌生乳素,使排空了的腺泡制造乳汁。

乳汁中含有水、蛋白质、脂肪、糖、无机盐、酶和多种维生素。哺乳类幼仔的生长速度因种类而异,新生儿的生长率一般与该种动物乳汁内所含蛋白质的量相关。一些有代表性的哺乳动物乳汁成分见表27-1。

胎生和哺乳是动物体与环境长期斗争的产物。鱼类、爬行类的个别种类,如鲨鱼和某些毒蛇已有了"卵胎生"的现象。较原始的哺乳类如鸭嘴兽尚遗存卵生繁殖方式,但已用乳汁哺育幼仔。高等哺乳类胎生方式复杂,哺育幼仔行为也有所差异。这说明现存种类是以不同方式、通过不同途径与生存条件作斗争,并都在不同程度上取得进展而保存下来的后裔。

表 27-1 不同种类哺乳动物乳汁的成分比较

种 类	乳的主要成分/(g·L⁻¹)			
	糖 类	蛋白质	脂 肪	无机盐
牛	45	35	40	9
猪	57	76	82	8
羊	50	67	70	8
骆驼	33	30	55	7
大熊猫	12	52	73	7
人	53	37	35	7
狗	31	112	96	8

二、哺乳纲的躯体结构

(一) 外形

哺乳类外形最显著的特点是体外被毛。躯体结构与四肢的着生均适应于在陆地快速运动。前肢的肘关节向后转、后肢的膝关节向前转,从而使四肢紧贴于躯体下方,大大提高了支撑力和跳跃力,有利于步行和奔跑,结束了低等陆栖动物以腹壁贴地,用尾巴作为运动辅助器官的局面(图 27-3)。哺乳类的头、颈、躯干和尾等部分,在外形上颇为明显。尾为运动的平衡器官,大都趋于退化。

适应于不同生活方式的哺乳类,在形态上有较大改变。水栖种类(如鲸)体呈鱼形,附肢退化呈桨状。飞翔种类(如蝙蝠)前肢特化,具有翼膜。穴居种类体躯粗短,前肢特化如铲状,适应掘土。

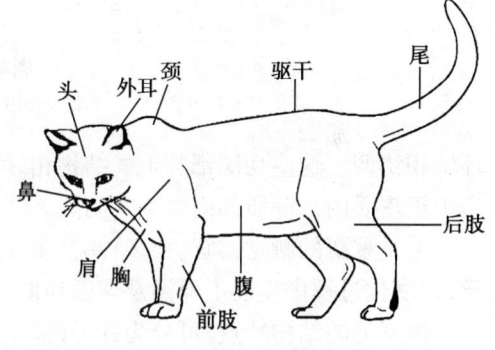

图 27-3 猫的外形

(二) 皮肤及其衍生物

哺乳类的皮肤与低等陆栖脊椎动物的皮肤相比较,不仅结构致密,有良好的抗透水性,而且具有敏感的感觉和控制体温的功能。致密的皮肤还能有效地抵抗张力和阻止细菌侵入,起着重要的保护作用。因而是脊椎动物皮肤中结构和机能最为完善、适应于陆栖生活的防卫器官(图 27-4)。

哺乳类的皮肤在整个生命过程中是不断更新的,在不断更新中保持着相对稳定,使之具有一定的外廓。皮肤的质地、颜色、气味、温度以及其他特性,能够与环境条件相协调。这是物种的遗传性所决定的,并在神经、内分泌系统的调节下来完成,以适应多变的外界条件。哺乳类的皮肤有以下特点:

1. 表皮和真皮均加厚

表皮的角质层发达。小型啮齿类的表皮只有几层细胞,人有数十层,象、犀牛、河马及猪有数百层厚,称为硬皮动物(pachyderms)。真皮为致密的纤维性结缔组织构成,内含丰富的血管、神经和感觉末梢,能感受温、压及疼觉(图 27-4A)。真皮的坚韧性极强,为制革的原料。表皮及真皮内有黑色素细胞(melanocytes),能产生黑色素颗粒,使皮肤呈现黄、暗红、褐及黑色。在真皮下有发达的蜂窝组织,能储蓄丰富的脂肪,构成皮下脂肪层,起着保温和隔热作用,也是能量的储备基地。

2. 被毛

毛(hair)为表皮角质化的产物(图 27-4B)。由毛干及毛根构成。毛根埋在皮肤深处的毛囊里,外被毛鞘,毛根末端膨大部分为毛球。毛球基部即为真皮构成的毛乳突,内具丰富的血管,供应毛生长所需的营养物质。在毛囊内有皮脂腺的开口,所分泌的油脂能滋润毛和皮肤。毛囊基部有竖毛肌附着。竖毛肌是起于真皮的平滑肌,收缩时可使毛直立,有辅助调节体温的作用。哺乳类皮肤的少毛区域(如鼻、唇及生殖孔周围)富有血管,起着调节体温的冷却作用。

毛是保温的器官。水生哺乳类(如鲸)的毛退化、皮下脂肪层发达。毛的颜色还使有机体与所栖息的

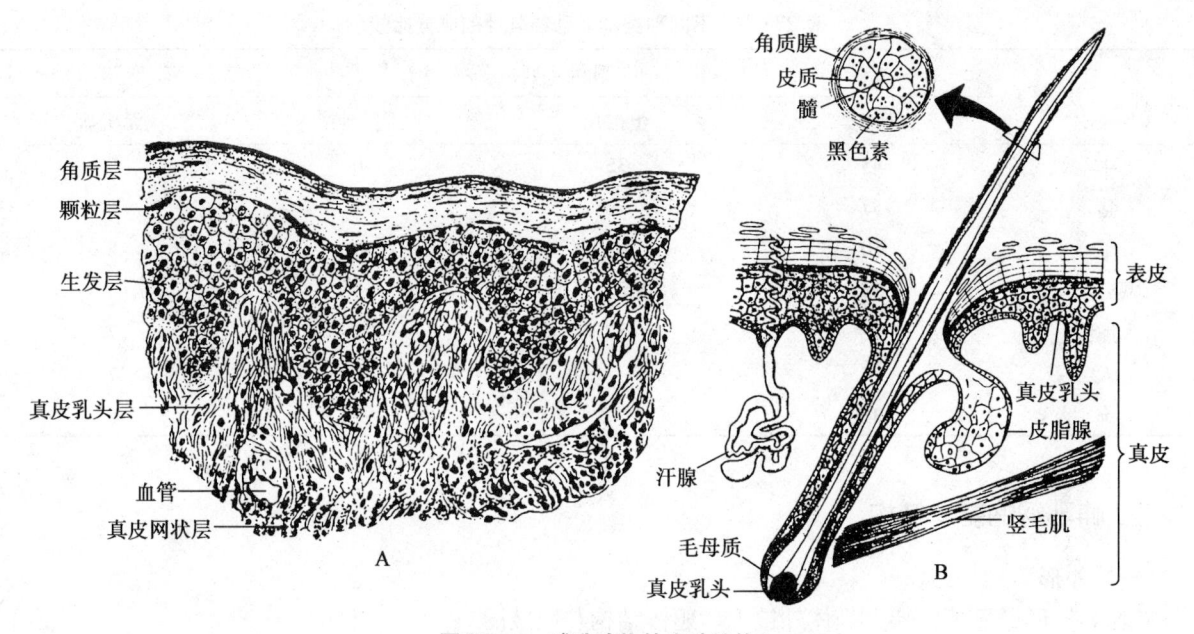

图27-4 哺乳动物的皮肤结构
A. 人皮肤的组织学结构;B. 哺乳动物的毛发及皮肤腺结构

环境相协调。这些功能都与毛的结构相联系。毛干是由皮质部和髓质部构成的,内具有黑色素,色素主要集中于皮质内。髓质部内含空气间隙。髓质部越发达的毛,保温性能愈强。

毛是重要的触觉器官,很多种类(如猫、鼠)吻端的触毛,是特化的感官。有人认为毛的基本功能为触觉,在演化过程中发展了保温及调温功能。毛的形态、长短和疏密等,均与保温的效能有关。

根据毛的结构特点,可分为针毛(刺毛)、绒毛和触毛。针毛长而坚韧,依一定的方向着生(毛向),具保护作用。绒毛位于针毛的下层,无毛向,毛干的髓部发达、保温性强。触毛为特化的针毛。

毛在春秋季有季节性更换,称为换毛。

3. 皮肤腺特别发达

哺乳类皮肤腺来源于表皮的生发层,为多细胞腺,种类繁多、功能各异,主要有4种类型,即皮脂腺(sebaceous gland)、汗腺(sweat gland)(图27-4B)、乳腺(mammary gland)和味腺(臭腺)(scent gland)。皮脂腺为泡状腺,多开口于毛囊基部。汗腺为管状腺,下陷入真皮深处,盘卷成团,外包以丰富的血管。血液中所含的一部分代谢废物(如尿素),从汗腺管经渗透而达于体表蒸发(即俗话说的出汗)。体表的水分蒸发散热,是哺乳类调节体温的一种重要方式(哺乳类散热的主要方式为出汗、呼吸加速以及饮水排尿),从这种意义上说,哺乳类的皮肤还具有排泄和调温的功能。汗腺不发达的种类(如狗),体热散发主要靠口腔、舌和鼻表面蒸发。哺乳类皮肤内还有一种顶泌腺(apocrine gland),其结构似汗腺,开口于近毛囊处。顶泌腺的确切功能还不清楚,人的顶泌腺分泌物能被体表细菌转化为一种嗅产物(odorous product)。哺乳类的各种香腺及麝香腺,可能是一种变形的顶泌腺。乳腺为哺乳类所特有的腺体,是一种管状腺与泡状腺复合的腺体,也可认为是特化的汗腺。乳腺常丛聚开口于躯体的特异部位,如鼠蹊部(牛、羊)、腹部(猪)和胸部(猴)。在胚胎发生上来源于胎儿腹部上皮的1对乳嵴(mammary ridge),从腋部延伸至鼠蹊部,以后在特定的部位加厚形成乳腺。乳腺借乳头开口于体表,乳头数目因种类而异,一般乳头对数与所产幼仔的数目相当,例如猪为4~5对、牛羊为2对、猴与蝙蝠为1对。低等哺乳类(如鸭嘴兽)不具乳头,乳腺分泌的乳汁沿毛流出,供幼兽舐吮,且其乳汁内仅含蛋白质和脂肪,可能不含乳糖。味腺为汗腺或皮脂腺的衍生物(如麝的麝香腺、黄鼠狼的肛腺),对于哺乳类(特别是社会性集群种类)同种的识别和繁殖配对有重要作用。味腺的出现,是与哺乳类以嗅觉(化学感受器)作为主要的猎食方式相联系的。

哺乳类的皮肤衍生物,除了上述的毛和皮肤腺以外,还有爪(claw)和角(horn)。哺乳类的爪与爬行类的爪同源,皆为指(趾)端表皮角质化的产物,为陆栖步行时指(趾)端的保护器官(图27-5A)。常见的类型除爪以外,尚有指甲(nail)和蹄(hoof)(图27-5B、C),均为爪的变形。

角为头部表皮及真皮部分特化的产物,为有蹄类的防卫利器。常见的有洞角(牛角)及实角(鹿角)(图 27-5D、E)。洞角不分叉,终生不更换,为头骨的骨角外面套以由表皮角质化形成的角质鞘构成。实角为分叉的骨质角,通常多为雄兽发达,且每年脱换一次(图 27-5)。它是由真皮骨化后,穿出皮肤而成。刚生出的鹿角外包富有血管的皮肤,此期的鹿角称为鹿茸,为贵重的中药。长颈鹿的角终生包被有皮毛,为另一种特殊结构的角。犀牛角则为毛的特化产物。

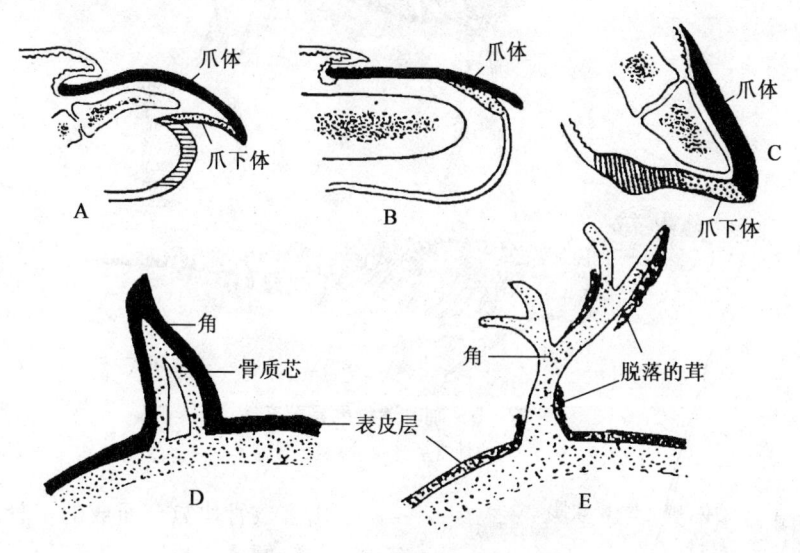

图 27-5 哺乳动物的皮肤衍生物
A. 爪;B. 指甲;C. 蹄;D. 洞角;E. 实角

(三) 骨骼系统

哺乳类的骨骼系统十分发达,支持、保护和运动的功能也进一步完善化。表现在脊柱分区明显,结构坚实而灵活。四肢下移至腹面,出现肘(elbow)和膝(knee),将躯体撑起,适宜在陆上快速运动。头骨因脑与嗅囊(鼻囊)的高度发达而有较大特化。从形态解剖特征来看,颈椎 7 枚、下颌由单一齿骨构成、头骨具 2 个枕骨髁和牙齿异型等都是哺乳类骨骼的鉴别性特征。

哺乳动物骨骼系统的演化趋向是:骨化完全,为肌肉的附着提供充分的支持;愈合和简化,增大了坚固性并保证轻便;提高了中轴骨的韧性,使四肢能以较大的速度和范围(步幅)活动;长骨的生长限于早期,与爬行类的终生生长不同,提高了骨的坚固性并有利于骨骼肌的完善。

1. 脊柱、肋骨及胸骨

脊柱分为颈椎、胸椎、腰椎(lumbar vertebra)、荐椎及尾椎 5 部分(图 27-6A)。水栖种类由于后肢退化而无明显的荐椎(图 27-6B)。颈椎数目大多为 7 枚,这是哺乳类特征之一。第 1、2 枚颈椎特化为寰椎和枢椎,这种结构使寰椎与头骨间除可作上下运动外,寰椎还能与头骨一起在枢椎的齿突(枢突)上转动,更提高了头部的运动范围,这对于充分利用感官、寻捕食物和防卫,都是有利的适应。胸椎 12~15 枚,两侧与肋骨相关节。胸椎、肋骨及胸骨构成胸廓,是保护内脏、完成呼吸动作和间接地支持前肢运动的重要器官。荐椎多 3~5 枚,有愈合现象,构成对后肢带骨(腰带)的稳固支持。尾椎数目不定而且退化。

哺乳类的脊椎骨借宽大的椎体相联结,称双平型椎体,这种椎体类型提高了脊柱的负重能力。相邻的椎体之间具有软骨构成的椎间盘。椎间盘内有一髓核,是脊索退化的痕迹。坚韧而富有弹力的椎间盘,能缓冲运动时对脑及内脏的震动,提高了活动范围。

2. 头骨

哺乳类的头骨由于脑、感官(特别是鼻囊)的发达和口腔咀嚼的产生而发生显著变化。脑颅和鼻腔扩大和发生次生腭,使头骨的一些骨块消失、变形和愈合,所余留下的骨骼因而获得扩展的可能性,使头骨有较大的变形。顶部有明显的"脑杓"以容纳脑髓,枕骨大孔移至头骨的腹侧(图 27-7)。

头骨骨块的减少和愈合是哺乳类的一个明显特征。例如哺乳类的枕骨、蝶骨、颞骨和筛蝶骨等,均系

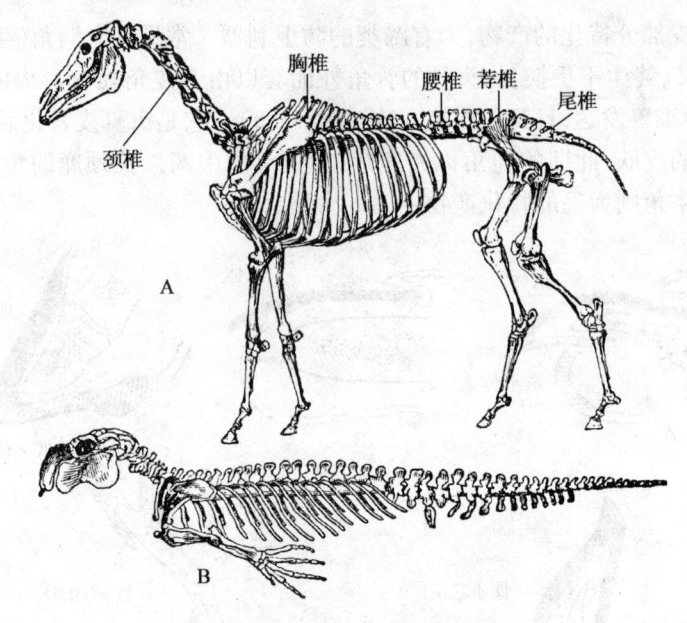

图 27-6 哺乳动物的骨骼系统
A. 马的骨骼系统；B. 儒艮的骨骼

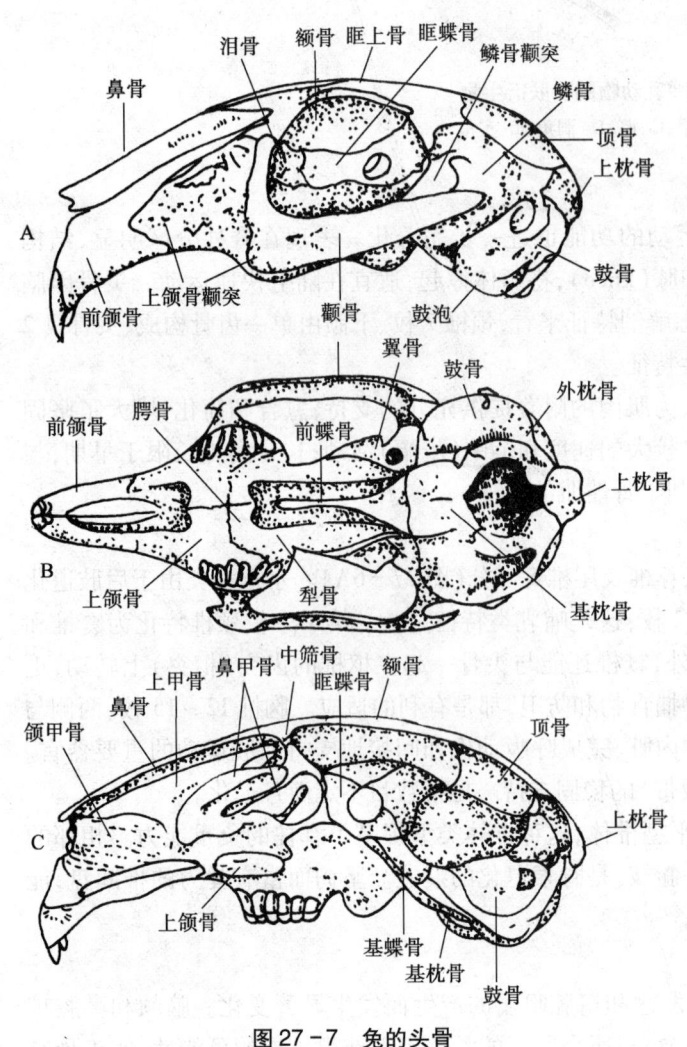

图 27-7 兔的头骨
A. 侧面观；B. 腹面观；C. 矢状面（仿杨安峰）

由多数骨块愈合而成的。骨块愈合是解决坚固与轻便这一矛盾的途径。

哺乳类的嗅觉（鼻囊）和听觉（耳囊）十分发达，表现在鼻囊容积扩大的同时，在鼻腔内出现复杂的鼻甲骨（嗅黏膜即覆于鼻甲骨表面），使嗅觉表面积又获得增大，这是哺乳类嗅觉灵敏的基础。相当于爬行动物的副蝶骨向前伸入鼻腔，构成鼻中隔的一部分，称为"犁骨"。哺乳类头骨因鼻腔的扩大而有明显的"脸部"，与低等种类不同。陆地动物所特有的犁鼻器，在哺乳类中的单孔目、有袋目和食虫目比较发达，其他类群大多退化。在听觉的复杂化方面，表现在中耳腔被硬骨（鼓室泡）所保护，腔内有3块互为关节的听骨（锤骨、砧骨及镫骨）把鼓膜与内耳相联结。鼓膜受到声波的轻微震动，即被这些巧妙的装置加以放大并传送入内耳。

鼻腔扩大必然导致内鼻孔的扩大，再加上哺乳类口腔咀嚼的出现，就产生了当咀嚼食物时"消化"与"呼吸"的矛盾。哺乳类解决这一矛盾的途径是具有分割口腔内呼吸与消化通路的隔板——次生腭或硬腭（hard palate）。硬腭是由前颌骨、颌骨及腭骨的突起拼合成的，它与软腭一起使空气沿鼻通路向后输送至喉，从而使咀嚼时能完成正常呼吸。

哺乳类头骨的另一个标志性特征是下颌由单一的齿骨构成。齿骨与头骨的颞骨鳞状部直接关节，从关节所处的（支点）位置和关节的方式来看，均加强了咀嚼的能力。与此相联系的是头骨具有颧弓(zygomatic arch)(由颌骨与颧骨的突起以及颧骨本体所构成),以作为强大的咀嚼肌的起点。颧弓的特点常作为分类的依据之一。

3. 带骨及肢骨

哺乳类的四肢主要是前后运动,肢骨长而强健,与地面垂直,指(趾)朝前。疾走种类的前后肢均在一个平面上运动,与屈伸无关的肌肉退化,以减轻肢体重量。

肩带薄片状,由肩胛骨、乌喙骨及锁骨构成。肩胛骨十分发达,乌喙骨已退化成肩胛骨上的一个突起(称乌喙突)。锁骨多趋于退化,仅在攀缘(如猴)、掘土(如鼹鼠)和飞翔(如蝙蝠)等类群发达。在单孔目尚有前乌喙骨及间锁骨。哺乳类肩带的简化与运动方式的单一性有密切关系(图27-8A)。前肢骨的基本结构与一般陆生脊椎动物类似,但肘关节向后转,提高了支撑和运动的能力。

腰带由髂骨、坐骨和耻骨构成。髂骨与荐骨相关节,左右坐骨与耻骨在腹中线缝合,构成关闭式骨盆(图27-8B)。哺乳类的腰带愈合,加强了对后肢支持的牢固性。后肢骨的基本结构与一般陆生脊椎动物类似,但膝关节向前转,提高了支撑和运动的能力。

陆栖哺乳动物适应于不同的生活方式,在足型上有蹄行式、趾行式和跖行式(图27-8C)。其以蹄行式与地表接触最小,是适应于快速奔跑的一种足型。

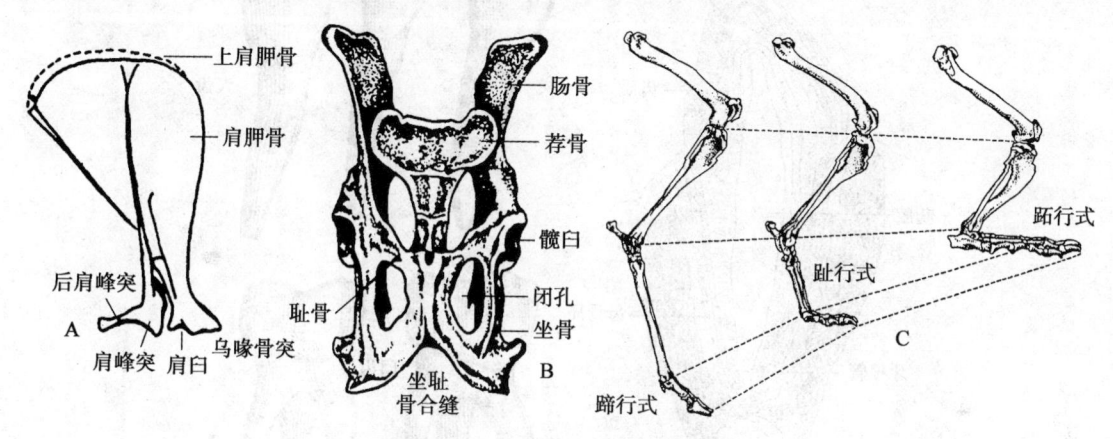

图27-8 哺乳动物的带骨及足型

A. 兔的肩带;B. 兔的腰带;C. 哺乳动物的足型

(四)肌肉系统

哺乳类的肌肉系统基本上与爬行类相似,但结构与机能均已进一步复杂化,特别表现在四肢肌肉强大以适应快速奔跑。此外还具有以下特点:

(1)具有特殊的膈肌。膈肌起于胸廓后端的肋骨缘,止于中央腱,构成分隔胸腔与腹腔的隔。在神经系统的调节下发生运动而改变胸腔容积,是呼吸运动的重要组成部分。

(2)皮肤肌发达。

(3)咀嚼肌强大。具有粗壮的颞肌和嚼肌,分别起自颅侧和颧弓,止于下颌骨(齿骨)。发达的咀嚼肌与口的主要生理机能密切相关。

(五)消化系统

哺乳类消化系统从结构和功能方面看,其特点主要表现在消化管较长、分化程度高;出现了口腔消化,进一步提高了消化力;与之相关联的消化腺十分发达。从行为方面看,哺乳类凭借各种灵敏的感官和有力的运动器官,能积极主动地寻食,这是其他动物所不及的。

1. 口腔及咽部

哺乳类的咀嚼和口腔消化方式面临着一系列新的矛盾(如口腔咀嚼与呼吸的矛盾,食物的粉碎、湿润和酶解问题等),因而引起口和咽部结构发生改变。

哺乳类开始出现肉质的唇(lip),有颜面肌肉附着以控制运动,为吸乳、摄食及辅助咀嚼的重要器官。草食种类的唇尤其发达,有的在上唇还具有唇裂(如兔)。唇为人类的发音吐字器官的组成部分。

与口腔咀嚼活动相适应，哺乳类的口裂已大为缩小，在两侧牙齿的外侧出现了颊部（cheek），使咀嚼的食物碎屑不致掉落。某些种类（特别是树栖生活类群，如松鼠、猴）的颊部还发展了袋状构造，称为颊囊（cheek pouch），用以暂时贮藏食物。

口腔的顶壁是由骨质的次生腭以及由此向后的延伸部分——软腭（soft palate）所构成。使鼻腔开口（内鼻孔）与口腔隔开。腭部常有成排的具角质上皮的棱，与咀嚼时防止食物滑脱有关。

肌肉质的舌（tongue）在哺乳类最为发达。与摄食、搅拌及吞咽动作有密切关系。舌表面分布有味觉器官，称味蕾（taste bud）。味蕾是一种化学感受器。舌也是人的发音辅助器官。

哺乳类的前颌骨、颌骨及下颌骨（齿骨）上着生有异型齿（heterodont dentition），它与某些爬行类的牙齿同为槽生齿。牙齿是真皮与表皮（齿的釉质）的衍生物，是由齿质（dentine）、釉质（珐琅质）（enemel）和齿骨质（白垩质）（cement）所构成（图27-9A）。齿质内有髓腔，充有结缔组织、血管和神经，供应牙齿所需营养。釉质是体内最坚硬的部分，覆盖于齿冠部分。齿骨质覆于齿根外周，与颌骨的齿槽相联合，它的成分以磷酸钙为主。象的门齿不具釉质。啮齿类的门齿，仅在前面覆以釉质。齿根外有齿龈包被，仅齿冠露出齿龈之外。

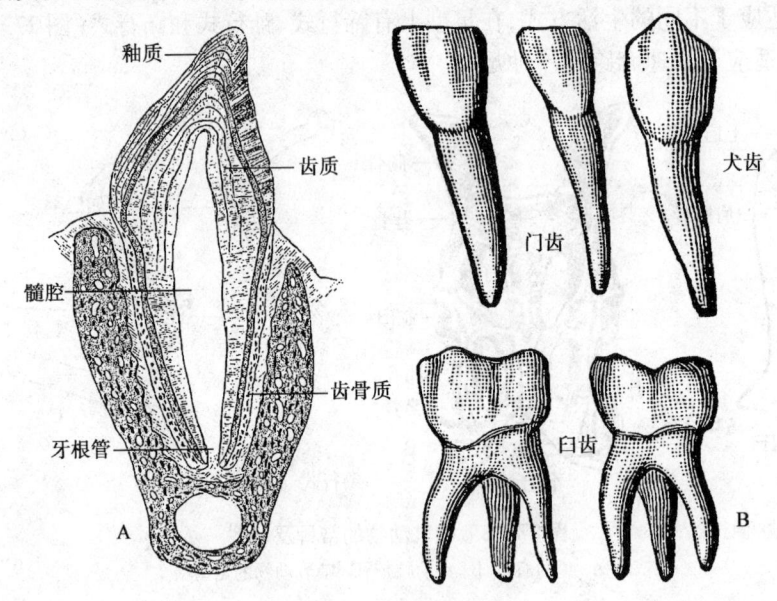

图 27-9 哺乳动物的牙
A. 齿的基本结构；B. 齿的类型

但齿型有分化现象，即分化为门齿（incisor）、犬齿（canine）和臼齿（molar）（图27-9B）。门齿有切割食物的功能，犬齿具撕裂功能，臼齿具有咬、切、压、研磨等多种功能。由于牙齿与食性的关系十分密切，因而不同生活习性的哺乳类，其牙齿的形状和数目均有很大变异。齿型和齿数在同一种类是稳定的，这对于哺乳动物分类学有重要意义。通常以齿式（dental formula）来表示一侧牙齿的数目：

$$\frac{门齿 \cdot 犬齿 \cdot 前臼齿 \cdot 臼齿}{门齿 \cdot 犬齿 \cdot 前臼齿 \cdot 臼齿}$$

例如，猪 $\frac{3 \cdot 1 \cdot 4 \cdot 3}{3 \cdot 1 \cdot 4 \cdot 3} = 44$，牛为 $\frac{0 \cdot 0 \cdot 3 \cdot 3}{4 \cdot 0 \cdot 3 \cdot 3} = 32$，人为 $\frac{2 \cdot 1 \cdot 2 \cdot 3}{2 \cdot 1 \cdot 2 \cdot 3} = 32$。

从发育特征讲，哺乳类的牙齿有乳齿与恒齿的区别。乳齿脱落以后即代以恒齿，恒齿终生不再更换，这种生齿类型称为再出齿，它与低等种类的多出齿不同，后者牙齿易脱落，一生中多次替换，随掉随生。哺乳类的前臼齿（premolar）和门齿、犬齿有乳齿，臼齿无乳齿。

哺乳类动物口腔内有3对唾液腺（salivary gland），即耳下腺（parotid gland）、颌下腺（submaxillary gland）和舌下腺（subingual gland）。其分泌物中除含有大量黏液外，还含有唾液淀粉酶（ptyalin），能把淀粉分解为麦芽糖，进行口腔消化。有人认为，哺乳类的唾液腺分泌物（以及眼泪）中还含有溶菌酶，具有抑制细菌的作用。通过唾液腺蒸发失水，是很多哺乳类利用口腔调节体温的一种形式。

口腔后方即为咽部(pharynx),后鼻孔开口于软腭后端而达于咽部。在咽部两侧还有耳咽管(欧氏管)的开口。耳咽管连通咽部与中耳腔,可调整中耳腔内的气压而保护鼓膜。咽部周围还分布有大的淋巴腺体,即扁桃体(tonsil)。哺乳动物适应于吞咽食物碎屑、防止食物进入气管,而在喉门外形成一个软骨的"喉门盖",即会厌软骨(epiglottis)。当完成吞咽动作时,先由舌将食物后推至咽,食物刺激软腭而引起一系列的反射:软腭上升、咽后壁向前封闭咽与鼻道的通路;舌骨后推、喉头上升、使会厌软骨紧盖喉,封闭咽与喉的通路。此时呼吸暂停,食物经咽部而进入食管,以吞咽反射的完成,解决咽交叉部位呼吸与吞咽的矛盾。

2. 消化管

消化管的基本功能是传送食糜、完成机械消化和化学消化以及吸收养分。哺乳动物就消化管的基本结构和功能而言,与一般脊椎动物没有本质的区别,只是在结构和功能方面进一步完善化。直肠直接以肛门开口于体外(泄殖腔消失)是哺乳类与低等脊椎动物的显著区别。由于胃的扩大和扭转,使胃系膜的一部分下垂呈袋状,即为大网膜,其上常有丰富的脂肪储存。

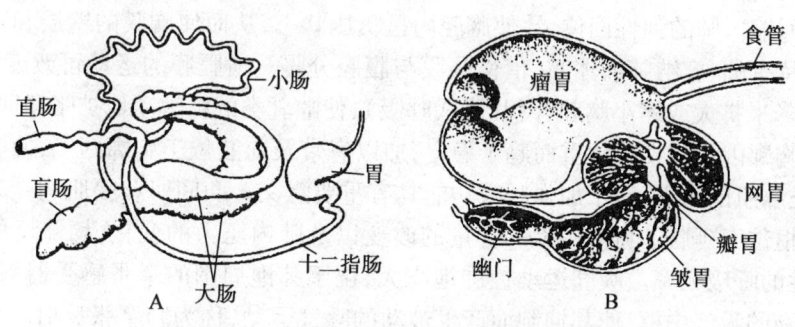

图 27-10　哺乳动物的消化管(A)与反刍胃(B)

哺乳类胃的形态与食性相关。大多数哺乳类为单胃,草食动物中的反刍类(Ruminant)则具有复杂的复胃(反刍胃)。反刍胃一般由4室组成,即瘤胃(rumen)、网胃(蜂巢胃)(reticulum)、瓣胃(omasum)和皱胃(abomasum)。其中前3个胃室为食管的变形,皱胃为胃本体,具有腺上皮,能分泌胃液。新生幼兽的胃液中凝乳酶特别活跃,能使乳汁在胃内凝结。从胃的贲门部开始,经网胃至瓣胃孔处,有一肌肉质的沟褶,称食管沟。食管沟在幼兽发达,借肌肉收缩可构成暂时的管(有如自食管下端延续的管),使乳汁直接流入皱胃内。至成体,则食管沟退化。

反刍(rumination)的主要过程是:当混有大量唾液的纤维质食物(如干草)进入瘤胃以后,在微生物(细菌、纤毛虫和真菌)的作用下发酵分解(有时也能进入网胃)。存于瘤胃和网胃内的粗糙食物上浮,刺激瘤胃前庭和食管沟,引起逆呕反射,将粗糙食物逆行经食管入口再行咀嚼。咀嚼后的细碎和相对密度较大的食物再经瘤胃与网胃的底部,最后达于皱胃。反刍过程可反复进行,直至食物充分分解为止。

哺乳类小肠高度分化,小肠黏膜富有绒毛、血管和淋巴管,加强了对营养物质的吸收作用。小肠具乳糜管(lacteal),为输送脂肪的一种淋巴管,外观呈现乳白色。小肠与大肠交界处为盲肠,草食性种类特别发达,在细菌的作用下,有助于植物纤维质的消化。大肠分为结肠与直肠,直肠经肛门开口于体外。

3. 消化腺

哺乳类的消化腺除口腔的唾液腺以外,在小肠附近尚有肝和胰,分别分泌胆汁和胰液,注入十二指肠。

(六) 呼吸系统

哺乳类的呼吸系统十分发达,空气经外鼻孔、鼻腔、喉、气管而入肺。

1. 鼻腔

鼻腔分为上端的嗅觉部分和下端的呼吸通气部分。嗅觉部分有发达的鼻甲,其黏膜表面满布嗅觉神经末梢。哺乳类还有伸入到头骨骨腔内的鼻旁窦,加强了鼻腔对空气的温暖、湿润和过滤作用。鼻旁窦也是发声的共鸣器。

2. 喉

喉为气管前端的膨大部,是空气的入口和发声器官(图27-11)。喉除喉盖(会厌软骨)外,由甲状软骨和环状软骨构成喉腔。在环状软骨上方有1对小形的杓状软骨。甲状软骨与杓状软骨之间有黏膜皱襞构成声带(vocal cord),为哺乳类的发声器官。声带紧张程度的改变以及呼出气流的强度可调节音调。

3. 肺与胸腔

哺乳类的肺为海绵状,由很多微细支气管和肺泡构成。肺泡(alveolus)是呼吸性细支气管末端的盲囊,由单层扁平上皮组成,外面密布微血管,是气体交换的场所。可以说,哺乳类的肺是由复杂的"支气管树"所构成,其盲端即为肺泡(图27-12),这种结构使呼吸表面积极度增大。肺泡之间分布有弹性纤维,伴随呼气动作可使肺被动的回缩。肺的弹性回位,致使胸腔内呈负压状态,从而使胸膜的壁层和脏层紧紧地贴在一起。胸腔为哺乳类特有的、容纳肺的体腔,借横膈膜与腹腔分隔。横膈膜的运动可改变胸腔容积(腹式呼吸),加上肋骨的升降来扩大或缩小胸腔容积(胸式呼吸),使哺乳类的肺被动地扩张和回缩,以完成呼气和吸气。四足动物的胸廓因参与支持体重而趋于稳定,加以肩带及前肢位于胸廓两侧,使肋骨的活动范围受到限制,因而哺乳类膈肌的出现,对于加强呼吸功能具有重要意义。肋间肌和膈肌均受来于脊髓的运动神经元支配。呼吸中枢位于延脑。血液中 CO_2 含量的改变以及肺内压力的变化,均能反射性地刺激呼吸中枢,借以调整节律性的呼吸频率。吸气运动使肺泡膨大,位于肺泡周围的牵张感受器兴奋,所产生的冲动沿迷走神经传入延脑的吸气中枢,使其抑制而产生被动的呼气运动,称为肺牵张反射。大脑皮质控制着呼吸中枢的活动,可直接调整呼吸运动和发声。

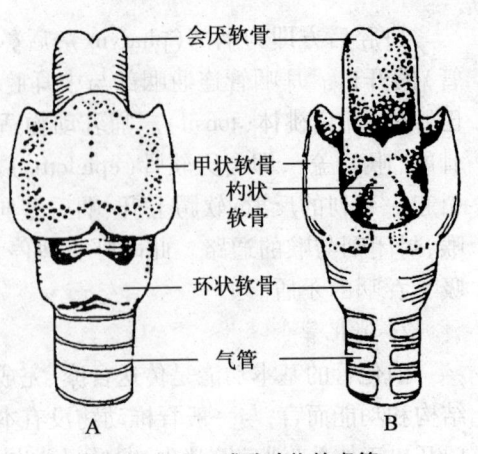

图27-11 哺乳动物的喉管
A. 背面观;B. 腹面观(仿杨安峰)

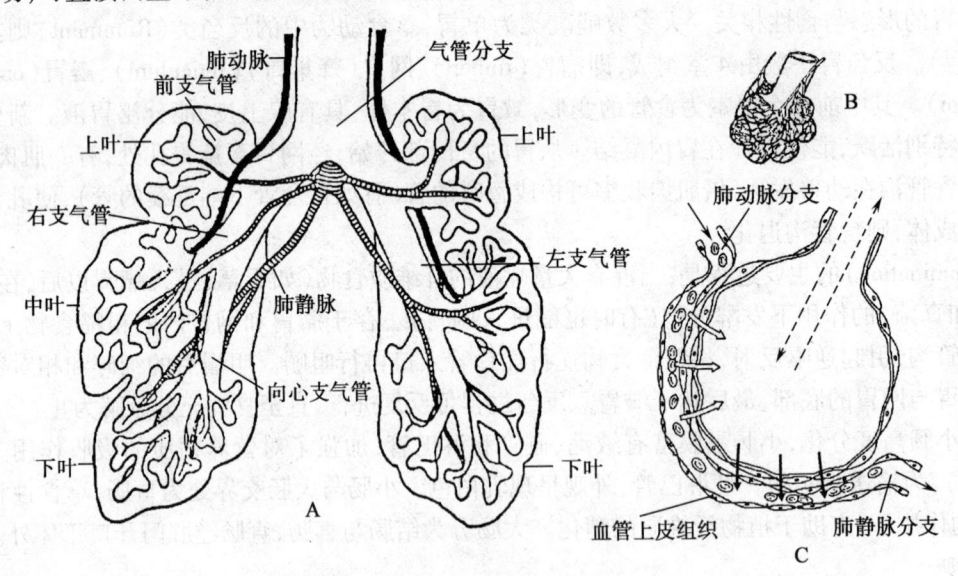

图27-12 哺乳动物的肺结构
A. 肺的基本结构;B. 肺泡;C. 肺泡的切面。
细实线箭头示血流方面,细虚线箭头示气体流动方面,宽箭头示气体交换过程

(七) 循环系统

恒温动物生命活动比变温动物强得多,因而哺乳类需要突出的快速循环来保证 O_2 和能量来维持恒温。哺乳类和鸟类一样,心脏分为4腔,完全的双循环。但与鸟类不同的是,哺乳类具有左体动脉弓。此外,哺乳类的大静脉主干趋于简化、肾门静脉消失。

1. 心脏

哺乳类心脏分为 2 心房 2 心室。右心室血液经肺动、静脉回左心房，构成肺循环。左心室血液经体动、静脉回右心房，构成体循环。右侧心房与心室壁均较薄，内储静脉血，房室间有右房室瓣。左侧心房与心室壁较厚，内储动脉血，房室间具有左房室瓣。从心脏发出的大动脉基部内也有 3 个半月瓣。所有这些瓣膜的功能，全是防止血液逆流，以保证血液沿一个方向流动。心脏肌肉的血液供应是由冠状循环完成。

2. 动脉

哺乳动物仅具有左体动脉弓。左体动脉弓弯向背方为背大动脉，直达尾端。沿途发出各个分支到达全身（图 27-14A）。新出现奇静脉（右侧）及半奇静脉（左侧），相当于低等四足动物的退化的后主静脉前段，收集背侧及肋骨间静脉血液，注入前大静脉回心。

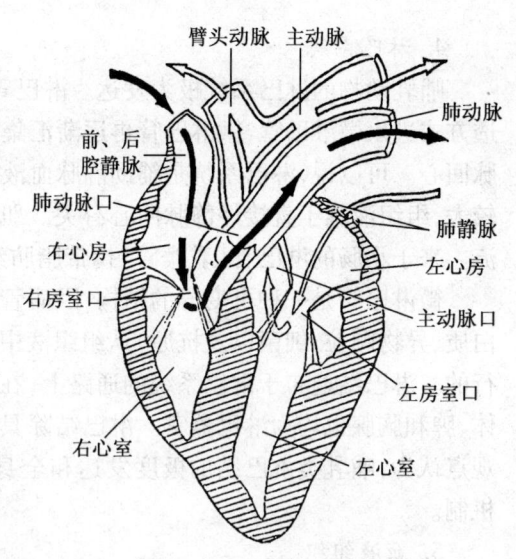

图 27-13 哺乳动物的心脏及血液流动方向

黑箭头示缺氧血，白箭头示富氧血

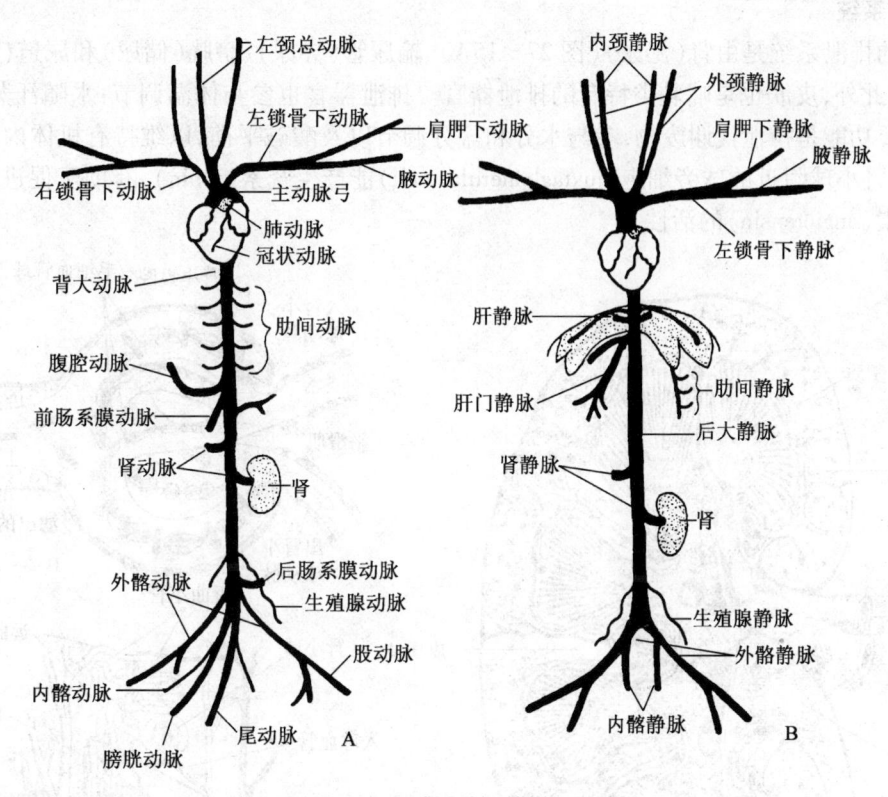

图 27-14 哺乳动物的循环系统

A. 动脉系统；B. 静脉系统

3. 静脉

哺乳动物静脉系统趋于简化（图 27-14B），主要表现在：

（1）单一的前大静脉（上腔静脉）和后大静脉（下腔静脉）代替了低等四足动物的成对的前主静脉和后主静脉。

（2）肾门静脉消失。来自尾部及后肢的血液直接注入后大静脉回心。肾门静脉（以及腹静脉）的消失，使尾及后肢血液回心时，减少了一次通过微细血管的环节，有助于加快血流速度和提高血压。

（3）腹静脉在成体消失。

4. 淋巴系统

哺乳动物的淋巴系统极为发达。淋巴管发源于组织间隙间的、先端为盲端的微淋巴管,组织液通过渗透方式进入微淋巴管,微淋巴管再逐渐汇集为较大的淋巴管,最后主要经胸导管(thoracic duct)注入前大静脉回心。可以说,淋巴系统是辅助静脉血液回心的系统。哺乳类淋巴系统发达,可能与动静脉内血管压力较大,组织液难于直接经静脉回心有关。肌肉收缩可以促进淋巴液流动。淋巴管内有瓣膜防止淋巴液逆流。来于小肠的淋巴管(乳糜管)携带脂肪经胸导管注入前大静脉回心。

微淋巴管是一种可变异的结构,因而管壁的缺口时开时闭,可将不能进入微血管的大分子结构(如蛋白质、异物颗粒、细菌以及抗原)从组织液中摄入,并把它们过滤掉或加以中和。过滤异物是在淋巴结内进行的。淋巴结遍布于淋巴系统的通路上,在某些重要部位如颈部、腋下、鼠蹊部以及小肠尤为发达。扁桃体、脾和胸腺也均为淋巴器官。淋巴结除具有阻截异物,保护机体的功能之外,还制造各种淋巴细胞。有观点认为:哺乳类淋巴结的极度发达和全身遍布,可能是热血动物对于防御细菌等异物滋长的一种特殊机制。

5. 血液组织

哺乳类血液中的红细胞呈双凹透镜形(骆驼为卵圆形),成长后无核,不同于其他脊椎动物。

(八) 排泄系统

哺乳动物的排泄系统是由肾(泌尿)(图27-15A)、输尿管(导尿)、膀胱(储尿)和尿道(urethra)(排尿途径)所组成。此外,皮肤也是哺乳类特有的排泄器官。排泄器官也参与体温调节:水随汗蒸发,可使体温降低。肾的主要功能是排泄代谢废物,参与水分和盐分调节以及酸碱平衡,以维持有机体内环境理化性质的稳定。此外,肾小球附近的球旁细胞(juxtaglomerular cell)能产生肾素(renin),有助于促进内分泌腺所分泌的血管紧张素(angiotensin)的活性。

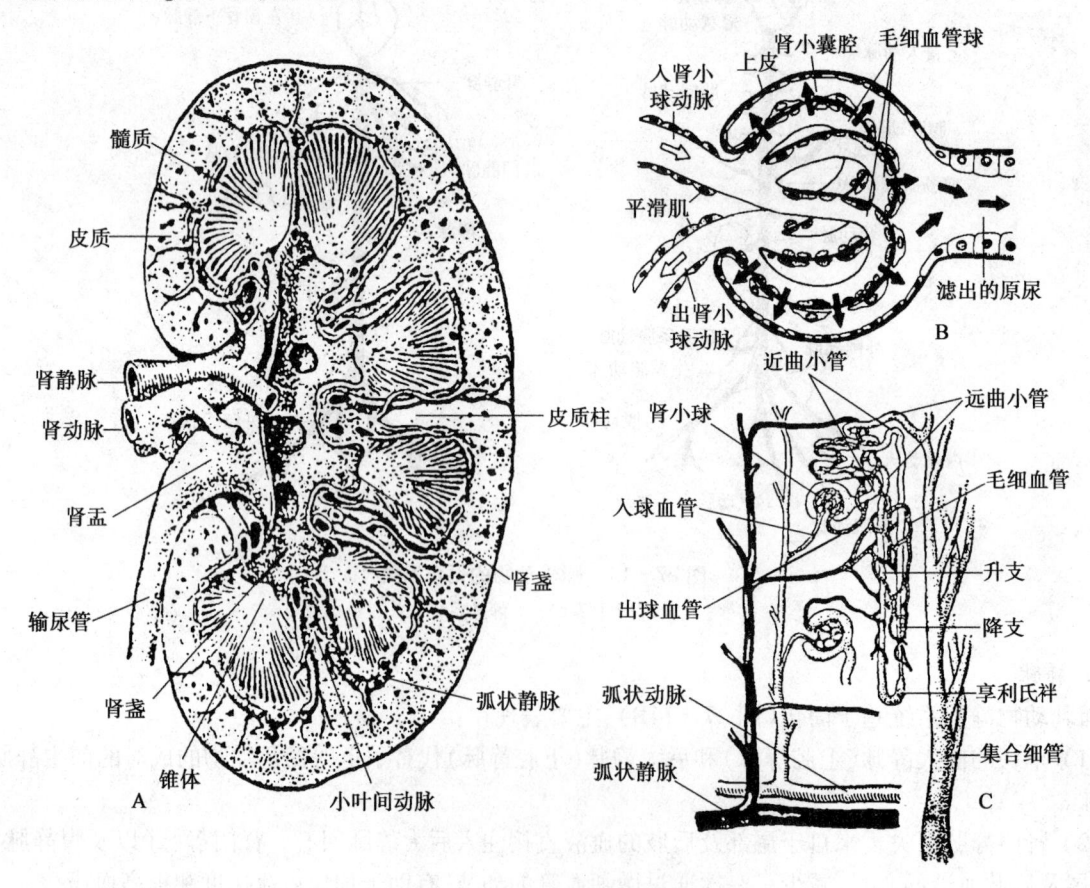

图 27-15 哺乳动物的肾

A. 肾的矢状面;B. 肾小体结构;C. 肾单位结构

哺乳类的膀胱是胚胎时期尿囊柄的基部膨大而成,故是尿囊型膀胱。

哺乳类的新陈代谢异常旺盛,高度的能量需求和食物中含有丰富的蛋白质,致使在代谢过程中所产生的尿量极大。要避免这些含氮废物的迅速积累,就需要有大量的水将废物溶解并排出体外,而这又与陆栖生活所必需的"保水"形成尖锐矛盾。哺乳类所具有的高度浓缩尿液的能力就是解决这一矛盾的重要适应。

哺乳类肾的基本功能结构为肾单位(图 20-15C),肾单位由肾小体(图 27-15B)和肾小管组成。哺乳类的肾单位数目众多。

哺乳类尿的浓缩主要是借肾小管对尿中水分及钠盐等的重吸收而实现的。肾小管分为近曲小管(proximal convoluted tubule)、亨利氏袢(loop of Henle)以及远曲小管(distal convoluted tubule)等部分。很多肾小管汇入一个集合管(collecting tubule)。众多集合管汇成一个肾盏,各个肾开口于肾髓质部内的肾盂。肾盂通过输尿管最终将尿排出体外。刚渗透入肾球囊内的尿称为原尿,经过肾小管和集合管重吸收水分、无机盐(主要是钠盐)、葡萄糖等以后的尿液称为终尿。原尿中的水分约1%从终尿排出体外。

哺乳类尿的浓缩能力通常从 30~2 100 mOsmol/kg,相当于血浆浓度(300 mOsmol/kg)的1/10~7倍,幅度达几十倍。这种浓缩能力在沙漠中生活的动物尤为突出,有些沙漠地区啮齿类的尿基本呈结晶状态。

血液中盐类浓度的恒定是在中枢神经系统的影响下,通过内分泌腺改变肾小管对盐分的选择性,导致的重吸收作用,以及抗利尿素对远曲小管水分的主动吸收作用实现的。

(九) 神经系统

哺乳动物具有高度发达的神经系统,能够有效地协调体内环境的统一并对复杂的外界条件的变化迅速做出反应。神经系统也是伴随着躯体结构、功能和行为的复杂化而发展的。哺乳类神经系统主要表现在大脑和小脑体积增大、神经细胞所聚集的皮层加厚和表面出现了皱褶(沟和回)。

大脑皮质(cerebral cortex)由发达的新脑皮质构成,它接受来于全身的各种感觉器传来的冲动,通过分析综合,并根据已建立的神经联系而产生合适的反应。低等陆栖脊椎动物(如爬行类、鸟类)的高级神经活动中枢——纹状体(基底核)已显著退化。低等动物的古脑皮质(paleopallium)在哺乳类称为梨状叶,为嗅觉中枢。原脑皮质(archipallium)萎缩,主要仍为嗅觉中枢,称为海马(hippocampus)。左右大脑半球通过许多神经纤维互相联络,神经纤维所构成的通路称为胼胝体(corpus callosum),它随大脑皮质的发展而发展,是哺乳类特有的结构(图 27-16)。

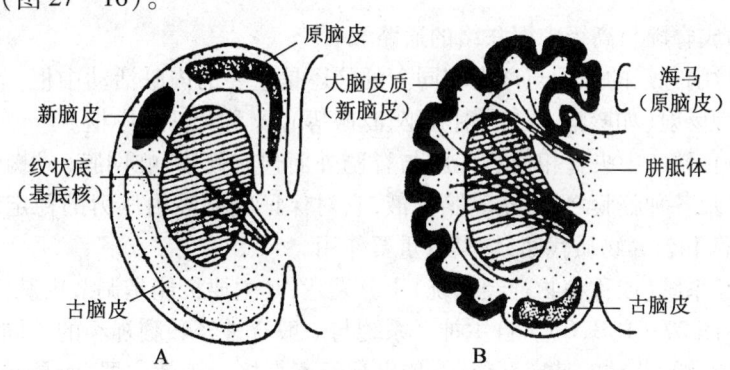

图 27-16 爬行动物与哺乳动物大脑半球的比较
A. 爬行动物;B. 哺乳动物

间脑大部被大脑所覆盖。视神经从间脑腹面发出,构成视神经交叉(图 27-17B)。其后借一柄连接脑下垂体。脑下垂体为重要的内分泌腺。间脑顶部尚有松果腺,也是内分泌腺,可抑制性早熟和降低血糖。间脑壁内的神经结构主要包括背方的丘脑(视丘)(thalamus)与腹面的丘脑下部(hypothalamus)。丘脑是低级中枢与大脑皮质分析器之间的中间站,来于全身的感觉冲动(嗅觉除外)均集聚于此处,经更换神经元之后达于大脑。丘脑下部与内脏活动的协调有密切关系(交感神经中枢),并为体温调节中枢。

哺乳类的中脑比低等脊椎动物的中脑相对地不发达,这与大脑发达、取代了很多低级中枢的作用有关。中脑背方具有四叠体(corpora quadrigemina),前面1对为视觉反射中枢,后面1对为听觉反射中枢(图 27-17C)。中脑底部的加厚部分构成大脑脚(cerebral peduncle),由下行的运动神经纤维束构成。

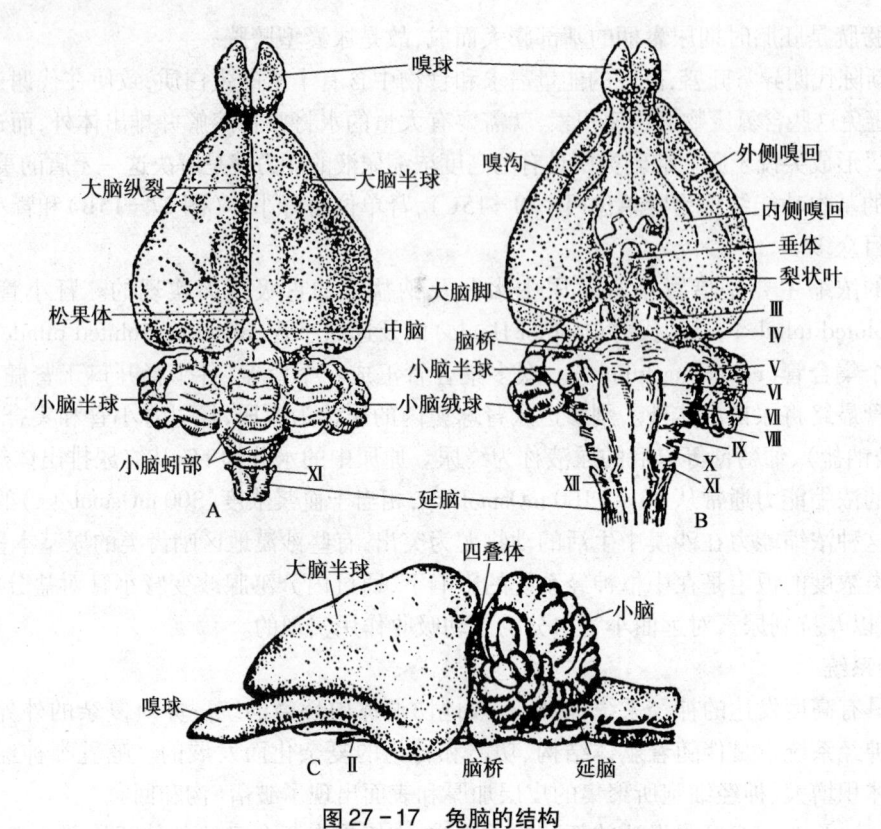

图 27-17 兔脑的结构
A. 背面观；B. 腹面观；C. 侧面观。罗马字母示脑神经

后脑的顶部有极为发达的小脑,是运动协调和维持躯体正常姿势的平衡中枢。小脑皮质又称为新小脑,是哺乳类所特有的结构。在延脑底部,由横行神经纤维构成的隆起,称为脑桥(ponsvarolii)(图27-17 B、C)。它是小脑与大脑之间联络通路的中间站,而且是哺乳类所特有的结构,越是大脑及小脑发达的种类,脑桥越发达。

延脑后连脊髓,构成脊髓与高级中枢联络的通路。

脑神经12对,每对脑神经的作用与鸟类相同。延脑还是重要的内脏活动中枢,节制呼吸、消化、循环、汗腺分泌以及各种防御反射(如咳嗽、呕吐、泪分泌、眨眼等),又称为活命中枢。

脑内具有脑室,与脊髓的中央管相通连。脑与脊髓外面包有硬膜、蛛网膜(或蜘蛛膜)和软膜等脑膜。在脑室、脊髓中央管以及各种脑膜之间,充满脑脊液,它对保证脑颅腔内压力的稳定、缓冲震动、维持内环境(盐分和渗透压)平衡和营养物质代谢,均具有重要作用。

哺乳类的自主神经系统(或称植物神经系统)十分发达,其主要机能是调节内脏活动和新陈代谢过程,保持体内环境的平衡(图27-18B、C)。自主神经系统与一般脊神经和脑神经的不同之处主要有以下几方面:①中枢位于脑干、胸、腰、荐髓的特定部位;②传出神经不直接达于效应器,而是在外周的自主神经节内更换神经元,再由这个更换的节后神经纤维(postganglionic fibre)支配有关器官;③协调内脏器官、腺体、心脏和血管以及平滑肌的感觉和运动。

植物性神经系统包括交感神经系统(sympathetic system)和副交感神经系统(parasympathetic system),它们一般均共同分布到同一器官上,其功能是互相拮抗、对立统一的。

交感神经的中枢位于胸髓至腰髓前段的侧角,所发出的节前神经纤维(preganglionic fibre)达于脊柱两侧的交感神经链(sympathetic chain),在其神经节上更换神经元或越过交感神经链至独立的神经节(如肠系膜上的神经节)上更换神经元,然后以节后神经纤维支配效应器。副交感神经的中枢位于脑干的一些神经核以及荐髓的侧角,它的副交感神经节位置距效应器很近或就在效应器上,因而节后神经纤维很短,这与交感神经有显著不同。

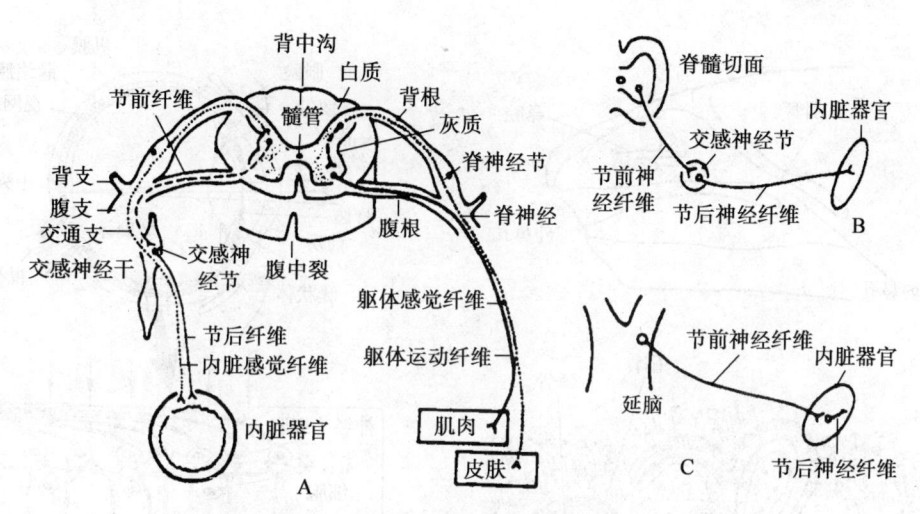

图 27-18　哺乳动物脊神经与植物性神经传导的比较
A. 脊神经；B. 交感神经；C. 副交感神经

（十）感觉器官

哺乳类的感觉器官十分发达，尤其表现在对嗅觉和听觉的高度灵敏。哺乳类对于光（视觉）、声（听觉）和嗅（嗅觉）的感觉能力强，这对于远距离定向、定位都有着积极意义。例如，空气中含极微量的麝香（4×10^{-5} mg/L）即能被嗅知，因而嗅觉器官是哺乳类寻食、找配、躲避敌害的重要器官。某些哺乳类在视力不足的条件下快速运动时，还发展了特殊的高、低频声波脉冲系统，借听觉感知声波回声而定位（回声定位，echolocate）。例如，蝙蝠以高频声波回声定位，海豚以高频及低频2种水内声波（声呐）回声定位。

1. 嗅觉

哺乳类嗅觉高度发达，表现在鼻腔的扩大和鼻甲骨的复杂化（图 27-19A）。鼻甲骨是盘卷复杂的薄骨片，其外覆有满布嗅神经的嗅黏膜，使嗅觉表面积大为增加（例如兔的嗅神经细胞多达10亿个）。因而它是哺乳类（特别是夜行性哺乳类）的重要感官。水栖种类（如鲸、海豚、海牛）的嗅觉器官则退化。

2. 听觉

哺乳类的听觉敏锐，表现在：内耳具有发达的耳蜗管（cochlea）（图 27-19C）、中耳内具有3块彼此相关节的听骨（锤骨、砧骨和镫骨）以及发达的外耳道和耳壳（图 27-19B）。耳壳可以转动，能够更有效地收集声波。鼓膜随声波的振动以推动听骨，听骨撞击耳蜗管（卵圆窗部分），引起管内淋巴液的震动，从而刺激听觉的感受器（柯蒂氏器），将神经冲动传入脑而产生听觉。在水中，由于哺乳类的躯体与水的密度相近，声波可以直接穿过躯体而达于耳。近年来的实验表明，某些齿鲸的下颌骨是空的，其中充满油液，为声波的优良导体，因此可将声波迅速地传至紧靠其后面的中耳和内耳。

3. 视觉

哺乳类的视觉器官（眼球）与低等陆栖种类的结构无本质的差异（图 27-19D）。哺乳类对光波的感觉灵敏，但对色觉感受力差，这与大多数兽类均为夜间活动有关。灵长目辨色能力以及对物体大小和距离的判断均较准确。

4. 味觉

哺乳动物的味觉器官是味蕾（图 27-19E），主要集中在舌上。

（十一）内分泌系统

哺乳类的内分泌系统极为发达，但内分泌腺的种类及基本功能与低等脊椎动物相似。内分泌系统对于调节有机体内环境的稳定、代谢、生长发育和行为等，都具有十分重要的意义。

哺乳类的内分泌腺主要有脑垂体、甲状腺、甲状旁腺（parathyroid gland）、胰岛（islets of Langerhans）、肾上腺（adrenal gland）、性腺和胸腺等（图 27-20）。

1. 脑垂体

脑垂体位于间脑腹面，由神经垂体（neurohypophysis）和腺垂体（adenohypophysis）两部分组成。前者在

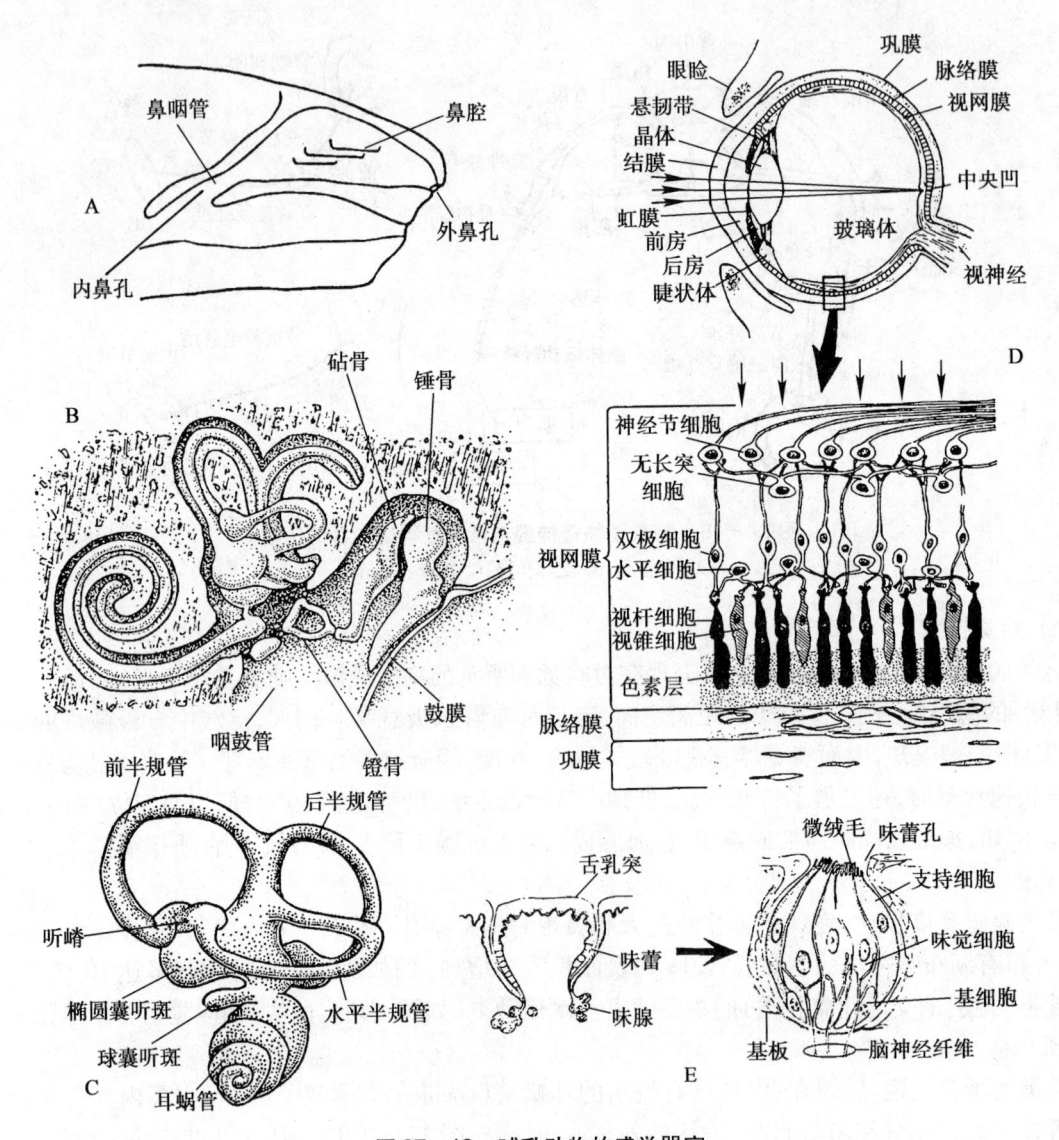

图 27-19 哺乳动物的感觉器官
A. 嗅觉器官；B. 中耳的结构；C. 内耳结构；D. 眼与视觉；E. 味觉器官

胚胎发生时来源于间脑的下丘脑，通称为脑垂体后叶；后者来于口腔背方所突出的囊，通称为脑垂体前叶。

神经垂体分泌 2 种八肽激素：加压素（抗利尿激素，ADH）和催产素。前者的主要作用是引起小动脉平滑肌收缩、促进肾对水分的重吸收。后者是分娩时促进子宫收缩及泌乳，在鸟类则刺激输卵管运动。

腺垂体分泌多种肽激素，其所作用的组织及功能见表 27-2。

表 27-2 腺垂体分泌的激素及作用

激素种类	靶器官或组织	生物学作用
促肾上腺皮质激素（ACTH）	肾上腺皮质	促进皮质激素的生成与分泌
促甲状腺激素（TSH）	甲状腺	促进甲状腺激素的合成与分泌
生长激素（GH）	所有组织	促进组织生长、RNA 与蛋白质合成、脂解与抗体形成、小分子运输
促卵泡激素（FSH）	卵泡曲精细管	促进卵泡或精子生成
促黄体激素（LH）	生殖腺间质细胞	促进卵泡成熟、雌激素分泌、排卵、黄体生成、孕酮分泌，促进雄激素合成与分泌
催乳激素（PRL）	乳腺	促进乳腺生长、乳蛋白合成、分泌乳汁
保黑激素（MSH）	黑色素细胞	促进黑色素合成及黑色素细胞散布

脑垂体的胚胎发生和功能在脊椎动物有较强的一致性,只是哺乳类最为发达,研究得也深入。近年来,脑垂体产生的激素分子结构已作为研究动物亲缘关系的新证据。

2. 甲状腺

为一对位于喉部甲状软骨腹侧的腺体,在胚胎发生上来于咽囊,与文昌鱼的内柱同源。

甲状腺激素是唯一含有卤族元素的激素。其主要作用是提高新陈代谢水平、促进生长发育。它作用于肝、肾、心脏和骨骼肌,使肝糖分解,血糖升高;并促进细胞的呼吸作用,提高耗氧量和代谢率。因而对恒温动物的体温调节有重要作用。

3. 甲状旁腺

位于甲状腺的背侧方,通常为2对,普遍见于陆栖脊椎动物。在胚胎发育上来于第Ⅲ、Ⅳ对咽囊。其所分泌的激素对血液中的钙和磷的代谢有重要作用,它作用于骨基质及肾,使血钙浓度升高。

4. 胰岛

为散布于胰中的细胞群。胰岛组织含有 α、β 细胞。前者分泌胰高血糖素,能促进血糖升高;β 细胞分泌胰岛素,能促使血液中的葡萄糖转化成糖原,提高肝和肌肉中的糖原贮藏量。当胰岛素分泌不足时,血糖含量就会升高并由尿排出,导致糖尿病。

5. 肾上腺

位于肾前方内侧的一对小型腺体,由表皮的皮质和深层的髓质构成,二者在发生、结构及功能上均显著不同。

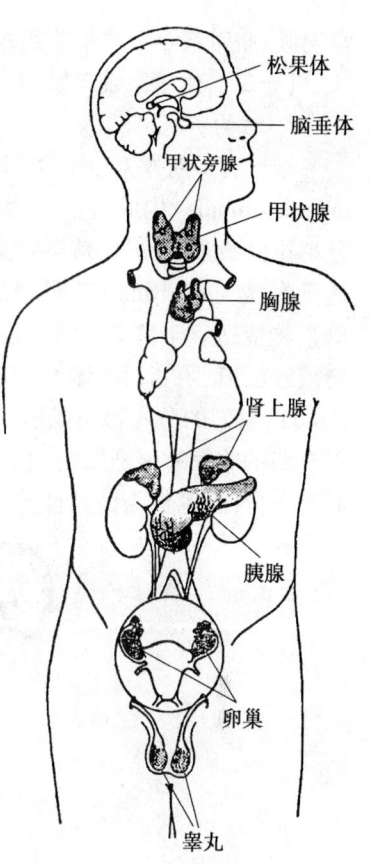

图27-20 人体内分泌腺分布

肾上腺皮质又称肾间组织,在胚胎发生时来源于生肾节与生殖节之间的中胚层;是腺组织,分泌与性腺同类的类固醇激素。肾上腺皮质激素能调节盐分(Na、K)代谢、糖代谢以及促进第二性征的发育。肾上腺髓质在胚胎发生上与交感神经节同源,也受交感神经支配。它所分泌的激素称肾上腺素,其作用是使动物产生"应急"反应,例如心跳加快、血管收缩、血压升高、呼吸加快、血糖增加和内脏蠕动变慢等类似交感神经兴奋时的反应。

6. 性腺

睾丸的曲精细管间的间质细胞能分泌雄激素,为固醇类激素,主要是睾丸酮和雄烷二酮。雄激素促进雄性器官发育、精子发育成熟和第二性征的发育,也促进蛋白质(特别是肌原纤维蛋白层)合成和身体生长,使雄性具有较粗壮的体格和肌肉。

雌激素由卵巢的卵泡产生,主要是雌二醇,能促进雌性器官发育、第二性征形成以及调节生殖活动周期。哺乳类的黄体能分泌孕酮(或称黄体酮),能使子宫黏膜增厚,为胎儿着床准备条件,并抑制卵泡的继续成熟,保进乳腺的发育等。低等脊椎动物的卵泡壁或间质组织可分泌孕酮,主要影响输卵管的发育和生理活动。

哺乳动物的胎盘也是暂时的内分泌器官,分泌与妊娠和分娩有关的激素,如孕酮、雌激素、促性腺激素、催乳激素等。

7. 胸腺

位于心脏的腹前方,在胚胎发生上来源于咽囊,幼体较发达。胸腺究竟是内分泌腺还是淋巴腺尚有争议,其所分泌的胸腺素能增强免疫力。

8. 其他内分泌腺

松果体(松果腺)位于间脑顶部,分泌的激素主要是褪黑激素,可能与体色、生长和性成熟有关。消化管分泌的激素有促胃液素、促胰液素、促肠液素等,能激发有关消化液的分泌。哺乳类雄性的前列腺能分泌前列腺素,它对精子的生长、成熟以及全身的许多生理活动均有影响。已知前列腺素还存在于卵巢、子宫内膜、脐带甚至一些植物组织中。

(十二) 生殖系统与繁殖

1. 结构和机能

雄兽有1对睾丸(图27-21A),通常位于阴囊(scrotum)中。睾丸是由众多的曲精细管(精小管)(seminiferous tubule)构成,它是产生精子的地方(图27-22A)。曲精细管间具有间质细胞(interstitial cell),能分泌雄性激素、促进生殖器官发育、成熟和第二性征的形成及维持。曲精细管经输出小管(vas efferens)而达于附睾(epididymis)。附睾是大而卷曲的管,它的壁细胞分泌弱酸性黏液(H^+浓度比曲精细管大10倍),构成适宜于精子存活的条件;精子在这里经过重要发育阶段而成熟。附睾下端经输精管而达于尿道。精液经尿道、阴茎而通体外。重要的附属腺体有精囊腺(seminal vesicle)、前列腺和尿道球腺(bulbourethral gland),它们的分泌物构成精液的主体,所含的营养物质能促进精子的活性。前列腺还分泌前列腺素,对于平滑肌的收缩有强烈影响。精液中含有高浓度的前列腺素,可使子宫收缩,有助于受精。尿道球腺在交配时首先分泌,腺液为偏碱性的黏液,起着冲洗尿道及阴道、中和阴道内的酸性,以利于精子存活的作用。

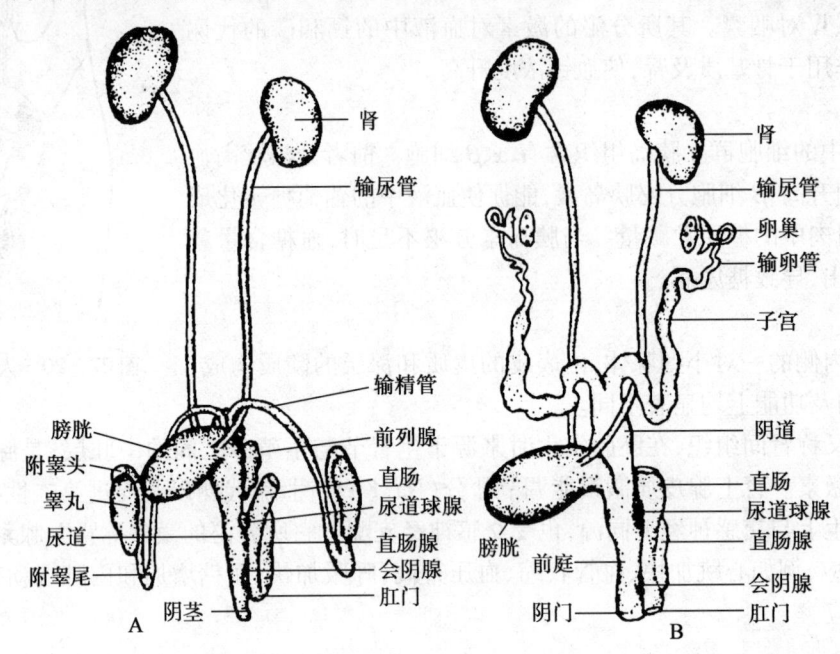

图27-21 兔的生殖系统
A. 雄性;B. 雌性(仿杨安峰)

温度对于精子的生成过程有显著影响。阴囊中的温度比腹腔低3~4℃,可以保证精子能正常生成并存活。有的种类的睾丸终生下降于阴囊中(如有袋类、食肉类、有蹄类、灵长类);有的在繁殖期下降于阴囊中(如啮齿类、翼手类);少数终生保留在腹腔内(如单孔类、鲸、象等)。睾丸终生下降的种类,在胚胎发育早期,睾丸仍位于腹腔内,至后期则降入阴囊。其降入的通路即为腹股沟管(鼠蹊管)(inguinal canal)。

阴茎为雄兽的交配器官,由附于耻骨上的海绵体(corpus cavernosum)所构成,海绵体包围尿道。尿道兼有排尿及输送精液的功能。

雌兽有1对卵巢(图27-21B),主要由结缔组织构成的基质、围绕表层的生殖上皮(germinal epithelium)以及数目繁多的、处于不同发育阶段的滤泡(follicle)组成。每个滤泡内含有1个卵细胞,其外有滤泡液含有雌性激素,能促进生殖管道及乳房的发育以及第二性征的成熟。卵成熟后,滤泡破裂,卵及滤泡液一起排出(图27-22B),残余的滤泡即逐渐缩小,并由一种黄色细胞所充满,成为黄体(corpus luteum)。黄体为一种内分泌组织,所分泌的激素(孕酮)可抑制其他滤泡的成熟和排卵,并促进子宫和乳腺发育,为妊娠做好准备。成熟卵排出后,进入输卵管前端的开口(输卵管伞),沿输卵管下行达于子宫。受精作用发生于输卵管上段,已受精的卵即种植于子宫壁上,在这里接受母体营养而发育。子宫经阴道开口于体外。

哺乳类的子宫有多种类型(图27-23)。原始类型为双体子宫(如啮齿类),较高等种类则为分隔子宫

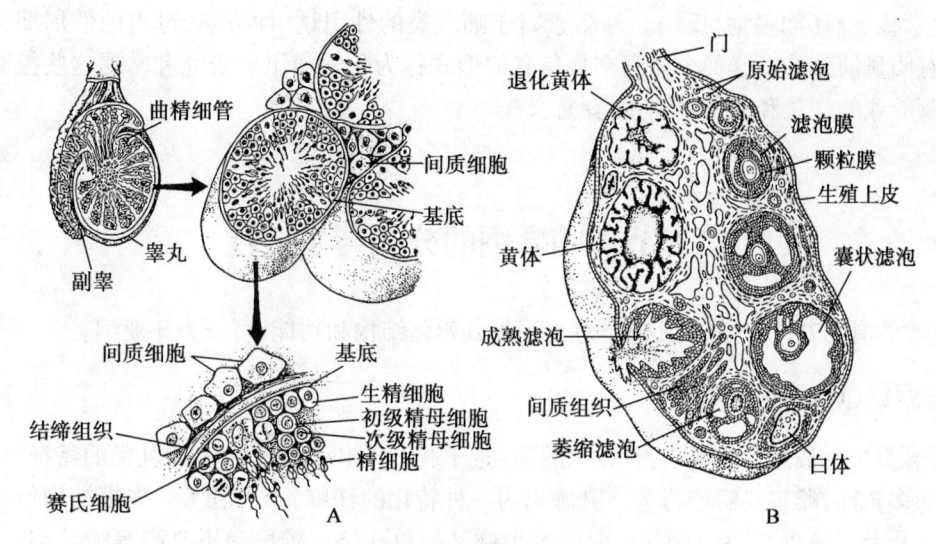

图 27-22 哺乳动物生殖细胞的产生过程
A. 雄性；B. 雌性

（如猪）、双角子宫（如有蹄类、食肉类）和单子宫（如蝙蝠、灵长目）。单子宫一般产仔数目较少。

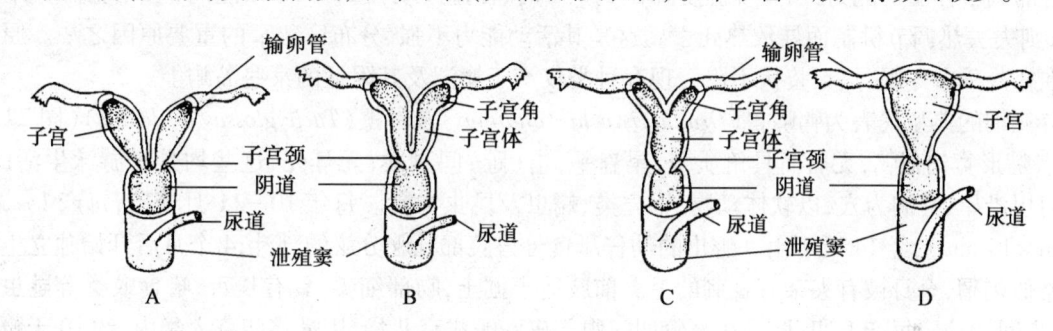

图 27-23 哺乳动物子宫的类型
A. 双体子宫；B. 分隔子宫；C. 双角子宫；D. 单子宫

2. 动情周期

哺乳类性成熟的时间，从几个月到数年不等。性成熟与体成熟并不一致（体成熟较晚），因而在畜牧业实践中，只有在体成熟之后才允许配种，否则对成兽及仔兽生长发育均不利。

性成熟以后，在一年中的某些季节内，规律性地进入发情期，称为动情。卵在动情期排出，非动情期卵巢处于休止状态。掌握家畜的性周期规律，可以有计划地调节分娩时间、产乳量、防止不孕或空怀。大多数哺乳类一年中仅出现 1~2 次动情期（例如某些单孔类、有袋类、偶蹄类、食肉类）；少数为多动情期，在一年的某些时期内不断地出现几天为一周期的动情（如啮齿类及灵长类）。大家鼠的每一动情周期为 4~5 天。旧大陆猿猴具有 28 天的周期（与人相同），在此期间具有月经（menstral flow）。

3. 控制繁殖期的因子

繁殖行为是内外因子综合影响的结果。在神经系统控制下，通过脑下垂体以及性腺分泌的激素调节着性器官的活动，这是主要方面。但内因必须通过一定的条件（外因）而起作用。例如，猕猴尽管一年中间有多次月经周期，但仅在有限的动情期内发生妊娠，其余时期则处于不排卵状态。啮齿类的动情期也具有季节性。显然环境因子的季节变化有重要影响。

环境因子主要涉及营养、光照变化、异性刺激等方面。在营养条件充足的情况下，家畜（牛、羊）从野生种类的单动情周期改变为多动情周期。人工控制光照的改变，可诱使春季动情的毛皮兽（狐、貂）提前在冬季配种。异性刺激可产生类似激素（外激素，pheromones）的效果，通过嗅觉引起反射。兔的滤泡只有经过交配（交配后 10 小时）才能排卵。一般认为外激素是一种挥发性的气味物质，由一些皮肤腺所释放的，引起受纳者的化学感受器(如嗅觉)反应。外激素对于哺乳类的性引诱、性成熟、母兽的性周期、妊娠以及母性行为等,都有明显的影响。这种个体间交换信息的形式称为化学通讯。研究和掌握这些控制因素,对于提高畜牧业、驯养业的产量和质量,具有重要意义。

第二节　哺乳纲的分类与多样性

现存哺乳类约有 5 750 种,分布几遍全球。根据其躯体结构和功能,可分为 3 亚纲。

一、原兽亚纲(Prototheria)

为现存哺乳类中的最原始类群。具有一系列接近于爬行类和不同于高等哺乳类的特征,主要表现在:卵生,产具壳的多黄卵,雌兽具孵卵行为。乳腺仍为一种特化的汗腺,不具乳头。肩带结构似爬行类(具有乌喙骨、前乌喙骨及间锁骨)。有泄殖腔,因而本类群又称单孔类。雄兽尚不具高等哺乳类那样的交配器官。大脑皮质不发达、无胼胝体。成体无齿,代之以角质鞘。

除哺乳外,原兽亚纲体外被毛,能维持体温基本恒定(26~35 ℃)。原兽亚纲的一系列原始结构,使其缺乏完善的调节体温的能力:当环境温度降低到 0 ℃时,体温波动在 20~30 ℃之间;当环境温度升至 30~35 ℃时,则失去热调节机制而导致热死亡。这是其活动能力不强、分布区狭窄的重要原因之一。原兽类动物一般在寒冷季节冬眠,热天蛰伏不出。现存种类仅产于澳洲及其附近的某些岛屿上。

原兽亚纲的典型代表为鸭嘴兽(*Ornithorhynchus anatinus*)及针鼹(*Tachyglossus aculeatus*)(图 27-24A、B)。前者嘴形宽扁似鸭,无唇而具角质鞘,尾扁平,指(趾)间具蹼,无耳壳,这些均是对游泳生活的适应。栖居于河川沿岸,穿洞为穴,以软体动物、甲壳类、蠕虫及昆虫为食。每年 10—11 月繁殖,每产 1~3 卵(卵径 16 mm×14 mm),经 14 天孵出。孵出的幼仔舐食母兽腹部乳腺分泌的乳汁,4 个月后开始独立生活。针鼹体型略似刺猬,全身被有夹杂着棘刺的毛。前肢适于掘土,吻部细尖,具有长舌,嗜食蚁类等昆虫。穴居于陆上,夜间活动。每产 1 卵,母兽在繁殖期间腹部皮肤皱成育儿袋,用嘴将卵移入袋内,约 10 天孵出。幼兽再继续舐食乳汁发育。

原兽亚纲代表着最低等的哺乳类,对于研究哺乳类的起源有重要科学价值。

图 27-24　哺乳纲代表种类(一)
A. 鸭嘴兽;B. 针鼹;C. 灰袋鼠

二、后兽亚纲(Metatheria)

为比较低等的哺乳动物类群,主要特征为:胎生,但尚不具真正的胎盘,胚胎借卵黄囊(而不是尿囊)与母体的子宫壁接触,因而幼仔发育不良(妊娠期约 10~40 天),需继续在雌兽腹部的育儿袋中长期发育。因而本类群又称有袋类。泄殖腔已趋于退化,但尚留有残余。肩带表现出高等哺乳类的特征(前乌喙骨与乌喙骨均退化,肩胛骨增大)。具有乳腺,乳头位于育儿袋内。大脑皮质不发达,无胼胝体。异型齿,但门牙数目较多(常为 5/3,3/2),属低等哺乳类性状。

后兽亚纲的体温更接近于高等哺乳类(33~35 ℃),能在环境温度大幅度变动的情况下维持体温恒定。主要分布于澳洲及南美洲草原地带。典型代表有灰袋鼠(*Macropus giganteus*)(图 27-24C),栖于澳洲草原,适应于跳跃生活方式,后肢强大,趾有并合现象,一步可跳 5 m。尾长大,为栖息时的支持器官和跳跃中的平衡器。集小群活动,植物食性为主。育儿袋发达,幼仔早产、尚未充分发育,不能吸吮乳汁。具有一系列的特异机制以保证幼仔在育儿袋内发育:母兽乳房具有特殊肌肉,能将乳汁喷出;幼仔唇部紧裹乳头,喉上升直伸入鼻腔,因而乳汁得以畅流进入食管。

根据大陆板块漂移学说,澳洲大陆很早前就与地球的主要大陆隔离,因而高等哺乳类(有胎盘类)未能侵入澳洲。有袋类适应于各种不同的生活方式,发展了类似有胎盘类的各种生态类群,例如,以肉食为生的袋狼、袋鼬,草食类的袋鼠(生活方式似有胎盘类的鹿、羊和羚羊)以及类似啮齿类(旱獭、松鼠、兔)生活方式的袋熊、袋貂和袋兔,因而是研究动物的适应辐射和演化趋同的重要对象。

三、真兽亚纲(Eutheria)

真兽亚纲又称有胎盘类,是高等哺乳动物类群。种类繁多,分布广泛,现存哺乳类中的绝大多数种类(95%)属此。本亚纲的主要特征是:具有真正的胎盘(借尿囊与母体的子宫壁接触),胎儿发育完善后再产出。不具泄殖腔。肩带为单一的肩胛骨所构成。乳腺充分发育,具乳头。大脑皮质发达,有胼胝体。异型齿,但齿数趋向于减少,门牙数目少于 5 枚。有良好的调节体温的机制,体温一般恒定在 37 ℃ 左右。

真兽亚纲的现存种类有 18 目,其中 14 目在我国有分布。我国种类约 500 种,重要代表简述如下:

1. 食虫目(Insetivora)

较原始的有胎盘类。个体一般较小,吻部细尖,适于食虫。四肢多短小,指(趾)端具爪,适于掘土。牙齿结构比较原始。体被绒毛或硬刺。主要以昆虫及蠕虫为食,有些种类的唾液中有毒性,大多数为夜行性。如刺猬(*Erinaceus europaeus*)、纹背鼩鼱(*Sorex cylindricauda*)、缺齿鼹(*Mogera robusta*)(图 27-25A~C)。

2. 树鼩目(Scandentia)

小型树栖食虫的哺乳动物。在结构上(例如臼齿)似食虫目但又有似灵长目的特征,例如嗅叶较小、脑颅宽大、有完整的骨质眼眶环等。仅有 1 科 16 种,均分布于东南亚热带森林内,外形略似松鼠。如北树鼩(*Tupaia belangerigf*)(图 27-25D)。

3. 翼手目(Chiroptera)

飞翔的哺乳动物。前肢特化,具特别延长的指骨。由指骨末端至肱骨、体侧、后肢及尾间,着生有薄而柔韧的翼膜,借以飞翔。前肢仅第 1 或第 1 及第 2 指端具爪。后肢短小,具长而弯的钩爪,适于悬挂栖息。胸骨具胸骨突起,锁骨发达,均与特殊的运动方式有关。齿尖锐,适于食虫(少数种类以果实为主食)。夜行性。如东方蝙蝠(*Vespertilio sinensis*)(图 27-25E)。

4. 灵长目(Primates)

树栖生活类群。除少数种类外,拇指(趾)多能与它指(趾)相对,适于树栖攀缘及握物。锁骨发达,手掌(及跖部)裸露,并具有 2 行皮垫,有利于攀缘。指(趾)端部除少数种类具爪外,多具指甲。大脑半球高度发达。眼眶周缘具骨,两眼前视,视觉发达,嗅觉退化。雌兽有月经。广泛分布于热带、亚热带和温带地区。群栖。杂食性。本目包括原猴亚目(Strepsirrhini)和简鼻亚目(Haplorrhini)的 16 科。本目代表性科有:

科 1. 懒猴科(Lorisidae) 头圆,吻短,眼大而向前,眼间距很窄,耳郭半圆而朝前。前后肢粗短,等长,手的大拇指和其他 4 指相距的角度甚大,第 2 指、趾极短或退化,除第 2 趾爪形外,其他指、趾的末端有厚的

图 27-25　哺乳纲代表种类（二）
A. 刺猬；B. 纹背駒鼱；C. 缺齿鼹；D. 北树鼩；E. 东方蝙蝠

肉垫和扁指甲。体毛短密，颜色变异很大。栖息在热带或亚热带的密林中，白天蜷伏在树洞等隐蔽地方睡觉，夜晚外出觅食，吃野果、昆虫，善于在夜间捕食熟睡的小鸟，喜食鸟蛋。很少到地面活动。无一定发情期，怀孕期约 4 个月，一般冬季产仔，每胎产 1 仔，多在夜间分娩。如蜂猴（*Nycticebus bengalensis*）（图 27-26A）。

科 2. 卷尾猴科（Cebidae）　因大部分种类的尾巴具缠卷功能而得名。体型大小差别很大。所有种类均为 36 枚牙齿。无颊囊和臀胼胝。指和趾细长，具有扁的或弯曲的指甲，有的拇指退化，有的高度发育。鼻孔朝向两侧。尾毛大多密而长，在尾端下部有一无毛区，皮肤厚实，可抓握东西。毛色有暗灰、褐、赤褐和黑色。栖息于热带森林的树上，除饮水外很少到地面。性机敏，善跳跃和游泳。以家族式集群生活，每群有自己的领域。有的喜食水果、树叶和花等，也有的喜食昆虫、蜥蜴及小鸟等。白天活动。每胎产 1 仔。如白喉卷尾猴（*Cebus capucinus*）（图 27-26B）。

科 3. 猴科（Cercopithecidae）　灵长目最大的一科。吻部突出，两颚粗壮，牙齿 32 枚。鼻间隔狭窄，鼻孔朝前向下紧靠。手足均有 5 个指、趾，具扁平的指甲，拇指（趾）能与他指（趾）相对。多具颊囊和臀胼胝。脸部有裸区。均能直立。昼行性。如猕猴（*Macaca mulatta*）和金丝猴（*Pyzathrix roxellanae*）（图 27-26C、D）。

科 4. 长臂猿科（Hylobatidae）　因臂特别长而得名。腿短，手掌比脚掌长，手指关节长。身体纤细，肩宽而臀部窄。有较长的犬齿。臀部有胼胝，无尾和颊囊。喉部有音囊，善鸣叫，不同种类的叫声差别很大。雄猿一般为黑、棕或褐色。雌猿或幼猿色浅，为棕黄、金黄、乳白或银灰色。栖息于热带雨林和亚热带季雨林，树栖。白天活动。善于利用双臂交替摆动，手指弯曲呈钩，轻握树枝将身体抛出，腾空悠荡前进，一跃可达 10 余米，速度极快，能在空中只手抓住飞鸟。在地面或藤蔓上行走时，双臂上举以保持平衡。群居。如白掌长臂猿（*Hylobates lar*）（图 27-26E）。

科 5. 猩猩科（Pongidae）　与长臂猿科类似。体型较大，不具臀胼胝，前肢长可过膝，脸部少毛；大脑发达，行为复杂，在分类地位上接近人类。如黑猩猩（*Pans troglodytes*）、猩猩（*Pongo pygmaeus*）和大猩猩（*Gorilla gorilla*）（图 27-26F~H）。

科 6. 人科（Hominidae）　直立步行；臂不过膝，体毛退化，手足分工。下颌骨浅且粗壮，犬齿和下第 1 前臼齿退化、牙釉质厚、3 个臼齿的磨耗相差很大。大脑极为发达，有语言和劳动，如智人（现代人）（*Homo sapiens*）（图 27-26I）。

5. 贫齿目（Edentata）

为牙齿趋于退化的食虫哺乳动物。不具门牙和犬牙，若臼齿存在时亦缺釉质，且均为单根齿。大脑几无沟、回。后足 5 趾、前足仅有 2~3 个趾发达，具有利爪以掘穴。分布于中、南美的森林中。如大食蚁兽

图 27-26 哺乳纲代表种类（三）

A. 蜂猴；B. 白喉卷尾猴；C. 猕猴；D. 金丝猴；E. 白掌长臂猿；F. 黑猩猩 G. 猩猩；H. 大猩猩；I. 智人

(*Myrmecophaga tridactyla*)、三趾树懒(*Bradypus tridactylus*)和懒犰狳(*Tolypeutes matacus*)（图 27-27A～C）。

6. 鳞甲目（Pholidota）

体外覆有角质鳞甲，鳞片间杂有稀疏硬毛。不具齿。吻尖、舌发达，前爪极长，适应于挖掘蚁穴、舐食蚁类等昆虫。本目种类稀少，如穿山甲(*Manis pentadactyla*)（图 27-27D）。

7. 兔形目（Lagomorpha）

中小型草食性动物，与啮齿目有较近的亲缘关系。上颌具有 2 对前后着生的门齿，后 1 对很小，隐于前 1 对门齿的后方，又称重齿类（Dupilicidentata）。门齿前后缘均具珐琅质。无犬齿，在门齿与前白齿间呈现空隙，便于食草时泥土等杂物溢出。上唇具有唇裂，也是对食草习性的适应。主要分布在北半球的草原及森林草原地带。常见有达乌尔鼠兔(*Ochotona daurica*)和草兔(*Lepus capensis*)（图 27-27E、F）。

8. 啮齿目（Rodentia）

本目为哺乳类中种类及数量最多的一个类群（约占种数的 1/3），适应于在多种生态环境中生活，遍布全球。体中、小型。上下颌各具 1 对门齿，仅前面被有釉质，呈凿状，终生生长。无犬齿，门齿与前白齿间具有空隙。嚼肌特别发达，适于啮咬坚硬物质（如种子硬壳）。有 34 科。

科 1. 松鼠科（Sciuridae） 适应于树栖、半树栖及地栖等多种生活方式。头骨具眶后突，颧骨发达，构成颧弓的主要骨骼。白齿（包括前白齿）在颌的两侧各为 5/4，上白齿 5 枚，前后肢间无皮翼。不冬眠。如松鼠（灰鼠）(*Sciurus vulgaris*)、达乌尔黄鼠(*Spermophilus dauricus*)、喜马拉雅旱獭(*Marmata himalayana*)、红背鼯鼠(*Retaurista petaurista*)和复齿鼯鼠(*Trogopterus xanthipes*)（图 27-28A～E）。

科 2. 河狸科（Castoridae） 半水栖的大型啮齿动物。体肥大，具较厚脂肪层，体被覆致密绒毛，耐寒，不怕冷水浸泡。四肢短宽，后肢粗壮有力，后足趾间直到爪生有全蹼，适于划水。尾甚大，上下扁平，覆角质鳞片，游水时起舵的作用。眼小，耳孔小，内有瓣膜，外耳能折起，以防水，鼻孔中也有防水灌入的肌肉结构。头骨扁平坚实，颧弓发达，颧骨特大，骨脊高起，唇具固着发达的肌肉。共 20 枚牙，门齿异常粗大，呈凿状，能咬粗大树木，白齿咀嚼面宽阔而具较深齿沟，从后向前咀嚼面更大，便于嚼碎较硬食物。半水栖。夜间或晨昏活动，善游泳和潜水，能借助爪向上攀爬。主食树枝、树皮、芦苇等。早春发情交配，每年 1 胎，每

图 27-27　哺乳纲代表种类（四）
A. 大食蚁兽；B. 三趾树懒；C. 懒犰狳；D. 穿山甲；E. 乌尔鼠兔；F. 草兔

产 1～5 仔。如河狸 (*Castor fiber*)（图 27-28F）。

　　科 3. 仓鼠科 (Cricetidae)　适应于多种生活方式，在体型上有变异。不具前臼齿。颧骨不发达，构成颧弓偏后方的极小部分。上颌的第 1、2 臼齿尖排成两纵列或形成交错排列的三棱体。如黑线仓鼠 (*Cricetulus barabensis*)、中华鼢鼠 (*Myospalax fontanieri*) 和麝鼠 (*Ondatra zibethica*)（图 27-28G～I）。

　　科 4. 鼠科 (Muridae)　中小型鼠类。种类极多（全世界约在 450 种以上），分布极广，繁殖及适应能力均强。耳短而厚，向前翻不到眼睛。后足较粗大。多具长而裸、外被鳞片的尾。食性广泛，部分种类有迁移习性。常见种类有小家鼠 (*Mus musculus*) 及褐家鼠 (*Rattus norvegicus*)（图 27-28J、K）。

　　科 5. 跳鼠科 (Dipodidae)　荒漠鼠类。眼大。耳长，个别种甚至超过体长。吻部细长，顶间骨宽大。上门齿平滑无沟，前臼齿 1 枚，圆柱状，下门齿齿根极长。后肢发达，长度甚至超过前肢的 4 倍。后足 5 趾，第 1 与第 5 趾退化。尾长，端部具毛穗，有助于栖止及跳跃。适于跳跃，如三趾跳鼠 (*Dipus sagitta*)（图 27-28L）。

　　9. 鲸目 (Cetacea)

　　水栖兽类。体型似鱼，肺呼吸。肺具弹性，体内具能储存 O_2 的特殊结构，呼吸频率较低。外耳退化。齿型特殊，具齿的种类为多数同型的尖锥形牙齿。颈短，头似与躯干相联。颈椎愈合。鼻孔为喷孔，除抹香鲸科鼻孔位于吻端外，其他种类的鼻孔均在头顶最高处。须鲸有 2 个喷孔，齿鲸喷孔合二为一。前肢成鳍，前臂退化，掌部变长，趾数增加，但从外部看不出趾和爪。后肢退化。尾似鱼，有水平尾鳍，游泳靠尾挥动。体毛退化（胎儿头部尚具毛）、皮脂腺消失、皮下脂肪增厚（20～50 cm）。雄兽睾丸终生位于腹腔内。雌兽在生殖孔两侧有 1 对乳房，外为皮囊所遮蔽，授乳时借特殊肌肉的收缩能将乳汁喷入仔鲸口内。本目具有重大经济价值，除皮肉可利用外，鲸油为高级油脂。包括须鲸 (Mysticeti) 和齿鲸 (Odontoceti) 两类。前者不具齿（胎儿期具齿），由上腭部角质化板排列成行，自口顶下垂，以滤食小型水生生物，称为鲸须 (Baleen)。须鲸为现存最大的哺乳动物，约为最小的哺乳类（如鼩鼱）体重的 2 000 万倍。动脉直径达 30 cm，心脏每次收缩可倾出 45～68 dm^3 的血液。如小鳁鲸 (*Balaenoptera actorostrata*)（图 27-29A）属须鲸。齿鲸类的代表有抹香鲸 (*Physeter macrocephalus*)、中华白海豚 (*Sousa chinensis*) 和江豚 (*Neophocaena phocaenoides*)（图 27-29B～D）。

图 27-28　哺乳纲代表种类（五）

A. 松鼠；B. 达乌尔黄鼠；C. 喜马拉雅旱獭；D. 红背鼯鼠；E. 复齿鼯鼠；F. 河狸；G. 黑线仓鼠；
H. 中华鼢鼠；I. 麝鼠；J. 小家鼠；K. 褐家鼠；L. 三趾跳鼠

图 27-29　哺乳纲代表种类（六）
A. 小鳁鲸；B. 抹香鲸；C. 中华白海豚；D. 江豚

10. 食肉目（Carnivora）

多为凶猛肉食性兽类。齿尖锐而有力，上颌第4前臼齿和下颌第1臼齿形成裂齿。上裂齿2个大齿尖和下裂齿外侧的2个大齿尖在咬合时好似铡刀，可将韧带、软骨切断。大齿异常粗大，长而尖，颇锋利，起穿刺作用。头骨上矢状嵴高耸，颞窝及下颌冠状突大，以容纳强壮的颞肌。具骨质耳泡。下颌关节突位置低，四肢灵活。尺、桡骨分离，腕骨中舟状骨、月骨和头状骨常愈合，4或5趾，末端具锐爪。有些种类具较发达的分泌腺，为自卫的武器或个体间通讯联络以及标记领域的手段。头骨基部，特别是耳区附近的构造是分科的主要依据。多昼伏夜出。有11科。

科1. 犬科（Canidae）　体型中等、匀称。四肢修长，趾行性，利于快速奔跑。头腭尖形，颜面部长，鼻端突出，耳尖且直立，嗅觉灵敏，听觉发达。犬齿及裂齿发达。上臼齿具明显齿尖，下臼齿内侧具1小齿尖及后跟尖。臼齿齿冠直径大于外侧门齿高度。毛粗而长，一般不具花纹。前足4~5趾，后足一般4趾。爪粗而钝,不能伸缩或略能伸缩。尾多毛。善于快速及长距离奔跑,多喜群居,常追逐猎食。大部分食肉,以食草动物及啮齿动物等为食,有些食腐肉、植物或杂食。如狼(*Canis lupus*)、赤狐(*Vulpes vulpes*)、貉(*Nyctereutes procyonoides*)和豺(*Cuon alpinus*)(图 27-30A~D)。

图 27-30 哺乳纲代表种类(七)
A. 狼;B. 赤狐;C. 貉;D. 豺;E. 黑熊;F. 大熊猫;G. 紫貂;H. 黄鼬;I. 狗獾;
J. 水獭;K. 狮;L. 虎;M. 豹;N. 猞猁

科 2. **熊科(Ursidae)** 体躯粗壮、肥硕。吻部较长,头圆,颜面部长。尾极短小,体长 1.5~2 m,体重 100~400 kg;四肢粗强有力,前、后肢均具 5 趾,跖行性,以整个足掌着地而行。多为杂食性。如黑熊(*Ursus thibetanus*)(图 27-30E)。

科 3. **大熊猫科(Ailuropodidae)** 体型肥硕,头圆尾短。头部和身体毛色黑白相间分明。体长 120~180 cm,尾长 10~20 cm,体重 60~110 kg。前掌除了 5 个带爪的趾外,还有一个第 6 趾,以抱握竹竿。躯干和尾白色,两耳、眼周、四肢和肩胛部黑色,腹部淡棕色或灰黑色。以竹叶为主食,如大熊猫(*Ailuropoda melanoleuca*)(图 27-30F)。

科 4. **鼬科(Mustelidae)** 中小型兽类。躯体细长,四肢较短。头形狭长,耳一般短而圆,嗅觉、听觉灵敏。犬齿较发达,裂齿较小。上白齿横列,内叶较外叶宽。白齿齿冠直径大于外侧门齿高度。体毛柔软,多无斑纹。前后足均 5 指(趾),跖行性或半跖行性。爪锋利,不可伸缩。尾一般细长而尖,有些种类尾较粗。大多肛门附近有臭腺,可放出臭气驱敌自卫。生活方式多样,如紫貂(*Martes zibellina*)、黄鼬(黄鼠狼)(*Mustela sibirica*)、狗獾(*Meles leucurus*)和水獭(*Lutra lutra*)(图 27-30G~J)。

科 5. **猫科(Felidae)** 体型中、大。躯体均匀,四肢中长,趾行性;头大而圆,吻部较短,视、听、嗅觉均很发达。犬齿及裂齿极发达。上裂齿具3齿尖,下裂齿具2齿尖。臼齿较退化,齿冠直径小于外侧门齿高度。皮毛柔软,常具显著花纹。前足5趾,后足4趾。爪锋利,可伸缩(猎豹属爪不能完全缩回)。尾一般较发达。多数善攀缘及跳跃。大多喜独居。肉食,常以伏击方式捕杀其他温血动物。如狮(*Panthera leo*)、虎(*P. tigris*)、豹(*P. pardus*)和猞猁(*Lynx lynx*)等(图27-30K~N)。

11. 鳍脚目(Pinnipedia)

海产兽类。体呈纺锤形或流线型,四肢特化为鳍状,前肢鳍足大而无毛,后肢转向体后,以利于上陆爬行。体表密生短毛。头圆,颈短。四肢具5趾,趾端一般有爪,趾间有肥厚的蹼膜。耳郭小或无。鼻和耳孔有活动瓣膜,潜水时可关闭鼻孔和外耳道。尾小,夹在后肢间。口大,周围有触毛。牙齿为一出齿,齿分化不显著。皮下脂肪极厚,用以保持体温。听觉、视觉和嗅觉灵敏,在水下有回声定位能力。一生大部分时间生活在水中,除少数种外,仅在交配、产仔和换毛期才到陆地或冰块上来。如斑海豹(*Phoca largha*)和海狮(*Eumetopias jubatus*)(图27-31)。

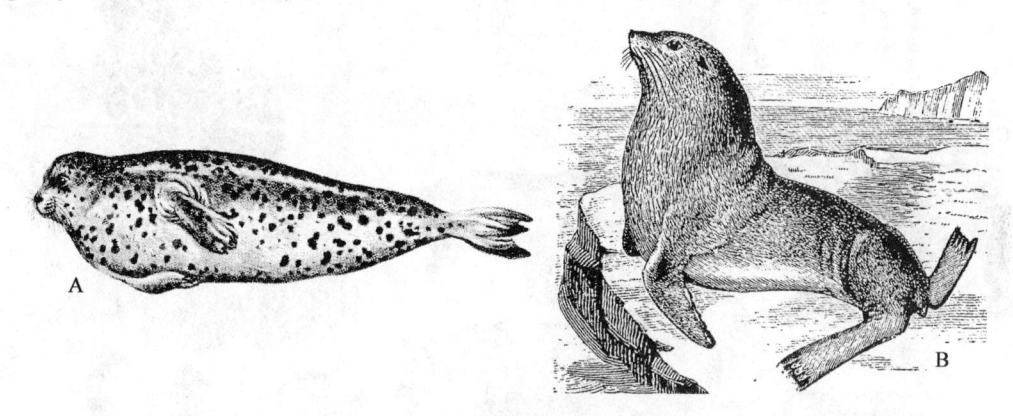

图27-31 哺乳纲代表种类(八)
A. 斑海豹;B. 海狮

12. 长鼻目(Proboscidea)

现存最大的陆栖动物。具长鼻,为延长的鼻与上唇所构成,受颜面肌控制,借以取食。体毛退化,具5指(趾),脚底有厚层弹性组织垫。上门齿特别发达,突出唇外,即通称的"象牙"。臼齿咀嚼面具多行横棱,以磨碎坚韧的植物纤维。如亚洲象(*Elephas maximus*)和非洲象(*Loxodonta africana*)(图27-32)。

图27-32 哺乳纲代表种类(九)
A. 亚洲象;B. 非洲象

13. 奇蹄目（Perissodactyla）

草原奔跑兽类。主要以第3指（趾）负重，其余各趾退化或消失。指（趾）端具蹄，有利于奔跑。门齿适于切草，犬齿退化，臼齿咀嚼面上有复杂的棱脊。胃简单，盲肠大并呈囊状。

科1. 马科（Equidae） 体格匀称，四肢长。仅第3指（趾）发达承重，其余各趾均退化。颈背中线具一列鬃毛。腿细而长。尾毛极长。门齿凿状，臼齿齿冠高，咀嚼面复杂。如普氏野马（*Equus caballusi*）和野驴（*E. hemionus*）（图27-33A、B）。

图27-33 哺乳纲代表种类（十）
A. 普氏野马；B. 野驴；C. 亚洲犀；D. 野猪；E. 河马；F. 双峰驼；G. 梅花鹿；H. 马鹿；I. 麋鹿；
J. 麝；K. 长颈鹿；L. 印度野牛；M. 黄羊；N. 羚牛；O. 盘羊

科2. 犀牛科（Rhinocerotidae） 体粗壮。无犬齿。前后足各3个负重的趾。头顶1~2个单角，系由毛特化构成，角脱落能复生。皮厚而多裸露。腿短，尾细短。身体呈黄褐、褐、黑或灰色。如亚洲犀（*Rhinoceros unicornis*）（图27-33C）。

14. 偶蹄目（Artiodactyla）

具偶蹄。第3、4指（趾）同等发育，以此负重，其余各指（趾）退化。上门齿常退化或消失，臼齿结构复杂，适于草食。尾短。除澳洲外，遍布各地。有10科。

科 1. 猪科(Suidae)　吻部延伸,在鼻孔处呈盘状,内有软骨垫支持。嗅觉极发达。犬齿发达。尾细,末端具鬃毛。足具4指(趾),侧指(趾)较小。杂食,胃简单,不反刍。繁殖力强。常见如野猪(*Sus scrofa*)(图27-33D)。

科 2. 河马科(Hippopotamidae)　躯体粗圆,四肢短。具有大而圆的吻部,眼凸出、位于背方,耳小。除吻部、尾、耳有稀疏的毛外,全身皮肤裸露,呈紫褐色。腿短,具4指(趾)。如河马(*Hippopotamus amphibius*)(图27-33E)。

科 3. 驼科(Camelidae)　头小、颈长,上唇延伸并有唇裂。足2趾,趾型宽大,具有厚弹力垫,负重时2趾分开,适于在沙漠中行走。毛较短。如双峰驼(*Camelus bactrianus*)(图27-33F)。

科 4. 鹿科(Cervidae)　眼窝凹陷,有颜面腺。具4指(趾),中间一对较大。常具眶下腺及足腺。胃4室,反刍。无胆囊。腿细长,善奔跑。多数雄兽具有分叉的鹿角,鹿角的分叉数及结构为分类依据;无角种类则具獠牙状上犬齿。如梅花鹿(*Cervus nippon*)、马鹿(*C. elaphus*)、麋鹿(四不像)(*Elaphurus davidianus*)和麝(香獐)(*Moschus moschiferus*)等(图27-33G~J)。

科 5. 长颈鹿科(Giraffidae)　具长颈、长腿。头的额部宽,吻部较尖,耳大竖立,头顶有1对骨质短角,角外包覆皮肤和茸毛。颈特别长(约2m),颈背有1行鬃毛。体较短。四肢高而强健,前肢略长于后肢,蹄阔大。尾短小,尾端为黑色簇毛。脚具2蹄。如长颈鹿(*Giraffa camelopardalis*)(图27-33K)。

科 6. 牛科(Bovidae)　偶蹄。绝大多数雄兽具1对洞角(少数具2对)。反刍。如印度野牛(*Bos frontalis*)、黄羊(*Procapra guttursla*)、羚牛(*Budorcas taxicolor*)及盘羊(*Ovis ammon*)等(图27-33L~O)。本科中有不少种类已被驯化成家畜,为肉食、毛皮及役用的重要畜类。进一步养殖驯化有前途的野生种类和采用杂交育种培育新品种等方面,存在着广阔的前景。

第三节　哺乳类与人类

哺乳类具有重大的经济价值,与人类生活有着极为密切的关系。家畜是在人类定向控制下进行驯化育种、繁育和增产的,是肉食、皮革及役用的重要对象;部分野生哺乳类是优质裘皮、肉、脂以及药材等的重要来源,更是维护自然生态系统稳定的积极因素。某些兽类(主要是啮齿类)对农、林、牧业构成威胁并能传播危险的人兽共患性疾病(如鼠疫、出血热和土拉伦斯病等),危害人、畜的生存及经济建设。由于与人类在身体结构和机能上的相似性,一些小型哺乳动物是人类进行科学研究和疾病防治中重要的模式生物,它们为人类的发展做出过巨大的贡献。

就全局而论,当前大多数野生动物、特别是有重大经济价值的哺乳动物所面临的形势是栖息地被破坏、碎片化或完全消失,加以乱捕滥猎等因素所导致的资源枯竭、濒危以至灭绝。所以保护哺乳类的物种多样性、恢复人工圈养濒危哺乳动物的遗传多样性等话题已成为全球关注的热点。

第四节　哺乳动物的起源与演化

已有的化石记录表明,最初的哺乳动物出现在三叠纪,它们很可能是多系起源的。似哺乳爬行类中的某些类群,很可能是犬颌兽类、包氏兽类和鼬龙类,产生了早期哺乳动物的祖先。这些三叠纪晚期以及侏罗纪中最早的哺乳动物都很小,在侏罗纪和白垩纪中也始终是很小而且数量又少的成员,它们完全被爬行动物所压制着。

到了新生代,由于地壳运动、天体撞击地球等引发气候环境的变化,在中生代统治地球的巨大的恐龙绝灭了。一些体型较小,但身体结构上比爬行类更具适应性的哺乳动物便迅速占据恐龙灭绝留下的生态区域,蓬勃发展。

哺乳动物演化至中新世及上新世间,已经很像现代的哺乳动物了。上新世出现的哺乳动物种类,大多数种类延存至今,它们中的大多数都是具胎盘动物,反映了胎盘动物在哺乳类演化中占绝对优势。

因大陆漂移作用,有袋动物曾在处于隔离状态、竞争对象很少的澳洲和南美洲上繁衍众多。约200万年前,南美洲与北美洲陆块接合,大量胎盘动物由北向南入侵,迫使有袋动物的种类和数量都大大减少。而澳洲由于始终处于孤立状态,所以至今还保留了许多有袋动物。

目前已有的化石资料显示:在新生代早期古新世和新世时,欧洲、北美和亚洲的哺乳动物群间存在着许多共同点;非洲在始新世以后兴起的哺乳动物与欧亚大陆的也有交往。

新生代哺乳动物兴起迅速,分支演化快,迁移扩散,分布广泛,成了地球上占统治地位的动物类群。

拓展阅读

[1] 盛和林等. 哺乳动物学概论. 上海:华东师范大学出版社,1985
[2] 陈鹏. 动物地理学. 北京:高等教育出版社,1986
[3] 盛和林,等. 中国野生哺乳动物. 北京:中国林业出版社,1999
[4] Kemp T S. The Origin and Evolution of Mammals. Oxford University Press, 2005
[5] George F A. Mammalogy: Adaptation, Diversity, Ecology. Baltimore: The Johns Hopkins University Press, 2007

思考题

1. 哺乳类的进步性特征表现在哪些方面?结合各个器官系统的结构机能加以归纳。
2. 恒温及胎生哺乳对于动物生存有什么意义?
3. 简要总结皮肤的结构、功能以及皮肤衍生物类型。
4. 哺乳类骨骼系统有哪些特征?简单归纳从水生过渡到陆生的过程中,骨骼系统的演化趋势。
5. 简述哺乳类牙齿的结构特点以及齿式在分类学上的意义。
6. 简述哺乳类完成呼吸运动的过程。
7. 总结哺乳类血液循环系统的特征。理解动脉、静脉、毛细血管以及淋巴管之间的关系。
8. 试述哺乳动物肾的结构、功能与泌尿过程。
9. 绘哺乳类生殖系统结构简图,结合内分泌腺活动来了解繁殖过程。
10. 试述哺乳类脑的主要结构特征和各部的功能,以及脑神经、脊神经和自主神经系统的主要结构和功能。
11. 归纳一下哺乳动物的主要内分泌腺及其功能。

第二十八章 脊索动物各类群的比较与演化

虽然不像无脊椎动物那样门类庞杂、变化多样，但由于脊索动物各类群在形态和生活方式上仍然存在着巨大差异，因此它们的结构也存在着各自的适应生活环境的特点。同时，脊索动物各类群间还是存在着一定的联系，这些联系不仅是比较解剖学研究的内容，同时也为阐述各类群的起源和演化提供了一定的证据。

第一节 脊索动物一般结构的比较

一、皮肤与衍生物

皮肤被覆在动物体的全身表面，是动物体与外界环境的分界。皮肤的机能多样，为适应生存环境，脊索动物的皮肤还产生了各种衍生物。

脊椎动物的皮肤由外胚层的表皮和中胚层产生的真皮组成，皮肤下有皮下疏松结缔组织分布。不同脊椎动物类群的皮肤及其衍生物出现了多种变化，其变化与动物的生存环境有着密切的联系。表皮的变化较真皮大。

表皮由单层细胞（文昌鱼）（图 21-7C）向多层细胞（脊椎动物）发展。从两栖动物开始出现了角质化现象（图 24-3），随着的动物演化程度的增加，表皮的角质化也在不断加强。真皮由薄向厚发展。鸟类因适应飞翔，表皮和真皮均较薄（图 26-2），而哺乳类真皮的厚度是表皮的数倍（图 27-4A）。

表皮衍生物包括各种腺体和角质外骨骼（图 23-5、图 24-3、图 25-2A、图 26-3 和图 27-5）。

在脊索动物各门类中，皮肤腺存在着由单细胞向多细胞发展，由表皮向真皮逐渐下陷的趋势；功能从单一向多样的分化，到哺乳类达到极致。

脊索动物的真皮衍生物由发达到趋于退化，水生的鱼类有骨质鳞和真皮鳍条；两栖类骨质鳞退化，角质鳞尚未形成；爬行类有发达的骨质板；鸟类无真皮衍生物；哺乳类的真皮衍生物仅见于鹿科实角、长颈鹿角和犰狳的骨质板。

真皮内有色素细胞存在。色素细胞的收缩和扩张导致了动物体色的变化。

二、骨骼系统

脊索动物与大多数无脊椎动物不同的是骨骼系统来源于中胚层，它是由很多骨块连接形成的一个支架，为动物体提供保护和支持，也为肌肉系统提供附着的基础。

脊索动物的骨骼系统包括中轴骨和附肢骨组成；中轴骨又由头骨、脊柱、肋骨和胸骨组成，附肢骨由带骨和肢骨构成。

头骨在中轴骨中占重要地位，它反映了动物脑的演化程度，是脊索动物演化中各个阶段的重要指标。

在发育上,脊索动物的头骨由软颅、咽颅和膜颅3部分组合而成。所有脊椎动物的头骨都经过软颅阶段,圆口纲和软骨鱼纲头骨尚停留在软颅阶段(图22-1D),其他脊椎动物的头骨在软颅的基础上进一步骨化。

咽颅是支持动物消化管前端的骨骼,从软骨鱼纲出现,在硬骨鱼纲最为典型;随着鳃的消失,陆生四足脊椎动物的咽颅骨骼出现了各种变化。

膜颅开始出现于硬骨鱼纲,是膜性骨骼。

脊索动物头骨的总体演化趋势表现为骨块由多到少,软骨被硬骨替代,骨块间的连接由疏松到紧密,并彼此愈合。由于脑的不断发展,脑颅所占比例也随之由小到大。

脊索动物的脊索到脊椎动物后被脊柱代替。脊柱由一连串的脊椎骨组成,每块脊椎骨由椎体、椎弓、脉弓和突起组成。从圆口纲到真正脊椎动物,脊索从有到无,椎骨从无到有,由不完善到完善发展。

水生的脊椎动物脊柱只分为躯椎和尾椎(图23-8);演化到陆生后,动物具有了颈椎和荐椎(图24-6A)。颈椎的出现使动物能够灵活转动头部,荐椎的出现使动物的后附肢具有了承受体重和陆地行走的功能。到羊膜动物后,脊柱更进一步分化为颈、胸、腰、荐和尾5部分(图27-6)。椎骨间关节的能动性随着动物的演化越来越灵活。

原则上讲,每1脊椎骨都对应1对肋骨。一般是胸椎区的肋骨发达,并在羊膜动物中出现了胸廓。胸廓起到保护心、肺,改变胸腔体积从而直接影响动物呼吸的作用。

脊索动物的附肢骨骼包括附肢骨和带骨,水生脊椎动物的附肢骨是鳍,陆生种类鳍退化,出现了四肢。

三、肌肉系统

肌肉系统与骨骼系统一起构成了脊椎动物的运动装置。肌肉以腱附着在2块或2块以上的骨块上,在神经系统的支配下,通过收缩和舒张,牵动骨块,形成各种动作。除直接参与运动外,脊椎动物所有内脏活动以及动眼、动耳、竖毛的动作,都是肌肉收缩和舒张的结果。

水生脊椎动物的躯干肌仍保持着肌节的原始态;从有尾两栖动物开始,动物的躯干肌出现了分化,轴下肌分为3层。鱼类和两栖类轴上肌不分化或分化简单;羊膜动物随着脊柱的发展与分化,轴上肌强大且多分化。

头肌中颅肌因头骨无运动而退化。仅与眼球相关的肌节变成动眼肌,在各类脊椎动物中没有明显的变异。

附肢肌在鱼类为鳍肌,由躯干肌延伸而来;陆生四肢动物的附肢肌来自于体壁层。同时,除外生肌外,陆生类群还发展出了内生肌,使四肢可做各种局部运动。

从两栖类开始,动物有了皮肤肌。爬行动物角质鳞和骨板的掀动、鸟类羽毛的抖动、高等灵长类面部表情的变化等均为皮肤肌收缩和舒张的结果。

四、体腔

脊索动物都是真体腔动物。与典型真体腔的环节动物相比,脊索动物的体腔出现了特化。鱼类、两栖类和爬行类的体腔分为心包腔和胸腹腔;鸟类和哺乳类体腔分为心包腔、胸腔和腹腔。

五、消化系统

脊索动物与高等无脊椎动物相比,消化系统的基本结构没有很大变化,但分化更多,结构更复杂。不同类群脊椎动物消化管的分化与食性有关。

原肠管在成体分化为口腔、咽、食管、胃、肠及泄殖腔。原肠衍生物分化为脑下垂体前叶、咽囊、甲状腺、鳔、肺、肝、胰、卵黄囊和尿囊。

脊椎动物的牙齿与盾鳞同源、牙齿的演化表现为由同型齿到异型齿,由多出齿到再生齿,由端生齿、侧生齿到槽生齿,由数目多到数目少,由数目不恒定到恒定,由着生部位广泛到仅着生在上下颌。

咽是原肠靠前面的部分,为消化和呼吸的共同通道。鱼类的鳃在咽的两侧形成,陆栖脊椎动物在胚胎时也形成5对咽囊,在之后的发育中,这些咽囊形成一系列与呼吸无关的衍生结构。

脊索动物胃的形状与位置随动物的体型和食性的不同有很大变化。鸟类有腺胃和肌胃的分化(图26-10),反刍动物的胃分化为瘤胃、网胃、瓣胃和皱胃(图27-10B)。

脊索动物的肠在演化上表现为,一方面增加分化程度,一方面增加了消化吸收面积。肠的分化程度与动物的演化水平和食性有密切关系。肠的吸收面积的增加也是通过多种方式进行的。

脊索动物最主要的消化腺是肝和胰。低等脊索动物具肝胰腺,高等脊椎动物的肝与胰腺各自独立。

六、呼吸系统

脊索动物的呼吸器官主要是鳃和肺。水栖种类以鳃呼吸(图23-17),陆生种类以肺呼吸。鳃与肺在结构上有其共同点:壁薄、面积大、有丰富的毛细血管。虽然脊索动物的鳃和肺是同功器官,但非同源。

脊椎动物肺的结构因类群的不同而存在很多变化,有些种类的肺仅为1对薄壁的管状结构(如泥螈)(图24-10A),它们除了通过肺进行部分呼吸外,主要的呼吸是通过皮肤和外鳃完成的;无尾两栖类的肺出现了蜂窝状结构,面积有所增加,但皮肤呼吸仍占重要地位,其呼吸为口咽腔呼吸。从爬行类开始,动物不再具有皮肤呼吸,其肺的蜂窝状结构更加复杂,出现了支气管和胸廓。鸟类的支气管又有了更细的多级分支(图26-11B)。同时鸟类的呼吸器官还出现特有的气囊结构,导致了"双重呼吸"现象的出现(图26-11C),提高了鸟类呼吸的效率。哺乳类的呼吸有了肌肉系统中膈肌和肋间肌的参与,通过胸腔的扩大和缩小来进行。

不同类群脊椎动物的呼吸系统的另外一个比较明显变化是,呼吸管与消化管渐趋分开,呼吸道进一步分化,出现了声带和发声器。

七、排泄系统

脊索动物肾的机能结构单位为肾单位,肾单位由肾小体和肾小管组成。肾小体包括血管球与肾球囊2部分;肾小管由于部位和机能的不同,可以分为近曲小管、髓袢和远曲小管。虽然从个体发生上讲,肾是由中胚层中节形成的生肾节而来,但不同的脊椎动物的肾发育经历了不同的阶段:在无羊膜类动物,肾的发生经过前肾(胚胎)和背肾(成体)2个阶段;在羊膜类动物则经历前肾、中肾(胚胎)和后肾(成体)3个阶段。它们在发育的顺序、在体腔中的位置、结构特点和管道等方面均不相同。

总体上讲,脊椎动物肾的演化趋势是:肾单位的数目由少到多,肾孔从有到无,从与体腔联系到与血管联系,发育的位置由体腔前部移向体腔中、后部。由体腔联系(肾口开口于体腔)到血管联系(出现了肾小体)是脊椎动物排泄器官的一大进步。

不同的脊椎动物类群,具有不同类型的膀胱。硬骨鱼是导管膀胱,两栖动物为泄殖腔胱,部分爬行动物和哺乳类具尿囊膀胱。

在排泄方面,脊椎动物的尿液有以NH_4^+盐为主、以尿素为主和以尿酸为主3种形式。硬骨鱼以排NH_4^+盐为主,软骨鱼、两栖类和哺乳类以排尿素为主,爬行类和鸟类都是属于密闭羊膜卵类型,以排出溶解度最小的尿酸为主。

除了肾外,不同的脊椎动物还具有各式各样的肾外排盐结构,如泌氯腺(海水硬骨鱼)、直肠腺(海水软骨鱼)和鼻腺(盐腺)(海水爬行类和海鸟)。

八、循环系统

脊椎动物的循环系统由中胚层形成,它包括心血管系统和淋巴系统。心血管系统包括心脏、动脉、静脉、毛细血管和血液,淋巴系统包括淋巴管、淋巴结、淋巴器官、淋巴组织和淋巴液。

各类群脊椎动物的循环系统特点见表28-1。

总体上讲,脊椎动物的血液循环由单循环向双循环的演化与其呼吸方式有关。鳃呼吸的动物(圆口类和鱼类)为单循环(图23-22),肺呼吸的动物为不完全(肺鱼类、两栖类、爬行类)(图24-13、图25-15C)或完全双循环(鸟类和哺乳类),即体循环和肺循环(图26-14、图27-14)。

表28-1 各类脊椎动物循环系统特征的比较

动物类群	心脏结构	心房与心室间隔	静脉窦	多氧血与缺氧血	动脉弓
软骨鱼类	由静脉窦、1心房、1心室、动脉圆锥组成	无	发达	混合	保留第2~第6对
硬骨鱼类	由静脉窦、1心房、1心室、动脉球组成	无	发达	混合	保留第3~第6对
两栖动物	由静脉窦、2心房、1心室、动脉球组成	心房有分隔	发达	混合	第3、第4、第6对动脉弓分别形成颈动脉、体动脉和肺动脉
爬行动物	由静脉窦、2心房、2心室、动脉球组成	心房有分隔,心室有不完全分隔	出现退化	混合	同上
鸟类	由2心房、2心室、动脉球组成	均有分隔	无	分开	同上,但左侧体动脉弓退化
哺乳类	由2心房、2心室、动脉球组成	均有分隔	无	分开	同爬行动物,但右侧体动脉弓退化

淋巴系统是循环系统的一个辅助部分。鱼类、两栖类和爬行类淋巴心发达,至鸟类开始出现淋巴结,淋巴管内出现瓣膜。哺乳类的淋巴系统结构完善且极发达。

九、神经系统与感觉器官

(一) 神经系统

神经元与无脊椎动物一样,为脊索动物神经系统的形态和机能单位。但由其构成的神经系统远较无脊椎动物复杂的多。

神经管是脊椎动物中枢神经系统的原基,由早期胚胎背中部的外胚层形成,以后前端膨大成为3个脑胞,再分化成为5部分:延脑、小脑、中脑及大脑,其余部分的神经管成为脊髓。脑与脊髓组成中枢神经系统。文昌鱼神经管腔前端略膨大,腔壁神经元较大,代表脑的萌芽(图21-7B)。七鳃鳗脑已分化,但不发达(图22-2)。鱼类脑5部分明显,脑皮基本尚停留在上皮组织的古脑皮阶段(图23-23)。两栖类大脑有原脑皮出现,显示了脑的进一步发展,为由水登陆的过渡类型(图24-14)。爬行类除原脑皮以外,出现了锥体细胞,是新脑皮的始端(图25-16)。哺乳类大脑的新脑皮高度发达,成为高级神经活动的中枢(图27-16)。

小脑在圆口类与两栖类很小,迅速游泳的鱼类小脑大,底栖的鱼类小脑不发达;爬行类的鳄和鸟类小脑发达,且分化为中央的蚓部和两侧的小脑卷;哺乳类新发展出小脑半球与脑桥。大多脊椎动物的中脑有1对视叶,中脑视叶在哺乳类以下各纲极重要,接受视、听刺激而发出兴奋到运动柱,哺乳类感觉集中于丘脑而达大脑,中脑前丘退居为视觉反射中枢。哺乳动物中脑背面为四叠体,中脑底部加厚成为大脑脚。脊椎动物的间脑分为丘脑、上丘脑和下丘脑3部分。下丘脑包括视交叉、漏斗、垂体、灰白结节及乳头体,鱼类还有血管囊及下叶。在原始脊椎动物中上丘脑常有3个突起,即脑副体、顶器及松果体,在一般脊椎动物只有具内分泌作用的松果体。但松果体和顶器在圆口纲中同时存在,皆具感光作用;部分爬行动物的顶器(顶眼),有感光作用。大脑的原始机能只有嗅觉,所以嗅部(包括嗅球、嗅束及嗅叶)在低等脊椎动物中极其重要,以后发展了新皮质,大脑皮质成为一切高级神经活动的中枢,嗅觉机能退居于从属地位。延脑是脊髓前端的延续部分,包括很多重要的内脏活动中枢,此外,中枢神经高级部位和脊髓之间的传导径路都通过延脑。延脑在脊椎动物各纲中变化较小。

头索动物和圆口纲脊髓中的神经纤维无髓鞘,灰白质界限不清;鱼类以上各纲脊椎动物的脊髓中央是灰质,外周是白质。

低等脊索动物的脊神经背根与腹根发出处相互交错,不合并,也无神经节。圆口类的背根与腹根尚未合并,但背根上有了神经节。鱼类的背根与腹根合并而成混合的脊神经,但背、腹根并不在一个平面上发出。所有陆生脊椎动物都有神经节,背腹根在同一个平面上发出,混合后发出背支与腹支分布到身体各部分。脊神经丛在鱼类及两栖类开始见到,羊膜类由于四肢强大,神经丛也发达。

在脑神经的演化上，无羊膜类有 10 对脑神经(图 23-23)，羊膜类有 12 对(图 27-17)。

头索动物脊神经背根有神经纤维支配肠管，是交感神经的开始，圆口类出现了副交感神经，自无尾两栖类起，动物有了清晰的交感神经干，并开始出现发自脊髓荐部的副交感神经。哺乳类的交感与副交感神经分为 2 个明确的系统。

(二) 感觉器官

脊椎动物与无脊椎动物相比有更多类型的感觉器官，其结构和机能的分化也更加明显。一些种类具有特殊功能的感受器，如红外线感受器(蝮亚科和蟒科蛇类)(图 25-17D)、侧线系统(鱼类)等(图 23-24)。

大多数脊椎动物的平衡是由内耳中的半规管、椭圆囊、球囊来感觉的。内耳的耳蜗管具听觉功能。从两栖类开始，动物有了中耳，中耳是由鼓膜通过听小骨传导声波于内耳的装置，听小骨 1 块，哺乳类发展到 3 块(镫骨、砧骨和锤骨)(图 27-19B)。鲤形目鱼类的鳔和韦氏骨可将声波传至内耳(图 23-26)。外耳为羊膜类的特征，哺乳类还具有耳郭。

各类脊椎动物眼的结构基本相同。在脊椎动物由低等到高等的演化中，其角膜的曲度增加，晶状体由圆形渐趋扁圆，晶状体距角膜的距离由近到远。脊椎动物各纲的视觉调节机制有所不同，四足类的睫状肌起着重要作用，可调节晶状体的凸度和前后位置。鸟类还可调节角膜凸度。眼辅助装置的发达程度与由水上陆演化中保护眼球免于干燥有关。

脊椎动物的味觉和嗅觉感受器均为化学感受器，基本结构类似，为特殊的内脏感受器。低等脊椎动物的味蕾分布广泛，四足类集中于口腔和咽，哺乳类集中于舌。水生脊椎动物的嗅器官包括外鼻孔、鼻囊、嗅上皮；四足类出现了内鼻孔；羊膜类出现了硬腭和鼻甲骨，鼻腔与口腔分开，嗅上皮面积增大。哺乳类出现软腭。

十、内分泌系统

脊索动物的内分泌系统由 3 个层次上的结构组成，包括外胚层起源的神经内分泌腺(神经垂体、脊髓尾垂体、松果体和肾上腺髓质)和腺垂体，中胚层起源的肾上腺皮质、性腺、斯氏小体、胎盘和精囊腺(哺乳类)，内胚层起源的甲状腺、胸腺、后鳃体、胰岛以及胃肠道。

内分泌腺无导管，其分泌物激素直接进入血液作用于特定的靶细胞或靶器官，对生命活动起着重要作用。内分泌腺的活动受到神经系统的控制和影响。血液中激素的浓度通过负反馈机制对内分泌腺的分泌活动进行调节。

激素的化学成分有类固醇、肽与蛋白质、氨基酸衍生物、脂肪酸衍生物等。

十一、生殖系统

生殖系统与排泄系统密切相关，往往合在一起，称为泄殖系统。在发育过程中，它们是由中胚层的生殖嵴和生肾节分化而来，二者在位置上很接近；在结构上它们有密切联系，在很大程度上使用着共同的管道。脊索动物由低级到高级，排泄和生殖两系统是朝向分离的方向发展的，尤以灵长类的雌体两系分开得最为彻底。

生殖系统的基本结构是生殖腺和生殖管，有些脊椎动物具副性腺和交接器。各类脊椎动物的生殖腺只有位置上的变化。一般情况下脊椎动物的精巢和输精管直接相连，而卵巢与输卵管一般并不直接相连。硬骨鱼的生殖管道是由生殖腺壁本身延续成管。哺乳类的生殖腺在发生过程中有向后移位的情况，精巢的向后移位，即睾丸下降现象。

各类脊索动物间生殖管的变化较大。头索类和圆口类无生殖管道；无羊膜动物的中肾管在雄性兼做输精管用；羊膜动物以后肾管输尿，中肾管在雄性专作输精管之用。不同类群的脊椎动物，其雌性生殖管因生殖方式的不同而有不同的分化。哺乳类雌体的生殖管分化为输卵管、子宫和阴道 3 部分；哺乳类的子宫分为双子宫、双分子宫、双角子宫和单子宫 4 种类型(图 27-23)。其演化的趋势是由双子宫逐渐合并为单子宫。从爬行动物开始，动物具有了真正的交接器(阴茎)(图 25-18C、D)，并存在于少数鸟类和绝大多数哺乳类。

脊索动物的泄殖腔是肠道的末端膨大处,为粪便、尿液和生殖细胞共同排出的地方,以单一的泄殖腔孔通体外。软骨鱼、两栖类、爬行类、鸟类及单孔哺乳类皆具泄殖腔。圆口类、全头类、硬骨鱼和有胎盘哺乳类则是肠管单独以肛门开口于外,而排泄与生殖管道汇入泄殖窦,以泄殖孔开口于体外。雌性灵长类和某些啮齿类的排泄管道又与生殖管道分开,因此有3个孔通体外:即肛门、尿道口和阴道口。

十二、胚胎发育

脊索动物卵细胞中卵黄的多少与受精卵的卵裂类型有关,其胚胎发育经历囊胚、原肠胚和神经胚等阶段。

中胚层的形成在少黄卵和中黄卵中有所不同,文昌鱼原肠胚是以植物极细胞向动物极内陷形成,内层细胞包括脊索中胚层、中胚层和内胚层3区;蛙的中胚层是由背唇处细胞内陷卷入形成的独立的细胞条带。

脊索动物均为后口动物。脊椎动物形成中胚层的方式为肠体腔法。脊索动物的体腔的形成有2种方式:文昌鱼前几个体节中的体腔是与原肠腔相通的肠体腔;脊椎动物体腔从中胚层侧板中裂开形成,是位于体壁中胚层和脏壁中胚层之间的空间。

胚胎有无胚膜,尤其是有无羊膜,将脊椎动物分为无羊膜类(圆口类、鱼类、两栖类)和羊膜类(爬行类、鸟类、哺乳类)。胎膜包括卵黄囊、尿囊、羊膜和绒毛膜。羊膜形成了一个密闭的、充满羊水的羊膜腔(图25-1),胚胎在其内发育,使羊膜类的生殖脱离了水环境的束缚。

真兽哺乳类的绒毛膜和尿囊膜与母体子宫壁形成胎盘。

第二节 脊索动物的起源与演化

一、原索动物的起源与演化

有关尾索动物的起源长期以来没有得到很好的解决。目前发现,最早的尾索动物化石是始祖长江海鞘(*Cheungkongella ancestralis*),它的躯体基本构型具有明显的两重性或演化性状上的"镶嵌性":既产生尾索动物的过滤取食系统,同时还残留着其祖先的口触手,具有这种特征的低等动物主要是总担动物。另外,总担动物的部分种类也存在着表面构造和内部结构的退化现象,这又与现生尾索动物种类的逆反变态有些类似。从这些方面看,原始尾索动物应该与总担动物类群(腕足动物、外肛动物及帚虫动物)有着共同的祖先。但由于尾索动物化石方面信息还太少,且分子生物学方面的信息也不完整,故对于尾索动物的起源尚没有一个令人满意的解释。

作为最低等的脊索动物,尾索动物与高等脊索动物存在着演化上的亲缘关系,二者可能都是从原始无头类动物演化而来。这类原始无头类一方面将幼体时期的尾和自由游泳的生活方式保留到成体,另一方面缺失了生活史中的固着生活阶段,通过幼态滞留及幼体性成熟途径发展为头索动物和脊椎动物。尾索动物是在演化过程中适应特殊生活方式的一个退化分支,除保留滤食的咽及营呼吸作用的咽鳃裂外,大多数种类已在变态中失去所有的进步特征,并向固着生活的方向发展。

头索动物的身体构造虽然比较简单,但已充分显示出是典型脊索动物的简化缩影。根据文昌鱼胚胎发育的观察,人们推测:头索动物的祖先似乎是一类身体非左右对称、无围鳃腔、鳃裂较少而直通体外、营自由游泳生活的动物,这样的动物称为原始无头类,很可能是头索动物和脊椎动物的共同始祖,它们在演化中由于适应不同的生活而分成2支演变,一支改进和发展了适于自由游泳生活的体制结构,演变成原始有头类,导向脊椎动物的演化之路;另一支往少动和底栖钻沙的生活方式发展,特化为旁支,演变成头索动物的鳃口科动物。

二、圆口纲的起源和演化

虽然迄今尚未找到属于圆口纲的现存 2 目的化石,但对距今 5.25 亿年的古生代早期的奥陶纪(或寒武纪)、志留纪和泥盆纪的地层中发现的甲胄鱼类(Ostracodermi)化石研究显示:它们在体前部覆盖着盔甲样的外骨骼,与现存的圆口纲动物有许多共同特点,例如,无上下颌,早期类型没有成对的附肢,有鳃笼和单鼻孔,嗅囊与鼻垂体囊相通,两眼间有小的松果体孔,内耳有 3 个半规管等,说明它们之间有一定的亲缘关系。甲胄鱼是现已发现的最早的脊椎动物化石,现存圆口纲可能与甲胄鱼类来自共同的无颌类祖先,甲胄鱼是适应于向底栖生活发展的一支,而圆口类动物是适应半寄生或寄生生活的一支,故这两类不一定有直接的亲缘关系。甲胄鱼到泥盆纪末即告绝灭,现生圆口类(盲鳗与七鳃鳗等)则留存至今,成为脊椎动物中特化的一群。

三、鱼类的起源和演化

虽然目前发现的最早的脊椎动物化石是奥陶纪和志留纪地层中的甲胄鱼,但甲胄鱼却不是真正的鱼类。在志留纪晚期和泥盆纪早期,甲胄鱼非常繁盛。由于甲胄鱼没有上、下颌,而且身体累赘、活动较迟钝,所以到了晚泥盆纪就绝灭了。

过去一直认为海洋是脊椎动物的发源地,而事实上根据地层材料的综合分析,甲胄鱼等最早的脊椎动物早期是栖息于淡水的,到了泥盆纪中期以后,才由河、湖移居海洋。

那么真正的鱼类究竟是由哪种动物演化而来的呢?目前来说,由于化石材料不足,尚未找到鱼类的直接祖先。而根据目前已有的资料显示,现代的各种鱼类是由与甲胄鱼关系很近的盾皮鱼发展而来的。盾皮鱼的外形与甲胄鱼类很相似,区别在于盾皮鱼已经有了上、下颌和偶鳍,还有成对的鼻孔,生存能力上比甲胄鱼有了较大的进步。盾皮鱼类的化石发现于志留纪晚期,到泥盆纪末就大部分绝灭了。

现在一般认为盾皮鱼类是有颌类的远祖,其中出现得最早的是棘鱼类,由它演化为硬骨鱼类;而盾皮鱼的另一支则演化为软骨鱼。软骨鱼和硬骨鱼都出现于泥盆纪,后来取代了盾皮鱼类。泥盆纪是鱼类最为繁盛的时代,称为鱼类时代。

当时由于海陆分布发生了很大的变化,环境的恶劣造成生活在淡水的鱼类面临很大的挑战,有些种类不能适应环境变化的种类趋于绝灭,而有些种类产生了变异,多数的软骨鱼由淡水迁居到海水。早期的硬骨鱼则产生了另一种适应,在咽喉部分向体腔内长出 1 对原始的"肺",以此在鳃呼吸困难时进行气呼吸。在泥盆纪,硬骨鱼已分化为古鳕类、肺鱼类和总鳍鱼类。其中有许多种类在古生代末及中生代又移栖海洋。现在占鱼类总数 90% 以上的辐鳍鱼类就是由古鳕类演化而来的。

四、两栖类的起源和演化

脊椎动物由水生变为陆生,在演化史上是一次巨大的飞跃。两栖类动物就是这种由水上陆的过渡类型动物。在格陵兰东部晚泥盆世地层中发现的鱼石螈,既有继承鱼类的祖征,如残留的 2 小块鳃盖骨和位于尾部的鳍条;又有两栖动物的新征,如内鼻孔、耳鼓窝,表明有中耳发生以及典型的五趾型四肢等。总鳍鱼类的扇骨鱼类偶鳍已孕育着发展为 5 趾型的趋势;基因组构造和胚胎发育的共同点也提供了由总鳍鱼类演化为陆生脊椎动物的线索。这些都显示了硬骨鱼类与两栖动物可能存在的渊源关系。近年来有人认为,鱼石螈类只是已特化了的并能适应陆地生活动物的一个旁支。两栖动物的起源与演化争议颇多,尚待探索。

现存两栖类的无尾类从演化历史来看,它们是非常特化的类群。现代有尾类蝾螈的形态特征代表两栖类的一般特征,它们四肢发达,有长尾,非常像晚泥盆世的鱼石螈。鱼石螈的骨骼形态特征,特别是肢骨特征,奠定了后来陆栖四足脊椎动物的基础。由于它刚从总鳍鱼类演化而来,所以它的头骨仍保留着较多的骨片,相似于它的鱼类祖先。

五、爬行类的起源和演化

从生物学或化石方面的论证,爬行类无疑是起源于两栖类,特别是迷齿亚纲最接近于爬行纲的祖先。

最早的爬行类化石见于上石炭统下部,即杯龙类的 Hylonomus。但其具体特征与迷齿类对比,还不是很理想。从比较解剖学出发,发现于美国德克萨斯西蒙城下二叠纪的西蒙螈是介于爬行类和两栖类之间的过渡型。西蒙螈的头骨及牙齿保持了两栖类的特点,而头后的骨骼则具有爬行类的特点。但由于西蒙螈的出现时间较晚,故不可能是爬行类的祖先。

从最早的含有爬行类化石的地层上石炭纪中便已见到有大鼻龙类、阔齿龙类、盘龙类和中龙类的许多类群,这说明爬行动物在晚石炭世之前早已分支演化了,它们有可能是多源起源。再经过二叠纪的分支演化,爬行纲的各亚纲均已出现,为中生代爬行类的大发展打好了基础。中生代开始它们不仅横行于大陆,而且还占领了天空和水域。中生代的中期分支演化出的种类更是多种多样,很多类群更发展成庞然大物。在当时的地球上,它们是占居绝对统治地位的动物,所以中生代被称为"爬行动物时代",又叫做"恐龙时代"。侏罗纪和白垩纪是巨大爬行动物——恐龙的兴旺时期。它们不仅个体发展得特大,而且体态乃至食性也非常特化。在白垩纪末期,这些在地球上经历了1亿多年的庞然大物终于灭绝了。渡过中生代而又残存到新生代的只有龟鳖类、鳄类和有鳞类(蜥蜴和蛇),而很少的喙头类可以被看做是爬行类的活化石。

六、鸟类的起源和演化

一般认为鸟类是从距今约1.5亿年前侏罗纪的槽齿类爬行动物中的一支演化而来的,其直接祖先尚不清楚。这是由于鸟类骨骼比较脆弱,形成化石的机会较少,因而原始类型的鸟类化石较难发现。为数不多的原始鸟类化石显示了它们具有爬行类和鸟类的过渡形态。

到白垩纪,鸟类已演化到一个新水平,除某些种类尚保留少许爬行类的特点,如具像爬行动物的颌骨与齿外,在体制结构上已基本达到现代鸟的水平。已有某些种类丧失了牙,头骨骨片有愈合现象,为气质骨,胸骨发达,有些种类具龙骨突,具愈合的腕掌骨,综合荐椎,尾已缩短,尾骨末端形成尾综骨等。所有这些特点都与飞翔有关,是向着飞翔能力提高的方向发展。

在分类上将白垩纪具齿的、现已绝灭的鸟类归为齿颌总目(Odontognathae)。齿颌总目在演化谱系中代表了今鸟亚纲中的一个侧支。此类的代表有黄昏鸟属(Hesperornis)和浸水鸟属(Baptornis)。为一个没有飞翔能力的适于水生的类群。

进入新生代则为鸟类的大发展时期,到第三纪始新世(Eocene)末,几乎所有现存各目的鸟(包括雀形目)都已出现,它们均不具齿,适应辐射于多种多样的生活环境。在与其他动物的竞争中,鸟类主要是向空中发展的类群。

根据是否具有龙骨,将不具齿的今鸟亚纲的鸟类分为平胸类和突胸类。平胸类失去一些飞翔的特点,如不具龙骨、胸肌不发达、翼退化等,而加强了快跑的特点(如鸵鸟)。突胸类构成了现今鸟类的主要部分。

七、哺乳类的起源和演化

一般认为,哺乳类起源于距今2.25亿年的中生代三叠纪的古代似哺乳类爬行动物。在石炭纪末期,由爬行类基干的杯龙类发展出一支似哺乳类的兽形爬行类(盘龙类,Pelycosaurs),再由盘龙类演化出了一支较进步的兽孔类(Therapsids),兽孔类后裔中的一支称兽齿类(Theriodonts)的,被认为是哺乳类的祖先。这是一类与似哺乳类极为近似的爬行动物,已具备了一些哺乳类的特征:四肢位于身体腹侧,能将身体抬离地面便于运动;头骨具合颞孔,牙为槽生的异型齿,双枕髁,下颌齿骨特别发达,某些种类已具原始的次生腭;脊椎、带骨及四肢骨的构造均似哺乳类;脑和感官较发达,提高了运动的灵活性;具胎盘和哺乳;能维持较高的体温等。作为哺乳动物最重要的标志的毛和乳腺在似哺乳类的爬行类中的出现可能是在二叠纪晚期。

最早的哺乳类都是一些个体大小如鼠的种类。小的体型在中生代早期可能是一种很好的适应性特征,因那时正是肉食性恐龙在地球上称霸的时期,尽管最初的哺乳类在体制结构与生理机能上均优于爬行动物,但在当时爬行类时代的环境条件下,在竞争中爬行类仍占优势,故小的体型显得不突出而有助于其在肉食型恐龙所占据的生态位中栖居。因此,哺乳动物才有机会在中生代末期随着爬行类的大灭绝而得以充分发挥其体制结构的优越性而广泛适应辐射。

一般认为现存的哺乳类是多系起源的。根据化石资料,哺乳类的祖先为三锥齿类(Triconodont),形态与兽孔类极相似,但下颌为单一齿骨构成,臼齿有3个齿尖,排成直行,以小型无脊椎动物为食,外形似鼠,具初步攀爬能力。大多数后兽亚纲与真兽亚纲的哺乳动物是侏罗纪(距今1.5亿年前)某些古兽类的后代。而原兽亚纲则是从完全不同的祖先演化来的,可能是在中生代三叠纪末出现的多结节齿类(Multituberculata)的后代。

哺乳动物的演化经历了3个基本阶段:第一阶段是由中生代侏罗纪的三结节齿类(Trituberculata)演化出了三齿兽类(Triconodonta)、对齿兽类(Symmetrodonta)和古兽类(Pantotheria)3支,其中前2支生活到侏罗纪与白垩纪交替时期绝灭,而古兽类却得到蓬勃发展。古兽类是后兽亚纲和真兽亚纲的祖先。第二阶段是在中生代末期(白垩纪)出现了后兽亚纲与真兽亚纲。第三阶段从新生代初期开始,哺乳类获得空前大发展。由于当时的环境条件对爬行类不利,而哺乳类的一系列进步性特征在生存斗争中占据有利地位。现存各目哺乳类多是此时期演化而来的。

从现代生存的单孔类动物存在明显的爬行类特征(如泄殖腔孔和以产卵的方式繁殖)看,它们是较后兽亚纲与真兽亚纲更为原始的类群。现在一般认为单孔类可能是三叠纪末出现的多结节齿类的后裔。

现代哺乳动物(真兽亚纲)是从第四纪更新世及其以后建立起来的,它们在各大陆间进行迁徙混杂,遗传的、地理的和生态的因子导致产生适应于多种生活条件的各个动物类群。澳洲由于较早地(白垩纪)与其他大陆隔离,真兽类哺乳动物未能侵入,因此澳洲的新生代便成为有袋类的演化时期,与其他大陆的真兽类形成了许多平行演化。

八、脊索动物各类群间的亲缘关系

根据脊索动物各类群的形态学特点以及新近的分子系统学方面的信息,结合国内外普遍的观点,脊索动物各主要类群间的亲缘关系见图20-3。

拓展阅读

[1] 杨安峰,程红,姚锦仙. 脊椎动物比较解剖学. 北京:北京大学出版社,2008

[2] 周明镇. 脊椎动物进化史. 北京:科学出版社,1979

[3] Bourlat S J, Nielsen C, Economou A D, et al. Testing the new animal phylogeny: a phylum level molecular analysis of the animal kingdom. Molecular Phylogenetics and Evolution, 2008, 49: 23-31

[4] Lipscomb D L, Farris J S, Källersjü M, et al. Support, ribosomal sequences and the phylogeny of the eukaryotes. Cladistics, 1998, 14: 303-338

思考题

1. 归纳整理各脊椎动物结构上的特点和进步性。
2. 收集有关古脊椎动物学方面的最新信息,了解在动物演化研究方面的新动态。
3. 比较利用不同研究手段提出的脊椎动物演化上的各种观点,谈谈你的看法。

主要参考书目

彼得·泰勒克. 科学之书——影响人类历史的250项科学大发现. 济南:山东画报出版社,2004
秉志,鲍璇,杨慧一. 鲤鱼骨骼肌的初步观察. 动物学报,1958,10(3):289-315
曹玉萍,程红. 动物学. 北京:清华大学出版社,2008
曹玉茹. 中国海洋鱼类图谱. 北京:中国大百科全书出版社,2010
曹启华,阎世尊. 鱼类学. 北京:海洋智慧图书有限公司,1996
陈品健. 动物生物学. 北京:科学出版社,2001
陈守良. 动物生理学. 北京:北京大学出版社,2005
陈小麟. 动物生物学. 北京:高等教育出版社,2005
陈兴保. 现代寄生虫病学. 北京:人民军医出版社,2002
陈新军,刘必林,王尧耕. 世界头足类. 北京:海洋出版社,2009
陈义. 中国动物图谱——环节动物(附多足类). 北京:科学出版社,1959
陈玉霞,卢晓明,何岩,等. 底栖软体动物水环境生态修复研究进展. 净水技术,2010,29(1):5-8
陈振耀. 昆虫世界与人类社会. 2版. 广州:中山大学出版社,2008
程会昌. 动物解剖学与组织胚胎学. 北京:中国农业大学出版社,2007
丁锦华,苏建亚. 农业昆虫学. 北京:中国农业出版社,2002
董志峰,程云,欧阳藩等. 海鞘中的抗肿瘤生物活性物质. 生物工程进展,1999,19(2):32-36
段学花,王兆印,徐梦珍. 底栖动物与河流生态评价. 北京:清华大学出版社,2010
费梁,孟宪林. 常见蛙蛇类识别手册. 北京:中国林业出版社,2005
费梁,叶昌媛,江建平. 中国两栖动物彩色图鉴. 成都:四川科学技术出版社,2010
高玮. 中国东北地区鸟类及其生态学研究. 北京:科学出版社,2006
公凯赛,岳春,松坂实. 世界两栖爬行动物原色图鉴. 北京:中国农业出版社,2002
郭郛,李约瑟,成庆泰. 中国古代动物学史. 北京:科学出版社,1999
郭郛,钱燕文,马建章. 中国动物学发展史. 哈尔滨:东北林业大学出版社,2004
海棠. 不同种植制度对甘薯地土壤线虫群落的影响. 呼和浩特:内蒙古教育出版社,2008
豪斯曼,胡斯曼,阿戴克. 原生生物学. 宋微波译. 青岛:中国海洋大学出版社,2007
贺诗水,成永旭,海鞘的药用价值及其研究进展. 上海水产大学学报,2002,11:167-170
侯林,吴孝兵. 动物学. 北京:科学出版社,2007
胡泗才,王立屏. 动物生物学. 北京:化学工业出版社,2010
胡宗刚. 静生生物调查所史稿. 济南:山东教育出版社,2005
花蕾. 植物保护学. 北京:科学出版社,2009
霍元子,孙松,杨波. 南黄海强壮箭虫(Sagitta crassa)的生活史特征. 海洋与湖沼,2010,41:180-185
江静波. 无脊椎动物学. 3版. 北京:高等教育出版社,1995
贾尔德. 动物生物学. 蔡益鹏译. 北京:科学出版社,2004
蒋金书. 动物原虫病学. 北京:中国农业大学出版社,2000
姜乃澄,丁平. 动物学. 杭州:浙江大学出版社,2007
姜云垒,冯江. 动物学. 北京:高等教育出版社,2006
克卢登. 昆虫生理系统. 2版. 北京:科学出版社,2008
劳伯勋. 蛇类的养殖及利用. 2版. 安徽科学技术出版社,1997
雷富民,卢汰春. 中国鸟类特有种. 北京:科学出版社,2006
李朝品. 医学蜱螨学. 北京:人民军医出版社,2006
李朝品. 医学节肢动物学. 北京:人民卫生出版社,2009

李承林. 鱼类学教程. 北京:中国农业出版社,2004
李德昌,张西臣,李建华. 动物寄生虫病学. 3 版. 北京:科学出版社,2010
李庆彪,宋全山. 饵料生物培养技术. 北京:中国农业出版社,1999
李雍龙. 人体寄生虫学. 北京:人民卫生出版社,2008
李云龙,刘春巧. 动物发育生物学. 修订版. 济南:山东科学技术出版社,2005
廖金铃,彭德良,郑经武,等. 中国线虫学研究(第1卷). 北京:中国农业科技出版社,2006
林斌彬,张子平,王艺磊,等. 七鳃鳗遗传多样性与演化研究进展. 动物学杂志,2009,44(1):159-166
林浩然. 鱼类生理学. 广州:广东高等教育出版社,2007
刘必林,陈新军. 头足类贝壳研究进展. 海洋渔业,2010,32:332-339
刘建康. 高级水生生物学. 北京:科学出版社,1999
刘凌云,郑光美. 普通动物学. 4 版. 北京:高等教育出版社,2009
刘瑞玉. 中国海洋生物名录. 北京:科学出版社,2008
刘文亮,何文珊. 长江河口大型底栖无脊椎动物. 上海:上海科学技术出版社,2007
卢思奇. 医学寄生虫学. 2 版. 北京:北京大学医学出版社,2009
罗慧麟. 昆明地区早寒武世澄江动物群. 昆明:云南科技出版社,1999
罗桂环. 近代西方识华生史. 济南:山东教育出版社,2005
马克·奥谢,蒂姆·哈利戴. 两栖与爬行动物:全世界400多种两栖与爬行动物的彩色图鉴. 王跃招译. 北京:中国友谊出版公司,2007
孟庆闻. 鱼类比较解剖. 北京:科学出版社,1987
孟庆闻,苏锦祥,缪学祖. 鱼类分类学. 北京:中国农业出版社,1995
孟庆闻. 中国动物志 圆口纲 软骨鱼纲. 北京:科学出版社,2001
牟洪善,李金萍,王琨. 软体动物神经系统的研究进展. 生命科学仪器,2008,6(10):6-8
宁黔冀编著. 甲壳动物激素及其应用. 北京:化学工业出版社,2006
帕姆·沃克著,张凡姗译. 美丽的珊瑚礁. 上海:上海科学技术文献出版社,2006
庞虹. 中国瓢虫物种多样性及其利用. 广州:广东科技出版社,2004
彭克美. 动物组织学及胚胎学. 北京:高等教育出版社,2009
丹皮尔. 科学史及其与哲学和宗教的关系. 李珩译. 南宁:广西师范大学出版社,2001
全仁哲,贺福德,陈道富,等. 线虫动物门、腹毛动物门及轮虫动物门间的系统学研究. 石河子大学学报(自然科学版),2002,6(2):101-104
任淑仙. 无脊椎动物学. 2 版. 北京:北京大学出版社,2007
戎嘉余,李荣玉. 评述腕足动物门高级别分类的新方案. 古生物学报,1997,36:378-386
赛道建. 普通动物学. 北京:化学工业出版社,2006
尚玉昌. 动物行为学. 北京:北京大学出版社,2005
邵敏贞,郑颖,叶锋平,等. α-银环蛇毒素和β-银环蛇毒素的研究进展. 蛇志,2010,22(2):132-136
沈世杰. 台湾鱼类志. 台北:台湾大学动物学系,1993
沈韫芬. 原生动物学. 北京:科学出版社,1999
沈佐锐. 昆虫生态学及害虫防治的生态学原理. 北京:中国农业大学出版社,2009
施大钊,王登,高灵旺. 啮齿动物生物学. 北京:中国农业大学出版社,2008
舒德干,张兴亮,陈苓等. Yunnanozoon是半索动物的远祖. 西北大学学报,1996,26(1):73-74
苏丽娜,李晓晨. 缓步动物休眠现象研究进展. 四川动物,2006,25(1):191-195
孙儒泳. 动物生态学原理. 3 版. 北京:北京师范大学出版社,2006
唐玫,马广智,徐军. 鱼类免疫学研究进展. 免疫学杂志,2002,18(3):S112-116.
唐仲璋,唐崇惕. 人兽线虫学. 北京:科学出版社,2009
万德光. 药用动物学. 2 版. 上海:上海科学技术出版社,2009
王宝青. 动物学. 2 版. 北京:中国农业大学出版社,2009
王红勇,姚雪梅. 虾蟹生物学. 北京:中国农业出版社,2007
王慧,崔淑贞. 动物学. 北京:中国农业大学出版社,2006
王会香. 动物解剖原色图谱. 合肥:安徽科学技术出版社,2008

王金发．细胞生物学．北京：科学出版社，2003

王镜岩，朱圣庚，徐长法．生物化学教程．北京：高等教育出版社，2008

王军，陈明茹，谢仰杰．鱼类学．厦门：厦门大学出版社，2008

王磊，宿红艳，王昌留，等．从无脊椎动物到脊椎动物的纽带——头索动物文昌鱼．海洋湖沼通报，2007，(2)：45-51

王磊，宿红艳，王昌留．海鞘与文昌鱼谁更接近脊椎动物的始祖．海洋湖沼通报，2010，(1)：23-30

王立志，李晓晨．缓步动物门研究进展．四川动物，2005，24(4)：641-645

王平，曹焯．简明脊椎动物组织与胚胎学．北京：北京大学出版社，2004

王晓红，王毅民，滕云业，等．海绵动物骨针研究简介．岩矿测试，2007，26：404-408

王义权，方少华．文昌鱼分类学研究及展望．动物学研究，2005，26：666-672

王应祥．中国哺乳动物种和亚种分类明录与分布大全．北京：中国林业出版社，2002

王英永，杨剑焕，杜卿，等．江西阳际峰陆生脊椎动物彩色图谱．北京：科学出版社，2010

尾崎九雄．鱼类血液与循环生理．许学龙，熊国强，缪圣赐，译．上海：上海科学技术出版社，1982

文礼章．昆虫学研究方法与技术导论．北京：科学出版社，2010

吴宝玲，孙瑞平，杨德渐．中国近海沙蚕科研究．北京：海洋出版社，1981

吴晖．动植物检验检疫学．北京：中国轻工业出版社，2008

武云飞，姜国良，刘云．水生脊椎动物学．青岛：青岛海洋大学出版社，2004

夏中荣，古河祥，李丕鹏．全球海龟资源和保护概况．野生动物，2008，29(6)：312-316

肖传斌，张玲，程会昌．动物解剖学与组织胚胎学．郑州：郑州大学出版社，2009

萧贻昌编著．中国动物志 无脊椎动物 第三十八卷 毛颚动物门 箭虫纲．北京：科学出版社，2004

谢辉．植物线虫分类学．2版．北京：高等教育出版社，2005

许崇任，程红．动物生物学．北京：高等教育出版社，2008

徐冠军．植物病虫害防治学．2版．北京：中央广播电视大学出版社，2007

许再福．普通昆虫学．北京：科学出版社，2009

薛俊增，堵南山．甲壳动物学．上海：上海教育出版社，2009

杨安峰，程红，姚锦仙．脊椎动物比较解剖学．2版．北京：北京大学出版社，2008

杨德渐，孙瑞平．中国海习见多毛环节动物．北京：农业出版社，1988

杨德渐，孙世春．海洋无脊椎动物学．修订版．青岛：中国海洋大学出版社，2005

杨奇森，岩崑．中国兽类彩色图谱．北京：科学出版社，2007

杨倩．动物组织学与胚胎学．北京：中国农业大学出版社，2008

姚敦义．生命科学发展史．济南：济南出版社，2005

殷方臣，郑颖，邱薇，等．蛇毒神经毒素研究进展．动物医学进展，2008，29(8)：67-70

殷国荣．医学寄生虫学．3版．北京：科学出版社，2010

尹文英．有关六足动物昆虫系统分类中的争论热点．生命科学，2001，13(2)：49-53

尹文英，宋大祥，杨星科．六足动物(昆虫)系统发生的研究．北京：科学出版社，2008

于洪贤．两栖爬行动物学．哈尔滨：东北林业大学出版社，2001

袁锋，张雅林，冯纪年等．昆虫分类学．北京：中国农业出版社，2006

詹希美．人体寄生虫学．北京：人民卫生出版社，2010

张建业，符立梧．几类重要的海洋抗肿瘤药物研究进展．药学学报，2008，43(5)：435-442

张金标．中国海洋浮游管水母类．北京：海洋出版社，2005

张荣祖．中国哺乳动物分布．北京：中国林业出版社，1999

张士璀，吴贤汉．从文昌鱼个体发生谈脊椎动物起源．海洋科学，1995，(4)：15-21

张士璀，郭斌，梁宇君．我国文昌鱼研究50年．生命科学，2008，20：64-68

张素萍．中国海洋贝类图鉴．北京：海洋出版社，2008

张训蒲．普通动物学．2版．北京：中国农业出版社，2010

张之沧．科学技术哲学．南京：南京师范大学出版社，2009

张志飞，王妍，Emig C C．海豆芽——进化中的"活化石"．自然杂志，1997，31：201-203

赵盛龙．东海区珍稀水生动物图鉴．上海：同济大学出版社，2009

赵尔宓．中国蛇类．合肥：安徽科学技术出版社，2006

赵文. 水生生物学. 北京:中国农业出版社,2005

郑成兴. 中国沿海海鞘的物种多样性. 生物多样性,1995,3:201-205

郑光美. 中国鸟类分类与分布名录. 北京:科学出版社,2006

郑光美. 鸟类学. 北京:北京师范大学,2008

郑乐怡. 昆虫分类(上下册). 南京:南京师范大学出版社,1999

郑智民,姜志宽,陈安国. 啮齿动物学. 上海:上海交通大学出版社,2008

中国野生动物保护协会. 中国爬行动物图鉴. 郑州:河南科学技术出版社,2002

钟婧,张巨永,Emmanuel Mukwaya,王义权. Revaluation of deuterostome phylogeny and evolutionary relationships among chordate subphyla using mitogenome data. 遗传学报,2009,36(3):151-160

周红,李凤鲁,王玮. 中国动物志 星虫动物门 螠虫动物门. 北京:科学出版社,2007

周尧. 中国蝴蝶原色图鉴. 郑州:河南科学出版社,1999

左仰贤. 动物生物学教程. 2版. 北京:高等教育出版社,2010

Adegoke O S. A probable pogonophoran from the early Oligocene of Oregon. Journal of Paleontology. 1967, 41:1090-1094

Bone Q, Knapp H, Pierrot-Bults A C. The biology of chaetognaths. London:Oxford University Press,1991

Boore J L, Brown W M. Mitochondrial genomes of Galathealinum, Helobdella, and Platynereis: sequence and gene arrangement comparisons indicate that Pogonophora is not a phylum and annelida and arthropoda are not sister taxa. Mol. Biol. Evol., 2000, 17:87-106

Bourlat S J, Juliusdottir T, Lowe C J, et al. Deuterostome phylogeny reveals monophyletic chordates and the new phylum Xenoturbellida. Nature, 2006, 444:85-88

Cameron C B, Swalla B J, Garey J R. Evolution of the chordate body plan: New insights from phylogenetic analysis of deuterostome phyla. Proceedings of the National Academy of Sciences, 2000, 97:4469-4474

Cameron C B. A phylogeny of the hemichordates based on morphological characters. Canadian Journal of Zoology, 2005, 83(1):196-215

Campos A, Cummings M P, Reyes J L, et al. Phylogenetic relationships of platyhelminthes based on 18S ribosomal gene sequences. Mol Phylogenet Evol, 1998, 10:1-10

Cavalier-Smith T. Only six kingdoms of life. Proceedings of the Royal Society, B, 2004, 271:1251-1262

Coddington J A, Levi H W. Systematics and evolution of spiders (Araneae). Annu. Rev. Ecol. Syst., 1991, 22:565-592

Duellman W E, Linda T. Biology of Amphibians. Baltimore: Johns Hopkins University Press,1994

Ehlers U. Comparative morphology of statocysts in the Plathelminthes and the Xenoturbellida. Hydrobiologia, 1991, 227:263-271

Emig C C. The biology of Phoronida. Adv. Mar. Biol., 1982, 19:1-89

Ereskovsky A V. The Comparative Embryology of Sponges. Berlin: Springer, 2010

Foelix R F. Biology of Spiders. London:Oxford University Press, 1996

Fortey R A. Trilobite systematics: The last 75 years. Journal of Paleontology, 2001, 75:1141-1151

Fortey R A. The lifestyles of the Trilobites. American Scientist, 2004, 92:446-453

Freckman D W. Nematodes in Soil Ecosystems. Austen: University of Texas Press, 1982

Fuchs J, Obst M, Sundberg P. The first comprehensive molecular phylogeny of Bryozoa (Ectoprocta) based on combined analyses of nuclear and mitochondrial genes. Molecular Phylogenetics and Evolution, 2009, 52:225-233

Funch P, Kristensen R M. Cycliophora is a new phylum with affinities to Entoprocta and Ectoprocta. Nature, 1995, 378:711-714

Furuya Hidetaka, Hochberg F G, Tsuneki Kazuhiko. Cell number and cellular composition in infusoriform larvae of dicyemid mesozoans(Phylum Dicyemida). Zoological Science, 2004, 21(8):877-889

Gaunt M W, Miles M A. An Insect molecular clock dates the origin of the insects and accords with palaeontological and biogeographic landmarks. Molecular Biology and Evolution, 2002, 19:748-761

Giribet G, Distel D L, Polz M, et al. Triploblastic Relationships with Emphasis on the Acoelomates and the Position of Gnathostomulida, Cycliophora, Plathelminthes, and Chaetognatha: A Combined Approach of 18S rDNA Sequences and Morphology. Syst. Biol., 2000, 49(3):539-562

Giribet G, Edgecombe G D, Wheeler W C. Arthropod phylogeny based on eight molecular loci and morphology. Nature, 2001, 413:157-161

Gladyshev E A, Meselson M, Arkhipova I R. Massive horizontal gene transfers in Bdelloid rotifers. Science, 2008, 320(5880): 1210 – 1213

Halanych K M, Bacheller J D, Aguinaldo A M, et al. Evidence from 18S ribosomal DNA that the lophophorates are protostome animals. Science, 1995, 267:1641 – 1643

Halanych K M. The new view of animal phylogeny. Annual Review of Ecology, Evolution and Systematics, 2004, 35:229 – 256

Harland D P, Jackson R R. Eight-legged cats and how they see – a review of recent research on jumping spiders(Araneae: Salticidae). Cimbebasia, 2000, 16:231 – 240

Harrison F W, Bogitsh B J. Microscopic Anatomy of Invertebrates. Vol. 3: Platyhelminthes and Nemertinea. New York: John Wiley & Sons, 1990

Hayward P G, Ryland J S, Taylor P D. Biology and Palaeobiology of Bryozoans. Denmark, Fredensborg: Olsen and Olsen, 1992

Henderson N, Ai H W, Campbell R E, et al. Structural basis for reversible photobleaching of a green fluorescent protein homologue. Proceedings of the National Academy of Sciences of the United States of America(PNAS), 2007, 104:6672 – 6677

Higgins R P, Kristensen R M. New Loricifera from southeastern United States coastal waters. Smithsonian Contributions to Zoology, 1986,438:1 – 70

Hildebran M, Gonslow G. Analysis of Vertebrate Structure. New York: 5th edition. New York: John Wiley & Sons, Inc., 2001

Holland L Z, Laudet V, Schubert M. The chordate amphioxus: an emerging model organism for developmental biology. Cell Mol. Life Sci., 2004, 61:2290 – 2308

Hutchings P A, Hoegh-Guldberg O. The Great Barrier Reef: biology, environment and management. Sydney: CSIRO Publishing, 2009

Israelsson O. Observations on some unusual cell types in the enigmatic worm Xenoturbella(phylum uncertain). Tissue and Cell, 2006, 38:233 – 242

Kinchin I M. The Biology of Tardigrades. London: Portland Press, 1994

Koenemann S, Jenner R A. Crustacea and Arthropod Relationships. London: CRC Press, 2005

Kristensen R M. Loricifera, a new phylum with Aschelminthes characters from the meiobenthos. Zeitschrift für zoologische Systematik und Evolutionsforschung, 1983, 21:163 – 180

Kristensen R. M. Loricifera. In: Microscopic Anatomy of Invertebrates. Vol 4. Harrison F W, Ruppert E E eds. New York: Wiley-Liss, 1991

Kristensen R. M. Loricifera. In: Encyclopedia of Life Sciences, 11. London: Macmillan Reference, 2000

Kristensen R M, S Brooke. Phylum Loricifera, Chapter 8. In: Atlas of Marine Invertebrate Larvae. Young C M, Sewell M A, Rice M E eds. London: Academic Press, 2001

Kristensen R M. An introduction to Loricifera, Cycliophora, and Micrognathozoa. Integrative and Comparative Biology, 2002, 42:641 – 651

Lee D L. The Biology of Nematodes. London: Taylor & Francis, 2002

Lee J J, Leedale G F, Bradbury P. Illustrated Guide to the Protozoa. 2nd Edition. Lawrence: Allen Press Inc., 2000

Lowe C, Terasaki M, Wu M, et al. Dorsoventral patterning in hemichordates: insights into early chordate evolution. PLOS Biology, 2006, 4:1603 – 1618

Manton S M. The Arthropoda: Habits, Functional Morphology and Evolution. London: Manton Clarendon Press, 1977

Martin J W, Davis G E. An Updated Classification of the Recent Crustacea. Natural History Museum of Los Angeles County, 2001

Martin V S. Further structures in the jaw apparatus of *Limnognathia maerski*(Micrognathozoa), with notes on the phylogeny of the gnathifera. Journal of Morphology, 2003, 255:131 – 145

McInnes S J. Zoogeographic distribution of terrestrial/fresh water tardigrades from current literature. J. Natural History, 1994, 28:257 – 352

Miller S, Harley J P. Zoology. New York: McGraw Hill Higher Education, 2004

Monge-Najera J. Phylogeny, biogeography and reproductive trends in the Onychophora. Zoological Journal of the Linnean Society, 1995, 114:21 – 60

Müller W E G, Sponges(Porifera). Berlin: Springer, 2003

Nelson J S. Fishes of the World. 4th edition. New York: John Wiley and Sons, Inc., 2006

Nogrady T, Wallace R L, Snell T W. Rotifera. Vol. 1: Biology, Ecology and Systematics. In: Guides to the Identification of the

Microinvertebrates of the Continental Waters of the World. Dumont H J ed. Hague: SPB Academic Publishers, 1993

Patterson D J. Free-Living Freshwater Protozoa: A Colour Guide. London: Manson Publishing, 1996

Philippe J. Early Vertebrates. London: Oxford University Press, 2003

Regiera J C, Wilson H M, Shultz J W. Phylogenetic analysis of Myriapoda using three nuclear protein-coding genes. Molecular Phylogenetics and Evolution, 2005, 34:147-158

Rieger R M. 100 Years of Research on 'Turbellaria'. Hydrobiologia, 1998, 383:1-27

Rieger R M, Purschke G. The coelom and the origin of the annelid body plan. Hydrobiologia, 2005, 535-536: 127-137

Riley J. The biology of pentastomids. Advances in Parasitology, 1986, 25:45-128

Rohde K, Hefford C, Ellis J T, et al. Contributions to the phylogeny of platyhelminthes based on partial sequencing of 18S ribosomal DNA. International Journal for Parasitology, 1993, 23:705-724

Saiz-Salinas J I, Dean H K, Cutler E B. Echiura from Antarctic and adjacent waters. Polar Biology, 2000, 23:661-670

Sawyer R T. Leech Biology and Behaviour: Anatomy, Physiology and Behaviour. Vol. 1. London: Oxford University Press, 1986

Schram F. Crustacea. London: Oxford University Press, 1986

Shigeru K, Kinya O G. Hagfish (Cyclostomata, Vertebrata): searching for the ancestral developmental plan of vertebrates. BioEssays, 2008, 30:167-172

Shigehiro K, Kinya O G, Blair K S S. Jawless fishes (Cyclostomata). In: Timetree of Life. Hedges S B, Kumar S. London: Oxford University Press, 2009

Shimeld S M, Holland N D. Amphioxus molecular biology: insights into vertebrate evolution and developmental mechanisms. Can. J. Zool., 2005, 83:90-100

Shu D G, Chen L, Han J, et al. An early Cambrian tunicate from China. Nature, 2001, 411:472-473

Southward E C, Schulze A, Gardiner S L. Pogonophora (Annelida): form and function. Hydrobiologia, 2005, 535-536: 227-251

Sterrer W E. Gnathostomulida. In: Synopsis and Classification of Living Organisms. Vol. 1. Parker S P. New York: McGraw-Hill, 1982. 847-851.

Storch V. Priapulida. In: Microscopic Anatomy of Invertebrates. Vol 4. Harrison F W, Ruppert E E eds. New York: Wiley-Liss, 1991

Struck T H, Schult N, Kusen T, et al. Annelid phylogeny and the status of Sipuncula and Echiura. BMC Evolutionary Biology, 2007, 7(57):57

Stuart S N, Chanson J S, Cox N. A, et al. Status and trends of amphibian declines and extinctions worldwide. Science, 2004, 306:1783-1786

Sundar V C, Yablon A D, Grazul J L, et al. Fibreoptical features of a glass sponge. Nature, 2003, 424(21):899-900

Telford M J. Xenoturbellida: the fourth deuterostome phylum and the diet of worms. Genesis, 2008, 46(11):580-586

Thorp J H, Covich A P. Ecology and classification of North American freshwater invertebrates. New York: Academic Press, 2010

Van der Land J. Gnathostomulida. In: European Register of Marine Species. A check-list of the marine species in Europe and a bibliography of guides to their identification. Costello M J, Emblow C S, White R eds. Patrimoines Naturels 50, 2001

Vidal N, Hedges S B. The molecular evolutionary tree of lizards, snakes, and amphisbaenians. Comptes Rendus Biologies, 2009, 332:129-139

Vrijenhoek R C, Johnson S B, Rouse G W. A remarkable diversity of bone-eating worms (*Osedax*; Siboglinidae; Annelida). BMC Biology, 2009, 7:74

Waggoner B. Introduction to the Myriapoda. Berkeley: University of California, 1996

Wilga C D, Lauder G V. Function of the heterocercal tail in sharks: quantitative wake dynamics during steady horizontal swimming and vertical maneuvering. The Journal of Experimental Biology, 2002, 205:2365-2374

Zhang Z Q, Animal biodiversity: an introduction to higher-level classification and taxonomic richness. Zootaxa, 2011, 3148:7-12

Zug G R, Vitt L J, Caldwell J P. Herpetology: An Introductory Biology of Amphibians and Reptiles. 2nd edition. New York: Academic Press, 2001

郑重声明

高等教育出版社依法对本书享有专有出版权。任何未经许可的复制、销售行为均违反《中华人民共和国著作权法》，其行为人将承担相应的民事责任和行政责任；构成犯罪的，将被依法追究刑事责任。为了维护市场秩序，保护读者的合法权益，避免读者误用盗版书造成不良后果，我社将配合行政执法部门和司法机关对违法犯罪的单位和个人进行严厉打击。社会各界人士如发现上述侵权行为，希望及时举报，本社将奖励举报有功人员。

反盗版举报电话　　（010）58581897　58582371　58581879
反盗版举报传真　　（010）82086060
反盗版举报邮箱　　dd@hep.com.cn
通信地址　　北京市西城区德外大街4号　高等教育出版社法务部
邮政编码　　100120